エグゼクティブサマリー

　持続可能で豊かな社会の実現に向けて取り組むべき課題は社会、経済、地球環境など広範にわたり山積している。近年の世界の歩みは、新型コロナウイルス感染症（COVID–19）の世界的流行、気候変動や自然災害、各地での紛争等の影響もあり多くの面で停滞または後退している。いかにして歩みを進め、持続可能で豊かな社会への移行（トランジション）を実現するかが改めて問われている。

　とりわけ近年の中心的課題は気候変動対策である。COVID–19の負の影響からの回復のために各国政府が景気刺激策を講じる中、感染症対策と並んでグリーン政策を柱建てする国が複数見られる。人為起源の気候変動は世界中のあらゆる地域で極端な高温、降水、干ばつ等の頻度や強度に影響を及ぼし、深刻な損失と損害を既に引き起こしている。ゆえに各国政府にとって気候変動対策は自国民の生活や産業の基盤を維持する上で優先度の高い題目になっている。パリ協定の目標達成に向けて温室効果ガス排出の正味ゼロ（ネットゼロエミッション）、いわゆるカーボンニュートラルの実現を目標として掲げる国・地域は150を超えている。科学技術イノベーションへの期待も大きい。各国政府が気候変動対策に注力する背景には技術や資源を巡る覇権争いの側面もあるため産業政策としても重視されている。民間企業に対しては、気候変動への取り組みやその影響に関する財務情報開示を求める動きが本格化しており、対応の必要性が高まると同時に新たな機会とも捉えられている。国際的議論の場では気候変動対策と大気汚染対策、あるいは気候変動対策と生態系・生物多様性対策を組み合わせる等、複数の地球規模課題の相互連関に着目した総合的な取組みも目立ちつつある。

　2022年2月に始まったロシアのウクライナ侵攻は国際エネルギー市場に大きな影響を与え、世界の多くの国・地域にエネルギー安全保障の重要性を再認識させる機会を与えた。必要十分なエネルギーを安定的に妥当な価格で供給することが難しくなれば、たちまち国民生活や社会経済活動に深刻な影響が及ぶ。エネルギー安全保障とカーボンニュートラルをどのようにバランスよく両立していくかが新たな社会の関心事となっている。

　本書では、環境・エネルギー分野を取り巻く社会・経済的な動向を認識した上で、35の研究開発領域を設定し、各領域における研究開発動向を俯瞰した。

＜エネルギー分野＞

- **・電力のゼロエミ化・安定化**：再エネ電源の設置場所の拡大や機器大型化、効率向上による低コスト化、運用最適化等を通じた再エネ電源の拡大とともに、電力の安定に寄与する火力発電の低CO_2排出化および水素・アンモニア等のカーボンニュートラル燃料への転換、蓄エネルギーの拡大、安全性の確保を大前提とした原子力発電の活用検討が進む。
- **・産業・運輸部門のゼロエミ化・炭素循環利用**：動力や熱源の電化や低炭素排出燃料への転換を図るとともに、エネルギー効率の改善、炭素循環利用の技術開発が進む。電力用の大型蓄電池分野ではさらなる高容量、長寿命、安全性、低コスト化の研究開発、水素・アンモニアでは高効率かつ低コストな水電解技術や水素キャリア関連技術（液体水素、有機ハイドライド、アンモニア）の研究開発が進められている。CO_2有効利用技術では安定なCO_2を活性化させ水素と反応させるための高度な触媒開発、水素を経由せず直接CO_2を電解還元する方法の検討が進められている。高温ヒートポンプや蓄熱材等、熱制御については一層の技術開発が期待されている。
- **・業務・家庭部門のゼロエミ化・低温熱利用**：民生部門におけるエネルギー消費量削減のためにZEB（Net Zero Energy Building）、ZEH（Net Zero Energy House）への移行が推進されている。
- **・大気中CO_2除去**：排ガスからのCO_2回収・貯留が国内外で実証試験等を通して技術を蓄えつつある。ま

たネガティブエミッション技術としてDACCS（Direct Air Carbon Capture and Storage）等の工学的手法に加えて土壌炭素貯留や植林、沿岸部ブルーカーボン等の自然を活用した手法の検討も進められている。

- **エネルギー分野の基盤科学技術**：ナノからマクロなスケールまで摩擦や破壊解析等の現象理解が進展。一方で流体や熱、構造・強度等に関する基礎的なデータが国内で体系的、継続的に集積されておらず、デジタルツイン技術等のシミュレーションで適用限界などの問題を孕む。

＜環境分野＞

- **地球システムの観測・予測**：衛星、地上、海洋観測等を駆使した温室効果ガス（GHGs）収支のより高精度な把握が進む。気候モデルや地球システムモデル、全球雲解像モデル等の各種予測モデル高度化と並行して予測結果の利活用拡大に向けた取り組みが活発化している。水循環分野は気象水文連携を好事例として多分野連携や社会との連携による先駆的な取組みを行っている。生態系・生物多様性観測では衛星観測データの利用拡大、環境DNAや3次元スキャニング等の地上観測の手法やツールの多様化、無人航空機（UAV）の普及等の発展が見られる。大量のデータを活用したデータサイエンスは共通の潮流。

- **人と自然の調和**：社会―生態システムの評価・予測のため生態系サービスの定性的・定量的な評価や生態系サービス間の連関（ネクサス）分析等の研究が進められている。農林水産業への気候変動影響はシナリオを使った予測や資源評価の研究が進展。生態系を活用した適応策（EbA）や防災・減災（Eco-DRR）等とともに「自然を活用した解決策（NbS）」の考え方が急速に普及。都市では街区レベルの解像度で暑熱対策等の解析が可能になっている。COVID-19対応ではリスク学の観点からの対策効果の検証や下水疫学調査の研究が精力的に行われている。

- **持続可能な資源利用**：水利用に関して海水淡水化や再生水利用は今も世界的に関心が高い。社会変化やインフラ老朽化等に対応した水供給インフラ、カーボンニュートラルへの貢献等も重要テーマ。大気に関しては対流圏オゾンやエアロゾルである$PM_{2.5}$の発生機構の解明の他、カーボンニュートラル実現に向けた社会移行に伴う大気汚染問題の変化に関心がもたれている。土壌汚染分野ではサステナブル・レメディエーションの普及を重要視。リサイクル分野ではプラスチックを炭化水素原料に戻すケミカルリサイクル技術の研究開発が活発。ライフサイクル評価に関しては技術やシステムの将来性を評価する手法の検討等が進められている。

- **環境分野の基盤科学技術**：地球環境リモートセンシングのための観測機器では光学計測機器の解像度やデータ処理能力の向上により高頻度計測が可能となる等の進展が見られる。環境分析では安定同位体を使った分析の活用、多成分一斉（ワイドターゲット）分析、ノンターゲット分析等に関する研究開発が引き続き中心的に進められている。未知物質の推定等に深層学習を活用するなどデータ駆動型研究もトレンドになっている。バイオアッセイ・毒性評価では定量的構造的活性相関（QSAR）や類似物質のデータから毒性予測を行う手法の開発等が活発。マイクロプラスチックに係る研究は環境中での動態研究が盛んだが添加剤の影響に関する研究も進められている。

　上述の研究開発動向を概観すると、気候変動対応に係る取り組みが一層活発になっていることが分かる。これは各国・地域の政策にカーボンニュートラルが取り込まれるようになり、具体的な計画や戦略が策定・施行され始めたことで、研究開発動向にもその影響が見え始めてきたためと考えられる。

　しかし様々な技術・システムについての研究開発とその社会実装に向けた取り組みが強化される一方で、カーボンニュートラルの達成に向けた取り組みが進みにくい分野があることも明白になってきた。例えば産業活動における熱エネルギー利用は規模が大きく成熟したプロセスゆえに脱炭素化が難しい。再生可能エネルギー由来電力を利用して生産される「グリーン水素」は電気分解に係るコストがボトルネックとなっており、

少なくとも当面は天然ガス等から取り出す「ブルー水素」（但し発生するCO_2は回収する）等も含めたクリーンな水素の幅広い検討が必要と考えられている。また分散型・自律型のエネルギーシステムは従来の大規模集中型のエネルギーシステムと比べてより複雑になるため、需給バランスを一定に保つためのエネルギーマネジメント技術が新たに必要になる。こうした個別課題に加えて、ロシアのウクライナ侵攻による国際エネルギー市場の混乱はエネルギー安全保障の重要性を再認識させる機会になった。一時的ではあるものの人々の関心を当面のエネルギー資源確保という短期的課題に集中させ、カーボンニュートラル実現への歩みが停滞しかねない事態も招いた。

カーボンニュートラルの実現に向けて長い時間をかけて社会の移行（トランジション）を進める中では、新規技術・システムの社会実装の停滞や不測の事態の発生など、様々な不確実な事柄が付きまとうことになる。これらに柔軟かつ動的に対応しながら着実に前進していくことができなければ野心的な目標の達成は難しい。そのため不確実性にいかに対処していくか、すなわち不確実性のマネジメントという観点がトランジションの過程において重要になると考えられる。気候変動対応とくに気候変動の緩和に向けた取り組みでこうした傾向が顕著だが、これはカーボンニュートラルの実現に向けた取り組みに限らず、気候変動適応、防災・減災、生物多様性、循環型経済、化学物質管理、都市環境等、持続可能な社会への移行の様々な側面で共通するテーマであると考えられる。

以上を踏まえると、今後の環境・エネルギー分野の研究開発の方向性として重要なキーワードは「トランジションと不確実性のマネジメント」である。今後は科学技術イノベーションがこれにどう貢献できるかについて考えを深め、研究開発やそれを支える環境の整備、体制構築等に役立てていく必要がある。

研究開発の観点からは、「トランジションと不確実性のマネジメント」は3つの柱に整理することができる。すなわち、①トランジション促進、②トランジションの進捗状況把握・予測・評価、③トランジションの停滞や負の側面への備え、である。

1つ目はトランジション促進のための手段や手法の開発、仕組みの構築である。新規技術の創出や実現パスの探索、システム設計、社会実装加速等に係る研究開発を進めていく必要がある。2つ目は、トランジションの進捗の把握・予測や評価である。時間的・空間的に高精度な把握技術、予測技術、評価技術が求められる。評価対象は必ずしも明確であるとは限らず、多様な観点から評価するための手法開発等も必要になる。3つ目は、トランジションの停滞やトランジションを進める中で顕在化する負の側面への備えである。例えば予期しない事態や根本的な問題等による新規技術の社会実装やシステム構築の停滞、トランジションの過程におけるエネルギーの供給と需要のミスマッチにより生じるエネルギー不足、新規技術の社会実装の過程で直面する倫理的・法的・社会的課題を含む新たな課題の顕在化、問題間の繋がり（相互連関）に基づく負の影響の拡大、等の様々な事態に柔軟かつ動的に対処する必要がある。代替手段の用意、システムの安定化、レジリエンスの強化、相互連関の考慮、統合的な推進等に係る研究開発が求められる。

研究開発体制・システムのあり方の観点からは、エネルギー分野ではカーボンニュートラルの実現という大きな目標に向けて社会実装の加速が目下の重要課題である。個々の機器や技術の高度化だけでなく、エネルギーシステム全体をどう変革していくかを意識する必要がある。どのようなエネルギーバランスで「S+3E」（安全、安定供給、経済効率、環境負荷低減）とカーボンニュートラルを両立させるのか、その中で個々の機器や技術がどのような規模感でどのような役割を果たし得るのかを見極め、必要な研究開発ターゲットを探索・設定していくことが求められる。産業界が果たす役割が大きいが、大学や公的研究機関も社会実装のシナリオを理解した上で基礎に立ち返って検討すべき課題を特定したり、現行技術の代替となりうる将来技術を探索したりする等を通じた貢献が期待される。産学の連携強化が不可欠であり、環境作りを進める必要がある。アカデミアにおいても、伝統的な理工学系の研究のみならず、シナリオ研究やライフサイクルアセスメント（LCA）の他、経済・社会・政治・文化・倫理など幅広い研究分野が関わりを持ちうるため、それらの間での多分野連携を促す雰囲気の醸成が必要である。

環境分野では、カーボンニュートラルの実現のみならず気候変動適応、防災・減災、安全で安価な水の確

保、大気・水・土壌の保全・汚染除去、持続可能でレジリエントなまちづくり、持続可能な生産と消費、適正な化学物質管理等の多様な領域への貢献が求められる。近年は対象とすべき問題自体が以前よりも複雑化しており、社会とのつながりも含めた多分野連携による研究開発の推進が必要である。ここで言う「多分野」には2通りの意味が含まれ、1つは行政等の意思決定主体との連携やステークホルダーとの協働を意味する。もう1つは学術基盤の強化という観点から専門分野の枠を超えた横断的な繋がりの強化を意味する。環境分野には公的な仕組みやサービスも多く、国や自治体が率先して国内の研究開発基盤の維持・強化に関与する必要がある。大規模な研究インフラの維持・管理には長期的な視点と計画性、戦略性が求められる。データ・解析基盤や計算機施設も同様である。これらを支えるエンジニアリング人材の育成・確保も喫緊の課題となっている。

なお国際連携、国際協調はエネルギー分野、環境分野に共通する重要項目である。エネルギー分野の中には国内産業が活発ではない領域もあるが、エネルギー安全保障の面からも国際協働等を活用した基盤技術や人材の長期的・継続的な維持・向上が必要である。環境分野では、観測等、国際的な枠組みと深く結びついているものも多く、国際的な研究プロジェクトや研究コミュニティーへの積極的な参画が不可欠である。

環境・エネルギー分野の研究開発は広範囲に亘る。現在の社会の発展とともに、より良い社会と地球環境を将来世代へと引き継ぐ責務を担っている。様々な困難を乗り越えてたくましく発展していく社会を支える柱として、研究開発を力強く進めていくことが求められる。

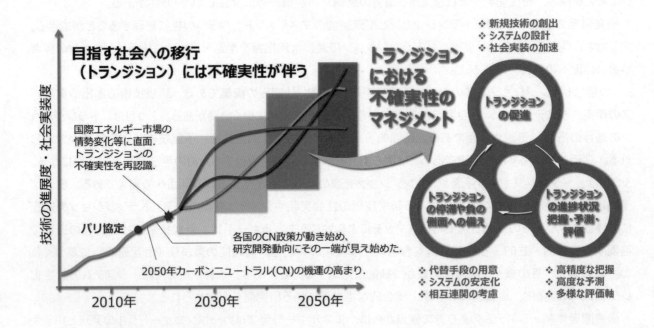

Executive Summary

There are a wide range of social, economic, and environmental issues that need to be addressed. The progress of the world in recent years, however, has stagnated or regressed in several aspects due to the impact of some disastrous events such as the pandemic of COVID-19, climate change, natural disasters, and conflicts in various places. It is an urgent task for us to find the way we can move forward and realize the transition to a sustainable and prosperous society.

The central issue in recent years is climate change. Some governments around the world implementing economic stimulus packages for the recovery from negative impacts of COVID-19 establish green policies alongside measures against the infectious disease. Anthropogenic climate change is affecting the frequency and intensity of extreme heat, precipitation and droughts in all regions of the world, already causing severe loss and damage. Thus, climate change has become a high-priority issue for the governments in order to maintain the livelihoods of their citizens and the foundation of industries. An increasing number of countries are also aiming to achieve net zero emissions of greenhouse gases, so-called carbon neutrality (CN), towards the Paris Agreement. There are high expectations for science, technology and innovation (STI) on these issues. Since there is an aspect of the struggle for supremacy over technology and resources as well, the governments are also emphasized as their industrial policies. On the other hand, there is a growing movement to require companies to disclose financial information regarding their efforts to address climate change and its impact. In international discussions, comprehensive efforts that focus on the interconnection of multiple global issues, such as climate change and air pollution, or climate change and biodiversity, are becoming more prominent.

Russia's invasion upon Ukraine, began in February 2022, has had a major impact on the international energy market and has given many countries and regions an opportunity to reaffirm the importance of energy security. If it becomes difficult to stably supply necessary and sufficient energy at reasonable prices, it will immediately have a serious impact on people's lives and socioeconomic activities. How to balance energy security and CN is a new social concern.

This report has set 35 research and development (R&D) areas under the recognition of the social and economic trends surrounding the environment and energy fields, and provides an overview of R&D trends in each area.

<Energy field>
- **Zero emission and stabilization of electricity:** Expansion of renewable energy sources through expansion of installation locations, equipment size increase, cost reduction through efficiency improvement, and operation optimization, etc., reduction of CO_2 emissions from thermal power generation that contributes to electricity stability, transition of fossil fuels to CN fuels such as hydrogen and ammonia, expansion of energy storage, and the use of nuclear power generation on the premise of ensuring safety have been studied.
- **Zero emissions and carbon recycling in the industry and transportation sector:** Electrification of power and heat sources and transition to low-carbon emission fuels is promoted, as well

as energy efficiency improvement and carbon recycling technology development. R&D for higher capacity, longer life, safety, and cost reduction in the field of large-scale electric power storage batteries are being examined. Efficient and low-cost water electrolysis and hydrogen carrier technologies (liquified hydrogen, organic hydride and ammonia) are key targets in the field of hydrogen and ammonia. In terms of CO_2 utilization, advanced catalyst development, and methods for directly electrolytically reducing CO_2 without passing through hydrogen are being studied. Further technological development is required for heat control, such as high-temperature heat pumps and heat storage materials.

- **Zero emissions and low-temperature heat utilization in the commercial and residential sectors:** Shifting to ZEB (Net Zero Energy Building) and ZEH (Net Zero Energy House) is being promoted in order to reduce energy consumption in the residential sector.

- **Atmospheric CO_2 removal:** Technologies for capturing and storing CO_2 emitted from large-scale fixed sources are being developed through demonstration tests in Japan and overseas. As a technology that leads to negative emissions, not only an industrial method such as Direct Air Carbon Capture and Storage (DACCS), but also nature-based solutions including soil carbon sequestration, afforestation/reforestation and coastal blue carbon is being developed.

- **Fundamental science and technology in the energy field:** Understanding phenomena related to friction and fracture from nano to macro scale has been progressed. Basic material data on structural, fatigue, fluid/thermal properties have not been accumulated systematically and continuously in Japan, and this could be a serious bottleneck in advanced simulations such as digital twin technology.

\<Environmental field\>

- **Earth system observation and prediction:** Accurate and high-resolution understanding of greenhouse gases (GHGs) emissions with satellite-based, terrestrial, and oceanographic observations is in progress. In parallel with the advancement of various prediction models such as global climate models, earth system models, and global cloud resolving models, efforts are being made to expand the social use of prediction results. In the field of water circulation, pioneering research through multidisciplinary collaboration and even with society are found, centering on hydrology. In ecosystem and biodiversity observation, the use of satellite-based observation data, various observation methods and tools such as environmental DNA, 3D scanning and unmanned aerial vehicles (UAVs) are expanding. Data driven science is a common trend in this area.

- **Harmonious coexistence between human and nature:** Research on qualitative/quantitative evaluation of ecosystem services and analysis of linkages (nexus) between those is underway for an evaluation and prediction of socio-ecological systems. Scenario-based projection and evaluation are applied to the impact assessment of climate change on agriculture, forestry and fisheries. Along with the Ecosystem-based Adaptation (EbA) and the Ecosystem-based Disaster Risk Reduction (Eco-DRR), the concept of Nature-based Solutions (NbS) has been rapidly spreading. Analysis of precautions against extreme heat in urban areas is now at a resolution of the block level. Verification of the effectiveness of countermeasures to the COVID-19 pandemic from the perspective of risk research are being investigated. Wastewater surveillance and wastewater-based epidemiology are also being vigorously conducted.

· **Sustainable Resource Use:** Desalination of seawater and water reuse are still of great interest worldwide. Other important themes on water use include the issue of water supply infrastructure suffered by social changes and aging infrastructure, and contribution to CN. Regarding air pollution, understanding the generation mechanism of tropospheric ozone and aerosols such as $PM_{2.5}$ is important issue of research. There is also interest in changes in air pollution problems accompanying the social transition toward the realization of CN. Sustainable remediation is a keyword in the field of soil pollution. R&D of chemical recycling technology that converts plastics into hydrocarbon raw materials is active. As for life cycle assessment, studies are underway on methods for evaluating the potential of technologies and systems in the future.

· **Fundamental science and technology in the environmental field:** As for remote sensing, improvements in the resolution and data processing capabilities of optical measurement instruments have enabled high-frequency measurements. Analysis using stable isotopes, simultaneous multi-component (wide-target) analysis, non-target analysis are still major R&D target in environmental analysis. Data-driven research, such as the use of deep learning for estimating unknown substances, is also being a trend. In bioassays and toxicity assessments, development of quantitative structure-activity relationships (QSAR) and methods for predicting toxicity from data of similar substances are active. Research related to nano/microplastics has focused on its dynamics in the environment, but research on the toxicity such as the effects of additives is also underway.

Looking at the R&D trends mentioned above, efforts to address climate change are becoming more active. This seems to be because carbon neutrality has been incorporated into the policies of each country and region, specific plans and strategies have begun to be formulated and implemented, and the impact of this has begun to be seen even in R&D trends. However, while efforts in R&D of various technologies and systems and their social implementation have been promoted, it has become clear that some R&D areas are difficult to progress. For example, the use of thermal energy in industrial activities is difficult to decarbonize due to its large scale and mature process. The cost of electrolysis is a bottleneck for "green hydrogen" produced using electricity derived from renewable energy. Thus, it is considered necessary to study a wide range of clean hydrogen, including "blue hydrogen" extracted from natural gas (with carbon capture and sequestration). Since distributed and autonomous energy systems are more complex than conventional large-scale centralized energy systems, new energy management technologies are required to maintain a balance between supply and demand. In addition to these individual R&D issues, the turmoil in the international energy market caused by Russia's invasion upon Ukraine has served as an opportunity to reaffirm the importance of energy security. Although it is temporary, people's attention has been focused on the short-term issue of securing energy resources for the time being, and it has caused a situation in which progress toward the realization of carbon neutrality may be stalled.

As we move forward with the transition of society over a long period of time toward the realization of carbon neutrality, various uncertainties such as the stagnation of social implementation of new technologies and systems and the occurrence of unforeseen circumstances will accompany us. It will be difficult to achieve ambitious goals unless we can move forward steadily while responding flexibly and dynamically to these changes. Therefore, how to deal with uncertainty will be important in the process of transition in the future. Currently, this trend is noticeable in efforts to respond to climate change, especially in mitigating climate change. It is considered to be a common theme in various aspects related to the transition to a sustainable society, such as an adaptation to climate change, disaster risk reduction, biodiversity, circular economy, chemical substance management, and urban environment.

Based on the above, an important keyword for the future direction of R&D in the environment and energy fields is "transition and uncertainty management." In the future, we need to deepen our thinking about how STI can contribute to this.

From a R&D perspective, "transition and uncertainty management" can be organized into three pillars. That is, (1) facilitation of transition, (2) monitoring, forecasting, and evaluating progress of transition, and (3) preparation for stagnation and negative aspects of transition. The first one is the development of technology and system to promote transition. It is necessary to promote R&D of new technologies and solving problems, system design, and acceleration of social implementation. The second one is monitoring, forecasting, and evaluating the progress of the transition. This requires improvement in resolution and accuracy of technologies for monitoring, forecasting/predicting, and evaluation. The target of evaluation is not always clear, and it is necessary to develop methods for comprehensive evaluation and integration of multifaceted evaluations. The third one is to prepare for the stagnation and negative aspects of the transition that will become apparent as the transition progresses. Stagnation in social implementation of new technology or system due to unexpected and/or fundamental problems. New oppositions (including ethical, legal, and social issues) in the process of social implementation. Aggravation of serious problems overlooked due to focusing on certain issue. It is necessary to respond flexibly to these situations. R&D is needed on alternative technologies, system stabilization, strengthening resilience, and integrated promotion methods.

From a perspective of R&D support system, in the energy field, accelerating social implementation for achieving carbon neutrality is an important issue now. It is necessary to be aware of how to transform the energy system as a whole, not just the sophistication of individual devices and technologies. It is also necessary to set R&D targets based on investigation on what kind of energy balance is better to achieve both "S+3E" (safety, energy security, economic efficiency, reduction of environmental impact) and carbon neutrality, and what kind of role and at what scale individual technology can play within that. Industry plays a critical role. Universities and public research institutions are expected to contribute through, for example, identifying issues that need to be examined going back to basic research and exploring future technologies that could replace current candidate technologies. Strengthening cooperation between industry and academia is essential. Within academia, not only traditional science and engineering research, but also a wide range of research fields such as economics, society, politics, culture, and ethics should be involved. Scenario analysis and life cycle assessment (LCA) is also essential. Efforts to foster an atmosphere that encourages multidisciplinary collaboration among them is important.

In the environmental field, not only the realization of carbon neutrality, but also adaptation to climate change, disaster prevention and risk reduction, safe and affordable water supply, conservation and decontamination of air, water, and soil, sustainable and resilient urban development, sustainable production and consumption, etc are social wishes. In recent years, the problems to be targeted have become more complicated than before, and it is necessary to promote R&D through multidisciplinary approach, including collaborations with society. Here, "multidisciplinary" has two meanings, one of which is cooperation with decision-making bodies such as the government and cooperation with stakeholders. The other means strengthening cross-sectional connections that transcend the boundaries of specialized fields from the perspective of strengthening academic foundations. There are many public systems and services in the environmental field, and it is necessary for the national and local governments to take the lead in maintaining and strengthening domestic R&D infrastructure. Maintaining and managing large-scale research infrastructure requires a long-term perspective, planning, and strategy. The same applies to data/analysis infrastructure and computer facilities. Training and securing engineering human resources to support these activities has become an urgent issue.

International collaboration and international cooperation are important items common to the energy and environment fields. Although there are some fields in the energy field in which domestic industries are not active, from the perspective of energy security as well, it is necessary to maintain critical technologies and human resources through international cooperation. In the environmental field, global-scale research areas, such as earth observation and climate change prediction, should be deeply connected to international frameworks, and active participation in international research projects and research communities is essential.

R&D in the environment and energy fields is extremely wide-ranging. Along with the development of the current society, we are responsible for passing on a better society and global environment to future generations. It is necessary to strongly promote R&D as a pillar for overcoming these difficulties and developing future society.

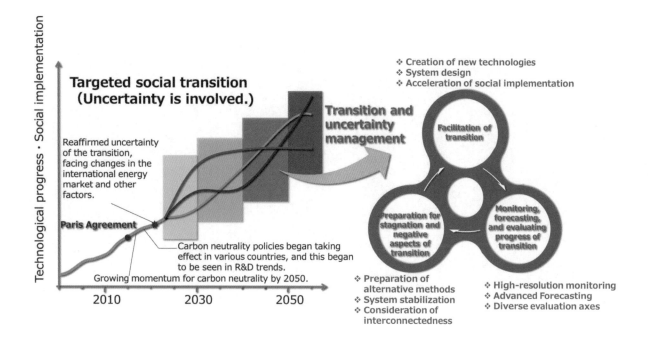

はじめに

　JST研究開発戦略センター（以降、CRDS）は、国内外の社会や科学技術イノベーションの動向及びそれらに関する政策動向を把握・俯瞰・分析することにより、科学技術イノベーション政策や研究開発戦略を提言し、その実現に向けた取り組みを行っている。

　CRDSは2003年の設立以来、科学技術分野を広く俯瞰し、重要な研究開発戦略を立案する能力を高めるべく、その土台となる分野俯瞰の活動に取り組んできた。この背景には、科学の細分化により全体像が見えにくくなっていることがある。社会的な期待と科学との関係を検討し、科学的価値を社会的価値へつなげるための施策を設計する政策立案コミュニティーにあっても、科学の全体像を捉えることが困難になってきている。このような現状をふまえると、研究開発コミュニティーを含めた社会のさまざまなステークホルダーと対話し分野を広く俯瞰することは、研究開発の戦略を立てるうえでは必須の取り組みである。

　「研究開発の俯瞰報告書」（以降、俯瞰報告書）は、CRDSが政策立案コミュニティーおよび研究開発コミュニティーとの継続的な対話を通じて把握している当該分野の研究開発状況に関して、研究開発戦略立案の基礎資料とすることを目的として、CRDS独自の視点でまとめたものである。

　CRDSでは、研究開発が行われているコミュニティー全体を4つの分野（環境・エネルギー分野、システム・情報科学技術分野、ナノテクノロジー・材料分野、ライフサイエンス・臨床医学分野）に分け、その分野ごとに2年を目途に俯瞰報告書を作成・改訂している。

　第1章「俯瞰対象分野の全体像」では、CRDSが俯瞰の対象とする分野およびその枠組をどう設定しているかの構造を示す。ここでは、CRDSの活動の土俵を定め、それに対する認識を明らかにする。また、対象分野の歴史、現状、および今後の方向性について、いくつかの観点から全体像を明らかにする。この章は、その後のコンテンツすべての総括としての位置づけをもつ。第2章「俯瞰区分と研究開発領域」では、俯瞰対象分野の捉え方を示す俯瞰区分とそこに存在する主要な研究開発領域の現状を概説する。専門家との意見交換やワークショップを通じて、研究開発現場で認識されている情報をできるだけ具体的に記載し、領域ごとに国際比較も行っている。

　俯瞰報告書は、科学技術に関わるステークホルダーと情報を広く共有することを意図して作られた知的資産である。すでに多くの機関から公表されているデータも収録しているが、単なるデータレポートではなく、当該分野における研究開発状況の潮流を把握するために役立つものとして作成している。政策立案コミュニティーでの活用だけでなく、研究者が自分の研究の位置を知ることや、他領域・他分野の研究者が専門外の科学技術の状況を理解し連携の可能性を探ることにも活用されることを期待している。また、当該分野の動向を深く知りたいと考える政治家、行政官、企業人、教職員、学生などにも大いに活用していただきたい。CRDSとしても、得られた示唆を基に検討を重ね、わが国の発展に資する提案や発信を行っていく。

2023年3月
国立研究開発法人科学技術振興機構
研究開発戦略センター

目次
――――――

1 ｜ 研究対象分野の全体像

1.1 俯瞰の範囲と構造

1.1.1 社会の要請、ビジョン

環境・エネルギー分野とは

　環境・エネルギー分野の科学・技術は人間社会の基盤として古くから社会の発展を支えてきた。現代に続くエネルギーの大規模利用の歴史は18世紀の蒸気機関の革新にまでさかのぼることができ、環境分野に関する取組みは産業社会の高度化・多様化に伴って深刻化した様々な環境問題への対応とともに発展してきた。時代とともに分野を取り巻く状況は様々に変化してきたものの、社会の要請に応え、将来ビジョンの実現に貢献する分野であるとの根幹は普遍である。このような認識の下、本書では環境・エネルギー分野を以下の範囲としている。

　　エネルギー分野：エネルギーの生産・流通・利用に係る分野
　　環境分野　　　：人間活動に必要な土地や生活環境の開発・管理・改善、およびそれらを取り巻く自然環境の管理・活用に係る分野

　環境・エネルギー分野の研究開発は、社会の要請の充足や社会課題の解決に資する科学的知見や技術・システムを創出し社会に実装する循環的な営みと言える（図表1.1.1-1）。種々の社会的要請の充足や社会問題の解決のために創出された新たな科学的知見や新技術・システムは、製品・サービス、社会システム、特定の知識体系等の様々な形で統合化・システム化され、社会に実装されてゆく。なおオゾンホールや地球温暖化等、科学的な発見をきっかけに新規に設定される社会問題もある点は本分野の特徴である。知識や技術が実装された社会には何らかの改善や進展がもたらされるが、同時に更なる社会的要請や課題が生じることとなり、それらが新たな研究開発の動機となる。こうした科学技術と社会との間の循環的な関係性の中に本分野の研究開発がある。

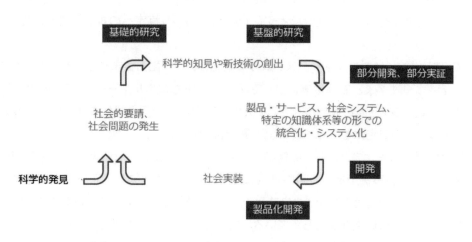

図表 1.1.1-1　　環境・エネルギー分野の研究開発

社会の要請、ビジョン

　持続可能な豊かな社会の実現は人類社会の共通ビジョンである。人類の飽くなき挑戦は社会を飛躍的に発展させてきたが、地球環境への負荷は軽減されておらず、地域間の格差も依然として大きい。そのため国際社会は「持続可能な開発目標（SDGs）」を設定し、経済・社会・環境に関わる広範な課題に総合的に取り組んでいる。SDGsの中には水、エネルギー、都市、気候変動、生態系・生物多様性など環境・エネルギー分野と関わりの深い目標が複数設定されている。これらの目標達成に向けた取組みへの貢献は環境・エネルギー分野の科学技術に求められる社会からの要請である。

　地球温暖化に伴う気候変動に対する世界の関心や懸念は一段と深まっている。「緩和」に関しては、2016年11月に発効したパリ協定の実現に向け、野心的な長期目標を掲げる国・地域が徐々に増え、具体的な排出削減のシナリオや方策の検討も各地で進められている。しかしながら現行努力の延長線上ではパリ協定が目標とする地球上の平均気温を2℃以内に抑えることは困難であるとの見方は変わっておらず、更なる挑戦的な取組みが必要とされている。我が国でも2020年10月の菅内閣総理大臣（当時）の所信表明演説以降、2050年までに温室効果ガス排出の実質ゼロ（カーボンニュートラル）を目指すとの方針が国内外に示され、その実現に向けた検討や取組みが始まっている。

　気候変動の影響は世界各地で既に顕在化しており、それらに対する「適応」の重要性が増している。気候変動に関する政府間パネル（IPCC）の第6次評価報告書は緩和と適応に同時に取り組む考え方「気候にレジリエントな開発（Climate resilient development：CRD）」を強調している。温度上昇が1.5℃を超えると適応策が手遅れになる分野も急激に増えかねないとし、CRDに早急に取り組む重要性を指摘している。第27回気候変動枠組み条約締約国会議（COP27）では「損失と損害」基金の設置が決まった。

　他方、エネルギーはあらゆる人間活動の基盤であり、エネルギーへのアクセスは持続可能な豊かな社会の実現の一要素である。元来、安全（Safety）を前提とした安定供給（Energy Security）、経済効率（Economic Efficiency）、環境負荷低減（Environmental Load）の同時達成すなわち「S+3E」はエネルギー分野における中心的な課題であり社会の要請である。カーボンニュートラルの実現に向けての文脈で環境負荷低減のみが注目されがちだが、社会基盤としてのエネルギーを考えた場合、それだけでは十分ではない。新型コロナウイルス感染症（COVID-19）による経済の落ち込みからの急回復と需給の切迫などによりエネルギー価格はここ数年上昇傾向にあったが、ロシアのウクライナ侵攻を機に価格高騰に拍車がかかった。さらにロシア産の原油、天然ガス、石炭に大きく依存していた欧州諸国はロシア以外の供給源からのエネルギー資源調達を余儀なくされている。こうした事態はカーボンニュートラルの実現に加えてエネルギー安全保障の重要性を再認識させることに大きく寄与した。当然、これは日本にとっても無関係ではない。天然資源に乏しくエネルギー資源の大半を海外からの輸入に頼る日本は安定供給には以前から大きなリスクを抱えていた。国際社会の情勢に大きく依存するため、日本社会にとって「S+3E」はパリ協定への貢献と並ぶ重要な目標と認識されている。

　エネルギーの安定供給にはエネルギーシステムの安定化という側面も含まれる。豊かな自然に囲まれる日本の国土だが、自然災害も多く、各種災害に対してレジリエントなエネルギーインフラの構築は大きな社会的要請の1つである。電力システムの脱炭素化として火力発電の縮小や再生可能エネルギーの導入拡大等を進める中では需給バランスの安定化も極めて重要な課題と認識されている。

　循環型経済（サーキュラーエコノミー）の構築も近年頻繁に取り上げられるようになっている。プラスチックごみの問題が昨今の代表事例である。回避可能な使用の抑制や廃棄物の適正管理、新素材開発などに各国政府が取り組んでいる。懸念されたマイクロプラスチックの環境影響リスクについては未だ科学的に未解明であり、リスク評価のための研究が進められている。循環型経済を拡大的に捉える動きもある。人為的な活動に伴い大気中に放出されるCO_2を回収し、貯留ないし循環利用しようとする取組みがカーボンリサイクルと呼ばれ活発化している。

　COVID-19への対応も重要な社会的要請である。世界的な流行以降、新型コロナウイルスの特徴が明ら

かになるにつれて、ワクチン開発等のみならず、感染リスクをどう把握し管理するかという観点からの研究開発も活発に行われた。在宅ワークの浸透など社会の在り方にも大きな変化がもたらされた。その一方、温室効果ガス排出の大幅な減少や大気環境などの改善は経済活動の再開に伴い一時的な現象にとどまった。ここ数年はこうした様々な社会変化に対応する科学的知見や新規技術の創出への期待が高まった。

1.1.2 科学技術の潮流・変遷

今般の俯瞰を行うにあたり、前提として捉えるべき既に顕在化しているトレンドは以下の5点である。これらは環境・エネルギー分野の科学技術、研究開発の潮流に大きな影響を与えている。

① 気候変動緩和に貢献する科学技術（カーボンニュートラル）
② 持続可能なエネルギー技術の位置づけに関する議論（例：タクソノミー規則）
③ エネルギー安全保障の重要性の再認識（ウクライナ情勢）
④ 異常気象・気候変動への対応に貢献する科学技術（予測、対策）
⑤ デジタル・トランスフォーメーション（例：AI、自動無人機、ビッグデータ、CPS）

カーボンニュートラルの実現は極めて高い目標であるため、科学技術イノベーションの貢献に期待が寄せられている。どのような実現経路がありうるのかを探索するシナリオ研究、再生可能エネルギーや蓄電池など個々の機器に関連する研究開発、建物や地域などを対象としたエネルギーマネジメントの研究開発等が従前より進められている。近年はカーボンニュートラルの達成に不可欠であるとして大気中に放出される CO_2 を回収・固定して地中に隔離・貯留するためのネガティブエミッション技術の検討も活発化している。

金融分野の動きも研究開発に影響を与えている。2006年に国連が公表した責任投資原則を受けて世界中の機関投資家には環境（Environment）、社会（Society）、企業統治（Governance）に係る課題を投資分析や意思決定プロセスに組み込むことが求められるようになり、投資対象となる主体にはESGの課題に関する適切な情報開示が求められるようになった。2017年には気候関連財務情報開示タスクフォース（TCFD）による提言が公表され注目された。EUは「サステナブル・ファイナンス」の法制化を進める一環として持続可能な経済活動の基準である「タクソノミー規則」を2020年7月に発効した。EU域内の企業や金融機関は同規則に基づく情報開示が求められ、投資判断を行う際の基準にもなり得ることから、規則の詳細が注目されている。同規則では（1）気候変動緩和、（2）気候変動適応、（3）水や海洋資源の持続的利用・保全、（4）循環経済への移行、（5）汚染の予防と管理、（6）生物多様性と生態系の保全・回復、という6つの環境目的を定義している。先行的に詳細な検討が進んだのは気候変動緩和と気候変動適応である。このうち前者に関しては原子力エネルギーおよび天然ガスに関連する企業活動が本タクソノミーに合致するかどうかの判断が大きな争点となっていた。国により当該技術への依存度や位置づけが異なるためEU域内でも意見が分かれていたためである。コロナ禍での世界経済の停滞やウクライナ情勢を契機としたエネルギー安全保障の重要性再認識などにより一部に揺り戻しの雰囲気はあるものの、ESG投資の動きは着実に広まっている。

ここ数年の間の原油、天然ガス等の国際エネルギー市場の不安定化は著しく、エネルギー安全保障の重要性を改めて認識させるとともに、各国のエネルギー政策に影響を及ぼしている。コロナ禍での世界的な経済停滞によりエネルギー価格は上昇傾向にあったが、2022年2月からのロシアによるウクライナへの軍事侵攻を契機として価格高騰に拍車がかかった。この状況を受けて欧州は、これまで大きく依存していたロシア産エネルギー資源からの脱却の動きを強めている。例えばドイツでは、ロシア以外の供給国からの調達に備えて液化天然ガス輸入ターミナルを建設し、原子力発電の廃止の一時的な延期を発表している。エネルギーキャリアとしての水素への投資を大幅に強化するなど研究開発にも顕著な動きが見え始めている。カーボンニュートラルの実現のみならず、エネルギー安全保障との両立をどう達成するかが世界的に新たに直面するテーマと

なっている。

　熱波、洪水、干ばつ、低気圧、火災といった気候関連の極端現象による被害は依然として甚大である。インフラ、都市生活、食料生産、自然生態系等、幅広く社会・自然に影響を与える。近年はそれらに対する気候変動の影響も顕在化しつつある。社会を維持していくためにはこうした様々な環境変化に適応していかなければならず、その必要性は年々高まっている。気候変動に関する政府間パネル（IPCC）の第6次評価報告書第2作業部会報告書でも緩和と適応に同時に取り組む考え方「気候にレジリエントな開発（Climate resilient development）」を強調している。気候と人間社会と生物多様性を含む生態系の相互作用を重視した考え方である。関連する研究開発としては、将来起こり得る影響の予測や評価、あるいは対策に関するものが行われている。

　分野を問わず、社会のあらゆる側面でデジタル・トランスフォーメーション（DX化）が進みつつある。ドローンなどの自動無人機を活用したデータ収集は環境・エネルギー分野の重要なツールになり始めており、これまで観測困難だった場所や地域の観測を可能とし、新たなデータ収集に貢献している。膨大なデータを処理・解析するためのプラットフォームも普及し始め、グローバルな規模の環境分析が研究室レベルでも可能になっている。データ解析では機械学習・深層学習の応用が本分野でも幅広く浸透している。計算機性能の向上を背景としたシミュレーション技術の高度活用も活発化している。とくに産業界では観測・計測技術や情報通信技術との組み合わせによって実世界とサイバー空間をつなぐCPS（サイバーフィジカルシステム）を自社の技術やサービスに取り込む事例が多数出現している。

1.1.3 俯瞰の考え方（俯瞰図）

　本書では分野の概観を図で示したものを「俯瞰図」と呼ぶ。エネルギー分野と環境分野の間には持続可能な豊かな社会の実現という共通するビジョンがあるが、研究開発の内訳は必ずしも同じではない。特にエネルギー分野は産業との関係が密接であるのに対して、環境分野は必ずしもそうではない。そこで本書では環境・エネルギー分野としての俯瞰図を、共通のフレームに基づく2つの図として描いている（図表1.1.3–1、図表1.1.3–2）。

　環境・エネルギー分野を構成する研究開発領域は広範だが、本書では以下に示す考え方に基づいて35の研究開発領域を設定した。これらの一部は2019年版からの継続領域だが、いくつかの領域については既存領域を再編成した。

1 研究対象分野の全体像

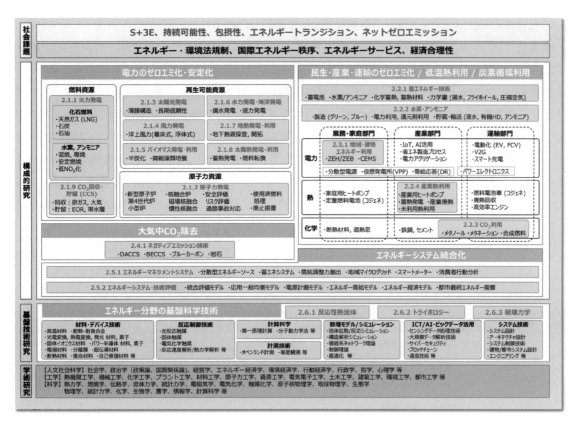

図表 1.1.3-1　　　エネルギー分野の俯瞰図

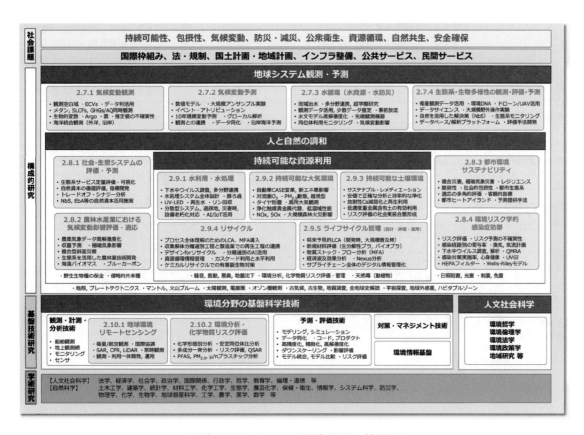

図表 1.1.3-2　　　環境分野の俯瞰図

　研究開発領域の抽出は主として3つの基準に照らして検討した。それは、①「社会の要請・ビジョン」、②「社会的・産業的インパクト」、③「横断的基盤研究分野」、の3つである。「社会の要請・ビジョン」は、1.1.2で述べたような各種社会的要請に応えるための研究開発にフォーカスする必要があるとの考えに基づく。「社会的・産業的インパクト」は、温室効果ガスの排出削減のように一定程度の量的規模の社会的インパクトに繋がりうる研究開発領域や、日本の産業構造に鑑みて重要と思われる研究開発領域に注目する必要があるとの考えに基づく。「横断的基盤研究分野」は、社会の要諦・ビジョンや産業構造などからは直接的には浮かび上がってこないが、それらを幅広く支える基盤的な科学・技術があり、それらの研究開発動向も捉える必要があるとの考えに基づく。これら3つの基準を軸とし、1.1.2で述べた「科学技術の潮流・変遷」や2021年版の領域構成からの継続性、更には読者による使い勝手を総合的に勘案した上で領域を再構成した（図表1.1.3-3）。

図表1.1.3-3　　第2章で取り上げた研究開発領域の名称

区分	領域名	区分	領域名
2.1 電力のゼロエミ化・安定化	2.1.1　火力発電	2.7 地球システム観測・予測	2.7.1　気候変動観測
	2.1.2　原子力発電		2.7.2　気候変動予測
	2.1.3　太陽光発電		2.7.3　水循環（水資源・水防災）
	2.1.4　風力発電		2.7.4　生態系・生物多様性の観測・評価・予測
	2.1.5　バイオマス発電・利用	2.8 人と自然の調和	2.8.1　社会−生態システムの評価・予測
	2.1.6　水力発電・海洋発電		
	2.1.7　地熱発電・利用		2.8.2　農林水産業における気候変動影響評価・適応
	2.1.8　太陽熱発電・利用		
	2.1.9　CO_2回収・貯留（CCS）		2.8.3　都市環境サステナビリティ
2.2 産業・運輸部門のゼロエミ化・炭素循環利用	2.2.1　蓄エネルギー技術		2.8.4　環境リスク学的感染症防御
	2.2.2　水素・アンモニア	2.9 持続可能な資源利用	2.9.1　水利用・水処理
	2.2.3　CO_2利用		2.9.2　持続可能な大気環境
	2.2.4　産業熱利用		2.9.3　持続可能な土壌環境
2.3 業務・家庭部門のゼロエミ化・低温熱利用	2.3.1　地域・建物エネルギー利用		2.9.4　リサイクル
2.4 大気中CO_2除去	2.4.1　ネガティブエミッション技術		2.9.5　ライフサイクル管理（設計・評価・運用）
2.5 エネルギーシステム統合化	2.5.1　エネルギーマネジメントシステム	2.10 環境分野の基盤科学技術	2.10.1　地球環境リモートセンシング
	2.5.2　エネルギーシステム・技術評価		2.10.2　環境分析・化学物質リスク評価
2.6 エネルギー分野の基盤科学技術	2.6.1　反応性熱流体		
	2.6.2　トライボロジー		
	2.6.3　破壊力学		

1.2 世界の潮流と日本の位置づけ

1.2.1 社会・経済の動向

[1] 地球規模課題への対応
（A）SDGsの進捗状況

　「持続可能な開発のための2030アジェンダ」実現の為に17項目の「持続可能な開発目標（SDGs）」が2015年9月の国連サミットにて採択された。「2030アジェンダ」には2030年までにすべての人のために貧困を終わらせ、地球を守り、繁栄を確保するという決意が示されている。SDGsは各国の取組およびESG投資の後押により進展している。目標採択後の最初の評価であった「Global Sustainable Development Report 2019（GSDR2019）」では、多くのポジティブな展開が見られたが、目標を構成する169のターゲットのほとんどが達成に向けた軌道にのっていないと指摘された。特に不平等の増大、気候変動、生物多様性の損失、及び処理能力を凌駕する廃棄物の増加は正しい方向に向かっていないとされている。また、報告書では"すべての分野で科学的知見とイノベーションは、素晴らしい結果をもたらすことができる。しかし、常に最も重要なのは、政治的な意志である。"としている。これを受けた「SDGサミット政治宣言」では「Gearing up for a decade of action and delivery for sustainable development（持続可能な開発に向けた行動と遂行の10年に向けた態勢強化）」が約束された。2023年の報告書ではCOVID–19パンデミックの余波を受け、持続可能な開発の進歩を妨げる障害の克服等について検討が進んでいる。

　最新の国連のSDGsレポート2022（2022年7月発表）では連鎖、連動する危機が「持続可能な開発のための2030アジェンダ」を人類の生存そのものとともに、重大な危機に陥れていると警告している。COVID–19、気候変動、紛争を中心とした複数の危機が同時に発生したことで、食料と栄養、健康、教育、環境、平和と安全保障をはじめ全てのSDGsが影響を受けていると指摘した。特に貧困と飢餓の撲滅、保健と教育の改善、基本的なサービスの提供などでは長年の進展が後退したと評価している。また、今後の未知の課題に備えてデータと情報のインフラの強化が必要としている。

（B）気候変動の状況把握

　SDGsの中でも目標13の気候変動対応は環境・エネルギー分野と関連の深い地球規模課題の1つである。先述の国連のSDGsレポート2022では、世界の温室効果ガスの濃度が継続的に増加し、2020年には新たな最高値に達し、2021年の世界平均気温は、産業革命前の水準（1850年から1900年）よりも約1.11℃高くなっていた。気温上昇を1.5℃以内に収めるというパリ協定の目標に照らすと各国の取り組みは不十分であり、将来的な大惨事を回避するための手段は急速に狭まっていると指摘された。世界経済フォーラムが毎年公表しているグローバルリスクレポートでも「気候変動緩和の失敗」、「気候変動適応の失敗」、「自然災害・極端気象」が短期的ならびに長期的なグローバルリスクとして毎年上位にランクインしている。最新の2023年版でもTop10入りしており、引き続き世界的なリスクであることが改めて認識された。以降ではこうした気候変動の現在の状況や対策に関する検討を概観する。

（B. a）国際的な枠組みにおける検討状況

　各国政府の気候変動に関する政策に対して科学的な基礎を与えることを目的として設立された「気候変動政府間パネル（IPCC：Intergovernmental Panel on Climate Change）」は、気候変動に関する最新の科学的知見を評価し、報告書としてとりまとめ、公表している。評価報告書はこれまでに6回作成・公開されており、最新の「第6次評価報告書（AR6）」は2021年8月から2022年9月にかけて3つの作業部会による報告書および統合報告書が順次公開された。

　第1作業部会報告書（自然科学的根拠）（2021年8月公表）では温暖化に対する人間の影響は「疑う余地

がない」と初めて記載され、大きく注目された。また人為起源の気候変動は、既に世界中の全ての地域で、多くの気象及び気候の極端現象に影響を及ぼしており、観測された変化に関する証拠等は前回報告書（AR5）以降、強化されているとも指摘した。

　続く第2作業部会報告書（影響・適応・脆弱性）（2022年2月公表）では、人為起源の気候変動が、極端現象の頻度と強度の増加を伴い、広範囲にわたる損失と損害を引き起こしていることを詳細に示すとともに、127の主要なリスクを明らかにした。また気候変動の影響およびリスクは複雑化しており、管理が更に困難になっていること、一部の適応は限界に達しており、今後の温暖化の進行に伴って更に多くの人間と自然のシステムが適応の限界に達するだろうこと等も指摘した。

　第3作業部会報告書（気候変動の緩和）（2022年4月公表）では人為的な温室効果ガス（GHGs）排出量の推移や、パリ協定の2℃もしくは1.5℃目標の達成に向けた実現経路の分析が示された。正味の人為的なGHGs排出量は2010年以降、世界的に増加していた。化石燃料と工業プロセスからの CO_2 排出量は削減されているが、産業、エネルギー供給、運輸、農業、及び建物における世界全体の活動レベルの上昇による排出量の増加がそれらを上回っていた。また、2021年以前の各国の「国が決定する貢献（NDCs：Nationally Determined Contributions）」の積み上げだけでは21世紀中に温暖化が1.5℃を超える可能性が高い見込みとし、緩和努力の急速な加速が必要と指摘した。

　COP27（国連気候変動枠組条約第27回締約国会議）にあわせて京都議定書第17回締約国会合（CMP17）、パリ協定第4回締約国会合（CMA4）が2022年11月にエジプトを議長国として開催された。IPCCの報告書を踏まえて、COP26全体決定「グラスゴー気候合意」の内容を踏襲しつつ「シャルム・エル・シェイク実施計画」、「緩和作業計画」が採択された。ロス＆ダメージ（気候変動の悪影響に伴う損失と損害）支援のための措置を講じることなどが決定され、次のCOP28（UAEで開催）にて支援基金について検討、採択される。

　すべての国において気候変動への対応が迫られる一方、「グローバルリスク報告書」（2023年版）では地政学上の対立と自国優先姿勢が気候変動を含む長期リスクを悪化させると警告している。現在の短期的なエネルギー・食糧危機が長期的なリスクへの対応力も弱体化させるとし、一丸となった行動が求められるとしている。

（B.b）温室効果ガス（GHGs）排出量の推移

　IPCC AR6の第3作業部会報告書（気候変動の緩和）によると、2019年の世界全体の人為的なGHGsの正味排出量は590億トン（±66億トン）（二酸化炭素換算値、CO_2-eq）であり、2010年より約12%多く、1990年より54%多かった。また年平均増加率は2000年〜2009年の2.1%／年から、2010年〜2019年の1.3%／年に鈍化した。エネルギー起源 CO_2 排出量は、国際エネルギー機関（IEA：International Energy Agency）の「Global Energy Review: CO2 Emissions in 2021」によれば2020年にはコロナ禍での大規模な都市封鎖などの影響で前年比5.2%減と大幅に減少したが、翌年以降は再び増加に転じ、結果として2021年には363億トンとなり、減少は一時的なものであった。

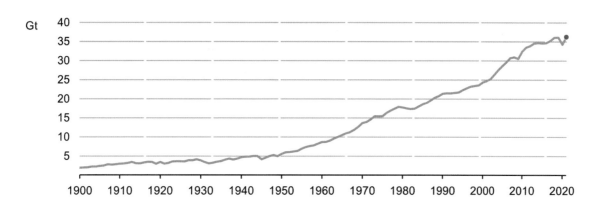

図表1.2.1-1　　エネルギー起源CO₂排出量の年推移（国際エネルギー機関）

©OECD/IEA Global Energy Review: CO2 Emissions in 2021,. Licence : www.iea.org/t&c

大気中のCO_2とメタンの濃度レベルは、米国海洋大気庁（NOAA）のレポート「Global atmospheric carbon dioxide levels continue to rise」によると、COVID-19による経済の減速にもかかわらず、2020年も上昇を続けていた。2022年には大気中CO_2濃度が年平均417.2ppmに達し、産業革命前のレベルを50%以上も上回ると予測している。また、海洋と陸地のCO_2吸収量は大気中のCO_2濃度の上昇に応じて増加するが、気候変動により、2021年までの10年間でその増加が海域で4%、陸域で17%減少したとしている。

（B.c）排出削減シナリオの最新動向（IEA、IEEJ）

気候変動への危機意識が高まる中、より野心的な削減目標を掲げる国・地域が増えており、2021年11月COP26終了時点で日本を含め154か国と1地域（EU）が期限付きのカーボンニュートラルを表明している。これは世界のCO_2排出量の79%、GDPの90%に相当する。しかしながらパリ協定に基づく各国・地域の削減目標（NDC）の積み上げでは目標達成に必要な排出削減量を満たせないとも予測されている。

2℃目標の達成実現のための方策が明らかになっているわけではない。具体的にどのようにすれば達成可能か、あるいは実現手段の組み合わせからどれほどの削減ポテンシャルが見込まれるかという観点からの研究が行われている。ここではIEAとIEEJのシナリオ分析例を示す。IEAでは2050年の排出量の予測から逆算的にシナリオを分析しており、規範的な見通しである。政治・経済などの要因で停滞することもあり、実現の可能性が必ずしも高くない。IEEJでは現在のエネルギー需給の状態から政策・技術等の導入効果を分析している。

❶ IEAによる長期シナリオ分析

IEAの報告書である「World Energy Outlook」（WEO）と「Energy Technology Perspective」（ETP）ではエネルギーに係る長期シナリオを、エネルギー変換・供給、建築、産業、運輸の各部門の相互に関係する詳細な複数のモデルによるボトムアップモデルを用いて示している。世界の26の地域や国を含み、全世界を表現しうるものである。2022年版WEOでは各国政府の長期的見通しに基づく政策を取り込み、次の3種類のシナリオについて解析している。

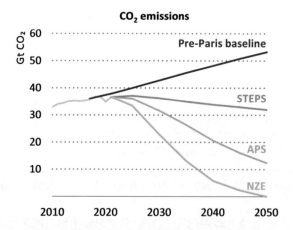

図表1.2.1-2　　WEO2022による3つのシナリオのもとでのCO$_2$排出量

©OECD/IEA World Energy Outlook 2022, IEA Publishing,. Licence : www.iea.org/t&c

● NZE（Net Zero Emissions by 2050、ネットゼロ排出シナリオ）：2050年までに世界全体でネットゼロを達成するもので、温度上昇は1.5℃までで世界的に安定するような規範的シナリオ。先進国の方が途上国よりも早期にネットゼロに到達する。また、2030年までに現代的なエネルギーが普遍的に用いられるようになることも条件としており、SDGs目標7への寄与も考慮されている。

● APS（Announced Pledges Scenario、表明公約シナリオ）：各国の政府が発表した気候変動関連の目標がすべて期限内に実行されることを想定したシナリオ。長期的なネットゼロ目標やエネルギーアクセスに関連する公約なども含んでおり、これらの実施のための具体的な政策の有無にはかかわらず、達成することを仮定している。国際的な誓約や企業、非政府組織のイニシアチブも考慮されている。

● STEPS（Stated Policies Scenario、公表政策シナリオ）：各国政府が実施ないし発表した特定の政策のみを考慮したシナリオ。エネルギー関連や産業プロセスからのCO$_2$排出は2020年の340億トンから2030年の360億トンに増加し、その後も同等量の排出が続く。

　NZEシナリオのもとでは2050年時点の温度上昇は1.6℃に抑えられ、2100年には1.4℃に下がるが、STEPSシナリオでは2060年頃には2℃を超え、その後も気温上昇が続く（図表1.2.1-3）。

　電力部門による排出は現状では他部門よりも多いが、NZEシナリオのもとでは2020年代以降に急激に削減が進む。2030年以降は、全体的な排出削減につれてBECCS（バイオマス発電とCO$_2$回収・貯留）やDACCS（大気中CO$_2$の直接回収・貯留）といったいわゆるネガティブエミッション技術が相対的に重要になる（図表1.2.1-4）。

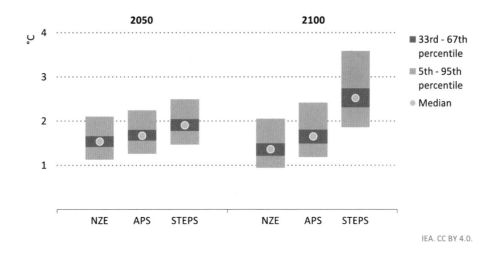

図表1.2.1-3　　WEO2022による3つのシナリオのもとでの2050年と2100年の気温上昇

©OECD/IEA World Energy Outlook 2022, IEA Publishing,. Licence : www.iea.org/t&c

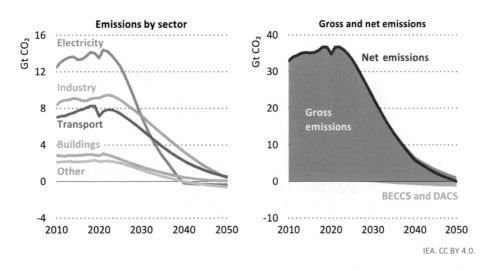

図表1.2.1-4　　WEO2022によるNZEシナリオのもとでの部門別排出量の推移と
**　　　　　　　　総排出量と純排出量の推移**

©OECD/IEA World Energy Outlook 2022, IEA Publishing,. Licence : www.iea.org/t&c

❷ 日本エネルギー経済研究所（IEEJ）による長期シナリオ分析

　IEEJのアウトルックで示される長期シナリオ分析は、IEAによるエネルギーバランス表をもとにして、各種経済指標や人口、自動車保有台数、素材生産量等のエネルギーと関連の深いデータを用いた計量経済的手法の定量分析モデルである。世界を42地域と国際バンカー（航空、船舶）に分割し、それぞれのエネルギー需給モデルを構築したものによる。レファレンスシナリオと技術進展シナリオの二つの分析を行っている。

●レファレンスシナリオ：過去の趨勢および現在までの政策・技術等に基づき将来を見通すシナリオで、政策・技術は固定的なものではない。また際立って急進的な省エネルギーや政策は想定していない。

●技術進展シナリオ：世界の全地域で関連政策が強力に実施され、それらが最大限奏功することで先進的技術が最大限に導入されることを想定したシナリオ。

　技術進展シナリオにおいて、2050年の最終エネルギー消費はレファレンスシナリオに対して23.5%削減され、エネルギー起源の排出量は16.9 Gtとなっている。排出量はWEO2022のAPSシナリオと同様に大幅に削減されるものの、カーボンニュートラルは実現出来ないと予想されている。排出量の削減には中国とインドの寄与が大きい。一方、米国および欧州、日本の排出量削減目標はこの技術進展シナリオにおいても達成出来ていないと評価している。

❸ 主要国の2050年シナリオ

　いくつかの国、地域における2020年のGHGs排出量の消費部門別比率を図表1.2.1–5に示す。国、地域の産業特性の違いから注力が必要な部門が異なる。アメリカでは相対的に運輸部門からの排出が多く、英国は商業、ドイツは製造、フランスは農業、中国では世界の工場として製造（工業も含む）が相対的に多い。

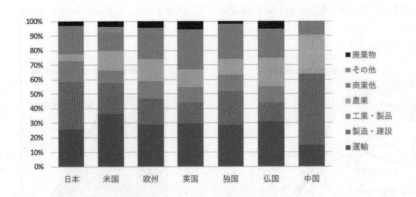

図表1.2.1–5　　各国のGHGs排出量の部門比率比較（電力を除く）

国連「Climate Change」よりCRDSにて作成。
中国はIEEJ Outlook 2023を参照（農行に商業他を含む、製造・運設に工業・製品を含む）

　米国は長期戦略として2016年に「United States Mid–Century Strategy for Deep Decarbonization」を発表した。電気自動車や、持続可能な航空燃料（SAF：Sustainable Aviation Fuel）への転換と低燃費エンジンの開発に重点を置いている。このほかに、産業分野の電化、メタンの除去技術、建物の省エネ技術の開発などを目指している。また、農林業や緑地・湿地の保全などを含む土地による炭素貯留と排出削減は、2050年に全排出量の30〜50%となる可能性がある。

　EUは、排出量取引の強化、再エネの導入目標の引き上げ、エネルギー効率化を図るなどの取り組みを始めた。域内のガスを天然ガスから水素やバイオガスへ変更するルールつくり、既存の建築物も含めてエネルギー効率を高めることなどを行っている。農業部門では、草地の維持や、湿地帯や泥炭地の修復、森林や有機農業等による土壌の炭素捕捉能力の向上による排出削減を目指す。しかし、世界人口の増加に伴う農業生産拡大によってCO_2削減ペースは2030年から低下し、農業部門の排出量はEU全排出量の1/3になるとみている。

　英国は2017年に「The Clean Growth Strategy」を発表した。排出量削減と経済成長拡大を同時に行う「グリーン成長」を推進するもので、2050年を視野に入れたものである。2035年に電力の脱炭素化を目指し、水素発電、産業部門からのCO_2の回収と再利用を進める。2050年の電源構成は6〜7割を再エネ、2割程度を原子力でまかない、そのほかに水素とCCUS付きのガス発電とすることを一つの例としている。航空による排出に対し、農業活動による除去を想定している。2050年までに森林面積を18万ha増加させる。

　ドイツは長期的な気候変動対策の指針となる「Climate Action Plan 2050」（2016年）で、2050年の80〜95％削減を示したが、その後、目標を2050年から2045年に前倒した。営農型および新築建造物の太陽光発電を増やしている。森林や湿地などの吸収源の保全や再生に取り組むとともに、建築部門での木材再利用や居住地利用の土地面積削減も計画している。産業からの排出除去についての目標を設定した。

　フランスは「国家低炭素戦略（SNBC：Stratégie nationale bas carbone）」を定める法令を2015年に発行し、これに基づいて長期戦略に取り組んでいる。再生可能エネルギーと原子力発電を2本の柱とし、原子力、太陽光、洋上風力について拡充する。農業においてはアグロエコロジー農業を拡大し、低肥料・有機肥料への切り替え、輪作期間の延長などを行うほか、木材収穫量の増加と建築用材としての利用と、CO_2除去のために森林吸収源を活用する。

　中国は2030年までにCO_2排出量のピークを達成し、2060年までにカーボンニュートラルを実現する目標を掲げている。2021年の10月に国連に提出された「China's Mid-Century Long-Term Low Greenhouse Gas Emission Development Strategy」では2030年までにエネルギー消費における非化石エネルギーの割合を25％とし、2060年までに80％まで改善するとしている。2030年に向けて風力、太陽光は12億kW、森林ストック量を2005年レベルから60億立方メートル増加させるとしている。再生可能エネルギーと先進的な原子力エネルギー技術を積極的に開発するとしている。

❹ その他のシナリオ

　シナリオは検討項目や方法によって、新しいものが次々と開発されている。

　IPCCのAR6では、2022年にSSP（Shared Social-economic Pathways、共有社会経済経路）という将来の社会と経済の発展を仮定したものと、放射強制力（CO_2濃度の変化等による放射エネルギーの収支の変化量）とを組み合わせた基本となる5つの設定のシナリオが公表された。それらに対し大学・研究機関が様々な想定のもとに複数のシナリオを提出し、IPCCが審査を行っている。合格したシナリオは1200以上となった。

　SDS（Sustainable Development Scenario、持続可能な開発シナリオ）は国連の持続可能な開発目標（SDGs）のうち、エネルギーへの普遍的アクセスの達成、大気汚染の影響の低減、気候変動への対処を達成しうるエネルギー部門の技術進歩を取り込んだシナリオである。「ETP2020」で、中核をなしたシナリオであったが、「ETP2023」では用いられなかった。

（B.d）排出削減に係る費用

　IEAによるSTEPSとAPSの2つのシナリオ分析によると、2050年のCO$_2$排出量はそれぞれ320億トンと124億トンである（WEO2022）。同じくIEAの報告書「Net Zero by 2050」では、それらの排出を除去するNZEシナリオのもとでは、2050年にエネルギーへの投資は4.5兆ドルとなるとしている（図表1.2.1-6）。これは現在の2兆ドル強よりも2倍以上であるが、2030年の投資額が最も大きく、再生可能エネルギーの大量導入による低コスト化によって、時間とともに投資額が下がることも示している。

　一方、IEEJによると現状（2010年代）の累積投資額は15兆ドルで、その後の2021年から2050年までの30年間の累積投資額はレファレンスシナリオでは74兆円、技術進展シナリオでは88.1兆円としている（図表1.2.1-7）。技術進展シナリオでは、化石資源投資が少なくなるが、再生可能エネルギーや省エネルギーへの投資が大きくなるため、レファレンスシナリオよりも2割ほど高くなる。2021年から2050年の技術進展シナリオにおける年平均投資額は2.9兆ドルで、前述のIEAのNZEシナリオによる分析の4.8兆ドルよりも少ない。しかし、IEEJの投資予測は2021年から10年ごとに増えるとしており、10年ごとに減るとするIEAと傾向が異なる。

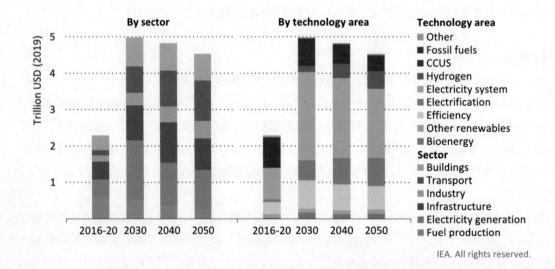

IEA. All rights reserved.

図表1.2.1-6　　　　NZEシナリオにおける資本投資額

©OECD/IEA Net Zero by 2050: A Roadmap for the Global Energy Sector, IEA Publishing,. Licence：www.iea.org/t&c

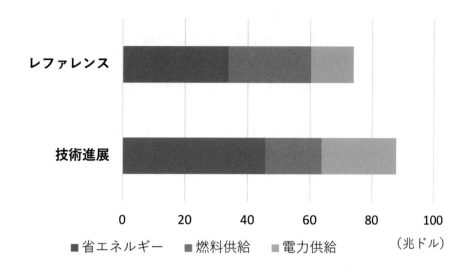

図表 1.2.1-7　IEEJ による 2 つのシナリオのもとでの世界のエネルギー関連投資
（2021～2050 年累積投資額）（IEEJ アウトルック 2023 を基に CRDS 作成）

（C）生物多様性の状況

　生物多様性に関する直近の世界目標は生物多様性条約第 10 回締約国会議（CBD COP10）（2010 年）で策定された愛知目標だった。2020 年 9 月に公表された「地球規模生物多様性概況第 5 版（GBO5）」によると、2011 年から 2020 年までの間の世界目標であった愛知目標に関して、20 ある目標のうち 6 つの目標では期限までに部分的な達成が見られたと評価された。例えば、2000 年からの 10 年間と比べて 2011 年からの 10 年間は世界的な森林減少の速度が約 3 分の 1 に減少した。保護地域は拡大し、2000 年以降の 20 年間で陸域では約 10％から少なくとも 15％に、海域では 3％から少なくとも 7％にまで増加した。生物多様性国家戦略及び行動計画を策定した国は 196 ある締約国のうち 168 か国にまで増加した。しかし残りの目標は未達成となった。国家戦略や行動計画を策定した国が 100 か国を超えたのが 2016 年以降と比較的最近であり、かつ各国が設定した目標水準は愛知目標達成に必要とされる水準よりも低かったとも指摘している。

　愛知目標に続く「ポスト 2020 生物多様性枠組」の策定はコロナ禍の影響もあり予定通りには進まなかったものの、2022 年 12 月にカナダ・モントリオールで開催された CBD COP15 第二部において「昆明・モントリオール生物多様性枠組み」として採択された。同枠組みでは、2050 年ビジョンを「自然と共生する世界」とし、2030 年に向けては、生物多様性の観点から陸と海の 30％以上を保全する「30by30」などのターゲットを定めた。

　企業活動に対して生物多様性保全を求める動きが国際社会の中で徐々に大きくなっている。世界経済フォーラムは 2020 年に「自然とビジネスの未来」報告書を発表し、世界の総 GDP の約半分にあたる約 44 兆ドルが自然に依存しており自然の損失が世界経済を脅かすと指摘した。特に金融業界で顕著な動きが見られる。その一つが EU による「タクソノミー規則」である。タクソノミー規則が対象とする環境目的には、気候変動の緩和や適応と並んで「生物多様性と生態系の保全および回復」がある。これまで先行的に気候変動の緩和、適応に関するタクソノミーの検討が進められていたが、現在は生物多様性と生態系を含むその他の環境目的に関する検討も進められている。

　2021 年に英国で開催された主要 7 か国首脳会議（G7 サミット）では「2030 年自然協約」が採択され、2030 年までに自然の損失を「ネイチャー・ポジティブ」へと反転させることが宣言された。同協約において G7 各国は、2030 年までに陸地及び海洋の少なくとも 30％の保全または保護を目指す「30by30 目標」に取り組むことになる。

　G7 開催にあたり「自然関連財務情報開示タスクフォース（TNFD：Task Force on Nature-related

Financial Disclosures）」も発足した。TNFDは、「気候関連財務情報開示タスクフォース（TCFD）」と同様、企業が自然関連リスクを報告し行動する枠組みをつくる役割を担っている。2022年3月には情報開示の枠組みである「TNFDフレームワーク」の初のベータ版が公表された。その内容は自然関連の基本的な概念・用語の定義、情報開示に関するTNFDとしての提言、企業が実際に自然関連のリスク・機会を評価するためのガイダンス（LEAP）の3つで構成されている。

　今後は気候変動リスクへの対応と同様、生物多様性や生態系に係るリスクへの対応もこれまで以上に強く求められる可能性が高まっている。しかしその一方で自然と事業活動の関係を定量的に評価し情報開示するための方法論や科学的裏付けは必ずしも十分に整備されていない。社会的な仕組み作りが急速に進む中、それらを支える科学研究や技術開発の必要性にも注目が集まっている。

（D）経済金融分野の動向

（D. a）ESG投資

　持続可能な社会の実現に向けた金融分野の動きはESG投資（Environmental, Social and Governance Investment）に象徴されるように拡大の一途を辿っている。2006年に国連が公表した「責任投資原則（PRI：Principles for Responsible Investment）」を受け、世界中の機関投資家には、環境、社会、企業統治に係る課題を投資分析や意思決定プロセスに組み込むことが求められ、投資対象の主体にはESGの課題に関する適切な開示が求められるようになった。PRIへの署名を行った機関は増加しており4,902（2022年3月末時点）となった。2019年には「責任銀行原則（Principles for Responsible Banking）」も公表され、金融機関の投融資行動に対しても同様の姿勢が求められるようになった。

　ESGに係る情報開示が求められる中、G20からの要請を受けて民間主導の「気候関連財務情報開示タスクフォース（TCFD）」が2015年に発足した。このTCFDでの検討の結果、2017年に、企業統治、戦略、リスク管理、指標と目標の4項目について開示することを求める提言が最終報告書としてとりまとめられ、公表された。その後、TCFD提言への賛同機関は徐々に増え、経済産業省の「日本のTCFD賛同企業・機関」によると2023年2月時点では世界で5,005の企業・機関が賛同を示し、自社の取組みを積極的に開示することでESG投資を呼び込む好循環を作ろうとする動きが広がっている。

　国連貿易開発会議（UNCTAD）の「WORLD INVESTMENT REPORT 2022」集計では2021年の持続可能性をテーマとした投資は5.2兆ドルに上り、前年から63％増加した。サステナブル・ファンドは61％増加して5932件、総運用資産は53％増加の2.7兆ドルであった。債券（グリーンボンド、サステナビリティボンド）も成長を続け、1兆ドルを超えて残高も2.5兆ドルと推定されている。

　こうした動きを受けて、後述するように自然資本を対象とした検討も別途始められた。自然関連財務情報開示タスクフォース（TNFD：Taskforce on Nature-related Financial Disclosures）が2019年の世界経済フォーラム年次総会で着想され、国連環境計画金融イニシアチブ（UNEPFI）、国連開発計画（UNDP）、世界自然保護基金（WWF）、英国環境NGOグローバルキャノピーによって2021年6月に設立された。

　ESG投資の拡大は顕著だが、その一方で問題点を指摘する声もある。何を「持続可能な経済活動」とするかが不明確であるとの問題もあり、EUやISOでの具体化が図られている。後述するようにEUではタクソノミー規則が策定されたが、社会情勢を受けて現実的な判断を迫られる事態になった。ISOにおいても2018年からISO/TC323で検討されている。石炭火力の取り扱いなど各国の思惑が調整され、2022年10月に委員会原案（CD）が登録された状況であり、規格案にむけて準備が進められている。

（D. b）EUのサステナブル・ファイナンス政策

　EUは、ESG投資を実践するファイナンス全体を指す「持続可能な金融（サステナブル・ファイナンス）」の推進に向けて法制化などを進めてきた。2018年に採択した「サステナブル・ファイナンス・アクションプラン」に基づいて、「タクソノミー規則」と呼ばれる経済活動の分類システムや、投資に必要な情報の開示に係

る制度、各種ツール等の整備を進めてきた。2021年7月には新たに「サステナブル経済への移行に向けたファイナンス戦略」を策定し、金融セクターの支援を通じてこの一連の取り組みを引き続き推進していく姿勢を示した。

一連の取り組みの中でも特に注目されたのはタクソノミー規則である。2020年7月に発効した同規則は環境面で持続可能な経済活動に該当する活動を分類・定義するものであり、EU域内の市場で活動する金融機関や企業に対して法令上の措置として実施される。同規則では環境面で持続可能な経済活動かどうかを判断するための4つの条件を提示している（図表1.2.1–8）。このうち目的①と②（気候変動の緩和と適応）についての検討が先行して行われ、2022年1月から適用開始となっている。その他の4つの目的は順次検討が進められ情報開示が求められる予定となっている。

目的①に関する検討では天然ガスおよび原子力による発電の取り扱いが大きな議論となった。それぞれへの依存度が高い国とそうでない国の間で意見が分かれていたが、結果的に、ライフサイクル全体でのGHGs排出が一定量以下になること、新設を制限すること、廃棄物処理についての詳細な計画があることなどの条件付きで、移行期の活動として2022年7月の本会議にて承認された。

1

研究対象分野の全体像

図表1.2.1–8　　タクソノミー規則の条件

条件1	設定された環境目的（※）のうち1つ以上に貢献すること （※）環境目的： ①気候変動の緩和（温室効果ガスの排出削減） ②気候変動への適応（気候変動による影響への対処） ③水資源と海洋資源の持続可能な利用および保全 ④循環経済への移行 ⑤汚染の予防と管理 ⑥生物多様性と生態系の保全および回復
条件2	いずれの環境目的も著しく害しないこと
条件3	人権などに係るセーフガードに従って実施すること
条件4	欧州委員会が策定するスクリーニング基準を遵守すること

EU HPを基にCRDS作成

（D. c）カーボンクレジット

COP26におけるパリ協定6条に規定される「市場メカニズム」の実施ルール（二重計上の防止、国連管理メカニズムなどの実施指針）が合意された。クレジットは排出量見通しに対する削減量をMVR（モニタリング・レポート・検証）を経て認証される。このルールは国同士の移転だけでは無く、民間企業の排出ガス削減にも準用され、脱炭素市場の活性化が期待される。

クレジットには国連・政府主導の制度と、民間主導のボランタリークレジットと呼ばれるものがある。世界銀行の「カーボンプライシングの現状と傾向 2022年」では2021年の発行残高は前年から48%増の4億7,800万トンであり、民間事業者が74%を占めていた。ボランタリークレジット市場は平均価格が1トン当たり3.82ドルであり、取引量は前年比92%増の3億6,200万トン、発行残高は14億ドルとなっていた。日本では2022年に東京証券取引所にカーボンクレジットの実証市場が開設された。

（D. d）カーボンプライシング

排出量取引制度（ETS）とあわせて炭素税による排出削減の取組も整備されている。上記世界銀行の報告書では炭素税に37、ETSに34の制度があり、世界のGHGs排出量の23%をカバーしている。価格は制度により大きく異なるが、全般に上昇している。2021年の収入は840億ドルであり、67%がETSであった。この

うちEUのETSが41%、2021年にETSを導入したドイツと英国を合わせると16%を占めており、欧州が主体となっている。$CO_2$1トン当たりの主要な取引での価格は2021年のEU–ETSで87ドル、イギリスのETSは99ドル、税は24ドル、中国のETSは9ドル、韓国のETSは19ドルなどである。

他にも暗示的な価格として、補助金やエネルギー課税、固定価格での買取り制度などがある。その価格設定は経済性から脱炭素を促進するインセンティブとなる一方、エネルギー価格にも影響する。

（D. e）サーキュラーエコノミーの状況

世界経済フォーラムが公表した「Circularity Gap Report 2020」によると、世界経済のサーキュラリティ（世界経済に投入される鉱物、化石燃料、金属、バイオマスの総量のうち回収・循環利用される割合）は9.1%から8.6%へと低下した（図表1.2.1–9）。その原因には①採掘資源量の増加、②社会の中での継続的な蓄積、③使用後の処理・循環利用の少なさがあるという。同レポートの2022年版では、最新データが収集できていないためか最新年の数字は示されなかったものの、この点に関する危機感が改めて指摘されていた。

図表1.2.1–9　　　世界経済のサーキュラリティ

	2015年	2017年
投入総量	928億トン	1,006億トン
回収・循環利用量	84億トン	86億トン
割合	9.1%	8.6%

近年は、サーキュラーエコノミーと温室効果ガス排出削減を組み合わせた方策提案も見られる。資源の処理や利用に伴って大量の温室効果ガスが排出されるとの認識に基づく。前述の「Circularity Gap Report」2022年版では車体の軽量化や交通の効率化、建築物の資源効率性の向上などによりサーキュラリティの改善と温室効果ガス排出削減を同時に実現できると提案している。国連環境計画によって設立された国際資源パネル（International Resource Panel）が作成した報告書「資源効率性と気候変動：低炭素未来に向けた物質効率性戦略」（2020年）でも物質効率性の改善が温室効果ガス排出削減の好機になるとし、住宅部門と自動車部門における可能性が検討されている。

その他、サーキュラーエコノミーに関する近年の世界的な動きの中ではプラスチックが注目された。OECDの報告「Global Plastics Outlook」によると世界のプラスチック生産量は過去20年間で2億3,400万トン（2000年）から4億6,000万トン（2019年）に倍増した。廃棄量も1億5,600万トン（2000年）から3億5,300万トン（2019年）に倍増した。そのうち19%は焼却、50%は埋め立て処分され、循環利用は9%に留まる。また残りの22%は環境中への流出もしくは不法な形での処分とされる。

先進国で生じた廃プラスチックの一部は再生プラスチック資源として中国や途上国に輸出される。しかしこれらのプラスチックが必ずしも適切に処理されず、環境中に流出していると指摘されている。2019年には2,200万トンの廃プラスチックが環境中に流出し、このうち610万トンが河川、湖沼、海洋など水系に流出した。環境中に流出・蓄積する廃プラスチックは環境負荷や社会・経済的な損失をもたらすとして国際的に問題視されている。近年は微細化したプラスチック片（いわゆるマイクロプラスチック）による環境リスクの懸念も指摘されるようになった。

海洋プラスチック問題やマイクロプラスチック問題が国際的な重要議題となる中、各国・地域が資源循環戦略の策定や廃棄物輸入規制などの政策的対応を行った。なかでも廃プラスチックの輸入大国であった中国が

2017年に輸入禁止措置を取ったことにより、廃プラスチックの国際的なフローは大きく変化した。中国に続いて東南アジア各国も廃プラスチックに対する規制強化を進めた。2019年5月には有害廃棄物が国境を越えて移動することを制限する「バーゼル条約」において汚れた廃プラスチックを追加する条約の附属書改正が可決された。これにより2021年1月の施行後は汚れた廃プラスチックを輸出する際に相手国の同意が必要となった。こうした一連の動きを受け、各国では使い捨てプラスチック製品の使用抑制や自国でのリサイクル強化など廃プラスチック抑制のための取組みが進められつつある。

［2］COVID–19による影響
（A）エネルギー消費活動に与えた影響

COVID–19が世界的に蔓延し始めた2020年の世界のエネルギー需要は2019年比で4%減少した。しかし翌2021年には4.6%増加し、コロナ禍前の2019年を上回る水準に回復した。2020年は繰り返されるロックダウンによって輸送や貿易を始めとした様々な経済活動が停滞せざるを得なくなり、エネルギー消費が抑制された。ところが2021年に入ると経済復興策を講じる国が徐々に増え、エネルギー需要が回復した。この回復を支えたのは特に中国、インド、東南アジアなどにおける高いエネルギー需要だった。

（B）人間活動に伴う自然環境への影響の変化

多くの国や都市がロックダウンや移動制限、国境封鎖などの各種措置を講じることによって、温室効果ガスや大気汚染物質の排出が軽減されるなど、人間活動に伴う環境負荷軽減が、一時的に世界各地で観察された。温室効果ガスの排出に関しては前出の通りだが、大気汚染物質に関しても同様の傾向が観察されている。

例えばEU圏内ではロックダウンの影響により、フランス、イタリア、スペインの主要都市において2020年の大気中NO_2濃度の年平均値が前年から最大25%減少していた。最初のロックダウンが行われた2020年4月だけを抜き出すと前年同月と比べて最大70%低下した都市があった（「Air quality in Europe 2020 report」）。このような現地観測データに基づく報告が世界各地から出てきており、システマティック・レビューという研究アプローチを用いて、それらの報告を体系的に精査・総合化する試みが研究として進められている。

［3］安全保障と環境・エネルギー
（A）国際エネルギー情勢とカーボンニュートラル

石油危機をきっかけにIEAが1974年に設立されて以来、エネルギー安全保障は常に重要な課題のひとつとして議論されてきた。IEAが毎年発行する将来展望（World Energy Outlook）では国際情勢を反映したエネルギー安全保障に関して詳細に分析している。2000年代半ば頃までの化石燃料の安定調達を中心とした議論から、気候変動対策や、電力システム全体での安定性の確保など、近年では多様かつ複雑な要素を含んだ内容へと変貌している。2020年10月に公開されたWEO2020で初めて2050年ネットゼロエミッション（NZE2050）の長期シナリオが示され[1]、翌年5月にカーボンニュートラル実現に向けた定量的な分析に基づくロードマップ（Net Zero by 2050）が発表された[2]。この中でネットゼロ化におけるエネルギー安全保障について説明している。報告書によれば、石油供給量は2050年時に2020年比で約1/4に縮小し、太陽光発電や風力発電といった再生可能エネルギーは発電量の6割を超える（図表1.2.1–10参照）。再生可能エネル

---

1 International Energy Agency（IEA）, "World Energy Outlook 2020", https://iea.blob.core.windows.net/assets/a72d8abf-de08-4385-8711-b8a062d6124a/WEO2020.pdf（2023年2月7日アクセス）

2 International Energy Agency（IEA）, "Net Zero by 2050: A Roadmap for the Global Energy Sector", https://iea.blob.core.windows.net/assets/deebef5d-0c34-4539-9d0c-10b13d840027/NetZeroby2050-ARoadmapfortheGlobalEnergySector_CORR.pdf（2023年2月7日アクセス）

ギーの導入拡大により総原油供給量は減少方向に移行するが、生産原価が低いOPECのシェアは34%から52%まで拡大、原油供給元としてOPECに対する依存度が高まる事について安全保障上のリスクを指摘している。

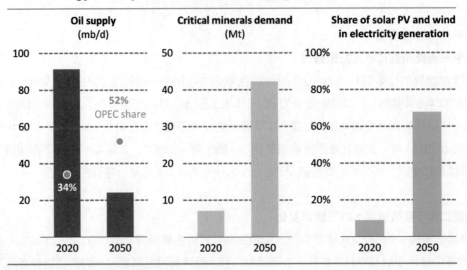

Global energy security indicators in the net zero pathway

Note: mb/d = million barrels per day; Mt = million tonnes.

図表1.2.1–10　　　　ネットゼロに向けた道筋における世界のエネルギー安全保障の指標[2]

©OECD/IEA Net Zero by 2050: A Roadmap for the Global Energy Sector, IEA Publishing,. Licence : www.iea.org/t&c

　再生可能エネルギー分野の成長に伴い発電施設や関連設備、蓄電システム、送配電網の製造・整備に不可欠とされる重要鉱物の需要が急速に高まる。IEAが2023年1月に発行した「エネルギー技術展望（ETP）」では、NZEシナリオにおける最終用途別の世界の重要鉱物需要について見通しを示している[3]。世界のリチウムの総需要に占めるEVと系統用蓄電池の割合は2021年の45%から2030年には約90%まで急増する（図表1.2.1–11参照）。銅は再生可能エネルギー発電、EV、電力ネットワーク用途で25%から45%に上昇する。同様の用途で10年前は5%未満であったニッケルは2030年にその割合が60%近くに達すると予測している。風力発電設備やEV向けモーターの中核部材である磁石の利用拡大に伴い、コバルトやネオジムといった他の鉱物資源に対する需要も増加する傾向にある。報告書では、2030年までのNZEシナリオの必要量に対し、硫酸ニッケルで60%、リチウムで35%の供給不足を予測している。このような状況は国家間や企業間による希少金属の争奪戦に加え、価格の高騰により調達が不安定化する事が懸念される。特に重要鉱物を他国からの輸入に依存する国は、カントリーリスクを考慮した強靱なサプライチェーン構築が重要な課題になる。

　3　　International Energy Agency (IEA), "Energy Technology Perspectives 2023",
　　　　https://iea.blob.core.windows.net/assets/d1ec36e9-fb41-466b-b265-45b0e7a4af36/EnergyTechnologyPerspecti
　　　　ves2023.pdf（2023年2月7日アクセス）

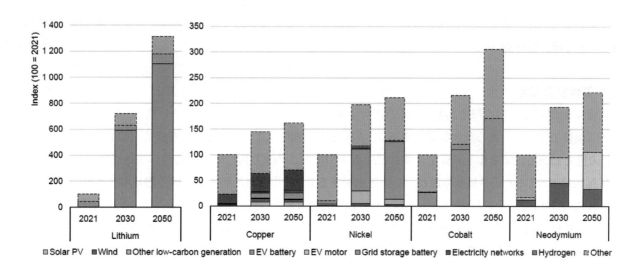

図表 1.2.1–11　　　NZE シナリオにおける最終用途別の世界のクリティカルマテリアル需要[3]

©OECD/IEA Energy Technology Perspectives 2023, IEA Publishing,. Licence : www.iea.org/t&c

1
研究対象分野の全体像

　太陽光発電や風力発電など自然条件によって出力が大きく変動する自然変動電源の導入が世界的に進む中、安定的な電力供給を確保するために、エネルギーシステムの分散化や送配電系統の強化、需要側で柔軟に調整できる蓄電技術の発展が重要になる。IEA が示す「Power Systems in Transition」でエネルギー安全保障の重要な要素として、①適切性、②運用上の安全性、③強靱性を挙げている[4]。これら3つの要素はそれぞれ、通常動作時での電力供給能力の維持、イベント発生後に通常状態にいち早く復帰できる機能、短期的・長期的な変動に対する対応能力の確保、に対応しており、気候変動を含むあらゆるリスクを適切に管理したフレームワークの必要性を説いている。

　分散型電源の大量導入では、電力系統の需給バランスや電力品質等の安全性維持が重要なポイントになる。出力制御や系統運用にはデジタル技術の活用、拡大が有効であり、高度な電力マネジメントが可能になる一方、サイバー攻撃を受ける機会や箇所が増えるリスクがある。電力制御システムが攻撃を受けた場合、大規模停電が発生するなど安全保障上重大なインシデントを引き起こす恐れがあることから、サイバーセキュリティ対策の強化が重要である。スイスのジュネーブに拠点を置く国際電気連合通信（ITU）は各国のサイバーセキュリティの取り組み状況について、グローバル・サイバーセキュリティ・インデックス（GCI）という指標を用い評価している。GCI は、①法整備、②技術、③組織、④キャパシティ・ビルディング（人材開発、資格の整備など）、⑤協力（国際連携・連携など）の5つの観点から総合スコアを算出している。「Global Cybersecurity Index 2020」によると、GCI スコアランキング1位は米国で100、日本はスコア98.72 でランキング7位だった[5]。国際的な評価機関によるサイバーセキュリティの定量評価は、現在地でのシステム脆弱性を可視化し、具体的な施策を講じるうえで有用な指標である。

　脱炭素化を念頭に置いた再生可能エネルギーの主力電源において、電力インフラのレジリエンス向上には蓄電能力の強化が不可欠である。今後の蓄エネルギー技術として水素、アンモニア等を活用した電力貯蔵技術、水素と CO_2 を合成して製造する合成燃料技術などが期待されている。科学的アプローチに基づく高効率

4　International Energy Agency (IEA), "Power Systems in Transition", https://iea.blob.core.windows.net/assets/cd69028a-da78-4b47-b1bf-7520cdb20d70/Power_systems_in_transition.pdf（2023年2月7日アクセス）

5　International Telecommunication Union (ITU), "Global Cybersecurity Index 2020", https://www.itu.int/dms_pub/itu-d/opb/str/D-STR-GCI.01-2021-PDF-E.pdf（2023年2月7日アクセス）

化技術の創出はもとより、安全性の実証、既存蓄電システムと同等のコスト実現など社会実装には多くの課題があると認識されている。

（B）気候安全保障

　気候変動問題は単なる環境問題としての理解に留まらず、食糧問題やエネルギー問題、地政学的リスクなど地球規模で脅威を与える重大な事案であり、気候安全保障としてこれらの問題を捉え対処していく必要があるとの見方がある。エネルギー安全保障などは資源の配分、つまり入口の議論に対し、気候安全保障は安定的な気候によってもたらされる恩恵と、これを活用することで得られた結果について論じられる出口に相当する。気候変動に関する政府間パネル（IPCC）が2019年8月に公表した特別報告書「Climate Change and Land」[6] では、気候変動の結果起こる土地に基づくプロセスの変化により、人間及び生態系に対するリスクとして次のような問題が述べられている。すなわち、気候変動緩和策としてバイオマスエネルギー利用の推進や植林面積の拡大を進めた場合、これらと従来の作物生産との間で土地の競合が起き、結果として食料安全保障を不安定化させる可能性がある。そのため報告書では、このような複雑な問題に対処するためには、負の影響に対応する政策を複合的に実施する必要があり、気候変動に対する脆弱性を克服した持続可能な社会システムの構築が必要だと述べている。

　気候変動を契機とした社会・経済的、地政学的リスクや自然災害の頻発・被害の甚大化を踏まえ、近年では安全保障理事会の場において気候安全保障が議論されるようになってきた。2021年7月に発行の「令和3年版防衛白書」では、気候変動を安全保障上の課題と捉える動きが各国に広がっていると説明している。気候変動による複合的な影響に起因する水、食料、土地などの不足は大規模な住民移動を招き、社会的・政治的な緊張や紛争を誘発する恐れがあると指摘している。さらに、気温の上昇や異常気象、海面水位の上昇などは、軍の装備や基地、訓練施設などに対する負荷を増大させる可能性があるという。また、極端な気象現象の増加に伴い、洪水、ハリケーン、森林火災等の災害が増す恐れがある。従来の国防組織による災害救助・人道援助等の対応では追いつかないリスクも危惧される。北極海では海氷の融解が進むことで、航路として利用可能になる他、海底資源へのアクセスが容易になることから、沿岸国が海洋権益の確保に向けて、大陸棚の延長を主張するための調査や、軍事的な行動が活発化しているとの指摘もある。

　気候変動がもたらす国防上のリスクを踏まえ、米国ではバイデン政権発足直後の2021年1月に気候変動に関する大統領令を公布した。また、気候変動の影響を受けやすい大洋州島嶼国地域における主要国であるオーストラリアやニュージーランドは防衛力の整備、強化を図るなど世界各国で気候安全保障を確保するための政策を打ち出している。国際連携の動きとして2021年4月に気候変動サミットの中で気候安全保障セッションが開催された。会議には各国の国防トップが出席し気候変動がもたらす世界的な安全保障上の課題とこれに対する取組について議論が交わされた。世界がカーボンニュートラルの方向に進む中、これに関連し複雑に影響する気候安全保障やエネルギー安全保障の確保は重要な課題であり、重大な関心をもって注視していく必要がある。

（C）ウクライナ情勢を踏まえた各国の動向

　2022年2月に勃発したロシアによるウクライナ侵攻は、ロシア産の化石燃料に依存してきた国や地域のエネルギー安全保障や政策に重大な転換を促すと同時に各国が取り組む脱炭素化対策にも影響を与えた。2021年3月に米国はロシアへの制裁措置としてロシア産の原油や天然ガスなどの全面輸入禁止を発表した。

　6　International Plant Protection Convention（IPPC）, "Climate Change and Land",
　　　https://www.ipcc.ch/report/srccl/ （2023年2月7日アクセス）

ロシアからのエネルギー輸入量が多く、依存度が比較的高いEU（欧州委員会）は2021年5月、ロシア産化石燃料依存からの脱却計画「REPowerEU」に関する政策文書を公表した[7]。この計画の基本的な考え方は、①天然ガスの供給先の多角化、②化石燃料依存の解消の加速化である。①は米国などからのLNG（液化天然ガス）や、ノルウェーなど北欧地域からのパイプライン経由による天然ガスの輸入量の増加が主な施策である。②に関しては、2030年の温室効果ガス削減目標（1990年比で55%削減）を達成するための政策パッケージ「Fit for 55（FF55）」を土台としつつ、再生可能エネルギーへの移行の加速を図るものである。例えば、太陽光発電量を2025年までに現在の倍以上となる320 GWに増大させる他[8]、European Clean Hydrogen Allianceからは水素生産能力を2025年までに現状の10倍に相当する17.5 GWまで拡大する計画が示されるなど活発化している[9]。

2022年8月、米国のバイデン大統領は、連邦議会を通過したインフレ抑制法案に署名し同法が成立した[10]。米国の一次エネルギー自給率は2019年度で104.2%と欧州諸国に比較して相対的に高く[11]、ロシアに対する依存度は低い。しかしながらバイデン政権は、中長期的な視点から、気候変動対策とエネルギー安全保障強化は同国にとって重要な課題として位置付けており、法案成立に注力した。同法は10年間で約7,370億ドルの歳入を確保し、これを原資としてエネルギー安全保障と気候変動の分野に、税控除や補助金等を通じて3,690億ドルを投じる。支援の内訳をみると、再生可能エネルギー、原子力発電事業で1,603億ドルの税控除を筆頭に、CCS（CO_2回収・貯留）、DAC（大気中CO_2直接回収）に対する既存の税控除を拡大、製造業者（PV、風力タービン、バッテリー、重要鉱物の再利用）へ約300億ドルの控除、クリーン水素事業でライフサイクルでのCO_2排出量に応じた税控除など多岐にわたる。

個別技術に関する動向としては、2021年の世界的なガス価格高騰の影響や今回のウクライナ情勢の緊迫化から、特に欧州ではエネルギー安全保障の観点から、水素利用の促進や原子力発電を維持・推進する動きが見られた。「REPowerEU」では、「Hydrogen Accelerator」という新たなイニシアチブが提案され、大規模な水素サプライチェーン構築と、量産体制整備に向けた計画が示された。「国家水素戦略」を軸に水素政策を推し進めるドイツでは、ウクライナ情勢を受け水電解によるクリーン水素製造技術開発や、複数の国・地域からの国際調達を加速している。ベルギー政府は国内にある7基の原子力発電所の運転を2025年末までに順次停止する計画を撤回、2基の原発について2025年以降も10年延長させる方針を決定した[12]。英国政府は「British Energy Security Strategy」で2030年までに最大8基の原発を新設し、2050年には電

7　European Commission, "COMMUNICATION FROM THE COMMISSION TO THE EUROPEAN PARLIAMENT, THE EUROPEAN COUNCIL, THE COUNCIL, THE EUROPEAN ECONOMIC AND SOCIAL COMMITTEE AND THE COMMITTEE OF THE REGIONS REPowerEU Plan",
https://eur-lex.europa.eu/legal-content/EN/TXT/?uri=COM%3A2022%3A230%3AFIN&qid=1653033742483 （2023年2月7日アクセス）

8　European Commission, "EU Solar Energy Strategy",
https://energy.ec.europa.eu/system/files/2022-05/COM_2022_221_2_EN_ACT_part1_v7.pdf （2023年2月7日アクセス）

9　European Commission, "Hydrogen: Commission supports industry commitment to boost by tenfold electrolyser manufacturing capacities in the EU",
https://ec.europa.eu/commission/presscorner/detail/es/ip_22_2829 （2023年2月7日アクセス）

10　米国政府, "PublicLaw117-169", 米国政府,
https://www.govinfo.gov/content/pkg/PLAW-117publ169/pdf/PLAW-117publ169.pdf （2023年2月7日アクセス）

11　経済産業省,「2021－日本が抱えているエネルギー問題（前編）」,
https://www.enecho.meti.go.jp/about/special/johoteikyo/energyissue2021_1.html （2023年2月7日アクセス）

12　ベルギー政府, "Prolongation de la durée de vie des centrales Doel 4 et Tihange 3",
https://www.premier.be/fr/prolongation-de-la-duree-de-vie-des-centrales-doel-4-et-tihange-3 （2023年2月7日アクセス）

力需要のうち最大25%を原子力発電でまかなう計画を示した[13]。ドイツでは既存原子炉3基を2020年末までに停止し、脱原発を完了する予定であった。しかしながら冬の電力安定へ非常用の予備電源として活用することを目的とし、同年10月に連邦政府は原子力法を改正、原子力発電所3基の稼働を2023年4月15日まで延長することを閣議決定した[14]。世界的には次世代炉としてSMR（小型モジュール炉）の利用が期待されており、欧米諸国や中国で研究開発が進んでいる。今後の原子力発電に関する動向は、カーボンニュートラルとエネルギー安全保障の両側面から注視が必要である。

［4］環境・エネルギー関連産業の現状

（A）再生可能エネルギー

　REN21（21世紀のための自然エネルギーネットワーク）の「Renewables 2021 Global Status Report」（2022年6月）によると、世界の最終エネルギー消費量全体に占める再生可能エネルギー（水力、風力、太陽光、地熱、バイオマス発電等）のシェアはあまり増加しておらず（2009年に8.7%、2019年に11.7%）、コロナ禍でエネルギー需要が減少した2020年でも大きな変化は見られなかった（12.6%）。

　2021年の世界の電力生産量に占める再生可能エネルギーの割合は28.3%であり、10年前の2011年（20.4%）から約8%増加した（図表1.2.1–12）。内訳は、水力発電：15%（2011年は16%。以下同じ）、太陽光・風力発電：10%（2%）、バイオマス・地熱発電：3%（2%）だった。また電力分野における2021年の再生可能エネルギー新規導入量は前年比17%増の314.5 GWと記録的な増加となり、総設備容量は前年比11%増の3,146 GWとなった。国別では中国が世界全体の新規導入量の43%を占めていた。ただし2050年カーボンニュートラルの実現に向けてはこれでもまだ十分な量ではなく、IEAのNZEシナリオ等に基づけば年間825 GWの新規導入が必要とされている。発電コストでは太陽光と風力が、産業の成熟、経済の拡大、技術革新、サプライチェーンの高度化等を背景に、過去10年間で顕著な減少を見せていた。しかしながら2020年以降、コロナ禍における経済活動の停滞の中で太陽光の発電モジュールや風力発電用タービン製造のための原材料価格が上昇し、価格増につながった。風力発電用タービンの主要メーカーでは例年と比べて20%の価格増となった。

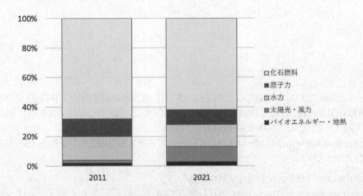

図表1.2.1–12　　　　電力生産に占める再生可能エネルギーの割合の変化[15]

13　英国政府, "British energy security strategy",
https://assets.publishing.service.gov.uk/government/uploads/system/uploads/attachment_data/file/1069969/british-energy-security-strategy-web-accessible.pdf,（2023年2月7日アクセス）

14　ドイツ連邦政府, "Energy supply security is key",
https://www.bundesregierung.de/breg-en/news/nuclear-power-continued-operation-2135918（2023年2月7日アクセス）

15　REN21 Global Status Report 2022のFigure 5を基にCRDSにて図作成

（B）蓄電池

　今後変動性の再エネの導入がさらに進み、特に昼間のみ発電できる太陽光発電の増大に伴い、電力システムの需給安定化のために大量の定置用蓄電池の導入が不可欠となる。 IRENAの「Global Renewable Outlook」（2020）[16]の予測では、図表1.2.1–13のようにPESシナリオ（現行計画シナリオ、各国政府の目標ベース）で世界の蓄電池の容量は2019年の30 GWhに対し、2030年370 GWh（10倍）、2050年3,400 GWh（100倍）に増大する。 EV車向けの蓄電池についてはそれより大きな導入量が予想されている。またTESシナリオ（エネルギー転換シナリオ）では定置用、車載用いずれもさらに導入量が大きくなる。このため多くの国が蓄電池産業を重視し、政策面での支援を打ち出している。

　　米国：100日レビュー及びリチウム電池国家計画（2021年6月）、超党派インフラ法（2021年11月）、
　　　　　インフレ抑制法（2022年8月）
　　欧州：EUバッテリーアライアンス（EBA）設立（2017年10月）
　　韓国：Kバッテリー発展戦略（2021年7月）
　　中国：新エネルギー車（NEV）に対する補助金

　現在のリチウムイオン電池市場では、中国（車載用首位）と韓国（定置用首位）のメーカーが存在感を見せている。日本のメーカーは定置用で2016年に27%のシェアを持っていたが、2020年には5%に低下し、車載用では2015年のシェア52%から2020年は21%に低下している[17]。2050年の定置用と車載用の容量の合計が約1万GWhで、電池の価格を1万円/kWhと仮定して概算すればおよそ100兆円の市場になると見積もられる。現状では電動車（バッテリーEVおよびプラグインハイブリッドEV）の立ち上がりが顕著であり、2021年には累積1,600万台と3年間でおよそ3倍に増加し、そのうち中国製がおよそ半分を占めている（図表1.2.1–14）。

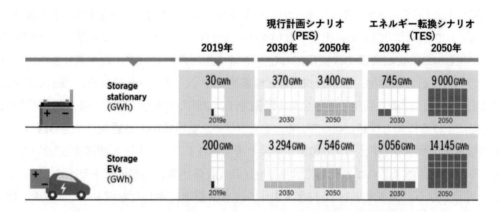

図表1.2.1–13　　将来必要とされる蓄電池の容量
（IRENA「Global Renewable Outlook」（2020）をもとにCRDS作成）

16　国際再生可能エネルギー機関（IRENA），"Global Renewable Outlook"（2020），
　　　https://www.irena.org/publications/2020/Apr/Global-Renewables-Outlook-2020（2023年2月21日アクセス）

17　経済産業省，「蓄電池産業戦略」（2022年8月31日）、
　　　https://www.meti.go.jp/policy/mono_info_service/joho/conference/battery_strategy.html　（2023年2月21日アクセス）

1

研究対象分野の全体像

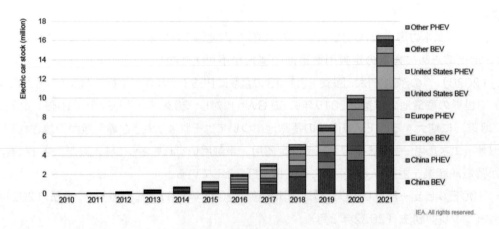

図表 1.2.1–14　　世界のEV積算導入台数の推移（百万台）

©OECD/IEA Global EV Outlook 2022, IEA Publishing,. Licence : www.iea.org/t&c

（C）水素・アンモニア

　水素・アンモニアは再生可能エネルギー電力から製造でき、貯蔵後に発電に用いることで電力需給の安定化に寄与する。電力以外のセクターにおいても、運輸におけるFCV用水素や持続可能な航空燃料（SAF）などの原料、化学産業における回収CO_2から基礎化学品製造の際の還元剤、製鉄産業におけるコークス（原料炭）に代わる還元剤など、幅広い分野のカーボンニュートラル化のために重要な役割を担うと考えられている。そのため30以上の国がそれぞれに水素戦略を打ち出し取り組みを強化している（日本2017年、ドイツ、EU、フランス2020年、英国2021年、など）。 IEAのネットゼロシナリオにおいても水素は不可欠な技術とされており、図表1.2.1–15に示すようにシナリオの達成のためには2050年に5億トン/年の水素・アンモニアが必要であるとしている[2]。 CO_2の排出が少ないクリーンな水素としては、再エネ電力による電解水素（グリーン水素）が主となり、化石資源の改質反応とCO_2貯留の組み合わせ（ブルー水素）も活用されると見込まれる。現在の利用（石油精製用、肥料合成用など産業利用中心、グレー水素中心）の5倍以上の量であり水素の製造から、輸送、貯蔵、利用に亘る全ての段階でインフラの構築が必要となる。設備投資に加えて製造コストを大幅に下げる技術も課題となっている。またクリーンな水素を十分量製造できる国は限られることから、国際的な水素のサプライチェーンの構築が必要と考えられている。水素を輸送するためには、パイプラインを敷設するか、長距離であれば液化して水素キャリア（液体水素、有機ハイドライド、アンモニアなど）の形での海上輸送となる。図表1.2.1–16に示すように、水素製造に適した地域としては中東、北アフリカ、サハラ以南アフリカ、オーストラリアなどが挙げられ、外部からの調達を必要とする国は欧州や日本を含む東アジアの国などである[18]。関係する各国は水素製造・輸送の実証試験を進めるとともに、相手国との関係構築を目指している。

18　国際再生可能エネルギー機関（IRENA）、"Geopolitics of the Energy Transformation"（2022）、
https://www.irena.org/publications/2022/Jan/Geopolitics-of-the-Energy-Transformation-Hydrogen（2023年2月21日アクセス）

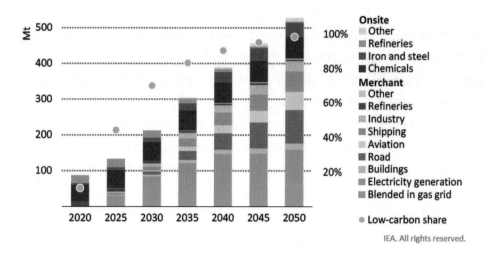

IEA. All rights reserved.

図表1.2.1–15　　　IEAのNZEシナリオにおける世界の水素の需要量[2]

©OECD/IEA Net Zero by 2050: A Roadmap for the Global Energy Sector, IEA Publishing,. Licence : www.iea.org/t&c

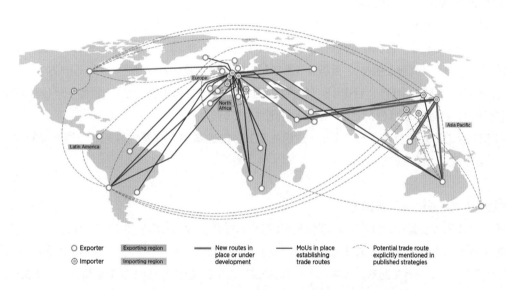

図表1.2.1–16　　　検討中の水素の国際ネットワーク[19]

©IRENA Geopolitics of the Energy Transformation: The Hydrogen Factor, IRENA Publishing,. Licence: www.irena.org

（D）石油メジャー

　石油メジャー（ExxonMobil、Chevron、ConocoPhillips、Shell、BP、Total）の戦略としては、低炭素化の流れに向けて、徹底的な低コスト化（投資抑制、高コスト設備の売却など）を行い、液分（石油）を減らしCO_2の排出がより少ない天然ガスの比率を高める方向である[19]。石油、天然ガスの総需要は減少に向かうとする見方がある一方で、2030年までは増加を続けるという見方もある。脱炭素化への対応として欧州系のメジャーは、バイオリファイナリー化や再生可能エネルギーなどへの投資を積極的に進めている。2020年に欧州系各社は2050年までにネットゼロを達成すると宣言しており、サプライチェーン排出量のScope1

19　日本エネルギー経済研究所「メジャー企業の石油・天然ガス上流事業戦略とその比較」，
　　　https://eneken.ieej.or.jp/report_detail.php?article_info__id=10097　（2023年2月21日アクセス）

（直接排出）、2（間接排出）に加え Scope3（その他の排出）にも踏み込んでいる（ただし欧州域内に限定するなど部分的ではある）。一方米系のメジャーは、2021年以降にネットゼロ宣言を発表しているが、Scope1と2に留まっている。Scope3は、自社での製造時以外のサプライチェーン全体でのCO_2排出を指しており、それをゼロにするためには化石資源由来のエネルギーを末端の利用者が使用しない状況か、ライフサイクルでのCO_2排出を相殺するだけのネガティブエミッションの手段をどこかで持つかである。現状は、世界の石油需要はコロナ禍前の2019年との比較で、翌2020年は約9％の減少となったが、その後増加し、2022年は2019年とほぼ同等の水準になる見通しである。原油価格は、コロナ禍からの経済回復と石油減産体制の継続から2021年より上昇し始め、2022年はウクライナ侵攻による供給不安定化から1バレル100USドルを超える高値で推移した（2022年末時点では70USドル台に落ち着く）。結果的に石油各社は増収となっている。これらのことはエネルギーのトランジションにおいて安定供給、経済、気候対策の3Eを同時に満たしながら進める道のりの険しさを示している。Shellが2021年2月に発表した「エネルギー変革シナリオ2021」[20]では3つのシナリオ、Waves（経済回復優先）、Islands（自国利益優先）、Sky（健康・福祉優先）を挙げているが、足下ではこれらの要因が絡んだ複雑な様相を呈している。

［5］日本の状況

（A）SDGsの進捗状況（日本の評価）

「Sustainable Development Report 2022」によると、日本のSDGs達成状況およびその見通しの順位は163か国中19位である。目標4（教育）、目標9（イノベーション）、目標16（平和と公正）は達成済み、目標1（貧困）、目標3（健康と福祉）、目標8（働きがい）は進捗良好と評価されている一方で、目標5（ジェンダー）、目標12（生産・消費）、目標13（気候変動）、目標14（海の豊かさ）、目標15（陸の豊かさ）、目標17（実施手段）の達成度は依然として低いと評価されている。

国内ではSDGsの認知度は高まっており、政府もSDGs推進本部が「優先課題8分野」に対するアクションプラン2022を策定し推進している。

（B）温室効果ガス（GHGs）排出量[21]

温室効果ガスの総排出量は2014年度以降連続で減少しており、2020年度は11億5,000万トンCO_2-eqだった。森林等の吸収源対策による吸収量は4,450万トンCO_2-eqであり、総排出量からこの吸収量を引いた値は11億600万トンCO_2-eqである。エネルギー起源CO_2の排出量は9.9億トンで総排出量の86.5％を占めていた。パリ協定における日本は2030年度に2013年度比で46.0％減としており、目標達成に向けては更なる削減が必要な状況である。

エネルギー起源CO_2の排出量（電気・熱配分後）を部門別に見ると、産業部門（34.0％）からの排出が最も大きく、次いで運輸部門（17.7％）、業務その他部門（17.4％）、家庭部門（15.9％）となっている。前年度からの変化では産業、運輸、業務その他は減少したが家庭部門は増加が見られた。増加要因としてはコロナ禍で在宅時間が増加したことによる電力等のエネルギー消費量の増加等が考えられている。

（C）気候変動の状況

文部科学省及び気象庁が運営する「気候変動に関する懇談会」が、科学的知見の提供の一環として「日

20 Shell Global, "THE ENERGY TRANSFORMATION SCENARIOS",
    https://www.shell.com/energy-and-innovation/the-energy-future/scenarios/the-energy-transformation-scenarios.html#iframe=L3dlYmFwcHMvU2NlbmFyaW9zX2xvbmdfaG9yaXpvbnMv（2023年2月21日アクセス）

21 環境省,「2022年度（令和2年度）の温室効果ガス排出量（確報値）について」（2022）
    https://www.nies.go.jp/whatsnew/20220415/20220415-2.html（2023年2月16日アクセス）

本の気候変動2020–大気と陸・海洋に関する観測・予測評価報告書」を2020年12月に公表している。同報告書には、観測された事実や将来予測の結果に基づき、日本の気候変動の状況が体系的にまとめられている。将来予測に関しては主に2℃上昇シナリオ（RCP2.6）と4℃上昇シナリオ（RPC8.5）が利用されている。結果の一部を以下に例示する。

- 年平均気温は約1.4℃（2℃上昇シナリオ）上昇し、猛暑日や熱帯夜の増加、冬日の減少が予測される。
- 大雨や短時間強雨の発生頻度や強さは増加し、雨の降る日数は減少すると予測される。初夏（6月）の梅雨前線に伴う降水帯の活性は高まり、現在よりも南に位置すると予測される。なお7月については、予測の不確実性が高い。
- 日本付近における台風の強度は強まると予測される。4℃上昇シミュレーションの結果などから、日本の南海上においては、非常に強い熱帯低気圧の存在頻度が増す可能性が高いことが示されている。
- 海面水温は約1.14℃（2℃上昇シナリオ）上昇することが予測される。
- 沿岸の海面水位が約0.39m（約0.71m）上昇することが予測される。また、平均海面水位の上昇は、浸水災害のリスクを高める。日本沿岸において、10年に1回の確率で発生するような極端な高波の波高は増加すると予測されているが、その確信度は低い（台風経路の変化の将来予測の不確実性が高いため）。

また、環境省は2020年12月に「気候変動影響評価報告書」を取りまとめ、気候変動による影響が様々な分野に重大な影響を及ぼし得ることを示した。重大な気候変動影響を低減・回避するためには適応策と緩和策を両輪で実施していくことが重要であり、国や地方公共団体、事業者が様々な分野での適応策を策定することが求められている。

（D）資源循環の状況

日本の物質フローについて、2019年度の総物質投入量は約15億トンで、2000年度の約21億トンから約3割減少していた（図表1.2.1–17）。特に国内資源は減少が著しく、5割強の減少となった。出口側も土木構造物や耐久財としての蓄積純増が約4.5億トンと2000年度の4割程に留まったことをはじめ、全体的に減少が見られた。一方、循環利用量は2000年度より約1割増加して約2.4億トンだった。物質投入量が大幅に減少しつつも循環利用量は微増したことにより物質フロー全体としては循環利用の割合が増大する結果となった。

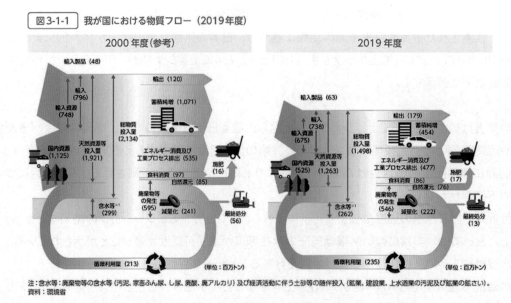

図3-1-1 我が国における物質フロー（2019年度）

注：含水等：廃棄物等の含水等（汚泥、家畜ふん尿、し尿、廃酸、廃アルカリ）及び経済活動に伴う土砂等の随伴投入（鉱業、建設業、上水道業の汚泥及び鉱業の鉱さい）。
資料：環境省

図表1.2.1–17　　　日本における物質フロー（2019年度）[22]

　2020年のプラスチック生産量は963万トン、排出量は822万トンだった。排出分のうちマテリアルリサイクルは173万トン（21%）、ケミカルリサイクルは27万トン（3.3%）、ガス化・固形燃料化・発電焼却・熱利用焼却などによるサーマルリサイクル（エネルギー回収）は509万トン（62%）であり、これらをまとめた「有効利用率」は86%となっている。廃プラスチックの一部は海外に運ばれて輸出先で処理されている。以前は大半が中国に輸出されていたものの、中国が2017年から段階的に輸入制限を行った影響により、現在は輸出先が多様化している（図表1.2.1–18）。主な輸出先はマレーシア、ベトナム、台湾で、これらで全体の7割を占めている。また輸入規制は中国のみならず東南アジアの複数の国・地域も行っている。その影響もあり輸出量は依然として減少傾向にある。2021年1月からはバーゼル条約の附属書改正が施行され、輸出量は更に減少している。

**図表1.2.1–18　　　日本の廃プラスチックの主な輸出先および輸出量推移
（カッコ内は構成比）[万トン]**

国・地域	2016年	2017年	2018年	2019年	2020年
総量	152.7	143.1	100.8	89.8	82.1（100.0%）
マレーシア	3.3	7.5	22.0	26.2	26.1（31.8%）
ベトナム	6.6	12.6	12.3	11.7	17.4（21.2%）
台湾	6.9	9.1	17.7	15.2	14.1（17.2%）
タイ	2.5	5.8	18.8	10.2	6.1（7.4%）
韓国	2.9	3.3	10.1	8.9	5.4（6.6%）
香港	49.3	27.5	5.4	5.7	3.1（3.8%）
インド	0.4	0.8	2.1	2.8	3.0（3.7%）

22　環境省,「令和4年版 環境・循環型社会・生物多様性白書」（2021）

インドネシア	0.0	0.3	2.0	1.7	2.7（3.3%）
米国	0.2	0.4	0.9	1.6	1.2（1.5%）
中国	80.3	74.9	4.6	1.9	0.7（0.8%）

（E）生物多様性の状況

2021年3月に公表された「生物多様性及び生態系サービスの総合評価2021（JBO3）」では、2016年に実施された前回評価（JBO2）と同じく、我が国の生物多様性の状態は引き続き悪化傾向にあることが示された。生態系サービスに関しても、一部（例：森林の表層崩壊防止サービス）で向上が見られたものの、全体的にはこちらも過去と比較して劣化傾向にあるとされた。

生物多様性の損失に対する直接的な要因について、①開発などによる圧力、②自然に対する人為的な働きかけの縮小、③人間によって持ち込まれたものによる危機、の3つに関しての影響は依然として大きいもののかつてと比べると低減していると評価された。加えて近年は④気候変動の影響が顕在化しつつあるとされた（例：タケ類の分布の北上、南方系チョウ類の個体数増加や分布域の北上、海水温の上昇によるサンゴの白化）。

こうした生物多様性の損失や生態系サービスの劣化に対し、各種対策は拡充されてきた。例えば保護地域の指定面積が拡大したほか、鳥獣管理の抜本的な強化や重要な里地里山の選定、特定外来生物の指定による管理強化、化学物質の製造・使用規制の実施等が行われてきている。しかしながら損失を回復するには至っておらず、更なる取組みの強化・開始が必要とされている。特に生物多様性損失の直接的な要因を対象とした対策だけではなく、間接的な要因（例：人口、経済、制度やガバナンス、価値観と行動）に変化をもたらすための効果的な介入について検討を行う必要性が指摘されている。

（F）国際情勢を踏まえたエネルギー政策

カーボンニュートラル宣言（2020年）以降、日本政府は、2050年カーボンニュートラル実現に向け、2030年度温室効果ガス排出量46%削減（2013年度比）の野心的な目標達成に向けた長期戦略を策定しその方向性を示してきた[23]。「地球温暖化対策計画」の閣議決定からわずか4ヶ月後の2022年2月に発生したロシアによるウクライナ侵攻を受け、日本を含むG7加盟国はロシアへの制裁の一環としてロシア産エネルギーへの依存状態から脱却を図ることで一致した。同年5月に日本政府はエネルギー安全保障の確保、産業界のエネルギー転換の具体的な道筋の作成、脱炭素化の取組みに向けて必要となる政策等をまとめた「クリーンエネルギー戦略」の中間整理を公表した[24]。エネルギー安全保障の確保に関する基本方針として、「ウクライナ危機・電力需給ひっ迫を踏まえ、再エネ、原子力などエネルギー安保及び脱炭素の効果の高い電源の最大限の活用など、エネルギー安定供給確保に万全を期し、その上で脱炭素を加速させるためのエネルギー政策を整理」すると説明した。

また、岸田首相は2022年7月、グリーン社会の実現に向け産業構造の転換を図る政策を具体化させるためGX実行会議を立ち上げ、エネルギー安定供給と脱炭素の両立に向けた具体的な方策を検討するよう指示した。同年12月に実施された第5回会議において、「GX実現に向けた基本方針（案）～今後10年を見据え

---

23 経済産業省,「地球温暖化対策計画」,
https://www.meti.go.jp/policy/energy_environment/global_warming/ontaikeikaku/keikaku_honbun.pdf, (2023年2月14日アクセス)

24 経済産業省,「クリーンエネルギー戦略 中間整理」,
https://www.meti.go.jp/shingikai/sankoshin/sangyo_gijutsu/green_transformation/pdf/008_01_00.pdf （2023年2月7日アクセス)

たロードマップ～」が示された[25]。基本方針として「エネルギー安定供給の確保を大前提としたGXに向けた脱炭素の取り組み」が掲げられ、エネルギー危機に耐え得る強靭なエネルギー需給構造への転換を目指すという。基本的な考え方は前出の「クリーンエネルギー戦略」の中間整理の内容に準拠しており、これまでのGX実行会議での議論を踏まえ、以下の項目について対応を行うとしている。：（1）徹底した省エネルギーの推進、製造業の構造転換（燃料・原料転換）、（2）再生可能エネルギーの主力電源化、（3）原子力の活用、（4）水素・アンモニアの導入促進、（5）カーボンニュートラル実現に向けた電力・ガス市場の整備、（6）資源確保に向けた資源外交など国の関与の強化、（7）蓄電池産業、（8）資源循環、（9）運輸部門のGX、（10）脱炭素目的のデジタル投資、（11）住宅・建築物、（12）インフラ、（13）カーボンリサイクル/ CCS、（14）食料・農林水産業

ウクライナ危機は、資源やエネルギーを特定の国や地域に依存することに対するリスクを浮き彫りにし、エネルギー安全保障を堅持していくことの重要性を再認識させた。エネルギーの安定的かつ適切な供給の確保と、これを前提とした脱炭素化に向けた取組みがますます重要になると考えられる。

（G）関連産業の規模

エネルギー分野の産業として、エネルギー変換と供給を担う部分は産業大分類で見ると「電気・ガス・熱供給・水道業」が該当する。総務省の「令和4年経済センサス−活動調査」によれば同産業の売上高は約36兆円（2020年）、付加価値額[26]4兆円（2020年）であり、日本の合計売上高1,702兆円と付加価値額49兆円に占める割合はそれぞれ2.1％、1.2％である。このように、エネルギーの供給部分の産業規模は小さいが、ほぼすべての産業はエネルギーがなければ稼働できないためにその影響力は大きい。

これら産業を支える一次エネルギーのうち、13.4％は再生可能エネルギーと水力が占め、それら以外のほとんどは鉱物性燃料（原油、ガス、石炭等）として輸入されており、令和4年度の輸入総額118兆円のうち33兆円（28％）を占める[27]。輸入項目は9つの大項目に分けられているが、そのうち鉱物性燃料の占める割合が最も大きい。なお前年の令和3年度では輸入総額91兆円のうち19兆円（22％）であり[28]、1年間に輸入額も、輸入総額に占める割合も大きく増加した。

一方、環境省によって「環境産業」の定義づけが行われ、新規の産業区分も使われるようになった。環境産業は「供給する製品・サービスが、環境保護及び資源管理に、直接的または間接的に寄与し、持続可能な社会の実現に貢献する産業」と定義され、国内の環境産業は「環境汚染防止」、「地球温暖化対策」、「廃棄物処理・資源有効利用」、「自然環境保全」の4分類に整理された（図表1.2.1−19）[29]。例えば、エコカーや省エネルギー建築、再生可能エネルギー売電は「地球温暖化対策」分野に入り、長寿命建築は「廃棄物処理・資源有効利用」分野に入る。これまでの産業分類とは異なる評価軸によるものであることに留意が必要である。

---

25 内閣官房，「GX実現に向けた基本方針（案）～今後10年を見据えたロードマップ～」，https://www.cas.go.jp/jp/seisaku/gx_jikkou_kaigi/dai5/siryou1.pdf （2023年2月7日アクセス）

26 付加価値額＝売上高−（費用総額（売上原価＋販売費及び一般管理費））＋給与総額＋租税公課 https://www.e-stat.go.jp/stat-search/files?tclass=000001157502&year=20210&month=12040606（2023年2月16日アクセス）

27 財務省貿易統計，令和4年分貿易統計（確報），https://www.customs.go.jp/toukei/shinbun/trade-st/2022/2022_115.pdf（2023年2月16日アクセス）

28 財務省貿易統計，「令和3年分貿易統計（確報）」，https://www.customs.go.jp/toukei/shinbun/trade-st/2021/2021_216.pdf（2023年2月16日アクセス）

29 環境産業市場規模検討会，「令和3年度環境産業の市場規模推計等委託業務環境産業の市場規模・雇用規模等に関する報告書」，https://www.env.go.jp/content/000046486.pdf（2023年3月16日アクセス）

図表1.2.1-19　　　　環境産業の分類

国内の4つの分類	内容
環境汚染防止	大気汚染防止、下水・排水処理、土壌・水質浄化、騒音・振動防止、環境経営支援、化学物質汚染防止
地球温暖化対策	クリーンエネルギー利用、省エネルギー化、自動車の低燃費化、排出権取引
廃棄物処理・資源有効利用	廃棄物処理・リサイクル、資源・機器の有効利用、長寿命化
自然環境保全	緑化・水辺再生、水資源利用、持続可能な農林水産業、環境保護意識向上

1

研究対象分野の全体像

　環境省による推計では、環境産業の規模は2020年に約104兆円に達している（2000年の約1.8倍）（図表1.2.1-20）。内訳としては「廃棄物処理・資源有効利用」50兆円、「地球温暖化対策」33兆円と大きく、「環境汚染防止」12兆円、「自然環境保全」9兆円であった。これは日本の全産業の産出額（名目）約980兆円（2020年）の10.7%を占める規模である。2000年にはこの値は6.1%であったことから、日本の経済成長に対して環境産業の与える影響が年々大きくなっていると指摘されている。雇用者は前年からの落ち込みが見られたが、252.2万人（2020年）で、2000年の180万人から増加している。内訳は「廃棄物処理・資源有効利用」142万人が最も大きな割合を占めるが、「地球温暖化対策」62万人は2000年から2020年に5.7倍に増えている。

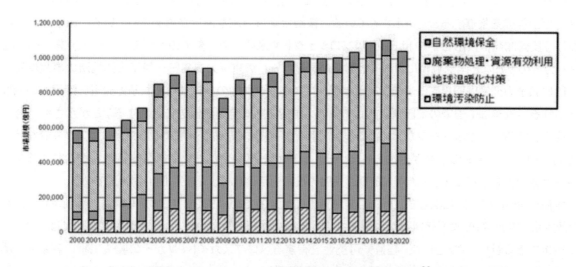

図表1.2.1-20　　　　環境産業の市場規模の推移[29]

　また、環境省による国内環境産業の将来市場予測では、2050年にかけて市場は上昇傾向を続け、124.4兆円まで成長し、2020～2050年の年平均成長率（CAGR）は0.6%と推計している。2050年の市場規模は、「地球温暖化対策」と「廃棄物処理・資源有効利用」が53兆円、52兆円と同等で、「環境汚染防止」と「自然環境保全」は10兆円程度としている。

　環境産業の輸出額は17兆円（2020年）で、その75%にあたる大きな部分を「地球温暖化対策」分野が占め、内容としては「低燃費・低排出認定車（輸出分）」と「ハイブリッド車」の割合が大きい。一方、輸入額は5.0兆円で、こちらも「地球温暖化対策」分野が73%と大きな割合をしめ、「太陽光発電システム」「ハイブリッド自動車」「バイオ燃料」「LED照明」「低燃費・低排出認定車（国内販売分）」の割合が大きい。

1.2.2 研究開発の動向

　第2章で取り上げた35の研究開発領域について概況をまとめる。なおJST-CRDSでは2022年10月から12月にかけて「令和4年度 環境・エネルギー分野俯瞰ワークショップ」を開催し、研究開発領域ごとの状況について議論を行っている（俯瞰ワークショプの開催概要については付録1参照）。本項目は同ワークショプで得られた指摘や議論も踏まえてとりまとめた。

1）エネルギー分野の研究開発の動向

❶ 電力のゼロエミ化・安定化（関連する研究開発領域：火力発電、原子力発電、太陽光発電、風力発電、バイオマス発電・利用、水力発電・海洋発電、地熱発電・利用、太陽熱発電・利用、CO₂回収・貯留（CCS））

　火力発電に関しては、これまでのゼロエミッションに向けた継続的な研究開発によりガスタービンにおける水素/アンモニア燃料の燃焼、石炭との混焼等で世界をリードしている。第6次エネルギー基本計画において再エネ導入量の増加に伴って変動する電力を補う調整力として活用されることが示され、GI基金などにより、カーボンニュートラル燃料への転換、CO_2回収を含めた高効率石炭ガス化複合発電の実証段階の研究・開発が加速されている。海外においても水素を活用するプロジェクトが開始されており、国内メーカーとも連携している。これまでに水素/アンモニア燃料の実機燃焼まで確認されており、実用化に向けて高温窒化など長期信頼性の確立に向けた材料耐久性の向上や燃焼現象の理解を通したデジタルツインの開発、DXやAIの活用による既存火力発電所も含めた運用・保守の最適化技術開発などが進められている。

　原子力発電に関して、世界で活用の拡大、産業支援の動きが見られており、国内では再稼働および次世代革新炉開発を推進することが示されている。核融合炉は着実な開発が進められている。原子力の利用における技術開発は核融合炉のITER国際プロジェクトや米国やカナダでの小型モジュール炉開発への国内メーカーの参加など国際協調による技術開発が見られる。東京電力福島第一原子力発電所の事故以降、世界的に原子力発電は縮小する傾向にあったが、エネルギー供給の多様性から原子力発電の活用への転換も見られる。近年は中国での増設が突出して多い。国内でも安全を最優先に活用することが示され、再稼働の促進、NEXIPイニシアチブなどによる次世代革新炉開発、それに対応する再処理、リスク評価などの技術面に加え人材育成の活動が進められている。レーザー核融合において自律的核融合燃焼によるエネルギー増幅が実証されるなどの進展もあり、民間の投資も活発化し、着実に開発が進んでいる。

　太陽光発電（PV）に関して、再エネ発電量を拡大するため、BIPV（建材一体型）、水上PV、営農一体型PV、車載用PVなど発電可能な領域を広げる検討が行われている。特にBIPVにおいてはシリコン系に対抗できる新しいPVとして、軽量で可撓性を有するペロブスカイトPVがその製造工程の容易さ、総じて高い変換効率からも注目され、世界中で研究開発が進められている。複数の発電層を積層し、変換効率を高める多接合型やタンデム型の研究開発も行われている。PVが実用に供されるためには効率のみならず長期信頼性が求められ、PVの劣化メカニズムの研究が欠かせない。モジュールの開発のみならず、既存のPVであってもその運用技術が発電効率や安全性、それに関わるコストに大きく影響する。電力の安定化のため天候に起因した発電量変化の予測、ドローンやAIを活用した効率的な保守メンテナンス、設置や運用における事故に対するリスクアセスメントの技術も必要となる。直流発電のPVを交流に変換し周波数調整を行う半導体技術も取り組まれている。

　風力発電に関して、世界で経済性の追求から着床式洋上風力発電を中心に大型化が急速に進み、浮体式洋上風力発電が実証段階から准商用段階となっている。2021年における新規設置風車の平均サイズは陸上用で3 MW、欧州の洋上用は8.2 MWになっており、定格出力15 MWロータ直径236 mの超大型風車が建設されている。新設は欧米が先行してきたが、中国を中心としたアジアで増加している。国内でも大型化の傾向にあり、公募占用計画の認定を受けた初めての浮体式洋上風力発電所が五島市沖に建設されて

いる。保守点検では遠隔監視とドローンの活用が普及している。欧州では今後の増加において変動電源特性に対処するため、北海・バルト海に人工のエネルギー島を造り、余剰電力で製造した水素を海底ガスパイプラインを利用して陸で活用する計画が進展している。

　バイオマス発電については、石炭火力発電混焼用のバイオマスのトレファクション（半炭化）技術やペレット製造プロセス（バイオマス専焼用も含む）の実証・実用化が国内外で進んでいる。酸素吹き石炭ガス化複合発電（IGCC）プロセスにCO_2回収設備を併設し、回収したCO_2を農業利用や微細藻類培養、CCUプロセスとの組合せによるメタノール等の併産プロセスへの展開が検討されている。バイオマス利用の輸送燃料については、廃食油などの油脂から製造された航空燃料（SAF）が実用化に至り、様々な 廃棄物系バイオマスや微細藻類培養由来のSAFの研究開発実証は継続されている。現在もなおコスト低減が課題とされ、高付加価値物質生産との併産の研究開発も検討されている。

　水力発電について、旺盛な更新需要に伴い、最新シミュレーションを活用した効率向上、運転範囲の拡大などの取り組みが精力的になされ、電力量の増加に寄与している。電蓄システムとしての揚水式水力発電のポテンシャルに注目し、下池として既存の多目的ダムを活用した小規模で安価な分散型の新揚水発電の研究も実施されている。

　海洋発電に関しては、これまでの海洋エネルギーに関する研究開発は波力発電に関するものがほとんどであったが、近年の世界的な海洋エネルギー利用技術開発の活発化に伴い、波力発電、潮流発電、海流発電、海洋温度差発電を対象とした大型の研究開発が実施されている。

　地熱発電に関して、経済産業省の長期エネルギー需給見通しでは、2030年までに地熱発電の設備容量を約1,400〜1,550 MWe（電源構成における割合では1.0〜1.1 %）にまで増加させる目標が掲げられている。地熱特有の技術課題解決に向けて、地熱貯留層の探索・評価・管理・掘削技術開発が進められている。探索の新しい方法として「空中物理探査」が採用実施されている。また、地熱発電に適した水や地下構造の条件を満たさない地点において、超臨界CO_2の高密度・低粘性に基づく流動や熱交換に対する有利さを生かしたカーボンリサイクルCO_2地熱発電技術の開発が実施されている。超臨界地熱発電については、超臨界地熱資源が形成される可能性が高い地域での超臨界水の状態把握及び資源量評価が実施されている。

　太陽熱発電に関して、集光型太陽熱発電（CSP）と太陽光発電（PV）ハイブリッドプラントが世界的に運用されている。再生可能エネルギー由来の電力を電気炉で熱に変換後、安価な蓄熱システムで蓄熱し、夜間等に熱発電する蓄熱発電（カルノーバッテリー）に関する研究が活発化している。研究開発の大きな流れは、蓄熱密度がより大きい潜熱蓄熱、化学蓄熱を活用した蓄熱システムの低コスト化と、発電システム全体の高温化による高効率化である。また、次世代技術として太陽集熱の燃料転換が注目されている。水、CO_2を熱化学サイクルで分解し、水素やメタノール等のソーラー燃料の製造を目的とした研究開発が実施されている。

　CCSについて、産業を中心とするCO_2の発生が避けられない状況においては、その排出の削減のためCO_2を回収し、貯留する技術が必要とされており、火力発電や製鉄の分野を中心に技術確立が進められている。さらに大気からのCO_2回収（DAC）は将来の技術として期待されており、欧米では既に実証試験に進む動きも見られている。 CO_2回収の方法としてアミン吸収液などによる化学吸収や物理吸収が主流であるが、回収の低コスト化を目指して固体吸収剤や膜分離技術の研究開発が行われている。貯留の方法として、産油国では石油の増産を図りつつCO_2を圧入するEORを中心に取り組まれているが、適用できる場所は限定されるため、CO_2の長期安定貯留の観点からも塩水帯水層での貯留の研究開発が進められている。地下資源の調査、CO_2安定貯留のモニタリングのための光ファイバーセンサー技術が重要となっている。

❷ **産業・運輸部門のゼロエミ化・炭素循環利用（関連する研究開発領域：蓄エネルギー技術、水素・アンモニア、CO_2利用、産業熱利用）**

　蓄エネルギー技術について、変動性の再エネの拡大に伴う電力の需給調整や貯蔵のための重要性が増し

ている。現在、揚水発電がその役割を担っているが、拡張には限界があり、新たな手段を追加する必要がある。短時間での需給調整に対しては蓄電池（二次電池）が中心になると考えられ、長期のエネルギー貯蔵は水素、蓄熱などを含めた多様な手段の研究開発が必要となる。分散型電源が需要側にも多く設置され、需給双方向の電力システムが構築される将来のスマートグリッドにおいては、蓄エネルギーシステムの果たす役割は複雑かつ大きくなる。電力用の大型蓄電池の分野ではさらなる高容量、長寿命、安全性、低コストに向けて研究開発が継続して行われている。電力用はEV車用よりもむしろ厳しい安全性が求められる場面もある。性能のみならず、将来的に希少金属の資源制約も懸念され、新しい概念の電池、例えばレドックスフロー電池における有機電解質の適用などの研究開発も期待される。

水素・アンモニアは、電力に変換できるほか、輸送用の燃料（燃料電池車）、CO_2を利用して有用物質に変換するための還元剤、製鉄プロセスにおける還元剤としての利用が可能であり、カーボンニュートラル社会を実現する上でのキー物質として期待が大きい。水素は種々の資源から製造できるが、最も注目されているのは再エネ電力を用いた水の電気分解であり（グリーン水素）、効率の高い水電解技術の研究開発が活発に行われている。再エネ資源は国や地域に偏りがあるため、貯蔵輸送可能な水素の国際的なネットワーク構築が必要となり、水素運搬のための水素キャリア技術（液体水素、有機ハイドライド、アンモニア）も重要である。水素、水素キャリアとも最大の課題はコストであり、安価な再エネ価格を前提として、効率の高い変換技術、反応ステップ削減のための研究開発が行われている。石炭火力においてアンモニアとの混焼の大型の実証試験が行われる予定であり、本格的な水素社会への先駆けの技術として注目される。

CO_2有効利用技術について、再生可能エネルギーが普及した場合でも、電力需給の安定化、大型輸送機の燃料、化学品などのため、炭素を含む有機物の利用を無くせない。化石資源への負荷を減らし回収したCO_2を有効利用する技術をCCU（Carbon Capture and Utilization）と呼び、代表的なCO_2変換反応として、メタノール合成、FT反応、メタネーションが挙げられる。いずれの反応も還元剤として水素を必要とし、安定なCO_2を活性化するための高度な触媒の研究開発が行われている。水素を経由せず直接CO_2を電解還元する方法も検討されており、反応原料として有用なCOの製造が現実的になりつつある。光触媒、光電極触媒や生体触媒によるCO_2還元反応についても実験室レベルではあるが、着実に研究開発が進められている。

産業熱利用について、低温排熱の有効利用として、蓄熱材料の高付加価値化（高密度化、長期の蓄熱）の研究開発が実施されるとともに、産業分野、民生分野の排熱実態調査などの統計データや、熱関連材料のデータベースなどが再整備されている。再生可能エネルギーの安定利用に向けた蓄エネルギー技術として中高温の蓄熱技術の開発が欧州を中心に精力的に実施されている。近年、蓄熱技術を介したPower to Heat to Power型の蓄エネルギー技術である蓄熱発電へと急速な展開を見せている。熱再生利用システムでは熱回収におけるコスト削減が重要であり、ヒートポンプの果たす役割が大きい。温暖化係数の小さい冷媒への転換が進められている。

❸ 業務・家庭部門のゼロエミ化・低温熱利用（関連する研究開発領域：地域・建物エネルギー利用）

民生部門におけるエネルギー消費量削減のために、ZEB（Net Zero Energy Building）、ZEH（Net Zero Energy House）への移行が推進されている。近年は、都心などの狭小地に建てる住宅のために、太陽光発電などの設備がなくてもZEHと認められるZEH Orientedのカテゴリーが設けられた。蓄電池を活用し再エネの自家消費を増大するとともに、災害時の電源供給も考えたZEH＋、次世代ZEH＋の普及も国が支援している。

地域熱供給は都市の生活基盤として整備が進められている。本来、建物側の空調機と一体となって制御されることで最適な運用となるが、従来は建物受け入れ端での温度や圧力が規定されており、このような最適化ができていなかった。近年では建物に熱を供給するだけにとどまらず、IoT技術の応用により、建物で受け入れた熱を建物内の各室に供給する設備まで同時に制御することで全体の最適化を図るシステムも登

場している。人流予測や居住者の属性・行動を画像解析から読み取ってフィードフォワード制御の検証や、深層ニューラルネットワーク等を活用し、空調システムの計測データから包括的な予測モデルを作成して最適制御を行う、モデル予測制御の研究が実施されている。

❹ 大気中CO₂除去（関連する研究開発領域：ネガティブエミッション技術）

大気中CO_2除去について、CO_2を吸収する負の排出技術、すなわちネガティブエミッション技術の実装がカーボンニュートラルに向けて必要不可欠である。ネガティブエミッション技術には、DACCS（Direct Air Carbon Capture and Storage）、BECCS（Bio–energy with Carbon Capture and Storage）などの工学的な手法に加えて、植林や土壌炭素貯留、沿岸部ブルーカーボンなど様々な方法がある。

農地、森林、海洋などの自然を活用したネガティブエミッション技術は、すでに技術的な要素が確立されているものも多い。一方で、気候変動への対策としてそれらの技術をどのように評価していくかについては国際的にも定まっていない。欧州では、近年カーボンファーミングの法制化に向けた動きもあり、自然を活用したネガティブエミッション技術の評価技術については関心が高まっている。国内ではCO_2吸収を高めるための早生樹の研究や、陸域生態系の観測・予測・モデリングに関する研究が実施されている。

❺ エネルギーシステム統合化（関連する研究開発領域：エネルギーマネジメントシステム、エネルギーシステム・技術評価）

エネルギーマネジメントシステムに関して、変動性の再生可能エネルギー（VRE）、分散型エネルギー資源（DER）を統合した調整力の創出、系統運用・電力市場での活用、関連研究開発が世界各地で活発に行われている。再生可能エネルギーや蓄電池の導入コストの低下など技術の進展や、地震、台風、集中豪雨、山火事などの自然災害の頻発を背景に、マイクログリッドへの関心が高まっている。また、スマートメータ等のエネルギーデータとスマートフォン位置情報（GPS）、自動運転ログデータ等のビッグデータを連携し、エネルギー消費分析、需要家機器稼働分析、消費者行動分析、行動経済学的分析への活用、さらに新たなサービスの提供などを実現するオープンデータベースの開発が期待されている。需要家の電力消費データは電力システム運用や新サービス創出において有用性が高い。不確実性が増大するなかでの需要予測は、デマンドレスポンス（DR）、DERなどへの展開において重要性が高まる。

エネルギーシステム・技術評価に関して、自然変動電源を用いた水電気分解による水素製造や、運輸部門などの非電力部門での水素需要、水素関連のエネルギーキャリアの長期貯蔵や長距離輸送への関心が高まっている。そのため、空間的・時間的解像度が高い電力システムモデルと、非電力部門も考慮できる長期世界エネルギーモデルとの統合の必要性が高まっている。

再生可能エネルギー（VRE）利用拡大で短周期的な充放電サイクルに強い蓄電池と、瞬時的応答に強いキャパシタや超電導エネルギー貯蔵装置などのシステムに対する技術評価がますます重要になっている。

また、マイクログリッド普及に伴う地域レベルの温暖化対策評価等を目的とした、都市最終エネルギー需要のシミュレーション技術開発が潮流になっているほか、行動経済学の考え方をエネルギー消費行動に適応する機運の高まりをみせている。

❻ エネルギー分野の基盤科学技術（関連する研究開発領域：反応性熱流体、トライボロジー、破壊力学）

反応性熱流体に関して、日本が先駆けとなったアンモニア直接燃焼が世界的な広がりを見せており、各国での開発プロジェクトの進行とともに、基礎的な燃焼現象の解明も活発に行われている。自動車業界ではSIP「革新的燃焼技術」の成果を引き継ぎ内燃機関研究組合AICEが中心となり、量産ベースで最大正味熱効率50%を超える高効率化に向けた燃焼コンセプト開発が進行している。水素燃焼エンジンの開発も活発になっており、NOxの低減などに取り組まれている。回転デトネーションエンジンについても宇宙での実証に成功するなど開発が進んでいる。

トライボロジーとは摩擦現象を扱う学理であり、摩擦の減少はエネルギーロスの削減に直結し、ありとあらゆる可動部位を有する機械の設計・開発における基盤技術となっている。構造材同士あるいは構造材と潤滑油との接触の分子レベルでの現象理解がオペランド分光の援用もあり進展し、摩擦、摩耗、焼き付きなどの現象の理解を深化させている。既に活用されている設計工学的なシミュレーションに加え、分子計算科学の利用、データサイエンスからのアプローチも進みつつある。表面加工技術においては、マルチスケールのパターン、Additive ManufacturingによるDLC付加加工、DLC膜の適用などが進められている。今後はカーボンニュートラルに資する機器（EV、風車、水素関連機器等）においてもトライボロジー技術の活用がますます進められるものと考えられる。

破壊力学に関して、マクロな材料物性からの解析手法はほぼ確立されているが、新たな材料への対応や材料の組み合わせからなる材料システム、高温環境や水素脆性などの環境条件への対応が求められており、機械学習を援用した手法なども含め研究が展開されている。計算機能力の進展を受け、第一原理計算によるナノレベルの力学から材料破壊に至るマクロレベルまでをつなぐマルチスケール解析手法の開発が継続されている。新たな製造技術である積層造形法における内部欠陥の分析手法やLiイオンバッテリーの衝撃破壊時などにおける構造・電気・化学の現象が同時に関係するマルチフィジックス解析手法の開発が求められている。

2）環境分野の研究開発の動向

❼ 地球システムの観測・予測（関連する研究開発領域：気候変動観測、気候変動予測、水循環（水資源・水防災）、生態系・生物多様性の観測・評価・予測）

本区分における最近の大きなトピックは気候変動に関する政府間パネル（IPCC）の第6次評価報告書（AR6）が公表されたことである。同報告書の作成に最新の科学的知見が活用されている。また、パリ協定加盟国がGHGs排出量の削減目標の達成に向けた実施状況を2023年に公開する第1回グローバル・ストックテイク（Global Stocktake：GST）の準備作業が2021年から始まり、関連する研究開発も進められている。

気候変動観測に関して、世界各国で2050年前後を目標とするカーボンニュートラル宣言が出されたことをうけ、近年の地球温暖化が人為的なGHGs排出がもたらしていることを科学的に検証する意義から、国際社会の移行が進展しているか合理的に検証する意義に変わりつつある。1.5℃目標に対応するために残された許容排出量は不確実性の幅をもって12年程度と見積もられているが、社会の移行とともに精度高く推定していくためにはGHGs濃度変化、循環、収支の評価や複雑な雲・エアロゾル効果の定量化などの観測、解析、評価が依然として重要である。

大気・陸域の観測では、CO_2以外のGHGsの観測と理解も進んでいる。100年単位での大気中寿命をもつCO_2に対して、数日から10年程度の短寿命気候強制因子（SLCFs）の観測、解析が進展し、IPCCのAR6第1作業部会（WG1）報告書「自然科学的根拠」で1つの章を割り当てられている。SLCFsの多くはブラックカーボンや対流圏O_3など大気汚染物質と重なっている。メタンは大気中寿命が10年程度であるため、排出量削減の効果が早く表れる期待があり、2030年に2020年比30%削減を目指すグローバルメタンプレッジには100か国以上が加盟している。IPCCではSLCFsに関するタスクフォースが設置され、2023年以降の第7次評価サイクルにおいてもSLCFsに関する方法論報告書の作成が決まっている。GHGsとAQ（大気質）の統合観測は、2018年に打ち上げ成功したJAXAのGOSAT-2衛星が初めて実現しており、産業活動で排出される二酸化窒素（NO_2）をマーカーとして検出することでNO_2と同時に排出されるCO_2やメタン発生源を特定可能としている。GHG/AQ統合観測はGOSATシリーズ後継機のGOSAT-GWや欧州のCO2Mミッションにも搭載が決定している。これらと地上拠点での継続データ取得により、アジア域の社会の移行の進展を客観的指標に基づく評価が可能となる。GHGs収支を把握するためにはGHGsフラックス以外にも森林植生を含む陸域生態系や土地利用、極域等のデータセットが重要である。植生に

よる炭素貯留量は国際的な長期生態系観測データが貢献しており、生物多様性及び生態系サービスに関する政府間科学政策プラットフォーム（IPBES）とIPCCとの協働が進んでいる。気候変動に伴う極端現象は大気だけでなく陸域でも熱波や永久凍土融解、植生の生産量減少、大規模森林火災などの形で表れてきており、それがさらに大気に影響を与えている。その極端現象が大気−陸面環境に与える影響をリモートセンシングなどでモニタリングし、解析する研究が注目されている。

　海洋の観測は、気候変動の観点からも極めて重要である。海洋と大気は熱、水、運動量の交換を通じて相互に影響を与えており、気候システムに年から数十年規模の自然変動をもたらしている。1970年以降、気候システムに蓄積された熱の9割以上を海洋が蓄え、1980年以降に人為的に排出されたCO_2の3割程度を海洋が吸収し、大気・陸域の温暖化を抑えていると推定されている。2021年から「持続可能な開発のための国連海洋科学の10年」も始まり、海洋科学の基盤、連携を構築し、科学的知見、データを統合し海洋政策に反映を目指している。その目的に沿った全球的な海洋観測と関連技術が不可欠である。同年に世界気象機関（WMO）も海洋観測データを全球気象予報に必要なデータポリシーと位置づけている。気候変動に影響を与える54の必須気候変数（ECVs）のうち海洋ECVsは19あり、海洋観測網Argoが中心的に対応している。Argoは深度2,000 mまでの物理変数、生物地球化学変数の取得、評価から始まったが、深度6,000 mまで観測するDeep Argoやプランクトンなど生物・生態系変数を観測可能なBGC Argoと拡張が進んでいる。外洋観測に沿岸も加えた統合的観測のため、外洋と沿岸域のギャップを埋める自立型水中グライダーのネットワーク構築が期待されている。フロート関連技術はとくに米国、フランスが産学官の研究者、技術者が境界を問わず連携し、国際標準的に用いられる観測機器を展開しており、基礎研究と社会のニーズ対応の両面で効果的に推進しており、良い模範となっている。

　気候変動予測について、気候モデルや地球システムモデル、全球雲解像モデルなどの各種予測モデルの高度化ならびに利活用に係る研究開発領域では前述のとおりIPCCのAR6（WG1）への貢献が最近の大きなトピックである。大型計算機の能力向上を背景に100メンバー以上の大規模アンサンブル実験が盛んになっており、対象も季節内から十年規模の予測へ拡張されつつある。アンサンブル実験の結果を活用したイベント・アトリビューション（EA）がIPCC AR6で大きく取り上げられた。EAは、極端気象現象の発生直後にその結果を速報するなど気候サービスとしての運用に向けた取り組みが本格化してきているが、同時に科学的な現象理解のためのツールとしても期待されている。予測の時間スケールとして十年規模予測が注目されている。GSTや適応策立案等に活かすため、従来の100年規模の予測に加えて、1〜10年程度先を対象とした予測研究が盛んになってきている。全球スケールの予測を領域スケールの予測と結びつける「グローカル解析」の研究も盛んにおこなわれており、例えば線状降水帯の発生ポテンシャルの予測が可能になることなどが期待されている。詳細な地域的予測への関心が高まる中、海洋では沿岸海洋の予測や気候変動影響評価に向けた研究も活発化している。衛星観測データを始めとする観測データの充実化を背景に、従来はチューニングの対象とされてきた不確実なモデルパラメータを観測情報のデータ同化によって推定したり、物理プロセスのモデル表現（パラメタリゼーション）の定式化を観測情報の組み合わせによって素過程レベルで評価したりする試みが始められている。気候予測研究への機械学習の活用も模索されている。例えば多大な計算コストを要する第一原理的な計算手法を機械学習により模倣する新しい手法が提案されつつある。

　水循環に関して、気候変動の影響に伴う激甚な水災害などを受け、関心が増大している。気象や農林水産業、防災分野などと水文分野との多分野連携の研究開発成果は適応に直結する。河川流域統合マネジメントや地下水資源の持続利用などの社会水文連携に関する研究も徐々に立ち上がり始めており、地域での実装につなげるためのさらなる進展が期待される。とりわけ最も早くから進展してきた気象水文連携の研究成果は、IPCC AR6 WG1報告書「自然科学的根拠」において気候の変化が与える水循環の変化として1つの章を設けて取り扱われている。同第2作業部会（WG2）報告書「気候変動の影響、適応、脆弱性」においては水循環の変化は一様ではなく、干ばつ（水資源不足）の増加する地域と洪水災害の増加する地

域があり、それぞれでの適応の重要性が述べられている。全球規模での水循環モデルの開発や、水文解析ツールのGoogle Earth Engineの台頭により、高解像度水循環研究が進展している。人工衛星による降水推定量の向上やフェーズドアレイ気象レーダーなどによるビッグデータ取得とデータ同化など利活用が進んでいる。その一方で、地上での蒸発散、地下水流動、積雪、台風実観測データ等のカバー率向上には飛躍的技術進展は見込まれておらず、少数データからの推定となっている。推定アルゴリズム改良等とともに継続観測データ取得の両輪の推進が重要である。

生態系・生物多様性に対する社会的関心が高まっている。英国財務省が2021年に発表した「生物多様性の経済学（ダスグプタ・レビュー）」はG7サミットなど国際的な政策議論でも繰り返し引用されており「2030年までに生物多様性の減少傾向を食い止め、回復に向かわせる」との「ネイチャーポジティブ宣言」の発出に繋がった。2022年12月の生物多様性条約第15回締約国会議では「昆明・モントリオール生物多様性枠組」が採択された。同枠組みでは2030年までに陸と海の30%以上を生物多様性の観点から保護・保全する「30by30」等の主要目標が定められた。同時期には「自然関連財務情報開示タスクフォース（TNFD）」が気候関連財務情報開示タスクフォース（TCFD）に続く枠組みとして発足し、情報開示枠組みに関するベータ版を作成・公表して多様なステークホルダーとの開かれた議論プロセスを進めている。

近年の研究開発動向としては、DNAデータ（環境DNA）の活用や3次元スキャニングなど地上観測の手法やツールがより多様化するとともに、衛星やドローンなどの無人航空機（UAV）等によるリモートセンシングの発展も顕著である。これらを用いて遺伝子から生態系レベルまでモニタリングが進められている。衛星観測では米国のNASAとメリーランド大による生態系観測ミッションからのデータが公開され注目されている。解像度は粗いもののデータを活用する研究機関や民間企業が増えている。画像解析をはじめとするクラウド上でのデータ解析ツールが充実し、生態系の管理と予測への技術応用が拡大している。Google Earth Engineが顕著だが、国内ではTellusなど国産のクラウドも推進されている。生物種の分布と変動を予測するための統計モデルや機械学習等のツールも発展しており、種分化や進化を含めた生物多様性の形成や維持に関わるプロセスの理論および実証研究も進展している。機械学習ツールの普及は著しく、観測やモニタリングを通じて蓄積されてきたビッグデータの活用に活かされている。近年は地球システム科学分野における全球スケールの炭素・水循環や気候変動予測の精度向上のために生態系に関する知見がこれまで以上に重視されており、将来予測モデルやシナリオの解析研究に生物多様性の情報がより明示的に組み込まれるようになってきている。長期・広域な大型フィールド観測プロジェクトが各地で進行しており、データを統合的に解析するなどの統合的アプローチや、大規模な操作実験プロジェクトが各国で行われている。

❽ 人と自然の調和（関連する研究開発領域：社会―生態システムの評価・予測、農林水産業における気候変動影響評価・適応、都市環境サステナビリティ、環境リスク学的感染症防御）

社会―生態システムに関して、人間社会と生態系は相互に密接に関連しており、人間社会が生物多様性や生態系に与える影響や生態系サービスの定性的・定量的な評価、生態系サービス間のトレードオフやシナジーの連関（ネクサス）分析など、社会―生態システムの評価・予測に関する研究が進展している。ダスグプタ・レビューでは、生物多様性や生態系の自然資本によって支えられている経済の現状をさまざまな視点から包括的にレビューし、経済に関する従来の認識や制度などにおける多くの問題を指摘するとともに、生物多様性や生態系を反映した経済のあるべき姿やそれに至るための多様な選択肢を提示している。また、生態系サービスや自然資本に影響する直接的な要因だけでなく、直接的要因に影響する人間社会の間接的な要因も明らかにされつつある。人間社会と生態系の間のフィードバック作用を組み入れた社会―生態システムの統合的なダイナミクスの理解に関する研究は発展途上段階にあり、超学際的な研究開発が求められている。ここ数年、TNFDやSBTs for Natureなど企業活動が生物多様性や自然資本に与える影響を評価し、持続可能なビジネス活動を実現するための国際的な動向や取り組みが急速に進展している。ESG投資

に対して科学的に裏付けのある確かな投資指標が求められているが、こうしたニーズに応えられる物は普及していない。生態系サービスと自然資本に関する情報が多様な意思決定の場で十分には使われておらず、政策に反映するための課題が指摘されており、研究からガバナンスの実践までを長期的なイニシアチブで推進していくことが重要である。

　農林水産業における気候変動影響評価・適応について、気候変動シナリオと食料生産への影響予測や水産分野における資源評価モデルの開発などが進展している。極端な気象現象が農業生産基盤や生態系などに与える影響の解明も進んでいるが、農業分野だけでなく生態学、地球物理学、工学など総合的なアプローチが求められている。生物多様性や生態系サービスを強化することで農林水産業の気候変動への適応力を強化することが期待されている。「生態系を活用した適応策（EbA）」、「グリーンインフラ」、「生態系を活用した防災・減災（Eco-DRR）」等とともに、「自然を活用した解決策（NbS）」に注目が集まっている。日本においては気候変動が農林水産業に与える影響の将来予測に加えて、緩和策・適応策の開発、農地における生物多様性保全や生態系サービス活用のための研究が進められている。水産分野においては、ブルーカーボンの活用がNbSとして位置付けられており、CO_2吸収源拡大や再生可能バイオマスとしての活用に資する研究開発が進展している。農林水産業は気候変動緩和・適応に加えて、様々なコベネフィットをもたらすと考えられている一方で、トレードオフの問題もあるため、より統合的な視点の研究開発が必要である。

　都市環境に関して、気候変動が全世界的な防災のテーマとなってきたが、我が国を含む環太平洋地域などでは地震、火山噴火も避けられない重大な災害であり、同等に対策の検討を続ける必要がある。さらに感染症蔓延下での洪水や、台風による停電下での熱波など複合災害も現実に発生している。これらに対してBCPの観点でレジリエンス向上が重要な課題である。レジリエンスの概念や定性的な理解の浸透が進んでおり、今後の課題として建築物や都市のレジリエンス性能を定量化する議論が注目されている。自然災害のもたらす死亡と経済損失の評価にとどまらず、精神的な問題や大気汚染などの多様な影響評価研究が行われ始めており、その進展が期待される。都市気象に関して、2023年から開始予定のIPCCの第7次評価サイクルにおいて「都市と気候変動に関する特別報告書」の作成が決定している。都市ヒートアイランド現象適応策の研究蓄積の実装や行動変容の普及が引き続き課題である。都市街区レベルの解像度で、暑熱対策や都市農業、都市生態系がもたらす効果の解析と実装が可能となっている。共便益とトレードオフを解析する研究も引き続き注目されている。都市の自然がもたらす健康への効果をより詳細化しようとする研究なども報告されている。ウェアラブル端末型常時測定バイタルセンサーと自動データ収集システムを用いて、生理学的指標データに基づく客観的健康指標の解析やパーソナル熱中症発症リスク警告デバイスの開発などが行われており、その進展が期待されている。

　環境リスク学的感染症防御に関して、パンデミックの初期から感染経路に関する調査がなされ、研究成果が多数報告された。リスク学の観点から対策の効果を理解するアプローチも複数検討され、対策に伴う二次的影響や情報発信方法等に関する報告もなされている。集団感染に関する複数の調査研究の蓄積を通して、100 μm未満の微小な飛沫であるエアロゾルが、特に密閉空間においてCOVID-19の主要感染経路の1つであることが世界でも理解されるようになった。エアロゾル感染への防御策として、室内環境における換気等への関心が急拡大し、HEPAフィルター付き空気清浄機やUVGI等がさらに浸透した。ただし、適正な気流計画や間接的な可視化指標（CO_2濃度など）の捉え方について一般理解を深める情報発信が課題となっている。感染リスクの詳細な決定が困難で換気の最小必要量などが未解明であるため、大きく安全係数をとった対策が示されているなど、室内における感染リスクの予測・評価が課題となっている。下水中ウイルス調査（下水疫学調査）による感染状況モニタリングやウイルス変異の調査、感染対策実施率のAI画像解析等による解析、スーパーコンピューターを用いた感染リスク評価など、最新の技術とリスク評価アプローチを生かした新しい展開も注目されている。

❾ **持続可能な資源利用（関連する研究開発領域：水利用・水処理、持続可能な大気環境、持続可能な土壌環境、リサイクル、ライフサイクル管理（設計・評価・運用））**

　水利用・水処理に関して、COVID–19の世界的流行に伴い下水中の新型コロナウイルス濃度を把握する下水疫学が注目され、全感染者の追跡を止めた後の代替指標とするなどの期待をもたれている。いち早く社会実装が進んだアメリカではCDCやBiobot Analytics社が全米の下水中の新型コロナウイルス濃度や変異ウイルス別の検出率などのデータを公開している。日本では札幌市が北海道大学と連携してインフルエンザウイルスにも適用し、データを公開している。世界の水資源ひっ迫への対応として、引き続き海水淡水化や再生水の関心が高い。海水淡水化向け逆浸透膜やそれを用いた水処理システムにおいて装置の信頼性と同等以上に導入コストおよびランニングコストの削減ニーズが強い。再生水について、リスク評価に基づき導入が進展している。人口減少・高齢化、インフラ老朽化が進み、自然災害も多い我が国では持続可能な水供給が課題であり、モバイル型水処理システムの開発や過疎地域での浄水システム維持管理の調査研究などが進展している。紫外線LED殺菌など新技術を適用した水処理システムの実装も進んでいる。水処理に伴う電力エネルギー消費は大きく、エネルギー高効率化や再生可能エネルギー導入などが課題となっている。資源循環のため、排水中のリンやリチウム、レアメタルなどの回収技術や下水熱有効利用技術は期待をもたれている。水不足地域の人々を救うため、安全な水を届ける取り組みはSDGsへの対応としても重要視されている。

　大気環境に関して、異常気象の多発などを受け気候変動への対策の関心が高まっている一方で、大気汚染はいまだ重要な課題である。我が国ではとくに光化学オキシダントである対流圏オゾンの環境基準達成率はいまだに0%のままである。対流圏オゾンを生成する原因物質のNOxやVOCなどは低下が続いているため、これまでと異なる事象の解析の必要性も提唱されている。エアロゾルであるPM$_{2.5}$は我が国や中国で減少基調にあるが、発生源について大気中での二次生成の解明などが課題である。COVID–19拡大防止策で世界各地でNOxやPM$_{2.5}$が一時的に減少したが、今後、産業活動の拡大に伴いリバウンドする可能性も懸念されており、モニタリングおよび一層の環境対策が重要である。長距離越境汚染を調査するうえで高所や上空の大気観測が重要であり、ドローンを用いた3次元観測などが進展している。カーボンニュートラルと景気回復策の両面から、自動車の電動化が中国、欧州を中心に急速に進んでいる。欧州各国等で、内燃機関搭載車の販売規制の活発な動きが続いている一方で、全世界の全車輌が純バッテリー電気自動車（BEV）に変わるシナリオには、補助金の持続性やリチウム、コバルト等の資源ひっ迫といった課題などが指摘されている。さらにカーボンニュートラルに貢献するのはBEVだけでなく、再生可能エネルギー由来の合成燃料やバイオマス燃料を利用する内燃機関搭載車などの組み合わせもある上、途上国等では経済的事情から長く内燃機関搭載車販売が続くシナリオの実現可能性が高くみられ、排ガス浄化技術は将来的にも必要となる。三元触媒に代表される排ガス浄化処理装置は極めて完成度が高いが、高価な貴金属やレアメタルの使用量の低減、代替技術の開発が期待されている。海洋プラスチックへの関心に伴って、タイヤ切削起因のマイクロプラスチックや走行に伴う粉塵巻き上げなども関心がもたれている。船舶や航空機、作業用機械などにおいても、大気汚染物質やGHGs排出削減の規制の議論や検討が行われている。

　土壌環境に関して、我が国ではいまだに掘削除去が主流であり、長期の修復期間や多額の費用、膨大なエネルギー消費などの負荷が生じている課題があり、原位置浄化処理を目指す技術開発や環境保全と産業、社会の持続的発展を目指すサステナブル・レメディエーションの進展が期待されている。リスクに応じた合理的なリスクマネジメントに基づく持続可能な土壌浄化、土壌利用へ移行していく必要がある。福島第一原子力発電所事故により生じた1,300万m³以上の除去土壌を2045年までに中間貯蔵施設から福島県外で最終処分する約束の実行に向けても、リスクに応じた対策が重要である。自然由来の重金属等による負荷の低減も重要な課題である。自然由来の重金属等は基準値の数倍程度で広く分布しているケースが多い。我が国の土壌ではとくにヒ素、鉛、カドミウムなどの濃度が比較的高く、トンネル工事などに伴う建設残土が基準超過する事例がある。2017年の土壌汚染対策法の改正により、リスク評価に基づき一定リスク以下

1
研究対象分野の全体像

ならば適正な措置を講じた上で利用可能となっており、残存リスクに応じてコスト削減と効果のバランスを同時に追求する合理的なサステナブル・レメディエーションの浸透が期待されている。国内での基準不適合件数は累計15,000件を超えているが、小規模事業者の跡地など土壌汚染調査が行われていない地点も多く、安価な調査、対策技術の開発が課題である。汚染現場は多様だが、健康リスクの包括的スクリーニングが可能な評価ツールはすでに整備されており、そのリスク評価に応じバランスのとれた対策を推進していくことが重要である。近年、人為起源の新規化学物質の土壌・地下水汚染の評価が進展しており、2020年にはPFASが水質の要監視項目に加わっている。 PFASの把握調査では河川だけでなく地下水や湧水からも指針値を超える濃度が検出され、米軍基地周辺でも検出事例が報告されており、実態把握のための簡単で効率的な調査分析手法や対策技術が喫緊の課題となっている。新規化学物質の環境動態などには不明点が多く、産業由来の一次生成物に加え、自然界中の反応プロセスで生じる副生成物も含めてメカニズムの解明が重要な課題となっている。

リサイクルに関連して、脱炭素化、環境保全の観点から資源循環社会への移行が求められている状況にある。現在石油資源から製造されているプラスチックは製品の種類や形態の多様性が増加する一方、材料リサイクル技術はもとより、一括して炭化水素原料に戻すケミカルリサイクル技術の研究開発が進められている。金属材料は、鉱山資源の劣化の一方、蓄電池用など特定の金属の需要が増加するとみられており、リサイクルの重要性が増している。プラスチック、金属に共通して、①分離・解体・選別のリサイクルの前段階（静脈産業）が最終製品の経済価値を左右する、②静脈産業とそれを最終製品に仕上げる動脈産業との連携が必要である、③廃棄物は資源でありライフサイクルに亘る情報データの網羅的な把握は産業の競争力の源泉となりうる、これらが重要な点として挙げられる。

ライフサイクル管理（設計・評価・運用）に関して、カーボンニュートラルやその他の持続可能な社会の実現へ向けた技術・システムの開発や導入を検討するためには、現存しないライフサイクルの情報を得てLCAを実施しなくてはならず、何らかの仮定や推定、シミュレーションなどが必要となる。こうした技術やシステムの将来性に関するLCA手法について、適用の可能性が議論されている。食料と水の生産とエネルギー消費の相互依存性に関する分析（Food–Energy–Water nexus analysis）をはじめとする多様な評価の観点の依存性を解析する研究が増加傾向にある。 Nexusを考慮しながら、水や土地、労働環境などの社会課題などと紐づけたサプライチェーンの可視化や分析、評価がますます重要になってくる。

❿ 環境分野の基盤科学技術（関連する研究開発領域：地球環境リモートセンシング、環境分析・化学物質リスク評価）

地球環境リモートセンシングに関して、気候変動の観測・評価・予測を支える基盤として、国際協力による衛星集団により相互データ交換・評価の仕組みが構築され、Argoフロートなどの現場観測やモデル化技術などと合わせて気候変動研究に大きく貢献している。観測機器では太陽光の反射を利用する光学計測機器の解像度、データ処理能力の向上により高頻度計測が可能となり、太陽光励起クロロフィル蛍光観測は光合成量の直接観測を可能としている。アクティブな電波の反射を利用するLバンドの合成開口レーダーでは疎な植生や雲・雨などを透過して地表の情報が得られ、レーザー高度計などと合わせて全球バイオマスの測定や地殻変動、永久凍土の融解等を明らかにしてきた。風ベクトルを計測出来るライダーや衛星では困難であった鉛直風を計測可能とする雲プロファイリングレーダーにより気候モデル予測精度の向上が期待されている。データ解析では、複数の衛星データから全球状況の統合的な把握や、観測の高頻度化が図られている。

環境分析・化学物質リスク評価において無機分析に関しては重元素安定同位体比を使った分析が主流化しており、物質動態のより深い理解が進んでいる。生態系機能の把握・予測に係る分野では軽元素安定同位体分析によって、食物網構造の数値化が可能になり、栄養段階を介した無機元素の蓄積動態を予測可能になっている。有機分析に関しては多種多様化する化学物質に対応した多成分一斉（ワイドターゲット）分

析やノンターゲット分析などに関する技術開発が依然として主要な研究課題である。類縁物質が多い難分解性有機フッ素化合物（PFAS）などの包括的分析はこの数年で急速に報告が増えている。環境モニタリングへの展開ではハイスループット化と未知物質の同定が注力されている。これらを通じて分析から得られる情報は膨大になっており、未知物質の推定や毒性予測、異常検出に深層学習を活用するなどデータ駆動型研究もトレンドとなっている。多次元クロマトグラフィーやイオンモビリティを活用した分離軸の多次元化も進んでいる。

　リスク評価技術としてのバイオアッセイ・毒性評価では、個体の組織・器官ごとの毒性だけでなく、薬物動態モデルなどを活用した全身毒性の予測手法の開発にシフトしてきている。さらに動物試験によらない評価・管理を目指して、定量的構造的活性相関（QSAR）や類似物質のデータから毒性予測手法を行う手法の開発も活発に行われている。大気中エアロゾルに関して、測定法や測定装置の開発、フィールド観測、室内実験、および数値シミュレーションによる大気中濃度の予測等に関する研究開発が行われている。微小粒子による健康影響評価も始められている。マイクロプラスチックに係る研究がここ数年で大きく進展している。環境中での動態研究が盛んに行われ、大気、海洋表層、海底など様々な場所で存在が確認されている。プラスチックの添加剤についてもプラスチックから生物への濃縮機構の研究が進んでいる。マイクロプラスチックによる環境やヒト健康への影響の科学的解明が道半ばであり、マイクロプラスチックの環境リスク評価の体系的な実施を目指してた評価フレームの検討や科学的知見の蓄積が進んでいる。

3）日本の研究開発の現状

　各領域の研究開発の現状に関する評価結果を、「◎（他国と比べて特に顕著な活動・成果が見えている）」、「○（顕著な活動・成果が見えている）」、「△（顕著な活動・成果が見えていない）」にそれぞれマッピングした。結果は図表1.2.2-1の通りである。また主要国間での国際比較結果を図表1.2.2-2、図表1.2.2-3に示す。

図表1.2.2-1　　国際比較における日本の研究開発の状況

縦軸：応用研究・開発フェーズ　横軸：基礎研究フェーズ

応用研究・開発フェーズ＼基礎研究フェーズ	△ 顕著な活動・成果が見えていない	○ 顕著な活動・成果が見えている	◎ 特に顕著な活動・成果が見えている
◎ 特に顕著な活動・成果が見えている		水素・アンモニア／リサイクル（金属）／エネルギーマネジメントシステム	CCS／蓄エネルギー技術／CO₂利用／産業熱利用（熱再生）／地域・建物エネルギー／ネガティブエミッション（海域）／反応性熱流体／トライボロジー／土壌環境
○ 顕著な活動・成果が見えている		火力発電／原子力発電（新型原子炉,再処理）／太陽光発電／地熱発電・利用／エネルギーシステム・技術評価／気候変動観測／生態系・生物多様性／社会—生態システム／感染症防御／水利用・水処理／リサイクル（プラスチック）／ライフサイクル管理／地球環境リモセン／環境分析	原子力発電（核融合,原子力安全）／海洋発電／気候変動予測／水循環／大気環境／都市環境サステナビリティ／農林水産業における気候変動影響評価・適応
△ 顕著な活動・成果が見えていない	風力発電／水力発電	太陽熱発電・利用／破壊力学／バイオマス発電・利用／ネガティブエミッション（陸域）	産業熱利用（蓄熱）

凡例：エネルギー分野／環境分野

CO_2利用

図表1.2.2−2　　エネルギー分野の国際比較結果一覧表

研究開発領域	国・地域	日本		米国		欧州		中国		韓国	
	フェーズ	基礎	応用・開発	基礎	応用・開発	基礎	応用・開発	基礎	応用・開発	基礎	応用・開発
火力発電	現状	○	○	◎	◎	○	○	◎	○	△	△
	トレンド	→	↗	→	→	→	→	↗	→	→	→
原子力発電 — 新型原子炉	現状	○	◎	◎	◎	○	◎	○	◎	△	△
	トレンド	↗	↗	↗	↗	↗	↗	↗	↗	→	→
核融合炉	現状	○	◎	○	○	○	○	○	○	○	◎
	トレンド	→	→	↗	→	→	↗	↗	↗	→	↗
原子力安全	現状	○	◎	◎	◎	◎	◎	○	◎	○	◎
	トレンド	↗	↗	→	→	→	→	↗	↗	→	↗
再処理	現状	○	○	○	△	○	○	○	○	○	△
	トレンド	→	→	→	→	→	→	↗	↗	→	→
太陽光発電	現状	○	○	○	○	◎	○	○	◎	△	△
	トレンド	→	→	→	→	↗	↗	→	→	→	→
風力発電	現状	△	△	○	○	◎	◎	○	◎	△	○
	トレンド	↘	→	↗	↗	→	→	↗	↗	→	↗
バイオマス発電・利用 — バイオマス全般	現状	○	△	○	○	○	◎	△	△	△	△
	トレンド	↗	→	↗	↗	↗	↗	→	→	→	↗
微細藻類	現状	○	○	○	○	○	○	◎	△	○	△
	トレンド	→	↗	↗	→	→	→	↗	→	↗	→
水力発電・海洋発電 — 水力発電	現状	△	△	△	△	○	○	○	◎	△	○
	トレンド	→	→	→	↗	↗	↗	↗	↗	↗	↗
海洋発電	現状	○	◎	◎	◎	◎	◎	○	◎	○	◎
	トレンド	→	→	↗	↗	↗	↗	→	→	↗	↗
地熱発電・利用	現状	○	○	◎	○	○	○	○	○	△	△
	トレンド	↗	→	↗	↗	→	↗	→	→	↘	↘
太陽熱発電・利用	現状	○	△	◎	○	◎	◎	◎	◎	△	△
	トレンド	→	↘	↗	↗	↗	→	↗	↗	→	↘
CO₂回収・貯留（CCS）— CO₂分離回収技術	現状	◎	◎	◎	◎	○	◎	○	○	○	△
	トレンド	→	→	→	→	↗	↗	↗	↗	→	↘
CO₂貯留技術	現状	◎	○	◎	◎	◎	○	△	○	−	△
	トレンド	↗	↗	→	↗	↗	↗	↗	→	→	→
蓄エネルギー技術	現状	◎	◎	◎	◎	◎	○	○	◎	○	◎
	トレンド	→	↗	→	↗	→	↗	↗	↗	→	↗
水素・アンモニア	現状	○	◎	○	◎	○	◎	○	○	○	○
	トレンド	↗	↗	↗	↗	↗	↗	↗	↗	↗	↗
CO₂利用	現状	◎	◎	◎	○	○	◎	○	○	○	○
	トレンド	↗	↗	→	→	↗	↗	→	→	↗	↗

1 研究対象分野の全体像

1 研究対象分野の全体像

領域		フェーズ	日本基礎	日本応用・開発	米国基礎	米国応用・開発	欧州基礎	欧州応用・開発	中国基礎	中国応用・開発	韓国基礎	韓国応用・開発
産業熱利用	蓄熱関連	現状	◎	△	◎	○	◎	◎	◎	◎	○	△
		トレンド	↗	↗	↗	↗	↗	↗	↗	↗	→	→
	熱再生関連	現状	◎	◎	△	○	○	○	◎	○	△	△
		トレンド	→	→	→	→	→	→	↗	↗	→	→
地域・建物エネルギー利用		現状	◎	◎	○	○	◎	◎	◎	◎	-	○
		トレンド	↗	↗	↗	→	↗	↗	↗	↗	-	→
ネガティブエミッション技術	陸域	現状	○	△	○	△	◎	◎	◎	◎	△	○
		トレンド	→	→	→	→	↗	↗	→	↗	→	↗
	海域	現状	◎	◎	○	○	○	○	○	△	△	—
		トレンド	↗	↗	→	→	↗	↗	↗	→	→	—
エネルギーマネジメントシステム		現状	○	◎	◎	◎	◎	◎	◎	○	○	○
		トレンド	↗	↗	↗	↗	↗	↗	↗	↗	↗	↗
エネルギーシステム・技術評価		現状	○	○	○	○	◎	○	○	○	○	○
		トレンド	→	→	→	→	→	→	↗	↗	↗	↗
反応性熱流体		現状	◎	◎	◎	◎	◎	◎	◎	◎	△	△
		トレンド	→	→	→	→	→	↗	↗	↗	↘	→
トライボロジー		現状	◎	◎	◎	◎	◎	◎	◎	○	△	○
		トレンド	→	→	→	→	→	→	↗	↗	→	→
破壊力学		現状	○	△	◎	◎	◎	◎	◎	◎	○	△
		トレンド	→	↘	↗	↗	→	→	↗	↗	→	→

図表 1.2.2–3　　　環境分野の国際比較結果一覧表

研究開発領域		国・地域	日本		米国		欧州		中国		韓国	
		フェーズ	基礎	応用・開発	基礎	応用・開発	基礎	応用・開発	基礎	応用・開発	基礎	応用・開発
気候変動観測	大気・陸域の観測	現状	○	○	◎	◎	◎	◎	○	△	○	△
		トレンド	↗	→	↗	→	↗	↗	↗	→	↗	→
	海洋の観測	現状	○	○	◎	◎	◎	○	○	○	○	△
		トレンド	→	↗	↗	↗	↗	↗	→	↗	↗	↗
気候変動予測		現状	◎	○	◎	◎	◎	◎	△	△	△	○
		トレンド	→	↗	→	↗	→	→	↗	↗	→	→
水循環（水資源・水防災）		現状	◎	○	○	◎	◎	◎	○	○	△	△
		トレンド	→	→	→	↗	→	→	→	→	→	→
生態系・生物多様性の観測・評価・予測		現状	○	○	◎	◎	◎	◎	○	○	△	△
		トレンド	→	→	↗	↗	↗	↗	↗	↗	→	↘
社会ー生態システムの評価・予測		現状	○	○	◎	◎	◎	◎	◎	◎	△	△
		トレンド	↗	↗	↗	↗	↗	↗	↗	↗	↗	→
農林水産業における気候変動影響評価・適応	農林業	現状	◎	○	◎	◎	◎	◎	○	◎	△	○
		トレンド	↗	↗	↗	↗	↗	↗	↗	↗	→	→
	水産業	現状	◎	○	○	◎	◎	◎	◎	○	△	△
		トレンド	↗	↗	→	↗	↗	↗	↗	↗	→	→

都市環境サステナビリティ		現状	◎	○	◎	○	◎	◎	○	○	○	○
		トレンド	→	→	↗	↗	↗	↗	↗	↗	↗	↗
環境リスク学的感染症防御		現状	○	○	◎	○	○	○	○	○	－	－
		トレンド	↗	↗	→	→	→	→	↗	↗	－	－
水利用・水処理		現状	○	○	◎	◎	◎	◎	○	○	△	△
		トレンド	→	→	→	↗	→	↗	↗	↗	→	→
持続可能な大気環境		現状	◎	○	○	○	◎	○	◎	◎	○	◎
		トレンド	↗	↗	↗	↗	↗	↗	↗	↗	↗	↗
持続可能な土壌環境		現状	◎	◎	◎	◎	◎	◎	◎	◎	○	△
		トレンド	→	→	→	→	→	↗	↗	↗	→	→
リサイクル	プラスチック	現状	○	○	○	○	◎	◎	○	◎	△	○
		トレンド	↗	→	→	↗	↗	↗	↗	↗	→	↗
	金属	現状	○	◎	△	○	○	◎	○	◎	△	△
		トレンド	→	→	↗	↗	→	→	↗	↗	→	→
ライフサイクル管理 （設計・評価・運用）		現状	○	○	○	◎	◎	◎	△	◎	△	△
		トレンド	→	↗	→	↗	↗	↗	↘	↗	↘	↘
地球環境リモートセンシング		現状	○	○	◎	○	◎	◎	△	○	△	○
		トレンド	↘	↘	→	→	→	→	↗	↗	→	→
環境分析・化学物質リスク評価		現状	○	○	◎	◎	◎	◎	○	○	○	△
		トレンド	→	→	→	→	↗	→	↗	↗	→	→

1

研究対象分野の全体像

1.2.3 社会との関係における問題

（1）ELSI/RRI

　環境・エネルギー分野の研究開発はその多くが社会ニーズに基づき実施され、研究成果をより幅広く社会へ還元することが求められている。その際に従来の研究開発に加えて倫理的・法的・社会的側面（Ethical, Legal and Social Issues：ELSI）に関わる検討を行う必要性が認識されている。最近は、地球規模課題に対処するための方策として、目指すべき社会像や価値観から逆算し、実現に向けてのプロセスにおいて様々なステークホルダーが関与しながら研究開発を進めていく「責任ある研究・イノベーション（Responsible Research and Innovation：RRI）」という考え方も重要視されている。環境・エネルギー分野におけるELSI/RRIに関連深い事例を幾つか取り上げる。

❶ カーボン・クレジット等の経済的手法の導入

　2050年カーボンニュートラルの実現に向けて、カーボン・プライシング（CP）すなわち炭素排出に価格を付け、炭素排出者の行動変容を促す経済的手法の導入が検討されている。 CPには、炭素税、排出量取引、クレジット取引、炭素国境調整措置等がある。こうした仕組みの構築は、価格効果で温室効果ガス排出削減を経済的な枠組みの中で誘引していくことができるため、長年検討されている。最近ではDACCS（大気中CO_2直接回収・貯留）やBECCS（バイオエネルギーとCO_2回収・貯留）、植林やブルーカーボン等のネガティブエミッション技術の社会実装や普及拡大にも重要と考えられている。

　CPの一種であるカーボン・クレジットとは、GHGsの排出削減効果をクレジット（排出権）として発行し、企業間等で取引可能にする仕組みのことである。クレジットに対するニーズは年々拡大しており、クレジットの取り扱いについて国際的な議論も進んでいる。日本でもGX（グリーントランスフォーメーション）リーグが開始し、東京証券取引所でカーボン・クレジット市場実証事業（2022年9月～2023年1月）が行われる等、民間企業の取り組みを促す動きも加速しており、市場ルール形成や自主的な排出量取引の市場創造が今後大きく進むと期待されている。その際にはクレジットの質を確保した上で量の拡大を図るために、クレジット取引の透明性確保やクレジットの位置づけの明確化等を進めることが重要になる。東証カーボン・クレジット市場実証事業期間中の売買取引成立を図表1.2.3-1に示すが、取引成立額は1,400～1,600円の価格帯と2,900～3,100円の価格帯に集中しており、新技術等においてもこの価格帯がマイルストーンとなるものとみられる。

図表1.2.3-1　　東証カーボン・クレジット市場実証事業の実施期間における全売買取引成立

取引額	¥800	¥1,000	¥1,200	¥1,300	¥1,390	¥1,399	¥1,400	¥1,500	¥1,600	¥1,750	¥1,800	¥1,900
成立件数	2	1	8101	1	10	10	21,004	500	19,331	5,002	1,152	2

取引額	¥2,000	¥2,500	¥2,700	¥2,900	¥3,000	¥3,100	¥3,200	¥3,290	¥3,300	¥3,500	¥8,000
成立件数	1005	5	1,061	18,600	51	44,345	1	1	565	141	2

取引額	¥10,000	¥14,400	¥14,500	¥15,000	¥16,000
成立件数	1	1	11	41	1

※東証カーボン・クレジット市場日報[1]の明細データをもとにCRDS作成

1　東京証券、カーボン・クレジット市場日報、https://www.jpx.co.jp/equities/carbon-credit/daily/index.html（2023年2月アクセス）

❷ 気候工学

気候工学とは、気候変動の影響を軽減する目的で意図的に気候システムの改変を目指す技術の総称であり、入射太陽光を反射して地球システムに入るエネルギーを減少させる太陽放射管理（SRM）[2]と、CO_2を大気から取り除く二酸化炭素除去（CDR）[3]の2つの技術群に大別される。SRMとCDRについての技術的な検討が行われる一方、それぞれ包含するリスクについて、例えば、SRMによって気温上昇を世界平均で打ち消しても地域別には打ち消されず、地域的な降水の変化が懸念される、CDRによって生物多様性への影響が懸念されるなど、様々な点が指摘されている[4]。特にSRMについては、「研究」は実施すべきだが、「実施」にあたっては慎重であるべきという認識が共通認識として維持されており、国際的な不使用協定（Non-Use Agreement）[5]などの動きもある。CDRのひとつである空気からのCO_2直接回収（Direct Air Capture：DAC）はリスクが低いが、実施に当たってはコストの問題が大きい。DACが大規模に実施されることを安易に見込んで緩和策への関心が下がる等、モラルハザードの可能性についても指摘されている。気候変動における影響が甚大化し、その対策が急務となっているが、社会的影響が極めて高い気候工学の研究においては、将来起こり得る正負の影響やリスクなどを予め検討し、そのガバナンスの在り方を議論する等、予見的なアプローチで取り組むことが必要である。

❸ 海洋プラスチックごみ問題

海洋プラスチック汚染を含むプラスチックごみ問題が国際的な問題となっている。国連環境総会（UNEA）では、2024年までにプラスチック汚染に関する法的拘束力のある国際約束の合意を目指すための政府間交渉委員会が設立された。

研究開発としては海洋生分解性プラスチックの開発等、新素材開発も行われているが、まずは廃棄物処理の問題として捉えることが重要である。特に開発途上国でのごみ処理システムの適正化が優先事項と考えられている。問題を俯瞰的に理解した上で、制度やインフラの整備、経済的手法も効果的に組合せたステークホルダーの行動変容や価値観の変容を促す仕組みの検討、世代間倫理を含む倫理的側面の検討など複数の観点から総合的に対応する姿勢が求められている。

❹ 化学物質管理規制への対応を支える環境リスク評価の研究基盤

多種多様な化成品や農薬、医薬品等、化学物質の種類は増加の一途を辿っている。化学物質の適切な管理は国際社会で協力して取り組むべき課題であり、国際的な枠組みとしての国際条約と、各国・地域における化学物質規制がある。化学物質管理には「有害性（ハザード）」のみに着目したハザードベース型と、「有害性（ハザード）の強さ」と「環境への排出量（人や生物への暴露量）」を踏まえたリスクベース型があり、現在はリスクベース型の管理へシフトしている。環境中に排出された化学物質が人の健康や生物に悪影響を与えるおそれを「環境リスク」といい、そのリスクを科学的に評価することを「環境リスク評価」という。

環境中での残留性、生物蓄積性、人や生物への毒性が高く、長距離移動性が懸念される化学物質は残留性有機汚染物質（Persistent Organic Pollutants：POPs）と呼ばれており、残留性有機汚染物質に関するストックホルム条約（POPs条約）にて規定されている。例えば、2023年2月現在、PFAS（ペルフ

2 　杉山 昌広, 増田 耕一「気候工学（太陽放射管理）研究の最新動向」『エネルギー・資源』38巻2号（2017）：1–5

3 　加藤 悦史「パリ協定とネガティブエミッション技術」『エネルギー・資源』38巻1号（2017）：16–18

4 　国立環境研究所「ICA–RUS REPORT 2013 リスク管理の視点による気候変動問題の再定義」, https://www.nies.go.jp/ica-rus/report/ica-rus_report_2013.pdf（2023年1月アクセス）

5 　Solar Geoengineering, https://www.solargeoeng.org/non-use-agreement/open-letter/（2023年1月アクセス）

ルオロアルキル化合物およびポリフルオロアルキル化合物）が国内でも関心が高まっている。 PFASは4千種類以上の人工的に合成された有機フッ素化合物群の総称で、難燃性、耐熱性、撥水・撥油性等の特長から泡消火剤や消防防火服、フライパンコーティング剤（テフロン）、めっき、界面活性剤など幅広い用途で使用されている。一方、環境中で長期に残留する難分解性により、生物蓄積性がある。 PFASの1つであるPFOS（ペルフルオロオクタンスルホン酸）は、1949年に米国3M社が開発して以来、世界各地に広まった。2000年に同社の自主的調査で野生生物から高濃度で検出されたことを発表し、2002年に同社は製造を中止している。その後の動物実験でがん等の原因になることが明らかにされ、人体への明確な悪影響は未確認だが、未知の懸念もあるため、欧州を中心として規制強化の動きがある。

これら規制への対応は、企業による製品展開への強い動機としても作用している。それゆえ特に欧米において環境リスク評価は研究分野として産業政策上も重要視され、産学官によって研究基盤が維持されている。こうした基盤があるため知見が継続的に蓄積され、個別の問題が生じた場合も迅速に対応でき、さらには国際的なルール策定や規制制度の議論を優位に進めることができる。他方、日本においては、一般的に新素材開発などマテリアル分野の研究開発に強みを持つが、環境リスク評価に係る研究基盤は必ずしも強固ではない。化学物質の適切な管理と国際社会の変化に対応可能な環境リスク評価の研究基盤の構築・強化は日本の科学技術イノベーション政策においても未だ十分には浸透していない。

❺ エビデンスに基づく政策形成

1990年代以降、多くの政策分野でエビデンスに基づく政策形成が求められるようになった。「政策のための科学（Science for Policy）」の重要性にも鑑み、アカデミアと政治・行政との間で、課題認識や前提を共有した上で、科学的知見に基づいて独立かつ的確な助言や提言が行われることは重要である[6]。特に気候変動をはじめとする地球規模課題は、科学によって問うことはできるが科学だけでは解決できないような科学技術と社会の境界にある問題領域、いわゆるトランス・サイエンスと呼ばれる領域である。国際社会の中で喫緊の重要事項として頻繁に取り上げられるようになるにつれて、分野の枠や国境を越え、科学と政治・行政との間をつなぐ仕組みの必要性が強く認識されるようになった。気候変動に関する政府間パネル（IPCC）などはその代表的な例である。

（2）トランスディシプリナリー研究（学際共創研究）

科学技術の発展に伴って扱う問題が複雑化するにつれ、異分野連携や異分野融合の必要性は広く認識され、トランスディシプリナリー研究（transdisciplinary research：TDR）の重要性も指摘されている。 TDRの特徴は学際性と、アカデミア以外の関係者との共創性（＝研究の共同設計（co-design）と知識の共生産（co-production））の両方にある[7]。

環境分野では地域における様々な資源管理やその社会−生態システムの多様な価値評価を対象とする研究が実施されている。このような研究の推進には自然科学系研究者と人文・社会科学系研究者との協働が必要である。また、研究対象となる地域の住民や行政等、様々なステークホルダーとの協働も必要になる。このような研究に対し、従来の方法論だけではない新しい価値観をもって臨み、複合的な価値を組み込んだ研究プロセスが求められている。またそうした研究を促進するために、新たな挑戦を阻害しない研究評価基準や複合的なアウトプットを前提とした評価方法の検討も必要とされている。さらに、こうした研究プロジェクトで生まれたダイナミズムを次に繋げたり、人的つながりを促進したりする仕組みの構築も重要となる。

6　内閣府「第6期科学技術・イノベーション基本計画 本文」

7　国立研究開発法人科学技術振興機構研究開発戦略センター（CRDS）「日本語仮訳：トランスディシプリナリー研究（学際共創研究）の活用による社会的課題解決の取組み経済協力開発機構（OECD）科学技術イノベーションポリシーペーパー（88号）」, https://www.jst.go.jp/crds/pdf/2020/XR/CRDS-FY2020-XR-01.pdf （2023年1月アクセス）

❶ 科学的知見と政策決定を結ぶプロセスの状況とその課題

　科学的知見と政策決定の間には通常大きなギャップがあるが、科学的知見から政策決定までのプロセスの構造を可視化することで、合理的な意思決定が可能となる。その方法として、リスク学の観点によるプロセスの枠組みを利用できる。そのプロセスとは、科学的知見の提供、シミュレーション等によるベースラインのリスク評価、リスク管理オプションの列挙、各リスク管理オプションの影響評価、その上でのリスク管理措置の決定から構成される。

　未知のリスクとして現れたCOVID–19への初期的な対応を振り返ってみると、この科学と政策を結ぶプロセスには、二つの大きな課題があったとする見方もある。一つは、科学的知見からリスク管理措置の決定までが一足飛びに結びついているように見えたことである。これは、プロセス全体を構成する他のプロセスの存在と相互の位置付けと各プロセスにおける関係主体の役割が明確に示されなかったために生じたと考えられている。もう一つは、リスク管理措置の変更が突如として行われたように見えたことである。これは、科学的ファクトからリスク管理措置までのプロセスが明確に構造化されておらず、いずれの段階でなぜ変更が必要となったのか等が明確に示されなかったことによって生じたといわれている。

　環境・エネルギー分野における問題解決に向けて、科学的知見と政策決定を結ぶプロセスを構造的に可視化すること、各プロセスに携わる主体、特に研究者や専門家会議の役割を明確化することは不可欠である。また、人文社会科学分野を含めた様々な関係者間つなぐ仕組みの構築が必要である。加えて、これら全体をリスクコミュニケーションとして捉えたとき、これは有事のときにのみではなく、むしろ平時から必要な活動あるいは人材として認識される必要があるといえる[8]。

❷ カーボンニュートラル実現に向けた社会変革とステークホルダーとの連携

　再生可能エネルギーの導入拡大や水素・アンモニアの社会インフラ構築など、カーボンニュートラル社会の実現には多様なステークホルダーとの連携・協働が不可欠である。例えば、再生可能エネルギーの導入拡大に向けた洋上風力発電の導入には技術開発面の課題だけではなく、コスト、環境影響評価、社会受容性などの課題がある。洋上風力発電には企業、漁業従事者、行政、地域住民といった様々なステークホルダーが関与している。環境影響評価の計画段階でステークホルダーとのコミュニケーションをオープンに行うことで、意向を汲み取った調査が実施できる。ステークホルダーと早期から連携し、合意形成プロセスを着実に進めることが重要である。

　日本における原子力利用の議論は常に難しさを伴ってきた。福島での原子力発電所事故にみられるようにひとたび重大な事故が発生すると、地域社会やステークホルダーへの影響は非常に大きい。他方で、GHGs排出が極めて少ないエネルギー源としてのその重要性が再認識される動きもある。原子力を巡って考えなければならない事柄は多いが、その課題を整理し、それぞれの解決策を導くことは簡単ではない。原子力を巡る課題[9, 10]は、科学的知見やそれを基にした技術の習得・継承・発展のあり方と、社会あるいは人間との間の隔たりと総体的に大きく二層の構造になっている。原子力を巡る課題を考える際にはこの二層構造を意識した上で、ステークホルダーとの包括的な対話や議論を行う必要がある。

8　国立研究開発法人科学技術振興機構研究開発戦略センター（CRDS）俯瞰ワークショップ報告書「感染症問題と環境・エネルギー分野に関するエキスパートセミナ」，
https://www.jst.go.jp/crds/report/CRDS-FY2020-WR-08.html（2023年1月アクセス）

9　国立研究開発法人科学技術振興機構研究開発戦略センター（CRDS）俯瞰ワークショップ報告書「原子力をとりまく現状と今後に向けて」，https://www.jst.go.jp/crds/report/CRDS-FY2019-WR-03.html（2023年1月アクセス）

10　国立研究開発法人科学技術振興機構研究開発戦略センター（CRDS）俯瞰ワークショップ報告書「原子力をとりまく現状と今後に向けて（第二回）」，https://www.jst.go.jp/crds/report/CRDS-FY2020-WR-02.html（2023年1月アクセス）

1

研究対象分野の全体像

1.2.4 主要国の科学技術・研究開発政策の動向

（1）日本

■気候変動とエネルギー関連[1]

年月	策定主体	名称	目標年	主な内容
2017.12	経済産業省（METI）	水素基本戦略	2030	水素社会実現に向けた2050年を視野に入れた2030年までの行動計画。
2018.7	METI	エネルギー基本計画（第5次）	2030、2050	第4次計画での2030年の計画の見直しに加え、パリ協定の発効を受けて2050年を見据えた対応等についても基本方針を提示。
2018.6	MOE	気候変動適応法		「適応の総合的推進」、「情報基盤の整備」、「地域での適応の強化」、「適応の国際展開等」の4つの柱から構成。
2018.11	MOE	気候変動適応計画		気候変動適応法に基づき策定。基本的方向、7つの分野別施策、基盤的施策を整理。2020年を目途とする気候変動影響評価等を踏まえて2021年に見直し予定。
2019.6	内閣官房、外務省、METI、MOE	パリ協定に基づく成長戦略としての長期戦略	2050	2050年までの80%減に大胆に取り組むことを明記。横断的施策として「イノベーションの推進」、「グリーンファイナンスの推進」、「ビジネス主導の国際展開・国際協力」の3つの柱を提示。
2020.12	METI	2050年カーボンニュートラルに伴うグリーン成長戦略	2050	2050年カーボンニュートラルへの挑戦を経済と環境の好循環につなげるための産業政策として、METIが中心となって関係府省との連携の下で策定。14の重要分野を設定し、それぞれに目標およびその達成に向けた実行計画を提示。
2021.3	MOE	地球温暖化対策推進法（改正）	2030、2050	2050年カーボンニュートラルを基本理念として法に位置づけるとともに、その実現に向けた取組を促進するための仕組み等の措置を記載。
2021.10	METI	エネルギー基本計画（第6次）	2030、2050	46%削減（2013年比）を目指す新たな2030年度目標や2050年カーボンニュートラルの実現に向けたエネルギー政策の基本方針を提示。
2021.10	MOE	地球温暖化対策計画	2030、2050	2016年に閣議決定した前回計画の改訂版。46%削減（2013年比）を目指す新たな2030年度目標の裏付けとなる対策・施策を記載。
2021.10	MOE	パリ協定に基づく成長戦略としての長期戦略	2050	2019年策定時から長期目標が更新されたことを受けて、新たに2050年カーボンニュートラルの実現に向けた部門別の対策や横断的施策の方向性をとりまとめ。

1　一覧表について：主要国における環境・エネルギー分野と関連が深い主な政策等を一覧表としてJST-CRDSが取りまとめた。「年月」は可能な限り「月」までを記載したが不明なものについては未記載となっている。また「名称」は一般的な和訳名称があると判断されたされものにういては基本的に和訳名称を記載した。「目標年」については主要な目標年が掲げられている場合に記載した。日本、米国、EU（欧州連合）、ドイツ、英国、フランス、中国、韓国についても同様である。

| 2022.5 | METI | クリーンエネルギー戦略 中間整理 | 2030、 2050 | 2022年2月に発生したロシアによるウクライナ侵攻や電力需給ひっ迫の事態を受けたエネルギー安定供給確保のための政策を整理。その上で脱炭素を加速させるための政策として産業のグリーントランスフォーメーション（GX）、産業のエネルギー需給構造転換、地域・くらしの脱炭素化に向けた施策や共通基盤整備の方針をとりまとめ。 |

■その他の環境とエネルギー関連

年月	策定主体	名称	目標年	主な内容
2012.9	MOE	生物多様性国家戦略2012-2020	2020	生物多様性の保全および持続可能な利用に関する基本方針。2010年のCOP10で採択された愛知目標の達成に向けたロードマップ等を提示。
2012.4	MOE	第4次環境基本計画		環境政策に関する基本方針。グリーンイノベーションの推進等に加え、震災復興と放射性物質による環境汚染対策を柱として掲げる。
2013.5	MOE	第3次循環型社会形成推進基本計画	2020	環境基本計画の下で策定される3Rや廃棄物処理に関する基本方針。廃棄物の減量化等の「量」の側面に加えて廃棄物の有効活用等の「質」の側面も重視。リデュース・リユースの取組強化、有用金属の回収等を新たに柱として掲げる。
2018.4	MOE	第5次環境基本計画		環境政策に関する基本方針。従来とは構造を変え、分野横断的な6つの重点戦略（経済、国土、地域、暮らし、技術、国際）を設定。
2018.6	MOE	第4次循環型社会形成推進基本計画	2025	4つの2025年目標（資源生産性49万円/トン、入口側の循環利用率（天然資源等投入のうち循環利用量）18%、出口側の循環利用率（廃棄物等のうち循環利用量）47%、最終処分量1,300万トン）を設定。
2019.5	MOE	プラスチック資源循環戦略	2025、 2030、 2035	第4次循環型社会形成推進基本計画に基づき策定。海洋プラスチック問題への対応の基本方針も含まれる。2030年までにワンウェイのプラスチックを累積で25%排出抑制、2035年までにすべての使用済プラスチックを熱回収も含め100%有効利用等の目標を提示。
2020.6	水循環政策本部	水循環基本計画		2014年に成立した水循環基本計画の改定。「流域マネジメントによる水循環イノベーション」などの3本柱と9つの施策を提示。
2021.6	MOE	プラスチックに係る資源循環の促進等に関する法律		環境配慮設計、ワンウェイプラスチックの使用の合理化、プラスチック廃棄物の分別収集・自主回収・再資源化等を促進するための基本方針を策定する旨を記載。

■**科学技術イノベーション関連**

年月	策定主体	名称	目標年	主な内容
2016.4	METI	エネルギー革新戦略	2030	2030年度のエネルギーミックス実現に向けて関連制度を一体的に整備する戦略。徹底した省エネ、再エネの拡大、新たなエネルギーシステムの構築等が柱。
2016.4	総合科学技術・イノベーション会議（CSTI）	エネルギー・環境イノベーション戦略（NESTI2050）	2050	2050年を見据えて削減ポテンシャル・インパクトが大きいと期待される革新技術を特定し、研究開発の推進や体制等についてまとめた戦略。
2019.5	MOE	環境研究・環境技術開発の推進戦略	2030、2050	中長期（2030年頃）および長期（2050年頃）に目指すべき社会像を設定した上で、今後5年間で重点的に取り組むべき研究・技術開発の課題を、統合、気候変動、資源循環、自然共生、安全確保の5つの領域で設定。
2020.1	統合イノベーション戦略推進会議	革新的環境イノベーション戦略	2050	総理指示及び「パリ協定に基づく成長戦略としての長期戦略」・「統合イノベーション戦略2019」に基づき策定。2050年までの80%減実現に向けた戦略。16の技術課題についてのコスト目標等を明記した「イノベーション・アクションプラン」ほかからなる。
2021.3	CSTI	科学技術・イノベーション基本計画（第6期）（2021〜2025年度）		科学技術イノベーション政策の基本方針を提示。第5期で掲げた「Society 5.0」を再提示し、その実現に向けた取組を進める等。

1. 環境・エネルギー分野および関連科学技術分野の政策立案のガバナンス（組織体制）

　エネルギーに関する政策の主要所管省は経済産業省である。環境に関しては主として環境省だが、対象に応じて複数の省が関連する。例えば水に関しては環境省に加えて厚生労働省、経済産業省、国土交通省、農林水産省等が関わる。科学技術・イノベーション（STI）政策に関しては、その司令塔として内閣府に総合科学技術・イノベーション会議（CSTI）が設置されている。

2. 環境・エネルギー分野の基本政策

　気候変動対策が環境・エネルギー分野で目下最も大きな課題となっている。特に気候変動緩和はエネルギー政策においてエネルギー安全保障とならぶ大きな政策的柱となっておりその検討も活発である。2020年10月、第203回国会において菅首相（当時）が2050年までにカーボンニュートラル（温室効果ガス排出量の正味ゼロ）の達成を目指すとの政策目標を示した。2030年に向けた目標も、2021年に米国が主催した気候変動に関する首脳会議において、46%削減という新たな方針が示された。

　これら中長期目標の更新を受けて、政府は立て続けに戦略や計画の策定を行っている。まずカーボンニュートラル宣言を受けて取りまとめられたのは「2050年カーボンニュートラルに伴うグリーン成長戦略」（2020年12月）である。同戦略は産業政策の位置づけにあり、カーボンニュートラルの実現に向けた民間投資の拡大を後押しするために、予算、税制、金融、規制改革・標準化、国際連携に関する取組みを進める方針が示された。特に予算に関しては国立研究開発法人新エネルギー・産業技術総合開発機構（NEDO）に2兆円の「グリーンイノベーション基金」を造成するとした。大学における取組の推進にも触れられている。具体的には社会のニーズに機動的に対応した人材育成や、地域における「知の拠点」としての機能強化などが必要とし

ている。また同戦略では成長戦略として取り組む観点から「今後の産業としての成長が期待される重要分野」を14分野設定し、産業ごとに個別の目標およびその達成に向けた実行計画を作成した。そのほか同戦略の中では図表1.2.4（1）−1のようなカーボンニュートラルの実現イメージが示され、関連する政策議論の場にて広く参照されている。

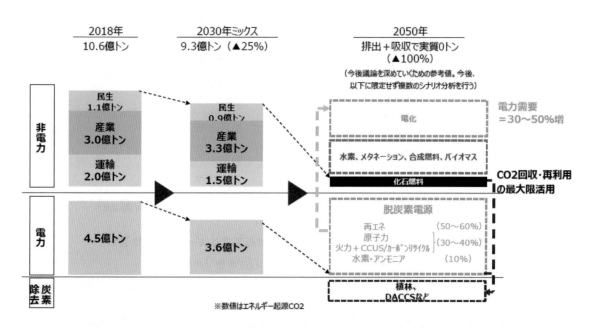

図表1.2.4（1）−1　　2050年カーボンニュートラルの実現に向けた方向性

（第6回成長戦略会議 資料1「2050年カーボンニュートラルに伴うグリーン成長戦略」より抜粋）

2021年10月には第6次の「エネルギー基本計画」が策定された。エネルギー政策の基本的な方向性を示す「エネルギー基本計画」では安全性（Safety）、安定供給（Energy Security）、経済効率性（Economic Efficiency）、環境適合（Environment）からなるS+3Eの視点を中核にしている。2050年に向けては電力部門の脱炭素化加速、アンモニア発電やカーボンリサイクルによる炭素貯蔵・再利用の推進、非電力部門の電化促進などが掲げられた。また2030年に向けたエネルギー需給見通しも示された（図表1.2.4（1）−2）。エネルギーの安定供給に支障が出ないよう十分な配慮が必要としながらも野心的な取組みを仮定した2030年度ミックスが示された。

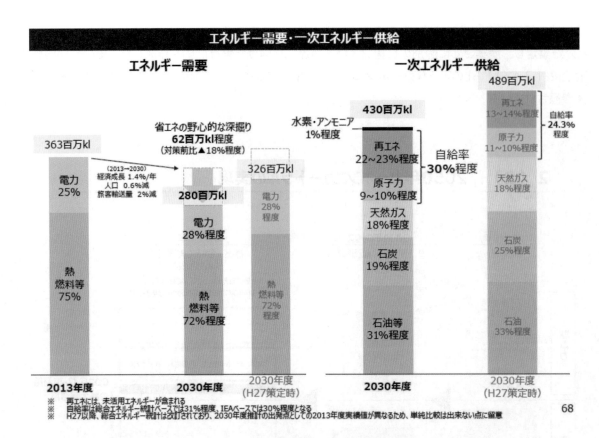

図表1.2.4（1）－2　　　2030年度におけるエネルギー需給の見通し

（資源エネルギー庁ホームページより抜粋[2]）

　岸田政権が発足すると新たに「クリーンエネルギー戦略」の検討が開始した。2030年を見据えたエネルギー政策であるエネルギー基本計画と2050年を見据えた産業政策であるグリーン成長戦略に対し、クリーンエネルギー戦略はそれら2つの政策の実現に必要な経済・社会や産業構造の転換を促すための取組みが議論された。2022年5月に「中間整理」が公表され、今後10年間で約150兆円にものぼる大規模な民間投資を促すための政府支援方針が示された。更に2022年7月にはGX実行会議の設置とGX実行推進担当大臣の新設が発表された。GX実行会議はエネルギーの安定供給の再構築、ならびにそれを前提とした脱炭素に向けた経済・社会、産業構造変革に係る議論を行う会議として内閣官房に設置された。後者の論点に関しては、同年6月にとりまとめられた「新しい資本主義のグランドデザイン及び実行計画」において、（1）GX経済移行債の創設、（2）規制・支援一体型投資促進策、（3）GXリーグの段階的発展・活用、（4）新たな金融手法の活用、（5）アジア・ゼロエミッション共同体構想などの国際展開戦略をGX実行会議で議論・検討するとされている。GX実行会議では約半年にわたる議論を経て「GX実現に向けた基本方針〜今後10年を見据えたロードマップ〜」が策定された（2023年2月閣議決定）。

　気候変動対策のもう1つの柱である気候変動適応に関しては、2018年6月に公布された「気候変動適応法」により法的位置づけが明確化されている。緩和策（温室効果ガスの排出削減対策）の推進は1998年に制定された地球温暖化対策の推進に関する法律に基づき行われていたが、適応策はそれまで法的に位置づけられていなかった。同法の制定により、緩和策と適応策を車の両輪にして気候変動対策を推進する方針が改めて正式に示された。気候変動適応法に基づき気候変動適応計画も取りまとめられており、科学的知見に基づく気候変動適応の推進、研究機関の英知を集約するための情報基盤整備、地域の実情に応じた気候変動適応の

　　2　https://www.enecho.meti.go.jp/category/others/basic_plan/（2023年2月20日アクセス）

推進などについて、関係府省庁が連携して取り組む旨の方針が示されている。

　気候変動を含む環境全般の基本政策は「環境基本計画」にて示されている。2018年4月に閣議決定された第5次の基本計画では、各種の課題は相互に連関し複雑化しているとの認識から、従来の環境政策の枠組み（気候変動対策、循環型社会の形成、生物多様性の確保・自然共生、環境リスクの管理等）に加えて分野横断的な6つの「重点戦略」（経済、国土、地域、暮らし、技術、国際）が設定された。従来の環境政策の枠組みはこの重点戦略を支えるものと位置付けられており、「地球温暖化対策計画」、「循環型社会形成推進基本計画」、「生物多様性国家戦略2012–2020」等が関連付けられている。このうち生物多様性国家戦略は次期戦略の策定に向けた検討が2020年1月から続けられている。しかし国際的な議論であるポスト2020生物多様性枠組の検討がコロナ禍で予定通りに進まず、国内議論もこれに足並みをそろえる形となっていた。2022年12月に「昆明・モントリオール生物多様性枠組」が生物多様性条約COP15で採択されたことを受け、2023年3月に閣議決定を目指すスケジュールで再び国内検討が再開した（2023年1月時点）。

　令和5年度環境省重点施策によると2050年カーボンニュートラル（「炭素中立型経済社会」）の実現を現在の重点施策分野としている。ただし炭素中立型経済社会の実現を柱として、循環経済（サーキュラーエコノミー）や自然再興（ネイチャーポジティブ）の同時達成も目指すとしている。

　これら以外には内閣官房に組織体が設置され策定された計画や戦略もある。「水循環基本計画」は水循環政策本部が流域の総合的かつ一体的な管理等のための基本方針を示した計画である。「水素基本戦略」は再生可能エネルギー・水素等関係閣僚会議における総理指示を受け関係府省庁がとりまとめた戦略に基づき策定された。2019年6月に策定された「パリ協定に基づく成長戦略としての長期戦略」は内閣官房に設置された「パリ協定長期成長戦略懇談会」からの提言を踏まえて策定された。

3. 環境・エネルギー分野のSTI政策

　温室効果ガス排出の大幅削減の実現に向けたSTI政策としては、2020年1月に策定された「革新的環境イノベーション戦略」がある。同戦略では、従来の延長線上の取組みだけではなく、非連続的なイノベーションの創出が必要との認識の下、「イノベーション・アクションプラン」ほかが示された。「イノベーション・アクションプラン」では、5つの重点分野に属する39の技術テーマが特定され、各技術と関連するコスト目標等が提示された（図表1.2.4（1）–3）。なお本戦略は「パリ協定に基づく成長戦略としての長期戦略」の中でも主要な柱の一つとして位置付けられており、菅前総理によるカーボンニュートラル宣言とも整合的な内容であるためSTI政策として引き続き参照されている。関連する研究開発の取組み状況や課題の認識などについては、「グリーンイノベーション戦略推進会議」およびその下に設置されたワーキンググループで確認、議論が行われてきた。

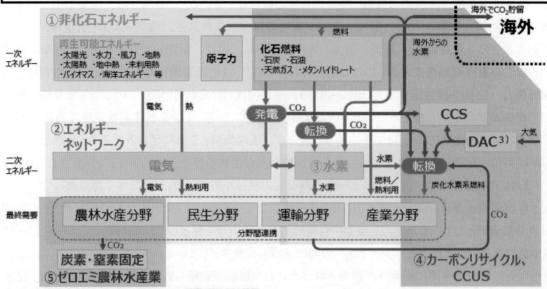

技術領域で整理すると、①電力供給に加え、水素・カーボンリサイクルを通じ全ての分野で貢献する非化石エネルギー、②再生可能エネルギー導入に不可欠な蓄電池を含むエネルギーネットワーク、③運輸、産業、発電など様々な分野で活用可能な水素、④CO_2の大幅削減に不可欠なカーボンリサイクル、CCUS[1]、⑤世界GHG排出量の1/4[2]を占める農林水産分野の5つが重点領域となる。

1）CCUS：Carbon Capture, Utilization and Storage（炭素の回収・利用・貯留）
2）農業・林業・その他土地利用部門からのGHG排出量は世界の排出量の約1/4を占める（出典：IPCC AR5 第3作業部会報告書）
3）DAC：Direct Air Capture（大気からのCO_2分離）

16

図表1.2.4（1）-3　　イノベーションアクション・プランの重点領域
（革新的環境イノベーション戦略（令和2年1月21日 統合イノベーション戦略推進会議決定）より抜粋）

　環境・エネルギー分野を含むSTI政策全般の基本的な方向性は「科学技術・イノベーション基本計画」で示される。2021年3月に閣議決定された「第6期科学技術・イノベーション基本計画」（2021～2025年度）は、第5期の同計画で提唱されたコンセプトであるSociety5.0を再提示し、その実現に向けた取組を進める方針を示した。その柱の一つでは「国民の安全と安心を確保する持続可能で強靭な社会への変革」を目指すとし、2050年カーボンニュートラルの実現、循環経済への移行、自然災害による経済社会や国民の日常生活のリスク低減に向けた取組などを総合的に推進する旨が記載された。カーボンニュートラル実現のための取組みとしては前述の革新的環境イノベーション戦略の着実な推進が主要な柱の一つとされている。

　環境政策に紐づくSTI政策としては2019年5月に策定された「環境研究・環境技術開発の推進戦略」もある。同戦略は、中長期（2030年、2050年）のあるべき持続可能な社会の姿をにらみながら、その先5年間で取り組むべき環境研究・技術開発の重点課題やその効果的な推進方策を提示するものとして策定されたものである。領域構成は、「気候変動」、「資源循環」、「自然共生」、「安全確保」の個別領域および「統合領域」の5つからなる。

4. 代表的な研究開発プログラム／プロジェクト

　2050年カーボンニュートラルの実現に向けて令和2年度に2兆円規模の基金として創設されたグリーンイノベーション基金では、2023年2月時点で19件（うち1件は予算額未定）の研究開発・実証プロジェクトに対して10年間で最大約1兆8,300億円を拠出することが決定済みである。追加財源も予定されており新たなプロジェクトの組成や既存プロジェクトの拡充等も検討されている。

　一方、「クリーンエネルギー戦略　中間報告」において、企業等における研究開発・実証と連動しつつ、その基盤となる大学等の研究開発支援を強化する方針が示された。これを踏まえて文部科学省では令和4年度補正予算で新たに大学等における基盤研究を推進するための基金を整備し、革新的GX技術創出事業（GteX）を立ち上げた。予算としては当面5年分が計上されているが事業としては最長で10年程度の研究開発支援を

想定している。同事業はグリーンイノベーション基金事業とも連携し、両省でシームレスな研究開発支援を目指すとしている。また文科省所管のJSTの戦略的創造研究推進事業の一環としてALCA-NEXT（先端的脱炭素化技術開発）も令和5年度から新たに立ち上げられることとなった。2010年度〜2022年度に推進された先端的低炭素化技術開発（ALCA）事業の知見も踏まえて大学等における基礎研究の推進による技術シーズ育成を進めることとしている。

その他にも環境・エネルギー分野の研究開発プログラム・プロジェクトは多岐にわたるものが実施されている。図表1.2.4（1）-4では関連府省における主要なプログラム・プロジェクトを抽出し整理した。

図表1.2.4（1）-4　　主要な研究開発プログラム/プロジェクト

機関	プログラム/プロジェクト
内閣府・CSTI	●ムーンショット型研究開発制度（2020〜） ●PRISM官民研究開発投資拡大プログラム（2018〜） ●SIP（第2期）（2018〜）
文部科学省	●革新的GX技術創出事業（GteX）（2023〜） ●気候変動予測先端研究プログラム（気候変動適応戦略イニシアチブ内）（2022〜） ●次世代X-nics半導体創生拠点形成事業（2022〜） ●革新的パワーエレクトロニクス創出基盤技術研究開発事業（2021〜） ●大学の力を結集した、地域の脱炭素化加速のための基盤研究開発（2021〜） ●北極域研究推進プロジェクト（ArCS II）（2020〜） ●スーパーコンピュータ「富岳」成果創出加速プログラム（2020〜2024） ●英知を結集した原子力科学技術・人材育成推進事業（2015〜） ●国際原子力人材育成イニシアティブ事業（2010〜） ●海洋資源利用促進技術開発プログラム（2008〜） ●原子力システム研究開発事業（2005〜） ●ITER（国際熱核融合実験炉）計画等の実施（−）
経済産業省	●石油資源を遠隔探知するためのハイパースペクトルセンサの研究開発（2022〜） ●社会的要請に応える革新的な原子力技術開発支援（2019〜） ●宇宙太陽光発電における無線送電技術の高効率化に向けた研究開発（2014〜） ●放射性廃棄物の減容化に向けたガラス固化技術の基盤研究（2014〜）
国土交通省	●下水道応用研究（2017〜） ●下水道技術研究開発（GAIAプロジェクト）（2014〜） ●交通運輸技術開発推進制度（2013〜） ●下水道革新的技術実証事業（B-DASHプロジェクト）（2011〜） ●河川砂防技術研究開発（2009〜）
環境省	●地域共創・セクター横断型カーボンニュートラル技術開発・実証事業（CO_2排出削減対策強化誘導型技術開発・実証事業）（2022〜） ●潮流発電による地域の脱炭素化モデル構築事業（2022〜） ●ナッジ×デジタルによる脱炭素型ライフスタイル転換促進事業（2022〜） ●地域資源循環を通じた脱炭素化に向けた革新的触媒技術の開発・実証事業（2022〜） ●革新的な省CO_2実現のための部材（GaN）や素材（CNF）の社会実装・普及展開加速化事業（2020〜） ●脱炭素社会を支えるプラスチック等資源循環システム構築実証事業（2019〜） ●気候変動適応情報プラットフォーム（A-PLAT）（2016〜） ●脱炭素社会構築に向けた再エネ由来水素活用推進事業（2015〜） ●CCUS早期社会実装のための環境調和の確保及び脱炭素・循環型社会モデル構築事業（2014〜） ●GOSATシリーズによる排出量検証に向けた技術高度化事業等（2014〜） ●いきものログ（2013〜）、子どもの健康と環境に関する全国調査（エコチル調査）（2010〜）、モニタリングサイト1000（2003〜）、自然環境保全基礎調査(緑の国勢調査)（1973〜）

農林水産省	●みどりの食料システム戦略実現技術開発・実証事業（2022～） ●農林水産分野の先端技術展開事業（2021～） ●安全な農畜水産物安定供給のための包括的レギュラトリーサイエンス研究推進委託事業（2020～） ●スマート農業技術の開発・実証プロジェクト（2018～2023） ●農林水産研究の推進（委託プロジェクト研究／戦略的プロジェクト研究推進事業）（2009～）
NEDO（経済産業省）	●グリーンイノベーション基金事業（2021～） ●NEDO先導研究プログラム〔エネルギー・環境新技術先導研究プログラム／新産業創出新技術先導研究プログラム／未踏チャレンジ2050〕（2014～） ●新エネルギー等のシーズ発掘・事業化に向けた技術研究開発事業（2007～） ●太陽光発電主力電源化推進技術開発（2020～2024）、太陽光発電の導入可能量拡大等に向けた技術開発事業（2020～2024） ●風力発電等導入支援事業（2013～2023）、風力発電等技術研究開発（2008～2024） ●木質バイオマス燃料等の安定的・効率的な供給・利用システム構築支援事業（2021～2028）、バイオジェット燃料生産技術開発事業（2017～2024） ●地熱発電導入拡大研究開発事業（2021～2025）、再生可能エネルギー熱利用にかかるコスト低減技術開発（2019～2023） ●燃料電池等利用の飛躍的拡大に向けた共通課題解決型産学官連携研究開発事業（2020～2024）、水素社会構築技術開発事業（2014～2025）、産業活動等の抜本的な脱炭素化に向けた水素社会モデル構築実証事業（2021～2025） ●脱炭素社会実現に向けた省エネルギー技術の研究開発・社会実装促進事業（2021～2035）、戦略的省エネルギー技術革新プログラム（2012～2024） ●多用途多端子直流送電システムの基盤技術開発（2020～2023）、再生可能エネルギーの主力電源化に向けた次々世代電力ネットワーク安定化技術開発（2022～2026）、再生可能エネルギーの大量導入に向けた次世代電力ネットワーク安定化技術開発（2019～2023） ●電気自動車用革新型蓄電池技術開発（2021～2025） ●燃料アンモニア利用・生産技術開発（2021～2025） ●CCUS研究開発・実証関連事業（2018～2026）、カーボンリサイクル・次世代火力発電等技術開発（2016～2026）、カーボンリサイクル・火力発電の脱炭素化技術等国際協力事業（2022～2026） ●アルミニウム素材高度資源循環システム構築事業（2021～2025）、革新的プラスチック資源循環プロセス技術開発（2020～2024） ●海洋生分解性プラスチックの社会実装に向けた技術開発事業（2020～2024） ●炭素循環社会に貢献するセルロースナノファイバー関連技術開発（2020～2024） ●次世代複合材創製技術開発（2020～2024） ●カーボンリサイクル実現を加速するバイオ由来製品生産技術の開発（2020～2026） ●航空機エンジン向け材料開発・評価システム基盤整備事業（2021～2025） ●省エネエレクトロニクスの製造基盤強化に向けた技術開発事業（2021～2025） ●積層造形部品開発の効率化のための基盤技術開発事業（2019～2023）
JST（文部科学省）	●戦略的創造研究推進事業：「CREST」（1995～）「さきがけ」（1991～）「ALCA-NEXT」（先端脱炭素化技術開発）（2023～） ●先端国際共同研究推進事業（2023～） ●共創の場形成支援プログラム（COI-NEXT）（2020～） ●未来社会創造事業（2017～） ●戦略的国際共同研究プログラム（SICORP）（2009～） ●多国間研究プログラム：「aXis」「e-ASIA」「EIG CONCERT-Japan」「BelmontForum」（2011～） ●地球規模課題対応国際科学技術協力プログラム（SATREPS）（2008～） ●社会技術研究開発（RISTEX）（2005～）
日本学術振興会 （文部科学省）	●科学研究費助成事業（1918～）
環境再生保全機構 （環境省）	●環境研究総合推進費（1990～）：「戦略的研究開発領域（I）」「戦略的研究開発領域（II）」「統合領域」「気候変動領域」「資源循環領域」「自然共生領域」「安全確保領域」

（2023年2月時点。各府省・機関のホームページ等を参照し作成）

（2）米国

■気候変動とエネルギー関連

年月	策定主体	名称	目標年	主な内容
2017.3	大統領府	米国第一エネルギー計画 （An America First Energy Plan）		トランプ政権（2017～2021年）のエネルギー政策基本方針。エネルギーコストを下げ、国内資源を最大限活用することで輸入原油への依存を軽減すべく、非在来型の化石資源の開発を促進することや、気候変動行動計画や水に関する規則等の廃止等に言及。
2020.4	DOE	米国原子力リーダーシップを取り戻すための戦略 （The Strategy to Restore American Nuclear Energy Leadership）		原子力エネルギーに関する米国の国家安全保障を確保するための戦略
2020.11	DOE	水素プログラム計画 （Hydrogen Program Plan）		DOEの水素研究・開発・実証の戦略的枠組み。DOE各局が参加。プログラムは、水素製造、配送、貯蔵、変換、利用など
2021.11	大統領府	インフラ投資・雇用法 （Infrastructure Investment and Jobs Act）		水道、道路・橋、港湾、公共交通機関、通信網、電力網などの更新や近代化に5年間で総額1兆ドル超（新規支出は5,500億ドル）の投資を行う法案。極端気象に耐えうる強靭なインフラ構築という気候変動対策としての投資も含まれる。
2022.8	大統領府	インフレ抑制法 （Inflation Reduction Act）		歳出3,690億ドルを気候変動対策やクリーンエネルギー推進等に投入。政策手段として税控除によるインセンティブを付与。

■その他の環境とエネルギー関連

年月	策定主体	名称	目標年	主な内容
2018.2	EPA	2018-2022年度EPA戦略計画	2022	米国第一エネルギー計画の基本方針を受け、同庁の中核的なミッション（環境政策）の実施・向上に注力する原点回帰の方針を提示。
2019.9	EPA	2018-2022年度EPA戦略計画（更新版）	2022	EPAの「2018-2022年度EPA戦略計画」の更新版。EPAの環境政策に即して戦略的ゴールの文言を修正、戦略目標や長期的な業績目標の変更はない
2022.3	EPA	2022-2026年度EPA戦略計画	2026	EPAの新たな5か年計画。7つの戦略的目標が設定され、気候危機への対応に関する目標ならびに気候正義と公民権に関する目標が初めて設定された。
2022.11	大統領府	自然を活用した解決策のためのロードマップ		自然を活用した解決策の利用拡大を進めるために注力すべき5つの戦略的分野を提示。

1 研究対象分野の全体像

■科学技術イノベーション関連

年月	策定主体	名称	目標年	主な内容
2020.10	大統領府	重要技術・エマージング技術国家戦略		米国が重要技術およびエマージング（新興）技術において世界のリーダーを確保するための戦略。柱は、1）国家安全保障のイノベーション基盤の促進、2）技術的優位性の保護。
2022.3	EPA	戦略的研究行動計画（StRAP）2023-2026	2026	EPA戦略計画で掲げた7つの戦略的目標の達成に向けて野心的な研究ポートフォリオを組むための研究戦略。EPAが推進する6つの研究プログラムそれぞれにStRAPを作成。
2022.12	大統領府	USGCRP Decadal Strategic Plan（2022-2031）	2031	米国地球変動研究プログラムの第四期10年計画。複雑な地球システムの理解・評価・予測・対応に係る研究は引き続き推進するが、加えてこれらの知見を活用した統合的な研究を促進する方針を提示。

1. 環境・エネルギー分野および関連科学技術分野の政策立案のガバナンス（組織体制）

　科学技術政策の基本的な方向性を決定するのは科学技術政策局（OSTP）を中心とする大統領府であるが、分野ごとの政策立案と研究開発はそれぞれの分野を所管する各省庁とその傘下の公的研究所が担っている。このためエネルギー政策については、大統領令に沿ってエネルギー省（DOE）が中心となり政策の推進を実施している。環境分野の研究開発にはエネルギー省（DOE）、環境保護庁（EPA）を中心に、農務省（USDA）、米国海洋大気庁（NOAA）、米国航空宇宙局（NASA）、地質調査所など多くの省庁が関与している。このため研究開発戦略についても機関毎に作成されている。なおEPAは、健康保護や自然保護の観点での大気・水質・土壌汚染の管理について担当している。その他、全米科学財団（NSF）では環境分野、エネルギー分野のいずれかと関連する幾つかの研究プログラムが実施されている。

2. 環境・エネルギー分野の基本政策

バイデン政権の動向概観

　2021年1月に発足したバイデン政権は、①新型コロナ対策、②経済再建、③人種的公平性、④気候変動を優先課題としてあげている。気候変動対策として当初段階で大統領令（議会の承認なしに実施できる大統領の行政命令）により実施したものは、パリ協定への復帰、前政権が行ったカナダと米国メキシコ湾とを経由するパイプライン（キーストーンXL）建設許可の取り消し、エネルギーの自立に大きな役割をしてきたシェールガス・オイルにおける新規の連邦公有地・オフショアでの新規採掘リースの停止、化石燃料業界への補助金・税制優遇制度の見直し、自動車排ガス規制の再強化などの化石燃料消費削減の脱炭素化政策である。

　さらにクリーンエネルギーを推進するための予算措置として、2021年11月の「インフラ投資・雇用法案（Infrastructure Investment and Jobs Act）」と2022年8月の「インフレ抑制法案（Inflation Reduction Act: IRA）」の二つを成立させている。前者は主に老朽化したインフラの更新や雇用創出を柱とした経済政策であるが、後者は気候変動対策やエネルギー安全保障に対応した法案となっている。このIRAは包括法案であり、10年間の歳入として法人税引き上げ（最低税率15%）の税制や処方箋薬価の改革などで7,370億ドルを確保する一方で、歳出の大部分である3,690億ドルを気候変動対策やクリーンエネルギー推進等に投入するものである（歳入歳出の差額約3,000億ドルはインフレ抑止として財政赤字を補填）。当初の3.5兆ドルからは大幅縮小ではあるが、2050年ネットゼロエミッションを目指すバイデン政権にとって大きな進展となっている。予算配分（予定）は農務省に約470億ドル（バイオ燃料、農業部門のメタンを含む

GHGs排出削減、森林再生など）、EPAに約415億ドル（国家気候基金の新設など）、DOEに350億ドルとされている。省庁への配分以外では再エネ電力、45Q と呼ばれるEOR（石油増産回収）を含むCO$_2$地下貯留（要件緩和等）、電気自動車の製造・購入に加え、原子力発電、持続可能航空機燃料（SAF）、クリーン水素、低炭素排出の輸送燃料などの製造に対しても税控除制度の新設が予定されている。税控除による予算は2,600億ドルに上るとされ、米国は税控除を通じたインセンティブ付与をクリーンエネルギー推進のための政策手段として推し進めていることがわかる。

　なおエネルギー安全保障の視点からは、新型コロナ禍からの世界経済回復によるエネルギー需要の増加、ならびに2022年2月のロシアのウクライナ侵攻による国際情勢不安定化は、原油価格上昇をもたらし、ガソリン価格などのエネルギー価格の高騰をもたらした。このため2022年4月にはシェールガス・オイルにおける新規の連邦公有地での新規採掘リースを再開している。また米国内でのサプライチェーンの強化に向けた取り組みとしてクリーンエネルギー技術の基幹材料となるクリティカルマテリアル（黒鉛負極材料、重要鉱物資源など）の国内サプライチェーンの整備・強化を目指しており、DOEがその戦略（American's Strategy to Secure the Supply Chain for a Robust Clean Energy Transition）を発表している。

米国の温室効果ガス排出量推移と削減目標

　米国政府が2021年11月に国連に提出した長期戦略では2050年までにGHGs排出をネットゼロにする（ただし航空機と国際輸送からの排出及び国際市場メカニズムを含まない）としている。またそのためには2030年までに純排出量の2005年比50～52%削減の達成が重要としている。目標達成のために以下の5つを重要な取組みとしている。

①電力の脱炭素化（22～25%）：再生可能エネルギー15～18%、CCS付き化石燃料6～8%
②エネルギー転換（34～44%）：水素5～10%、低炭素燃料16～21%、電化8～15%
③エネルギー効率の改善（10～19%）：輸送5～7%、建物2～9%、産業が1～5%
④非CO$_2$排出の削減（9～10%）：メタンによる寄与6～7%、N$_2$O1～2%、Fガス削減1%
⑤CO$_2$除去の拡大：土地の吸収源増強による寄与1～6%、工業的CO$_2$除去による寄与6～8%

　2022年版National Inventory Submissions報告書によると米国での2020年GHGs総排出量は、パンデミックの影響が含まれるが、CO$_2$換算で59.81億トンCO$_2$-eqであり、1990年から7.3%減少し、2016年から2020年は平均0.39億トンCO$_2$-eq/年で減少している。陸域での吸収量（LULUCF：土地利用、土地利用変化及び林業）は7.59億トンCO$_2$-eq（総排出量の13%）であり、2020年の実効的なGHGs排出量は52.22億トンCO$_2$-eqと報告されている。排出部門の発生源は運輸部門が最も大きく、電力、産業、そして農業、商業、建築の順となっており、上位3部門がそれぞれ概ね1/4を占め、他の3部門で残りの1/4を分けている。電力部門はエネルギー源の転換などで低下傾向がみられているが、運輸、産業部門の削減が期待されている。

　電力部門は2035年までにクリーンな電力という目標も設定している。2020年の太陽光、風力の導入は32GWと増加しているが、クリーンエネルギー電源を2020年代は年間58～115GW/年、それ以降も同等のレベルで導入する必要がある。導入量をまかなうための資源や製造技術の対策費用も挙げられている。

　輸送部門では電化、バイオ燃料や水素への移行を通して2030年小型新車販売の半分をゼロエミッション車とし、また持続可能な航空燃料を増産するとしている。産業部門でも中程度までは電化を推進するとしている。鉄鋼、石油化学、セメント生産では追加の技術とプロセスの革新が必要であり関連研究の支援を拡大するとしている。CCSおよび新たなクリーン水素（再生可能エネルギーからの生産、原子力、廃棄物）の供給、非CO$_2$GHGsの大気圏への放出を防ぐために、監視および制御技術の開発推進を掲げている。

1
研究対象分野の全体像

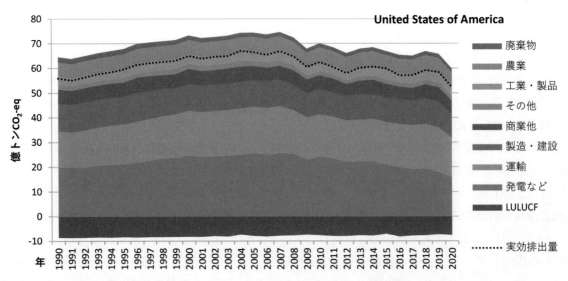

https://di.unfccc.int/time_series から取得した値を元にCRDSにて作成

図表 1.2.4（2）−1　米国のGHGs排出量部門内訳

（国連「Climate Change」のデータを元にCRDSにて作成）

関連省庁・機関への予算配分方針

　連邦政府の2023年度予算のうち環境・エネルギー分野と関連が深いと思われる省庁・機関について図表1.2.4（2）−2にまとめた。大統領予算教書では気候変動への取り組みは連邦政府の優先課題の1つに挙げられており、クリーンエネルギーインフラの整備、産業競争力強化、気候変動関連データ基盤整備、気候変動に対する強靭性強化（気候変動適応など）、環境正義の保障、気候研究・イノベーションへの投資等に取り組むとしていた。

図表 1.2.4（2）−2　関連省庁・機関の2023年度予算額[1]

機関・部局等		予算額
エネルギー省（DOE）	科学局	81億ドル（8.4％増）
	エネルギー効率化・再生可能エネルギー局	34.6億ドル（8.1％増）
	原子力エネルギー局	14.7億ドル（11.0％減）
	化石エネルギー・炭素管理研究開発局	8.9億ドル（7.9％増）
	電気局	3.5億ドル（26.4％増）
	エネルギー高等研究計画局（ARPA-E）	4.7億ドル（4.4％増）
	サイバーセキュリティ・エネルギーセキュリティ・緊急対応局	2.0億ドル（7.6％増）
	クリーンエネルギー実証室（OCED）	0.9億ドル（新規）
	国家核安全保障局（NNSA）	30.6億ドル（7.7％増）

1　AAAS FY 2023 R&D Appropriations Dashboardにて上下院審議後の予算額を参照し表作成
　https://www.aaas.org/news/fy-2023-rd-appropriations-dashboard（2023年2月24日アクセス）

環境保護庁 （EPA）	科学・技術	8.0億ドル（6.9%増）
海洋大気庁 （NOAA）	気候研究	2.2億ドル（12.1%増）
	海洋・沿岸・五大湖研究	1.7億ドル（15.2%増）
	気象・大気化学研究	2.5億ドル（6.1%増）
	気象衛星	17.1億ドル（13.8%増）
国立科学財団 （NSF）	研究関連	78.4億ドル（9.5%増）

1
研究対象分野の全体像

　図表1.2.4（2）-3はDOEの科学局、ARPA-E、原子力エネルギー局、エネルギー効率化・再生可能エネルギー局の予算の推移である。これを見ると科学局とエネルギー効率化・再生可能エネルギー局の予算が顕著に伸びていることが分かる。その他、DOEには2021年に実証を担う部門（Office of Clean Energy Demonstration：OCED）が新設され2022年度予算から項目が追加されている。

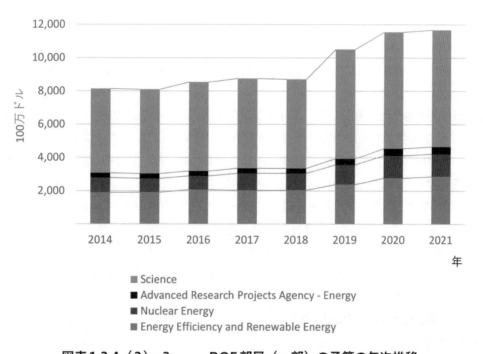

図表1.2.4（2）-3　　DOE部局（一部）の予算の年次推移

（2015年〜2022年のDOEの議会への予算要求資料をもとにCRDS作成）

3.環境・エネルギー分野のSTI政策

　米国では例年、先行的に研究開発優先事項が大統領府から公表される。府省横断的に取り組むべき事項として2022年7月に公表された2024年度の研究開発優先事項は図表1.2.4（2）-4の通りである。気候変動への取り組みは前回に引き続き優先事項に挙げられており、内容もほぼ変化なく一貫性が見られる。

図表1.2.4（2）−4　　2024年度のR&D予算優先事項で示された優先分野とその概要

優先分野	概要
パンデミックへの備えと予防	COVID−19ならびに将来の生物的脅威に対する備えの強化
がんによる死亡率の半減	早期発見のためのスクリーニング促進、発がんリスクを高める環境汚染物質や有害化学物質の理解・対処、予防可能ながんの低減、最先端研究の成果の早期還元、患者・介護者支援
気候変動への取り組み	気候科学の推進、クリーンエネルギーと気候技術・インフラに係るイノベーション、気候変動への適応とレジリエンス、自然を活用した解決策の強化、温室効果ガスモニタリング
国家安全保障と技術競争力の向上	重要・新興技術の優先順位付け、新規技術の国内での商業化・スケーリング、国際協力、壊滅的リスクの低減
公平性のためのイノベーション	新しい資金配分メカニズム・プログラムの創設、公平なデータインフラの整備、実行可能で公平な測定の実施
公平なSTEM教育・エンゲージメント・労働力エコシステムの育成	STEM人材の公平な育成・巻き込み・雇用の促進
オープンサイエンスとコミュニティ関与型研究開発の促進	公的研究開発への市民参加促進や科学データ・文献等へのアクセスを通じた科学技術への信頼、応答、倫理、関与の確保

　エネルギー分野の研究開発は基礎研究を含めてDOE主導で進められている。DOEはエネルギー・環境・核安全保障の課題に取り組むことにより米国の繁栄と国家安全保障を確保することを主要ミッションとしている。

　2020年10月に発表された「重要技術・エマージング技術に関する国家戦略」では、エマージング技術におけるリーダーシップ確保のために米国が取るべき重要な柱を概説している。その柱の中には、国家安全保障のイノベーション基盤の促進と技術的優位性の保護が含まれている。提案例としては、米国政府予算内での研究開発の優先度を高めること、イノベーションを阻害する可能性のある規制、政策、官僚的プロセスを削減することなどが挙げられている。重要技術、エマージング技術例の中には人工知能、エネルギー、量子情報科学、通信・ネットワーク技術、半導体、軍事、宇宙技術などが挙げられている。またこの技術リストは更新版が2022年2月に公表された[2]。半数近くの技術が入れ替わっており、エネルギー関連ではガスタービンエンジン技術、原子力エネルギー技術、再生可能エネルギー発電・貯蔵が加わった。

4. 代表的な研究開発プログラム／プロジェクト
DOEの主要プログラム
（1）エネルギーアースショット（Energy Earthshots）

　DOEは技術革新及びコスト低減を加速させるため、DOE内の科学部門、応用部門、ARPA−Eなどの組織を横断する取組みとして、2021年にアースショット・イニシアチブを立ち上げた。最初に立ち上げたのは「水素ショット」（Hydrogen Shot™）である。続いて、「安価なグリッド・ストレージを開発する長期間ストレージショット」（Long Duration Storage Shot™）、「大気中のCO_2を削減するカーボン・ネガティブショット」（Carbon Negative Shot™）を設立した。2022年には「高度化された地熱ショット」（Enhanced

---

2　National Science and Technology Council（2022），Critical and Emerging Technologies List Update
https://www.whitehouse.gov/wp-content/uploads/2022/02/02-2022-Critical-and-Emerging-Technologies-List-Update.pdf（2023年2月27日アクセス）

Geothermal Shot™）、「浮体式洋上風力発電ショット」（Floating Offshore Wind Shot™）、「産業熱ショット」（Industrial Heat Shot™）を設立している。各プログラムの目標概要を図表1.2.4（2）-5に示す。

図表1.2.4（2）-5　　アースショット・イニシアチブの目標概要

エネルギー・アースショット	目標
水素ショット （Hydrogen Shot™）	コストを80％削減し、クリーンな水素の需要とイノベーションを加速する野心的なコスト設定を目指す。
長期間貯蔵ショット （Long Duration Storage Shot™）	いつでも、どこでも、クリーンな電力を供給できる安価なグリッドストレージの実現を目指す。グリッドスケール蓄電コスト90％削減。10年以内に10時間以上の持続時間を実現するシステムを開発。
カーボン・ネガティブショット （Carbon Negative Shot™）	大気中からCO_2を除去し、CO_2換算トン当たり100ドル未満で永続的に貯蔵する技術や手法の開発。
地熱ショット （Enhanced Geothermal Shot™）	高度な地熱システムのコストを90％削減。2035年までに45ドル/MWhまで低減。
浮体式洋上風力発電ショット （Floating Offshore Wind Shot™）	2035年までにコストを45ドル/MWhまで低減。浮体式洋上風力発電技術における米国のリーダーシップを促進し、脱炭素社会を加速させ、沿岸地域社会に利益をもたらす。
産業熱ショット （Industrial Heat Shot™）	2035年までに温室効果ガス排出量を85％以上削減する、コスト競争力のある産業用熱の脱炭素化技術を開発。

（2）エネルギーフロンティア研究センター（EFRC）

EFRCはエネルギー分野の基礎科学を推進するために2009年に設立された。公募により複数の大学や国立研究所等からなる研究グループをセンターとして選定し、支援する。2009年の設立当初は46のセンターで開始した。2022年にはクリーン エネルギー科学、革新的な製造、マイクロエレクトロニクス、ポリマーリサイクル、二酸化炭素削減、量子情報科学を対象として16の新しい センター（4年間）、17の更新（4年間）、および10の既存センターの延長（2年間）が採択された。これらの総額は4億2,000万ドルとなる。2020年からの8つの継続的なセンターを加えると全部で51のセンターが活動している。

（3）エネルギー高等研究計画局（ARPA-E）

国防高等研究局（DARPA）を手本にして2009年に設立された。ハイリスク・ハイペイオフ型のエネルギー研究を支援し、変革的な技術の研究開発を狙いとしている。応用研究を中心とし、基本的に基礎研究は含まない。研究開発における「死の谷」を克服するために、目標設定を明確にした上でリスクのある革新的なプロジェクトを複数選択し、助成することで、個別プロジェクトの失敗は許容しつつ、プログラム全体として成功を狙う仕組みとなっている。なお、最近ではSCALEUPと呼ばれる商業化に向けたスケールアップのための技術開発資金や中小企業を対象としたSEEDと呼ばれる資金提供も追加されている。現行のARPA-Eのプログラム一覧を図表1.2.4（2）-6に示す。

表 1.2.4（2）−6　　　ARPA−E プログラム（プログラム期間は公表年から 3 年と仮定。2023 年 2 月時点）[3]

プログラム名	プログラム名（日本語）	件数	カテゴリ	2017	2018	2019	2020	2021	2022	2023	2024
ROOTS	炭素固定（排出低減）, 生産性向上のための根と土壌の機能の計測技術, モデル	10	バイオ		■	■	■				
MARINER	海藻（大型藻）	20	バイオ	■	■	■					
SMARTFARM	バイオ燃料のライフサイクルGHG排出定量化のシステム	6	バイオ・効率		■	■	■				
ECOsynBio	新しいバイオマス変換プラットフォーム・システム	9	バイオ		■	■	■				
INTEGRATE	天然ガス分散型発電システム	8	発電	■	■	■					
REPAIR	天然ガスパイプライン改造技術開発	10	化石			■	■	■			
REMEDY	石油、ガス、石炭産業におけるメタン排出量削減の技術開発	5	化石				■	■	■		
FLECCS	負荷追随発電用等のフレキシブルなCCS	12	CCS				■	■	■		
NODES	分散型を含むグリッドの最適制御技術	12	伝送	■	■	■					
GRID DATA	送配電アルゴリズムの開発	7	伝送	■	■	■					
PERFORM	グリッドの革新的管理システム	10	伝送		■	■	■				
IONICS	次世代蓄電池、燃料電池、他電気化学デバイス	16	変換・貯蔵	■	■	■					
REFUEL	カーボンニュートラルな液体燃料	16	変換・貯蔵		■	■	■				
DAYS	長時間（10〜100h）蓄電システム	10	貯蔵		■	■	■				
ATLANTIS	浮体式洋上風力	12	風力			■	■	■			
SHARKS	潮流・河川用流体動力学的タービン設計開発	11	水力			■	■	■			
GENSETS	家庭用CHP開発	12	効率	■	■	■					
NEXTCAR	コネクテッド＆自動化車両　フェーズ2	4	効率	■	■	■					
ENLITENED	データセンターのエネルギー効率（2倍に向上）	9	効率	■	■	■					
CIRCUITS	ワイドギャップ半導体による電力変換装置	22	効率	■	■	■					
SENSOR	ビル空調効率化	17	効率		■	■	■				
PNDIODES	広域半導体製造	8	効率		■	■	■				
BREAKERS	中電圧・直流回路ブレーカー	7	効率		■	■	■				
HITEMMP	高強度熱交換器	15	効率			■	■	■			
HESTIA	大気からの構造物への取り込みによる排出の活用	4	効率					■	■	■	
MEITNER	先進核反応炉	9	核エネルギー			■	■	■			
GEMINA	原子炉システムの運用・保守コスト削減（デジタルツイン）	9	核エネルギー			■	■	■			
BETHE	低コスト核融合	15	核エネルギー				■	■	■		
GAMOW	核融合商用化のための材料・サブシステム技術	14	核エネルギー				■	■	■		
CURIE	軽水炉使用済み核燃料のリサイクル	12	核エネルギー					■	■	■	
ONWARDS	先進原子炉（AR）の廃棄物量削減	10	核エネルギー					■	■	■	
ULITMATE	ガスタービン用超高温材料開発	17	材料			■	■	■			
ASCEND	航空機用電動式パワートレイン	9	交通				■	■	■		
REEACH	航空機用レンジエクステンダー（燃料から電気への変換技術）	8	交通				■	■	■		
NEXTCAR	コネクテッド＆自動化車両　フェーズ2	4	交通・自動車	■	■	■					
EVs4ALL	電気自動車用の先進的バッテリーの国内開発支援	※	交通・自動車						■	■	■
OPEN 2015	包括型提案公募	41	全領域	■	■						
IDEAS※	エネルギー関連適用技術における革新的開発アイデア	59	全領域	■	■	■	■	■	■	■	
OPEN 2018	包括型提案公募	79	全領域		■	■	■				
OPEN 2021	包括型提案公募	68	全領域					■	■	■	
DIFFERNIATE	エネルギー技術・設計へのAI・機械学習組み込み加速	23	その他					■	■	■	
Special Projects	型破りなアイデアによるイノベーション	51	その他	■	■	■	■	■	■	■	

補注：ARPA-Eのホームページで「活動中（Active）」のみを記載。各プログラムは原則3年間であるが、記載のあるものは一部の個別プロジェクトが延長されていることによる。またIDEASは通常の3年間プログラムとは異なり、最大1年間50万ドルのプログラム

（4）エネルギーイノベーション・ハブ

　基礎研究や応用研究に加え、商業化に必要な工学開発までカバーした一連の活動を「アンダー・ワン・ルーフ」で行うための仕組み。これまで支援されてきているのは以下の5テーマである。

①軽水炉先端シミュレーションコンソーシアム（CASL）：オークリッジ国立研究所がリーダー。2010年開始。2015年に更新され、5年間に1億2,150万ドルの助成。原子炉アプリケーション用仮想環境（VERA）を開発し、ライセンス供与と産業界へ展開し、2020年に終了。

3　ARPA-E https://arpa-e.energy.gov/technologies/programs （2023年3月1日アクセス）

②人工光合成共同センター（JCAP）：ローレンス・バークレー国立研究所とカリフォルニア工科大学がリーダー。2010年開始し、2015年に2期目として更新。さらに2020年7月には主体であるカリフォルニア工科大とローレンス国立研究所に対して更新され、5年間で1億ドルの助成。

③エネルギー貯蔵研究共同センター（JCESR）：アルゴンヌ国立研究所がリーダー。2012年開始。2018年に更新され、5年間で1億2,000万ドルの助成。

④戦略材料研究所（CMI）：エイムズ研究所がリーダー。2013年開始。

⑤エネルギー−水 淡水化ハブ（Energy−Water Desalination Hub）：研究アライアンスであるNational Alliance for Water Innovation（NAWI、ローレンス・バークレー国立研究所に本部）。安全で手頃な価格の水を提供するためにエネルギー効率が高くコスト競争力のある淡水化技術の初期段階の研究開発に焦点を当てる。研究対象は材料、新規プロセス、モデリング・シミュレーションツール、データ統合・解析。2019年開始。5年間最大1億ドルの助成及びステークホルダーより3,400万ドルのコストシェア拠出。

（5）バイオエネルギー研究センター

バイオ燃料ブームのあった2007年に設立され、3つの研究センターを対象にして10年間（2007〜2017年）行われた。植物および微生物を研究対象とし、セルロースを原料にバイオエタノールや他のバイオ燃料を低コストで製造するための技術に関する基礎基盤研究の推進を目的としている。2018年からは新たに5年間の第二期が始まっており、研究センターも再編された[4]。第二期はターゲットを拡大し、バイオ燃料に加えてバイオベースの化学物質やその他製品も視野に含めるとしている。第一期、第二期の研究センターは表1.2.4（2）−7の通りである。

表1.2.4（2）−7　　　バイオエネルギー研究センター

第一期（2007〜2017年）	第二期（2018年〜）
BioEnergy Science Center（BESC）：オークリッジ国立研究所がリーダー	Center for Bioenergy Innovation（CBI）：オークリッジ国立研究所がリーダー
Great Lakes Bioenergy Research Center（GLBRC）：ウィスコンシン大学とミシガン州立大学がリーダー	Great Lakes Bioenergy Research Center（GLBRC）：ウィスコンシン大学とミシガン州立大学がリーダー
Joint BioEnergy Institute（JBEI）：ローレンス・バークレー国立研究所がリーダー	Joint BioEnergy Institute（JBEI）：ローレンス・バークレー国立研究所がリーダー
−	Center for Advanced Bioenergy and Bioproducts Innovation（CABBI）：イリノイ大学アーバナ・シャンペーンがリーダー

（6）その他の研究開発プログラム

DOEは科学局、ARPA−E以外にもプログラム部局としてエネルギー効率・再生可能エネルギー局、化石エネルギー・炭素管理研究開発局、電気局、原子力エネルギー局等があり、それぞれファンディングを行っている。主なものとしては、持続可能な輸送技術（車両技術：Co−Optima、SuperTruckII等、バイオエネル

4　Department of Energy（DOE）, "Department of Energy Provides $40 Million for 4 DOE Bioenergy Research Centers", DOE
https://www.energy.gov/articles/department-energy-provides-40-million-4-doe-bioenergy-research-centers
（2023年3月1日アクセス）

ギー技術、水素・燃料電池技術）、再生可能発電技術（太陽光：Sunshotイニシアチブ、風力、水力：HydroNEXTイニシアチブ、地熱発電：FORGE）、家庭・ビル・産業での効率向上（先進製造：NNMI関連、ビルディング技術）、CCS技術（FEED等）、電力グリッド近代化、燃料サイクル等があり、幅広い分野にまたがる。なおエネルギーアースショットが立ち上がったことから、これら関連するプログラムはその一部として実施されているケースもある。例えば2020年11月に発表された「水素プログラム計画」は水素ショットの柱として実施されている。

（7）基礎研究と応用分野との連結に向けた新たな動き

2023年2月に科学局から「Accelerating Innovations in Emerging Technologies（Accelerate イニシアチブ）」が発表された。イノベーションサイクルを加速するには基礎研究の初期段階で主要なギャップを特定し克服することが必要との観点から、商業化への移行の加速に重点を置いた基礎研究支援を目的とするイニシアチブを立ち上げた。ハイパフォーマンスコンピューティング、人工知能、製造、材料、バイオテクノロジー等に関する最新技術を有する研究者チームの参画や他のイノベーション加速のアプローチが必要としている。予算は2年間で8,000万ドルが科学局より拠出される予定で、1件あたり200万ドル～400万ドルである。

EPAの研究開発プログラム

EPAでは4年毎に戦略的計画を立案している。2023年～2026年の戦略的計画には、4つの横断的戦略のもと、大統領令[5]を考慮して気候危機への対処と環境正義・公民権の推進という2つが追加された7つの戦略的目標が示されている。

目標1：気候危機に対処する
目標2：環境正義と公民権促進のために断固とした行動をとる
目標3：環境法の施行と遵守の確保
目標4：すべての地域社会において清潔で健康的な空気の確保
目標5：すべての地域社会における清潔で安全な水の確保
目標6：地域社会の保護と活性化
目標7：人と環境に対する化学物質の安全性を確保

また戦略的計画の下でEPA 戦略的研究行動計画（2023–2026）を策定し、以下の6分野において研究の枠組みおよび国家研究プログラムが作成されている。2023年から2026年に向けて取り組んでいるトピック／研究領域は以下の通り。

①大気・気候・エネルギー：大気汚染と気候変動および人間の健康と生態系に与える影響の理解（大気汚染の発生源・吸収源と気候変動要因、大気汚染物質の測定法と評価モデル、大気汚染と気候変動による健康・生態系への影響）、リスクと影響への対応と将来への備え（気候変動と大気質に関する政策解決への科学的裏付け、公衆と生態系の健康改善、火災・洪水・その他の異常気象のリスクへの対応、持続可能な未来への移行）

5　大統領令14008
（https://www.whitehouse.gov/briefing-room/presidential-actions/2021/01/27/executive-order-on-tackling-the-climate-crisis-at-home-and-abroad/）、大統領令13985（https://www.whitehouse.gov/briefing-room/presidential-actions/2021/01/20/executive-order-advancing-racial-equity-and-support-for-underserved-communities-through-the-federal-government/）（いずれも2023年3月1日アクセス）

②持続可能性のための化学物質の安全性：化学物質評価（ハイスループット毒性学、迅速暴露線量評価、新材料技術）、複雑系科学（AOP、仮想組織モデル、生態毒性評価とモデル化）、化学物質安全性の意思決定支援のための知識提供とソリューション主導の翻訳（化学的特性評価と情報科学、統合・翻訳・知識提供）

③健康と環境のリスク評価：科学的評価と翻訳（科学的評価の開発、科学的評価の翻訳）、リスク評価の科学と実践の推進（革新的評価方法論、不可欠な評価およびインフラツール）

④国土安全保障：汚染物質の特性評価と影響評価、環境浄化・インフラ修復（広域除染、水系事故対応支援、油流出対応支援、廃棄物管理）、レジリエンスの公平性を支えるコミュニティ参画とシステムベースツール（システムベースの意思決定、コミュニティ・レジリエンス・レメディエーション）

⑤安全で持続可能な水資源：流域（流域評価、生態系とコミュニティの回復力、高度水環境質研究）、栄養塩類と有害藻類の繁殖（有害藻類の評価・管理、気候変動下における栄養塩類）、水処理・インフラ（気候変動に適応するための代替水源、飲料水と配水システム、PFAS、廃水、雨水管理、地域社会への技術支援）

⑥持続可能で健康的なコミュニティ：汚染サイトの修復と再生（技術支援、サイトの特性評価と修復、溶剤蒸気の侵入、地下貯蔵タンクの漏洩、新興化学物質）、材料管理と廃棄物再利用（埋立地管理、マテリアルフローとLCA、廃棄物回収と材料の有効利用）、健康で回復力のあるコミュニティ構築のための統合的アプローチ（修復・再生・活性化による利点、累積的影響とコミュニティの回復力、環境報告書による成果の測定）

2023年2月、EPAは難分解性有機フッ素化合物（PFAS）に対して脆弱なコミュニティを中心に、水質検査・モニタリング技術、対策技術の最適化、家庭用浄水器開発、リスクコミュニケーションなどの包括的支援のため、インフラ投資・雇用法の水に関する助成金500億ドルのうち20億ドルを提供すると公表している（2022年6月に同様の公表を行った際は10億ドルだったが2023年2月の公表で金額が倍増している）[6]。

米国地球変動研究プログラム（USGCRP）

13省庁による横断的なイニシアチブ「米国地球変動研究プログラム（USGCRP）」は1989年に開始し、10年毎に戦略計画を策定し、3年毎に更新している。最初の2期（20年間）は観測や気候システムのモデリングに焦点をあてた研究を行ってきた。3期目は「戦略計画2012–2021」に沿って、統合化された地球システムの研究に加え、適応策や現実世界の意思決定や行動支援に関する取り組みも推進した。4期目の戦略計画は2022年12月に発表された。地球システムの理解・評価・予測・対応に係る研究を引き続き推進することに加え、これらの知見を活用した統合的な研究の促進が盛り込まれた。

同プログラムの予算は、過去5年で27.9億ドル（2017年度）、24.8億ドル（2018年度）、24.4億ドル（2019年度）、24.6億ドル（2020年度）、32.7億ドル（2021年度）、48.2億ドル（2022年度）と安定的に推移し、ここ数年は増加傾向にある。

NSFの研究開発プログラム

米国科学財団（NSF）は環境・エネルギー分野に関して、エンジニアリング、地球科学、極地プログラムなどの領域で研究プログラムを設けている。それら3分野にかかる直近5年の予算を図表1.2.4（2）–8に示す。

6　EPA（https://www.epa.gov/dwcapacity/emerging-contaminants-ec-small-or-disadvantaged-communities-grant-sdc）、EPA（https://www.epa.gov/newsreleases/epa-announces-new-drinking-water-health-advisories-pfas-chemicals-1-billion-bipartisan）（いずれも2023年3月10日アクセス）

エンジニアリング領域では環境工学、土木、機械、化学プロセスなど、地球科学領域では大気、海洋、境界分野などのプログラムがある。

図表1.2.4（2）−8　　NSFの環境・エネルギー分野関連領域の予算推移（単位：億ドル）

分野	FY2018	FY2019	FY2020	FY2021	FY2022
エンジニアリング	9.7	10.0	10.1	10.3	7.7
地球科学	9.1	9.3	9.9	10.0	10.3
極地プログラム	4.2	4.0	4.0	4.1	4.4
NSF全体	77.7	80.8	82.8	84.9	88.4

FFRDC（Federally Funded Research and Development Centers）

　連邦各省が民間セクターとの契約により設置する、特定の長期的な研究を実施するGOCO（連邦政府が所有し、非連邦政府機関が運営する）の研究センター。各センターは連邦政府の資金で運用されるが、実際の運営は設置された大学や企業、非営利機関、場合によってはコンソーシアムに任される。「既存の社内または請負業者のリソースでは効果的に満たすことができない」政府の特定の長期的なニーズを満たすために、大学および企業によって運営される組織であり、仕事を競うことが禁じられている。空軍が設立したRANDCorporationが最初であり、国防、エネルギー、宇宙等の分野 で2022年2月時点で43件がある。2021会計年度に249億ドルを消費、6%の増加。政府シェアは245億ドルで98.4%、非営利団体、海外などから1億2300万ドル。基礎研究が20%、応用、開発がそれぞれ40%。43の組織の内IT関連の CMS Alliance to Modernize Healthcare（医療データシステム）が52.6%、National Cybersecurity Center of Excellenceが42.9%、Center for Enterprise Modernization（政府の統合システム）が38.5%が増加率のトップ3となっている。

全米下水調査システム（CDC、HHS）[7]

　米国疾病予防管理センター（CDC）と米国保健社会福祉省（HHS）は、2020年9月に国家下水調査システム（National Wastewater Surveillance System：NWSS）を立ち上げた。NWSSは、全米の各地で個別に行われている取り組みをロバストかつ持続的仕組みに移行させる目的で開発されている。全米で採取された下水サンプル中から新型コロナウイルス感染症（COVID−19）の原因である新型コロナウイルス（SARS−CoV−2）の存在状況を把握、追跡するための調整と対応力を構築しようとしている。連邦政府機関間の調整を円滑に行うため、全米下水道監視機関間リーダーシップ（NSSIL）委員会が設置されている。NSSILはHHS、CDCに加えて米国環境保護庁（EPA）、米国国土安全保障省（DHS）、米国国防総省（DOD）、米国地質調査所（USGS）、米国国立衛生研究所（NIH）、全米科学財団（NSF）、退役軍人省（VA）で構成されている。NSSIL参画機関は、NWSSの開発および実施においてCDCを支援している。州や地方行政のパートナーがCOVID−19への対応を決定できるように、下水に基づくCOVID−19データを収集、分析し、症例に基づくCOVID−19データ等と統合し、それらを公開している。

7　National Wastewater Surveillance System（NWSS）
　https://www.cdc.gov/nwss/wastewater-surveillance/index.html（2023年3月1日アクセス）

NASA地球観測システムEOS（Earth Observing System）[8]

　米国航空宇宙局（NASA）は宇宙探査だけでなく、地球環境の観測衛星でも重要な役割を果たしている。その取得データ、解析データはNASAと連携機関（NOAAやUSGS等）を通して公開されている。1997年から開始しており、2023年2月時点で33のミッションが軌道上で運用中である（48が終了、14が計画中。※ここでのミッションとは人工衛星に関する一連の計画検討、搭載機器開発、運用、行動など全般を意味する）。終了ミッションには1985年に南極上空のオゾンホールを初めて上空から明らかにしたERBS衛星（1984年打ち上げ、2005年運用終了、2023年大気圏再突入）などが含まれている。運用中ミッションには全世界に地表面画像を提供しているLandSat-7、8、9や、森林破壊を監視するGEDI、重力場の変化をとらえ氷床の融解などを検出可能なGRACE-FO、日米合同で全球の降水を観測するGPM主衛星、雲の垂直構造を可視化できるCloudSatなどがあり、そのデータは世界の研究者や防災機関等に広く利用されている。たとえば、2021年8月の福徳岡ノ場（東京の南方1300kmにある海底火山）の噴火では日本の衛星データ（ひまわり8号、だいち2号、しきさい）のデータに加えて、LandSat-8等のデータも活用された。打ち上げ前の衛星として、欧州と合同のSentinel-6B、インドと合同のNISARなどが開発されている。

8　https://eospso.nasa.gov/content/nasas-earth-observing-system-project-science-office（2023年3月1日アクセス）

（3）EU（欧州連合）

■気候変動とエネルギー関連

1

研究対象分野の全体像

年月	策定主体	名称	目標年	主な内容
2014.5	欧州委員会	EUエネルギー安全保障戦略	2030	ロシアの天然ガスに依存している状況等を踏まえた中長期的な行動計画。2030パッケージの促進（エネルギー効率向上）、EU内でのエネルギー増産、エネルギーインフラの連携等の重点5分野を提示。
2015.2	欧州理事会	エネルギー同盟	2030	EUエネルギー安全保障戦略と2030枠組みを補完する戦略。EU内でのエネルギー源の多様化、域内エネルギー市場の統合、再エネ開発やエネ消費効率向上等が柱。
2016.2	欧州委員会	エネルギー安全保障パッケージ	2030	エネルギー同盟の推進のための方策群を提示。ロシアからの天然ガス供給途絶への市場の強靱性を増すための国境を越えたアプローチの導入や、EUのエネルギー供給安全保障のための国家間合意がEU法と整合性を保つようにするための事前チェックの導入等。
2016.11	欧州委員会	「すべての欧州市民にクリーンエネルギーを」パッケージ	2030	エネルギー移行を促進するため2030年までの目標を温室効果ガス（GHGs）排出45%削減、再エネ割合32%以上、エネルギー消費32.5%以上削減に引き上げる等の方針を示した一連の政策パッケージ。
2018.11	欧州委員会	2050長期戦略	2050	「すべての欧州市民にクリーンエネルギーを」パッケージの下でのエネルギー政策の新しい方向性を提示。2050年までに1990年比80%以上削減の他、気候中立（実質排出ゼロ）実現のための7つの戦略分野を設定：エネルギー効率、再エネ、モビリティ、産業と循環型経済、インフラと相互接続、バイオエコノミーと自然の炭素固定、固定排出源でのCCS技術的方策。
2019.12	欧州委員会	欧州グリーンディール（EGD）	2050	2050年までに欧州を気候中立にするための長期戦略を支える総合的な政策イニシアチブ。一連の法規制や取引制度、基金、戦略などからなる。法規制では欧州気候法の批准を目指す。2030年気候目標計画では2030年のGHGs排出削減目標を1990年比で40%から少なくとも55%に引き上げることを目指す。2021年から2030年までの第4世代のEU排出量取引制度（EU-ETS）も含む。政策・プロジェクト資金はInvestEUにより管理され、2021〜2027年で少なくとも6,500億ユーロの見込み。関連する戦略は後段の産業戦略、循環型経済行動計画、生物多様性戦略、水素戦略、エネルギーシステム統合戦略、リノベーションの波、化学品戦略、メタン戦略、Farm to Fork戦略等。
2020.7	欧州理事会	水素戦略	2030	EGD関連の戦略。欧州におけるクリーンな水素生産を促進し、産業、輸送、電力、建築分野での利用を促進することを目的とした戦略。

年月	策定主体	名称	目標年	主な内容
2020.7	欧州理事会	エネルギーシステム統合戦略	2050	EGD関連の戦略。エネルギー源とインフラをつなぐ、より効率的で統合されたシステムを生み出す欧州のエネルギーシステムの改革を進める戦略。
2020.10	欧州委員会	リノベーションの波	2050	EGD関連の戦略。今後10年間で年間改修率を倍増させ居住者の生活の質向上、GHGs排出量削減、建設部門のグリーン雇用創出を実現する目標。
2020.10	欧州理事会	メタン戦略	2050	EGD関連の戦略。メタン排出量を最小化して大気質を改善すること、EUの世界的なリーダーシップを強化することなどが目標。
2021.2		気候適応戦略	2050	EUにおける気候変動適応の能力強化が目的。そのためのデータ収集の強化、既存の欧州の気候変動適応ポータルサイト「Climate–ADAPT」の改善。また体系的な適応として地方での適応能力の強化、対策の開発と実行の支援など。
2021.6	欧州議会	欧州気候法	2050	2050年までにEU全体として気候中立を達成するための拘束力のある目標を定める法律。
2021.7	欧州委員会	Fit for 55	2030	欧州グリーンディールで掲げられた2030年の排出削減目標の1990年比40%から50%以上への引き上げを包括的に推進するための政策パッケージ。特定産業に関する加盟国ごとの排出目標強化、森林保全を推進するためのEU森林戦略の策定、気候変動対策社会基金の設立、持続可能な航空燃料イニシアチブ、再生可能エネルギーやエネルギー効率化等に係る各種指令改正などを含む。
2022.5	欧州委員会	REPowerEU	2030	Fit for 55で策定された温室効果ガス排出削減目標に、ロシア産化石燃料からの早期脱却を実現するために追加の対策を盛り込んだ政策文書。2030年のエネルギーミックスに占める再エネ比率をFit for 55で示した40%から45%に引き上げるなど野心的な目標を設定、EU域内のエネルギー転換を加速し安全保障を確保する事が狙い。

■その他の環境とエネルギー関連

年月	策定主体	名称	目標年	主な内容
2015.12	欧州委員会	循環型経済行動計画	2030	循環型経済への移行を促すための行動計画。気候変動及び環境問題への対処と同時に雇用創出や経済成長等の促進も狙いとする。食品廃棄物を2030年までに半減、肥料関連指令の改正、プラスチックに関する戦略の策定等を提示。
2018.1	欧州委員会	欧州プラスチック戦略	2030	循環型経済行動計画に基づく戦略。EU域内における全てのプラスチック包装材のリユース又はリサイクル、使い捨てプラスチックの削減、化粧品等に使われるマイクロプラスチックの使用制限等を目指す。

1　研究対象分野の全体像

2020.3	欧州理事会	産業戦略	2030	EGD関連の戦略。学界、企業、公的機関、各種サービス提供者、サプライヤーとの連携を促進することでEUの競争力を高めることを目的とした戦略。
2020.3	欧州理事会	循環型経済行動計画	2030	EGD関連の戦略。2015年の第1次循環型経済行動計画に代わる新計画。
2020.5	欧州理事会	2030年に向けた生物多様性戦略	2030	EGD関連の戦略。2011年の戦略に代わる2030年までの新計画。2021年までに欧州の陸海の少なくとも30％に保護区を設定、法的拘束力のある自然回復目標を設定、農地での有機農業と生物多様性に富んだ景観の増加、農薬使用と有害性の50％削減、EUの河川の回復、30億本の植林などを目標として設定。
2020.10	欧州委員会	化学品戦略	2030	EGD関連の戦略。不可欠な場合を除く全ての用途でのパーフルオロアルキル化合物およびポリフルオロアルキル化合物（PFAS）の段階的な禁止等。
2020.10	欧州委員会	Farm to Fork 戦略	2030	EGD関連の戦略。食品ロス・廃棄物の削減、動物福祉の向上、より良い消費パターンや農法の促進、農薬の使用を最小限に抑えることで食品システムを持続可能なモデルへとシフトさせること等を目指す。
2020.11	欧州委員会	第8次環境行動計画	2021 −2030	EGD関連の戦略。EUの2030年と2050年の排出目標の達成、気候変動への耐性の強化、経済成長と資源利用の分離、大気汚染物質の排除、生物多様性の保護と回復、資源使用量の多いセクターに関連した環境や気候への圧力の軽減という6つの優先目標を掲げる。
2021.7	欧州委員会	2030年に向けたEU森林戦略	2030	EGD関連の戦略。Fit for 55の一環として策定。森林の経済的利用の推進、カーボンニュートラルへの貢献、森林生態系・生物多様性の保全を目的とする。
2021.11	欧州委員会	2030年に向けたEU土壌戦略	2030	EGD関連の戦略。2050年までにEUのすべての土壌生態系を健全な状態にし、各種環境・気候問題の解決策として貢献することが目標。その2030年中間目標を提示。

■科学技術イノベーション関連

年月	策定主体	名称	目標年	主な内容
2015.9	欧州委員会	新戦略的エネルギー技術計画 Integrated SET plan		研究イノベーションの目標として10の優先事項を設定。技術の低コスト化を図り、エネルギーシステムと輸送部門の脱炭素化を促進することを目的とする。
2019.1	欧州理事会	Euratom2021−2027	2021 −2027	Ｅｕｒａｔｏｍの第2期方針。27加盟国から総額12億5,100万ユーロの資金提供がなされ、プログラムを通じた予算総額は19億8,100万ユーロとなる見込み。

| 2019.4 | 欧州委員会 | Horizon Europe | 2021 –2027 | Horizon2020の後継となる研究・イノベーションプログラム。社会変革を含む気候変動への適応、がん、気候変動に左右されないスマートシティ、健康な海、沿岸・内陸水域、土壌の健康と食料の5つの重点分野を特定。 |

1. 環境・エネルギー分野および関連科学技術分野の政策立案のガバナンス（組織体制）

EUの行政機関である欧州委員会の中で省庁と同格の役割を果たすのが総局である。総局のうち研究・イノベーション総局（DGRTD）が科学技術・イノベーションを所管している。他にも市場・産業・起業・中小企業総局（GROW）、環境総局（ENV）、エネルギー総局（ENER）、気候行動総局（CLIMA）などがあり、それぞれの担当分野における科学技術・イノベーションに関連した政策を立案している。DGRTDは各総局の提案を調整し、政策提案としてまとめている。

EUの資金提供の大部分は、地域開発基金（ERDF）、社会基金（ESF）、結束基金（CF）、農業農村開発基金（EAFRD）、海洋・漁業基金（EMFF）の5つの欧州構造・投資基金（ESIF）を通じて行われている。これらの基金の利用は加盟国が欧州委員会とパートナシップ契約を結んで管理している。これにより、EUの包括的で長期的な気候目標と加盟国の具体的な目標の両方に対して持続可能性に関連する事項への配慮が保証されている。

2. 環境・エネルギー分野の基本政策
欧州グリーンディール以降の気候変動関連政策動向

気候変動関連の政策とエネルギー政策は一体的に行われている。温室効果ガス（GHGs）の排出削減、エネルギーミックス全体の中での再生可能エネルギーの割合、エネルギー効率について中長期的な目標を設定しその実現に向けた方策を講じている。2019年12月に発表された「欧州グリーンディール」（EGD）は、コロナ禍においてグリーン復興計画の中核にも位置付けられ、現在も欧州委員会の優先事項の1つとなっている。EGDは2050年気候中立（ネットゼロエミッション）を達成するための総合的な政策イニシアチブであり、多数の法規制や取引制度、基金や戦略の導入により実現されることになる。EGDには2050年の気候中立と2030年の中間目標（EUにおける脱炭素化努力の新たな主眼）の両方が含まれており、クリーンエネルギー、持続可能な産業、建築・改修、農業、炭素隔離、汚染除去、持続可能なモビリティ、生物多様性などを包含する。

2021年6月に欧州議会で採択された「欧州気候法」はEGDで示された目標に法的義務を課し、EU加盟国に批准させることを目的としている。2030年のGHGs排出削減率の中間目標（法的拘束力あり）は当初40％（1990年比）であったが、欧州委員会がこの目標では2050年までの気候中立達成は困難として、2020年3月に中間目標値を50％～55％とする欧州気候法案を公表した。その後、この法案は2030年GHGs排出55％削減を中間目標とすることに修正され、2020年12月の欧州理事会での中間目標値55％の合意を受けて、2021年6月末に改定された。

同年7月にはその目標達成のための政策パッケージ「Fit for 55」が公表された。このFit for 55は経済成長とGHGs排出のデカップリングを実現した既存の法的枠組みを基盤としており、2030年の中間目標の達成に向けて、気候目標とエネルギー、土地利用、運輸、税制分野のイニシアチブを組み合わせた包括的な提案となっている。具体的には、「エネルギー効率の改善」、「再生可能エネルギーの利用拡大」、「土地利用・林業によるGHGs吸収の拡大」、「EU排出量取引制度（EU-ETS）の適用拡大」、「低排出・持続可能な輸送手段・燃料の普及」、「税制と気候目標の整合化」、「カーボン・リーケージ（排出規制が緩やかな国・地域への産業流出）対策」などを目的とする13の法提案（8つの現行規則改正案、5つの新規則案）から成っている。新規則案にカーボン・リーケージ対策のためのEU域外から輸入（現時点ではセメント、電力、肥料、

1

研究対象分野の全体像

鉄鋼、アルミニウムが対象）への炭素価格適用を考慮した「炭素国境調整メカニズム（CBAM）」提案、持続可能な航空燃料（SAF）の促進を目的とした「持続可能な航空の公平な競争条件に関する規則案（ReFuel EU）」、「海運における低炭素・持続可能な燃料使用に関する規則案（Fuel EU）」などが含まれている。

　またEGDを支えるサステナブルな投資を促進する仕組みとして2020年7月にEUタクソノミー（Taxonomy）規則が施行された。持続可能なプロジェクトへの投資を促進するためには「持続可能性」に関する共通かつ明確な定義が必要となる。EUタクソノミー規則は環境的に持続可能かどうかを決定するための統一した基準を示すことを目的としており、情報開示としての指標となる分類システムである。このことは金融市場参加者に対して、直接的にタクソノミーに合致する活動へ投資を求めているものではない。

　タクソノミー規則では6つの環境目標（①気候変動緩和、②気候変動適応、③水・海洋資源の持続可能な利用・保護、④循環型経済への移行、⑤汚染防止・管理、⑥生物多様性・エコシステム保全・修復）、が設定されており、「環境面で持続可能な経済活動」として定義されるためには、1つ以上の環境目標へ貢献、いずれの環境目標に著しい害を与えないことを含めて4つの要件・条件の全てを満たす必要がある。なお2022年7月に原子力、天然ガスが脱炭素への移行を支える「持続可能な経済活動」、いわゆる「グリーン」として条件付き（共通：ライフサイクルでのCO_2排出量100g未満/kWh、原子力では放射性廃棄物管理関係など）でEUタクソノミーとして含めることを決定している。この決定はEU加盟国間で意見が分かれていたが、コロナ禍からの回復、ロシアのウクライナ侵攻などによるエネルギー価格上昇による対応として再生可能エネルギーのみでは立ち行かないことも背景にあるとされる。

欧州グリーンディールを進めるためのメカニズム、手段、加盟国の貢献

　「第4次EU排出量取引制度（EU ETS）」では、「炭素国境調整メカニズム（CBAM）」が導入された。この新しいメカニズムは、EU域外から輸入される特定の商品に炭素価格を課すことで、加盟国が気候変動への野心を高め、炭素流出（カーボン・リーケージ）のリスクを低減するようインセンティブを与えるものである。カーボン・リーケージは、企業が排出量を削減するのではなく、規制がそれほど厳しくない他国に排出量を移転させてしまうことであり、欧州の気候中立化の努力を打ち消すことになる。

　各加盟国は、国内総生産（GDP）をはじめとするいくつかの要因に応じた貢献度目標（NDC）を設定している。その結果、所得が低い国の中には、脱炭素化の可能性が高くても目標を低く設定している国もある。加盟国は、5年ごとに開催される会合において、長期目標に向けた全体的な進捗状況を評価するとともに、NDCを更新する必要性について国ごとに検討することとなっている。直近では2020年末までに開催される見込みとなっていた。ここでの議論を通じて、2021年のCOP26に先駆けてEUが国際的なパートナーに高い野心と基準を伝えることを目指している。なおEGDの下では、加盟国は、2021年から2030年の間に国家目標やEUレベルの目標達成に向けた戦略やツールを詳細に示した国家エネルギー・気候計画（NECP）を策定し、提出することが求められている。

　EU圏内のGHGs総排出量の約60%を占めるETS対象外となる部門については、2018年5月に実施された「努力配分規則（ESR）」で、輸送、建築物、農業、非ETS産業、廃棄物等の2021年から2030年までの拘束力のある年間GHGs排出量目標が盛り込まれている。ESRセクターの大部分に排出量取引を導入することは、規制や加盟国に重大な影響を及ぼす可能性がある。そのため欧州委員会は、2021年6月に計画されているセクター別の政策イニシアチブを策定する際に、様々な脱炭素化の選択肢について協議を行う予定としている。

　これまでエネルギー移行による経済的影響はEU全体としてのみ評価されてきたが、実際には加盟国レベルで影響が異なる。このためETSでは最も影響を受ける国や地域に対して経済的支援を行う2つの資金が用意されている。「ジャスト・トランジション・メカニズム」は炭素集約的なセクターを持つ地域に資金を提供する仕組みであり、2021年から2027年までに1,500億ユーロ以上を投入する予定である。「近代化基金」は、所得の低い10の加盟国におけるエネルギー移行への投資を支援し、2021年から2030年までにETSから

140億ユーロが配分される予定となっている。

エネルギー安全保障への対応：REPowerEU

　EUは2022年5月、ロシア産の化石燃料からの脱却と温室効果ガス排出削減の両立を目標に掲げた政策文書「REPowerEU」[1]を発表した。本計画は、欧州グリーンディール政策にて2021年7月に取り纏められた政策パッケージ「Fit for 55（FF55）」をベースに策定、「省エネルギー」、「エネルギー調達先の多様化」、「クリーンエネルギー普及の加速」の三本柱によって構成された。計画で中心となるのは、国や地域を跨るインフラの整備や資金調達の連携であり、関連するプロジェクトを支援する基金「復興レジリエンス・ファシリティー（RRF）」が重要な役割を担う。こうしたグリーン・トランスフォーメーションは、EU加盟国のみなずらず、近隣諸国やパートナー国らとの経済成長、安全保障および気候変動対策を強化することになる。

❶ 省エネルギー

　2030年までのエネルギー効率の改善目標を「FF55」で示した9％から13％に引き上げた。市民や企業に行動変容を求めることで天然ガス・石油需要の5％減を目指す。具体的にはヒートポンプ等の省エネ機器の普及促進や、住宅・産業部門でのエネルギー高効率化を推進する。

❷ エネルギー調達先の多様化

　EUは2020年時点で天然ガスの約41％、原油の約36％、石炭の約19％をロシアからの輸入に依存している。特に依存度の高い天然ガスは短期的な代替、大幅な削減が難しいエネルギー資源であり、段階的な輸入量の低減措置を取る。2030年の輸入終結を目標に、2022年はLNGを500億m³、パイプラインガスを100億m³それぞれ削減する方針を示した。LNGはカタール、米国、エジプト、西アフリカ等、パイプラインガスはアゼルバイジャン、アルジェリア、ノルウェーからの輸入で補填する。パイプライン経由で輸入しているロシア産天然ガスの一部をLNGで代替するため、液状のLNGを一旦貯蔵し、需要に応じて再ガス化しパイプに送り出すターミナルの整備が喫緊の課題である。国内にLNGターミナルを保有していないドイツでは、陸上基地よりも工期が短い浮体式LNG貯蔵再ガス化設備（FSRU）と複数のチャーター契約を結んだ。2022年12月、北海に面する北部ウィルヘルムスハーフェンにドイツで初めてとなるLNGの受け入れに必要な基地が完成、稼働が始まった。

❸ クリーンエネルギー普及の加速

　EUは「FF55」の枠組みで最終エネルギー消費ベースのエネルギーミックスに占める再生可能エネルギー比率の2030年目標を32％から40％に引き上げる改正案を欧州議会の産業・研究・エネルギー委員会（ITRE）で議論してきたが、「REPowerEU」ではこれを45％まで高める野心的な提案を行った（2020年のEU全体の再エネ比率は22.1％）。目標達成に向けて示された主な施策は次のとおりである。

・太陽光発電：太陽光発電システムは比較的短期間で設置可能であり、2025年までに320 GW、2030年までに600 GWの新設を目指す（2020年の設置容量は約138 GW）。これを支える政策としてEUは、

1　European Commission, "COMMUNICATION FROM THE COMMISSION TO THE EUROPEAN PARLIAMENT, THE EUROPEAN COUNCIL, THE COUNCIL, THE EUROPEAN ECONOMIC AND SOCIAL COMMITTEE AND THE COMMITTEE OF THE REGIONS REPowerEU Plan",
https://eur-lex.europa.eu/legal-content/EN/TXT/?uri=COM%3A2022%3A230%3AFIN&qid=1653033742483
（2023年2月8日アクセス）

「欧州ソーラールーフトップイニシアチブ[2]」を策定。新規・既存すべての公共・商業ビル（250 m² 以上）については2027年まで、すべての新築一般住宅については2029年までにソーラーパネルの設置を義務付ける。

1

研究対象分野の全体像

・風力発電：「REPowerEU」では2030年の風力発電能力を当初計画の427 GWから480 GWに引き上げる目標を発表した（2021年の導入量は192 GW）。同日、ドイツ、デンマーク、オランダ、ベルギーは北海サミットにおいて洋上風力およびグリーン水素に関する協力協定を締結した。4カ国は相互連携により洋上風力の発電容量を、2030年までに65 GW、2050年までに150 GWに拡大するという（2021年のEU域内洋上風力発電導入量は約15GW）。欧州広域にわたり洋上風力発電を電力系統と効率的に連系させるには、送配電網が強化されたインフラ整備が重要となる。洋上ハブ（洋上の交直変換所）に送電ケーブルを相互接続することで、欧州諸国に電力を供給するオフショアグリッドという構想が改めて注目されている。

・再生可能水素：2030年までの再生可能水素のEU域内生産目標を、「FF55」において設定された年間560万トンから約1,000万トンの約2倍に引き上げるとした。これに輸入で賄う1,000万トン（水素600万トン、アンモニア400万トン）を加えた合計2,000万トンを供給する体制を整える。目標レベルの水素の生産量を得るために、2025年までに電解槽の製造能力を現行水準の約10倍となる17.5 GWまで高める必要性を指摘している[3]。またEUは欧州共通利益に適合する重要プロジェクト（IPCEI）で水素分野の研究開発および実用化のためのプロジェクト「IPCEI Hy2Tech[4]」を2022年7月に承認した。（1）水素製技術造、（2）燃料電池技術、（3）貯蔵・輸送運搬技術、（4）活用技術について多角的に支援する方針を示している。

・バイオメタン：2022年時点で35億m³のバイオメタン生産量を2030年に170億m³に増産することを「FF55」で示した。さらに「REPowerEU」で180億m³を追加し、合計350億m³に引き上げるとした。欧州バイオガス団体（EBA）の報告書によると、バイオメタン原料と計画生産量の内訳は次のとおり。家畜の排泄物由来（160億m³）、農作物残渣（100億m³）、連作・二毛作として生産されるサイレージ（40億m³）、産業排水（30億m³）、食品廃棄物（20億m³）。EBAは800億ユーロ（10.8兆円、135円/ユーロ）の投資に加え、約5,000基の新規バイオメタンプラントの設置が目標達成のために必要性を説明している[5]。

EUの温室効果ガス排出量推移と削減目標

これまでの取組により、2020年度のGHGs総排出量は基準年の1990年から34.4%減少して37.0億トンCO_2-eqであった。2016年から2020年の平均では1.47億トンCO_2-eq/年で減少している。ただし2020年

2 European Commission, "COMMUNICATION FROM THE COMMISSION TO THE EUROPEAN PARLIAMENT, THE COUNCIL, THE EUROPEAN ECONOMIC AND SOCIAL COMMITTEE AND THE COMMITTEE OF THE REGIONS EU Solar Energy Strategy",
https://eur-lex.europa.eu/legal-content/EN/TXT/?uri=COM%3A2022%3A221%3AFIN&qid=1653034500503
（2023年2月8日アクセス）

3 European Commission, "Hydrogen: Commission supports industry commitment to boost by tenfold electrolyser manufacturing capacities in the EU",
https://ec.europa.eu/commission/presscorner/detail/en/IP_22_2829 （2023年2月8日アクセス）

4 European Commission, "State Aid: Commission approves up to €5.4 billion of public support by fifteen Member States for an Important Project of Common European Interest in the hydrogen technology value chain",
https://ec.europa.eu/commission/presscorner/detail/en/ip_22_4544 （2023年2月8日アクセス）

5 European Biogas Association (EBA), "Commission announces groundbreaking biomethane target: 'REPowerEU to cut dependence on Russian gas'",
https://www.europeanbiogas.eu/commission-announces-groundbreaking-biomethane-target-repowereu-to-cut-dependence-on-russian-gas/ （2023年2月8日アクセス）

のパンデミックの影響により、国際エネルギー機関によると2021年はエネルギー起源のCO_2排出は7%の増加と予想されている。陸域での吸収量（LULUCF：土地利用、土地利用変化及び林業）は排出量の約6%の実効的吸収があるが、森林の老化と伐採の増加により減少している。実効排出量は34.7億トンCO_2-eq/年。発生源は発電等のエネルギー部門が23%、運輸部門が22%、製造・建設部門が23%、農業部門が11%となっている。

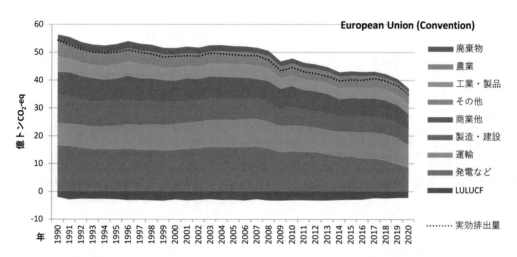

https://di.unfccc.int/time_series から取得した値を元にCRDSにて作成

図表 1.2.4（3）−1　　　欧州の GHGs 排出量部門内訳の推移

（国連「Climate Change」のデータを元にCRDSにて作成）

環境行動計画

　EUの環境政策の基本的方向性は環境行動計画（EAP）で定められている。 EAPは4、5年ごとに見直されてきており、2020年までは第7次EAP（2014〜20年）、2021年から2030年までは第8次EAPの期間とされている。第8次EAPでは以下に示す6つの優先目標が挙げられている。

①EUの2030年GHGs排出削減目標および2050年カーボンニュートラル目標の達成
②気候変動に対する適応能力の強化、強靭性の強化、脆弱性の低減
③経済成長と資源利用・環境劣化の分離、循環型経済への移行の加速
④大気・水・土壌中の汚染物質除去、欧州市民の健康およびウェルビーイングの確保
⑤生物多様性の保護と回復、自然資本の増強
⑥生産・消費活動による環境および気候への影響緩和（特にエネルギー、産業、建物・インフラ、輸送、観光、国際貿易、食料システム分野）

　欧州委員会は2022年7月に第8次EAPの進捗を把握するための主要指標を公表した（図表1.2.4（3）−2）。以下に示す主要指標に基づき毎年進捗を把握するとともに、2024年と2029年には実行状況に関する本格的な調査も実施予定である。

図表 1.2.4（3）−2　　　第 8 次環境行動計画のモニタリング主要指標

カテゴリ	指標	ターゲット
気候変動緩和	温室効果ガス（GHGs）排出量	2030 年までに 1990 年比で 55％以上削減
	土地利用（LULUCF）に伴う GHGs 排出量	土地利用セクターで 2030 年までに 3.1 億トン CO_2 の GHGs 除去
気候変動適応	経済的損失（金額）	気象・気候関連事象による経済的損失を低減
	生態系に対する干ばつの影響（面積）	生態系のレジリエンス：生産性低下や干ばつ影響のある面積の減少
循環型経済	原材料消費量	マテリアル・フットプリント：域内消費される製品の生産に係る原材料消費の低減
	廃棄物総量	廃棄物総量の低減
汚染・有害物質ゼロ	$PM_{2.5}$ ばく露による早死（数）	2030 年までに大気汚染による早死を 55％減少
	地下水中の硝酸塩濃度	地下水への養分流出の 50％以上削減
生物多様性・生態系	保護地域の割合（％）	2030 年までに EU 域内の土地の 30％、EU 海域内の 30％以上を法的に保護
	Common bird index（指数）	鳥類個体群の減少抑止
	森林接続性	森林間の接続性向上による生態学的回廊の増強・気候変動に対する強靭性向上
域内での生産・消費による環境および気候への影響	エネルギー消費	2030 年までに 2020 年比で少なくとも 13％削減
	最終エネルギー消費に占める再生可能エネルギー割合	2030 年までに少なくとも 45％まで拡大
	資源の循環利用率	2030 年までに 2020 年比で 2 倍に
	内陸輸送におけるバス・電車のシェア	集団輸送のシェアの拡大
	有機農業の実施面積割合	2030 年までに域内農地の 25％を有機農業に
環境整備	税収に占める環境税割合	環境税の割合拡大
	化石燃料向け補助金	補助金の低減
	環境保護向け支出	家庭・産業・政府による汚染やその他の環境悪化の防止、削減、排除のための支出の増加
	グリーンボンド	グリーンボンドの発行増加
	エコ・イノベーション指数	エコ・イノベーションの促進
プラネタリー・バウンダリー内でのより良い生活	土地の取り込み（land take）	人工的な土地開発による農地・森林・自然もしくは半自然な土地の損失を 2050 年までに停止
	水開発指標（WEI+）	水不足の低減
	消費フットプリント	EU における消費フットプリントの低減
	環境配慮製品・サービス分野の雇用者数および付加価値	グリーン経済、グリーン雇用のシェア増大
	公正性	環境的不平等の低減、公正な移行

　なお EU は海洋・漁業に関しては関連政策を別途体系化させている。後段でも示すように Horizon Europe の 5 つのミッションエリアの 1 つにも海洋を挙げており、重視する分野の 1 つである。近年は、様々な海洋資源の持続的な利用を通じた「ブルー成長」に力点が置かれている。2021 年 5 月には持続可能なブルーエコノ

ミー実現に向けたアプローチに関する政策文書が公表された。同文書は網羅的な行動計画ではなく、関連分野が一貫性を以てブルーエコノミーに取り組み、共存し、相乗効果を発揮できるようにするための各種重要事項を記した文書と位置付けられている。また同文書には研究・イノベーションやスキル向上への投資の必要性にも言及している。

循環型経済の推進

　EUは「循環型経済」への移行を目指して2015年12月に「循環型経済行動計画」（CEAP）を発表した。CEAPには生産、消費、廃棄物管理、再資源化に係る54項目のアクションがまとめられた。これに基づき一連の政策パッケージが打ち出され、ほぼ全ての項目が2019年までに行動に移された。

　欧州グリーンディール（EGD）が策定された翌年の2020年には新しいCEAPが公表された。新しいCEAPは循環型経済に関する政策を一層推進することを主目的としているが、同時にEGDの主要な構成要素にも位置付けられている。主要な柱は次の4つである。

①製品政策に関する法案を作成し、既に発効しているエネルギー関連製品を対象にしたエコデザイン指令を他製品へ拡大・強化する。これを通じてEU域内に上市される製品の長寿命化・再利用・修理・リサイクル・リサイクル材の使用等を促進する。

②製品の耐久性や修理関連の情報へのアクセスを確保することによる消費者の循環型経済への参加の促進、グリーンウォッシング等からの消費者の保護強化、グリーン公共調達の促進等を通じて消費段階の対策を強化する。

③特定の資源集約型産業分野における個別の具体施策を打ち出すことを通じて産業部門における循環型経済への移行を加速させる：電子・情報通信機器、バッテリーおよび車両、包装、プラスチック、繊維、建設・建物、食料・水利用。

④特定の工業製品（バッテリー、包装、車、電子機器）に関する法律の改正、拡大生産者責任の普及・拡大、再資源化における有害物質の区別・除去のための手法や仕組みの構築、域外への廃棄物輸出の最小化等を通じて廃棄物を削減する。

　2020年9月に発表された「循環型経済に関する戦略的研究革新アジェンダ（SRIA）」は、ホライゾン2020下で実施されたCICERONEプロジェクトで作成された研究アジェンダ。EUにおける研究・イノベーション資金の方向付けを支援するものと位置付けられている。4つの共同プログラム、「循環型都市」、「循環型産業」、「クロージング・ザ・ループ」、「領土と海の資源効率化」の形成を通じて、循環型経済アクションプランを補完することを目的としている。これらのプログラムでは、バイオマス、バイオテクノロジー、化学品、建設・解体、食品、プラスチック、原材料、廃棄物、水などの分野がイノベーションの優先分野として設定されている。SRIAは国、地域、地方の資金提供機関（研究・イノベーションプログラムの所有者）を対象としており、相互の連携・協力を促進するための枠組みとしての役割を果たすことを目的としている。

農地や森林への炭素固定

　EGDの下にある「Farm to Fork戦略」は、損失や廃棄物を減らし、農薬や肥料の使用を最小限に抑え、低負荷の農法を促進することで、食料システムの持続可能性を向上させることを目的としている。この戦略では農家や森林経営者にとっての炭素隔離の重要性が強調されており、大気中のCO_2を除去する農法によって共通農業政策（CAP）やカーボンマーケットのような官民のイニシアチブによる報酬を受けるビジネスモデル例などが示されている。

　欧州気候協定（ECP）の下で行われている新しい炭素農業イニシアチブは、この新しいビジネスモデルを推進し、農家に新たな収入源を提供し、他のセクターのフードチェーンの脱炭素化を支援するものである。

ECPは2020年に導入されたイニシアチブで、市民を気候行動に参加させることにより脱炭素化を追求する上でのコミュニティの役割を育成することを目指す。この協定は、国、地域、地方自治体から企業、組合、市民社会組織、教育機関、研究・イノベーション組織、消費者団体、個人に至るまでの人々や組織に情報を提供し、協力を拡大することを目的としている。

前述の循環経済活動計画（CEAP）は、生態系の回復、森林保護、植林、持続可能な森林管理、炭素農法による炭素隔離、あるいは循環性の向上に基づく炭素の再利用と貯蔵を通じた炭素隔離（例えば木材建築における長期貯蔵や建築材料における鉱物化）についても言及している。この計画に基づき、炭素排出の真正性を監視・検証するため、強固で透明性のある炭素会計に基づき炭素排出を認証するための新たな規制の枠組みが開発される予定である。また農業分野では従来型の農業からカーボンファーミング（もしくは再生農業、regenerative agriculture）に移行しやすくするための法制化を進めている。これは、土壌中の有機物を増やすことで土壌の劣化を最小限に抑え、更に大気中の炭素を吸収しやすくするといった多面的な効果を持つ農業の確立を目指すことが狙いである。

「2030年生物多様性戦略」の概要、およびその後の動向

「2030年のための生物多様性戦略」では、今後10年間の自然生態系と生物多様性の保全と回復のための重要な戦略が概説されている。この戦略では、2021年までにヨーロッパの陸と海の30%以上の保護区を設定し、法的拘束力のある自然回復目標を設定するとしている（現在は陸海それぞれ26%と11%）。自然のプロセスを乱さないための厳格な保護の対象は、保護地域の3分の1にもなる（すなわちEUの陸海の10%ずつ）。その他には、農地での有機農業や生物多様性に富んだ景観の実現、ミツバチなどの花粉媒介者の減少の回避、農薬の使用および有害性の半減、25,000km以上の河川の自由な流れの回復、30億本の植樹などを目指すとしている。 EU加盟国において、鳥類およびその生息地についての指令をさらに強化することを通じて農林水産業、地域開発、貿易などの政策に生物多様性保全を効果的に組み込もうとするなど、自然資本の重要性が注目されている。

2021年7月には生物多様性戦略を基にして更新版「EU森林戦略」が公表された。森林戦略は欧州グリーンディールならびにFit for 55政策の一環と位置付けられており、木材利用製品の長寿命化、バイオエネルギー向け木材資源の持続可能な利用の確保、気候変動適応や強靭性向上のための森林管理強化、30億本の植樹等が目標として掲げられた。このうちエネルギー利用に関しては、木材市場を不当にゆがめることならびに生物多様性への影響を最小限に抑える必要性を強調している。森林バイオマスのエネルギー利用がカーボンニュートラルか否かについては以前から議論があった。そのような中で欧州委員会から委託を受けた共同研究センター（JRC）が調査を実施し、2021年に報告書を公表した。報告書では大半のケースにおいて森林バイオマスのエネルギー利用はカーボンニュートラルではないかもしくは生物多様性に対するリスクがあると評価された。また域内の木材バイオマス利用が過去20年間で増加傾向（約20%増）にあり、その背景にはバイオエネルギーとしての利用の増加があると指摘された。これらを受けて再生可能エネルギー指令は再度改正が検討され、エネルギー向けバイオマスの持続可能性基準強化や適用範囲の拡大等が議論されたが、結果的にはその点での変更は行われなかったと伝えられている[6]。

3. 環境・エネルギー分野のSTI政策

科学技術イノベーションの分野には、エネルギーに関しての計画である「SETプラン」、全分野を含めた研

---

6 自然エネルギー財団 連載コラム（2022年9月28日）相川高信「欧州議会REDIIIを可決：再エネとしての森林バイオマスは現状比率を維持へ」
https://www.renewable-ei.org/activities/column/REupdate/20220928.php （2023年3月2日アクセス）

究・イノベーション枠組み「Horizon Europe」、原子力研究のための「Euratom」などの各種イニシアチブがある。具体的なプログラムについては次節で触れるため、ここではSETプランに関して記載する。

新SETプラン

欧州委員会が2007年11月に発表した欧州戦略的エネルギー技術計画「SETプラン（Strategic Energy Technologies plan）」は10年間のEUのエネルギーおよび気候政策を推進するために必要な技術戦略の柱を規定したものである。2015年9月には、新SETプラン（Integrated Strategic Energy Technology plan）が採択された。従来のSETプランの下で再生可能エネルギー導入やエネルギー効率向上が進んだことを踏まえ、新SETプランはその加速を狙った。研究イノベーション（R&I）の重点アクションとして10領域が設定されている。10領域とは、再生可能技術をエネルギーシステムに統合する、技術のコスト削減、消費者向けの新しい技術とサービス、エネルギーシステムの弾力性と安全性、建築物のための新素材と新技術、産業界のエネルギー効率化、グローバルな電池分野とe–モビリティにおける競争力、再生可能燃料とバイオエネルギー、炭素回収・貯留、原子力安全である。

2021年11月に13の実施作業部会（IWG）に新たに高圧直流送電（HVDC）が加わった。実施作業部会は相互に連携し、徐々に連携を強める計画になっている。2021年に刊行された2020〜2021年の評価報告書によると、改訂済みIWGは電池、CCUS、深部地熱、産業界のエネルギー効率、集光型太陽熱発電、エネルギーシステム、海洋エネルギーである。また改訂中のIWGは洋上風力、再生可能燃料・バイオエネルギー、太陽光発電である。既に設定されている13のIWGには150件の研究・イノベーション活動がある。2018年に287億ユーロ（83%が民間から、12%がEU加盟国から、5%がEUから）拠出されている。

4. 代表的な研究開発プログラム／プロジェクト

Horizon Europe

Horizon Europe（2021〜2027年）はHorizon2020（2014〜2020年）に続くEU全体の研究・イノベーション枠組み計画であり、第一の柱「卓越した科学」、第二の柱「グローバルチャレンジ・欧州の産業競争力」、第三の柱「イノベーティブ・ヨーロッパ」、および「参加拡大と欧州研究圏（ERA）強化」から構成される。現欧州委員会の最優先課題は気候変動対策であり、7年間の予算約955億ユーロのうち35%（約334億ユーロ）を気候変動対策に充てる方針としている。うち2023–2024年の予算としては、56億7,000万ユーロ（42%以上）が気候変動関連、16億7,000万ユーロが生物多様関連に充てられる。

第二の柱「グローバルチャレンジ・欧州の産業競争力」では6つの社会的課題群（クラスター）が設定されており、それらは「健康」、「文化、創造性、包摂的な社会」、「社会のための市民の安全」、「デジタル、産業、宇宙」、「気候、エネルギー、モビリティ」、「食料、生物経済、資源、農業、環境」である。

Horizon Europeの特徴のひとつに、社会課題の解決を目的とした「ミッション」が新たに導入されたことが挙げられる。第二の柱で掲げる社会的課題の解決に向けては、社会の関心が高い複数の地球規模課題に横串をさすようなミッション志向のアプローチが必要であるとされ、インパクト重視のミッションが策定された。2021年9月に、各ミッションエリアにおいて2030年までに達成すべきミッションが決定した。 Horizon Europeの予算から2021〜2023年の3年間で約17億7,000万ユーロ、2023〜2024年で6億ユーロ以上がミッションに充てられる（図表1.2.4（3）–3）。

図表1.2.4（3）−3　　Horizon Europeの５つのミッションと３年間（2021〜2023年）の予算

	ミッションエリア	2030年までのミッション	予算（€）
1	気候変動への適応	少なくとも150の欧州地域・コミュニティを気候レジリエンスに	3億6,836万
2	がん	予防、治療、そして家族を含むがん患者がより長くより良く生きることを通じ、300万人以上の人々の生活を向上させる	3億7,820万
3	健全な海洋・沿岸・内陸水域	海洋と水の回復	3億4,416万
4	気候中立・スマートシティ	100の気候中立・スマートシティの実現	3億5,929万
5	健全な土壌・食料	欧州のための土壌計画：健全な土壌に向けた移行を主導する100のリビングラボとライトハウス（実証拠点）の創出	3億2,000万

1 研究対象分野の全体像

　例えば「気候変動への適応」においては、27加盟国の100都市が2030年までに気候中立でスマートな都市を目指す。選抜された100都市は欧州委員会とそれぞれ気候都市契約を締結し、エネルギー、建物、廃棄物管理、輸送などのすべてのセクターにわたる気候中立計画を立案し、クリーンなモビリティ、エネルギー効率、グリーンな都市計画に取り組む。NetZeroCitiesが運営する専用のミッション・プラットフォームから支援を受け、Horizon Europeと他のEUプログラムとの相乗効果も期待できる。

欧州原子力共同体（Euratom）

　Euratom（欧州原子力共同体）とは、原子力の平和的利用を目的として原子力の共同開発と管理のために1957年のローマ条約の下で設立された国際組織である。また、原子力分野の独自の共同研究センター（JRC）も持つ。Euratom規則の下で、核融合、核分裂、安全、放射線防護の研究とJRC活動がある。Euratomの新しい計画は2021年から2027年まで実施され、Horizon Europeが配分する予算は、計画期間中に合計19億8,100万ユーロが配分される予定である[7]。

国際熱核融合実験炉（ITER）

　ITERは、エネルギー源としての核融合の実現可能性試験を目的とした実験炉を建設・運転する世界初の長期プロジェクトである。2025年の運転開始を目指し、欧州・米国・ロシア・韓国・中国・インド・日本の国際協力により、進められている。2021年から2027年までで60億ユーロが割り当てられる。

環境・気候行動プログラム（LIFE）

　環境および気候変動対策のためのプログラムで1992年より実施されている。2021年から2027年までのLIFEプログラムは、環境・資源効率化、自然と生物多様性、環境ガバナンスと情報、気候変動の緩和、適応、気候ガバナンスと情報に分かれており、総額54億ユーロが拠出される予定である。

欧州研究インフラ戦略フレームワークESFRI

　欧州研究インフラ戦略フォーラム（ESFRI）は、欧州における科学的統合を発展させ、国際的なアウトリー

7　European Commission, Multiannual Financial Framework 2021-2027 (in commitments) - Current prices, https://commission.europa.eu/publications/multiannual-financial-framework-2021-2027-commitments_en （2023年3月16日アクセス）

チを強化するための戦略的ツールとして、欧州理事会の要請を受けて2002年に設立された。質の高い研究インフラへのオープンアクセスを通じて欧州の研究者の活動の質的向上を支援すると同時に、世界中の研究者を惹きつけることを目的としている。

　主な活動の一つにESFRIロードマップの作成・更新がある。ロードマップに掲載されているインフラプロジェクトの継続的なフォローアップ、優先順位付け総合評価などを行う。ロードマップ2021が最新であり、分野毎の研究インフラのランドスケープ分析を行い、EUの優先事項に関する研究促進のため4つのランドマーク（実装済みの研究インフラ）と11の新規プロジェクトが追加され、22のプロジェクトと41のランドマークが含まれている。例えばエネルギー分野では海洋再生可能エネルギー研究インフラのMARINERG-iや環境分野では欧州の長期生態系・社会生態系研究インフラのeLTERなどのプロジェクトがある。研究インフラ間の効果的な相互接続により、欧州研究インフラエコシステムを強化している。

（4）ドイツ

■気候変動とエネルギー関連

年月	策定主体	名称	目標年	主な内容
2016.11	連邦環境・自然保護・建設・原子力安全省（BMUB）	気候保護行動計画2050（Climate Action Plan 2050）	2050	2050年までの中間点となる2030年の温室効果ガス（GHGs）削減目標を全体で最低でも55％減（1990年比）と設定。初めて部門ごとの削減目標と達成への具体的指針を示す。エネルギー部門：61〜62％減、農業分野：31〜34％減（主にN$_2$O）等。そのほかに土地利用や林業に対する方針等。
2019.10	連邦環境・自然保護・原子力安全省（BMU）	連邦気候保護行動法（Climate Action Law）	2030	2030年目標（1990年比で55％減）の法制化および2020〜2030年の部門毎の排出上限の割り当て。また2050年気候中立を目指す概観を示すとともに、気候関連問題に関するアドバイスを提供する専門家委員会を設置。
2019.10	BMU	気候保護行動プログラム2030（Climate Action Programme 2030）	2030	EUETS（欧州連合域内排出量取引制度）でカバーされていない運輸および建築部門を含めた新しい全国炭素価格設定システムを提案。2030年の目標を達成するための部門毎の対策が含まれる。たとえば建物の近代化、電力コストの削減などの市民と産業を支援するための措置、および効率基準などの規制措置。
2019.12	連邦議会	連邦気候保護法（Climate Protection Law）	2050	ドイツ及び欧州全体の気候保護に関する目標（主に2050年までにカーボンニュートラル）を達成するための法律。炭素税を導入。2021年にはCO$_2$ 1トンあたり25ユーロに設定し、以降毎年30ユーロ、35ユーロ、45ユーロに順次引き上げられ、2025年には55ユーロとなる計画。
2020.6	連邦経済エネルギー省（BMWi）	国家エネルギー・気候変動計画（National Energy and Climate Plan、NECP）		EU全体のGHGs排出目標達成に向けて、EUが加盟国に義務付けている2030年までの国家エネルギー・気候変動計画（NECP）の提出への対応。脱炭素化、エネルギー効率性、安全保障、研究開発、革新と競争力の観点から検討。
2020.6	連邦議会	未来パッケージ		1,300億ユーロ規模の経済刺激策の1つ。気候変動への対応としてモビリティとデジタル化を重視。水素関連市場の立ち上げのための予算90億ユーロも確保。
2020.6	BMWi	国家水素戦略（NWS）		水素の製造・活用拡大を目指し、（1）エネルギー転換の中核要素としての水素技術の確立、（2）水素技術の市場拡大に向けた規制要件の明確化、（3）革新的な水素技術に関連する研究開発と技術輸出の促進を通じた国内企業の競争力強化、（4）製造過程でCO$_2$を発生させない水素とそれを用いた製品の供給量確保。
2020.7	連邦議会	脱石炭法、石炭地域における構造強化法	2038	2038年までに石炭火力発電を段階的に廃止する道筋を明確化。解雇となる高齢労働者への手当支給、経済的被害を受ける地域における新たな雇用創出や経済構造多様化を支援するための予算の確保も含んでいる。

2020.12	連邦議会	改正再生可能エネルギー法（EEG）	2050	2050年までにドイツで発電・消費される電力について気候中立を達成する目標が初めて法律上に明記された。2030年までに総電力消費量に占める再生可能エネルギーの割合を65%まで増やすという目標を達成するための具体的な導入計画が示されている。
2021.6	連邦議会	改正気候保護法	2045	2019年の気候保護法に対する提訴がなされ、連邦裁判所は一部違憲の判決を下した。これを機に法改正が行われ、気候中立達成を2050年から5年前倒して2045年とし、2020年代と2030年代の年間GHGs削減および許容排出量の目標を新たに定めた。2030年までにGHGs削減目標を1990年比65%減に引き上げ（改正前55%減）、2040年までに88%減の目標を追加。部門ごとの目標も設定。
2021.6	連邦政府	気候保護緊急プログラム2022	2025	上記の改正気候保護法の目標引き上げに伴い、追加の施策及び投資を定めた。2022年から2025年にかけて建築、交通、製造業、土地利用、農業、エネルギー産業などの分野に総額80億ユーロ以上を拠出する見込み。
2022.4	連邦経済気候保護省（BMWK）	イースター・パッケージ	2045	再生可能エネルギー法（EEG）はじめ関連法の改正法案をパッケージとして1つにまとめたもの。2030年までに電力消費量の80%以上を再エネとし、2035年以降は国内で発電・消費される電力部門のほとんどを気候中立とするとしている。
2022.5	連邦政府	エネルギー確保法（改正）		石油危機を背景に1975年に施行された法に危機予防策を強化。ロシアによるウクライナ侵攻の影響でエネルギー市況が不安定化するリスクに備えた改正。エネルギー供給を担う基幹企業の業務遂行が困難となった場合、一時的に信託管理下に置くことや収用可能などの内容が含まれる。

■その他の環境とエネルギー関連

年月	策定主体	名称	目標年	主な内容
2015.10	連邦環境庁（UBA）	行動計画「積極的自然保護2020」	2020	2007年策定の生物多様性国家戦略の追加的措置。生物多様性の維持と向上、持続可能な利用を目的に10分野で40の具体的な施策を提示。
2016.11	UBA	第2次エネルギー資源効率プログラム（ProgRess II）	2020	資源保護の基本・行動指針を明確に打ち出した資源効率化プログラム（ProgRess、2012年〜）の更新版。特に市場インセンティブや経済・社会における自主的取り組みの促進を強化。
2020.6	UBA	第3次エネルギー資源効率プログラム（ProgRess III）	2024	資源効率の重要性をより強調したProgRess IIの更新版。DXの可能性とリスクの分析、輸送の検討、今後必要なアクションの優先順位について明示。
2021.3	連邦首相府	持続可能な開発戦略	2030	2016年に策定したSDGs推進戦略の改訂版にあたる。

2021.9	連邦食糧農業省（BMEL）	森林戦略2050	2050	気候保護に中核的な役割を果たす森林を再生させ、生物の多様性を維持するとともに、林業の活性化、保養の場としての森林の環境改善などを図る。これまでの最大規模の15億ユーロを投じる。

■科学技術イノベーション関連

年月	策定主体	名称	目標年	主な内容
2011.7	BMWi、BMU、連邦食糧農業消費者保護省（BMELV）、連邦教育研究省（BMBF）	第6次エネルギー研究プログラム	2011〜2014	環境適合性及び信頼性を備えたエネルギー供給のための省庁横断型の研究プログラム。研究開発投資の主要課題や優先事項を提示。重点研究開発領域としてエネルギー効率、再生可能エネルギー、送電網、エネルギー貯蔵を選定。
2018.9	BMBF	ハイテク戦略2025	2018〜	ドイツの研究開発費のGDP比率を2025年までに3.5%に引き上げることを目標にしている。重点分野として、（1）ヘルスケア・介護、（2）持続可能性・気候保護・エネルギー、（3）モビリティ、（4）大都市と地方都市、（5）公共安全、（6）経済・労働、の6分野を挙げている。グリーン水素、マイクロエレクトロニクス、人工知能、通信技術・ソフトウエア、新素材、量子技術などの未来技術も含まれる。
2018.10	BMWi、BMBF、BMEL	第7次エネルギー研究プログラム	2018〜2022	エネルギー産業の技術革新を促進することに重点を置いて、2022年までに研究およびイノベーションへの支出を更に45%増加させる。連邦経済気候保護省（BMWK）のエネルギー転換実地ラボ、ドイツ教育研究省（BMBF）の水素プロジェクト、連邦食糧農業省（BMEL）のバイオマスエネルギーなどが行われている。
2019.6	BMBF	第4期研究・イノベーション協定（Fourth Pact for Research and Innovation）	2030	連邦政府と州政府による研究・イノベーション協定。5つの目標を軸に、ドイツの研究競争力向上を図る：1）ダイナミックな開発の促進、2）研究に関するシステム内のネットワークの強化、3）研究のためのインフラの改善、4）産業界や社会との交流の強化、5）研究のための知の結集。連邦政府と州政府は170億ユーロの資金に加えて毎年3%の増額を予定。
2023.2	BMBF	未来戦略	2023〜	ショルツ新政権に代わり新しい科学技術・イノベーション政策として「未来戦略」を発表。前政権のハイテク戦略からの大きな方針転換はなく、引き続き省庁横断的に、社会的課題の解決に向けたミッション志向型イノベーション政策を推進する。総研究開発費は対GDP比3.5%を達成する。

1. 環境・エネルギー分野および関連科学技術分野の政策立案のガバナンス（新政権の組織再編）

　2005年から16年間首相を務めたアンゲラ・メルケル氏に代わり2021年12月、ドイツ連邦議会はオラフ・ショルツ氏を新首相に選出した。新政権発足に伴い、エネルギー政策全般を所管する連邦経済エネルギー省

（BMWi）は経済気候保護省（BMWK）に省名を変更、担当大臣には連立政権を組む緑の党からロベルト・ハーベック氏が就任した。 BMWKは連邦政府の支出する研究開発予算の約20%を管理し、科学技術・イノベーション政策において重要な省となっている。

　環境、自然保護、原子力安全政策の所管は連邦環境・自然保護・原子力安全省（BMU）であったが、新政権発足後に消費者保護を組み込む再編がなされ、連邦環境・自然保護・原子力安全・消費者保護省（BMUV）となった。BMWKと同じく緑の党所属のステフィ・レムケ氏が大臣に就いた。

2. 環境・エネルギー分野の基本政策
新政権のエネルギー政策方針

　ショルツ政権では緑の党が連立政権に加わったことを受け、環境を重視した政策の促進、とりわけ気候変動（地球温暖化）対策への取り組みが、これまで以上に加速することが予測される。社会民主党（SPD）、緑の党、自由民主党（FDP）の3党間で2021年11月にまとまった連立協定には環境に関して野心的な政策が列記された。その概要は以下の通り。連立協定は翌年策定されたエネルギー政策パッケージである「イースター・パッケージ」（後述）の土台となり、法制化されることとなる。

- ・火力発電所（石炭・褐炭）の段階的廃止を2038年から2030年への前倒しを目指す。
- ・2030年に年間総電力需要680〜750 TWhのうち80%を再生可能エネルギーとする。
- ・2030年までに太陽光発電容量を200 GWまで拡大する。
- ・水素など気候中立的ガスを対象とした発電設備を建設する。
- ・2030年までに水素の製造で10 GWの電解容量を実現する。
- ・社会的公平性のため再生可能エネルギー賦課金を2023年から廃止する。

イースター・パッケージ

　ドイツ連邦政府は2022年4月に複数のエネルギー政策関連法の改正法案をまとめた「イースター・パッケージ[1]」を閣議決定した。これは再生可能エネルギー法（EEG）、海上風力発電法（WindSeeG）、エネルギー事業法（EnWG）、連邦要求計画法（BBPlG）、系統拡張加速化法（NABEG）などの関連法の改正法案をパッケージとして1つにまとめたエネルギー戦略である。 EEGは2021年に前政権下でも改正されているが、このときに目標に設定された2030年までの国内の総電力消費量に占める再生可能エネルギーの割合は65%であった（2021年の再生可能エネルギー割合は42%）[2]。一方、イースター・パッケージに基づく改正案では、同割合を80%以上に引き上げた。さらに2035年以降、国内で発電・消費される電力部門のほとんどを気候中立とするという野心的な目標を掲げた。目標達成に向けた主な施策は次のとおりである。①風力・太陽光発電の入札量、用地の拡大、②バイオマス発電の利用活性化、③地域コミュニティ電力の投資促進、④水素貯蔵、蓄電に関する助成拡大、⑤エネルギー・気候基金を通じた消費者の負担軽減、⑥再エネの系統連系を加速させるための行政手続きの簡略化、など多角的な政策を講じる。①では2030年時の設備導入量として陸上風力115 GW（2021年時は56.2 GW）、洋上風力30 GW（同7.7 GW）、太陽光215 GW（同58.9 GW）の容量確保を目指すとしている。

1 Federal Ministry of Economic Affairs and Climate Action（BMWK）, "Overview of the Easter Package", https://www.bmwk.de/Redaktion/EN/Downloads/Energy/0406_ueberblickspapier_osterpaket_en.pdf?__blob=publicationFile&v=5（2023年2月8日アクセス）

2 Bundesverband der Energie- und Wasserwirtschaft（BDEW）, "Erneuerbare Energien deckten im Jahr 2021 rund 42 Prozent des Stromverbrauchs", https://www.bdew.de/presse/presseinformationen/erneuerbare-energien-deckten-im-jahr-2021-rund-42-prozent-des-stromverbrauchs/ （2023年2月8日アクセス）

エネルギー安全保障[3]

2021年のドイツの電源構成を図表1.2.4（4）−1に示す。ドイツの電力供給は石炭、風力、天然ガス、原子力、バイオマス、太陽光など多様な電源がそれぞれ一定程度の割合を占めることによって支えられていることが分かる。カーボンニュートラルに向けて石炭火力発電の割合を下げる一方、風力発電や太陽光発電など再生可能エネルギーの割合を上げていくことがエネルギー政策の基幹である。一方、化石燃料の中でGHGs排出量が最も少ない天然ガスはトランジションエネルギーとして重要な役割を果たすほか、ドイツの冬期の暖房の燃料として欠かせない。図表1.2.4（4）−2はドイツにおける天然ガスの国別輸入量の推移を表している。輸入量はロシアが最も多く、ノルウェー、オランダと続く。ドイツとロシア間には海底天然ガスパイプラインシステム「ノルドストリーム」が敷設され、大容量の天然ガスを輸送していた。

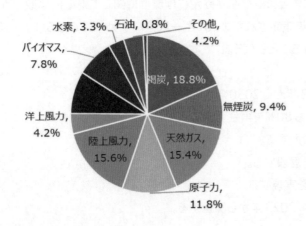

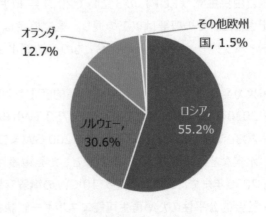

図表1.2.4（4）−1
ドイツの電源構成（2021年）[4]

（BEDW「The energy supply 2021−updated annual report」
をもとにCRDSにて作成）

図表1.2.4（4）−2
ドイツの天然ガス輸入国別割合（2020年）[5]

（GIS Reports「Germany's gas import suppliers in 2020」
をもとにCRDSにて作成）

しかしながら、2022年2月に勃発したロシアによるウクライナ侵攻は、ロシア産の化石燃料に依存してきたドイツのエネルギー安全保障や政策に重大な転換を促した。ドイツを含む欧州連合（EU）は2022年5月、ロシア産の化石燃料からの脱却とGHGs排出削減の両立を目標に掲げた政策文書「REPower EU[6]」を発表した。

EUの枠組みによる共通的な戦略に加え、エネルギー安全保障の確保に向け各国が独自の政策を打ち出した。

3　Federal Ministry of Economic Affairs and Climate Action（BMWK）, "Energy security progress report", https://www.bmwk.de/Redaktion/EN/Downloads/Energy/fortschrittsbericht-energiesicherheit-layout-english.pdf?__blob=publicationFile&v=3（2023年2月8日アクセス）

4　Bundesverband der Energie- und Wasserwirtschaft（BDEW）, "Die Energieversorgung 2021 -Jahresbericht", https://www.bdew.de/media/documents/Jahresbericht_2021_UPDATE_Juni_2022.pdf（2023年2月8日アクセス）

5　GIS Reports, "Germany's gas import suppliers in 2020", https://www.gisreportsonline.com/r/russia-europe-gas/（2023年2月8日アクセス）

6　European Commission, "COMMUNICATION FROM THE COMMISSION TO THE EUROPEAN PARLIAMENT, THE EUROPEAN COUNCIL, THE COUNCIL, THE EUROPEAN ECONOMIC AND SOCIAL COMMITTEE AND THE COMMITTEE OF THE REGIONS REPowerEU Plan", https://eur-lex.europa.eu/legal-content/EN/TXT/?uri=COM%3A2022%3A230%3AFIN&qid=1653033742483（2023年2月8日アクセス）

ドイツでは、石油危機を背景に1975年に施行された「エネルギー確保法[7]」の法改正案が連邦議会に提出され2022年5月に可決、施行された。改正案ではエネルギーの基幹インフラ運営に関わる企業が業務を遂行できなくなり、エネルギーの安定供給に問題を生じる恐れがある場合には、その企業を一時的に信託管理下に置くことを可能にするとしている。エネルギー安全保障の確保において、最終手段として法規命令により当該企業を収用できるようになる。ガス輸入量の大幅な減少が確認されるなどの緊急時には、供給側は需要側にガスの価格を適切に調整し、提供・割当てを可能にする規定が追加された。また、天然ガスのデジタルプラットフォームに関する規定が設けられた。これは、製造業者やガス取引業者をプラットフォームに登録させ、ガスの購入量や消費量などに関するデータを管理するものである。エネルギー使用量を削減できる部分や方法を把握することで、緊急時にガスの節約や操業の停止に関わる判断を行えるようになる。

ロシアからの天然ガスの段階的な輸入の廃止に向けて、ドイツは液化天然ガス（LNG）への転換を進めている。LNGは米国やカタールなど複数国から調達する計画だが、国外から船舶により輸送されてきたLNGを受け入れ、貯蔵し需要に応じて再ガス化しパイプラインで出荷するLNGターミナルの設置が急務となる。国内にLNGターミナルを保有していないドイツでは、陸上基地よりも工期が短い浮体式LNG貯蔵再ガス化設備（FSRU）と複数のチャーター契約を結んだ。2022年12月には北海に面する北部ウィルヘルムスハーフェンにドイツで初めてとなるLNGの受け入れに必要な基地が完成、稼働が始まった。

脱原子力政策をとるドイツでは2022年9月の段階で3基の原子力発電所が運転を続けているが、原子力法上の閉鎖期限を迎え、同年末までに脱原子力が完了する予定であった。しかしながら冬の電力安定へ非常用の予備電源として活用することを目的とし、同年10月ドイツ連邦政府は原子力法の改正案を閣議決定した[8]。本改正案は同年11月にドイツ連邦議会（下院）、連邦参議院（上院）共に賛成多数で可決、承認された。これにより、「イザール原子力発電所2号機」と「ネッカーベストハイム原子力発電所2号機」、「エムスラント原子力発電所」の原子力発電所3基の稼働を2023年4月15日まで延長する決定を下した。ただし、本改正案では稼働延長期限以降の再延長や、新たに核燃料の調達は実施しないことを明示しており、「脱原発」の基本方針は堅持する。ドイツにおけるエネルギー安定供給の鍵は再生可能エネルギーの利用割合の拡大、ロシア以外からの十分なLNGの調達であるが何れも不確実性を伴う。ショルツ政権で連立与党を組む産業界に比較的近い自由民主党（FDP）や、野党のキリスト教民主同盟（CDU）の一部からは、エネルギーの安定供給に加え、高騰する電気代を抑えるために2024年までの原子力発電所の運用延長を求める声が上がっており、ドイツのエネルギー政策については引き続き注視する必要がある。

石炭火力発電の段階的削減と廃止

2020年7月に「脱石炭法」と「石炭地域における構造強化法」の2法案が連邦議会（下院）と連邦参議院（上院）で可決された。これら法案では、石炭ベースの火力発電を2022年、2030年と段階的に廃止し、2038年には全廃するとしている。石炭発電所の設備容量は2017年の42.5 GWから、2022年までに30 GW、2030年には17 GWまで削減される予定である。ただし、2038年までに石炭火力発電所を廃止とする目標ではパリ協定の目標を達成するには不十分であるとの批判もある。現在のエネルギー対策のままでは2050年までに4℃を超えると指摘されている。

ドイツ連邦経済エネルギー省は2021年11月時点において順調に同法が施行されていることを報告している。

[7] Federal Ministry of Economic Affairs and Climate Action (BMWK), "Federal cabinet agrees amendment to the 1975 Energy Security of Supply Act - Update necessary to strengthen crisis preparedness", https://www.bmwk.de/Redaktion/EN/Pressemitteilungen/2022/04/20220425-federal-cabinet-agrees-amendment-to-the-1975-energy-security-of-supply-act.html （2023年2月8日アクセス）

[8] Bundesregierung, "Energy supply security is key", https://www.bundesregierung.de/breg-en/news/nuclear-power-continued-operation-2135918 （2023年2月8日アクセス）

旧炭鉱地帯への行政機関の移転による新規雇用、175件のプロジェクトが立ち上がり、77件163億ユーロの投資が承認された。また、2022年9月には鉱山地域にあるザクセン州のドイツ天体物理センターとザクセン＝アンハルト州の化学工場へのドイツ化学産業回復力のための22億ユーロの投資が発表されるなど将来に向けた着実な投資が進められている。

水素戦略の推進

ドイツは国家水素戦略[9]に沿って着実に実行している。ドイツの今後の水素需要をまかなうためには他国からの輸入が不可欠で、西アフリカ諸国経済共同体（ECOWAS）諸国、北アフリカ地域、中東地域、南アフリカ、オーストラリアなどに注目している。BMWKのハーベック大臣は2022年3月にアラブ首長国連邦（UAE）を訪問し、同国との間でグリーンな水素やアンモニアの輸送など4つのプロジェクトについて合意している。それに先立ちドイツ政府はグリーン水素などの輸入のコーディネーションを行う「H2Global」という財団を2021年5月に設立し、さらに子会社 Hydrogen Intermediary Network Company GmbH（HINT）を設立して、まだ割高なグリーン水素の価格に対し、売り手と買い手の希望価格との差を補填し取引を成立させるCCfD（気候炭素差額決済契約）に似た役割を担わせている。そのため政府は9億ユーロの助成金を投じる。

欧州委員会はイノベーションの必要な重点産業への加盟国による共同支援の枠組み「欧州共通利益に適合する重要プロジェクト（IPCEI）」を設けているが、2022年7月に水素分野のプロジェクトが「IPCEI Hy2Tech」として承認された。ドイツ政府によれば、ドイツが関係する62件のプロジェクトが採択され、投資総額は330億ユーロ、これらのプロジェクトが成功すれば、2030年までのドイツ国内に2 GW以上の水電解設備（国家戦略目標は5〜10 GW）と全長1,700 kmの水素パイプラインの構築に貢献するとしている。

ドイツの温室効果ガス排出量推移と削減目標

2011年のEnergiewendeの下で2020年末までに温室効果ガス排出量を1990年比で40％削減する目標を設定していた。図1.2.4（4）-3に示すように、1990年から2016年の間で温室効果ガス排出量は約27％削減され、2020年度の総排出量は7.3億トンCO_2-eqであり、1990年から41.3％の減少、2016年から2020年は平均0.43億トンCO_2-eq/年で減少している。土地利用変化や森林吸収では総排出量の約2％の吸収があるが、吸収量は微減している。発生源は製造部門が42％、エネルギー部門が29％、運輸部門が20％、農業部門が8％となっている[10]。

2020年の目標は達成されているが、パンデミックの影響が大きく、2021年は速報値では4.5％増加し、1990年から38.7％の減少となっていた。その後、環境活動家の提訴により一部違憲判決を受けた「連邦気候保護法」は2021年6月に改正され、2030年の気候目標が55％削減から65％に引き上げられるとともに、カーボンニュートラルの達成目標が2050年から2045年に繰り上げられた。2022年1月のドイツ政府の発表では2022年と2023年の気候目標が達成されない見通しから、対策を強化することが示された。

---

9 Federal Ministry of Economic Affairs and Climate Action（BMWK），"The National Hydrogen Strategy", https://www.bmwk.de/Redaktion/EN/Publikationen/Energie/the-national-hydrogen-strategy.pdf?__blob=publicationFile&v=6（2023年1月26日アクセス）

10 United Nations Climate Change, "GHG Profiles – Annex I", https://di.unfccc.int/ghg_profile_annex1（2023年2月28日アクセス）

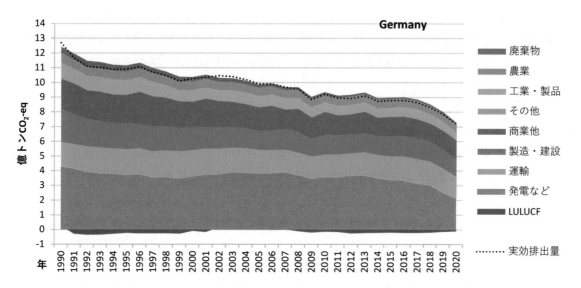

https://di.unfccc.int/time_series から取得した値を元にCRDSにて作成

図表1.2.4（4）−3　　ドイツにおけるセクターごとの温室効果ガス排出量の推移

（国連「Climate Change」のデータを元にCRDS作成）

森林戦略20503

　2021年9月、連邦食糧農業大臣のJulia Klöckner氏によって、連邦省の国家森林戦略2050が発表された。新しい森林戦略2050は、ドイツの森林を温暖化していく気候に耐えられるようにしていくことを目的としており、ドイツの森林をそのまま維持しながら国の排出量のバランスを取るために、地球温暖化に適応させる必要があると述べられている。温暖な中央ヨーロッパの気候に備えて森林をより適切に保ち、それを常にモニタリングすることにより、生物多様性と生息地を保護する。木材の持続可能な利用を促進し、炭素吸収源としての森林の役割を高めていく必要もある。新築の建築材料として30%の木材を割り当てることが目標として掲げられているが、気候変動対策における樹木の価値、価格体系などは議論が続いている。

サーキュラーエコノミー政策

　連邦政府は、多様な原材料や再生可能資源などの天然資源の持続的な利用と経済成長の両立を実現するための目標や行動指針を定めた「ドイツ資源効率化プログラム（ProgRess）」を2012年に採択している。4年ごとに更新することとなっており、2016年から第二期（ProgRess II）、2020年からは第三期（ProgRess III）が始まっている。ProgRessは原材料の確保から生産、利用に至るサプライチェーン全体を対象とするとともに、これらを支える情報通信インフラや研究・イノベーション、教育、法規制までを包含する包括的な枠組みとなっている。これに対してProgRess IIでは、特に市場インセンティブや経済・社会における自主的取り組みの促進が強化された。具体的施策として、中小企業への助言の拡充、環境マネジメントシステムの支援、資源効率の高い製品・サービスの公共調達、消費者情報の改善などが記載されている。更にProgRess IIIでは、資源効率の重要性がより強調されている。資源効率を高めるためにデジタルトランスフォーメーション（Digital Transformation：DX）を活用することの可能性とリスクの分析、資源効率の観点からの輸送部門の検討、および今後必要となるアクションの優先順位について示されている。

　2019年にCircular Economy Initiative Deutschland（CEID）が設立され、2021年にCEに向けたロー

ドマップ[11]が公表された。このロードマップでは2030年までにドイツがIndustrie 4.0をベースにしながらCE
に段階的に移行する道筋を示している。2023年にはCE標準化ロードマップを公表し、7分野（エレクトロニ
クス、ICT、バッテリー、包装、プラスチック、繊維品、建設、地方自治体）を中心にEUの標準化を推進し
ている。

3. 環境・エネルギー分野のSTI政策

ショルツ新政権のSTI政策

政府の研究開発予算は2006年ごろから大幅な伸びを示しており、前政権下では国内総生産の約3％を占
めるまでに至った。この背景には、メルケル政権発足後に発表された省庁横断型の戦略である「ハイテク戦略」
（2006～2009年）」がある。公的資金を効率的に利用することを目指した包括的な戦略であり、ドイツの科
学技術イノベーション政策の基本的な方向性を示していた。その後、「ハイテク戦略2020」（2010～2013年）、
「新ハイテク戦略」（2014～2017年）、「ハイテク戦略2025」（2018年～）と続いてきた。

ショルツ新政権に代わり、政権発足から1年以上経過した2023年2月に新しい科学技術・イノベーション
政策として「未来戦略」が発表された[12]。前政権でのハイテク戦略からの大きな方針転換はなく、引き続き省
庁横断的に、社会的課題の解決に向けたミッション志向型イノベーション政策を推進するとしている。循環型
経済と持続可能なモビリティに関するミッションや、気候保護、気候適応、食料安全保障、生物多様性保全
に関するミッション等が掲げられている。また卓越した科学研究の成果を迅速にイノベーションに繋げるため
の施策の立案や新機構（ドイツ技術移転イノベーション機構、DATI）の発足などを進めるとしている。総研
究開発費は対GDP比3.5％を達成するとしている。

ハイテク戦略における環境・エネルギー分野の位置づけの変化

前政権で2025年までの予定で進められていた「ハイテク戦略2025」は、①社会的課題の優先分野、②
鍵となる未来技術と人材、③イノベーション環境の整備の3つの柱から構成される。優先分野とする社会的
課題は「持続性、エネルギー、環境」、「健康と介護」、「輸送」、「安全」、「都市と地方」、「経済4.0、労働4.0」
の6つであった。優先分野や重点分野の変遷を図表1.2.4（4）-4にまとめた。前期にあたる新ハイテク戦略
との比較では、「デジタル化への対応」がなくなり、「都市と地方」が新たに追加されている。環境やエネルギー、
その他にも交通・輸送や安全は、期を超えて継続的に取り上げられている。

---

11 Acatech, Circular Economy Initiative Deutschland, SYSTEMIQ, "Circular Economy Roadmap for Germany",
https://www.circular-economy-initiative.de/circular-economy-roadmap-for-germany （2023年3月1日アクセス）

12 Federal Ministry of Education and Research（BMBF）, "Zukunftsstrategie Forschung und Innovation ",
https://www.bmbf.de/bmbf/de/forschung/zukunftsstrategie/zukunftsstrategie_node.html （2023年2月28日ア
クセス）

図表1.2.4（4）-4　　ドイツの各戦略における社会的課題優先分野の変遷

	ハイテク戦略 （2010〜2013年）	新ハイテク戦略 （2014〜2017年）	ハイテク戦略2025 （2018〜2025年）
社会的課題優先分野	気候・エネルギー	持続可能なエネルギーの生産、消費	持続性、エネルギー、環境
	健康・栄養	健康に生きるために	健康と介護
	交通・輸送	スマートな交通、輸送	輸送
	安全	安全の確保	安全
	コミュニケーション	デジタル化への対応	都市と地方
	-	イノベーションを生み出す労働	経済4.0、労働4.0

　ハイテク戦略2025で社会的課題とならぶ柱の1つとされている未来技術の内訳に関しては図表1.2.4（4）-5の通りである。マイクロエレクトロニクス、材料、バイオテクノロジー、人工知能といった技術領域を「未来技術」と位置づけていた。

図表1.2.4（4）-5　　ハイテク戦略2025の未来技術

重点領域	要素技術	主たる研究開発推進方策
人工知能	機械学習、ビッグデータ	AI戦略（2018年秋発表）、学習システムプラットフォーム、AIプラットフォーム他
ITセキュリティ及びユーザーフレンドリな技術	サイバーセキュリティ、ヒューマンマシンインタラクション（HMI）、ロボット、VR	サイバーセキュリティ庁設置
マイクロエレクトロニクス	通信システム、5G通信技術	インダストリ4.0プラットフォーム、自動走行アクションプラン
材料	電池、3Dプリント、軽量化、製造技術	電池研究・生産戦略白書
量子	シミュレーションシステム、超精密計測技術、画像化技術	量子技術プログラム
ライフ	バイオテクノロジー、ナノテクノロジー、IT	「バイオからのイノベーション」アジェンダ
航空宇宙	衛星、材料	枠組プログラム「宇宙と物質ErUM」

4.代表的な研究開発プログラム／プロジェクト

　ここではドイツの代表的な研究開発に関する動向について述べる。まず「ハイテク戦略2025」の代表的な研究開発内容について、環境・エネルギー分野関連のハイライトを示す。社会的課題には、「持続性、エネルギー、環境」などが挙げられており、そこで示された課題を解決するための種々のプロジェクトについて示す。最新のエネルギー計画である第7次エネルギー研究プログラムでは、産業の脱炭素化のため、政府が再生可能エネルギーへの支援を決定した。この一部として、コペルニクス・プロジェクトが現在も進行中である。加えて、持続的発展のための研究フレームワークプログラム（FONA）では、循環型経済や生物多様性に対する枠組みも含めて支援されることが決定している。

　Power-to-Gasプロジェクトや国家水素戦略では、再生可能エネルギーや水素の利用を促進することで、CO_2排出量削減を促している。

　政府の支援プログラムの一環として、国際気候イニシアチブ（International Climate Initiative、IKI）、

パリ気象協定に関するドイツとフランスの共同イニシアチブなど、気候変動関連のイニシアチブについても述べる。その他、デジタル化の促進のための、スマートエネルギーショーケース（SINTEG）、2019年設立された飛躍的イノベーション機構（SprinD）についても述べる。

ハイテク戦略2025における環境・エネルギー分野関連のハイライト[13]

ドイツは、特に中小企業を対象に、技術の商業化や普及を目的としたプロジェクトを継続的に支援することで、インダストリー4.0に関する世界的な先駆者となった。技術開発においては、資源効率の高い技術、3Dなどの付加製造技術やデジタル技術を用いて、産業向けの軽量な材料開発分野などを強化していく予定である。材料や製品の設計、デジタルツインの作成、製造プロセスの制御までを含めた産業のデジタル化に向けた研究を推進している。

「ハイテク戦略2025」で掲げられている社会的課題のうち、「持続性、エネルギー、環境」では、産業部門での気候中立、循環型経済、プラスチック問題、生物多様性などに関する施策が関連づけられている。

このうちエネルギー関連では、産業部門での気候中立において、排出量抑制のためにエネルギー効率の向上と再生可能エネルギー電源への切り替えを目指している。主要なエネルギー関連のプログラムである「エネルギー研究プログラム」やエネルギー転換のためのフラッグシップ・イニシアチブである「コペルニクス・プロジェクト」、あるいは電池生産や合成燃料開発のプログラムなどの施策もこの社会的課題に含まれる。ドイツは、エネルギー貯蔵システムの研究を強化し、燃料電池や電池製造の開発を支援する戦略をとっている。電池のバリューチェーンにおいて幅広い技術的優位性を確保するため、セルの製造技術開発を支援し、電池製造まで適切な支援策を講じることを追求している。また合成燃料に関する研究にも支援を行い、市場開拓への条件を検討している。全体としての目標は革新的な技術と適切な計画により温室効果ガスの排出量を削減することである。

循環型経済では、資源効率を高めた持続可能な経済を目標としており、「ProgRess III」が含まれる。その他にも持続可能な水利用のための技術開発プログラム、廃棄物処理問題に取り組む国際連携枠組み、循環型経済実現のための技術開発プログラムなどがある。プラスチック問題では、生産・消費・リサイクルなども含めた流通経路や生物への影響などについて、社会的問題や政治的課題についても言及している。生物多様性については、農業生態系の大規模モニタリングや生態系・生物多様性の研究プログラムなどが含まれる。もう1つの社会的課題である「輸送」においては、統合された全体システムとして未来のモビリティ像を考慮するとしている。電動化、自動化、水素利用などの推進が含まれる。また都市交通、港湾、航空、海上輸送、宇宙などに係る研究開発プログラムなどもあり、輸送全般の向上を促している。

第7次エネルギー研究プログラム

連邦政府によるエネルギー分野の研究推進は「エネルギー研究プログラム」に基づいて行われている。2018年から2022年の期間は「第7次エネルギー研究プログラム」が進められてきた。政府は同期間中にエネルギー技術革新の強化に対して約64億ユーロを投資する方針を示している。

研究助成を所管するのはBMWi、BMBF、BMELの3省である。基本的な役割分担は、まずTechnology Readiness Level（TRL）が1～3の基礎から応用にかかる段階の研究プロジェクトをBMBFが担当する。BMBFは基礎研究と産業界が取り組む課題を結び付けることを指向しており、後述するコペルニクス・プロジェクトはそのモデルプロジェクトの一つと位置づけられている。なおBMBFはプロジェクト助成以外にヘル

---

13 Federal Ministry of Education and Research（BMBF）, "Fortschrittsbericht zur Hightech-Strategie 2025", https://www.bmbf.de/SharedDocs/Publikationen/de/bmbf/1/31522_Fortschrittsbericht_zur_Hightech_ Strategie_2025.pdf?__blob=publicationFile&v=6（2023年3月1日アクセス）

ムホルツ協会およびドイツ航空宇宙センターへの機関助成も行う（ドイツ航空宇宙センターにはBMWiも機関助成を行っている）。BMWiはTRL3辺りの応用段階の研究プロジェクトを支援する。BMELもTRL3辺りだが特にバイオマスからのエネルギー生産に関連した研究プロジェクトを支援する。

対象領域はエネルギー効率の向上と再生可能エネルギーの変換（蓄エネルギー）を中心的な領域とする他、デジタル化、セクターカップリング、および熱部門・産業部門・輸送部門におけるエネルギー転換などにも注力する方針としている。加えて第7次では"リビング・ラボ"における技術実証にも注力するとしている。いわゆる特区のような場において規制緩和などと組み合わせて検証・評価を進める方針である。またスタートアップ支援も積極的に行い、革新的な技術やソリューションの開発や新たな市場の創出などを支援するとしている。

2021年は約13億1,000万ユーロが拠出された。"リビング・ラボ"では2019年の募集において90件が提案され、20が採択され、10プロジェクトが作業を開始し、そのうちの6つは2021年に始まり、2021年度は1,829万ユーロが提供されている。この"リビング・ラボ"の観察と分析を目的とした「Trans4Real」プロジェクト[14]も2021年4月から始動している。以下にその他の主要なプログラム・プロジェクトを紹介する。

水素フラッグシッププロジェクト（Wasserstoff–Leitprojekte）：「Wasserstoffrepublik Deutschland；ドイツ水素共和国」のアイディアコンペティションで選ばれた3つのリードプログラムH2Giga（電解装置の量産とアップスケーリング；4億4,920万ユーロ）、H2Mare（グリーン水素のオフショア生産；1億450万ユーロ）、TransHyDE（グリーン水素の輸送技術の開発；1億3,480万ユーロ）を中心に取り組んでいる。

蓄電ではIPCEI（Important Projects of Common European Interest）のプロジェクトの一環としてヨーロッパ全土でのバッテリーの大規模な生産を確立を目指す他、機械式、高温熱システムなどを推進し、2021年2,547万ユーロを提供した。CO_2の産業利用において、あらゆる技術的アプローチの研究開発を支援し製鉄所のCCUアプローチを開発する「Carbon2Chemプロジェクト」、地下貯蔵施設でCO_2のメタンへの生物学的変換を行う「Bio–UGSプロジェクト」、多接合太陽電池による光電気化学（PEC）セルによるCO_2の長鎖炭化水素へ変換するDEPECORプロジェクトなど、2021年に進行中の102のプロジェクトに約3,287万ユーロの資金を提供した。火力発電では非化石燃料での利用を踏まえた研究や、太陽熱発電の研究に2,977万ユーロの資金を提供。原子力安全では若い才能の能力開発を主題とする「原子力安全のための研究資金」など5,182万ユーロが提供されている。

コペルニクス・プロジェクト[15]

2016年4月にBMBFが発表した「エネルギー転換に関するコペルニクス・プロジェクト」はエネルギー転換に関する研究イニシアチブとして国内でも最大規模のものとされていた（当時）。第7次エネルギー研究プログラムの一環として推進され、①エネルギー転換を実現するための新しいネットワークの構築（ENSUREプロジェクト）、②再生可能エネルギー由来の余剰電力の貯蔵（P2Xプロジェクト）、③エネルギー多消費型の産業プロセスの転換（SynErgieプロジェクト）、④エネルギー転換を進めるための政策分析やステークホルダーとのコミュニケーション（ARIADNEプロジェクト）の4プロジェクトから構成されている。なおP2Xプロジェクトから派生した微生物を利用したCO_2変換（Rheticusプロジェクト）、SynErgieプロジェクトから派生したガラス産業に特化した産業プロセスの転換（DisConMelterプロジェクト）も姉妹プロジェクトとされている。コペルニクス・プロジェクトは（I）基礎研究段階（2016～2019年）、（II）実用化に向けた

14 FfE München, "Trans4ReaL - Transferforschung für die Reallabore der Energiewende zu Sektorkopplung und Wasserstoff", https://www.ffe.de/projekte/trans4real-transferforschung-fuer-die-reallabore-der-energiewende-zu-sektorkopplung-und-wasserstoff/ （2023年3月1日アクセス）

15 Federal Ministry of Education and Research（BMBF）, "KOPERNIKUS Project", https://www.kopernikus-projekte.de/（アクセス2023年1月26日）

検証段階（2019〜2022年）、（III）実証試験での技術開発段階（2022〜2025年）の3つのフェーズに分けられており、現在フェーズIIIの期間にある。

P2Xプロジェクトでは余剰な再生可能エネルギーを化学的原料、ガス燃料、または燃料の形で貯蔵するプロセスの研究（Power-to-X）などを実施する。P2Xの基本となる技術は水電解による水素製造であり、目的に応じさらに合成メタン、合成燃料、熱、化学品等に変換する。主な技術成果として、水電解触媒における貴金属イリジウムの使用量削減、共電解による合成ガス（COとH_2）製造技術、水素キャリアから水素を取り出すための触媒技術などが挙げられる。2019年にカールスルーエ工科大学で、DACによるCO_2分離、共電解による合成ガス、FT（フィッシャー・トロプシュ）反応、およびアップグレーディングからなる一貫プロセスによる合成燃料の小規模実証も行われている[16]。

P2Xプロジェクトからの派生であるRheticusプロジェクトでは、エボニック社とシーメンス社が協同で再生可能エネルギー由来の電力を利用して水とCO_2を一酸化炭素（CO）と水素にし、さらにその合成ガスを特殊な微生物による発酵を通じてブタノールやヘキサノールへと変換するプロセスを開発し、テストプラントを稼働させている[17]。

Power-to-Gasプロジェクト

ドイツは、コペルニクス・プロジェクトの1つであるP2Xプロジェクトが開始する以前から再生可能エネルギーの余剰電力貯蔵に取り組んでいる。その背景には、北部エリアが再生可能エネルギー資源に恵まれている一方で需要が工業地帯のある南部エリアに集中しており、北部から南部への電力の輸送が課題となっていたことがある。そこで解決策の一つとして"Power-to-Gas"プロジェクトが構想された。この概念は既に欧州全域に広がっており、再生可能エネルギーから発電した電力を主に水素や合成メタンに変換し、既存の天然ガス導管などを用いて供給する取組などがなされている。

Power-to-Gasプロジェクトは、1988年から2019年11月時点までの間に、22カ国で、約143件のプロジェクトが実施されている。2019年は、水素については56、合成メタンは38のプロジェクトが進行中である[18]。国別ではドイツにおける実施件数が最も多く、全体の4割強を占めている。ドイツ以外では、風力発電の導入が進むデンマークやイギリス等において比較的多く実施されている。ドイツ国内では、Hybrid power plant Falkenhagen、Wind Gas Hamburg、Bio Power2 Gasなど、様々な再生可能エネルギーを用いたプロジェクトが行われている。

国家水素戦略[9]

2020年6月に国家水素戦略が連邦政府によって採択され、水素関連の研究開発を強化する方針が示された。国家戦略策定に際して、コロナ危機からの経済振興策の一部から90億ユーロ（約1.1兆円）が投じられている。水素燃料電池技術革新国家プログラム（NIP）が継続され、第2フェーズ（2016〜2026年）において36億ユーロ(4600億円)の追加予算を計上、経済・エネルギー省(BMWi)と交通・デジタル・インフラ省(BMVI)

16 PPipeline Technology Journal, "The world's first integrated Power-to-Liquid test facility to synthesize fuels from the air-captured carbon dioxide", https://www.pipeline-journal.net/news/worlds-first-integrated-power-liquid-test-facility-synthesize-fuels-air-captured-carbon （2023年3月1日アクセス）

17 Evonik Industries AG, "TECHNICAL PHOTOSYNTHESIS", https://corporate.evonik.com/en/technical-photosynthesis-25100.html （2023年2月28日アクセス）

18 POWER Magazine, "A Review of Global Power-to-Gas Projects To Date [INTERACTIVE]", https://www.powermag.com/a-review-of-global-power-to-gas-projects-to-date-interactive/ （2023年3月1日アクセス）

は水素関連事業に対して80億ユーロ（約1兆円）を助成する[19]。

　欧州グリーンディール政策に沿って2050年のカーボンニュートラルを達成するために水素が大きな役割を担うとし、また水素の拡大、技術で世界をリードすることを標榜している。水素は再生可能エネルギーの貯蔵、移動体の燃料、産業界のエネルギー源、熱利用など幅広く活用する。同戦略では、再生可能エネルギー由来電力を利用して生産される「グリーン水素」を重視しているが、過渡期においては「ブルー水素」や、「ターコイズ水素」などのクリーンな水素の利用も排除しない。2030年のドイツの水素の需要は90〜110 TWh、うち14 TWhを自国で製造する。そのため2030年までに5 GWの電解装置（のちに10 GWに上方修正、4000時間稼働、効率70%）と追加の20 TWhの再エネ電力を必要とする。ドイツは中長期的にかなりの量の水素を輸入する必要があるため、国際的な水素市場との協力体制の確立が重要となる。特に北アフリカ諸国との連携を進める。製造業を重視しており、現在の水素需要55 TWhのほとんどがグレー水素であるが、2050年までに精製業やアンモニア製造用に22 TWh、製鉄用に80 TWhのグリーン水素を導入する。2050年の水素製造に必要な電力エネルギーは110〜380 TWhとシナリオにより幅がある。

持続的発展のための研究フレームワークプログラム（FONA）

　2005年に発足した「持続的発展のための研究フレームワークプログラム」（FONA）はBMBFが所管するプログラムである。気候保護と持続可能性に関する研究を助成する。2021年からの第4期は「機能する未来のための知識」をモットーに掲げ、SDGsや欧州グリーンディール、ハイテク戦略2025など持続可能性およびSTIに関する国際的な政策や国内政策に貢献するためのツールの1つと位置付けられている。2020年にフラウンホーファーシステムイノベーション研究所（ISI）によって「国際的な影響力を持つドイツでの持続可能性研究の確立に大きく貢献した」と評価されたことを受け、予算は前期2016年〜2020年の20億ユーロから40億ユーロに倍増された。

　第4期では「気候目標の達成」、「生息地および自然資源の研究・保護・活用」、「社会・経済の発展−国全体にわたる良好な生活環境」という3つの戦略的な目標の下に8分野・25項目の行動項目が設定されている。これらの行動項目が研究助成時の優先項目となる。25の行動項目は図表1−2−4（4）−6の通りである。

図表1−2−4（4）−6　　　FONAにおける25の行動項目

目標	分野	行動項目
気候目標の達成	温室効果ガス排出削減と削減貢献（緩和策）	●産業プロセスにおけるCO_2排出削減とCO_2原料利用 ●ドイツにおけるグリーン水素の国内確立 ●低環境負荷型の大気中CO_2除去手法の検討
	適応能力の向上とリスク予防（適応策）	●気候変動がもたらすドイツでの極端現象の研究 ●気候変動による健康影響の理解と予見 ●都市と地域のレジリエンス向上
	実効性ある気候政策のための知識	●全球気候モデルの改善 ●気候保護のための温室効果ガスのモニタリング ●地球の気候エンジンである海洋と極域の理解

19　環境省,「国・地域別サマリードイツ」
https://www.env.go.jp/seisaku/list/ondanka_saisei/lowcarbon-h2-sc/PDF/overseas-trend_06_germany_202211.pdf（2023年3月1日アクセス）

生息地および自然資源の研究・保護・活用	生物多様性と生息地の保全	●ドイツ国内の生物多様性モニタリングの開発と拡大 ●生物多様性の変化の体系的な相関性を理解する ●生息地と生態系の保護
	自然資源（水、土壌）の確保	●世界の水危機の緩和 ●河川や海の汚染を止める ●健全な土壌の維持と土地の持続可能な利用 ●農業食糧システムの開発の拡大
	循環型経済	●原材料の生産性を高める ●バイオエコノミー：バイオ由来原材料の利用と廃棄物の回避 ●プラスチック・サイクルを閉じる ●リンのリサイクル：廃棄物の再利用、資源の回収
社会・経済の発展－ドイツ全体にわたる良好な生活条件	協働で社会を形成する―結束の強化	●平等な生活条件 ●持続可能な経済、金融システムの支援
	イノベーション領域	●石炭採掘地域の構造的変化を形成する ●都市、農村、地域の変革を持続可能にする ●持続可能な都市と農村のモビリティの確保

国際気候イニシアチブ（International Climate Initiative、IKI）

　国際気候イニシアチブは、ドイツ政府の国際的な気候資金提供プログラムである。国連気候変動枠組条約（UNFCCC）や生物多様性条約（CBD）の枠組みの一つとして、気候変動の緩和と適応、REDD+、生物多様性保全の分野において途上国や新興国との協力強化を目的に、2008年にBMUBが開始した。2022年からはBMUV、BMWKとドイツ外務省が主導している。IKIのプロジェクトや活動の範囲は、例えば、政策立案者への能力開発および技術提携に関するアドバイスから、革新的な金融手段を用いたリスクヘッジまで、多岐にわたる。インフラ開発のための調査やプロジェクト準備のアドバイス、気候変動緩和や生物多様性保全のための投資手段も含まれる。承認したプロジェクト数は800を超え、2008年以降2021年までの総プロジェクト投資額は50億ユーロに上る。

スマートエネルギーショーケース（SINTEG）

　BMWiの資金提供プログラム「SmartEnergyShowcase-Digital Agenda for the Energy Transition」（SINTEG）により、300を超える企業やその他関係者を含む5つのモデル地域（いわゆる「ショーケース」）で、技術的、経済的、規制上の課題に対するソリューションの開発を行っている。同プロジェクトでは、デジタルネットワーキングを通じて、再生可能エネルギー発電、電力網、エネルギー利用者を効率的に組み合わせること、また、全てのエネルギー源を効率的に統合し、電力、熱及び輸送交通利用の全体最適化を図ることを目指している。

飛躍的イノベーション機構（SprinD）

　ドイツ連邦教育研究省（BMBF）と連邦経済エネルギー省（BMWi）が2019年12月に設立、ドイツ連邦が出資する形態の法人で、イノベーター育成・支援組織である。ドイツ発の破壊的イノベーション創出を目的にしており、既存製品の性能向上の漸進的イノベーションと区別している。IT分野の連続起業家、投資家のラファエル・ラグーナ・デ・ラ・ヴェラ氏が理事長で、研究精神と起業家精神の間に橋をかけると打ち出している。飛躍的イノベーションをもたらす可能性のある研究者、エンジニアなどの研究開発助成に加えて、GmbH（有限責任会社）設立支援、起業経験者による助言、会計、法務、マーケティングなどの経営支援、チームビルディングなどを包括的に支援する。2029年までの10年間の予算は約10億ユーロの予定である。支援分野は限定しておらず、2021年は375件の申請を受けたが、破壊的イノベーションの可能性があると審査

した約7%の半分、申請のうち約3.5%に絞ったと公表している。環境・エネルギー分野と関連あるプロジェクトとして「超高層軽量低コスト風力発電装置」「マイクロバブルを利用したマイクロプラスチック除去技術」「光工学と微生物学による飲料水・食品安全検査技術」「流体の力とサイクロン技術による水浄化技術」などが挙げられる。2022年に公募された4つのSprinDチャレンジのうち、2つが環境・エネルギー分野の課題で公募されている。「長期エネルギー貯蔵：電力貯蔵およびクリティカルマテリアル不使用での効率的な10時間以上の電力供給技術」「炭素に価値を：経済的に成立する大気中CO$_2$の長期的な大量除去技術」である。それぞれ5件のチームを可能性検証ステージに応じて段階的に支援するとしている。

未来クラスターイニシアチブ（Clusters4Future）

　未来クラスタープログラムはドイツBMBFによる産学連携拠点形成の支援である。2019年夏に構想が発表され、2020年から10年間で最大4億5,000万ユーロを投入し、産業界にもドイツ政府と同額の拠出を求める計画である。将来のイノベーションのためには、有望な研究成果がビジネスや社会へうまく移転する機能をもつシリコンバレーのような地理的に集中した地域拠点が重要である。ドイツの大学と研究機関は、基礎研究の分野で優れた位置を占めているが、それだけではイノベーションには不十分で、地域パートナーシップ構造の構築が必要であり、未来クラスターとなる地域拠点を作る目的の支援制度である。2段階の選考方式で、第1回目の公募では137の提案が第1段階で16に絞られ、最終審査で7つが未来クラスターとして採択されたと2021年2月に公表している。第2回目の公募は2020年11月に開始し、117の提案が第1段階で15に絞られ、最終審査で7つが採択されたと2022年7月に公表された。各クラスターは大学、研究機関、企業、その他関係者が多く集まる地域拠点を利用し、最長9年間、最大4,500万ユーロが提供される。

　環境・エネルギー分野では合計4件が採択されている。第1回公募採択ではバイエルン州ミュンヘンの「MCube：大都市圏におけるモビリティの未来に関するミュンヘン・クラスター」、メクレンブルク＝フォアポンメルン州ロストクを核とした「OTC Rostock：ロストク海洋技術キャンパス」、ノルトライン＝ヴェストファーレン州アーヘン工科大学を核とした「水素クラスター：水素の製造から利用まで」の3つの未来クラスター、第2回公募ではテューリンゲン州イェーナの「ThWIC：テューリンゲン・水・イノベーションクラスター」が採択されている。ThWICは水資源の持続可能な利用、インテリジェントな水の供給と処理、清潔で安価な水の持続的かつ十分な利用を可能にする技術的・社会的イノベーションのための開発に焦点を当てるとしている。

（5）英国

■気候変動とエネルギー関連

年月	策定主体	名称	目標年	主な内容
2008.11	議会	2008年気候変動法 （Climate Change Act 2008）	2050	2050年までに1990年比GHGs排出80%削減を最終目標とした世界初の気候変動対策を規定した法。気候変動委員会を設立すること、2008年以降5年毎のカーボン・バジェット（排出量上限）を設定し進捗を管理すること、その間に実施された政策を報告書にまとめること等が定められた。
2017.10	ビジネス・エネルギー・産業戦略省（BEIS）	クリーン成長戦略 （Clean Growth Strategy）	2032	GHGs排出削減（2050年80%削減）への取組みを柱とした成長戦略。グリーン投資推進のための環境整備、省エネのためのインセンティブ、CCUSの積極推進、GHGs除去技術開発推進、エネルギー・資源効率・プロセス効率関連の研究開発への約1.6億ポンドの投資等を提示。
2017.11	BEIS	産業戦略 （Industrial Strategy）	2030	英国がグローバルな技術革命を主導できる領域として4つのグランド・チャレンジを特定（人工知能とデータ、高齢化社会、クリーン成長、未来の輸送手段）。
2018.11	BEIS	CCUS展開パスウェイ （The UK carbon capture, usage and storage（CCUS）deployment pathway）	2030	英国のクリーン成長戦略の一環として、2030年までに炭素回収利用・貯蔵の大規模展開を実現するために、英国政府と産業界がとるべき主要なステップの概要を示したアクションプラン。
2019.6	議会	2008年気候変動法（改正）	2050	法改正をする形でGHGs排出削減目標を1990年比で正味ゼロへと大幅に引き上げ。
2020.11	BEIS	グリーン産業革命のための10項目計画（The ten point plan for a green industrial revolution）	2030	コロナ禍からの経済立て直しと雇用創出、および2030年までの気候変動対策の強化を目的とした政策。政府がグリーン雇用を支援し、GHGs排出正味ゼロへの道を加速させるための10項目（洋上風力、水素、原子力、電気自動車、公共交通機関・サイクリング・ウォーキング、航空・船舶、住宅・公共建物、炭素回収、自然環境、グリーンファイナンス・イノベーション）を提示。
2020.11	財務省	国家インフラ戦略 （National Infrastructure Strategy）	2050	インフラの質を抜本的に改善し、2050年までにゼロ・エミッションを達成するための戦略。
2020.12	BEIS	エネルギー白書 （Energy white paper：Powering our net zero future）		グリーン産業革命のための10項目計画に基づくエネルギーシステムの長期戦略ビジョン。産業、運輸、建物の分野で約2.3億トンのGHGs排出を削減するための方針や施策を提示。
2021.3	BEIS	産業脱炭素化戦略 （Industrial Decarbonisation Strategy）	2050	グリーン産業革命のための10項目計画に基づく産業部門（製造業と建設業）の脱炭素化に向けた戦略ビジョンを提示。
2021.8	BEIS	水素戦略 （UK Hydrogen Strategy）	2030	グリーン産業革命のための10項目計画に基づく2030年までに5GWの低炭素水素製造能力の目標を達成するための戦略。

| 2021.10 | BEIS | ネット・ゼロ戦略：グリーンな復興
（Net Zero Strategy: Build Back Greener） | 2050 | グリーン産業革命のための10項目計画に基づくクリーンエネルギーとグリーン技術への移行を支援する方策と経済全体の包括的な計画を提示。 |
| 2022.4 | BEIS、
英国首相府 | 英国エネルギー安全保障戦略 | | COVID-19拡大後のエネルギー需要増とロシアによるウクライナ侵攻に伴う世界的なエネルギー価格高騰を受け、英国のエネルギー自立を一層強化するための戦略。グリーン産業革命のための10項目計画とネット・ゼロ戦略にも基づいており、風力、原子力、太陽光、水素の展開を加速する方策を提示。 |

1 研究対象分野の全体像

■その他の環境とエネルギー関連

年月	策定主体	名称	目標年	主な内容
2011.8	環境・食糧・農村地域省 （Defra）	生物多様性 2020 （Biodiversity 2020）	2020	生物多様性に関する国家戦略。2010年に名古屋で開催されたCOP10の「愛知目標」への対応も含む。
2018.1	Defra	25年環境計画 （25 Year Environment Plan）		環境の持続可能性を確保するために英国がとるべき行動をまとめた政策文書。この計画で、1）持続可能な土地の利用と管理、2）自然の回復と景観の美しさの向上、3）健康と福祉を向上させるための環境と人々のつながり、4）資源効率の向上と汚染と廃棄物の削減、5）清潔で生産性が高く生物学的に多様な海と海洋の確保、6）地球環境の保護と改善に関する行動、を提案。
2018.7	Defra	第2次国家適応プログラム （NAP：Second National Adaptation Programme）	2023	第2次気候変動リスク評価（CCRA）に対する対応策を定め、2018年から5年間で行うべき主な行動を設定。第3次CCRAに続いて市民との対話などが行われ、第3次NAPが審議中。
2019.1	BEIS	クリーンエア戦略 2019 （Clean Air Strategy 2019）		25年環境計画やクリーン成長戦略などを補完するために策定された戦略。目的として、1）国民の健康を守る、2）環境を守る、3）クリーンな成長とイノベーションを確保する、4）輸送、家庭、農業、産業からの排出量を削減する、5）進捗状況の把握、を掲げる。
2021.11	議会	環境法 （Environment Act）		EU離脱後の英国における環境保護や環境浄化を改めて規定するための法律。環境ガバナンスの仕組み、野生生物保護、環境保全、生物多様性、大気汚染、廃棄物、水などに関する方針を提示。これらの項目に関する長期目標の設定にも言及。
2023.1	Defra	環境改善計画 2023 （Environmental Improvement Plan 2023）	2028	25年環境計画の目標達成に向け、これまでの取り組みの進捗や今後の道筋・計画の見直しを提示。

■科学技術イノベーション関連

年月	策定主体	名称	目標年	主な内容
2014.12	ビジネス・イノベーション・技能省（BIS）	成長計画：科学とイノベーション（Our Plan for Growth：Science and Innovation）		科学イノベーションに関する基本戦略。掲げられている6つの柱の1つ「優先分野の決定」では、「8大技術（Eight Great Technologies）」を特定。
2021.7	BEIS	国家イノベーション戦略：未来を創ることによって先取りする（UK Innovation Strategy: leading the future by creating it）		研究開発イノベーション・システムを最大限に活用して企業のイノベーションを支援する戦略。世界のイノベーション・ハブになるビジョンに向け、1）ビジネス賦活、2）人、3）機関・地域、4）ミッション・技術の4つの行動計画を設定。

1.環境・エネルギー分野および関連科学技術分野の政策立案のガバナンス（組織体制）

　環境・エネルギー分野の政策を所管するのは主としてビジネス・エネルギー・産業戦略省（BEIS：Department for Business, Energy and Industrial Strategy）である。BEISは、英国のEU離脱に伴う省庁再編の一環として、2016年7月にエネルギー供給や気候変動対策を担当するエネルギー・気候変動省（DECC：Department of Energy and Climate Change）と、科学・イノベーションを担当するビジネス・イノベーション・技能省（BIS：Department for Business, Innovation and Skills）の合併により設立された。BEISには閣内大臣（Secreaty of State）の他、エネルギー・クリーン成長担当といった分野別に置かれた複数の閣外大臣が存在し、閣内大臣をサポートしている。また英国の科学技術行政はBEISだけではなく複数の省庁にまたがって執り行われており、環境・エネルギー分野には環境・食糧・農村地域省（Defra：Department for Environment, Food and Rural Affairs）も関連する。

　BEISは研究開発およびイノベーションの促進を中心的に行っており、複数の研究資金助成機関を傘下に有している。2017年高等教育・研究法（Higher Education and Research Act 2017）に基づいて、これら研究資金助成機関を統合した組織である英国研究・イノベーション機構（UKRI：UK Research and Innovation）が発足した。UKRIは7つの研究会議（工学・物理科学研究会議 EPSRC、自然環境研究会議 NERC他）と、主に企業の研究開発を助成対象としたInnovate UK、そして英国内の大学への助成を担う機関として新たに発足したResearch Englandから構成される予算規模約87億ポンドの組織である。

　その他、気候変動関連では、2008年に制定された気候変動法に基づき創設された気候変動委員会（CCC：Committee on Climate Change）がある。CCCは2008年気候変動法で規定された2050年に向けた温室効果ガス排出削減やその他の気候変動対策に関する英国の取り組みに関して政府に対して専門家としての助言を行う独立機関である。

　2021年6月首相官邸は、首相を議長とする国家科学技術会議（NSTC：National Science and Technology Council）を内閣府委員会として設置する旨、発表した。社会の重要課題、国全域の賦活化、世界の繁栄促進に取り組む際、科学技術を手段として用いるための戦略的方向付けを趣旨としている。2022年11月時点、首相（議長）の他、11名の大臣（副首相・司法大臣・大法官、財務、外務、内務、国防、ランカスター公領、BEIS、国際貿易・商務兼女性・平等、教育、デジタル・文化・メディア・スポーツ、科学・研究・イノベーション）により構成されている。また、前述の2021年6月首相官邸発表の中で、内閣府内に科学技術戦略局（OSTS：Office for Science and Technology Strategy）を新設し、新任の国家技術顧問（NTA：National Technology Adviser）を最高責任者に任命する計画が示された。

2. 環境・エネルギー分野の基本政策

気候変動対策

英国における気候変動対策の根拠は2008年に定められた気候変動法（Climate Change Act 2008）である。温室効果ガス排出量の長期的な目標として2050年までに1990年比で80%以上削減することが定められたが、2019年に正味ゼロにする法改正案が可決され、同国の長期目標は大幅に引き上げられた。世界主要7か国（G7）の中で2050年までの正味排出ゼロを法制化したのは英国が初めてとなる。

なお同法改正案の可決に先立ち政府はネット・ゼロを達成すべき時期など排出削減の長期目標に関する助言を英国気候変動委員会に諮問した。これを受けて2019年5月、同委員会は、ネット・ゼロ報告書「Net Zero –The UK's contribution to stopping global warming」を公表した。報告書では、電力・建築物・産業の更なる低炭素化や電化率の向上、CCSの推進、運輸部門での自動車の電動化や航空のバイオ燃料・ハイブリッド電動航空機の導入などの対策を織り込んだシナリオを示した。それは技術的に難しくコストがかかるものの1990年比で96%の削減が期待される。またBECCSやDACCSなどの炭素除去の拡大やカーボンニュートラル合成燃料の導入などを追加したシナリオでは100%削減も期待されるとしている。ただしその実現には明確で継続的な政策を強力に進めることが不可欠で、現行政策では従来の80%減の目標にも不十分と指摘した。

気候変動法は政府に対し、5年毎のカーボン・バジェット（排出量上限）を気候変動委員会の助言を参考にして定め、同バジェットを達成するための政策を策定することを義務付けている。2020年12月9日に気候変動委員会が公表した報告書「第6次炭素予算」（The Sixth Carbon Budget）では上記ネット・ゼロ報告書を更新する形で100%削減を実現するための電源構成が例示された。

英国の温室効果ガス排出量推移と削減目標

カーボン・バジェットでは次の様に期間内のGHGs排出量上限（括弧内は年平均）を定めている。2008–2012年は3,018（平均6.04）$MtCO_2$–eq、2013–2017年は2,782（平均5.6）$MtCO_2$–eq、2018–2022年は2,544（平均5.1）$MtCO_2$–eq、2023–2027年は1,950（平均3.9）$MtCO_2$–eq、2028–2032年は1,725（平均3.4）$MtCO_2$–eq、2033–2037年は965（平均1.9）$MtCO_2$–eqである。

2020年度のNIRによるGHGs総排出量は4.1億トンCO_2–eqであり、基準年から49.1%の減少、2016年から2020年は平均0.18億トンCO_2–eq／年で減少している。発生源は製造部門が43%、エネルギー部門が19%、運輸部門が24%、農業部門が10%となっている。土地利用、土地利用変化及び林業部門（LULUCF：Land Use, Land Use Change and Forestry）では実質は排出となっている。2022年までの排出量上限は達成されると見られる。

排出量削減の進捗については気候変動委員会（CCC：Climate Change Committee）が監視と助言を行っている。2022年の進捗報告では、2021年の排出量がCOVID–19パンデミックからの回復により前年より4%増加し、政策に対して実際の進捗が遅れているなどと評価し、327項目の提言を示している。

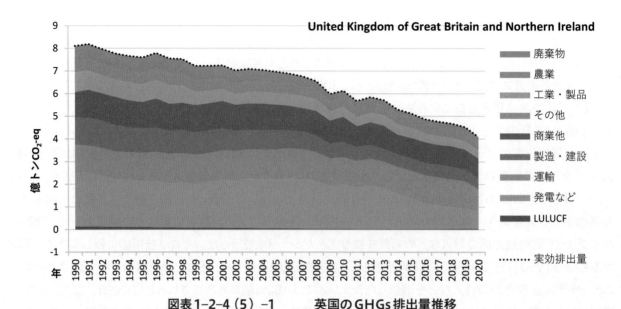

図表1-2-4（5）-1　　英国のGHGs排出量推移

（国連「Climate Change」のデータを元にCRDSにて作成）

気候変動適応への取組み

　気候変動への適応については「国家適応プログラム（NAP）」が策定されている。気候変動法において「英国気候変動リスク評価政府報告書（CCRA）」を作成し、5年毎にそれらのリスクに対処するためのNAPを策定することが義務付けられていることに基づいている。NAPは気候変動適応に関する政府の行動をまとめたもので、DefraがCCRAに基づいて、産業界、地方政府、その他の組織と連携しながら策定され、現在は第2次NAPが進行している。自然環境、インフラ、人々と建築環境、ビジネスと産業、地方政府の5つの分野について、当該分野のビジョン、CCRAにおいて当該分野で抽出されたリスクの一覧、重点領域ごとの目標と取り組みの説明及び優先度の高いリスクに対する行動が記載されている。2022年に第3次CCRAの発行に続いて市民との対話などが行われており、第3次NAPが審議中である。

エネルギー安全保障戦略

　英国政府は2022年4月、パンデミック後のエネルギー需要の急増とロシアのウクライナ侵攻によるガス電力価格の高騰に対応するための新たなエネルギー安全保障戦略、「英国エネルギー安全保障戦略[1]」を発表した。これは、国際市況の影響によりガス価格が大きく変動する輸入化石燃料への依存度を低減し、多様な国産エネルギー源を増強することで長期的なエネルギー安全保障を強化する取り組みが基本となっている。同戦略は、同政府がこれまでに示してきた「グリーン産業革命のための10項目の計画[2]」と「ネットゼロ戦略[3]」をベースに策定され、風力発電、原子力発電、太陽光発電、低炭素水素の導入を加速し、短期的には国内

1　British government, "British energy security strategy",
https://www.gov.uk/government/publications/british-energy-security-strategy/british-energy-security-strategy
（2023年2月8日アクセス）

2　British government, "The Ten Point Plan for a Green Industrial Revolution",
https://assets.publishing.service.gov.uk/government/uploads/system/uploads/attachment_data/
file/936567/10_POINT_PLAN_BOOKLET.pdf （2023年2月8日アクセス）

3　British government, "UK's path to net zero set out in landmark strategy",
https://www.gov.uk/government/news/uks-path-to-net-zero-set-out-in-landmark-strategy?utm_
medium=email&utm_campaign=govuk-notifications&utm_source=36f30e26-79f6-47ca-a667-
73742daaa963&utm_content=immediately （2023年2月8日アクセス）

の石油とガスの生産を支援することで2030年までに電力の95%を低炭素化で実現するとしている。

- **風力発電**

洋上風力発電は2030年の設備容量目標を40GWから50GWに拡大する。このうち浮体式は最大5GWの容量確保を目指す。陸上風力発電はインフラ設置を望む地域との協議を行うという表現に留まり、具体的な目標値の提示はない。

- **原子力発電**

2030年までに最大8基の原発を新設し、2050年までに最大24GW、電力需要の最大25%を賄う計画を示した。将来の原子力開発を可能にするための基金「Future Nuclear Enabling Fund」の設置、プロジェクトを支援する政府機関「Great British Nuclear」の設立など実行に向けた予算措置、体制構築を講じる。

- **太陽光発電**

太陽光発電のコストは過去10年間で約85%低下、一般家庭への設置について経済的、時間的な制約が無くなり2035年までに導入量は5倍に増加すると予測している。これにより現在の発電容量14GWから2035年までに最大70GWまで増強する計画である。

- **低炭素水素**

2030年までの水素生産能力の目標を現在の2倍に当たる最大10GWに引き上げ、その半分を電解水素で生産する。これに向け2025年までに1GWの電解水素生産プラント稼働を目指す。また水素経済の成長に不可欠な水素輸送および貯蔵インフラについて新しいビジネスモデルを同年までに設計するとしている。

- **石油・ガス**

2030年までにガスの総消費量を現在から40%以上削減する。2050年までにネットゼロを達成しても、現在のガス消費量の4分の1は必要になる可能性を指摘している。GHGs排出量を少なくできる国産ガスの利用により輸入ガスの依存度を下げる。英国のエネルギー安全保障の基盤と位置付ける北海石油ガスの新たな開発を促進する。

同戦略では安定したエネルギー市場と価格を維持するために、国際的なパートナーと協力することが不可欠であると指摘している。2020年2月に英国はEUを離脱したが、英国とEU加盟国双方の消費者が負担する電力コスト削減のため、電力相互接続間の効率化を図る。また、石油とガスの代替供給の利用可能性を通じて市場の安定を促進するため、ロシア以外のOPEC諸国、米国との重要なパートナーシップを構築する。

環境法の新たな長期目標

EU離脱後の英国における環境保護や環境浄化を改めて規定する法律として環境法が2021年11月に成立した。同法では法的拘束力のある長期目標を設定できるようにしている。優先分野としては「大気の質」「水」「生物多様性」「資源効率と廃棄物削減」が挙げられている。また環境保護局（Office for Environmental Protection）を設立して独立した立場から取り組みを監視する体制を整えるともしている。

2022年12月には長期目標が公表された。以下のような目標が示されている。
- ・2042年までに種の個体数を10%増加（野生生物の減少抑制）
- ・下水道や廃鉱山由来の汚染物質の低減と水利用効率化による水環境の改善
- ・2050年まで森林被覆率を16.5%までに増加
- ・2042年までに廃棄物の半減

・PM$_{2.5}$へのばく露を削減

・2042年までに海洋保護区の70%を良好な状態に改善

3. 環境・エネルギー分野のSTI政策

クリーン成長戦略と産業戦略

2017年10月に政府は「クリーン成長戦略」を発表した。GHGs排出削減への取組みを柱とした成長戦略と位置づけ、技術開発の推進のほか投資環境の整備やインセンティブ付与、大規模展開の加速などに取り組む方針を示した。「CCUS展開パスウェイ」は、そうしたクリーン成長戦略の一環として策定された行動計画である。2030年までに炭素回収利用・貯蔵の大規模展開を実現する上で必要な項目を政策上の障壁、供給能力、インフラ、イノベーション、コラボレーション等の様々な観点から検討している。

同時期（2017年）に発表された「産業戦略」は、STI政策も包含し、以降の政権でもSTI政策の中核として位置づけられている。同戦略では2030年までに英国を世界最大のイノベーション国家にすることを目指し、生産性向上などの長期構想を示した。英国がグローバルな技術革命を主導できる領域として「グランド・チャレンジ」を特定し、その具体的な目標として「ミッション」を設定した。グランド・チャレンジは「人工知能とデータ」、「高齢化社会」、「クリーン成長」、「将来のモビリティ」の4つである。このうち「クリーン成長」では低炭素技術やエネルギー効率改善技術における自国の優位性の更なる向上、「将来のモビリティ」ではGHGsやその他の大気汚染物質排出の大幅抑制を目指すとしていた。

グリーン産業革命のための10項目計画

クリーン成長戦略に代わる新たな戦略として「グリーン産業革命のための10項目計画（The ten point plan for a green industrial revolution）」（以下、10項目計画）が2020年11月に公表された。10項目計画では合計120億ポンドの公的投資を行うことで、その3倍以上の規模の民間投資を呼び込むことを提案している。10項目計画の概要は図表1-2-4（5）-2の通りである。このうち「グリーンファイナンス・イノベーション」では電力、建物、産業部門における革新的な低炭素技術・システムの商業化を加速するため「ネット・ゼロ・イノベーション・ポートフォリオ（NZIP）」と呼ぶ10億ポンドの研究開発投資を新たに開始することも発表された（NZIPの概要は後段参照）。

10項目計画を受けて2020年末から2021年にかけて個別の戦略が複数策定されている。これらはいずれも英国の2030年もしくは2050年目標の達成に向けた個別戦略であり、10項目計画と整合する形で戦略が策定されている。例えば「エネルギー白書」（2020年12月）はエネルギーシステムに関する2050年を見据えた長期戦略ビジョンと位置付けられている。今後10年で産業、運輸、建物分野で2.3億トンのGHGs排出を削減するための方針や施策を提示している。「産業脱炭素化戦略」（2021年3月）は産業部門、特に製造業と建設業の脱炭素化に向けた戦略ビジョンを示している。GHGs排出量を2035年までに2018年比で67%削減、2050年までに2018年比で90%削減することを目指している。「ネット・ゼロ戦略」（2021年10月）では分野横断的なアクションも含めた包括的な視点から、2050年目標の達成に向けた実現経路の検討が行われた。

図表1−2−4（5）−2　　　10項目計画の概要

項 目	概 要
1. 洋上風力	全世帯へ洋上風力発電による電力供給を行うため、洋上風力設置容量を2030年までに40GWに拡大。最大6万人の雇用を支援。
2. 水素	2030年までに低炭素の水素生産能力を5GWに拡大。2030年までに完全に水素で電力・熱供給される水素タウンの開発を目指す。最大5億ポンドを支援。
3. 原子力	クリーンエネルギー源として原子力発電を推進。大規模発電所・小型モジュール炉（SMR）・先進炉の開発、1万人の雇用を支援。5億2500万ポンドを支援。
4. 電気自動車	自動車製造拠点を支援し、電気自動車への移行を加速。2030年までにディーゼル車・ガソリン車の新車販売を廃止。ハイブリッド車については2035年に販売を廃止。輸送道路において、世界主要7か国初の脱炭素化国家を目指す。 ・EV充電設備の普及やインフラ整備に13億ポンドを支援。 ・ゼロ排出車（ZEV）および超低排出車の購入者手当5億8200万ポンドの補助。 ・EVバッテリーの開発・拡大生産支援のため4年間で約5億ポンド。
5. 公共交通機関	公共交通機関のゼロエミッション化と自転車道路や歩道の整備を支援し、より快適なサイクリングとウォーキング環境を目指す。
6. 航空・船舶	ゼロエミッションの航空機・グリーンな船舶に向けた技術開発を支援し、脱炭素化が困難とされる産業をより環境に優しいものへ。2千万ポンドを支援。
7. 住宅・公共建物	2030年までに5万人の雇用を創出し、2028年までに毎年60万台のヒートポンプ設置を目指す。住宅、学校、病院をより環境に優しく、より暖かく、よりエネルギー効率の高いものへ。住宅グリーン化に10億ポンド。
8. 炭素回収	2030年までに10MトンのCO_2除去を目標とし、国内4ヶ所の炭素回収クラスター開発に向けて2億ポンドの追加支援。
9. 自然環境	自然環境保護と回復に向け、年間3万ヘクタール相当の植樹を行い、雇用創出・維持を支援。
10. グリーンファイナンス・イノベーション	グリーン産業革命・クリーンエネルギー開発に向けた最先端技術を生み出し、ロンドンをグリーンファイナンスの世界的中心に。

水素戦略

　英国は2021年8月に水素戦略[4]を発表した。2020年11月に発表した10項目計画に洋上風力、水素、原子力、EVなどが挙げられおり、これに基づいている。2030年までに5GW規模の水素製造能力を開発することを強調しており、これは300万世帯のガス需要を賄う量であり、CO_2の削減とともに新たな雇用の創出に貢献する。電解に必要なクリーンな電力として洋上風力を現在の10GWから2030年40GWに増加させるとともに、原子力の活用についても追求していく。英国は風況に恵まれるとともにCCSの適地を有し、グリーン水素、ブルー水素の両方に対応できる環境にある。またガスパイプライン網が発達しており、減退する天然ガス生産を補う形で水素を混ぜて供給することは合理的と考えられる。なお2022年4月に水素製造能力の2030年目標を10GWに引き上げている。2050年には、電化、バイオマス、CCUSの状況にもよるが、250～460TWhの水素が必要になるとしており、これは英国の最終エネルギー消費の20～35%を占める量になる。（参考：2021年の英国の最終エネルギー消費は134百万toe＝1500TWh）

4　British government, "UK Hydrogen Strategy",
　　https://assets.publishing.service.gov.uk/government/uploads/system/uploads/attachment_data/file/1011283/
　　UK-Hydrogen-Strategy_web.pdf　（2023年2月8日アクセス）

4. 代表的な研究開発プログラム / プロジェクト

　ビジネス・エネルギー・産業戦略省（BEIS）が科学技術・イノベーションの主たる所管省であり、傘下には英国研究・イノベーション機構（UKRI）がある。UKRIには研究助成を担う分野別の7つの研究会議、産学連携やイノベーション創出を支援するInnovate UK等が存在する。BEISの2021-2022年研究開発予算は図表1-2-4（5）-3の通りであり、大半がUKRIを通じて予算配分されているが、「ネット・ゼロプログラム」のようなBEISが直接執行するプログラムもある。以降ではネット・ゼロプログラム、UKRIの概要を紹介する。

図表1-2-4（5）-3　　BEISの2021-2022年研究開発予算

組織・プログラム		研究開発予算額（百万ポンド）
UKRI		7,908
宇宙庁		534
原子力庁		217
王立アカデミー		207
気象庁		186
国家計量システム		110
BEISプログラム	コアプログラム	106
	高度研究発明機構（ARIA）	50
	航空宇宙技術研究所	150
	自動車イノベーションプログラム	87
	コネクテッド自動運転車センター	19
	政府科学局（GO-Science）	14
	材料加工研究所	5
	知識資産	17
	ネット・ゼロプログラム	243
	原子力廃止措置機関	201
	EU研究開発プログラムへの英国拠出	1,293
合　計		11,437

ネット・ゼロプログラム

　ネット・ゼロプログラムには「ネット・ゼロ・イノベーション・ポートフォリオ（NZIP）」、「先進原子力基金」が含まれる。これらの概要を以下で紹介する。

❶ ネット・ゼロ・イノベーション・ポートフォリオ（NZIP）

　10項目計画の一方策として創設されたNZIPは、電力、建物、産業部門における低炭素関連の技術・システム・ビジネスモデルの商業化加速を目的とする総額10億ポンドに上る大型基金である。図表1-2-4（5）

－4に示す10の優先分野を対象に支援するプロジェクトが進められている。

図表1-2-4（5）－4　　NZIPにおける10の優先分野とその概要

優先分野	概要
先進的炭素回収・利用・貯蔵（CCUS）	CO_2の回収、利用、貯留（CCUS）イノベーション2.0プログラム：新規CCUS技術のイノベーション、商用化の加速。2025年からの商用展開を目指した次世代CCUS技術の実証、リスク軽減。CCUS導入コストの削減、現在利用可能な技術に対する競争力の誘発など。（最大2,000万ポンド）
バイオエネルギー	バイオマス供給の生産性向上、変換技術の利用可能性、バイオメタン、グリーン水素、バイオ燃料、電気などのエネルギーベクトルの生成プロセスが含まれる。 水素BECCSイノベーションプログラム：フェーズ1（500万ポンド）で複数のプロジェクトを実施し、フェーズ2（3,000万ポンド）で実行可能なプロジェクトを絞り込む。 バイオマス原料イノベーションプログラム：持続可能な国内バイオマスの生産におけるイノベーションを支援。（フェーズ1：400万ポンド、フェーズ2：2,600万ポンド）（終了）
直接空気回収および温室効果ガス除去	DACおよびGGRイノベーションプログラム：直接空気回収（DAC）と温室効果ガス除去（GGR）の技術開発支援。フェーズ1（調査）終了。フェーズ1の審査が通過した場合のみ、フェーズ2に進むことが可能。（最大1億ポンド）
破壊的技術	Energy Entrepreneurs Fund（EEF）：エネルギーの高効率化、発電、貯蔵に関する技術、製品、プロセスの開発を支援。 宇宙ベースの太陽光発電（SBSP）：英国のネットゼロ政策を実現するための新しい発電技術として注目。SBSPの技術実現可能性、コスト、経済性に関するプロジェクト。
エネルギー貯蔵と柔軟性	Flexibility Innovation Program：大規模で広範な電力システムの柔軟性を実現するイノベーションへの支援、2022年開始。（1億ポンド） 代替エネルギー市場イノベーションプログラム：未来のエネルギーシステムの代替エネルギー市場の下での、コスト、製品、またはサービスの設計と開発の支援。 V2X（vehicle-to-everything）イノベーションプログラム：電気自動車の双方向充電によるエネルギー柔軟性の実現を目指したプログラム。（1,140万ポンドでフェーズ1は200万ポンド。フェーズ2は2023年に募集開始予定。） 相互運用可能なデマンドレスポンスプログラム（IDSRI：Interoperable Demand Side Response Program）：スマートエネルギーシステムの開発。（最大915万ポンド） スマートメーターエネルギーデータリポジトリ（SEDR）プログラム：商用化への検討、実現可能性の評価等。（最大100万ポンド）
未来の洋上風力発電	浮体式洋上風力発電（FOW）デモンストレーションプログラム：コスト削減、浮体式洋上風力タービンの実装を進めるための革新的技術への支援。（終了） 次世代風力タービンの英国製造技術－複合材フェーズ2：Offshore Renewable Energy CatapultとNational Composites Centerによる次世代の洋上風力タービンに新しい複合材ベースのコンポーネントを組み込むためのロードマップとそれらの製造方法の開発。（500万ポンド） 英国防空のウィンドファームの緩和フェーズ3：洋上風力発電所と英国の防空監視システムとの共存を可能にする技術開発を支援。（1,400万ポンド）
住宅・建物	ヒートポンプ支援プログラム（The Heat Pump Ready Programme）：ヒートポンプ技術のツールの開発と実証、実装を支援。 Green Home Finance Accelerator（GHFA）：家庭のエネルギー効率と低炭素暖房対策の導入を促進する様々な革新的資金提案の設計、開発、試験運用を支援。（最大2,000万ポンド）
水素	産業用水素アクセラレータプログラム：産業用燃料の水素への切り替えを実証。（2,600万ポンド） 低炭素水素供給2：水素供給の革新的技術を支援。（最大6,000万ポンド） 水素技術と熱の規格化プログラム：水素ガス設備の技術基準の開発、フレームワークや設備設置者向けのトレーニングのための規格化。既存の天然ガスシステムを再利用し、緊急制御弁（ECV）の下流での水素利用100%を目指す。
産業	産業用燃料転換（IFS：Industrial Fuel Switching）：産業向けの燃料転換およびその関連技術への支援。水素、電気、バイオマス、その他の低炭素燃料への転換を含む。（フェーズ1：21プロジェクト、5-30万ポンド/プロジェクト、フェーズ2：最大4,940万ポンド、100-600万ポンド/プロジェクト） 未来の産業プログラム（IFP：Industry of Future Program）：産業界の迅速な脱炭素化支援プログラム。

	IEEAプログラム（Industrial Energy Efficiency Accelerator）：産業におけるエネルギーと資源の高効率化、炭素排出量の削減を支援。現在、フェーズ4。（約800万ポンド） レッドディーゼル代替：建設、採掘、採石用のレッドディーゼルに代わる低炭素燃料を開発するプロジェクト。（フェーズ1：17プロジェクトに670万ポンド、最大4,000万ポンド） グリーンディスティラリー：蒸留所での低炭素燃料に関する技術開発。（フェーズ1：17プロジェクトに101万ポンド、フェーズ2：4プロジェクトに1,132万ポンド）
先進モジュール	AMR RD&Dプログラム（AMR：Advanced Modular Reactor）：高温ガス炉（HTGR）技術開発と実証を支援。ロット1は高度なモジュラーHTGR技術を開発する原子炉実証プロジェクト。ロット2はHTGR技術用の被覆粒子燃料（CPF）を開発する実証プロジェクト。（最大250万ポンド）

❷ 先進原子力基金（ANF）

　NZIPと同様に10項目計画で実施するとされたANFは総額約3.9億ポンドに上る研究開発向け基金である。その内訳は小型モジュール炉のための小規模発電所関連技術の開発に約2.2億ポンド、先進モジュール炉の2030年までの実証実現に向けた研究開発に約1.7億ポンドとなっている。

　なお英国政府は「ネット・ゼロ戦略」において1.2億ポンドの「未来の原子力可能化基金」（Future Nuclear Enabling Fund）を創設する意向も明らかにしている。限られたプロジェクトを対象に、市場への参入障壁に対処するための的を絞った支援の提供を目的としており、今後、議会で審議される予定である。

英国研究・イノベーション機構（UKRI）

　UKRIは研究助成を担う7つの研究会議、主に産業界や企業におけるイノベーション活動を支援するInnovate UK、およびイングランド地方の大学にブロックグラントを助成するResearch Englandがまとめられた一つの法人組織である。2022年に初の長期戦略2022–2027を発表した。研究会議およびInnovate UKは従来の名称で自主性・自律性を維持しつつ予算を執行しており、2022–2025年の予算は189億ポンドである。近年は政府との協議に基づき分野横断型の研究プログラムを設置する等も行っている。各組織の予算規模は図表1–2–4（5）–5の通りである。

図表1-2-4（5）-5　　　UKRIにおける研究開発予算額

研究開発予算額（百万ポンド）		2021/22	2022/23	2023/24	2024/25
Core	R&I	4,839	4,881	5,553	5,999
	芸術・人文学研究会議（AHRC）	61	71	65	70
	バイオテクノロジー・生物科学研究会議（BBSRC）	306	300	318	326
	工学・物理科学研究会議（EPSRC）	617	621	647	661
	経済・社会研究会議（ESRC）	114	121	119	122
	医学研究会議（MRC）	563	548	587	615
	自然環境研究会議（NERC）	289	255	311	325
	科学技術施設会議（STFC）	485	531	544	575
	Research England	1,772	1,730	2,163	2,333
	Innovate UK	631	669	799	970
R&I（期限付）		355	140	135	151
Collective Talent Funding		571	599	670	726
インフラ・設備		942	868	1,000	1,184
UKRI横断戦略的プログラム（新規分）		0	100	247	464
UKRI横断戦略的プログラム（既存分）		1,202	1,222	795	476
中央管理費		195	330	231	195
合　計		7,785	7,904	8,373	8,874

UKRIは全組織的に気候変動問題への取組みを行っている。工学・物理科学研究会議（EPSRC）、自然環境研究会議（NERC）、経済・社会研究会議（ESRC）、バイオテクノロジー・生物科学研究会議（BBSRC）、科学技術施設会議（STFC）といった各研究会議からの助成に加え、Innovate UKがハブとなった組織横断的なプログラムを通じても支援が行われている。以下には例としてEPSRC、NERC、ESRC、Innovate UKの取組みについて紹介する。

❶ 工学・物理科学研究会議（EPSRC）

EPSRCは「産業戦略」推進のための特に基礎基盤フェーズの研究開発を担う主要機関の一つと位置づけられている。環境・エネルギー分野の資金助成領域としては、従来型および新型の発電所、エンドユースのエネルギー需要（エネルギー効率）、核融合、原子力、グリッドと貯蔵、再生エネルギー、社会経済政策、代替燃料、燃料電池、水、インフラなど多数ある。2022年には持続可能な未来のためのものづくり研究拠点（2,400万ポンド）、水素研究ハブ（2,500万ポンド）などの公募が実施されている。EPSRCのポートフォリオ[5]によるエネルギー分野の主な研究テーマと予算額（助成件数）は、エネルギーと脱炭素化（横断分野）が383百万ポンド（292件）、製造とサーキュラーエコノミー（横断分野）が356百万ポンド（257件）、工学（基盤分野）が338百万ポンド（501件）である。

5　　EPSRC Visualising our Portfolio,
https://public.tableau.com/app/profile/epsrcdatateam/viz/VisualisingourPortfolio/VoP（2023年2月8日アクセス）

❷ 自然環境研究会議（NERC）

NERCは環境科学に関する研究を支援している。科学研究の主要なテーマとして、気候変動やプラスチック汚染、クリーンエネルギー、持続可能な農業、レジリエンスなどがある。南極、地質、大気化学、地球観測、海洋、生態学・水文学の6つのセンターを支援している。2022年には水素排出に対する環境対応（2,500万ポンド）、乱流大気プロセスのモデル表現の改善（510万ポンド）、2023年には海洋炭素貯留に対する生物学的影響（570万ポンド）などの公募が実施されている。

❸ 経済・社会研究会議（ESRC）

ESRCは経済、社会、行動、人間データに関する科学研究を支援している。優先事項のひとつに気候変動と持続可能性があり、気候変動の社会的経済的原動力と影響、それにともなるリスクなどを研究している。2022年にはLocal Policy Innovation Partnerships（360万ポンド）などの公募が実施されている。

❹ Innovate UK

Innovate UKは新たな製品・プロセス・サービスの開発と市場化に基づく企業成長の支援を行う助成機関である。現在は優先活動テーマとして「未来産業」「大規模な成長」「世界規模の好機」「イノベーション・エコシステム」「政府影響力」の5つを掲げている。更にこのうち「未来産業」においては活動の柱の1つとして「ネット・ゼロ・プラス」というテーマを掲げている。「ネット・ゼロ・プラス」の下、英国政府が掲げる2050年ネット・ゼロの目標達成に向け、グリーンエネルギー、材料・プロセスにおける環境負荷低減、農業・食料生産プロセスの改善、インフラ関連産業の脱炭素支援に対して投資を行うとしている。予算的には2020年度は2億7,300万ポンドをネット・ゼロ関連の取組み支援に充てられており、その内訳は図表1−2−4（5）−6の通りである。

図表1−2−4（5）−6　　　UKRIにおけるネット・ゼロ関連の分野別予算

分野	金額（百万ポンド）
エネルギー	68.5
輸送	93
産業	89.3
建物・インフラ	7.7
農業・土地利用	15.4

Innovate UKが所管する2つの産学連携推進プログラムにおけるネット・ゼロ関連の取組みを紹介する。

● 産業戦略チャレンジ基金（ISCF：Industrial Strategy Challenge Fund）

ISCFは産学共同研究開発により産業界が抱える技術的・社会的課題解決を実現することを目的としたプログラムである。個別テーマ（チャレンジ）は2017年に政府が発表した「産業戦略」内の「グランドチャレンジ」（「クリーン成長」、「高齢化社会」、「将来のモビリティ」、「AI・データ経済」）に基づき設定される。「クリーン成長」ならびに「将来のモビリティ」の下で行われているチャレンジは図表1−2−4（5）−7の通りである。

図表1−2−4（5）−7　　　「クリーン成長」と「将来のモビリティ」における各チャレンジ

クリーン成長			将来のモビリティ		
チャレンジ名称	予算額（百万ポンド）	（期間）	チャレンジ名称	予算額（百万ポンド）	（期間）
低コスト原子炉	238	(-)	ファラデーバッテリーチャレンジ	541	（2017-2025）
産業の脱炭素化	210	（2019-2024）	未来の飛行機	125	（2019-2024）
建築業転換	170 *民間投資を合わせると420	(-)	国立衛星試験施設	105	(-)
スマートな製造	147	(-)	より安全な世界のためのロボット	112	（2017-2022）
エネルギー革命による繁栄	104	（2018-2023）	電力革命の推進	80	(-)
食糧生産による変革	90	（2019-2014）	自動運転車	28	(-)
基礎産業による変革	66	（2020-2024）			
スマートで持続可能なプラスチック包装	60	（2020-2024）			

• カタパルト・プログラム（Catapult Programme）

　カタパルト・プログラムは世界的な科学技術・イノベーション拠点の構築を目指すプログラムである。産学連携で最終段階に向けた研究開発を行い実用化の実現を目指す。中小企業支援も念頭に置かれており最新設備の提供、情報提供、人材育成の役割も果たす。管理・運営はInnovate UKが行い、現在9分野のセンターが稼動している。環境・エネルギーに関連するカタパルトセンターとしては次の4つがある。

・ 海上再生可能エネルギーカタパルト（Offshore Renewable Energy Catapult）
・ エネルギーシステムカタパルト（Energy Systems Catapult）
・ コネクテッド・プレイス・カタパルト（Connected places Catapult）
・ 高付加価値製造・カタパルト（High Value Manufacturing Catapult）

1
研究対象分野の全体像

（6）フランス

■気候変動とエネルギー関連

年月	策定主体	名称	目標年	主な内容
2012.2	経済財政産業省	2050年のエネルギー構想（Energies 2050）	2050	エネルギーに占める原子力の割合に特定の目標を設定せず、多様な選択肢を保持しながらエネルギー分野の研究開発強化を進める方針を提示。
2015.8	環境・持続的な発展・エネルギー省（MEDDE）	緑の成長のためのエネルギー移行法（LTECV、Energy Transition for Green Growth Act）	2050	2050年までに最終エネルギー消費を2012年比で50％削減、2030年までに温室効果ガス（GHGs）排出量を1990年比で40％削減および電源構成に占める再エネ比率を40％、2025年までに原子力依存度を50％に低減。
2015.10	MEDDE	気候のための国家低炭素戦略（SNBC、National Low-Carbon Strategy）		エネルギー移行法の目標達成の手段として策定。2015-2018年、2019-2023年、2024-2028年の3つの期間に区切り、期間毎のGHGs排出目標（Carbon budget）、部門別排出上限および施策を設定。4-5年おきにレビューし、更新するとしている。
2016.10	環境・エネルギー・海洋省（MEEM）	複数年エネルギー計画（PPE、Multiannual Energy Plan）	2030	エネルギー移行法に基づき策定。パリ協定の目標達成に向けた政府のエネルギー政策における優先事項を示した計画で、SNBCとも整合を図っている。当面は2016-2018年、2019-2023年の2期間を設定し、2018年にレビュー実施。
2017.7	環境連帯移行省（MTES）	気候プラン（Climate Plan）	2050	2004年以降、数年おきに策定。今回はパリ協定への取組み加速を目的とした5ヶ年の実行計画という位置づけ。2050年までにGHGs排出の実質ゼロを目指す、2040年までにガソリン車・ディーゼル車を国内市場からなくす等の長期目標も示し、その実現に向けた研究開発の推進やグリーンファイナンスの推奨などの具体方策を提示。気候変動の緩和策だけでなく適応や世界の熱帯雨林の破壊につながるような製品の輸入停止なども盛り込む。
2018.6	MTES	エネルギー移行のための水素展開計画（Hydrogen Deployment Plan for Energy Transition）		国内の水素関連産業の強化や雇用創出を目指した計画を策定。カーボンフリー水素の産業利用の拡大、再生可能エネルギーの貯蔵容量の拡大、輸送部門におけるゼロ排出事例の創出の3つの柱から構成。2019年から産業・輸送・エネルギー部門向けに1億ユーロを投資するとした。
2019.11	MTES	改正 緑の成長のためのエネルギー移行法（LTECV、Energy Transition for Green Growth Act）	2050	2030年までに17％、2050年までに50％のエネルギー消費削減。2030年までに40％（または2030年までに2012年レベルの60％）の化石燃料消費削減。賃貸住宅を対象とした省エネ基準の設定。すべての石炭火力発電所を2022年までに稼働停止等。

2020.4	MTES	国家エネルギー・気候変動計画（NECP、National Energy and Climate Plan）	2030	EU全体のGHGs排出目標達成のため、EU加盟国に義務付けた項目（脱炭素化、エネルギー効率、エネルギー安全保障、内部エネルギー市場と研究、革新と競争力）に対応。2050年までにカーボンニュートラルを実現することを掲げた改訂SNBCと、エネルギー部門の今後10年の政策的な優先事項を示した改訂PPEを柱とする（ともに後述）。
2020.4	MTES	改訂SNBC		2018年実施のレビューを踏まえた更新版。2050年までにカーボンニュートラルを実現するため、部門ごとの短中期の排出削減目標などを提示。
2020.4	MTES	改訂PPE		レビューを踏まえた更新版のPPE。エネルギー効率の向上、最終エネルギー使用量の削減、再生可能エネルギーによる生産強化を通じ、2050年カーボンニュートラル達成に向けたロードマップ。再エネは拡大（陸上風力3倍、太陽光5倍）。2035年までに原子力14基閉鎖、50%削減等を提示。
2020.9	経済・財務・復興省	フランス再生計画（France Relaunch Plan）	2030	新型コロナウイルス感染症（COVID-19）の経済的影響に立ち向かうため策定。エコロジー、競争力、社会的結束の3つの重点分野を通じ、2020年から2030年にかけて国の気候回復力を再構築および強化を目指す経済刺激策。予算1,000億ユーロのうち40%はEUによる。300億ユーロが割り当てられる「エコロジー」には、産業・運輸の脱炭素化、循環経済、水素を含むグリーン技術の取込み強化等が含まれている。
2020.9	MTES、経済・財務・復興省	国家水素戦略（National strategy for the development of decarbonised hydrogen in France）	2030	2030年までに70億ユーロ（うち20億ユーロはフランス再生計画予算から）を研究開発支援や実装・産業化に投資する計画。①水電解によるカーボンフリー水素製造産業の創出と産業部門の脱炭素化、②カーボンフリー水素を燃料とする大型モビリティの開発、③研究・イノベーション・人材育成支援の3つの柱で構成。

■その他の環境とエネルギー関連

年月	策定主体	名称	目標年	主な内容
2014	MEDDE	廃棄物削減・リサイクル計画2014-2020	2025	埋め立て処分する廃棄物量を2025年までに50%削減。使い捨てビニール袋の禁止措置等を提示。
2018.7	MTES	生物多様性プラン（Biodiversity Plan）	2025	気候プランに続くMTES第2の柱との位置づけ。2025年までに海洋プラスチックごみゼロほか。
2019.11	MTES	フレームワーク・モビリティ法（Mobility framework Act）		運輸部門に関する広範な戦略。自動車への依存を最小限に抑え、新しい交通手段の成長を加速、交通インフラへの投資などが含まれている。

2020.2	MTES	廃棄物と循環経済との闘いに関する法律（Law No.2020-105 regarding a circular economy and the fight against waste）		全部門が廃棄物に取り組み、循環経済を促進するための法律。プラスチック汚染に関するEU循環経済パッケージおよびEU指令のうち一部の条項を改訂。
2020.5	経済・財務・復興省	自動車産業支援計画（Support plan for the automobile industry）		COVID-19の負の影響から自動車産業を支援する目的。"明日の車"生産に向けた投資と革新のため、困難な状況の企業の支援と従業員を保護。援助、投資およびローンの見積もりは80億ユーロ。

■科学技術イノベーション関連

年月	策定主体	名称	目標年	主な内容
2016.12	MTES	国家エネルギー研究戦略（SNRE）		エネルギー移行法に基づき、SNRのエネルギー分野を補完する目的で、SNBCとPPEに沿って研究開発戦略を策定。再エネ統合のためのシステムの柔軟性、分散型・階層型のエネルギーシステムガバナンス、消費者の役割増大、原子力の継続的改善等の研究開発を学際的に推進する方針を提示。
2021.10	大統領府	フランス2030	2030	産業競争力の強化と未来産業の創出に向けた投資計画。原子力、グリーン水素、EV、航空機燃料のほか、電子部品やディープテックなど10の目標を設定し、5年間で約300億ユーロを投資する。

1. 環境・エネルギー分野および関連科学技術分野の政策立案のガバナンス（組織体制）

　環境・エネルギー分野の政策はエコロジー移行・地域結束省とエネルギー移行省が所管している（第2次マクロン政権発足に伴う内閣改造で環境連帯移行省（MTES）から再編）。科学技術イノベーションの主要所管省は高等教育・研究省（MESR）である（MESRは第2次マクロン政権発足に伴う内閣改造で高等教育・研究・イノベーション省（MESRI）から名称変更した省）。

　国の研究戦略は首相直属の合議体である研究戦略会議（CSR）で立案され、その下部組織である運営委員会が戦略の執行・運営を行っている。運営委員会はMESRが主導し、関係各省、研究連合（アリアンス）の各代表や、公的研究機関、大学、グランド・ゼコール、競争力拠点、カルノー機関といった研究関連諸機関の代表が集まる。

　研究連合（アリアンス）は国立研究機関や高等教育機関の活動と政策立案をつなぐ組織である。環境、エネルギー、ライフサイエンス・医療、情報科学技術、人文・社会科学の各研究区分に対応する5つの研究連合がある。エネルギー分野は国家エネルギー研究調整連合（ANCRE）、環境分野は環境研究のための国家連合（AllEnvi）である。それぞれの連合は国立科学研究センター（CNRS）を含む国立研究機関、大学、行政機関等によって構成されている。各連合は、国の研究戦略の基となる情報や提言を、前述の運営委員会に対して提示する役割を持つ。

2. 環境・エネルギー分野の基本政策

エネルギー政策の動向

　フランスは第二次世界大戦直後に石炭から石油へと移行し、2004年に最後の炭鉱を閉鎖した。以来、

1970年代に原子力発電の大規模開発を進めると同時に、1990年代には天然ガスの割合を増やした。水力発電は25.6 GWの設備容量および63.6 TWhの年間発電量（2019年）を持つが、全体としては比較的資源の乏しい国であり、天然ガスと石油の大半、ならびに原子力発電のためのウランの半分を輸入に依存している。国際エネルギー機関の国別統計によると、2021年時点の同国の電源構成は、原子力68%、再生可能エネルギー22.9%（内訳：水力11%、風力7%、太陽光3%、潮力約0.1%、バイオマスと廃棄物2.1%）、天然ガス6.0%、石炭1.4%、石油1.1%、その他約0.1%である[1]。水力発電と原子力発電の割合が大きいため、2005年以降、GHGs排出の削減と経済成長の切り離し（デカップリング）に成功しており、GHGs排出量は横ばいないし減少傾向にある。他のEU諸国に比べて太陽光発電の導入に遅れをとっているが、風力発電（陸上・洋上）の容量を大きく増加させているなど、再生可能エネルギーの将来的な展開の基礎を築いている。

原子力発電に関しては大きな変遷が見られる。東京電力福島第一原子力発電所での事故後、2012年2月に同国は「2050年のエネルギー構想」をまとめ、エネルギー全体に対する原子力発電の比率について具体的な目標は設定せず、様々な選択肢を維持しながらエネルギー分野の研究開発を強化していくことを基本方針として示した。その後のオランド政権（2012年5月～2017年5月）では、電源の多様化の観点から2025年までに原子力発電への依存を2010年の約75%から50%に削減する方針が示され、2015年には2050年までのエネルギー政策の方針を示した「緑の成長のためのエネルギー移行法」が成立した。2022年2月にマクロン政権は原子力発電の削減を支持してきた政策を転換し、ロシアのウクライナ侵攻による国際情勢変化を受け、低炭素電力の増産のためには再生可能エネルギーと原子力発電の2本立てが必要であるとし、既存原子力発電の運転延長と新規建設の方針を打ち出している。

温室効果ガス（GHGs）排出量推移と削減目標

国家低炭素戦略において図表1.2.4（6）-1に示すGHGs排出の削減目標を設定し、それを達成するための投資がなされている。

図表1.2.4（6）-1　　温室効果ガス排出量の計画（百万トンCO_2-eq）

部門	2019～2023年	2024～2028年	2029～2033年
運輸	128	112	94
建物	78	60	43
農業	82	77	72
産業	72	62	51
製造	48	35	30
発電	14	12	10
LULUCF	−39	−38	−42

---

[1] International Energy Agency（IEA）, "France", https://www.iea.org/countries/france（2023年2月28日アクセス）

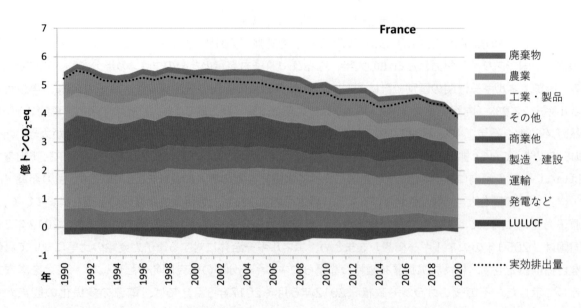

図表1.2.4（6）−2　　　温室効果ガスのセクターごとの排出量の推移（億トンCO₂-eq）

（国連「Climate Change」のデータを元にCRDS作成）

　2020年のGHGsの総排出量は図表1.2.4（6）−2に示すように、4.0億トンCO₂-eqであり、基準年から27%の減少、2016年から2020年の平均としては0.16億トンCO₂-eq/年で減少していた。陸域での吸収量（LULUCF：土地利用、土地利用変化及び林業）など排出量の約4%の実効的吸収があるが、その吸収量は微減している。発生源はエネルギー部門9%、製造部門22%、運輸部門28%、農業部門18%となっている[2]。電源構成は69%が原子力、再エネ23.6%、化石エネルギーが7.4%であり、エネルギー部門でのGHGsの発生量が少ないのが特徴である。2020年はCOVID−19の影響が強く、2019年の4.35億トンCO₂-eqを下回る4.18億トンCO₂-eqと見積もられ（LULUCFは除く）、目標の4.22億トンCO₂-eqを達成していたことが報告されている[3]。しかしながら、2021年の総排出量は増加が予測されている。

3. 環境・エネルギー分野のSTI政策

STI政策における動向

　フランスの研究・イノベーションに関する統一的な戦略としては、高等教育・研究・イノベーション省（MENESR・当時）が2015年に公表した「国家研究戦略（France Europe 2020：SNR）」がある。SNRは、10の社会的課題を優先的に設定し、EUの研究戦略であるHorizon 2020との整合性を重視しながら、研究機関との協力関係と資金配分機関の年間計画を設定している。

　社会的課題のうち環境・エネルギー分野に関連が深い項目としては、「資源管理および気候変動への対応」（社会的課題1）、「クリーンで安全で効率的なエネルギー」（社会的課題2）、「持続可能な輸送と都市システム」（社会的課題6）、「欧州のための宇宙・航空」（社会的課題9）などが挙げられる。課題9には地球観測が含まれている。

　また社会的課題とは別に5つの横断的課題が設定されている。これは社会的課題に直接的には属さないも

2　United Nations Climate Change, "GHG Profiles – Annex I",
　　https://di.unfccc.int/ghg_profile_annex1（2023年2月28日アクセス）

3　エコロジー移行・地域結束省およびエネルギー移行省, "Emissions de gaz à effet de serre : la France atteint ses objectifs",
　　https://www.ecologie.gouv.fr/emissions-gaz-effet-serre-france-atteint-objectifs（2023年2月28日アクセス）

のの、別途競争的資金の配分を前提としたプロジェクトにより研究を進めるべき5つのテーマとの位置づけである。5つの横断的課題のうち環境エネルギー分野と関連するものには「地球系：観測、予測、適応」がある。

SNRに加え、緑の成長のためのエネルギー移行法を踏まえた「国家エネルギー研究戦略（SNRE）」も2016年12月に公表されている。 SNRのエネルギー分野を補完する位置づけにあり、再生可能エネルギーの拡大に向けたエネルギーシステムの柔軟性、分散型・階層型のエネルギーシステムガバナンス、原子力の継続的改善などに関する研究開発を推進するための基本方針が示されている。

2021年10月に公表された「フランス2030」は産業の育成やイノベーションの促進を目指すための新たな投資計画である。10の目標が設定され、環境・エネルギー関連では原子力、グリーン水素、産業の脱炭素化に80億ユーロ、電気自動車・ハイブリッド車の生産、低炭素航空機製造に40億ユーロを投資するとした。

国家水素戦略

2020年9月に発表された経済刺激策（「フランス再生計画」）と同時期に、「国家水素戦略」が公表された。フランスは水力と原子力に支えられて低炭素な電力供給が95％を超えている。その利点を生かしてカーボンフリー水素産業の創出や産業部門の脱炭素化などを進めるため、2018年に「エネルギー移行のための水素展開計画」を公表している。今般の国家水素戦略は同計画と基本的な方向性は同じであり、国の優先事項の1つとして改めて水素を位置付けた形となる。資金面でも、フランス再生計画では全体予算1,000億ユーロの3分の1を産業の脱炭素化、循環経済、水素を含むグリーン技術の取組み強化に充てるとしているが、その一部（20億ユーロ）がこの国家水素戦略予算に充てられる予定となっている。国家水素戦略全体では2030年までに約70億ユーロを本戦略に基づく研究開発や実装・産業化の支援に充てる予定である。

戦略は3つの柱から構成される。1つ目は水電解によるカーボンフリー水素製造産業の創出および産業部門の脱炭素化である。2030年までに6.5 GWの水電解装置の導入を目指す。2つ目はカーボンフリー水素を燃料とする大型モビリティの開発である。2020年からの3年間で約3.5億ユーロを水素エネルギーの製造・輸送に関わる機器やシステムなどの開発に投資する。3つ目の柱は研究・イノベーション・人材育成支援である。次世代水素技術の研究開発プロジェクトに2021年は6,500万ユーロを投じる予定としている。

その他、フランスは水素に関するドイツとの提携計画や、再生可能エネルギーについての国際的なプラットフォームの設置など、再生可能エネルギー推進のための連携強化を図っている。

4. 主要な研究開発プログラム／プロジェクト

研究開発とイノベーションのための同国の主要な公的資金提供機関は、フランス国立研究機構（ANR）である。資金は主に大学や国立研究機関に割り当てられている。環境・省エネルギー機構（ADEME）も環境・エネルギー分野に資金を投入している。

フランス国立研究機構（ANR）

ANRは基礎研究から技術移転プログラムまで、幅広く資金配分している。ADEMEは、ANRと比べると小規模だが、実証段階前後のフェーズを対象としている。いずれも、PIAの資金配分機関としても機能している。

ANRは、フランスの代表的な研究開発・イノベーションの公的資金配分機関である。公的部門と民間部門による共同の学際的プロジェクトの創造を目指し、主に民間企業と連携する大学・国立研究機関を対象に、プロジェクトベースで研究資金を提供している。基礎研究を支援すると同時に、学術および官民の連携を奨励し、欧州ならびに国際協力を促進する役割を担っている。

環境・省エネルギー機構（ADEME）

ADEMEは、再生可能エネルギー、大気、騒音管理、輸送と移動、廃棄物とリサイクル、汚染土壌と土地、環境管理などの分野を対象とした公共政策の実施を担い、環境保護とエネルギー管理に関する取り組みの促

進を目的とした機関である。国内各地にオフィスをもち、これら取り組みの好事例の普及に向けて、研究から実施までのプロジェクト資金調達支援などを行っている。同時に、企業、地方自治体、コミュニティ、政府機関、および一般市民に対して専門的な知識と助言の提供を通じ、様々な環境に関するアクションを国として統合可能にする役割も担っている。 ADEMEは、PIAを含めて、13の特定のプログラム、5つの主要なイノベーションプログラムを実施し、エネルギーおよび環境関連プログラムと輸送システムプログラムの市場投入に向けた種々の資金規模を備えている。投資対象には、中小企業向けの技術開発を目的とした競争ファンドや投資型ファンドが含まれる。 ADEMEの主なプログラムは、1）持続可能な都市、町、地域、2）持続可能な生産と再生可能エネルギー、3）農業、森林、土壌、バイオマス、4）大気質、健康および環境への影響、5）エネルギー、環境、社会、である。エネルギーと環境は、建物、生物多様性、CCUS、生化学、廃棄物処理と産業生態学、土壌浄化、風力エネルギー、海洋エネルギー、太陽エネルギー、水、地熱、産業プロセス、スマートグリッドを含むADEMEの投資目標の中心的構成要素である。プログラムへの資金は近年増加しており、2017年の5億2400万ユーロから、2020年には7億2100万ユーロに増加している。2020年の予算構成は図表1.2.4（6）-3のとおりである。

図表1.2.4（6）-3　　　ADEMEの2020年予算構成

項目	予算額（百万ユーロ）
再生可能熱	350
循環経済と廃棄物	164
大気とモビリティ	70
建物	23
コミュニケーションとトレーニング	12
エネルギーと気候への領土的アプローチ	22
汚染された場所と都市の荒れ地	21
調査	27
その他	32

将来への投資計画（PIA）

2010年に創設されたPIAは、優先セクターへの投資と革新を奨励する成長促進計画で、雇用の刺激、生産性の向上、フランス企業の競争力向上などを目的としている。2010年の第一版（PIA1）では350億ユーロ、2013年の第二版（PIA2）では120億ユーロ、2017年の第三版（PIA3）では100億ユーロが割り当てられた。

経済全体のイノベーションの加速を目的とするPIAにおける柱は、「戦略的かつ優先的な投資」と「高等教育、研究、イノベーションのための持続可能な資金調達」である。前者は「フランスの経済と社会の移行の課題に対応する例外的な投資」への優先投資で、グリーンテクノロジーやデジタルテクノロジー、医学研究、健康産業、気候への適応など、幅広い影響を与える将来のテクノロジーが含まれる。後者は、過去のPIAで開発された高等教育および研究システムの効率を高め、革新的な企業を支援する。

2020年9月の第4版（PIA4）では、2022年までに110億ユーロが割り当てられている。PIA4は同年同月に開始した「フランス再生計画（France Relaunch Plan）」の一環でもある。 PIA4で環境・エネルギー分野に関連する公募として、水素の生産、輸送、使用に関連する項目とシステムの開発、改善を可能にする

イノベーションや、生態学的およびエネルギー転換で持続可能な雇用の開発、低炭素で競争力のあるエネルギーミックス、社会の受容性を促進しながら生産方法と消費慣行を変えるプロジェクト等がある。

大規模投資計画（GPI）

　2017年9月に発表された大規模投資計画（LE GRAND PLAN D'INVESTISSEMENT 2018–2022：GPI）は、2018年から2022年までを期間とした大型投資計画である。構造改革の支援を通じて、フランスの4大課題（カーボン・ニュートラルへのシフト、雇用の改善、イノベーションによる競争力強化、国の電子情報化）への対処を目的に、5年間で570億ユーロを投資する。投資額は4つの重点課題ごとに、環境に留意した社会への移行の加速化（200億ユーロ）、スキル社会の構築（150億ユーロ）、イノベーションによる競争力の定着化（130億ユーロ）、デジタル国家の建設（90億ユーロ）で配分される。特に環境・エネルギー分野に関連する「環境に留意した社会への移行の加速化」では、次のような取り組みが行われる。

- ・ 建物の熱源設備の大幅改良工事を開始することを通じ、一般の世帯用住宅および公共の建物のエネルギー効率の向上を図る（90億ユーロ）
- ・ 交通道路網や鉄道の主要な改良プロジェクトを支援することを通じ、フランスの日常の移動手段の改善を図る（40億ユーロ）
- ・ 再生可能エネルギーの生産能力の70% 向上と同時に、個人や企業の働き方を改善するイニシアチブを支援することを通じ、将来モデルの創出を図る（70億ユーロ）

（7）中国

■気候変動とエネルギー関連

年月	策定主体	名称	目標年	主な内容
2017.4	工業・情報化部、国家発展改革委員会、科学技術部	自動車産業中長期発展計画	2020、2025	新エネルギー車（NEV）の年間生産・販売台数を2020年に200万台を目指し、2025年には年間生産・販売台数の20%以上を目指すとしている。
2020.6	工業・情報化部などの関係部署	新エネルギー車管理規則指令（改正NEV規制）	2023	普通乗用車のNEV普及促進と、既存の燃費規制を弾力化。NEVクレジット目標を2019年10%から、2023年18%に順次引き上げ。売上台数ではなく、NEVのクレジットを対象に設定。クレジットは走行距離、効率などの指標に応じ付与。NEVに限定していた従来の優遇方針から、燃費性能に優れたハイブリッド車種なども優遇対象に追加。
2020.10	国務院	新エネルギー自動車産業発展計画（2021-2035）	2025	2025年までの目標として、新規の一般乗用車NEVの平均消費電力を12.0 kWh/100 kmまで下げ、NEVの売上高は新車総売上高の約20%以上、高度な自動運転の、制限されたエリアや特定のシナリオのもとでの商用展開、バッテリー交換サービスの利便性の大幅な向上などを掲げている。
2021.3	国務院	中国国民経済・社会発展第14次5カ年計画および2035年までの長期目標綱要（十四五）	2025、2035	社会全体の中長期計画。2035年までの長期目標の1つで「美しい中国の建設　グリーンな生産・生活スタイル、CO$_2$排出ピークアウト、生態環境改善」を掲げる。イノベーション主導の発展に向けて戦略的に科学技術力を強化するとしている。
2021.10	中国共産党中央委員会、国務院	カーボンピークアウトとカーボンニュートラルの完全、正確かつ全面的な実施に関する意見（双炭意見）	2025、2030、2050	一つの指導性政策に基づき、各産業、分野で関連政策「N」を打ち出して政策の実施を徹底する「1＋N」体制を加速整備するとしている。統一的な計画、節約優先、政府と市場の両輪駆動、国内外連携、リスクの防止など10分野31項目の主要な任務を提示。2025年、2030年、2050年に向けたロードマップも策定。
2021.10	国務院	2030年までのカーボンピークアウトに向けた行動計画	2030	「双炭意見」の「1」つの指導性政策を詳細化した10項目の具体的な行動計画。2030年までにGDPあたりのCO$_2$排出量を2005年比で65%削減、非化石エネルギー比率を25%以上に引き上げ等。
2021.10	国家発展改革委員会、国家エネルギー局	石炭火力発電所の改修・改良のための全国実施計画	2025	石炭火力発電の「省エネ・炭素削減改造」、「熱供給改造」、「柔軟性改造」という「3改連動」を掲げている。十四五期間の石炭火力発電の省エネ・炭素削減改造規模を3億5,000万kW以上、熱供給改造規模は5,000万kWを目指し、2億kWの柔軟性改造を遂行するとしている。

2022.1	国家発展改革委員会、国家エネルギー局	第14次5カ年計画 現代エネルギーシステム計画（2021～2025）	2025	エネルギーサプライチェーンの安全性・安定性の強化、エネルギー生産・消費方式の低炭素化の促進、エネルギー関連産業のスマート化・高効率化の促進が目的。非化石燃料ならびに化石燃料のクリーン利用を統一的に計画・推進するとしている。関連の研究開発費を2025年まで年間7%以上増加させ、50前後の分野で基幹技術のブレークスルー達成を目標に掲げる。
2022.3	国家発展改革委員会、国家エネルギー局	水素エネルギー産業発展中長期計画（2021～2035年）	2035	2025年までにモデル都市群における実証事業で成果を挙げ、2035年までに水素エネルギー産業システムの形成、多様な分野を含む水素エネルギー応用のエコシステムの構築、エネルギーのグリーン転換の促進等を目指すとしている。
2022.6	国家発展改革委員会、国家エネルギー局 ほか8部門	第14次5カ年計画 再生可能エネルギー発展計画（2021～2025）	2025	2025年に再生可能エネルギー消費量を標準石炭換算で10億トン前後、一次エネルギー消費量に占める割合を18%前後、年間発電量を3兆3,000億kWh前後、再生可能エネルギー電力量を33%前後等の数値目標が示されている。
2022.6	生態環境部ほか16部門	気候変動適応国家戦略2035	2035	2013年に策定された戦略の改定版。観測・早期警戒能力の向上、気候リスクの管理・防止体制の完備、重大・超大型気候関連災害リスクの効果的な予防・抑制等を目指す。
2022.9	国家エネルギー局	エネルギーの CO_2 排出ピークアウト・カーボンニュートラル標準化向上行動計画	2025、2030	習近平政権下のエネルギー安全保障のスローガンである「4つの革命、1つの協力（四個革命、一個合作：前者は中国国内の①エネルギーの消費、②エネルギーの供給、③エネルギーの技術、④エネルギーの体制。後者は一帯一路）」や双炭意見に対応して実施する政策をまとめている。

1 研究対象分野の全体像

■その他の環境とエネルギー関連

年月	策定主体	名称	目標年	主な内容
2015.4	国務院	水汚染防止行動計画（水十条）	2020、2030	2020年までに全国水使用量を6,700億m³以下、都市部の汚水処理率95%以上、長江・黄河・珠江・松花江・淮河・海河・遼河の7大重点流域で水質「優良（III類以上）」割合を70%以上などの目標を掲げ、2030年はさらに高い目標値を設定。
2016.5	環境保護部（現：生態環境部）	土壌汚染防止行動計画（土十条）	2020、2030	2020年までに汚染された耕地の安全利用率を90%前後、汚染されたエリアの安全利用率を90%以上などのミッションを掲げ、2030年はさらに高い目標値を設定。
2021.7	国家発展改革委員会	第14次循環経済発展5カ年計画	2025	2025年までに2020年比で主要資源の産出率を約20%高め、単位GDP当たりエネルギー消費13.5%前後、用水量16%前後を低下させる目標を設定。

2022.11	生態環境部など15当局	大気質改善における3大攻略行動	2025	重度の大気汚染を解消し、オゾン汚染を防止し、ディーゼルトラック汚染に対策を打つ攻略戦の実施を徹底するとしている。重度大気汚染の攻略戦はPM$_{2.5}$を重点対象として、頻繁に発生する京津冀など重点地域を定め、全国の重度の汚染日数の割合を1％以内に抑える目標などを設定。
2022.11	科学技術部、生態環境部、住宅都市農村建設部、気象局、林業草原局	第14次5カ年計画　生態環境分野の科学技術イノベーション特別計画	–	環境監視・早期警報、生態系保護・修復と生態安全、環境汚染の包括的予防、固形廃棄物削減・資源利用、新汚染物質の処理・国際的コンプライアンス、気候変動対応の6分野を対象にした計画を発表。異なる地域の特性に適応し、複数のニーズを満たす生態環境科学技術イノベーションシステムの構築を目指す。基礎研究の深化、コア技術の開発、国家重要研究所等の活用や革新、研究インフラの構築などを推進する。

■科学技術イノベーション関連

年月	策定主体	名称	目標年	主な内容
2016.3	国家発展改革委員会、国家エネルギー局	エネルギー技術革命イノベーション行動計画（2016～2030年）	2020、2030、2050	石炭無害化採掘、CCUS、原子力、太陽エネルギーの高効率利用、高効率ガスタービン、蓄エネルギー、水素エネルギーと燃料電池などの15項目の重点推進分野を定めている。
2016.5	中国共産党中央委員会、国務院	国家イノベーション駆動発展戦略綱要（2016～2030年）	2020、2030、2050	重点分野「産業技術体系のイノベーションの推進、発展のための新たな優位性の創造」で、10の重点領域分野として「スマート・グリーン製造技術」、「現代的農業技術」、「現代的エネルギー技術」、「資源効率利用および環境保護技術」が示されている。
2021.11	中国科学院	中国科学院の基礎研究強化に関する若干の意見（基礎研究十条）		「十四五」で引き続き基礎研究強化の方針が示された中で、基礎研究強化に関する考え方、政策、措置等についての10か条を提案。
2022.8	科学技術部、国家発展改革委員会ほか10部門	カーボンピークアウトとカーボンニュートラルを支える科学技術実施計画（2022～2030）	2030	2030年のカーボンピークアウトと2060年のカーボンニュートラルの双炭目標（3060目標）実現に向けて科学技術支援を強化するための計画。基礎研究、技術開発、応用・実証、成果促進、人材育成、国際協力等を含む10項目の具体的な行動指針を提示。

1. 環境・エネルギー分野および関連科学技術分野の政策立案のガバナンス（組織体制）

　2020年11月に中国共産党中央委員会は「国民経済・社会発展第14次5カ年計画と2035年長期目標の策定に関する建議」を発表した。同建議に基づき、数値目標や対象分野等の具体的な情報が追加された「中国国民経済・社会発展第14次5カ年計画および2035年までの長期目標綱要」（以下、「十四五」）が国務院によって起草され、2021年3月の全国人民代表大会にて審議・採択された。本要綱は国全体の方針を示し

たものであり、これに沿って各省庁、地方政府、研究機関等が政策を立案している。

科学技術政策の実施主体は主に国務院傘下の科学技術部（MOST）が担っている。同部所管には、基礎研究だけでなく産業技術に係る研究領域も含まれている。戦略的計画、政策、規制、イノベーションシステム構築、基礎研究、ハイテク研究、技術移転、国際協力などの部門がある。 MOST傘下には科学技術政策シンクタンクである中国科学技術発展戦略研究院（CASTED）や科学技術情報基盤の構築を担う科学技術情報研究所（ISTIC）が置かれている。

エネルギー分野は、国務院の国家エネルギー委員会を最高の意思決定機関としている。同委員会は、2010年に設立され、国務院総理、環境、金融、中央銀行、国家発展改革委員会など20人前後の閣僚で構成されている。エネルギー政策全般での省庁間の利害調整や、新エネルギー開発戦略の立案、エネルギー安全保障の評価、気候変動・炭素削減・エネルギー効率の国際協力調整などを行う。実際的なエネルギー政策は国家エネルギー局を擁する国家発展・改革委員会、中国国家原子エネルギー機構を擁する工業・情報化部等が所管している。国家発展改革委員会の資源節約環境保護局は持続可能な開発戦略の実施を促進するため、環境配慮の開発に関する戦略、計画、政策の実施の策定と体系化を担っている。これに加え、国務院直属機構として中国最大の研究機関である中国科学院や主としてボトムアップで主に中央政府の資金配分を行う国家自然科学基金委員会（NSFC）、トップダウン式で戦略的な研究資金を配分するMOSTハイテク研究発展センターも関与している。

環境分野に関しては、MOSTや中国環境科学研究院を擁する生態環境部（MEE）等が所管している。生態環境部は2018年3月の大規模な行政機関改編で、環境保護部を元に改組された際、他の組織が所管していたGHGs排出削減、温暖化対策、排水規制、土壌・地下水汚染防止、農業汚染管理、海洋汚染管理等の環境政策も統合され、環境規制強化の方針が打ち出されている。大気汚染に関しては国家気象局もモニタリングに関与する。国務院直属機構として中国最大の研究機関である中国科学院や主としてボトムアップでの資金配分を行う国家自然科学基金委員会も環境分野の研究開発に関与する。また地方政府も地域振興策の下で環境関連技術の推進及び環境産業の創出に取り組んでいる。全分野を合計した研究開発費では、2010年以降、地方政府の総合計は中央政府を上回っている。中央政府の研究開発支出額は増えているものの、地方政府はそれを上回る増加率を示している。中国のほぼすべての州と都市は、エネルギー転換と環境保護産業の促進を強力に支援するために、生態系および環境保護に関連した政策もしくは財政的支援や事業計画を交付している[1]。

2023年3月13日に閉幕した第14期全国人民代表大会で「科学技術の自立自強」への注力、産業の高度化や質の高い発展という方針が言及されると共に、科学技術分野の再編を行う計画が発表され、今後が注目される。

中国における法体系は憲法、法律（全国人民代表大会およびその常務委員会が制定）、行政法規（国務院が制定）、部門規定（国家発展改革委員会や国家エネルギー局、生態環境部などが制定）、地方法規および地方政府規定（それぞれ地方人民代表大会と地方政府が制定）といった階層で構成されている。さらに法令効力を有する拘束的指標を明確に記載した通達も行動計画や決定、方案、指導意見などとして出されている。

2. 環境・エネルギー分野の基本政策

「十四五」では、2035年までの10の長期目標が記載されているが、環境・エネルギー分野に関連するものとして「美しい中国の建設―グリーン生産・生活スタイル、CO_2排出ピークアウト、生態環境の改善」があ

1　Prospective Industry Research Institute「2019年全国及び各省市の環境保護産業政策の要約」『ポラリス環境保護ステーショングループ』,
http://huanbao.bjx.com.cn/news/20191023/1015328.shtml（2023年3月1日アクセス）

る。「十四五」期間中の経済社会発展目標は、大くくりで6つ掲げられているが、環境・エネルギー分野に関連するものは、「社会の文明発達レベルを新たに向上する」「生態文明建設の新たな進歩を実現する」がある。「十四五」計画における経済社会発展の主要指標において、環境・エネルギー分野に関連するものは、生態環境[2]として「単位GDPあたりのエネルギー消費量を2020年から2025年累計で13.5%減」「単位GDPあたりのCO_2排出量を2020年から2025年累計で18%減」「都市で大気質が良好な日の比率を87.5%達成（2020年実績87%）」「地表水が飲用に適する水質の割合を85%達成（2020年実績83.4%）」「森林被覆率を24.1%達成（2020年実績23・2%）」など、安全保障として「食料総合生産能力を6.5億トン以上」「エネルギー総合生産能力を46億トン以上」などがある。

「十四五」の第十一編「グリーンな発展、人と自然の調和と共生の促進」では、生態系の質と安定性の向上、環境品質の継続的な改善、発展方式のグリーン化転換の加速をあげている。クリーンで低炭素、安全で効率的なエネルギーシステムの構築、エネルギー補給を保証する能力の向上を目指している。

中国のGHGs排出量推移と削減目標

気候変動に関する国際連合枠組条約（UNFCCC）への最新の提出情報は2018年版において2014年の統計値であるが、GHGs総排出量は123.01億トンCO_2-eqであり2005年80.15億トンCO_2-eqから53.5%の増加があり、陸域での吸収量（LULUCF：土地利用、土地利用変化及び林業）などが排出量の約9%（11.15億トンCO_2-eq）ある。エネルギー（運輸、製造等を含む）が77.7%（95.59億トンCO_2-eq）、製造プロセスが14.0%（17.18億トンCO_2-eq）、農業が6.7%（8.30億トンCO_2-eq）であった。エネルギー起源のCO_2排出量についてはIEAの推計では2019年に99.19億トンであり、2015年から2019年の平均では2.1億トン/年で増加している、内訳は製造部門が28%、エネルギー部門が53%、運輸部門が9%、農業分野が1%となっている。

中国が2021年10月に国連に提出した貢献目標（NDC）では2030年までにCO_2排出量のピークを達成し、2060年までにカーボンニュートラルを実現するとしている。2030年までに、エネルギー消費における非化石エネルギーの割合は約25%に達し、設置された風力および太陽光発電の総容量は12億kWに増やすとしている。これ先立つ2020年のChina's Mid-Century Long-Term Low Greenhouse Gas Emission Development Strategyでは2060年までに、非化石燃料の割合を80%以上まで改善するとしている（中国国家再生可能エネルギーセンター（CNREC）"CREO 2018", Below 2 Scenarioと付合）。2025年までに、新しい建物の100%がグリーンビルディング基準を満たし、屋上の太陽光発電カバー率を50%にする。2030年までに、新車の約40%を新エネルギー車とクリーンエネルギー車とし、森林被覆率を約25%（2021年22.1%）に高めること等を宣言している。2022年6月の「第14次5カ年再生可能エネルギー発展計画」では電力消費量の増加の50%を再エネで賄う目標としている。再エネ設備に付帯する蓄電施設の導入も進むと思われる。

2　中国の政策文書等で頻繁に「生態」の語がみられるが、生物集団、生物と環境との相互作用のような意味合いではなく、人々の暮らす環境、公害で汚染されていない綺麗な環境のような意味合いで用いられている場合も多く、注意を要する。

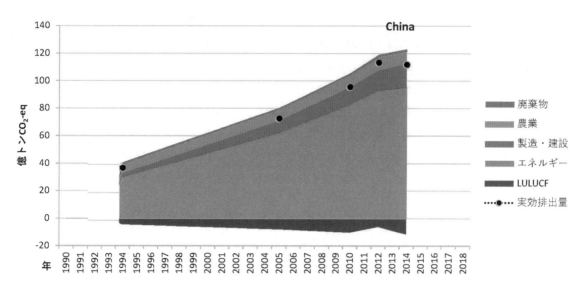

https://di.unfccc.int/time_series から取得した値を元にCRDSにて作成

図表1.2.4（7）−1　　　中国のGHGs排出量推移

エネルギーに関する政策

　「十四五」の焦点の1つが、持続可能な低炭素エネルギーの開発促進、加速である。より清浄な生産プロセス、環境保護産業の育成、清浄、安全、効率的なエネルギー利用、持続可能な建築を促進し、CO_2排出量のピークを2030年以前とする目標を掲げている。

　「カーボンピークアウトとカーボンニュートラルの完全、正確かつ全面的な実施に関する意見（双炭意見）」と「2030年までのカーボンピークアウトに向けた行動計画」では、「十四五」期間（2021〜2025年）とその次の5カ年「十五五」（2026〜2030）年のカーボンピークアウトに向けた目標が図表1.2.4（7）−2のように設定されている[3]。

図表1.2.4（7）−2　　　中国の2030年のカーボンピークアウトに向けた目標

	2021〜2025年	2026〜2030年
1次エネルギー消費に占める非化石燃料の割合	20%	30%
GDPあたりエネルギー消費量	2020年比13.5%低下	–
GDPあたりCO_2排出量	2020年比18%低下	2005年比65%低下
新規水力発電設備容量	4,000万kW	4,000万kW
風力・太陽光発電の総設備容量	–	12億kW以上
揚水発電の総設備容量	–	1.2億kW以上
新規の蓄電設備容量	3,000万kW	–

3　JETRO武漢事務所ビジネス展開支援課、中国「カーボンピークアウト・カーボンニュートラル」政策概要および中部地区の実行現状について（2022年11月）、
　　https://www.jetro.go.jp/ext_images/_Reports/02/2022/05d428c7c4ec6e5d/202211.pdf（2023年3月アクセス）

「十四五」において中国政府は、2021年10月の「双炭意見」と「2030年までのカーボンピークアウトに向けた行動計画」をトップレベルの「1」つの指導性政策として、各産業、分野で関連政策「N」を打ち出す「1＋N」体制を加速、整備するとしている。中央行政組織や地方政府が「N」にあたる政策を、通知や意見、計画、方案といった形で次々と公表している。具体的には、生態環境部「国家生態工業模範区のカーボンピークアウト・カーボンニュートラル関連工作の推進に関する通知」（2021年8月）を皮切りに、国有資産監督管理委員会「中央企業の高品質発展の推進でカーボンピークアウト・カーボンニュートラル工作の徹底に関する指導意見」（2022年11月）、国家発展・改革委員会等合同「カーボンピークアウト・カーボンニュートラル目標要求の貫徹・徹底 データセンター等新型インフラストラクチャーのグリーンで高品質な発展の推進実施方案」（2021年11月）、財政部「財政によるカーボンピークアウト・カーボンニュートラル工作の徹底支持に関する意見」（2022年5月）、住宅・都市農村建設部等合同「都市・農村建設領域のカーボンピークアウト実施方案」（2022年6月）、科学技術部等合同「カーボンピークアウトとカーボンニュートラルを支える科学技術実施計画（2022～2030）」（2022年8月）等である。

「第14次5カ年現代エネルギーシステム計画」（2022年1月）において、前期の第13次5カ年計画「十三五」（2016～2020年）期間での主要な達成成果として図表1.2.4（7）−3が示されている。同計画では、「双炭意見（3060目標）」の実現や中国のエネルギー安全保障、経済発展に向けて新たな変革が必要であり、中国内でのエネルギー生産の増加や非化石エネルギーの比率の増加などの目標を示している。非化石エネルギーの発電比率は2025年までに39％前後を達成、非化石エネルギーの消費比率は2025年度までに20％程度、2030年までに25％の引き上げを目指している。その目標実現のための科学技術革新の実証プロジェクトを複数実施するとしている。

図表1.2.4（7）−3　　　第13次5カ年計画期間における中国のエネルギー開発の主要な達成成果

指標		2015年	2020年	年平均または累計
総エネルギー消費量（石炭10億トン換算）		43.4	49.8	2.8%
エネルギー消費量構成比	石炭	63.8%	56.8%	−7.0%
	石油	18.3%	18.9%	0.6%
	天然ガス	5.9%	8.4%	2.5%
	非化石エネルギー	12.0%	15.9%	3.9%
一次エネルギー消費量（石炭10億トン換算）		36.1	40.8	2.5%
発電設備容量		15.3億kW	22.0億kW	7.5%
	水力発電	3.2億kW	3.7億kW	2.9%
	石炭火力発電	9.0億kW	10.8億kW	3.7%
	ガス火力発電	0.7億kW	1.0億kW	8.2%
	原子力発電	0.3億kW	0.5億kW	13.0%
	風力発電	1.3億kW	2.8億kW	16.6%
	太陽光発電	0.4億kW	2.5億kW	44.3%
	バイオマス発電	0.1億kW	0.3億kW	23.4%
東西送電能力		1.4億kW	2.7億kW	13.2%
石油・ガスパイプラインの総延長距離		11.2百万km	17.5百万km	9.3%

環境保護に向けた政策

環境分野に関しては、経済のみの発展から、環境と経済との両立に理念を変えた政策を継続している。2013年前後から、深刻な大気汚染、水質汚染、土壌汚染等の環境問題の回復を目的として、「大気十条」（2013年9月）、「水十条」（2015年4月）、「土十条」（2016年5月）と呼ばれる法的拘束力をもった環境浄化の指標を定めた行動計画や法改正が次々と行われて、中国の環境は最悪期と比べて全般的には良化基調にある。「十四五」では「双炭意見（3060目標）」が注目されるものの、引き続き環境改善、環境保護の項目が重要としており、「都市で大気質が良好な日の比率を87.5％達成（2020年実績87%）」「地表水が飲用に適する水質の割合を85％達成（2020年実績83.4%）」などの目標が示されている。「第14次5カ年計画 生態環境分野の科学技術イノベーション特別計画」（2022年11月）では図表1-2-4（7）-4に示す10の重点ミッションが示されているが、過半は環境保全に関するものである。

図表1.2.4（7）-4 「十四五」生態環境分野の科学技術イノベーション特別計画の10の重点ミッション

1. 環境モニタリング	6. 複合汚染の分野横断統合管理
2. 水質汚濁防止と水生態系の回復	7. 生態系の保護と回復
3. 大気汚染防止と管理	8. 新しい汚染物質への対応
4. 土壌汚染防止と管理新	9. 気候変動への対応
5. 固形廃棄物の削減と資源の利用	10. 国際的な環境保護条約遵守のための技術支援

地方政府にも省・市ごとに環境保護管理部門が存在し、従来は各地方の環境行政を担っていたが、2016年に環境規制強化のための指導意見が公布された。指導意見は省レベル以下の地方政府の環境保護管理部門の監視、監督および法執行を省に「垂直管理」する内容で、2018年6月までに完全に移行した。中央政府による現地査察や汚染企業の操業停止や取締りの強化され、大気汚染の達成日数などの監視が厳格化している。

新エネルギー車普及政策

環境保全と産業育成を目的に新エネルギー車の普及政策も相次いで行われている。2020年11月発表の「新エネルギー自動車産業発展計画（2021〜2035年）」[4]では、2025年までに新車販売における新エネルギー車（NEV：New Energy Vehicle。電気自動車：EV、プラグインハイブリッド車：PHV、燃料電池車：FCVが対象）の割合を20％前後に引き上げ、2035年までにNEVの主流をEVとする目標を定めていた。現状は2021年のNEV国内販売台数は前年比2.6倍の352万台（EV292万台、PHV60万台、FCV0.2万台）と急増、2022年の販売台数は650万台（NEV比率23.5%）と見込まれ[5]、2025年目標を前倒しで達成する勢いとなっている。輸出台数も伸ばし、2021年202万台、うちNEVは31万台を占めている。

電気自動車の普及に合わせて、国家エネルギー局は2015年10月に「電気自動車充電インフラ発展指南（2015〜2020年）」を発表し、2020年までに交換式電気スタンド・ステーションを1.2万カ所、分散型充

4 　中華人民共和国国務院弁公庁「新エネルギー自動車産業の開発と流通に関する計画に対する国務院弁公庁の通知（2021-2035年）」『中華人民共和国中央人民政府』，
http://www.gov.cn/zhengce/content/2020-11/02/content_5556716.htm（2023年1月アクセス）

5 　中国自動車工業会「新時代を切り拓き、自動車産業の変革と高度化、高品質の発展」
http://www.caam.org.cn/chn/3/cate_17/con_5236364.html　（2023年1月アクセス）

電設備を480万本、全国範囲で500万台の電気自動車をカバーする充電インフラを構築する目標を掲げ、2020年までの目標を達成するために国家発展改革委員会は2018年に「新エネルギー車充電保障能力向上のアクションプラン（2018〜2020年）」を発表している。2021年時点で充電設備は約260万本と目標の約半分であり、EV車の急激な増加も相まって拡充が求められる状況にある。なお、中国企業が充電に時間のかかる充電式スタンドだけでなく、ガソリン車並みの時間で対応できるロボットアームによる無人バッテリー交換スタンドなどを各地で建設を始めており、動向が注目される。

補助金については、2020年4月23日、中国財務省（MOF）、工業情報化部（MIIT）、科学技術部（MOST）、国家発展改革委員会（NDRC）が共同で、NEVの促進のための財政補助金の最適化に関する通知[6]を公表した。NEVについての10年にわたる国家補助金プログラムの修正であり、受給資格の技術的基準が厳しくなるものの、2020年末終了予定であった補助金の支給期限を2022年末まで2年間延長した。これまでのNEV車の普及に補助金が大きな役割を果たしてきたが今後の政策が注目される。

2018年より「乗用車企業平均燃料消費量と新エネルギー車クレジット併行管理規則」が施行されている。燃費、NEV生産台数の2つの指標で一定基準を満たせなかった場合、他社の余剰クレジットの購入が必要になる。売上高ではなく、台数ベースで評価される。2020年6月に改訂版が公布され[7]、NEVのパーセント目標は、2019年10%、2020年12%、2021年14%、2022年16%、2023年18%となっている。2021年1月にハイブリッド車も部分的に優遇対象に加える修正が示されている。

このような中国のNEV躍進の要因は複数あげられ、普及のための補助金の効果は大きいものの、深圳に代表される大手企業、ベンチャー企業、大学の集積により、実際の製品を大学でも扱い、工学的な基礎に立ち返って課題解決につなげるシリコンバレーにも似たイノベーションエコシステムの形成の効果なども大きかったとみられる。

水素および燃料電池普及支援

中国は2015年の中国製造2025の主要技術の1つに水素を挙げるなど、これまでも燃料電池車を中心に水素に着目してきたが、2020年9月に表明された2030年までにCO_2排出をピークアウトし、2060年までにカーボンニュートラル実現を目指すとするいわゆる「双炭目標（3060目標）」以来、さらに水素の重要性が強調されている。「十四五」に基づき、2022年3月に国家発展改革委員会より「水素エネルギー産業発展中長期計画（2021〜2035）」[8]が発表され、水素がCO_2ゼロ排出の重要なソリューションの一つであり、中国の水素エネルギー産業の発展を育むものと位置づけられている。現時点は石炭や天然ガスがエネルギー資源の中心だが、石油精製や肥料用アンモニア製造を目的に約3,300万トンの水素を製造している水素大国であり、うち2割程度が工業副生による水素で、外部での利用が可能な水素として存在している[9]。これらの水素の活用によりまず社会の水素インフラを整備し、世界首位の再生可能エネルギー容量を有する利点を生かして将来的にグリーン水素にシフトしていく構想を立てている。一帯一路の諸国との協力も模索するとしている。水素

6　中華人民共和国財政部経済建設司「新エネルギー車の普及と応用のための財政補助政策の改善に関する通知」、http://jjs.mof.gov.cn/zhengcefagui/202004/t20200423_3502975.htm?from=timeline&isappinstalled=0 （2023年1月アクセス）

7　International Council on Clean Transportation (ICCT), "China announced 2020–2022 subsidies for new energy vehicles", ICCT, https://theicct.org/sites/default/files/publications/China%20NEV-policyupdate-jul2020.pdf （2023年1月アクセス）

8　MUFGバンク（中国）経済週報「中国における水素関連産業」https://reports.mufgsha.com/File/pdf_file/info001/info001_20210831_001.pdf （2023年1月アクセス）

9　中華人民共和国国務院弁公庁「新エネルギー自動車産業の開発と流通に関する計画に対する国務院弁公庁の通知（2021–2035年）」, http://www.gov.cn/zhengce/content/2020-11/02/content_5556716.htm （2023年3月アクセス）

の利用の観点からは引き続き燃料電池車の普及に力を入れている。水素キャリアであるアンモニアについても、風力・太陽光発電由来のグリーン水素からのアンモニア製造のプロジェクトの認可（2022年9月）[10]、石炭火力発電設備でのアンモニア混焼の技術開発の成功（2022年1月）[11]が報じられている。

　2022年10月に中国国家自然科学基金委員会の工学・材料科学部は「双炭特別プロジェクト」を開始すると公表している。水素に焦点をあて、化石燃料からの低エネルギー水素製造、再生可能エネルギーによる水素製造、高効率地下水素貯蔵といった研究課題を対象に、3年（2023年1月〜2025年12月）で平均300万元の助成を3〜4プロジェクト行う予定である。

一帯一路

　中国が2017年から推進している「一帯一路」は、中国から中央アジア・中東・ヨーロッパ・アフリカにかけての広域経済圏の構想・計画・宣伝などの総称を指す。科学技術に関しては2017年に「一帯一路」科学技術イノベーション行動計画を開始し、中国は「一帯一路」共同建設国と科学技術、人文交流、研究所、科学技術パーク共同建設の協力、技術移転等の分野において協力を展開し、新しいラウンドの科学技術革命と産業変革を共同で迎え、イノベーションの道の建設を推進している。2021年末時点で中国は既に84の共同建設国と科学技術協力の関係を築き、1,118の共同研究プロジェクトを支援し、農業やエネルギー等の分野において53の研究所の建設を始めている。

資源ごみ輸入禁止などの通商に関係する環境政策

　資源循環分野では、2017年7月に「海外ごみの輸入禁止と固形廃棄物輸入管理制度改革の実施計画」を発表し、2018年より施行している。これを受け、日本をはじめとした資源ごみ輸出国は環境政策の一層の強化が求められている。

　中国企業の海外進出にあたり、「一帯一路生態環境保全協力計画」（2017年5月）では一帯一路の開発途上国へのインフラ整備進出では、中国国内と同じ環境保護基準を満たす基本方針としている。

循環経済

　2021年7月公表の第14次循環経済発展5カ年計画で「十四五」期間中の循環経済分野の5大重点プロジェクトと6大重点行動が記されている。5大重点プロジェクトは具体的には、「都市廃棄物リサイクル利用体系の構築」、「地区リサイクル開発」、「粗大ごみ総合利用実証事業」、「建築廃棄物資源化利用モデル」、「循環経済重要技術と設備革新」である。6大重点行動として「リサイクル産業の質の高い発展」、「廃棄電気電子製品の回収利用」、「自動車の使用の全ライフサイクル管理」、「プラスチック汚染対策のサプライチェーン全体の管理」、「宅配物包装のグリーン転換」、「使用済みパワーバッテリーのリサイクル利用」が記されている。

3. 環境・エネルギー分野のSTI政策

　科学技術イノベーションの基本的な方針は「国家イノベーション駆動発展戦略綱要」（2016〜2030）および「科学技術イノベーション『第13次5カ年』発展計画」（2016〜2020）に示されていた。後者は対象期間が終了し、後継の「科学技術イノベーション第14次5カ年計画（仮称）」が検討されていると見られていたが、その後の動きは確認されていない。一方、2021年3月に発表された「十四五」ではイノベーション主導による発展が掲げられている。そのためここでは「十四五」で示された方針を概観する。

---

10 JETRO「吉林電力、中国初のグリーンアンモニア製造プロジェクトをアピール」、
https://www.jetro.go.jp/biznews/2022/09/7f1f0468ee725ad3.html （2023年2月アクセス）

11 JOGMEC「中国：国家能源集団、石炭火力でのアンモニア混焼技術開発に成功と発表」、
https://coal.jogmec.go.jp/info/docs/220217_17.html （2023年2月アクセス）

　「十四五」では、国の戦略的科学技術力の強化のために、①科学技術の資源配分の統合・最適化、②先進的な科学技術によるブレークスルーの強化、③基礎研究の継続的な強化、④主要科学技術イノベーションプラットフォームの建設を推進するとしている。①では、焦点を当てる主要なイノベーション分野の1つに現代エネルギーシステムを挙げている。これらの分野を対象に国家実験室の設立、国家重点実験室の再編、イノベーション拠点の最適化・向上等を図るとしている。また④においては、国の主要な科学技術インフラの適切な配置を通じて共有と利用効率向上を進めるとしている。このほか、戦略的科学技術力強化と並行して、企業の技術イノベーション能力の向上、人材のイノベーション活力の活性化、科学技術イノベーションの体制・メカニズムの整備を進めるとしている。

中国科学院による「基礎研究10条」

　「十四五」で引き続き基礎研究強化の方針が示される中、基礎研究強化と重要コア技術の開発強化を中心的ミッションとしてきた中国科学院は、新時代の基礎研究強化をめぐってその考え方、政策、措置等についての意見を図表1.2.4（7）−5の10項目にまとめた。これらを通じ、ミッション主導の制度化された基礎研究に注力し、国の戦略的科学技術力の主力としての役割を果たすことを目指す。

図表1.2.4（7）−5　　　基礎研究10条

1.基礎研究の位置づけの調整	6.重要施設の役割の発揮
2.重点的科学研究配置の最適化	7.人材集団の構築強化
3.科学研究院・研究所の改革の深化	8.科学技術評価制度の改革
4.科学研究テーマ選択メカニズムの革新	9.国際科学技術協力の強化
5.科学研究の組織方式の変革	10.良好な科学研究エコシステムの構築

カーボンピークアウトとカーボンニュートラルを支える科学技術実施計画（2022～2030）

　2030年までのカーボンピークアウトと2060年までのカーボンニュートラルの「双炭目標（3060目標）」達成に対する科学技術による支援についての実施計画が策定された。本計画の実施を通じて、2030年までに、いくつかの最先端技術・破壊的技術の研究でブレークスルーを生み出すとともに、GDPあたりCO_2排出量を2005年比で65%以上削減、GDPあたりエネルギー消費量を大幅削減することを目指す。実施計画は10項目から構成され、その概要は図表1.2.4（7）−6のとおり。

図表1.2.4（7）−6　　　双炭目標（3060目標）を支える科学技術実施計画（2022～2030）の10項目

1.エネルギーのグリーン・低炭素転換に向けた科学技術による支援行動	6.低炭素・ゼロカーボン技術の実証行動
2.低炭素・ゼロカーボン工業プロセスの再製造技術ブレークスルー行動	7.CO_2排出量ピークアウト、カーボンニュートラル管理の意思決定支援行動
3.都市・農村建設および交通の低炭素・ゼロカーボン技術の難関攻略行動	8.CO_2排出量ピークアウト、カーボンニュートラル革新プロジェクト、基地、人材の相乗効果向上行動
4.カーボンマイナスおよびCO_2以外のGHGs排出削減の技術能力強化行動	9.グリーン・低炭素科学技術企業の育成・サービス行動
5.最先端の破壊的な低炭素技術革新行動	10.CO_2排出量ピークアウト、カーボンニュートラル科学技術の革新における国際協力行動

4. 代表的な研究開発プログラム／プロジェクト

中央政府の主要なトップダウン型競争的研究資金は、2014年から「国家自然科学基金」、「国家科学技術重大プロジェクト」、「国家重点研究開発計画」、「技術イノベーション誘導計画」、「研究拠点人材プログラム」に集約されている。環境・エネルギー分野に関わる部分については以下のものがある。

国家科学技術重大プロジェクト

国務院が所管官庁となっている。「国家中長期科学技術発展計画綱要」（2006–2020）で「国家科学技術重大プロジェクト」が言及されて以降、複数のプロジェクトが開始している。2016年からは13テーマに集約されており、環境・エネルギー関連では、大型天然ガス田及びメタン開発、大型加圧水型原子炉及び高温ガス冷却炉、水質汚染抑制と対策技術、大型航空機の開発、高精度地球観測システム、有人宇宙飛行と月面探査プロジェクトなどがある。

「国家イノベーション駆動発展戦略要綱」（2016–2030）を受けた「科技創新2030」の16テーマもこの枠組みに含まれる。環境エネルギー関連では、航空機用エンジン及びガスタービン、深海探査ステーション、深宇宙探査・車両システム、石炭のクリーン、効率的利用、スマートグリッド電力システム、宇宙・地上一体ネットワークシステム、北京・天津・河北地区環境対策などがある。

詳細な金額は不明であるが、2014年時点での9テーマ・558件では、1件あたり約7,800万元であり、企業66%、研究機関27%、大学9%の割合であった。

国家重点研究開発計画

各省庁による課題解決型研究費助成を集約したプログラムであり、国家発展改革委員会、科学技術部、工業情報化部が所管省庁である。2021年のファンディング項目は53項目あり、各項目に更に3～5の詳細な研究テーマが設定され、784件（197億元、約2,500万元／件）が採択されている。研究期間は3～5年となっている。このなかで、環境・エネルギーに関わるものは図表1.2.4（7）–7のようなものがある。

図表1.2.4（7）–7　　環境・エネルギー分野に関わる国家重点研究開発計画の研究項目

グリーンバイオ製造	農産物の高収量と高品質向上技術	農作物の重要度形成と環境適応に関する基礎研究
農業バイオ種子資源の発掘と革新的な利用	北部乾燥地での収量拡大技術	黒地質に関する科学技術
重金属汚染防止技術	林業の種子資源の育成と品質向上	工場化農業の技術とインテリジェント農業機器
食品製造と農産物物流の科学術的支援	農村の技術開発と統合アプリケーション	水資源と水環境の包括的管理
戦略的鉱物資源の開発と利用	大規模自然災害の防止と管理	スマートセンサー
高性能製造技術と設備	地球観測	水素エネルギー技術
エネルギー貯蔵とスマートグリッド技術	交通インフラ	新エネルギー車
触媒科学		

「東数西算」プロジェクト

2022年2月、国務院国家発展改革委員会が国家プロジェクトとして実施することを発表した。デジタル経済の発展に伴いビッグデータの処理など需要が沿海部（東部）を中心に増大する中、再生可能エネルギー電力（風力、太陽光、水力発電等）が比較的豊富な内陸部（西部）にデータセンター、クラウドコンピューティ

ング等の拠点を設け、必要とされる電力の需給バランスを改善するとともに、カーボンニュートラルの達成と国土の均衡ある発展の両立を目指す。

2022年4月時点では、25件のプロジェクトが進行中であり、投資額 1,900億元以上である。アリババや貴州中雲など、企業との連携により進めている。

中国製造2025（2021 − 35年）

2015年に習近平政権が発表した産業政策である。中国国内での新産業の創出、生産性の向上、雇用創出を目指すとしており、「5つの基本方針」と「4つの基本原則」を掲げ、三段階のロードマップを設定し2049年（中国建国100周年）までに製造大国の地位を固め「製造強国のトップ」、即ち製造強国となる目標を掲げている。「5つの基本方針」とは、イノベーション駆動、品質優先、グリーン発展、構造最適化、人材本位である。「4つの基本原則」は、市場主導・政府誘導、現実立脚・長期視野、全体推進・重点突破、自主発展・協力開放である。

更に「9つの重点戦略」は、国家の製造イノベーション能力の向上、情報化と産業化のさらなる融合、産業の基礎能力の強化、品質・ブランド力の強化、グリーン製造の全面的推進、重点分野における飛躍的発展の実現、製造業の構造統制のさらなる推進、サービス型製造と生産者型サービス業の発展促進、製造業の国際化発展レベルの向上である。

（8）韓国

■気候変動とエネルギー関連

年月	策定主体	名称	目標年	主な内容
2017.12	産業通商資源部（MOTIE）	再生可能エネルギー2030計画	2030	2030年までにエネルギーの20%を再生可能エネルギー源から生産し、関連雇用を創出する目標。低炭素エネルギーと新しい気候枠組みに適応したエネルギーシステムガバナンスといった環境の創出を掲げる。エネルギー供給業者向けの再生可能ポートフォリオ基準（RPS）と小規模な再生可能エネルギー事業者向けの固定価格買取制度（FIT）、農村地域や建物へのPVの導入、実用規模の再生可能プロジェクトへの環境エネルギー基金の調達、環境にやさしくエネルギーに依存しない都市の実証が主要トピックとして記載。
2018.7	環境部（ME）	国家温室効果ガス排出削減ロードマップ2030	2030	2014年の国家温室効果ガス（GHGs）排出削減ロードマップ2020の改訂版。目標年を2020年から2030年に変え削減目標を更新。※ 2015年にパリで開催されたCOP21で2030年のGHGs排出2005年BAUケース比37%減を公表。※ 2016年12月に一度公表したが、排出削減内訳を変更したものを2018年に改めて公表。
2019.1	産業通商資源部などの関係部処庁合同	韓国水素経済計画	2040	2040年までの目標として620万台の燃料電池車の生産、1200以上の充填ステーションを設置。2019年に35台以上の水素バスを路上で運用し、2022年までに2,000台、2040年までに41,000台の運用を目標。2040年までに15 GWの発電用の燃料電池の供給を目標。
2019.6	産業通商資源部（MOTIE）	第3次国家エネルギー基本計画（2019〜2040年）	2040	5つの分野をカバーしたエネルギーミックス計画。再生可能エネルギー：2040年までに電力構成に占める発電量の割合を30〜35%に増加。原子力エネルギー：主要なエコシステムを維持。石炭：微細粉塵とGHGs排出量を削減。石油：運輸利用を削減して、産業利用に増加。ガス：発電と運輸でより大きな役割を分担。エネルギー輸入を減らし、安定したエネルギー供給システムを築くため、2040年までにエネルギー消費をBAUケース比18.6%削減を目標。
2019.12	国務会議	第5次国家環境総合計画（2020−2040）	2040	石炭、内燃機関、プラスチックの段階的廃止を含む、経済的および社会的グリーン移行への全体的な方向性を提示。「持続可能でエコロジカルな国を人々とともに建設」「2040年までに環境分野のリーダー国に」といったビジョン。生命にあふれた緑の環境、生活の質を向上させる幸せな環境、経済・社会システムを変革するスマートな環境という3つの主要な目標を設定。
2020.12	非常経済中央対策本部会議	2050年カーボンニュートラル推進戦略	2050	GHGsの排出削減を進めパリ協定を着実に履行するための総合政策。カーボンニュートラルと経済成長、生活の質向上の同時達成を目指して「経済構造の低炭素化」「低炭素産業エコシステムの形成」「カーボンニュートラル社会への公正な転換」に関する課題を設定。

1

研究対象分野の全体像

2022.3	環境部（ME）	炭素中立・グリーン成長基本法（炭素中立基本法）	2050	2030年のGHGs削減目標を2018年比40%削減と明記。計画の進捗を点検する「2050カーボンニュートラル・グリーン委員会」を設置。「気候変動対応基金」を設置、2022年は2兆4,000億円を投じる。
2022.7	産業通商資源部（MOTIE）	尹新政権のエネルギー政策の方向性	2030	尹錫悦（ユン・ソンニョル）新政権によるエネルギー政策。エネルギー安全保障とカーボンニュートラルの両立のために原子力を積極活用。2030年の総発電量における原子力のシェアを30%以上に設定。既存炉の運転延長、前政権下で停止していた新規炉の建設再開、SMRの開発促進などについて言及。
2023.1	産業通商資源部（MOTIE）	第10次電力需給基本計画	2036	15カ年計画を2年ごとに更新。現在、第10次計画が最新。原子力、LNGおよび再生可能エネルギーが拡大し、石炭火力は減少する。原子力については、既存の原発の継続運転と新ハヌル原発3、4号機の建設計画が反映された。2020年12月に前政権下で発表された「第9次電力需給基本計画」では2030年時の総発電量に占める割合が25%から32%に引き上げられた。また、2030年までに新再生エネルギー発電比率を21.6%まで拡大を図る。

■その他の環境とエネルギー関連

年月	策定主体	名称	目標年	主な内容
2018.11	環境部（ME）	第4次国家生物多様性戦略（2019～2023年）	2023	1997年から策定している生物多様性戦略の最新版。生物多様性へのこれまでの取り組みや成果、課題、ビジョン、推進戦略などがまとめられている。

■科学技術イノベーション関連

年月	策定主体	名称	目標年	主な内容
2019.12	産業通商資源部（MOTIE）	第4次エネルギー技術開発計画（2020～2028年）	－	クリーンかつ安全なエネルギー転換の加速を目標に、エネルギー産業における新ビジネスの参入を積極的に支援する内容が盛り込まれている。中でも、エネルギー新産業分野の人材育成に向けたエネルギー融合大学院を設立するために2020～2024年に50億ウォン（約4億5,000万円）を投じる計画である。
2022.11	環境部（ME）	第5次環境技術・産業・人材育成計画（2023～2027年）	2027	環境産業の輸出額2020年の8.2兆ウォンの実績から2023～2027年の累計で100兆ウォン受注、環境人材の育成2018～2022年で16万人の実績から2023～2027年に18万人の目標を掲げている。

（左余白縦書き）
1 研究対象分野の全体像

| 2022.12 | 科学技術情報通信部（MSIT） | 第5次科学技術基本計画（2023〜2027年） | 2027 | 科学技術基本法に基づき、韓国の中長期的な目標と国家科学技術発展の基本的な方向性を定めた包括的な計画である。2023年から5年間で、40を超える省庁、機関、委員会によって実施される。 |

1.環境・エネルギー分野および関連科学技術分野の政策立案のガバナンス（組織体制）

　韓国は大統領制であり、政権交代により大きな省庁再編や、政策変更が行われることが多い。2022年5月に発足した尹錫悦（ユン・ソンニョル）政権では科学技術関連で体制に大きな変更は見られていない（2023年2月時点）。大統領直下の科学技術関連の諮問機関としては国家科学技術諮問会議（PACST）がある。PACSTは科学技術政策全体の総合調整や諮問機関と位置付けられている。科学技術政策は科学技術情報通信部（MSIT：Ministry of Science, ICT）が所管している。MSITの所管の国家科学技術研究会（NST：National Research Council of Science &Technology）には、韓国グリーンテクノロジーセンター（GTC–K）がある。GTC–Kは、関連府省・機関におけるグリーン技術関連の研究開発政策立案やその推進を支援する公的シンクタンクと位置付けられている。

　韓国の政策調査機関である韓国科学技術企画評価院（KISTEP：Korea Institute of S&T Evaluation and Planning）には、戦略的に将来展望を行う技術フォーサイトセンターが設けられている。その主な目的は、科学技術の進展予測、その結果の科学技術政策への活用、科学技術の発展で将来がどうなるかを国民に知らせるアウトリーチなどである。KISTEPは科学技術基本計画や国家戦略技術などの科学技術政策を設定する上で重要な役割を果たしている。科学技術基本計画は5年おきに更新され、韓国の科学技術関連政策の最上位の政策文書にあたる。韓国研究財団（NRF：National Research Foundation of Korea）は、科学とイノベーション資金を助成している。創造的な研究を支援し、人材を育成することで、知識の向上と生活の質の向上に貢献することを目的としている。

　エネルギー政策は産業通商資源部（MOTIE：Ministry of Trade, Industry and Energy）が担当している。MOTIEの外郭機関として、韓国エネルギー公団（KEA：Korea Energy Agency）、エネルギー管理公社（KEMCO）が省エネ政策、エネルギー効率改善対策、気候変動緩和の推進に係る取組みを担い、韓国エネルギー経済研究院（KEEI：Korea Energy Economic Institute）がエネルギー関連統計の収集・分析や需要予測等を実施している。

　環境政策は環境部（ME：Ministry of Environment）が所管している。所管機関には国立環境科学院（National Institute of Environmental Research）や8つの地方環境庁がある。関係機関として環境管理公団、韓国環境資源公社等がある。

2.環境・エネルギー分野の基本政策
尹新政権の基本方針

　尹新政権の発足に伴い国政ビジョンと目標、ならびに国政課題が新たに設定された[1]。国政ビジョン「再び飛躍する韓国、共に豊かに暮らす国民の国」の達成に向けた国政目標は、①常識を取り戻した正しい国、②民間が引っ張り政府が後押しするダイナミックな経済、③温かく寄り添い、誰もが幸福な社会、④自律と創意で生み出す動じない未来、⑤自由・平和・繁栄に寄与するグローバル中枢国、⑥韓国のどこでも暮らしやすい地方時代、の6つが設定された。これらに基づく120の国政課題が、迅速な履行を実現するための推進状

---

[1] 聯合ニュース2022年7月26日記事「韓国政府　6大国政目標・120の国政課題を確定」 https://jp.yna.co.kr/view/AJP20220726001700882 （2023年2月22日アクセス）

況管理方策とともに発表された。環境・エネルギー分野と関連するものとしては、目標①に脱原発政策の廃止、目標②にエネルギー安全保障の確立、が主要課題として含まれている。

韓国企画財政部が2022年6月に発表した「新政権の経済政策方向」では、①民間中心の力強い経済、②体質改善で飛躍する経済、③未来に備える経済、④共に進む幸福の経済、の4つの方向性に重点を置き、経済政策を推進するとされた。

このうち③未来に備える経済では、第5次科学技術基本計画の策定や国家戦略技術育成特別法の制定を進めること、国家的課題を解決するためのメガプロジェクトや超格差技術（半導体、ディスプレーなど）の確保に重点投資すること等を含む、科学技術・研究開発による革新のための制度改変・制度支援を進める方針とした。先端戦略産業の育成の一環として原子力産業の競争力確保に努めること、独自の小型モジュール炉の開発や10基の原子力発電所輸出を目指すとの方針も示された。カーボンニュートラル・気候変動対応としては、炭素中立・グリーン成長基本計画の策定、エネルギーミックスの合理的な調整、廃プラスチック・廃バッテリーのリサイクルなど循環型経済の基盤構築が方針として示された。

韓国の温室効果ガス排出量推移と削減目標

UNFCCCへの2021年報告では2018年において総排出量は7.28億トンCO_2-eqであり、2010年から年率1.3%で増加している。GDP増加によるエネルギー部門の増加が主要な要因となっているが、1990年の643トンCO_2-eq/十億ウォンから2018年には402トンCO_2-eq/十億ウォンに改善している。森林吸収は0.41億トンであるが、樹齢増加により低下している。このような状況において、排出量の削減を実現するには強い政策の実行が必要と思われる。

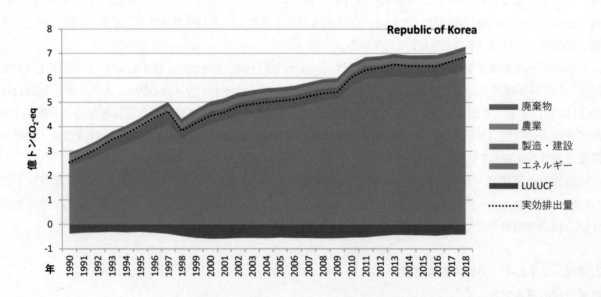

https://di.unfccc.int/time_series から取得した値を元にCRDSにて作成

図表1-2-4（8）-1　　　韓国のGHGs排出量推移
（国連「Climate Change」のデータを元にCRDSにて作成）

カーボンニュートラル実現に向けたエネルギー政策動向

カーボンニュートラルをめぐる世界的な潮流を踏まえ、2020年10月当時の文在寅（ムン・ジェイン）政権は、「2050炭素中立宣言」を発表した。この中で2030年時の温室効果ガス削減目標（NDC）を2018年比で26.3%削減、翌年10月にはこれを同年比40%削減に引き上げた。また、2022年3月には世界で14

番目となるカーボンニュートラルを法制化した「炭素中立・グリーン成長基本法[2]」を施行した。同施行令は上述の「2050 炭素中立宣言」を踏襲、2030年のNDCを2018年比40%削減（基本法では35%以上削減と規定）と明記しているほか、計画の進捗を点検する「2050カーボンニュートラル・グリーン委員会」や「気候変動対応基金」といった統治機関や関連予算の設置など具体的な施策を示している。文政権では電力ポートフォリオにおける再生可能エネルギーの割合を高めることで、これまで主力電源だった石炭火力を40.4%（2019年）から15.6%（2034年）へ大幅に低減させ脱炭素化を推進する方針を示した。2019年時点で25.6%と全体の1/4を賄う原子力エネルギーは段階的に縮小する基本方針も示していた。政権交代で2022年5月から発足した尹政権では、エネルギー安全保障とカーボンニュートラルの両立のため原子力の積極活用を表明している。尹政権のエネルギー政策の方向性を示す文書が同年7月に国務会議で決定され、文政権の脱原子力政策は撤回された。尹政権の主な原子力政策の基本方針は次の通りである。

- 2030年の総発電量における原子力のシェアを30%以上に設定（第9次電力需給基本計画[3]に記載された2030年時の原子力発電割合は11.8%）
- 前政権下で撤回された新ハンウル3、4号機の建設計画の再開
- 安全性の確保を前提とした既存炉の運転延長
- 2030年までに10基の原子炉を輸出
- SMR開発促進に向け4,000億ウォン投入

　2050カーボンニュートラル・グリーン委員会が2022年11月に初会合を開き、その場で「カーボンニュートラル・グリーン成長推進戦略」と「カーボンニュートラル・グリーン成長技術革新戦略」が発表された。前者は、前政権で策定された部門別の削減目標を、脱原発政策の転換も踏まえて更新するものである。後者はSTI政策に関連するもので詳細は3.で述べる。なお両戦略に基づく詳細計画として「温室効果ガス削減実施ロードマップ」と「国家炭素中立・グリーン基本計画」を今後策定予定としている。

　2023年1月には尹錫悦政権による「第10次長期電力需給計画[4]」が発表された。2036年の発電量について原子力は新設を反映して2018年の133.5 TWh（23.4%）から230.7 TWh（34.6%）に増加、石炭は老朽設備廃止で239.0 TWh（41.9%）から95.9 TWh（14.4%）に低下、LNGは老朽石炭設備の更新で設備容量は増加するが実効容量は変わらず、152.9 TWh（26.8%）から62.3 TWh（9.3%）に低下、再生可能エネルギーは太陽光発電主体から風力発電の電源ミックスとして35.6 TWh（6.2%）から204.4 TWh（30.6%）に大幅な増加としている。水素・アンモニアなどは47.4 TWh（7.1%）導入するとしている。LNG発電での水素50%混焼、石炭発電でのアンモニア20%混焼も設定された。

3. 環境・エネルギー分野のSTI政策

　STI政策の全体方針である「第5次科学技術基本計画」が2022年12月に PACST から公表された。「第5次科学技術基本計画」は、科学技術基本法に基づき、韓国の中長期的な目標と国家科学技術発展の基本

2　MOE, "South Korea to move towards the goal of carbon neutrality by 2050",
http://eng.me.go.kr/eng/web/board/read.do?pagerOffset=0&maxPageItems=10&maxIndexPages=10&searchKey=&searchValue=&menuId=461&orgCd=&boardId=1516150&boardMasterId=522&boardCategoryId=&decorator=（2023年2月8日アクセス）

3　MOTIE,「第9次電力需給基本計画」,
https://www.korea.kr/news/pressReleaseView.do?newsId=156429427（2023年2月8日アクセス）

4　MOTIE,「第10次電力需給基本計画」,
http://www.motie.go.kr/motie/ne/presse/press2/bbs/bbsView.do?bbs_seq_n=166650&bbs_cd_n=81&currentPage=21&search_key_n=title_v&cate_n=&dept_v=&search_val_v=（2023年2月8日アクセス）

的な方向性を定めた包括的な計画である。2023年から5年間で、40を超える省庁、機関、委員会によって実施される。

「科学、技術、イノベーションが導く大胆な未来」を創造するというビジョンを掲げ、「より強力な研究開発戦略」、「民間部門主導」、「グランドチャレンジへの対応」の目標を立てている。更に3つの柱、「戦略I 質的成長のための科学技術体制の高度化」、「戦略II イノベーション力の向上とオープンなエコシステムの醸成」、「戦略III 科学技術による国家懸案の解決と将来への備え」を設定している。環境・エネルギー関連の内容は、戦略IIIの①カーボンニュートラルと⑤サプライチェーンと資源である。

❶ カーボン ニュートラル

韓国は、2030 NDC（国が決定する貢献）及び2050 カーボン ニュートラル目標の達成に貢献するために、カーボンニュートラル達成のための重要な技術戦略計画を策定し、主要産業のエネルギー自給と低炭素排出のための重要な技術を確保し、科学的対応システムを構築する。

❺ サプライチェーンと資源

韓国は、産業の戦略的自律性を確保し、グローバルサプライチェーン再編に対応するために、重要技術の研究開発を強化する。また、鉱物、エネルギー、食料など資源の国際的な共同探鉱や、資源などの海外生産に関する調査を実施し、グローバルなサプライチェーンの管理能力を強化する。

尹政権は「カーボンニュートラル・グリーン成長推進戦略」と同時に「カーボンニュートラル・グリーン成長技術革新戦略」を発表した（2022年10月）。2050年カーボンニュートラルの実現に向けた取り組みにおいて科学技術イノベーションに大きな期待を寄せていることが分かる。同戦略では、（1）民間主導のカーボンニュートラル技術の革新、（2）迅速かつ柔軟なカーボンニュートラルの研究開発投資、（3）革新的な技術開発のための基盤構築という3つの方向性が設定された[5]。今後、100のカーボンニュートラル・コア技術の選定や、省庁横断型の研究開発予算配分調整体制等の課題に取り組むとした。カーボンニュートラル・コア技術に関しては、エネルギー転換分野では超高効率太陽電池システムや小型モジュール炉（SMR）、産業分野では水素還元製鉄の製造技術、建物・環境分野では超断熱材・設備技術、輸送分野では次世代二次電池やシリコンカーバイド（SiC）パワーデバイス技術等が含まれている。

一方、文政権の看板政策として2020年7月に掲げられていた「韓国ニューディール」は、翌年の7月には「韓国ニューディール2.0」に更新され、追加の予算措置を行う方針が示されていた。同政策の中のグリーンニューディールではインフラのグリーン移行、低炭素かつ分散型のエネルギー供給の推進、グリーン産業におけるイノベーション促進に取り組むとしていた。ところが、2022年5月の尹政権発足後に示された2023年予算案[6]では同政策に係る記述が見られず、政権交代によって引き継がれなかったとみられている。

環境分野に関する研究開発方針は、5カ年計画として「第5次環境技術・産業・人材育成計画（2023～2027）」が2022年11月に尹政権で決定されている。第4次計画までの成果は継承発展させるが気候危機、循環経済、安全などの課題解決型技術やグローバルな環境産業、先制的に対応するグリーン産業の人材育成を関係省庁で推進するとしている。

5　JETRO ビジネス短信, 尹政権のカーボンニュートラル・グリーン成長推進戦略を公表（2022年11月1日）, https://www.jetro.go.jp/biznews/2022/11/8c7fcb5e5c8da889.html（2023年2月22日アクセス）

6　Ministry of Economy and Finance, Korean Government, 2023 Budget Proposal（2022年8月30日）https://english.moef.go.kr/pc/selectTbPressCenterDtl.do?boardCd=N0001&seq=5405（2023年2月23日アクセス）

4. 代表的な研究開発プログラム／プロジェクト

韓国エネルギー技術評価・企画院（KETEP）

　政府が策定した国家ビジョンを支援するための技術開発戦略の開発および革新的なエネルギー技術開発の推進（ファンディング）を目的としており、広領域のエネルギー技術開発プログラムを企画、実施、管理し、研究者や大学、民間企業等を支援している。年間予算は日本円で1000億円強と言われている。

　シンガポールやノルウェーとの国際連携を行っており、大型プロジェクトが進行中である。現在進行中の洋上風力での技術開発に関するプロジェクトは、2020年12月から2023年11月までの3年間で、予算は1.3億円である[7]。

韓国研究財団（NRF）の国家戦略的研究開発プログラム

　韓国の最大のファンディングエージェンシーである韓国研究財団（NRF）の支援では、環境・エネルギーに関連するものは少ない。国家的、社会的な課題に対する解決策や、ビッグサイエンスなどを支援している国家戦略的研究開発プログラムのなかで、一部だが、環境・エネルギーに関連するものを支援しており、それらを図表1.2.4（8）-2に示す[8]。

表1.2.4（8）-2　　　　NRF国家戦略的研究開発プログラムで環境・エネルギーに関連するプロジェクト一覧

名称	目的	期間	助成金額
放射線技術開発プログラム	韓国の科学技術開発の促進と、健康と産業競争力を強化するための主要な放射線技術を確保する	3年、5年（2年+3年）（2019年7月選定）	約2億5,500万ウォン／年／プロジェクト
原子力技術開発プログラム	国民の安全と生活を焦点にして、原子力発電所の安定性の改善と、未解決の問題を解決するための主要な核技術を開発する。	約5年（3年+2年）（2018年12月選定）	1億〜170億ウォン／年／プロジェクト
宇宙・原子力国際協力プログラム（韓国・英国共同研究）	将来の主要な核技術を確保し、海外市場への参入の基礎を築くために、二国間および多国間国際協力を戦略的に強化する。	1年、3年、5年（3年+2年）、9年（2019年4月選定）	5,000万〜30億ウォン／年／プロジェクト
輸出のための新型原子炉研究開発	新型原子炉技術の国内検証を通した研究用原子炉の輸出能力の強化・医療および産業用放射性同位体元素、同位体製品輸出のための国内需要への対応・新産業の創出するための基盤の構築と関連研究開発の促進	約7年（2019年選定）	2,900億ウォン／プロジェクト
気候変動解決のための技術開発プログラム	温室効果ガスの削減と気候変動適応、リサイクル分野において、革新的な独自技術で将来の成長エンジンを創出	1〜10年（2019年6月選定）	2億〜174億ウォン／年／プロジェクト（CCSプロジェクト関連で174億ウォン）
国際核融合実験炉ITER韓国プロジェクト	ITER計画には日米欧露中印韓が建設と運用に共同参加。2050年代までの核融合エネルギーの商業化、独自技術の保全、中核的な専門家の育成などを掲げる。	合計18年（2007年10月〜2025年12月）	3,000万〜500億ウォン／年／プロジェクト

7　https://www.forskningsradet.no/contentassets/dae300ae751746738d682fb7883449ac/cho-i-gyun-ketep-01.11.2021-pa-panoramawebinar.pdf（2022年11月23日アクセス）

8　National Research Foundation of Korea (NRF), "Directorate for National Strategic R&D Programs", NRF, https://www.nrf.re.kr/eng/page/644bb6b5-1754-41e0-a5dd-e0d55ca021e9（2022年11月23日アクセス）

1.2.5 研究開発投資や論文、コミュニティー等の動向

世界のエネルギー分野への投資状況[1]

　世界のエネルギー分野への投資は2022年は前年比8％増の2兆4,000億ドル見込みとなった。2020年に減少したものの、翌年には再び増加に転じ、2022年にはコロナ禍を上回る水準になった。ただしこの増加はエネルギーコストの増加も要因となっている。コスト増は化石燃料で顕著だが、クリーンエネルギー技術でも観察されたという。2020年以降で太陽光パネルは10％、風力タービンは20％増加した。

　クリーンエネルギー技術への投資は近年は横ばいで推移していたものの、2021年から増加を見せ、2022年は1兆4,400億ドルとなる見通しとなった。国・地域別では中国が3,800億ドル、EUが2,600億ドル、米国が2,150億ドル等となっている。クリーンエネルギー技術の内訳は再生可能エネルギー（32.8％）、エネルギー効率化・その他の電力消費（32.6％）、送電網（グリッド）・蓄電（23.4％）、電気自動車（6.5％）、原子力（3.4％）、低炭素燃料・CO_2回収・有効利用・貯留（CCUS）（1.3％）となった。再エネについては新規投資の大半が太陽光であった。風力は陸上から洋上へと移行しつつあった。

　政府からの公的研究開発投資はコロナ禍でも増加を続けた。2021年は380億ドルで、その約90％が低炭素エネルギー関連だった。複数の国では2021年に政府が景気刺激策の一環としてファンディング予算を計上したが、その主たる配分先は水素、CCUS、エネルギー貯蔵だった。

　エネルギー技術系スタートアップは2021年に初期ステージのベンチャーキャピタル（VC）資金を69億ドル調達した。この金額は2020年の倍にあたる。大幅な増額の背景には、エネルギー移行に対する信頼感、エネルギー移行が革新的な新規エネルギー技術の市場創出をもたらすことへの期待感、そして投資家が他の資産クラスで同程度のリターンを見出すことに苦労している中でVC市場が活況を呈していることがあると見られている。2021年の大幅増額を牽引していたのは低炭素モビリティとバッテリー関係のスタートアップで、全体の約4割を占めていた。ただしこのシェアは2017年から2019年と比べると低く、これら以外の技術対象も含めて全体的に伸びたためと見られている。

国内の研究開発投資状況

　総務省統計局の2022年（令和4年）科学技術研究調査によると、2021年度（令和3年度）の科学技術研究費総額は19兆7,408億円で、そのうち大学等は3兆7,839億円、非営利団体・公的機関は1兆7,324億円、企業は14兆2,244億円であった。特定目的別研究費のうちエネルギー分野と環境分野は図表1.2.5-1の通りである。

図表1.2.5-1　　　主体別の科学技術研究費内訳
（総務省統計局2022年（令和4年）科学技術研究調査を基にCRDS作成）

	大学等	非営利団体・公的機関	企業
各主体の研究費総額	3兆7,839億円	1兆7,324億円	14兆2,244億円
エネルギー	668億円	2,413億円	6,822億円
環境	974億円	945億円	1兆1,888億円

1　International Energy Agency（IEA）,"World Energy Investment 2022"

　図表1.2.5-2 にエネルギー分野および環境分野の研究費年次推移を示す。エネルギー分野をみると、2020年度に企業と非営利団体・公的機関の研究費で減少が見られた。2021年度は非営利団体・公的機関で増加が見られるが企業は概ね横ばい傾向であった。環境分野では、2020年度には大学等および企業の研究費が減少していた。しかし2021年度には一転して増加傾向を示している。2020年度の落ち込みについては新型コロナウイルス感染症（COVID-19）等の影響が考えられるが、直近の数年をみると、大まかなトレンドとしてはエネルギー分野は横ばい、もしくは減少傾向がみられ、環境分野は僅かながらも増加傾向であった。

　次に特定目的別研究費で設定されている8分野の2021年度研究費を図表1.2.5-3に示す。研究費の総額はライフサイエンス分野が最も大きく、エネルギー分野と環境分野は、ライフサイエンス分野の三分の一程度である。また、大学等の研究費の割合が比較的多いのはライフサイエンス分野とナノテクノロジー分野であった。これに対してエネルギー分野は大学等の研究費が占める割合は1割に満たず、非営利団体・公的機関の割合が一定程度あるものの、大半は企業（資本金1億円以上）の研究費であった。環境分野も情報通信分野や物質・材料分野と並んで企業（資本金1億円以上）の研究費が8割を超える。

1

研究対象分野の全体像

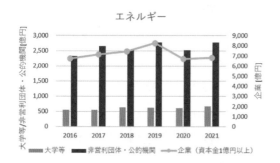
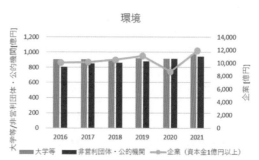

図表1.2.5-2　　　エネルギー分野および環境分野の研究費年次推移

（総務省統計局2022年（令和4年）科学技術研究調査資料を基にCRDS作成）

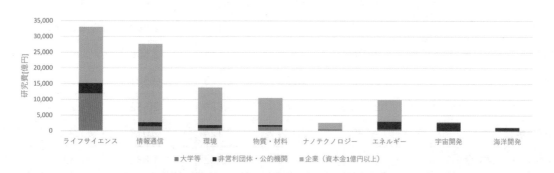

図表1.2.5-3　　　特定目的別研究費で設定されている8分野の2021年度研究費

（総務省統計局2022年（令和4年）科学技術研究調査資料を基にCRDS作成）

国内学会協会の会員数変化

　学会名鑑[2]から環境・エネルギー分野と関連が深い国内の学協会を抽出し会員数動向を調べた。抽出されたのは53学協会でエネルギー分野が31（図表1.2.5-4）、環境分野が22（図表1.2.5-5）だった。数万人規模の学会はエネルギー分野には7学会（日本化学会、日本建築学会、電気学会、日本機械学会、自動車技術会、日本物理学会、応用物理学会）、環境分野には3学会（日本化学会、土木学会、農業農村工学会）あった。大半は数千人規模の学協会だが、環境分野では1,000人未満の学協会が比較的多い点が特徴的である。

2　https://www.scj.go.jp/ja/gakkai/index.html（2023年3月17日アクセス）

図表1.2.5-4　　エネルギー分野の関連学会個人会員数（2017年度〜2021年度）

（学会名鑑を基にCRDS作成）

学会名	個人会員数（人）					増減率*
	2017年度	2018年度	2019年度	2020年度	2021年度	
自動車技術会	50,900	50,953	51,880	51,318	51,318	0.8%
日本機械学会	31,697	34,516	34,737	34,737	32,575	2.8%
日本建築学会	34,848	34,666	34,488	34,284	34,107	-2.1%
応用物理学会	21,708	21,710	21,160	20,039	19,581	-9.8%
電気学会	21,366	20,981	20,698	20,248	19,169	-10.3%
日本物理学会	17,000	16,575	16,276	15,875	15,030	-11.6%
高分子学会	9,844	9,712	9,234	8,802	7,937	-19.4%
日本鉄鋼協会	9,400	9,500	9,488	8,926	8,274	-12.0%
日本原子力学会	7,188	7,067	6,474	6,659	6,659	-7.4%
化学工学会	6,001	6,090	5,878	6,746	6,652	10.8%
計測自動制御学会	4,859	4,717	4,590	4,590	4,874	0.3%
有機合成化学協会	4,523	4,578	4,513	4,351	3,901	-13.8%
日本セラミックス協会	4,494	4,515	4,577	3,874	3,920	-12.8%
日本金属学会	5,147	5,095	4,929	4,885	4,757	-7.6%
日本冷凍空調学会	3,968	3,968	3,800	3,714	3,601	-9.2%
電気化学会	4,076	4,076	4,066	4,066	4,066	-0.2%
石油学会	3,317	3,242	3,147	2,990	2,846	-14.2%
溶接学会	2,634	2,634	2,614	2,508	2,456	-6.8%
触媒学会	2,633	2,592	2,575	2,501	2,501	-5.0%
日本トライボロジー学会	2,648	2,684	2,639	2,552	2,783	5.1%
日本材料学会	2,172	2,124	2,124	2,019	1,997	-8.1%
日本ガスタービン学会	2,051	2,050	1,962	1,882	1,833	-10.6%
ターボ機械協会	1,183	1,147	1,197	1,177	1,135	-4.1%
日本エネルギー学会	1,300	1,300	1,266	1,257	1,163	-10.5%
エネルギー・資源学会	1,175	1,155	1,071	1,039	997	-15.1%
日本伝熱学会	1,428	1,433	1,311	1,302	1,302	-8.8%
日本流体力学会	1,164	1,168	1,041	1,038	1,038	-10.8%
日本計算工学会	1,103	1,097	1,090	1,063	1,105	0.2%
日本燃焼学会	930	930	930	872	813	-12.6%
日本太陽エネルギー学会	800	700	700	651	582	-27.3%
日本地熱学会	739	744	775	729	722	-2.3%

*2017年度と2021年度での会員数増減率

図表1.2.5-5　　　環境分野の関連学会個人会員数（2017年度〜2021年度）

（学会名鑑を基にCRDS作成）

学会名	個人会員数（人）					増減率*
	2017年度	2018年度	2019年度	2020年度	2021年度	
土木学会	39,542	39,149	38,369	38,369	36,985	−6.5%
日本化学会	27,331	26,628	24,055	23,052	21,819	−20.2%
農業農村工学会	9,194	10,093	10,081	10,304	10,478	14.0%
地盤工学会	7,437	7,435	7,435	7,445	6,868	−7.7%
日本分析化学会	−	4,731	4,546	4,392	4,392	−
日本生態学会	3,862	3,951	4,028	4,070	3,955	2.4%
日本気象学会	3,255	3,279	3,189	3,142	3,117	−4.2%
日本水産学会	3,090	2,969	2,953	2,872	2,812	−9.0%
日本森林学会	2,586	2,559	2,523	2,523	2,421	−6.4%
廃棄物資源循環学会	2,347	2,294	2,189	2,153	2,209	−5.9%
日本土壌肥料学会	2,175	2,166	2,035	1,950	1,890	−13.1%
資源・素材学会	1,990	1,907	1,973	1,858	1,744	−12.4%
日本水環境学会	2,125	2,119	1,760	1,703	1,642	−22.7%
日本海洋学会	1,390	1,390	1,415	1,415	1,415	1.8%
水文・水資源学会	1,297	1,297	1,284	828	840	−35.2%
日本リモートセンシング学会	1,096	1,096	1,096	1,096	1,096	0.0%
環境経済・政策学会	1,100	1,100	1,004	996	996	−9.5%
大気環境学会	975	934	934	934	934	−4.2%
日本環境化学会	856	861	876	876	788	−7.9%
環境科学会	929	877	829	804	764	−17.8%
日本陸水学会	708	708	672	592	595	−16.0%
日本LCA学会	558	521	593	510	510	−8.6%

*2017年度と2021年度での会員数増減率

　2017年度から2021年度までの個人会員数増減を調べると、全体的には減少傾向にあった（図表1.2.5-4、図表1.2.5-5）。増加していたのはエネルギー分野では6学協会（日本建築学会、日本機械学会、化学工学会、計測自動制御学会、自動車技術会、日本計算工学会）、環境分野には3学会（農業農村工学会、日本生態学会、日本海洋学会）あった。

　図表1.2.5-6に、学会名鑑に収載されている学会の中から情報分野およびライフサイエンス分野の関連学会をいくつか抽出し、それぞれの2017年度と2021年度の個人会員数をまとめた。エネルギー分野、環境分野と同様に、情報分野では電子情報通信学会と情報処理学会の個人会員数で直近5年での減少が見られた。ライフサイエンス分野でも日本分子生物学会と日本植物生理学会で減少が見られた。日本生化学会は 概ね横ばいであった。一方、人工知能学会は直近5年で約25％の増加、CBI（The Chem-Bio Informatics Society）学会は約48％の増加が見られた。巨大な学会の減少幅に比べると絶対数は極めて小さいが、データサイエンス関連の学会に研究者が集まってきている様子が見られた。

図表1.2.5-6　　　情報分野・ライフサイエンス分野における関連学会個人会員数（2017年度～2021年度）

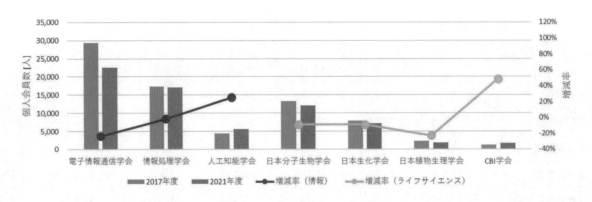

国内産学共同研究の状況

　図表1.2.5-7は、日本企業と主として欧米の大学や研究機関の共同研究に関する分野内訳を示している。これを見ると環境・エネルギー分野と関連の深い工学分野（工学、材料工学、化学工学）が合計で43%と比較的高い割合を示しており、海外機関との共同研究が多いことが分かる。また日本企業が海外の大学と共同研究を行う理由を見ると、高い割合を占めていたのが「日本の大学でも同様の研究は行われていたが、海外の大学の方が研究水準が高かった」（31%）や「日本の大学では同様の研究が行われていなかった」（28%）であったことから、日本企業が国内ではなく海外の研究機関との共同研究を選ぶ傾向が見えた（図表1.2.5-8）。

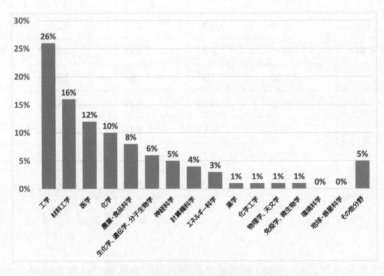

図表1.2.5-7　　　国際産学共同研究の研究分野

（先進国と共同研究実施企業 N=77）[3]

3　　鈴木真也、永田晃也（2015年）「アンケート調査から見た日本企業による国際産学共同研究の現状」NISTEP DISCUSSION PAPER, No.125, 文部科学省科学技術・学術政策研究所
（https://www.nistep.go.jp/archives/32309、2023年3月2日アクセス）

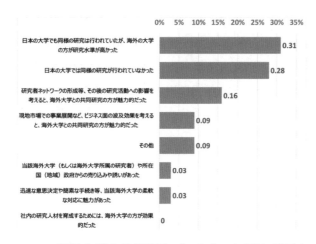

図表 1.2.5-8　　海外大学を共同研究パートナーに選んだ理由

（先進国と共同研究実施企業 N=32、複数回答有）[3]

研究開発を支える国内体制

　研究開発を進める上では研究者のみならず技術系の人材も含めた体制が重要になる。図表 1.2.5-9 には日本の公的研究機関ならびに比較のためドイツの公的研究機関の組織概要をまとめている。理化学研究所、物質・材料研究機構、産業技術総合研究所はいずれも数千人規模だが、ドイツの各機関は数万人規模と大きい。研究を支えるテクニカルスタッフや技術職員数も、ドイツは日本を上回る規模である。予算規模もドイツは日本を上回り、公的資金の割合もフラウンホーファー研究機構を除いてドイツの方が高い傾向にある。

図表 1.2.5-9　　日本とドイツのエネルギー関連国立研究機関予算及び人員体制

（各種資料をもとにCRDS作成）

研究機関	役割	スタッフ数	予算総額	予算構成
理化学研究所	自然科学の総合研究所	3,417人（うち研究者2,893人。77%にあたる2,219人は任期制職員）	約992億円	運営費交付金54.6%、特定先端大型研究施設関連補助金27.7%、その他補助金3.3%、受託事業収入等13.2%、その他1.2%
物質・材料研究機構	物質・材料科学技術に関する研究所	1,546人（うち研究者385人）その他にエンジニア職70人、任期付常勤研究者197人、任期付大学院生112人、任期付その他672人	約301億円	運営費交付金47.8%、受託事業収入28.6%、設備整備費17.6%、その他6%
産業技術総合研究所	7領域の基礎研究・応用研究	2,901人（うち研究者2,214人）その他にポスドク168人、大学や企業からの外来研究者291人、テクニカルスタッフ1,497人	約1,111億円	運営費交付金56.9%、施設整備費補助金6.2%、受託収入23.7%、その他13.3%
マックスプランク協会（MPG）	基礎科学研究	16,242人（うち研究者9,580人、技術系職員3,161人）	約18億ユーロ	連邦政府42.5%、州政府42.5%、その他15%
ヘルムホルツ協会（HGF）	大型研究施設を使用した研究	約34,682人（うち研究者約17,831人、技術系職員8,885人）	約45億ユーロ	70%は公的資金（連邦：州=9:1）残りを官民のスポンサーから
ライプニッツ連合（WGL）	社会・人文科学を含む広範な分野をカバー	約13,117人（うち6,800人が研究者、技術系職員3,472人）	約20億ユーロ	63%が連邦及び州政府（連邦：州=1:1）から、37%がその他
フラウンホーファー協会（FhG）	応用研究	約19,928人（約10,133人が研究者、技術系職員2,752人）	約28億ユーロ	外部資金約85%（企業から約4割、公的プロジェクト）、残り15%は連邦及び州政府(比率7:3)、EUなどからの基盤助成

国内の新規研究者人材

　図表1.2.5–10に、総務省統計局の科学技術研究調査結果から、2021年度の男女別新規採用者数のうち女性の数および割合を示す。大学等、非営利団体・公的機関、企業の中で自然科学系の部門（理学、工学、農学、保健、医学、歯学、薬学）にそれぞれ新規採用された女性の数およびその割合を示している。全体的に工学系は新規採用者の中の女性の割合が低い傾向が見られ、所属機関を総括した場合の割合は約16%であった。これは、前年度と比較すると1.7ポイントの増加であった。なお、大学等、非営利団体・公的機関、企業別では、それぞれの女性の割合は、20.0%、22.5%、15.6%となり、非営利団体・公的機関の女性比率が最も高かった。

図表1.2.5–10　　　2021年度自然科学部門別の女性新規採用者数および割合

（総務省統計局2022年（令和4年）科学技術研究調査資料を基にCRDS作成）

	機関			
	大学等	非営利団体・公的機関	企業	総括
理学系	131 (21.9%)	45 (20.5%)	1,273 (26.5%)	1,449 (25.8%)
工学系	159 (20.0%)	63 (22.5%)	2,241 (15.6%)	2,463 (16.0%)
農学系	83 (42.3%)	135 (34.4%)	541 (45.0%)	759 (42.4%)
自然科学系部門全体 （保健・医歯薬学含む）	1,834 (34.8%)	319 (30.0%)	4,411 (20.8%)	6,564 (23.8%)

大学院入学者数の推移

　大学院入学者数の推移を図表1.2.5–11に示す。2021年度の専攻別内訳では、修士課程は工学系が3.3万人と最も多く、次いで理学系0.7万人だった。博士課程は工学系が3,000人、理学系は1,000人程度となっていた。

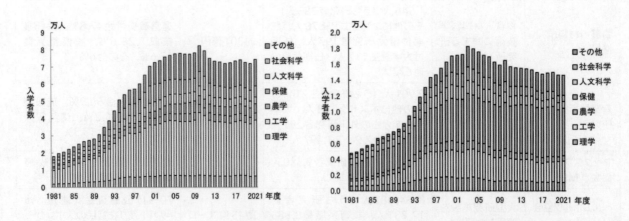

図表1.2.5–11　　　大学院入学者数の推移（左：修士課程、右：博士課程）[4]

4　科学技術・政策研究所（2022）、科学技術指標2020

　図表1.2.5–12はエネルギー機器や設備の研究開発で重要な位置づけとなる機械工学、電気通信工学、土木建築工学、応用化学分野の大学院入学者の推移を示している。いずれも伝統的な学問分野だが2005年頃までは入学者数がなだらかに伸びており、その後、減少に転じている。1990年以降は大学院の設置基準の大綱化の影響もあり工学系の新興分野が急増している。新興分野も2005年以降はなだらかに減少傾向にある。

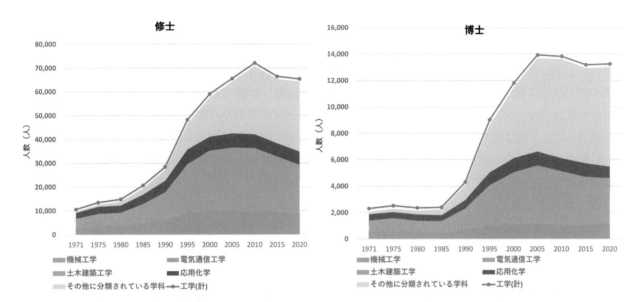

図表1.2.5–12　　**機械工学、電気通信工学、土木建築工学、応用化学分野の大学院入学者数の推移**
（左：修士課程、右：博士課程）（文部科学省学校基本調査をもとにCRDS作成）

1.3 今後の展望・方向性

1.3.1 今後重要となる研究の展望・方向性

　持続可能な社会への移行（トランジション）を促進する要因の1つとして環境・エネルギー分野の研究開発には大きな期待が寄せられている。その中で昨今の中心的な話題は気候変動への対応である。温室効果ガス排出量の正味ゼロ（カーボンニュートラル）実現に向けた取組みが主要国を中心に進められているが、ここ数年はトランジションの難しさやその不確実性に直面する場面も散見される。こうした状況に鑑みると、今後重要となる研究の展望・方向性は「トランジションと不確実性のマネジメント」であると考えられる。

　カーボンニュートラルの実現に向けた取組みは一層活発になっている。EUは欧州グリーンディール関連の戦略や計画を立て続けに発表した。日本では菅総理大臣（当時）が国会での所信表明演説の中で2050年までにカーボンニュートラル達成を目指すことを発表し、グリーン成長戦略が策定された。カーボンニュートラルを宣言していた国は以前から複数あったが、2020年頃を境にして各国のカーボンニュートラルを政策に取り込む動きは加速した。2021年11月時点では154か国・1地域が年限を区切った形でカーボンニュートラル実現を表明している。

　各国・地域の政策にカーボンニュートラルが取り込まれるようになり、具体的な計画や戦略が策定・施行され始めたことで、研究開発動向にもその影響が見え始めている。例えばエネルギー分野では蓄エネルギー、水素、大気中CO_2の回収・貯留やCO_2の循環的利用など個々の研究開発領域での動きが活発化している。再生可能エネルギー由来電力による水電解、太陽光・太陽熱ハイブリッドプラントシステムなどトータルシステムの構築を目指した動きも顕著である。ライフサイクル評価を基にして地域の脱炭素化に自治体、大学、民間企業が連携して取り組む研究開発も各地で進められている。大気中CO_2を回収・貯留するためのネガティブエミッション技術はカーボンニュートラルの実現に不可欠と考えられるようになりここ数年で一段と注目されている。特にDACCS（Direct Air Capture with Carbon Storage）と呼ばれる工学的なアプローチに加えて農地や森林、海洋生態系などにおける自然のプロセスを活用するアプローチへの関心・期待が高まっている。環境分野ではパリ協定に基づき実施されるグローバル・ストックテイクへの貢献を意図して全球規模の炭素収支解析のための衛星観測データの活用やモデルの高度化に係る研究開発が精力的に進められている。

　多方面で検討が進む一方、カーボンニュートラルの達成に向けた取組みが進みやすい分野と進みにくい分野があることも明白になってきている。例えば産業活動における熱エネルギー利用は規模が大きく成熟したプロセスゆえに脱炭素化が困難な分野と考えられている。再生可能エネルギー由来電力を利用して生産される「グリーン水素」は電気分解に係るコストがボトルネックとなっており、少なくとも当面は天然ガス等から取り出す「ブルー水素」（但し発生するCO_2は回収する）等も含めたクリーンな水素の幅広い検討が必要と認識されている。需要側にも再エネ電源や蓄電池が付加される分散型・自律型のエネルギーシステムは従来の大規模集中型のエネルギーシステムと比べてより複雑になるため、需給バランスを一定に保つためのエネルギーマネジメント技術が新たに必要になる。エネルギー利用に係る一人一人の行動や都市計画・街づくりを根本的に変えていくことも容易ではない。カーボンニュートラル達成のためにはこうした様々な困難にも対処していく必要があると認識されている。

　また2022年2月に始まったロシアのウクライナ侵攻は国際エネルギー市場に大きな影響を与え、人々の関心を、少なくとも一時的には、長期的な目標であるカーボンニュートラルの実現から当面のエネルギー資源確保という短期的な課題へと変えさせた。欧州諸国のエネルギー資源確保におけるロシア依存度の高さは従前からリスクと捉えられていた。しかし今回のような事態を通じてカーボンニュートラルへの道が一時的にでも停滞することを予測することは多くの人にとって困難であったと思われる。長い時間をかけて社会の移行を進める中ではこうした不確実な事柄が常に付きまとうことになる。それらに柔軟かつ動的に対応しながら着実に前進していくことができなければカーボンニュートラルの実現という極めて野心的な目標の達成は難しい。

それゆえ不確実性にいかに対処していくか、すなわち不確実性のマネジメントという観点がトランジションの過程においては重要になる。

　なお今回の事態は、エネルギー安全保障の重要性を再認識させる機会にもなった。必要十分なエネルギーを安定的に妥当な価格で供給することが脅かされるとたちまち国民生活や社会経済活動に深刻な影響が及ぶ。カーボンニュートラル達成を目指す中では環境負荷低減が重視されがちだが、その過程、あるいは到達した社会における社会基盤としてのエネルギーを考える場合、エネルギー安全保障との両立は不可欠な視点となる。とくに不確実性のマネジメントにおいてエネルギー安全保障は中心的な関心事項の1つであると考えられる。

　ここまで気候変動対応とくに気候変動の緩和に向けた取り組みに対する今後の研究の展望・方向性として「トランジションと不確実性のマネジメント」を踏まえることが重要であることを述べてきたが、このことはカーボンニュートラルの実現に向けた取り組みに限らず、気候変動適応、防災・減災、生物多様性、循環型経済、化学物質管理、都市環境等、持続可能な社会への移行の様々な側面で共通するテーマであると考えられる。例えば気候変動の影響は各地で顕在化しつつあるが、将来的な影響がどこにどの程度、どのような形で発生するかについての確たる予測は難しい。よってある程度の不確実性が含まれることは避けられず、そのことを考慮した対策の立案が必要となる。長い年月をかけて構築され固定化した従来システムからの移行は容易には進まず、その過程では不確実な事態が起きうる。これらには柔軟に対応すべきであり、また制度変革や習慣、価値観の変化なども含めたあらゆる方策を総動員する必要がある。当然ながら科学技術イノベーションも重要な要素の1つであり大きな貢献が求められている。

1.3.2　日本の研究開発の現状と課題

　ここでは環境・エネルギー分野の日本の研究開発の現状と課題を概観する。一般的な研究開発の現状は1.2.2に、研究開発領域ごとの詳細は第2章に示す。

エネルギー分野

- **電力のゼロエミ化・安定化：** 今後の電化促進に伴う電力需要の増加と変動性再生可能エネルギー導入の拡大とともに、電力の安定化がより重要な課題となる。安定な電力供給を担う火力発電のゼロエミ化および蓄エネルギーの拡大、安全性の確保を大前提とした原子力発電の活用が必要とされてゆく。日本は火力発電における水素・アンモニアへの燃料転換、CO_2回収では世界をリードする技術を有し、実機信頼性や燃料供給を含めたシステムの実用化に向けた開発を加速している。それを支える基盤として燃焼素反応過程の解明やデジタルツイン技術の開発などが期待されている。一方、炭素排出を伴わない水素・アンモニアの供給網の構築には時間がかかるため、既存設備の高効率化、CO_2回収技術と組み合わせた低CO_2排出化技術も並行して開発する必要がある。再エネ電源の拡大にはステークホルダーの協力や運用時の発電量や需要の予測も必要であり、気象や人文社会科学分野との連携が大切になると考えられる。太陽光発電や風力発電では国内適地が少ないこともあり、国内製造産業が苦戦している。しかしながら、ペロブスカイト薄膜太陽電池の開発では世界をリードし、洋上風力発電の浮体構造や耐候技術、高温蓄熱材料、海洋発電や地熱発電でも高い技術力を有する。これらの技術を再エネ適地が広い諸外国との協業も活用して進展させることも一つの方策と考えられている。また、蓄エネルギーの機能も有する揚水発電や蓄熱発電の技術も継続して維持・開発が必要である。原子力による発電に関わる科学技術は高い水準にあるが、継続的な国内の技術基盤の維持・向上が必要とされている。核融合発電技術の実現には時間がかかるが、民間も含めて投資が増大しており、機会を逃さないよう着実な取組が必要である。
- **産業・運輸部門のゼロエミ化・炭素循環利用：** 動力や熱源の化石燃料から電化および低炭素燃料への転換とともに、エネルギー効率の改善、炭素循環利用の技術開発が進められている。日本は二次電池技術で強みを持ち、リチウムイオン電池、レドックスフロー電池、ナトリウム硫黄電池等さらなる高性能化、

大容量化、低コスト化とともに、資源制約に対応するための新しい材料・製造技術の開発が期待される。水素の利用拡大には大きな期待が寄せられ各国で技術開発が進められている。水電解による水素製造、および貯蔵・輸送のためのエネルギーキャリア技術（液体水素、有機ハイドライド、アンモニア）においては劇的なコストダウン手法の開発が求められている。日本は燃料電池、水素エンジン等で世界に先行しているが社会普及が課題である。また、水素やアンモニアは火力発電用燃料や製鉄産業における活用が期待される。 CO_2を炭素資源として循環利用することで実効排出量を抑制するCCU（CO_2利用）技術において、メタノール合成、メタネーション、FT（フィッシャー・トロプシュ）合成等、日本は触媒技術開発が進んでいる。実用化には経済的価値を高めることが必要であり、CO_2直接電解反応や光触媒などによる低コスト化、高付加価値品の製造技術開発が期待される。産業熱利用の高効率化は継続的に進められているが、低温熱利用技術や高温ヒートポンプ技術、蓄熱材については一層の技術開発が必要とされている。

- **業務・家庭部門のゼロエミ化・低温熱利用：**民生部門におけるエネルギー消費量削減のためにZEB（Net Zero Energy Building）、ZEH（Net Zero Energy House）への移行が推進されている。

- **大気中CO_2除去：**カーボンニュートラルの実現に向けて大気中のCO_2を吸収するための技術が必要不可欠である。 CO_2の負の排出技術であるネガティブエミッション技術には、DACCS（Direct Air Carbon Capture and Storage）、BECCS（Bio-energy with Carbon Capture and Storage）などの工学的な手法に加えて、土壌炭素貯留、植林、沿岸部ブルーカーボンなどの自然を活用した方法がある。工学的手法は実証に向けた研究開発が進んでいる。自然を活用した方法についてはCO_2の吸収を高める研究や、定量的な評価に向けた生態系を含む観測・予測・モデリングに関する研究が進められている。

- **エネルギー分野の基盤科学技術：**実用燃焼機器の熱効率やエミッション低減、ナノ領域からの現象理解と低摩擦技術や複合材料の破壊解析などで強みを有する。一方、欧米の最先端研究開発拠点と比較すると個別組織や個別分野での研究に依存する傾向が弱みとなっている。また、基盤科学技術の発展に学会を中心に産学が協力して流体や熱、構造・強度等に関する基礎的なデータ集及びシミュレーション整備が行われてきたが、2000年半ば以降途絶えている。欧米のデータ集やそれに基づくシミュレーションコードが用いられているが、適用限界などの問題を孕んでいる。

環境分野

- **地球システムの観測、予測：**これまでの研究開発の中心的課題は近年の気候変動が人為影響で起きていることの科学的メカニズム検証であった。しかし、我が国のカーボンニュートラル宣言やIPCC第6次評価報告書（AR6）が公表され、この2年で確実に変化している。 GHGs排出削減の進行の確認やSLCFs削減の影響、極端気象（熱波、海洋熱波、大規模森林火災等、植生減少等）の気候変動影響寄与率解析（イベント・アトリビューション）や、それが大気−陸域、大気−海洋を通して再び大気に与える影響解析など、より詳細で身近な社会ニーズに近い研究課題が中心になってきている。沿岸データは地域的特性のため定性的蓄積はあるが外洋のような定量的蓄積がなく統合的解析が課題である。我が国も独自の地球システムモデル（ESM）や気候モデル（GCM）、IPBES（生物多様性及び生態系サービスに関する政府間科学政策プラットフォーム）への参加などを通じて国際的枠組みに貢献している。生態系・生物多様性に対しても「昆明・モントリオール生物多様性枠組」が採択され、社会的関心が徐々に高まっている。企業に対して気候に関する財務情報開示に続き、生態系・生物多様性に関する財務情報開示の国際的検討が進んでいる。我が国も、生態系・生物多様性観測の東アジア地域の情報蓄積などに貢献し、基礎的な評価指標や応用的なグリーンインフラの多面的効果なども研究されている。 IPCC AR6でも水循環の変化（洪水、干ばつ等）が指摘されているが、我が国は特に水災害を受ける地域にある。気象水文連携などで独自の研究成果を創出しており、河川流域統合マネジメントなど社会水文連携に向けた研究も見られるが、実際に発生している土砂や流木による取水口遮断リスク等、欧米が行ってい

る横断的研究が手薄である。観測と予測の両輪の推進が必須だが、とくに継続的観測データが不足しており、その主導権をもつ欧米に国際的議論をリードされている傾向があり、強化が急務となっている。

- **人と自然の調和**：都市防災について、都市ヒートアイランド対策や災害廃棄物に対して我が国は多くの蓄積をもつが、過去の蓄積が十分に生かされていない課題がある。多くの組織でBCPが策定され、新たに複合災害やレジリエンスの定性的な研究もなされている。街区や建築物のレジリエンスの定量的指標は全世界的に課題となっている。気候変動適応などのローカル実装ではモデル都市は優れた取組がみられるが、それ以外の都市では人材不足等から掲げる理想と現状が乖離している課題がある。都市生態系においては我が国の自然や気候環境に対応した研究がなされている。社会−生態システムについて、植生の生態系保全機能や光合成による炭素吸収機能や水貯留による防災機能などの多面的機能を不確実性を踏まえて評価することなどが国際的課題であり、我が国でも課題である。IPCC AR6において、気候レジリエント開発のコンセプトが示されたが、その内容は名称と異なり気候にとどまらず生物多様性、生態系サービスも一体的に捉えており、多様な機能の定量評価指標やネクサス（つながり）、社会文化的側面も含んだ多様な価値を踏まえた研究が課題となる。国際共同研究により作物生産予測が進展しているが、海外における作物収量変化、極端気象災害や病害虫影響は我が国の食料安全保障の観点で重要な研究課題である。斜面崩落による土砂災害は海外では乾燥等によるが、我が国では地震や豪雨、人為的盛り土などにより発生しており、複合型災害のメカニズム詳細や監視が課題である。水産業に関しても、栄養塩の分布や気候変化などに伴い生息域変化など大きな影響があり、その予測を担う為にも持続的観測データが不足している課題がある。COVID−19に対して、環境リスクアプローチからの観点で下水ウイルス調査（下水疫学調査）、換気、シミュレーション研究などで社会貢献につながる研究や情報発信が積極的に行われている。欧米や中国と比べて発表全体の件数が少なく、積極的な層が一部に偏っており、厚みが無い点が課題である。世界最高感度をもつ下水中ウイルス検出手法の開発など顕著な成果がある一方、米国はCDCやベンチャー企業が全米の下水のウイルス濃度や変異ウイルス推移などのデータを集めて公表しており、我が国よりも産学官連携が進んだ姿をみせている。空気清浄システムやUV殺菌システムについて製品化する企業もあり、競争力をもっている。
- **持続可能な資源利用**：大気汚染について我が国は全般には良化基調で、浄化技術は高い水準にあるが、対流圏オゾンや二次生成PMの分析と把握、カーボンニュートラル移行に伴う統合評価などが課題である。土壌汚染について我が国の法はリスクに基づく運用を規定しているが、いまだゼロリスク信仰や掘削除去の偏重が根深い課題である。福島第一原子力発電所事故に伴う1,300万 m^3 を超える掘削土壌をはじめ、自然由来の低濃度重金属を含む建設残土などの、リスク管理に基づく技術適用に向けてリスクコミュニケーションも重要な課題に含まれる。水利用・水処理ではセラミック膜処理やUV−LED処理などで国際的に高い水準にある一方、水循環と統合した流域管理の推進や、海外現地事情にあった水ビジネス展開や国際協働研究が課題としてあげられる。土壌、水処理に共通して我が国の実運用先の人材資源に余力がなく、廉価で現地で簡易に適用可能な技術開発へのニーズが高い。ライフサイクル管理において、難分解性で長期に残留するPFAS等が我が国でも社会問題となっており、未規制段階からの新規物質の包括的な評価が課題となっている。開発中技術や大規模導入前のLCAが注目されており、我が国でもムーンショット事業等で研究段階からのLCAが行われているが、LCA専門知識がなくても実施可能な方法論やツールの開発、CO_2排出削減以外の観点も含めた包括的LCA等が課題である。リサイクルに関して、海洋プラスチック問題を受けた生分解性プラスチックやバイオマスプラスチック等、新材料の普及が進んでいるが、リサイクルシステムが複雑化する課題への対応がある、循環型経済として枯渇性資源利用を減らし再生可能資源利用を増やす際に、トレーサビリティやサプライチェーン全体を含めたビジネスモデルの構築、多様な影響項目に対してバランスよい設計を包括的評価する手法等が課題である。
- **環境分野の基盤科学技術**：地球環境リモートセンシングでは我が国の地球観測衛星が気候変動観測や防災等への基盤データを取得しており、ユーザーと開発が協調した開発指針議論や国際協調も行われてい

1

研究対象分野の全体像

る。打ち上げ目前の衛星ミッションも複数あるが、課題として将来衛星ミッションの検討が停滞している。我が国はヒ素、水銀や大気中PMなどに対して高い水準の分析技術を持つが、全国の大学で分析化学講座が廃止されており、現在の高度な分析技術が近未来に断絶する危惧がある。ICP–MSや安定同位体比、QSARなどを生かした様々な分析手法も我が国で用いられているが、取得データの解析ソフトなどで欧米に後れをとっている。環境中で長期に残留する性質が悪影響をもたらす難分解性物質のPFASやプラスチックの環境動態や生体影響などが我が国でも精力的に研究されている。境界的・横断的課題として、欧米が小規模でも独自の観測機器、分析機器を事業化する中小企業やベンチャー企業も育成して持続的に基礎研究を推進しているのに対して、個別的な時限の支援に偏っており、国際的展開に消極的ともみられる傾向があげられる。

1.3.3 わが国として重要な研究開発

①重要な研究開発

本項では、国内外の社会・経済の動向や研究開発の現状、今後の展望などを俯瞰した中から見えてきた、わが国として今後重要となる研究開発について記述する。なお環境・エネルギー分野では「俯瞰ワークショップ」を開催しており、本項を含む1.3は同ワークショップでの議論も踏まえている。ワークショップでは本書第2章の各研究開発領域の動向をレビューするとともに領域を超えた横断的な視点から分野全体の現状や今後の方向性について議論した[1]。

環境・エネルギー分野の今後の研究開発では「トランジションと不確実性のマネジメント」を踏まえることが重要であると考えられる。以下ではこれを3つの柱——「トランジション促進」、「トランジションの進捗状況把握・予測・評価」、「トランジションの停滞や負の側面への備え」——に分け、関連する研究開発テーマや課題例をまとめる（図表1.3.3–1）。ただしここに示すテーマや課題例は固定的なものではなく、今後の社会の変化や研究開発上の進展などに即して常に追加や変更がありうる。

---

1 エネルギー分野はグループ別討議を令和2年10月26日（グループB）と11月9日（グループA）、全体討議を同12月7日に実施した。環境分野はグループ別討議を同11月4日（グループD）と11月20日（グループC）、全体討議を同12月4日に実施した。

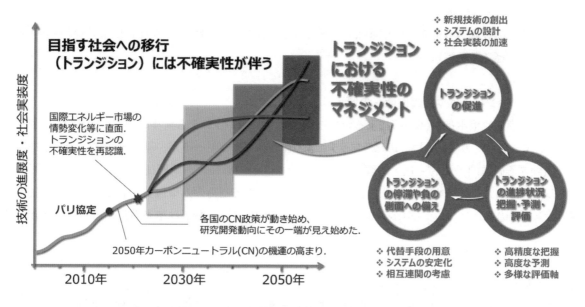

図表1.3.3-1　　今後の研究の方向性（イメージ図）

（1）トランジション促進

　トランジション促進のための手段や手法の開発、仕組みの構築が必要である。これに資する新規技術の創出や実現パスの探索、システム設計、社会実装加速などに係る研究開発が求められている。

（研究開発テーマ例）

・電力のゼロエミッション化の促進（再生可能エネルギーの導入拡大、カーボンニュートラル燃料導入等）
・水素・アンモニアの大量製造/輸送技術確立、利用技術深化
・CO_2の回収・貯留・有効利用
・新しい電力システムの構築（スマートグリッド）
・レジリエントな電力・エネルギー供給システムの構築（マルチユース）
・電力を用いた物質・エネルギー変換技術（電気化学）
・自然資本の持続的な管理・活用（自然を活用した解決策、持続可能な資源マネジメント）
・ライフサイクル設計
・循環型経済促進のための技術・システム構築

（2）トランジションの進捗状況把握・予測・評価

　トランジションの進捗を適切に把握・予測し、望ましい方向性やペースで進んでいるかを評価することが必要である。これらに資する時間的・空間的に高解像度な把握や高度な予測の技術が求められる。また評価対象は必ずしも明確とは限らず、数値化が困難なものもあり得るため、多様な観点から評価するための手法開発も必要となる。

（研究開発テーマ例）

・統合的な観測、観測との協調による生態系を含む全球のモデリング、予測の高度化
・社会システムや土地利用等の変化に伴う土地、水、大気、生態系、人間の生活環境等への影響の把握・予測
・土壌の再生・管理
・化学物質の環境リスク評価・管理

・ニーズ対応型環境分析
・持続可能性の評価（ライフサイクル評価、カーボンフットプリント評価、気候変動影響評価、生物多様性・生態系サービス評価等）

（3）トランジションの停滞や負の側面への備え

　予期しない事態や根本的な問題等による新規技術の社会実装やシステム構築の停滞、トランジションの過程におけるエネルギーの供給と需要のミスマッチにより生じるエネルギー不足、新規技術の社会実装を進める過程で直面する倫理的・法的・社会的課題を含む新たな課題の顕在化、問題間の繋がり（相互連関）に基づく負の影響の拡大、等の様々な事態に柔軟かつ動的に対処するための方策検討が必要である。代替手段の用意、システムの安定化、レジリエンスの強化、相互連関の考慮、統合的な推進等に係る研究開発が求められる。

（研究開発テーマ例）
・エネルギー需給の安定化（蓄エネ、自然エネルギー資源豊富地帯での実証・協働研究）
・エネルギー源の多様化・分散化（各種熱源発電、地産地消、マイクログリッド）
・クリーンテクノロジーのサプライチェーン上の脆弱性対応（機器自給率向上、希少金属確保・代替材料開発、使用済み機器等の処理・資源循環）
・熱利用・熱源のゼロエミッション化（カーボンニュートラル燃料拡大、ヒートポンプ、熱制御の高度化等）
・気候レジリエントな開発（気候変動適応策立案、包摂的アプローチ）
・感染症や自然災害に対するレジリエンス強化（事前警戒型社会構築のための感染症リスク評価・リスク管理、環境疫学、都市環境、防災・減災対策）
・社会変化・インフラ劣化への対応（持続可能な水利用等）

②研究開発体制・システムのあり方

　ここではエネルギー分野、環境分野で複数の研究開発領域において見られた共通課題等を整理する（図表1.3.3-2）。

エネルギー分野

　カーボンニュートラル実現という大きな目標に向けて社会実装の加速が目下の重要課題である。そこでは個々の機器や技術の高度化だけでなく、エネルギーシステム全体をどう変革していくかを意識する必要がある。どのようなエネルギーバランスで「S+3E」とカーボンニュートラルを両立させるのか、その中で個々の機器や技術がどのような規模感でどのような役割を果たし得るのかを見極め、必要な研究開発ターゲットを探索・設定していくことが求められる。こうしたシステム的観点が必要なのは全体を包含するナショナルレベルだけでなく、構成要素となるサブシステムレベルでも同様である。例えば水素に関して欧州は想定されるサプライチェーンを描きつつ関連する研究開発を推進している。産業界が果たすべき役割が大きいが、大学や公的研究機関も社会実装のシナリオを理解した上で基礎に立ち返って検討すべき課題を特定したり、現行候補技術の代替となりうる将来技術を探索したりするなどを通じて貢献が期待される。そのための国内研究開発体制としては産学の連携強化が重要課題であり、環境作りを進める必要がある。なお将来には不確実性があるため、シナリオは単一ではなく、複線的に捉える必要がある。候補技術も少なくとも最初の段階では複数検討し、多様な選択肢を持つことが重要となる。また、このような形の検討を進めるにあたっては、理工学系の分野の研究のみならず、シナリオ研究やLCAのほか、経済・社会・政治・文化・倫理など幅広い研究分野が関わりを持ちうる。理工学分野の中でも気象や気候分野、数理科学分野との連携強化の必要性も指摘されるようになっている。今後はそうした多分野連携を可能にする体制作りや雰囲気の醸成がこれまで以上に必要に

なる。

　研究環境、研究インフラの観点からは、データ基盤の整備が課題である。新規材料や製品開発に関わる共通的な材料物性値などの基盤的なデータの系統的な収集・管理・活用は、データ駆動型の研究開発が大きな潮流となっている中では独創的で競争力ある研究の源泉になりうる。またエネルギー関連機器を製品として社会に実装していくためには技術実証が必須だが、その技術実証に必要となる大型設備が国内では十分に整備されていない。設備の維持・管理に係るコストもあり容易ではないものの対処する必要があると指摘されている。また、技術進展を反映した法規制の適正化や社会受容の醸成なども新技術の開発推進には必要である。技術開発とルール作りなどを一体的に進めるアプローチは昨今「責任ある研究イノベーション（RRI）」とも言われておりその方法論は確立していないが個別具体な成功事例を積み重ねていくことが重要と考えられる。

　国際分業化や再生可能エネルギー資源の乏しさなどから国内産業が活発ではない分野もあるが、カーボンニュートラル実現のみならずエネルギー安全保障の面からも国際協働なども活用した基盤技術や人材の長期的・継続的な維持・向上が求められている。これを進めるためには国際協働の活用や国際的な枠組みへの参加を積極的に行っていく必要があると考えられる。

環境分野

　環境分野の研究開発は、持続可能な社会の実現に向けて気候変動の緩和・適応、防災・減災、安全で安価な水の確保、大気・水・土壌の保全・汚染除去、持続可能でレジリエントなまちづくり、持続可能な生産と消費、適正な化学物質管理など多様な領域への貢献が求められている。一般的に、環境分野では、規制強化によって研究開発活動が誘発され、技術進展が促されてきた。しかし近年は対象とすべき問題自体が以前よりも深刻化・複雑化しており、規制のみを駆動要因とした研究開発サイクルでは立ち行かなくなっている。そうした背景から、昨今は複雑な問題に対処していくための新たな研究開発の在り方が模索されている。今後重要になるのは、多分野連携による超学際的または学際的な研究開発の推進である。ここでいう「多分野」には2通りの意味が含まれる。1つは行政等の意思決定主体との連携や、当該問題に関わる多様なステークホルダーとの協働である。問題の設定や研究開発の計画段階から多様な主体が関わることで、研究開発をより効果的に進めることができる。もう1つは、学術基盤の強化という意味での多分野連携である。対象とすべき社会問題が複雑化するほど、個々の専門分野だけでは対処が難しい。水の問題を取り上げても多様な分野があるように、専門分野の枠を超えた横断的な繋がりを強化し、新たな学術基盤を構築していく必要がある。

　環境分野には環境監視、インフラ整備、保全・再生、除去・浄化、安全性評価など公的な仕組みやサービスも多く、そうした領域では国や自治体が率先して国内の研究開発基盤の維持・強化に関与する必要がある。特に以下に示すように大規模な研究インフラの維持・管理には国の計画的・戦略的な関与が不可欠である。ただし、グリーンファイナンス等、持続可能な社会の実現に向けた取り組みを投資対象とする動きが近年顕在化しつつある。かつてはコストと捉えられがちであった環境対策が投資の対象になってきている。こうした状況変化を踏まえ、今後は産業界との関わりを強化していくことも重要な方向性の一つである。

　研究環境、研究インフラに関しては、とりわけ地球環境や生態系の観測においては衛星観測、地上観測、海洋観測など多様な観測インフラを国として統合的かつ戦略的に構築・運用していく必要がある。国際社会と連携しながらも同時に日本の独自性も発揮できるよう、中長期的な視点に立って進める必要がある。また環境に関する膨大かつ多種多様なデータの処理や数値計算も不可欠な研究基盤であり、これを支えるデータ基盤、計算機施設の高度化も最先端の研究開発を支える上で必須となる。現在、一部の分野では、研究インフラ維持が研究者個人の研究費獲得に依存している状況が常態化している。こうした状況では中長期的な視点に立ってインフラを管理することは極めて困難である。国として持つべき研究インフラの全体ビジョンを策定・共有し、それに沿った一体的かつ統合的な運用が求められる。なおインフラ整備は、施設や機器等の共用促進、蓄積される各種データの利活用促進のための仕組みづくり等、限られた資源を有効活用するための検討と両輪で進める必要がある。

　　研究インフラについての中長期的な見通しが明瞭になることは人材の確保・育成にも有益と考えられる。環境分野は他分野と同じく人材不足が深刻な問題になっており、次世代を担う人材の育成・確保が喫緊の課題である。特に純粋な科学研究の人材のみならず、エンジニアリング人材の確保も課題になっている。モデリング人材、環境ビッグデータ活用人材、観測・計測機器などのハードウェア開発人材の確保・育成が必要とされている。環境分野に進む人材が将来のキャリアパスを描けるよう環境を整備していくことが求められる。

　　環境分野の研究の多くは国際的な枠組みと深く結びついている。そのため研究開発の方向性自体も国際協調の枠組みに沿っている場合がある。国内の研究人材が限られる中では、国際的な研究プロジェクトや研究コミュニティへの積極的な参画は今後の我が国の研究力の維持・強化において必須であると考えられる。

図表1.3.3-2　　　研究開発体制・システム上の課題

	エネルギー	環境
国内研究開発体制	●エネルギーシステム全体、個々の技術・機器間の関係性を考慮した研究開発課題の探索・設定 ●トータルシステムの構築を見据えた研究開発 ●複数のシナリオを見据えた複線的な研究開発（複数の技術的選択肢の保持） ●多分野連携	●多分野連携による学際的・超学際的な研究開発の推進（意思決定主体との連携、多様なステークホルダーとの協働、専門分野の枠を超えた横断的な学術基盤強化） ●公的性質の強い分野に対する国・自治体の関与 ●産業界との関わり強化
研究環境、研究インフラ	●データ基盤の整備 ●技術実証に必要な大型施設への投資、長期利用、保守 ●技術進展に応じた法規制の適正化検討、社会受容の醸成（責任ある研究イノベーション）	●継続的かつ統合的な観測体制の構築、中長期的視点に立った計画とその実行 ●データ基盤、計算機施設の高度化 ●社会の中での情報の利活用促進
人材	●長期戦略に基づく人材の確保・育成 ●学際的・分野横断型人材の育成 ●プログラムディレクター人材の育成	●次世代の育成・確保 ●エンジニアリング人材（モデリング、環境ビッグデータ活用、ハードウェア開発等）の確保・育成
国際連携	●国際協働研究などを通じた技術や経験値の維持・強化 ●国際的枠組みへの積極的な参加	●国際的な研究プロジェクトや研究コミュニティへの積極的な参加

2 │ 研究開発領域

2.1 電力のゼロエミ化・安定化

2.1.1 火力発電

（1）研究開発領域の定義

　本領域は、石油・石炭・天然ガス（LNG）・廃棄物などの燃料の燃焼熱エネルギーを電力へ変換する火力発電に関する研究開発動向を含む領域である。今後も依然として重要な役割を果たすと考えられる天然ガス火力発電と石炭火力発電のほか、カーボンニュートラルなバイオマス火力発電、カーボンフリー燃料として注目が集まる水素、アンモニア火力発電等の二次燃料に係る研究開発動向を主な対象とする。脱炭素化に向けた発電に関するより新しい科学技術動向も含める。

（2）キーワード

　天然ガス、石炭、バイオマス、水素、アンモニア、ポリジェネレーション、ガスタービン、石炭ガス化複合発電、ケミカルループ燃焼、超臨界CO_2サイクル、AI技術

（3）研究開発領域の概要
［本領域の意義］

　火力発電は、燃料を燃やすことにより発生する燃焼熱を電気に変換する発電方法であり、2021年度の日本における一次エネルギーの中で約37%[1)]、発電電力量の約73%を支えている。その燃料の大部分は石炭、LNG、石油等の化石燃料であり、CO_2排出量において本領域のインパクトは大きく、地球温暖化対策の観点から、これら化石燃料の使用量の抑制が求められている。そのため、化石燃料の火力発電による発電電力量とそのシェアは減少傾向にあるものの、依然として重要な電源ソースである。

　一方、新エネ等による発電電力量は増加傾向にあり、2021年度のシェアは約13%に達し、その7割強は太陽光発電と風力発電が占める。太陽光発電と風力発電は天候等によって出力が大きく変動する電源であり、自ら発電周波数を維持する機能を持たない。電力系統の安定には需要と供給の同時同量を保つ必要がある。出力変動を吸収し需給バランスを維持するため、火力発電の有する調整力が極めて重要となる。また、ガスタービンや蒸気タービンを使用するタービン系の火力発電ではタービンの慣性力により自身の回転数を維持することから、突発的な需給や電力系統の変動に対しても電力系統周波数の安定に大きく寄与する。

　2021年10月に決定された第6次エネルギー基本計画では、再生可能エネルギーの進展も考慮して、火力発電の比率は2030年度に41%と見込まれているが、依然として主要な供給力及び再生可能エネルギーの変動性を補う調整力として活用されることが示されている。同基本計画における温室効果ガスの2030年時点での46%削減、さらに2050年カーボンニュートラル・脱炭素社会の実現という日本の野心的な目標を達成するためには、化石燃料を利用する火力発電は、極限まで熱効率の向上を目指すとともに、カーボンニュートラルなバイオマスやカーボンフリーな水素等への燃料転換、更にはCCS等の炭素回収・貯留技術の実用化が喫緊の課題となる。加えて、2050年のカーボンニュートラル・脱炭素社会の実現に向けて、BECCS（Bioenergy with Carbon Capture and Storage）等のネガティブエミッション技術の開発、導入が極めて重要となる。

　また火力発電の主要機器は高度な技術力を結集したもので、その国の工業技術レベルの象徴であり、技術教育上も重要であり、国際競争力の源泉でもある。

［研究開発の動向］

■天然ガス火力発電

　主にガスタービン複合発電（Gas Turbine Combined Cycle：GTCC）が対象となるが、ガスタービンと他のシステムを組み合わせるハイブリッド発電の開発も進められている。GTCCの大容量機（40万kW程度）については、NEDOのカーボンリサイクル・次世代火力発電等技術開発/高効率ガスタービン技術実証事業のうち、1700℃級高効率ガスタービン技術実証事業の成果として、ガスタービン入口ガス温度は既に1650℃（発電効率57%、CO_2排出量原単位310 g/kWh）に達しており、順調にマーケット展開がなされている[2]。更なる高効率化や耐久性向上のため、低NOx燃焼技術、高性能冷却技術、高性能遮熱コーティング技術、超耐熱材料等の開発が課題として挙げられる。本技術と並行して、再生可能エネルギー大量導入時の調整力の開発を目的に、NEDO事業として2018〜2021年の間、機動性に優れる広負荷帯高効率ガスタービン複合発電の要素研究が実施され、起動時間（ホットスタート）10分、出力変化速度20%/分等を満たす技術開発が行われた[3]。

　米国エネルギー省（DOE）ではガスタービン開発「Advanced Turbines」の研究開発を3つのカテゴリーとして1700℃級ガスタービン開発を目指す「Advanced Combustion Turbines」（セラミック複合材や低NOx燃焼技術等）、CO_2回収型超臨界CO_2タービンの開発を目指す「Supercritical CO2 Turbomachinery」、および新たなコンセプトとして昇圧燃焼型システムの開発を目指す「Pressure Gain Combustion」に整理して推進している[4]。「Advanced Combustion Turbinesプログラム」では19件のプロジェクトが進行しているが、そのうちAM（Additive Manufacturing）技術関連が7件、混焼を含む水素燃焼関連が6件であり、これらに集中的に投資されている。産学連携プログラムとしてNExT（National Experimental Turbine）Cooled Blade Studies[5]、大学をベースとする次世代においても米国の研究優位性を確保するための学術的プログラムとしてUTSR（University Turbine System Research)[6] が運営されている。NExTは、米国のガスタービン高温化研究の優位性を確立するため、AGILIS、Honeywell、Pratt & Whitney、Solar、およびSiemensのガスタービンメーカー5社協力の下、モデルガスタービン設備を設置し、各社の利益を侵害しない範囲で共通基盤的な実験研究を行うプラットフォームである。2022年に設置を完了し、今後AM技術実証を中心とした研究が開始される予定である[7]。UTSRは調査時点で総額6.2百万ドルの予算で8件の研究プロジェクトが採択されている。主要な課題は、水素専焼、および水素/天然ガス混焼、およびその他の水素混合燃料を利用するガスタービン性能評価である。UTSRもNExTプラットフォームを用いた研究計画を発表している。「Supercritical CO2 Turbomachinery」プログラムではGE等3件の開発プロジェクトにおいて高温燃焼器や燃焼予測技術の開発を進めている。超臨界CO_2タービンの商用化プロジェクトとして、NET Powerが東芝エネルギーシステム＆ソリューション製50 MWth級燃焼器の実証運転を2018年に成功させ、300 MWe級低排出商用機を2026年に運開すべく、開発が継続されている。「Pressure Gain Combustion」プログラムでは3件の水素燃焼に関する基礎研究が大学により進められている。

　EUでは、2021年よりHorizon Europe（2021〜2027年）の枠組みでエネルギー・気候・モビリティ等の研究開発に152億ユーロ規模が投資されている[8]。前身のHorizon 2020（2014〜2020年）では、FLEXTURBINEプロジェクトにてGE、Siemens等23機関により10.7百万ユーロが投資され負荷変動対応型ガスタービン技術開発を、TANGOプロジェクトにてSiemens等8機関により3.7百万ユーロが投資されGT燃焼器の燃焼振動対策研究を、FACTORプロジェクトによりGE、Siemens等23機関により7.2百万ユーロが投資され燃焼器−タービン相互干渉予測制御技術開発を、OXIGENプロジェクトによりGE、Siemens等10機関により5.6百万ユーロが投資され高温部品用AM技術開発がそれぞれ行われた。

　複合発電のうち、固体酸化物形燃料電池（Solid Oxide Fuel Cell：SOFC）と組み合わせたガスタービン燃料電池複合発電（Gas Turbine Fuel cell Combine cycle：GTFC）（発電効率63%、CO_2排出量原単位280 g/kWh）について、NEDOでは2025年頃の実用化を目指し、2015年度から2ヶ年の250kW級SOFC−MGTハイブリッドシステムによる実証試験、および2016年度から3ヶ年の要素技術開発がそれぞれ

進められおり、これら知見をベースに1,000kW級の小型GTFC（蒸気タービンなし）の商用化技術を蓄積した上で、10万kW級の中型GTFC（蒸気タービンあり）の高圧化に係る要素技術の開発を行うこととしている。また、これらの知見は後述のIGFC開発プロジェクト（大崎Cool Genプロジェクト）に反映されることとしている[9]。なお、250 kW級SOFC-MGTは2019年に実用化され、商用運転が開始されている。近年、SOFCからの更なる高効率化が期待できるプロトン導電性セラミック燃料電池セル（Protonic Ceramic Fuel Cell：PCFC）が注目されている（机上検討では発電効率75%）[10]。さらに、水電解装置（Solid Oxide Electrolysis Cell：SOEC）とのリバーブルシステムとして、SOFC/SOECの研究も進められている。

■石炭火力発電

主に従来のボイラ-蒸気タービン発電か、ガスタービンを用いる複合発電に大別される。また、全く異なるものとして、ケミカルルーピング発電（排ガスがCO_2とH_2Oのみとなる燃焼法による発電）の研究開発も進められている。

ボイラ-蒸気タービン発電について、国内では1995年頃から実機導入が始まった超々臨界圧（USC：Ultra Super Critical、主蒸気圧力25 MPa、温度600〜630℃、発電効率40%、CO_2排出量原単位800 g/kWh）が主流となっている。新たなUSCの導入は、石炭火力に対する世界的な逆風のため、日本からの技術導入により国産化を図った中国など、主にアジア地域に見られる。更なる高効率化を目指し、700℃級の先進超々臨界圧（Advanced-Ultra Super Critical：A-USC、主蒸気圧力35 MPa、温度700℃、発電効率46〜48%、CO_2排出量原単位700 g/kWh）の開発が進められている。国内では、経済産業省の事業として2008年から基本設計が始まり、ボイラやタービン材料の開発を中心に進められている。2016年度以降、NEDO事業「次世代技術の早期実用化に向けた信頼性向上技術開発」プロジェクトとして移管され、2021年度まで長時間クリープ試験や材料データベースの拡充、表面処理技術、超音波探傷試験精度向上等の保守技術の確立を目指した開発が進められた[9]。海外では、DOEおよびOCDO（Ohio Coal Development Office）により、2000年代初頭から、蒸気条件760℃・35 MPa級のA-USCボイラー・タービン材料開発の研究プロジェクトが立ち上がっており、2016年にはFEED（Front End Engineering Design）を終えている[11]。欧州では、1998年からCOMTES700プログラムで材料開発や要素設計の研究が始まったが、後継のCOMTES+プロジェクトについては欧州における火力発電の状況の変化から進捗が見られない状況にある[12]。中国、インドおよび韓国においても、近年産官学による開発プロジェクトがアナウンスされたが、現状進捗が確認できるのは、2021年のインドBHEL, NTPC, IGCARによる800 MW級A-USCの開発計画についてのプレスリリースのみである[13]。

ボイラ-蒸気タービン発電とCCSとを統合する技術に酸素燃焼技術がある。ボイラーメーカー協力のもと、国内の電力会社と重電メーカおよび商社の企業連合が、オーストラリアクイーンズランド州のカライドA発電所において、2012〜2015年に酸素燃焼およびCO_2回収実証試験を実施した[14]。次期案件として、カナダアルバータ州サンダンス発電所におけるEOR（Enhanced Oil Recovery）による酸素燃焼/CCUS（Carbon Capture, Utilization and Storage）プロジェクトが検討されていたが、当該発電所のユニットは全て天然ガス焚きへ移行することがアナウンスされた。米国ではDOE/NETLが主導するプロジェクトにおいて、現在4件、総額14.6百万ドル規模で加圧酸素燃焼技術、パイロットスケール炉設計、フレームレス燃焼技術、およびシステム最適化などの研究開発が進められている[6]。ドイツでは、SFB/TRR129 Oxyflameプロジェクトが3大学により進められており、酸素燃焼条件における石炭の反応性の解明、モデル化などの基礎研究や関連シンポジウムが行われている。

石炭を用いる複合発電である石炭ガス化複合発電（Integrated Gasification Combined Cycle：IGCC）は、国産の空気吹きIGCC、および国内外の酸素吹きIGCCともに、1990年代後半から2010年頃にかけて実用化されている。日本で1980年代から開発してきた空気吹きでは、250 MW実証機での実証試験運転が2007年度から2012年度まで行われ、42%（LHV基準）を超える送電端効率を達成するなど、空気吹き

IGCCの成立性を実証した。この実証機は、2013年度からは常磐共同火力勿来発電所10号機として商用運転された。また、商用機級の540 MW、設計送電端効率48%（LHV基準）の空気吹きIGCCが福島県の広野と勿来にそれぞれ建設され、勿来IGCCは2021年4月に、広野IGCCは同年11月に商業運転を開始した。

　国内の酸素吹きの開発は、NEDOの石炭ガス化燃料電池複合発電実証事業[15]において、大崎クールジェンプロジェクトで行われている。第1段階として2018年度まで166 MWの酸素吹きIGCCの実証が行われ、送電端効率40.8%（HHV基準）、最大負荷変化率16%/minなどの成果を得ることができ、1500℃級IGCCに換算して送電端効率約46%（HHV基準）の達成に見通しを得た。2019年12月からは、第2段階としてCO₂分離・回収型酸素吹きIGCCの実証試験が行われた。最終段階である第3段階では、2022年4月からCO₂分離・回収型IGFCの実証として、発電出力600 kW級の固体酸化物形燃料電池（SOFC）2基を設置し、CO₂分離回収後のH₂リッチガスを用いたSOFCでの発電実証試験を2022年4月から行っている。さらに、酸素/CO₂吹きIGCCという新たなコンセプトの国産技術開発が、2008年からNEDO事業の「CO₂回収型クローズドIGCCの開発」として進められた。この事業は、2015年よりCO₂回収型次世代IGCC技術開発事業に引き継がれ、2020年度まで行われた。この事業では、酸素/CO₂吹きガス化の実証、熱効率向上が期待できる乾式ガス精製システムの構築、セミクローズドGTシステムにおける燃焼器性能の検討などを行い、送電端効率42% HHVを見通せる一連の要素技術を確立した[16]。

　オランダとスペインには1990年代より商用運転を続けてきたIGCCが存在したが、経済的理由からオランダは2013年に商用運転を終了し、スペインは2016年に解体のため運転を停止した。米国では1990年代よりTampaとWabash RiverにてIGCCが商用運転された。Wabash Riverは廃止となったがTampaは運転が継続されている。さらに2013年にEdwardsportにて761 MWのIGCC（Duke Energy社）が運開している。また、中国では2013年にTianjinにて265 MWのIGCC（GreenGenプロジェクト）が運開しており、2016年からはpre-combustion方式によるCCS-EORの実証試験が始まっている[17]。韓国では2016年にTaeanにて300 MWのIGCCが運開しており、2019年には水素転換装置を増設し、100 kW級燃料電池の試験運転を実施している[18]。現在、DOEにおける研究開発プロジェクトでは、石炭ガス化技術を発電技術よりも水素、ガソリン、ディーゼル、および航空用の液体燃料製造技術として捉えている。発電用としてはEPRIが11百万ドル規模のDOE事業において、石炭とバイオマスの混焼IGCC/CCSによるネガティブエミッション発電技術（50 MW級IGCC＋8.5 t/h水素製造）のFEEDを実施中である[6]。

　ケミカルルーピング燃焼技術はCO₂分離・回収装置や空気分離設備が不要な中小規模石炭火力向け（100〜500 MW：発電効率46%、CO₂排出量原単位700 g/kWh）に適した技術である。2030年頃の実用化を目指し、NEDOにより2015年から要素技術開発プロジェクトが進められてきている。現在、NEDOカーボンリサイクル・次世代火力発電等技術開発事業において、大阪ガスと石炭エネルギーセンターにより、要素技術開発と300kW級試験装置によるプロセス実証が進められている[19]。米国ではDOEが主導し、2015〜2021年にかけて、プラントメーカや大学・研究機関都合7者と計千百万ドル規模の低コストキャリア開発やシステム最適化、大規模プラントFS等の研究開発を進めてきたが、現時点で実施中のプロジェクトを確認できない[6]。

　DOEは2020年2月、石炭FIRSTプロジェクトを立ち上げ、総額77億円の投資をすることを発表した。FIRSTとは、Flexible、Innovative、Resilient、Small、およびTransformativeであり、この方針に従い、7つの具体的プロジェクト（超臨界加圧流動床、間接型超臨界CO₂発電、直接燃焼超臨界CO₂発電、石炭ガス化ベースポリジェネレーション、直接燃焼エンジンおよびガスタービン、モジュラ型加圧酸素燃焼、およびフレームレス加圧酸素燃焼）が実施され、それぞれのPre-FEEDが終了している[20]。

■バイオマス火力発電

　2020年度の日本の新エネ等による発電電力量の内2割強を占めるバイオマス発電は、近年増加の傾向にある。バイオマス発電の多くは、石炭火力でのバイオマス混焼発電あるいはバイオマス専焼発電である。これら

に採用されている発電方式は、ボイラが発生する蒸気により蒸気タービンを駆動するボイラ＆蒸気タービン方式である。

日本において、バイオマス混焼発電の発電出力は、既存の石炭火力に依存することから数10〜100万kW程度であるが、バイオマス専焼発電の発電出力は、燃料となるバイオマスの供給力から5千〜数万kW程度に留まる。また、前者の多くが燃焼温度の高い微粉炭ボイラを採用しているのに対し、後者のボイラには前者よりも燃焼温度の低い流動床ボイラあるいは循環流動床ボイラが採用されている。燃焼温度の違いはボイラが発生する蒸気条件の違いとして表れ、前者の発電効率が40%超であるのに対し、後者の発電効率は30%程度に留まる。一般にボイラ＆蒸気タービン方式の発電効率は、発電出力にも比例することから小規模なバイオマス専焼発電（5千kW規模）の発電効率は20%前後となる。

発電効率の視点から、バイオマス発電は石炭火力での混焼発電（微粉炭ボイラ）が有利と考えられるが、燃料となるバイオマスを微粉炭ボイラに供給するには燃料の微粉砕が必要となる。一般にバイオマスは繊維質であることから、石炭に比べると粉砕性に劣り、既存の石炭用粉砕装置で石炭とバイオマスの混合物（あるいはバイオマスのみ）を粉砕すると、粉砕可能量は石炭のみを粉砕した場合よりも少なくなり、バイオマス混焼率は限定されることになる。その解決策として、バイオマス専用の粉砕装置の導入、ペレット化や炭化などの改質によるバイオマスの粉砕性向上が挙げられる。

更に小規模なバイオマス発電の発電方式として、ガス化＆エンジン発電が挙げられる。これはバイオマスをガス化炉で可燃性ガス燃料に変換し、それをエンジンに供給することで発電を行うものである。既に固定床ガス化炉を採用した熱電併給ユニットが製品化されており、国内にも導入されている。ユニットあたりの発電出力は数10 kW程度で、発電効率は20%強、熱供給と合わせた総合エネルギー効率は約80%となる。

バイオマス発電の重要な課題のひとつは、バイオマスの調達（供給力）であり、前出の混焼発電に使用される大量のバイオマスは、多くの場合、海外からの輸入に頼っているのが実情である。バイオマスの発電利用にあたっては、改質や輸送を含めたライフサイクルCO_2を考慮する必要がある。

ネガティブエミッション技術として、バイオマス発電の燃焼排ガスに含まれるCO_2を回収して固定化するBECCSが挙げられる。英国のDRAXはNorth Yorkshireバイオマス発電所においてMHIのCO_2分離回収技術を導入し、2020年より燃焼排ガスからのCO_2回収パイロット試験を開始した。2024年よりBECCSユニットを建設（2027年運開予定）、これにより年間800万トン以上のCO_2を回収する予定としている[21), 22)]。国内においても東芝ESSが福岡県の三川発電所（バイオマス発電）で2020年よりCO_2分離回収実証を開始しており、日本製紙とタクマが北海道の勇払バイオマス発電所で2023年度よりCO_2分離回収実証を開始予定である。課題は分離回収したCO_2の貯留であり、帯水層等を活用した貯留地点および設備の開発が不可欠である。類似の取り組みとして、太平電業が広島県の西風新都バイオマス発電所にCO_2回収装置を導入、燃焼排ガスに含まれるCO_2の一部（0.3 t/日）を回収し、発電所構内の農業ハウスでの農産物栽培に活用している（2022年6月運開）。小規模ではあるが、分離回収後のCO_2を帯水層等に貯留するのではなく、農作物に固定化するという現実的な取り組みである。

EUにおけるバイオマスエネルギー利用は再生可能エネルギーの約60%を占めており、熱利用が約75%、発電利用が約13%、輸送用燃料利用が約12%となっている。これに要するバイオマスの殆どはEU域内から供給されている。エネルギー利用されるバイオマスの約60%が木質系バイオマスで、農業系バイオマスが約30%、廃棄物系バイオマスが約10%を占める。発電に供されるバイオマス量は、ドイツ、英国、イタリアが上位となる[23)]。

■水素・アンモニア火力発電

近年カーボンフリー燃料を使った新たな火力発電方式として研究開発が進められてきている。第6次エネルギー基本計画では、将来の電源構成において水素・アンモニア発電が占める割合を2030年に1%、2050年に10%と計画している。これに向け、国内では水素焚きやアンモニア焚きの火力発電技術の開発が進められ

ている。 NEDOは2019〜2021年、ドライ低NOx水素専焼ガスタービン技術開発・実証事業において、1 MWの電力と2.8 MWの熱の熱電併給が可能な実証試験を実施した。また、2020年からは酸素水素燃焼タービン発電に関する先導研究を実施している[24]。アンモニアについては、内閣府が主導した戦略的イノベーション創造プログラム（SIP）「エネルギーキャリア」において、水素キャリアとしてのアンモニアに注目し、アンモニア燃料電池とアンモニア直接燃焼に関する研究開発が行われた。アンモニア直接燃焼について、SIPプロジェクトでは不十分であった実証試験に必要な技術開発を対象としてNEDOによる研究開発プロジェクトが開始された。NEDO事業の「次世代火力発電等技術開発/次世代火力発電技術推進事業/アンモニア混焼火力発電技術の先導研究（2019〜2020年）」ではIHIによる微粉炭ボイラでのアンモニア混焼に向けたバーナ開発およびガスタービンでの液体アンモニア燃焼技術開発が行われた。

「水素社会構築技術開発事業/大規模水素エネルギー利用技術開発/水素エネルギー利用システム開発（2019〜2025年）」では、三菱重工業によるアンモニア熱分解GTCCの設計開発が行われている[25]。後継のNEDO事業にて、「カーボンリサイクル・次世代火力発電等技術開発/アンモニア混焼火力発電技術/次世代火力発電等技術開発/CO_2フリーアンモニア燃料　火力発電所での利用拡大に向けた研究開発（2021〜2024年/電源開発、中外炉工業、電力中央研究所、産業技術総合研究所、大阪大学）」では、既設の石炭火力発電設備へのアンモニアバーナの導入による石炭との混焼技術の開発、「カーボンリサイクル・次世代火力発電等技術開発/アンモニア混焼火力発電技術/次世代火力発電等技術開発/100万kW級石炭火力におけるアンモニア20%混焼の実証研究（2021〜2024年/JERA、IHI」では、2023年度中の碧南火力発電所4号機における実証開始に向け、検討を進めている。また、三菱重工業は、4万kW級ガスタービンでのアンモニア専焼技術の開発を進めている。

（4）注目動向

[新展開・技術トピックス]

■ゼロエミッション火力発電技術

・CO_2分離・回収型IGFC

NEDOの石炭ガス化燃料電池複合発電実証事業において、大崎クールジェンプロジェクトが行われている。2017〜2018年の第1段階では170 MW級実証プラントとして世界最高レベルの送電端効率40.8%を達成、2019〜2022年の第2段階ではCO_2分離・回収設備のCO_2回収率90%以上、回収CO_2純度99%以上を達成、2022年4月からは最終の第3段階として、SOFCモジュール2基とIGCCを接続した世界初のMW級CO_2分離・回収型IGFCの実証試験において、高濃度水素ガスによる運転・制御方法の確立、発電特性の把握、各要素の協調制御、およびシステム全体効率に関する検討等が行われている。

・CO_2回収型クローズドIGCC（Oxy-fuel IGCC/CCS）

NEDOの「ゼロエミッション石炭火力技術開発プロジェクト」において複数のプロジェクトが実施された。CO_2回収型クローズドIGCCプロジェクトは、2015〜2020年に50トン/日ベンチスケールガス化炉試験運転等による要素研究開発が実施され、酸素/CO_2吹きガス化炉技術や乾式ガス精製技術の確立が図られ、送電端効率42%以上を達成する目途が得られた[16]。また、文部科学省フラッグシップ2020ポスト「京」で取り組むべき社会的・科学的課題に関するアプリケーション開発・研究開発、および「富岳」成果創出加速プログラム「スーパーシミュレーションとAIを活用した実機クリーンエネルギーシステムのデジタルツインの構築と活用」と連携して、熱流体−構造連成大規模解析による先進的設計システムの開発が進められている。

NEDO事業として、これまで電力中央研究所と三菱重工業、三菱パワーが実施してきたCO_2回収型クローズドIGCCプロジェクトは、第2フェーズ（2015〜2020年度、45億円規模）が終了した。このシステムは、IGCCにおいてガス化炉を酸素/CO_2吹きとし、CO_2が主成分である排熱回収ボイラ（HRSG）からの排ガスを、ガス化炉への石炭ならびにガス化炉後流で回収されたチャーの投入に必要な搬送ガスに用いるとともに、ガス化炉の温度調整を目的として投入する。CO_2はガス化反応（C+CO_2→2CO）に寄与するガス化剤であ

るため、ガス化炉内の温度調整の役割を果たすとともに、ガス化反応の促進効果を有している。そのため、従来の空気吹きガス化炉よりも高いガス化性能を得ることができる。また、ガスタービン（GT）については、酸素製造装置からの酸素とHRSGからの排ガスを混合して利用するセミクローズドサイクルとしている。これらによって、このシステムでは系内に窒素が投入されず、HRSGからのCO_2を回収するにあたってはCO_2分離に関する装置を設置する必要がなく、CO_2回収を行っても比較的高い送電端効率が得られる。このプロジェクトでは、従来の湿式ガス精製システムよりも高い熱効率を得ることができる乾式ガス精製システムの開発も行われ、ガス化炉へのCO_2投入によるガス化性能向上とともに、効率向上の要素となっている。さらに、HRSGで発生した蒸気を抽気してガス化炉のガス化剤（$C+H_2O \rightarrow CO+H_2$）として利用することでガス化効率を高め、システムの熱効率を向上させている。この事業では、酸素/CO_2吹きガス化の実証、ガス化炉にH_2Oを投入した際のガス化効率の向上効果の検証、乾式ガス精製システムの構築、セミクローズドGTシステムにおける燃焼器性能の検討などを行い、送電端効率42% HHVを見通せる一連の要素技術を確立した。

- **超臨界CO_2サイクル発電**

米NET Power社が米テキサス州La Porteに建設した超臨界CO_2サイクル発電実証試験設備は、2018年に東芝製50 MWth燃焼器の燃焼試験に成功後、2021年にテキサス州の電力網に接続し売電を開始している。2022年には国際企業Baker Hughesが同社のプロジェクトへ参画することが発表された。このプロジェクトにおいても、文部科学省「富岳」成果創出加速プログラムとの連携により、超臨界CO_2燃焼器の熱流体–構造連成大規模解析による先進的設計システムの開発が進められている。

- **水素燃焼発電**

NEDOの水素社会構築技術開発事業において、川崎重工業は2019〜2020年に1.1 MW発電と2.8 MW熱供給が可能なドライ低NOx水素専焼ガスタービンの実証試験に成功した。ここではドライ燃焼方式による従来よりも高い発電効率やNOx排出量の低減効果について確認された。

NEDOの水素利用等先導研究開発事業において、2020〜2022年に産業技術総合研究所等は酸素水素燃焼タービン発電の共通基盤技術の研究開発を実施中である。ここでは酸素水素燃焼を含むクローズドサイクルシステムに関するシステム効率検討、高温高圧材料や燃焼機器の開発、社会実装シナリオ等が検討されている[24]。

NEDOのグリーンイノベーション基金事業により、2021〜2030年にJERA、関西電力、およびENEOSは水素社会構築技術開発事業にて開発された水素ガスタービン燃焼器等を実際の発電所に実装し、中・大型ガスタービンの水素混焼・専焼実証運転を実施する計画をスタートさせた。水素の国際サプライチェーン実証事業との連携により、水素の大規模需給実証を行う[26]。

- **アンモニア燃焼発電**

NEDOのカーボンリサイクル・次世代火力発電等技術開発事業により、2021〜2024年に電源開発ら、およびJERAらは、100万kW石炭火力における20%混焼実証等、火力発電所での利用拡大に向けた研究開発を実施中である。

NEDOのグリーンイノベーション基金事業により、2021〜2028年にIHI、三菱重工業、およびJERAはアンモニア高混焼微粉炭バーナおよびアンモニア専焼バーナを開発し、事業用石炭火力発電所においてアンモニア利用の社会実装に向けた技術実証を行う[27]。また、同事業により、2021〜2027年にIHIらは2MW級ガスタービンに向けた液体アンモニア専焼技術の開発・実証を行う計画である。

■再生可能エネルギー電源大量導入時の火力発電技術

NEDOのカーボンリサイクル・次世代火力発電等技術開発事業により、2018〜2021年に電力中央研究所らは、機動性に優れる広負荷帯高効率ガスタービン複合発電の要素研究を実施し、起動時間（ホットスタート）10分、出力変化速度20%/分等の高い応答性を備えた系統安定化技術の開発を実施した[3]。

■AM（Additive Manufacturing）技術の適用

内閣府SIP「統合型税両開発システムによるマテリアル革命」において、川崎重工業、大阪大学、およびNIMSは水素焚きガスタービン向け燃焼バーナ等への適用を目指したNi基合金の3D積層造形プロセスの開発を実施している。

■カーボンリサイクル技術との連携（ポリジェネレーション技術開発）

NEDOのカーボンリサイクル・次世代火力発電等技術開発事業により、2020〜2024年に電力中央研究所らは、CO_2回収型ポリジェネレーションシステム基盤技術開発を実施している。石炭の他、バイオマスや廃棄物のガス化発電に加えて、シュウ酸等の高付加価値物の併産について技術開発を進めている。また、同事業において、大阪ガスおよび石炭エネルギーセンターは、ケミカルルーピング燃焼の要素技術開発と300kW級試験装置による電気・水素・CO_2のポリジェネレーションプロセス実証に取り組んでいる[28]。

このシステムでは、調達の困難さから比較的小規模な発電システムに利用されている廃棄物やバイオマスを石炭と共利用してガス化することで高効率な発電とし、またガス化剤の酸素/CO_2/H_2Oの割合を変えることでガス化ガス（合成ガス）のH_2/CO比を調整し、合成ガスを発電のみならず化学合成にも利用可能なシステムとなっている。化学合成に利用することで、炭素が有価物に一部固定されるためCO_2回収の負担が軽減され、また、廃棄物利用と組み合わせることは炭素資源の循環利用にも繋がる。さらに、再生可能エネルギーが普及するにつれて、火力発電に強く求められるようになる調整力にも貢献できる。通常のIGCCでは発電を停止する際、ガス化炉も停止する必要があるのに対し、本システムでは合成ガスを化学合成に供給することが可能なため、ガス化炉やガス精製設備の稼働率を高く維持できる。これにより柔軟な需給調整が可能となり、結果的に再生可能エネルギーの導入促進に貢献できる。

■AI技術の火力発電への適用技術

NEDO助成事業として、2018〜2019年、関西電力と三菱重工業は舞鶴火力発電所において、運用高度化サービスの開発に向けたボイラ燃焼調整の最適化のためのデジタルツイン構築実証事業を実施した[29]。

NEDOのカーボンリサイクル・次世代火力発電等技術開発事業により、2020〜2022年に東芝エネルギーシステムズは、豪ベールズポイント発電所5・6号機にAIによる異常検知や寿命予測技術の実証試験を実施した[30]。

NEDOはASEAN地域電力会社向けIoT活用による発電事業資産効率化・高度化促進のための技術実証事業において、2019〜2022年にタイ・マエモ火力発電所11・13号機にAI・ビッグデータ解析による発電所全体の熱効率改善や信頼性向上技術の実証試験を実施した[31], [32]。

2022年、JERAは碧南火力発電所4号機において、「AIによるボイラ運転最適化の本格運用を開始について」として石炭火力運転支援AIを運用開始したと発表した。

[注目すべき国内外のプロジェクト]
■国内

• 石炭ガス化複合発電（ゼロエミッション技術）に関するプロジェクト（2019〜2022年、73億円）

空気吹きに関しては商用機規模の540 MWプラント2基が福島県の勿来と広野で2021年に運開した。酸素吹きについても大崎クールジェンで実証試験が続けられており、世界を圧倒的にリードしている。NEDO次世代火力発電等技術開発/石炭ガス化燃料電池複合発電実証事業では、大崎クールジェンプロジェクト[16]において、2019年12月から第2段階としてCO_2分離・回収型酸素吹きIGCCの実証試験が行われている。商用発電プラント（1500℃級IGCC）を想定し、石炭ガス化ガスの17%程度を抽出し、シフト反応器を通気させた後、CO_2吸収塔でCO_2を回収する実証試験を行っている。CO_2回収率90%、回収CO_2純度99%以上の目標を達成し、石炭ガス化ガス由来のH_2リッチガスをガスタービンに送り、IGCC設備とCO_2分離回収設備

との連係に成功している。さらに、CO_2を回収しながらも1,500℃級IGCCにおいて送電端効率40%（HHV基準）程度の見通しを得ることなどを目標に進められている。

また、最終の第3段階では、CO_2分離・回収型IGFCの実証として、発電出力600 kW級の固体酸化物形燃料電池（SOFC）2基を設置し、CO_2分離回収後のH_2リッチガスを用いたSOFCでの発電実証試験を2022年4月から行っている。将来の500 MW級商用機に適用した場合に、CO_2回収率90%の条件で、送電端効率47%程度（HHV基準）の見通しを得ることを目標として進められている。

- 石炭ガス化（ポリジェネレーション技術）に関するプロジェクト（2020～2022年、10億円）[28]

　NEDOのCO_2分離・回収型ポリジェネレーションシステム技術開発では、石炭ガス化技術を生かした、多様な燃料を利用するCO_2回収型ポリジェネレーションシステム基盤技術開発（2020～2022年、電力中央研究所）が進められている。

- 水素発電技術（混焼、専焼）の実機実証（2021～2030年、510億円）[26]

　NEDOグリーンイノベーション基金事業として、JERA（2021～2025年、110億円）、関西電力（2021～2026年、160億円）、およびENEOS（2021～2030年、240億円）により中・大型ガスタービンによる水素混焼・専焼技術の発電所への実装と実証運転が進められている。異なる実証運転により燃焼安定性等を検証するとともに、国際サプライチェーン実証事業との連携も実施している。

- アンモニア混焼火力発電技術研究開発・実証事業（2021～2024年、約60億円）

　NEDOカーボンリサイクル・次世代火力発電等技術開発事業として、JERAとIHIによる100万kW級石炭火力への20%混焼実証研究、ならびに電源開発、中外炉工業、電力中央研究所、大阪大学、および産業技術総合研究所がCO_2フリーアンモニア燃料の利用拡大に向けた研究開発を実施中。実機アンモニア混焼バーナの設計・製作や最適燃焼方法の検討、混焼率拡大時の燃焼特性評価、リスクマネジメント検討等を行っている。

- 石炭ボイラにおけるアンモニア高混焼技術の開発・実証（2021～2028年度、452億円）[27]

　NEDOグリーンイノベーション基金事業として、IHI、三菱重工業、およびJERAが高混焼バーナおよび専焼バーナの開発と技術実証を実施している。混焼率50%以上を目指している。

- ガスタービンにおけるアンモニア専焼技術の開発・実証（2021～2027年度、92億円）[27]

　NEDOグリーンイノベーション基金事業として、IHI、東北大学、および産業技術総合研究所が2 MW級ガスタービンに向けた液体アンモニア専焼技術を開発中。実証試験を通じて運用ノウハウの取得や安全対策の検証を行っている。

- スーパーシミュレーションとAIを連携活用した実機クリーンエネルギーシステムのデジタルツインの構築と活用（2020～2022年度、2億円）

　文部科学省「富岳」成果創出加速プログラムとして、東京大学、京都大学、および九州大学がCO_2回収型IGCC用石炭ガス化炉と超臨界CO_2燃焼器のデジタルツインの構築を各メーカと連携して実施中。炉内部の固気液三相燃焼流と炉構造体の熱伝導を非定常双方向連成計算法により解く、炉内反応・燃焼特性と構造体の耐熱健全性を同時に評価する技術の開発を進めている。

■国外

- オランダMugnum水素焚き転換プロジェクト（2018～2023年、10億ユーロ）

　三菱パワー社はオランダMagnum発電所（現RWE社）440 MW1ユニットを2023年までに水素専焼GTCCへ転換するプロジェクトを実施中。当初はノルウェー産天然ガス由来のブルー水素で発電し、徐々にグリーン水素へ転換する計画である[25]。

- Advanced Clean Energy Storage Project for Hydrogen Production（2022～2045年、504.4百万ドル）

　三菱パワー社とMagnum Development社はDOEからの504.4百万ドルの資金援助により、ユタ州イン

ターマウンテンにおけるグリーン水素の岩盤貯留と840 MWの水素複合発電プロジェクトを発表した。2025年に30%混焼発電、2045年に専焼発電を計画している。

（5）科学技術的課題

■石炭ガス化複合発電

石炭ガス化複合発電（IGCC）については、従来のボイラ蒸気タービンによる発電に比べて20%程度の効率向上が見込めるが、現状設備コストが割高であり普及が進んでいない。出力当たりの設備コストを低下させるには、石炭ガス化炉のガス化転換率向上、熱サイクルの最高温度引き上げ、現状の湿式ガス精製に変わる乾式ガス精製技術（脱硫黄、脱ハロゲン、脱アンモニア・シアン、脱水銀・ヒ素等）の開発、空気分離装置の高効率化による動力低減などが課題である。また、海外でのCO_2排出量削減に資するための粗悪炭など多炭種への対応性検証、再生エネルギーと共存するための負荷変化率や起動時間等の運用性の向上、なども課題となる。ゼロエミッション火力発電については、クローズドIGCCにおける酸素/CO_2吹き石炭ガス化炉最適化、酸素燃焼ガスタービン燃焼技術、再生熱交換器の効率化、IGFC/CCSにおけるCO_2回収設備の運用コスト低減などの技術が課題となる。超臨界CO_2サイクル火力発電の課題としては、高耐久性の耐熱・耐圧材料の開発、酸素燃焼の安定（燃焼振動抑制）制御技術、一貫システムの試験実証、熱システム最適化、システム全体の性能、運用性および信頼性の向上などが挙げられる。

■水素混焼・専焼時の低NOx・安定燃焼技術

水素は可燃限界が広く燃焼速度が速い燃焼性に優れた燃料である。一方で、高い燃焼温度に起因するサーマルNOx生成、応答性の速さに起因する燃焼振動、および速い燃焼速度に起因する逆火等、低NOxかつ安定な燃焼を実現するための技術的課題が多い。水素乱流燃焼の理解と制御技術の開発を進める必要がある。技術の社会実装を加速するためには、実験的研究開発に加え、後に述べるAI技術を含むデジタルツイン技術を活用することも必要とされている。

■アンモニア混焼・専焼時の低NOx・安定燃焼技術

アンモニアは可燃限界が狭く燃焼速度が遅い燃焼性の低い燃料である。また、燃料に窒素が含まれているため、高温時に生成されるサーマルNOxに加えて、燃料由来のフューエルNOxが生成する。着火性の低さや燃焼速度の遅さに起因する不安定燃焼や熱発生位置の変化、低い燃焼温度に起因する収熱量の低下、フューエルNOx生成等、低NOxかつ安定な燃焼を実現するための技術的課題が多い。アンモニア乱流燃焼の理解と制御技術の開発を進める必要がある。水素燃焼と同様に、技術の社会実装を加速するためには、実験的研究開発に加え、後に述べるAI技術を含むデジタルツイン技術の活用も必要とされている。

■再生可能エネルギー変動時の調整力強化技術

再生可能エネルギー変動時には、ガスタービンを中心とした火力発電による調整力が必要となる。これには、急速起動や急速離脱時の過渡状態における空力制御技術や燃焼制御技術、低NOx燃焼技術、材料の耐熱衝撃・耐繰り返し応力技術、および各部のクリアランス制御技術が不可欠である。さらに極低負荷運転時における高効率運転技術も必要となる。

■ガスタービン高効率化技術

1700℃級ガスタービンが実用化された現在、更なる高温化による高効率化が重要である。これには、先進的冷却技術、耐壊食・腐食性の高いセラミックコーティング（TBC）技術、および耐熱合金開発が必要である。特に今後注目すべきは、Additive Manufacturing（AM）による先進的高温部品の製造技術である。耐熱合金の結晶異方性カスタム制御技術や複雑形状成形技術により革新的な耐熱部品製作技術の確立が必

要である。更には圧力増進燃焼技術（Pressure Gain Combustion）等、新たな高効率システムへの取り組みも重要である。

■バイオマス発電/水素・アンモニア発電

バイオマス発電に適用される技術は、同じ固体燃料を利用する石炭火力発電の技術に近く、類似の課題を有する。一方、バイオマスと石炭の燃料性状の違い（例えば、発熱量、燃料比、微量成分など）から、バイオマス発電に特有の技術課題もある。バイオマス発電においては、発電技術もさることながら、カーボンニュートラル性を維持しつつ如何に燃料を確保するかが大きな課題である。森林由来の木質系バイオマスを例にすると、カーボンニュートラル性を担保する植林技術、伐採による森林や生態系への環境影響評価、燃料化技術や輸送技術、伐採から利用に至るライフサイクルCO_2評価、関連する規格や規制の国際的な共有化、などが課題となる。

■ゼロエミッション火力技術

クローズドIGCCにおける酸素/CO_2吹きガス化炉最適化、酸素燃焼ガスタービン燃焼技術、再生熱交換器の最適化、IGFC/CCSにおけるガス化炉・燃料電池・ガスタービンの強調制御技術等の開発を進めていく必要がある。超臨界CO_2サイクル火力発電については、耐熱・耐圧材料の開発、超臨界酸素燃焼の安定（燃焼振動抑制）制御技術、システム最適化、および運用性・信頼性の向上等が挙げられる。

■デジタルツイン技術の開発

今後の産業競争力強化には、デジタルツイン技術による開発リードタイム削減が強く求められている。火力発電技術の主たる課題には、空力や燃焼等の熱流体制御と、高温部品耐久性等の材料制御が存在するが、これらを同時に双方向連成計算することにより、実機に起こり得る現象を事前に把握し、設計・最適化に活用する技術が必要である。加えて、多目的最適化や機械学習等のAI技術との連携により、加速度的に開発スピードの高速化が期待されている。デジタルツイン技術は特にAM技術との連携に親和性が高いと考えられる。実機内の複合的な現象の詳細な理解と物理モデルの開発、計算科学に基づくスーパーコンピュータ上のバーチャルプラントモデルの開発等、複数分野に渡る連携研究が不可欠とされている。

■発電所運用におけるIoT/AI技術の活用

今後の火力発電所の高効率・安定運用には、IoT/AI技術は必要不可欠と考えられている。設備の安定運転、発電効率の維持・向上、燃料使用量の削減、技術継承、各部品管理、予兆管理による重大事故防止、運転停止期間の短縮、および業務効率化による人件費削減等が期待できる。既存のビッグデータ分析や画像・センサー技術の開発とこれらを活用する機械学習を中心とするAI技術の開発が必要とされている。

（6）その他の課題

■研究開発のデジタルトランスフォーメーション（DX）推進、デジタルツイン技術確立のための共通プラットフォーム構築

DOEでは、NExTプロジェクトにおいて、米国内におけるガスタービンの高温化技術の優位性を確保するため、ガスタービンメーカ5社の協力の下、モデルガスタービン設備を設置し、各社の利益を侵害しない範囲で共通基盤的な実験プラットフォームを構築し、産学連携体制でのAM技術を中心とした革新的要素技術開発を進めている。ガスタービンは国家戦略技術であり、火力発電の基幹要素である。日本においても、共通プラットフォームを構築し、それをモデルベース開発の基盤となるデジタルツイン技術確立のための検証データ取得や実証研究のためのインフラとして整備することが求められている。

■火力電源の計画的開発

　CO$_2$回収型クローズドIGCCやGTCCの負荷運用性向上に向けた研究開発等、大きな成果が得られた研究であっても、火力電源の新規開発案件が極めて限られているために、社会実装が進まない状況が生じている。水素やアンモニアに関する研究開発が2030年頃を目標とする長期的な視点でプロジェクト化されているのに対して、こうした既存の火力発電技術の高度化に関するプロジェクトの新規設置はほとんどない。水素・アンモニア発電の電源構成に占める割合は2030年断面では1%、2050年断面で10%に過ぎず、既存火力発電技術の高度化（脱炭素化）なしに2050年ネットゼロ社会は実現し得ない。国の責任において、脱炭素火力電源の全体構成を見極め、バランス良く社会実装を進めていくことが求められている。

■ゼロエミッション火力発電の前提となるCCS実現

　国内の化石燃料火力はCCSが前提となるため、国内CCSの実現を早期に進める必要がある。これに対し、国が主体的に社会受容を進めるような対策が求められている。

■開発オプションの多様性

　1つのテーマに対して複数プロジェクトの採択を行い、開発オプションの多様化を図ることが大切である。日本では先進各国に先んじて水素発電技術開発を進めてきたが、2020年以降になると各国は水素戦略を策定し、水素社会へ向けて大きく舵を切り、多大な資金を投入している。その時、日本はアンモニアを水素エネルギーキャリアとして注目し、混焼技術を中心に研究開発を進めていた。この1、2年で先進各国もアンモニアの基礎研究に着手し、一躍ホットトピックとなってきている。このように世界各国で水素とアンモニアに関する多様な技術開発が行われている。それに対して、国内の開発プロジェクトが1テーマ1グループで進められているのは、産業競争力強化の面から大いに不利だと考えられ、技術の選択肢の多様化が求められている。これにより、人材の裾野も広がっていくものと期待されている。

■人材育成の柔軟性

　受託研究では研究者雇用に専従義務が課されることが多く、若手研究者に幅広い分野の見識と経験をもつ人材育成の機会を与えることが難しい。研究開発プロジェクトには常に人材育成の視点を持たせ、適切なエフォート管理により、複数プロジェクトに関わることができる仕組みが求められている。

2.1
電力のゼロエミ化・
安定化

（7）国際比較

国・地域	フェーズ	現状	トレンド	各国の状況、評価の際に参考にした根拠など
日本	基礎研究	○	→	●NEDOのカーボンリサイクル・次世代火力発電等技術開発事業において、電力中央研究所等は、機動性に優れる広負荷帯高効率ガスタービン複合発電の要素研究を実施した。 ●内閣府SIP統合型材料開発システムによるマテリアル革命において、川崎重工業、大阪大学、およびNIMSはAdditive Manufacturing技術によるNi基合金の3D積層造形技術の開発を実施中である。 ●文部科学省「富岳」成果創出加速プログラムにおいて、東京大学、京都大学、および九州大学により、AI技術と連携するゼロエミッション火力発電技術に関するデジタルツインの研究開発が進められている。 ●NEDO水素利用等先導研究開発事業において、産業技術総合研究所等は酸素水素燃焼タービン発電の基盤技術研究を実施中である。 ●NEDOのグリーンイノベーション基金事業において、IHI等は2 MW級ガスタービン向けの液体アンモニア専焼技術の開発を実施中である。 ●NEDOのカーボンリサイクル・次世代火力発電等技術開発事業において、電力中央研究所等は、発電に加えてシュウ酸等の高付加価値物の併産が可能なCO_2回収型ポリジェネレーションシステム基盤技術開発を実施中である。 ●NEDOのカーボンリサイクル・次世代火力発電等技術開発事業において、大阪ガスと石炭エネルギーセンターは、300kW級ケミカルルーピング燃焼試験装置によるプロセス実証を実施中である。 ●水素・アンモニア等のカーボンフリー燃料のサプライチェーン構築に関わる製造技術、貯留技術、輸送技術、および燃焼技術に関する基礎研究が科研費等により精力的に進められており、日本は本分野における研究活動、論文数について優位性を保っている。
	応用研究・開発	○	↗	●NEDO石炭ガス化燃料電池複合発電実証事業において、大崎クールジェンによりCO_2分離回収型IGFCの実証試験が実施されている。 ●NEDO CO_2回収型クローズドIGCCプロジェクトにおいて、電力中央研究所と三菱重工業により酸素/CO_2吹きガス化炉や乾式ガス精製等のベンチスケール要素試験が実施された。 ●NEDO水素社会構築技術開発事業において、川崎重工業が熱電併給を可能とする水素専焼ガスタービン実証試験に成功した。 ●NEDOグリーンイノベーション基金事業において、JERA、関西電力、およびENEOSは中・大型水素ガスタービンの発電所への実装と混焼・専焼実証試験を実施中である。 ●NEDOのカーボンリサイクル・次世代火力発電等技術開発事業において、JERAとIHIは100万kW石炭火力においてアンモニア20%混焼実証試験を実施中である。 ●NEDOのグリーンイノベーション基金事業において、IHI、三菱重工業、およびJERAはアンモニア混焼・専焼バーナの開発と石炭火力発電所における実証試験を実施中である。 ●三菱重工業がアンモニア熱分解GTCCの設計開発を推進中。 ●三菱重工業が4万kW級GTでのアンモニア専焼技術開発を推進中。 ●広野火力発電所および勿来火力発電所において、540 MW級空気吹きIGCCプラントの商用運転がそれぞれ開始された。 ●三川発電所（福岡）、勇払バイオマス発電所などでCO_2分離回収実証試験が開始または開始予定。 ●西風新都バイオマス発電所では排ガス中CO_2の一部を分離回収し、農産物のハウス栽培での活用を開始。
米国	基礎研究	◎	→	●DOE/NETLは、火力発電技術開発事業（Advanced Turbines）を、GTCC技術（Advanced Combustion Turbines）、超臨界CO_2サイクル発電技術（Supercritical CO_2 Power Cycles）、および圧力増進燃焼技術（Pressure Gain Combustion）の3分野に分類して技術開発が進められている。 ●DOE/NETLのAdvanced Combustion Turbines事業では、水素の専焼・混焼燃焼技術、高温材料設計・製造を含むAM技術、Ceramic Matrix Composites（CMC）技術、冷却技術等が進められている。 ●DOE Advanced Combustion Turbines事業において、GEは1700℃級ガスタービン高温部品向けAM技術開発を進めてられいる。

2.1 電力のゼロエミ化・安定化

<table>
<tr><td rowspan="3">2.1
電力のゼロエミ化・安定化</td><td></td><td></td><td></td><td>

● DOE/NETL事業の大学の学術研究強化プログラムUniversity Turbine System Research（UTSR）において、ジョージア工科大、セントラルフロリダ大、サンディエゴ州立大、パーデュー大、オハイオ州立大、カリフォルニア大アーバイン、およびアラバマ大等水素燃焼（専焼・混焼）の基礎研究を進めている。
● DOE/NETL事業の産学連携プログラムNational Experimental Turbine（NExT）Cooled Blade Studiesにおいて、AGILIS、Honeywell、Pratt&Whitney、Solar、およびSiemensは共通プラットフォーム用モデルガスタービン設備をペンシルバニア州立大に導入し、UTSRプログラムにてペンシルバニア州立大を中心とする学術チームがAM技術を中心とする高温材料・部品に関する基礎研究を実施している。
● DOE/NETLのSupercritical CO_2 Power Cycles事業では、サウスウエスト研究所にて超臨界酸素燃焼用燃焼器の開発が、ジョージア工科大にて燃焼シミュレーション技術の開発が、GEにて超臨界CO_2ボトミングサイクル用ヒートエンジンの開発がそれぞれ実施されている。
● DOE/NETLのPressure Gain Combustion事業では、ミシガン大、パーデュー大、およびアラバマ大により、メタン合成ガス、および水素の燃焼性に関する基礎研究が実施されている。
● DOE/NETLのImprovements for Existing Coal Plants事業では、産学へバランス良く既存石炭火力の運転最適化や熱効率向上、環境影響低減技術等の開発資金が継続的に充当されている。
</td></tr>
<tr><td>応用研究・開発</td><td>◎</td><td>→</td><td>

● DOEは2020年石炭FIRST（Flexible, Innovative, Resilient, Small, Transformative）プロジェクトを立ち上げ、超臨界加圧流動床、間接型超臨界CO_2発電、直接燃焼超臨界CO_2発電、石炭ガス化ポリジェネレーション、直接燃焼エンジンおよびガスタービン、モジュラ型加圧酸素燃焼、およびフレームレス加圧酸素燃焼のPre-FEED（pre Front End Engineering Design）を実施した。
● NET Power社はテキサス州La Porteにおいて2021年超臨界CO_2サイクル発電による売電を開始した。
● 2022年DOEはクリーン水素技術の開発に4,000万ドル、グリッドの脱酸素に2,000万ドルの支援を発表。
● DOE助成によるAdvanced Clean Energy Storage for Hydrogen Productionプロジェクトにおいて、三菱パワー社とMagnum Development社はユタ州インターマウンテンにおいてグリーン水素の岩盤貯留と840MW水素複合発電プロジェクトを推進している。
</td></tr>
<tr><td>欧州</td><td>基礎研究</td><td>○</td><td>→</td><td>

【EU】
● Horizon Europeの枠組みで、エネルギー・気候・モビリティ分野へ152億ユーロ規模の投資がなされている。
【英国】
● ガスタービン燃焼の基礎研究では、ケンブリッジ大やニューカッスル大等が世界をリードしている。
● DRAXはNorth Yorkshireバイオマス発電所にCO_2分離回収技術（MHI製）を導入し、2020年に実証試験を開始、2024年よりBECCSユニットを建設（2027年運開）、年間800万トンのCO_2を回収予定[21], [22]。
【ドイツ】
● SFB/TRR129 Oxyflameプロジェクトにおいて、アーヘン工科大、ボーフム大、およびダルムシュタット大が酸素燃焼の基礎研究を推進している。
● アーヘン工科大は川崎重工業と共同で水素専焼ガスタービン燃焼器の開発を実施している。
【フランス】
● CERFACS、IMFT-UMR、EM2C-CNRS、およびLMFN-CORIA等において、ガスタービン燃焼に関する基礎研究で世界をリードしている。
</td></tr>
</table>

	応用研究・開発	○	→	**【EU】** ●Horizon 2020のＦＬＥＴＵＲＢＩＮＥプロジェクトにおいて、ＧＥ、Siemens他23機関により負荷変動対応型ガスタービン技術の開発が実施された。 ●Horizon 2020のTANGOプロジェクトにおいて、Siemens他8機関によりGT燃焼器の燃焼振動対策技術の開発が実施された。 ●Horizon 2020のFACTORプロジェクトにおいて、ＧＥ、Siemens他23機関により燃焼器−タービン相互干渉予測制御技術の開発が実施された。 ●Horizon 2020のOXIGENプロジェクトにおいて、ＧＥ、Siemens他10機関により高温部品用AM技術の開発が実施された。 ●2030年までの石炭火力停止を訴えるPPCA（Powering Past Coal Alliance）がドイツとスロバキアが加盟したことを明らかにした。メンバー数は、32政府、25自治体、34企業となった[33]。 **【ドイツ】** ●ドイツでは褐炭火力発電は原子力の次に発電原価が安く、電気料金の高騰防止に貢献し、また褐炭産業がそれなりの雇用を生んでいるため、褐炭火力廃止の是非について議論がなされたが、最終的に2038年末までに脱石炭・褐炭を定める法案が閣議決定された[34]。 ●水素国家戦略の発表により、今後10年間で1兆円超の研究開発予算が投じられる。 ●ウクライナ侵攻の影響でロシアからの天然ガス供給が急減し、閉鎖したMehrum石炭火力が再稼働、Janschwalde褐炭火力の再稼働も準備段階にある。 **【フランス】** ●2022年までに石炭火力発電所はすべて廃止される予定だが、供給力確保の観点から一部の発電所で運転時間を短縮して2024年まで運転を行うとの報道があった[35]。 **【英国】** ●北海油田・ガス田を有し産油国・産ガス国である英国は、EUの中でも率先して、"再生可能エネルギー重視""脱石炭"の政策を打ち出しており、火力発電に対する支援策は乏しい。 ●2025年までにCCS付きを除く石炭火力発電所の全廃が計画されている。 ●一部の石炭火力の操業を一時的に延長する。石炭火力（CCSなし）の全廃計画に変更はない。 **【ポーランド】** ●国産石炭の活用により石炭火力が80%を占めている。このためEUの要求に応えるIGCCへの期待が高く、日本の技術をベースにポーランド炭を活用したIGCCの研究開発が進められている。 **【オランダ】** ●三菱パワー社はNuon Magnum発電所の400 MW1ユニットを水素専焼GTCCへ転換するプロジェクトを実施中。 **【その他】** ●オーストリアでは2020年に稼働停止した同国最後の石炭火力の再稼働を決定。 ●オランダでは石炭火力に課していた発電量上限を2024年まで撤廃することを決定。
中国	基礎研究	◎	↗	●基礎研究資金は豊富である。海外留学者・研究者の高額な登用もあり、基礎研究力は向上している。基礎研究分野の論文数は既に日本を上回っている。 ●火力発電関連分野の国際会議の主催が増加している。 ●欧米のトップ大学との人材交流が活発である。
	応用研究・開発	○	→	●2013年に運開したGreenGen 250 MW IGCCプラントでは、2016年からpre-combustion方式によるCO_2回収とEnhanced Oil Recovery（EOR）のための地下貯留を実施している。

2.1 電力のゼロエミ化・安定化

韓国	基礎研究	△	→	●大学、研究機関による基礎研究は継続的に行われている。
	応用研究・開発	△	→	●2016年に運開したTaean 300 MW IGCCプラントは、順調に商用運転を継続中であり2021年3月に5,000時間以上の連続運転を行ったとのプレスリリースがあった。2019年にはガス化ガスの水素転換装置を増設し、100 kW級燃料電池システムの実証試験を実施中であり、2025年には10 MWに拡張する計画である。
その他の国・地域（任意）	基礎研究	△	→	【豪州】 ●太陽熱利用ガス化・ガスタービンの基礎研究が大学・研究機関等で行われている。
	応用研究・開発	△	→	【豪州】 ●NEDOカーボンリサイクル・次世代火力発電等技術開発事業にて、東芝エネルギーシステムズはベールズポイント発電所5・6号機にてAIによる異常検知や寿命予測技術の実証試験を実施した。 【インド】 ●2014年から7ヵ年プロジェクトでA-USC商用機開発を進めてきた。 【ベトナム】 ●急増する電力需要に対して対応するため、再生エネルギーの導入も積極的に進めているが、ベトナムエネルギープラン2.0（MVEP 2.0）によれば、2030年の石炭火力の割合は54.2%、容量は現在の19 GWから55 GWに増加させるとしている[36] 【タイ】 ●NEDOはIoT活用による発電事業資産効率化・高度化促進のための技術実証事業において、マエモ火力発電所11・13号機にてAI・ビッグデータ解析による発電所全体の熱効率改善や信頼性向上技術の実証試験を実施した。

（註1）「フェーズ」

「基礎研究」：大学・国研などでの基礎研究レベル。

「応用研究・開発」：技術開発（プロトタイプの開発含む）・量産技術のレベル。

（註2）「現状」　※我が国の現状を基準にした評価ではなく、CRDSの調査・見解による評価。

　　　◎：他国に比べて特に顕著な活動・成果が見えている　　　○：ある程度の顕著な活動・成果が見えている

　　　△：顕著な活動・成果が見えていない　　　　　　　　　　×：特筆すべき活動・成果が見えていない

（註3）「トレンド」

　　　↗：上昇傾向、→：現状維持、↘：下降傾向

関連する他の研究開発領域

・バイオマス発電・利用（環境・エネ分野　2.1.5）

・CO₂回収・貯留（CCS）（環境・エネ分野　2.1.9）

・水素・アンモニア（環境・エネ分野　2.2.2）

・ネガティブエミッション技術（環境・エネ分野　2.4.1）

・反応性熱流体（環境・エネ分野　2.6.1）

・破壊力学（環境・エネ分野　2.6.3）

・微細加工・三次元集積（ナノテク・材料分野　2.6.1）

・物質・材料シミュレーション（ナノテク・材料分野　2.6.3）

2.1 電力のゼロエミ化・安定化

参考・引用文献

1) 経済産業省 資源エネルギー庁「総合エネルギー統計」https://www.enecho.meti.go.jp/statistics/total_energy/,（2023年1月28日アクセス）.

2) 森本一毅, 他「1650℃級JAC形ガスタービンを中核とする第二T地点実証発電設備での検証結果」『三菱重工技報』58巻1号（2021）: 32-41.

3) 石塚博昭「機動性に優れた高効率ガスタービン複合発電の要素技術開発に着手」国立研究開発法人新エネルギー・産業技術総合開発機構（NEDO）, https://www.nedo.go.jp/news/press/AA5_100996.html,（2023年1月28日アクセス）.

4) National Energy Technology Laboratory (NETL), "Advanced Turbines", https://netl.doe.gov/carbon-management/turbines,（2023年1月28日アクセス）.

5) National Energy Technology Laboratory (NETL), "NETL, PARTNERS TAKE 'NEXT' STEPS TO DEVELOP NATIONAL EXPERIMENTAL TURBINE", https://www.netl.doe.gov/node/11772,（2023年1月28日アクセス）.

6) National Energy Technology Laboratory (NETL), "University Turbine System Research (USTR)", https://netl.doe.gov/carbon-management/turbines/utsr,（2023年1月28日アクセス）.

7) National Energy Technology Laboratory (NETL), "DOE Projects: Cooled Blades and NExT, Nov 2021 UTSR Update", https://netl.doe.gov/sites/default/files/netl-file/21UTSR_Thole.pdf,（2023年1月28日アクセス）.

8) European Commission, "Research and innovation: Horizon Europe", https://research-and-innovation.ec.europa.eu/funding/funding-opportunities/funding-programmes-and-open-calls/horizon-europe_en,（2023年1月28日アクセス）.

9) 国立研究開発法人新エネルギー・産業技術総合開発機構（NEDO）「研究評価委員会「カーボンリサイクル・次世代火力発電等技術開発／〔7〕次世代技術の早期実用化に向けた信頼性向上技術開発」（事後評価）分科会」https://www.nedo.go.jp/introducing/iinkai/ZZBF_100585.html,（2023年1月31日アクセス）.

10) 国立研究開発法人新エネルギー・産業技術総合開発機構（NEDO）「戦略的省エネルギー技術革新プログラム」https://www.nedo.go.jp/activities/ZZJP_100039.html,（2023年1月28日アクセス）.

11) Robert Purgert, et al., "Materials for Advanced Ultra-supercritical (A-USC) Steam Turbines - A-USC Component Demonstration", U.S. Department of Energy, https://doi.org/10.2172/1332274,（2023年1月28日アクセス）.

12) Directorate-General for Research and Innovation (European Commission), "Component test facility for a 700 ° C power plant (Comtes700)", European Union, https://data.europa.eu/doi/10.2777/98172,（2023年1月28日アクセス）.

13) NTPC Limited, "NTPC signs MoU with BHEL to set up most efficient & environmental friendly coal fired power plant", https://www.ntpc.co.in/en/media/press-releases/details/ntpc-signs-mou-bhel-set-most-efficient-environmental-friendly-coal-fired-power-plant,（2023年1月28日アクセス）.

14) 電源開発株式会社「カライド酸素燃焼プロジェクトで世界初の発電所実機での酸素燃焼・CO_2回収一貫実証が完了 平成27年3月2日, プレスリリース資料」https://www.jpower.co.jp/news_release/pdf/news150302-2.pdf,（2023年1月28日アクセス）.

15) 大崎クールジェン株式会社「世界初、石炭ガス化燃料電池複合発電（IGFC）の実証事業に着手」国立研究開発法人新エネルギー・産業技術総合開発機構（NEDO）, https://www.nedo.go.jp/news/press/AA5_101103.html,（2023年1月28日アクセス）.

16) 国立研究開発法人新エネルギー・産業技術総合開発機構（NEDO）研究評価委員会「カーボンリサイクル・次世代火力発電等技術開発/⑤CO_2回収型次世代IGCC技術開発：事後評価報告書（案）概要」NEDO, https://www.nedo.go.jp/content/100927307.pdf, （2023年1月28日アクセス）．

17) Changyou Xia, et al., "Prospect of near-zero-emission IGCC power plants to decarbonize coal-fired power generation in China: Implications from the GreenGen project", *Journal of Cleaner Production* 271 (2020): 122615., https://doi.org/10.1016/j.jclepro.2020.122615.

18) Green Technology Center, "Korea Green Climate Technology Outlook 2020", Climate Technology Information System (CTis), https://www.ctis.re.kr/ko/downloadBbsFile.do?atchmnflNo=4850, （2023年1月28日アクセス）．

19) 大阪ガス株式会社「脱炭素化に貢献するケミカルルーピング燃焼技術の研究開発の開始について：バイオマス燃料による水素・電力・CO2の同時製造」https://www.osakagas.co.jp/company/press/pr2021/1291455_46443.html, （2023年1月28日アクセス）．

20) National Energy Technology Laboratory (NETL), "Coal FIRST Pre-FEED Studies", https://netl.doe.gov/coal/tpg/coalfirst/concept-reports, （2023年1月28日アクセス）．

21) Drax, "BECCS and negative emissions", https://www.drax.com/about-us/ our-projects/bioenergy-carbon-capture-use-and-storage-beccs/, （2023年1月28日アクセス）．

22) 仙波範明, 他「製造業、エネルギー関連施設へのCO_2回収技術の適用」『三菱重工技報』59 巻 1 号（2022）：26-30.

23) Joint Research Centre (European Commission), "Brief on biomass for energy in the European Union", European Union, https://data.europa.eu/doi/10.2760/546943, （2023年1月29日アクセス）．

24) 石塚博昭「高効率な水素発電を支える基盤技術開発に着手：発電効率68％を実現する1400℃級発電システムを開発」国立研究開発法人新エネルギー・産業技術総合開発機構（NEDO）, https://www.nedo.go.jp/news/press/AA5_101359.html, （2023年1月29日アクセス）．

25) 野勢正和, 他「脱炭素社会に向けた水素・アンモニア焚きガスタービンの開発」『三菱重工技報』58 巻 3 号（2021）: 11-20.

26) 石塚博昭「グリーンイノベーション基金事業、第1号案件として水素に関する実証研究事業に着手：商用水素サプライチェーンの構築とPower to Xの実現を目指す」国立研究開発法人新エネルギー・産業技術総合開発機構（NEDO）, https://www.nedo.go.jp/news/press/AA5_101471.html, （2023年1月29日アクセス）．

27) 石塚博昭「グリーンイノベーション基金事業「燃料アンモニアのサプライチェーン構築」に着手：製造の低コスト化から高混焼・専焼化まで、需給一体で技術的課題を解決」国立研究開発法人新エネルギー・産業技術総合開発機構（NEDO）, https://www.nedo.go.jp/news/press/AA5_101502.html, （2023年1月29日アクセス）．

28) 国立研究開発法人新エネルギー・産業技術総合開発機構（NEDO）「「カーボンリサイクル・次世代火力発電等技術開発/次世代火力発電基盤技術開発/CO_2分離・回収型ポリジェネレーションシステム技術開発」に係る実施体制の決定について」https://www.nedo.go.jp/koubo/EV3_100219.html, （2023年1月29日アクセス）．

29) 三菱重工業株式会社「火力発電所向け運用高度化サービスの開発に向けた取組みの概要」https://power.mhi.com/jp/media/365371/download, （2023年1月29日アクセス）．

30) 東芝エネルギーシステムズ株式会社「火力発電所向け機器の信頼性向上に寄与する故障予兆診断技術の開発受託について」https://www.global.toshiba/jp/news/energy/2020/09/news-20200929-01.html, （2023年1月29日アクセス）．

2.1 電力のゼロエミ・安定化

31）国立研究開発法人新エネルギー・産業技術総合開発機構（NEDO）「民間主導による低炭素技術普及促進事業」https://www.nedo.go.jp/activities/ZZJP_100022.html,（2023年1月29日アクセス）.（実施方針：2019年度版参照）.

32）国際部, 省エネルギー部, 次世代電池・水素部, 他「2019年度実施方針」https://www.nedo.go.jp/content/100891782.pdf,（2023年1月29日アクセス）.

33）一般社団法人海外電力調査会「ドイツ・スロバキア：ドイツとスロバキアが脱石炭連合に加盟」https://www.jepic.or.jp/world/2019/20190922.pdf,（2023年1月29日アクセス）.

34）一般社団法人海外電力調査会「ドイツ：2038年末までの脱石炭を定める法案を閣議決定」https://www.jepic.or.jp/world/2019/20200129_03.pdf,（2023年1月29日アクセス）.

35）一般社団法人海外電力調査会「フランス：Cordemais石炭火力発電所、制限付で2024年まで運転延長の可能性」https://www.jepic.or.jp/world/2019/20200113_01.pdf,（2023年1月29日アクセス）.

36）Modern Power Systems, "Vietnam looks to its next master plan", https://www.modernpowersystems.com/features/featurevietnam-looks-to-its-next-master-plan-7897330/,（2023年1月29日アクセス）.

2.1.2 原子力発電

（1）研究開発領域の定義

原子力を利用した発電に関する新しい切り口からの研究アプローチや、新しい手法・技術の導入等に係る動向を含む領域である。以下の4領域を対象とする。

①新型原子炉：第4世代原子炉、将来の原子力エネルギーシステムや核燃料技術など

②核融合炉：核融合炉工学に関する材料、機器、システム設計、国際熱核融合実験炉プロジェクトの動向など

③原子力安全：制度面を含めて安全上の研究開発を幅広く対象とし、検査制度、安全性向上、リスク評価/安全評価、事故時の影響低減、シビアアクシデント対応、緊急時対応、ヒューマンファクターなど。

④使用済燃料等の処理・廃止措置：使用済燃料・放射性廃棄物の再処理・リサイクル技術、廃止措置および安全評価など

（2）キーワード

■新型原子炉

第4世代原子炉、ナトリウム冷却高速炉、高温ガス炉、小型炉、受動的固有安全

■核融合炉

プラズマ、核融合反応、磁場閉じ込め、慣性閉じ込め、三重水素（トリチウム）、ブランケット、高エネルギー粒子、非線形多体運動、ITER、中心点火、高速点火、高エネルギー密度科学

■原子力安全

リスク評価、シビアアクシデント、アクシデントマネジメント、原子力防災、福島第一原子力発電所事故、総合的な安全性向上届出制度、検査制度、外的事象、深層防護

■再処理

核燃料サイクル、再処理、使用済燃料、MOX燃料再処理、分離変換技術、放射性廃棄物、廃止措置

（3）研究開発領域の概要

［本領域の意義］

世界的なカーボンニュートラルの推進が各国のエネルギー政策の要となる中、化石燃料の価格上昇や地政学的な不安定に伴うエネルギーセキュリティ問題の顕在化を反映して、原子力発電への取組は様々に変化している[1]。

日本は2050年にカーボンニュートラルの達成を目指すことを宣言し、2021年の第6次エネルギー基本計画において、原子力については、国民からの信頼確保に努め、安全性の確保を大前提に、必要な規模を持続的に活用していくこと、核融合を長期的視野にたって着実に推進することが記載されている。2022年のGX実行会議[2]では2030年度電源構成に占める原子力比率20〜22%の確実な達成に向けて、安全最優先で再稼働を進めること、安全性の確保を大前提に、新たな安全メカニズムを組み込んだ次世代革新炉の開発・建設に取り組むことなどが示されている。

2021年末において世界で運転中の原子力発電所は431基あり62基が建設中である。2021年中に営業運転を開始したものは7基、新規着工が10基ある[3]。特に中国では3基が営業運転を開始し、6基が着工されており、突出している。核融合炉については官民のファンドが集まり開発が進められている。

■新型原子炉

日本や世界のエネルギー供給安定性、地球温暖化防止、環境負荷低減等を図るために、放射性廃棄物の

減容化・潜在的有害度低減に貢献できる高速炉、水素製造を含めた多様な産業利用が見込まれ固有安全性も有する高温ガス炉などの第4世代原子炉、ならびに将来の原子力エネルギーシステムに関わる研究の進展及び技術の確立を図ることの意義はきわめて大きい。

■核融合炉

核融合炉は、核分裂炉と比べて中性子増倍反応に伴う再臨界の可能性がなく、核融合炉内を外部から超高温に加熱しない限り核融合反応が起こらない固有のシステム安全性を有する。核融合炉内の主な可動性の放射性物質は、燃料の1つとしてブランケット部で中性子とリチウム原子核との核反応で生産する三重水素であるが、そのハザードポテンシャルは、I–131換算値で軽水炉より3桁小さいという特徴を有する。長期的第一次エネルギー資源のより先進的な獲得手段として、核融合開発は意義がある。

■原子力安全

原子力安全の目的は、国際的に「人と環境を、原子力の施設と活動に起因する放射線の有害な影響から防護することである」とされている。原子力安全の研究は、この目的を達成するため、原子力施設のライフサイクル（計画・設計・建設・運転・廃止）にわたり、政府・研究機関・規制機関・原子力事業者・地方自治体を含む公共団体・学術組織などにより実施される。

福島第一原子力発電所事故で顕在化したように、原子力施設でひとたび重大な事故が発生すると、その影響は空間的・時間的に非常に広い範囲に及び、甚大なものとなりえる。そのため、原子力施設の安全性を確保することは、社会的に重要なミッションである。科学技術分野を含め、一般的にゼロリスクは現実的に達成不可能であるが、社会通念上、許容されるレベルまで原子力施設のリスクを抑制する取り組みを行う必要がある。

■再処理

原子炉から取り出される使用済燃料には、再び燃料として使用できるプルトニウム、ウランが含まれており、これらを再処理により分離・回収し、燃料に再加工して原子炉にリサイクルすること、即ち輪の閉じた核燃料サイクルを成立させることが、資源の乏しい日本における基本方針となっている[1]。本分野は、このための研究開発領域である。将来的には高速炉燃料サイクルによるウラン資源の高度な有効利用が望まれるが、当面は、軽水炉へのプルトニウムリサイクル（プルサーマル）が進められる。また、プルトニウム、ウラン以外のアクチノイド元素（マイナーアクチノイド）や長寿命あるいは発熱性の核分裂生成物の分離と新型炉などによる核変換を組み合わせた分離変換技術は、地層処分の負担を軽減する可能性があり、実現に向けた努力がなされている。

[研究開発の動向]
■新型原子炉

第4世代炉は、高い安全性・信頼性の実現などを開発目標とした革新的原子炉であり、2002年にナトリウム冷却高速炉、ガス冷却高速炉、鉛冷却高速炉、超高温ガス冷却炉、超臨界圧水冷却炉、溶融塩炉の6炉型が選定された[4]。低コスト化を狙った小型モジュール炉（Small Modular Reactor：SMR）は軽水炉を中心に開発が進められているが、最近は、第4世代炉もSMRを志向し始めている。

ナトリウム冷却高速炉の開発の歴史は長く商業的にも電力供給運転をしており、400炉年（原子炉数×稼働年）の軽水炉に次ぐ運転経験を有している原子炉である。高速炉は高速中性子を燃えないウラン238に吸収させ燃えるプルトニウム239に変えることによって燃料を増殖させることが可能である[5]。また、放射性毒性が強く寿命の長いマイナーアクチノイド（Minor Actinoid）の核変換ができ、高レベル放射性廃棄物を減量させることができる特徴を有しており[6]、その重要性はエネルギー基本計画でも記述されている。この炉は、

2.1 電力のゼロエミ化・安定化

ナトリウムの優れた特徴により、原子炉を低圧にできることや、高沸点のため単相ナトリウムで炉心冷却ができ、電気駆動が不要な自然循環による崩壊熱除去が可能であるという利点がある。一方、ナトリウムは水や空気と接触すると急激に反応する特性などの留意点もある。最近では、シビアアクシデントに対する防止対策と影響緩和対策に関する研究が盛んである。

高温ガス炉の開発の歴史は古く英国、米国、ドイツで先行したが、トラブルにより欧米では開発が衰退状態に陥っていた。日本では高温工学試験研究炉（High Temperature engineering Test Reactor：HTTR）が建設され2004年に950℃で定格運転を達成した。高温ガス炉は熱電併給の役割を担う場合が多く、製鉄などの産業熱源に加え、水素製造や石炭液化などの利用が期待される。HTTRは黒鉛減速ヘリウム冷却熱中性子炉であり、セラミックスで被覆した粒子状燃料を用いることが特徴的で、1600℃の高温状態においても被覆材の閉じ込め機能は損なわれないことが実験的に示されている。ヘリウムガスは100気圧以下に加圧するが、ヘリウムの漏洩事故が生じても黒鉛減速材の熱容量が大きいため燃料温度は急激に上昇しない固有の安全特性を備えている[7]。

経済産業省は、原子力イノベーション創出のため、2019年から安全性向上及び多様な革新的原子炉開発に関する民間事業の資金補助を開始した（NEXIP事業）。国内民間事業者により、ナトリウム冷却高速炉、高温ガス炉のほか、軽水冷却SMR、超小型炉、溶融塩炉の技術開発が進められている。

■核融合炉

核融合反応を連続的に起こすために、原子核を加熱し、高密度に閉じ込めることが必要であり、その方式として、磁場閉じ込め方式（トカマク型やヘリカル型など）と慣性閉じ込め方式（レーザー核融合など）がある。

•磁場閉じ込め方式核融合

原子力委員会が1992年に策定した第三段階基本計画では、臨界プラズマ条件が達成された状況で、「自己点火条件の達成及び長時間燃焼の実現並びに原型炉の開発に必要な炉工学技術の基礎の形成を主要な目標として実施する。これを達成するための研究開発の中核を担う装置としてトカマク型の実験炉を開発する。これらの研究開発により第四段階以降の研究開発に十分な見通しを得る事を目標とする」と定められた[8]。現在の日本の核融合炉技術開発は、核融合エネルギーの「科学的・技術的実現性」を示す事を目的にしたこの第三段階にある。続く第四段階では、「技術的実証・経済的実現性」を目的にした原型炉計画を中核とする具体的な方針が示されている。

2005年「今後の核融合研究開発の推進方策」（推進方策報告書）を原子力委員会核融合専門部会が策定し、核融合原型炉の開発に必要な戦略、などについて議論され、2013年には原型炉開発のために必要な技術基盤構築の中核的役割を担うチームが発足した。2017年には、これまでの検討を参考にし、現在の研究開発状況とITER計画を始めとした国内外の取り巻く状況を踏まえ、核融合科学技術委員会で「核融合原型炉研究開発の推進に向けて」が決定され、それに付随して、「原型炉開発に向けたアクションプラン」[9]と「チェック・アンド・レビュー項目」にまとめられ、公開されている。また、2018年に核融合科学技術委員会は、このアクションプランに示された開発課題のうち、限られたリソースの中で、とりわけ早期に優先的に実施すべき課題の抽出が必要として、特に、①開発の重要度と緊急性、②国際協力の2つの観点に基づいて、「原型炉研究開発ロードマップについて（一次まとめ）」として整理されている。核融合科学技術委員会は、上記の文書等において段階的に研究開発の進捗状況を分析することとしており、2022年には、「核融合原型炉研究開発に関する第一回中間チェック・アンド・レビュー報告書」がまとめられている。

一方、日本独自のアイデアに基づくヘリカル方式による高温プラズマの閉じ込め研究、ミラー方式をはじめとする直線型装置を用いたダイバータプラズマ研究が、核融合科学研究所（NIFS）と大学で進められている。NIFSでは、1998年より世界最大級の大型ヘリカル装置（LHD, Large Helical Device）を用いて閉じ込め研究を推進しており、現在10年計画で進行中の「大規模学術フロンティア促進事業」は、重水素実験における当初目標を達成し、2022年度に終了する。これを受けてNIFSは、NIFS・大学における今後の核融

合研究と所内の研究体制について検討を進めており、コミュニティとの議論も経て、2023年度より新たな体制で、核融合科学に関する学術研究を展開する予定とされている。

- **慣性閉じ込め方式核融合**

レーザー核融合に関して、国内では、大阪大学が燃料容器に重水素と三重水素混合ガスを充填しレーザー照射をおこない、1983年に核融合点火に必要な温度を達成した。1986年には固体密度の600倍の圧縮にも成功している。これらの結果と米国でのその後の検証結果を基に、2009年にレーザー核融合国立点火施設（National Ignition Facility：NIF）が米国リバモア研究所に建設された。このレーザーは1.8 MJのエネルギーを192本のレーザービームでターゲットに照射するもので、間接照射の中心点火方式で点火燃焼を目指すものである。2021年に人類史上初めて実験室での自律的核融合燃焼によるエネルギー増幅を実証し、2022年には核融合点火を達成した。熱核融合反応により、2.05 MJの投入レーザーエネルギーに対して3.15 MJ核融合エネルギー出力エネルギー出力を得たとしている[10]。同規模のレーザー核融合研究施設がフランス（Laser Mega Joule：LMJ）と中国（神光III）でも建設中であり、一部稼働を開始している。また米国ロチェスター大学では、NIFの1/70のエネルギーのレーザーで直接照射の中心点火方式が研究され、爆縮されたコアの性能としてはNIFの結果に匹敵する結果が得られるとともに、機械学習を活用し、さらに3倍の性能向上を予測している。日本では大阪大学において、高速点火方式により米国ロチェスター大学の1/10のエネルギーで同等の爆縮プラズマ生成に成功している[11]。

■原子力安全

原子力の安全性確保の考え方は、主要な原子力事故を節目に研究や取り組みのあり方が変化してきたといえる。以下では、主要な原子力関連の事故と、原子力安全に関する研究について概要を述べる[12]。

- **スリーマイルアイランド原子力発電所2号機事故**

1979年に発生した事故であり、人的ミスを含む多重故障に起因する原子炉水位の低下から炉心の大部分が溶融に至ったものである。この事故は、電源系統や格納容器をはじめ発電所の設備は基本的に健全であり、放射性物質の放出は限定的であったが、マンマシンインターフェース、ヒューマンエラーの防止、シビアアクシデント対策の重要性を認識するきっかけになった。また、確率論的リスク評価の有用性が再認識され、安全性向上に利用する動きが広まった。

- **チョルノービリ（チェルノブイリ）原子力発電所4号機事故**

1986年に発生した事故であり、原子炉の出力暴走に伴い、原子炉および建屋が爆発的に破壊されたものであり、付随して発生した火災と相まって大量の放射性物質が放出され周辺の土地を大規模に汚染し、世界中で放射性物質が観測された。この事故では、安全文化、固有の安全性及び格納容器の重要性が注目された。シビアアクシデント時に格納容器内の圧力を下げるために使用されるフィルタードベントは、本事故の後に欧州などで導入が進められた。

- **福島第一原子力発電所事故**

2011年に東京電力福島第一原子力発電所1–3号機で津波に起因して発生したシビアアクシデントである。この事故を受けて、原子力基本法、原子炉等規制法などが改正され、原子力規制委員会が新たに発足するとともに、動力炉、核燃料サイクル施設、研究炉などに対して規制基準が大幅に見直され、多くの施設に対しシビアアクシデント対策が義務付けられた。この事故では、特に外的事象に対する原子力施設の安全性や深層防護の重要性が焦点となっている。事故発生から10年以上が経過し、見直された規制基準の下で原子力規制委員会による規制基準への適合性審査が実施され、加圧水型軽水炉については10基が再稼働に至っている。一方、沸騰水型軽水炉は、適合性審査を終了したプラントはあるが、再稼働したプラントはまだない。福島第一原子力発電所事故を受け、特にシビアアクシデント時の種々の物理現象やアクシデントマネジメント策、確率論的リスク評価手法（外的事象も含む）、安全性を大幅に向上した次世代型原子炉に関する研究などの取り組みが増えている。

■再処理

　軽水炉の使用済ウラン酸化物燃料の再処理については、基本的に確立された技術であり、日本原燃の六ヶ所再処理工場が竣工間近の状態にある。六ヶ所再処理工場では、東日本大震災前に顕在化した高レベル放射性廃液のガラス固化工程の運転不安定性の問題に対する解決策を見出し[13]、震災後の新規制基準への対応を進めているところである。2022年度上期が竣工時期となっていたが計画が変更され現在はしゅん工時期未定となっている[14]。再処理で回収したプルトニウムを混合酸化物（MOX）に加工するための工場が、同じく六ヶ所に建設中であり、このMOX燃料工場の竣工時期は2024年度上期とされている[15]。

　高速炉燃料の再処理技術開発として、高速増殖炉サイクル実用化研究開発（FaCTプロジェクト）において、晶析法や新規装置を適用した先進湿式法再処理技術の開発[16]が進められていたが、震災後に中断された形になっている。また、六ヶ所再処理工場でも適用されているPUREX法をベースとし、プルトニウムを単離しない（常にウランを共存させる）コプロセッシング法[17]や新しい抽出剤としてモノアミドを用いる再処理[18]の研究開発も続けられており、既に実廃液を用いた実証試験を実施している。一方、金属燃料を用いた高速炉の燃料再処理のため溶融塩を用いる高温冶金法などの乾式再処理に関する検討も進められており、革新炉の検討とともに重要性を増している。

　ウラン、プルトニウムを分離した後の高レベル放射性廃液はガラス固化され、中間貯蔵の後、地層処分されることとなっているが、第5次エネルギー基本計画において「将来の幅広い選択肢を確保するため、放射性廃棄物の減容化・有害度低減などの技術開発」として、マイナーアクチノイド（ネプツニウム、アメリシウム、キュリウム）などの長寿命放射性核種の分離変換技術の研究開発も進められている。分離技術は既に高レベル放射性廃液の実液を用いて実証され、高速炉や加速器駆動システムを用いる核変換技術とともに、工学規模試験の一歩手前にいる。原子力機構の東海再処理施設は、使用済燃料約1,140トンを再処理した日本で初の本格的な再処理施設であるが、廃止措置されることとなり、2018年6月に廃止措置計画が認可されている。廃止措置の完了までには約70年を要する見通しで、長期的対応が必要である。

（4）注目動向
［新展開・技術トピックス］
■新型原子炉
・ナトリウム冷却高速炉

　日本では、炉心溶融防止のための受動的炉停止機構と損傷炉心の再臨界防止と事象を原子炉容器内で終息させるための方策、ナトリウムの化学反応抑制対策としてナノ粒子分散型ナトリウム、過大地震に対する3次元免震システムといった安全性向上技術を開発している[19]。高速実験炉「常陽」は新規制基準適合性審査を実施中である。

　フランスでは、内部ブランケットと上部プレナム（原子炉の炉心周り冷却材が充満している空間）を設けたゼロボイド炉心が設計され、炉停止失敗時のナトリウム沸騰開始後の炉心溶融を回避する技術を開発されていた。しかし、フランス政府は2019年にナトリウム冷却炉については研究開発に専念することとなり、2020年から日本と燃料・材料、熱流動、安全評価などの協力が開始された。米国では、テラパワー社が2020年から溶融塩蓄熱システムを組み合わせたナトリウム冷却高速炉Natrium炉の開発を進め、2022年1月に燃料交換機や破損燃料検出系等のナトリウム冷却炉特有技術について日本と協力することとなった。

・高温ガス炉

　日本はポーランドで展開する高温ガス炉技術に協力を行うため、2019年に、「高温ガス炉技術分野における研究開発協力のための実施取決め」を締結し、炉設計、燃料・材料、安全評価などの協力を進めている。HTTRは新規制基準適合性に関わる原子炉設置変更許可を2020年に取得し、2021年7月に再稼働した。2022年4月にHTTRによる水素製造実証事業を開始した。

- **NEXIP事業（原子力イノベーション）**

　事故時耐性燃料、シビアアクシデント時の水素処理システム、3次元積層造形技術、ビッグデータを活用した故障予兆監視システム、浮体免震技術、変動性再生可能エネルギーと共生するための技術といった様々な新技術が開発されている。また、ナトリウム冷却高速炉では粒子状金属燃料や固有安全向上技術、高温ガス炉では水素製造や蓄熱システムといった新技術の開発が行われている[20]。

■核融合炉
• 磁場閉じ込め方式核融合

　文部科学省核融合科学技術委員会の磁場閉じ込め方式核融合のアクションプランに広い範囲でチェックアンドレビュー（C&R）の項目が挙げられている。この目的は、原型炉段階への移行に向けての技術の成熟度を確認することにあり、第1回の中間C＆R（CR1）が実施されて2022年1月に報告書がまとめられている。CR1段階における達成目標として、原型炉全体目標の策定や原型炉概念設計の基本設計、ITER技術目標達成計画の作成、ITER支援研究と定常高ベータ化準備研究の遂行とJT-60SA（ITER計画と並行して日本と欧州が共同で実施するプロジェクト）による研究の開始、ITER超伝導コイルなど主要機器の製作技術の確立、JT-60SAの建設による統合化技術基盤の確立、低放射化フェライト鋼の80dpaレベルまでの原子炉照射データによる核融合類似の中性子照射下環境における試験に供する材料の確定、核融合中性子源概念設計の完了、コールド試験施設によるブランケット設計に必要なデータの取得、ダイバーター開発指針の作成、超伝導コイル要素技術等原型炉に向けて早期着手を必要とする炉工学開発計画の作成などと整理されている。報告書では、核融合科学技術委員会の傘下にある原型炉開発総合戦略タスクフォースによる進捗状況調査結果を確認し、最大の目標である原型炉概念設計の基本設計が完了していることなどを踏まえ、委員会として「CR1までの目標は達成されている」と判断した、と結論されている。

　一方で、第2回中間C&R（CR2：2025年頃から数年程度を想定）に向けた課題も列挙されている。主な課題は、1）将来の原型炉開発に生かすため、ITERイーター向けに日本が調達責任を負う機器の開発加速が急務、2）原型炉、すなわち核融合発電を実現するために不可欠な基幹技術の確保に速やかに取り組むべき、3）核融合発電の実現時期の前倒しが可能か検討を深めること。前倒しを行う場合、CR2時点での達成目標や、原型炉研究開発 の優先順位を再検討すること（CR1の実施後、内外の情勢を見極めながら1年程度をかけて慎重に検討）、4）核融合に必要な技術開発から学術研究まで幅広く取り組み、核融合に必要な広範な人材を育成・確保するとともに、丁寧に 社会の理解を得ながら、着実に歩を進めていくこと、5）核融合の重要性に対する関心喚起による産業界の連携を促進し、産学官のステークホルダーが結集して取り組むことが重要、6）立地や安全について議論を深めていくこと、と整理されている。

　「ヘリオトロン」と呼ばれる磁場配位を採用した、ヘリカル型環状プラズマ閉じ込め装置LHDを用いた高温プラズマ実験が、NIFSで行われている。これまでに、ヘリカル型の特徴を生かした約50分間の連続運転に成功するなど多くの成果を挙げてきた。2017年には重水素実験が開始され、水素同位体間の閉じ込め性能比較が可能となったことで、重水素プラズマの方が軽水素プラズマより高い閉じ込め性能が得られる「同位体効果」が、トカマク装置と同様にヘリカル装置でも出現することが初めて実証された。また重水素プラズマで、核融合条件の1つである、イオン温度1億2,000万度を達成した。近年は、高い時間・空間分解能を有する種々の高性能計測器を駆使して、プラズマ中の乱流が閉じ込め性能に与える影響を解明する研究に注力しており、多くの成果が得られている。

• 慣性閉じ込め方式核融合

　レーザー核融合に関して、2021年、米国で人類史上初めて実験室において自律的核融合燃焼によるエネルギー増幅を実証し世界に大きなインパクトを与えた。さらに米国では、Focused Energy 社が核融合エネルギー実現へ向けたスタートアップとして活動を開始している。一方、フランス（LMJ）やイギリスを中心とした欧州では、流体力学的不安定性の影響が少ない手法として衝撃波点火方式の研究が進められている。ま

たドイツのベンチャー企業であるMarvel Fusion社やオーストラリアのベンチャー企業であるHB11Energy社らが民間から多額の融資を受け、高速点火方式で中性子を発生しない陽子─ボロン核融合の実現を目指した事業を開始している。中国では2020年1月より新たに高速点火方式の大型プロジェクトが、中国科学院上海光学精密機械研究所（SIOM）、同中国物理学研究所（IOP）ならびに上海交通大学の3機関の連携で立ち上がった。これにより、SIOMのレーザー装置の大幅なアップグレードが行われようとしている。国内では、大阪大学を中心に、高速点火方式の加熱物理を解明し、米国ロチェスター大学の中心点火方式の1/10のエネルギーで同等の核融合プラズマを生成することに成功している。さらに高速点火方式で初めて可能な流体力学的不安定性のない中実燃料球を使った新しい爆縮方式の有効性が実験ならびにシミュレーションで示された。加えて、レーザー核融合エネルギー実現へ向けたベンチャー企業 であるEX Fusion社が日本でも設立されるなど新たな動きが出てきている。

■原子力安全

• 原子力発電所・研究炉の再稼働と廃止措置[21]

福島第一原子力発電所事故後、現行規制基準に適合した加圧水型原子力発電所（九州電力川内1, 2号機、玄海3, 4号機、四国電力伊方3号機、関西電力高浜3, 4号機、大飯3, 4号機、美浜3号機）が再稼働した。沸騰水型軽水炉については、東京電力柏崎刈羽6, 7号機、日本原子力発電東海第二発電所、東北電力女川原子力発電所2号機、中国電力島根2号機が原子力規制委員会から規制基準（設置変更）適合性の確認を受けた。核燃料サイクル施設としては、日本原燃の六ヶ所再処理施設が規制基準（設置変更）適合性の確認を受けた。また、近畿大学や京都大学の研究用原子炉も規制基準に適合し、運転を再開している。日本原子力研究開発機構（JAEA）の高温工学試験研究炉（高温ガス炉、HTTR）は2021年7月に運転を再開した。今後、多目的の熱利用の研究が進捗することが期待される。一方、再稼働せず、廃止措置を選択する原子力発電所、研究炉の数も増えている。

• 新検査制度の試行及び本格運用[22]

原子力事業者が自らの責任で施設の検査を行い、規制組織がその検査内容を監視・評価する新しい検査制度について検討が進み、2018年下半期よりテスト的な導入が開始され、2020年4月より本格運用が始まっている。新検査制度は、米国の原子炉監督プロセス（reactor oversight process, ROP）を参考としつつも、日本ではより幅広く核燃料サイクル施設や研究炉を対象としていることが一つの特徴とされている。本制度の特徴である「リスクインフォームド・パフォーマンスベースト」の考え方に基づき、安全上重要度の高い検査項目により多くのリソースを割り当てる取り組みがなされている。また、原子力事業者が自らの気づきなどをもとに施設の安全性向上に取り組むcorrective action program（CAP）が効果を上げつつある。CAPにおいては、トラブルに至る前のマイナーな事象も含め、condition report（CR）として情報を集積し、CRを分析することで安全上必要な対応を実施する体制を整えている。これが、トラブル見落としの減少、マイプラント意識の向上など、事業者が自主的に安全性を向上するための強い動機付けになっているとされている。

• セーフティーとセキュリティのインターフェース[23], [24]

2021年3月に原子力規制委員会は、「東京電力ホールディングス柏崎刈羽原子力発電所における核物質防護設備の機能の一部喪失事案」について、安全重要度「赤」の検査指摘事項という判定を行った。安全重要度「赤」は、「核物質防護機能又は性能への影響が大きい水準」である。この事案の背景には、原子力安全（セーフティー）と核物質防護（セキュリティ）にまたがる検討が不十分であったことなどが指摘されている。セーフティーとセキュリティは、放射線・放射性物質による負の影響から人と環境を護るという目的は同じである。例えば外部からの脅威に対しては建屋の頑健性を向上させることで、同時に自然災害に対する耐性を上げることが出来るなど、相補性を有するが、一方でセキュリティ向上のために出入り管理を厳しくすると、事故時の迅速な対応の障害になるなどの相反する点もある。これらの相補性と相反性を関係者で十分に共有することが必要となる。

- **革新炉・次期炉等に関する議論[25), 26)]**

　福島第一原子力発電所事故の教訓などを取り入れ、安全性を向上させた革新炉や次期炉に関する検討がなされている。これらの議論においては、社会から求められる要件から出発し、それを実現するための技術的要件やプラントの設計のありかた、あるいは2050年カーボンニュートラル実現に向けて、選択肢の一つである原子力発電の新たな社会的価値を再定義し、日本の炉型開発に関わる道筋を示すための検討がなされている。

■再処理

　日本原燃は、六ヶ所再処理工場の竣工時期を2022年度上期から竣工時期を未定に変更した。プルトニウムを軽水炉で使用するプルサーマルから発生する使用済MOX燃料の再処理の技術的課題に関して研究されている。また、MOX使用済燃料から回収されたプルトニウムを再度利用するマルチリサイクルについても、その有効性について検討が進められている。軽水炉におけるプルトニウムマルチリサイクルは、プルトニウムの高次化によって再利用の回数に限界があることが明らかであることから、高速炉の導入までのつなぎの技術と考えられている。MOX燃料の再処理で発生する高レベル廃棄物は、ウラン燃料再処理の場合と比べてマイナーアクチノイドの発生量が多いため発熱量が大きく、ガラス固化体の本数増加、処分場面積の増大を招く。これを解決するためには、マイナーアクチノイドの分離変換技術の早期の実用化が求められ、マイナーアクチノイドを分離して高速炉等による核変換が可能となるまで一時貯蔵する案も考えられている。また、高速炉をはじめとする革新炉の使用済燃料の再処理についても検討が求められている。

［注目すべき国内外のプロジェクト］
■新型原子炉
• 国内の高速炉

　文部科学省「原子力分野における革新的な技術開発によるカーボンニュートラルへの貢献」としての「高速炉研究開発」（令和4年度予算68億円）では、高速炉安全性強化や高レベル放射性廃棄物の減容・有害度低減に資する研究開発等を推進するとともに、高速炉技術開発の基盤となる高速実験炉「常陽」の運転再開に向けた準備が進められている[27)]。

　経済産業省「高速炉に係る共通基盤のための技術開発委託事業」（令和2〜6年度事業、令和4年度予算43.5億）では、規格基準用試験を含む高速炉等の共通課題に向けた基盤整備、試験装置整備を含む安全性向上に関わる要素技術開発、枢要技術の確立、試験研究施設の整備、および将来の核燃料サイクルの検討に資する使用済MOX燃料に関する開発を進めるとされている。多目的高速試験炉等のナトリウム冷却高速炉に関する日米間協力や日仏間高速炉協力も活用し、基盤整備の効率化を目指している。

• 国内の高温ガス炉

　文部科学省「原子力分野における革新的な技術開発によるカーボンニュートラルへの貢献」としての「高温ガス炉に係る研究開発の推進」（令和4年度予算16億円）では、HTTRによる安全性の実証と高熱を用いたカーボンフリー水素製造に必要な技術開発に取り組まれている。

　経済産業省「超高温を利用した水素大量製造技術実証事業」（令和4〜12年度事業、令和4年度予算7億円）では、2030年までに、800℃以上の高温を利用したカーボンフリーな水素製造法（IS法やメタン熱分解法、高温水蒸気電解等）の実現可能性調査を実施しつつ、800℃以上の脱炭素高温熱源とまずは商用化済みのメタン水蒸気改質法による水素製造技術を用いて高い安全性を実現する接続技術・評価手法の確立を目指している。その際、水素製造量評価技術を開発するため、高温熱源として世界最高温度950℃を実現した高温ガス炉試験炉HTTRを活用して水素製造試験を実施。加えて、将来的な実証規模のカーボンフリーな水素製造施設との接続を見据え、接続に関する機器の大型化の実現性及び成立性を確認するため、機器の概念設計を行うこととされている。

2.1
電力のゼロエミ化・安定化

- **NEXIP イニシアチブ（原子力イノベーション）**

経済産業省資源エネルギー庁、文部科学省などの政策として、NEXIP（Nuclear Energy × Innovation Promotion）イニシアチブが開始され、さらなる安全性向上を追求した様々なタイプの革新炉の研究開発が進められている。「社会的要請に応える革新的な原子力技術開発支援事業」（令和元～9年度事業、令和4年度予算12.0億円）では、軽水型SMR、高速炉、高温ガス炉の開発に係る民間事業を支援するとともに、民間企業等がイノベーションを進めるのに必要となる共通基盤技術（熱貯蔵・熱利用を含む革新的システムの安全性評価技術、革新的原子力技術の戦略・安全基準案の作成、等）の開発を行っている。

- **原子力システム研究開発事業**

文部科学省「原子力システム研究開発事業」では、イノベーション創出につながる新たな知見獲得や課題解決を目指し、基盤チーム型（4年以内、1億円以下/年）、ボトルネック課題解決型（3年以内、3千万円以下/年）、新発想型（2年以内、2千万円以下/年）を令和2年度から開始している。同事業の「令和4年度進行課題」の総数32件のうち半数程度が新型炉関連研究となっている。

- **ロシアの高速炉開発計画**

Proryv（ブレークスルー）プロジェクトを2011年に立ち上げ、ナトリウム冷却高速炉については、実証炉BN800（スヴェルドロフスク州ザレーチヌイのベロヤルスク原子力発電所に設置）が2016年10月から商業運転に入った。実用炉BN1200が設計中で2025年に建設着工、2035年までに建設完了する見込みであり、世界で最も実用段階に近い。同プロジェクトは高速炉とクローズ燃料サイクル施設を開発することを目標としており、混合窒化物燃料、燃料製造・再処理・廃棄物処理、鉛冷却高速炉BREST-OD-300、ナトリウム冷却高速炉BN1200を開発する計画である。

- **中国の高速炉開発計画**

ナトリウム冷却高速炉については、中国高速実験炉CEFR（2万kWe、北京郊外のCIAEに設置）が2014年12月に100%出力運転を達成した。霞浦高速炉パイロットプロジェクトとして、実証炉CFR600（福建省霞浦県に設置）が2017年12月に建設開始され2023年に完成予定である。

- **ロシアの多目的試験炉（MBIR）開発計画**

冷却材として液体ナトリウムを、燃料にはウラン・プルトニウム混合酸化物（MOX）燃料か窒化物燃料を使用するが、鉛や鉛ビスマスといった異なる冷却材環境での照射試験が可能である多目的高速中性子研究炉MBIR（熱出力150MW、ウリヤノフスク州ディミトロフグラードに設置）は2015年に建設開始、2027年に建設終了、2028年研究利用開始の見込みである。MBIRの国際的な利用を促進するため協議を行っている。

- **米国の多目的試験炉（VTR）開発計画**

様々な燃料や冷却材を試験するための多目的試験原子炉VTR（熱出力300 MW）プロジェクトを2018年に立ち上げ、GE日立のPRISM炉をベースとした概念検討が終わり、2021年度から詳細設計を行っている。INLサイトを特定し、環境影響声明書の最終版を2022年5月に発表した。2023年から最終設計と建設着工、2026年末までに運転開始の計画である。

- **米国の先進型原子炉実証プロジェクト（ARDP）**

2019年1月に「原子力技術革新・規制最新化法（NEIMA）案」が成立し、新型炉の審査プロセスを2年以内に策定することを原子力規制委員会（Nuclear Regulatory Commission：NRC）に指示するとともに、溶融塩炉や液体金属冷却炉、高温ガス炉といった新型原子炉設計の開発者が利用可能になるよう、技術的側面を包括した許認可の枠組を2027年までに完成することを求めた。エネルギー省は2020年5月には「先進型原子炉実証プロジェクト（Advanced Reactor Demonstration Program：ARDP）」を開始し、①5～7年以内に実証可能な先進型原子炉、②10～14年後に実用化される技術として将来の実証リスク低減を目的とした技術・運転・規制課題解決、③2030年代半ばに実用化が期待される革新的先進型原子炉コンセプト、の3つのカテゴリーで選ばれたプロジェクトに対して資金援助を実施している。①では、2020年10月に、TerraPower社Natrium（ナトリウム冷却高速炉）とX-energy社Xe-100（高温ガス炉）を選定し、

それぞれ2020年度予算から8千万ドル（約84億円）ずつ支援されることになった。②では、2020年12月に、Kairos Power社Hernes（溶融塩炉）、Westinghouse社eVinci（ヒートパイプ型マイクロ炉）、BWXT社BANR（TRISO燃料マイクロ炉）、Holtech社SMR-160（小型軽水炉）、Southern Company Services社MCRE（溶融塩炉）を選定し、2020年度予算から5社総額で3千万ドル（約31億円）が支援されることになった。③では、2020年12月に、ARC社ARC-100（ナトリウム冷却高速炉）、General Atomics社FMR（ヘリウム冷却高速炉）、MITのMIGHR（高温ガス炉）を選定し、2020年度予算から3社総額で2千万ドル（約21億円）が支援されることになった。

• **カナダのSMR開発計画**

政府が2018年11月にSMR開発のロードマップ、2020年12月にSMR開発で国家行動計画を発表した。カナダでは数年前から既設炉より建設費が安く安全性が向上するだけでなく、北部の遠隔地域でのエネルギー源として、SMRの適合性がクローズアップされ、官民挙げて開発が進められている。

原子力研究所（CNL）はSMR実証施設建設・運転プロジェクト2018年に立ち上げ、同サイト内に2026年までに実証炉を建設する計画で、2019年に4社（溶融塩炉と高温ガス炉）を選定した。2021年5月、CNLのチョークリバーサイトに高温ガス炉MMRの設置を進めるサイト準備許可申請（2019年3月申請）が、技術審査に移行したと発表した。

州政府によりSMR開発に支持が表明され、BWRX-300、ARC-100、SSR-Wが選定された。SMR開発が非常に活発になっており、連邦政府は、2020年10月に溶融塩炉IMSRに2千万カナダドル（約16億円）、2022年3月にマイクロ炉eVinciに2,720万カナダドル（約25億円）を支援すると発表した。ニューブランズウィック州はポイントルプロー原子力発電所に設置を検討している2炉型に対して、2021年2月に高速炉ARC-100に2千万ドル（約17億円）、2021年3月に溶融塩炉SSR-Wに5千万カナダドル（約43億円）を支援すると発表した。

• **英国の先進モジュール（AMR）開発計画**

2018年から先進モジュール炉（AMR）実行可能性調査・開発プロジェクトを立ち上げ、2020年7月に3社（核融合炉、鉛冷却高速炉、高温ガス炉）を選定し、全体で最大4千万ポンド（約54億円）の資金提供を行うこととした。2021年7月、AMR研究開発・実証（RD&D）プログラムを発表し、高温の熱利用が可能な高温ガス炉を実証炉初号機に選定し、1.7億ポンド（約260億円）の予算で2030年代初頭までに完成されると発表した。

AMRにとどまらず、既存技術を活用し、より実現可能性が高いとも言えるSMR開発も支援する方針を採っており、Rolls-Royce社のPWR型SMR（470 kWe）開発に2019年に1.8千万ポンド（約25億円）を支援する発表した。

• **フランスの新投資計画「France 2030」**

2030年に向けた国家投資計画として、6つの分野で10の目標を掲げ、2022年から総額300億ユーロ（約3.9兆円）のうち、原子力分野では軽水型SMRと廃棄物管理向上のために2030年までに10億ユーロ（約1,300億円）を投資すると2021年10月に発表した。

• **ポーランドの高温ガス炉開発**

2019年から3年間の高温ガス炉研究開発プロジェクト（Gospostrateg）を立ち上げ、ポーランドは日本と実施取決めを2019年9月に締結し、多くの日本企業が参画して官民一体となって鋭意協力を進めている。高温ガス炉は化学産業などの産業用熱供給減として使われる可能性が高い。研究炉（熱出力1万kW、ワルシャワの東南30 kmのシフィエルクに位置するNCBJに設置）は設計中であり、2020年代後半までに建設する計画である。初号機（熱出力16.5万kW）は2030年ごろに建設する計画であり、基本設計と立地点としての建設条件を3年以内にまとめると2021年5月に発表した。

• **中国の高温ガス炉開発**

2006年に国家重大特別プロジェクト（2006～2020）に選定されたHTR-PMプロジェクトは、2基接続

2.1 電力のゼロエミ化・安定化

した実証炉HTR–PM210（山東省威海市石島湾に設置）の1基目が2021年9月に初臨界、2基目が2021年11月に初臨界、2021年12月に送電網へ接続された。実用化を目指して6基接続したHTR–PM600の概念設計は2014年に終了して、サイト評価を実施している。

■ 核融合炉

• 磁場閉じ込め方式核融合

ITER計画が、核融合エネルギーの科学技術的成立性の実証のため、日本、欧州連合、米国、ロシア、中国、韓国、インドの7極の国際協力プロジェクトとして実施されている。その実験施設は、フランスのサン＝ポール＝レ＝デュランス市に建設が進められており2020年にITER装置本体の組立が開始され、2022年5月時点でプラズマ点火までの77%の建設が達成されている。今後、2025年にプラズマ点火、2035年に重水素－三重水素（DT）燃焼を実証し、自己点火条件の達成と核融合炉プラズマの高温化加熱に必要なエネルギー供給と実際に発生する核融合エネルギーの比であるエネルギー増倍率Qが10以上となることを実証する。また、ITERの技術目標達成を支援し、原型炉に向けたITERの補完研究を実施するため、日本と欧州が共同で実施する幅広いアプローチ（BA）活動の一環としてJT–60SA計画（ITERに次ぐ世界最大級の核融合超伝導トカマク型実験装置）がITER計画と並行して推進されており、2020年3月に装置組み立てが完了した。その後、12月末までに超伝導コイルの絶縁強化など改修を完了し統合試運転の再開を準備しており、早期に運用を開始し、高ベータ非誘導電流駆動運転を達成することを目指している。

ITERに代表されるトカマク型装置では定常運転が大きな課題であるが、原理的に閉じ込め磁場の定常維持が可能なヘリカル型装置であるLHDにより、長時間運転に関する研究が進められている。定常運転下の燃料粒子の制御やダイバーターの機能維持などの解決がもとめられれている。NIFSのLHDでは長時間運転時の燃料粒子制御や高熱流束制御、同位体効果、プラズマ中の乱流特性の解明等、物理から工学まで幅広い学術研究が進められている。最近は、機械学習を用いた高密度プラズマの定常維持に関する研究も行っている。海外では、2015年に運転を開始したモジュラー型ヘリカル装置Wendelstein 7–X（W7–X, ドイツ）や、現在建設中のChinese First Quasi–axisymmetric Stellarator（CFQS, 日中共同プロジェクト）を用いた実験研究とともに、小型ヘリカル装置の建設（コスタリカ）や、新しい閉じ込め磁場配位の物理設計研究も鋭意進められている。W7–Xでは、グラファイトタイルによる高温プラズマからの保護が図られ、現在までに短時間ながら6×10^{26} Ks/m³の核融合3重積の値が達成され、将来的には長時間運転も計画されている。

• 慣性閉じ込め核融合

レーザー核融合に関して、米国リバモア研究所における核融合燃焼実験とともに同研究所やロチェスター大学でAI技術を取り入れたレーザー照射やターゲット条件の最適化が進められている。これらの実績をもとに核融合エネルギー実現へ向けた検討ワーキングが米国DOEの下で開催されたり、ベンチャー企業による核融合エネルギー実現へ向けたスタートアップ事業が動き出したり新たな展開を見せている。また、ドイツやオーストラリアのベンチャー企業への融資により高速点火方式で中性子を発生しない陽子―ボロン核融合の実現を目指した事業が開始されている。中国では、高速点火方式の大型プロジェクトが、上海光学精密機械研究所、中国物理学研究所、上海交通大学の3機関の連携で進められている。

一方、日本では、大阪大学を中心に高速点火方式の加熱物理が解明されるとともに流体力学的不安定性のない新しい爆縮方式の研究が進められている。また日米科学技術協力協定のもとNIFにおける核融合燃焼物理の研究を含めた学術協定がリバモア研究所と大阪大学レーザー科学研究所間で締結され連携協力が進められようとしている。さらに平均出力MWの実現へ向けた高繰り返し大型レーザー技術の開発（J–EPOCH: Japan establishment for Power–laser community Harvest計画）が大阪大学で進められている。これらを用いた未臨界レーザー核融合発電炉[28]を実現する計画（L–Suprieme: Laser–fusion Subcritical Power Reactor Engineering Method計画）やさらに核融合熱エネルギーによる高効率水素製造計画（HYPERION: Hydrogen–production Plant with Energy Reactor of Inertial–fusion計画）が提案され

実現へ向けた研究開発が進められている。

■原子力安全

● 原子力施設の安全性向上対策[29), 30)]

安全性を自主的に向上させ、また、規制基準に適合させるため、様々な安全性向上対策が原子力事業者にて検討・実施されている。原子力発電所の場合、地震・津波・竜巻などの外的事象に対する施設の防護、電源の強化、冷却系・注水系の追加、柔軟な事故対応を可能とする可搬型設備の配備などが行われている。

● FACEプロジェクト

Nuclear Energy Agency（NEA）が主催するプロジェクトとして、2022年からFACE（Fukushima Daiichi Nuclear Power Station Accident Information Collection and Evaluation）[31)] プロジェクトが開始された。本プロジェクトは、福島第一原子力発電所の原子炉建屋および格納容器内情報の分析に関するARC-F（Analysis of Information from Reactor Buildings and Containment Vessels of Fukushima Daiichi Nuclear Power Station）、燃料デブリの分析の準備に関するPreADES（Preparatory Study on Fuel Debris Analysis）[32)]、福島第一原子力発電所事故の事故進展解析に関するBSAF（Benchmark Study of the Accident at the Fukushima Daiichi Nuclear Power Station）の後継プロジェクトとなる。FACEプロジェクトは、福島第一の現地調査などに基づき、事故進展シナリオの緻密化、事故時の対応の有効性確認、過酷事故進展解析の改善、デブリの分析手法の改善などを目的とされている。

● 福島第一原子力発電所事故調査・分析[33), 34)]

福島第一原子力発電所事故から10年以上が経過し、放射性物質の減衰と除染が進んだことから原子炉建屋内の線量が低下し、原子炉建屋内部の調査が部分的に可能となってきた。原子力規制委員会/原子力規制庁は、福島第一原子力発電所事故の事故進展分析を継続的に実施しており、格納容器上部のシールドプラグへの大量のCsの付着、3号機原子炉建屋の水素爆発のメカニズム、過酷事故条件での逃し安全弁の挙動などについて検討が進められた。これらの知見は、既設の原子力発電所の安全性向上に活用されることが期待される。東京電力は、1号機の格納容器内部調査を進め、原子炉容器を支える鉄筋コンクリート製ペデスタル壁の一部が炉心溶融デブリによって損傷していることなどが明らかにされている。

■再処理

高速炉及びプルサーマルのMOX使用済燃料に対応した再処理法であるコプロセッシング法の開発が原子力機構において着実に進められている。これは、Puを単離することなく、Pu富化度の高いMOX燃料の再処理が可能な再処理プロセスである。従来のPUREX法再処理で採用されているTBP抽出剤を利用することで実現性が高く、マイナーアクチノイドであるネプツニウム（Np）も同時に回収可能な構成となっている。国の革新的研究開発プログラムImPACTにおいて「核変換による高レベル放射性廃棄物の大幅な低減・資源化」の研究開発が、分離変換技術開発の一環として、2014年度より2018年度まで実施された。対象は長寿命核分裂生成物であり、湿式電解法によるPd回収とレーザーによるPd同位体の偶奇分離、Zrの新規な抽出剤を用いた溶媒抽出法による回収、に関して有効な成果を達成した。マイナーアクチノイドの分離では、原子力機構が開発した溶媒抽出法によるSELECTプロセスについて、高レベル放射性廃液の実液を用いた試験を実施し、マイナーアクチノイドの分離回収を達成し、技術実証された。

（5）科学技術的課題

■新型原子炉

● 安全基準

炉型共通の課題として、炉型に依存しない安全基準がSMRを対象に欧米や国際機関（IAEAやOECD/NEA）により検討されている。特に、IAEAはSMR規制者フォーラムを立ち上げ、規制上の課題（例えば、

グレーディド・アプローチ、深層防護、緊急時計画区域に対する考え方）を抽出するとともに、炉型共通の安全基準の抽出作業を行っており、技術報告書が作成されている。

ロシアのウクライナ侵攻を受けて、外部ハザードに対するセキュリティリスクへの対応も求められていくとみられている。

・再生可能エネルギーとの協調や熱エネルギー利用

最近では、太陽光や風力といった変動性再生可能エネルギーとの協調や発電以外の熱エネルギー利用を目指した活動が欧米や国際機関で盛んになってきている。負荷追従、エネルギー貯蔵技術、水素製造技術といった技術開発が新型炉の新たな価値として注目されている。日本でも、日本機械学会動力エネルギーシステム部門「原子力・再生可能エネルギー調和型エネルギーシステム研究会」（2019年4月～2021年3月）と「カーボンニュートラルに向けたエネルギー貯蔵技術研究会」（2021年10月～2023年3月）等で検討が進められている。

・ナトリウム冷却高速炉

ナトリウム冷却高速炉については、安全性と信頼性を向上させる技術開発、コスト低減のための技術開発、放射性廃棄物核変換技術の開発が課題として残っている。特に、燃料・材料、安全性向上技術とシビアアクシデント研究は他の新型炉についても共通の課題である。今後は、機器の性能や設計の妥当性・裕度を確認する重要な段階であり、データの蓄積が求められている。

・高温ガス炉

高温ガス炉については、HTTRを用いた技術実証やタービン発電による発電効率向上、併設水素製造などの技術開発に加えて、新たな燃料開発などの燃料の超長期安定性などの技術的課題があげられる。今後は、高温ガス炉特有のセラミックス被覆燃料の安全性、空気侵入時における黒鉛酸化挙動、負荷変動対応運転の更なる検証などの研究テーマが挙げられる。

溶融塩炉、鉛冷却高速炉、SMRなど革新的原子炉については、外国では盛んに開発されているが、材料開発、燃料開発に加え、静的安全系や自然対流冷却及び機器一体型構造の検討など、取り組みが求められる研究テーマは多方面にわたる。

・軽水型SMR

軽水炉では、ATFの開発が進められており、2018年から米国にて実炉で照射用集合体（仏フラマトム製）が装荷され、2021年2月に1運転サイクル（18か月）を完了後、2021年11月には米メリーランド州のカルバートクリフス原子力発電所に先行集合体が装荷されており、実用化が近い。他社も追随しており、今後、更なる照射データ取得、製作性向上などが求められる。

・医療分野への貢献

原子力の非エネルギー分野への貢献可能性として、核医学検査でがん転移の発見等に利用されるモリブデンMo-99やがん治療に使えるアクチニウムAc-225といった放射性同位体の製造に活用することが可能であり、新型炉の新たな価値として注目される。

■核融合炉
・磁場閉じ込め方式核融合

発電実証に向けて必要となる技術課題が整理されている。そのうち、ボトルネックとなる課題は、炉内に設置されるダイバーターの粒子制御と受熱を担う機器であり、その技術的制約が核融合炉の出力規模の決定要因になっている。ダイバーターは、原型炉で想定される運転条件と現在の科学的理解および技術的成熟度の乖離が大きい。この課題の解決のためには、JT-60SAなどを用いた実機運転、ITERの運転で蓄積される経験値、小型装置による基礎研究、数値モデルの高度化と実験検証、革新概念の原理実証と性能向上という幅広い切り口からアプローチして、問題解決を図ることが求められる。また、燃料（三重水素）生産や発電のためのエネルギー回収を担うブランケットについても、ITERに設置するテストブランケット（TBM）計画を

含めたシステム開発が重要である。日本のブランケットが水冷却を主案としていることから、特に高温高圧水の安全取扱にかかる技術検証が重要である。構造材料や機能材料に係るデータベースや、熱流動、三重水素を含めた統合システムとしての知見を速やかに纏め、規制対応を含めITER計画に遅滞なく適用・遂行する必要がある。さらに、原型炉に向けて核融合中性子源の整備・活用も重要であり、2021年の概念設計の完了を踏まえて、工学設計の進展が鍵とされている。

● 慣性閉じ込め核融合

米国では、ほぼ核融合点火燃焼を実現し、今後、再現性やより高いターゲット利得を目指した核融合燃焼制御が課題となっている。また核融合燃焼の実績を受け、DOEのもとで、核融合エネルギー実現へ向けた技術課題の検討も開始されている。日本で進めているレーザー核融合高速点火方式は、加熱物理が解明され、核融合プラズマ生成効率も米国などで実証されている中心点火方式に比べ10倍高いことが実証されている。また燃料爆縮に関しても流体力学的不安定性のない新しい爆縮方式が発明され、効率的な点火燃焼へ向けた学術研究が進められている。今後、実験炉、商業炉を目指した、より効率的かつロバストなレーザー核融合炉を実現するための要素技術開発が課題でとされている。例えば、より効率的な加熱を実現するための加熱用超高強度レーザーの高繰り返し化技術や短波長化技術、繰り返し動作に対応できる核融合燃料ペレットの大量生産技術、ならびに供給技術・繰り返しレーザー照射技術であり、現在の基礎研究から開発研究への移行が課題とされている。

■原子力安全[29), 30), 35)]

● 過酷事故進展解析・過酷事故対応

福島第一事故の調査・分析で得られた知見、個々の物理現象に対して実験などによる検証データ等に基づき、過酷事故（シビアアクシデント）に関連する解析モデルの開発を進めることが望まれている。福島第一原子力発電所事故の事故進展においては、原子炉容器内及び格納容器内における燃料デブリの挙動についてまだ未解明の点が多い。燃料デブリの粘性と言った基礎的な物性値、燃料デブリの移動形態、移動経路などについて、廃止措置に伴い得られる情報を取り込みながら、計算モデルを高度化することが必要とされている。また、過酷事故対応については、様々な情報を加味しながら意思決定を行うために、リスク情報を活用した統合的な意思決定（Integrated Risk Informed Decision Making, IRIDM）の活用などの検討が必要とされている。

● リスク評価

様々な外的事象に対する評価手法の開発、ハザードカーブの設定、標準の策定、複数ハザード・マルチユニット・マルチサイトに対するリスク評価、リスク評価手法の高度化、新知見取り込み時の意思決定方法の確立、新検査制度の重要度決定プロセス（Significant Determination Process：SDP）での活用、リスク情報を活用した統合的な意思決定（Integrated Risk Informed Decision Making, IRIDM）の実践、等が挙げられる。

● 新型燃料の導入による安全余裕の拡大と定量化

既に欧米で採用されている新型燃料の導入、事故時耐性燃料の導入、最新の解析手法の導入などと併せて、新しい解析コードや評価手法の認証方法の確立が必要とされている。

● シミュレーション手法の高度化

様々な外的事象に対するシミュレーション手法の開発が必要とされている。

■再処理

放射性廃棄物で、福島第一原子力発電所事故で発生した燃料デブリの管理・処分方法は引き続き検討を重ねる必要が指摘されている。また、高レベル廃棄物の地層処分の長期安全性評価手法の高度化、分離変換及びプルトニウムのマネジメント技術などが挙げられている。フランスでは、ラ・アーグ再処理工場におい

てプルサーマルMOX燃料の再処理を一部実施している。また、プルトニウムの軽水炉によるマルチリサイクルの検討を行っている。MOX燃料の再処理法についても、湿式法によるプロセスを開発し実廃液を用いた試験により実証されている。

　第4世代炉、小型モジュール炉等の検討が進められていることから、その使用済燃料の処理についての検討が強く求められている。

（6）その他の課題
■新型原子炉

　ナトリウム冷却高速炉、高温ガス化炉などの第4世代炉は、原子燃料サイクルとの整合性を考慮の上、国際協力を活用して、長期的視野に立って人材維持を図りながら枢要な基盤研究を進め、技術基盤を維持することが重要とされている。昨今の地政学リスクや経済安全保障を考慮すれば、安定電源である原子力導入を加速する必要があるとの意見がある。日本では既存炉の再稼働が優先されるが、既存炉の寿命を考えれば、新設をそろそろ考え始めなければならない。その場合、実用化が近いものに優先的に資金・リソースを投入して官民一体となって開発を促進するなど戦略的な対応が求められる。また、原子力サプライチェーン脆弱化が深刻になっており、産業基盤の強靭化は早急な対策が必要とされている。

　世界では、投資リスクを考慮してSMRが指向され、欧米では、民間主導の開発が活発である。日本でも再生可能エネルギーとの共存を可能とする、経済合理性のあるミドル電源としてのSMRの開発には検討の余地があるとみられている。ただし社会的ニーズを明確化した上で、開発段階からSMRの特徴を踏まえた審査基準を確立し、仕様の最適化・合理化、投資リスク低減といった課題の解決を図るなど、慎重な検討が求められている。また、諸外国の政府支援規模は大きく、政府による財政支援は重要である。

　原子力イノベーションの促進には他分野との連携や国際連携、官民の協力関係が重要であり、研究段階から社会実装までの産学官連携の仕組みが必要となる。特に、炉心燃料や材料の技術開発では、国際協力による実炉照射データ蓄積や安全審査基準の構築が望まれている。

■核融合炉

　核融合装置は、大規模プロジェクトであるため、設計から建設完了までに10～20年程度かかり、その運転による技術開発にはさらなる年月を要する。従って、先行プロジェクトで蓄積した技術を次期プロジェクトに継承するとともに、経験のある人材の有効活用も重要になる。政策的にこれらのプロジェクト間のつながりを考慮した開発戦略を練り、技術の断絶や人材の谷間ができないような研究基盤体制の構築が求められている。2018年に、原型炉開発に向けたアクションプランやロードマップで示された研究開発の完遂のため、「核融合エネルギー開発の推進に向けた人材の育成・確保について」[36] が纏められている。また、社会連携としてのアウトリーチ活動が重要であり、核融合発の技術の産業応用を進め、着実に核融合技術が社会に貢献できることを広く認識してもらう努力が求められている。

● 磁場閉じ込め型核融合

　ITERが国際共同事業として進められていることからも、今後は、材料、製作、検査法、安全性等に関して国際標準化が進むと考えられ、関連する国際協力に戦略的に取り組むことが求められている。一方で、日本の資源は限られており、核融合炉材料の資源確保には国策としての取組の必要性も指摘されている。

● 慣性閉じ込め核融合

　これまで、レーザー核融合の繰り返し動作に対する技術課題における高繰り返し高出力レーザー技術の開発が、炉工学の進展を制限していた。近年のレーザー加工やレーザー加速器研究開発などに伴い、繰り返し高出力レーザー技術が急速に進展したことで、核融合反応を繰り返し動作させる実験炉が視野に入ってきた。繰り返し高出力レーザー技術は、高エネルギー密度科学という幅広い応用が期待でき、日本学術会議からもその重要性と整備の必要性が提言されており[37]、一層の進展が期待されている。一方で、核融合実験炉に特

有な、燃料ペレットインジェクション技術やレーザー照射のためのトラッキング技術、さらに炉材料など繰り返し動作に必要な要素技術開発に関しては、地上照射型レーザー宇宙デブリ除去など要素技術の他分野への応用展開も視野に入れた産業界との連携が求められている。

■原子力安全

・新検査制度の定着と効果的な運用[22), 38)]

新検査制度は2020年4月から本格運用が始まっているが、SDPの実施やパフォーマンス指標（Performance Indicator、PI）の検討等を含め経験を積み重ね、よりよい制度とするための継続的な努力が望まれている。新検査制度は、再稼働の有無にかかわらず全ての原子力発電所に適用されているが、再稼働した原子力発電所と再稼働に至っていない原子力発電所は、着目すべきリスクに違いがある。従って、再稼働に至っていない原子力発電所における検査のあり方については、さらに検討の余地がある。また、核燃料サイクル施設に対する新検査制度の適用などについても、実践と改善が必要とされている。

・安全目標の設定と活用

原子力の利用に関し、「社会に受容されるリスクレベル」に関するコンセンサスを作る一つの方策が、安全目標の設定であり、安全目標を誰がどのように使っていくかも重要な課題とされている。原子力規制委員会の原子炉安全専門審査会・核燃料安全専門審査会などで議論が進められていたが、まだ議論の途上である。

・リスク情報の活用とリスク情報に基づく統合的意思決定

リスク情報を活用した安全性向上の実践を積み重ねるとともに、不確実さの取り扱いも含めた統合的意思決定プロセスの構築への取り組みが必要とされている。

・原子力防災

現在、緊急時対応については、原子力規制委員会は放射性物質の拡散予測を用いず、緊急時モニタリングの結果により実施するとされている。一方、立地地域からは、緊急時対応の際に放射性物質の拡散予測を参考にしたいとの声があり、例えば、不確かさの大きな事故の進展と大気放出量の推移（ソースターム）の事故時の予測にどのように対応していくかが課題である。また、福島第一原子力発電所事故がそうであったように、自然災害により広域に被害が発生している場合の対応については、より広い関係組織の連携が必要になり、検討を深めていく必要があるとされている。

・原子力人材[39)]

福島第一原子力発電所事故の後、原子力分野を指向する学生数が減っており、将来にわたる人材供給が懸念されている。文部科学省を中心として、国際原子力人材育成イニシアチブが実施されており、原子力教育に関する全国大の「未来社会に向けた先進的原子力教育コンソーシアム、ANEC」が設立され、全国の多くの関係機関が連携した活動が進められている。

■再処理

再処理を中心とする核燃料サイクルは、実用化を目指すにあたっては安全性と経済性の両立・確保が必要である。そのためには基盤的研究の段階から意識されることが重要であり、アカデミアと産業界の連携が必要になる。日本の放射性物質、核燃料物質を取り扱う核燃料サイクル関連試験設備の多くが老朽化の問題を抱え、廃止措置も検討されている。日本全体としての必要性を検討した上で、研究開発活動の基盤となる設備については計画的な更新が求められる。

六ヵ所再処理工場の次の再処理工場の具体的な建設計画はないが、将来的な高速炉の導入による持続可能なエネルギー利用を確立するためには再処理技術は不可欠であり、原子力産業活動が続く限りは再処理を中心とする核燃料サイクルに関する研究や技術基盤の維持・発展は必要となる。また、福島第一原子力発電所の燃料デブリの処理、廃炉処置で出る放射性廃棄物の処理などの対応で、分離変換・再処理は、原子力関連技術の中でも最後まで必要とされる技術である。長期的視野に立った人材の育成・確保、研究・技術者

のレベル維持が課題となる。このような中で、「将来の幅広い選択肢を確保するため」と位置付けられている分離変換技術、およびSMRの開発と一体化した革新的燃料サイクル技術の研究開発は、上記課題に対応していくものとして期待されている。

（7）国際比較
■新型原子炉

国・地域	フェーズ	現状	トレンド	各国の状況、評価の際に参考にした根拠など
日本	基礎研究	○	↗	●福島第一原子力発電所事故の教訓、知見を踏まえ、炉心溶融を伴うシビアアクシデントの現象解明や解析コード開発などが進められている。 ●ナトリウム冷却高速炉や高温ガス炉などについては材料・熱流動・核特性に関する研究が進められている。 ●ナトリウム冷却高速炉「常陽」は再稼動のために新規制基準に対応中。 ●高温ガス炉HTTRは2020年6月に設置変更許可を取得し、2021年7月に10年ぶりに再稼働した。2022年4月にHTTRによる水素製造実証事業を開始。
	応用研究・開発	○	↗	●ナトリウム冷却高速炉について、2019年12月に日仏高速炉開発に関する実施取決めを締結するとともに、2022年1月にテラパワー社との協力覚書を締結し、仏米を中心に国際協力で技術開発を維持している。また、第4世代原子力システム国際フォーラム（GIF）において国際的に調和する安全基準を作成し、IAEA等の他機関との協議を経て、2017年に安全要件、2022年安全ガイドを公開した。 ●高温ガス炉については、ポーランドと2019年に実施取決めを締結し、日本の技術でポーランドに研究炉及び実用炉を建設すべく協力関係を強めている。2020年10月には英国とも取決めを締結した。また、GIFやIAEAにおいて安全基準を作成している。 ●高速炉戦略ロードマップ（2018年12月発表）に沿って、原子力イノベーション促進（NEXIP）事業にて、2019〜2023年度（ステップ1）に革新的原子炉に関する開発を推進し、2023年度に絞り込みが行われる予定。
米国	基礎研究	◎	↗	●シビアアクシデント耐性燃料などの新型材料開発、積極的にシミュレーション技術を活用する計算技術開発などの研究が活発である。 ●DOEは、2018年に様々な燃料や冷却材を試験するための多目的試験原子炉（VTR）プロジェクトを立ち上げた。INLサイトを決定し、環境影響声明書を2022年3月に発表した。 ●エネルギー省は、2020年6月に、民間の新型炉実用化加速するための試験や評価を支援するため、INLに国立原子炉イノベーションセンターを設置した。 ●INLにMARVELマイクロ原子炉（冷却材にナトリウムとカリウムを使用）の実物大プロトタイプを完成したと2022年2月に発表した。
	応用研究・開発	◎	↗	●民間投資が盛んになり、小型モジュール炉やマイクロ炉の開発が活発である。 ●NuScale炉（PWR）は2020年にNRCの設計認証取得。INLサイトで2025年に建設開始し、2029年に運転開始予定。2021年に日揮HDとIHI、2022年にJBICが出資表明。 ●GEH社BWRX-300はNRCの選考審査実施中。カナダOPG社により選定。2022年にTVA社がクリンチリバーサイトでの建設を念頭にした協力協定を締結。 ●Oklo社のAurora（ヒートパイプ型超小型高速炉）は建設運転一括認可申請を2020年に提出したが、2022年1月にNRCにより申請却下となった。 ●TVA社はSMR建設のため2019年にNRCによる早期立地許可を承認。

				●エネルギー省は、2020年から先進原子炉設計実証プログラム（ARDP）を開始し、5〜7年以内に実現可能な先進原子炉として、TerraPower社Natrium（ナトリウム冷却高速炉）とX-energy社Xe-100（高温ガス炉）を選定した。10〜14年後に実用化される技術として、Kairos Power社Hernes（溶融塩炉）、Westinghouse社eVinci（ヒートパイプ型マイクロ炉）、BWXT社BANR（TRISO燃料マイクロ炉）、Holtech社SMR-160（小型軽水炉）、Southern Company Services社MCRE（溶融塩炉）を選定した。2030年半ばを目指した革新炉概念として、ARC社ARC-100（ナトリウム冷却高速炉）、GeneralAtomics社FMR（ヘリウム冷却高速炉）、MITのMIGHR（高温ガス炉）を選定した。 ●TerraPower社Natrium炉はワイオミング州の石炭火力跡地に建設予定。2023年に建設許可、2026年に運転許可をNRCに申請予定。2022年1月にJAEAと三菱は協力覚書を締結。溶融塩蓄熱システムを有しており、再エネとの協調を狙っている。 ●X-energy社Xe-100はEnergy Northwest社のワシントン州に建設予定。 ●Southern Company社はMCREをINLで設計・建設・運転するための協力協定を2021年11月に締結。 ●NRCはカナダ規制機関CNSCと2019年から開始した統合型溶融塩炉（Terrestrial Energy社）の共同技術審査を2022年6月に完了したと発表。 ●NRCは、SMR及び非軽水炉を含む新型炉にリスク情報や性能に基づいて緊急時計画区域（EPZ）を決定するアプローチを含む新しい緊急事態対策要件を適用する規則を2024年までに完了させるために公聴会を実施中。 ●国防総省は、2021年3月に、今後の軍事作戦に使用する先進的な可動式超小型炉の原型炉建設と実証に向けて、BWXT社とX-energy社の2社を選定した。また、2021年4月に、宇宙用原子力推進システムの技術支援のため、USNC社を選定した。
欧州	基礎研究	○	↗	【EU】 ●プロジェクト（例：ナトリウム冷却高速炉はESFR-SMART、溶融塩炉はSAMOFAR）として欧州全体で共同して着実に研究を進めている。 ●MYRRHA炉は、ベルギーのSCK・CENが中心となって開発を進めている多目的の加速器駆動核変換システム（ADS）の原型炉と位置づけられており、欧州内ではナトリウム炉に次いで優先度が高い。 ●ガス冷却高速炉ALLEGROはスロバキアを、鉛冷却高速炉ALFREDはルーマニアを建設予定地に選定し、中欧を中心として研究開発を継続している。 【英国】 ●2021年9月に設立された新興企業Newcleoは小型鉛冷却高速炉開発のための協力協定をイタリアENEAと2022年3月に締結した。 【ポーランド】 ●2020年代後半までに1万kW研究用高温ガス炉を原子力研究センターNCBJに建設する計画があり、JAEAの協力を得て高温ガス炉の研究を進めている。2021年5月に研究炉の基本設計を進めるための確認書に調印した。 【ベルギー】 ●鉛やNaなどの液体金属SMR研究のため、SCK・CENに1億ユーロ（4年）を拠出すると2022年5月に表明。
	応用研究・開発	◎	↗	【欧州】 ●ナトリウム炉、ガス炉、その他の炉型についても欧州計画の中で設計研究が行われている。 【フランス】 ●ナトリウム冷却高速炉ASTRIDは概念設計段階であったが、2020年から研究開発を主体とすることとし、実用化時期を21世紀後半に先延ばしして実用化に至る道筋を検討している。

2.1 電力のゼロエミ化・安定化

国・地域	フェーズ	現状	トレンド	各国の状況、評価の際に参考にした根拠など
				【英国】 ●先進モジュール炉（AMR）実施可能性・開発計画において、2018年から実施可能性調査を行い、2020年7月に3社（Tokamak energy社：核融合炉、Westinghouse EC UK社：鉛冷却高速炉、U-battery developments社：高温ガス炉）を選定した後、2021年7月にAMR実証炉として高温ガス炉を選定し、2030年代初頭に実証を目指す計画。 ●ロールスロイス社の軽水型SMRの設計認証審査を2022年3月にBEIS（産業省）から規制当局へ要請。 【ポーランド】 ●2020年にMMR（ガス炉）の実施可能性調査に着手。 NuScaleとBWR-300を計画し、規制当局が予備審査を2022年6月に開始。 【スウェーデン】 ●エネルギー庁は、2030年までに建設予定の鉛冷却SMR実証炉SEALERのプロトタイプ（2024年までに1/56スケール電気加熱式）装置費用を助成すると2022年2月に発表。
中国	基礎研究	○	↗	●第4世代炉研究の一環として、ナトリウム冷却炉、鉛冷却炉、高温ガス炉、超臨界圧軽水炉や溶融塩炉の研究を精力的に実施している。 ●鉛ビスマス冷却高速炉の試験研究炉は2019年10月に初臨界を達成。 ●トリウム溶融塩炉の試験研究炉TMST-LF1は2018年に建設着工、2021年に建設完了、その後に試験開始。
	応用研究・開発	◎	↗	●ナトリウム冷却高速炉は、PWRに次ぐ最重要炉型と位置づけ、中国原子能科学研究院（CIAE）により実験炉CEFRが2011年に初送電を達成し、性能試験を実施している。原型炉は建設せず、実証炉CFR600の1基目が2017年に建設開始され2023年に完成予定である。2基目が2020年12月に建設開始した。ロシアの協力により燃料を共有し実証炉の導入による早期実用化を目指す方針である。実用炉CFR1000/CFR1200は国産技術で2035年ごろに運転開始の計画である。 ●ガス炉は、自国で知的財産権を持つことを目的に、精華大学の実験炉HTR-10の知見を踏まえて、実証炉HTR-PM210（2基）の1基目が2021年9月に初臨界、2基目が2021年11月に初臨界、2021年12月に送電網へ接続された。実用化を目指して6基接続したHTR-PM600の概念設計は2014年に終了して、サイト評価を実施している。 ●国産PWR型SMR実証炉ACP100は2021年7月に建設開始。
韓国	基礎研究	△	→	●ガス炉ではTRISO燃料を多目的照射炉HANAROで照射実験を行い、基礎研究が進められている。 ●鉛ビスマス冷却高速炉URANUS-40や核変換炉PEACER-300を設計しており、HELIOSループで熱流動試験が実施されている。
	応用研究・開発	△	→	●ナトリウム冷却高速炉はPGSFRを設計中であったが、2017年の政府方針により、2020年までは自然循環試験ループを製作するなどして研究開発を推進している。 ●ガス炉は600 MWtの原子力水素開発実証（NHDD）計画が設計段階だが進められている。2020年8月にUSNC社MMRの開発協力を発表。 ●軽水炉SMRプロジェクトSMARTはサウジアラビアとも協力すると2020年1月に報じられた。
カナダ	基礎研究	◎	↗	●カナダ原子力研究所（CNL）は、2019年に原子力研究イニシアチブの候補企業4社：モルテックス社（ピン型溶融塩炉SSR）、Kairos社（フッ化物溶融塩炉KP-FHR）、USNC社（高温ガス炉MMR）、テレストリアル社（溶融塩炉IMSR）を選定した。USNC社はMMRをCNLチョークリバーサイトで2026年までに完成させる計画。

	応用研究・開発	◎	↗	●オンタリオ州、ニューブランズウィック州、およびサスカチュワン州は、2019年12月に、SMR開発・建設のための協力覚書を締結し、2021年4月にアルバータ州も参加し、2022年3月にSMR戦略的開発建設計画を策定。Terrestrial Energy社IMSR（溶融塩炉）、GEH社BWRX-300、X-energy社Xe-100のうちオンタリオ州は2021年12月に、サスカチェワン州は2022年6月にBWRX-300を選定した。ニューブランズウィック州はARC社ARC-100（ナトリウム冷却高速炉）とMoltex Energy社SSR-W（溶融塩炉）を選定した。これらは2030年ごろに運転開始を計画している。 ●カナダ規制機関（CNSC）は、ベンダーに対する原子炉設計の事前審査（Pre-Licensing Vendor Design Review）を実施。現在、SMRの設計12件（高温ガス炉4、軽水炉3、溶融塩炉2、Na冷却高速炉1、鉛冷却高速炉1、ヒートパイプ炉1）が申請され、半数は審査が終了し、5件（高温ガス炉1、軽水炉2、溶融塩炉2）の評価を実施中。
ロシア	基礎研究	○	→	●鉛冷却高速炉BREST-DO-300（2026年運転開始予定）、鉛ビスマス冷却高速炉SVBR100の建設計画があり、幅広い基盤技術の開発が目標とされている。小型の熱利用コジェネ炉や浮揚型原子炉の研究開発も実施されているBREST300は2021年2月に建設許可、2021年6月に着工、2021年11月に基礎コンクリート打設完了、2022年5月にデジタルツインが導入されると発表。 ●第4世代炉研究の一環として、超臨界圧水軽水炉や溶融塩炉の研究も実施している。 ●多目的研究用であるナトリウム高速炉MBIRを2015年に建設開始、2027年に建設終了、2028年研究利用開始の見込みと2022年1月に発表された。
	応用研究・開発	◎	↗	●ナトリウム冷却高速炉は堅実に開発を維持しており、実験炉BOR60、原型炉BN600に次いで、実証炉BN800が2015年に送電を開始した。BN800は2022年2月にMOX燃料を60%まで装荷して稼働中であり、2022年夏にはフルMOX燃料に切り替える予定と2022年1月に報じた。 ●実用炉であるBN1200も開発中であり、安全性については第4世代原子力システム国際フォーラム（GIF）で定めた安全設計基準を採用する。連邦特別プログラムで高速炉サイクル技術を最優先に開発することを決定し予算化している。2025年に建設開始し、2035年までに建設終了の見込みと2022年1月に発表された。 ●世界初の海上浮揚式原子力発電所（FNPP）「アカデミック・ロモノソフ号」（3.5万kWe×2）が極東地域北東部のチュクチ自治区管内、ペベクの隔絶された送電網に送電を開始した。2026年までにさらに4つの浮揚式発電所建設を目指すと2021年8月に発表。 ●最初の陸上型SMRをサハ共和国ヤクーツクで2028年に運転開始予定と2022年1月に発表。
インド	基礎研究	△	→	●大学や研究所で軽水炉を中心に研究が進められている。
	応用研究・開発	△	→	●ナトリウム冷却高速炉では実験炉FBTRが1985年から運転中。運転開始から35年以上を経て設計出力40 MWtに到達と2022年3月に発表。原型炉PFBR（500 MWe）が2022年10月に運転開始の見込みから遅れている。また、同型の実用炉（600 MWe）をツインプラントとして建設する計画である。 ●当面は酸化物燃料、プルトニウム燃料サイクルとするが、将来はトリウム燃料サイクルとする。

2.1
電力のゼロエミ化・安定化

■核融合炉

国・地域	フェーズ	現状	トレンド	各国の状況、評価の際に参考にした根拠など
日本	基礎研究	○	→	●文科省核融合科学技術委員会で原型炉開発総合戦略タスクフォースを組織し、原型炉開発に向けたチェック・アンド・レビュー（C&R）とアクションプランを策定。また、これらに基づくロードマップを策定。第一回C&R完了。 ●量子科学技術研究開発機構（QST）六ヶ所研究所で欧州と展開している幅広いアプローチ（Broader Approach：BA）活動により、ITER後の原型炉に向けた設計検討、工学研究開発、シミュレーション研究、遠隔実験研究が展開。第1期の活動を成功裏に完了し、2020年より第2期の活動を展開。 ●自然科学研究機構核融合科学研究所（NIFS）の大型ヘリカル装置（LHD）による重水素実験が実施され、炉閉じ込め条件の改善、10keV加熱に成功した。FFHR（Force-Free Helical Reactor）のDEMO炉概念設計が進み、原型炉設計に反映する。 ●レーザー核融合では、大阪大学レーザー科学研究所を中心に、高速点火方式の加熱物理が解明されるとともに流体力学的不安定性のない新しい爆縮方式の研究が進められている。 ●日米科学技術協力協定のもと、米国NIFによる核融合燃焼物理実験に関する共同研究が計画されている。 ●光産業創成大学院大学/浜松ホトニクスで繰り返しレーザーを用いた核融合物理実験（CANDY）が実施されている。
	応用研究・開発	◎	→	●ITER建設のため、高度技術を要する機器調達を担い、産業界の技術蓄積、人材育成が着実に行われている。2020年7月末より本格的にITER本体の組立が開始され、2022年5月時点で、初プラズマまでの77%の建設が達成された。 ●QST那珂研究所に、欧州と展開しているBA活動と国内計画を合わせてサテライトトカマクJT60-SA装置を建設。2020年に組立完了し、統合試運転開始。日欧共同プロジェクトにより運用。国内各大学のオンサイトラボ設置。QST六ヶ所核研究所で欧州と展開しているBA活動（IFMIF工学設計工学実証）の一環として、原型加速器の開発を継続、定格電圧の80%（105kV）の入射電力においてRFの定常入射（CW）に成功した。核融合中性子源（A-FNS）研究では、工学設計活動報告書を纏め、工学設計を開始。 ●国内初の核融合ベンチャー企業：京都フュージョニアリング社の設立後、EX Fusion社Helical Fusion社やHelical Fusion社EX Fusion社が設立し、投資を集めるなど活発な活動が見られる。 ●レーザー宇宙物理学・惑星物理学、超高圧物質材料科学、レーザープロセス工学など核融合研究にもつながる高エネルギー密度科学の研究を幅広く進めている。 ●加工や加速器用レーザーとして有望な高繰り返し高出力セラミックレーザーの研究開発が進められている。 ●日本学術会議提言によりパワーレーザーと核融合を含めた高エネルギー密度科学の推進の重要性が示された。
米国	基礎研究	○	↗	●プラズマ物理、核融合炉材料、トリチウム安全性等の研究で最先端にある。基礎研究の計画、人的資源活用の面でも、一定の水準が維持されている。民間企業（Tri Alpha Energy Inc.など）による核融合研究も進められている。 ●引き続きITERプロジェクトに参加し、一時期停止していた資金拠出を再開する ●国立点火施設（NIF）では、人類史上初めて実験室での自律的核融合燃焼によるエネルギー増幅を実証した。 ●ロチェスター大のオメガレーザーと機械学習などAI技術を取り入れた中心点火の核融合研究が進められている。

	応用研究・開発	◎	→	●ITER初期から中心的役割を果たしてきた。 ●米国エネルギー省の核融合エネルギー科学諮問委員会が、「核融合エネルギーとプラズマ科学に関する10年間の国家戦略計画」を発表（2021年2月）。2040年代までに核融合パイロットプラントを建設するための準備を整えると記載。全米科学アカデミーは2028年までに実施判断し、2035–2040年に発電を目指すと提言（2021年2月）。原子力安全規制委員会を中心に検討を開始している。 ●米国最大の核融合ベンチャー：Commonwealth Fusion System社が2050億円以上の追加投資を獲得（2021年10月）し、2025年に核融合実験炉の稼働を目指す。 ●NIF施設の高エネルギー密度科学に関する公募研究が実施され、日本との共同研究も積極的に進められている。 ●ロチェスター大学の施設を含めた全米パワーレーザー施設連携（LaserNetUS）事業が進められている。
欧州	基礎研究	○	→	【EU】 ●欧州内の協力体制EUROfusionの下で、各研究所の研究を組織化し、研究開発を展開し、ロードマップを策定。 ●Tokamak Energy Ltd. など民間企業による核融合研究も進められている。 【フランス】 ●フランスでLMJの建設が進められ（2022年以降）建設完了、2017年に8ビーム短パルス運転開始。 【ドイツ】 ●大型融資を受けた独国ベンチャー企業による高速点火レーザー核融合研究が開始。
	応用研究・開発	◎	↗	●ITERホスト極として相当規模の資金（建設費の約半分）を投入し、ITER建設を推進している。 ●ITERと並行し、原型炉に向けて日本とBA活動を展開。 ●EUROfusionが策定した、「核融合エネルギー実現に向けた欧州研究ロードマップ」（2018年）において、22世紀に世界で1テラワット（100万kW発電所1000基分）の核融合発電所が必要と記載。「欧州グリーンディール」政策の下で、2050年頃に発電を行う核融合原型炉を建設すべきと評価。 【英国】 ●「英国政府の核融合戦略」（2021年10月）において2040年までに「商用利用可能な核融合発電炉」の建設を目指すと明記。発電炉の立地地域を募集し15地域の応募を受けて5つの候補地を公表（2021年10月）。政府が核融合規制に関する討議資料を公表（2021年10月）し、意見募集を実施。 【ドイツ】 ●マックスプランクプラズマ研究所に建設されたモジュラーヘリカル型の磁場閉じ込め装置ヴェンデルシュタイン7-X（W7-X）が運転開始され、高プラズマ閉じ込め実験が進行している。 【フランス】 ●LMJの一部ビームの共同研究が公募・実施中。
中国	基礎研究	○	↗	●ITER参加極の一つで、資金を出しITER建設に寄与するとともに、合肥にて超伝導トカマク装置EASTを運転中、高い加熱温度、プラズマ閉じ込めを達成。 ●中国初のヘリカル型プラズマ閉じ込め装置として、西南交通大学が、日本の核融合科学研究所（NIFS）との共同プロジェクトとして設計研究を進めた準軸対称ヘリカル装置CFQSの建設開始。 ●中国工程物理研究院により、神光（Shen Guang）IIIレーザーを使った間接照射による基礎研究が実施中。（綿陽） ●中国科学院により、神光（Shen Guang）IIのアップグレードと高速点火方式の研究開始。（上海）
	応用研究・開発	◎	↗	●国産の核融合発電実現に向け、ITERと並行して、ITERと同規模の中国核融合工学実験炉（CFETR）を1基建設した後、2030年代までに発電炉（原型炉）に改造する計画。 ●中国科学院上海光機所にて高エネルギー密度科学の研究を実施

2.1 電力のゼロエミ化・安定化

	基礎研究	○	→	●KAISTでターゲット照射の基礎実験が行われているが、主流は磁場核融合である。
韓国	応用研究・開発	◎	↗	●ITER参加極の一つとして資金を供出し、ITER建設に寄与するとともに、超伝導トカマクK–STARを運転し、技術力、特に超伝導に関する技術を持つ。 ●第4次核融合エネルギー開発振興基本計画（2022–26）において2050年代に核融合電力生産実証炉による発電実証を行うという目標を設定。発電実証に必要な8つのコア技術（コイル、ブランケット、ダイバータなど）を明示し、ITERやK–STARで確保すると記載。

■原子力安全

国・地域	フェーズ	現状	トレンド	各国の状況、評価の際に参考にした根拠など
日本	基礎研究	○	↗	●原子力安全に関する公募研究が実施されており、リスク評価、安全評価技術、事故耐性燃料、モニタリング技術、原子力防災など、幅広い分野での取り組みが進められている[25]。大学・研究機関においても、基礎的な研究が実施されている。
	応用研究・開発	◎	↗	●原子力施設の安全性向上対策として、解析手法、設備、マネジメントシステム改善など、様々な取り組みがなされている。
米国	基礎研究	◎	→	●1970年代から確率論的リスク評価に対する取り組みがなされ、広い範囲で基礎研究が行われている。外的事象に対する包絡的なリスク評価も1990年代に実施されている。
	応用研究・開発	◎	↗	●1979年のスリーマイル島2号機事故を契機として、本格的にリスク情報を活用した規制が行われている。すべての規制上の意思決定において、確率論的リスク評価を活用する方針がとられている。 ●過酷事故に関しては、サンディア国立研究所で総合解析コードMELCOR、ISS社でRELAP/SCDAPSIMの開発を進めている。 ●手順書類FLEXなど、安全確保のためのマネジメントについて取り組みが進んでいる
欧州	基礎研究	◎	→	【EU】 ●高経年化評価に対する検討が進んでおり、リスク評価の導入に積極的な国が多い。 ●過酷事故に関する種々の課題を整理するSARPR（Severe Accident Research Priority Ranking）プロジェクトが実施されている。 【フランス】 ●原子力発電所を多数有するフランスでは、1990年代初頭から確率論的リスク評価が実施されている。
	応用研究・開発	◎	→	【EU】 ●欧州においては西欧原子力規制者協会（WENRA：Western European Nuclear Regulators' Association）が、原子力発電所をより安全にするための活動を積極的に実施し、その中で保全活動の最適化が進められている。 ●過酷事故解析コードであるASTECが仏IRSNと独GRSの共同で開発されている。 ●防災については、NERISプラットフォームを中心に、さまざまなプロジェクト支援、共同研究が進められている。
中国	基礎研究	○	↗	●新規プラント建設や新型炉設計が積極的に進められており、原子力保全に関しても積極的な研究開発が進んでいる。 ●過酷事故に関しては、上海交通大学、西安交通大学などで基礎的な研究が実施されている。また、各種解析コードの開発が国の予算などで進められている。

左余白：
2.1
電力のゼロエミ化・安定化

国・地域	フェーズ	現状	トレンド	各国の状況、評価の際に参考にした根拠など
韓国	応用研究・開発	◎	↗	●リスクやシビアアクシデントマネジメントなどに関する研究に、国家として積極的に投資している。 ●上海交通大学、上海核工程研究設計院などで応用を目指した比較的大規模な熱流動実験が実施されている。 ●近年の原子力発電所の増設計画に沿って、法的整備も進み、緊急時対応計画はIAEA基準に沿って整備されている。
韓国	基礎研究	○	→	●ソウル大学、KAIST、浦項工科大学校（UNIST）、韓国原子力研究所（KAERI）などで基礎的な研究が実施されている。
韓国	応用研究・開発	◎	↗	●保全、防災においては、米国型の対応が整備されている。 ●韓国原子力研究所などで応用を目指した格納容器健全性、コアキャッチャーなどに比較的大規模な実験が実施されている。

■再処理

国・地域	フェーズ	現状	トレンド	各国の状況、評価の際に参考にした根拠など
日本	基礎研究	○	→	●将来の再処理技術、分離変換技術に関する基礎的研究は継続されている。
日本	応用研究・開発	○	→	●再処理の安全性、事故時影響等に関する研究が実施されている。 ●MOX燃料再処理の課題等に関する研究が進められている。 ●プルトニウムマルチリサイクルに関する検討が進められている。 ●高速炉燃料サイクルに関する研究開発は震災後中断されている。
米国	基礎研究	○	→	●マイナーアクチノイド分離技術などに関する基礎研究は常に一定の活動がある。
米国	応用研究・開発	△	→	●再処理を行わない戦略をとっているので、応用研究は限定的である。
欧州	基礎研究	○	→	【EU】 ●EU内研究協力で、核燃料サイクル路線をとらない国においても大学等での基礎的研究は一定水準が保たれている。 ●EUの共同の研究所では、アクチノイド試料を用いた実験が可能であり、レベルの高い研究が実施されている 【フランス】 ●再処理等への応用のための基礎研究は継続されている。分離変換技術におけるマイナーアクチノイド分離の技術開発については、所定の成果を得たとの判断がなされ、プロジェクトは中断された。現在低いレベルで活動が維持されている。
欧州	応用研究・開発	○	→	【EU】 ●応用研究は国別の対応が基本となっていると考えられる。 【フランス】 ●再処理は基本的に確立された技術であるとの認識であると考えられるが、なお、高度化、改良などのための研究開発が行われている。 ●MOX再処理については、プロセス開発を行い実廃液試験による実証まで進め、プロジェクトを収束させた。 ●軽水炉によるPuのマルチリサイクルの研究開発が進められている。
中国	基礎研究	○	↗	●国を挙げて、核燃料サイクル、再処理、分離変換技術に関する研究開発を推進している。分離変換技術では、加速器による核変換の研究開発など、かなりの予算、人員をと移入して推進している。
中国	応用研究・開発	○	↗	●国を挙げて、核燃料サイクル、再処理、分離変換技術に関する研究開発を推進している。新施設を建設し、ホット試験を開始するなど活動はさらに活発化している。
韓国	基礎研究	○	→	●使用済燃料の乾式処理に関する基礎研究は引き続き実施されている。
韓国	応用研究・開発	△	→	●使用済燃料の乾式処理による再処理の実用化に関する研究開発は、国際的立場などなどの事情により、限定される。

2.1
電力のゼロエミ化・安定化

（註1）「フェーズ」

　　　「基礎研究」：大学・国研などでの基礎研究レベル。

　　　「応用研究・開発」：技術開発（プロトタイプの開発含む）・量産技術のレベル。

（註2）「現状」 ※我が国の現状を基準にした評価ではなく、CRDSの調査・見解による評価。

　　　◎：他国に比べて特に顕著な活動・成果が見えている　　　○：ある程度の顕著な活動・成果が見えている

　　　△：顕著な活動・成果が見えていない　　　　　　　　　　×：特筆すべき活動・成果が見えていない

（註3）「トレンド」

　　　↗：上昇傾向、→：現状維持、↘：下降傾向

関連する他の研究開発領域

- ・水素・アンモニア（環境・エネ分野　2.2.2）
- ・破壊力学（環境・エネ分野　2.6.3）
- ・物質・材料シミュレーション（ナノテク・材料分野　2.6.3）

参考・引用文献

1）原子力委員会「令和3年度版原子力白書（令和4年7月）」内閣府原子力委員会, http://www.aec.go.jp/jicst/NC/about/hakusho/hakusho2022/zentai.pdf,（2023年1月29日アクセス）.

2）GX実行会議「GX実現に向けた基本方針（案）～今後10年を見据えたロードマップ～」内閣官房, https://www.cas.go.jp/jp/seisaku/gx_jikkou_kaigi/dai5/siryou1.pdf,（2023年1月29日アクセス）.

3）一般社団法人日本原子力産業協会（JAIF）『世界の原子力発電の動向2022年版』（東京：JAIF, 2022）.

4）The Generation IV International Forum, https://www.gen-4.org/gif/jcms/c_9260/public,（2023年1月29日アクセス）.

5）World Nuclear Association, "Fast Neutron Reactors", https://world-nuclear.org/information-library/current-and-future-generation/fast-neutron-reactors.aspx,（2023年1月29日アクセス）.

6）原子力科学技術委員会 もんじゅ研究計画作業部会「もんじゅ研究計画」文部科学省, https://www.mext.go.jp/b_menu/shingi/gijyutu/gijyutu2/061/houkoku/1344598.htm,（2023年1月29日アクセス）.

7）岡本孝司「高温ガス炉の課題（2013年9月4日）」一般財団法人エネルギー総合工学研究所, https://www.iae.or.jp/htgr/pdf/02_result/infomation/02result_20130903_04.pdf,（2023年1月29日アクセス）.

8）原子力委員会「第三段階研究開発基本計画（平成4年6月9日）」内閣府原子力委員会, http://www.aec.go.jp/jicst/NC/senmon/kakuyugo2/siryo/kakuyugo05/siryo2_3.pdf,（2023年1月29日アクセス）.

9）岡野邦彦, 飛田健次「核融合原型炉開発の動向：アクションプランと核融合工学研究の進展」『日本原子力学会誌ATOMOΣ』60 巻 10 号（2018）：637-641., https://doi.org/10.3327/jaesjb.60.10_637.

10）Breanna Bishop, "National Ignition Facility achieves fusion ignition", Lawrence Livermore National Laboratory, https://www.llnl.gov/news/national-ignition-facility-achieves-fusion-ignition,（2023年1月29日アクセス）.

11）Kazuki Matsuo, et al., "Petapascal Pressure Driven by Fast Isochoric Heating with a Multipicosecond Intense Laser Pulse", *Physical Review Letters* 124, no. 3（2020）：035001.,

2.1 電力のゼロエミ化・安定化

https://doi.org/10.1103/PhysRevLett.124.035001.

12）Lee McCormick『原子力発電システムのリスク評価と安全解析』西原英晃 監訳，杉本純，村松健 訳（東京：丸善出版，2013）.

13）大久保哲朗，兼平憲男「六ヶ所再処理工場のガラス固化試験と新型炉開発：核燃料サイクル施設におけるガラス固化技術の確立への取組み」『日本原子力学会誌ATOMOΣ』57 巻 8 号（2015）：511-516.，https://doi.org/10.3327/jaesjb.57.8_511.

14）日本原燃株式会社「再処理施設および廃棄物管理施設のしゅん工時期見直しに伴う工事計画の変更届出について」https://www.jnfl.co.jp/ja/release/press/2022/detail/20221006-1.html,（2023年1月29日アクセス）.

15）日本原燃株式会社「MOX燃料加工施設の工事計画の変更届出について」https://www.jnfl.co.jp/ja/release/press/2020/detail/20201216-1.html,（2023年1月29日アクセス）.

16）次世代原子力システム研究開発部門，日本原子力発電株式会社「高速増殖炉サイクル実用化研究開発（FaCTプロジェクト）；フェーズI報告書」日本原子力研究開発機構（JAEA），https://doi.org/10.11484/jaea-evaluation-2011-003.

17）K. Yamamoto, et al., "Development of U and Pu Co-Recovery Process (Co-Processing) for Future Reprocessing", U.S. Department of Energy, https://www.osti.gov/biblio/22257834,（2023年1月29日アクセス）.

18）Yasutoshi Ban, et al., "Uranium and Plutonium Extraction from Nitric Acid by N,N- Di（2-Ethylhexyl）-2,2-Dimetnylpropanamide（DEHDMPA）and N,N-Di（2-Ethylhexyl）Butanamide（DEHBA）using Mixer-Settler Extractors", Solvent Extraction and Ion Exchange 32, no. 4（2014）：348-364., https://doi.org/10.1080/07366299.2013.866850.

19）一般社団法人日本原子力学会 新型炉部会「資料集：2020/09/23: 新型炉部会主催のセッション「SFR安全標準炉に求められる技術開発の状況」」http://www.aesj.or.jp/division/ard/Material.html,（2023年1月29日アクセス）.

20）経済産業省 資源エネルギー庁「社会的要請に応える革新的な原子力技術開発支援事業について（令和3年11月12日）」公益財団法人原子力安全研究協会, https://www.nsystemkoubo.jp/application/documents/r4kouboWS_4.pdf,（2023年1月29日アクセス）.

21）原子力規制委員会「適合性審査」https://www.nsr.go.jp/activity/regulation/tekigousei/index.html,（2023年1月29日アクセス）.

22）原子力規制庁 長官官房制度改正審議室「新検査制度見直しについての説明」原子力規制委員会, https://www.da.nsr.go.jp/file/NR000039062/000182920.pdf,（2023年1月29日アクセス）.

23）東京電力ホールディングス株式会社「柏崎刈羽原子力発電所のIDカード不正使用および核物質防護設備の機能の一部喪失に関わる改善措置報告について」https://www.tepco.co.jp/press/release/2021/1642625_8711.html,（2023年1月29日アクセス）.

24）一般社団法人日本原子力学会 原子力安全部会「検討ペーパー：核セキュリティコーナーストーン評価の在り方とそこから見えてきた検査制度の課題（2021年5月31日）」一般社団法人日本原子力学会, http://www.aesj.or.jp/~safety/pdf/other/SecurityCS_Paper2021__v1.0.pdf,（2023年1月29日アクセス）.

25）一般社団法人日本原子力学会 原子力発電部会「次期軽水炉の技術要件について：「次期軽水炉の技術要件」ワーキンググループ報告書（2020年6月）」http://www.aesj.or.jp/~hatsuden/katsudou/04_jikiroWG/jikiroWG_report_20200716.pdf,（2023年1月29日アクセス）.

26）経済産業省「革新炉ワーキンググループ」https://www.meti.go.jp/shingikai/enecho/denryoku_gas/genshiryoku/kakushinro_wg/index.html,（2023年1月29日アクセス）.

2.1 電力のゼロエミ化・安定化

27）文部科学省「令和4年度予算のポイント」https://www.mext.go.jp/content/20211223-mxt_kouhou02-000017672_1.pdf,（2023年1月29日アクセス）.

28）Akifumi Iwamoto and R. Kodama, "Core size effects of laser fusion subcritical research reactor for fusion engineering research", *Nuclear Fusion* 61, no. 11（2021）: 116075., https://doi.org/10.1088/1741-4326/ac2992.

29）一般社団法人日本原子力学会「軽水炉安全技術・人材ロードマップ高度活用」https://www.aesj.net/sp_committee/com_lwrroadmap,（2023年1月29日アクセス）.

30）一般社団法人日本原子力学会 熱流動部会「「熱水力安全評価基盤技術高度化戦略マップ検討」ワーキンググループ：2020年度版」https://thd.aesj.net/index.php/committees,（2023年1月29日アクセス）.

31）Nuclear Energy Agency（NEA）, "Fukushima Daiichi Nuclear Power Station Accident Information Collection and Evaluation（FACE）Project", https://www.oecd-nea.org/jcms/pl_70741/fukushima-daiichi-nuclear-power-station-accident-information-collection-and-evaluation-face-project,（2023年1月29日アクセス）.

32）Nuclear Energy Agency（NEA）, "Preparatory Study on Analysis of Fuel Debris（PreADES）Project", https://www.oecd-nea.org/jcms/pl_25169/preparatory-study-on-analysis-of-fuel-debris-preades-project,（2023年1月29日アクセス）.

33）原子力規制委員会「東京電力福島第一原子力発電所における事故の分析に係る検討会」https://www.nsr.go.jp/disclosure/committee/yuushikisya/jiko_bunseki01/index.html,（2023年1月29日アクセス）.

34）東京電力ホールディングス株式会社「廃炉プロジェクトとは」https://www.tepco.co.jp/decommission/,（2023年1月29日アクセス）.

35）原子力規制委員会「原子力規制委員会における安全研究の基本方針（平成28年7月6日）」https://www.nsr.go.jp/data/000271464.pdf,（2023年1月29日アクセス）.

36）核融合科学技術委員会「核融合エネルギー開発の推進に向けた人材の育成・確保について」文部科学省, https://www.mext.go.jp/b_menu/shingi/gijyutu/gijyutu2/074/houkoku/1407701.htm,（2023年1月29日アクセス）.

37）日本学術会議 総合工学委員会 エネルギーと科学技術に関する分科会「提言：パワーレーザー技術と高エネルギー密度科学の量子的飛躍と産業創成（令和2年（2020年）6月16日）」日本学術会議, https://www.scj.go.jp/ja/info/kohyo/pdf/kohyo-24-t291-2.pdf,（2023年1月29日アクセス）.

38）一般社団法人日本原子力学会 原子力安全部会 新検査制度の効果的な実施に関する検討ワーキンググループ「新検査制度の効果的な実施に関する検討 2020年度報告書：変革と進展の多寡 "IS IT A LITTLE OR LITTLE?"」一般社団法人日本原子力学会, http://www.aesj.or.jp/~safety/pdf/other/Report_FY2020_v1.0.pdf,（2023年1月29日アクセス）.

39）公益財団法人原子力安全研究協会「国際原子力人材育成イニシアチブ事業」https://jinzai-initiative.jp/works/index.html,（2023年1月29日アクセス）.

2.1
電力のゼロエミ化・安定化

2.1.3 太陽光発電

（1）研究開発領域の定義

　太陽光発電に関する科学、技術、研究開発を記述する。特に発電システムとしての低コスト化、効率向上、用途開発などの観点と大量導入のためのシステム技術、運用技術の観点からの動向を対象とする。

（2）キーワード

　長期信頼性、劣化機構の解明、リスク・安全性評価、保守のスマート化、軽量太陽電池、ペロブスカイト太陽電池（Perovskite Solar Cell：PSC）、発電量予測、グリッドフォーミング・インバータ、MLPE（Module Level Power Electronics）

（3）研究開発領域の概要

[本領域の意義]

　我が国におけるエネルギー自立の必要性と地球温暖化対策への世界的気運の高まりから、再生可能エネルギーの主力電源化に向けた取組みが推し進められている。太陽光発電（Photovoltaics：PV）は、風力発電と並び大型電源としての活用が期待され、小規模分散型電源にも適することから、需要地近接、需給一体型としての利活用も期待されている。コロナ禍でのエネルギー需要減、ロシアによるウクライナ侵攻によりもたらされた資源高の状況の中においても、世界で再生可能エネルギーの設備容量は増加の一途であり、新規導入された再エネの容量のおよそ6割をPVが占めている。さらなるPVの普及のため、発電コストを下げるために変換効率向上や耐久性向上、適用範囲拡大のための軽量化といったモジュールの進化が求められる。運用面では天候に左右されるため発電予測技術、効率的なメンテナンス技術が必要となる。大量導入後の経年劣化したモジュールのリサイクル技術も今後重要となる。

[研究開発の動向]

[導入状況]

- 2021年の世界のPV導入量は175 GWで、累積942 GWとなった[1]。大規模太陽光発電所の加重平均発電コストは0.048 USD/kWhとなり、日照条件の良い地域などでは、他の電源より安い発電コストを実現している[1]。太陽電池セル・モジュールのコスト低下と導入拡大が進む中、システムのコストダウンや運用・保守（Operation and Maintenance：O&M）のコスト低減も進んだ。しかし、日本のPVによる発電コストは0.086 USD/kWh（2021年）と世界と比べてまだ高い水準にあり[2]、発電コスト低減に向けた研究開発が必要である。各国の2030年のコスト目標値としては、日本ではNEDO PV Challenge で7円/kWh[3]、米国エネルギー省（DOE）のSunShot計画では3–5セント/kWh[4]、ドイツ連邦経済エネルギー省（BMWi、現在は連邦経済・気候保護省（BMWK）に改名）による見通しでは4.5～7.2ユーロセント/kWh[5] などが掲げられている。このような中、システム技術としては、長期信頼性の向上、未利用地への展開、電力系統へのインテグレーション、運用ソフトコスト低減に関する研究開発がトレンドになっている。

[太陽電池モジュールと適用用途]

- 現在の主流は結晶シリコン系太陽電池であり、世界の約8割を中国が生産している。コストが最大の性能であるためであるが、米国First solar社が製造するCdTe型太陽電池モジュールは2020年で6.1 GWと世界8位の位置を保っている。結晶シリコン系太陽電池セルの理論変換効率（29%）にさらに近づけるため改良が続けられている。 PERC（Passivated Emitter and Rear Cell）[6] はセル裏面側に不活性化層を形成し、キャリア（電子と正孔）の再結合で生じる発電ロスを抑制する技術である。ヘテロ接合

と呼ばれる異種のシリコン材料（単結晶シリコンとアモルファスシリコン）を接合した太陽電池もまた、キャリア（電子と正孔）の再結合を防ぐ目的である。三洋電機株式会社（現パナソニック株式会社）が開発した技術（HIT®：Heterojunction with Intrinsic Thin-layer）[7]でヘテロ接合が採用されていた。しかし、製造工程が増えコスト高であることから普及が進まず、2021年で生産が終了している。ただし、この技術は両面受光が可能な電池が作製でき[7]、温度上昇による効率低下が少ない特長から、営農型PVへの利用[8]など新たな展開も見られる。

- 太陽電池セル（素子）レベルかつ研究室レベルでの値だが、最高変換効率の推移を米国国立再生可能エネルギー研究所（NREL）がまとめており[9]、その中でGaAs系（III-V族系）化合物半導体太陽電池セルは最高で29%[9]と高い変換効率を記録している。これは太陽光を最も効率よく変換できるバンドギャップをもつためだが、さらに他のIII族やV族の元素を添加してバンドギャップを変えることで、吸収波長帯域を変えられる。異なる元素組成の発電層を積層したものが多接合型太陽電池であり、3接合で最高で約38%[9]を記録している。GaAs系の多接合型太陽電池の課題はコストであり、コストが厳しく問われない人工衛星など宇宙用途に限られている。GaAs系は宇宙線に耐性があるという特徴もある。GaAs系が高価である理由は、高価なGaAs基板上にIII-V族半導体層をエピタキシャル成長させる製法にある。最終製品には不要のGaAs基板を剥離して繰り返し製造に使う方法[10]や、半導体層のエピタキシャル成長速度を早める方法が検討されている。車体に太陽電池モジュールを設置する車載用途では限られた面積で発電する必要があり、高効率の太陽電池としてGaAs系多接合型太陽電池に対する期待が大きい。トヨタ自動車株式会社は、NEDO、シャープ株式会社と共同で、プリウスPHEVに変換効率が30%を超えるIII-V族化合物3接合型太陽電池を約860 W搭載し実証実験を行っている[11]。日産自動車株式会社も同様にeNV200を使用し約1150 WのIII-V族化合物3接合型太陽電池を搭載し実証を行っている[12]。

- 有機系太陽電池としては、色素増感太陽電池、有機薄膜太陽電池、PSCの研究開発が進められている。有機系は溶液塗布法（印刷）で連続的に製造でき、低コスト化の可能性とともに、軽量、薄膜、フレキシブルの太陽電池が作れるという特徴がある。センサーなどの小型の機器の電源や、重量制限のある屋根や建物壁面などに設置する建築物一体型太陽光発電設備（BIPV：Building Integrated Photovoltaics）として期待されている。中でもPSCは製造方法が比較的簡便で、かつ高い変換効率が得られやすいため、現在、研究開発が最も盛んに行われている。変換効率の最高値は26%[9]を記録している。重要な課題としては吸湿による劣化の問題が指摘されている。代表的なペロブスカイト材料は（CH_3NH_3）PbX_3（X = Cl, Br, I）で表されるが、Xの種類と組成によりバンドギャップ、すなわち吸収する光の帯域を変えられる特性があり[13]、GaAs系と同じ考え方で他の吸収波長の異なる太陽電池と組み合わせて広帯域の光を発電に利用するタンデム型の太陽電池も活発に研究開発されている。色素増感太陽電池、有機薄膜太陽電池の最高効率はそれぞれ13%[9]、18%[9]と、過去の開発初期段階に比べて格段の進歩が見られている。

- 水上設置太陽電池モジュール（Floating PV）[14]が世界的にも増加している。水面を有効活用するためフロート架台によって太陽電池を水面に浮かべる。特に中国で導入が伸びており、湖沼への設置を始め、安徽省や山東省では炭鉱地盤沈下地帯の利活用としての設置が見られる。海外では洋上を含む海水域での検討も始まっており、数MWを超える規模の実証なども行われている。国内でも洋上での一部パイロットプラントの実証が開始されている。安全性の検討が必要であり、国内での風荷重などの風洞実験が一部実施されているが、信頼性よりも導入が先行している状況である。2019年9月に日本で最大の千葉県の水上設置メガソーラー発電所（13.7 MW）で台風によるアレイの破壊と火災事故が発生し（2021年に復旧）[15]、その後の事故調査などにより水上設置の技術基準の見直しが行われ、設計・施工ガイドラインが策定されている。水上設置については、送電設備が共用でき、雨季・乾季で発電量が相補的となるメリットが見込まれることから、水力発電ダムへの設置、水力発電とのハイブリッド化も検討されている。

・営農型太陽光発電（APV：Agrivoltaics）[16] は、農地に支柱を立てて上部に太陽光発電を設置した、太陽光を農業と発電に利用した設置方式で、ソーラーシェアリングともよばれている。その導入ポテンシャルは、農地への遮光率を30％と仮定すると、日本全国で38 GWと試算されている。技術的には、農作物への影響を配慮する必要があり、遮光率と農作物の生育の関係（30％以下）や適した太陽電池モジュールの形状、設置架台の種類（追尾、一本足、垂直設置）などが検討されている。導入が最も拡大しているのが中国であり、欧州（イタリア、ポルトガル、フランス）、韓国などにおいて導入支援が進められており、フラウンホーファー研究機構太陽エネルギーシステム研究所（Fraunhofer ISE）における植物への成長の影響調査など、実証研究も進められている。

［劣化メカニズム］

・最も普及している結晶シリコン系太陽電池モジュールの長期運用における湿熱劣化については、封止材に用いられるEVA（エチレン酢酸ビニル共重合樹脂）から発生する酢酸による電極の腐食と高抵抗化という劣化機構が我が国で解明され、対策が進められている。メガソーラーなどの高電圧システムでの電位誘起劣化については、ガラス由来のNaイオンが太陽電池セルに侵入し誘発するというメカニズムの解明が進み、Naの移動を制限する材料や漏れ電流を低減する材料など、耐性材料の開発や耐性の高いモジュール構造の研究が進んでいる。また、屋内信頼性試験方法（CIGS系モジュールを含む）、加速試験方法の開発が進められている。高効率PERC型結晶シリコンセルを用いたモジュールで生じる光・温度誘起劣化など新たな劣化現象も見つかり、その発現機構も研究されている。光・温度誘起劣化は、初期劣化の後、回復段階を経て、長期安定状態での緩やかな劣化モードに移行すること、光および温度ストレスを強くするとこの過程が早く起きること、屋外環境下でも数年をかけて実験室と同程度の光および温度ストレスがかかった場合は同じような劣化を示すことが、様々な研究機関から報告されている。

・PSCにおける吸湿による劣化については、その複雑なメカニズムの解明が進められるとともに、材料面（電極、ホール輸送層など）やプロセス面（不活性層、封止など）からの改善検討が行われている[17],[18]。PSCの実用化には、変換効率のみならず長期間使用できる信頼性が重要であることを示している。

［信頼性、安全性］

・太陽電池モジュールの信頼性、品質については、米国NRELのPV Reliability Workshop[19]、欧州委員会共同研究センター（欧州JRC）のSOPHIA Workshop[20]、国際エネルギー機関（IEA）のPVPS Task 13[21] など国際的な議論が活発で、米国NREL主導のPVQAT（The International Photovoltaic Quality Assurance Task Force）[22] と国際電気標準会議（IEC）[23] との連携による標準化も検討が行われている。この領域は欧米の研究者が多く、国内よりも検討が進んでいる。汚れ影響の推定など、発電電力量の不確実性を低下させるモデリングについても海外が活発に研究している。リスク・安全性の分析と対策も求められており、事例として、欧州Bankabilityプロジェクト[24] における資金調達時のリスク分析やSUNSpACe Alliance[25] によるスマート農業分野のベストプラクティクスの整備などがある。これらの知見は、特に途上国や砂漠地域など発電量が大きく、また汚れの影響が大きい地域における発電所計画時の評価に有用である。欧州Trust PVプロジェクト[26] において、太陽電池の全バリューチェーンに亘るデータが収集されている。

・火災と感電に関しては、米国電気工事規定での義務化など海外での整備が進み、標準化も検討されている。国内では、住宅用太陽電池モジュールの火災が発生し、メカニズムの解明と対策が進められている。これに関連して、モジュールの安全弁ともいえるバイパス回路の故障事例の確認や現地点検技術の開発が進められている。実際には太陽電池モジュールでの発火再現実験が難しく、太陽電池モジュール起因か、直流ケーブルの挟み込みなどの施工起因かの判断が困難などの課題もあるが、リスク低減は急務である。今後は屋根上設置においては鋼板などを設置し、万一の発熱やアーク発生時にも屋根に延焼しな

いような構造・施工が用いられる方向にある。

・土木・建築分野のリスク増加も課題となっている。構造崩壊、モジュール飛散、土砂崩れ、洪水などの事故や災害が国内で増加している。海外でも台湾で台風事故などが起きているが、日本国内が相対的に多く、構造設計の見直しや災害時リスクの周知、設計・施工に関するガイドラインなどの整備が進められている。また、経済産業省、農林水産省、国土交通省などにおいて地域共生の観点から、林地開発許可基準の見直しや、盛土規制法などの改定が行われている。

[運用、保守]

・O&M市場は、PVの導入量（稼働量）の増加、セカンダリ（中古売買）市場、リパワリング（再生）設備更新等により安定的に成長するとみられている。導入時のみならず、導入後の保守、サービスの提供が事業を継続する上で重要と考えられる。

・保守のスマート化として常時監視システムの高度化が検討されている。保守の省力化としてドローンと画像技術の利用研究が進み、大型のPV設備を中心に遠隔監視が進められている。取得した膨大な運転データをAI等で学習することで、効率的な監視・点検技術が実用化されつつあるが、技術的裏付けや問題箇所の具体的な発見方法などの検討が引き続き必要である。増加が予想される中古品含めて、システムの性能評価の低コスト化・迅速化の必要性が高く、屋外で取得した電流−電圧特性の補正方法や日射計の代わりに太陽電池モジュール自身を使う方法などが検討されている。スマート保安推進に向けては、「スマート保安官民協議会」が設置され、スマート保安に資する新技術の導入や、それを促進する規制・制度のありかたについて、官民による具体的なアクションプラン策定の取組みが開始されている[27),28)]。

・天候により変動する発電量の予測が重要となっている。初期値にゆらぎを持たせた複数のトレーニング・データセットを使用してさまざまな時間軸で機械学習ベースの予測を行い（アンサンブル予報）、高品質データを使って検証を行い予測精度を上げていく方法がとられている。株式会社ウェザーニューズは、高解像度な日射量予測を用いた太陽光発電量予測データのAPI（Application Programming Interface）での提供を開始しており、1 kmメッシュで72時間先まで30分毎に提供される[29)]。

[電力系統への影響]

・PVが電力系統へ与える影響として慣性力の減少が挙げられ、系統の不安定化や系統全体の完全停止（ブラックアウト）につながるリスクがある。現在の電力系統は、慣性力のある同期発電機が使用されていることを前提に設計・運用されており、回転質量によって慣性力を維持することで系統周波数を一定に保ってきた。これまでのPVのインバータ（パワーコンディショナー）は系統電圧の安定性（101±6 V）に依存した制御となっていたが、今後、電力系統へのPVの増大が予想される中、急激な出力変動に対しても自律的に動作し、系統側の周波数安定性を支援する機能を備えたグリッドフォーミング・インバータの研究・開発が進められている。既設設備などに対しては、連系点の電圧をリアルタイムで監視し、複数のパワーコンディショナの送出電圧を瞬時に最適制御するメインサイトコントローラを追加することが提案されている。また、太陽電池モジュール毎のパワーエレクトロニクス機器（パワーオプティマイザ、マイクロインバータ）の設置、もしくはそれを太陽電池モジュールと一体化させたMLPE（Module Level Power Electronics）が注目されている。MLPEは必要なインバータの数が増えるというデメリットがあるが、複数のモジュールのうち一部が異常をきたした場合でも全体の発電への影響を最小限にでき、保守のしやすさや安全性の面でも有利であるため、米国では導入が進んでいる。

（4）注目動向

［新展開・技術トピックス］

◆「強靭かつ持続可能な電気供給体制の確立を図るための電気事業法等の一部を改正する法律」[30]（2020年6月成立、2022年4月施行）

電気事業者による再生可能エネルギー電気の調達に関する特別措置法（再エネ特措法）が改訂され、市場連動型の導入支援、再生可能エネルギーポテンシャルを活かす系統増強、再生可能エネルギー発電設備の適切な廃棄などの制度変更が行われた。また、災害に強い分散型電力システムの運営が可能となることも目指している。固定価格買取制度（FIT制度）に加え、主に太陽光、風力を対象に市場価格に一定のプレミアムを上乗せして交付する制度（FIP制度）が創設されている。また、再生可能エネルギー発電設備の適正な導入及び管理のあり方に関する検討会などにおいて、地域共生の重要性が改めて議論され、林地開発許可の見直しや盛土規制法、改正温対法においては再エネ発電設備の設置に不適当な区域と促進区域を明確にするポジティブゾーニングが定められている。

◆PSC

- 積水化学工業株式会社：1 m幅の大面積フィルム型PSCモジュールのプロセス開発を行っており、2025年の事業化を目指している[31]。西日本旅客鉄道株式会社が今後開業予定のうめきた駅でPSCを採用予定である。
- 株式会社東芝：2025年の実用化を目指している。「大熊町ゼロカーボンビジョン」を踏まえ、大熊町と協力し、復興を推進する取り組みの一つとして、東芝エネルギーシステムズ株式会社がPSC等の次世代太陽電池の量産体制を確立した後、同町で次世代太陽電池の実装検討を行っていくと発表している[32]。
- 英国Power Roll社：インドにフレキシブル薄膜太陽電池フィルム工場を設立する方針で、印・Thermax Groupと市場開拓を進めている。独自開発のマイクログルーブ加工したフィルムにPSCなどの薄膜太陽電池を高速のロール・ツー・ロール（R2R）生産プロセスで製造するとしている[33]。
- 英国OxfordPV社：2021年に生産プロセスを最適化、2022年から100 MW/年で商業生産開始予定、その後250 MW/年、1 GW/年に拡張を計画する[34]。
- ポーランドSaule Technologies社[35]：ポーランドWrocławで、初の工場を2021年5月21日に開設し、超薄型、軽量フレキシブルタイプのPSCの生産ラインを立ち上げている。
- 中国Hangzhou Microquanta Semiconductor社：2022年2月に中国浙江省に12 MWのPSCモジュールを用いた地上設置型太陽光発電所を着工したことを発表。

◆タンデム型太陽電池

- 東京大学は、PSCとCIGS型太陽電池をタンデムに積層し、このコンセプトでは世界最高の変換効率26.2%を達成した。トップセルに使う半透明PSCは単体で変換効率19.5%となっている。さらに効率を向上させ、ビル壁面、電動航空機、ドローンなどへの利用が期待されるとしている[36]。
- 米国Swift Solar社[37]：米・カリフォルニア州エネルギー委員会から車載用太陽光発電（VIPV）用PSCの開発資金を獲得、車載や航空機用途などをターゲットに、オールペロブスカイト・タンデム太陽電池の開発を行うとしている。
- シャープ株式会社は、NEDO「太陽光発電主力電源化推進技術開発」のプロジェクトにおいて、軽量化、フレキシブル化のため表面の保護ガラスをフィルムに置き換えた3接合型のIII-V族系の太陽電池を開発した。実用サイズの軽量かつフレキシブルな太陽電池モジュールで世界最高の変換効率32.65%を達成。電気自動車や宇宙・航空分野などの移動体への搭載を目指している[38]。
- 株式会社東芝は、透過型亜酸化銅（Cu_2O）太陽電池（10 mm x 3 mm）において、世界最高の発電効率9.5%を達成したと公表している。この太陽電池と発電効率25%のシリコン太陽電池に積層したタン

デム型の試算として、全体の発電効率は28.5％になり、EV（電費12.5 km/kWh）に搭載した場合の航続距離は1日約37 kmになるとしている[39]。

・東京大学は、コロイド量子ドット太陽電池（ZnOナノワイヤとPbSコロイド量子ドット）とIII-V族化合物2接合太陽電池（InGaP/GaAs）を組み合わせた波長分割3接合太陽電池を作製し、赤外吸収太陽電池を用いた多接合太陽電池として世界最高性能となる変換効率30％超を達成したと報告している[40]。

◆第三世代の静止気象衛星（ひまわり8、9号）の観測データを活用した、従来よりも高分解能の時空間（2.5分、1 kmメッシュ）における日射量推定技術の研究開発が進められている。また、2020年6月に気象庁が新たに運用開始したメソアンサンブル予報を活用した日射・発電予測の高度化も進められている。日本気象協会/東京理科大学による短時間予測の開発プロジェクトが行われており[41]、物理モデルと機械学習のハイブリッドにより予測誤差低減が図られている。また、日本気象協会/産総研による予測の大外れ低減に関するプロジェクト[41]も開始している。

［注目すべき国内外のプロジェクト］

◆NEDO（GI基金）「次世代型太陽電池の開発」[42]（2021～2030年度）

平地の少ない我が国において、従来設置の難しかった耐荷重の小さい工場の屋根やビル壁面等への設置を目指すため、軽量で曲面にも設置可能なPSCの開発を推進する。2030年までにシリコン太陽電池と同等の発電コスト14円/kWh以下を目指す。

◆NEDO「太陽光発電主力電源化推進技術開発」[43]（2020～2024年度）

重量制約のある屋根、建物壁面、移動体など従来の技術では太陽光発電が導入されていなかった新市場に導入可能とするためのモジュール・システム技術開発。傾斜地、水上、営農といった設置が進みつつある新たな導入形態におけるガイドライン策定。小規模事業用PVの適切なメンテナンスの確保や再投資を促すために必要となる信頼性評価・回復に係る技術開発。低コストリサイクル技術。出力抑制等の系統制約の克服に向けた太陽光発電側での対応方法の検討。

◆NEDO「再生可能エネルギーの主力電源化に向けた次々世代電力ネットワーク安定化技術開発（STREAMプロジェクト）」[44]（2022～2026年度）

疑似慣性パワーコンディショナーの実用化開発およびM-Gセット（周波数変換装置）の実用化開発。

◆NEDO「電力系統の混雑緩和のための分散型エネルギーリソース制御技術開発（FLEX DERプロジェクト）」[45]（2022～2024年度）

電力系統の増強による経済的負担を軽減するとともに、電力系統の混雑による再エネの出力制御状況を改善するため、太陽光発電設備や蓄電設備などの分散型エネルギーリソースを活用する。

◆JST 未来社会創造事業「SnからなるPbフリーペロブスカイト太陽電池の開発」[46]（2022年度～）

2017年からの探索研究を発展させ、環境規制のあるPbを用いないSn系のPSCを開発する。

【国外】

◆DOE "Sunshot 2030"[47]

2011年に開始したSunShotイニシアチブ（2020年太陽光発電コスト（LCOE）0.06$/kWh）を発展させ、2030年に0.03$/kWhまで半減させる目標。さらには2050年に向けては太陽光発電の低コスト化とエネルギー貯蔵技術の組み合わせによりグリッドの柔軟性を高めPVの電力に占めるシェアを拡大させる。集光型太

陽熱発電技術についてもコストを下げることが出来ればさらなる可能性があるとしている。

◆DOE "Perovskite Funding Program 2020"[48]（2020年〜）

PSCの性能向上、製造技術、性能検証を進めるための研究開発へのサポートを2020年と2021年に発表。Stanford大学などの22のプロジェクトを採択し総額4000万$の資金を提供。

◆欧州 "HighLite" プロジェクト[49]（2019〜2022年）

Horizon 2020プログラムの枠組みの中で、高性能、低コスト、さらに環境に優しい太陽電池モジュールの生産技術を開発する。特に従来の厚さの約半分となる100μmの結晶シリコン系太陽電池の開発に焦点を当てている。次世代シリコン太陽電池モジュールの製造方法をパイロットラインレベルで実証することにより、欧州のPV産業の競争力を向上させることを目指している。

（5）科学技術的課題

- ・用途拡大：BIPV、太陽電池搭載自動車の普及に向けた、高効率・高信頼性太陽電池セルおよびモジュール、太陽電池の実装方法（曲面対応、色制御）、部分影による損失抑制技術などの研究開発。多様な設置状況に対応して、ドローンなどによるデジタル測量、多種多様なシステムの発電電力量推定のための研究開発。
- ・設置技術：ソフトコスト低減のための設計図面などの自動デジタル化ツール、足場レス施工技術、超軽量モジュール、ACモジュール化（インバータ）。非接触給電技術によるドローンの効果的な活用などの研究開発。設計・施工・運用までを最適化するためのデジタルツイン技術とデータプラットフォーム。
- ・リスクアセスメント：構造および土木リスクの評価（架台崩壊、土砂崩れなど）、既設システムのリスク低減（架台の補強、地盤のずれ監視）に関する技術。
- ・インフラ維持のスマート化：定期点検の延伸と現地作業の省力化、AI利用によるアセットマネージメント、常時監視による不具合早期発見に関する技術。
- ・発電量予測：ビックデータ、AI活用による短時間予測の高精度化、数値予報モデルの改良やアンサンブル予報の利用による前日予測の高精度化、予測の大外れの検出技術などの研究開発。
- ・柔軟性を有する太陽光発電：高コストな蓄電池の設置を最小限にする最適制御技術。スマートインバータの開発（調整力、電圧サポート、遠隔制御等）、集中管理制御なしで並列運転できる疑似慣性力を持つインバータなどの研究開発。
- ・電力システム：PVからの調整力創出、オンサイト／オフサイトPPA（第三者所有型）、環境価値市場などを含む発電事業モデルの最適化、持続的な発電事業のための研究開発。
- ・電力の需給調整技術：リアルタイムのユニットコミットメント（起動・停止計画）、系統の空き容量を活用するコネクト＆マネージ、出力制御の最適配分、VPP（仮想発電所）、EVとの連動、PMU（電力系統解析を行うフェーザ情報計測装置）によるリアルタイム系統監視などの技術開発。
- ・人口減少にともなうインフラ縮退などを考慮したPVの導入形態に関するビジョン研究。また、これらに対応する需要と一体化した自立型PVシステムの開発。

（6）その他の課題

- ・結晶シリコン系太陽電池のサプライチェーンは、ポリシリコン、ウェハからモジュール製造まで中国一極集中となっている。コロナ禍によるサプライチェーンの混乱を受け、さらに緊迫する世界のエネルギー情勢下でエネルギー安全保障の観点から一国に過度に依存することの脆弱性が指摘されている。太陽電池の安定的な調達に向け、原料シリコンから太陽電池モジュールまでを一括で生産する垂直統合型生産拠点構築に向けた動きが、欧州を含めて立ち上がりつつある。関連してIEAは、2022年7月に「Solar

2.1
電力のゼロエミ化・安定化

PV Global Supply Chains」を発表し、太陽電池のサプライチェーンに関する調査結果をまとめている。我が国においても縮小してきた太陽電池産業の立て直しが必要と考えられる。ただし結晶シリコン系太陽電池の圧倒的な量産体制に対して、コストの課題を克服する施策が必要である。

・これまで国内では導入ビジネスにリソースが割かれ、システム技術に関する産業界の参入が少ない。今後は産学連携を強化する必要がある。特に事業はアセットマネージメント、エネルギーマネージメント、保守のサービスなど継続的な産業へと転換していく必要があり、これらを支える技術の重要性が高まっている。

・国内のシステムコストの高止まりの一因として、商流における中間マージンがある。太陽電池モジュールと住宅など建物流通の標準化により、中小工務店、ビルダー向けの新築への導入拡大施策が必要である。ZEB、ZEHと連動した、屋根と太陽電池モジュールのサイズ、施工方法の標準化や設計支援ツールの技術開発とともに、中小工務店、ビルダー向けのアライアンスの形成などが求められる。

・国内では固定価格買取制度（FIT法）により導入が急拡大した結果、設備設計や施工の不良、地域との軋轢などの課題が発生しており、研究機関や産業界が協力してこれらの解決に取り組む必要がある。FIT法改正により他法令遵守、保守点検などの義務化を図り、電気事業法においても設計基準の適正化（JISC8955および電技解釈改定）や使用前自己確認制度の小規模事業用への拡大など、適正化に向けて法整備が行われたが、すでに導入されている既設案件の適正化が課題となっている。これらの設備のリスク評価、是正・補強、不具合の早期発見、保安のスマート化が必要である。また2030年代後半に太陽電池モジュールの廃棄量はピークを迎えると予想されており、リサイクルシステムの構築とともに回収した資源の再利用先の開拓も急務である。

・スマートグリッドなどの電力系統へのインテグレーションについては、風力発電などの他の再生可能エネルギー、EVや定置用、系統用を含めた蓄電池、ヒートポンプなどのデマンドレスポンス技術などを含めたエネルギーシステム全体における研究開発が必要である。発電予測などPVに関する要素技術についても、電気工学、気象学、AI技術などの融合研究の推進が必要である。

（7）国際比較

国・地域	フェーズ	現状	トレンド	各国の状況、評価の際に参考にした根拠など
日本	基礎研究	○	→	●NEDO「太陽光発電主力電源化推進技術開発」などで、基礎や応用の研究が実施されている。新市場創出に向けた太陽光発電の技術開発によって、2050年時点での国内累積導入量として、約320 GW（うち新市場約170 GW）、PVによるCO_2排出量削減（系統電源との比較）として、約110百万トン/年（うち新市場約60百万トン/年）を実現するための技術開発。
	応用研究・開発	○	→	（同上）
米国	基礎研究	○	→	●米国DOEのSETOによる2025年までの重点目標および計画（Solar Energy Technologies Office Multi-Year Program Plan）において、2025年までに平均LCOEを3セント/kWh、2030年に2セント/kWhまで削減するという高い目標を掲げ、国立研究所（NREL、Sandia National Laboratoriesなど）を中心に信頼性や評価技術を研究開発している。 ●DOEエネルギー高等研究計画局（ARPA-E）では、集光等を高度に組み入れた次世代高効率モジュール等の研究を推進している。

	応用研究・開発	○	→	●SunShot計画の目標達成に向けて、市場障壁の撤廃、ハードウェア以外のコストの削減、技術革新等を産学連携で推進している。 ●系統連系される発電特性の正確な予測技術の開発、系統運用者や電力事業者が使用するエネルギー管理システムへの予測技術の組込み等を推進しているほか、研究者と共同でPVの科学的知識基盤を構築するとともに、モジュールの性能、信用性、製造性を改善する新型商業用製品を製造する技術などを開発している。また、電力網に統合するための過渡モデルおよび動的モデルに関する研究開発が行われている。
欧州	基礎研究	◎	↗	【EU】 ●HighLiteプロジェクト（2019〜2022年）は、EUの太陽電池セル・モジュール製造業界の競争力を高めるため、Horizon 2020プログラムの枠組みの中で開始し、高性能、低コスト、環境に優しい太陽電池モジュールの生産技術の開発を推進。 ●EUの2021〜2027年までの7か年計画であるHorizon Europeプログラム、第1次Horizon Europe戦略計画（2021〜2024年）において、EU諸国の大学、研究機関、企業等の連携の下、新概念のセルやシステムまでを含む多数の研究開発プロジェクトを推進している。 【ドイツ】 ●BMWK及びドイツ連邦教育研究省（BMBF）が、様々な側面からPVの研究開発を支援している。 ●TUV、Fraunhofer ISEを中心に品質管理及び寿命、分散配置型系統連系形システム及び独立形システム技術、BIPV、リサイクル、システムの環境的影響に関する研究等を推進している。 ●BIPV用の印刷式PSCモジュール開発（BMWK） 【フランス】 ●フランス国立太陽エネルギー研究所（Institut National de l'Energie Solaire：INES）などが研究開発を行っているが、研究分野の大半は材料科学に関するものである。 【英国】 ●システム技術については、主導的な研究開発例をあまりみない。 【スペイン】 ●S2S4EはEU内の5つの予測機関、3つの電力事業者とともに、週間〜季節予報を含めた予測技術の活用と予測情報の公開を行っている。 【その他】 ●スペイン、イタリア、ポルトガル等の大学、研究機関において研究開発が行われている。
	応用研究・開発	○	↗	【EU】 ●Horizon Europeプログラムでは、基礎研究だけでなく、実用化を目指した応用研究・開発も実施されている。BIPVの大規模普及に向けた技術、設置サイトに特化したシステムの生産性向上に関する技術、熱利用とのハイブリッド化技術、高度予測技術、低コスト化に向けたシステムマネージメント技術などの開発が行われている。 【ドイツ】 ●上記の枠組のもと、エネルギーマネージメントや蓄電システムなどの系統連系形・独立形太陽光発電システム、ソリューションの経済的運用技術、新材料及び生産監視システムの導入など、効率的で費用効果の高い生産コンセプト、品質、信頼性、寿命に焦点を当てた新たなモジュール・コンセプトの導入などの応用研究開発も推進している。また、営農型システム、水上型に関する検討も行われている。季節予報（中長期予測）データの電力システムへの活用研究が進められている。 【フランス】 ●INESなどがシステム技術に関する研究（道路やドローンへの組み込み技術、AI技術による不具合検知など）を行っている。 【英国】 ●システム技術については、主導的な研究開発例をあまりみない。 【その他】 ●スペイン、イタリア等の大学、研究機関において研究開発が散見される。イタリア新技術・エネルギー・環境庁（ENEA）とエネルギーシステム研究会社（RSE）では、エネルギー貯蔵、BIPVに関するシステム技術開発を推進している。

<table>
<tr><td rowspan="2">中国</td><td>基礎研究</td><td>○</td><td>→</td><td>●各種エネルギー技術の2030年までの開発の重点項目や目標を定めた「エネルギー技術革命創新行動計画（2016～2030年）」及び「エネルギー技術革命重点創新行動ロードマップ」に基づき、エネルギー技術開発を行っている。第14次5ヶ年計画の一環として、2021年12月に「スマート太陽光発電産業創新発展行動計画（2021～2025年）」を公布。国家発展改革委員会（NDRC）、国家能源局（NEA）、中国工業情報化部（MIIT）、科学技術部（MOST）、中国科学院（CAS）傘下の研究所などが主に実施している。好調なPV産業に支えられ、セルおよびモジュールの変換効率では世界記録を更新するなどの技術力を背景に、システムレベルでも積極的な基礎研究が進められている。</td></tr>
<tr><td>応用研究・開発</td><td>◎</td><td>→</td><td>●多様なシステム技術について、実用化を目指した大規模なフィールド実証などが産学連携下で進められている。中国メーカーは欧州の研究機関との共同研究開発も数多く進めている。
●フレキシブル太陽電池製造設備の重要技術と応用の探索（国家重点研究開発計画）</td></tr>
<tr><td rowspan="2">韓国</td><td>基礎研究</td><td>△</td><td>→</td><td>●システム技術については、あまり研究開発例をみない。</td></tr>
<tr><td>応用研究・開発</td><td>△</td><td>→</td><td>●システム技術については、あまり研究開発例をみない。</td></tr>
<tr><td rowspan="2">その他の国・地域（任意）</td><td>基礎研究</td><td>○</td><td>→</td><td>【台湾】
●台湾の工業技術研究院（ITRI）などで研究開発が行われている。
【豪州】
●オーストラリア国立大（ANU）、ニューサウスウェルズ大学（UNSW）、オーストラリア連邦科学産業研究機構（CSIRO）が中心となって研究開発が行われている。
【その他】
●マレーシア等の東南アジア諸国においても大学を中心に研究開発が行われている。</td></tr>
<tr><td>応用研究・開発</td><td>○</td><td>→</td><td>【台湾】
●台湾の工業技術研究院（ITRI）などで研究開発が行われている。
【豪州】
●オーストラリア国立大（ANU）、ニューサウスウェルズ大学（UNSW）、オーストラリア連邦科学産業研究機構（CSIRO）が中心となって研究開発が行われている。
【その他】
●マレーシア等の東南アジア諸国においても大学を中心に研究開発が行われている。</td></tr>
</table>

（註1）「フェーズ」

「基礎研究」：大学・国研などでの基礎研究レベル。

「応用研究・開発」：技術開発（プロトタイプの開発含む）・量産技術のレベル。

（註2）「現状」　※我が国の現状を基準にした評価ではなく、CRDSの調査・見解による評価。

◎：他国に比べて特に顕著な活動・成果が見えている　　　○：ある程度の顕著な活動・成果が見えている

△：顕著な活動・成果が見えていない　　　　　　　　　　×：特筆すべき活動・成果が見えていない

（註3）「トレンド」

↗：上昇傾向、→：現状維持、↘：下降傾向

関連する他の研究開発領域

- ・次世代太陽電池材料（ナノテク・材料分野　2.1.3）
- ・太陽熱発電・利用（環境・エネ分野　2.1.8）
- ・蓄エネルギー技術（環境・エネ分野　2.2.1）
- ・水素・アンモニア（環境・エネ分野　2.2.2）

2.1

電力のゼロエミ・安定化

参考・引用文献

1）International Energy Agency Photovoltaic Power Systems Programme（IEA PVPS）, "Task 1 Strategic PV Analysis and Outreach: Snapshot of Global PV Markets 2022," https://iea-pvps. org/wp-content/uploads/2022/04/IEA_PVPS_Snapshot_2022-vF.pdf,（2023年3月5日アクセス）.

2）International Renewable Energy Agency（IRENA）, "Renewable Power Generation Costs in 2021," https://www.irena.org/publications/2022/Jul/Renewable-Power-Generation-Costs-in-2021,（2023年3月5日アクセス）.

3）国立研究開発法人新エネルギー・産業技術総合開発機構（NEDO）「太陽光発電開発戦略（NEDO PV challenge）（2014年9月）」https://www.nedo.go.jp/content/100573590.pdf,（2023年3月5日アクセス）.

4）Solar Energy Technologies Office, "The SunShot Initiative," U.S. Department of Energy（DOE）, https://www.energy.gov/eere/solar/sunshot-initiative,（2023年3月5日アクセス）.

5）Fraunhofer-Institut für Solare Energiesysteme（ISE）, "Was Kostet Die Energiewende?: Wege zur Transformation des deutschen Energiesystems bis 2050," https://www.ise.fraunhofer.de/content/dam/ise/de/documents/publications/studies/Fraunhofer-ISE-Studie-Was-kostet-die-Energiewende.pdf,（in German）（2023年3月5日アクセス）.

6）高遠秀尚「結晶シリコン太陽電池の研究開発」国立研究開発法人産業技術総合研究所, https://unit. aist.go.jp/rpd-envene/PV/ja/results/2017/oral/0614_T01.pdf,（2023年3月5日アクセス）.

7）田口幹朗「シリコンヘテロ接合太陽電池の"これまで"と"これから"」『応用物理』84巻1号（2015）: 37-43., https://doi.org/10.11470/oubutsu.84.1_37.

8）ゼロFITナビ「日本初「垂直営農ソーラー発電所」が運用開始」https://zerofit.jp/new/news/10240.html,（2023年3月5日アクセス）.

9）National Renewable Energy Laboratory（NREL）, "Best Research-Cell Efficiency Chart," https://www.nrel.gov/pv/cell-efficiency.html,（2023年3月5日アクセス）.

10）Yasushi Shoji, et al., "Epitaxial Lift-Off of Single-Junction GaAs Solar Cells Grown Via Hydride Vapor Phase Epitaxy," *IEEE Journal of Photovoltaics* 11, no. 1（2021）: 93-98., https://doi.org/10.1109/JPHOTOV.2020.3033420.

11）増田泰造, 他「D-19 860Wの太陽光電池を搭載したプラグインハイブリッド車」『第18回「次世代の太陽光発電システム」シンポジウム（第1回日本太陽光発電学会学術講演会）講演予稿集』（日本太陽光発電学会, 2021）, 113., https://doi.org/10.57295/jpvsproc.1.0_113.

12）国立研究開発法人新エネルギー・産業技術総合開発機構（NEDO）, シャープ株式会社「世界最高水準の高効率な太陽電池セルを活用し、電気自動車用太陽電池パネルを製作：太陽電池活用による充電回数ゼロを目指して1kW超の定格発電電力を達成」NEDO, https://www.nedo.go.jp/news/press/AA5_101326.html,（2023年3月5日アクセス）.

13）村上拓郎「I-4 ペロブスカイト系タンデム太陽電池の世界動向」『第18回「次世代の太陽光発電システム」シンポジウム（第1回日本太陽光発電学会学術講演会）講演予稿集』（日本太陽光発電学会, 2021）, 5-6., https://doi.org/10.57295/jpvsproc.1.0_5.

14）キョーラク株式会社「水上太陽光発電.com」https://floatingsolar-system.com/,（2023年3月5日アクセス）.

15）金子憲治「台風で損壊して出火した千葉・水上メガソーラーが復旧、アイランドを6分割：被災後、2年半で復旧、アンカー本数を2倍以上に」日経BP, https://project.nikkeibp.co.jp/ms/atcl/19/feature/00002/00093/?ST=msb,（2023年3月5日アクセス）.

16）農林水産省大臣官房環境バイオマス政策課再生可能エネルギー室「営農型太陽光発電について（令和4年11月）」農林水産省, https://www.maff.go.jp/j/shokusan/renewable/energy/attach/pdf/einou-26.pdf,（2023年3月5日アクセス）.

17）Takahiro Watanabe, Toshihiro Yamanari and Kazuhiro Marumoto, "Deterioration mechanism of perovskite solar cells by operando observation of spin states," *Communications Materials* 1 (2020)：96., https://doi.org/10.1038/s43246-020-00099-7.

18）Eiji Kobayashi, et al., "Light-induced performance increase of carbon-based perovskite solar module for 20-year stability," *Cell Reports Physical Science* 2, no. 12 (2021)：100648., https://doi.org/10.1016/j.xcrp.2021.100648.

19）National Renewable Energy Laboratory（NREL）, "Photovoltaic Reliability Workshop (PVRW)," https://pvrw.nrel.gov,（2023年3月5日アクセス）.

20）European Research Infrastructure, https://www.pv-reliability.com/,（2023年3月5日アクセス）.

21）International Energy Agency Photovoltaic Power Systems Programme（IEA PVPS）, "Task 13 Documents," https://iea-pvps.org/research-tasks/performance-operation-and-reliability-of-photovoltaic-systems/documents/,（2023年3月5日アクセス）.

22）International PV Quality Assurance Task Force（PVQAT）, https://www.pvqat.org/,（2023年3月5日アクセス）.

23）International Electrotechnical Commission（IEC）, https://iec.ch/homepage,（2023年3月5日アクセス）.

24）3E, "The solar bankability project: Read the final report," https://3e.eu/news/publications/solar-bankability-project-read-final-report,（2023年3月5日アクセス）.

25）SUstainable developmeNt Smart Agriculture Capacity（SUNSpACe）, https://sunspace.farm/,（2023年3月5日アクセス）.

26）TRUSTPV, https://trust-pv.eu/,（2023年3月5日アクセス）.

27）経済産業省「スマート保安官民協議会」https://www.meti.go.jp/shingikai/safety_security/smart_hoan/index.html,（2023年3月5日アクセス）.

28）一般社団法人太陽光発電協会「太陽光発電のスマート保安の取組み（2022年4月25日）」経済産業省, https://www.meti.go.jp/shingikai/safety_security/smart_hoan/denryoku_anzen/pdf/004_08_00.pdf,（2023年3月5日アクセス）.

29）株式会社ウェザーニューズ「電力市場向けに、高精度な太陽光発電量予測データをAPI提供：1kmメッシュの高精度な日射量データを用いて、30分毎のPV発電量を予測」https://jp.weathernews.com/news/38620/,（2023年3月5日アクセス）.

30）経済産業省「「強靱かつ持続可能な電気供給体制の確立を図るための電気事業法等の一部を改正する法律案」が閣議決定されました」https://www.meti.go.jp/press/2019/02/20200225001/20200225001.html,（2023年3月5日アクセス）.

31）積水化学工業株式会社「「うめきた（大阪）駅」にフィルム型ペロブスカイト太陽電池を設置」https://www.sekisui.co.jp/news/2022/1377721_39136.html,（2023年3月5日アクセス）.

32）福島県大熊町, 東芝エネルギーシステムズ株式会社「ゼロカーボン推進による復興まちづくりに関する連携協定書締結について」東芝エネルギーシステムズ株式会社, https://www.global.toshiba/jp/news/energy/2022/07/news-20220722-01.html,（2023年3月5日アクセス）.

33）Power Roll Limited, "Power Roll signs agreement with Thermax Global to develop the market for solar film in India," https://powerroll.solar/power-roll-signs-agreement-with-thermax-global-to-develop-the-market-for-solar-film-in-india/,（2023年3月5日アクセス）.

34）Oxford PV, "Oxford PV places first equipment order with Meyer Burger," https://www.oxfordpv.com/news/oxford-pv-places-first-equipment-order-meyer-burger,（2023年3月5日アクセス）.

35）Saule Technologies, https://sauletech.com,（2023年3月5日アクセス）.

36）瀬川浩司, 他「【研究成果】変換効率26.2%のペロブスカイト/CIGSタンデム太陽電池を実現」東京大学, https://www.c.u-tokyo.ac.jp/info/news/topics/20220712140000.html,（2023年3月5日アクセス）.

37）Swift Solar Inc., https://www.swiftsolar.com/,（2023年3月5日アクセス）.

38）シャープ株式会社「実用サイズの軽量かつフレキシブルな太陽電池モジュールで世界最高[※1]の変換効率32.65%[※2]を達成」https://corporate.jp.sharp/news/220606-a.html,（2023年3月5日アクセス）.

39）株式会社東芝「高効率・低コスト・高信頼性タンデム型太陽電池の実現に向け透過型Cu_2O太陽電池の世界最高発電効率を更新：将来の無充電EVなど、カーボンニュートラル社会の実現に向けて課題となる「運輸の電動化」に貢献」https://www.global.toshiba/jp/technology/corporate/rdc/rd/topics/22/2209-02.html,（2023年3月5日アクセス）.

40）東京大学先端科学技術研究センター「コロイド量子ドット太陽電池を用いた波長分割3接合太陽電池で30%超の変換効率を実現」https://www.rcast.u-tokyo.ac.jp/ja/news/report/page_01382.html,（2023年3月5日アクセス）.

41）国立研究開発法人新エネルギー・産業技術総合開発機構（NEDO）「「太陽光発電主力電源化推進技術開発/研究開発項目（III）先進的共通基盤技術開発」に係る実施体制の決定について」https://www.nedo.go.jp/koubo/FF3_100290.html,（2023年3月5日アクセス）.

42）国立研究開発法人新エネルギー・産業技術総合開発機構（NEDO）「次世代型太陽電池の開発」Green Japan, Green Innovation, https://green-innovation.nedo.go.jp/project/next-generation-solar-cells/,（2023年3月5日アクセス）.

43）国立研究開発法人新エネルギー・産業技術総合開発機構（NEDO）「太陽光発電主力電源化推進技術開発」https://www.nedo.go.jp/activities/ZZJP_100174.html,（2023年3月5日アクセス）.

44）石塚博昭「再エネの主力電源化に向け、次々世代の電力ネットワーク安定化技術の開発に着手：2030年の再エネ比率36%～38%程度の実現に貢献」国立研究開発法人新エネルギー・産業技術総合開発機構（NEDO）, https://www.nedo.go.jp/news/press/AA5_101550.html,（2023年3月5日アクセス）.

45）石塚博昭「電力系統の混雑緩和のための分散型エネルギーリソース制御技術開発に着手：電力系統の増強コストを抑制し、再エネの導入拡大と電力の安定供給に貢献」国立研究開発法人新エネルギー・産業技術総合開発機構（NEDO）, https://www.nedo.go.jp/news/press/AA5_101552.html,（2023年3月5日アクセス）.

46）国立研究開発法人科学技術振興機構（JST）未来社会創造事業「「地球規模課題である低炭素社会の実現」領域 本格研究」JST, https://www.jst.go.jp/mirai/jp/program/lowcarbon/JPMJMI22E2.html,（2023年3月5日アクセス）.

47）Solar Energy Technologies Office, "SunShot 2030," U.S. Department of Energy（DOE）, https://www.energy.gov/eere/solar/sunshot-2030,（2023年3月5日アクセス）.

48）Solar Energy Technologies Office, "Solar Energy Technologies Office Fiscal Year 2020 Perovskite Funding Program," U.S. Department of Energy（DOE）, https://www.energy.gov/eere/solar/solar-energy-technologies-office-fiscal-year-2020-perovskite-funding-program,（2023年3月5日アクセス）.

49）HighLite, https://www.highlite–h2020.eu,（2023年3月5日アクセス）.

2.1
電力のゼロエミ化・安定化

2.1.4 風力発電

（1）研究開発領域の定義

　風力発電に関する科学、技術、研究開発を含む領域である。風力発電は、風の運動エネルギーを風車（風力タービン）により回転力に変換し、発電機により電力へ変換する発電方式である。設置する場所で陸上風力、洋上風力（浮体式、着床式）に分かれる。ここでは、風力発電に係る各要素技術、出力平準化等の周辺技術などを対象とする。

（2）キーワード

　風力発電、洋上風力発電、スパー型、セミサブ型、バージ型、浮体式、着床式、運転保守、系統連系

（3）研究開発領域の概要

［本領域の意義］

　現代の大型風車は風の運動エネルギーの約 50% を電力に変換できる。経済的に大量導入可能なので、再生可能エネルギーの中では水力発電の次に大規模に利用されている。現代の発電用大形風車は、主に揚力型、水平軸、Upwind（ロータをタワーの風上に配置）、プロペラ式3枚翼、鋼製モノポールタワーの特徴をもつ。風向に追従して首を振るヨー制御、強風時に翼のひねり角度を変えて風を受け流すピッチ制御、風速に合わせてロータの回転数を増減する可変速運転、の3種類の制御を標準装備している。この基本構成は、オイルショック後の1990年代に確立され（いわゆる「デンマークモデル」）、既に30年以上の信頼性と経済性の競争で淘汰された結果であり、今後も大きくは変わらない。

　風力発電の世界の累積導入量は2021年末で8億4千万 kW（837 GW）・約34万基である。これは日本国内の発電設備の総合計約300 GWの2.8倍に相当する。世界の年間電力需要の9%（EUでは15%、日本は1%）を風車が供給している。新規導入量は93.6 GW（約2万台）/年で年成長率は12%、年間投資額は数十兆円/年以上に上る。洋上風力発電の世界累計は2021年末で57.2GW・約1万基、新規は21.1GW/年であり、風力発電全体に対して累計で7%、新規で29%を占める（図表2.1.4-1）[1), 2)]。また、風力発電は天候により出力が増減する変動電源なので、導入拡大に伴って出力変動を吸収する技術（ancillary service）も活用されている。

図表 2.1.4-1　　風力発電の市場規模

2021年末 時点	風力発電（全体）		洋上風力発電	
	世　界	日　本	世　界	日　本
累　計	837 GW（約34万台）	4,581 MW（2571台）世界の0.5%、20位以下	57.2 GW 全体の7%	51.6 MW（26台）全体の1%
新　規	75.1 GW（約2万台）/年	143 MW（23台）/年 世界の0.2%、20位以下	21.1 GW/年 全体の29%	−7 MW（−2台）/年[※1]
投資額	数十兆円/年		5兆円/年以上	

※1：日本の洋上風力新規が −（負）なのは福島浮体式風車2台の撤去による。

注：1 GW = 千 MW = 百万 kW

2.1 電力のゼロエミ化・安定化

［研究開発の動向］

「デンマークモデル」確立後の技術的な進歩は以下の通り。

2000年代

・出力制御が固定式のストール制御から能動的に翼を捻るピッチ制御へ

・プロペラの回転が一定速度から風力に応じた可変速運転へ（発電した電気の周波数はパワーエレクトロニクス（電力変換装置）で系統周波数に合致させる）

2010年代

・発電周波数変換用の電力変換装置が、部分容量から定格容量（full converter）へ

・これに合わせて、発電機も二次巻線型誘導発電機から永久磁石式多極同期発電機（PMSG）へ

・ハブ高が100 mを越えるハイタワーが増え、タワー基部径を大型化し易いコンクリート製タワーやハイブリッド（上部が鋼製で下部がコンクリート）タワーの普及（主に欧州）

2020年代

・世界的に洋上風力発電（水深50m以浅で海底まで基礎のある着床式）の普及が進み、経済性向上（必要基数減による建設費低減）のために洋上風車の大形化が急速に進む（2022年時点で商用機は定格出力1万2千kW・ロータ直径220m）

・浮体式洋上風力開発が実証段階から准商用段階（pre-commercial stage）へ

以上の他で現実性のある代替技術には、Downwind（＋受動ヨー制御）、2枚翼、分割翼（山岳部の輸送制約回避が目的）、が挙げられるが、2022年時点では普及は限定的である。また、浮体式洋上風力に続く夢の技術として期待された「空中風車」は、まだ経済性の壁を越えられておらず、大口投資家のGoogle LLC（Alphabet Inc.）も撤退している。

風力発電の技術開発の中心は風車の大型化である。建設費低減（工事台数削減）による経済性向上を求めて、定格出力・ロータ直径・ハブ高（タワー高）の増大が続いている。2021年末時点で新規設置風車の平均サイズは、陸上用で約3,000 kW、洋上用は欧州で約8,200 kW（中国で約5,600 kW）に大型化している（図表2.1.4-2）[3), 4)]。風車大型化の波は日本にも押し寄せており、2021年12月には青森県のJRE八幡岳牧場風力発電所でロータ径117 mの4,200 kW風車8基、2022年末には秋田港と能代港の周辺海域でロータ径117 mの4,200 kW洋上風車33基が運転を開始する。大形化の傾向は建設費の高い洋上風力発電で特に顕著であり、定格出力1万kW・ロータ直径220 mを越える超大型風車が開発され、商用投入されている（図表2.1.4-3）[1), 2)]。

図表2.1.4-2　　洋上風車の開発状況（2022年12月時点）

風車メーカー	機種名	定格出力	ロータ径	状況
GE（米国）	Haliade X	12〜14 MW	220 m	商用運転中
SiemensGamesa（スペイン）	SG11.0-200 DD	11 MW	200 m	商用運転中
	SG14.0-236 DD	14 MW	236 m	建設中
Vestas（デンマーク）	V164 10.0	10 MW	164 m	商用運転中
	V236 15.0	15 MW	236 m	建設中
Mingyang（中国）	MySE16.0-242	16 MW	242 m	建設中
Goldwind（中国）	GWH252-16.0	16 MW	252 m	建設中
CSSC（中国）	CSSC 18.0-256	18 MW	260 m	開発中

2.1 電力のゼロエミ化・安定化

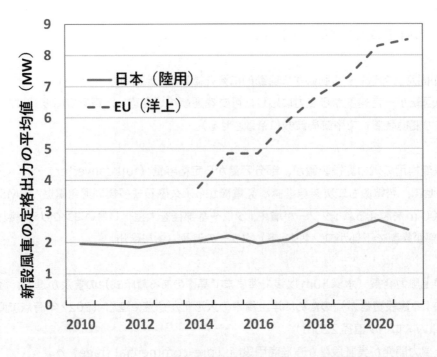

図表 2.1.4-3　　　新規設置風車の平均サイズの推移[3], [4]

（参考資料より CRDS にて作成）

（4）注目動向

［新展開・技術トピックス］

■浮体式洋上風力発電

　2020年から2023年にかけて複数の浮体式洋上風力発電所が運転開始・建設されている（図表2.1.4-4）。スパー型、セミサブ型、バージ型の3タイプは既に実証段階を終えて、准商用（pre-commercial）段階に進んでいる。スパー型（釣りの浮きの形の縦長円柱浮体）は喫水が100 m以上あり、浮体への風車艤装を不安定な海上で実施せざるをえない課題がある。セミサブ浮体は造船所のドックで建造されているが、本格量産時に長期間ドックを占有するのは困難なため、ドック外の埠頭ヤードで建造できる方式（TetraSpar[5]、DemoSATH、IDEOLバージ型）も試行されている。本格的な海中工事が必要なTLP型（Tension Leg: 海底の重しにケーブルを緊張繋留して浮体を小形化する）はまだ実用風車では検証されていない。

　先行グループは、大形化・廉価素材採用（浮体のコンクリート化、係留索の樹脂化）・量産・標準化による建造費低減と、好風況海域での設備利用率向上（50％以上の設備利用率で経済性向上）を追求、数百MW規模の准商用開発を目指している。後発グループは、大胆な新方式（例：1点係留、2枚翼風車、1浮体2風車、浮体ごとの風向追従等）に挑戦するが、リスクは高く、成否はまだ不明である。特にNessy2は、ドイツのAerodyn社創案の1浮体にダウンウィンド式風車を2基搭載して浮体全体で風向追従する先鋭的な設計で、バルト海での1年間のモデル試験の後[6]、中国のMingyang社が8.3 MW風車2基を載せて、初号機運開に向けて準備に入っている。

　欧米では多数の数百MW～GW級の入札が始まっているが、最終投資決定（FID）は2023～25年頃のものが多く、まだ本当に商用化を成功できるかは未知数である。最近では中国も浮体式洋上風力開発に参戦を始めている。

図表 2.1.4-4　　　世界の浮体式洋上風力発電の開発状況（2020～2023年）

運開	設置海域	プロジェクト名	浮体形式	搭載風車
2020	ポルトガル	WindFloat Atlantic	セミサブ型	8.4 MW×3基
2021	ノルウェー	TetraSpar	セミサブ式	3.6 MW×1基
	英国	Kincardine-2[7]	セミサブ型	9.5 MW×5基
	中国		セミサブ型	5.5 MW×1基
2022	スペイン	DemoSATH	セミサブ型	2 MW×1基
	中国		セミサブ型	6.2 MW×1基
2023	日本	長崎県五島沖[8]	スパー型	2.1 MW×8基
	ノルウェー	HywindTampen	スパー型	8.6 MW×11基
	中国	Nessy2	セミサブ型	16.6 MW×1基

■硬質海底地盤への大口径モノパイル基礎の適用

　着床式洋上風力発電の基礎は、モノパイル基礎（鋼管状で自動溶接で量産可能）が80～90%を占める[4]。しかし、海底が岩質で大口径鋼管を打設できない場合は、小口径杭で済むジャケット基礎（溶接工数が多く重量も大きい）が採用されてきた。

　ベルギーの大手建設会社DEME社とドイツのトンネル掘削会社Herrenknecht社が、トンネルマシンを縦に駆動して海底を掘削することで、岩質海底に対してモノパイル基礎を施工する技術を確立し、2022年にフランス初の商用洋上風力発電所Saint Nazaire（6 MW×80基）に適用して成功させた[9], [10]。ただし、日本に適用するには掘削時の廃水処理に課題が残る。

■運転保守（O&M）

　日常の風車の遠隔運転監視（CMS: Condition Monitoring System）に対し、5G通信技術の採用が進んでいる。また、風車（特にブレード）の点検へのドローンの活用が広範に普及した。

［注目すべき国内外のプロジェクト］

■浮体式洋上風力開発

　浮体式洋上風力開発でTetraSparやNessy2などの新方式の試行が始まっており、成否が注目されている。

■北海・バルト海のエネルギー島整備計画（Energy Island Plan）[11]

　EUは2021年末時点で変動電源（太陽光＋風力。天候次第で発電量が変わる電源）からの電力供給が年間電力需要の20%を超える状況になっている（日本はまだ5%程度）。このため晴天で強風の際は風力発電の発電量が需要を上回り、余剰電力が生じるようになってきている。一方、ゼロカーボンを達成するには、更に再生可能エネルギー（特に洋上風力発電）の導入を拡大する必要がある。このため、北海とバルト海に送変電の拠点となる人工島を造り、四方に直流高圧送電線（HVDC）網を蜘蛛の巣のように走らせて、1億kW規模の洋上風力発電を連系する計画が進められている。連系先にスカンジナビア半島（山岳氷河があり水力発電が豊富）を含むので、英国・ドイツ側は蓄電池が無くても、風力＋水力で常に安定した再生可能電力を享受できる利点がある。洋上風力発電の導入量が増えて余剰電力が増えた際には、人工島に水電解設備を併設して水素を製造して、既存の海底ガスパイプライン網を活用して陸まで運び、製鉄・化学工業の脱炭素化

に利用する構想になっている。2017年の構想発表から既に5年が経過し、デンマーク、オランダ、ベルギー等では、送変電基地の建設や、水素関連のインフラ整備が始まっている。

（5）科学技術的課題

ここでは、まだ実証中で、商用化の確立には至っていない研究開発を紹介する。

■空中風力発電（Airborne wind turbine）

気球式（Altaeros、ソフトバンクが出資）、グライダー式（Makani Power）、凧式（KiteGen）等、様々なタイプが各国で研究開発されている。Makani Power は Google LLC（Alphabet Inc.）の支援を受けて、2017年に600 kWまで大型化、2019年にはノルウェーで洋上プラットフォームからの飛行試験に成功したが、Google LLC（Alphabet Inc.）は「商業化には予想よりも時間が掛かる」として、2020年2月に支援を打ち切っている。

（6）その他の課題

2022年2月のウクライナ危機の勃発は、安価なロシア産天然ガスに大きく依存していた欧州諸国を震撼させ、地域内エネルギー源の洋上風力開発をより一層強化しようとしている。

世界的な風力市場の成熟に伴う変化が風力発電の研究開発にも大きな影響を与えた。風力発電の研究開発を主導してきた欧州風車メーカーは数が減って寡占化している。一方で中国風車メーカーの存在感が高まっている。世界市場は成長を続けているが、風車の大型化のペースが速いため、台数では新設風車は減少している。地理的には欧州からアジア（特に中国）に明確に中心が移行した。

洋上風力発電では、欧州を中心に活発な技術開発が続いているが、その中心となる超大型風車は、開発・検証費用が10 MW級の開発で500億円以上にまで高騰して、世界的な大企業以外では負担できなくなった。開発費の回収には、3〜5年以内に千台・10 GW以上の販売が必要になり、投資回収できるだけの市場規模の確保が技術開発を進めるための前提条件となっている。2021年時点でこれを満たす市場規模を持つのは、欧州・米国・中国の洋上風力市場だけである。

こうした背景から、欧米と中国で洋上風車産業の競争が始まっている。従来の欧州市場は欧米企業（風車メーカーでは SiemensGamesa、Vestas、GE の3社）の独占状態だったが、2022年にイタリアの Taranto 港洋上風力（3MW×10基）と日本の富山県の入善洋上風力（3MW×3基）が中国 Mingyang 社製風車を採用して洋上風力分野でも中国メーカーとの競争が始まっている。

（7）国際比較

国・地域	フェーズ	現状	トレンド	各国の状況、評価の際に参考にした根拠など
日本	基礎研究	△	↘	●2019年1月に日立製作所が撤退して、風車本体の研究開発の担い手となる大型風車メーカーが国内に不在となった。 ●日本が提案・主導した台風対策（ClassTの追設）を反映した大型風車の安全要件の国際標準 IEC61400-1 4th Edition が2019年2月に発行された。
	応用研究・開発	△	→	●国家プロジェクトによる浮体式洋上風力発電の技術実証試験は、環境省分は長崎県五島市に払下げ、経産省の福島プロジェクトは2021年に撤去された。NEDOの北九州沖3 MWは継続中。 ●戸田建設が長崎県五島沖で2.1 MW風車×8基のスパー型浮体式洋上風力発電所の建造を開始、2023年に運開の予定。
米国	基礎研究	○	↗	●民主党のバイデン大統領下で温暖化対策が強化された。
	応用研究・開発	○	↗	●特に洋上風力発電の商用化に向けた準備が進められている。

欧州	基礎研究	◎	→	●大学・公立研究所の連携が進んでいる。公的研究プログラムも多い。 ●エロージョン対策の複数企業による共同研究が続いている。
	応用研究・開発	◎	→	●浮体式洋上風力発電の商用化に向けた実証計画が、フランス、英国、ポルトガル、ノルウェー、ドイツ、スペイン、イタリアで2025年までに十数件、約百万kW規模で進行中、既に入札が開始されている。
中国	基礎研究	○	↗	●複数の中国風車メーカーが欧州に拠点を構え、技術の吸収に務めている。
	応用研究・開発	◎	↗	●旺盛な国内需要を背景に、今では世界の風車（陸用・洋上共に）の約半数は中国風車メーカーが生産している。 ●陸用だけでなく、洋上風力分野でも海外輸出を開始している。 ●複数メーカー（Mingyang、Goldwind、CSSC、Dongfang、Sewind他）が15MW級洋上風車の開発を行っている。 ●超電導発電機搭載風車や浮体式洋上風力発電のような先端分野にも、欧州と協力しながら活発に研究開発を行っている。
韓国	基礎研究	△	→	●不況で風力発電へのモチベーションが低下。
	応用研究・開発	○	↗	●昨今の温暖化対策とウクライナ危機後の化石燃料費用高騰を受けて、国産資源の洋上風力発電の拡大に舵を切っている。 ●韓国政府は大型の洋上風力開発（浮体式も含む）を計画し、強力な国産化政策を掲げている。斗山重工業（Doosan Heavy）は8MW風車を開発。Unisonも洋上風車を生産している。現代電気（Hyndai Electric）がGEと提携して韓国内に風車工場建設を表明。CS Wind社もデンマークVestas社と協力して機器製造を始めている。

2.1 電力のゼロエミ化・安定化

（註1）「フェーズ」

「基礎研究」：大学・国研などでの基礎研究レベル。

「応用研究・開発」：技術開発（プロトタイプの開発含む）・量産技術のレベル。

（註2）「現状」 ※我が国の現状を基準にした評価ではなく、CRDSの調査・見解による評価。

◎：他国に比べて特に顕著な活動・成果が見えている 　　○：ある程度の顕著な活動・成果が見えている

△：顕著な活動・成果が見えていない 　　×：特筆すべき活動・成果が見えていない

（註3）「トレンド」

↗：上昇傾向、→：現状維持、↘：下降傾向

関連する他の研究開発領域

・太陽光発電（環境・エネ分野　2.1.3）

・水力発電・海洋発電　（環境・エネ分野　2.1.6）

・蓄エネルギー技術　（環境・エネ分野　2.2.1）

・水素・アンモニア　（環境・エネ分野　2.2.2）

・破壊力学　（環境・エネ分野　2.6.3）

参考・引用文献

1) Global Wind Energy Council（GWEC）, "Global Wind Report 2022," https://gwec.net/global-wind-report-2022/,（2023年1月29日アクセス）.

2) Global Wind Energy Council（GWEC）, "Global Offshore Wind Report 2022," https://gwec.net/gwecs-global-offshore-wind-report/,（2023年1月29日アクセス）.

3) 一般社団法人日本風力発電協会「2021年末日本の風力発電の累積導入量：458.1万kW、2,574基」https://jwpa.jp/information/6225/,（2023年1月29日アクセス）.

4) GWEC, "GLOBAL OFFSHORE WIDN REPORT 2022", https://gwec.net/wp-content/

uploads/2022/06/GWEC-Global-offshore-Wind-Report-2022.pdf,（2023年3月6日アクセス）.

5) Sarah Knauber「TetraSpar（テトラ・スパー型）浮体式洋上風力発電実証プロジェクト：ノルウェー沖で実証運転を開始」RWE Renewables GmbH, https://jp.rwe.com/press/2021-12-01-floating-offshore-wind-demo-project-successfully-commissioned-off-the-norwegian-coast,（2023年1月29日アクセス）.

6) Energie Baden-Württemberg AG（EnBW）, "Floating wind turbine: Nezzy²," https://www.enbw.com/renewable-energy/wind-energy/our-offshore-wind-farms/nezzy2-floating-wind-turbine/,（2023年1月29日アクセス）.

7) Principle Power Inc., "Kincardin Offshore Wind Farm," https://www.principlepower.com/projects/kincardine-offshore-wind-farm,（2023年1月29日アクセス）.

8) 戸田建設株式会社「浮体式洋上風力発電事業：Vol.2 国内初！浮体式洋上風力発電設備を実用化」https://www.toda.co.jp/business/ecology/special/windmill_02.html,（2023年1月29日アクセス）.

9) Herrenknecht AG, "Offshore Foundation Drilling," https://www.herrenknecht.com/de/produkte/productdetail/ofd/,（2023年1月29日アクセス）.

10) Herrenknecht AG, "SAINT-NAZAIRE OFFSHORE WIND FARM," https://www.herrenknecht.com/en/references/referencesdetail/saint-nazaire-offshore-wind-farm/,（2023年1月29日アクセス）.

11) WindEurope asbl/vzw, "Energy islands coming to Europe's seas," https://windeurope.org/newsroom/news/energy-islands-coming-to-europes-seas/,（2023年1月29日アクセス）.

2.1.5 バイオマス発電・利用

（1）研究開発領域の定義

本領域はバイオマスのエネルギー利用や化学品などの物質利用に関わる領域である。バイオマスを燃料や電力等の二次エネルギーに利用する技術とシステム、バイオマスから複数形態のエネルギーや多様な製品を生産する技術、バイオリファイナリーとしてバイオガス・液体燃料のコプロダクション、熱電併給コジェネレーション、ならびにカーボンリサイクルやバイオマスによるカーボン除去や貯蔵を対象とする。バイオマスには廃棄物系バイオマスも含める。

（2）キーワード

非可食バイオマス、第二世代バイオ燃料、第三世代バイオ燃料、バイオマス発電、バイオガス製造、バイオマスコジェネ、トレファクション（半炭化）、BECCS（Biomass Energy with CO_2 Capture and Storage）、カーボンリサイクル技術、BiCRS（Biomass Carbon Removal and Storage）、微細藻類

（3）研究開発領域の概要

［本領域の意義］

バイオマスは、持続可能な生産が前提となるため量的な制約はあるものの、再生可能エネルギーの中で唯一の炭素を含む資源であり、かつ石炭、石油、天然ガスの代替品や水素及び化学品原料等への転換もできることから、貴重かつ再生可能な有機資源として有効利用が図られている。また、バイオマスは天候等によって変動する太陽光や風力発電の平準化のための補助的ベース電源の役割も期待されている[1]。2050年のカーボンニュートラル実現に向けては、石炭混焼だけでなく、バイオマス専焼やガス化燃料として石炭ガス化複合発電(Integrated coal Gasification Combined Cycle：IGCC)、石炭ガス化燃料電池複合発電(Integrated coal Gasification Fuel cell Combined cycle：IGFC) 等へバイオマス資源を利用することも検討の余地がある。さらに、BECCSやBiCRS等のネガティブエミッション技術の開発も推進されている[2]。大規模な早生樹等の植林と共に農業残渣等の未利用バイオマス資源を有効利用し、持続可能なバイオマス資源の生産サイクルを構築する取組みも開始されている。

2019年6月に公表されたカーボンリサイクル技術ロードマップは2021年7月に改訂された[3]。改訂されたロードマップでは、微細藻類由来のバイオジェット燃料を含むSAF（Sustainable Aviation Fuel：持続可能な航空燃料）や廃棄物系バイオマスなどの発酵技術によるバイオメタン、バイオ由来のDMEや水素製造技術、ブルーカーボン（海洋バイオマスを含む）構想によるCO_2回収技術が注目されている。また、BECCSに加えてバイオ炭製造技術の導入・普及とその炭素貯留やICEF2020（Innovation for Cool Earth Forum 2020）で提案されたBiCRSの実証に向けた取組みも推進されている[2]。この中で、バイオ炭製造による炭素の地下貯留や土壌改良剤・有機肥料としての利用を含めJ−クレジット等による認証事業[4]、ならびに森林・木材による炭素ストックの定量化の取り組みも国内外で実施されている[5]。

また、セルロース系バイオマスからの第二世代バイオエタノールの製造や引き続くATJ（Alcohol to Jet Fuel）と共に、メタン発酵やエタノール発酵等のバイオプロセスで副生するCO_2を回収・リサイクル利用する資源循環システムの構築に向けた実証事業も推進されている[6]。

［研究開発の動向］

食料と競合しないリグノセルロース系バイオマスから自動車用燃料用の第2世代バイオ燃料（エタノール、BTLクリーンディーゼル燃料等）製造技術に加えて、次世代バイオジェット燃料製造を目指した微細藻類由来等の第3世代バイオ燃料製造技術の研究開発が進められている。また、2012年7月の再生可能エネルギー固定価格買い取り制度（FIT）導入により、種々のバイオマスを燃焼による発電だけでなく、熱分解ガス化や

嫌気性メタン発酵による熱電併給型の利用技術の実証・実用化が進められている。同時に、石炭火力発電混焼用のバイオマスのトレファクション技術やペレット製造プロセス（バイオマス専焼用も含む）の実証・実用化も国内外で進んでいる[7]。

また、CCS技術（CO_2 Capture and Storage）を併用して、温室効果ガスの削減を促進するBECCSやCCU（CO_2 Capture and Utilization）によるバイオケミカル併産型のバイオリファイナリーへの展開も図られている。その中で、大崎クールジェンの酸素吹きIGCCプロセスにCCSを併設し、回収したCO_2を農業利用や微細藻類培養、またCCUプロセスとの組合せによるメタノール等の併産プロセスへの展開も検討されている。

国際エネルギー機関（IEA）が2021年5月に公表したNet Zeroシナリオでは、2050年には再生可能エネルギーが全エネルギー供給の67%を占めるとされ、バイオエネルギーは20%弱を供給すると推定されている[8]。IEAシナリオでは、太陽光と風力で電力供給の約半分を占める見込みである一方で、バイオエネルギーによる発電量は全世界の5%を占めるとされている。

バイオマスの熱利用や輸送用燃料や他の化学原料等としての用途開発が進んでいる。特に、製油所を活用したバイオリファイナリーへの転換技術が世界的に拡大している[9]。廃食油やセルロース系バイオマス原料油を水素化精製装置やFCC（流動接触分解）装置等で処理し、ドロップインの再生可能ディーゼル燃料やSAFとして流通させる事業が始まっている。現行の石油留分とバイオマス由来原料油を混合処理するCo-processsing技術の実用化への取り組みも加速されている。また、バイオマス由来のエタノール経由のエチレン等のバイオケミカル、バイオプラスチック製造技術等への展開も進んでいる[10]。ガソリン代替用のバイオエタノール生産は微増（約1.2億kL）で、軽油代替用のFAMEバイオディーゼルと水素化植物油の合計が約5000万kLで漸増している程度であるため、2050年カーボンニュートラルに向けた液体燃料としては更にATJやe-fuelのような新たな合成燃料の製造技術開発を加速する必要がある。日本でも、FIT導入後バイオマス利用が発電にシフトし、運輸用のバイオ燃料や熱利用が停滞気味であったが、近年は合成燃料やSAF製造技術、バイオ水素やケミカル併産型のバイオリファイナリープロセスの研究開発へシフトしつつある[7],[8]。

SAF製造ならびに運輸用燃料の2030年以降に向けた研究開発対象の一つとして、微細藻類培養技術開発の確立がある。米国エネルギー省（DOE）による微細藻類による炭化水素燃料製造販売価格は2030年に2.5 \$/GGE（ガロンガソリン等量）を目標としているが、2019年時点では楽観的な試算でも4.7–5.7\$/GGE程度と、その達成は困難であるとされている[13]。しかしながら、あくまで試算レベルではあるが、副産物を有効活用できるような工程への変更等により、目標達成までの道筋を立てつつある[14]。その道筋通りにコスト目標を達成するには「平均生産性の向上」と「高付加価値製品の共生産によるクレジットの獲得」という課題を解決することが大前提である[15]。また、SAF製造については、コスト面の解析も重要であるが、LCA（ライフサイクルアセスメント）の観点から温室効果ガス（GHGs）排出基準をクリアできるバイオマスが安定的に供給されるかという点も重要である。微細藻類由来SAFのCO_2排出量は報告されているもので、14.1–476 g-CO_2/MJと非常に幅広く、CORSIA（国際民間航空のためのカーボン・オフセットおよび削減スキーム）における持続可能性基準の要件の一つである89 g-CO_2/MJを達成するかどうかを判断することも非常に困難である[16]。持続可能性基準を満たしたSAF生産が可能かどうかを正確に検証するためにも、工業生産予定地での大規模実証が必要となる。

森林草本、廃棄物などのバイオマスのエネルギーとしての用途拡大のためには、熱利用分野における化石資源代替が重要である。ロシアのウクライナ侵攻により天然ガス、石油、石炭等の化石資源の価格が高騰していることから、化石資源代替に効果的なバイオマス導入拡大に向けた支援策やインセンティブ政策を打ち出すことが喫緊の課題となっている。

発電市場の世界的な傾向では、これまでの石炭火力へのバイオマス混焼に加えて、大規模な石炭火力発電所でバイオマスへの燃料転換事例が増えてきているが、昨今のウッドショックやウクライナ危機の影響から持続可能な木質バイオマス燃料の調達が大きな課題となっている。ガス化発電分野で石炭や天然ガスを木質バ

2.1 電力のゼロエミ化・安定化

イオマスに転換する事例も見られているが、ここでも原料調達コストが課題となっている。発電所が熱電併給プラントであるため、デンマークのように、バイオマス利活用による地域の熱需要に合わせて発電所の出力を調整し、より効率の良いエネルギー需給システムが構築することも期待されている。日本でも、石炭火力を削減する方針が出され、より一層のCO_2排出低減に向けて国内外のバイオマスの石炭火力での混焼率向上のためのトレファクション技術の開発が進められている。

（4）注目動向

［新展開・技術トピックス］

2050年に向けた脱炭素化のより一層の促進に向けて、世界的に石油を主体とする化石資源由来のプラスチックや化学原料等をバイオマス由来に転換する動きも加速されつつある。　その中で、Bioeconomyという新しいビジョンに基づいて、バイオマスをエネルギーだけでなくマテリアルとして積極的に利用することによって農地・森林等の適切な管理を前提として生態系の炭素固定を定量化する取組みが進められている[4]。BECCSによるネガティブエミッションを実現するコンセプトも示されている。2020年12月に公表された「グリーン成長戦略」においても、"スマートな生態系利用を通じた農林水産業のゼロエミッションの実現及び革新的技術を活用したCO_2吸収源の拡大"の中で、最先端のバイオ技術等を活用した資源利用及び農地・森林・海洋へのCO_2吸収・固定の重要性が指摘されている。

木質バイオマスを始めとしたバイオマス発電・熱利用は、災害時のレジリエンスの向上、地域産業の活性化を通じた経済・雇用への波及効果が大きく、地域分散型、地産地消型のエネルギー源として多様な価値を有するエネルギー源として期待されている[1]。一方、エネルギー利用可能な木質や廃棄物などバイオマス資源が限定的であることや発電コストの高止まり等の課題を抱えることから、バイオマス燃料の安定的な供給拡大、発電事業のコスト低減等を図っていくことが必要である[12]。

国産の木質バイオマス資源の供給拡大に向けては、成長が早いエリートツリーや広葉樹系の早生樹を計画的に植林して10年前後の短伐期での木質チップ原料の生産を加速する取組みが開始されている。今後、都道府県や市町村単位で森林環境補助税を活用して植林事業を拡大し、カーボンクレジット・オフセットやJ-クレジット等の導入が進むことが期待される。さらに、輸入が中心となっているバイオ燃料については、国際的な動向や次世代バイオ燃料の技術開発の動向を踏まえつつ、導入を継続することが必要であると考えられる。

廃棄物発電については、今後のごみ質の大きな変化（プラ割合の減少に伴う生ごみ割合の増加等）が懸念されるため、低質ごみ下での高効率エネルギー回収を確保するための技術開発を進める必要がある。また、気候変動緩和策として、継続的に実施する河川等の維持管理で発生する伐採木・流木等をバイオマス発電等の再生可能エネルギー資源として利用を促進し、一般廃棄物処理施設等の有効活用を図ることが期待される。

焼却施設排ガス等については、ごみ焼却炉の排ガス等から分離・回収したCO_2を回収・利用する技術開発の実証を目指した動きがある。また、森林吸収源対策や大気中からCO_2を固定化するBECCS、BiCRSといったネガティブエミッション技術の活用が必要となる。こうしたネガティブエミッション技術について、2050年までの実用化を目指し、技術開発・社会実装を進めていく必要がある。

熱利用では、遠方の利用施設に熱供給を行うための蓄熱や輸送技術の向上・コスト低減を促進する必要がある。今後のごみ質変化に伴うメタン化施設の大規模化を見据えた技術実証事業を進め、下水道バイオマスの活用のため、地方公共団体での利用促進を2025年度まで集中的に取り組むこととしている。

燃料や多目的の高付加価値品に応用が期待される微細藻類については、大量培養技術の確立、微細藻類種のゲノム編集技術による目的に応じた改編、培養後の目的生産の効率化のためのHTL（水熱液化）技術の工業利用の確立などが期待される。

［注目すべき国内外のプロジェクト］

バイオマスは、地熱発電や水力等のベースロード電源を担える再生可能エネルギーと同様に補助的なベー

スロード電源やエネルギーとして石油や石炭、天然ガス等の化石資源を直接的に代替し、温暖化防止に貢献できる役割を果たすことができるので、グリーンイノベーション基金等を活用した脱炭素社会を見据えたバイオマスエネルギー利活用プロジェクトが推進されている[11]。

また、バイオマスは発電だけでなく、運輸用燃料や熱利用、バイオガス（メタン、水素）製造、生分解性プラスチック等の原料としてのマテリアル利用への展開が期待されており、特に木質バイオマスの成分分離技術の高度化、バイオリファイナリーによるセルロースナノファイバー製造や、ヘミセルロースやリグニン由来物質からのケミカル製造プロセスの実証・実用化プロジェクトが推進されている。

さらに、バイオマスエネルギーの地域自立システム化実証事業やバイオジェット燃料生産技術開発実証を通じたサプライチェーンモデルの構築、微細藻類基盤技術開発に関する事業も実施されている。さらに、種々のリグノセルロースバイオマスや微細藻類由来の機能性・健康食品や医薬品原料としての用途開発も図られている。NEDOでは、微細藻類研究開発に、単年で50億円以上の投資を実施しており、微細藻類の大規模実証試験や産業構築のための基盤技術研究所の設立等、多くのプロジェクトが並行して動いている[17]。産学連携のプロジェクトとしては、バイオDX産学共創拠点というバイオエコノミー社会実現のため、微細藻類の屋外培養におけるビッグデータの取得や有用物質生産の研究が開始している[18]。また、国内の新動向としては、微細藻類の産業利用促進ならびに新産業の構築を目標とした取り組みMATSURI（MicroAlgae Towards Sustainable & Resilient Industry）プロジェクトの発足が挙げられる[19]。本プロジェクトでは、エネルギー、化成品、食品、化粧品、機械、物流など、様々な産業分野のパートナーと共に、藻類SAFをはじめとした藻類が生産する有用成分を利用した製品の開発やその事業性、環境持続性の検討、サプライチェーンの構築等が進められている。バイオマス資源は、元来木材や食料としての利用が本筋であり、その高付加価値利用を図ることによって、生ごみや畜産・農業系の廃棄物系バイオマスを含めて総合的に熱電供給やマテリアル利用を進めることが環境保全的にも経済的にも優位であると考えられる。

欧米でも、同様にバイオエネルギー変換、ドロップインバイオ燃料、特にATJやe-fuelを含めたSAFの製造技術開発が推進されている。また、バイオマス由来の水素製造や関連エネルギー作物の低コスト生産研究等が支援されており、さらにCCUを含む藻類等のバイオマス利活用研究、特にメタン発酵やエタノール発酵プロセスで副生するCO_2を回収して再利用するBECCU（Bio-energy with CCU）の研究開発が推進されてきている。

（5）科学技術的課題

バイオマス利活用における科学技術的な主な課題として、次の6つが挙げられる。

①バイオリファイナリー

バイオリファイナリーについては、いくつかの分類がなされているが、基本的にはバイオマス原料を主成分であるセルロース、ヘミセルロース、リグニン等に成分分離し、各々の性質に応じた利活用を図るものである。バイオマス原料は木質バイオマスのみならず、稲わらやもみ殻、バガス等の農業残渣が含まれるが、それぞれの原料によって分離される成分の特徴が異なるため、石油リファイナリーのような大量生産プロセスの構築が難しいことが課題の一つである。その課題解決のためには、製材所や製紙・パルプ産業において比較的原料調達が容易な木質バイオマス等のカスケード利用を図るうえで、その未利用残材の利活用を図ることが挙げられる。これまで石油や石炭等の化石資源にエネルギーの一部を依存していた製材・製紙産業において自前で熱電供給をしながら、バイオケミカルやバイオプラスチック原料を併産することは、脱化石資源を図る上で中長期的に取り組むべき課題の一つである。

②廃棄物系バイオマスゼロエミッション

日常的に排出される生ごみ、下水汚泥等の廃棄物系バイオマスは水分が多いため、化石資源を投入して焼却処分されているので、余剰の自前エネルギーでゼロエミッション型の有効利用を図ることは、非常に重要で

ある。FITの導入によりこれらの廃棄物系バイオマスからのバイオガス製造による発電事業も推進されているが、その過程で副生する固体残渣や廃液を有機肥料や液肥として有効利用するゼロエミッションシステムも農工連携のアグリビジネスとして注目されている。このような廃棄物系バイオマスのゼロエミッションプロセスは、大都市で大量に排出される生ごみ、下水汚泥だけでなく、農村部での農産物残渣や家畜糞尿の有効利用によるエネルギー・食料併産システムの構築にもつながり、地産地消型の地方創生プロジェクトの一つとして中長期的に取り組むべき課題である。

③CCUを含む人工光合成

バイオマスのカーボンニュートラル性を最大限に活用して、BECCSに加えて、CCUを含む人工光合成プロセスの研究開発が注目されている。火力発電所や高炉等から排出される化石資源由来の炭酸ガスは比較的大規模なCCSプラントが必要であるが、ビール・酒造やバイオメタン発酵、微細藻類培養等のバイオマス利用において排出または副生するCO_2を回収・再利用すれば、比較的小規模であってもネガティブエミッションとしてのCO_2削減効果が見込まれる。人工光合成を含むCCUとしては、再生可能エネルギー由来の水素を活用してギ酸やメタノール、メタン、DME等をエネルギーキャリアとして炭化水素資源として再利用し、化石資源代替を図ることも重要である。

④省エネルギー木造住宅

森林によるCO_2吸収・固定量を最大化するためにできるだけ国産の木材を建材や木工製品等として最大限に利用することを推進すべきと考えられる。CLT（Cross Laminated Timber）等を活用した木造建築や、快適な省エネルギー木造住宅を普及させることも木質バイオマス利活用の有効な方法の一つである。CLTは欧州で開発された工法であり、板の層を各層で互いに直交するように積層接着した厚型パネルの呼称で、間伐材や細い木材の高度有効利用の観点から日本でも普及拡大が図られている。CLTの利用拡大によって住宅・ビルや公共建造物等の省エネルギーを追求することは、国産材の用途拡大と共に、民生部門由来のCO_2排出削減を同時に達成する上で必要である。このようなCLTを中心とした木造建築の普及は、日本伝統の大工技術の継承と共に木材の利用拡大及び自給率向上の点からも、中長期的な日本の省エネライフスタイルを確立する上で非常に有意義である。

⑤カーボンリサイクル技術と高濃度CO_2利用によるバイオマス増産技術の確立

カーボンリサイクル技術ロードマップでも微細藻類由来のバイオジェット燃料やバイオマス由来のガス・液体燃料の製造技術の重要性が示されており、さらに再生可能エネルギー由来の電気エネルギーとの組合せにより水の電気分解等で生成した水素とCO_2から製造されるe-Fuelも注目されている。この技術は、P2X（Power to X）とも呼ばれ、再生可能エネルギー由来水素の価格を2050年までに20円/m³程度に低減することが大きな課題となっている。また、海洋バイオマスの増殖を含むブルーカーボン構想によって海洋でのCO_2回収・固定化を促進する技術も注目されている。さらに、CO_2吸収によるセメントやコンクリート製造技術との組合せも期待される。

⑥微細藻類経由の燃料製造や高付加価値製品製造の課題
〇平均生産性の向上

SAFの供給には微細藻類による生産に大きな期待がかけられているが、生産コストの問題から未だ大規模な産業化が実現出来ていない。直近の報告でも、微細藻類由来バイオ燃料の生産は、第一世代（可食部バイオマス由来）や第二世代（非可食部バイオマス由来）の燃料と比べて非常に高価であることが示されている[20]。技術経済分析による実現可能性を検証した最新の文献では、第一世代原料からのバイオディーゼル生産コストは、2.57–4.27 \$/GGE、第二世代は4.3～6.25 \$/GGEであると報告されている[21]。一方、第三世

代（微細藻類由来）原料からのコストは、4.48–8.05＄/GGEの範囲であると報告されている。米国国立再生可能エネルギー研究所（NREL）デザインケースのTEA（技術経済分析）によると、バイオマスの販売価格に最も効果的である要因は培養工程における平均生産性の向上であることが結論付けられており、生産量向上にフォーカスを絞った開発を行うことが販売コスト低減の近道である[22]。平均生産性の向上に貢献できる技術領域として、コンタミネーションリスクの少ない培養方法の開発、環境馴化能力の向上、遺伝子編集等による株そのものの改変、ガス・熱交換や光利用効率の向上等があげられている。

〇副産物を考慮した製造フロー設計

　上述のように、微細藻類由来SAFの販売価格およびGHGs排出量の低減には、平均生産性の向上が最も重要であり、それが微細藻類由来SAFの産業化を大きく前進させると想定されているが、それだけでは既存のバイオマス由来燃料以下での生産を達成することは困難である。微細藻類産業の実現には、バイオマスの価値そのものを向上させるための高付加価値な副産物を同時に生産する必要がある。副産物として活用出来る物質候補としては、ポリウレタンフォームや有機酸等、いくつか挙げられてはいるが、その多くは試算レベルのものとなっており、実証スケールで確かめられているものではない[15), 23]。商業規模でのバイオマス生産を実施し、SAF以外の産物の生産量検証や工程フローを一貫したアセスメントが急務となる。

〇生産の標準化や持続可能評価の国際登録

　微細藻類によるSAF生産の領域では、バイオマスの量や成分比率などの性質を安定的に測定し比較する産業標準が確立されていない。米国ABO（Algae Biomass Organization：藻類バイオマス協会）ではその解決のために"Industrial Algae Measurement"というレポートを発行し標準化に向けて活動を続けているが、現状は既存の規格（ASTM、AOAC等）の中から参照できるものを提示しているのみに留まっており、微細藻類種や培養フェーズ等による変動等を考慮出来ておらず実状に即していない部分が散見される[24]。産業の確立には産業界での「ものさし」が必要となるため、その推進が急務である。

　課題であり機会と解釈できる動向として、現時点でCORSIAでのデフォルト値に微細藻類由来SAFの値が登録されていない点が挙げられる。取得されたデフォルト値を基準として持続可能性を評価されていくことになるため、日本国内で先駆けて取得することは国際的に主導権を取る上で効果的であると考えられる。その際には、大学・事業者のみでは訴求が困難な部分があるため、経済産業省・国土交通省等、国との連携は必須である。

　また、現在のトレンドとしてはコストよりもプロセスフローを総合的に見た際のCO_2排出量がCORSIAのデフォルト値よりも10％以上低い「持続可能性基準を満たした」燃料であることが望まれる傾向にある。そのため、直近10年間は販売価格よりもCO_2排出を抑制出来るバイオマス生産工程の開発が重要になって来ると想定される。また、持続可能性基準を満たしているかを評価するために、アロケーション、間接的土地利用変化（ILUC）等の国ごとの考え方を整理し、実生産場所での持続可能性基準の評価方法についても検討し、認証の早期取得を目指す必要がある。

（6）その他の課題

　バイオマスのエネルギー利用については単に発電や熱利用だけでなく、バイオマスニッポン総合戦略でも謳われているように、そもそもバイオマスによる化石資源代替を促進し、正味の炭酸ガス削減を実現して地球温暖化防止に貢献することが第一優先課題である。2012年から実施された再生可能エネルギー固定価格買取制度（FIT）は、東日本大震災に伴う福島第一原子力発電所事故の影響が大きかったことは事実であるが、太陽光や風力、地熱、水力等の他の再生可能エネルギーと共に、我が国のエネルギー自給率の向上に寄与することが本題であり、単にFITによる利益追求によって国民負担が拡大し、しかも低価格な海外の太陽光発電パネルや輸入バイオマスの利用を促進する結果になっていることはFITのマイナスの部分といえよう。

　これに加えて、バイオマス利用については、エネルギー自給率のみならず、木材や食料自給率の向上の面からもコストベネフィットを考慮すべきである。また、石炭火力へのバイオマス混焼についても、炭酸ガス削減だけでなく、PM、SOx、NOx等の大気汚染物質の削減効果も加味して、環境影響を含めた費用対効果を検討すべきである。量的な制約を伴うバイオマスの持続可能性の確保は重要な課題であるが、本来は日本に未利用で存在するバイオマス資源を極限まで有効利用することが追求されるべきであろう。

　石炭等の化石資源の利用撤廃と再生可能エネルギー最大化を目指すだけでなく、環境影響ミニマムとエネルギー自給率の向上と共に、持続可能な省エネ・省資源のライフスタイル（LOHAS）による脱炭素社会を実現することが期待される。

（7）国際比較
（バイオマス全般）

国・地域	フェーズ	現状	トレンド	各国の状況、評価の際に参考にした根拠など
日本	基礎研究	○	↗	リグノセルロース系バイオマスの成分分離プロセスによるセルロースナノファイバーやリグニン等の用途開発研究が推進されている。
	応用研究・開発	△	→	バイオマス発電はFITからの自立した運営に課題があり、バイオ燃料はSAFとして研究開発実証が推進されている。
米国	基礎研究	○	→	バイオマス由来のケミカルや医薬品・健康食品、バイオプラスチック等の研究が継続して行われている。
	応用研究・開発	○	→	非食用バイオマスからのバイオ燃料製造やCO_2回収型バイオエタノールプロセスの開発と実証が推進されている。
欧州	基礎研究	○	↗	国際的に持続可能なバイオマス利活用システムの提案と課題解決のためのスキームが議論されている。 地産地消型バイオマス利活用スキームの提案と再生可能エネルギーの最大利用システムの導入・実証が進んでいる。 【英国】CO_2削減と化石資源代替を実現するためのバイオマス利活用スキーム が導入され、特にバイオガスコジェネシステムが普及している。 【ドイツ】地産地消型バイオマス利活用スキームの提案と他の再生可能エネルギーとの組合せ最適化が議論されている。 【フランス】未利用バイオマスの高付加価値利用に向けた触媒反応プロセスならびに農業残渣からのバイオ燃料やバイオケミカル製造技術の実証が推進されている。
	応用研究・開発	◎	↗	エネルギー政策として、バイオマス発電だけでなく、熱電併給システムにおける熱利用による化石資源代替が推進されている。 脱化石資源に向けた再生可能エネルギーの利用拡大が進み、小型バイオマス発電が拡大している。 【英国】脱石炭火力に向けて、バイオマスの混焼や専焼プラントへの転換が加速されている。 【ドイツ】脱原発と脱化石資源に向けた再生可能エネルギーの利用拡大が進み、小型バイオマス発電が拡大している。 【フランス】バイオマス発電と非食用バイオ燃料製造に関する研究開発が継続されている。
中国	基礎研究	△	→	第2、第3世代バイオ燃料の製造研究と実証・実用化が継続して行われている。
	応用研究・開発	△	→	食料と競合しない第2世代バイオ燃料やバイオケミカル等の製造技術の開発が継続して行われている。
韓国	基礎研究	△	→	未利用バイオマスからの高付加価値物質の製造研究が継続して行われている。
	応用研究・開発	○	↗	木質ペレットやバイオ燃料の導入拡大と共に、再生可能エネルギー由来の水素利用システムの開発が進められている。

（微細藻類）

国・地域	フェーズ	現状	トレンド	各国の状況、評価の際に参考にした根拠など
日本	基礎研究	○	→	応用開発フェーズに移りつつあるが、ゲノム編集株の構築等将来の事業化を見据えた研究が継続して行われている。
	応用開発	○	↗	大規模実証のためのプロジェクト等、微細藻類の産業化のために着実に開発が進んでいる。
米国	基礎研究	○	↗	HTLや副産物の検証、コンタミネーションの早期確認などの基礎研究報告が継続して多くみられる。
	応用開発	○	→	大規模な試験は比較的少なく、実用化はまだ先と想定される。
欧州	基礎研究	○	→	【スペイン】欧州の中では2020年時点において、微細藻類燃料分野において文献数が首位となっている。 【オランダ】文献数では目立っていないが、ワーゲニンゲン大学をはじめ堅実な研究活動が進められている。
	応用開発	○	→	【ドイツ】微細藻類の生産者として欧州でトップである。スピルリナの食品用途としての生産等が活発である。
中国	基礎研究	◎	↗	世界の微細藻類由来バイオマス・SAF生産分野における論文数で米国を抜き首位に浮上している。
	応用開発	△	→	企業主体のパイロットスケールでの報告はあるが、国の支援に乏しく顕著な成果は出ていない。
韓国	基礎研究	○	→	文献数は多いが、国際的に評価されている報告は多く無い。
	応用開発	△	→	企業毎での事業参入報告は散見されるが、実態を伴った成果があまり見られない。

（註1）「フェーズ」

「基礎研究」：大学・国研などでの基礎研究レベル。

「応用研究・開発」：技術開発（プロトタイプの開発含む）・量産技術のレベル。

（註2）「現状」 ※我が国の現状を基準にした評価ではなく、CRDSの調査・見解による評価。

◎：他国に比べて特に顕著な活動・成果が見えている　　○：ある程度の顕著な活動・成果が見えている

△：顕著な活動・成果が見えていない　　　　　　　　　×：特筆すべき活動・成果が見えていない

（註3）「トレンド」

↗：上昇傾向、→：現状維持、↘：下降傾向

関連する他の研究開発領域

・火力発電（環境・エネ分野　2.1.1）
・CO₂回収・貯留（CCS）（環境・エネ分野　2.1.9）
・ネガティブエミッション技術（環境・エネ分野　2.4.1）
・微生物ものづくり（ライフ・臨床医学分野　2.2.1）
・植物ものづくり（ライフ・臨床医学分野　2.2.2）

参考・引用文献

1) 経済産業省 資源エネルギー庁「第6次エネルギー基本計画（令和3年10月）」35, https://www.enecho.meti.go.jp/category/others/basic_plan/pdf/20211022_01.pdf,（2023年2月8日アクセス）.

2) David Sandalow, et al., "Biomass Carbon Removal and Storage (BiCRS) Roadmap, January

2021," Innovation for Cool Earth Forum（ICEF）, https://www.icef.go.jp/pdf/summary/roadmap/icef2020_roadmap.pdf,（2023年2月8日アクセス）.

3）経済産業省「カーボンリサイクル技術ロードマップ（令和3年7月改訂）」https://www.meti.go.jp/press/2021/07/20210726007/20210726007.pdf,（2023年2月8日アクセス）.

4）岸本（莫）文紅「バイオ炭の農業利用と脱炭素：国内外の動向と今後の展望」『日本LCA学会誌』18巻1号（2022）: 36-42., https://doi.org/10.3370/lca.18.36.

5）加用千裕「森林・木材による炭素ストックの役割と課題」『日本LCA学会誌』18巻1号（2022）: 28-35., https://doi.org/10.3370/lca.18.28.

6）CN2燃料の普及を考える会 編著『図解でわかるカーボンニュートラル燃料：脱炭素を実現する新バイオ燃料技術』未来エコ実践テクノロジーシリーズ（東京: 技術評論社, 2022）.

7）相川高信「エネルギーの脱炭素化に果たすバイオエネルギーの役割と課題」『日本LCA学会誌』18巻1号（2022）: 3-10., https://doi.org/10.3370/lca.18.3.

8）International Energy Agency（IEA）, "Net Zero by 2050: A Roadmap for the Global Energy Sector," https://www.iea.org/reports/net-zero-by-2050,（2023年2月8日アクセス）.

9）一般財団法人石油エネルギー技術センター（JPEC）総務部調査情報グループ「2021年度JPECフォーラム：バイオリファイナリーの導入および事業戦略に関する調査（2021年5月12日）」JPEC, https://www.pecj.or.jp/wp-content/uploads/2021/04/JPECForum_2021_program_023.pdf,（2023年2月8日アクセス）.

10）一般財団法人石油エネルギー技術センター（JPEC）調査国際部「JPEC 世界製油所関連最新情報 2022年6月号」JPEC, https://www.pecj.or.jp/wp-content/uploads/2022/06/overseas_refinery_202206.pdf,（2023年2月8日アクセス）.

11）内閣府 統合イノベーション戦略推進会議「革新的環境イノベーション戦略（令和2年1月21日）」https://www8.cao.go.jp/cstp/tougosenryaku/kankyo.pdf,（2023年2月8日アクセス）.

12）一般財団法人新エネルギー財団（NEF）新エネルギー産業会議「バイオマスエネルギーの利活用に関する提言（令和4年4月）」NEF, https://www.nef.or.jp/introduction/teigen/pdf/te_r03/biomass.pdf,（2023年2月8日アクセス）.

13）Valerie Reed, "2021 PROJECT PEER REVIEW," U.S. Department of Energy, https://www.energy.gov/sites/default/files/2021-04/beto-02-peer-review-2021-plenary-reed.pdf,（2023年2月8日アクセス）.

14）Ryan Davis, "BETO 2021 Peer Review: Algal Biofuels Techno-Economic Analysis 1.3.5.200," National Renewable Energy Laboratory（NREL）, https://www.nrel.gov/docs/fy21osti/79248.pdf,（2023年2月8日アクセス）.

15）Yunhua Zhu, et al., "Microalgae Conversion to Biofuels and Biochemical via Sequential Hydrothermal Liquefaction（SEQHTL）and Bioprocessing: 2020 State of Technology," U.S. Department of Energy, https://doi.org/10.1086/doi:10.2172/1784347,（2023年2月8日アクセス）.

16）Rafael S. Capaz and Joaquim E. Abel Seabra, "Life Cycle Assessment of Biojet Fuels," Chapter 12, in *Biofuels for Aviation: Feedstocks, Technology and Implementation*, ed. Christopher J. Chuck（Elsevier Inc., 2016）, 279-294., https://doi.org/10.1016/B978-0-12-804568-8.00012-3.

17）国立研究開発法人新エネルギー・産業技術総合開発機構（NEDO）「バイオジェット燃料生産技術開発事業」https://www.nedo.go.jp/activities/ZZJP_100127.html,（2023年2月8日アクセス）.

18）東京工業大学「バイオDX産学共創拠点で川崎市に微細藻屋外培養施設を設置」https://www.titech.

ac.jp/news/2022/063285,（2023年2月8日アクセス）.

19）千年祭「MATSURIとは」https://matsuri.chitose-bio.com/about/,（2023年2月8日アクセス）.

20）International Renewable Energy Agency（IRENA）, "Advanced biofuels: What holds them back?" https://www.irena.org/publications/2019/Nov/Advanced-biofuels-What-holds-them-back,（2023年2月8日アクセス）.

21）Hannah Kargbo, Jonathan Stuart Harris and Anh N. Phan, ""Drop-in" fuel production from biomass: Critical review on techno-economic feasibility and sustainability," Renewable and Sustainable Energy Reviews 135 (2021): 110168., https://doi.org/10.1016/j.rser.2020.110168.

22）Davis Ryan, et al., "Conceptual Basis and Techno-Economic Modeling for Integrated Algal Biorefinery Conversion of Microalgae to Fuels and Products (2019 NREL TEA Update: Highlighting Paths to Future Cost Goals via a New Pathway for Combined Algal Processing)," U.S. Department of Energy, https://doi.org/10.2172/1665822,（2023年2月8日アクセス）.

23）Matthew Wiatrowski, Ryan Davis and Jake Kruger, "Algal Biomass Conversion to Fuels via Combined Algae Processing (CAP): 2021 State of Technology and Future Research," National Renewable Energy Laboratory (NREL), https://www.nrel.gov/docs/fy22osti/82502.pdf,（2023年2月8日アクセス）.

24）Algae Biomass Organization, "Industrial Algae Measurements, October 2017, Version 8.0," Algae Foundation, https://thealgaefoundation.org/downloads/2017_ABO_IAM.pdf,（2023年2月8日アクセス）.

2.1.6　水力発電・海洋発電

（1）研究開発領域の定義

再生可能エネルギー発電のうち、以下を対象とした領域である。

（1）水力発電：水の位置エネルギーを利用した発電及び揚水。ダム式、水路式、中小水力など。

（2）海洋発電：海流、波、潮汐、塩分濃度、海水の温度差による再生可能な運動エネルギーを利用した発電方式を対象とする。波力発電・潮流発電・海流発電・潮汐発電・海洋温度差発電・塩分濃度差発電など。

（2）キーワード

■水力発電

水力発電、中小水力、再生可能エネルギー、固定価格買取制度（FIT）、FIP制度、需給調整市場、設備更新、揚水式水力発電（揚水発電）、流入量予測

■海洋発電

海洋エネルギー利用、波力発電、潮汐発電、潮流・海流発電、海洋温度差発電、塩分濃度差発電

（3）研究開発領域の概要

［本領域の意義］

■水力発電

第6次エネルギー基本計画[1-1]によれば、水力発電は天候に左右されにくく長期的に優れた安定供給性を持つエネルギー源のため、エネルギーセキュリティに貢献する貴重な純国産の電源と位置付けられている。水力発電のうち、揚水については運転コストが安く、ベースロード電源として再生可能エネルギーの導入拡大に当たって必要な調整電源として重要な役割が期待される。また、2030年の水力発電による発電電力量を過去10年（2010～2019年度）の平均81.9 TWhに対して16.5 TWh増加させる指針が示されている[1-2]。

大規模水力は、2030年までの短期間での新規開発は困難であり、他目的で利用されているダム・導水等の未利用の水力エネルギーの新規開発、デジタル技術を活用した既存発電の有効利用や高経年化した既存設備のリプレースによる発電電力量の最適化・高効率化などを進めていくことが必要である。一方、中小水力発電は、30MW未満の未開発地点は未だ約2700地点存在する。中小水力発電は、電力、環境、社会貢献の価値があり、この価値から見た水力発電の特徴は、①ライフサイクルを通じた低いCO_2排出量（中規模ダム水路式で太陽光の1/3、風力の1/2）、②エネルギー自給率の向上への寄与、③長期安定的な発電所の運用が可能、④出力変動の少ない安定的な発電が可能、⑤高い負荷追随性、⑥地域の活性化・防災・雇用創出に対する貢献などである。この特徴を考慮した支援制度と拡大のための研究開発が実施されている[1-2]～[1-6]。

国内のみならず海外でもカーボンニュートラル「ネットゼロ」の実現に向けて、未利用水を用いた水力発電の拡大の研究や、米国の水力市場調査報告の発行等急速に発展する電力システムにおける信頼性、強靱性、再エネ他の統合に対する水力発電の貢献を目的に、これからの水力発電に対する指針を発表している。また、水力プロジェクトの持続可能性を認証するための包括的でエビデンスベースの透明性の高い方法論としての水力持続可能性基準（Hydropower Sustainability Standard）が発行された[1-7]～[1-9]。

■海洋発電

海洋に存在する波浪、潮汐、潮流・海流、海洋熱、塩分濃度差等の持つ海洋エネルギーは、再生可能エネルギーの一つとして、膨大な資源量を有する。これらのエネルギーは波力発電、潮汐発電、潮流発電、海流発電、海洋温度差発電、塩分濃度差発電等として利用可能なため、次世代のエネルギー源として認識されている。現在、欧米諸外国を中心にその利用技術の開発が精力的になされ、新しい海洋エネルギー産業が勃興

しつつある。日本では第3期（2018～2022年度）において、波力・潮流・海流等の海洋エネルギーについて実証研究に取り組むと同時に、離島振興策と連携を図ることを推奨している。現在、海洋エネルギー利用技術に関する国立研究開発法人新エネルギー・産業技術総合開発機構（NEDO）や環境省等の大型研究プロジェクトが実施されている。

［研究開発の動向］
■水力発電

水力発電所の旺盛な更新需要に伴い最新のシミュレーションを活用した効率向上、運転範囲の拡大なども同時に実施され電力量の増加に寄与している。また、老朽化した発電所の一式更新では、運用実績を踏まえた台数の統合や水車型式の変更など全面的な機器構成の見直しも実施され、発生電力量の最大化やメンテナンス性の向上、環境リスクの低減などを目的に発電所の近代化が図られている。

◇国内

2021年の国内での水車及びポンプ水車の単機水車出力1 MW以上の新設およびランナ更新を伴う既設発電所の変更・改修向け全出荷台数は例年とほぼ同じだったが、全容量は減少して各々41台、405 MWであった。2020年に対し、再生可能エネルギーの固定価格買取制度（FIT）の対象となる30 MW未満の国内改修案件の占める割合が増加した。既存発電所の変更/改修においては、FITの影響による水車一式更新が大半を占めており、流れ解析による効率、性能改善による水資源の有効利用とともに、油レスや補機レスの採用によってメンテナンス性の向上、環境リスクの低減が図られている。

展開されている需給調整市場において、水力発電、揚水発電は、高い調整能力を有する設備として研究開発が継続されている。特に揚水発電に関しては、電力系統の経済運用を主目的として、可変速揚水発電システムにより、①揚水自動周波数調整機能、②有効電力制御、③系統擾乱への応答の機能が期待され、系統安定度向上や急峻な変動負荷への対応のための開発が行われている[1-11]。

また、再エネ大量導入時の電力系統における揚水発電の役割を再定義しようという研究もなされており、Capacity expansion modelを用いた可変速揚水の効用[1-12]や、Production cost modelを用いた長時間にわたる揚水の貯蔵効果が示されている[1-13]。一方、電蓄システムとしての揚水水力発電のポテンシャルに注目し、下池として既存の多目的ダムを活用した小規模の分散した安価な新揚水発電の研究も実施されている[1-14]。既設の揚水発電所の多くは揚水入力調整のできない定速の同期電動機であるが、新規の可変速発電所建設に比べて、大規模更新に合わせて可変速化改修を行うことにより、建設費用低減、工事期間の短縮が期待できる。さらに、ダム建設に転圧コンクリート（RCC）を用いるための施工方法の研究も行われ、世界に向けて発信されている[1-15]。

◇海外

海外ではカーボンニュートラル「ネットゼロ」の実現に向けて国際エネルギー機関（IEA）や米国エネルギー省（DOE）、国際水力発電協会（IHA）、国際大ダム会議（ICOLD）、欧州エネルギー貯蔵協会（EASE）、欧州再生可能エネルギー連盟（EREF）、欧州再生可能エネルギー研究センター協会（EUREC）などがこれからの水力発電に対する考え方を発表している。中国は「第14次エネルギー開発5ヵ年計画（2021–2025年）」で、2060年までにカーボンニュートラルを達成することを宣言している。

IEAの報告によると、世界の既存の一般水力発電所の貯水池を合わせると1サイクル当たり1,500TWhの電気エネルギーを蓄えることができ、これは世界で稼働している揚水発電所の電力貯蔵量の約170倍、電気自動車を含むすべての蓄電池容量の約2,200倍に相当し、重要な柔軟性電源であるとしている。また、老朽化した水力発電の近代化が電力供給の信頼性と柔軟性を維持するために必要であると述べている。

DOEは、その水力技術オフィス（WTPO）[1-7]において、柔軟で信頼性の高い電力系統のための次世代水力発電および揚水発電システムを推進するための新技術の研究や開発、試験を可能にする活動を行っている。特にその中に設置された「HydroWIRES Initiative」[1-8]においては、急速に発展する米国の電力システム

における信頼性、強靭性、再エネ統合を可能にする活動が行われている。2022年8月にはバイデン政権より28百万ドルの研究予算が与えられ、今後ますます活動が活発になるものと思われる。

IHAは2021年9月の世界水力発電会議において、水力開発の指針となる新たな基本原則「コスタリカ宣言」を採択した。クリーンエネルギーシステムにおいては持続可能な水力発電が提供する柔軟性と調整力が不可欠であること、持続可能な水力発電とは地域社会と環境、生活、気候に継続的な利益をもたらすべきものであり地域社会に便益をもたらしていないダムや、安全性に懸念のあるダム、環境影響の有効な改善が困難なダムは撤去の可能性を検討すべきであるとまで述べている。併せて、水力持続可能性基準「Hydropower Sustainability Standard」[1-9] が発行されている。

一次エネルギーのほとんどを水力発電でまかなっている北欧諸国やスイス、カナダのほか、西部地区で包蔵水力を期待することができる中国で研究開発が盛んである。日本では中小水力向けの研究開発が実施されており、IAHRやターボ機械協会、日本機械学会などの学会での個別の開発事例に加え以下の技術トピックスが発表されている。

- ・水力発電機に関して、2022年の国際大電力システム会議（CIGRE）パリ大会では、系統の同期化力の不足に関連して、休止火力発電機による調相運転と、水力発電機のような立軸突極機の調相運転とで比較された。後者が回転子単体で慣性を持っている点と、単体始動が可能な点で優れているという指摘がなされた[1-16]。
- ・2022年グラナダで開催されたIAHR世界大会では、「From Snow to Sea」というスローガンのもと、広範囲な問題が議論された。本大会では日本の手がけたナムニエップ第一発電所の建設経緯が紹介された[1-17]。
- ・原動機に関しては、IAHR水力機械シンポジウム（2022年ノルウェー）等で報告が行われている。ポンプ水車および専用機の負荷遮断などの過渡時での挙動解明や予測のために、模型試験装置での再現やWater to wireの運転スケールモデルを含むプラットフォーム開発が進められている。武漢大学やシュトゥットガルト大学では模型試験設備を導入している。
- ・解析や試験により非設計点での流れの安定性やランナ応力の評価が実施されており、特に確率論的なランダムな現象を伴う超部分負荷運転での評価が精力的に進められている。始動パターンや高速起動によるランナに作用する応力の評価や、ランナに作用する応力挙動を静止部側のセンサで予測する取り組みも進められている。
- ・運転とメンテナンスの適正化のためのデジタルツールを活用したスマート発電所支援に関する研究も近年進められている。発電量に関する予測に加え、将来的には摩耗や損耗状況も反映できるような取り組みもなされている。
- ・吸出し管をボリュートタイプとしたものや、フランシス水車ランナの出口に軸流ランナを設置して非設計点での旋回流れを制御するような新しい構造の水車の開発・提案されている。
- ・長い歴史のある水力発電では、従来からの研究テーマも継続・深化されている。河川の環境保護の一環であるフィッシュフレンドリーに関して、主に軸流水車で魚に与える影響（圧力、衝突、せん断、乱れなど）が実験と解析で評価されている。また、キャビテーション泡の挙動や壊食メカニズムに関する基礎的な研究や、土砂摩耗に関する実機での追跡調査が継続されている。

■海洋発電[2-1)〜2-12)]

1970年代のオイルショックを機に世界的に始まった波力発電や潮流・海流発電、潮汐発電、海洋温度差発電、塩分濃度差発電等の海洋エネルギーを利用した発電技術の開発は、2000年代からの石油価格の高騰や地球温暖化への懸念に関連して、近年世界的に盛行盛況となり、欧米各国を中心に大きな研究開発費が投じられている。現在、最も商用化が進んでいる発電方式は潮汐発電（導入量：521.5 MW）であり、導入さ

れている海洋エネルギー利用装置のほとんどを占める。他の発電方式については賦存量が大きいことから大きな期待が寄せられているが、研究開発段階の装置が多く、商用化された発電装置は少ない。現在、多くの研究開発が実施されているのは潮流発電と波力発電である。これらの開発に積極的な欧州において、欧州委員会が潮流発電と波力発電の合計導入目標を2025年まで100 MW、2030年までに1 GW、2050年までに40 GWとしている。発電装置の開発に当たっては、実際の海での装置の性能検証も必要なことから、世界各地に実証試験海域も建設されている。これら発電装置の世界的な導入量は、新型コロナウィルス感染症の影響で2020年は大きく落ち込んだが、2021年からは回復傾向にある。

日本では、過去の海洋エネルギーに関する研究開発は波力発電に関するものがほとんどであったが、近年の世界的な海洋エネルギー利用技術開発の活発化に伴い、波力発電と潮流発電、海流発電、海洋温度差発電を対象とした大型の研究開発が実施されてきている。NEDOによる2つの大型プロジェクト（第1期：2011～2017年度、第2期：2018～2020年度）では、第1期において、事業化時に発電コスト40 円/kWh以下のシステム開発を目指した実証研究（9事業、うち4事業が最終ステージゲートを通過）と、事業化時に発電コスト20 円/kWhに資するコンポーネント等の要素技術開発（8事業）が行われた。続いて実施された第2期においては、第1期のステージゲートを通過したプロジェクトを対象に、離島での実海域長期実証研究（1事業）が実施された。また、環境省の大型プロジェクトも実施されている。

◇波力発電

波力発電は風で生じた波のエネルギーを利用して発電するため、その開発は偏西風の存在で波パワーが大きい中緯度で大陸の西側に海域を持つ欧州等が積極的である。波力発電の世界全体の導入量は2020年で700 kW、2021年で1,385 kWである。2010年から2021年までの波力発電装置の累積導入量は、24.7 MW（欧州：12.7 MW、欧州以外：12 MW）であるが、欧州の累積導入量12.7 MWの内、11.3 MWは実海域実験を伴う研究開発プロジェクトの終了後に撤去され、1.4 MWのみが稼働中とされている[2-7]。

現在、世界で200以上の様々な形式の装置が開発中とされている。これまでに提案された波力発電装置は、①波エネルギーを空気エネルギーに変換して空気タービンを回して発電する「振動水柱型」、②波浪中で運動する物体の運動エネルギーを油圧エネルギーに変換して油圧モーター等を回転させる「可動物体型」、③波を貯水池等に越波させ、この貯水池の落差により生じた水流を用いてタービンを回転させる「越波型」の3形式に大別され、1つの形式に収斂していない。技術開発のレベルを9段階の技術成熟度レベル（TRL）を用いて表すと、現在の波力発電の技術レベルは、全体としてTRL1（装置のコンセプトの確認段階）～TRL7（単一実機スケールの実海域実験段階）とされているが、僅かながら商用化された装置も現れている。

海外で商用化された装置としては、防波堤に振動水柱型装置を組み込んだスペインのMutriku波力発電装置（296 kW：高さ3.2 m、幅4 mの空気室が16室、18.5 kWのWellsタービンを16基、2011年に完成）や、米国のOcean Power Technologies社が海洋構造物の監視用センサーの電源としての使用を目的に開発した2つのブイの鉛直相対運動を利用して発電する3 kW装置（PowerBuoy）がある。実海域実験終了後も継続して稼働している装置として、韓国のチェジュ島の沿岸固定式装置（500 kW、2017年に完成）などがある。

近年、実海域で発電実験を行った海外の装置としては、Wave Swell Energy社（オーストラリア）が、タスマニア州のキング島周辺海域で実験を行った固定式の振動水柱型装置Uniwave（200 kW）や、Welloy Oy社（スペイン）が、スペインの実海域実験施設BiMECで行った浮体式の可動物体型装置Penguin 2（600 kW、浮体内部の偏心質量を波浪で生じる船体運動により回転させ、回転軸に連結されたダイレクトドライブ方式の発電機で発電）がある。また、広州エネルギー変換研究所（中国）では、ダック形状の浮体を波浪中で振り子運動させ油圧システムを用いて発電する可動物体型装置を開発し、500 kW波力発電装置Changshanの実海域実験を萬山群島で実施した。

日本では東京大学他が、環境省の「平成30年度CO₂排出削減対策強化誘導型技術開発・実証事業（平

成30年度～令和2年度）」として、固定式の振り子式波力発電装置（出力45 kW）の高性能化や構造物の低コスト化等を目的とした実証実験を神奈川県平塚漁港で実施した。また、東京大学他は、環境省の「令和2年度CO$_2$削減対策強化誘導型技術開発・実証事業（令和2年度～令和4年度）」において、防波堤に組み込んだ固定式振動水柱型波力発電装置（出力40 kW）の高効率化等を目指した実用化研究を実施中である。

◇潮流発電・海流発電・潮汐発電

潮汐発電は、上げ潮で貯水池に海水を満たし、下げ潮で貯水池の海水を海に落とす際の落差を利用するなど潮位差を利用してタービンを回して発電する。フランスのランス発電所（10 MW×24台、総出力240 MW、1967年完成）、韓国のSihawa発電所（25.4 MW×10台、総出力254 MW、2011年完成）等が継続稼働中で、技術的には商用化レベルにある。現在導入されている海洋エネルギー利用装置の出力のほとんどを占めるが、その建設には大規模な建設費が必要なことから新規建設の意欲は乏しい。

潮流発電は海峡等の潮流の早い流れを利用して発電する方式であり、水平軸プロペラ方式、鉛直軸ダリウス方式、振動翼方式、水中凧方式等がある。大型装置は水平軸プロペラ方式に収斂しつつあり、この方式の技術レベルは、TRL8（実海域での複数基による初期ファーム形成段階）で商用機も現れている。潮流発電の世界全体の導入量は、2020年で865 kW、2021年で3,120 kWである。2010年から2021年までの潮流発電装置の累積導入量は、39.67 MW（欧州：30.2 MW、欧州以外：9.4 MW）であるが、欧州の累積導入量30.2 MWの内18.7 MWは実海域実験を伴う研究開発プロジェクトの終了後に撤去され、現在11.5 MWのみが稼働中とされている[2-7]。このように、潮流発電の導入量は波力発電に比べて多いものの潮汐発電に比べると非常に少ない。

海外で商用化された装置では、英国の第1期MeyGenプロジェクトが世界最大であり、スコットランドの北海岸とストローマ島の間の海域に、1.5 MWの水平軸型プロペラ方式潮流発電装置4基（合計6 MW、2017年完成）が稼働中である。英国のNova Innovationプロジェクトでは、100 kWの水平軸型プロペラ方式潮流発電装置4基（合計400 kW、2016年完成）がShetland島海域で稼働中である。オランダでは、Eastan Scheldtにある防潮堤に250 kWの水平軸型プロペラ方式潮流発電装置5基（合計1.25 MW、2015年完成）が稼働中である。また、Afsluitdijk防潮堤に100 kWの水平軸型プロペラ方式潮流発電装置3基（合計300 kW）が建設され現在稼働中である。中国の秀山島海域に設置されたLHD Technology社の潮流発電装置（鉛直軸タービン2基：2015年に設置、水平軸型プロペラ2基：2018年に設置、合計1.7 MW）も稼働中である。

現在開発中の主な装置としては、Orbital Marine Power社（英国）の2 MW装置O2（浮体型の装置で、水平軸を持つ2枚翼システム（出力1 MW）2基（総出力2 MW）で構成）の発電実験が英国の欧州海洋エネルギーセンター（EMEC）で行われた。また、Minesto社（スウェーデン）の100 kW装置G100（潮流中で1点係留された水中凧を八ノ字運動させ、装置に設置されたプロペラを回転させて発電する）はデンマーク領のフェロー諸島で実験が実施され、系統にグリッドに接続された。Sustainable Marine Energy社（英国）は、水平軸3枚翼プロペラを6基備えた浮体式の420kW潮流発電装置の実海域実験をカナダ・ノバスコシア州で行った。HydroQuest社（フランス）は、海底固定式の鉛直軸型の1MW潮流発電装置（三枚翼のHタイプ2重反転型タービンを使用）の実海域実験を行った。

日本の潮流発電プロジェクトに関して、IHIは、NEDOの「海洋エネルギー発電実証等研究開発」プロジェクトにおいて水中浮遊式海流発電システム（水平軸型プロペラ方式、出力100 kW：50 kW×2基）の実海域での発電能力、設備の耐久性や経済性に関する検証を目的として、鹿児島県十島村口之島海域で実証実験を実施した。九電みらいエナジーは、環境省の「潮流発電技術実用化推進事業」として、SIMEC Atlantis Energy社の500 kW潮流発電装置を長崎県五島市の奈留瀬戸に設置して実用化実証実験を行った。また長崎大学はタービンに大型のデイフューザーを装着した浮沈式潮流発電装置を開発し、長崎県五島市の奈留瀬戸で5kW装置の実証実験を行った。

海流発電は、海流の流れを利用して発電するもので、これまで、実海域での大型装置の実験例はなかった。

　IHIは、NEDOの「海洋エネルギー発電実証等研究開発」プロジェクトにおいて、水中浮遊式海流発電システム（水平軸型プロペラ方式、出力100 kW：50 kW×2基）を開発し、黒潮中での発電能力、設備の耐久性や経済性に関する検証を目的として、鹿児島県十島村口之島海域で世界初の100 kW級装置の実証実験を実施した。

◇海洋温度差発電

　佐賀大学は1970年代から研究開発を継続しており、数十kW級の実証研究で世界トップレベルにある。現在は、沖縄県と共に沖縄県久米島の100 kW海洋温度差発電実証試験装置を用いて2段ランキンサイクルに関する研究の他にも、マレーシア工科大学他と海洋温度差発電と海水淡水化のハイブリッドシステムの研究や、海洋温度差発電と海水淡水化のハイブリッドシステムの研究を継続実施するとともに、商船三井他が行っているモーリシャスにおける海洋温度差発電の実証要件適合性調査NEDO事業にも参画している。

　米国、韓国、オランダ、フランス、中国なども、近年、研究開発を再開している。発電装置の設置方法として陸上設置型と洋上浮体型がある。現在稼働中の沖縄県久米島やハワイ（105 kW）の装置は、100 kW級の陸上設置型である。世界各所で1 MW級の洋上浮体型装置の建設計画が発表されている。韓国は太平洋のキリバス共和国に設置予定の1 MW海洋温度差プラントの予備実験を韓国近海で実施済みである。沖縄県久米島のように海洋温度差発電の早期商用展開を考え、海洋温度差発電による電力の単独利用ではなく、汲み上げた大規模海洋深層水を利用した海水淡水化と水産養殖、水素製造、リチウム等の有用金属回収を含めた複合利用（久米島モデル）が推進されている。

◇塩分濃度差発電

　淡水の河川水と塩分のある海水の塩分濃度差を利用して発電を行う塩分濃度差発電には、2種類の溶液の化学ポテンシャルにおける差を利用する逆電気透析法と、化学ポテンシャルを圧力として活用する浸透圧法の2種類がある。実海域での例としては、2014年にREDstack社がオランダのAfsluitdijkに建設した、「逆電気浸透析法に基づく50 kW塩分濃度差発電」のパイロットプラントが現在稼働中である。

（4）注目動向
［新展開・技術トピックス］
■水力発電
◇既存設備の活用・改修

　政府主催の既存ダムの洪水調節機能強化に向けた検討会議（2019年）では、「既存ダムの洪水調節機能の強化に向けた基本方針」が取りまとめられた。この中で、発電用ダムを含む利水ダムの緊急時の治水活用の方針が示された。ダムの防災操作を適切に実施するための降雨と流入量予測に関する研究も進められており、AIも活用されている[1-18]。また、多目的ダムの洪水調整容量を活かした発電量の増大など既存ダムの有効活用に関する研究も進められている[1-19]。これらを受けて、国交省よりハイブリッドダム（仮称）に関するサウンディング（官民対話）が提起され、ダムを活用した「治水機能の確保・向上」「カーボンニュートラル」「地域振興」の3つの政策目標の実現が図られようとしている[1-20]。

◇実物水車の性能換算

　模型水車と実物水車のレイノルズ数の違いに起因する摩擦損失の相違のため、模型試験結果から実物水車性能を求める際に性能換算式が必要となる。国内では1989年以来改訂されていなかった、JIS B 8103「水車及びポンプ水車の模型試験方法」が主に使用されてきた。その間、JSME S008-1999、IEC 60193：1999、IEC 62097：2009、JSME S008-2018、IEC 60193：2019、IEC 62097：2019など種々の規格が発行改訂されており、JIS B 8103も改訂作業が行われ、2023年に発行される見込みである。今回の改訂では、世界的な標準となっているIEC 60193: 2019を基礎としつつ、日本機械学会基準JSME S008-2018「水車及びポンプ水車の性能換算法」の換算理論に基づく性能換算法を追加することとなった。JSME S008-2018は、物理現象に立脚した理論的な厳密性を追求したことで計算手順が煩雑な側面もある。JISに採用す

るにあたり、実物流路の標準的な表面粗さの実物流路の影響を考慮して手順を簡略化し、実用的な性能換算法を追加した[1-21]。

◇ **排砂発電**

ダムへの土砂の堆積は、貯水容量の減少によるダム機能の低下を来たし、貯水池式の運用が困難となり、流れ込み式に近い運用を強いられるようになる。このため、国内外を問わず土砂堆積の著しいダムにおいては、定期的な浚渫や排砂ゲートによる排砂、バイパス流路による排砂などによって貯水容量の回復に努めている。しかし、浚渫には多大な費用を要し排砂ゲートではゲート付近の土砂しか排出できない、バイパス流路は発電利用できる水量を減少させてしまうなど、それぞれに難点がある。

近年ヨーロッパでは、発電用の水車を通して土砂を排出する可能性についての研究が始まっている。土砂水の流入による水車各部の摩耗度合いの調査、摩耗軽減のための水車設計改良の可能性検討などが課題となる。土砂を発電所の取水口へ導く方法や、土砂流入量の制御法にはいくつかの方法が考えられる。国内でも排砂発電に対する関心が高まり始めている。

■ **海洋発電**

◇ **IECにおける海洋エネルギー関連の国際基準の作成[2-13]**

現在、海洋エネルギー利用の商用化装置は少ないが、将来の産業化を見据え、海洋エネルギー利用装置に関する標準化・規格化作業が、国際電気標準会議（IEC）の規格運用評議会の下のTC114専門委員会で行われている（2007年）。IECの規格は国際規格（IS）、技術仕様書（TS）、技術報告（TR）に分類されるが、海洋エネルギー関連産業が現在立ち上がりつつあることを考慮して現在策定中の規格はTSである。波力発電、潮流発電、海洋温度差発電、河川流を利用した発電等に関連して、現資源量の評価、装置の実海域性能評価、水槽実験法、装置の設計法、電力の品質、環境評価（水中騒音）等に関する16のTSが発行され、その見直し作業が行われている。

◇ **洋上風力発電と波力発電や潮流発電のハイブリッド型施設**

将来の大規模電源として、世界的に普及が進んでいる洋上風力発電の非常用電源として波力発電や潮流発電を用いる方法が注目され、これらの発電装置と洋上風力発電を組合せたハイブリッド装置の研究開発が進んでいる。具体的には、モノパイル形式の着床式洋上風力発電装置の水中構造部に潮流発電用の水平軸タービンを取り付けた風力・潮流ハイブリッド発電システムや、セミサブ型浮体形式の洋上風力発電装置の水中部構造に多数の可動物体型波力発電装置を設置した風力・波力ハイブリッド発電システムなどが提案されている。波力発電装置には様々な形式が用いられている。商船三井は、英国の波力発電メーカーのBombara Wave Power社と共に、セミサブ型の浮体式洋上風力発電装置の水中部構造に取り付けた多数のゴム膜構造体を連結し、波浪による膜の往復運動によって生じるゴム膜内の空気流によって空気タービンを回して発電する風力・波力ハイブリッド発電システムを提案している。

◇ **海洋エネルギー実証試験海域の整備[2-14]**

海洋エネルギー利用装置の開発は、以下のようにステージ3からステージ5の順に、進められる。次のステージに進むためにはステージゲートをクリアする必要がある。

a）ステージ1：提案した構想の検証（小型模型を用いた水槽実験）

b）ステージ2：設計評価（実機の1/25〜1/10スケールの中型模型を用いた水槽実験）

c）ステージ3：実機の1/10〜1/2スケールの大型模型を用いた実海域試験

d）ステージ4：原寸プロトタイプ（1/1スケール）の単機実海域試験

e）ステージ5：原寸プロトタイプ（1/1スケール）の複数機配列に関する実海域試験

海洋エネルギー利用装置の商用化には上記ステージ4からステージ5に対応して、実海域試験による発電性能や構造などの安全性を確認すると共に、国際市場をリードする海洋エネルギー機器とシステム開発の拠点施設機能、研究と事業化のブリッジ機能とデモ機能、国際基準に基づいた装置の認証機能、地域開発推進

2.1 電力のゼロエミ化・安定化

のための「支援・インキュベータ施設」機能等を有する「実証試験海域」が必要である。このため、各国はそれぞれ独自の実証試験海域を保有しており、世界で57か所の実証試験海域が利用されている。このうち、英国のEMECは世界最大で波力発電と潮流発電に関する4つの試験海域（2つの試験海域は、ステージ3対応の小波高、低流速の海域）を持ち、世界中から多くの装置の実験を受け入れ、海洋エネルギー装置の認証取得のための試験センターとしてIECから唯一認定されている。カナダのFORCEは潮流発電装置の実証試験海域で、世界中から多くの潮流発電装置の実験を行っている。日本においては、国が認定した6県7海域の実証実験海域がある。実証フィールドとしては未整備で、全ての施設が系統に連結されていないが、IHIが黒潮下での海流発電の実験を行った鹿児島県口之島沖海域、九電みらいエナジーが潮流発電実験を行った長崎県五島市久賀島沖の海域、佐賀大学他が海洋温度差発電の実験を行っている沖縄県久米島海域の3つの実証フィールドで実機スケールの実験が行われている。

［注目すべき国内外のプロジェクト］
■水力発電
・新エネルギー財団補助事業

水力発電導入促進のための各種補助制度が2016年度より開始され、2022年度以降は、①水力発電事業性評価事業、②地域共生支援事業、③調査事業、④既存設備有効活用支援事業、により水力発電の導入加速が図られている。

・HYDROPOWER–EUROPEプロジェクト[1-22]（2018年11月〜2022年2月）

水力発電分野のメーカー、ユーザーなどが集まるフォーラムでの公開討論から、水力分野の研究とイノベーションのテーマ（RIA）と、産業界の戦略的なロードマップ（SIR）を作成した。RIAについては優先順位が高い5領域18テーマを掲げており、これらは、①柔軟性を増大させる水力コンセプト（分散型揚水、流れ込み揚水等）、②運用・保守の最適化、③機器や土木設備の強靭化、④新しいコンセプト（多目的ダム揚水、海水揚水等）、⑤環境への適合性を図るための解決策とされている。SIRとしては5領域13項目が挙げられており、同じく、①社会的受容性、②環境負荷軽減、③経済性確保、④規制のエネルギー転換への適合、⑤許認可の簡素化、となっている。また、水力を取り巻く諸因子（エネルギー政策、電力市場、環境・社会、R＆D、法規制、気候変動）の関係を図解した最終報告書が2022年4月に発行された。

・XFLEXHYDRO[1-23]（2019年9月〜2023年8月）

XFLEXHYDROは、スイス連邦工科大学ローザンヌ校（EPFL）が主導し、水力発電技術によりEUの2030年の二酸化炭素削減目標をターゲットに、安全でフレキシブルな電力システムの技術を構築する斬新なエネルギー革新プロジェクトである。スマートコントロール、革新的な可変速および定速揚水発電システム、バッテリーと水車のハイブリッドなどの新しい水力発電技術を実証する。中間報告では、3カ所のサイトでの循環水路式発電（Hydraulic Short Circuit）の実施とそのプロセスが報告された。また、水力と電池のハイブリッド発電やスマートコントロールも、順調に試験が進行している。注目されていた5MWの一次可変速揚水発電システムは2022年の冬まで運開が延期された。また、可変速幅を無制限に拡大することができるフルサイズ周波数コンバータの適用が紹介された。運用範囲拡大に加えて機器ダメージの大幅な低減が期待でき、運用方法の自由度が向上する。

・Hydroflex[1-24]（2018年5月〜2022年4月）

Hydroflexはノルウェー科学技術大学が主導し水力発電の非常に高いフレキシブルな特性を活かした科学的および技術的ブレークスルーを目指したプロジェクトである。北欧ネットワークの主に北部において、今後の風力の増加により水力の柔軟性が求められること、また系統安定性に関しては3発電所・1500 MWの脱落事故に対しても現状の周波数制御予備力（FCR）機能により周波数低下が抑えられることが示されている。

・DOE HydroWIRES Initiative[1-8]

HydroWIRES Initiativeは揚水発電所の経済的効果に関して、米国で経済性の見込める揚水発電所立地

点の調査、揚水発電所のバリュエーション・ハンドブックの発行、揚水に関するCapacity expansion modelの研究を行っている。技術革新としてGeomechanical pumped storageの概念や、Obermeyer Hydro社のSubmerged pump–turbineの概念を紹介している。

- **中国第14次5カ年計画**

中国の「第14次エネルギー開発5カ年計画（2021～2025年）」期間中、グリーンエネルギーへの移行を加速させることが重要なテーマとして揚水を含む水力発電の基地建設を積極的に推進し、金沙江上流、亜龍江中流、黄河上流の水力発電プロジェクトを開発するとしている。

- **揚水発電所の建設計画**

2022年6月に発表された「第14次5カ年計画−再生可能エネルギーの発展計画」によれば、揚水発電所は現在の68地点（建設中含む）から今後5年間で200地点を着工する計画となっている。この目標はこれまで発表された計画をはるかに上回るもので、各省（区、市）の揚水発電所のニーズを展開し全国的な揚水発電中長期計画を編成する。現在建設中の発電所を予定通りに運転開始し、さらに中長期計画に組み込まれたプロジェクトを加速させるとしている。

- **大エチオピア・ルネッサンスダムの開発**

エチオピアは、スーダンとの国境に近い青ナイル川に大エチオピア・ルネサンスダム（GERD）を建設し、2020年7月に貯水を始め2022年2月に初号機が発電運転を開始した。13台の水車・発電機が完成すると総発電量は5,150 MWに達し、アフリカ最大規模の水力発電所となる見込みである。エチオピア国内では、経済成長に伴う電力不足の解消に寄与することが期待されている。ダムの建設に対しては、計画当初から特にエジプトがナイル川下流の流量減少を懸念して強硬に反対しておりスーダンを含めた3国間での合意形成に向け、アメリカ、アフリカ連合などが仲裁を試みたものの、現在に至るまで合意には至っていない。このような状況下での一方的な発電開始に、エジプトなどは反発を強めており対立が激化する可能性がある。

■ **海洋発電**

- **世界初の海流発電装置「かいりゅう」**[2-15)]

IHIは、NEDOの3期に渡るプロジェクト（第1期：2011～2014年、次世代要素技術開発、第2期：2015～2017年、実証実験研究、第3期：2018～2021年、離島での実海域長期実証研究）において水中浮遊式海流発電システムを開発し、鹿児島県口之島沖の黒潮海域で100 kW規模の海流発電としては世界初となる水中浮遊式海流発電システムの実証機「かいりゅう」（全長約20 m、直径11 m、50 kWタービン2基搭載）の実海域実験を行った。1.5 m/sの曳航実験において100 kWの出力を黒潮下では最大30 kWの出力を確認した。また、発電性能だけでなく、海流特性や設置・撤去工事手法の精査等を含め、今後の実用化に向けて必要な実海域での試験データを取得している。

- **日本初の商用スケールの潮流発電装置「なるミライ」**

九電みらいエナジーは、長崎県海洋産業クラスター形成推進協議会と共に環境省の潮流発電技術実用化推進事業（2019年6月～2022年3月）として、500 kW潮流発電装置「なるミライ」の実用化のための実証実験を長崎県五島市の奈留瀬戸で実施した。タービンには英国のMeyGenプロジェクトで実績のあるSIMEC Atlantis Energy社の500 kW発電機が用いられており、実証実験において500 kWの定格出力を確認した。得られた電力は系統連系せず陸上の負荷装置を用いて発電量を評価している。発電設備の設置工事へ自動船位保持（DP）船や遠隔操作型水中ロボットが活用されると共に、装置の建設・運用に関係する法令も整備された。

- **浮体式の潮流発電装置O2**

Orbital Marine Power社（英国）は、水面に浮かんだ浮体式の2 MW潮流発電装置O2を開発した。浮体の長さは73 mで左右に張り出した水平翼にそれぞれ直径20 mの水平軸タービン（出力1 MW）を備えている。この装置は英国のEMEC（グリッドに接続済み）において、2021年7月から発電実験を開始し、今後

15 年間で英国の約 2,000 世帯の年間電力需要を満たすものと期待されている。

（5）科学技術的課題

■水力発電

カーボンニュートラルの実現には水力発電の大量導入や需給調整が必要であり、そのための課題を示す。

・中小水力を含む再生可能エネルギーの大量導入のボトルネックの一つは既存グリッドへの接続制限であり、地産地消の電力ネットワークを構築することが必要である。また、土木、機械の高い初期コストが課題であり、個別設計が必要な水力発電機器の標準化、シリーズ化や新しい土木施工、製造方法の構築も重要である。

・ダム設備と水資源の有効活用や洪水対策については、より高度な気象予測、流入量予測が求められる。また、運転開始から40年以上の老朽既存設備が増えているが、これらを効率的に長寿命化し、機能を維持するためのさらなるICT技術や工法の発展が不可欠である。IoT、AIなどのデジタル技術を活用し、機器寿命の推定や発電電力量増大、省力化を可能とする技術開発が進められている。

・運転コストパフォーマンスの向上に関しては、最新のシミュレーションなどを活用した効率向上、運転範囲拡大の研究が必要である。老朽化した発電所の一式更新では、運用実績を踏まえて台数の統合や水車型式の変更など全面的な機器構成の見直しも検討が必要である。

・EU では持続可能な水力発電の高性能かつコスト競争力の維持のために、既設プラントの継続的な改修を実施する。環境負荷の小さい低落差水力発電は、有望であり研究が進められている。

・再生可能エネルギーの大量導入に伴い必要性が高まる需給調整力・再エネ電力制御への対応に関して、さらなる水力発電・揚水発電の即応性や調整力向上が必要となる[1-25]。水車機器にダメージが蓄積されることからロバスト性の高い機器が望まれる。

・可変速機器の高機能化も付加価値向上に重要であり疑似慣性機能やブラックスタート機能の追加が望まれる。

・先端シミュレーションやAIを用いた水力発電技術の革新的なコンセプト・製品が望まれる。 AIを用いた異常診断システムの開発も多く進められている。

・自然環境保護として魚類にやさしいFish–friendly turbine、水中生物、特に魚類に対する水車の影響に注目した研究開発がアメリカを中心に進められている。

■海洋発電

海洋エネルギーはエネルギー密度が低く、その利用技術は他の再生可能エネルギーと比べて技術成熟度が低いため、海洋エネルギー利用装置に関して発電効率の向上、発電コストの低減、単機装置の大型化や多数の装置を配置したファーム形成によるシステムの大規模化、実海域での長期運転による耐久性や信頼性の向上（防水、生物付着、錆等への対策）、海洋環境に及ぼす影響把握が重要な課題である。以下に各発電方式別の科学技術的課題を示す。

・波力発電については、実証実験時に大波浪が原因で装置が損傷を負うことから、装置の安全性確保が第一優先課題である。また、高効率・低コストの装置開発、多数基システム設計技術の確立などがある。

・潮流発電については、高効率・低コストの装置開発、多数基システム設計技術の確立、潮流の早い海域における施工法の開発、浮体型装置では、台風等の荒天時における装置の安全性の確保などがある。

・海流発電については、発電装置の係留技術、姿勢・水深の制御技術、陸から離れた海域での効果的な施工・メインテナンス方法の確立などがある。

・海洋温度差発電については、施工法を含めた深層水取水管の低コスト化、大規模発電には取水管の大口径化とその長期耐久性の確保、動揺する浮体と取水管の接続方法等が課題である。また、大規模化した場合、排出する"表層水より低温でかつ栄養分の多い深層水"の環境影響に対する考慮が必要である。

・塩分濃度差発電については、逆電気透析法の低膜抵抗で低製造コストのイオン交換膜の提案や河川水側の膜間隔低減、浸透圧法は浸透圧を高めるための膜の透過性能の向上や発電機の効率向上が課題である。

・日本周辺海域の水温は、欧州海域の水温に比べ高いため潮流発電装置のプロペラ等には多くの生物が付着して機能不全となる可能性が高い。海洋エネルギー利用装置への生物付着対策として、装置表面の塗装法等、新技術の開発が必要である。

・海洋エネルギー利用装置に共通する基礎的で、大学等で行う研究開発課題としては、①システムとして大幅にコスト低減が可能な海洋エネルギー変換装置の革新的システムの提案、②大電力直流送電、③沿岸・海洋を考えた場合のエネルギー貯蔵（沿岸廃坑や海底高圧タンクの利用等）、④エネルギー輸送媒体の変換効率の飛躍的向上（海上で水素を製造する等）、⑤装置を多数配置したファーム用革新的係留システムと新材料の開発（海上工事とメインテナンスコストの軽減を目的）、などがある[2-16]。

（6）その他の課題
■水力発電
◇国内の揚水発電を取り巻く環境

揚水発電は再生可能エネルギーの大量導入に伴い必要性が高まる需給調整力・再エネ電力制御への対応にあたって最大限の活用が必要とされているが、揚水時の損失があることや運用コストが高いことなどの理由で稼働率が2021年で4.6％と低く、採算性が悪いことが課題となっている。また古い設備が多く、2030年までに250万 kW、2050年までには2,000万 kW が運転開始から60年を超えることになり、設備更新が必要な時期を迎える。設備維持・機能向上を図るためには、採算性の向上が優先課題とされており、収入拡大のための市場整備や費用削減のための運用高度化、更に新規開発の可能性の検討等を含めた支援策が検討されている[1-14], [1-15]。

◇国内の中小水力導入

・中小水力の社会的価値としては、地域が主体となった水力利用の取り組みを通じて地域社会に様々な貢献をすることができ、地域経済の活性化、地域インフラの整備、地域へのエネルギー供給、地域環境の保全・改善、地域社会の活性化、地域への定着があげられる。水力発電を単なる電源の一つとして捉えるのではなく、ヨーロッパのように総合的な地域政策の一環として水力利用を捉える考え方が水力の持つ多くの価値を多面的に生かしていくことに繋がる。

・初期投資が大きいという課題に対しては、助成金、補助金の継続的な利用体制の整備が必要である。

・水力発電を一般河川で実施する場合、煩雑な河川法、森林法、事前公園法の協議、系統連系の手続に時間がかかるため簡素化が必要である。

・昨今の製造技術に関する産業構造から製造の課題として、大型で一品物の鋳造産業と、これと連動した大型の3次元機械加工事業者が国内では存続しにくい環境にあり、新しい事業の形態を模索する必要がある。小型水車の部品も、現在のアディティブ・マニュファクチャリングで製造可能な領域より少し大きいこと、性能、信頼性の観点から研究開発が更に必要な状況であり、技術的なブレークスルーが必要である。

◇環境に調和し地域に永続的に貢献する水力利用の技術と制度の構築[1-6]

水力発電は、地域の共有財産である河川水と公共空間、インフラなどを利用するため、地域の特色を生かした地域主導の水力開発事業モデルが必要である。このためには社会・環境・資源を活用するための人材の育成と活用、技術支援・財政支援の仕組みなどを含めた総合的な水力開発の事業スキームを確立する必要がある。また、水力の価値を生かすための分野横断型の協力・連携・支援も必要であり省庁や市町村等の連携による調査検討の活動資金の予算化、研究者、専門家、関係組織などが協力して課題の解決に取り組む体制の構築が重要である。

・水力の価値と開発の可能性の明確化、および国全体での共有化。

・自治体、住民、専門家、企業等が協働する事業モデル、および自治体、専門家による事業の評価や支援の体制構築。

・総合的な水力開発事業に対する低利融資、減税等の財政支援の制度、事業価値の適切な評価など民間資金の活用策の確立。

・水力利用の環境適合と信頼性を高めコストを低減するための技術開発。

・水力発電の系統の利用、既存ダム等のインフラの活用、規制の弾力運用などの制度整備。

■海洋発電
◇実証試験海域の整備

日本では現在までに、波力発電、潮流・海流発電、海洋温度差発電に関する6県7海域を実証試験海域として選定済みであるが、試験海域に必須の系統連系用のケーブル敷設等のインフラはほとんど整備されていない。今後は、中心となる実証試験海域のインフラ整備を国が行い、試験筐体はベンチャーキャピタルからの資金で賄うことで、装置の開発が行われるとみられる。実用化に至る高性能な装置を早期に実現するために、国が中心となり実証試験海域のインフラ整備を速やかに進めることが重要である。

◇開発ステージにおけるリスク管理[2-17]

リスク管理に関しては、技術的な面においては、①それぞれの開発ステージでの試験方法の標準化、②ステージゲートでの正しいチェック項目の選定が必要である。技術仕様書に基づいた実海域プロジェクトの評価は海外では実施されつつあるが、日本では実海域プロジェクトが少なく今後の課題である。

原寸プロトタイプの実海域試験を行うステージ4、5においては、海洋エネルギー利用技術が新しい技術であるため、実海域での大規模装置の試験や複数機配列試験や維持管理の面での不確実性が存在する。そのため、海洋エネルギー保険および保証基金を設立し、リスク（設置、運用における故障）の一部をカバーする等の方策が必要である。

社会的リスクとして対象海域を利用する漁業者の他に、将来の他の海洋利用者との衝突を防ぎ、海洋環境への影響を最小限に抑えるために関係者のコミュニケーションプロセスを整備する仕組みを設ける必要がある。漁業者への補償という考えでなく、地産地消を追及して海洋エネルギーを漁業者や地域住民にとっても役立てる「漁業協調型システム」として構築し、海域総合利用における新しい漁業展開、地域振興、生活向上の一つの要素とすることがあげられる。

（7）国際比較

■水力発電

国・地域	フェーズ	現状	トレンド	各国の状況、評価の際に参考にした根拠など
日本	基礎研究	△	→	学協会が中心となり大規模シミュレーションによる水車不安定流動、キャビテーション性能の予測を実施中。電力調整市場に向けた需給予測、機器開発。 ●大規模流動解析による水車不安定流動の予測と対策。 ●最適化手法を用いた性能向上手法。 ●キャビテーションによる励振力予測、壊食量予測。 ●系統シミュレーションによる広域の電力需給予測。
	応用研究・開発	△	→	活発な設備更新に伴い流動解析などのシミュレーション技術を用いた性能、信頼性向上に関わる研究の実施。 ●設備更新（機種、再設計）による性能改善。 ●揚水発電所ポンプ水車の可変速化。 ●新コンセプト水車による運転範囲の拡大。
米国	基礎研究	△	→	DOEは、水力技術オフィス（WTPO）[1-7]において、柔軟で信頼性の高い電力系統のための次世代水力発電および揚水発電システムを推進するための新技術の研究開発、試験を可能にする活動を行っている。特にその中に設置された「HydroWIRES Initiative」[1-8]においては、急速に発展する米国の電力システムにおける信頼性、強靭性、再エネ統合を可能にする活動が行われている。
	応用研究・開発	△	→	米国で経済性の見込める揚水発電所立地点の調査、揚水発電所のバリュエーション・ハンドブックの発行、揚水に関するCapacity expansion modelの研究を行っている。
欧州	基礎研究	○	↗	【EU】水力発電適用可能性の実証、環境負荷の低減を目的としたプロジェクトに注力。既設改修は既存のプラントを効率的に改造し、水力発電の持続可能性を改善。ヨーロッパ規模の資金調達プログラムHorizon 2020と、各国の状況に応じた国の資金調達機会を通じて支援。EU委員会は、前述の水力発電の可能性に焦点を当てたプロジェクト研究とイノベーションを開始した。
	応用研究・開発	○	↗	【EU】低落差プラント（15 m未満）と既設改修が開発の目玉。主な研究は、水力発電所の柔軟な運用を可能にする新技術の開発、水力発電ユニットのデジタル化、スマート制御で強化された可変速および固定速度タービンシステム、ならびにバッテリータービンハイブリッドの開発。研究トピックは次のとおり。 ●反動型タービンの流れの不安定性を緩和するための制御方法の開発。 ●小型およびマイクロ水力タービンアプリケーションの開発。 ●水中および地下の水力貯蔵のコンセプト構築。 ●小規模で魚に優しい設置による水力発電の環境フットプリントの最小化。 【スカンジナビア】2019年に小規模プロジェクトによりノルウェーの水力発電容量は134 MW増加。スウェーデンの国営電力会社は、水力発電で200 GWhを達成、2023年までに600 MWを追加する予定。 【イギリス】揚水発電所の改修が進行中。昨年、再生可能エネルギーの取引を可能にするためにノルウェーを英国とドイツにそれぞれ相互接続するプロジェクトであるノースシーリンクとノードリンクの建設が進められている。 【フランス】新しい240 MWのペルトン水車が揚水発電所に設置され、既設改修により、サイトの容量が20%増加。 【スイス・オーストリア】国境を越えて、900 MWのナントデダンス揚水発電所で最初の水充填を達成。オーストリアを含む中央ヨーロッパ、さらに東のバルト三国などで揚水発電を拡大する計画。 【チェコ】現在、水力発電所の近代化が主な焦点となっており、国内の水力発電の約60%を開発中。隣国のスロバキアも同様。

2.1 電力のゼロエミ化・安定化

2.1
電力のゼロエミ化・安定化

				【南東ヨーロッパ】北マケドニアでは333 MWの水力発電プロジェクトが開始。ブルガリアの240 MWプロジェクト、セルビアの1,056 MWおよび96 MW（計画125 MW）などの近代化プログラムも進行中。 【トルコ】 水力発電容量が145 MW増加し、2019年末には国全体の容量の31%を達成。1,200 MWの水力発電所も国内4番目の規模で建設中。 【オーストリア】排砂発電の実証実験が始まろうとしている。
中国	基礎研究	○	↗	今後30年間、「西から東への送電」戦略を推進。 2017年の本戦略の規模は8,452万 kW、2020年には1億1,792万 kWに達する。水力発電政策は以下。 ●水力発電設備の運転範囲拡大とインテリジェント化。 ●複雑な地質条件下での超高圧水力発電装置の開発。
	応用研究・開発	◎	↗	2020年時点で、中国の水力発電容量は1億3500万 kWh、設備容量は3億7000万 kW、発電設備容量全体の17%である。揚水発電所の設備容量で世界第1位。2021年12月末現在、揚水発電所の設備容量は3,639万 kW、建設中の発電所は3,429万 kWに達する。中国のエネルギー貯蔵設置容量の86.3%を占めている。今後5ヵ年で200地点、2.7億 kWの着工を目標としている。以下大規模水力と揚水発電技術（高落差ポンプ水車）の開発に注力。 ●可変速揚水発電、海水揚水発電。 ●老朽化した水力発電装置の容量アップと効率化。 ●白鶴灘水力発電所（四川省・雲南省）、世界最大の水力発電プロジェクト、総設備容量は1,600万 kW（100万 kW16基）で2021年7月運開。 ●揚水発電所の性能、信頼性などの主要技術、運転条件転換に関する研究。 ●デジタル技術についても積極的に実機適用を進めている。 ●可変速機、高揚程大容量機などの開発・製造の国内比率増加。 ●揚水発電の展開と、風力発電と太陽光発電の統合の推進。 ●インテリジェントな水力発電所の開発・管理。 ●水力発電の計画・開発・管理プロセス全体を通じた、持続可能な開発と生態系優先の原則を堅持し、生態系、魚類個体数増加、河川生態系の安定性改善。
韓国	基礎研究	△	→	従来の海外依存技術の脱却のため政府主導で開発を推進。韓国エネルギー公団、韓国エネルギー技術評価院、国土交通科学技術振興院などが中大容量、小水力水車の開発、揚水発電所の活用を進めている。
	応用研究・開発	○	↗	政府主導プロジェクトを韓国流体機械学会が受け皿となり、小水力発電用水車と中・大水力発電用水車の基礎、実用化研究および模型水車性能試験を実施。19年6月、KHNPは第8次電力需給基本計画に従って、2031年までに2 GWまでの新規揚水発電所建設が推進される予定。
カナダ	基礎研究	△	→	●ダムや貯水池が不要な低落差水力タービンの開発が進められている。 ●Canada Energy Regulator（CER）によると、水力発電は2017年から2040年にかけて14%増加する予定。2040年までに、カナダの再生可能エネルギーと原子力エネルギーのシェアは81%から83%に増加する。
	応用研究・開発	△	→	カナダでの研究開発は、流れ込み式水力発電所向けに注力されている。

■海洋発電

国・地域	フェーズ	現状	トレンド	各国の状況、評価の際に参考にした根拠など
日本	基礎研究	○	→	●第3期（平成30年度から5年間）の海洋基本計画において、波力・潮流・海流等の海洋エネルギーに関しては、実証研究に取り組みつつ、離島振興策と連携を図ることが謳われている。 ●海洋温度差発電：佐賀大学は、1973年から現在まで、発電システムや熱交換器に関する世界トップレベルの研究を継続実施し、マレーシアと海洋温度差発電と海水淡水化のハイブリッドシステムに関する基礎的な研究も継続実施中。 ●波力発電：佐賀大学、日本大学で固定式、浮体式振動水柱型装置の研究や世界をリードしている空気タービンの開発を継続実施中。佐賀大学・松江高専は、谷口商会と共に、セイルウイング型の空気タービンを搭載した新型のスパー型浮体式振動水柱型波力発電装置を開発中である。 ●潮流・海流発電：長崎大学は、タービンに大型のディフューザーを装着した浮沈式潮流発電装置を開発し、長崎県五島市の奈留瀬戸で5kW装置の実証実験を実施した。
	応用研究・開発	◎	→	●海洋温度差発電：佐賀大学を中心に、沖縄県久米島の100KWプラントを用いて、2段ランキンサイクルシステムの実証試験を継続実施中。このプロジェクトに商船三井が新規参加した。 ●波力発電：東京大学が神奈川県平塚市で、固定型の45kW振り子式装置の実証実験を実施した。東京大学他が、防波堤に組み込んだ固定式振動水柱型波力発電装置（出力40kW）の実用化研究を実施中である。 ●潮流・海流発電：NEDOプロジェクトで、IHIが、鹿児島県口之島沖の海域において、水中浮体式海流発電100kW装置の実証実験を実施した。九電みらいエナジーが長崎県五島市の奈留瀬戸で500kW潮流発電装置の実証実験を行った。 ●政府は、海洋再生エネルギー利用装置の実海域性能を評価するための実証フィールド7海域を選定した。系統連携は未接続。
米国	基礎研究	◎	↗	●25大学と6国立研究所が、波力発電、潮流発電、海洋温度差発電等の海洋エネルギー利用に関する研究を実施しており、約40の実験施設がある。研究分野は、装置の性能評価に関する実験や数値解析、power take-offシステム、制御システム等である。特に、National Renewable Energy Laboratory（NREL）とSandia National Laboratories（SNL）は波力発電の性能解析のための作成した計算コードを公開している。
	応用研究・開発	◎	↗	●波力発電、潮流発電、海洋温度差発電に関する13の実証実験サイトがあり、各種実験を実施中である。Verdant Power社は直径3mプロペラを持つ潮流発電装置3基の実験をニューヨークのイースト川で継続して実施中である。Ocean Energy社は500kW浮体式振動水柱型波力発電装置の実験をハワイ沖で準備中。CalWave Power Technologies社は可動物体型波力発電装置CalWave x1の実験をサンディエゴ沖で実施中である。OPT社は、海域のモニタリングを目的とした3kWの可動物体型波力発電装置を製品化している。 ●ハワイ州立自然エネルギー研究所の105kW海洋温度差発電プラントは、継続稼働中である。
欧州	基礎研究	◎	↗	【EU】 ●欧州委員会では、海洋エネルギー分野でリーダーシップをとることを目的に、政策を策定済み。海洋エネルギー関係で、2025年までに100MW、2030年までに1GW、2050年までに40GWの導入を目指している。このために、基礎研究に関する公的研究ファンドを加盟国に配分している。 【ドイツ】 ●2030年までに、20GWの洋上風力発電の導入目標としているが、海洋エネルギーの導入目標は無い。 ●約15の大学や研究所が波力発電や潮流発電の研究を行っている。

2.1

電力のゼロエミ・安定化

					【フランス】 ●2050年までに、海洋エネルギー関係で3 GWの導入を目標としている。 ●潮流発電を中心に研究開発を実施中。EEL Energy社は、弾性振動板を利用した新形式潮流発電装置（1 MW）を開発中である。SMB Offshore社は、電気活性ポリマーを多数連結した波力発電装置を開発中である。 ●インド洋にあるフランス領Reunion島で海洋温度差発電に関する基礎研究を継続して実施中。 【英国】 ●英国は欧州の中でも波浪・潮流のエネルギー資源量が豊富なため、海洋エネルギー利用に積極的である。特に、スコットランド政府は、波力発電、潮流発電に関する世界のリーダーを目指し、大きな研究開発費を投じている。 ●英国クイーンズ大学やエディンバラ大学では、波力発電に関する基礎研究が盛んであり、各種の振動水柱型装置、可動物体型装置（ダック型、海底ヒンジ支持の振り子型等）を提案している。 【ポルトガル】 ●波力発電を中心とした研究開発を実施している。リスボン大学は、振動水柱型装置を中心に、ウェルズタービンや衝動タービンのような空気タービンの研究で世界をリードしている。 ●浮体式の洋上風力発電と波力発電のハイブリッド型装置に関する多くの研究プロジェクトを実施している。 【スペイン】 ●欧州委員会の公的ファンドHorizon2020等を利用して、国立の研究機関や大学で波力発電を中心とした基礎研究を実施している。
		応用研究・開発	◎	↗	【EU】 ●欧州委員会では、海洋再生エネルギーの研究・開発に関する公的ファンド（Horizon2020）を加盟国に配分している（2020年：3件、2021年：3件）。 【ドイツ】 ●Schottel Hydro社は、潮流発電用のタービンメーカーで、浮体式潮流発電装置PLAT-I（280 kW）等に供給している。SKF社はドライブトレインの専門メーカーで、浮体式潮流発電装置O2に1 MW装置2機を提供している。 ●可動物体型波力発電に関するNEMOSプロジェクト（200 kW）の実験を行っている。 【フランス】 ●240 MWのランス潮汐発電所は、1967年から継続して稼働中である。 ●Sabella潮流発電装置（1 MW）は2015年から1年間グリッド接続の実績があるが、現在、新規プロジェクトが進行中である。OceanQuest社は実海域実験用の1 MWの鉛直軸型潮流発電装置の実海域実験を行った。 ●波力発電と洋上風力発電の実証実験サイトとして、SEM-REVを保有。潮流発電の実証実験サイトとして2か所（SEENEOHとPaimpol-Brehat）、波力発電の実験サイトとして1か所（Sainte-Anne du Portzic）を保有。 【英国】 ●英国は波力発電と潮流発電に関する世界のリーダー役を担っている。 ●第1期MeyGenプロジェクトで完成済みの1.5 MWの水平軸型プロペラ方式潮流発電装置4基（合計6 MW）を8 MWに拡張予定。Nova Innovationは、100 kWの水平軸型プロペラ方式潮流発電装置3基（合計300 kW）を設置済み。OrbitalMarine Power社は2 MWの浮体式潮流発電装置の実証実験を実施中。 ●波力発電と潮流発電に関する世界的な実証実験サイトEMEC（4つの実験サイトを保有）をオークリー諸島に保有して、世界各国からの装置の実証実験を実施中で、海洋エネルギー装置の認証取得のための試験センターとして、IECから唯一認定されている。この他に、Wave Hub等の4つの実証実験サイトを保有。 【ポルトガル】 ●AW-Energy社は、500 kWの海底ヒンジ型振り子式波力発電装置WaveRollerの実海域実験を実施した。

国・地域	フェーズ	現状	トレンド	各国の状況、評価の際に参考にした根拠など
				【スペイン】 ●防波堤に振動水柱型装置を組み込んだ世界初のMutriku波力発電装置（296 kW、2011年完成）が商用運転を継続している。 ●波力発電に関する実海域実験場BiMECを保有している。フィンランドのWELLOY OY社は、BiMECで可動物体型波力発電装置Penguin2（500 kW）の実験を実施した。
中国	基礎研究	○	→	●浮体式振動水柱型波力発電や可動物体型波力発電に関する基礎研究が大学や国立の研究所で重点的に行われている。 ●浙江大学では、長年、水平軸型プロペラ式潮流発電装置の開発を実施、650 kWの装置を開発し、研究開発を継続中である。
	応用研究・開発	◎	→	●LHD Technology社の1.7 MW潮流発電装置が秀山島海域で、2015年から継続稼働中で、今後の出力増大が計画中である。 ●広州変換エネルギー研究所は、ダック型波力発電装置Changshan（500 kW）の実海域実験を萬山群島で実施した。
韓国	基礎研究	○	→	●政府は、2030年までに、1.5 GWの海洋エネルギー関連施設の建設目標を公表。国立の研究所であるKRISOを中心に、波力発電、潮流発電の研究開発を実施中である。 ●KRISOが30 kWの振動水柱型波力発電と電力貯蔵を組合せたシステムの実証実験を実施した。波力発電と潮流発電の実証フィールド建設を建設中。
	応用研究・開発	◎	↗	●世界最大のSihawa潮汐発電所（254 MW、2011年の建設）が継続稼働中である。 ●KRISOはJeju島に波力発電の実証フィールドを建設し、500 kW振動水柱型波力発電装置を継続稼働させている。 ●政府がUldolmokに建設した1 MW潮流発電装置が継続稼働中である。 ●KRISOが、Kiribatiに設置予定の1 MW海洋温度差発電プラントの実験を韓国近海で実施した。
カナダ	基礎研究	○	→	●ヴィクトリア大学、マニトバ大学など9の大学と2つの国立研究機関他で、潮流発電を中心に研究開発を実施中である。
	応用研究・開発	◎	↗	●英国のEMECと並ぶ世界的な潮流発電実証フィールドFORCEをファンディ湾に建設して、国内外の多数の実機スケール装置の実験を実施中である。 ●カナダ政府は潮流発電他の研究開発に、大規模な公的資金を投入している。カナダ・ノバスコシア州において、3件のプロジェクトが進行中である。Sutainable Marine社は浮体式の420 kW潮流発電装置Plat-Iの実証実験を実施中である。Nova Inovation社は1.5 MW潮流発電プロジェクトを実施中である。DP Energy社は、日本の中部電力、川崎汽船と共同で、4.5 MW潮流発電プロジェクトを実施中である。

2.1 電力のゼロエミ化・安定化

（註1）「フェーズ」

「基礎研究」：大学・国研などでの基礎研究レベル。

「応用研究・開発」：技術開発（プロトタイプの開発含む）・量産技術のレベル。

（註2）「現状」 ※我が国の現状を基準にした評価ではなく、CRDSの調査・見解による評価。

◎：他国に比べて特に顕著な活動・成果が見えている　　○：ある程度の顕著な活動・成果が見えている

△：顕著な活動・成果が見えていない　　×：特筆すべき活動・成果が見えていない

（註3）「トレンド」

↗：上昇傾向、→：現状維持、↘：下降傾向

関連する他の研究開発領域

水循環（水資源・水防災）（環境・エネ分野　2.7.3）

参考・引用文献

■水力発電

1-1）経済産業省 資源エネルギー庁「第6次エネルギー基本計画（令和3年10月）」https://www.enecho.meti.go.jp/category/others/basic_plan/,（2023年1月15日アクセス）.

1-2）一般財団法人新エネルギー財団, 新エネルギー産業会議「水力発電の開発促進と既設水力の有効活用に向けた提言」一般財団法人新エネルギー財団, https://www.nef.or.jp/introduction/teigen/pdf/te_h30/suiryoku.pdf,（2023年1月15日アクセス）.

1-3）経済産業省 資源エネルギー庁「令和2年度エネルギーに関する年次報告（エネルギー白書2021）」https://www.enecho.meti.go.jp/about/whitepaper/2021/pdf/,（2023年1月15日アクセス）.

1-4）宮川和芳「脱炭素社会にむけた水力発電システムの役割」『エネルギー・資源』42 巻 4 号（2021）：239-243.

1-5）飯尾昭一郎, 宮川和芳「小水力・マイクロ水力発電の最新技術」『エネルギー・資源』42 巻 4 号（2021）：264-269.

1-6）井上素行「水力発電の未来」『電気現場』61 巻 723 号（2022）：24-35.

1-7）U.S. Department of Energy, "Water Power Technologies Office," https://www.energy.gov/eere/water/water-power-technologies-office,（2023年1月15日アクセス）.

1-8）U.S. Department of Energy, "Hydro WIRES Initiative," https://www.energy.gov/eere/water/hydrowires-initiative,（2023年1月15日アクセス）.

1-9）Hydropower Sustainability Secretariat, "Hydropower Sustainability Council," https://www.hydrosustainability.org/,（2023年1月15日アクセス）.

1-10）ターボ機械協会「〔生産統計〕2019年のターボ機械の動向と主な製作品」『ターボ機械』46 巻 8 号（2020）：449-467.

1-11）名倉理他「地球温暖化防止に貢献する可変速揚水発電システム」『日立評論』92 巻 4 号（2010）：57-61.

1-12）村井雅彦他「最適電源構成モデルを用いた揚水発電の活用評価」『電気学会全国大会講演論文集』（東京：電気学会2022）, ROMBUNNO.6-122.

1-13）東仁他「11-3 電力貯蔵の複数日運用効果の解析・評価」第41回エネルギー・資源学会研究発表会（2022年8月8-9日）, https://www.jser.gr.jp/events/41kenkyu_program/,（2023年1月15日アクセス）.

1-14）国立研究開発法人科学技術振興機構 低炭素社会戦略センター「LCS-FY2021-PP-04 日本における蓄電池システムとしての揚水発電のポテンシャルとコスト（Vol.4）－気候変動に対応した提案－（令和4年3月）」国立研究開発法人科学技術振興機構（JST）, https://www.jst.go.jp/lcs/pdf/fy2021-pp-04.pdf,（2023年1月15日アクセス）.

1-15）青坂優志他「ラオス国ナムニアップ1水力発電プロジェクトにおけるRCCダムコンクリートの水密性確保と堤内排水孔の配孔について」『ダム工学』29 巻 3 号（2019）：191-203., https://doi.org/10.11315/jsde.29.191.

1-16）International Council on Large Electric Systems (CIGRE), "2022 Paris Session, Discussion Meeting Summary, Study Committee A1 (Rotating Electrical Machines)," https://session.cigre.org/sites/default/files/download/sc_a1_daily-summary_sc-a1_gdm_30-aug-2022.pdf,（2023年1月15日アクセス）.

1-17）Fujita H, et al., "Construction Technology and Management Practices for Nam Ngiep 1 Hydropower Plant in Lao PDR," in *Proceeding of the 39th IAHR World Congress (Granada, 2022)*, ed. Ortega-Sánchez M (International Association for Hydro-Environment

Engineering and Research, 2022), 143-149.

1-18）田村和則他「ダム流入量長時間予測への深層学習の適用：ダム防災操作の効率化を目指して」『土木学会論文集B1（水工学）』74 巻 5 号（2018）: I_1327-I_1332., https://doi.org/10.2208/jscejhe.74.5_I_1327.

1-19）竹内寛幸他「多目的ダムの洪水調整容量の有効活用による発電量の増大方策について」『大ダム』63巻 251 号（2020）: 31-41.

1-20）国土交通省 水管理・国土保全局「ハイブリッドダム（仮称）の取組に関するサウンディング（官民対話）に参加する民間事業者等を募集します〜最新の技術等を用い、官民連携によりダムを活用した治水・カーボンニュートラル・地域振興の実現を目指します〜」国土交通省, https://www.mlit.go.jp/report/press/mizukokudo03_hh_001128.html,（2023年1月15日アクセス）.

1-21）中西裕二他「水車及びポンプ水車の簡略化した新しい性能換算法」『ターボ機械』49 巻 4 号（2021）: 229-240.

1-22）European Commission, "HYDROPOWER-EUROPE," CORDIS,https://cordis.europa.eu/project/id/826010,（2023年1月15日アクセス）.

1-23）The Hydropower Extending Power System Flexibility (XFLEX HYDRO) project, https://www.xflexhydro.com,（2023年1月15日アクセス）.

1-24）Increasing the value of Hydropower through increased Flexibility (HydroFlex) project, https://www.h2020hydroflex.eu/,（2023年1月15日アクセス）.

1-25）東京電力パワーグリッド「再生可能エネルギー：再生可能エネルギー導入拡大に向けた課題」https://www4.tepco.co.jp/pg/technology/renewable.html,（2023年1月15日アクセス）.

■海洋発電

2-1）Ocean Energy Systems (OES), "Annual Report 2021," https://www.ocean-energy-systems.org/publications/oes-annual-reports/document/oes-annual-report-2021/,（2023年1月16日アクセス）.

2-2）Ocean Energy Systems (OES), "Annual Report 2020," https://www.ocean-energy-systems.org/publications/oes-annual-reports/document/oes-annual-report-2020/,（2023年1月16日アクセス）.

2-3）Ocean Energy Systems (OES), "Wave Energy Developments Highlights," https://www.ocean-energy-systems.org/publications/oes-brochures/document/wave-energy-developments-highlights/,（2023年1月16日アクセス）.

2-4）Ocean Energy Systems (OES), "Tidal Current Energy Developments Highlights," https://www.ocean-energy-systems.org/publications/oes-brochures/document/tidal-current-energy-developments-highlights/,（2023年1月16日アクセス）.

2-5）Tethys, "OES-Environmental Metadata," https://tethys.pnnl.gov/oes-environmental-metadata,（2023年1月16日アクセス）.

2-6）The Portal and Repository for Information on Marine Renewable Energy (PRIMRE), "Marine Energy Projects," https://openei.org/wiki/PRIMRE/Databases/Projects_Database/Projects,（2023年1月16日アクセス）.

2-7）Ocean Energy Europe, "Ocean Energy: Key trends and statistics 2021," https://www.oceanenergy-europe.eu/wp-content/uploads/2022/03/OEE_Stats_2021_web.pdf,（2023年1月16日アクセス）.

2-8）Ocean Energy Europe, "Ocean Energy: Key trends and statistics 2020," https://www.

oceanenergy-europe.eu/wp-content/uploads/2021/05/OEE-Stats-Trends-2020-3.pdf,（2023年1月16日アクセス）.

2-9) International Electrotechnical Commission（IEC）, "Presentation of latest status on wave, tidal and other water current converters," IEC/TC114, Virtual meeting, 2022.

2-10) International Electrotechnical Commission（IEC）, "Presentation of latest status on wave, tidal and other water current converters," IEC/TC114, Virtual meeting, 2021.

2-11) Joint Research Centre, "Ocean Energy Technology Development Report 2020," European Commission, https://setis.ec.europa.eu/ocean-energy-technology-development-report-2020_en,（2023年1月16日アクセス）.

2-12) International Renewable Energy Agency（IRENA）, "Innovation Outlook: Ocean Energy Technologies," https://www.irena.org/publications/2020/Dec/Innovation-Outlook-Ocean-Energy-Technologies,（2023年1月16日アクセス）.

2-13) International Electrotechnical Commission（IEC）, "TC114: Marine energy - Wave, tidal and other water current converters," https://iec.ch/dyn/www/f?p=103:7:513787566023960:::::FSP_ORG_ID:1316,（2023年1月16日アクセス）.

2-14) 財団法人エンジニアリング振興協会「平成21年度 海洋資源・エネルギー産業事業化の実証フィールド整備に関する調査研究」公益財団法人JKA, https://hojo.keirin-autorace.or.jp/seikabutu/seika/22nx_/bhu_/zp_/22-101koho-03.pdf,（2023年1月16日アクセス）.

2-15) 国立研究開発法人新エネルギー・産業技術総合開発機構（NEDO）「「2021年度NEDO新エネルギー成果報告会」発表資料」https://www.nedo.go.jp/events/report/ZZFF_100021.html,（2023年1月16日アクセス）.

2-16) 木下健「海洋エネエネルギー利用推進の課題」文部科学省, https://www.mext.go.jp/b_menu/shingi/gijyutu/gijyutu5/siryo/__icsFiles/afieldfile/2012/05/16/1321071_01.pdf,（2023年1月16日アクセス）.

2-17) Carbon Trust, *Future Marine Energy: Results of the Marine Energy Challenge: Cost competitiveness and growth of wave and tidal stream energy* （London: Carbon Trust, 2006）.

2.1.7 地熱発電・利用

（1）研究開発領域の定義

　地熱発電とは、高温の地熱によって生成された水蒸気や熱水により直接あるいは水や低沸点媒体と熱交換して蒸気タービン発電機を駆動して電力を発生させるものである。

　ここでは、地熱資源の探査（地質調査や物理探査、地化学探査など）および特性把握技術、掘削技術、地熱発電技術（ドライスチーム式、フラッシュサイクル、バイナリーサイクルなど）の他、地下の諸特性を人工的に改質してエネルギー回収を促進する技術（地熱増産システム：EGS（Enhanced/Engineered Geothermal System）、涵養地熱システム、高温岩体発電など）や超臨界地熱資源のような非在来型資源の調査・開発、環境や社会との調和を図る各種技術（合意形成手法、景観保全技術など）も対象となっている。

（2）キーワード

　地熱貯留層、坑井掘削、資源探査、モデリング、EGS、涵養注水、超臨界地熱、スケール対策、誘発地震、バイナリー発電

（3）研究開発領域の概要

［本領域の意義］

　地熱発電は、地熱という純国産資源を活用した発電であり、運転に際してCO_2の発生が火力発電に比して圧倒的に少なく、燃料の枯渇や価格高騰などへの心配もないほか、太陽光や風力といった他の再生可能エネルギーによる発電と異なり、天候、季節、昼夜によらず安定した発電量が得られる特長がある。資源量も多く相対的にエネルギー密度も高いことから、特に日本のような火山国においては大きな潜在力を有する。地球温暖化への対策手法となることやエネルギー安全保障の観点から各国で利用拡大が図られている。

　日本は世界の活火山の約8％を擁する屈指の地熱資源大国の一つであるが、1970年代のオイルショック以降に地熱発電所の建設が進んだ後は、2003年から東日本大震災後までの約10年間にわたり政策的地熱研究開発は停止されていた[1]。しかし、再び環境適合性に優れた長期安定電源の可能性の一つとして見直され、現在、各種の調査・研究開発が進められている。地熱は本来日本の得意分野であり、世界シェア約70％[2]を誇る地熱蒸気タービンをはじめ、発電設備、各種センサ、電磁気学や地震学的手法による地下探査技術、高温掘削技術、資源評価や貯留層モデリング技術など、要素技術は高いレベルにある。しかしながら、10年間の停滞期には公的支援の不足や技術継承及び人的資源面等での問題もあり、世界の趨勢に対して後れを取っている。今後は、地域の自然および社会環境に調和する在来型地熱資源の開発をはじめ、EGS技術の適用、超臨界地熱資源の開発、各種調査・開発技術の高度化などで再び世界をリードし、未来の安定的エネルギー源としての世界的な定着に貢献することが望まれる。

［研究開発の動向］

　地熱発電技術は、1913年にイタリアのラルデレロで初めて地熱発電所の運転が開始され、第二次世界大戦終戦後にアメリカのガイザーズ地熱地域、ニュージーランドのワイラケイ地域などで開発が着手された。日本では1966年に岩手県の松川地熱発電所が運転を開始した。その後1974年のオイルショックを機に、石油代替エネルギーとしての地熱開発が世界の主要火山国で進められるようになり、資源探査技術、掘削技術、貯留層管理技術、生産技術（発電技術やスケール対策など）が急速に進展した。特に資源探査技術や掘削技術は、石油・天然ガスで培われてきた技術を高温環境に適用する形で発展してきた。

　1980年代になると新エネルギー・産業技術総合開発機構（NEDO）において、民間が着手していない有望地点の先導的な調査を国がリスクを取って行うことで民間企業の開発を促進しようという「地熱開発促進調

査（1980〜2010年度）」が開始され、国内60地域以上での開発可能性調査が行われた。そのうち特に有望であった地域には、90年代以降に地熱発電所が建設されている（柳津西山、八丈島など。最近の山葵沢や松尾八幡平も該当）。また、資源調査や技術開発が様々な視点で行われ、「全国地熱資源総合調査（1980〜1992年度）」に始まり、地熱貯留層を構成する断裂系の調査・解析手法を開発する「断裂型貯留層探査法開発（1988〜1996年度）」および後継の「貯留層変動探査法開発（1997〜2002年度）」、既存の地熱貯留層より深い深度での開発可能性を岩手県葛根田地熱地域で調査した「深部地熱資源調査（1992〜2000年度）」、国産バイナリー発電機の開発や炭酸カルシウムなどのスケール対策、掘削技術の開発を中心とした「深部地熱資源採取技術（1992〜2001年度）」、そして、山形県肘折での「高温岩体発電技術（要素技術）（1992〜2002年度）」において実証試験が行われた。2000年までに、日本の地熱発電は国内18地点、設備容量約540 MWe（全発電量に占める割合は0.2%）に達したが、2002年度をもって国による技術開発は終了するとともに調査予算も大幅に縮小した。また、地熱資源の80%が国立公園内にあり東日本大震災後の規制緩和の前には調査が不可能だったことや、温泉事業者の地熱の調査開発への懸念も地熱開発が停滞する原因になった。

　2000年前後から10年間程度日本の地熱開発が停滞している間に、アメリカ、フィリピン、インドネシア、ニュージーランド、メキシコ、イタリア、アイスランド、ケニア、トルコなどでは着実に地熱発電量を増大させており、世界の設置済み設備容量の合計でみると、2000年の7,973 MWeから2015年には12,284 MWeに、さらに2020年初頭には15,950 MWeまで増大している[3]。この世界の地熱発電の増加に対して、日本は地熱発電用のタービンや発電所プラントの配管技術等で大きな貢献をしている。地熱発電タービンの世界シェアの約70%（うち、フラッシュサイクル発電用のタービンでは82 %におよぶ[4]）を日本の東芝、富士電機、三菱日立パワーシステムズの3社が占めている。さらに地熱の井戸の坑口装置でも世界の50%ほどのシェアがある。その一方、バイナリー発電技術や坑内探査技術、掘削技術などでは海外が強い状況で、バイナリー発電用機器では74 %がイスラエルの企業によって占められており、最近ではイタリア企業のシェアも増加している[4]。

　地球温暖化対策としてCO_2排出削減に貢献できることから、日本の地熱の調査・開発には2000年代後半には復活の動きが見え始め、2008年頃には過去の調査での有望地を対象に、比較的大きな規模の開発を目指す動きが徐々に再開してきた。また、環境省も地熱プロジェクトを立ちあげ、「温泉共生型地熱貯留層管理システム実証研究」、「温泉発電システムの開発と実証」、「高傾斜泥水制御技術の開発」といった温泉や公園の問題の解決に向けたプロジェクトが開始された。そして、2011年3月の東日本大震災以後はエネルギー政策が大幅に見直され、地熱の技術開発・調査が本格的に行われるようになった。過去調査の有望地域での調査・開発が実り、2019年1月には約7.499 MWeの松尾八幡平地熱発電所が、2019年5月には約46.199 MWeの山葵沢地熱発電所が運転を開始している。さらに、北海道函館市（南茅部地域、6.5MWeバイナリー式を計画）、岩手県八幡平市（安比地域、14.9MWeフラッシュ式を計画）、秋田県湯沢市（小安地域かたつむり山、14.99MWeダブルフラッシュ式を計画）、岐阜県高山市（奥飛騨温泉郷中尾地区、1.998 MWeダブルフラッシュ式を計画）など、新たな地点で比較的大きな地熱発電所の操業に向けた建設も進んでいる。他にも各地で調査・開発が続けられており、既設発電所の発電設備更新や余剰熱水によるバイナリー式発電の実施など、さらなる有効活用に向けた検討も進められている。また、2020年3月時点の1 MWe以下の小規模発電所は50地点あり、これらの設備容量（認定出力）の合計は7.398 MWeに増加している[5]。2020年時点の我が国の地熱発電全体の設備容量（認定出力）は、約536 MWeと報告されている[6]。

　政府の取り組みでは、経済産業省の地熱実務を行う組織として、従来から地下資源の探査・開発を行っている独立行政法人石油天然ガス・金属鉱物資源機構（JOGMEC）に2012年度から地熱部（現・地熱事業部）を設置した。そこでは、地下探査・掘削といった開発企業の負担を軽減するための地熱資源調査・環境調和支援として、日本企業が国内で地熱資源調査を行う場合に調査費の一部（地質調査・物理探査・地化学調査等に関する経費や坑井掘削調査等に関する経費）を助成金として交付する制度を設けた。さらに、地熱資

源開発を行うプロジェクト会社に、地熱資源の探査に必要な資金を最大50％出資という形で供給する制度、生産井・還元井の掘削、配管や発電設備の設置に係る費用を金融機関から融資を受ける場合に債務保証による支援を行う制度も合わせて導入している。2020年度から、地熱流体確認までカバーできる深部ボーリングによる先導的資源量調査を新たに開始し、事業者参入の一層の促進を目指している。

NEDOは2013年度に「地熱発電技術研究開発」を開始し、2018年度には「超臨界地熱発電技術研究開発」も加えて、主に比較的長い視点に基づく内容や地上・環境面を対象にした各種研究開発を担っている。2021年度からは「地熱発電導入拡大研究開発事業」に一本化され、より一層地熱発電の導入拡大の促進を目的とすることが明確にされている。

2012年にFIT制度（再生可能エネルギーの固定価格買取制度）が導入され、地熱発電の場合は15 MWe以上の設備の場合には1 kWhあたり26円＋税、15 MWe未満の場合には40円＋税の調達価格で15年間の調達期間が設定されており、さらに現在では設備の更新についてもそれぞれの状況に応じた価格設定でFIT制度の対象となっており、支援が強化されている。

環境対応としては、国立公園等での地熱開発について2012年以降、徐々に規制緩和が行われている。国立公園は規制が厳しい順に、特別保護地区、特別地域の第1種、第2種、第3種そして普通地域と分類される。従来は、特別保護地区、特別地域はすべて調査のため立ち入りが禁止され、普通地域でも開発不可能であったが、2015年10月以降、特別地域の第2、3種や普通地域において開発行為が小規模で風致景観等への影響が小な場合などは、温泉や自然保護などの地域関係者との合意形成を前提として地熱開発が許可されるようになっている。さらに「自然環境の保全と地熱開発の調和が十分に図られる優良事例」の形成を前提とできる場合には、第1種特別地域に対する域外からの傾斜ボーリング掘削による調査開発行為も認められるようになった。また、優良事例と判断され、かつ風致景観との調和が十分に図られる場合には、第2種、第3種特別地域内では建築物の高さ13 mという規制も緩和されることになった。2021年4月には環境大臣が地熱開発加速化プランを示し、自然公園法と温泉法の運用見直し（例えば、2021年9月の温泉資源の保護に関するガイドラインの改定）や、温泉・自然環境への支障を解消する科学的データの収集・調査のための措置などが図られ、開発リードタイムの短縮や地熱施設数の倍増を目指した取り組みが一層強化されている。

（4）注目動向
［新展開・技術トピックス］

経済産業省の長期エネルギー需給見通しでは、2030年までに地熱発電の設備容量を約1,400～1,550 MWe（電源構成における割合では1.0～1.1%）にまで増加させる目標が掲げられている。その達成には今後1,000 MW程度の発電所の建設を進めるとともに、現在は平均値では約55%に留まっている地熱発電の設備利用率を、83%程度まで向上させる必要がある[5]。

JOGMECでは、新規地点開拓のための「地熱発電の資源量調査事業費助成金交付事業」として、2021年度には20件（新規3件、継続17件）、2022年度は10月20日時点で19件（新規5件、継続14件）が採択されている。独自調査事業の地熱ポテンシャル調査も実施しており、これまでに「空中物理探査」を国内18地域で実施し、見いだされた開発有望地域において温度構造や地質構造把握のためのボーリング調査を実施した。2020年度からは先導的資源量調査として、5地域での地表調査や2000 m級を含むボーリング調査が実施されている[7]。

JOGMECでは、地熱特有の技術課題解決を目的とする「地熱発電技術研究開発事業」として、①地熱貯留層探査技術開発、②地熱貯留層評価・管理技術開発、③地熱貯留層掘削技術開発の3項目を実施している。①では、坑井近傍探査技術として、高耐熱の分布型光ファイバー音響センサ（DAS）を用い、地表発振・坑内受信による弾性波探査（DAS–VSP）およびAE観測による構造探査手法を開発した。また、設備腐食等から開発が忌避される酸性熱水地域を未利用の地熱資源と位置付け、その有効活用のための地下熱水の酸性化メカニズムの解明や探査技術の開発を行っている。②では、地熱流体噴出量が減衰した地熱貯留層に対し、

地熱貯留層周辺の深部に地表水を注入して噴出量の維持・回復を図る人工涵養技術の開発と実証試験を福島県柳津西山地域で実施している。また、坑井への注水刺激によって坑壁や周辺地層の透水性を改善させ、地熱流体の噴出や還元の量を増大させる技術開発と2地域での実証試験を実施し、技術マニュアルを公開した。③では、立地制限の克服や設営費等の低減、作業効率化、省力化を目的にした小型ハイパワー掘削リグの設計・開発や、掘削コスト増大の一因である逸泥対策の所要時間を短縮する目的で、土木分野における水中不分離セメント技術を導入して改良し、地熱井への適用を図る技術開発が行われた。2022年度には、米国等海外において近年提案されている複数坑井の連結などによる「クローズド方式の地熱発電」に関しても調査研究を開始している。

他の取り組みとして、将来の担い手となる技術者育成に繋げる地熱開発研修や、深刻化している掘削技術者不足に対応する地熱掘削技術者向け研修が2016年度から行われており、定期的な地熱シンポジウム開催や各種イベントへの出展など、地熱の理解促進に向けた取り組みもなされている。

ニュージーランドGNS ScienceとMOUを締結し、現地研修やワークショップなどで技術情報交換を行っている。2021年12月には両者の国際オンラインセミナー「カーボンニュートラルと地熱」を開催し、国内外の地熱資源開発事業者等に対して地熱とCO_2や水素をテーマとした最新技術情報を提供した。JOGMECでは、新たな課題として2021年度から「カーボンリサイクルCO_2地熱発電技術」に取り組んでおり、過去調査で地熱流体の兆候に乏しかった地点で水の代わりに超臨界CO_2を熱媒体として発電するための技術開発を開始している。

NEDOでは、「地熱発電技術研究開発事業」および「超臨界地熱発電技術研究開発」として、①環境配慮型高機能地熱発電システムの機器開発、②低温域の地熱資源有効活用のための小型バイナリー発電システムの開発、③発電所の環境保全対策技術開発、④地熱エネルギーの高度利用化に係る技術開発、ならびに超臨界地熱発電の実現に向けた技術研究開発を推進してきた[8]。2021年度から「地熱発電導入拡大研究開発」に一本化され、重要な技術開発目標を、資源量増大、発電原価低減化、環境・地域共生の3点に集約し、現在3項目14テーマで数多くの研究開発が行われている[9]。そのうち「超臨界地熱資源技術開発」では、資源量評価のための概念モデルの構築と数値モデル化の前提条件を提示し、1地域あたり10万kW以上の有望地域を4カ所選定することを目標にして、湯沢南部、葛根田、八幡平、九重の4地域の資源量評価とDASによる資源探査技術の開発を進めている。「環境保全対策技術開発」では、時間とコストを削減する環境アセスメント手法の開発として、気象調査代替手法および新たな大気拡散予測手法の研究開発とIoT硫化水素モニタリングシステムの開発が行われている。「地熱発電高度利用化技術開発」では、IoT・AIの利活用によって生産量の増大やコスト削減、設備利用率の向上を目的とし、1）蒸気生産データのAI処理による坑内および貯留層での早期異常検知技術の開発、2）坑内異常自動検出AI方式、耐熱坑内可視カメラ（BHS）開発、3）光ファイバマルチセンシング・AIによる長期貯留層モニタリング技術の開発、4）AIを利用した在来型地熱貯留層の構造・状態推定、5）地熱貯留層設計・管理のための耐高温・大深度地殻応力測定法の実用化、6）発電設備利用率向上に向けたスケールモニタリングとAI利活用に関する技術開発、7）地熱発電システムの持続可能性を維持するためのIoT–AI技術に係る技術開発、の7つを実施している。

NEDO技術戦略研究センターでは、在来型地熱発電の技術課題やEGS実用化に向けた整理と技術開発をまとめた『TSC Foresight』Vol.12を2016年に出し、さらに2021年には、在来型の導入促進と超臨界地熱発電の早期実現に向けた提言を含む同Vol.106が出版されている[10]。IoTやAIの活用、超臨界地熱資源の量や質の把握など、今後のNEDO事業に通ずる方向性が記されている。

国際協力機構（JICA）では、開発途上国を対象にした研修事業やODAに基づく技術・資金の協力を行っている。地熱研修コースでは九州大学などの大学・研究機関や地熱関連企業を受け入れ先として2016年以降100人以上が履修しており、円借款では1977年以降累積で約3,970億円を供与し、1,230 MWeの発電所建設に貢献している。

［注目すべき国内外のプロジェクト］

　JOGMECでは、地質調査と構造ボーリング調査を含む「先導的資源量調査」を新設し、2020年度は6地区で実施している[7]。これは、過去のNEDO調査のように、高いポテンシャルが期待される一方で、開発難易度が高い地点における有望地熱貯留層を把握するための調査を国がリスクを取って行う形であり、近年の新設発電所の多くが過去のNEDO調査の結果を活用しているように、実際の発電所開発に繋がる成果が得られることが期待されている。

　また、2021〜2025年度の新規研究開発事業として、「カーボンリサイクル CO_2 地熱発電技術」を開始した。地熱発電に適した水や地下構造の条件を満たさない地点において、超臨界 CO_2 の高密度・低粘性に基づく流動や熱交換に対する有利さを生かして、カーボンニュートラルと高効率なエネルギー抽出を両立する技術開発に取り組んでいる。

　NEDOでは、2021年度からの「超臨界地熱資源技術開発」において、超臨界地熱資源が形成される可能性が高い4地域での超臨界水の状態把握と資源量評価に着手している。実施期間4カ年での目標は、「我が国における超臨界地熱資源量評価として、1地域あたり100 MW以上（合計で500 MW以上）を提示し、調査井掘削に向けた実施可能な有望域を4か所選定する。」とされている[9]。本プロジェクト期間の成果によって、はじめての超臨界地熱資源領域の直接的な調査に繋がるため、2040〜2050年頃からの超臨界地熱資源による地熱発電所（10万kW級）の普及という大きな目標の可否を占う上でも非常に注目される。

　米国エネルギー省（DOE）のGeoVisionは、"適正コストで実現できる"未来のエネルギー源の一つに地熱を成すために広範な調査研究を行ったレポートで[11]、設備容量26倍（60 GWe）を2050年の目標に、「探査の改善とキーテクノロジーの実現」、「規制プロセスの最適化」、「地熱の価値の最適化」、「利害関係者間の協働の改善」の4つのアクションエリアをまとめており、分野横断的な今後の米国地熱の研究開発の方向性が示されている。また、総額1兆2,000億ドル規模の超党派インフラ投資計画法案の成立（2021年11月）以降、クリーンエネルギー技術関連への予算措置もあって地熱研究開発へのサポートも一層強化されている。2022年2月にはMulti-Year Program Plan（MYPP）[12]として、2022〜2026年度の地熱研究開発の計画がまとめられている。地熱発電の目標は、GeoVisionに沿った60 GWeをEGSと在来型の両方で目指すというものだが、今後の新たなプロジェクト等はMYPPから展開すると見られる。DOEの支援で様々なプロジェクトが実行されているが、予算額等でのフラッグシッププロジェクトは"広範なEGS技術の商業化"という目標を持つFORGE（Frontier Observatory for Research in Geothermal Energy）である[13]。2022年4月ユタ州のテストサイトにおいて高傾斜の井戸（傾斜65°、鉛直深度約2.6km、長さ約3.3km）からの水圧刺激による人工地熱貯留層の造成に成功し、2023年初頭の生産井掘削に向けた準備を進めている。EGS型地熱開発の商業的実用性を占う、注目すべきプロジェクトである。また、DOEでは新たにGEODE（Geothermal Energy from Oil and gas Demonstrated Engineering）と称し、労働力を含めた石油・ガス業界の技術を地熱に移転するためのイニシアチブを打ち立てた[14]。最近の米国GRC（地熱資源協議会）の年次大会では、2方向から高傾斜井を掘削して地下で分岐させながら連結させるような、ボーリング掘削によるクローズド方式による熱交換系の構築技術が発表されている。こうしたシェールガス等で培われた技術の地熱分野での展開は進みつつあると考えられ、GEODEの今後の動向が注目される。

　アイスランドの超臨界地熱資源の研究開発プロジェクトは、一部EUのDEEPEGSプロジェクトとして実施され、2019年までに深度4,659 mまで掘削し（IDDP-2）、500℃以上の温度と、ある程度の透水性を有していたことが報告されている。噴気試験は未実施であるが、次の深部坑井IDDP-3を掘削するための準備段階にある[15],[16]。当時のIDDP-2を利用するシステム想定では、超臨界地熱領域（深度5 km前後）へ注水して従来領域（深度2 km）から生産する像を描いており、注目されるコンセプトである。また、アイスランドを中心とするEUプロジェクトとして、地熱エネルギーと貯留層を利用し、地熱蒸気および大気中の CO_2 等の回収と貯留の技術開発プログラム（GECO）も進められている[17]。

　スイスでは、停止中だったEGS型地熱開発における誘発地震の問題から深部地熱の研究開発が近年徐々に

2.1 電力のゼロエミ化・安定化

再開されている。現在、ローザンヌ近郊のLavey-les-Bainsおよびジュラ州Haute-Sorneにおいて、それぞれ、在来型およびEGS型の熱電併給型の地熱発電開発が進められている[18]。また、ドイツ、フランスでも、1地点の規模は小さいもののEGS技術の適用を前提にするバイナリー方式の地熱発電所の開発が進んでおり[19], [20]、英国でも開発中であるなど[21]、非火山性で高透水性を有する深部熱水層タイプのEGS資源を利用する方式の地熱発電も広まってきている。

地熱先進国であるニュージーランドでは、Geothermal the Next Generation（GNG）が2019～2024年に掛けて年間約2百万NZドルの資金を政府から得て、主に在来型地熱地域の深部に存在する同国の超臨界地熱資源の将来開発可能性の調査を行っている[22]。地化学、物理探査、シミュレーション、地域社会との関係などの研究が進められる。同時に、地熱排出ガスの回収と地下への再注入についても、国際協力の下で調査を実施される。

（5）科学技術的課題

最近の日本の地熱開発では、成功裏に進むケースは過去の調査データが豊富にある地域を対象にした場合であり、そうでない場合には発電所開発まで至らないケースが少なくない。調査データの一層の充実と共に、開発調査地点をより適切に選定できるようにする必要がある。JOGMECによる公的調査の拡充により「公開可能で共通的に用いることの出来る地球科学データ」の増加が期待され、それを反映した信頼度の高い資源ポテンシャルマップ情報の整備は公的・民間の両方の調査活動を促進する上で有用である。

国立・国定公園内や近傍には従来から多くの資源が存在すると考えられている一方、これまで十分な調査ができていないために貯留層状況の不明度が高いと考えられる。規制緩和に頼るだけではなく、空中物理探査に加えて小規模な掘削技術や各種探査技術などを開発し、自然環境への影響が少なく環境と調和できる詳細な調査・解析手法を実現し、貯留層の的確な把握とそれに基づく適正規模の発電を進める事が望まれる。

調査・開発手法には一層のコストダウンが必要である。空中物理探査のように広域から多くの地下情報を収集できる手法の開発や、掘削ビット等の資機材の長寿命化や工期の短縮、自動化・省力化・ネットワーク化の積極的な活用など、コストダウンに資する改良は同一予算での調査内容の充実化にも繋がる。

現在利用可能な熱水性地熱資源だけでは量に限界があることから、既開発領域の周辺や、過去調査で熱水や透水性が不十分とされた地域、従来は利用困難な強酸性流体を胚胎する貯留層や大深部の超臨界領域など、非在来型の地熱資源の開発が望まれる。そのため、最新技術を用いた調査・評価が一層求められる。人工貯留層の造成などの地下改質技術や計測・モニタリング技術、シミュレーション技術や、超高温や強酸性、膨潤性岩盤などの過酷環境に対応できる掘削技術（傾斜掘削を含む）の向上、各種材料の対環境性能の向上および配管や発電プラントの改良などの技術開発が必要である。

世界的に見て、EGS型の地熱開発は地熱の利用増大に必要不可欠と見なされている。今後はEGSの適用対象を一層広げ、涵養注水、高温の低透水性岩体、超臨界資源などに限定せず、既開発領域の内部や周辺領域も含めたEGS技術開発として広く展開すべきである。NEDOと同様に米国でもEGSを連続的に捉えており[11]、インフィールドEGS（既設発電所の範囲内でのEGS）、ニアフィールドEGS、ディープEGSと分類し、既開発済みの在来型地熱発電から拡大展開できる整理としている。また、独仏のEGSは、地下の性状としてはインフィールドEGSに近い。

EGSについては、「注入井側からポンプで流体を圧入しながら生産井側では自然噴出を待つ」という、地下の人工貯留層を閉鎖的に捉える方式だけでなく、生産側に汲み上げポンプを置く方式や、注入・生産の両方にポンプを置くプッシュプル方式など、地下性状に応じたEGS型生産の方法を検討すべきである。石油・ガスでの掘削技術の発展に基づき、水平に近い高傾斜の坑井掘削を様々なレイアウトで繋ぎ合わせて完全な閉鎖循環系を構築して地熱開発に用いる提案が米国などで現れており、人工貯留層（熱交換面）の一つの可能性として注目される。しかし、再生可能的に永くエネルギー採取をするためには、地下の循環経路の周辺には十分に速く大きな熱エネルギーを運搬できる自然対流が生じることが不可欠であり、周辺岩盤の性状評価

や比較的広領域に対する透水性改質の可能性は検討すべき課題である。

ここ数年でカーボンニュートラルへの流れが一層加速し、化石燃料等利用に対する地熱発電によるCO_2削減効果だけでは不十分と考えられるような動きが出てきた。地熱発電自体から生じるCO_2やその他排出ガスの一層の削減や、地熱発電とCO_2地中貯留を同時に行うための技術開発や社会経済的な評価、CO_2の流体特性を積極的に地熱エネルギー回収に活用する技術開発など、エネルギー生産と環境対策の総合的なバランスを取りながら検討を進めておく必要がある。

地熱発電の増加には、開発以前に多くの現地調査が必要であり、そのため地域社会との円滑なコミュニケーションが不可欠である。社会科学的なアプローチも含め、ツールや方法論の構築は依然として必要性が高い。低環境負荷である調査・開発手法の開発、地熱の調査・開発の着手前からの温泉モニタリングの実施、温泉への影響が生じない地熱開発手法、誘発地震の評価や抑制についての研究などの他、調査と開発とを社会においても分離して認知されるようにすることで段階に応じた適切な社会受容を得られるために、全体の運営スキームの改良も求められる。

［今後取組むべき研究テーマ］

1. 地熱井掘削の成功率を向上させ、地熱発電開発コストを低減するための高精度の革新的地下イメージング技術・地熱探査技術、掘削技術の開発。
2. 高度に持続的な地熱発電を可能にするための、温泉や地表の地熱徴候も含んだ地熱系/地熱貯留層のシミュレーション技術およびモニタリング技術の確立。日本では温泉との立地の競合という課題があり、細心のモニタリング技術が必要とされている。
3. 温度、透水性、応力場、亀裂などのEGS技術の適用に必要な情報を含む、資源ポテンシャル評価と情報整備。実用開発に向けたEGS技術の適用可能域を示すことで、DOEの言うインフィールド/ニアフィールドEGSから段階的に研究開発を促進し、既存地熱地域および周辺からの地熱利用量を拡大する。
4. 発電機の効率向上や発電設備全般の耐環境性能の向上。地熱資源の利用範囲拡大に伴って予想される熱水性状の低品質化（より低い温度、強い酸性など）に対応する。
5. 地域社会との関係を段階的・順応的なものとし、地熱の調査開発の各段階に相応しい社会的受容性と地域メリットの最大化を実現できる地熱資源開発の全体的スキームの構築。

（6）その他の課題

FIT制度には大きな効果があるが、必ずしも細部は地熱の特性に合致していない。現在、15 MWeを境に2段階の設定となっており、その前後で事業採算性が大きく変化する。しかし、地熱の場合は他の再エネと異なり、人間が自由に出力を設定することの非合理性が大きく、地熱貯留層ごとの特性に応じた最適な出力を目指すことが、貴重な資源の有効活用の観点から本来は相応しい。発電規模に応じた価格設定の細分化など、地熱に適した改正が望まれる。

他国では、地熱専用の法律など資源開発向けの法律が適用されているが、日本では温泉法を代表とし、他が主目的である種々の法律が適用されている。そのため、手続きの煩雑さの他、国家的命題の地熱に対する全国統一的な科学的一貫性が担保できないほか、資源特性をふまえた鉱区管理のような機能もない。そのため、既開発域の近傍でも新規事業者の調査が認められ、地熱資源の適正管理や温泉影響に対する懸念が生じる場合がある。これまでの法と調和的でかつ適正な資源開発・管理に資する一元的な「地熱法」は、情報公開と新規参入の促進、環境調和型開発の徹底、リードタイムの短縮などが期待される。

10年間以上の停滞期の影響を受け、地熱に関係する中堅世代の人材不足が公的、民間の両部門で深刻である。2012年頃から政策的な研究開発が再開しているが、人材育成には時間を要するため依然として状況に変化は見られない。地熱の特性も踏まえ、長期間安定的な大学・研究機関向けの研究開発スキームや民間開発を支援するスキーム、研修制度の継続などにより、地熱に携わる人材の厚みを増すことが期待される。

　有望地域であっても温泉事業者の懸念などから、地元との調整が困難な場面が少なくなく、必要以上に地域内での摩擦を生じさせている可能性もある。地表を主とする概査、坑井掘削を伴う調査、実開発のための精査と建設、さらには規模の拡大まで、本来は段階毎に異なる判断基準や地域の参画レベルで、地域のコンセンサスを得ながら順応的に進めていくべきである。社会的受容性を高めるための体制づくり、ツール、全体スキーム、政策支援のあり方などが中長期的な課題である。また、小規模発電から段階的に開発を進めることは、環境影響の見極めなどの点で優れるがコスト高の恐れがある。その対処策としては、ドイツが導入しているような開発に伴う保険制度の導入も検討する価値がある。

（7）国際比較

国・地域	フェーズ	現状	トレンド	各国の状況、評価の際に参考にした根拠など
日本	基礎研究	〇	↗	●産業技術総合研究所・再生可能エネルギー研究センター（FREA）は、超臨界地熱資源開発や地熱貯留層モニタリング技術、温泉モニタリング技術などの課題に取り組んでいる。また、九州大学などいくつかの大学が総合的な地熱研究を行っている。 ●NEDOでは、地上機器周りの基礎的な検討や強酸性流体活用のための化学処理・材料開発、スケール対策技術、将来の大規模発電に向けた超臨界地熱資源の開発に関する研究を実施してきた。 ●JOGMECでは、「カーボンリサイクルCO_2地熱発電技術」として超臨界CO_2を用いる地熱発電技術の研究開発を開始した。
	応用研究・開発	〇	→	●JOGMECでは、地質調査と構造ボーリング調査を含む「先導的資源量調査」を新設し、2020年度には6地区で実施している。①地熱貯留層探査技術開発、②地熱貯留層評価・管理技術開発、③地熱貯留層掘削技術開発の3項目の「地熱発電技術研究開発事業」も引き続き遂行している。 ●NEDOでは、時間とコストを削減する環境アセスメントのための、気象調査代替手法、大気拡散予測手法、IoT硫化水素モニタリングシステムの研究開発を行っている。IoT・AIの利活用によって生産量増大やコスト削減、設備利用率の向上を目的とした各種技術開発も実行中である。 ●温泉発電を主とする小規模発電所は50カ所7.398 MWe（2019年度末）となっている。比較的規模の大きな開発も進み、北海道函館市、岩手県八幡平市、秋田県湯沢市、岐阜県高山市で、新たに2～15 MWeの地熱発電の建設が進んでいる。
米国	基礎研究	◎	↗	●DOEでは直接熱利用も含め、EGS型と在来型の両方を対象に多面的な研究開発に継続的に取り組んでいる。2020年の超党派インフラ投資計画法案の成立を受けて、2022年度からのDOE地熱関連予算は大幅に増額される予定で、190億ドルに達する見込みである。 ●2022年2月にMulti-Year Program Plan（MYPP）として2022～2026年度の地熱R&Dの計画が示されており、基礎、応用ともに今後のR&DはMYPPを反映して進められると考えられる。 ●適正価格で実現する未来のエネルギーにおける地熱の役割と道筋について調査研究を行い、Geo Visionと称するレポートにまとめている。ここでは、「探査の改善とキーテクノロジーの実現」、「規制プロセスの最適化」、「地熱の価値の最大化」、「利害関係者間の協働の改善」の4領域で、可採資源量増大や収益性改善などを目的にした今後のR&Dの方向性を定めている。 ●2017年からサウスダコタ州に小規模のEGSの実験サイト（EGS Collab）を作り、完全コントロール環境下での原位置試験等により、岩石中のき裂の挙動や透水性向上に関する研究を実施している。 ●Efficient Drilling for Geothermal Energy（EDGE）として、2025年までに標準的な掘削速度を2倍（1日あたり掘進長を76 m以上）にすることを目標に、工期中の掘削停止時間の短縮、革新的掘削技術の開発、研究からの技術移転加速のための連携、という3つの分野で2018年から研究開発を進めている。

				●2021年からINGENIOUSと称して、米国西部のグレートベースン地域において、商業地熱開発が可能な新たな"隠れた地熱資源"の発見を加速化に資する、地域スケールと開発向け探査スケールの両方で包括的なマップ作りを行う。2022年夏から掘削調査に入る予定である。
	応用研究・開発	○	↗	●世界最大の地熱発電国で、2020年時点の総設備容量は約3,673 MWeである。2015年以降の新規設備容量は186 MWeに留まるものの、発電設備の再整備や統合化、他再エネとの共同運用、空・水冷複合型冷却による夏場の出力向上、および既存地熱地域の拡張などによって競争力を維持し、設備容量は2015年以降の5年間で約7～10％の伸びを示している。 ●FORGE（Frontier Observatory for Research in Geothermal Energy）はDOE地熱研究のフラッグシップで、商業的なEGS発電の方法論を確立する目的で、民間企業では出来ない最先端の技術開発やテストを行って革新的な科学技術の加速を目指している。2019年第4四半期からフェーズ3（テクノロジーのテストと評価）が、ユタ州ミルフォードでユタ大学を中心とするチームによって進められている。2022年4月には高傾斜の深部井（傾斜65°、鉛直深度約2.6㎞、長さ約3.3㎞）からの水圧刺激による人工地熱貯留層の造成に成功し、2023年初頭の生産井掘削に向けた準備を進めている。 ●GEODE（Geothermal Energy from Oil and gas Demonstrated Engineering）が新たに始まり、石油・ガス分野の地下に関する技術や専門知識の蓄積を地熱開発の最困難課題の解決に活用するために、最初にコンソーシアムを設立した後で、分析、研究、開発、デモンストレーションおよび労働力確保の観点等に関し、今後数年間に渡って定期的に各種PJの公募が予定されている。
欧州	基礎研究	○	→	欧州はEU組織および地理的に属する国ともに対象。国として英仏独は極力、そのほかの国も顕著な動向があれば記載 【EU】 ●Joint Research Centre（JRC）はヨーロッパ全体の地熱資源ポテンシャルやEU支援プロジェクトの概要をまとめたレポートを出している[23]。全EUの経済的可能性のあるポテンシャル（EGS込み）は、2030年時点で22 GWe、2050年時点では522 GWeと報告されている[24]。 ●EU支援によって様々な要素的な研究開発が進められている。主なPJは、EGS実現性評価（MEET）、掘削技術（Geo-Drill）、材料開発（GeoHex）、地熱流体（GEOPRO、REFLECT）、対腐食（Geo-Coat）、開発スキーム（CROUWDTHERMAL）、誘発地震予測（GEoREST）、多孔質岩の理解（METHROCKS）、安全と効率の向上（EASYGO）など。 【ドイツ】 ●EU支援のDESTRESS-PJとして、EGS型地熱開発での人工貯留層造成時の誘発地震リスクを"ソフト刺激"によって低減する研究を2021年度まで実施した。 【フランス】 ●全研究分野から選出される171のLaboratories of Excellence（LabEx）について、ストラスブール電力会社、ストラスブール大学およびCNRS（フランス国立科学研究センター）などからなる「"The G-Eau-Thermie Profonde" Laboratory」が選ばれ、2012年から9年間（初期は3 M€規模）の深部地熱資源の研究開発予算がついている。最近の年間予算は約2 M€。 ●2015年に設立されたGéodénergiesという卓越研究機関によるグループでは、掘削やポンプ、モニタリング、微小地震など種々の技術ギャップを埋める研究開発を行っているが、最近では、地熱エネルギーを生産しながらのCO₂貯留や、リチウム生産をするような、付加的な技術の研究も実施している。 【英国】 ●近年の商業地熱を目指したR&Dに対応して、EGS型地熱の基礎資源量の新しい評価結果が公開されている。EGSを想定したき裂性岩体での透水性と熱/流体フローの間の知識ギャップを埋める目的で、基礎研究PJ（GWatt）も推進されている。

2.1 電力のゼロエミ化・安定化

<table>
<tr><td rowspan="2">2.1
電力のゼロエミ化・安定化</td><td></td><td></td><td></td><td>

【イタリア】
●超臨界地熱の実現可能性調査としてDESCRAMBLEプロジェクトが2015～2018年に渡って行われ、2017年に深度2,900 mで500 ℃以上の岩体の存在を確認した。
【アイスランド】
●アイスランドでは、深度4～5 kmの高温地熱系へ掘削し調査することを目的に深部掘削プロジェクト（Iceland Deep Drilling Project: IDDP）が実施されており、そのための基礎研究が盛んに行われている。
●IDDPは、第1期に深度2,114 m付近で超臨界温度領域の資源の存在を確認し、第2期（IDDP-2）ではサイトを変えて深度4,659 mまで掘削して500 ℃以上の温度とある程度の透水性を深度3～4 km付近で確認しているが、2020年5月時点では噴気試験は実施されていない。現在は、次の深部掘削PJ（IDDP-3）が計画されている。
【スイス】
●COSEISMIQと称して、EGS型地熱開発時の貯留層の最適化と誘発地震の制御・管理を実現するための、モニタリング、イメージング、力学モデル、リスク分析手法等を統合化する研究開発が進められている。

</td></tr>
<tr><td>応用研究・開発</td><td>○</td><td>↗</td><td>

【EU】
●EUでは、研究及び革新的開発を促進するためのフレームワークであるHorizon2020（2014～2020年）や後継のHorizon Europe（2021～2027年）などが用意され、多国共同の研究PJが多く実施されている。
【ドイツ】
●2022年時点で、カリーナサイクルのバイナリー式や熱電併給型を含めて12か所で地熱発電が行われており、ドイツ地熱協会によると総設備容量は47 MWeである。
【フランス】
●現在同国では、火山地域、EGS型地域および断層地域（Crustal fault system）を発電可能な資源と位置付けている。火山地域はグアドプール（カリブ海の領土）にあり、15 MWeの地熱発電によって同地域の必要電力の5%をまかなってきたが、本サイトは2016年にイスラエルのORMAT社に売却されており、今後2坑井が追加されて10 MWe程度の出力が追加される予定である。
●EGS型地域の開発では、かつてのEUパイロットプロジェクトである北東部アルザス地方Soultz-sous-Foretsで、2016年から1.7 MWeの商業発電を継続している。
●アルザス地方ストラスブール近郊のVendenheimとIllkirichにおいて、地元電力会社がそれぞれ6 MWeと3 MWeの熱電併給型のEGS型地熱開発が計画し、2018年頃から反射法地震探査などの各種調査を実施してきた。しかし、2019年にVendenheimのPJから5㎞離れた付近でM3.1の地震が観測され、EGS地熱による誘発地震の懸念が生じて本PJは一時停止している。
●断層地域型では、フランス中央高地地域のサン＝ピエール＝ロシュ付近において、6MWe以上の地熱発電を目指したPJが実施されており、2022年度に深部井掘削を行うことが計画されている。
【英国】
●南西部Cornwall地方において2つのEGS型のプロジェクトが実施中である。そのうちUnited Downsプロジェクトでは、掘進長5,275 mの生産井と2,393 mの注入井が2019年に掘られて180～185℃に達することが報告された。その後、2021年に最終テストが行われ、2022年に商業発電を目指したバイナリー発電機の試運転を実施するとされている。
●もう一つのEdenプロジェクトでも、2021年10月までに最初の深部井が鉛直深度4,871 m（長さは5,277 m）で掘削され、商業発電に向けた開発が進められている。
【イタリア】
●総設備容量915.5 MWeは全電力需要に対しては2.1%だが、トスカーナ地方では30%もの需要を賄っている。
●2019年までに、ナノテクベースの材料を適用して節水等を実現し、発電所冷却システムの性能向上を図る技術開発が行われた（MATChING-PJ）。

</td></tr>
</table>

				●Enel Green Powerによって、地熱発電からの熱とCO$_2$を利用したスピルリナ（藻類）の栽培プロジェクトが実施された。同国の最近の地熱の枠組みでは、地熱の排出ガスの削減と再利用に向けた研究に焦点が当てられている。 【アイスランド】 ●2020年のアイスランドの総設備容量は757 MWeで、国内発電の30%以上が地熱発電で作られている。 【トルコ】 ●世界地熱会議2005開催後から地熱開発が明確に増大しており、2015年以降は200の生産井と90の還元井が掘削され、世界トップクラスの721 MWeの増加があった。現在の総設備容量は1,549 MWeであり、さらに48 MWe相当が建設中で、予算措置が付いたが着工前のものが332 MWe程度ある。 ●熱水性地熱資源のポテンシャルは4,500 MWeであるが、EGS型地熱資源のポテンシャルも約20,000 MWeと評価されている。EGS型資源の調査では、深度4,500 mの井戸で295℃以上に達したことが報告されている。 【スイス】 ●過去のEGS研究開発の教訓を生かしながら、熱電併給型プロジェクトが進行中である。ローザンヌ近郊のLavey-les-Bainsおよびジュラ州Haute-Sorneにおいて、それぞれ、在来型およびEGS型の熱電併給型の地熱発電開発が進められている。Lavey-les-Bainsでは、900世帯分に相当するバイナリー式発電の実施に向けて、2022年1月から長さ3000mの深部井の掘削が始まっている。
中国	基礎研究	○	→	●中国科学院などが、チベット南部や雲南省などの坑井データをもとに地熱ポテンシャルの評価をしており、EGSに関する調査も行っている。また、山東省や河北省でも、高温乾燥岩体型の資源を活用するEGS型の地熱発電の研究開発が行われている。 ●2018年頃には、中国で最初の地質資源のカスケード利用の研究開発拠点が、当初発電容量0.280 MWeにて河北省西安に建設されている。
	応用研究・開発	○	→	●チベット南部の八羊井（Yangbajing）地熱発電所で16 MWeの蒸気フラッシュ発電が操業を開始しており、四川省の康定（Kangding）には0.4 MWeのテストプラントが、雲南省の徳宏（Dehong）では2 MWeの発電所が建設されている。2019年には、中国の総設備容量は34.89 MWeである。また、中国は暖房や地中熱利用などの直接利用にも力を入れており、その設備容量やエネルギーは世界一である。
韓国	基礎研究	△	↘	●KIGAM（韓国地質鉱物資源研究院）や各大学が積極的に地熱探査技術やバイナリー発電技術の研究をしている。国内数百以上の地温勾配や熱流量のデータから地熱データベースおよび国内の地熱分布をとりまとめ、地下6.5 kmまでの技術的に可能性のある発電ポテンシャルを19.6 GWeとしている。
	応用研究・開発	△	↘	●NEXGEO社がKIGAMや大学と浦項（Pohang）において、EGS発電の開発研究を行い深度4 kmを超える掘削が実施されたが、2017年に水圧破砕時に被害を伴う地震がサイト近傍で発生してしまい、その影響からEGSに関するプロジェクトは全て停止している。
その他の国・地域（任意）	基礎研究	○	→	【台湾】 ●1970年代から資源調査等を行っており、2014～2019年の研究開発予算は約1250万ドルだった。 【ニュージーランド】 ●オークランド大学では地熱トレーニングコースを長年にわたって実施し、毎年国際WSを開催するなど国際的な観点で技術者養成を行っている。 ●Geothermal the Next Generation（GNG）が、2019～2024年にかけて年間約2百万NZドルの資金を政府から得て、深部に存在する同国の超臨界地熱資源の将来開発可能性の調査、研究を進めている。

2.1 電力のゼロエミ化・安定化

	フェーズ	現状	トレンド	
	応用研究・開発	○	→	【インドネシア】 ●世界有数の地熱ポテンシャル（約29 GWe）があり、有望地域の調査が多く実施されているが、FIT価格などの政策がこまめに変わっており、開発者の困惑を招いている。2019年末時点の導入容量は2,138.5 MWeであるが、2020年および2025年の見込みを2,289 MWeおよび7,000 MWe程度としている。 【フィリピン】 ●ここ5年間では12 MWeの増加に留まったが（1,918 MWeの設備容量で世界3位）、有望な探査段階のサイトが18か所あり、2021～2026年の間には約91 MWeの増加が見込まれている。 【台湾】 ●1970年代～1990年代には中小規模発電所があったが、2019年に新たに0.3 MWeの発電所が清水（Cingshuei）にて操業を開始し、さらに4.2 MWeの設備を追加建設中である。2021～2022年にかけて12のMW級発電所の建設が計画されており、総設備容量は150 MWeに達する予想である。 【ニュージーランド】 ●2000年代に地熱発電量を急速に増大させたが、現在は国内需要を十分まかなえる程であるため、新規開発に向けての掘削は減少している。技術力を有効利用するためニュージーランド外務省が海外開発援助プログラムを運営し、インドネシア、東アフリカ、カリブ海諸国などの地熱開発を支援している。 ●2021年報告では新規建設はないが、既存発電所の坑井や蒸気取り回しの最適化によって発電効率や持続性が改善されている。2021年時点の総設備容量は1,039 MWeである。 【ケニア】 ●ケニアの地熱発電開発は2015～2019年には世界トップクラスの伸びを示し、国の全発電容量の29 %にあたる865 MWeになっている。さらに資金確保済みの複数の計画があり、2020年には1,193 MWeに達する予想である。 ●ケニアの地熱開発の特徴は、坑口発電を積極的に導入して初期収益確保のタイミングを大幅に早めている点である。坑口発電は、生産井の仕上げ後、発電所全体が完成するよりも前のタイミングで、小規模な地熱発電機を生産井の極近傍に設置し、先行して売電事業を行いながら並行して発電所全体の開発を進める技術と考え方である。現在まで15台の坑口発電機を設置し、初期収益確保までの期間を約36か月から6か月へと大幅に短縮している。

（註1）「フェーズ」

　　「基礎研究」：大学・国研などでの基礎研究レベル。

　　「応用研究・開発」：技術開発（プロトタイプの開発含む）・量産技術のレベル。

（註2）「現状」　※我が国の現状を基準にした評価ではなく、CRDSの調査・見解による評価。

　　◎：他国に比べて特に顕著な活動・成果が見えている　　　○：ある程度の顕著な活動・成果が見えている

　　△：顕著な活動・成果が見えていない　　　　　　　　　　×：特筆すべき活動・成果が見えていない

（註3）「トレンド」

　　↗：上昇傾向、→：現状維持、↘：下降傾向

参考・引用文献

1) 柳澤教雄「地熱発電の現状」『日本エネルギー学会誌』93巻11号（2014）：1140-1147.

2) Geothermal Research Society of Japan (GRSJ), "GEOTHERMAL ENERGY IN JAPAN," https://grsj.gr.jp/wp-content/uploads/brochure_japan_2020.pdf,（2023年1月20日アクセス）.

3) Gerald W. Huttrer, "Geothermal Power Generation in the World 2015-2020 Update Report," International Geothermal Association, https://www.geothermal-energy.org/pdf/IGAstandard/WGC/2020/01017.pdf,（2023年1月20日アクセス）.

4) Sertaç Akar, et al., "Global Value Chain and Manufacturing Analysis on Geothermal Power Plant Turbines," National Renewable Energy Laboratory（NREL）, https://www.nrel.gov/

docs/fy18osti/71128.pdf,（2023年1月20日アクセス）.

5) 一般社団法人火力原子力発電技術協会『地熱発電の現状と動向2020年』（東京：一般社団法人火力原子力発電技術協会, 2021）.

6) Kasumi Yasukawa, et al., "Country Update of Japan," International Geothermal Association, http://www.geothermal-energy.org/pdf/IGAstandard/WGC/2020/01037.pdf,（2023年1月20日アクセス）.

7) 独立行政法人エネルギー・金属鉱物資源機構（JOGMEC）「令和2年度 地熱統括部事業成果報告会：2. 配布資料」https://geothermal.jogmec.go.jp/initiatives/achievement/briefing_r01_1.html,（2023年1月20日アクセス）.

8) 和田圭介「NEDO 地熱発電研究開発の概要（2021年11月17日）」一般財団法人エンジニアリング協会, https://www.enaa.or.jp/?fname=gec_2021_4_2-1.pdf,（2023年1月20日アクセス）.

9) 国立研究開発法人新エネルギー・産業技術総合開発機構（NEDO）「地熱発電導入拡大研究開発」https://www.nedo.go.jp/activities/ZZJP_100198.html,（2023年1月20日アクセス）.

10) 国立研究開発法人新エネルギー・産業技術総合開発機構 技術戦略研究センター（TSC）「地熱発電分野の技術策定にむけて：在来型地熱発電の導入促進と超臨界地熱発電の早期実現に向けて」『TSC Foresight』106巻（2021）.

11) U.S. Department of Energy, "Geo Vision: Harnessing the Heat Beneath Our Feet (DOE/EE-1306, MAY 2019)," https://www.energy.gov/sites/default/files/2019/06/f63/GeoVision-full-report-opt.pdf,（2023年1月20日アクセス）.

12) Geothermal Technologies Office, "Fiscal Years 2022-2026 MULTI-YEAR PROGRAM PLAN, (DOE/EE-2557, February 2022)," U.S. Department of Energy, https://www.energy.gov/sites/default/files/2022-02/GTO%20Multi-Year%20Program%20Plan%20FY%202022-2026.pdf,（2023年1月20日アクセス）.

13) Energy & Geoscience Institute, "Utah FORGE," https://utahforge.com/,（2023年1月21日アクセス）.

14) Geothermal Technologies Office, "Funding Notice: Geothermal Energy from Oil and gas Demonstrated Engineering (GEODE)," U.S. Department of Energy, https://www.energy.gov/eere/geothermal/funding-notice-geothermal-energy-oil-and-gas-demonstrated-engineering-geode,（2023年1月21日アクセス）.

15) Árni Ragnarsson, Benedikt Steingrímsson and Sverrir Thorhallsson, "Geothermal Development in Iceland 2015-2019," International Geothermal Association, http://www.geothermal-energy.org/pdf/IGAstandard/WGC/2020/01063.pdf,（2023年1月21日アクセス）.

16) Gunnar Gunnarsson, et al., "Expanding a Geothermal Field Downwards. The Challenge of Drilling a Deep Well in the Hengill Area, SW Iceland," EGU General Assembly 2020, https://doi.org/10.5194/egusphere-egu2020-21973,（2023年1月21日アクセス）.

17) Nökkvi Andersen, et al., "The GECO Project: Lowering the Emissions from the Hellisheidi and Nesjavellir Power Plants Via NCG Capture, Utilization, and Storage," International Geothermal Association, http://www.geothermal-energy.org/pdf/IGAstandard/WGC/2020/02061.pdf,（2023年1月21日アクセス）.

18) Katharina Link, Nicole Lupi and Gunter Siddiqi, "Geothermal Energy in Switzerland - Country Update 2015-2020," International Geothermal Association, http://www.geothermal-energy.org/pdf/IGAstandard/WGC/2020/01103.pdf,（2023年1月21日アクセス）.

19) Josef Weber, et al., "Geothermal Energy Use in Germany, Country Update 2015-

2019," International Geothermal Association, http://www.geothermal-energy.org/pdf/IGAstandard/WGC/2020/01066.pdf,（2023年1月21日アクセス）.

20) Christian Boissavy, et al., "France Country Update," International Geothermal Association, http://www.geothermal-energy.org/pdf/IGAstandard/WGC/2020/01020.pdf,（2023年1月21日アクセス）.

21) Jon Busby and Ricky Terrington, "Assessment of the resource base for engineered geothermal systems in Great Britain," *Geotherm Energy* 5（2017）: 7., https://doi.org/10.1186/s40517-017-0066-z.

22) Isabelle Chambefort, et al., "GEOTHERMAL: THE NEXT GENERATION," International Geothermal Association, http://www.geothermal-energy.org/pdf/IGAstandard/NZGW/2019/059.pdf,（2023年1月21日アクセス）.

23) European Commission Joint Research Centre（JRC）, "Geothermal Energy: Technology Development Report," European Commission, https://data.europa.eu/doi/10.2760/303626,（2023年1月21日アクセス）.

24) Jon Limberger, et al., "Assessing the prospective resource base for enhanced geothermal systems in Europe," *Geothermal Energy Science* 2（2014）: 55-71., https://doi.org/10.5194/gtes-2-55-2014.

2.1.8 太陽熱発電・利用

（1）研究開発領域の定義

太陽熱発電システムとしての低コスト化、効率向上、用途開発などの動向を対象とする。

（2）キーワード

太陽集光、熱輸送媒体、蓄熱システム、ソーラー燃料製造

（3）研究開発領域の概要

[本領域の意義]

太陽熱発電（CSP）は安価な蓄熱システムを組み込むことにより、夜間においては太陽光発電（PV）にバッテリーを導入するよりも安価にソーラー発電が行える。新規建設のCSPプラントのトレンドは7〜18時間の大型の蓄熱システムを備えたCSPである。2020〜2021年の新規CSPによる24時間発電の競売価格あるいは購入価格は中東・北アフリカ地域の国々（MENA）地域では0.07 USD/kWh台となっている。さらに昼間は安価なPV、夜間は蓄熱システムによるCSPで発電するハイブリッドプラントとすれば平均0.04〜0.06 €/kWhの発電コストが可能と試算されている。このような背景から、CSP発電コストは夜間のバッテリー発電やガス発電との競争に移行しつつある。特にEUでは最近のウクライナ情勢の影響でロシアからの天然ガスへの依存を減らす必要があり、需要調整力を持った蓄熱付きCSPが再注目されるようになった。研究開発の大きな流れは、蓄熱システムの低コスト化と、発電システム全体の高温化による高効率化である。高温化にはこれまでの硝酸塩系溶融塩に替わる新たな熱輸送媒体の開発も重要である。さらに太陽光発電、風力発電からの電力を電熱変換して安価に蓄熱し、夜間等に従来の手法により熱発電する蓄熱発電（カルノーバッテリー）のほか、1000〜1500℃の産業熱として熱利用する熱電池システムの開発も近年注目されており、太陽熱発電で培われた蓄熱技術の応用が期待されている。CSPはスケールメリットが大きいため、国内よりも直達日射量が大きく大型化が可能なサンベルトで有効だが、これらの地域は発展途上国が多い。部品製造やメンテナンス等に就業機会があり、雇用改善にも役立つ。また、日本が得意とするタービン等の熱発電プラント技術を活用できる。

[研究開発の動向]

2021年9月時点の世界のCSPの導入量は操業中のもので6.3 GWであったが、建設中のものが1.4 GW、さらに計画中のものが1.5 GWあり、合計すればCSPのキャパシティーは9.2 GWに達していた[1]。2020年の新規導入は中国の0.2 GW、2021年はチリの太陽光発電とのハイブリットプラント（110 MW CSP（17.5時間蓄熱）＋100 MW PV）のみであり、2020、2021年の世界のCSP導入量の年成長率は1〜2%に留まったが、2022年に中国が1.1 GW（2024年に完成予定）と1.3 GWのプラント建設を発表した[2]。これらを合わせると中国の導入量は3 GWに達し、導入量の大きかったスペイン（2.3 GW）、米国（1.7 GW）を凌ぐことになる。1.3 GWプラントは12 GWhの蓄熱システムを備えたものである。建設中・計画中のCSPプロジェクトは、中国以外ではMENA地域、チリ、モロッコ、南アフリカ、ザンビア、オーストラリア等であり、今後も発展途上国を中心に開発が進むことが期待される[1, 3]。さらにEUではウクライナ情勢の影響によるガスクライシスで天然ガスへの依存を減らす必要があり、需要調整力を持った蓄熱付きCSPが再注目されつつある[4]。

CSP発電コストは、日中のPV発電コストと比較すると高いが、安価な蓄熱を組み込むことにより電力需要曲線に合わせた低コストの電力供給が可能でありPV導入によるダックカーブの解消や夜間のソーラー発電として再評価されている。このような背景から、CSP発電コストは夜間のバッテリー発電やガス発電との競争に移行している。蓄熱システム付きCSPによる24時間発電のコストは0.07〜0.15 €/kWhと試算されていたが、2020〜2021年に新規導入されたCSP発電の競売価格あるいは購入価格は0.073〜0.094 USD/kWhであり、

ほぼ試算通りであった[3]。0.073 USD/kWhを達成したのはドバイのCSPプラントであり[5]、MENA地域ではこの水準の24時間CSP発電が実現している[6]。チリの競売では0.05 USD/kWh以下の競売価格が提示されたこともあり[7]、地域によってはさらに低い販売価格が可能と考えられる。さらに、日中の発電コストが安いPVと組み合わせれば発電コストは平均0.04〜0.06 €/kWhに下がると試算されている。将来の発電コストの予測ついては国立再生可能エネルギー研究所（NREL）の報告において、2030年にはCSP単独でもLCOEとして0.04〜0.055 USD/kWh（2020年現在は8 US¢/kWhとして）が達成されるシナリオが示されている[8]。

　研究開発の大きな流れは、蓄熱システムの低コスト化と、発電システム全体の高温化による高効率化である。現在、主流の蓄熱付きCSPは、タワー型集光システム（点集光）と硝酸塩系溶融塩を熱輸送・顕熱蓄熱媒体とする2タンク顕熱蓄熱システムを利用し、水蒸気タービンにより565℃で発電を行っているが、サーモクラインによる1タンクシステム[9]や、蓄熱密度がより大きい潜熱蓄熱、化学蓄熱（あるいはこれらの組み合わせ）によって、低コスト化・高温化しようとする研究が活発である[10]-[13]。現在の発電効率（太陽光から電力）は年平均で約16〜20%であるが、水蒸気タービンから高温系のコンバインドサイクル、超臨界CO_2タービンへ移行すれば効率を向上できる。例えば、現行の水蒸気タービンの効率は42〜43%であるが、750℃の超臨界CO_2タービンでは50%以上が見込まれる。現行の硝酸塩系溶融塩は約600℃で熱分解するため、硝酸塩系以外の溶融塩、空気、溶融金属、固体粒子などの利用が検討されている[10], [14]-[16]。

　さらに、次世代技術として太陽集熱の燃料転換が注目されている。水とCO_2を熱化学サイクルで分解し、水素とCOを製造する反応器は5〜6%のエネルギー変換効率をラボスケールで達成している。100 MWth級の実用規模への大型化によって約20%が見込まれる。現在、50〜700 kWthのプラントで実証試験されている段階である[17], [18]。サンベルトにおいて太陽熱で100 MWth級に大型プラント化した場合の水素の製造コストは2〜2.5 USD/kg−水素と試算されている[19], [20]。また、従来はセリア（酸化セリウム）を触媒とする1400℃以上の高温が必要な2段階熱分解サイクルであったが、最近、800℃でセリア並みに反応するペロブスカイト触媒を開発したという報告があり、大きくコストダウンできる可能性が出てきている[21]。

　太陽光発電、風力発電からの電力を電気炉で熱に変換後、安価な蓄熱システムで蓄熱し、夜間等に従来の手法により熱発電する蓄熱発電（カルノーバッテリー）が近年注目されており、太陽熱発電で培われた蓄熱技術（500℃以上）の応用が期待されている[22]。発電だけではなく、高温熱そのものをセメント、石油化学、鉄鋼業等に直接供給する方法も、関連する産業の脱炭素化に寄与すると期待される。化学・石油、窯業・土石、鉄鋼・金属分野で必要とされる熱エネルギーの7割弱は1000℃以上であり、1000〜1500℃の熱電池開発が重要である。クリーンエネルギ企業Heliogen（米国）はAIを活用した集光システムにより太陽エネルギーを1000℃以上の熱に転換する技術開発を開始している[22]。

（4）注目動向

［新展開・技術トピックス］

　世界で導入が開始された商業用CSP/PVハイブリッドプラントの24時間の発電コストの動向が注目される。2021年から稼働したチリの110 MW CSP（17.5時間蓄熱）＋100 MW PVプラント[23]は冷却水を用いない空冷であることが注目される。また、UAEに建設中の250 MW PV + 700 MW CSP（15時間の蓄熱システム）は世界最大級950 MWの24時間ソーラー発電[24], [25]であり、実際の発電コストがどこまで下がるかが注目される。

　Vast Solar社（オーストラリア）の低密度・高熱伝導率の金属Naを熱輸送媒体として使用したCSPは、小規模ながら1.1 MWプラントのデモ期間中（2018〜2020年）安全に運転することに成功した[26]。従来の硝酸塩系溶融塩の2タンク式蓄熱システムと565℃の水蒸気タービンを使用しているため、従来のCSPプラントよりも高温化はできていないが、将来的に600℃を超える発電システムへの応用が期待される。Vast Solar社は複数の小型タワー集光器によるモジュラー型マルチタワー方式を推進しており、1414 Degrees社

（オーストラリア）と、南オーストリアに PV＋CSP＋バッテリーによるプラント建設（Aurora プロジェクト）を開始する[27]。Vast Solar 社の最終的な計画は150 MWのモジュラー型マルチタワーCSPを建設することであるが、まずは30 MW CSPから開始し、2025年に稼働する予定である。

2018年3月、米国エネルギー省（DOE）のGen3 CSPで約8千万ドルの予算で、700℃以上で作動するCSP開発の支援を開始した。2030年までにベースロード電源とし0.05 USD/kWhでCSP発電（12時間以上の蓄熱）を行う技術の開発を目指したものである。熱輸送・蓄熱媒体として新規溶融塩[15]や、気体、固体粒子を用いるシステムの開発を推進した。特に固体粒子によるソーラーレシーバの開発は世界的に一大トレンドとなっており[16]、800℃以上の粒子加熱の成功例が報告されている。2021年3月にDOEは、最も有望なものとして、固体粒子による蓄熱システムを選出した[28]。これによってサンディア国立研究所（米国）が25百万USドルの支援を受け、数MWのCSPパイロットプラントの試験を行うこととなった。固体粒子を落下させて層流にして太陽集光を直接粒子に照射するソーラーレシーバ（粒子カーテンと呼ばれる）に特徴がある。2021年10月にはDOEが、The Solar Energy Technologies Office Fiscal Year 2021 Photovoltaics and Concentrating Solar–Thermal Power Funding Program（SETO FY21 PV and CSP）により40百万ドルで40プロジェクトを採択、そのうち25プロジェクトがCSP関連で33百万ドルの補助を得ている[29]。ソーラーレシーバ、ソーラー反応器、蓄熱システム、CSPシステム設計等の研究開発がサポートされる。当該プログラムでは2030年までに太陽エネルギーコストを50%にすることを目的としている。

EUでは、固体粒子を熱輸送・蓄熱媒体とし800℃のCSP運転を可能とする蓄熱システム開発研究プロジェクト、Next–CSP（2016～2021年）について報告がなされている。注目すべきはチューブラー型のソーラーレシーバーの開発であり、レシーバ管内部の流動粒子を太陽集光で間接的に加熱する点が特徴である。ソーラータワーで550～850 kWthの太陽集光を照射して試験され、ソーラーレシーバ効率60～74%が得られた。さらに高温粒子と高圧空気（ガスタービン用）との熱交換器の開発も実施された。これらの研究成果を基に、コンバインドサイクルや超臨界CO_2タービンと組み合わせたケースについて10～20 MW級のプラント設計が報告されている。ドイツ航空宇宙センター（DLR）は、レシーバーを高速回転させ、粒子をレシーバ内壁に沿わして円周上に流し、太陽集光を粒子に直接照射して加熱するソーラーレシーバーを開発、900℃以上の高温粒子をタワー型集光システムで得ることに成功した。このソーラーレシーバーのコンセプトにより、EUファンドから1.4百万€を受けてHIFLEXプロジェクト（2019～2023年）を開始している。イタリアでは700℃で20 MWhの粒子蓄熱を行い、24時間800 kWthの熱供給をパスタ製造工程へ供給する取り組みがなされている。ソーラーレシーバーは日中に最大で2.5 MWthの熱を吸収するとしている。

EUのHorizon 2020のSun–to–Liquidプロジェクトにおいて、2段階熱化学サイクルよって水・CO_2を共熱分解して合成ガスを製造、さらにジェット燃料に転換するソーラー実証試験が50 kWthの小規模ながら成功した[30]。太陽エネルギーから合成ガスの転換効率として4.1%（排熱回収無し）が報告されている。触媒としてセリアを発泡体状に成型した反応デバイスを用いている。セリアよりも高活性の触媒の報告は既に多数あり[31]、それらを利用した反応デバイスを用いればエネルギー効率を格段に向上することが期待できる。

Heliogen社（米国）はカリフォルニア州ランカスターにAIを活用したタワー型集光システムを建設した。太陽エネルギーを最高温度1500℃の熱に転換して利用することを目指している。これが経済的に可能となれば、水やCO_2の熱分解サイクルを24時間運転することもでき、水素やメタノール等のソーラー燃料の製造を大きくコストダウンできる。

蓄熱発電（カルノーバッテリー）あるいは熱電池開発については、Malta Energy社（米国）が2018年に創業し、溶融塩を用いた顕熱蓄熱による蓄熱発電システムの開発を行っている。さらに2022年にはBrekthrough Energy Vnturesの投資ファンドの支援を受け、産業用熱電池開発を行う米国2社（Antora Energy社とRondo Energy社）が起業している[22],[32],[33]。発電利用では500℃以上、セメント、石油化学、鉄鋼業等の産業への熱供給としては1000℃以上をターゲットとした熱電池開発が注目される。Rondo Energy社（米国）の1500℃まで蓄熱できる低コストな耐火煉瓦による熱電池[22]はTITANセメントと共同

開発を開始した[33]。ノルウェーのEnergy Nest社（2016年にInfracapitalに買収）がドイツのセメント会社と共同開発した鉄とコンクリートの顕熱蓄熱による熱電池もモジュールシステム化されている。

［注目すべき国内外のプロジェクト］

アラブ首長国連邦（UAE）のNoor Energy 1プロジェクト[24], [25]がCSP/PVハイブリットプラントの約1GWの実用例として注目される。また、モロッコでは、低コストの集光系であるパラボリックトラフ（線集光）からの溶融塩をPV電力による電気炉で565℃へ再加熱する新型の800 MWCSP/PVプラントの建設が計画されている[34], [35]。

高温化に関しては、上記の米国Gen3 CSPプロジェクト、EUのNECT-CSPプロジェクト、DLRで開発された3つのタイプの固体粒子を用いる粒子ソーラーレシーバ及び粒子蓄熱システムの今後の開発が注目される[28], [30]。

燃料化に関しては、DLRがスペインのCIEMAT-PSAのタワー型集光システムを用いて700 kWthで発泡体触媒デバイスによる水熱分解水素製造システムを実証試験中である[17]。また、新潟大学が開発した流動層型の水熱分解水素製造システムが、オーストラリア再生可能エネルギー庁（ARENA）から2百万豪ドルの支援を受け、オーストラリア連邦科学産業研究機構（CSIRO）の集光設備を用いて500 kWthで実証試験が実施されている[17], [18]。

蓄熱発電・熱電池に関しては、Malta Energy社の溶融塩を用いた顕熱蓄熱発電システム、Antora Energy社の3000℃以上の高温にも対応する耐熱性、高い伝熱性を持つカーボンブロックによる熱電池[32]、Rondo Energy社とTITANセメントの耐火煉瓦による熱電池[22], [33]の開発が注目される。

（5）科学技術的課題

蓄熱システムの低コスト・高温化に関しては、潜熱蓄熱や化学蓄熱の導入が大きなブレイクスルーとなる。潜熱蓄熱では溶融塩相変化材料（PCM）カプセルや合金系の開発、化学蓄熱では、これまで十分な知見のある炭酸塩・水酸化物系の蓄熱材をCSPプラントに組み込むシステムの実証試験が必要である。長期的には、さらに高温（900～1500℃）で作動する金属酸化物酸化還元系による蓄熱システムの開発が重要である。ここで、化学蓄熱の反応の応答性も課題となる。

超臨界CO_2タービンの導入が重要課題であり、それには700℃で作動する熱媒体、蓄熱システムの開発が必要である。熱輸送・蓄熱媒体として塩化物系溶融塩や金属Naが有望だが、防食技術の開発が課題である。800℃以上の熱輸送・蓄熱媒体としては固体粒子（金属酸化物等）が有望である。太陽集光で800℃以上に粒子加熱するソーラーレシーバ開発には成功しているが、粒子循環システム、熱交換器の開発が課題である。

長期的には、水・CO_2熱分解サイクルによるソーラー燃料製造が注目される。特に空気中からCO_2回収する技術開発と連携し、ソーラーメタノール、ジェット燃料の製造を目指す研究開発が重要である。ここでは、ソーラー反応システムの大型化と、効率向上の両立が課題である。また、熱分解プラントの24時間運転がコスト低下に大きく寄与する。これには1000～1500℃の経済的な太陽熱蓄熱技術開発がブレイクスルーとなる。蓄熱発電・熱電池に関しては、500～1500℃で作動する大型システムの開発が重要であるが、最もコスト高な部分は電熱変換である。電熱変換を低コスト化する新技術を実現し、蓄熱部の大幅なコストダウンも達成しなくてはならない。

（6）その他の課題

CSPの国際的な研究プラットフォームにSolarPACES（Solar Power and Chemical Energy Systems）がある。SolarPACESは国際エネルギー機関IEAの実施協定であり、国単位での参加が必要である。現在、SolarPACESには20ヵ国が参加しており、参加国間で共同研究開発を積極的に行っている。これらの成果は一部の表面的な部分しか開示されないため、非参加国は重要な研究成果を共有できないなどの弊害がある。

（7）国際比較

国・地域	フェーズ	現状	トレンド	各国の状況、評価の際に参考にした根拠など
日本	基礎研究	○	→	●愛知製鋼、新潟大学、北海道大学、宮崎大学、東京工業大学が、水酸化カルシウム系[12]、炭酸塩系、金属酸化物酸化還元系の化学蓄熱、溶融塩、合金系の潜熱蓄熱、塩化物溶融塩系、固体粒子の顕熱蓄熱による蓄熱システムや熱媒の開発を行い、CSPの低コスト化、高温高効率化を目指している。また、IHI、新潟大学が太陽熱よる燃料製造システムの開発を行っている。新潟大学は連携企業と水熱分解水素製造システムを開発していおり、流動層反応器によるシステムは豪州再生可能エネルギー庁の補助で、CSIROと連携して豪州において500kWthで実証試験される[17], [18]。研究用の太陽集光設備として三鷹光器が設計した楕円2次反射鏡による新型の100kWthビームダウン型集光システムが宮崎大学に設置されている。
	応用研究・開発	△	↘	●豊田自動織機はパラボラトラフのような線集光用レシーバを開発し、海外で評価した。三鷹光器が設計した楕円2次反射鏡による新型の300kWthビームダウン型集光システムが、NEDOのプロジェクトで長野県富士見町に建設された。
米国	基礎研究	◎	↗	●DOEが2018年3月からGen3 CSPで約8千万ドルの予算でCSPプロジェクトを支援。NREL、Sandia国立研究所、Brayton Energy等の13の国研、大学、企業が参加、700℃以上のCSPシステムの開発を目指した。熱媒体は溶融塩、固体粒子、気体の3種類を並行して研究された。2021年3月に米DOEは、最も有望なものとして、固体粒子による蓄熱システムを選出した[28]。 ●2021年10月に、DOEが、The Solar Energy Technologies Office Fiscal Year 2021 Photovoltaics and Concentrating Solar-Thermal Power Funding Program（SETO FY21 PV and CSP）により40百万ドルで40プロジェクトを採択、そのうち25プロジェクトがCSP関連で33百万ドルの補助を得ている[29]。
	応用研究・開発	○	→	●国内に1.7 GWのCSPを有しているが、現在、新規建設のプロジェクトはない。 ●大型の新技術開発としては、Gen3 CSPのプロジェクトの第3フェイズにおいて、ダウンセレクトされた固体粒子蓄熱システムによるCSPが大型実証試験される。すなわちサンディア国立研究所がDOEから25百万USドルの支援を受け、数MWのCSPプラントの試験を行う[28]。 ●2020年には世界のCSP開発を牽引してきた企業の一つ、Solar Reserve社の資産が整理・売却された。同社が計画していたオーストラリアのAuroraプロジェクトは豪Vast Solar社等へ引き継がれた[27]。一方、南アフリカのRedstoneプロジェクト（南ア最大の再生可能エネルギー投資）は、サウジアラビアのACWA Power社が米Brightsource Energy社から反射鏡とその制御、CMI社（現在のJohn Cockerill社）からソーラーレシーバに関する技術提供を受けて、建設を開始した（2023年運転予定）[36]。 ●Heliogen社が太陽集光システム・熱電池の開発に大きく支援・投資を開始。米カリフォルニア州ランカスターにAIを活用したタワー型集光システムを建設。太陽エネルギーを1000℃以上の熱に転換して利用することを目的として、最高温度1500℃を目指している。 ●蓄熱発電（カルノーバッテリー）・熱電池については、米Malta Energy社が2018年に創業し、溶融塩を用いた潜熱蓄熱発電システムの開発を行っている。2022年にはBrekthrough Energy Vnturesの投資ファンドの支援を受け、産業用熱電池開発を行うAntora EnergyとRondo Energyが起業し[22], [32]、1000℃以上の熱電池開発を開始した。Rondo Energy社とTITANセメントの耐火煉瓦による熱電池の共同開発を開始している[34]。

<table>
<tr><td rowspan="3" style="writing-mode:vertical">2.1 電力のゼロエミ化・安定化</td><td rowspan="2">欧州</td><td>基礎研究</td><td>◎</td><td>↗</td><td>

【EU】
大型集光設備を有する独、仏、スペインが研究開発プロジェクトの中核を担っている。 Horizon 2020では下記を含む16プロジェクトが行われた。
●NEXT-CSP：固体粒子を熱輸送・蓄熱媒体とし800℃の運転を可能とするシステムを開発。
●Socreates：炭酸カルシウムによる800℃以上の太陽熱流動層化学蓄熱システムを開発[11]。
●Sun to Liquid：金属酸化物酸化還元系による熱化学サイクルを用い、太陽集熱でCO_2と水から合成ガスを製造し、さらにジェット燃料に転換するCCUプロジェクトが50 kWthで成功[31]。
【ドイツ】
●ドイツはEUの中でCSPに関する最先端技術開発の中心的存在。 DLRとFraunnhofer研究所が太陽熱に関する研究の中心となっている。 CSP及び太陽熱による燃料製造などにかかわる多くの分野で基礎研究を行っている。 EUのプロジェクトにも多数参加している。 DLRが1.5 MWthの集光設備を持ち、EUでの大型実証サイトと一つとなっている。
【フランス】
●国立研究機関であるCNRSのPROMES 研究ユニットが1 MWth太陽炉と5 MWthタワー型集光システムを持ち、研究開発の中心的役割をしている。太陽熱による燃料製造の研究も活発であり、メタンから水素と、カーボンナノチューブやC2炭化水素を合成するソーラー反応器開発を日本のIHIと共同開発している。 CSP-NEXTプロジェクトの固体粒子を使用するチューブラー型レシーバによる蓄熱システムの開発ではスペインと共に中心的役割を担った。高温のコンバインドサイクルを利用する小型CSPの開発プロジェクトを行った（POLYPHEMプロジェクト）[37]。
【スペイン】
●国研であるCIEMAT-PSA、CENER、またマドリードのIMDEA Energy公立研究所、並びに各大学、民間研究機関で活発に研究が行われている。 CIEMAT-PSAやIMDEA Energyは大型の太陽集光設備を持ち、EUの大型の実証試験サイトになっている。高温用溶融塩の研究、物性値向上を目指した分散系溶融塩の研究、蓄熱システム全般の基礎研究等多方面。 IMDEA EnergyはCSP-NEXTプロジェクトの固体粒子を使用するレシーバによる蓄熱システムに関する研究ではフランスCNRSと共に中心的役割を担った。太陽熱利用燃料製造ではSun to Liquidプロジェクトで小型のパイロットプラントの実証試験をIMDEA Energyが行った[30]。
【スイス】
●スイス連邦工科大学チューリッヒ校（ETH）がセリア発泡体デバイスによる水熱分解ソーラー反応器のコンセプトを提案し、ラボサイズの試験を成功させた[30]。
【英国】
●英国では太陽熱発電に関する研究は一部の大学、企業を除き行われていない。Calix社は上記Socreatesプロジェクトに参加[11]。

</td></tr>
<tr><td>応用研究・開発</td><td>◎</td><td>→</td><td>

【EU】
●欧州にはスペインのAbengoa Solar、SENER、Acciona SA、フランスのCUNCINM、Energie SA等、CSPのメインプレイヤーとなる企業がある。スイスのSynhelion社（スイス連邦工科大学チューリッヒ校が設立）は太陽集熱による水・CO_2熱分解により製造したジェット燃料を推進している[38]。
【ドイツ】
●ドイツのDLRが中心的役割を担い、企業およびスペイン等との国際連携の下、空気を熱媒体とするオープンソーラーレシーバ、低コストヘリオスタット（反射鏡）、太陽熱で駆動するソーラーガスタービン用レシーバの開発等、多岐にわたる研究開発を行っている。 DLR独自の方式による固体粒子ソーラーレシーバの開発も行い、タワー型集光システムで500 kWthの実証試験を行った。セラミック粒子を900℃以上に加熱することに成功し、製品化を行っている[39]。続く、EUファンド1.4百万€によるHIFLEXプロジェクト（2019〜2023年）では、700℃で20 MWhの蓄熱を行い、800 kWthの24時間の熱供給を行う[40]。

</td></tr>
</table>

				【イタリア】 ●上記のHIFLEXプロジェクト（2019～2023年）では南イタリアのパスタメーカーBarilla社が実証サイトを提供している。同社はパスタの製造過程への太陽熱利用が目的である。 【フランス】 ●世界最初のリニアフレスネル集光システムによる蓄熱付き9 MW CSPプラントをフランス国内で2019年から運転を開始した（eLLO Solar Thermal Project CSP Project）[41]。運転はフランスのCUNCNIM社が行っている。 【スペイン】 ●スペインが2.3 GWのCSPを有しており、2021年においては世界で最も導入量が大きい。南スペインのSolgest-1プロジェクトにおいて、110 MWのCSP（6時間の蓄熱付き）＋40 MW PVの建設計画がSENER社によって進行中である[42]。Abengoa Solar、SENER、Acciona SA等のスペイン企業がCSPを運転するプラントレベルの高効率化や低コスト化を実施すると共に、国研のCIEMAT等との共同研究開発を行っている。 【ギリシャ】 ●クレタ島に中国企業による52 MWCSPの建設計画がある（MINOSプロジェクト）[3]。 【英国】 ●特になし
中国	基礎研究	◎	↗	●中国科学院が中心となって多方面の基礎研究を行っているが、先行する欧米の研究の後追いが多い。現状考えられる様々な熱媒体、集光系を用いたプラントを建設するための基礎研究を実施。
	応用研究・開発	◎	↗	●現在のCSP導入量は520 MWであるが、2022年に1.1 GW（2024年に完成予定）と1.3 GWのプラント建設を発表した[2]。これらを合わせると中国の導入量は3 GWに達し、導入量の大きかったスペイン（2.3 GW）、USA（1.7 GW）を凌ぐ。トラフ型、タワー型からリニアフレルネルまで様々な集光系によるCSPプラントの多数建設している。ビームダウン集光システムによる溶融塩蓄熱型の50 MW CSPなど世界初の試みのプラントもある。 ●海外（UAE等）でも、これまでの米国・欧州の企業に替わって、Shanghai Electric社等の中国系企業が大型CSPプロジェクトの建設を行うケースが増えてきている。
韓国	基礎研究	△	→	●国研の韓国エネルギー技術研究院（KIER）が小型太陽炉と1 MW級のタワー型太陽集光器を持ち、開発の中心的役割を果たしている。近年は中国のプロジェクトに参加する場合が多い。金属酸化物の酸化還元系を利用した水熱分解による水素製造では日本の新潟大学と共同研究を行っている。
	応用研究・開発	△	↘	●空気を熱媒体としたタワー型の200 kW CSPを実証試験したが、ドイツDLRの開発したシステムと同型のものであった。
その他の国・地域	基礎研究	◎	↗	【豪州】 ●ASTRI（Australian Solar Thermal Research Institute）とよばれる研究組織を作り、国研CSIROを主軸に、多くの大学、企業と総合的なCSPに関する研究を行っている。実施内容はヘリオスタットの低コスト化、レシーバの高効率化、新規高温蓄熱材料、潜熱蓄熱材料とシステム、超臨界CO_2タービンの研究等。CSIROは豪州再生可能エネルギー庁（ARENA）の補助で新潟大学が開発した水熱分解水素製造システムを500 kWthで実証試験する[17],[18]。また、アデレード大学が中心となり、太陽熱をアルミナの製造工程の産業熱に利用するプロジェクト（ARENA）も行われている。 【サウジアラビア】 ●King Saud大学が砂を使った固体粒子ソーラーレシーバによる1000℃の蓄熱システムを研究開発している。

応用研究・開発		◎	↗	【豪州】 ●豪州 Vast Solar 社の低密度・高熱伝導率の金属 Na を熱輸送媒体として使用した CSP が、1.1 MW プラントの小規模ながら 2018〜2020 年のデモ期間、安全に運転することに成功している[26]。同社は複数の小型タワー集光器によるモジュラー型マルチタワー方式を推進、豪 1414 Degrees 社（蓄エネルギーのエキスパート）と、南オーストリアに PV ＋ CSP ＋バッテリーによるプラント建設（Aurora プロジェクト）を開始する[27]。Vast Solar 社の最終的な計画は 150 MW のモジュラー型マルチタワー CSP の建設であり、まずは 30 MW CSP の建設から開始し、これを 2025 年にオンラインする予定である。 【南アフリカ】 ● 500 MW の CSP を導入している。さらに 200 MW の建設計画がある。 【UAE】 ● 700 MW の CSP が建設中であり、さらに Noor Energy 1 プロジェクト[24],[25] において約 1 GW の世界最大の CSP/PV ハイブリットプラントが建設される。 【モロッコ】 ● 530 MW の CSP が導入されている。低コスト集光系であるパラボリックトラフ（線集光）と PV 電力による電気炉で溶融塩を加熱する新型の 800 MW CSP/PV プラントの建設計画がある[33],[34]。 【チリ】 ● 2021 年に太陽光発電とのハイブリットプラント、110 MW CSP（17.5 時間蓄熱）＋ 100 MW PV が運転を開始した。 【イスラエル】 ● 2019 年に 242 MW の CSP を導入している。 【インド】 ● 200 MW の CSP を導入している。

（註1）「フェーズ」

　　　「基礎研究」：大学・国研などでの基礎研究レベル。

　　　「応用研究・開発」：技術開発（プロトタイプの開発含む）・量産技術のレベル。

（註2）「現状」　※我が国の現状を基準にした評価ではなく、CRDSの調査・見解による評価。

　　　◎：他国に比べて特に顕著な活動・成果が見えている　　　○：ある程度の顕著な活動・成果が見えている

　　　△：顕著な活動・成果が見えていない　　　　　　　　　　×：特筆すべき活動・成果が見えていない

（註3）「トレンド」

　　　↗：上昇傾向、→：現状維持、↘：下降傾向

関連する他の研究開発領域

・太陽光発電　（環境・エネ分野　2.1.3） ・産業熱利用　（環境・エネ分野　2.2.4）

参考・引用文献

1）SolarPACES, "CSP Projects Around the World," https://www.solarpaces.org/csp-technologies/csp-projects-around-the-world/,（2023年1月19日アクセス）.

2）Susan Kraemer, "China Announces Another 1.3 GW of CSP with 12,000 MWh of Thermal Storage," SolarPACES, https://www.solarpaces.org/china-announces-another-1-3-gw-of-csp-with-12000-mwh-of-thermal-storage/,（2023年1月19日アクセス）.

3）German Aerospace Center（DLR）, "Solar thermal power plants: Heat, electricity and fuels from concentrated solar power," SolarPACES , https://www.solarpaces.org/wp-content/uploads/Study_Solar_thermal_power_plants_DLR_2021-05.pdf,（2023年1月19日アクセス）.

4）Susan Kraemer, "Paper Shows How Dispatchable CSP Can Solve the EU Gas Crisis,"

SolarPACES, https://www.solarpaces.org/paper-shows-how-dispatchable-csp-can-solve-eu-gas-crisis/,（2023年1月219日アクセス）.

5）HELIOSCSP, "DEWA announces winning tender for world's largest solar project," https://helioscsp.com/dewa-announces-winning-tender-for-worlds-largest-solar-project/,（2023年1月19日アクセス）.

6）Susan Kraemer, "All MENA CSP Now 7 Cents or Under Says ACWA Power," SolarPACES, https://www.solarpaces.org/csp-likely-7-cents-says-acwa-power/,（2023年1月19日アクセス）.

7）Susan Kraemer, "SolarReserve Bids CSP Under 5 Cents in Chilean Auction," SolarPACES, http://www.solarpaces.org/solarreserve-bids-csp-5-cents-chilean-auction/,（2023年1月19日アクセス）.

8）National Renewable Energy Laboratory（NREL）, "Concenrating Solar Power," Annual Technology Baseline, https://atb.nrel.gov/electricity/2021/concentrating_solar_power,（2023年1月19日アクセス）.

9）Christian Odenthal, et al., "Experimental and numerical investigation of a 4 MWh high temperature molten salt thermocline storage system with filler," *AIP Conference Proceedings* 2303, no. 1（2020）: 190025., https://doi.org/10.1063/5.0028494.

10）児玉竜也他「太陽熱発電のための高温の顕熱・潜熱蓄熱術」『太陽エネルギー』43 巻 5 号（2017）: 27-38.

11）European Commission, "SOlar Calcium-looping integRAtion for Thermo-Chemical Energy Storage," Community Research and Development Information Service（CORDIS）, https://cordis.europa.eu/project/id/727348,（2023年1月19日アクセス）.

12）Hiroshi Kamiya, et al., "Development and factory verification of the high-energy density thermochemical storage system," *AIP Conference Proceedings* 2303, no. 1（2020）: 190020., https://doi.org/10.1063/5.0029498.

13）Reiner Buck, et al., "Techno-economic analysis of thermochemical storage for CSP systems," *AIP Conference Proceedings* 2303, no. 1（2020）: 200002., https://doi.org/10.1063/5.0028904.

14）Vast Solar, "Projects," https://vastsolar.com/projects,（2023年1月19日アクセス）.

15）Samuel H. Gage and Craig S. Turchi, "Internal insulation and corrosion control of molten chloride storage tanks," *AIP Conference Proceedings* 2303, no. 1（2020）: 190010., https://doi.org/10.1063/5.0030959.

16）Clifford K. Ho, "A review of high-temperature particle receivers for concentrating solar power," *Applied Thermal Engineering* 109, Part B（2016）: 958-969., https://doi.org/10.1016/j.applthermaleng.2016.04.103.

17）児玉竜也「高温太陽集熱を利用した水素製造技術の研究開発動向と将来展望」3 章 3 節『水素の製造、輸送・貯蔵技術と材料開発事例集』技術情報協会 編（東京: 技術情報協会, 2019）, 72-79.

18）児玉竜也「革新的CCU技術—太陽熱利用水・二酸化炭素分解技術」『日本エネルギー学会機関誌えねるみくす』99 巻 4 号（2020）: 379-387., https://doi.org/10.20550/jieenermix.99.4_379.

19）Amanda L. Hoskins, et al., "Continuous on-sun solar thermochemical hydrogen production via an isothermal redox cycle," *Applied Energy* 249（2019）: 368-376., https://doi.org/10.1016/j.apenergy.2019.04.169.

20）Zhiwen Ma, Patrick Davenport and Genevieve Saur, "System and technoeconomic analysis of solar thermochemical hydrogen production," *Renewable Energy* 190（2022）: 294-308., https://doi.org/10.1016/j.renene.2022.03.108.

2.1 電力のゼロエミ化・安定化

21）Alejandro Pérez, et al., "Hydrogen production by thermochemical water splitting with $La_{0.8}Al_{0.2}MeO_{3-\delta}$ (Me= Fe, Co, Ni and Cu) perovskites prepared under controlled pH," *Catalysis Today* 390-391 (2022)：22-33., https://doi.org/10.1016/j.cattod.2021.12.014.

22）Susan Kraemer, "Bill Gates-funded startup Rondo turns Solar or Wind into Heat," SolarPACES, https://www.solarpaces.org/bill-gates-funded-startup-rondo-turns-solar-or-wind-into-heat/,（2023年1月19日アクセス）.

23）National Renewable Energy Laboratory (NREL), "Atacama I / Cerro Dominador 110MW CSP + 100 MW PV CSP Project," Concentrating Solar Power Projects, https://solarpaces.nrel.gov/project/atacama-i-cerro-dominador-110mw-csp-100-mw-pv,（2023年1月19日アクセス）.

24）SolarPACES, "Thermal Storage Test Milestone at 700 MW DEWA CSP Plant," https://www.solarpaces.org/shanghai-electric-announces-thermal-storage-testing-milestone-at-the-700-mw-dewa-csp/,（2023年1月19日アクセス）.

25）National Renewable Energy Laboratory (NREL), "CSP-PV hybrid project Noor Energy 1 / DEWA IV CSP Project," Concentrating Solar Power Projects, https://solarpaces.nrel.gov/project/csp-pv-hybrid-project-noor-energy-1-dewa-iv-0,（2023年1月19日アクセス）.

26）Vast Solar, "Jemalong CSP Pilot Plant - 1.1MWe," https://vastsolar.com/portfolio-items/jemalong-solar-station-pilot-1-1mwe/,（2023年1月19日アクセス）.

27）David Carroll, "Vast Solar teams with 14D on Aurora solar plus storage project," pv magazine Australia, https://www.pv-magazine-australia.com/2022/06/16/vast-solar-teams-with-14d-on-aurora-solar-plus-storage-project/,（2023年1月19日アクセス）.

28）Solar Energy Technologies Office, "Generatoin 3 Concentrating Solar Power Sysem (Gen3 CSP)," Office of Energy Efficiency and Renewable Energy, U.S. Department of Energy, https://www.energy.gov/eere/solar/generation-3-concentrating-solar-power-systems-gen3-csp,（2023年1月19日アクセス）.

29）SolarPACES, "These 25 Advanced CSP & CST Technologies to Share $33 Million US DOE Funding," https://www.solarpaces.org/these-25-advanced-csp-cst-technologies-to-share-33-million-us-doe-funding/,（2023年1月19日アクセス）.

30）Stefan Zoller, et al., "A solar tower fuel plant for the thermochemical production of kerosene from H_2O and CO_2," *Joule* 6, no. 7 (2022)：1606-1616., https://doi.org/10.1016/j.joule.2022.06.012.

31）Shang Zhai, et al., "The use of poly-cation oxides to lower the temperature of two-step thermochemical water splitting," *Energy & Environmental Science* 11, no. 8 (2018)：2172-2178., https://doi.org/10.1039/c8ee00050f.

32）Andrew Ponec, "Turning sunshine and wind into 24/7 industrial heat and power — cheaper than fossil fuels," Antora Energy, https://medium.com/antora-energy/turning-sunshine-and-wind-into-24-7-industrial-heat-and-power-cheaper-than-fossil-fuels-69355cdcde04,（2023年1月19日アクセス）.

33）SolarPACES, "Rondo's Thermal Storage to Decarbonize TITAN Cement," https://www.solarpaces.org/rondos-thermal-storage-to-decarbonize-titan-cement/,（2023年1月19日アクセス）.

34）Susan Kraemer, "Morocco Pioneers PV with Thermal Storage at 800 MW Midelt CSP Project," SolarPACES, https://www.solarpaces.org/morocco-pioneers-pv-to-thermal-storage-at-800-mw-midelt-csp-project/,（2023年1月19日アクセス）.

2.1
電力のゼロエミ・
安定化

35）TSK Electrónica y Electricidad, S.A.（TSK）, "NOOR Midelt 800 MW Hybrid Solar Power Plant," https://www.grupotsk.com/en/proyecto/noor-midelt-800-mw-hybrid-solar-power-plant/,（2023年1月19日アクセス）.

36）SolarPACES, "ACWA Power's Redstone CSP Draws Down Debt in 9th Month of Construction," https://www.solarpaces.org/acwa-powers-redstone-csp-draws-down-debt-in-9th-month-of-construction/,（2023年1月19日アクセス）.

37）POLYPHEM, "THE POLYPHEM PROJECT: SMALL-SCALE SOLAR THERMAL COMBINED CYCLE," https://www.polyphem-project.eu/,（2023年1月19日アクセス）.

38）Susan Kraemer, "How hot solar aviation fuel（thermochemistry heated by solar mirrors）taken off," SolarPACES, https://www.solarpaces.org/how-hot-solar-aviation-fuel-from-h2o-and-co2-has-taken-off/,（2023年1月19日アクセス）.

39）Susan Kraemer, "HelioHeat Commercializes the DLR 1000° C Solar Receiver CentRec®," SolarPACES, https://www.solarpaces.org/helioheat-commercializes-the-dlr-1000c-solar-receiver-centrec,（2023年1月19日アクセス）.

40）European Commission, "HIgh storage density solar power plant for FLEXible energy systems," Community Research and Development Information Service（CORDIS）, https://cordis.europa.eu/project/id/857768,（2023年1月19日アクセス）.

41）SUNCNIM, "eLLO: the world's first Fresnel thermodynamic power plant with an energy-storage capacity," https://www.suncnim.com/en/ello-worlds-first-fresnel-thermodynamic-power-plant-energy-storage-capacity,（2023年1月19日アクセス）.

42）SENER, "SENER launches Solgest-1, the first hybrid concentrated solar power with storage and photovoltaic plant in Spain," https://www.evwind.es/2021/11/18/sener-launches-solgest-1-the-first-hybrid-concentrated-solar-power-with-storage-and-photovoltaic-plant-in-spain/83320,（2023年1月19日アクセス）.

2.1

電力のゼロエミ化・安定化

2.1.9 CO₂回収・貯留 （CCS）

（1）研究開発領域の定義

　火力発電所、製鉄所およびセメント工場などの排ガスあるいは空気中から二酸化炭素（CO₂）を分離回収する技術（Carbon dioxide Capture）およびそれに引き続いて行う貯留技術（Storage）を扱う。分離回収から貯留までの一連の工程をCCSと呼ぶ。貯留については地下深部の塩水性帯水層、枯渇油・ガス田へのCO₂圧入に加え、生産性が低下した油田へのCO₂圧入に伴う石油増進回収（EOR）のように地下資源を回収しつつCO₂を封入する技術も含める。分離回収したCO₂を利用するCCU（Carbon Capture and Utilization）は「CO₂利用」領域にて扱う。

（2）キーワード

　燃焼前回収（pre-combustion）、燃焼後回収（post-combustion）、酸素燃焼・オキシフュエル（Oxy-fuel）、アミン、吸収法、吸着法、膜分離法、DAC（Direct Air Capture、大気中CO₂直接回収）、分離回収エネルギー、塩水性帯水層、石油増進回収法（CO₂ Enhanced Oil Recovery：EOR）、マイクロバブルCO₂圧入法、光ファイバーセンシング技術

（3）研究開発領域の概要

［本領域の意義］

　国際エネルギー機関（IEA）の試算によると、所謂2℃シナリオの実現にはCCSが不可欠であり、2060年までの累積CO₂排出削減のうち15%程度をCCSが担うとされている[1]。米国、カナダ、ノルウェーなどでは既に商用規模の実用化に至っているが、当該シナリオの実現に向けては社会実装の加速が必要である。また、回収したCO₂を資源として捉え、多様な炭素化合物等として再利用する技術（CCU）についても、世界各国でイノベーションを目指して研究開発が活発に行われている。我が国では、2019年に経済産業省が内閣府、文部科学省、環境省の協力のもと策定した「カーボンリサイクル技術ロードマップ」で、2030年に分離回収コスト1,000〜2,000円台/t-CO₂を掲げている。2020年には、政府の統合イノベーション戦略推進会議がパリ協定の長期戦略等に基づく「革新的環境イノベーション戦略」を決定し、2050年までの確立を目指す革新的技術（全39テーマ）のなかに「⑫CCUS/カーボンリサイクルの基盤となる低コストなCO₂分離回収技術の確立」さらには「㊴DAC（Direct Air Capture）技術の追求」が挙げられた。CO₂分離回収技術は、CCSおよびCCU（CCUS）の根幹をなす共通基盤技術であり、CCUSがCO₂排出量削減に実質的に貢献するために極めて重要な技術であると位置づけられている。また、2020年10月には我が国は「2050年カーボンニュートラル」を宣言し、同年12月に「2050年カーボンニュートラルに伴うグリーン成長戦略」を策定した[2]。ネットゼロ社会においても、化石資源の利用は残るものと考えられるが、CO₂を生成させた場合でもCCSを併せて行えばカーボンニュートラルと見なせる。DACと貯留を組み合わせたDACCSやバイオマス利用後のCO₂を回収・貯留するBECCS（Bioenergy with CCS）は排出が負のネガティブエミッションと見なせ、大気中へのCO₂放散が避けられない用途でのCO₂排出量を相殺するために必要な技術となる。

［研究開発の動向］

■CO₂分離回収技術

・気候変動に関する政府間パネル（IPCC）がまとめたCCSに関する特別報告には、CO₂分離回収法として、化学吸収法、物理吸収法、物理吸着法、膜分離法、深冷分離法が挙げられている。

- 化学吸収法：アミン液とCO₂の化学反応を利用、加熱によりCO₂を脱離させる。

- 物理吸収法：CO₂の溶媒への溶解、圧力差または温度差でCO₂を脱離させる。

- 物理吸着法（固体）：炭素やゼオライトなどの固体にCO₂を物理吸着させる。

- 化学吸収 / 吸着（固体）：多孔質担体にアミン等を含浸させた固体の吸収材または吸着材を用いる。
- 膜分離法：膜の両側の CO_2 の分圧差により片側に CO_2 を移動させる。膜として CO_2 と相互作用を持つ有機膜や無機膜（ゼオライト、シリカ）など。
- 深冷分離法：空気を分離して高純度ガスを製造する際に確立された技術だが、液化及び蒸留を伴うため、特に、対象ガスが低濃度の場合は多大なエネルギーを消費し、貯留を含めたCCSには不利と考えられる。
・CO_2 回収の負荷を下げるために、CO_2 の発生源における反応プロセスでの対応も検討されている。
- 酸素燃焼・オキシフュエル法：窒素を含まない純酸素によって燃料を燃焼し、燃焼後水を復水として取り除くと100%近い CO_2 が回収できる手法である。酸素製造コストが課題である。
- ケミカルルーピング法：CO_2 を金属酸化物と反応させる工程を設け CO_2 を炭酸塩化し、得られた炭酸塩は別の反応器で加熱し CO_2 を脱離・回収する。炭酸塩化反応の発熱エネルギーも回収して、プロセス全体のエネルギー効率を高める。
・貯留向けに、吸収法、吸着法、膜分離法による CO_2 分離回収技術の研究開発が盛んに行われてきた[3]。それらのうち、実用化が進み最も成熟した技術は液体の吸収法によるものである。石炭燃焼排ガス等の比較的 CO_2 分圧が低いガスに対する CO_2 回収（燃焼後回収）ではMEA（エタノールアミン）等のアミン系化学吸収液が用いられ、天然ガス精製時等の比較的 CO_2 分圧が高いガスに対する回収（燃焼前回収）ではMDEA（メチルジエタノールアミン）等のアミン系化学吸収液あるいはメタノール等の物理吸収液が用いられている。また近年はこれらアミン系吸収剤を固体表面に固定した手法（川崎重工業株式会社によるKCC法など）も提案・実証されている。
・Global CCS Instituteのデータベースによると、2019年時点で19の大規模CCS施設が稼働していた（年間 CO_2 回収量40万t以上を大規模と定義。ただし、石炭火力発電所の場合は年間80万t以上）。それら19件のうち、液体の吸収法による CO_2 回収は16件を占め、そのうちの9件がアミン吸収液を用いている。石炭火力発電所での燃焼後回収で世界最大の規模（年間約150万t-CO_2）を誇るPetra Nova CCUSプロジェクトでは、日本の回収技術（アミン吸収液KS-1を用いた関西電力株式会社と三菱重工業株式会社の共同開発技術）が採用されている。
・実証レベルに達した現行吸収液技術に置き換わるものとして、非水溶媒や相分離液などの新規吸収液、革新的な固体吸着材（あるいは固体吸収材）や分離膜を用いた分離回収プロセスの研究開発が、分離回収エネルギーおよびコストの低減を目指して行われている。「次世代火力発電に係る技術ロードマップ」（2016年6月）[4] では、実用レベルにある吸収液の技術開発が先行し、固体吸収法、膜分離法、クローズドIGCCについては2030年頃の実用化を目指すとしている。
・DACについては、EUが力を入れており、パイロットプラントでの実証試験が盛んに行われている。米国やカナダでも実証試験レベルの研究が加速している。一方で、アジア地域では具体的な研究はほとんど行われていないが、日本ではムーンショット型研究開発事業や未踏チャレンジ2050などで研究開発が加速しつつある。
・CO_2 分離回収技術の実用化のためには、実ガスに対する耐性の検証が非常に重要である。米国エネルギー省（DOE）の CO_2 分離回収技術のプロジェクトの多くは、プロジェクト後半にNational Carbon Capture Center（NCCC）等の実ガス試験サイトでの実ガス試験を計画している。CO_2 分離回収技術の研究開発を推進する世界各地の実ガス試験施設のグローバル連合として、International Test Center Network（ITCN）[5] が2012年に設立され、日本からは地球環境産業技術研究機構（RITE）が加入している。

■**CO_2 貯留技術**
・地中貯留は、地下にあった炭化水素化合物を人類が利用して元に戻すという考え方に基づくものであり、貯留方式として、枯渇石油・ガス田への貯留、CO_2-EOR[6]、EGR（Enhanced Gas Recovery）[6]、

ECBM（Enhanced Coal Bed Methane）[6]、塩水性帯水層貯留（狭義のCCS）[7] などがある。 CO_2-EORは石油増進回収を目的として、生産性が低下した油層にCO_2を圧入するもので、経済的に有利な方法である。 ECBMは石炭層に吸着している炭層ガス（主にメタンガス）をCO_2によって置換させ、CO_2貯留とメタンの回収を図る技術である。塩水性帯水層貯留はCO_2貯留の安定性が最も高い技術と考えられている。

- CO_2-EORは米国では1970年代からエネルギー国家戦略のもと政策的に行われている[8]。塩水性帯水層貯留については、1990年後半から北海やアルジェリアのガス田において、天然ガスに随伴するCO_2を地下深部の塩水性帯水層圧入する事業が実施されてきた。このケースではCO_2圧入対象層はガス田開発過程で確認されていたため、比較的容易に実現に移行できている。

- 我が国においては、2000年からRITEが中心となって、塩水性帯水層へのCO_2貯留技術開発に取り組んでいる[9],[10]。地層水（化石海水）を含んだ隙間の多い砂岩層からなる帯水層の上部に気体や液体を透さないキャップロックと呼ばれる固い層（遮蔽層）が存在することにより、帯水層に圧入したCO_2を長期に安定して閉じ込めるものである。帯水層貯留技術は、基本的に天然ガスの地下貯留やCO_2-EOR等で蓄積された地中へのガス圧入・貯留技術を応用できる。CO_2の安定貯留の点で、最も即効的かつ有効であると言われており、大規模実証試験プロジェクトが日本では2016年から苫小牧沖合で実施され（海域地中貯留）、現在も地下でのCO_2挙動モニタリングが行われている。

（4）注目動向
［新展開・技術トピックス］
■CO_2分離回収技術

- それまでは難易度が高いとされていた石炭火力発電所での商用スケールCCSが実証に至っている。カナダではBoundary Dam発電所の燃焼後回収設備（Cansolvプロセス[11]、約2,500 t-CO_2/day、2014年〜）、米国ではW.A. Parish発電所の燃焼後回収設備（KM CDRプロセス[12]、4,776 t-CO_2/day、2016年〜）が稼働し、ここ数年の期間にデータを蓄積している。CO_2回収にはアミンによる化学吸収法が適用されている。

- 国内では、COURSE50プロジェクトでRITEと日本製鉄株式会社が共同で開発した新規アミン吸収液（RN液）を採用した省エネ型CO_2回収設備（ESCAP）の商業機が、室蘭製鉄所（2014年〜）および新居浜西火力発電所（2018年〜）に導入されCCUを目的に実用化されている（各約120〜143 t-CO_2/day）[13]。また関西電力舞鶴火力発電所において、川崎重工業株式会社とRITEが開発したKCC法による固体を用いた吸収が、40 t-CO_2/dayの規模で実証が進められている[14]。

- 上述のようにアミン液を用いた吸収法は大規模CCUSで実証されており、現在は、新規吸収液（非水溶媒や相分離液）、固体吸収材あるいは吸着剤、分離膜を用いたCO_2分離回収の技術成熟度レベル向上を目指した研究開発が重要となっている。 RITEは燃焼前回収のためのCO_2分離膜モジュール（分子ゲート膜）を開発し、膜エレメントの実ガス試験を実施している[15]。

- DACについては、カナダのCarbon Engineering社、スイスのClimeworks社、米国のGlobal Thermostat社等による開発が注目され、多額の資金が提供される状況である。

- 米国では、2018年に成立した45Q法案によってCCSに対する政府補助（Tax Credit）が増額された。2024年までに施設建設を開始したCO_2回収設備に対し、操業開始から12年間を対象期間とする。当該税額控除は、CCUSプロジェクトに経済的インセンティブを付加するものと考えられる。

■CO_2貯留技術
- **マイクロバブルCO_2圧入技術**

地下貯留技術として、CO_2-EORおよび帯水層貯留は大規模なCO_2削減対策として注目されており、米国

が最も多く120箇所以上の実績がある。通常圧入の方法として、CO_2と水を交互に圧入して炭酸水として貯留するガス水相互圧入法（WAG：Water Alternating Gas）が用いられるが、比較的厚い油層や不均質性の高い貯留層に対して効果が上がりにくいという課題がある。それに対しRITE、東京ガス株式会社、京都大学はCO_2をマイクロバブル（微細気泡）化して圧入することで、従来ではアクセスできない狭い孔隙にも浸透でき、原油の回収率の向上が可能な技術を開発している[16]。この技術は秋田県の申川油田での実証試験を通じて有効性が検証されており、生産性の低い油田からの原油回収率の向上や油田の寿命の延長が可能なだけでなく、約80%のCO_2が地中に留まることを確認しており、CO_2の効率的な貯留の観点でも大きく貢献できると期待される[17]。

- **光ファイバー方式CO_2モニタリング**

  地中に圧入されたCO_2が安全に貯留されているかを把握するために、石油や天然ガス開発で培ってきた地下探査技術が応用されている。CO_2モニタリングは法令順守（監督機関への報告）や社会的受容性（住民とのリスクコミュニケーション）の観点も重要である。一方、操業者にとっては、安全性を確保しながらも、モニタリングコストを下げていく必要がある。操業期間中だけでなく、圧入終了後も一定期間内、継続してモニタリングが必要である。RITEを中心に二酸化炭素地中貯留技術研究組合が取り組んでいる光ファイバー方式のCO_2モニタリング技術は、実用化に向けて国内外サイトで実証試験が行われており、特に米国North DakotaのCO_2貯留サイトにおいては米国環境保護庁（EPA）によって承認されている[18]。このCO_2モニタリング技術は、1本の光ファイバーケーブルに組み合わせて、温度分布測定（DTS: Distributed Temperature Sensing）、ひずみ測定（DSS: Distributed Strain Sensing）および音響測定（DAS: Distributed Acoustic Sensing）を同時に行うことが可能であり、低コストモニタリング技術として期待されている[19)-21]

[注目すべき国内外のプロジェクト]

■CO_2分離回収技術

- ・環境省「環境配慮型CCS実証事業」[22]（2021年度〜）

  東芝エネルギーシステムズ株式会社が三川火力発電所に設置したアミン吸収液（TS液）による回収施設で2020年10月より本格試験を開始し、630 t–CO_2/dayの回収性能を実証している。本回収設備は、バイオマス発電所から排出されたCO_2を分離回収する世界初となる実用規模の設備であり、船舶による輸送を経て、沖合の海底下に貯留することを目指している。計画通りCO_2貯留が行われれば、BECCS（バイオマスエネルギーCCS）システムとして商用規模のネガティブエミッションを実現することになる。

- ・NEDO（GI基金）「CO_2分離回収等技術開発プロジェクト」[23]（2022年度〜）

  高圧でCO_2濃度が高い排ガスに比べ、CO_2分離回収に多くのエネルギーを要する低圧・低濃度の排ガス（CO_2濃度10%以下）を対象として、2030年に2000円台/t–CO_2以下の分離回収コストを実現するための技術開発に取り組む。開発課題として、①天然ガス火力発電排ガスからの大規模CO_2分離回収、②工場排ガス等からの中小規模CO_2分離回収、③CO_2分離素材の標準評価共通基盤の確立、の3つが挙げられている。

- ・NEDO「先進的二酸化炭素固体吸収材の石炭燃焼排ガス適用性研究」[24]（2020〜2024年度）

  CO_2を低コストに分離回収することができる固体吸収材の開発。2018年から石炭火力発電所向けに固体吸収法の実用化に向けた研究開発に取り組んでおり、ベンチスケール試験（数t–CO_2/day）では、RITEが開発した固体吸収材を用いて、CO_2分離回収エネルギー目標1.5 GJ/t–CO_2の達成と設備大型化への目途が得られている。2020年度開始の事業では、舞鶴発電所に川崎重工業社が設計製作するパイロットスケール試験設備（40 t–CO_2/day）を設置し、長期連続運転によるCO_2分離回収試験を行う。

- ・NEDO「二酸化炭素分離膜システム実用化研究開発」[25]（2021〜2023年度）

2.1
電力のゼロエミッ・
安定化
ション化

「高温・不純物耐久性CO$_2$分離膜及び分離回収技術の研究開発」（東レ株式会社）、「革新的CO$_2$分離膜モジュールによる効率的CO$_2$分離回収プロセスの研究開発」（九州大学、東京工業大学、東ソー株式会社）、「高性能CO$_2$分離膜モジュールを用いたCO$_2$/H$_2$膜分離システムの研究開発」（次世代型膜モジュール技術研究組合）が実施されている。

・内閣府 ムーンショット目標4「地球環境再生に向けた持続可能な資源循環を実現」[26]（2020年度〜）

2050年のカーボンニュートラルに向けて、目標4ではCO$_2$分離回収や利用の技術開発が取り上げられている。DACシステム、オフィスビルでのCO$_2$回収、冷熱利用、鉱物への吸収、生物利用などの将来を見据えた研究開発プロジェクトに取り組む。

・JOGMECのプロジェクトで、日本ガイシ株式会社と日揮株式会社が開発したモノリス型DDRゼオライト膜を用いたCO$_2$分離プロセスを用いて、米国テキサス州でCO$_2$–EORでの実証試験を実施中である。小型膜エレメントの試験に続いて、商業用大型膜エレメントを用いたフィールド実証試験を行っている[27]。

・米国DOEのプロジェクト中で、米MTR社が実機サイズの高分子膜モジュールおよび膜分離システムを開発中である。燃焼後回収用の10 t–CO$_2$/dayの膜モジュールシステムの実ガス試験をノルウェーTCM（Technology Centre Mongstad）の設備で実施し、将来はWyoming ITC（Integrated Test Center）にて150 t–CO$_2$/dayの実ガス試験を計画するなど実証フェーズに向けた研究開発が進んでおり、今度の動向が注目される[28]。

・ノルウェーTCMは、アミン系吸収液を中心に化学吸収法の大規模実証試験を実施してきたが、運転開始から10年が経ち、新規技術の実証試験も対象とするべく設備の拡充が実施されている。米国DOEプロジェクトと連携しており、上述のMTR社の膜分離システムのほかに、TDA Research社の膜–固体ハイブリッドシステムの開発に関わっている。

■CO$_2$貯留技術

・2017年にはテキサス州のW.A. Parish 石炭火力発電設備において、日本のJBICおよびJX石油開発が出資したPetra Novaプロジェクト[29]が開始された。米国では税控除措置（45Q）やインフレ抑制法（IRA）を契機にCO$_2$地中貯留事業が続々と計画されているほか、CarbonSAFE（Carbon Storage Assurance Facility Enterprise）プロジェクトの圧入量は5,000万t以上となっている。税控除措置はカナダでも導入され、アルバータ州の大規模CO$_2$地中貯留事業を後押ししている。

・中国では東北部の吉林油田でのCO$_2$–EORに続いて、北西部の延長油田でも2017年3月に統合CCS実証施設の建設が開始された。さらに、中国にはさまざまな計画段階にある大規模施設が7つある。韓国とオーストラリアはそれぞれ2施設を計画中である。

・経済産業省が日本CCS調査株式会社に委託した苫小牧一貫実証事業では、2016年から2019年11月までの間に石油精製用水素製造プラントから回収された累積30万t–CO$_2$が海底下貯留層へ圧入されたことを報告している[30]。

・経済産業省と環境省が共同で出資して「二酸化炭素貯留適地調査事業（2014年〜）」を実施しており、環境省事業ではここで同定される候補地を実証事業で利用する。

（5）科学技術的課題
■CO$_2$分離回収技術

・アミンを用いたCO$_2$を分離回収はその環境影響評価の重要性が指摘されており、特に、欧米の実証事業では多くのケーススタディが実ガスを用いて行われている。アミン自身を環境に漏洩させないための対策は技術的に可能である一方、仮に出た場合の影響について、大気化学、生体毒性などの観点での学術的理解を深化させていくことが求められる。

・分離膜技術は、供給側と透過側の圧力勾配によってCO$_2$を透過させる。燃焼後回収は低圧のガスであり、

十分な圧力差をつけるために供給側の圧縮あるいは透過側の減圧のコストがかかるため、コスト的に他の分離法よりも有利になるためには、高CO_2透過性膜の開発および膜分離システム上の工夫が必要であり、そのような観点での研究開発が進められている。燃焼前回収の場合、圧力差があるため圧縮ポンプや真空ポンプの動力が不要となり、分離膜はコスト的に有利と考えられる[31]。ただし、高温・高圧条件での耐久性の高い分離膜が必要となる。分離膜特有の課題として、吸収法等に比べ純度を上げるのが難しく、回収率を上げると純度低下やコストが大きくなる等の問題が生じる。これらの技術課題を解決するため、吸収法、液化、吸着剤等とのハイブリッド化の検討も行われている。

・DACの研究開発はここ数年で急速に加速し、現在世界中で19のDACプラントが稼働している。そのうちのいくつかはLCAの結果、既にネガティブエミッション技術として成立していることが報告されており[32]、数年前まで存在していた本技術の有効性に関する疑念は払拭されつつある。しかしながら依然として、排熱や再生可能エネルギーが利用できる場所に限定されることやCO_2回収コストが高い課題があり、各企業は装置や材料の改良を続けながら大規模実証を行っている状況にある。

・鉄鋼やセメント産業など、排出量の多い産業部門でのCO_2削減技術の開発が重要になると考えられる。

・輸送分野の移動体から発生するCO_2の回収技術も課題である。国交省の補助事業「海洋資源開発関連技術高度化研究開発事業 "CC-Ocean"」では、石炭運搬船にCO_2小型デモプラントを搭載し実証試験が行われている[33]。トラックへのCO_2分離回収技術の積載を検討した報告もある[34]。

・CCUでは利用目的に応じて回収CO_2が満たすべき要件が異なる。そのためCO_2分離回収技術に求められる多様性が増加している。

■ CO_2 貯留技術

・我が国の石油・ガスの地上設備における環境対策技術は世界トップレベルの技術力を保持しており、今後も継続的な研究開発により、これら技術力の向上が期待される[35]。しかし、国内の油ガス埋蔵量が少なく、EORや天然ガス地下貯蔵の事例は限られる。また地下構造も複雑であり、CO_2圧入対象の貯留層条件（孔隙率、浸透率）も海外に比べて劣ることから、塩水帯水層を中心とした我が国の地質条件に適した技術開発が肝要である。

・秋田県申川油田の現場試験では、マイクロバブルCO_2圧入技術が従来法に比べて、貯留効率を約17%向上させたほか、圧入性も4倍ほど高くなったことが確認できたが、本格的な事業展開には大規模実証試験が必要である。マイクロバブルCO_2は微細気泡であり、地層水との密度差に起因する浮力が小さく、高い浸透性の貯留層では掃攻効率（sweep efficiency）も高いため、日本独自のCCS技術として海外移転できる。CO_2-EORにも有効であり、マイクロバブルCO_2圧入技術はすでに海外の石油開発会社にライセンス供与の実績はあるが、今後さらなる海外への技術展開が待たれる。

・光ファイバー測定技術のうち、分布式ひずみ測定は日本が世界のトップランナーであり、特許も複数件取得されている。ひずみ測定（DSS）は貯留層を覆う遮蔽層の安全性やCO_2圧入サイト周辺断層の力学的安定性及び健全性の監視に適している。分布式温度測定（DTS）と組み合わせ圧入井背面のケーシング腐食やセメント劣化によるCO_2漏洩検知が可能であり、さらに同一光ファイバーを利用した音響測定（DAS）により地下のCO_2分布状態を調べることができる。光ファイバーは溶融石英から作られており、腐食に強く半永久的に使用できることから、CO_2モニタリングコスト削減が期待できる。国内CCS事業への実用化に向けて、検証、改良を継続していく必要がある。

・地質条件に恵まれていない我が国では、1本の坑井からのCO_2圧入量が海外に比べて少なく、排出源から回収されたCO_2全量を圧入するには、複数の圧入井を掘削する必要がある。RITEを中心に二酸化炭素地中貯留技術研究組合は、光ファイバー測定技術を取り入れて、国内サイトで複数坑井最適配置に係る技術開発を進めている。

・我が国では海外から化石燃料を輸入しており、CO_2排出源が沿岸域とくに太平洋側に分布している。一

方、貯留適地は日本海側に多いため、CO_2輸送手段はパイプラインよりも船舶になると考えられている。しかし、輸送過程のCO_2液化等も含めてコストが非常に高いと指摘されており、さらには圧入サイトによっては港湾施設を新たに整備しなければならない。国内CCS事業の実用化には、船舶やパイプラインによる合理的な輸送システムの構築と、排出源と貯留適地のマッチングが課題となる。

（6）その他の課題
■CO_2分離回収技術

・従来のアミン吸収液に替わる新規材料として、新規合成アミン、イオン液体等を含ませた各種多孔質材料、高分子ポリマー、金属有機構造体（MOF）、また均一状態からCO_2吸収に伴い固体として分離する系[36] など、多様なCO_2分離回収材が多く提案され、ラボレベルでは高い性能が報告されている。それらのシーズがCCUS技術として実用化が見込めるかの迅速な評価は研究開発を加速するために重要と考えられる。そのためには、スケーラビリティや分離回収コストの評価のほか、実ガス耐久性の評価、さらにはLCAを始めとする各種の評価手法に関しての国内あるいは世界的な共通基盤の整備が求められる。

・大学やベンチャー企業がシーズ技術を育てることができる環境の整備が課題として挙げられる。上述の課題のうち、ラボレベルの技術開発の障壁の一つが実ガス試験である。これまで海外の米国のNCCCやノルウェーのTCMなどの大規模な実ガス試験サイトに依存していたが、NEDOグリーンイノベーション事業の「CO_2分離素材の標準評価共通基盤の確立」（産総研、RITE。2022年度〜）[23] において、都市ガスボイラーの排ガスを用いた実ガス試験センターをRITEに設置することとなった。この設備の活用により日本のCO_2分離回収の研究開発の加速が期待される。

■CO_2貯留技術

・海外では大規模地中貯留事業が数多く実施されているが、その多くは油ガス田開発などで豊富な地下情報によるものであり、貯留適地開発のリスクが少ない。貯留規模の拡大のためには、油ガス開発と同じく地下情報の不確実性の低減や事業コストの削減に向けた不断の調査が必要である。

・CCSが真に気候変動対策技術として実効的なものとなるための課題は、世界的にも①法規制枠組みの整備、②資金調達の仕組みの整備、③社会的合意の形成、の3点であると認識されており、科学技術面のみならず社会科学的な取り組みが重要である。

（7）国際比較
■CO_2分離回収技術

国・地域	フェーズ	現状	トレンド	各国の状況、評価の際に参考にした根拠など
日本	基礎研究	◎	→	●JST 未来社会創造事業「地球規模課題である低炭素社会の実現」領域で、2050年の温室効果ガスの大幅削減に向け、CO_2分離回収技術の開発が行われている。 ●CO_2分離回収技術分野の特許出願数は米国や欧州に比べても多く、技術優位性を維持していると言える[37]。 ●「ムーンショット型研究開発事業」では目標の一つに「2050年までに、地球環境再生に向けた持続可能な資源循環を実現」を掲げ、DAC技術開発等を実施[26]。 ●NEDOグリーンイノベーション事業「CO_2分離素材の標準評価共通基盤の確立」（産総研、RITE）が2022年度に開始[23]。CO_2分離素材について国内企業による新規技術開発の促進が期待される。

	応用研究・開発	◎	→	●化学吸収法による燃焼後回収の分野で、三菱重工業株式会社、東芝株式会社、株式会社IHIなどの世界的トッププレーヤーを誇る。 ●RITEと日本製鉄株式会社はCOURSE50プロジェクトで世界トップレベルの化学吸収液を開発しており、CCU分野では実用化されている。 ●RITEは燃焼後回収用途に革新的固体吸収材を開発した。当該固体吸収材を川崎重工業株式会社の移動層回収システムに適用し、2022年度後半から舞鶴発電所で40 t/dの規模の実ガス試験を開始する予定である[14]。 ●次世代型膜モジュール技術研究組合は、燃焼前回収用途に新規CO_2選択性分離膜（分子ゲート膜）モジュールの研究開発を実施しており、石炭ガス化ガスの実ガス試験を実施した[15]。2021年度からは、膜分離システムの実用化研究開発（3件）が実施中である[25]。 ●日本ガイシ株式会社と日揮ホールディングス株式会社が開発したモノリス型DDRゼオライト膜によるCO_2分離プロセスを用いて、米国テキサス中でCO_2–EORでの実証試験を日揮ホールディングス株式会社とJOGMECが共同実施中である[27]。 ●NEDOグリーンイノベーション事業「CO_2分離素材の標準評価共通基盤の確立」（産総研、RITE）により、RITEに国内初の実ガス試験センター（都市ガス燃焼排ガス、100kg/dayレベル）を設置予定（2024年稼働予定）[23]
米国	基礎研究	◎	→	●ノースダコタ大学、テキサス大学、ケンタッキー大学、イリノイ大学、カーネギーメロン大学、リジャイナ大学（カナダ）など、CO_2分離回収技術研究を牽引する歴史ある大学、研究機関が多数存在する。 ●現在、DOE傘下のエネルギー技術研究所（NETL）ではCO_2の分離回収に関して、燃焼後回収で93件、燃焼前回収で10件のプロジェクトが採択されている[38]。 ●Chevron社はMOF系の吸着剤を用いて同社の保有するカーンリバー油田で、天然ガス火力および石炭ガス火力発電の燃焼排ガスから25 t/d規模のCO_2を回収するためのテストプラント装置の建設を完了し、今後実証試験を行う予定である[39]。 ●アリゾナ州大学では人工樹木によるDACのプロトタイプが稼働し始めた[40]。
	応用研究・開発	◎	→	●NCCCでは、開発技術の実ガス試験が可能である。日本を含む海外の技術の試験も積極的に受け入れ、技術と情報を集積している。また、2020年からは石炭燃焼排ガスに加え、天然ガス燃焼排ガスの実証試験を開始するとともに、DAC、Utilizationの実証試験も開始している[39]。 ●国立のDACセンターをNETL内に設立することが発表された（2024年5月稼働予定）[39]。 ●分離膜の実用化に向けてはMTR社がリードしている。その他は、新規膜のラボ、ベンチスケールの研究開発が多い[39]。 ●Global Thermostat社は、チリのマガジャネス地域で行われるHaru Oniプロジェクトで、大気中のCO_2から2023年に最大13万リットル、2027年には最大5.5億リットルのe–fuel（再エネ由来の合成燃料）を製造することを計画している[41]。
欧州	基礎研究	○	→	【EU】 ●シェフィールド大学（英国）、エジンバラ大学（英国）、ICL（英国）、NTNU（ノルウェー）、SINTEF（ノルウェー）、ECN（オランダ）など、CO_2分離回収技術研究を牽引する歴史ある大学、研究機関が多数存在する。 【フィンランド】 ●DACについては、VTT Technical Research Centre of FinlandはNEO CARBON FOODプロジェクトにおいて、水素酸化細菌、再生可能な電気、水、空気、栄養素から食用の微生物タンパク質を生産することに成功している。

2.1
電力のゼロエミ化・
安定化

国・地域	フェーズ	現状	トレンド	各国の状況、評価の際に参考にした根拠など
	応用研究・開発	◎	→	【ノルウェー】 ●石油エネルギー省傘下 Gassnova がフルスケール CCS プロジェクトを推進。回収ではごみ焼却施設やセメント工場でアミン吸収法による試験を行う。 【EU】 ●DAC には非常に精力的に取り組んでおり、政府や大手企業から資金援助を受けたベンチャー企業によって実証規模の試験が多数行われている。 【スイス】 ●Climeworks 社は現在 16 基の DAC のパイロット／商用プラントをヨーロッパ各地で稼働させており、中でもアイスランドの Hellisheidei 地熱発電所では 4,000 t/y の CO_2 を連続的に地中に貯留している。これは現在稼働中の DAC 装置では最大規模である[42]。 【英国】 ●Carbon Clean Limited は、太平洋セメント（株）が NEDO 事業で実施するセメントキルン排ガスからの CO_2 分離回収実証試験（2021〜）に、高効率・低コスト型化学吸収法技術を提供する[43]。
中国	基礎研究	○	↗	●当該分野の学術論文発表が増加し、数では米国や日本を超えている。
	応用研究・開発	○	↗	●化学工場や発電所での回収実証プロジェクトが実績、計画ともに増加。 ●中国と英国の CCUS 分野での協力に関する覚書に基づき設立された英国・中国（広東省）CCUS センターが海豊の石炭火力発電所に CO_2 回収試験設備を建設し、2019 年より稼働。
韓国	基礎研究	○	→	●一定水準の学術成果を発表している。
	応用研究・開発	△	↘	●KEPCO/KIER のプロジェクトで、2013 年に炭酸カリウム担持固体吸収材を用いた燃焼後排ガスを対象とした大規模試験回収装置（200 t-CO_2/day）を建設するなど活発であったが、その後動きは鈍化。
その他の国・地域	応用研究・開発	○	→	【カナダ】 ●International CCS Knowledge Centre（2016 年に BHP 社と SaskPower 社により設立された非営利組織）は、大規模 CCS プロジェクト実施と、Boundary Dam 3 CCS 施設および Shand スタディとして知られる包括的な次世代 CCS 研究の両方から得た基礎知識と最適化のノウハウを蓄積している。 ●Carbon Engineering 社、Occidental 社、1PointFive 社はテキサスのパーミアン盆地で世界最大の DAC プラントの建設を開始した。このプラントは 100 万 t/y の CO_2 を回収することができ、2035 年には 70 の施設を展開すると発表されている[44]。 【豪州】 ●CO2CRC は世界最大規模の CCS の研究組織である。豪州政府のプログラムで、CCS を研究および実証することを目的に 10 年以上前に設立された。CO2CRC はオトウェイで豪州初の CO_2 地層貯留実証を行ってきたが、2016 年からは同地で回収技術の試験も行っている。

■CO₂ 貯留技術

国・地域	フェーズ	現状	トレンド	各国の状況、評価の際に参考にした根拠など
日本	基礎研究	◎	↗	●CO_2-EOR 油層技術に関しては、JOGMEC が 2000 年以降油層シミュレーションやラボ実験等の基礎的研究に関して充分な知識を把握し、海外産油国（UAE/ベトナム等）とも共同研究が進められている。 ●CCS に関しては RITE を中心に二酸化炭素地中貯留技術研究組合がマイクロバブル CO_2 圧入技術や光ファイバー測定技術の実用化研究を進めている。マイクロバブル CO_2 圧入技術は我が国の地質条件に適しており、CO_2 貯留率や圧入性の向上に寄与すると申川油田での実証試験より確認している。CO_2-EOR にも利用できるため、海外の石油開発会社にライセンス供与実績がある。光ファイバー測定技術と共に、日本独自の CCS 技術として海外への展開が期待できる。

	応用研究・開発	○	↗	●CO₂−EORに関してしては、日本の油田規模が小さいため、1990年代に小規模実証試験の実績しかない。一方、海外事例では1990年代にはトルコ国営石油と実油田での実証試験、2016年米国の油田で商用規模の実績がある。また、海外産油国（UAE、インドネシア等）で、日本の最先端のCO₂回収技術（無機膜）の現地での性能実証試験も計画されている。今後、地上のCO₂回収設備を含めた油層評価技術の基礎的構築がされると推察される。 ●CCSの分野は、2015年から苫小牧沖合の大規模実証試験（経済産業省）の実施や船舶輸送と船上からの圧入を伴うCCS構想（環境省）の実証試験計画が進められている。 CO₂−EOR及びCCS技術に関しては、油田開発の先進国である米国、英国、ノルウェーと技術格差が短縮され、日本の独自研究開発が発揮できる可能性が増している。 ●2020年以降新型コロナウイルス感染症（COVID−19）拡大で、財政的な影響が危惧される中、NEDOを通じて国内外でのCCS/CCUS研究開発と実証試験事業化案件は増加している。
米国	基礎研究	◎	→	●米国でのCO₂−EORの研究開発は、1970年代から国家エネルギー戦略計画から原油増産政策が実施され、基礎研究レベルは1990年台でほぼ完了している。 CCSに関する基礎研究分野はオバマ政権下で、DOE、USGS、EPA等が実施したCO₂−EORの学習経験を含め、安全性、環境保全モニタリング等のガイドライン等の整備がされ着実に実績を上げている。
	応用研究・開発	◎	↗	●米国でのCO₂−EORの応用研究開発は、前述のごとく国家エネルギー戦略から実施され、今日約130の陸上油田で実施された経験があり、世界のトップランナーの技術国であり、CO₂−EOR・CCS技術力は非常に高い。 ●バイデン政権の下では帯水層へのCO₂地中貯留事業も大幅に増えている。今後は陸上だけでなく、メキシコ湾など海域CO₂貯留も実施される見込みである。
欧州	基礎研究	◎	↗	【英国】 ●CO₂−EORに関しては、国際石油資本であるBP社が国際的に石油開発の技術を2000年までに蓄積し、基礎研究部門はほぼ完了している。CCSに関しては、国際的には先駆的な政策を提言している。また、同国の政策（DECC）においてもCCS Ready（CCR）法に基づき電力企業に対してCCSが義務付けられており、老朽化した北海ガス田や帯水層にCO₂を貯留する技術検討及び経済性評価の研究開発が進められている。 【ノルウェー】 ●政府及びStatoil社（現在のEquinor社）を中心に自国領海の海洋石油開発を実施している。 CO₂−EORの油田に関しては国内実績が無いが、石油・ガス産出国の中で、1992年世界で初めて産業物濃度排出規制から総量規制に転換した国であり、CO₂削減計画が進められている。 CO₂削減に関しての法制度も含めた基礎研究分野は、世界でも最も進んでいる国家である。 CCSに関しては、1996年に世界初の海洋油ガス田にて年90万t−CO₂圧入大規模海洋帯水層CCS（Sleipnerガス田）案件を実施し、現在までほぼ同規模の圧入を継続している。 【その他】 ●フランス、ドイツ、オランダも民間の国際石油企業が存在し、独自のCO₂−EORの基礎研究は進んでいる。一方、北海の油・ガス田の開発も英国、ノルウェーとの競争もあり、自国海域でCCS構想計画も進められている。

2.1
電力のゼロエミ化・安定化

2.1 電力のゼロエミ化・安定化	応用研究・開発	○	↗	**【英国】** ●BPが国際的な石油開発企業として、CO_2-EORの油田の実施の経験を有する。 ●CCSに関してはBP社とStatoil社が同国ガス公社と2004年にアルジェリア国の陸上ガス田（In Salah）で世界初の年100万トン圧入の大規模実証試験（陸上深部帯水層）を実施している。更にこれらの経験を通して、北海における英領の海洋の油・ガス田に対しても、CO_2-EORや老朽化したガス田・帯水層にCO_2を貯留する大規模実証試験の計画が進められている。 ●2020年のCOVID-19拡大による原油価格の低迷の影響で、石油開発産業界も設備投資額が縮小した際、大規模CO_2-EOR /CCSの設備は巨大投資であるため、コスト低減への技術開発および政府の財政的支援補助の再検討がなされている。 **【ノルウェー】** ●Sleipnerサイトでの経験を踏まえて、更に2004年アルジェリア国陸上CCSや、2008年自国LNG基地の天然ガスの処理設備中でCO_2を回収し、約150 km離れた海底帯水層へ年約70万t圧入した実績があり、帯水層のCO_2挙動、流動シミュレーション、CO_2鉱物固定、漏洩モニタリング等の貯留層解析技術を有している。日本での海洋CCS計画においては、学ぶべき事項は多い。2019年には、石油開発産業界のCCS知見および経験を踏まえて、セメント工場からのCO_2回収の世界初のCCS実証試験事業が実施され、他の産業への技術移転・波及策を強化しようとしている。また周辺各国からのCO_2を受け入れて北海の貯留サイトに圧入するCCSハブ構想を提唱し、実現が近いとみなされている。 **【その他】** ●各国で、海洋CCS計画の実施向けた安全性や経済性評価基準、法整備等の検討が進められており、2020年以降は具体的な実施案件のための建設が進められる。2019年12月に「欧州グリーンディール」を公表し、ポストコロナ以後の温暖化対策を促進する政策を推進し、CCS/CCUおよび再エネ案件を強化している。
中国	基礎研究	△	↗	●有数な石炭産出資源国であり、産業のエネルギーは石炭への依存度が高い。近年、国内大気汚染問題や国際的な要請を踏まえ、国家政策として再エネ技術・省エネ技術の研究・開発力のレベルは急激に高まっている。CO_2-EORに関しては、国営石油企業（Sinopec社、PetroChina社）で国内油田の適用検討が独自に進められている。基礎研究の歴史が浅いため、充分な技術力を保有していないと想定される。またCCS分野も同様と予想される。
	応用研究・開発	○	↗	●CO_2-EOR /CCSに関しては、国営石油企業が陸上油田で約8件が検討され、CO_2源としては天然ガス処理設備、石炭火力発電所、石油化学プラント等の排出CO_2であり、種々のCO_2源を考慮しているのが特徴である。独自での技術力には限界があり米国等の海外先進国の支援が必要であり、上記案件の半数は米国との共同研究であり、今後も海外勢の技術支援が必要である。ただし2020年以降、米中対立の影響により、自国の技術でのCO_2-EOR /CCS案件の推進を強化している。
韓国	基礎研究			N/A
	応用研究・開発	△	→	●韓国では2010～2014年で10 MW規模の発電所で、物理吸着法の実証プロジェクトを実施。2014年のプロジェクト終了直後、300 MW規模での商用化を目指す計画であるとされていたが、その後の展開については言及がみられない。浦項産業技術科学院（RIST）は、アンモニア水を利用し高炉ガスからCO_2回収するプロジェクト研究を行っている。
その他の国・地域	基礎研究	◎	↗	**【カナダ】** ●CO_2-EORに関して、1990年代から自国石油企業及び大学等で油田の原油増産技術の研究が実施されており、基礎研究分野のレベルは高い。CCSに関しても政府や州政府の支援のもと2000年以降から基礎研究がなされ、国際機関IEAと大規模CO_2-EOR/CCS計画の共同研究を実施している。

				【カナダ】 ●政府および州政府の資金的援助により、陸上油田のCO$_2$-EOR /CCS型の実証試験・商用化が大規模に推進されている。具体的には世界最大級のCO$_2$-EOR /CCS（年300万t-CO$_2$圧入）がWeyburn油田で実施されており、CO$_2$-EORが終了する2035年には本格的なCCSを開始する予定である。更に帯水層へ圧入するCO$_2$-EOR /CCS案件も実施しており、陸上でのCCSの技術力、社会的制度構築のレベルは非常に高い。
応用研究・開発	◎	↗		

（註1）「フェーズ」

　　「基礎研究」：大学・国研などでの基礎研究レベル。

　　「応用研究・開発」：技術開発（プロトタイプの開発含む）・量産技術のレベル。

（註2）「現状」　※我が国の現状を基準にした評価ではなく、CRDSの調査・見解による評価。

　　◎：他国に比べて特に顕著な活動・成果が見えている　　○：ある程度の顕著な活動・成果が見えている

　　△：顕著な活動・成果が見えていない　　　　　　　　　×：特筆すべき活動・成果が見えていない

（註3）「トレンド」

　　↗：上昇傾向、→：現状維持、↘：下降傾向

関連する他の研究開発領域

・火力発電（環境・エネ分野　2.1.1）

・バイオマス発電・利用（環境・エネ分野　2.1.5）

・CO$_2$利用（環境・エネ分野　2.2.3）

・ネガティブエミッション技術（環境・エネ分野　2.4.1）

・分離技術（ナノテク・材料分野　2.1.2）

参考・引用文献

1）International Energy Agency (IEA), "Energy Technology Perspectives 2017," https://www.iea.org/reports/energy-technology-perspectives-2017,（2023年3月4日アクセス）.

2）経済産業省「2050年カーボンニュートラルに伴うグリーン成長戦略を策定しました」https://www.meti.go.jp/press/2021/06/20210618005/20210618005.html,（2023年3月4日アクセス）.

3）David Kerns, Harry Liu and Chris Consoli, "Technology Readiness and Costs of CCS, March 2021," Global CCS Institute, https://www.globalccsinstitute.com/wp-content/uploads/2021/03/Technology-Readiness-and-Costs-for-CCS-2021-1.pdf,（2023年3月4日アクセス）.

4）次世代火力発電の早期実現に向けた協議会「次世代火力発電に係る技術ロードマップ（平成28年6月）」経済産業省, https://www.meti.go.jp/committee/kenkyukai/energy_environment/jisedai_karyoku/pdf/report02_01_00.pdf,（2023年3月4日アクセス）.

5）International Test Center Network (ITCN), https://itcn-global.org/,（2023年3月4日アクセス）.

6）独立行政法人エネルギー・金属鉱物資源機構（JOGMEC）「EOR/EGR技術概要および日本でのCO$_2$圧入事例（2022.10.07）」経済産業省, https://www.meti.go.jp/shingikai/energy_environment/ccs_choki_roadmap/kokunaiho_kento/pdf/002_05_01.pdf,（2023年3月4日アクセス）.

7）公益財団法人地球環境産業技術研究機構（RITE）CO$_2$貯留研究グループ「CCS安全性評価への取り組み」RITE, https://www.rite.or.jp/co2storage/safety/,（2023年3月4日アクセス）.

8）National Energy Technology Laboratory (NETL), "Carbon Dioxide Enhanced Oil Recovery:

Untapped Domestic Energy Supply and Long Term Carbon Storage Solution," U.S. Department of Energy（DOE）, https://www.netl.doe.gov/sites/default/files/netl-file/CO2_eor_primer.pdf,（2023年3月4日アクセス）.

9）経済産業省 地球環境連携・技術室「CCSの現状について」経済産業省, https://www.meti.go.jp/committee/kenkyukai/sangi/ccs_kondankai/pdf/001_03_00.pdf,（2023年3月4日アクセス）.

10）公益財団法人地球環境産業技術研究機構（RITE）「RITE Today Annual Report：年次報告書（2014年版第9号）」https://www.rite.or.jp/results/today/pdf/RT2014_all_j.pdf,（2023年3月4日アクセス）.

11）Shell Global, "Shell CANSOLV® CO_2 Capture System," https://www.shell.com/business-customers/catalysts-technologies/licensed-technologies/emissions-standards/tail-gas-treatment-unit/cansolv-co2.html,（2023年3月4日アクセス）.

12）三菱重工業株式会社「CCUS：排ガスからのCO_2回収技術：KM CDR Process™」https://solutions.mhi.com/jp/ccus/co2-capture-technology-for-exhaust-gas-kmcdr-process/,（2023年3月4日アクセス）.

13）中尾真一「高効率CO_2分離回収技術の実用化に向けた取り組み」公益財団法人地球環境産業技術研究機構（RITE）, https://www.rite.or.jp/news/events/pdf/nakao-ppt-kakushin2018.pdf,（2023年3月4日アクセス）.

14）公益財団法人地球環境産業技術研究機構（RITE）, 川崎重工業株式会社「石炭火力発電所における省エネルギー型二酸化炭素分離・回収システムのパイロットスケール実証試験を開始」RITE, https://www.rite.or.jp/news/press_releases/pdf/press20200924.pdf,（2023年3月4日アクセス）.

15）公益財団法人地球環境産業技術研究機構（RITE）化学研究グループ「RITE Today 2021：CO_2分離・回収技術の高度化・実用化への取り組み」RITE, https://www.rite.or.jp/results/today/pdf/RT2021_kagaku_j.pdf,（2023年3月4日アクセス）.

16）Ziqiu Xue, et al., "Carbon dioxide microbubble injection-Enhanced dissolution in geological sequestration," *Energy Procedia* 4（2011）: 4307-4313., https://doi.org/10.1016/j.egypro.2011.02.381.

17）上田良, 他「マイクロバブル技術のEOR適用可能性」『石油技術協会誌』83 巻 6 号（2018）: 442-449., https://doi.org/10.3720/japt.83.442.

18）Trevor Richards, et al., "Demonstrating novel monitoring techniques at an ethanol 180,000-MT/YR CCS project in North Dakota," SSRN, https://ssrn.com/abstract=4278987,（2023年3月4日アクセス）.

19）Yankun Sun, Ziqiu Xue and Tsutomu Hashimoto, "Fiber optic distributed sensing technology for real-time monitoring water jet tests: Implications for wellbore integrity diagnostics," *Journal of Natural Gas Science and Engineering* 58（2018）: 241-250., https://doi.org/10.1016/j.jngse.2018.08.005.

20）Xinglin Lei, Ziqiu Xue and Tsutomu Hashimoto, "Fiber Optic Sensing for Geomechanical Monitoring:（2）- Distributed Strain Measurements at a Pumping Test and Geomechanical Modeling of Deformation of Reservoir Rocks," *Applied Science* 9, no. 3（2019）: 417., https://doi.org/10.3390/app9030417.

21）Rasha Amer, et al., "Distributed Fiber Optic Strain Sensing for Geomechanical Monitoring: Insights from Field Measurements of Ground Surface Deformation," *Geosciences* 11, no. 7（2021）: 285., https://doi.org/10.3390/geosciences11070285.

22）東芝エネルギーシステムズ株式会社「大規模CO_2分離回収実証設備の運転開始について」https://

www.global.toshiba/jp/news/energy/2020/10/news-20201031-01.html,（2023年3月5日アクセス）.

23）国立研究開発法人新エネルギー・産業技術総合開発機構（NEDO）「「グリーンイノベーション基金事業/CO2分離回収等技術開発プロジェクト」に係る実施体制の決定について」https://www.nedo.go.jp/koubo/EV3_100245.html,（2023年3月5日アクセス）.

24）国立研究開発法人新エネルギー・産業技術総合開発機構（NEDO）「「CCUS研究開発・実証関連事業/CO2分離回収技術の研究開発/先進的二酸化炭素固体吸収材の石炭燃焼排ガス適用性研究」に係る実施体制の決定について」https://www.nedo.go.jp/koubo/EV3_100206.html,（2023年3月5日アクセス）.

25）国立研究開発法人新エネルギー・産業技術総合開発機構（NEDO）「「CCUS研究開発・実証関連事業/CO2分離回収技術の研究開発/二酸化炭素分離膜システム実用化研究開発」に係る実施体制の決定について」https://www.nedo.go.jp/koubo/EV3_100246.html,（2023年3月5日アクセス）.

26）内閣府「ムーンショット目標4：2050年までに、地球環境再生に向けた持続可能な資源循環を実現」https://www8.cao.go.jp/cstp/moonshot/sub4.html,（2023年3月5日アクセス）.

27）三好啓介，田中勝哉，川村和幸「膜が環境を救う！：分離膜技術の環境適用」独立行政法人エネルギー・金属鉱物資源機構（JOGMEC），https://oilgas-info.jogmec.go.jp/_res/projects/default_project/_page_/001/009/318/TRC132_20220406.pdf,（2023年3月5日アクセス）.

28）Vincent Batoon, et al., "Scale-Up and Testing of Advanced Polaris Membranes at TCM (DE-FE0031591)," National Energy Technology Laboratory (NETL), https://netl.doe.gov/sites/default/files/netl-file/22CM_PSC16_Merkel.pdf,（2023年3月5日アクセス）.

29）藤原勝憲「ペトラ・ノヴァ・CCUSプロジェクト：石炭火力発電所排ガスからのCO_2回収および老朽化油田の原油増産」『石油技術協会誌』84巻2号（2019）：114-122., https://doi.org/10.3720/japt.84.114.

30）経済産業省，国立研究開発法人新エネルギー・産業技術総合開発機構，日本CCS調査株式会社「苫小牧におけるCCS大規模実証試験30万トン圧入時点報告書（「総括報告書」）（2020年5月）」経済産業省, https://www.meti.go.jp/press/2020/05/20200515002/20200515002-1.pdf,（2023年3月5日アクセス）.

31）国立研究開発法人科学技術振興機構（JST）低炭素社会戦略センター「LCS-FY2016-PP-06 CCS（二酸化炭素回収貯留）の概要と展望（Vol.2）：膜による分離回収コスト及び貯留コストの評価と課題（平成29年3月）」JST, https://www.jst.go.jp/lcs/pdf/fy2016-pp-06.pdf,（2023年3月5日アクセス）.

32）Sarah Deutz and André Bardow, "Life-cycle assessment of an industrial direct air capture process based on temperature-vacuum swing adsorption," *Nature Energy* 6, no. 2（2021）：203-213., https://doi.org/10.1038/s41560-020-00771-9.

33）三菱重工業株式会社「三菱造船、川崎汽船および日本海事協会と共同で洋上用CO_2回収装置検証のための小型デモプラント試験"CC-Ocean"プロジェクトを実施：国交省の海洋資源開発関連技術高度化研究開発事業の対象プロジェクト」https://www.mhi.com/jp/news/20083101.html,（2023年3月5日アクセス）.

34）Shivom Sharma and François Marechal, "Carbon Dioxide Capture From Internal Combustion Engine Exhaust Using Temperature Swing Adsorption," *Frontiers in Energy Research* 7（2019）：143., https://doi.org/10.3389/fenrg.2019.00143.

35）香山幹「石油開発最新事情：IEA-EOR 第38回年次総会参加報告」独立行政法人エネルギー・金属鉱物資源機構（JOGMEC），https://oilgas-info.jogmec.go.jp/info_reports/1004689/1007484.html,（2023年3月5日アクセス）.

36）Soichi Kikkawa, et al., "Direct Air Capture of CO_2 Using a Liquid Amine-Solid Carbamic Acid Phase-Separation System Using Diamines Bearing an Aminocyclohexyl Group," *ACS Environmental Au* 2, no. 4（2022）: 354-362., https://doi.org/10.1021/acsenvironau.1c00065.

37）特許庁「平成29年度特許技術動向調査報告書（概要）：CO_2固体化・有効利用技術（平成30年2月）」https://www.jpo.go.jp/resources/report/gidou-houkoku/tokkyo/document/index/29_09.pdf,（2023年3月5日アクセス）.

38）National Energy Technology Laboratory（NETL）, "Point Source CARBON CAPTURE Project Map," https://netl.doe.gov/carbon-management/carbon-capture/ccmap,（2023年3月5日アクセス）.

39）National Energy Technology Laboratory（NETL）, "2022 CARBON MANAGEMENT PROJECT REVIEW MEETING - GENERAL SESSION - PROCEEDINGS," https://netl.doe.gov/22CM-General-Proceedings,（2023年3月日アクセス）.

40）Marisol Ortega, "The World's First Mechanical Tree Prototype Is To Be Built At ASU Next Year," *The State Press*, October 15, 2020, https://www.statepress.com/article/2020/10/spbiztech-the-worlds-first-mechanical-tree-is-to-be-built-at-asu-by-next-year.

41）Siemens Energy, "Haru Oni: Base camp of the future," https://www.siemens-energy.com/global/en/news/magazine/2021/haru-oni.html,（2023年3月5日アクセス）.

42）Mihrimah Ozkan, et al., "Current status and pillars of direct air capture technologies," *iScience* 25, no. 4（2020）: 103990., https://doi.org/10.1016/j.isci.2022.103990.

43）太平洋セメント株式会社, 丸紅プロテックス株式会社, Carbon Clean Limited「セメントキルン排ガスからのCO_2分離・回収実証試験のための設備設置について」太平洋セメント株式会社, https://www.taiheiyo-cement.co.jp/news/news/pdf/210421.pdf,（2023年3月5日アクセス）.

44）Carbon Engineering Ltd., "Occidental, 1PointFive to Begin Construction of World's Largest Direct Air Capture Plant in the Texas Permian Basin," https://carbonengineering.com/news-updates/construction-direct-air-capture-texas/,（2023年3月5日アクセス）.

2.1 電力のゼロエミ化・安定化

2.2 産業・運輸部門のゼロエミ化・炭素循環利用

2.2.1 蓄エネルギー技術

（1）研究開発領域の定義

　本領域はエネルギーを一旦貯蔵して、電気エネルギーの形態で戻す科学、技術、研究開発の領域である。電力系統、電気自動車（EV）、家庭用などで利用されるエネルギー貯蔵装置・システム（化学的、電気的、物理的原理による二次電池、キャパシタ、圧縮空気エネルギー貯蔵（compressed air energy storage：CAES）、熱利用など）を対象とし、特に電力系統用などの大型電力貯蔵を主とする。

　エネルギーとして水素を貯蔵・利用する技術については、「2.2.2 水素・アンモニア」領域で扱う。熱利用については「2.2.4 産業熱利用」、「2.3.1 地域・建物エネルギー利用」の領域で扱う。

（2）キーワード

　二次電池、リチウムイオン電池（LIB）、NAS電池（ナトリウム・硫黄電池）、レドックスフロー電池（RF電池）、キャパシタ、CAES、熱貯蔵、水素、再エネ吸収、揚水発電、多目的活用（マルチユース）

（3）研究開発領域の概要

［本領域の意義］

　再生可能エネルギーを主力電源とするカーボンニュートラルなエネルギー社会を構築する上でエネルギー貯蔵の技術は不可欠である。蓄電システムは太陽光発電や風力発電の変動性を吸収して電力の平準化を行う。分散型電源が需要側に多く設置される状況では、電力の流れが双方向となる複雑な電力システムとなるが、その制御にも蓄電システムの貢献が期待される。自然災害に対する電力システムのレジリエンス向上、運輸部門との連携（EVの充放電）、蓄電システムのマルチユースの観点なども重要である。実現のためには、高容量で信頼性が高く、社会に受け入れられるコストの蓄電デバイスの開発が求められる。

［研究開発の動向］

（3）-1　蓄電に求められる機能

・機能として、①負荷平準化　②非常用　③デマンドレスポンス（需要側の対応）　④変動性の再エネの余剰電力吸収に分類される。電力を取り巻く環境により求められる機能が大きく変化してきたが、主な変遷を図表2.2.1-1にまとめた[1]。右肩上がりの需要増の時代は電力供給側の電源の負荷平準化が蓄電の命題であったが、2000年以降の電力自由化により自家発電設備との競合・代替として需要側での活用が始まった。東日本大震災以降は停電対策・需要抑制対策が必要となるとともに、FIT制度導入に伴う再生可能エネルギーの増加が始まり、電力系統側の調整とともに需要サイドの対応としてデマンドレスポンス（DR）やバーチャルパワープラント（VPP）の活用検討が求められるようになった。さらに、風水害や地震等による大規模停電、昨今のロシアのウクライナ侵攻に伴う世界的なエネルギー情勢不安での電源価格高騰や電力需給ひっ迫等に対する懸念など、周期的に用途が変遷・繰り返してきた経緯がある。平時のみならず非常時にも対応できる多用途な蓄電システムの構築が望まれている。

・日本においても電力システム改革により、卸電力市場、容量市場、需給調整市場が立ち上がっている。それぞれ、発電された電気量（kWh）、発電能力・供給力（kW）、需給調整能力（ΔkW）が問われる。再エネの導入が進むと、短時間での出力変動、日照等の時間帯や天候の影響などによる発電量の変動に伴い、種々の時間スケールで周波数を安定させるΔkWがより強く求められる。図表2.2.1-2に需給調整市場の主な要件仕様を示す。需給調整市場としては、現在三次調整力①・②が取引・運用されているが、

主に揚水発電、火力発電（石油、LNG）が担っており、需要側の蓄電池（二次電池）も一部用いられている。今後、より短時間での制御が求められる状況においては、蓄電池の果たす役割は相対的に大きくなるであろう。厳しい周波数制御が問われない用途（図表2.2.1–2の電源I'）では、二次電池の他、蓄熱方式など電力に変換可能な種々の蓄エネルギー方法が候補となり得る。現在の電力システムは最終的には送電事業者の調整に委ねられているが、将来再エネ電源が需要側に多く配置される状況においては需要側の調整機能も求められるようになり、需給連携の高度な次世代電力システム（スマートグリッド）に変貌していくと考えられる。

図表 2.2.1–1　　取り巻く情勢変化と蓄電池に求められる機能

時期	時代の主な背景	蓄電技術に求められる機能 ①負荷平準化 ②非常用 ③DR(デマンドレスポンス) ④再エネ吸収				
		概要	①	②	③	④
1987年頃	急激な経済発展(バブル)により供給力不足	負荷平準化(揚水発電所代替)	○			
1995年〜	不景気による需要低迷	非常用／瞬低対策の用途中心		○		
2000年〜	特別高圧/高圧の自由化により自家発電の進展（競合）	負荷平準化（電気料金削減）	○			
2011年〜	東日本大震災後の電力供給力不足	ピークカット, 非常用電源	○	○		
2012年〜	FIT制度導入による再生可能エネルギーの増加	出力変動抑制, 余剰電力吸収			○	○
2016年〜	電力システム改革による電力市場自由化	デマンドレスポンス(DR)			○	
2018年	風水害・地震による大規模停電、PV出力調整発生	非常電源・ピークカット、PV余剰吸収	○	○		○
2019年	胆振東部地震により北海道全域でブラックアウト	非常電源・系統安定化		○	○	
2020年〜	カーボンニュートラル宣言により再エネ増大加速	負荷平準化, 再エネ吸収, 調整力	○		○	○
2022年〜	世界的エネルギー情勢不安に伴う電力需給ひっ迫	負荷平準化, 再エネ吸収, 非常電源, DR	○	○	○	○

図表 2.2.1–2　　需給調整市場の主な要件仕様[2)]

	需給調整市場					調整力公募(参考)
	一次調整力	二次調整力①	二次調整力②	三次調整力①	三次調整力②	電源I' (2017年度〜)
対応する事象	平常時の時間内変動や、電源脱落(GF機能)	平常時の時間内変動や、電源脱落(LFC機能)	平常時予測誤差(EDC機能)	平常時予測誤差や、電源脱落(EDC機能)	FIT特例制度を利用している再エネの発電予測誤差	10年に1度程度の猛暑や厳冬などの場合の需要の急増
応動時間	10秒以内	5分以内	5分以内	15分以内	45分以内	3時間
継続時間	5分以上	30分以上	30分以上	商品ブロック時間(3時間)	商品ブロック時間(3時間)	3時間
供出可能量 (入札量上限)	10秒以内に出力変化可能な量	5分以内に出力変化可能な量	5分以内に出力変化可能な量	15分以内に出力変化可能な量	45分以内に出力変化可能な量	年間契約で3時間以内に削減可能な量、年間で12回の発動を上限
最低入札量	5MW (監視がオフラインの場合は1MW)	5MW	5MW	専用線：5MW 簡易指令システム：1MW	専用線：5MW 簡易指令システム：1MW	1MW
上げ下げ区分	上げ／下げ	上げ／下げ	上げ／下げ	上げ／下げ	上げ／下げ	下げ

注）GF：ガバナフリー　LFC(Load Frequency Control)：負荷周波数制御　EDC(Economic load Dispatching Control)：経済負荷配分制御
（経済産業省資料「需給調整市場について」（2020年10月13日）を基にCRDS作成）

2.2
産業・運輸部門のゼロエミ化・炭素循環利用

（3）−2　各種電力貯蔵方式[3]

　電力貯蔵のルーツは揚水発電である。国内での揚水発電のさらなる設置には限界があること、蓄電に求められる機能の多様化などから、様々な原理に基づく蓄電方式が開発されている。現在商用的に大規模に利用されているのは揚水発電と二次電池である。体積当たりや重量当たりのエネルギー貯蔵密度、貯蔵効率、貯蔵容量、入出力の大きさ、負荷応答性、貯蔵時間、経済性、安全性、環境性など、数多くの評価軸を考慮する必要がある。体積当たりのエネルギー密度は、炭化水素燃料であるガソリンで9,600 kWh/m³、液体水素で2,760 kWh/m³、700気圧の圧縮水素で1,600 kWh/m³程度である。化学物質、特に液体の化学物質はエネルギー密度が高い優位性がある。二次電池は高効率に充放電できるメリットがあるが、密度は20〜500 kWh/m³であり、密度の向上が常に開発課題となっている。揚水発電は0.1 kWh/m³程度である。

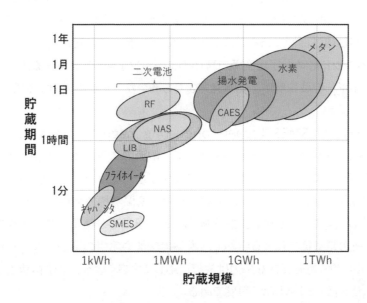

図表 2.2.1−3　　　　各種電力貯蔵方式の貯蔵規模と貯蔵期間のスケール

（経済産業省資料[4] 等を基にCRDS作成）

■揚水発電：充電時は電動ポンプで下池の水を上池に汲み上げて、水の位置エネルギーの形でエネルギーを蓄える。放電時は上池の水を下池へ落下させて、水の運動エネルギーで水車を回して発電を行う。発電用水車と揚水ポンプは同じ設備が兼用され、フランシス水車が利用される。揚水発電は土木工事で対応できるため比較的大容量にできる。最高揚程はおよそ900 mで、単機出力30万kW程度のものが一般的である。近年は、揚水ポンプ動作時に、同期電動機の界磁コイルに低周波交流電流を流すことで、電源周波数は一定のままでポンプの可変速運転ができるものもある。自然の地理的条件を利用するため立地場所は限定される。海水揚水、地下揚水なども検討されている。重力場における物質の位置エネルギーとしてエネルギー貯蔵する方法として、水ではなく、コンクリートブロックやレンガブロックなどの重量物を電動クレーンでタワー状に積み上げたり積み下ろしたりすることで充放電する重力蓄充電[5] も検討されている。

■二次電池：充電で元の状態に戻り、繰り返し使用できる電池である。鉛蓄電池は代表的な二次電池である。高性能な二次電池として、LIB、NAS電池、RF電池（バナジウム系、亜鉛・臭素系など）などがある。これらの詳細は（3）−3で後述する。二次電池は一般に充放電のエネルギーのロスが小さく貯蔵効率が良い。ただし、長時間貯蔵すると内部放電で貯蔵した電気エネルギーが自然に失われることから比較的短い時間スケールの蓄電に適している。

■フライホイール（弾み車）：回転エネルギーとしてエネルギーを蓄えられる。単位体積当たりのエネルギー貯蔵密度は、20～80 kWh/m³ と程度され、二次電池程度に達する場合もある。単位重量当たりの蓄積エネルギーは、材料密度に反比例するため、フライホイールの材料としては、特定方向の力に対する許容応力が高く、しかも軽量なものを用いるのが良いとされる。長時間貯蔵には、風損や軸受けの摩擦による損失を抑制する必要がある。そのため、フライホイールの本体を密閉された真空容器の中に設置し、それを非接触の磁気軸受けで保持するなどの工夫もなされる。回転系の機器であるため慣性力の維持に貢献できる。

■CAES：充電時は地下の空洞に12～80気圧の圧縮空気の形でエネルギーを蓄え、放電時は圧縮空気を運転中のガスタービンの燃焼室に供給し、ガスタービンの空気圧縮機で消費される動力を節約する形でエネルギーを放出する。圧縮空気を貯める空洞は土木工事を主体に建設でき、大型化も比較的容易であると考えられている。当初は内燃機関であるガスタービンと組み合わせた運用が前提とされていたが、近年は10気圧程度の高圧タンクに貯めた圧縮空気で専用のタービンを回して発電する方式も研究されている。単位体積当たりのエネルギー貯蔵密度は、揚水発電よりも高いが2～6 kWh/m³ 程度である。

■超電導磁気エネルギー貯蔵：SMES（super-conducting magnetic energy storage）ともよばれる。導体に電流を流すと磁界が形成される現象を利用して、電流の二乗に比例する磁気エネルギーを蓄える貯蔵方式である。超電導体のコイルを用いると、抵抗損失がなく電源がなくても永続的な電流が流れ、磁気エネルギーを長期間保持できる。ただし、超電導は一般に低温状態で発現する物理現象のため、導体を冷却し低温状態を保持しなくてはならない。熱的擾乱などで超電導が常電導に戻るクエンチとよばれる現象が起きると、その箇所の電気抵抗による発熱で、導体の融解や冷媒の膨張による爆発などが起きる危険性がある。また、コイルに働く電磁気的な応力は規模に応じて大きくなる。単位体積当たりのエネルギー貯蔵密度は二次電池もよりも低く6 kWh/m³ 程度である。

■熱貯蔵：太陽熱などの熱、あるいは電力から電気抵抗器などを用いて変換した熱を蓄熱材に蓄える。蓄熱材の種類としては、溶融塩や岩石の比熱を利用する顕熱蓄熱、材料の相変化を利用する潜熱蓄熱、化学反応のエネルギー差を利用する化学蓄熱がある。蓄えた熱は、再び熱として利用できるほか、熱で蒸気タービンを回転させれば電力に戻せる。一部の太陽熱発電プラントで、曇天日や夜間など日射の得られない時間帯でも発電を可能にするために、蓄熱システムが導入されている。

　電気→熱→電気のように電力を熱に変換し蓄熱を介して発電する方法は特にカルノーバッテリーと呼ばれる。コンセプト自体は1922年と古いが近年の蓄熱技術の進歩により実装化に向けた開発が進んでいる。最近ではドイツのシーメンスによる火山岩砕石に蓄熱するタイプの「Electric Thermal Energy Storage（ETES）」技術のプロジェクトが挙げられる。熱を用いたエネルギー変換はカルノー効率が上限となり効率は二次電池に劣るものの、設備費を低く抑えられるメリットがあり、安価な余剰電力の利用に際してはコストで特長を出せる可能性がある。

■電気二重層キャパシタ：活性炭をベースとした電極と電解質界面に形成される静電容量を利用する電力貯蔵方法もある。キャパシタは短時間に大きな電力を必要とする際にメリットがある。貯蔵容量は大きくないが、体積エネルギー密度もオーダー的には二次電池と同程度が期待される。

■水素貯蔵：余剰電力を用いて、水分解により水素を製造する方法であり、長期のエネルギー貯蔵が行える。電力に戻すには燃焼による発電や燃料電池を用いる。しかし、電気から水素、水素から電気への往復の変換損失に加え、自然変動する電源の利用では水分解装置の設備利用率が低くなるため経済性が課題となる。

水素は電力としての利用だけでなく、メタンや液体系合成燃料製造のエネルギー源として用い、電力以外の熱需要や運輸分野へ利用することも検討されている（「2.2.2 水素・アンモニア」「2.2.3 CO₂利用」参照）。

（3）−3　二次電池の個別詳細：LIB、NAS電池、RF電池

• LIB

EV等の電動化車両用途が注目されているが、蓄電用途や産業用途等への適用も進んでいる。大電流放電性能が要求される車両用途とは異なり、停電時や災害時等に電力を供給する蓄電用途では特に高容量が要求される。電力ピークシフト等への用途では、充放電サイクル寿命性能として15年〜20年もの長期間、毎日の充放電サイクルが可能である性能が求められる。LIBはエネルギー密度が高く、小型軽量、長寿命の特長があるが、各用途の高機能化や高性能化に対応するために、種々の電池性能の飛躍的な向上が望まれている。LIBは正極活物質にコバルトやマンガン等のリチウム含有遷移金属酸化物を、負極活物質に炭素を、電解液には有機溶媒にリチウム塩を溶解したものを使用する。放電電圧が高く、他の電池系と比較して単位体積当たりのエネルギー密度と単位質量当たりのエネルギー密度が高く、鉛電池の数倍程度、ニッケル水素電池の2倍以上の電力を蓄えられる。充放電時の電流効率がほぼ100%と高くエネルギーのロスが無く、大電流放電時の電圧低下も少ないメリットもある。サイクル寿命性能では、蓄電用途等の毎日充放電される用途でも10年以上の長寿命が得られている。電解液が可燃性の有機溶媒であるため、誤使用時や事故発生時などの安全性確保について、セルや蓄電システムでの設計上の配慮と安全対策が行われており、可燃性溶媒を使わない全固体化の研究開発も進められている。全固体化の研究開発は、安全性、充電の短時間化を目的にEV用が主に行われており、電力用の大型蓄電システムへの適用には時間を要すると考えられる。

• NAS電池

固体電解質を使用する高温作動型電池で、充放電過程ではナトリウムイオンが固体電解質を移動するのみで、不可逆な物質や反応を阻害するような物質は生成されない。SOC（State of Charge：充電率）100〜0%までの充放電を繰り返しても容量の減少が少ない特長を持つ。原理は1967年にアメリカのフォード・モータ社から発表され、EV用として開発が進められたが、航続距離が短いことや充電インフラが整備されていなかったことなどから開発を停止した。一方、電力貯蔵用としては、GE社やFIAMM社がNAS電池と同じ固体電解質（β"アルミナ）を使用する溶融塩ナトリウム電池を開発した。GE社は2017年に電池製造を中国企業に移管し、溶融塩ナトリウム電池に拘らず、LIBも含めた電力貯蔵システムの構築にシフトしている。

国内では1984年に日本ガイシ株式会社が東京電力株式会社（現東京電力ホールディングス株式会社）と共同開発を始めた。固体電解質からシステムの開発、さらには事業化まで進展している。開発当初の目的は、年々増加していたピーク電力に対処するための都市型電力貯蔵であったが、1990年代後半からピーク電力の鈍化が始まったため、大口需要家の構内に電池を設置してピークシフトによる電力契約料金の低減や非常用電源/瞬低対策などのBCP（事業継続計画）用途が主となった。近年は風力や太陽光などの自然エネルギーの普及が進められており、その出力変動や発電設備の下げしろ対策、需給調整用途での利用が増加している。

システムコストの低減策として、コンテナ型とし、モジュール電池を工場でコンテナ内に設置し配線を行うことで、設置場所での工期が短縮され、品質の向上も期待できる。2011年の火災事故を機に安全性向上のために従来の安全機構に加え、全ての単電池ごとに区画化し、単電池が燃焼しても熱暴走に至らないように安全性を担保する大きな設計変更が行われている。

• RF電池 [6], [7]

イオンの酸化還元反応を溶液のポンプ循環によって進行させる電池であり、蓄電容量を溶液タンクの容積で変えられるためシステムの出力と容量を独立に設計できる柔軟性を有し、大容量化にも適している。1974年に米国航空宇宙局（NASA）のL.H.Thallerによって原理と基本システムが提唱され [8]、国内では同時期

2.2

産業・運輸部門のゼロエミ化・炭素循環利用

に産業技術総合研究所で研究が開始された[9]。当時、国内ではエアコン普及に伴い電力負荷率が50％台に低下しており、電力貯蔵用電池開発の目的は、夜間に余剰電力を貯蔵し、昼間に放出させ、電力負荷率を向上させることにあった。揚水発電所がその役割を担っていたが、環境問題等により新たな建設は困難であり、これに代わり期待された新型の電力貯蔵用電池の一つがRF電池であった。

国内では、古くは1980年に国家プロジェクトとしてRF電池を含めた4種類の電池の開発が始まり、電力会社においても独自にメーカーとの共同開発が進められた。当初、RF電池は、正極に鉄イオン、負極にクロムイオンを使うFe/Cr系の開発が中心であったが、1985年頃にオーストラリアNew South Wales大学で正負極共にバナジウムイオンを使うV系RF電池が発明され[10]、RF電池の性能は大きく向上した。2000年頃に、住友電気工業株式会社がV系RF電池を実用化し、現在までに試験設備も含めて30件を超えるシステムを商業化している。比較的大規模な設備としては、経済産業省「大型蓄電システム緊急実証事業」として北海道電力株式会社に設置された設備は15 MW/60 MWhであり、当時としては世界最大級のRF電池設備であった[11]。2015年から3年間の実証試験を終え、現在は実設備として運用されている。2022年4月から北海道電力株式会社は新たに17 MW/51 MWhのRF電池設備も実運用している[12]。RF電池は、大規模化に適し、常温作動する水溶液系電解液を用いる安全性の高い電池であり、今後必要とされる長時間容量の用途にも適している。V系RF電池はすでに電力系統で実運用される技術レベルにあるが、今後の大量導入のためには経済性の観点からさらなる高性能化、低コスト化が求められる。

蓄電池を扱うTC21と燃料電池を扱うTC120との合同JWG7として、2015年から活動を開始し、2020年2月にRF蓄電池に関する国際標準が策定されている。同国際規格を基に2021年2月にJIS（日本産業規格）化され、フロー電池の性能、安全性に関する客観的評価が可能となっている。

（4）注目動向
［新展開・技術トピックス］

- 米国の蓄電設備の単年度設置量は、2019年0.5 GW、2020年1.5 GW、2021年3.5 GWと増加している。2021～2026年の米国の合計設置量は63 GWと予想されている。これらの大半が系統用蓄電池となっており、地域としてはテキサス州やカルフォルニア州など太陽光発電が進む南部の地域が中心となっている[13]。
- ドイツのエネルギー大手RWEはドイツ西部ノルトライン・ウェストファーレン（NRW）州における220 MW規模の蓄電池電力貯蔵システムへの投資を決定したと発表した。合計690台のLIBブロックを設置し、2024年に運転開始を予定している。同社は現在、ドイツ国内で合計約150 MW/160 MWh、全世界で800 MW/1,800 MWh以上の蓄電池電力貯蔵システムを運営している[14]。
- 中国は電解液のバナジウム資源を多く保有しており、大連に100 MW/400 MWhのRF電池が2022年5月に系統連系された[15]。2023年には湖北省に500 MW級のV系のRF電池製造工場を稼働させるとの発表もある。
- 「国際エネルギー消費効率化等技術・システム実証事業（NEDO/住友電気工業株式会社、2015～2022年）」[16]において、米国カルフォルニア州でのRF電池を用いてのマイクログリッド構築の実証試験が行われ、平常時と非常時の併用運転（マルチユース）が可能なことが確認されている。
- 「エネルギー消費の効率化等に資する我が国技術の国際実証事業/独国ニーダーザクセン州大規模ハイブリッド蓄電池システム実証事業（2017～2019年度）」[17]において、4 MW/20 MWhのNAS電池および7.5 MW/2.5 MWhのLIBを組み合わせたハイブリッド蓄電池システムを用い、2種類の需給調整運転（一次、二次調整力）、インバランス低減運転および電圧抑制のための無効電力供給の4つのユースケースに対して、複数機能をマルチユースとして同時に提供可能な制御技術が構築されている。
- ドイツのシーメンスガメサ・リニューアブル・エナジー（SGRE）社は電熱変換技術（Electric Thermal Energy Storage：ETES）の試験設備をハンブルグに立ち上げ2019年から運転している[18]。

風力などの余剰電力で空気をヒーター加熱し、火山岩の砕石に蓄熱し（顕熱蓄熱）、必要時に熱を取りだし蒸気発電を行う方式で、今後商業化を目指すとしている。その他にも、スウェーデンのアゼリオ社が潜熱蓄熱による小型機の製造を開始し[19]、米国ではAlphabet社から独立したMALTA社が溶融塩による顕熱蓄熱で商業化を目指すとしており、日本では愛知製鋼株式会社／株式会社豊田中央研究所／近江鉱業株式会社が化学蓄熱方式のスケールアップを検討している[20]。

[注目すべき国内外のプロジェクト]

【国内】

• JST ALCA「次世代蓄電池」（ALCA-SPRING）[21]（2013-2022年度）

ALCAプロジェクトの特別重点領域として2013年に開始している。次世代蓄電池の実現のため、全固体電池（硫化物系、酸化物系）、金属空気電池、中期目標の電池、長期目標の4チーム体制で推進されていた。2021年度から新体制となり、全固体電池チーム（硫化物型サブチーム、酸化物型サブチーム）、正極不溶型リチウム-硫黄電池チーム、次々世代電池チーム（金属-空気電池サブチーム、Mg金属電池サブチーム）、Li金属負極特別研究ユニットを横断的に存在させ、3機関（物質・材料研究機構、産業技術総合研究所、早稲田大学）に拠点を置き運営している。

• NEDO（グリーンイノベーション（GI）基金）「次世代蓄電池・次世代モーターの開発」[22]（2022～2030年度、予算1510億円）

研究開発項目として、高性能蓄電池・材料の研究開発、蓄電池のリサイクル関連技術開発、モビリティー向けモーターシステムの効率化。800 Wh/Lの高容量化、高い金属回収率（リチウム70%、ニッケル95%、コバルト95%）の目標を挙げている。

• NEDO「革新型蓄電池実用化促進基盤技術開発（SOLiD-EV）」[23]（第1期：2013-2017年度, 第2期：2018-2022年度、第3期：2021-2025年度）

技術研究組合リチウムイオン電池材料評価研究センター（LIBTEC）を拠点とし、全固体LIBの課題解決、試作セルによる新材料評価、量産プロセスの適合性の評価を行っている。安全性の評価法についても日本主導による国際規格化を進めている。

• NEDO「電気自動車用革新型蓄電池開発（RISING）I, II, III」[24]（2009-2015、2016-2020、2021-2025年度）

RISINGII（2016-2020年度）：フッ化物電池、亜鉛負極電池、多硫化物電池、コンバージョン電池。

RISINGIII（2021-2025年度）：資源制約が少ない安価な材料を使用した革新型電池としてフッ化物電池、亜鉛負極電池に特化し、実際の蓄電池での実証を行う。

• NEDO　エネルギー・環境新技術先導研究プログラム[25]（2020年度～）

「バナジウム代替新型レドックスフロー電池」、「電力貯蔵用高安全・低コスト二次電池」などの研究開発課題が採択されている。

• 文科省　元素戦略プロジェクト（2012-2021年度）

産業力に直結するテーマを設定して実施された。その中で、触媒・電池材料研究拠点[26]の電池グループでは、ナトリウム電池やカリウム電池の開発に向けた研究が行われた。

【国外】

［米国］

- **100日レビューおよびリチウム電池国家計画（2021年6月）**

　バイデン政権は主要4分野に関するサプライチェーンの脆弱性の評価と、強化に向けた政策案を提言するよう指示し、EV用バッテリーを含むバッテリー分野について米国エネルギー省（DOE）が「リチウム電池のための国家の青写真」を発表。国内サプライチェーン確保（パートナー国との連携含む）、2030年までのEVパック製造コスト半減、コバルト・ニッケルフリーの実現、90%リサイクル達成の目標等が挙げられている。

- **超党派インフラ法（2021年11月）、インフレ抑制法（気候変動対策法、2022年8月）**

　気候変動対策を目的に米国の産業活性化、インフラ整備を進める。EV、電池製造も対象に含まれる。

- **米国DOE「DAYS（Duration Addition to electricitY Storage）プログラム」[27]（2018年9月〜、第1期3年総額2400万米ドル予定）**

　傘下のエネルギー高等研究計画局（ARPA-E）による、電力網に10〜100時間放電できる電力貯蔵システム開発のためのプログラムで、11プロジェクトが採択されている。フロー電池、熱、高圧水、過酸化水素を利用した可逆燃料電池など貯蔵方法は様々で、最終的に電気に戻す技術が取り上げられている。

- **米国DOE「Long Duration Storage Shot」[28]（2021年7月〜、総額1790万米ドル予定）**

　2番目のEnergy Earthshotとして2021年7月に公表された。グリッド規模のエネルギー貯蔵において、コスト90%削減、10時間以上の貯蔵を10年以内に実現する目標を掲げている。

- **米国DOE「Vehicle Technologies Program」[29]（2008-2013、2014-2021年）**

　車載用蓄電池として2008-2013はLIBに集中して検討。2014年から、LIBのほか、Li-S, リチウム空気、ナトリウムイオン電池、全固体電池が検討対象に入っている。

- **米国DOE　「Battery500コンソーシアム」[30]　（2016-2021年）**

　国立研究所4つと大学5つからなるコンソーシアム活動。LIBを超える重量密度達成のためリチウム金属負極に注目し、特にリチウム硫化物電池の開発に取り組んでいる。

- **米国DOE　「JCESR（Joint Center for energy Storage Research）」[31]（2012-2017年, JCESR 2：2018-2022年））**

　アルゴンヌ国立研究所が主導（2009年より研究開始、2015年JCESR設立）。EV、エネルギー貯蔵用の蓄電池の開発を目的に、多価イオン電池、リチウム硫黄電池、有機RF電池、硫黄を用いた空気呼吸電池等の開発が行われている。

［欧州］

- **欧州バッテリーアライアンス（EBA）[32]（2017年10月〜、仏1,200億円、独3,700億円など計8,000億円規模の補助）**

　欧州域内におけるバリューチェーンの創出のために設立、電池・材料工場支援や研究開発支援を行っている。この枠組みをもとに12のEU加盟国が「欧州バッテリー・イノベーション」のプロジェクトを承認、最大で総額29億ユーロの補助（2022年1月）。バッテリーの原材料から部品・製品、リサイクルまでのバリューチェーンに関わる計46の研究開発プロジェクトに対し、2028年にかけて補助を行う。

- 欧州バッテリー指令

　EU理事会と欧州議会は2006年発効のバッテリー指令を大幅に改正するバッテリー規則案の暫定的な政治合意に達したと発表した（2022年12月）。カーボンフットプリントの申告義務、厳しい原材料のリサイクル義務が設定されている[33]。

- ASTRABAT（All Solid−sTate Reliable BATtery for 2025）[34]（2020〜2023年、予算総額780万ユーロ）
  EV用の全固体電池の開発を行うとしている。

[韓国]
- K−バッテリー発展戦略（2030二次電池産業発展戦略）（2021年7月）

　2030年の二次電池分野での世界首位を目指し、官民による大規模R＆Dの推進、安定的なサプライチェーン構築のため海外からの原材料の確保と国内でのリサイクル技術の強化、使用済み二次電池のリサイクル市場の創出といった戦略を掲げている[35]。韓国電池メーカー3社と素材・部品企業は30年までに合計40兆ウォン（約3.8兆円）を投資する計画。これに合わせ半導体・二次電池など5大素材・部品・装備（素部装）特化団地育成のため、最大2兆6,000億ウォン（約2,500億円）が投入される[36]。

（5）科学技術的課題
（LIB）

　・車載用や大規蓄電用途では主に体積エネルギー密度の向上（単位体積当たりの容量増加）が求められる。セルあたり、またバッテリーパックあたりの容量（Wh）が増加すれば結果的にWh単価が下がりコストダウンにもつながる。対策としてはニッケル比率の高い正極材料やシリコン系負極の採用が挙げられる。また将来の航空機や無人航空機用途などでは重量エネルギー密度の飛躍的な向上（単位重量当たりの容量増加）が求められており、対策として上記に加え、金属リチウム負極の採用などが挙げられる。

（NAS電池）

　・高出力放電時は電池内部の発熱量が増加するため、電池からの放熱量を増加させたいが、NAS電池は高温動作型電池であるが故に高断熱の容器に収納して保温電力を抑制する必要がある。そのため、通常時は高断熱を維持し、高出力放電時のみ放熱量を増加させる機構の開発が求められる。またNAS電池の劣化は、硫黄と多硫化ソーダによる部品の腐食に起因しており、防触材料の改良が検討されている。これにより従来の15年の寿命から20年まで長寿命化が期待される。

（RF電池）

　・セルの高出力化のためには、電極、隔膜材料の高性能化と共に、電解液を効率的に供給し反応を起こさせるセル構造の開発が重要となる。2010年以降、米国等においてPEFC（固体高分子形燃料電池）の技術をRF電池に適用して、セル出力を数倍に高出力化した報告がある[37],[38]。

　・バナジウムを電解液に用いるRF電池は、バナジウムの資源が限られるという課題があるため、新規活物質を適用する研究が活発に行われている。Fe/Cr系、金属の溶解析出反応を伴うZn/Br系やFe/Fe系のようなハイブリッドフロー電池が検討されている。

　・有機化合物を使うフロー型の電池は有望であると考えられる。2014年に発表された米国Harvard大学の報告では負極にアントラキノン類を用いており、電池反応は可逆で安定であり、安全な電解液として将来低コストで製造できるとしている[39]。その他、有機化合物としてTEMPO（テトラメチルピペリジンオキシル）[40]やメチルビオロゲン[41]の例が報告されている。活物質を電解液に溶解させるだけでなく、有機ポリマー微粒子の形態で分散させる研究例もあり、高濃度化の可能性が期待される。有機レドックス

2.2
産業・運輸部門のゼロエミ化・炭素循環利用

系は、官能基の選択と導入による電位制御など分子設計の自由度が大きく、今後の発展の可能性があると考えられる[42]。

（電力システム）

・回転系の発電機からパワーエレクトロニクスを用いた電源（太陽光や風力とパワーコンディショナーの組み合わせによるインバータ電源）へ移行が進むと、系統安定に必要な慣性力も少なくなっていく。このことにより電源や送電線の事故等で電力系統が不安定になる場合がある。このため、背後に電圧を有する蓄電池に同期発電機能を有する交直変換装置を組み合わせた同期発電機能付き蓄電システム（Virtual Synchronous Generator：VSG）を組み入れる検討が行われている[43]。

（6）その他の課題

・LIB技術者の海外流出、ならびに国家戦略で国家費用を受けた大規模なLIB工場が現在市場の多くを占めている現状がある。生産規模を大きくすれば製造コストは下がりまた原材料の調達力も強くなるため、これら大規模工場を持つ海外メーカーとの競争は厳しいものとなっている。政府からの支援や規制の緩和、国際標準化の推進支援が望まれる。

・蓄電システムの導入が進まない要因の一つとしてシステムのコストが高いことが挙げられる。蓄電池はトラブルになっても火災に至らない安全性が必須だが、安全性を維持しつつも蓄電システムのコストを下げていく取り組みが必要である。例えばコンテナ型NAS電池について2段積みのコストメリットは実証されているものの、日本国内では建築物とする場合2段積みは認められておらず、規制緩和が求められる。

・蓄電池は民生用、車載用を中心に開発が進められきたが、系統用などの定置型の研究開発は国内においては研究者も少なく産業界の参入も少ないのが実情である。国内の学会活動としては電気化学会傘下の電力貯蔵技術研究会などに限られている。現在研究開発の主流は海外であり、特に米国ではEarthshotプログラムの中で長期貯蔵システムが取り上げられ、強力な産学連携体制で研究が進められている。

・今後蓄電池の活用が広がれば、使用済み電池のリユース、リサイクルの対応も重要になる。使用後の車載用蓄電池を定置用にカスケード利用することも一つの方法と考えられるが、用途間で安全性の要求が異なるため最初の製造時から転用先の安全性を考慮した製品設計でないとカスケード利用は難しい。サイクル寿命特性も定置用の方が長寿命が求められるケースが多く、寿命と安全性の観点で車載用と定置用（大型発電所・変電所用含む）は異なる仕様となっているのが現状である。

・安価な、場合によっては価格がゼロの再エネ余剰電力を利用する場合、変換効率で劣っていても固定費（設備費）が安価であることがトータルのコストで有利になる場合がある。例えば熱供給を考えた時、高価なヒートポンプを用いるよりも安価な電熱器を用いる方がコスト的に有利な対策技術となることが多い。このことは、電気エネルギーは高価であるとのこれまでの火力発電の常識とは異なるものである。こういった低コスト技術は、欧州では検討されているが、我が国では最先端の科学技術とは見做されないことからあまり注目を集めていない。

・中国や欧州など海外と日本国内でのEV普及の速度が全く違っており、LIBの研究開発戦略も注意を要する。日本はこれまでの実績からLIBの安全性やエネルギー密度を高める特許、全固体電池など次世代電池の研究論文では存在感をもつが、EV市場等では製品投入が遅れ、国内市場がまだ小さく、顧客の反応やその技術対応といった経験が蓄積されていない。中国のEV市場や台湾の電動二輪車市場では、充電センターの待ち時間の長さという欠点を補うものとして、電池交換式車両とその電池交換サービスが既に立ち上げられている。それに特化した特許網も構築されている。先に普及が進んだ国に後発での参入は難しく、事業化で後塵を拝する懸念がもたれる。基礎研究段階から、用途に応じて、国内市場の事業化だけではなく世界市場をみた研究戦略が必須である。

（7）国際比較

国・地域	フェーズ	現状	トレンド	各国の状況、評価の際に参考にした根拠など
日本	基礎研究	◎	→	●JSTのALCA-SPRINGやNEDOのRISINGII,IIIなどで次世代型電池開発を進めている。
	応用研究・開発	◎	↗	●NEDO（GI基金）「次世代蓄電池・次世代モーターの開発」が開始している。 ●海外での電力用蓄電池実証試験を実施（米国カリフォルニア州、ドイツなど）。 ●LIB全体の特許出願数がトップクラスである。
米国	基礎研究	◎	→	●DOEアルゴンヌ国立研究所の主導によるイノベーションハブとしてエネルギー貯蔵研究センター（JCESRII）が活動中（2018年より5年間の更新）。
	応用研究・開発	◎	↗	●ARPA-E（DOE）：DAYSプログラムとして10～100時間の放電可能な蓄エネルギー技術開発を実施/IONICSプログラムとして固体イオン導電体を中心に新しいタイプの二次電池セルの開発実施（フロー電池も含まれる）。 ●Long Duration Storage Shot（2021年7月） ●Vehicle Technologies Program（2008-2013, 2014-2021） ●Battery500コンソーシアム（2016-2021年）
欧州	基礎研究	◎	→	【EU】 ●車載用蓄電池を中心に共通基盤技術を実施。 ●HORIZON2020・LISA：リチウム硫黄電池のプロジェクト。 ●FLORES：EUが資金提供するRF電池の13のプロジェクトのネットワーク、89の参加機関（4,100万ユーロ）。 【ドイツ】 ●FestBatt（BMBF：ドイツ連邦教育省）2018年〜 【フランス】 ●RS2E（フランス電気化学エネルギーデバイス研究ネットワーク）
	応用研究・開発	○	↗	【EU】 ●車両用蓄電池および電力貯蔵に関するプロジェクト（LC-BAT）を実施（2018～2020）。 ●CHESTプロジェクト（Compressed Heat Energy Storage）：圧縮熱エネルギー貯蔵システム（潜熱蓄熱材等を利用（～300℃）の開発（Horizon2020, 2018～2022年予定）。 ●EUバッテリーアライアンス ●ASTRABAT（All Solid-sTate Reliable BATtery for 2025） ●Horizon 2020、欧州グリーンビークル・イニシアチブ（EGVI: The European Green Vehicles Initiative） 【英国】 ●蓄電池研究としてFaraday Battery Challenge（£246M/4年：2017年〜） 【ドイツ】 ●ドイツ連邦教育省（BMBF）ARTEMYS（2017～2021年）などが行われた。
中国	基礎研究	○	↗	●中国科学院物理研究所が中心となり、次世代型電池の研究開発を推進。
	応用研究・開発	◎	↗	●第13次5ケ年計画/国家重点研究開発計画/新エネ車試行特別プロジェクト（2016年）などで強化している。 ●生産に関してはCATLやBYD等世界有数の企業が存在、応用・開発も進展している。EVのための応用・開発が活発に行われており、素材産業も育成中である。普及が進んでいるEV用途では、充電センターではなく、バッテリー交換サービスとその対応車両といった事業が立ち上げられている。その特許を集中的に出願しており、引き続き動向を注視する必要がある。
韓国	基礎研究	○	→	●LIBに関する研究は基礎から応用まで幅広く実施されている。革新電池系はサムスンSDIが全固体電池に注力している。

2.2
産業・運輸部門のゼロエミ化・炭素循環利用

| | 応用研究・開発 | ◎ | ↗ | ●K–バッテリー発展戦略（2021年7月）
●車載用二次蓄電池は中国とシェアを二分。定置用は首位。
●電力系統用として実証プロジェクトが進む（ピーク負荷軽減、2014–2018年）。 |

（註1）「フェーズ」

　　　「基礎研究」：大学・国研などでの基礎研究レベル。

　　　「応用研究・開発」：技術開発（プロトタイプの開発含む）・量産技術のレベル。

（註2）「現状」　※我が国の現状を基準にした評価ではなく、CRDSの調査・見解による評価。

　　　　◎：他国に比べて特に顕著な活動・成果が見えている　　　○：ある程度の顕著な活動・成果が見えている

　　　　△：顕著な活動・成果が見えていない　　　　　　　　　　×：特筆すべき活動・成果が見えていない

（註3）「トレンド」

　　　↗：上昇傾向、→：現状維持、↘：下降傾向

関連する他の研究開発領域

- ・太陽光発電（環境・エネ分野　2.1.3）
- ・風力発電（環境・エネ分野　2.1.4）
- ・水力発電・海洋発電（環境・エネ分野　2.1.6）
- ・太陽熱発電・利用（環境・エネ分野　2.1.8）
- ・水素・アンモニア（環境・エネ分野　2.2.2）
- ・産業熱利用（環境・エネ分野　2.2.4）
- ・地域・建物エネルギー利用（環境・エネ分野　2.3.1）
- ・エネルギーマネジメントシステム（環境・エネ分野　2.5.1）
- ・エネルギーシステム・技術評価（環境・エネ分野　2.5.2）
- ・蓄電デバイス（ナノテク・材料分野　2.1.1）

2.2
産業・運輸部門のゼロエミ化・炭素循環利用

参考・引用文献

1）田中晃司「電力貯蔵設備の最近の動向」『電気設備学会誌』39巻4号（2019）：190-193., https://doi.org/10.14936/ieiej.39.190.

2）経済産業省 資源エネルギー庁「需給調整市場について（2020年10月13日）」経済産業省, https://www.meti.go.jp/shingikai/enecho/denryoku_gas/denryoku_gas/seido_kento/pdf/043_04_01.pdf,（2023年3月1日アクセス）.

3）国立研究開発法人新エネルギー・産業技術総合開発機構（NEDO）技術戦略研究センター（TSC）『技術戦略研究センターレポート：TSC Foresight』20巻（2017）., https://www.nedo.go.jp/content/100866310.pdf,（2023年3月1日アクセス）.

4）資源エネルギー庁 省エネルギー・新エネルギー部 燃料電池推進室「第1回CO2フリー水素WG事務局提出資料（平成28年5月13日）」経済産業省, https://www.meti.go.jp/committee/kenkyukai/energy/suiso_nenryodenchi/co2free/pdf/001_02_00.pdf,（2023年3月1日アクセス）.

5）小森岳史「古くて新しい「重力蓄電」は日本でも普及する？：ベンチャーが新発想で参戦」EnergyShift, https://energy-shift.com/news/59859468-eb2c-4600-b512-3accfea5176c,（2023年3月1日アクセス）.

6）重松敏夫「レドックスフロー電池：最近の開発動向」『住友電工テクニカルレビュー』195号（2019）：1-7.

7）Toshio Shigematsu and Toshikazu Shibata, "Vanadium FBESs installed by Sumitomo Electric Industries, Ltd," in *Flow Batteries: From Fundamentals to Applications*, vol. 2, eds. Christina Roth, Jens Noack and Maria Skyllas-Kazacos (Wiley-VCH GmbH, 2023)., https://doi.org/10.1002/9783527832767.ch47.

8）Lawrence H. Thaller, "Electrically Rechargeable Redox Flow Cells," in *Proceedings of the 9th Intersociety Energy Conversion Engineering Conference (IECEC)* (New York: American Society of Mechanical Engineers, 1974), 924-928.

9）野﨑健, 他「レドックスフロー型二次電池による電力貯蔵の可能性」『電気化学・電熱研究会資料』（電気学会, 1975), CH-75-3.

10）E. Sum, M. Rychcik and Maria Skyllas-Kazacos, "Investigation of the V（V）/V（IV）system for use in the positive half-cell of a redox battery," *Journal of Power Sources* 16, no. 2 (1985)：85-95., https://doi.org/10.1016/0378-7753(85)80082-3.

11）井上彬, 柴田俊和「南早来変電所大型蓄電システム実証事業について」『電気設備学会誌』39 巻 4 号（2019)：194-198., https://doi.org/10.14936/ieiej.39.194.

12）住友電気工業株式会社「北海道電力ネットワーク（株）向けレドックスフロー電池設備が竣工」https://sumitomoelectric.com/jp/press/2022/04/prs036,（2023年3月1日アクセス).

13）山家公雄「風力・太陽光・蓄電池で新規電源の8割、米国は再エネと蓄電の時代に：米国で離陸する蓄電事業（第1回）」日経XTECH, https://xtech.nikkei.com/atcl/nxt/column/18/00001/07258/,（2023年3月1日アクセス).

14）ベアナデット・マイヤー, 作山直樹「エネルギー大手RWE、220MWの蓄電池電力貯蔵システムへの投資を決定（ドイツ）」独立行政法人日本貿易振興機構（JETRO), https://www.jetro.go.jp/biznews/2022/11/48b5e0ec7b708855.html,（2023年3月1日アクセス).

15）李莉「大連市で国家級蓄電システム実証プロジェクトが試運転開始（中国）」独立行政法人日本貿易振興機構（JETRO), https://www.jetro.go.jp/biznews/2022/04/bdf5da267bafdc23.html,（2023年3月1日アクセス).

16）国立研究開発法人新エネルギー・産業技術総合開発機構（NEDO), 住友電気工業株式会社「日米初の蓄電池による実配電網でのマイクログリッド構築・運用に成功：電力インフラのレジリエンス（回復力）強化を実現」NEDO, https://www.nedo.go.jp/news/press/AA5_101508.html,（2023年3月1日アクセス).

17）国立研究開発法人新エネルギー・産業技術総合開発機構（NEDO)「「エネルギー消費の効率化等に資する我が国技術の国際実証事業/独国ニーダーザクセン州大規模ハイブリッド蓄電池システム実証事業」個別テーマ/事後評価委員会」https://www.nedo.go.jp/introducing/iinkai/ZZAT09_100004.html,（2023年3月1日アクセス).

18）SIEMENS Gamesa Renewable Energy GmbH & Co. KG, "ETES - Electric Thermal Energy Storage -Technology and Commercial Proposition," https://www.siemensgamesa.com/en-int/-/media/siemensgamesa/downloads/en/products-and-services/hybrid-power-and-storage/etes/siemens-gamesa-etes-general-introduction-3d.pdf,（2023年3月1日アクセス).

19）Azelio, "The Solution: Technology," https://www.azelio.com/the-solution/technology/,（2023年3月1日アクセス).

20）愛知製鋼株式会社, 株式会社豊田中央研究所, 近江鉱業株式会社「地球温暖化抑制に貢献する蓄熱システム：世界で初めてカルシウム系蓄熱材を用いた工場実証に成功」愛知製鋼株式会社, https://www.aichi-steel.co.jp/news_item/20191025_news.pdf,（2023年3月1日アクセス).

21）国立研究開発法人科学技術振興機構（JST)「ALCA-SPRING：先端的低炭素化技術開発 - 次世代蓄電

池」、https://www.jst.go.jp/alca/alca-spring/,（2023年3月2日アクセス）.

22）石塚博昭「グリーンイノベーション基金事業、「次世代蓄電池・次世代モーターの開発」に着手：自動車産業の競争力強化、サプライチェーン・バリューチェーンの強じん化を目指す」国立研究開発法人新エネルギー・産業技術総合開発機構（NEDO）, https://www.nedo.go.jp/news/press/AA5_101535.html,（2023年3月2日アクセス）.

23）技術研究組合リチウムイオン電池材料評価研究センター（LIBTEC）「NEDO project（SOLiD-EV project）：委託事業」https://www.libtec.or.jp/consignment-business/,（2023年3月2日アクセス）.

24）RISING3, https://www.rising.saci.kyoto-u.ac.jp,（2023年3月2日アクセス）.

25）国立研究開発法人新エネルギー・産業技術総合開発機構（NEDO）「2020年度「NEDO先導研究プログラム/新技術先導研究プログラム」追加公募に係る実施体制の決定について」https://www.nedo.go.jp/koubo/CA3_100270.html,（2023年3月2日アクセス）.

26）京都大学「実験と理論計算科学のインタープレイによる触媒・電池の元素戦略研究拠点（ESICB）」http://www.esicb.kyoto-u.ac.jp,（2023年3月2日アクセス）.

27）Advanced Research Projects Agency-Energy（ARPA-E）, "Duration Addition to electricitY Storage（DAYS）," U.S. Department of Energy（DOE）, https://arpa-e.energy.gov/technologies/programs/days,（2023年3月2日アクセス）.

28）Office of Energy Efficiency & Renewable Energy, "Long Duration Storage Shot," U.S. Department of Energy（DOE）, https://www.energy.gov/eere/long-duration-storage-shot,（2023年3月2日アクセス）.

29）Will Joost, "Energy, Materials, and Vehicle Weight Reduction," National Institute of Standards and Technology（NIST）, https://www.nist.gov/system/files/documents/mml/acmd/structural_materials/Joost-W-DOE-VTP-NIST-ASP-AHSS-Workshop-R03.pdf,（2023年3月2日アクセス）.

30）Pacific Northwest National Laboratory（PNNL）, "Program: The Innovation Center for Battery500 Consortium," https://www.pnnl.gov/innovation-center-battery500-consortium,（2023年3月2日アクセス）.

31）U.S. Department of Energy Office of Science, "Joint Center for Energy Storage Research（JCESR）," https://www.jcesr.org,（2023年3月2日アクセス）.

32）EIT InnoEnergy, "European Battery Alliance（EBA250）," https://www.eba250.com,（2023年3月2日アクセス）.

33）European Commission, "Green Deal: EU agrees new law on more sustainable and circular batteries to support EU's energy transition and competitive industry," https://ec.europa.eu/commission/presscorner/detail/en/IP_22_7588,（2023年3月2日アクセス）.

34）European Commission, "HORIZON 2020: All Solid-sTate Reliable BATtery for 2025," https://cordis.europa.eu/project/id/875029,（2023年3月2日アクセス）.

35）当間正明「政府が二次電池産業発展戦略を発表（韓国）」独立行政法人日本貿易振興機構（JETRO）, https://www.jetro.go.jp/biznews/2021/07/502cb8eefa9c27b1.html,（2023年3月2日アクセス）.

36）コリア・エレクトロニクス「韓国政府、5大素材・部品・装備の特化団地育成に2兆6,000億ウォン投入」https://korea-elec.jp/post/21102904/,（2023年3月2日アクセス）.

37）Douglas S. Aaron, et al., "Dramatic performance gains in vanadium redox flow batteries through modified cell architecture," *Journal of Power Sources* 206（2012）: 450-453., https://doi.org/10.1016/j.jpowsour.2011.12.026.

38）津島将司, 鈴木崇弘「第2世代レドックスフロー電池」7章3『レドックスフロー電池の開発動向』野﨑健,

2.2
産業・運輸部門のゼロエミ化・炭素循環利用

佐藤縁 監,（東京：シーエムシー出版, 2017), 176-184.

39）Brian Huskinson, et al., "A metal-free organic-inorganic aqueous flow battery," *Nature* 505, no. 7482（2014）: 195-198., https://doi.org/10.1038/nature12909.

40）Takashi Sukegawa, et al., "Expanding the Dimensionality of Polymers Populated with Organic Robust Radicals toward Flow Cell Application: Synthesis of TEMPO-Crowded Bottlebrush Polymers Using Anionic Polymerization and ROMP," *Macromolecules* 47, no. 24 （2014）: 8611-8617., https://doi.org/10.1021/ma501632t.

41）Tobias Janoschka, et al., "An aqueous, polymer-based redox-flow battery using non-corrosive, safe, and low-cost materials," *Nature* 527, no. 7576（2015）: 78-81., https://doi.org/10.1038/nature15746.

42）佐藤縁「有機レドックスフロー電池」9章『レドックスフロー電池の開発動向』野崎健, 佐藤縁 監,（東京：シーエムシー出版, 2017), 221–229.

43）大原尚, 他「仮想同期発電機機能付き蓄電池用インバータ（VSG－PCS）の開発」『明電時報』4 巻 373 号（2021）: 14–18.

2.2
産業・運輸部門のゼロエミ化・炭素循環利用

2.2.2 水素・アンモニア

（1）研究開発領域の定義

　本領域ではエネルギー物質として注目される水素に関する科学、技術、研究開発を扱う。エネルギーシステムのゼロエミッション化に向けて再生可能エネルギー（以下、「再エネ」）が主要なエネルギー源となっていくが、変動が大きく長期保存が難しい課題がある。安定的な再エネ電力の利用のために、これを水素に変換する技術、輸送・貯蔵のための水素キャリア製造技術および水素利用技術を対象とする。本領域ではアンモニアは水素キャリアの一形態と捉えて記述する。なお、水素を用いてCO_2を有用な化合物に変換する技術は「2.2.3 CO_2利用」、水素・アンモニアを燃焼させ発電する技術は「2.1.1 火力発電」で扱う。

（2）キーワード

　グリーン水素、ブルー水素、水電解、改質反応、液体水素、有機ハイドライド、アンモニア、水素サプライチェーン、高圧タンク、水素吸蔵材料、燃料電池

（3）研究開発領域の概要
[本領域の意義]

　再エネ電力は時間、天気、季節による変動が大きく、また長期貯蔵に向かないため、エネルギー供給の平準化、安定供給のために蓄電技術の活用と合わせて水素エネルギーへの変換技術が有望視されている。得られた水素は再び電力に変換でき、利用時に地球温暖化ガスである二酸化炭素（CO_2）を発生させない。産業や運輸の分野でのCO_2の排出削減でも水素が重要な役割を果たせる期待がもたれている。水素は還元性の物質であるため、CO_2を有用物質に変換でき、製鉄の還元プロセスでも活用が検討されている。人類は広く社会で水素を活用した経験がこれまでに無く、水素社会の実現には、製造から利用に至るまで多くの技術開発がさらに必要である。社会受容には安全性やコストの観点がきわめて重要である。水素は化石資源含め多様な一次エネルギーからも製造可能であり、CCUS（CO_2回収・有効利用・貯留）技術と組み合わせてエネルギー安全保障の面でも価値を有すると期待される。

[研究開発の動向]

　水素エネルギーシステムを構成する技術を、そのサプライチェーンにしたがって4つに分けて記載する。

❶ 【水素製造】

・水素はその製造法によりカーボンフットプリントが変化するため、現在は便宜的に図表2.2.2-1のように分類されて技術的に議論される場面が増えている。

・水素のコストダウンを目指して、廃棄物を原料とする水素製造技術に関しても、米国、日本等で研究が行われている。これらのうち最も注目されているのがグリーン水素である。

　なお欧州の再エネ指令（RED: Renewable Energy Directive）ではバイオマス以外のクリーンな水素や合成燃料をRFNBO（Renewable fuels of non-biological origin）と呼び、製造時のCO_2排出量が既存の製法より70%減の$3.4\ kg\text{-}CO_2/kg\text{-}H_2$以下と定義している（2022年6月のREDII）。既存の製法としてメタンの水蒸気改質反応は$CH_4 + 2H_2O \rightarrow 3H_2 + CO_2$と表され、化学式上で$7.3\ kg\text{-}CO_2/kg\text{-}H_2$、実際には$12\ kg\text{-}CO_2/kg\text{-}H_2$程度である。

2.2
産業・運輸部門のゼロエミ化・炭素循環利用

図表 2.2.2–1　　製造法等による水素の便宜的な呼称

グリーン水素	再エネ電力を用いる電解により製造した水素
ブルー水素	天然ガス等化石資源の改質反応により製造した水素。CCSあり
グレイ水素	天然ガス等化石資源の改質反応により製造した水素。CCSなし
ターコイズ水素	メタンの熱分解で固形の炭素と水素を製造する。その水素
ピンク水素	原子力や高温地熱エネルギー由来の水分解により製造した水素

・グリーン水素

　再エネ由来の電力を用い、水の電気分解により水素を製造する技術である。主な水電解の方式を図表 2.2.2–2 に示す。アルカリ水電解、PEM形水電解が実用、実証段階にあり、近年アニオン交換膜形水電解も研究段階として注目を集めている。アルカリ水電解は、工業用途で大規模化の実績があり設備費用も低いが、運転停止時に電極が劣化を起こしやすく、発電量の変動が大きい再エネ電力を利用する上での技術課題となっている。プロトン交換膜形（PEM形）水電解は、固体高分子形燃料電池（PEFC）から派生した技術で、電力変動に強く、また電流密度を高くとれるため装置がコンパクトになるというメリットがあるが、電極に貴金属を使用しているためコスト低減が課題である。アニオン交換膜形は、起動・停止にも強く電極の選択幅が広く貴金属の使用を避けられる特徴があるが、十分な性能を有するアニオン交換膜がなく、開発途上である。高温水蒸気電解（SOEC）は、固体酸化物形燃料電池（SOFC）から派生した技術で、800℃程度の高温で電気分解を行い、電解効率が高い特徴がある。この電解方式については、近年 CO_2 の電解還元、CO_2 と水の共電解の研究開発も進められている。

図表 2.2.2–2　　水電解の方式

	水電解の種類（略称）	移動イオン	電解質膜	電極の例
隔膜	アルカリ水電解（AWE）	OH^-	なし（多孔質隔膜）	ステンレス／Ni系
固体電解質形	プロトン交換膜形（PEM）	H^+	プロトン交換膜（スルホン酸基）	カソード：Pt/炭素　アノード：IrO_2
	アニオン交換膜形（AEM）	OH^-	アニオン交換膜（アミン）	貴金属→非貴金属の傾向
	高温水蒸気電解形（SOEC）	O^{2-}	金属酸化物（安定化ジルコニア）	金属酸化物

●ブルー水素

　石炭や天然ガス等の炭化水素原料の改質反応により水素を製造する技術である。特に褐炭は若い石炭であり自然発火しやすく流通が難しいため、水素に変換しての利用が検討されている。これら化石資源の改質反応で副生する CO_2 を CCS（CO_2 回収・貯留）により地中に貯留すれば、得られた水素はクリーンとみなすことができる。ただし、副生したすべての CO_2 を回収・貯留することは現実的には難しく、また化石資源を使用することから疑問視する見方もある。しかしカーボンニュートラルに向けた移行期においては、グリーン水素だけでは十分な量の水素の確保が難しく、かつ高価となる可能性があり、当面は水素供給の一定割合を担うものとして研究開発を進める必要がある。

2.2
産業・運輸部門のゼロエミ化・炭素循環利用

・熱化学水分解反応[1]

原子炉（高温ガス炉）の熱、集光型の太陽熱、製鉄排熱、高温地熱など900℃程度の高温が利用できれば、水の熱分解による水素製造も選択肢になりうる。純粋な水の熱分解には4,000℃が必要だが、ヨウ素と硫黄の化学反応を組み合わせたブンゼン反応などを利用すれば、900℃という現実的な温度で水の熱分解により水素を得ることができる。

❷ 【水素貯蔵・輸送技術、水素キャリア技術】

- グリーン水素は再エネで作られるが、再エネ発電のポテンシャルは国や地域により格差が大きく、製造できる水素の量にも格差があるため、国際的な水素のネットワークを通しての連携が不可欠である。水素を輸送する方法の一つの選択肢はパイプラインであり、エネルギーのロスも少なくこれが最も好ましい。しかし距離が長くなる場合や、我が国のように海に囲まれている場合は海上輸送が選択肢となる。気体の水素は他の燃料に比較して、体積当たりのエネルギー密度が小さく、海上輸送のためにはLNG（液化天然ガス）の運搬と同様に液化する水素キャリア（エネルギーキャリア）の技術が必要になる。

- 各水素キャリアの種類と特徴を表2.2.2-3に示す。液体水素は、マイナス253℃まで冷却する必要があり、運搬には専用船の開発が必要となる。有機ハイドライド方式は、トルエンを水素化してメチルシクロヘキサン（MCH）として運ぶ方式であり、常温で液体のため、通常の石油製品と同様に運搬が可能である。使用時にはMCHから水素を取り出すための脱水素触媒技術が必要となる。ドイツではトルエンの代わりにベンジルトルエンの使用も検討されている。アンモニアの合成はハーバー・ボッシュ法がすでに高度に確立している。ハーバー・ボッシュ法は400℃、200気圧以上と高温高圧の反応（Fe系触媒）であるため、低温低圧で機能する触媒の探索が精力的に行われている。例えば東京工業大学はRu系の触媒に注目して、その水素被毒の課題を克服するためにエレクトライドと呼ばれる特殊な電子構造を有する担体を開発している[2]。アンモニアは化学肥料用途等ですでに運搬技術が確立されているが、エネルギー目的で利用するとなれば、その運搬量がこれまでと桁ちがいに大きくなり、新たな課題となる。アンモニアから再び水素を取り出すことができるが、そのままアンモニアを燃焼して発電する方式が想定されている点が、他の水素キャリアと位置づけが異なっている。

- 水素を貯蔵する方法として水素キャリアの形態の他、水素吸蔵合金[3]による貯蔵も選択肢となる。

図表2.2.2-3　水素キャリアの種類

	輸送形態	水素取り出し	課題
液体水素	液化 (-253℃)	気化	専用輸送船の開発 輸送中のボイルオフ
有機ハイドライド	メチルシクロヘキサン （MCH）	トルエン ＋ $3H_2$	水素取り出し時のエネルギーロス （吸熱反応）
アンモニア	液化NH_3	N_2 ＋ $3H_2$ または直接利用	アンモニア合成の効率 臭気・毒性

❸ 【水素システム・インフラ技術】

- 水素インフラとしては、液体水素輸送船、水素パイプライン、水素ステーション、蓄圧器等がある。液体水素輸送船としては、我が国では「すいそ ふろんてぃあ」船の開発例があり[4]、より大型の液体水素タンカーも検討されている。水素パイプラインは我が国では一般化していないが、欧州や米国では実用に供されている。

・高圧による水素貯蔵技術は、水素ステーションや燃料電池自動車（FCV）で実用化されており、蓄圧器を構成する金属材料の開発や水素タンクの軽量化技術の開発が継続している。特にFCV用の水素タンクは軽量化のため、Type1の金属容器に始まり、Type2やType3では金属にCFRP（炭素繊維強化プラスチック）巻き付けによる補強、Type4ではプラスチックのライナーをCFRPで補強する形態[5]へと進化している。

・水素は実在するもっとも小さな分子であり、金属材料をも透過して漏れ出したり金属自身の結晶構造を壊して強度を低下させる場合がある（水素脆化）。こういった現象の起こりにくい材料の研究開発が重要な課題で、水素のふるまいには未知の部分があり、水素の学理を深化させていく必要がある。

❹ 【水素利用技術】

・水素、アンモニアが利用可能な分野は発電、内燃機関用燃料、CO_2利用（CCU）のための還元剤、工業用加熱炉燃料、肥料原料等と多岐にわたる。発電分野では水素発電、アンモニア発電（「2.2.1 火力発電」参照）、燃料電池（移動体用（FCV）、定置用）、電力需給調整等がある。CCUのための還元剤利用としては化学品合成、合成燃料、合成メタン、持続可能な航空機燃料（SAF）（「2.2.3 CO_2利用」参照）等がある。

・産業からのCO_2排出の約4割を製鉄が占めており対策が求められている。現在、高炉法が主たる製造プロセスだが、鉄鉱石の還元のために化石資源由来のコークスを使用（直接利用と一酸化炭素ガスの間接利用）するため多量のCO_2が発生する。単純に水素に置き換えて還元するとすれば、吸熱反応であるため別途加熱手段が必要になる課題が生じる。鉄鋼業界を中心としたCOURSE50[6]（NEDO委託事業「環境調和型プロセス技術の開発/水素還元等プロセス技術の開発」）プロジェクトでは部分的に水素を導入し還元することで10%のCO_2を減少させ、さらに20%のCO_2の回収を目標としている。この取り組みはグリーンイノベーション事業に引き継がれている。直接還元法（DRI）[7, 8]は鉄鉱石を天然ガス（メタン）で直接還元する方法であり、この工程に続けて電炉で鉄を高純度化する。メタンは、回収CO_2と水素からメタネーション反応によって得る方法が考えられる。メタンに代えて水素を還元剤として用いる手法も検討されている。

（4）注目動向
［新展開・技術トピックス］
❶ 【水素製造】

・旭化成株式会社は2020年に福島水素エネルギー研究フィールド（FH2R）に10 MW級大型アルカリ水電解システムを設置、稼働を開始した[9]。1モジュールとして世界最大規模であり、毎時1,200 Nm³（定格運転時）の水素を製造できる。同社は2021年からのグリーンイノベーション事業に採択され、複数モジュールでの運転技術の確立を目指している。

・東レ株式会社は、PEM形水電解用の電解質膜として、従来のイオノマー（Nafion™）に代わるスルホン酸基を有する炭化水素系の高分子材料を開発している。この材料はガス透過性が低いため、電解で生成した水素や酸素が逆流せず安全性が高いといわれている。東レと装置メーカーのシーメンスエナジーAGはパートナーシップを結び、グリーンイノベーション基金の助成を受けて国内最大級10 MWクラスのPEM形大型水電解装置の技術開発を目指す[10]。

❷ 【水素貯蔵・輸送技術、水素キャリア技術】

・資源に恵まれ海外からの投資を得てクリーン水素輸出産業の拡大を目指すオーストラリアでは、水素の生産体制とサプライチェーン構築に向けて多くのプロジェクトが立ち上がっている。日本の企業・団体も数多くプロジェクトに参画している。オーストラリアは太陽光エネルギーに恵まれた環境（グリーン水素

2.2
産業・運輸部門のゼロエミ化・炭素循環利用

の供給が可能）で、さらに褐炭も豊富に有している（ブルー水素の資源となる）。

・サウジアラビアのサウジアラムコと日本のエネルギー経済研究所が中心となり、ブルーアンモニア（ブルー水素から合成されたアンモニア）輸送の実証試験が2020年より行われている。天然ガスから改質反応で水素を製造し、ハーバーボッシュ法でアンモニア合成し日本に運ぶ構想である。副生したCO_2は現地でメタノール合成（CCU）およびEOR（CO_2圧入による石油増産）に用いる[11]。

・有機ハイドライド方式の水素キャリアは、通常再エネ電力から水電解でグリーン水素を製造した後、トルエンを触媒反応で水素化してMCHを製造する二段階のプロセスを経るが、効率化・低コスト化する手法として、Direct MCH® プロセスが開発されている。この方法では、PEM形水電解セルと類似の原理のセルを用いトルエンを電気化学的に還元することで、水素製造工程を経由せずに水とトルエンからMCHを一段階で製造する[12]。この方法でオーストラリアで製造したMCHを日本に輸送する実証試験も行われている。

・アンモニア合成については、ハーバーボッシュ法に代わる低温低圧のプロセスの研究開発が行われている。東京大学は、モリブデン系の錯体触媒を用い、還元剤のヨウ化サマリウムの存在下、窒素と水から常温常圧でのアンモニア合成を報告している[13]。アンモニア合成においても電力を直接利用する方法が検討されており、北海道大学は窒素と水から常圧で電解反応によりアンモニアが生成することを報告している[14]。

❸ 【水素利用技術】

・株式会社JERAと株式会社IHIはNEDOの助成を受け碧南火力発電所（愛知県）において、2021年から石炭と燃料アンモニアの大規模な混焼技術の確立を行うと発表した。同発電所5号機（発電出力：100万kW）での大規模混焼（20％混焼）の計画を当初よりも約1年前倒しで2023年度から開始する[15]。

・FCV向け水素ステーションは徐々に増え、2022年12月時点で日本全国で164箇所となっている[16]。2021年時点の日本国内のFCV保有台数は6981台で、自動車の全保有台数（約8,200万台）の約0.1％となっている。普及に向けて車両価格の低下、水素インフラの拡大などが課題と考えられる。大型商用車への適用が今後期待される。

［注目すべき国内外のプロジェクト］

■国内

• NEDO（グリーンイノベーション基金（GI基金））（2021～2030年度）

-「大規模水素SPの構築」[17]：液化水素およびMCHによる大規模水素サプライチェーンの実証研究、液化水素関連機器の評価基盤の整備、直接MCH電解合成などの革新的技術を通して、水素供給コストを2030年に30円/Nm^3、2050年に20円/Nm^3以下まで低減させる技術開発を行う。水素ガスタービン発電技術（混焼、専焼）を実機で実証する。

-「再エネ由来の電力を活用した水電解による水素製造」[18]：水電解装置の大型化技術等の開発、および再生可能エネルギーシステム環境下での水電解装置の性能評価技術の確立に取り組む。水電解設備コストは現在の6分の1程度を目指す。アルカリ水電解とPEM形水電解を中心に取り組む。

-「燃料アンモニアサプライチェーンの構築」[19]：ハーバー・ボッシュ法より優れる独自の触媒開発、さらには水素を用いない電解合成によるアンモニア合成法の開発を目指す。火力発電におけるアンモニアの20％混焼を発展させ、アンモニアの高混焼化・専焼化の技術開発を推進する。ガスタービンでのアンモニア専焼化に必要な技術開発も行う。

-「製鉄プロセスにおける水素活用」[20]：高炉において水素を活用してCO_2を50％削減する技術、および水素だけで低品位の鉄鉱石を還元する直接水素還元技術（高純度化は電炉を想定）の開発を行う。また電炉法において、不純物の濃度を高炉法並みに制御する技術を確立する。

- NEDO「水素社会構築技術開発事業」[21]（2014～2025年度）

　再エネ電力からの水素製造、水素サプライチェーン構築のための技術開発、ガスタービンを用いた水素発電システム、水素社会のモデル構築などの技術開発を行う。

- NEDO「燃料アンモニア利用・生産技術開発／工業炉における燃料アンモニアの燃焼技術開発」[22]（2021～2025年度）

　産業分野の脱炭素に貢献するため、アンモニア燃焼技術を開発し、アンモニアを工業炉における熱源とすることを目指している。

- NEDO「燃料電池等利用の飛躍的拡大に向けた共通課題解決型産学官連携研究開発事業」[23]（2020～2024年度）

　2030年以降の高効率、高耐久、低コストの燃料電池車、産業・業務用燃料電池を見据えた、電池技術、システム技術、および水素貯蔵等水素関連技術を開発する。

- JST未来社会創造事業「地球規模課題である低炭素社会の実現」[24]（2018年度～）

　「実用的中温作動型水素膜燃料電池の開発」、「階層構造規制型触媒電極による革新的水電解プロセスの創出」、「電場中での低温オンデマンド省エネルギーアンモニア合成」、「グリーンアンモニアおよび尿素とその誘導体合成のための特異電子系触媒の開発」で水素、アンモニアに関連した探索研究を推進している。

■国外

- Mission Innovation[25]

　COP21で発表されたクリーンエネルギーイノベーション加速のための国際イニシアチブであり、複数の水素アプリケーションを組み合わせて地産地消の水素エコシステムを推進すべく、各国の主要プロジェクトを"Hydrogen Valley"と位置付け、互いの国際協力や情報共有を推進している。2021年5月時点ではグローバルで36プロジェクトが発表されており、日本では福島水素エネルギー研究フィールド（FH2R）が該当する。

［米国］

- 米国エネルギー省（DOE）Hydrogen shot[26]

　最初のEnergy Earthshot Initiativeで、クリーンな水素のコストを10年で80%の削減を目指すとしている。
　　　自動車用クリーン水素価格：製造コスト$2/kg、輸送・充填コスト$2/kg
　　　産業用および発電用水素コスト：$1/kg
　　　長距離トラック用燃料電池システム：$80/kW、耐用時間25,000時間以上
　　　車載水素貯蔵コスト：$8/kWh、2.2 kWh/kg、1.7 kWh/L
　　　電解槽の資本コスト：$300/kW 耐久性80,000時間、システム効率65%
　　　固定式の高温燃料電池システムコスト：$900/kW、耐久性時間40,000時間

- H2@Scale Initiative[27]（2019年～）およびHydrogen Program Plan[28]（2020年～）

　2020年には前者でH2@Scaleの18プロジェクトに約$640万ドル、後者では$19,750万ドル（企業190社、大学16、国立研究所40）を投資し、水素サプライチェーン関連の課題に取り組む。とくに、コスト削減と製造や変換システムの性能と耐久性の向上、水素と従来のエネルギーシステムとの統合と、輸出障壁への対処、供給源の集約による大規模化、水素による統合エネルギーシステムの開発と検証、および革新的で新しい価値提案を行う。

［欧州］

- **欧州燃料電池水素共同実施機構（Fuel Cells and Hydrogen Joint Undertaking：FCH JU）[29]**

　　Horizon2020で2014〜2020年にかけて13.3億ユーロの資金を得て227のプロジェクトが実施された。59件のプロジェクトが水素製造に関するもので、そのうち32件が水電解、なかでもPEM形電解の実証が多かった。2021年からはFCH–JUからClean Hydrogen Partnershipに名称を変更して引き継がれている。関連するプロジェクトの例を2つ以下に記載する。

　　- H2Future[30]：大規模なPEM水電解装置（6 MW）を稼働させる。水素の電力・エネルギー市場との連携について検証する。

　　- Djewels[31]：2020年にオランダにおいて20 MW級の水電解槽施設を立ちあげ、最終年の2025年には100 MWを目指す。得られる水素からメタノールやジェット燃料を製造する検討を行う。

（5）科学技術的課題

- 水素コストの劇的な低減
  - 水電解：電極触媒（効率化、安価な入手容易な金属の利用）、電解質膜（イオン伝導性、耐久性）
  - 水素キャリア技術：合成技術。水素取り出し技術。電気化学的合成
  - アンモニア合成法：低温低圧で活性を持つ触媒。電気化学的合成
  - 貯蔵技術
- グリーン水素、ブルー水素、ピンク水素（原子力）、ターコイズ水素などの状況に応じた使い分けと、それぞれの水素製造技術の確立。
- 水素インフラ用の材料開発：水素脆化、漏れへの対策。金属材料（配管、容器）、ゴム材料（ホース、パッキン等）、耐圧容器等
- 燃料電池技術
- CO_2と水素からの有用物質合成（CCU）
- 水素を用いた製鉄技術
- 水素、アンモニアの保安技術、環境影響評価

（6）その他の課題

- **水素の製造と用途**

　　水素は多様な用途への活用が期待されるが、製造から利用までの工程が多くなる懸念があり、効率的な運用が必要である。さもなくばエネルギーをロスし、水素のメリットが薄れる。水素製造場所と需要地との関係を適切に配置する必要がある。

- **巨額の研究開発費の確保**

　　社会実装に至る過程では、研究開発・実証よりもさらに巨額の資金と体制が必要になる。水素の大量導入により実現する社会システムの変革を視野に入れる必要があるため、国家が主体性を発揮して、技術開発の枠を超えた政策ビジョンが必要になると考えられる。欧州、特にドイツでは、水素を産業の血液にする、水素で世界制覇する等の大きな戦略が示されている。

- **死の谷を越えるための開発費支援**

　　商品化研究は、基盤研究に比較して桁違いの予算を必要とする。とくに、エネルギー分野では、社会実装を目指す際に、装置の容量や台数の大きさといった規模のメリットを生かしてコストダウンを図ることが多いが、この見通しを確認するためにはきわめて大きな研究開発投資が必要になる。米国のARPA–Eのような、死の谷を越える仕組みの強化も必要である。

2.2 産業・運輸部門のゼロエミ化・炭素循環利用

- **人材育成**

　水素エネルギーシステムは学際領域であるが、多方面に専門家が分散している。水素の観点から横串を通した研究開発の推進が必要であり、分野横断的人材の育成が必要である。システム評価やエネルギーモデル等の技術を俯瞰する研究開発も重要である。

- **水素保安**

　これまで水素の大規模な利用は、石油精製における水素化精製、アンモニア合成、メタノール合成など一部の用途に留まっていた。カーボンニュートラルな社会を実現する上で水素の幅広い利用は不可欠と考えられるが、これまで行われてこなかった利用場面においても安全性を担保する必要があり、水素保安に関する研究開発が必要である。一方で水素を巡る内外環境が大きく変化する中で、水素保安の全体戦略とサプライチェーン全体を見渡した規制の在り方を検討する必要がある。検討内容として、円滑な水素利用を進めるためのシームレスな規制体系、技術的進展やリスクに見合った適正な規制、消費者・地域住民の安全を第一とした規制体制、国内で研究開発が完結できるようにするための環境整備等が挙げられる。

（7）国際比較

国・地域	フェーズ	現状	トレンド	各国の状況、評価の際に参考した根拠など
日本	基礎研究	○	↗	●Hydrogenomics（科研費、2018～2022年）[32] では、水素の学理に踏み込んだ基礎的な研究が行われている。 ●JSTのさきがけやCREST、未来社会創造事業でアンモニア合成などに関する基礎研究が推進されている。
	応用研究・開発	◎	↗	●グリーン成長戦略（2021年）に基づき創設された基金により、水素大規模サプライチェーンの構築、再エネ電力を活用した水電解による水素製造、燃料アンモニアサプライチェーンの構築、製鉄プロセスにおける水素活用のプロジェクトなどが実施されている。
米国	基礎研究	○	↗	●DOEをはじめとする多く研究助成により基礎研究が精力的に展開されている。
	応用研究・開発	◎	↗	●水素に対する取り組みは極めて積極的である。 ●水素ショット（Hydrogen Shot）：10年後に水素価格1\$/Kgの高い目標（"1 1 1"）を掲げている。 ●Hydrogen Program PlanやH2＠Scale Initiativeを通して、水素・燃料電池関連の研究開発・実証プロジェクトを推進している。
欧州	基礎研究	○	↗	●Horizon Europeをはじめとする多くのプロジェクトによって基礎研究が精力的に展開されている。
	応用研究・開発	◎	↗	【欧州】 ●Hydrogen Roadmap Europe（2019年）、A hydrogen strategy for a climate neutral Europe（2020年）を策定し、水素が重要な役割を担うと位置付けている。 ●FCH JUで、2014～2020年に13.3億ユーロをHorizon2020から受け227のプロジェクトが行われた。 【ドイツ】 ●国家水素戦略[33]（2020年）：2030年水素製造設備5～10 GW。電力利用に加え、製鉄、化学産業での水素の活用や、国外との水素サプライチェーン構築を重要視している。 ●Power-to-Gas（水素、メタン）プロジェクトとして、40件以上が実施されている。例として、Hybrid power plant（Falkenhagen）、Wind Gas Hamburg（Hamburg）、Energie Park Mainz（Mainz）など。 【英国】 ●英国水素戦略[34]（2021年）：2030年水素製造設備5 GW。風況を生かした風力発電によるグリーン水素製造や、水素の流通に既設のガス管網の活用、北海油田のCCS活用を重視している。

2.2 産業・運輸部門のゼロエミ化・炭素循環利用

中国	基礎研究	○	↗	●多数の国家プロジェクトによって水素・アンモニア合成の研究。
	応用研究・開発	○	↗	●中国科学技術部は、再生可能エネルギーおよび水素技術重要特別プロジェクト2019年度申請指南を発表している（期間は2018〜2022年）。 ●産業からの副生水素が流通しており、水素利用のノウハウを蓄積している。
韓国	基礎研究	○	↗	●政府により大型基礎研究のファンディングが進められている。
	応用研究・開発	○	↗	●当初の燃料電池車の技術開発から発展させ、水素は「韓国がリードする初のエネルギー」をスローガンに掲げている。「水素先導国家ビジョン」を策定（2021年）。

（註1）「フェーズ」

　　　「基礎研究」：大学・国研などでの基礎研究レベル。

　　　「応用研究・開発」：技術開発（プロトタイプの開発含む）・量産技術のレベル。

（註2）「現状」　※我が国の現状を基準にした評価ではなく、CRDSの調査・見解による評価。

　　　◎：他国に比べて特に顕著な活動・成果が見えている　　　○：ある程度の顕著な活動・成果が見えている

　　　△：顕著な活動・成果が見えていない　　　　　　　　　　×：特筆すべき活動・成果が見えていない

（註3）「トレンド」

　　　↗：上昇傾向、→：現状維持、↘：下降傾向

関連する他の研究開発領域

・火力発電（環境・エネ分野　2.1.1）

・原子力発電（環境・エネ分野　2.1.2）

・太陽光発電（環境・エネ分野　2.1.3）

・風力発電（環境・エネ分野　2.1.4）

・蓄エネルギー技術（環境・エネ分野　2.2.1）

・CO_2利用（環境・エネ分野　2.2.3）

・再生可能エネルギーを利用した燃料・化成品合成技術（ナノテク・材料分野　2.1.4）

参考・引用文献

1）国立研究開発法人日本原子力研究開発機構 高温ガス炉研究開発センター「熱化学法ISプロセスとは」https://www.jaea.go.jp/04/o-arai/nhc/jp/faq/is_process.html,（2023年3月5日アクセス）.

2）Masaaki Kitano, et al., "Electride support boosts nitrogen dissociation over ruthenium catalyst and shifts the bottleneck in ammonia synthesis," *Nature Communications* 6（2015）: 6731., https://doi.org/10.1038/ncomms7731.

3）前田哲彦「水素吸蔵合金を用いた定置用水素貯蔵」『水素エネルギーシステム』36巻1号（2011）: 35-41., https://doi.org/10.50988/hess.36.1_35.

4）川崎重工業株式会社「Kawasaki Hydrogen Road」https://www.khi.co.jp/hydrogen/,（2023年3月5日アクセス）.

5）株式会社巴商会「水素エネルギー事業：Type4容器」http://www.tomoeshokai.co.jp/suiso/type4/,（2023年3月5日アクセス）.

6）COURSE50「テクノロジー：CO_2を減らす技術」https://www.course50.com/technology/technology01/,（2023年3月5日アクセス）.

7）株式会社神戸製鋼所「Midrex社：水素を活用した直接還元製鉄法に関する共同開発契約をアルセロー

2.2
産業・運輸部門のゼロエミ化・炭素循環利用

ル・ミッタル社と締結」https://www.kobelco.co.jp/releases/files/20190917_1_01.pdf,（2023年3月5日アクセス）.

8）国立研究開発法人科学技術振興機構（JST）低炭素社会戦略センター「LCS-FY2021-PP-13 水素直接還元製鉄法の評価と技術課題（令和4年5月）」JST, https://www.jst.go.jp/lcs/pdf/fy2021-pp-13.pdf,（2023年3月5日アクセス）.

9）旭化成株式会社, 日揮ホールディングス株式会社「大規模水素製造システムを活用したグリーンケミカルプラント実証プロジェクトを開始」旭化成株式会社, https://www.asahi-kasei.com/jp/news/2021/ze210826.html,（2023年3月5日アクセス）.

10）シーメンス・エナジー AG, 東レ株式会社「シーメンス・エナジーと東レ パートナーシップを締結：PEM型水電解を用いたグリーン水素製造により、カーボンニュートラル社会実現に貢献」東レ株式会社, https://www.toray.co.jp/news/details/20210906111732.html,（2023年3月5日アクセス）.

11）一般財団法人エネルギー経済研究所（IEE Japan）, サウジアラビアン・オイル・カンパニー, サウジ基礎産業公社「世界初のブルーアンモニアの輸送が開始される：持続可能な社会に向けての新しい道」IEE Japan, https://eneken.ieej.or.jp/press/press200927.pdf,（2023年3月5日アクセス）.

12）ENEOS株式会社「低炭素技術研究：水素キャリア製造技術（Direct MCH®）」https://www.eneos.co.jp/company/rd/intro/low_carbon/dmch.html,（2023年3月5日アクセス）.

13）東京大学大学院工学系研究科システム創成学専攻「【プレスリリース】「世界で初めて窒素ガスと水からのアンモニア合成に成功～常温常圧で世界最高の触媒活性、持続可能な社会へ～」：システム創成学専攻 芦田裕也（D2）、西林仁昭教授ら」東京大学, https://www.sys.t.u-tokyo.ac.jp/2019/04/%E3%80%8C%E4%B8%96%E7%95%8C%E3%81%A7%E5%88%9D%E3%82%81%E3%81%A6%E7%AA%92%E7%B4%A0%E3%82%AC%E3%82%B9%E3%81%A8%E6%B0%B4%E3%81%8B%E3%82%89%E3%81%AE%E3%82%A2%E3%83%B3%E3%83%A2%E3%83%8B%E3%82%A2%E5%90%88/,（2023年3月5日アクセス）.

14）北海道大学工学部応用理工系学科 応用科学コース「応用化学のものづくり：世界初！常圧220℃でのアンモニア電解合成」https://apchem.eng.hokudai.ac.jp/article/493/,（2023年3月5日アクセス）.

15）株式会社JERA「碧南火力発電所のアンモニア混焼実証事業における大規模混焼開始時期の前倒しについて」https://www.jera.co.jp/information/20220531_917,（2023年3月5日アクセス）.

16）JHyM 日本水素ステーションネットワーク合同会社, https://www.jhym.co.jp/,（2023年3月9日アクセス）.

17）国立研究開発法人新エネルギー・産業技術総合開発機構（NEDO）「大規模水素サプライチェーンの構築」Green Japan, Green Innovation, https://green-innovation.nedo.go.jp/project/hydrogen-supply-chain/,（2023年3月5日アクセス）.

18）国立研究開発法人新エネルギー・産業技術総合開発機構（NEDO）「再エネ等由来の電力を活用した水電解による水素製造」Green Japan, Green Innovation, https://green-innovation.nedo.go.jp/project/hydrogen-production-water-electrolysis-utilizing-electric-power-derived/,（2023年3月5日アクセス）.

19）国立研究開発法人新エネルギー・産業技術総合開発機構（NEDO）「燃料アンモニアサプライチェーンの構築」Green Japan, Green Innovation, https://green-innovation.nedo.go.jp/project/building-fuel-ammonia-supply-chain/,（2023年3月5日アクセス）.

20）国立研究開発法人新エネルギー・産業技術総合開発機構（NEDO）「製鉄プロセスにおける水素活用」Green Japan, Green Innovation, https://green-innovation.nedo.go.jp/project/utilization-hydrogen-steelmaking/,（2023年3月5日アクセス）.

21）国立研究開発法人新エネルギー・産業技術総合開発機構（NEDO）「水素社会構築技術開発事業」

https://www.nedo.go.jp/activities/ZZJP_100096.html,（2023年3月5日アクセス）.

22）国立研究開発法人新エネルギー・産業技術総合開発機構（NEDO）「「燃料アンモニア利用・生産技術開発/工業炉における燃料アンモニアの燃焼技術開発」に係る実施体制の決定について」, https://www.nedo.go.jp/koubo/AT523_100115.html,（2023年3月9日アクセス）.

23）国立研究開発法人新エネルギー・産業技術総合開発機構（NEDO）「燃料電池等利用の飛躍的拡大に向けた共通課題解決型産学官連携研究開発事業」https://www.nedo.go.jp/activities/ZZJP_100182.html,（2023年3月5日アクセス）.

24）国立研究開発法人科学技術振興機構（JST）未来社会創造事業「「地球規模課題である低炭素社会の実現」領域」JST, https://www.jst.go.jp/mirai/jp/program/lowcarbon/index.html,（2023年3月5日アクセス）.

25）Clean Hydrogen Partnership, https://h2v.eu/,（2023年3月5日アクセス）.

26）Hydrogen and Fuel Cell Technologies Office, "Hydrogen Shot," U.S. Department of Energy (DOE), https://www.energy.gov/eere/fuelcells/hydrogen-shot,（2023年3月5日アクセス）.

27）Hydrogen and Fuel Cell Technologies Office, "H2@Scale," U.S. Department of Energy (DOE), https://www.energy.gov/eere/fuelcells/h2scale,（2023年3月5日アクセス）.

28）U.S. Department of Energy (DOE), "Department of Energy Hydrogen Program Plan," https://www.hydrogen.energy.gov/pdfs/hydrogen-program-plan-2020.pdf,（2023年3月5日アクセス）.

29）Fuel Cells and Hydrogen Joint Undertaking (FCH JU), https://wayback.archive-it.org/12090/20220602144358/https://www.fch.europa.eu/,（2023年3月5日アクセス）.

30）H2Future, https://www.h2future-project.eu,（2023年3月5日アクセス）.

31）Djewels, https://djewels.eu,（2023年3月5日アクセス）.

32）Hydrogenomics, https://www.hydrogenomics.jp,（2023年3月5日アクセス）.

33）Federal Ministry for Economic Affairs and Energy, "The National Hydrogen Strategy," Bundesministeriums für Wirtschaft und Klimaschutz, https://www.bmwk.de/Redaktion/EN/Publikationen/Energie/the-national-hydrogen-strategy.pdf?__blob=publicationFile&v=6,（2023年3月5日アクセス）.

34）Department for Business, Energy & Industrial Strategy, "Policy paper: UK hydrogen strategy," GOV.UK, https://www.gov.uk/government/publications/uk-hydrogen-strategy,（2023年3月5日アクセス）.

2.2 産業・運輸部門のゼロエミ化・炭素循環利用

2.2.3　CO_2利用

（1）研究開発領域の定義

二酸化炭素（CO_2）を回収し有効利用する方法はCCU（Carbon dioxide Capture and Utilization）と呼ばれる。排ガスや大気から回収したCO_2をグリーン水素（H_2）または再生可能電力を用いてメタン、液体系燃料、化学品を製造する技術が中心である。産油国ではCCUは石油増進回収（Enhanced Oil Recovery：EOR）を意味することも多いが、日本、EUでは幅広いCO_2有効利用全般を指す。

CO_2の回収プロセスはCCU、CCS（Carbon Capture and Storage）共通のプロセスであり主に「CO_2回収・貯留（CCS）」領域で扱う。CCUにおいては、CO_2の還元エネルギーとして主にH_2が用いられるが、その製造技術については「水素・アンモニア」領域で述べる。

（2）キーワード

CCU、CO_2還元、グリーンH_2、逆シフト反応、メタネーション、Fischer–Tropsch合成（FT合成）、メタノール合成、CO_2の電気化学的還元（CO_2RR）、CO_2の光触媒還元（人工光合成）、酵素的変換、燃料合成、化成品合成

（3）研究開発領域の概要

［本領域の意義］

CCUは温室効果ガスであるCO_2の排出削減に貢献する技術である。炭素原子は有機物を構成する不可欠の元素であり、CO_2を炭素源として利用することで炭素の循環を図りつつ、地下資源に頼ること無く燃料や化学品として必要な炭化水素を確保することが可能となる。CCUは、CO_2回収とCO_2変換（還元）の2つの技術要素からなる。還元のエネルギーは再エネ（風力・太陽光発電）あるいはそこから作られるグリーンH_2を用いる。このため再エネ電力価格の低い地域やCO_2排出源（火力発電所、各種プラント）においてCCUのパイロットプラントの建設が進められている。CCUにより製造されたメタンや液体系炭化水素燃料をそれぞれe-gas、e-fuelなどと称して、熱用途や自動車・航空燃料用途への展開が期待されている。より効率的なCO_2変換を目指して、電解還元、半導体や金属錯体を用いた光触媒（人工光合成）、それに酵素を組み合わせた系など、再エネを直接の駆動力としたメタン・メタノール・ギ酸・一酸化炭素（CO）等の燃料・化成品及びその中間体合成が検討されている。これらの前提として、CO_2回収のコスト、CO_2変換における外部H_2の有無とその際のプロセスコスト、生成物価格を全体のフィージビリティとして考慮する必要がある。

［研究開発の動向］

CO_2回収技術

- 従来から知られているCO_2回収手法としては、アルカノールアミンを用いる方法（化学法）、セレクソールなどのグリコール系を用いる方法（物理法）があり、これらはいずれも1tのCO_2回収のコストが1500円から3000円程度と言われている。これらの他に、アミンを吸着させた固体吸収材などの開発が進められている。（※「CO_2回収・貯留」領域を参照）
- 海外を中心に空気中のCO_2を回収するDAC（Direct Air Capture）の実証が行われているが、いずれも現時点では1tのCO_2回収のコストが3万円を上回るとされており、実用化にはまだ時間を要すると考えられる。

固体触媒によるCO_2転換技術

- 一つの炭素から有機物を合成する反応はC1ケミストリーと呼ばれる。代表的なCO_2を原料とする反応のフローと生成物を図表2.2.3–1に示す[1]。COとH_2からなる合成ガスからのメタノール合成、Fischer–

2.2
産業・運輸部門のゼロエミ化・炭素循環利用

Tropsch（FT）合成はすでに商業化されている。COに代わりCO_2を出発原料とする反応の難しさは、CO_2の反応活性が低いことに加え、反応の素過程で余分に水が副生し、吸熱反応の平衡制約によって低温では生成物側が不利になり、また高温では触媒の失活が起こりやすいことである。そのためCO_2直接反応のための触媒並びにプロセス開発が精力的に行われている。直接反応を避けて、CO_2をCOに変換する反応（水性逆シフト（RWGS）反応）を行えば、プロセスは増えるものの従来技術が活用できる。CO_2とH_2からメタンを合成するメタネーションは、サバティエ反応、電力由来H_2を用いる場合PTG（Power to Gas）とも呼ばれる。いずれの反応においても安定分子であるCO_2から酸素を取り除くために還元剤としてH_2を必要とし、その調達方法にも留意する必要がある。

・FT合成：合成ガス（CO/H_2）から長鎖の炭化水素を得るFT合成用触媒は主にFe系とCo系に分けられる。Fe系触媒では得られる炭素鎖は比較的短くガソリンの留分に適している。Co系触媒は炭素鎖の成長が進みやすく灯軽油・ジェット燃料の留分に適している。今後モビリティーの電化が進むとしても大型の航空機は引き続き高密度の液体燃料を必要とすると考えられるため、Co系の触媒によるジェット燃料合成（※持続可能な航空燃料（Sustainable Aviation Fuel：SAF）のAnnex1に相当する）に関心が持たれる。原料をCO_2/H_2とした場合、Fe系触媒ではCO/H_2と同様の生成物分布が得られるが収率が低下し、Co系触媒ではメタンが主生成物となり鎖長の長い炭化水素は得られない。Fe系触媒は逆シフト反応活性を持つため部分的にCO_2が反応性のCOに変換されるのに対し、Co触媒は逆シフト反応活性を持たないためである。現状では、FT合成の前段に逆シフト反応の工程を必要とする。

・メタノール合成：合成ガス（CO/H_2）からのメタノール合成ではCuZn触媒が工業的に用いられている。この触媒はCO_2の反応にも適用可能であるが発熱反応であるため平衡収率が低い（500 K、1気圧において収率3%程度）。そのため平衡有利より低温で機能する高性能な触媒の開発や、プロセス・反応工学的観点からは副生する水を除去するため、膜分離型の反応器、内部凝縮型の反応器[2]などが検討されている。

・変換反応：FT油はゼオライト系の触媒により水素化、異性化、分解などの反応を経て、ナフサ、灯油、軽油など製品目的に応じてアップグレードされる。メタノールはゼオライト系の触媒によりオレフィン（Methanol to Olefin：MTO）、芳香族（Methanol to Aromatic：MTA）、ガソリン留分（Methanol to Gasoline：MTG）などに変換できる。中心的な役割を担うのがゼオライト系の触媒であり、細孔構造、酸性度の制御が重要となっている。CO_2からの合成反応と、これら変換反応を一段で行うための複合触媒の開発も行われている。中国のグループが過去の経緯を総説にまとめつつ、金属酸化物とゼオライトの複合触媒の開発を精力的に行っている[3]。

・ドライリフォーミング：メタンとCO_2から各種合成反応に有用な合成ガスが得られる（$CH_4 + CO_2 \rightarrow 2CO + 2H_2$）。メタンは天然ガス、シェールガス、バイオメタンなどが活用できる。メタンの水蒸気改質と比べ反応中に触媒失活につながる炭素が析出しやすい課題の対策として合金系触媒が検討されている[4]。

・高級アルコール：CO_2の水素化による長鎖アルコール生成の進展は総説にまとめられている[5]。最も有効な触媒は1996年にArakawaらが開発したRhLiFe系触媒の類似系で、メカニズムの解明が進められている。Rh系触媒における助触媒（アルカリ、Fe）はRhのd-bandをシフトさせCH_3、H種を安定化することで、CH_4生成を抑制し、CH_3種へのCO挿入を促進する。改良が行われているが、反応活性はまだ低いのが現状である。

・近年、欧米を中心に、数多くの研究開発や実証プロジェクトが立ち上がっている。これらのプロジェクトの主体は、欧州の石油会社や自動車会社に加え、水電解やCO_2回収の技術を有するスタートアップやそれらのコンソーシアムが多い。実証フィールドとしては、製油所や、安価なH_2調達が見込まれる地域であることが特長である。欧州のプロジェクトについては、政府からの支援を受けて研究開発・実証を行っている場合がほとんどである。

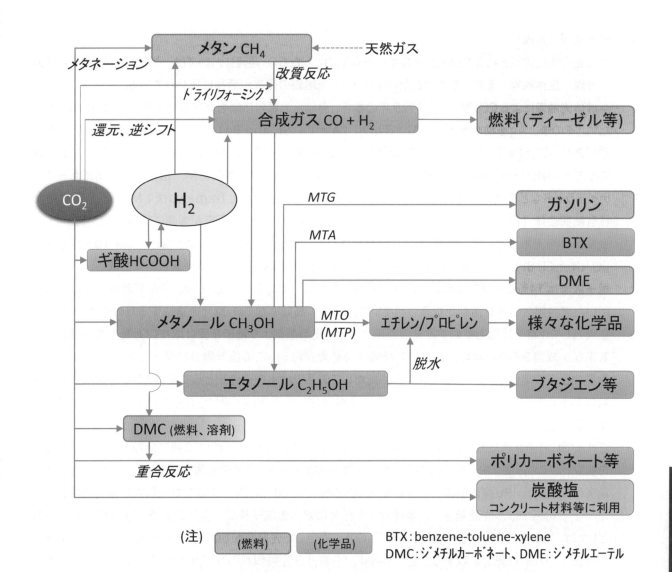

図表 2.2.3−1　　　代表的な CO₂ を原料とする反応のフローと生成物[1]

（経済産業省資料「カーボンリサイクル技術ロードマップ」（令和3年7月改訂）をもとにCRDS作成）

CO₂RR

・CO₂の還元のエネルギーに再エネ等の電力を直接利用できればH₂製造の負荷を減らせる。 CO₂RRに関しては、ギ酸合成、CO合成が中心となっている。ギ酸は化学品として有用であるとともに、分解によりH₂を取り出すことができH₂キャリアの側面も持っている。COはFT反応等の炭化水素合成の原料になる。電解によりCOを得る方法としては、単純にCO₂を還元する方法と、固体酸化物型燃料電池と同様の構造をもつ電解装置（Solid Oxide Electrolysis Cell：SOEC）でCO₂とH₂Oを共電解し、合成ガス（CO+H₂）を一度に得る方法が開発されている。電解装置を扱う米国Dioxide Materials社の論文では動向を以下のように紹介している[6]。 CO₂電解によるCO製造用のパイロット装置が複数の企業でテストされている。ギ酸製造装置は、2022年にはパイロット・スケールに到達する。エタノール・エチレンは研究段階であるが、複数の研究者が高い変換効率（ファラデー効率80％以上、電流密度0.2 A以上）を再現性よく報告している。

・電気化学法と膜分離を組み合わせた反応器の研究も少数だがあり、CO₂RRとエタン脱水素の2つの触媒反応をプロトン導電性電解質膜を介して実施した例がある[7]。

・尿素やメチルアミンをN₂、CO₂、H₂Oから電気化学的に直接合成する例が報告され、効率はまだ低いがCO₂から常温常圧で高付加価値な化学品を合成するトレンドが見られる[8]。

人工光合成（光触媒）

- 人工光合成に代表される太陽光エネルギーを駆動力としたCO_2還元においては、半導体光触媒、金属錯体触媒、生体触媒、それらを融合したハイブリッド光触媒の研究が活発に行われている。

- 半導体光触媒によるCO_2還元は、1979年の本多、藤嶋らの報告に端を発するがメカニズムは不明であった[9]。その後、Agを助触媒としたALa$_4$Ti$_4$O$_{15}$（A = Ca, Sr, and Ba）によるCO_2光触媒還元反応の報告があり、還元物（CO、H_2）と酸素が量論比に近い値で生成し、水によるCO_2の光触媒還元が進行することが明確に示された[10]。それ以来、多様な無機半導体（金属酸化物、硫化物）に加えカーボンナイトライドなどの有機半導体、金属有機構造体（metal-organic framework：MOF）や共有結合性有機構造体（COF）を光触媒として用いたCO_2還元反応に関する研究が活発に行われている。

- 金属錯体を光触媒として、確実にCO_2が還元されることが示された反応は、*fac*-［Re（bpy）（CO）$_3$X］（X = Cl, Br）による系が初めてである[11]。この光触媒反応では、COが選択的に生成し、その反応量子収率は14%と当時では驚異的に高い効率であった。その後、反応機構の研究が進み、金属錯体を用いた光触媒系の設計指針が提示されている。即ち、高効率なCO_2還元を達成するためには、（1）光を吸収して1電子移動を駆動する光増感剤と（2）光増感剤より電子を受け取りCO_2を多電子還元して安定な生成物を与える触媒が協奏的に機能する必要がある。この設計指針に従った系が多く開発され、最高の量子収率は82%に達している[12]。ただしこの系では水を還元剤として用いることが出来ず、別途犠牲剤を必要とする。そこで、以下に述べる金属錯体-半導体ハイブリッド光触媒の開発が行われるようになった。

- これまでに報告された金属錯体-半導体ハイブリッド光触媒は大きく分けて2種に分類できる。金属錯体を触媒としてのみ使うか、光増感剤もしくは触媒の機能を持った2種の金属錯体を合わせ用いるかである。前者に関しては、Ru錯体触媒をp型半導体であるN-doped Ta$_2$O$_5$に固定した光触媒が最初に報告された[13]。この系では、光励起された半導体から錯体触媒への電子移動によりCO_2還元が進行する。後者としては、Ru-Re超分子光触媒を半導体TaONに固定した光触媒が初めての例であり、半導体と光増感錯体部が順次的に光を吸収することで半導体から超分子光触媒への電子移動が進行するZ-スキームと呼ばれる機構をへてCO_2還元が進行する[14]。これらのハイブリッド光触媒の技術だけでは、依然として水を還元剤として用いる事が難しい。そこで、この作動原理を光電気化学セルへと展開した研究が活発に行われるようになった。

- 光電気化学セルではCO_2を還元する光カソードと、水の酸化を駆動するn型半導体光アノードを組み合わせる。光カソードとしてp型半導体光電極 / 金属錯体触媒の系、p型半導体電極 / 超分子光触媒の系が報告されている[15], [16]。これらの系の光エネルギーの化学エネルギーへの変換効率はまだ0.1%程度であるが、その効率は急速に向上しており今後の進展が期待される。

- 通常CO_2は回収工程を経て濃縮してから用いることを前提としているが、CO_2濃縮のエネルギーやコストを低減するために、低濃度CO_2を直接還元する光触媒システムが研究されるようになっている。最初の例は、CO_2を高選択的に空孔に取り込むMOFを触媒として用いた系であり、光増感剤と犠牲還元剤を共存させて光照射することで5%濃度のCO_2でも効率よく還元できると報告されている[17]。もう一つの例は、錯体の金属-酸素結合にCO_2を取り込む反応を活用した均一系光触媒であり、レニウム（I）錯体が高い効率でCO_2を取り込み炭酸エステル配位子を持つ錯体に変化し、これを光触媒的もしくは電気化学的に還元するとCOが選択的に生成する[18], [19]。

生体触媒

- 光増感剤と生体触媒とを融合した研究が近年多く報告されている。特にCO_2のギ酸への還元を触媒するギ酸脱水素酵素は試薬として市販されており、手に入りやすく、CO_2のギ酸への還元触媒として魅力的な生体触媒である[20]。

- 1980年代に可視光触媒的色素分子としてルテニウムトリスビピリジン（Ru(bpy)$_3^{2+}$）、電子メディエータ分子としてメチルビオローゲン、犠牲的還元分子としてメルカプトエタノールおよびギ酸脱水素酵素を含むCO$_2$を飽和した緩衝溶液に可視光を照射すると、CO$_2$が還元されギ酸が生成することが最初に報告されている[21]。近年のCCU技術の再注目に伴い、ギ酸脱水素酵素を利用したCO$_2$のギ酸への還元に関する研究が再度増加傾向にある。

- ギ酸脱水素酵素を利用したCO$_2$還元系については主に2つに分類される。1つ目として、光触媒的色素、電子メディエータ分子、ギ酸脱水素酵素で構成される光駆動型CO$_2$のギ酸への還元系を発展させたものである[22]。光触媒的色素としてRu(bpy)$_3^{2+}$の他、水溶性亜鉛ポルフィリン亜鉛テトラフェニルポルフィリンテトラスルフォナート（ZnTPPS）が用いられ、電子メディエータ分子としてビオローゲン誘導体が用いられている[23]。最近では、可視光触媒的色素分子とロジウム錯体（ペンタメチルシクロペンタジエニル）ロジウム–2,2′–ビピリジン［Cp*Rh bpy（H$_2$O）］で構成される光反応系により補酵素であるNADHを生成させ、ギ酸脱水素酵素によりCO$_2$をギ酸に変換する研究が数多く報告されている[24]。これらの研究の多くは高性能な光触媒的色素分子の探索が主題となっており、水溶性金属ポルフィリン[25]、MOF[26]、半導体光触媒[27]、光合成タンパク質PSII[28]等が用いられている。光エネルギー変換効率は0.1%程度であるが、副生成物なしにCO$_2$を確実にギ酸に還元できる選択性は生体触媒ならではの特徴である。

- 2つ目は、ギ酸脱水素酵素存在下で電気化学的に電子メディエータ分子や補酵素を還元した後CO$_2$をギ酸に変換するものである。ギ酸脱水素酵素によるCO$_2$のギ酸への還元に関する研究動向では、酸素発生用電極（アノード）とギ酸脱水素酵素によるCO$_2$のギ酸への還元のためのカソードで構成される系が用いられている。1つ目の光駆動型CO$_2$のギ酸への還元系と同じくカソード側には電子メディエータ分子としてビオローゲン誘導体[29]やロジウム錯体によるNADHの電気化学的再生系[30]が組み込まれている。加えて半導体光触媒電極をアノードとして用いることによる光電気化学的CO$_2$のギ酸への還元系も構築されている[31]。電子メディエータやロジウム錯体によるNADHの再生系を組み込むことで従来のCO$_2$電解還元よりも低い電位でギ酸へ確実に還元できる点は非常に優位である。

（4）注目動向
［新展開・技術トピックス］
［固体触媒］

- 米国Rensselaer Polytechnic Instituteは、NaAゼオライト膜（H$_2$O/CO$_2$選択性550）でメタノール合成時に生じる水を分離・除去することにより、CO$_2$水素化における平衡転化率を上回るCO$_2$転化率（61.4%, 250℃）を達成した。メタノール時空間収率（STY）0.809 g gcat^{-1}h^{-1}（GHSV 10500 mL gcat^{-1}h^{-1}）は、同様の条件下で報告された中で最も高い値である[32]。East China Normal UniversityのHuangらも同様にCuZn触媒をゼオライト膜（LTA）上に塗布した膜分離反応器を用いて平衡転化率を上回るCO$_2$転化率、水によるCuZn触媒劣化の抑制が可能であることを報告している[33]。

- 産業技術総合研究所（以下、産総研）は、複核錯体触媒を開発し、低温低圧の温和な条件でCO$_2$の水素化により高い選択性でメタノールの合成を可能とした。今回開発した複核錯体触媒はイリジウム2個を含むイリジウム触媒であり、30℃でもCO$_2$の水素化反応が進行する[34]。

- Siemens Energy社とPorsche社は、風力発電を用いたe-fuel生産プラント「Haru Oni」をチリに建設する。Johnson Matthey社のメタノールプロセスを用いて、DACと風力発電からの電解水素からのメタノール合成が行われ、メタノールはExxonMobil社のMTGプロセスでe-fuelに変換される。e-fuelの生産量は、2022年に約130kL/y、2026年までに55万kL/yを計画している[35]。

- 東洋エンジニアリング株式会社は米国Velocys Inc.と再生可能燃料の製造技術の分野で商業化プロジェクト推進に向けて、包括的業務協力を締結した。自社のエンジニアリングとVelocys社の保有技術（マイ

2.2
産業・運輸部門のゼロエミ化・炭素循環利用

クロチャンネル技術によるFT合成）を組み合わせ、木質バイオマスや都市ゴミ、産業施設から排出されるCO_2などからSAFを製造するプロジェクトを推進する[36]。

・三菱重工業株式会社は、CO_2および再生可能エネルギーからクリーン燃料「エレクトロフューエル（Electrofuels™）」を生成する革新的技術を持つ米国インフィニウム社に出資した。米国アマゾン社、英国の投資ファンドAPベンチャーズ等と共同出資して商用化を目指す[37]。

・IHI株式会社は、プラント排ガスからCO_2をアミン法で回収した後に水素化してメタンを製造する技術の開発を行っている。シンガポールA*STARのICES（Institute of Chemical and Engineering Sciences）との共同研究で長寿命なNi系触媒を開発している。また、CO_2直接FT反応によるオレフィン製造の研究開発を行っている[38]。

・大阪ガス株式会社は、都市ガスの脱炭素化の有望技術と期待される高効率な革新的メタネーション技術の基礎研究で、この技術の実現のキーとなる新型のSOECの実用サイズセルの試作に国内で初めて成功した。SOECによりCO_2と水の共電解により合成ガスを製造し、次いでメタン合成を行うプロセスである[39]。

・デルフト工科大学と産総研は、大気中の希薄なCO_2から発電所起源の高濃度のCO_2までの広い濃度範囲で、CO_2分離回収過程の前処理を必要とせずに高濃度のメタンを合成する技術を開発した。CO_2を吸収する機能と、吸収したCO_2をH_2と反応させてメタンに転換する機能の2つの機能をもつ二元機能触媒を開発した[40]。

・静岡大学は、メタンのドライ改質（CO_2とCH_4を原料）と固体炭素生成・捕集を組み合わせたプロセスを開発した。固体炭素捕集率は最大20.3%に達し、触媒劣化のない合成ガス（COとH_2）製造が可能である。

・早稲田大学は、従来より低い500℃以下の温度で、CO_2をCOへ資源化する新しい触媒システムを見いだした[41]。今回、新たに発見したCu–In_2O_3触媒は、低温でも酸化物イオンの移動が速く、H_2により容易に還元され、次いで触媒を別の反応器に移動させCO_2をCOに還元することが出来る。触媒を循環させて複数の反応を分けて行う方法はケミカルルーピングと呼ばれ、反応ごとの生成物を分けて取り出せる利点がある。

・東ソー株式会社は産総研と共同で、火力発電所排ガス相当の低濃度CO_2から、樹脂や溶媒、医薬品の原料として有用な化学品である尿素誘導体を合成する触媒反応を開発した[42]。

・大阪市立大学と東北大学は、脱水剤を用いずに、常圧CO_2とジオールから脂肪族ポリカーボネートジオールの直接合成を行う触媒プロセスの開発に成功した[43]。

［電気化学反応］

・株式会社東芝はCO_2を気体のまま直接利用可能な固体高分子形CO_2電解を継続して開発している。拡散律速の回避が容易で、溶液抵抗の最小化が可能な反応器設計に加えて、カソード触媒の改良による電解特性の向上により、CO_2のCOへの変換速度（電流密度）は世界最高レベルの1.2 A/cm^2、ファラデー効率は90%を記録している。さらに電解セルを独自の技術で積層することで単位設置面積あたりの処理量を高め、郵便封筒（長3）サイズの設置面積で年間最大1.0 t-CO_2の処理量を達成した。これは、常温環境下で稼働するCO_2電解スタックにおいて世界最高の処理速度となる[44]。株式会社東芝はこのCO製造技術をもとに排ガスなどからのCO_2をSAFにリサイクルするビジネスモデル検討を出光興産株式会社、全日本空輸株式会社などの企業と開始している[45]。

・カーネギーメロン大とトロント大はDFTデータの機械学習を用い高性能なCO_2電極触媒を開発した。開発したCuAl合金触媒はファラデー効率80%、電流密度0.4 A/cm^2（–1.5 V）でCO_2をエチレンに変換した[46]。

・米国Idaho National Laboratoryは、プロトン導電性固体電解質膜を介してCO_2RRとエタン脱水素の

2つの触媒反応を行う2室型反応器を開発し、400℃でCO生成とエチレン生成が可能であることを示した。電流密度は低いが、アルカンから発生するH_2を固体電解質を介してCO_2還元側に供給するタイプのCO_2RRは興味深い[7]。

[人工光合成]

・株式会社豊田中央研究所は、太陽電池を組み込んだ世界最大級の1メートル角人工光合成セルを用いる事で世界最高の太陽光変換効率10.5％で太陽光と水を用いたCO_2還元によるギ酸合成を達成した[47], [48]。機能分担し、光エネルギーの変換はシリコン系の太陽電池で行い、タンデムに接続した金属錯体触媒を固定化した電極により酸化還元反応を行う。

・東京工業大学は、従来利用の難しかった長波長の光に対し寿命の長い三重項励起状態に直接変換できるレドックス光増感剤を開発した。光増感剤は、近赤外光を含みほぼ可視光全域をカバーし電子移動反応を起こさせるための時間を稼ぐとともに、他の錯体触媒と組み合わせてCO_2をギ酸に還元する触媒能を併せ持つ。まだ生成物の収量は低いものの光の高効率利用に向けた指針になり得るとしている[49], [50]。

[生体触媒]

・中国科学院（CAS）天津工業生物技術研究所（TIB）の開発した「人工でんぷん同化経路（artificial starch anabolic pathway：ASAP）」は、CO_2を通常の無機触媒を使ってH_2によりメタノールに還元し、次に酵素によって三炭糖から六炭糖に変換、最終的に高分子でんぷんに変換するハイブリッドシステム。ASAPは、とうもろこしの約8.5倍の速度ででんぷんを合成することができるとしている[51]。

[注目すべき国内外のプロジェクト]

• NEDO（グリーンイノベーション基金）「CO_2等を用いた燃料製造技術開発プロジェクト」[52]（2022～2030年度、1145億円）
9つの企業、機関が参画し、輸送用液体燃料、SAF、合成メタン、グリーンLPガスの製造技術開発、実証を行う。

• NEDO 「メタネーション実証事業」[53]（2021～2025年度）
株式会社INPEXと大阪ガス株式会社は共同でCO_2-メタネーションシステムの実用化を目指した技術開発、実証事業を開始する。実証はINPEX長岡鉱場越路原プラントに接続して構築する予定で、合成メタン製造能力は約400 Nm^3 /h を予定しており、世界最大級の規模になる。

• NEDO 「CO_2排出削減・有効利用実用化技術開発」[54]（2021～2025年度）
「CO_2を原料とした直接合成反応による低級オレフィン製造技術の研究開発」（株式会社IHI）、「CO_2を用いたメタノール合成における最適システム開発」（JFEスチール株式会社、地球環境産業技術研究機構（RITE））、「大規模なCO_2-メタネーションシステムを用いた導管注入の実用化技術開発」（株式会社INPEX）、「製鋼スラグを活用したCO_2固定化プロセスの開発」（株式会社神戸製鋼所、株式会社神鋼環境ソリューション）、「製鋼スラグの高速多量炭酸化による革新的CO_2固定技術の研究開発」（JFEスチール株式会社）、「二酸化炭素の化学的分解による炭素材料製造技術開発」（三菱マテリアル株式会社）などが実施されている。

• NEDO「CO_2からの液体燃料製造技術の研究開発」[55]（2020～2024年度、45億円）
JPEC（一般財団法人石油エネルギー技術センター）と石油会社（ENEOS株式会社、出光興産株式会社）等が連携し、CO_2直接反応によるFT合成、ならびにCO_2からの液体合成燃料一貫製造プロセス技術の研

究開発に着手している。

- NEDO「CO_2分離・回収型ポリジェネレーションシステム技術開発」[56]（2020〜2024年度、30億円）
「多様な燃料を利用するCO_2回収型ポリジェネレーションシステム基盤技術開発」（一般財団法人電力中央研究所）、「CO_2分離・回収型ポリジェネレーションシステム技術開発」（大阪ガス株式会社、一般財団法人石炭フロンティア機構）が実施されている。

- NEDO 先導研究プログラム/未踏チャレンジ 2050 [57]（2018年〜）
CO_2有効活用の領域でCO_2変換に関する11件の研究開発が採択されている。

- 環境省「革新的多元素ナノ合金触媒・反応場活用による省エネ地域資源循環を実現する技術開発」[58]（2022〜2029年度、約19億円/年）
京都大学、早稲田大学を中心に18の企業、機関が参画し、インフォマティクス、最先端計測・計算技術を活用し、省希少資源、省エネルギーに貢献する多元素ナノ合金系の触媒・プロセス開発を行う計画である。

- 中国生態環境部環境計画院が発表した「中国二酸化炭素回収・有効利用・貯留（CCUS）年次報告書（2021年）―中国CCUS経路研究」では、CCUSを化石エネルギー利用の低炭素化を実現する現時点で唯一の選択肢としており、カーボンニュートラル目標のもと電力システムの柔軟性を維持するための主要技術、鉄鋼やセメントなど排出量削減が困難な産業の低炭素化を進める実行可能な技術的選択肢としている[59]。

（5）科学技術的課題

- **コスト・価値評価：** CO_2回収・転換を考える上では、回収コスト、外部水素の要否、プロセスコスト、生成物価値がどうバランスするかを考慮に入れる必要がある。これに加えて今後はカーボンプライシングによる付加価値がどう与えられるかが鍵となる。
- **プロセス設計・反応器：** CO_2変換技術は多様な触媒材料の報告が続いているが、ガス拡散や生成する水の除去等を目的とする反応器の改良が性能向上に果たす役割は大きい。CO_2水素化触媒においては、ゼオライト膜（水分離・除去）とCu触媒を組み合わせて平衡転化率を上回るCO_2転化率を達成した例に代表されるプロセス設計が今後の進展の鍵と考えられる。CO_2電解においても、拡散律速の回避が容易で溶液抵抗の最小化が可能な反応器設計が性能向上の鍵である。
- **反応機構解明：** オペランド分光などの基礎的研究の進展は着実であり、今後もこのトレンドは続く。Cu系メタノール合成触媒の活性点構造に関する知見が蓄積されつつあるように、従来よりも確度の高い触媒設計指針が構築されるとみられる。CO_2からC2以上の生成物を直接合成する反応におけるC1含酸素中間体の生成・反応を経るC–C結合生成ステップが解明されつつある。アルカリ等の助触媒成分の役割も解明されつつある。DFT計算に基づく候補材料の電子状態データを蓄積し、インフォマティクスにより予測または指針示せれば、理論先導型の触媒設計が可能となるかもしれない。
- **CO_2直接電解合成：** H_2を介さず直接再エネ電力が利用できるため今後適用範囲の拡大が期待される。米国National Academiesは主要な課題として図表2.2.3-2を挙げている[60]。

図表 2.2.3-2　　CO₂直接電解合成反応の主な課題[60]

生成物	主な課題
メタノール	（水溶液中の反応）高過電圧、低選択性
ギ酸	触媒の低安定性、反応媒体（水）からのギ酸の分離
メタン	非常に高い過電圧、低選択性
一酸化炭素（CO）	カソード側への高いCO_2流量の要求、低転換率
炭化水素（C2以上）	低選択性、炭素－炭素結合形成ステップの理解不足

- **人工光合成によるCO_2還元資源化：** 可視光をエネルギー、水を還元剤とする反応が可能になり、光エネルギーの変換効率は向上している。しかし、課題が数多く残されており、例えば、粒子系の光触媒では、水を還元剤、可視光を駆動エネルギーとしたCO_2還元を効率よく起こす手法が確立していない。分子系の光触媒を用いる場合、植物のように光捕集機能を付与しなければならない。これまで報告されたCO_2還元生成物は、COもしくはギ酸がほとんどであり、メタノール等の多電子還元生成物を選択的に得る方法が確立していない。また、実用的なシステムにしていくためには、光捕集機能、強い酸化力と強い還元力の両立、低濃度CO_2の直接利用、生成物の簡易な分離法などの機能を全て満たす事が必要になる。
- **生体触媒：** 生成物選択性が高い利点がある。特にギ酸脱水素酵素は試薬として市販されており、手に入りやすくCO_2還元触媒として使いやすい。一方で、大規模でのCO_2利用技術として使うためには、生体からの分離精製工程が課題となる。

（6）その他の課題

- 研究開発の推進や成果の社会実装を進めるにあたって障壁となっている事項としては、いまだにCO_2をどのような物質にすれば良いのか目標が定まっていないことが挙げられる。人工光合成技術、生体触媒利用技術も含めて、CO_2を活用した先の物質は多様である。この多様性を各産業界の要求にどのようにマッチさせていくかが今後の研究開発の推進や成果の社会実装を進めるにあたって重要な要因となる。
- CO_2の有効利用技術に関する研究はこれまで栄枯盛衰を繰り返しており、現状では研究者が十分に多い分野とは言えない。図表 2.2.3-3 および 4 に示すように、当該分野の論文数の国際的な位置づけも相対的に低下しつつある。2050年カーボンニュートラル実現には若手研究者の育成のプログラム等の対策が必要となると考えられる。
- 炭素からなる有機物はエネルギーとしてだけでなくプラスチックなどの材料でもあり、さらには私たちの体を形成する不可欠の物質である。物質のライフサイクルの中では有機物が分解しCO_2に戻る場面がでてくることは不可避である。そのためDACなどネガティブエミッション技術も必要となる。炭素の循環システムを形成していくためには、そこに関わるステークホルダーのそれぞれの立ち位置での貢献が評価される仕組みが必要であると考えられる。

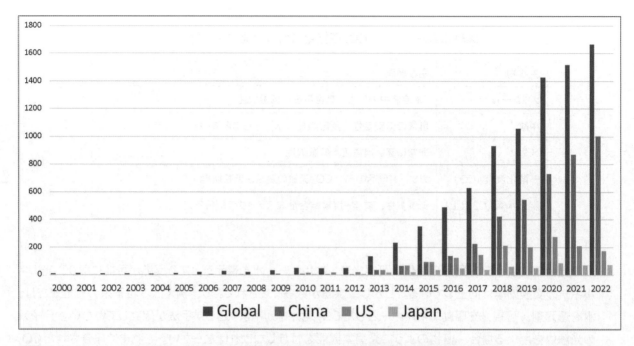

図表 2.2.3−3 ここ20年における当該分野の論文数、世界総数と1位中国、2位アメリカ、3位日本の推移

（SCOPUS; 2022年12月末時点、Carbon dioxide, Conversion/Utilization で化学分野の雑誌に絞った結果）

図表 2.2.3−4 2000年以降の当該分野の上位10カ国の国際的な論文総数

中国	米国	日本	英国	ドイツ	カナダ	豪州	インド	スペイン	フランス
4220	1692	634	468	461	340	322	310	284	256

2.2
産業・運輸部門のゼロエミ化・炭素循環利用

（7）国際比較

国・地域	フェーズ	現状	トレンド	各国の状況、評価の際に参考にした根拠など
日本	基礎研究	◎	↗	●人工光合成の分野で世界トップクラスである。JSTが革新的反応/反応制御などの基礎研究を支援している。
	応用研究・開発	◎	↗	●グリーンイノベーション戦略（2兆円基金）により、カーボンリサイクル・CCUなどの研究開発が大規模に進められている。 ●環境省においても複数の大型プロジェクトが動いている。 ●旭化成株式会社が CO_2 を原料とするカーボネート製造、尿素を用いるイソシアネート製造および高効率水電解システム（再生エネルギー由来電力の使用を想定）を開発しており、いずれも世界トップレベルの技術である。
米国	基礎研究	◎	→	●エネルギーセキュリティの観点より、DOEが中心となる研究開発を推進している。化学的変換・生物化学的変換ともに基礎研究の層が厚く、世界を先導している。 ●人工光合成についてはDOEイノベーションハブとして人工光合成センターが光触媒、電気化学を含めて CO_2 還元反応を中心に検討している。
	応用研究・開発	◎	→	●化学的変換・生物化学的変換ともに多くのベンチャーが活発に開発を進めている。 ●H2@scaleプロジェクトで、余剰電力で H_2 を製造し、エネルギー用途や化学産業等の多様な産業への利用を検討している。 ●技術実証の初期段階にある。カリフォルニア州は2030年までに温室効果ガス排出量を1990年比40％削減する目標を掲げ、電力販売の50％を再生可能エネルギーにする目標を設定している。

欧州	基礎研究	○	↗	【EU】 ●均一系光錯体触媒でフランスとスウェーデンが強い。均一系光錯体触媒と半導体光電極の組み合わせも検討されている。 ●H_2・燃料電池研究開発は、HORIZON 2020の燃料電池・H_2の技術開発を行う官民パートナーシップ、FCH2JUが実施されている。 【ドイツ】 ●ドイツ連邦教育研究省（BMBF）がエネルギー転換に関するコペルニクスプロジェクトを2016年から実施している。
	応用研究・開発	◎	↗	【EU】 ●ドイツを中心として多くのP2Gプロジェクトが進行中である（パイプライン網利用による熱需要向け）。 【ドイツ】 ●2020年6月水素国家戦略（全体で90億€を投資）を策定し、開発を進めている。 ●Sunfire社は2018年11月ドイツのドレスデン工場で高温共電解システムを開発し、500時間を超える試験運転を実施している。固体酸化物セル（SOC）を用いて水蒸気とCO_2から合成ガス（CO/H_2）を80%程度の効率で製造する目的である。 【アイスランド】 ●地熱発電の電力を用いる水の電気分解によりH_2を製造する目標を掲げている。このH_2とCO_2からメタノールを約4千t/年製造（CO_2の絶対量を削減）し、ガソリンの添加剤として使用［アイスランドのガソリン市場の2.5%相当］。規模は小さいが実用化レベル。
中国	基礎研究	○	↗	●CO_2電解還元反応に関する論文数はトップとなっている。 ●大連化学物理研究所内にクリーンエネルギー研究所（DNL）を2008年に設置。
	応用研究・開発	○	↗	●MTO（メタノールからのオレフィン製造技術）の研究開発が進展し、実用化されている。
韓国	基礎研究	○	→	●韓国人工光合成センター（KCAP）が2010年より10か年計画として実施されている。
	応用研究・開発	○	↗	●2019年1月 水素経済活性化ロードマップ策定

（註1）「フェーズ」

「基礎研究」：大学・国研などでの基礎研究レベル。

「応用研究・開発」：技術開発（プロトタイプの開発含む）・量産技術のレベル。

（註2）「現状」 ※我が国の現状を基準にした評価ではなく、CRDSの調査・見解による評価。

◎：他国に比べて特に顕著な活動・成果が見えている ○：ある程度の顕著な活動・成果が見えている

△：顕著な活動・成果が見えていない ×：特筆すべき活動・成果が見えていない

（註3）「トレンド」

↗：上昇傾向、→：現状維持、↘：下降傾向

関連する他の研究開発領域

・CO_2回収・貯留（CCS）（環境・エネ分野 2.1.9）

・水素・アンモニア（環境・エネ分野 2.2.2）

・ライフサイクル管理（設計・評価・運用）（環境・エネ分野 2.9.5）

・再生可能エネルギーを利用した燃料・化成品合成技術（ナノテク・材料分野 2.1.4）

参考・引用文献

1）経済産業省「カーボンリサイクル技術ロードマップ（令和元年6月（令和3年7月改訂））」https://www.meti.go.jp/press/2021/07/20210726007/20210726007.pdf,（2023年3月2日アクセス）.

2）小俣光司，朝見賢二，藤元薫「内部凝縮型反応器によるメタノール合成」『ペトロテック』42 巻 2 号（2019）：108-112.

3）Xiulian Pan, et al., "Oxide-Zeolite-Based Composite Catalyst Concept That Enables Syngas Chemistry beyond Fischer-Tropsch Synthesis," *Chemical Reviews* 121, no. 11（2021）：6588-6609., https://doi.org/10.1021/acs.chemrev.0c01012.

4）Maki Torimoto and Yasushi Sekine, "Effects of alloying for steam or dry reforming of methane: a review of recent studies," *Catalysis Science & Technology* 12, no. 11（2022）：3387-3411., https://doi.org/10.1039/D2CY00066K.

5）Di Xu, et al., "Advances in higher alcohol synthesis from CO_2 hydrogenation," *Chem* 7, no. 4（2021）：849-881., https://doi.org/10.1016/j.chempr.2020.10.019.

6）Richard I. Masel, et al., "An industrial perspective on catalysts for low-temperature CO_2 electrolysis," *Nature Nanotechnology* 16, no. 2（2021）：118-128., https://doi.org/10.1038/s41565-020-00823-x.

7）Meng Li, et al., "Switching of metal-oxygen hybridization for selective CO_2 electrohydrogenation under mild temperature and pressure," *Nature Catalysis* 4, no. 4 (2021): 274-283., https://doi.org/10.1038/s41929-021-00590-5.

8）Chen Chen, et al., "Coupling N_2 and CO_2 in H_2O to synthesize urea under ambient conditions," *Nature Chemistry* 12, no. 8（2020）：717-724., https://doi.org/10.1038/s41557-020-0481-9.

9）Tooru Inoue, et al., "Photoelectrocatalytic reduction of carbon dioxide in aqueous suspensions of semiconductor powders," *Nature* 277, no. 5698（1979）：637-638., https://doi.org/10.1038/277637a0.

10）Kosuke Iizuka, et al., "Photocatalytic Reduction of Carbon Dioxide over Ag Cocatalyst-Loaded $ALa_4Ti_4O_{15}$ (A = Ca, Sr, and Ba) Using Water as a Reducing Reagent," *Journal of the American Chemical Society* 133, no. 51（2011）：20863-20868., https://doi.org/10.1021/ja207586e.

11）Jeannot Hawecker, Jean-Marie Lehn and Raymond Ziessel, "Efficient photochemical reduction of CO_2 to CO by visible light irradiation of systems containing Re（bipy）（CO）$_3$X or Ru(bipy)$_3^{2+}$-Co^{2+} combinations as homogeneous catalysts," *Journal of the Chemical Society, Chemical Communications,* no. 9（1983）：536-538., https://doi.org/10.1039/C39830000536.

12）Tatsuki Morimoto, et al., "Ring-Shaped Re（I）Multinuclear Complexes with Unique Photofunctional Properties," *Journal of the American Chemical Society* 135, no. 36（2013）：13266-13269., https://doi.org/10.1021/ja406144h.

13）Shunsuke Sato, et al., "Visible-Light-Induced Selective CO_2 Reduction Utilizing a Ruthenium Complex Electrocatalyst Linked to a p-Type Nitrogen-Doped Ta_2O_5 Semiconductor," *Angewandte Chemie Inernational Edition* 49, no. 30（2010）：5101-5105., https://doi.org/10.1002/anie.201000613.

14）Keita Sekizawa, et al., "Artificial Z-Scheme Constructed with a Supramolecular Metal Complex and Semiconductor for the Photocatalytic Reduction of CO_2," *Journal of the American Chemical Society* 135, no. 12（2013）：4596-4599., https://doi.org/10.1021/ja311541a.

15）Keita Sekizawa, et al., "Solar-Driven Photocatalytic CO_2 Reduction in Water Utilizing a Ruthenium Complex Catalyst on p-Type Fe_2O_3 with a Multiheterojunction," *ACS Catalysis* 8,

2.2
産業・運輸部門のゼロエミ化・炭素循環利用

no. 2（2018）：1405-1416., https://doi.org/10.1021/acscatal.7b03244.

16）Fazalurahman Kuttassery, et al., "Supramolecular photocatalysts fixed on the inside of the polypyrrole layer in dye sensitized molecular photocathodes: application to photocatalytic CO_2 reduction coupled with water oxidation," *Chemical Science* 12, no. 39（2021）：13216-13232., https://doi.org/10.1039/D1SC03756K.

17）Takashi Kajiwara, et al., "Photochemical Reduction of Low Concentrations of CO_2 in a Porous Coordination Polymer with a Ruthenium（II）-CO Complex," *Angewandte Chemie International Edition* 55, no. 8（2016）：2697-2700., https://doi.org/10.1002/anie.201508941.

18）Takuya Nakajima, et al., "Photocatalytic Reduction of Low Concentration of CO_2," *Journal of the American Chemical Society* 138, no. 42（2016）：13818-13821., https://doi.org/10.1021/jacs.6b08824.

19）Hiromu Kumagai, et al., "Electrocatalytic reduction of low concentration CO_2," *Chemical Science* 10, no. 6（2019）：1597-1606., https://doi.org/10.1039/C8SC04124E.

20）Yutaka Amao, "Formate dehydrogenase for CO_2 utilization and its application," *Journal of CO2 Utilization* 26（2018）：623-641., https://doi.org/10.1016/j.jcou.2018.06.022.

21）Daniel Mandler and Itamar Willner, "Photochemical fixation of carbon dioxide: enzymic photosynthesis of malic, aspartic, isocitric, and formic acids in artificial media," *Journal of the Chemical Society, Perkin Transactions 2*, no. 6（1988）：997-1003., https://doi.org/10.1039/P29880000997.

22）Yutaka Amao, "Photoredox system with biocatalyst for CO_2 utilization," *Sustainable Energy & Fuels* 2, no. 9（2018）：1928-1950., https://doi.org/10.1039/C8SE00209F.

23）Yutaka Amao, "Viologens for Coenzyme of Biocatalysts with the Function of CO_2 Reduction and Utilization," *Chemistry Letters* 46, no. 6（2017）：780-788., https://doi.org/10.1246/cl.161189.

24）Myounghoon Moon, et al., "Recent progress in formate dehydrogenase (FDH) as a non-photosynthetic CO_2 utilizing enzyme: A short review," *Journal of CO2 Utilization* 42（2020）：101353., https://doi.org/10.1016/j.jcou.2020.101353.

25）Zhibo Zhang, et al., "Development of an Ionic Porphyrin-Based Platform as a Biomimetic Light-Harvesting Agent for High-Performance Photoenzymatic Synthesis of Methanol from CO_2," *ACS Sustainable Chemistry & Engineering* 9, no. 34（2021）：11503-11511., https://doi.org/10.1021/acssuschemeng.1c03737.

26）Yijing Chen, et al., "Integration of Enzymes and Photosensitizers in a Hierarchical Mesoporous Metal-Organic Framework for Light-Driven CO_2 Reduction," *Journal of the American Chemical Society* 142, no. 4（2020）：1768-1773., https://doi.org/10.1021/jacs.9b12828.

27）Jialin Meng, et al., "A thiophene-modified doubleshell hollow $g-C_3N_4$ nanosphere boosts NADH regeneration via synergistic enhancement of charge excitation and separation," *Catalysis Science & Technology* 9, no. 8（2019）：1911-1921., https://doi.org/10.1039/C9CY00180H.

28）Katarzyna P. Sokol, et al., "Photoreduction of CO_2 with a Formate Dehydrogenase Driven by Photosystem II Using a Semi-artificial Z-Scheme Architecture," *Journal of the American Chemical Society* 140, no. 48（2018）：16418-16422., https://doi.org/10.1021/jacs.8b10247.

29）Buddhinie S. Jayathilake, et al., "Efficient and Selective Electrochemically Driven Enzyme-

2.2
産業・運輸部門のゼロエミ化・炭素循環利用

Catalyzed Reduction of Carbon Dioxide to Formate using Formate Dehydrogenase and an Artificial Cofactor," *Accounts of Chemical Research* 52, no. 3（2019）: 676-685., https://doi.org/10.1021/acs.accounts.8b00551.

30）Yijing Chen, et al., "Stabilization of Formate Dehydrogenase in a Metal-Organic Framework for Bioelectrocatalytic Reduction of CO_2," *Angewandte Chemie International Edition* 58, no. 23（2019）7682-7686., https://doi.org/10.1002/anie.201901981.

31）Vivek M. Badiani, et al., "Engineering Electro- and Photocatalytic Carbon Materials for CO_2 Reduction by Formate Dehydrogenase," *Journal of the American Chemical Society* 144, no. 31 （2022）14207-14216., https://doi.org/10.1021/jacs.2c04529.

32）Huazheng Li, et al., "Na^+-gated water-conducting nanochannels for boosting CO_2 conversion to liquid fuels," *Science* 367, no. 6478（2020）: 667-671., https://doi.org/10.1126/science.aaz6053.

33）Wenzhe Yue, et al., "Highly Selective CO_2 Conversion to Methanol in a Bifunctional Zeolite Catalytic Membrane Reactor," *Angewandet Chemie International Edition* 60, no. 33（2021）: 18289-18294., https://doi.org/10.1002/anie.202106277.

34）国立研究開発法人産業技術総合研究所「低温で二酸化炭素からメタノールを合成できる触媒を開発」https://www.aist.go.jp/aist_j/press_release/pr2021/pr20210114/pr20210114.html,（2023年3月2日アクセス）.

35）宮本弘美「チリで世界初の統合型e-Fuelsプラントの構築を目指す「Haru Oni」プロジェクト：Siemens Energyなど国際企業提携でPtXビジネスを推進」London Research Institute, https://londonresearchinternational.com/wp-content/uploads/2021/08/LRIEC150621.pdf,（2023年3月2日アクセス）.

36）東洋エンジニアリング株式会社「再生可能燃料分野でVelocysと包括協定書を締結」https://www.toyo-eng.com/jp/ja/company/news/?n=780,（2023年3月2日アクセス）.

37）三菱重工業株式会社「CO_2と再生可能エネルギーからクリーン燃料を生成へ：エレクトロフューエル技術でリードするインフィニウム社に出資」PR TIMES, https://prtimes.jp/main/html/rd/p/000000198.000025611.html,（2023年3月2日アクセス）.

38）遠藤巧「株式会社IHI カーボンリサイクル技術による脱CO_2・炭素循環型社会の 実現への加速：CO_2改修技術とCO_2有価転化技術の融合」『IHI技報』61巻1号（2021）: 18-21.

39）大阪ガス株式会社「都市ガスの脱炭素化に貢献「革新的メタネーション」実現のキーとなる新型SOECの試作に成功：水素・液体燃料などの高効率製造にも活用可能な技術の開発」https://www.osakagas.co.jp/company/press/pr2021/1291456_46443.html,（2023年3月2日アクセス）.

40）国立研究開発法人産業技術総合研究所「大気中のCO_2から高濃度の都市ガス原料合成法を開発」https://www.aist.go.jp/aist_j/press_release/pr2021/pr20210225_2/pr20210225_2.html,（2023年3月2日アクセス）.

41）Jun-Ichiro Makiura, et al., "Fast oxygen ion migration in Cu-In-oxide bulk and its utilization for effective CO_2 conversion at lower temperature," *Chemical Science* 12, no. 6（2021）: 2108-2113., https://doi.org/10.1039/D0SC05340F.

42）国立研究開発法人産業技術総合研究所，東ソー株式会社「低濃度CO_2からの尿素誘導体合成法を開発：火力発電所の排出ガス中のCO_2から有用化学品を製造可能に」東ソー株式会社, https://www.tosoh.co.jp/news/assets/newsrelease20210514-2.pdf,（2023年3月2日アクセス）.

43）大阪市立大学「常圧二酸化炭素からプラスチックの直接合成に世界で初めて成功」https://www.osaka-cu.ac.jp/ja/news/2021/210727,（2023年3月2日アクセス）.

44）株式会社東芝「常温環境下において世界最高スピードでCO_2を価値ある資源に変換可能なCO_2資源化技術を開発：封筒サイズの設置面積で年間最大1.0tのCO_2を変換可能なCO_2電解スタックの開発により、省スペースで脱炭素化に貢献する処理能力を達成」https://www.global.toshiba/jp/technology/corporate/rdc/rd/topics/21/2103-02.html,（2023年3月2日アクセス）.

45）東芝エネルギーシステムズ株式会社，他「カーボンリサイクルのビジネスモデル検討を開始」東芝エネルギーシステムズ株式会社, https://www.global.toshiba/jp/news/energy/2020/12/news-20201202-01.html,（2023年3月2日アクセス）.

46）Miao Zhong, et al., "Accelerated discovery of CO_2 electrocatalysts using active machine learning," *Nature* 581, no. 7807（2020）: 178-183., https://doi.org/10.1038/s41586-020-2242-8.

47）株式会社豊田中央研究所「太陽光と水でCO_2を資源に！世界最大級の1メートル角人工光合成セルで世界最高の太陽光変換効率10.5％を実現」https://www.tytlabs.co.jp/cms/news/news-20211208-2101.html,（2023年3月2日アクセス）.

48）Naohiko Kato, et al., "Solar Fuel Production from CO_2 Using a 1 m-Square-Sized Reactor with a Solar-to-Formate Conversion Efficiency of 10.5%," *ACS Sustainable Chemistry & Engineering* 9, no. 48（2021）: 16031-16037., https://doi.org/10.1021/acssuschemeng.1c06390.

49）東京工業大学「可視光全域を利用できるレドックス光増感剤を開発：低エネルギーの光によりCO_2を還元」https://www.titech.ac.jp/news/2021/062244,（2023年3月2日アクセス）.

50）Mari Irikura, Yusuke Tamaki and Osamu Ishitani, "Development of a panchromatic photosensitizer and its application to photocatalytic CO_2 reduction," *Chemical Science* 12, no. 41（2021）: 13888-13896., https://doi.org/10.1039/D1SC04045F.

51）Tao Cai, et al., "Cell-free chemoenzymatic starch synthesis from carbon dioxide," *Science* 373, no. 6562（2021）: 1523-1527., https://doi.org/10.1126/science.abh4049.

52）石塚博昭「グリーンイノベーション基金事業で、CO2などの燃料化と利用を推進：社会実装を目指した合成燃料や持続可能な航空燃料などの技術開発に着手」国立研究開発法人新エネルギー・産業技術総合開発機構（NEDO）, https://www.nedo.go.jp/news/press/AA5_101536.html,（2023年3月2日アクセス）.

53）株式会社INPEX, 大阪ガス株式会社「世界最大級のメタネーションによるCO_2排出削減・有効利用実用化技術開発事業の開始について：都市ガスのカーボンニュートラル化を実現する技術の実用化へ」株式会社INPEX, https://www.inpex.co.jp/news/assets/pdf/20211015.pdf,（2023年3月2日アクセス）.

54）国立研究開発法人新エネルギー・産業技術総合開発機構（NEDO）「「カーボンリサイクル・次世代火力発電等技術開発/CO2排出削減・有効利用実用化技術開発」に係る実施体制の決定について」https://www.nedo.go.jp/koubo/EV3_100235.html,（2023年3月2日アクセス）.

55）石塚博昭「CO2からの液体合成燃料一貫製造プロセス技術の研究開発に着手：ガソリン・軽油・ジェット燃料を代替し、温室効果ガスの大幅削減を目指す」国立研究開発法人新エネルギー・産業技術総合開発機構（NEDO）, https://www.nedo.go.jp/news/press/AA5_101410.html,（2023年3月2日アクセス）.

56）石塚博昭「カーボンリサイクルに適したCO2分離回収・発電技術の研究開発に着手：バイオマスや廃棄物を活用し、水素や化学品の併産も目指す」国立研究開発法人新エネルギー・産業技術総合開発機構（NEDO）, https://www.nedo.go.jp/news/press/AA5_101381.html,（2023年3月2日アクセス）.

57）国立研究開発法人新エネルギー・産業技術総合開発機構（NEDO）「未踏チャレンジ2050：プログラムディレクター、プログラムオフィサー紹介」https://www.nedo.go.jp/activities/ZZJP2_100084.

html,（2023年3月2日アクセス）.

58）京都大学、他「資源循環を実現する革新的触媒の開発・実証事業の開始について：環境省「地域資源循環を通じた脱炭素化に向けた革新的触媒技術の開発・実証事業」に採択」京都大学, https://www.kyoto-u.ac.jp/sites/default/files/inline-files/220316-news-pless-9aa1f0162393f0ca45cfdefa1f998f45.pdf,（2023年3月2日アクセス）.

59）Yuying Qian「中国におけるCCUS：二酸化炭素の有効利用・貯留の潜在的可能性」INTEGRAL, https://www.integral-japan.net/?p=34205,（2023年3月2日アクセス）.

60）National Academies of Sciences, Engineering, and Medicine, *Gaseous Carbon Waste Streams Utilization: Status and Research Needs* (Washington, DC: The National Academies Press, 2019)., https://doi.org/10.17226/25232.

2.2.4　産業熱利用

（1）研究開発領域の定義

　熱エネルギー利用のうち、産業部門での熱の有効利用に関する科学、技術、研究開発について記述する。主に、蓄熱技術と熱再生利用技術を扱う。

　蓄熱技術は、排熱あるいは変動型再生可能エネルギー由来の熱などを蓄え、製造プロセスの予熱、加熱、温度維持等に利用し、化石燃料消費量の削減を図るものである。ここでは、蓄熱材とそれを用いた蓄熱システムを対象とする。

　熱再生利用技術とは、熱需要における投入エクセルギー量を最小化するために、主として利用後の排熱を回収して、材料やプロセス流体を予熱あるいは予冷することで、エクセルギーを無駄にせず再生する技術である。これにより、化石燃料の消費を大幅に削減できる。ここでは、排熱に限らず環境熱等も熱源に含め、熱が持つエクセルギー率を高める熱再生技術の理論、およびその要素技術として、熱交換、熱輸送、ヒートポンプ（機械方式、化学方式）技術を対象とする。

（2）キーワード

　熱再生、温度差、蓄熱、ヒートポンプ、再生可能エネルギー、電化

（3）研究開発領域の概要

［本領域の意義］

　カーボンニュートラル社会の実現に向けて、太陽光発電や風力発電等の変動型再生可能エネルギー（VRE）を最大限活用するために、熱需要においても電化が求められている。家庭や業務といった民生部門では、熱の電化は着実に進展していくものと予想されるが、電化が困難とされている産業部門の特に高温の熱需要については、今後大きな技術革新が求められている。また、昨今の国際情勢の変化によりエネルギーセキュリティーの重要性が再確認されており、その中でも省エネルギーの重要性があらためて見直されている。このように、電化が困難なHard to abate部門における熱利用技術の電化と省エネが極めて重要となっている。VRE電力を用いて熱の電化を進める上では、電力で貯蔵することはもちろん有望なオプションであるが、熱で利用するのであれば蓄熱することにも十分合理性がある。また、熱需要を全て電化することは現実的ではなく、水素、アンモニア、合成燃料等の燃焼も少なからず残ることが予想される。この場合は、熱再生による省エネルギーが第一義的に重要となってくる。

　VREが大量導入されると、余剰電力価格がゼロとなる時間帯が大幅に増えてくることから、この膨大な余剰エネルギーを熱需要に合わせて蓄熱する技術が今後大きく進展すると予想される。民生用の100℃以下の蓄熱技術は水を中心に従来から進んでいる。近年の社会的な要求は、蓄熱の高温化、高密度化、高出力化、そしてもちろん低コスト化である。電気による加熱としては、ヒートポンプ、抵抗加熱、誘導加熱、誘電加熱、赤外加熱、マイクロ波加熱等様々な技術があるが、VRE由来の場合は電力の高いエクセルギーを失わないように、可能な限り高温で蓄熱するニーズが高まるとみられる。

　熱再生は断熱と並んで熱の省エネルギーの基本である。熱再生の熱源としてここでは、対象とする系からの排熱に限らず、環境熱、再生可能エネルギー熱、未利用熱等も含める。規模、温度や対象とする流体の条件（液体、気体、腐食性、汚れ等）によって適用技術は千差万別であるが、いずれもこれまでの安価な素材燃料価格を前提として発展してきており、今後の資源・エネルギー安全保障の観点から、あらためて技術を再構築する必要性に迫られている。

［研究開発の動向］

　日本の産業分野の排ガス熱量は0.743 EJ/年と報告されている[1]。最終エネルギー消費13.1 EJ/年の5.7%

に相当する。排ガスの温度域は各産業、各プロセスにおいて様々だがエンタルピーベースでは100〜250℃で総熱量の約77%を占めることが報告されている。日本では、熱の3R（Reduce、Reuse、Recycle）を理念として2015年に発足した「未利用熱エネルギーの革新的活用技術研究開発」プロジェクト[2]における研究開発など、この低温排熱の有効利用をターゲットとした研究開発が精力的に行われてきた。一方、欧州では、再生可能エネルギーの安定利用に向けた蓄エネルギー技術として、中高温の蓄熱技術の開発が精力的に実施されてきた。これらの中高温蓄熱技術は、集光型太陽熱発電用に開発されたものが基盤にあると考えられるが、近年、蓄熱技術を介したPower to Heat to Power型の蓄エネルギー技術であるカルノーバッテリー（蓄熱発電）へと急速な展開を見せている。

　熱再生は系から排出される熱を回収して系に戻すことで、エネルギー投入量を減らす技術である。本報告書では、広義の意味で環境熱を熱源とするヒートポンプも熱再生技術の一つとして位置付ける。ガスタービンの再生サイクル、蒸気タービンとのコンバインドサイクルなども熱再生システムである。熱機関以外にも、工業炉等におけるレキュペレータやレジェネレーティブバーナなどがある。どこまで熱再生するかは、ひとえに投入エネルギーコストの削減量と増加するイニシャルコストの費用対効果のバランスにかかっている。燃料価格の高騰は、ランニングコストの影響が相対的に高まるので省エネ機器の導入にプラスに働くが、一方で素材価格も高騰しておりイニシャルコストアップも同時に進行している。燃料転換だけでなく、ありふれた素材への転換、それに伴う製造方法の改善や信頼性の担保といった、従来技術の延長線上にない研究開発が求められている。熱源の多様化も課題である。廃汚水や腐食性ガスからの熱再生や寒冷地向けヒートポンプ等においては、ファウリング、腐食、着霜によって機器の普及が阻まれている。また、電化が困難な用途においては、高価な水素、アンモニア、合成燃料等の消費削減が重要であり、これまで以上に広い温度範囲での熱再生が必要となる。例えば、金属の使えない1000℃以上まで余熱可能な高温再生熱交換器が求められる。

　蓄熱方法には顕熱、潜熱、化学蓄熱がある。顕熱蓄熱は、民生用では給湯用蓄熱槽、地域熱供給用の大型蓄熱槽等が普及しており、技術的に確立している。産業用においては、固体顕熱蓄熱材を使った熱風炉やリジェネレーティブバーナーなどとして、省エネルギーに大きく貢献している。また、再生可能エネルギー分野においても、集光太陽熱発電用の蓄熱システムとして、溶融塩顕熱蓄熱技術が商用化されている。潜熱蓄熱もまた幅広い温度範囲、様々な用途で検討されている。産業用の氷蓄熱システム「エコアイス」や、家庭用の「エコアイス・mini」などは、夏季のピークカットやピークシフトに貢献してきた。また、環境温度付近の0℃から30℃付近までの潜熱蓄熱が、保冷、室内温度調整等で普及しており、建築材料への適用も進んでいる。冷感グッズとしての潜熱蓄熱材料（相変化材料：PCM）が猛暑日に話題になったのは記憶に新しい。自動車用には室内に潜熱材パッケージが置かれ環境温度の急激な温度変化の緩和に利用されている。また、省エネ運転としてアイドリングストップ機能があるが、1分程度のエンジン停止時に追加エネルギー無しでの冷熱、温熱供給にも潜熱蓄熱は有用である。中高温領域においては、集光太陽熱発電用の蓄熱システムへの硝酸塩系PCMの適用が広く検討されたが、実用には至っていない。一方で近年、さらに高温の600℃に融点を持つAl合金をPCMとして利用した出力10 kW程度の小型蓄熱モジュールの商用生産が開始した[3]。化学蓄熱も100℃以下の室温付近から800℃の高温まで、幅広い温度域で検討が進められている。1970年代から検討が始まって以来、反応時の体積膨張と収縮による蓄熱材の粉化や劣化、粉体層特有の有効熱伝導率の低さに起因する伝熱の課題から商品化例は少なかったが、近年、中高温領域の熱源を回収可能なCaO-H_2O系の産業用化学蓄熱システムの実証や商用化が一部達成された。また、化学蓄熱は2 MJ/L級の高い蓄熱密度を有することから車載用の蓄熱システムとしての検討が進んでおり、近年高速出力化が開発のトピックスとなっている。

　日本では、先述したように「未利用熱エネルギーの革新的活用技術研究開発」プロジェクト等において、低温排熱の有効利用をターゲットとした研究開発が精力的に行われてきた。この中で、蓄熱材料の高付加価値化（高密度蓄熱材料、長期蓄熱材料）の研究開発が実施されるとともに、産業分野、民生分野の排熱実態調査などの統計データや、熱関連材料のデータベースなどが再整備された。また、100℃以下の低温廃熱

2.2

産業・運輸部門のゼロエミ化・炭素循環利用

を利用可能なコンパクト型高性能蓄熱システムの構築を目的として、低コスト型高性能蓄熱材（ハスクレイ）の量産製造技術の確立やハスクレイを用いた蓄熱システムの開発[4]、およびオフライン熱輸送システムの実証試験が行われてきた[5]。一方、欧州では、再生可能エネルギーの安定利用に向けた蓄エネルギー技術として中高温の蓄熱技術の開発が精力的に実施されてきた。これらの中高温蓄熱技術は、集光型太陽熱発電に向けた研究開発が技術基盤にあると考えられるが、近年、蓄熱技術を介した Power to Heat to Power 型の蓄エネルギー技術であるカルノーバッテリー（蓄熱発電）へと急速な展開を見せている。中高温の蓄熱技術として、硝酸塩を利用した溶融塩顕熱蓄熱技術は太陽熱発電用として既に社会実装されている。新たに岩石を固体顕熱蓄熱技術として利用する岩石蓄熱が低コストの観点から注目され開発が進んでいる。また、先端的な蓄熱技術の位置づけであった中高温の潜熱蓄熱や化学蓄熱においても、近年大規模蓄熱用途としての実用化に一部目処が立ちつつある。蓄熱技術は蓄エネルギー技術の重要なオプションの一つとして、再生可能エネルギーの負荷変動性に対応した石炭火力発電や、原子力発電のレジリエンス機能の向上策としても期待され[6]、蓄熱技術が担う役割は拡大している。また、これらの技術においても、総合効率を向上させるためには、熱利用を介した産業及び民生とのセクターカップリングが必須となる。ここに、低温排熱の回収技術や熱輸送システムなど多様な蓄熱技術の展開が期待される。

　熱再生利用システムでは熱回収におけるコスト削減が重要である。そのためには、大量生産技術の転用、安価な材料への転換、そして伝熱促進を同時並行で進めることが肝要である。また、昇温や降温機能としてのヒートポンプに大きな期待がかかるが、温暖化係数の小さい冷媒への転換が求められている。用途に応じて、合成冷媒系（ハイドロフルオロカーボン、ハイドロフルオロオレフィン、ハイドロクロロフルオロオレフィン）、自然冷媒系（二酸化炭素、アンモニア、炭化水素系、水）などが検討されている。媒体の熱的性質のうち、熱伝導率に加え熱容量（比熱）の大きなものが望ましい。安全で安価な冷媒で、液単相の比熱がアンモニア（4.8 kJ/（kg·K）、20℃）や水（4.2 kJ/（kg·K）、20℃）より大きなものはないため、水などに固相—液相で相変化する物質（PCM）の封入されたマイクロカプセルを混合した混相流媒体によって比熱増大を図る技術[7]等が開発されている。

（4）注目動向
［新展開・技術トピックス］
1. 中高温用相変化マイクロカプセルの開発と応用

　金属・合金系 PCM マイクロ粒子への化成処理と酸化処理によるコア（金属PCM）−シェル（Al_2O_3）型マイクロカプセル PCM（MEPCM）合成法が提案され、200℃以上の中高温領域で使用可能な MEPCM の開発が進められている。NEDO 先導研究プログラム「合金系潜熱蓄熱マイクロカプセルを基盤とした高速かつ高密度な蓄熱技術の研究開発（2020～2021年度）」[8]では、MEPCM を原料としたハニカムやペレット等の蓄熱体や、プロトタイプ蓄熱モジュールの開発が実施された。中高温域の産業排熱回収用蓄熱システムによる省エネルギー用としてだけではなく、触媒反応熱制御への利用、可逆作動型燃料電池の熱マネージメントへの適用、蓄エネルギーシステムへの利用など、新たなサーマルエンジニアリングマテリアルとしての展開が期待されている。

2. 蓄熱セラミックス[9]

　永続的に熱エネルギーを保存できるセラミックス"蓄熱セラミックス（Heat storage ceramics）"という新概念の物質が発見され、研究開発が進んでいる。この蓄熱セラミックスの先駆けは、ストライプ型−ラムダ−五酸化三チタンと呼ばれる物質で、230 kJ L^{-1} 程度の蓄熱密度を持つ。熱を加える以外にも電流の印加、光の照射などによっても蓄熱可能であり、60 MPa 程度の弱い圧力を加えることで相転移による放熱することができる。長期間蓄熱でき、任意の時間に放熱できることから産業排熱の回収や自動車排熱の回収への適用が期待されている。

3. セラミックスカプセル構造蓄熱体[10]

Al_2O_3などのセラミックスを直径数十mm程度のセラミックカプセルに射出成型し、このカプセルに金属PCM球を内包したセラミックスカプセル構造蓄熱体が開発されている。金属PCMとして、Al–SiやCu等の高温作動が可能な材料が適用可能であり、工業炉への応用等が模索されている。

4. 硬殻マイクロカプセル化蓄熱材[11]

中空かつシェルにナノ孔を有するSiO_2マイクロカプセルに無機水和物等の潜熱蓄熱材を含浸担持した後、封孔処理をした硬殻マイクロカプセル潜熱蓄熱材が開発され、室温以上の熱を輸送する潜熱輸送システムが検討されている。既往の水による熱輸送と比べると、ポンプ動力を大幅に削減でき、伝熱特性の改善に寄与する。また、マイクロカプセル内に潜熱蓄熱材ではなく化学蓄熱材（塩化カルシウム）を担持させ、コンポジット化させたケミカルヒートポンプセルも開発されている。化学蓄熱材特有の課題であった潮解性がなく、反応速度が10倍になるなどのメリットが確認されている。また、反応熱を利用して冷水と高温熱を同時に生成するサーマルトランジスタへの適用が検討されている。

5. Al合金系潜熱蓄熱システム[12]

Azelio社（スウェーデン）は、600℃に融点を持つAl合金をPCMとして利用した10 kW程度の蓄熱モジュールの量産化、商用化に成功している。蓄熱槽の外壁を熱媒体が流れて熱交換する特殊な構造で、蓄熱槽の内壁にアルミナなどのセラミックスをコーティングすることで、溶融Al合金の蓄熱槽に対する腐食を防止している。10 kW程度の蓄熱槽を連結することで、大容量化も可能とされている。

6. セラミックハニカムの化学蓄熱装置への応用[13]

SiCセラミックハニカムと塩化カルシウムを複合した化学蓄熱材料を調製し、この材料を用いた塩化カルシウム/水系化学蓄熱装置が開発された。このハニカムは耐蝕性、伝熱性に優れ、化学蓄熱システムの実用性を高めることに成功している。また、SiCセラミックハニカムと酸化カルシウムを複合した車載用ヒートバッテリーもまた開発され、デモンストレーションが行われている。

7. 酸化カルシウム蓄熱商用プラント：Salt X 社（スウェーデン）[14]

再生可能エネルギー余剰電力の蓄熱向けに酸化カルシウム/水系化学蓄熱システムを開発した。耐久性のある材料、移動層型蓄熱システムを開発し、商用化している。今後、流動層型への移行も検討されている。

8. 高温ヒートポンプ

水系の熱源を用いた160℃程度の出熱が可能なヒートポンプは既に商用化されているが、未利用熱エネルギー革新的活用技術研究組合（TherMAT）では、遷臨界サイクルを用い、100℃の熱源を200℃に再生する産業用の高温ヒートポンプを開発しており、エネルギー消費効率（COP）3.5を目標としている[15]。

9. 自己熱再生

自己熱再生技術は、蒸留塔を中心とした化学工業、CO_2分離回収、乾燥工程、海水淡水化に応用され、多数研究、実用化[16]-[18]されている。潜熱損失の大幅削減に資する自己熱再生システムの主機は、少量のエクセルギー投入源である機械式の蒸気圧縮機（MVR）であり、高性能な機器が多数商品化されている。

10. 吸収/吸着/収着剤による調湿

シリカゲルや合成ゼオライトの水蒸気の吸脱着による冷熱エクセルギーの生成システムが既に商用化している。また、大量に水を吸収し低温で脱着できる高分子収着材を用いた調湿機能を有する空調機が商品化され

ている[19]。また、吸収液を塗布する構造吸収器を採用した車載可能な吸収式冷凍機の試作機[15]がTherMATで開発されるなど、小型化も注目動向の一つである。

11. セラミックス熱交換器

　工業炉のラジアントチューブバーナー用の炭化ケイ素（SiC）製再生熱交換器が提案されている[20]。3Dプリンターで製造されたらせん状の流路により、高い熱交換効率が実現されている。最高1350℃という高温まで使用可能であり、金属の使えない高温まで空気を予熱することが可能となっている。

［注目すべき国内外のプロジェクト］

1. 国際エネルギー機関（IEA）ECES Annex 36 "Carnot Batteries"[21]（2020〜2022年）

　カルノーバッテリーは、再エネ由来の余剰かつ使用困難な電力を一旦「熱」に変換し、それを「中規模〜大規模の蓄熱システム」に一時貯蔵し、電力需要の大きい時間帯に貯蔵した熱を使って発電する"Power-Heat-Power"タイプの再生エネ安定利用法である。このコンセプト自体は1922年に提案されていたが、先述の通り近年、蓄熱技術の進歩により、実装に向けた開発が進んでいる。このグループでは将来のエネルギーシステムにおいてカルノーバッテリーが持つポテンシャルを体系的に調査、評価、強化するために、産学両方の専門家から成るプラットフォームを確立することを目指している。近年、カルノーバッテリーに関する様々な総説がこのグループの活動の一環として報告されている。

2. 岩石蓄熱技術（2021年〜　環境省）

　変動性再生可能エネルギーを高温の熱に変換し、中〜大規模の蓄熱システムに貯蔵し、貯蔵した熱を熱源として熱機関を使って発電するPower to Heat to Powerタイプの蓄エネルギー技術として、カルノーバッテリー（蓄熱発電）に関する検討が国内でも開始されている。 Siemens Gamesa Renewable Energy社（ドイツ）の熱による電力貯蔵（ETESe）が先駆的だが、日本国内においては環境省「令和4年度岩石蓄熱技術を用いた蓄エネルギー技術評価・検証事業委託業務」事業で中部電力、東芝エネルギーシステムズが数cmの岩石を顕熱蓄熱材として利用した検討を開始している。

3. 再生可能エネルギー源からの圧縮熱エネルギー貯蔵エネルギー（CHESTER）プロジェクト、システム[22]

　ドイツ航空宇宙センター（DLR）などを中心としてHorizon 2020で開発が進められてきたランキンサイクルをベースとしたPumped Thermal Energy Storage CHESTシステムは、循環媒体として水/水蒸気を用い、高温ヒートポンプ、高温側蓄熱システム、低温側蓄熱システムおよび有機ランキンエンジンから構成される。高温側蓄熱システムは、顕熱と潜熱蓄熱システムのハイブリッド型が想定されている。潜熱蓄熱システムとして7 wt% KNO_3– 33 wt% $LiNO_3$（融点133° C、潜熱量167 kJ kg^{-1}）をPCMとして用いたシェル&チューブシステムが、顕熱蓄熱システムとしては高圧水を蓄熱材とした2タンクシステムが検討されている。蓄熱/充電時は、低温熱源からの熱を多段階で圧縮し、高温の熱を得る。低温側の蓄熱システムは発電時の低温溜として機能するだけではなく、太陽熱やバイオマス、廃熱などを熱源として受け入れ、セクターカップリングすることで地域熱供給システムとしても機能することが大きな特徴である。

4. 金属潜熱蓄熱[6]

　再生可能エネルギー伸長に呼応した電力レジリエンス機能の向上策として、潜熱蓄熱システムを火力発電所のタービンバイパス系統他に組み込むシステムが提案されている。600℃近くの高温で蓄熱する蓄熱材料としてAl合金系PCMが選定され、蓄熱槽材料との腐食性や腐食防止コーティング材の検討および全体システムの試設計が実施されている。

2.2
産業・運輸部門のゼロエミ化・炭素循環利用

5.「未利用熱エネルギーの革新的活用技術研究開発」NEDO（2015年度～2022年度）[2]

　NEDOとTherMATにより、最高200℃過熱を実現する産業用高効率高温ヒートポンプの開発が行われている。使用する冷媒を自然冷媒のR600（ブタン）から低GWPのハイドロフルオロオレフィン（HFO）系冷媒に変更し、磁気軸受けを使用してオイルフリーとしたターボ圧縮機の設計・製作・単体性能試験を行い、このターボ圧縮機を搭載して、80℃を熱源として80℃から180℃まで昇温するヒートポンプで、最終目標の加熱COP（加熱能力/消費電力）3.5を達成する目途を得た。

6. 下水道革新的技術実証事業「B−DASHプロジェクト」、国土交通省[23]

　平成29年より自己熱再生型のヒートポンプによる下水汚泥乾燥技術の実証研究を実施しており、中小下水道事業における汚泥処理費の35%削減を目指している。

7. ヒートポンプ技術に関する技術協力プログラム（TCP HPT）、IEA[24]

　IEAヒートポンプ技術協力プログラム（IEA TCP HPT）は、第二次オイルショックのあった1978年に設立され、オーストリア、ベルギー、カナダ、中国、デンマーク、フィンランド、フランス、ドイツ、イタリア、日本、韓国、オランダ、ノルウェー、スウェーデン、スイス、英国、米国の17か国が参加している。現在、Annex53～61までのプロジェクト活動が行われており、それぞれ数か国の参加国で構成され、オペレーティングエージェント国がリーダーを務めている。日本は、地球温暖化係数（GWP）の低い冷媒ヒートポンプシステム（Annex 54）、高温ヒートポンプ（Annex58）、低GWP冷媒（Annex54）およびポジティブエネルギー地域（PED）（Annex61）に参画している。

8. クールアースフォーラム（ICEF）[25]

　2019年のICEFでは、Industrial Heat Decarbonization Roadmap11が示され、産業用熱生成の電化による脱炭素化におけるヒートポンプの役割についてChapter 2で述べられている。

（5）科学技術的課題

1. Power to Heat to Power型の蓄エネルギー技術に向けた大規模、低コスト蓄熱システムの開発

　欧米を中心にMWh、GWhオーダーの大規模、低コスト蓄熱の検討が急速に進んでいる。蓄エネルギー技術としての蓄熱技術は、再生可能エネルギーの負荷変動性に対応した石炭火力発電や原子力発電のレジリエンス機能の向上策としても期待でき、日本においてもこの分野での対応が必要であると考えられる。

2. 高温駆動ヒートポンプの開発

　低温廃熱再資源化やカルノーバッテリーのPower to Power効率の向上に向けて、高温駆動ヒートポンプの開発が重要である。低温廃熱再資源化では到達温度が200℃程度、カルノーバッテリーにおいては到達温度500℃程度の高温駆動ヒートポンプが求められている。

3. 腐食性および汚れ温排ガスからの熱回収

　電炉製鋼等に代表される材料の溶融を伴う高温プロセスからは高温排ガスが多量に発生しているが、ダストなどを多量に含むダーティなガスであり、集塵のために冷却、低温で排熱されている。また、このような高温排熱はバッチプロセスから排出されることが多く、バッチ間の激しい温度変動を伴うことが熱回収機器の低寿命化を助長する。このエクセルギー率の高い高温排ガスを高温のまま回収可能な技術の開発が求められる。また、硫黄分を含む燃料排ガスからの酸露点以下の熱回収技術が求められる。

2.2

産業・運輸部門のゼロエミ化・炭素循環利用

4. 化学蓄熱装置の高性能化

　化学蓄熱は蓄熱密度が高く室温およそ1000℃までの貯蔵が可能であり、潜在的な応用先は多い。しかしながら反応性能が不十分であり、熱交換器を含めた装置が大きい。また、他の蓄熱方法に比べ複雑であることが市場化を妨げている。特に反応層は伝熱律速になることが多く、反応層の伝熱促進が重要である。さらに熱交換機能を有する反応器の伝熱促進、コンパクト化、各種の温度域での反応が可能な化学蓄熱材料の開発が必要である。また、腐食に対する蓄熱材料、容器の改良も求められる。

5. 熱再生システム

　熱再生利用システムの要素技術においては、熱交換器の低コスト化、コンパクト化が鍵を握る。特に、熱伝達率の小さい気相の伝熱促進は、空気、排気、プロセスガス等の熱交換において重要になる。また、スケール、霜、腐食といった課題によって熱再生が困難であった用途においても、今後更なる適用拡大が望まれる。一方、銅やニッケル等の価格高騰を受け、より安価なアルミニウム、鉄、樹脂等への転換が今後急速に進むと推察される。素材転換に際しては、3Dプリンティング等の製造方法の革新や、信頼性の評価があわせて必要となり、個別の小規模な活動だけでは実現することのハードルが高い。業界の壁を超えて共同で共通基盤技術を育成する体制や仕組みが欠かせない。研究開発投資の規模が大きい自動車分野、これに次ぐ規模の空調分野で既に発展してきた技術をカスタマイズして転用することも有効であると考えられる。

（6）その他の課題
1. 蓄熱システム全体での統一的な評価プロセス、評価指標の構築

　日本では様々な蓄熱材料、システムに関する基礎研究が進んでいる一方、他の熱利用機器と比較して統一的な評価プロセス、評価指標がないことが一気通貫の蓄熱技術開発を妨げている。

2. 熱需要（媒体、温度、圧力、流量）の可視化

　産業分野における排熱の実態調査データは存在するが、この数値は最終的に廃棄されている排熱の温度と量であり、実際のエクセルギー損失は、それよりも上流のプロセスにおける熱交換温度差によって発生している。すなわち、実際のプロセスにおいてエクセルギー損失が発生する実態や条件（媒体、温度、圧力、流量）を、上流から下流まで明らかにする必要がある。公的な組織が主導し、定量的な熱需要の見える化が重要である。

3. 共通基盤技術および人材の育成

　社会構造の変化に伴って、現在は熱技術にも大きな変革が求められる転換期にあると言える。これまで日本は、熱技術に関わる研究開発で他国を圧倒していたが、近年では各国から激しく追い上げられている。海外では熱技術に関する研究開発投資が近年大変旺盛になってきており、特に中国においては熱分野においても産学連携活動が非常に活発である。これを打破するためには、個々に小規模に独立して研究開発するのではなく、数値シミュレーション、機械学習、最先端計測技術、信頼性評価といった共通基盤技術を協力して開発し、共有する仕組みが求められる。またそのような活動を通じて、熱技術を化石燃料社会からカーボンニュートラル社会に即したものに変革できる人材を育成することが重要である。

（7）国際比較

（7-1）蓄熱関連

国・地域		フェーズ	現状	トレンド	各国の状況、評価の際に参考にした根拠など
日本		基礎研究	◎	↗	●北海道大学、東京工業大学、名古屋大学などで蓄熱技術を一定的に報告している。
		応用研究・開発	△	↗	●愛知製鋼、名古屋大学などで化学蓄熱の実証が検討された。 ●蓄エネ技術としての岩石蓄熱技術の検討が開始された。 ●全体的にエンジニアリングを含めた全体システムの取り組みは少ないが検討が開始されている。
米国		基礎研究	◎	↗	●電力網の負荷安定化、停電対応のためMIT、DOE、電力会社などが検討している。 ●MALTAなどのベンチャー企業が積極的に研究している。
		応用研究・開発	○	↗	●産業プロセスの高効率化のためのプロトタイプ蓄熱検討がDOEなどで検討されている。
欧州	EU	基礎研究	◎	↗	●電力網の負荷安定化のためPower to Gasや水からの水素製造、再エネの蓄熱が検討されている。 ●IEA Annexで地蓄熱技術が検討されている。
		応用研究・開発	◎	↗	●電力網の負荷安定化のための再エネの蓄熱が研究されている。 ●Salt X社が化学蓄熱を商用化している。
	英国	基礎研究	△	→	●Warwick大学で化学蓄熱の検討が進められている。
		応用研究・開発	○	→	●Sunanp社の潜熱蓄熱システムが路線バス等に搭載利用されている。
	ドイツ	基礎研究	◎	→	●DLRで太陽熱、産業熱の化学蓄熱研究がされている。ZAE、Fraunhofer研究所が再エネの潜熱蓄熱研究を推進。
		応用研究・開発	◎	↗	●Bosch社が吸着式食器乾燥機、SolTech社、InveSor社が太陽熱駆動吸着式冷房装置を市販。 ●Siemens Gamesa社が再エネ熱蓄熱→発電システムの基礎プラントを検討。 ●Volkswagen社らが共同で電力網の負荷安定化のためのPower to Gas組合を作り、再エネ電力から水素プラントの応用研究が進行している。
	フランス	基礎研究	◎	→	●Perpignon大学などで潜熱、化学蓄熱蓄熱研究が順調に進行。余剰電力を用いた電気分解水素製造が検討されている。
		応用研究・開発	○	→	●Areva社で余剰電力を用いた電気分解水素製造の販売を行っている。
	オランダ	基礎研究	○	→	●TNO（旧ECN）自動車用吸着式蓄熱、化学式蓄熱の実証研究が行われている。
		応用研究・開発	△	→	●特段の応用研究報告は見当たらない。
	スペイン	基礎研究	◎	↗	●Llleida大学、Barcelona大学で再エネ、太陽熱の顕熱、潜熱研究が進められている。
		応用研究・開発	◎	→	●Andasols社で太陽熱の顕熱貯蔵＋水蒸気発電システムが商用稼働している。
	スウェーデン	基礎研究	◎	→	●KTHなどで顕熱蓄熱、潜熱蓄熱、化学蓄熱の研究が進められている。
		応用研究・開発	◎	↗	●Salt X社やAzelio社などが先進的な蓄熱システムの商用化に至っている。
	デンマーク	基礎研究	◎	→	●DTUなどで岩石蓄熱のパイロットスケール試験が実施されている。
		応用研究・開発	◎	↗	●Andel社などが積極的な投資を行っている。

2.2 産業・運輸部門のゼロエミ化・炭素循環利用

中国	基礎研究	◎	↗	●上海交通大学で吸着式ヒートポンプ、蓄熱が広範に検討されている。
	応用研究・開発	◎	↗	●Broad 社等で吸着式ヒートポンプ、潜熱蓄熱装置が市販されている。
韓国	基礎研究	○	→	●Seoul国立大学などで蓄熱、熱化学水素製造の研究が行われている。
	応用研究・開発	△	→	●特段の応用研究報告は見当たらない。

（7–2） 熱再生関連

国・地域	フェーズ	現状	トレンド	各国の状況、評価の際に参考にした根拠など
日本	基礎研究	◎	→	●冷凍空調技術については、東京大学、早稲田大学、東京海洋大学、静岡大学、福井大学、九州大学、九州工業大学、長崎大学などで研究報告が常時ある。
	応用研究・開発	◎	→	●企業の製品開発を中心に、多くの応用研究が実施されている。また、TherMATを中心に産官学の研究プロジェクトがある。 ●HFC規制（モントリオール議定書キガリ改正）により、脱HFCの研究開発がNEDOを中心に産官学で実施されている。
米国	基礎研究	△	→	●冷媒の研究発表の多いASHRAEでも熱再生の基礎研究報告はあまり見当たらない。
	応用研究・開発	○	→	●Saint-Gobain社において、高温セラミック熱交換器が商用化されている。
欧州	基礎研究	○	→	【EU】 ●EUのHorizon 2020において、ヒートポンプの基礎研究がなされている。 【ドイツ】 ●ZAE Bayernが中心的存在。 【英国】 ●4大学が参画するLoT-NET（低温熱回収の研究ネットワーク）30）でケミカルヒートポンプを含む研究が活発化。 【オーストリア】 ●AEE-INTECが牽引。
	応用研究・開発	○	→	【EU】 ●IEAのTCP HPT Annex 58では高温ヒートポンプが研究されている[25]。 ●Horizon 2020のSpot Viewプロジェクトの中で鉄鋼・紙パルプ工場排熱のケミカルヒートポンプによる熱再生実証事業[31]がある。 ●オーストリア技術研究所において、"DryFiciency"という名称の研究プロジェクトが2021年度までに実施された。これは、乾燥に伴う排熱の80％を回収するために、高温空気乾燥（澱粉の乾燥およびレンガの乾燥）と過熱水蒸気による乾燥（バイオマスの乾燥）の140℃から160℃の高温産業用ヒートポンプシステムを実証した。このプロジェクトには、エネルギー効率と革新的な行動のための基金 "European Union's Horizon 2020 Programme" に基づき、ノルウェー、デンマーク、ベルギー、ドイツ及びオーストリアの5か国が参加し、コンソーシアムには12の企業・研究所が参加した[33]。 【ドイツ】 ●余剰再エネのPower to Heatがトレンドであり、ヒートポンプを介在させないケースも多い。 【フランス】 ●EDF（フランス電力社）などで家庭用温水ボイラー代替としての空気熱源ヒートポンプの推奨が盛んである。
中国	基礎研究	◎	↗	●発表論文数が多く、研究レベルも急速に上がっている。 ●化学再生発電システムの研究報告は中国が多く、他国ではあまり見られない。

2.2 産業・運輸部門のゼロエミ化・炭素循環利用

	応用研究・開発	○	↗	●これまで輸入が多数だったが自国開発による生産へ急速にシフトしている。
韓国	基礎研究	△	→	●特段の基礎研究報告は見当たらない。
	応用研究・開発	△	→	●日本のTherMATのような動きはない。 IEAの第13回Hear Pump Conferenceは1年延期され2021年4月に済州島で開催され、20か国から207件の発表があった。
その他の国・地域	基礎研究	○	→	【ロシア】 ●ノボシビルスク大にて活性炭へのメタノール吸着を使った低温熱利用のヒートポンプ研究 "HeCol" [32] がある。
	応用研究・開発	―	―	―

（註1）「フェーズ」

「基礎研究」：大学・国研などでの基礎研究レベル。

「応用研究・開発」：技術開発（プロトタイプの開発含む）・量産技術のレベル。

（註2）「現状」 ※我が国の現状を基準にした評価ではなく、CRDSの調査・見解による評価。

◎：他国に比べて特に顕著な活動・成果が見えている　　○：ある程度の顕著な活動・成果が見えている

△：顕著な活動・成果が見えていない　　×：特筆すべき活動・成果が見えていない

（註3）「トレンド」

↗：上昇傾向、→：現状維持、↘：下降傾向

関連する他の研究開発領域

・太陽熱発電・利用 　（環境・エネ分野　2.1.8）

参考・引用文献

1) 未利用熱エネルギー革新的活用技術研究組合 技術開発センター「産業分野の排熱実態調査 報告書（2019年3月）」未利用熱エネルギー革新的活用技術研究組合（TherMAT）, http://www.thermat.jp/HainetsuChousa/HainetsuReport.pdf,（2023年1月15日アクセス）.

2) 未利用熱エネルギー革新的活用技術研究組合（TherMAT）, http://www.thermat.jp/,（2023年1月15日アクセス）.

3) Torbjörn Lindquist *et al*., "A novel modular and dispatchable CSP Stirling system: Design, validation, and demonstration plans," *AIP Conference Proceedings* 2126, no. 1 (2019)：060005., https://doi.org/10.1063/1.5117591.

4) 鈴木正哉, 前田雅喜, 犬飼恵一「高性能吸着剤ハスクレイ®の開発：粘土系ナノ粒子による省エネシステム用吸着剤の開発展開」『Synthesiology』9巻3号（2016）：154-164., https://doi.org/10.5571/synth.9.3_154.

5) 国立研究開発法人新エネルギー・産業技術総合開発機構（NEDO）「戦略的省エネルギー技術革新プログラム」https://www.nedo.go.jp/activities/ZZJP_100039.html,（2023年1月15日アクセス）.

6) 山本健次郎「再生可能エネルギー時代の高効率電力レジリエンス蓄熱システム」『三菱重工技報』57巻1号（2020）：14-22.

7) 鈴木洋「新規マイクロカプセル化蓄熱材による低炭素社会の実現」国立研究開発法人科学技術振興機構, https://projectdb.jst.go.jp/grant/JST-PROJECT-17943862/,（2023年1月15日アクセス）.

8) 国立研究開発法人新エネルギー・産業技術総合開発機構（NEDO）「NEDO先導研究プログラム2020年度：合金系潜熱蓄熱マイクロカプセルを基盤とした高速かつ高密度な蓄熱技術の研究開発」45, https://www.nedo.go.jp/content/100927780.pdf,（2023年1月15日アクセス）.

2.2
産業・運輸部門のゼロエミ化・炭素循環利用

9）東京大学「永続的に熱エネルギーを保存できる "蓄熱セラミックス" を発見：蓄えたエネルギーを弱い圧力によって放出する新概念の素材」https://www.u-tokyo.ac.jp/focus/ja/articles/a_00401.html,（2023年1月15日アクセス）.

10）北英紀, 吉田将也, 山下誠司「セラミックカプセル型高エネルギー密度蓄熱体の開発」『日本エネルギー学会大会講演要旨集』22巻（2013）：230-231.

11）鈴木洋「硬殻マイクロカプセル化蓄熱材がもたらす超低炭素社会の実現」新技術説明会, https://shingi.jst.go.jp/pdf/2021/2021_mirai_3.pdf,（2023年1月15日アクセス）.

12）Azelio, "Building a renewable future: Thermal Energy Storage. Power On Demand," https://www.azelio.com/the-solution/technology/,（2023年1月15日アクセス）.

13）市瀬篤博他「H133 SiCセラミックスハニカムを用いる塩化カルシウム化学ヒートバッテリーの放熱」『第55回日本伝熱シンポジウム講演論文集』（日本伝熱学会, 2018）.

14）Salt X Technology, https://www.saltxtechnology.com/,（2022年1月15日アクセス）.

15）国立研究開発法人新エネルギー・産業技術総合開発機構（NEDO）「省エネルギーへのフロンティア：未利用熱エネルギーの革新的活用技術研究開発」https://www.nedo.go.jp/content/100927351.pdf,（2023年1月15日アクセス）.

16）村本知哉他「圧縮機を利用した化学プロセスの省エネ化：蒸留, 乾燥, 分離プロセスへの適用」『IHI技報』53巻2号（2013）：42-47.

17）一般社団法人日本エレクトロヒートセンター「秦野市浄水管理センター「自己熱再生型ヒートポンプ」技術を応用した高効率な下水汚泥乾燥技術を開発」https://www.jeh-center.org/asset/00032/monodukurinidenki/vol6_hadanocity.pdf,（2023年1月15日アクセス）.

18）三菱総合研究所「平成27年度石油産業体制等調査研究（製油所における精製プロセス等の改善に係る技術の可能性に関する調査）報告書（概要版）（2016年3月31日）」国立国会図書館, https://dl.ndl.go.jp/view/download/digidepo_11279607_po_000154.pdf?contentNo=1&alternativeNo=,（2023年1月15日アクセス）.

19）パナソニック「ルームエアコン エオリア LXシリーズを発売」パナソニックホールディングス, https://news.panasonic.com/jp/press/jn210921-3,（2023年1月15日アクセス）.

20）Saint-Gobain, "HeatCor and Silit Recuperators," https://www.ceramicsrefractories.saint-gobain.com/products/products-application/heating-systems/heatcor-and-silit-recuperators,（2023年1月15日アクセス）.

21）Dan Bauer, "Carnot Batteries," International Energy Agency（IEA）, https://iea-es.org/task-36/,（2023年1月15日アクセス）.

22）Compressed Heat Energy Storage For Energy From Renewable Sources（CHESTER）, "Detailed design of the high temperature TES laboratory prototype," https://www.chester-project.eu/wp-content/uploads/2019/10/CHESTER_D3.3_Detailed-design-of-the-high-temperature-TES-laboratory-prototype.pdf,（2023年1月15日アクセス）.

23）国土交通省 国土技術政策総合研究所「廃熱循環による高効率汚泥乾燥実証施設の稼働：中小下水道事業経営改善へ汚泥処理費35%削減目指す」http://www.nilim.go.jp/lab/bcg/kisya/journal/kisya20170130.pdf,（2023年1月15日アクセス）.

24）一般財団法人ヒートポンプ・蓄熱センター「IEAヒートポンプ技術協力プログラム（IEA HPT TCP）」https://www.hptcj.or.jp/tabid/1481/Default.aspx,（2023年1月15日アクセス）.

25）David Sandalow et al., "ICEF Industrial Heat Decarbonization Roadmap," Innovation for Cool Earth Forum（ICEF）, https://www.icef.go.jp/pdf/summary/roadmap/icef2019_roadmap.pdf,（2023年1月15日アクセス）.

2.2
産業・運輸部門のゼロエミ化・炭素循環利用

2.3 業務・家庭部門のゼロエミ化・低温熱利用

2.3.1 地域・建物エネルギー利用

（1）研究開発領域の定義

　民生（業務・家庭）部門の省エネルギー効果を対象とする。カーボンニュートラルの実現を目指す中で、都市における民生部門のエネルギー消費の大きな部分を占める、冷暖房給湯に供する熱エネルギーを少なくするかが課題である。建物側ではZEB（Zero Energy Building）、ZEH（Zero Energy House）などを中心とした建築分野のパッシブ手法とアクティブ手法を扱う。エネルギー供給側からは、再生可能エネルギーや未利用エネルギー利用の現状について扱う。

（2）キーワード

　省エネルギー、ZEB、ZEH、未利用エネルギー、スマートコミュニティ、ヒートポンプ、再生可能熱、事業継続計画（BCP）、デマンドレスポンス（DR）、コージェネレーション、最適制御

（3）研究開発領域の概要

［本領域の意義］

　パリ協定（COP21）にて日本が提出した約束草案では、温室効果ガスを2030年度に2013年度比で26％削減する目標を掲げたが、この目標を46％削減に引き上げた国が決定する貢献（Nationally Determined Contribution：NDC）を2021年10月に決定して国連へ提出した。これをうけ同月に第6次エネルギー基本計画が閣議決定された。同計画では、業務・家庭部門の脱炭素化に向けて、太陽光発電や太陽熱給湯等の再生可能エネルギーの最大限の活用や脱炭素化された電源・熱源によるエネルギー転換、住宅・建築物における断熱性能の強化や高効率機器・設備の導入を推進し、既築住宅・建築物についても省エネルギー改修・機器更新等を進め、2050年に住宅・建築物のストック平均でZEB・ZEH基準の水準の省エネルギー性能を確保する目論見を掲げている。また、同日に地球温暖化対策計画が改訂され、2030年の温室効果ガス削減を、2013年度実績に対して業務その他部門で51％、家庭部門で66％にすることが目標とされた。この目標達成においては、各分野における省エネルギーの深堀が前提とされ、建築物の省エネルギー化の他、エネルギー利用の合理化・高効率化と再生可能エネルギー利用促進のためのシステム高度化ならびに再生可能エネルギーによる変動を伴う電源供給に対する柔軟な調整力の確保が重要となる。

［研究開発の動向］

　2013年の「エネルギーの使用の合理化等に関する法律（省エネ法）」改正において、非住宅建物では、設備ごとの性能評価から建物全体の一次エネルギー消費量による評価を採用し、住宅では外皮の熱性能のみの基準から、建物全体の一次エネルギー消費量の評価が加わった。

　2015年には「建築物のエネルギー消費性能の向上に関する法律（建築物省エネ法）」が公布され、①大規模非住宅建築物の省エネ基準適合義務等の規制措置と、②省エネ基準に適合している旨の表示制度および誘導基準に適合した建築物の容積率特例の誘導措置を一体的に講じることが示された。これに合わせ、建築物の省エネ性能表示のガイドラインに基づく第三者認証の例として、建築物省エネルギー性能表示制度（Building-Housing Energy-efficiency Labeling System：BELS）が設けられた。2017年度からは、延床面積2,000 m² 以上の大規模非住宅建築物について、新築時等におけるエネルギー消費性能基準への適合義務化、延床面積300 m² 以上の中規模建築物の新築時等における省エネ計画の届出が義務化されている。2019年5月に公布された改正では、省エネ基準への適合が建築確認の要件とする建築物の対象が拡大されている。それまでの延べ床面積の2,000 m² 以上から、300 m² 以上に見直され、中規模のオフィスビル等も

2.3

業務・家庭部門のゼロエミ化・低温熱利用

対象に拡充されている。同改正では、300 m²未満の小規模住宅や建築物についても強化され、省エネ性能向上の努力義務から、省エネ基準に適合する努力義務と建築士から建築主への説明義務がづけられ、2021年4月から施行されている。2022年6月の同法改正で、全ての新築住宅・非住宅に省エネ基準の適合義務を拡充する大幅改正がなされ、2025年4月から施行予定である。

建築材料（断熱材）については、2013年度にロックウール断熱材、グラスウール断熱材、押出法ポリスチレンフォームを対象に「建材トップランナー制度」が施行されている。2014年には窓（サッシ・複層ガラス）が追加されている。2017年度には「準建材トップランナー制度」が導入され、吹付け硬質ウレタンフォーム（断熱材）がその対象となっている。

民生部門における徹底的なエネルギー消費削減のために、非住宅建物でZEB、住宅でZEHへの移行が推進されている。この達成には、建物負荷をパッシブ手法によりできるだけ低減した上で、高効率な機器と再生可能エネルギーの投入により建物の一次エネルギー消費を可能な限り減らす方法がとられる。

ZEBでは、省エネ基準に対して建物のエネルギー消費量を基準値に対して50%以上削減する場合をZEB Ready、正味で75%以上をNearly ZEB、正味で100%以上を『ZEB』と経済産業省資源エネルギー庁「ZEBロードマップフォローアップ委員会とりまとめ」（平成31年3月）で定義されている。10,000 m²以上の大規模建築物を対象に、事務所や工場、学校などは40%以上、ホテル、病院、百貨店、飲食店、集会所などは30%以上の削減を達成したものをZEB Orientedとされている。官庁施設については、今後予定する新築事業は原則ZEB Oriented相当以上とし、2030年度までに新築建築物の平均でZEB Ready相当を目指すことが計画されている。

ZEHでは、住宅の高断熱化と設備の高効率化により、省エネ基準よりも20%以上の省エネをZEH基準として設定し、正味で75%省エネを達成したものをNearly ZEH、正味で100%省エネを達成したものを『ZEH』と経済産業省資源エネルギー庁「ZEHロードマップフォローアップ委員会とりまとめ」（平成30年5月）で定義されている。都心などの狭小地に建てる住宅のために、太陽光発電などの設備がなくてもZEHと認められるZEH Orientedのカテゴリーが設けられている。また、蓄電池を活用し再エネの自家消費を増大するとともに、災害時の電源供給も考えたZEH＋、次世代ZEH＋の普及も国が推進している。

地域熱供給は北欧を中心に都市の生活基盤として地域暖房として整備されてきた。日本では1970年に大阪千里ニュータウンで初めて導入され、当初は大気汚染防止の観点で北海道を中心に整備が進められたが、東京など大都市中心部の都市開発に合わせて導入が進み、冷房用の冷水供給割合が高まっている。省エネルギーの観点から、熱源が石油系燃料から都市ガスや電力に移行し、未利用エネルギーの活用や、コージェネレーションシステムの導入が進んでいる。このような中で、熱源システムとしてはヒートポンプ・冷凍機技術、コージェネレーション技術の開発が進められた。ヒートポンプ・冷凍機技術は、家庭用エアコンから地域熱供給の大型冷凍機まで幅広く用いられる重要な技術である。日本では世界をリードして多様な技術開発が行われ、インバータターボ冷凍機、三重効用吸収式冷凍機等の高効率冷凍機は、大型ビルや地域熱供給での導入が進み、熱源システムの高効率化に貢献している。複数種類の冷凍機を負荷や気象条件に応じて最適に運用するための技術[1]、機械学習を用いて運転中の不具合を検知する研究[2]等も進んでいる。コージェネレーション技術は、ガスエンジンコージェネレーションの大型化によって、発電効率が系統電力の受電端効率を上回る高効率のものの開発・導入が進んでいる。次世代の高効率コージェネレーションとしては固体酸化物燃料電池（Solid Oxide Fuel Cell：SOFC）、溶融炭酸塩型燃料電池（Molten Carbonate Fuel Cell：MCFC）の技術開発が進められており、SOFCに関しては九州大学で250 kW級の実証実験が行われている。また、地域熱供給においては熱を搬送する配管／導管の敷設、搬送動力がコスト面、エネルギー面での課題であり、熱搬送技術の高度化、新技術の開発が重要である。以前は単位流量当たりの熱量を増加させるため、熱媒に氷等の潜熱を活用する技術開発が行われていたが、最近は流量を制御する技術、需要家建物の輻射空調システムと連携して通常の冷水還水を輻射冷房に利用することで大温度差熱利用をする事例などがある[3]。地域熱供給システムは本来、建物側の空調機と一体となって制御されることで最適な運用となるが、従来は

2.3
業務・家庭部門のゼロエミ化・低温熱利用

建物受け入れ端での温度や圧力が規定されており、このような最適化ができていなかった。しかし、近年ではIoT技術の応用により、建物で受け入れた熱を建物内の各室に供給する設備まで同時に制御することで全体の最適化を図るシステムも登場している[4]。未利用エネルギーの活用に関しては、近年、下水熱や地中熱の活用が注目されている。下水熱の利用技術では、都市内にある下水管から未処理の下水が持つ熱を直接採熱する技術開発が行われている。地下水の利用技術では、地下水をヒートポンプの熱源や放熱先として直接利用し地盤沈下防止のために利用後の地下水を再び地下に涵養する実証実験が行われている。地中熱の利用技術では、地中熱交換パイプを建物の杭と合わせて施工してコスト低減を図る技術が実用化している。地中熱に関しては、地中の地層構造や地下水の流れを調査して、地中熱ポテンシャルマップが作成されている。建物の熱源設備を熱供給プラントに集約せず、建物個々の熱源設備の採熱源や放熱先として低温未利用エネルギーを供給し、建物の個々の熱源設備の高効率化を図る方法としては、データセンターの冷房排熱を冬季に隣接する建物のヒートポンプの熱源水として利用する事例等がある。

（4）注目動向
［新展開・技術トピックス］
● 断熱材・窓・日射遮蔽材料の開発

戸建て住宅では、床面積に対する外皮面積の比率が高く、換気回数も少ないため、日射熱負荷や貫流熱負荷が暖冷房のエネルギー消費に大きく影響する。近年は、特に窓（複層ガラス・サッシ）などの開口部における断熱性の向上に資する製品が開発されている。高価であった真空断熱材や高性能ナノテク断熱材の開発が進み、建材利用へと展開している。体積の9割以上を空気が占める多孔質材料エアロゲルを窓やグラスウールと組み合わせた複合材料により、高断熱性能・薄型の建築材料（断熱材・窓）が考案されている。

非住宅用の窓面の日射遮蔽については、窓の外側への日射遮蔽物や植栽、外壁と窓面位置のデザイン的工夫などを行う事例が増えている他、low-eガラスなどの高性能窓の採用が増加している。高い可視光透過性を確保しながら、近赤外光に対する強力な選択吸収性を持った近赤外線吸収材料が実用化されており、ガラス面への塗布や薄いフィルムを貼り付ける簡易な施工が可能である。

● 太陽光発電・蓄電池・燃料電池システム

建物において太陽光発電パネルの設置面積を増やす目的で、太陽光発電パネルの壁面設置やシースルー型をベランダの手すりや窓開口部の部材として利用する、建材一体型太陽光発電ガラス（Building Integrated PhotoVoltaics：BIPV）が開発・導入されている。高性能ペロブスカイト太陽電池の技術開発も進んでおり、建物外壁などへの設置も想定されている。蓄電池については、家庭用を中心に長寿命型の製品開発が進んでおり、太陽光発電量と電力需要の需給バランスを考慮して充放電量を適正化するAI制御を搭載した製品や、平常時は建物に設置した太陽光発電による電気自動車の充電をしつつ、災害時には電気自動車から建物に電力を供給可能とするV2H（Vehicle to Home）用のパワーコンディショナが市場投入されている。住宅用のヒートポンプ給湯機では、昼間の太陽光発電の余剰電力を用いた沸き上げ機能が追加されている。燃料電池は、固体酸化物形燃料電池（SOFC）が汎用化され、太陽電池、蓄電池と合わせて3電池でシステムを構成する住宅も現れている。また、蓄電池・燃料電池ともに、停電時でも電力供給が可能となる災害対策機能が搭載されている。固体高分子形燃料電池（PEFC）は、従来の家庭用から5kW程度のモジュール形式の純水素型燃料電池が開発され、複数台連結することで最大50kW程度の出力を確保し、小規模の商業施設への対応も可能となっている。

● 地中熱等の再生可能エネルギー熱利用

再生可能エネルギー熱利用として、冷却塔を利用したフリークーリングや地中熱利用システムの導入が進んでいる。地中熱利用としては、取入外気を敷地内の土壌や建築躯体と熱交換して空調外気負荷を低減する

アースチューブ、地下水またはボアホール等の地中熱交換器を用いてヒートポンプチラーのヒートソース/ヒートシンクに活用する熱源システム、あるいは空気を直接冷却して涼房に用いる空調システムなどが主流である。また、放射冷房では、冷房顕熱負荷の処理であれば中温冷水（15℃程度）が利用できるため、地下水などの再生可能エネルギー熱利用との組み合わせも可能である。中間期において、自然換気の促進や外気冷房運転を柔軟に切り替えるウォールスルー型のパッケージ空調ユニットも登場している。さらに、木質バイオマス燃料、雪氷利用による冷房システム、温泉水利用など、地域特有の再生可能エネルギー源を活用するシステム開発も増加している。

● 空調システムの高度化

オフィスをはじめ、LED照明やOA機器の省電力化製品の採用、人員密度の低下などの要因により室内の顕熱負荷が減少しているため、冷房時には取入外気の除湿を適切に行い、室内は放射空調などにより顕熱負荷を主体的に処理する潜熱・顕熱分離空調が注目されている。放射冷暖房では、金属製パネルを放射板とするものの他、建物の床スラブやコンクリート壁を用いるTABS（Thermo-Active Building System）の採用も見られる。TABSでは特に温度制御の応答性に大きな遅れが生じるため、適切な制御方法に関する検討[5]がされている。

外気処理用の空調機には、乾式・液式デシカントによる除加湿や冷却除湿後の再熱を取入外気で行うもの、外気と還気（返り空気）を別コイルで分離処理するものなど、多くの方式が現れている。期間エネルギー消費量の低減を目的に、運転方法や送水・吹出温度等の制御設定値を季節毎の適正化も試みられている。

空調システム分野にも、IoT・AIを活用した最適制御が開発されている。人流予測や居住者の属性・行動を画像解析から読み取ってフィードフォワード制御を行う事例[6]や、深層ニューラルネットワーク（Deep Neural Network：DNN）等を活用し、空調システムの計測データからシステム全体の挙動やエネルギー消費に対する予測モデルを作成して最適制御を行う、モデル予測制御（Model Predictive Control：MPC）が適用が試行[7], [8]されている。

● 熱搬送システムの高度化

熱搬送システムには、空気や水などの熱媒をより高効率に搬送する技術が求められている。空調機から室内へは空気が熱媒として用いられるが、ファン単体技術として、空気搬送に用いるファンに高効率な直流（DC）モータを用いた「DCファン[9]」により従来比約33%減を実現する技術が市場化しつつある。空調の制御技術として複数吹出口の風量を能動的に制御する技術も開発されており、室内環境を保ちつつファン動力を約44%減を可能とする技術提案[10], [11]も行われている。一方、空調機から熱源機までは水が熱媒として用いられるが、余剰な流量が生じないように調整・制御することが肝要であり、近年は空調機への往還温度差を一定にする自動制御弁[12]の導入が進められている。冷温水ポンプのインバータ制御幅は長らく60〜100%のレンジがメーカー推奨とされてきたが、10〜100%に変更することでさらなる省エネルギー効果を享受する動向もある。このような流れを受け、従前は建築設備の引き渡し時に冷暖房の設計ピーク負荷を満足するための初期調整が行われてきたが、「往還温度差の担保技術」と「インバータ最低周波数の見直し」を前提とした、省エネルギー効果を最大化するための「初期調整方法[13]」が提唱されつつあり、今後の計画・設計・施工に反映される方向に向かいつつある。

● 熱源システムの高度化

空気調和に要する冷温熱を効率的に生産・消費する技術は、これまで機器単体の効率向上を中心に取り組まれてきたが、近年はカーボンニュートラルを目的としてシステム構成機器の制御による省エネルギー技術への注目が集まっている。東日本大震災時の節電メニューにもあった冷水温度緩和（例えば7℃冷水を10℃とすることによる効率向上）については、熱源機効率向上のみではなく、冷水需要側の制御も含めた「中温水

利用[14], [15]」の計画・設計が散見されるようになっている。また建物単位での「DR」や「バーチャルパワープラント（VPP）」への貢献として、熱需要と熱供給の時間と量のミスマッチを解消する「蓄熱槽」を有効活用した機器制御の実証事業[16]が行われ、ポテンシャル（賦存量）の情報も整備されつつある（実プロジェクトは後述）。さらに蓄熱槽と構成機器のインバータ制御を組み合わせて、熱生産と熱搬送を「各構成機器の最高効率点で制御する技術[17]」の提案がされている。一方で、DX・IoT・AIなどデータサイエンスからの技術移転も検討が進んでおり、熱源システム制御への「AI実装[18]」や、「MPC[19]」の検討が行われ、一部では建物のBIMと連携した「デジタルツイン[20]」も実装が始まりつつある。

● 建物間エネルギー融通

　地域熱供給システムは、熱供給導管の道路占用やコストの問題があるため、既成市街地などでの導入は容易ではない。そこで既存建物の熱源設備更新や小規模な再開発に合わせて、隣接する2-3棟の建物の既設の熱源システムや電気システムを熱配管や電力ケーブルで相互接続し、効率の良い熱源機を優先的に稼動させるなどの制御を行い、接続した建物間で熱や電力を融通利用するシステムの導入事例が増えている[21]。

● 地域冷暖房のネットワーク化（スパイラルアップ効果）

　日本の地域熱供給は大規模な面的開発地区を中心に普及してきた。しかし、近年は拠点開発（建物単体、街区）に移行しているため、地域熱供給の普及において拠点開発に適応した施設整備が進んでいる。既存の地域熱供給内や隣接街区における段階的な拠点開発ではサブプラントが設置され、既存の熱供給プラントと連携し、既存地区内全体の高効率化を図るスパイラルアップが行われている[22]。また、拠点開発街区の新しい熱供給のみならず隣接する街区の既築ビルにも熱供給することで、地域全体の高効率化を図る事例も出てきている。

● 災害時の地域レジリエンス性能向上

　日本での大型コージェネレーション発電機を備えた地域冷暖房は、災害時などの都市の電力供給確保にも大きな役割を果たすと考えられている。東日本大震災後の電力需給逼迫時、特定電気事業者として街区へ電力供給していた六本木エネルギーサービスは、東日本大震災後の電力需給逼迫時に供給区域内のみならず外部へも電力供給を続けて注目を浴びた。最近では東京の日本橋地区でコージェネレーションシステムによる特定送配電事業および地域冷暖房事業が開始され、災害時の高いエネルギー安定供給能力により地域のBCPに多大な貢献を行っている[23]。

● 自然変動電源の大量導入に伴う電力需給調整機能

　地域熱供給システムは、容量の大きな蓄熱槽や大型のコージェネレーション発電機、多数の電動冷凍機と吸収冷凍機の組み合わせにより、電力需要を変化させるポテンシャルを有している。今後のスマートグリッドの構築において、ピーク電力の抑制や再生可能エネルギー電源の変動など、広域電力システムの要求に応じて電力負荷を増減させるDRが容易かつ大規模に行いうるという点は地域熱供給システムの重要な特性と言える。

● 次世代デジタルインフラの整備

　DXの進展に伴って将来的に増大するIT関連消費電力を抑制するため、次世代デジタルインフラの整備計画が進んでいる。デジタル機器、情報通信のグリーン化およびデジタル化によるエネルギー需要の効率化に加えて、データセンターのゼロエミッション化やレジリエンス強化が課題とされている。

　世界大手のデータセンター事業者を中心に積極的な取り組みがみられ、国内でも冷却が容易な寒冷地での建設や外気冷却など再生可能エネルギー熱利用システムを採用したグリーンデータセンターの建設事例が増

加している。

• 運用 / 維持 / 保全 / 管理の高度化

建物の運用管理では従前は経済性が優先事項であったが、カーボンニュートラルや今後の人材不足への対応が急務であり、空調システムの構成機器のライフサイクルを通した維持・保全・管理の高度化が進められている。そこでエネルギーシステムの運用管理の省力化を目的として、「AIによる運転支援[24]」や、各種計測器の目視確認が負担となっている既存システムにおける「画像認識技術による計測器指示値のリアルタイム電子データ化」[25] の実装が始まっている。長期運用される冷温水配管や冷凍空調機器の熱交換器銅チューブには防錆剤が用いられてきたが、腐食対策として水の改質・防蝕状況のモニタリング技術・竣工時の水張り手順に関する技術開発[26] と実装も始まっている。

［注目すべき国内外のプロジェクト］
■国内

• TABSを用いた放射冷暖房の実装事例[27]

国内に建つSRC造のオフィスビルに対して、TABSによる放射冷暖房の採用事例がある。天井スラブに通水して放射板として活用するため、建物を逆梁構造として通常天井内に収納される電気配線やダクト、配管類は二重床内に収めている。室内環境やスラブ表面温度や熱流の計測から、放熱の時間遅れの程度や放熱速度などが検討されている。

• 地下街全体の人の行動予測と気流制御[28]

人の行動を予測し空気の流れを制御する次世代の空調制御技術が開発されている。AIを用いた人流予測に基づき、人が居ると予測された場所に必要な最小熱量と換気量を計算し、近傍のやや快適な空気に扇風機で気流を加えて、必要最小限のエネルギーで空調と換気を行う技術の実効性が検証されている。

• 再生可能エネルギー熱利用にかかるコスト低減技術開発事業[29]

熱源水ループを介して地中熱・太陽熱・大気熱の再生可能エネルギーを活用する冷暖房・給湯ヒートポンプ熱源システムにおいて、再生可能エネルギー利用ならびに熱源水ループの熱バランスを維持するためのヒートポンプユニット開発に関する実証試験が行われている。このヒートポンプユニットには、太陽集熱器、空気熱交換器が接続され、日射量や外気条件によってはコンプレッサーを運転せずに熱源水を直接加熱・冷却する運転モードが設けられている。

• スマートエネルギーシステム[30]

スマートエネルギーシステムの事例として、みなとアクルスのスマートエネルギーシステム[30] がある。低温の排熱を利用したバイナリー発電によるコージェネレーションや太陽光発電、外部からの木質バイオマス電力により、エリア内の電力需要の約半分を充足し、自営線で各施設へ電力が供給されており、NAS電池に夜間の余剰電力を蓄電して、昼間のピークカットに活用している。また運河水をヒートポンプの熱源水として活用し、機器効率を向上させている。さらに電気・熱・情報のネットワークCEMS（Community Energy Management System）を構築し、BEMS（Building Energy Management System）と住宅向けHEMS（Home Energy Management System）の各エネルギー制御システムとの連携による、双方向参加型エネルギーマネジメント[31] が実施されている。

• 自然換気の効果の見える化[32]

横浜市役所では、自然換気の効果の見える化に取り組んでいる。自然換気扉および外ルーバー組込み薄型

ダブルスキンを有する外皮計画や、外装パターンや方位に併せて適切に配置した高性能外皮による負荷低減に加え、自然換気有効時にランプ表示と音により手動開閉の促進を図り自然換気の効果的利用を実現している。自然換気利用の課題であった効果の定量化を初めて実現するために、RFID（Radio Frequency Identification）タグセンシングを用いて自然換気口の開閉状況のロギングを行い、さらに空気流出入方向を判定することで、方位別の自然換気風量をリアルタイムで算出可能とし、自然換気の効果の見える化を実現している。

- 需要家のエネルギーリソースを活用したVPP（Virtual Power Plant）構築実証事業[33]

  2017年より始まった同事業では、電力グリッド上に散在するエネルギーリソースを統合的に制御することで、発電所（Power Plant）のような電力創出・調整機能を仮想的（Virtual）に構築することを目的としており、再生可能エネルギー発電設備・蓄電池等、またDR等のVPPリソースを実証事業の対象としている。この事業により、エネルギーリソースを供給力・調整力等として活用するビジネスモデルの構築やネガワット取引の拡大が期待される。

- 電脳建築最適化世界選手権[34]

  建物は一品生産品であるがゆえに、各種機器のパラメータ設定が省エネルギー性能を大きく左右する。そこで同選手権では、極めてリアリティの高い建築シミュレーションモデルを対象として最適化技能を競うことにより、関連技術者の職能の向上を図っている。この取り組みにより、建築物のデジタルツインやモデル予測制御の普及促進が期待される。

- 地域熱供給長期ビジョン[35]

  1972年に熱供給事業法が施行され50年が経過するのを契機に、日本熱供給事業協会では、これからの社会課題に地域熱供給が応えるべく「地域熱供給長期ビジョン」を策定した。

  低炭素社会から脱炭素社会への動き、技術革新に伴うサービス形態の多様化と複雑化、自然災害への備えと国際競争力強化、地方創生という4つの社会課題に対して、街区全体の低炭素・脱炭素化、街区のエネルギーマネジメント、街区の強靱化、地方創生に向けたまちづくりとの連携という4つのソリューションを2030年に提供するとしている。

  街区全体の低炭素・脱炭素化ソリューションは、用途ミックスによる電力/熱負荷の平準化、高効率大型コージェネレーションシステム（Co-Generation System：CGS）、高効率大型熱源機の導入による更なる効率向上、地域冷暖房ネットワークの拡大といったスケールメリットを活かした省エネ技術の提供と、蓄熱システムの導入、未利用エネルギーの活用、搬送エネルギー最小化システムの導入、需要家との連携制御システムの導入といった高度な省エネ技術や新技術の提供である。

  街区エネルギーマネジメントソリューションは、CGSや蓄熱槽を活用した電力需給調整機能、多様なエネルギーを受け入れる柔軟性の向上といった幅広い電力需給調整機能・サービスの提供と、需要家との連携による街区全体の最適なエネルギーマネジメントの提供、運転ノウハウのAI活用による更なる運転最適化、常駐の専門オペレータによるまちの省エネサポートといった街区サポートの提供である。

  街区強靱化ソリューションは、日常の供給設備を活用した災害時の電気・熱供給の継続、信頼性の高い運転管理・技術を地域資源として提供することである。

  地方創生ソリューションは、地域エネルギー事業によるエネルギーの地産地消と域外移出といった地域経済の活性化、再生可能エネルギーと未利用エネルギーの活用、需要家との情報連携による需要家の電気・熱の最適制御といった地域の低・脱炭素化とエネルギーマネジメント、地域の災害対策拠点の強化と復興支援といった拠点エリアの強靱化である。

  この4つのソリューションを実行するために担うべき役割として、エネルギートランスレーター（エネルギー

2.3
業務・家庭部門のゼロエミ化・低温熱利用

転換者）、エリアエネルギーサービスプロバイダー（サービス提供者）、レジリエンスサポーター（強靱化支援者）の3つに整理している。2050年に向けてさらなる脱炭素化やエネルギーにおける需給形態の変化に対応するとともに、ビッグデータを活用した都市や街区の強靱化と活性化、そして街の魅力向上に資する新たなサービスの提供を測ることにより、地域総合サービス事業（District Total Service：DTS）へと進化していくとしている。

■国外
• **イギリスの第5世代地域暖房**

石炭を燃料とした蒸気供給（第1世代）、石炭や石油ボイラー、熱電併給による高温水供給（第2世代）、廃棄物焼却排熱やバイオマス熱電併給による温水供給（第3世代）、省エネルギーが進み熱負荷密度の小さくなった建物に対して、より多様で低温の再生可能エネルギーを熱源として取り込む（第4世代）に続き、第5世代地域暖房[36]が興った。これは、0～30℃の熱原水をサブステーションに供給し、水熱源ヒートポンプで温水、冷水を製造して建物に供給するとともに、電力システムと熱システムを統合するコンセプトに基づいている。ロンドン・サウスバンク大学のバランスエネルギーネットワーク、ブリストルのオーウェンスクエア地域冷暖房などが事例に挙げられる。

• **SO WHAT（Supporting new Opportunities for Waste Heat And cold valorisation Towards EU decarbonization）project,[37]（2019年6月～2022年11月、全体約420万ユーロ）**

EUのHorizon2020 研究イノベーションプログラムの枠組みの中で、再生可能エネルギー源や産業排熱を統合し、地域の予測される冷暖房需要を費用対効果の高い方法でバランスさせて有効利用するための支援ツール開発と需要と賦存量を可視化するプロジェクトが11のデモサイトを対象に実施された。

（5）科学技術的課題
• **未評価技術の省エネ性能予測**

現状の建築物省エネルギー法は定石的な技術を対象としており、より高水準の省エネルギー性能を得るために適用される「先導的省エネルギー技術」に関しては評価対象となっていない、もしくは評価手法の対応が不十分な状況にある。そこで、現状評価が難しい自然換気などのパッシブ技術の評価手法確立や、制御方法により省エネルギー性能が異なる変風量・変流量制御の評価手法改定が望まれる。

• **AI・IoT技術の活用**

AI・IoT技術を活用した、計画・設計段階における「ライフサイクルを通した未来予測」と、運用段階における「近未来予測による最適運用」が望まれる。仮にデジタルツインによるシミュレーションを計画・設計・運用段階に適用することが可能となれば、エネルギー・コスト・ヒューマンリソースの最適化が期待できるが、データのプラットフォーム整備が課題となっている。

一方で、建築・設備設計や設備システムの運転・管理へのIoT・AIの活用の増加が予想されるが、建物内のスペース利用状況や人流、各種IoTやウェアラブル端末などを含むライフログデータを集約し、建物全体としての運用最適化をはじめ、建物居住者の知的生産性の向上ならびにヘルスケア、防犯・防災・見守りなど、様々な用途・目的で活用されることも想定されるため、これらに対応した技術開発が必要である。これらのデータを集約するプラットフォームの開発、運用時のエネルギー削減のためには、エキスパートの暗黙知の代替として、管理技術者向けのアドバイザリーシステムの開発も重要課題になる。この分野の推進にはデータサイエンティストと技術者の連携が必須である。

2.3 業務・家庭部門のゼロエミ化・低温熱利用

- **脱炭素燃料熱源装置**

　脱炭素社会に向けて、建築・地域エネルギーシステムの高効率化はもとより、その使用エネルギーの脱炭素化が極めて重要である。再生可能エネルギーによるカーボンニュートラル電力、カーボンニュートラルガスの普及に加え、地域エネルギープラントで木質バイオマスやバイオガス、カーボンフリー水素等に対応できる熱源システムの開発が必要である。また、Power-to-X（P2X）を建築・都市設備のオンサイトで行い、活用する技術開発も重要である。この分野の推進には、領域・業種横断的な研究体制の構築が重要である。

- **熱負荷の減少と地域冷暖房の優位性に関する議論**

　今後ZEBをはじめとする低エネルギー建築が普及すると、冷暖房熱需要も小さくなり、地域の熱負荷密度が下がって地域冷暖房システムの省エネルギー性や経済性の低下が懸念される。これは、前述の第4世代、第5世代の地域熱供給システム開発への契機となっている。

- **冗長性を持つエネルギーシステム**

　新型コロナウィルス感染症（COVID-19）のような感染症対策への備えとして、空調設備としては非常時における外気導入量の増加が容易であり、かつ常時の省エネルギー性を確保できる冗長性を備えた機能に対する技術開発が重要である。働き方改革などがもたらす空調負荷の変容への対策として、空調負荷の発生時間／量と冷温熱源の運転時間／量の差異を吸収する技術開発が望まれる。地域熱供給では、需要家建物が段階的に増加する場合もあり、建物個別熱源システムに比べて計画段階の負荷想定が難しいことから、運用段階において計画負荷（量、パターン、冷温熱比、熱電比等）が想定と異なった場合にエネルギー性能の極端な低下を招かぬよう、冗長性のあるシステム構築や運転技術が重要である。

（6）その他の課題

- **ZEBの普及と技術投入**

　ZEBの普及率は未だ低く、その原因はコスト増にあるため、効果的な技術要素の普及と低コスト化が課題となる。民生部門におけるエネルギー消費削減には、建物改修時のZEB化が最も重要であるため、新築のみならず、リニューアルZEBに関する省エネならびに創エネルギー技術の開発も推進する必要がある。

- **住宅・建築の快適性と健康性**

　建物内の快適性と健康性の向上に向けたセンシング・制御技術は、人間活動を行う場のウェルビーイングを高め、豊かな社会の形成に重要である。このために、物理環境下や生活習慣における人体の生理・心理反応や健康影響を環境心理・医学分野とも連携して究明し、適切な活動環境の形成条件を整理した上で、環境制御システムの計画・設計や運転制御技術に反映させる必要がある。

- **まちづくりとエネルギーの連携**

　コンパクトシティ化（集約型都市構造化）によって都市機能が集約した拠点に、域内の行政や企業を中心に地域エネルギー事業を立ち上げるなどのまちづくりとエネルギーの連携が重要である。地産エネルギーの活用などを中心とした街区の脱炭素化や、災害時の街区機能継続のためのエネルギー供給の確保など地域や街区の高付加価値化を図っていくことが期待される。電力供給網にできるだけ負担をかけない、エネルギー需給の自立性を高めたまちづくり（Zero Energy Districts：ZED）が重要である。

- **地域エネルギーシステムの多様な評価**

　省エネルギーや脱炭素化効果だけでなく、災害時の街区のエネルギー供給継続による街区機能継続効果、CGSや蓄熱槽を活用した電力需給調整機能等の多様な効果を総合的に評価する技術が必要である。コベネ

フィットやノン・エナジー・ベネフィット（Non Energy Benefit：NEB）は、環境行動に伴う副次的・間接的・相乗的な便益を評価する概念である。地域エネルギーシステムに対しては地球環境保全と防災・減災の効果をコスト評価する手法が必要である。そのためには、付加価値に対する支払意思額や環境・防災対策のコスト評価が必要で、経済行動学や環境会計などの経済学との協働が求められる。

● 熱供給・空調のサブスクリプションサービス

　スウェーデンのイエテボリエネルギー公社ではエネルギーサービスの一環として気候契約（Climate Agreement）を展開しているが、国内においては空調のサブスクリプションサービスが進められている。家庭用としては環境省が熱中症予防の対策としてモデル事業[38]を開始した。事業者向けとしては既に事業化[39]されており設備ではなくサービスを提供することで、安全・安心に加えてライフサイクルコストとヒューマンリソースの低減を利点として提供している。ライフサイクルの視点が個人ユーザには受け入れられにくいことと、得られる付加価値の可視化が事業者には困難であることが課題である。

（7）国際比較

国・地域	フェーズ	現状	トレンド	各国の状況、評価の際に参考にした根拠など
日本	基礎研究	◎	↗	●AI活用などDXの推進に向けて産官学の共同あるいは単体による研究が進行しており、日本建築学会、空気調和・衛生工学会での研究も盛んである。 ●地域熱供給については防蝕に関する基礎研究が継続的に進められている。 ●災害に強く、地球環境保全に配慮したまちづくりを目的とした研究が継続している。地域熱供給施設におけるDR対応[40]や、AI活用に関する研究が増えている。
	応用研究・開発	◎	↗	●産官学民による社会実装バックキャスティング型の研究が増加している。 ●ZEB達成のための要素技術の開発を実装した建物が多く建設されており、米国暖房冷凍空調学会（ASHRAE）の技術賞受賞など、高い評価を受けている。 ●地域熱供給施設については、AI制御の実装がはじまっており[41]、リニューアル事例も増加している。
米国	基礎研究	◎	↗	●ASHRAEなどの研究プロジェクトが盛んである。 ●建物・都市の電力・熱需要予測や、建築設備の最適制御あるいは不具合予知・診断に機械学習を用いる手法論の開発が盛んである。
	応用研究・開発	○	→	●ZEBにおける建物計画手法の開発、ガラス窓など建材開発が増加している。 ●セントポール市におけるバイオマス利用地域暖房など、ヨーロッパと変わらない開発も見られる。
欧州	基礎研究	◎	↗	●ゼロエネルギー・カーボンニュートラルに対する建築・設備分野の将来計画ならびに改修方策に関する研究が増加している。 【EU】 ●欧州暖房換気空調協会連合（REHVA）などによる研究が進められている。住宅などのゼロエネルギー化改修技術の研究が進められている。 【デンマーク】 ●地域熱供給施設のエネルギー効率向上に関する研究が継続されている。 ●第4世代地域熱供給の研究センター4DH Research Centreを有する。 【フランス】 ●エネルギーシステムのMPCに関する研究がなされている。 ●政府が環境・国土整備等に関する研究開発のため設置した公設法人CEREMAが熱供給に関する研究を実施。 【イタリア・スペイン】 ●建物改修における熱性能向上のためのファサードエンジニアリングに関する研究に多く取り組まれている。 ●ZEBに関する建築要素、太陽光発電・熱利用技術の開発が増加している。

2.3 業務・家庭部門のゼロエミ化・低温熱利用

	応用研究・開発	◎	↗	●ZEBに関する建築要素、太陽光発電・熱利用技術の開発が増加している。 【オーストリア】 ●地域熱供給用の大規模蓄熱・産業用の高温蓄熱・建築用PCM・寒冷地の地域暖房ネットワーク・TABSの活用などの蓄熱技術に関するプロジェクトがある。 【ノルウェー】 ●新建築基準法では新築・改築された建物の暖房給湯エネルギーの60％以上を電気や化石燃料以外のエネルギーで賄うことが義務付けられている。 【スロベニア】 ●プロジェクトとして、地域暖房ネットワーク、木材チップと太陽熱集熱器による熱生産、ショッピングセンターでの氷蓄熱などが進められている。今後、石炭火力の代替電源として再エネ＋蓄エネか、原子力発電所新設かの判断が迫られている。
				【ドイツ】 ●ZEBの事例が増加している。 ●地中熱利用は44万か所以上のシステムがあり、住宅用蓄熱（地中熱以外）は2020年新たに116,000台が導入された。地下貯蔵は洞窟などを活用、EUのストレージ容量の24％がドイツに存在する。 【デンマーク】 ●放射冷房に関する研究に多く取り組まれている。 ●第4世代・第5世代地域熱供給に関する多くの研究開発が進んでいる。太陽熱活用型地域暖房（SDH）の普及が進められている。 【フランス】 ●電力は原子力が主体のため再生可能エネルギーの拡大余地が小さく、再生可能エネルギー活用拡大の手段としてバイオマス・地熱などを利用した地域暖房システムの拡大が図られている。
中国	基礎研究	◎	↗	●2021年10月「CO$_2$ピークアウトとカーボンニュートラルのための作業指針」「政策と行動」が策定され、2060年のカーボンニュートラルに向けた多くの質の高い研究が行われており、各種統計データの充実も図られている。 ●機械学習を活用した地域・建築物のエネルギー消費予測、最適制御の研究が多くおこなわれている。
	応用研究・開発	◎	↗	●2022年には「1+N」セクター別カーボンピーキングアクションプランが策定され、2023年にかけて「クリーンヒーティング」「太陽光発電都市」「ゼロカーボン都市」「NearlyZEB都市」が先行して進められている。 ●非常に多くの新しい実践があり、空調調機器の開発や空調制御をはじめAI活用の研究が盛んである。除湿・放射空調、PCMの蓄熱システムや建材利用に関する研究が多く、また電力負荷平準化の観点から水蓄熱、北部における空気熱源利用において暖房時の着霜による能力不全などの課題から地中熱ヒートポンプの採用事例が増えている。
韓国	基礎研究	－	－	
	応用研究・開発	○	→	●住宅や地域の電力需要予測、太陽光発電、蓄電池、V2Hに関する研究が多くおこなわれている。 ●コージェネレーションや清掃工場排熱を活用した地域暖房の普及が見られる。
その他の国・地域（任意）	基礎研究	○	→	【シンガポール】 ●省エネ技術の研究実績が多くある。

2.3 業務・家庭部門のゼロエミ化・低温熱利用

応用研究・開発	○	→	【ロシア】 ●SCANVACを中心に質の高い研究が行われている。COVID−19の対応でもRHEVAのなかで重要な知見を提供している。 ●現在、北極域ではブラックカーボンの排出が問題となっており、AC（北極評議会）のなかでも、多くのエネルギー関連のプロジェクトが進められている。リモートエリアを再生可能エネルギーだけで賄おうとする計画もある。 【シンガポール】 ●省エネ建築の事例が増えてきている。世界最大規模の地域冷房ネットワークを有している。 【オーストラリア】 ●ウエルネスに配慮したオフィスビル等の事例が増えている。 ●シドニーではEnergy Master Plan2010−2030として、2030年までにCO$_2$排出量を2006年比70%削減するため市内の電力供給の70%をトリジェネレーション（冷暖房発電でトリジェネレーションと呼ぶ、日本のコージェネレーションと同じ）、30%を再生可能エネルギーで供給する目標を実行中ギーで賄う計画である。これは、オーストラリア政府のエネルギー政策に則ったもので、オーストラリアではこれらの政策は、連邦政府から州政府、市当局へと引き継がれ、地方行政が積極的に推進している。市の具体的な計画の実施段階では、連邦政府や州政府がプロジェクトを支援している。	

（註1）「フェーズ」

　「基礎研究」：大学・国研などでの基礎研究レベル。

　「応用研究・開発」：技術開発（プロトタイプの開発含む）・量産技術のレベル。

（註2）「現状」　※我が国の現状を基準にした評価ではなく、CRDSの調査・見解による評価。

　◎：他国に比べて特に顕著な活動・成果が見えている　　　○：ある程度の顕著な活動・成果が見えている

　△：顕著な活動・成果が見えていない　　　　　　　　　　×：特筆すべき活動・成果が見えていない

（註3）「トレンド」

　↗：上昇傾向、→：現状維持、↘：下降傾向

関連する他の研究開発領域

蓄エネルギー技術　（環境・エネ分野　2.2.1） 産業熱利用　（環境・エネ分野　2.2.4） エネルギーマネジメントシステム　（環境・エネ分野　2.5.1） エネルギーシステム・技術評価（環境・エネ分野　2.5.2） 都市環境サスティナビリティ（環境・エネ分野　2.8.3） 再生可能エネルギーを利用した燃料・化成品変換技術（ナノテク・材料分野　2.1.4）

2.3
業務・家庭部門のゼロエミ化・低温熱利用

参考・引用文献

1）Kenji Ueda, Yoshie Togano and Yoshiyuki Shimoda, "Energy conservation effects of heat source systems for business use by advanced centrifugal chillers," *ASHRAE Transactions* 115, no. 2（2009）: 640-653.

2）宮田翔平, 他「機械学習を用いた空調熱源システムの不具合検知・診断」『空気調和・衛生工学会論文集』43巻261号（2018）: 1-9., https://doi.org/10.18948/shase.43.261_1.

3）一般社団法人日本熱供給事業協会「熱供給の放射冷暖房・デシカント空調への活用①：プラント入居建物空調システムと協調した高効率面的融通熱供給システム（プラント側）」『熱供給』86巻（2013）: 18-19.

4）坂齊雅史, 他「スマートエネルギーネットワークによる省CO2まちづくり（第12報）：SENEMS（セネ

ムス）による街区の需給最適制御の実践と見える化について」『平成28年度大会（鹿児島）学術講演論文集』2巻（東京：公益社団法人空気調和・衛生工学会, 2016), 21-24., https://doi.org/10.18948/shasetaikai.2016.2.0_21.

5) 小川陽平, 白石靖幸「モデル予測制御を用いた躯体蓄熱型放射空調システムの最適制御に関する研究」『日本建築学会環境系論文集』85巻771号（2020）: 379-387., https://doi.org/10.3130/aije.85.379.

6) 金子研, 橋本達也, 廣川純一「AIによる解析を利用した快適性を損なわない省エネルギー空調方式の提案と検証」『令和2年度大会（オンライン）学術講演論文集』6巻（公益社団法人空気調和・衛生工学会, 2020), 293-296., https://doi.org/10.18948/shasetaikai.2020.6.0_293.

7) 松田侑樹, 大岡龍三「建築設備のデジタルツイン生成に関する研究（第1報）：運転データに基づく熱源設備を摸するANNモデルの予測精度の検証」『日本建築学会環境系論文集』85巻770号（2020）: 267-275., https://doi.org/10.3130/aije.85.267.

8) 池田伸太郎, 他「人工知能による大規模展示場のリアルタイム熱源最適運用支援プログラムに関する研究（第2報）：最適化プログラムの詳細と最適化効果検証」『令和2年度大会（オンライン）学術講演論文集』9巻（公益社団法人空気調和・衛生工学会, 2020), 137-140., https://doi.org/10.18948/shasetaikai.2020.9.0_137.

9) ダイキン工業株式会社「天井埋込形（FWMF）」https://www.daikinaircon.com/central/fancoil/ceil_duct.html,（2023年2月9日アクセス）.
新晃工業株式会社「ファンコイルユニット（FCU）」https://www.sinko.co.jp/product/fcu/,（2023年2月9日アクセス）.
暖冷工業株式会社「製品概要：空調設備機器」http://www.danrey.co.jp/products_01.html,（2023年2月9日アクセス）.

10) 鹿島建設株式会社「分散ファンによる省エネ空調システム「OCTPUS」を開発」https://www.kajima.co.jp/news/press/202101/14a1-j.htm,（2023年2月9日アクセス）.

11) アズビル株式会社「セル型空調システム」https://www.azbil.com/jp/product/building/cell-airflow-control/index.html,（2023年2月9日アクセス）.

12) 株式会社ソーワエンジニアリング「還り温度制御弁「Eco-V［エコヴィ］」（大温度差対応）」http://www.sowa-eng.com/products_ecov_1.html,（2023年2月9日アクセス）.

13) 特定非営利活動法人建築設備コミッショニング協会（BSCA）「VWVシステムの設計・施工・調整・検証技術シンポジウム」http://www.bsca.or.jp/event/?p=1476,（2023年2月9日アクセス）.

14) 浅利直記, 他「大規模オフィスビルでの中温冷水を利用した高効率熱源・空調システムに関する研究（第1報～第19報）」『空気調和・衛生工学回大会学術講演論文集』（2015～2021）.

15) 竹部友久, 他「超高層ビルによる自立エネルギー型都市づくりに関する研究（第1報～第15報）」『空気調和・衛生工学回大会学術講演論文集』（2014～2021）.

16) アズビル株式会社「VPP・DRとは」https://www.azbil.com/jp/erab/merit/vpp-dr/,（2023年2月9日アクセス）.

17) 佐藤文秋, 他「蓄熱による高効率熱源システムに関する研究」『空気調和・衛生工学会論文集』45巻280号（2020）: 13-23., https://doi.org/10.18948/shase.45.280_13.

18) 一般社団法人日本建築学会 AIの利活用に関する特別調査委員会「AIの利活用に関する特別調査委員会 報告書（2021年3月）」一般社団法人日本建築学会, http://www.aij.or.jp/jpn/symposium/2021/210511aihoukokusyo.pdf,（2023年2月9日アクセス）.

19) International Energy Agency（IEA）, "Annex 81 - Data-Driven Smart Buildings," https://annex81.iea-ebc.org/,（2023年2月9日アクセス）.

2.3
業務・家庭部門のゼロエミ化・低温熱利用

20) 三菱電機株式会社「SASTIE（ZEB関連技術実証棟）」https://www.mitsubishielectric.co.jp/corporate/randd/sustie/index.html,（2023年2月10日アクセス）.

21) 吉田聡, 他「既成市街地における分散型電源を用いた建物間エネルギー融通に関する研究：横浜市新横浜地区における実例検証」『空気調和・衛生工学会大会 学術講演論文集（平成20年）』2巻（公益社団法人空気調和・衛生工学会, 2008), 1579-1582., https://doi.org/10.18948/shasetaikai.2008.3.0_1579.

22) 佐藤文秋, 他「地域冷暖房の負荷実態に基づく省エネルギー手法に関する研究：その2 プラント連携運転によるスパイラルアップ効果の概念と実際」『平成28年度大会（鹿児島）学術講演論文集』2巻（公益社団法人空気調和・衛生工学会, 2016), 85-88., https://doi.org/10.18948/shasetaikai.2016.2.0_85.

23) 小林主英, 他「既成市街地における自立分散型熱電併給プラントの構築による環境負荷低減効果と都市防災力強化の実現（第1報）：プロジェクトの背景と全体計画」『令和2年度大会（オンライン）学術講演論文集』2巻（公益社団法人空気調和・衛生工学会, 2020), 105-108., https://doi.org/10.18948/shasetaikai.2020.2.0_105.

24) 丸の内熱供給株式会社, 新菱冷熱株式会社「「丸の内エリア・大規模熱源システム向けAI制御システム」を開発」新菱冷熱工業株式会社, https://www.shinryo.com/news/20220302.html,（2023年2月10日アクセス）.

25) TEMS株式会社「施設管理をスマート化させたい」https://www.tm-es.co.jp/solutions/problem/smart/,（2023年2月10日アクセス）.

26) 新菱冷熱工業株式会社「環境にやさしい防食施工技術でサステナブル社会の実現に貢献」https://www.shinryo.com/news/20170906.html,（2023年2月10日アクセス）.

27) 村松宏, 野部達夫「躯体熱容量を活用する天井放射空調システムの運用手法に関する研究」『日本建築学会環境系論文集』84巻766号（2019）: 1095-1104., https://doi.org/10.3130/aije.84.1095.

28) 神戸大学, 他「人流・気流センサを用いた屋外への開放部を持つ空間の空調制御手法の開発・実証」環境省, https://www.env.go.jp/earth/ondanka/cpttv_funds/pdf/db/226.pdf,（2023年2月10日アクセス）.

29) 天空熱源ヒートポンプ（SSHP）システムのライフサイクルに亘るコスト低減と運転性能の高度化, 国立研究開発法人新エネルギー・産業技術総合開発機構（NEDO）「再生可能エネルギー熱利用にかかるコスト低減技術開発」https://www.nedo.go.jp/activities/ZZJP_100154.html,（2023年2月10日アクセス）.

30) みなとアクルス「スマートエネルギーシステム」http://minatoaquls.com/concept/effort/smart/,（2023年2月10日アクセス）.

31) 三井不動産レジデンシャル株式会社, 東邦ガス株式会社「国土交通省 平成29年度サステナブル建築物等先導事業（省CO_2先導型）採択：名古屋「みなとアクルス」の集合住宅で実現する自立分散型電源の高効率燃料電池群による地産地消への取組と双方向参加型エネルギーマネジメントによる省CO2と防災機能の充実」国立研究開発法人建築研究所, https://www.kenken.go.jp/shouco2/pdf/ppt/H29-2/05kanryou.pdf,（2023年2月10日アクセス）.

32) 渡邊啓生, 他「SDGs未来都市における視聴者のZEB実現に関する研究（第3報）：RFIDによる環境センシングネットワークと建築環境制御への活用」『令和元年度大会（札幌）学術講演論文集』10巻（公益社団法人空気調和・衛生工学会, 2019), 333-336., https://doi.org/10.18948/shasetaikai.2019.10.0_333.

33) 一般社団法人環境共創イニシアチブ「平成29年度「需要家側エネルギーリソースを活用したバーチャルパワープラント構築実証事業費補助金」(VPP)」https://sii.or.jp/vpp29/,（2023年2月10日アクセス）.

2.3 業務・家庭部門のゼロエミ化・低温熱利用

34）電脳建築最適化世界選手権（WCCBO），http://www.wccbo.org/,（2023年2月10日アクセス）．

35）一般社団法人日本熱供給事業協会「地域熱供給の長期ビジョン（概要版）（2021年1月28日）」経済産業省，https://www.meti.go.jp/shingikai/energy_environment/2050_gas_jigyo/pdf/005_09_00.pdf,（2023年2月10日アクセス）．

36）Akos Revesz, et al., "Developing novel 5th generation district energy networks," Energy 201（2020）: 117389., https://doi.org/10.1016/j.energy.2020.117389.

37）SO WHAT, https://sowhatproject.eu/,（2023年2月10日アクセス）．

38）環境省「サブスクリプションを活用したエアコン普及促進モデル事業の実施事業者の公募結果について」https://www.env.go.jp/press/110842.html,（2023年2月10日アクセス）．

39）Air as a Service, https://airasaservice.com/,（2023年2月10日アクセス）．

40）木虎久隆，宮田翔平，赤司泰義「蓄熱槽を有する地域冷暖房システムのデマンドレスポンス制御の実現可能性と効果推定」『令和3年度大会（福島）学術講演論文集』2巻（公益社団法人空気調和・衛生工学会，2021），93-96., https://doi.org/10.18948/shasetaikai.2021.2.0_93.

41）丸の内熱供給株式会社，新菱冷熱工業株式会社「「丸の内エリア・大規模熱源システム向けAI制御システム」を開発」新菱冷熱工業株式会社，https://www.shinryo.com/news/20220302.html,（2023年2月10日アクセス）．

2.3
業務・家庭部門のゼロエミ化・低温熱利用

2.4 大気中CO₂除去

2.4.1 ネガティブエミッション技術

（1）研究開発領域の定義

気候変動緩和のため、大気中の二酸化炭素（CO_2）吸収・固定効果の評価に関する研究開発や技術開発を扱う領域である。農林水産業に関した内容を主に扱う。農林業分野では、植林、森林管理、バイオ炭、岩石による風化促進などが対象である。水産業分野では、ブルーカーボン生態系の利活用、品種改良、養殖技術、漁場整備、資源管理などが含まれる。なお、農林水産資源の利活用、および気候変動適応の評価に関しては「2.8.2 農林水産業への気候変動影響評価・適応」で扱う。

（2）キーワード

植林、森林管理、バイオマス、土壌保全、土壌炭素貯留、バイオ炭、ブルーカーボン、自然を活用した解決策（Nature-based Solutions：NbS）、難分解性溶存態有機炭素、深海輸送

（3）研究開発領域の概要
[本領域の意義]

2021年に英国グラスゴーで開催された気候変動枠組条約第26回締約国会議（COP26）では、パリ協定の1.5℃努力目標達成に向け、今世紀半ばのカーボンニュートラル及びその経過点である2030年に向けて野心的な気候変動対策を締約国に求めた。全ての国に対して、排出削減対策が講じられていない石炭火力発電の逓減及び非効率な化石燃料補助金からのフェーズ・アウトを含む努力を加速すること、先進国に対して、2025年までに途上国の適応支援のための資金を2019年比で最低2倍にすることを求める内容となった。全ての国は2022年に2030年までの排出目標、各国の国が決定する貢献（NDC）達成に向けた取組の報告様式を全締約国共通の表形式に統一することが合意された。日本政府が決定したNDCでは、2030年度の温室効果ガス（Green House Gases：GHGs）目標排出量・吸収量は7億6千万トンCO_2-eqで、2013年の14億トンCO_2-eqと比較して46%の削減が示されている。この2030年の目標値には、GHGs吸収源4千700万トンCO_2-eqが新たに計上されている。これは2013年段階ではなかった数字である。ネガティブエミッション技術は、この新たな「GHGs吸収源」を創出する技術であり、これを2030年時点において実現する使命を負っている。GHGsのなかでも、CO_2を対象に検討が進んでいる。各産業セクターの努力によって排出源での削減取り組みは進むことが期待されているが、それだけではゼロエミッションに到達できない。最大の削減努力によって到達した排出量をさらにネガティブエミッション技術による相殺が求められる[1]。

[研究開発の動向]
〈A. 陸域〉
[a1. 植林・再造林]

・陸域の広い面積を占め、樹木と土壌に炭素を貯留している森林へのネガティブエミッション技術への期待は高い。様々な技術を適用可能でかつ評価しやすい農地と比べて、森林では基本的には植林と森林管理に限られる。植林は一つのわかりやすい炭素固定方法であり世界各国で植林が促進される一方で、他の生態系サービスや他の生態系の保全、食料生産との土地利用の競合など、バランスのとれた植林の展開が検討されている。これまで森林の炭素循環の研究の事例は膨大に存在するが、ネガティブエミッションに資する森林管理はいまだ研究途上であり、どのような森林管理を行えば森林の炭素固定能力を最大化できるのかについて、各国で研究が進められている。その研究では観測に加えて、モデルを用いた評価が進められている。

・エリートツリー（早生樹）：既存の樹種以外に、新規の造林樹種を開発することで、炭素固定能を向上させる木質資源を創出する必要がある。九州大学は、センダン、チャンチンモドキなどの樹種の国産早生樹としての育成について報告している[2]。（※エリートツリーとは特定母樹由来の苗木（特定苗木）のことを指す。特定母樹とは間伐等特措法に基づき、森林のCO_2吸収固定能力の向上のため、成長に係る特性の特に優れたものと指定されたものを呼ぶ。指定基準は、成長性が在来系統と比較して1.5倍以上、花粉量が一般的なスギ・ヒノキの半分以下、幹の通直性の曲がりがないなどである。）

[a2. 土壌炭素貯留]

・農地土壌に蓄積する炭素量の増減を計算し、土壌のCO_2吸収量として示した『土壌のCO_2吸収「見える化」サイト』がウェブ公開されている。対象とする農地を地図上で選び、栽培する作物や栽培管理方法を選択することで、その農地の土壌炭素量の変化が予測できる。

[a3. バイオ炭]

・バイオ炭（Biochar）とは、生物資源を材料とした、生物の活性化および環境の改善に効果のある炭化物のことを指し、近年国際的に認められるようになった。バイオ炭については、土壌炭素貯留（吸収源）の算定方法が、"2019 Refinement to the 2006 IPCC Guidelines for National Greenhouse Gas Inventories Volume 4 Agriculture, Forestry and Other Land Use"に提示された。NEDOは、2022年8月にバイオ炭に関する事業公募「グリーンイノベーション基金事業/食料・農林水産業のCO_2等削減・吸収技術の開発」を発表した。事業期間は2022～2030年度の最大9年間としている。「2050年カーボンニュートラル」に向け、官民で野心的かつ具体的な目標を共有した上で、これに経営課題として取り組む企業等に対して、長期に渡り、研究開発・実証から社会実装までを継続して支援する「グリーンイノベーション基金事業」の一環として、NEDOは「食料・農林水産業のCO_2等削減・吸収技術の開発」に係る技術開発事業を実施する予定としている。この中で、「高機能バイオ炭等の供給・利用技術の確立」を項目の1つに掲げている。

[a4. BECCS]

・BECCS（Bio-Energy with Carbon Dioxide Capture and Storage）は、バイオマスエネルギーの利用とCO_2回収貯留を組み合わせた技術である。ネガティブエミッション技術の一つとして位置づけられている。例として、石炭火力発電の混焼にバイオマスを燃料の一部として使用した上で、排出されるCO_2を90％回収・固定するならば正味の排出が負となる[3]。このとき、混焼用のバイオマスの混焼率を13.6％以上にする必要がある。

・火力発電のように元来化石燃料を燃焼させてCO_2を排出させる過程であっても、バイオマスを燃料源に置き換えることでカーボンニュートラルの比率を高め、さらに排出されるCO_2の大部分を回収すれば、固定したCO_2にバイオマス起源のものが加わることでネガティブエミッションを実現しながらの発電が可能となる。発電以外にもバイオマスの発酵により液体燃料を得ながら、生成するCO_2を回収貯留する方法もBECCSである。世界的なカーボンニュートラルの急進を受けて、将来の技術と見なされていた「CCUS（Carbon dioxide Capture Utilization and Storage：CO_2回収・有効利用・貯留）」についても、できる限り早期での社会実装が期待され始めた。BECCSはCCUS技術としても期待される。

・バイオマスの燃焼によって発生したCO_2を回収・土蔵する技術。バイオマスを燃焼または発酵させることでCO_2が排出されるが、そこに含まれる炭素は光合成で大気中から吸収したCO_2であるため、バイオマスを燃焼または発酵させてエネルギー利用をしても、大気中のCO_2は増加しない（カーボンニュートラル）。さらにCCS（Carbon dioxide Capture and Storage：CO_2回収・貯留）を組み合わせることで、CO_2を回収・貯留するため、CO_2排出量は差し引き正味で負になり、「ネガティブエミッション」を達成できる。

2.4

大気中CO_2除去

・BECCSに用いるバイオマスとしては様々なものが利用可能である。主に、食用作物による第1世代バイオエネルギー作物（サトウキビ、トウモロコシなど）、非食用である第2世代バイオエネルギー作物（ススキ、ナンヨウアブラギリ、ポプラなど）、廃棄物（廃食用油、食品廃材、下水汚泥）、農作物の残渣（稲わら、トウモロコシの茎など）、木材及び林業での残渣、藻類（研究開発中）などがある。バイオマスエネルギーの供給量は、将来的には増加すると考えられるが、BECCSに利用できるバイオマス量は、食料需給との関係やエネルギー効率などの様々な要因によって制約を受ける。食料需給とエネルギー使用のバランスが崩れると、穀物の高騰を引き起こすなどのリスクもある。

[a5. DACCS]

・大気中のCO_2を直接回収するDAC（Direct Air Capture：直接空気回収）とCCSを組み合わせた「DACCS（空気中CO_2直接回収・貯留）」[4]がある。大気中から空気を直接集めた後に、CO_2を溶剤によって化学的に特殊な液体に吸収させて分離する方法や、選択的に透過する膜で分離する方法などでCO_2を回収する手法が考案されている。

・DAC運用に必要な敷地は、植林や他のCO_2削減技術と比較して圧倒的に小さな面積で済むとされている。CO_2の貯留や利用など用途に合わせた回収場所が選択でき、より効率的にCO_2の回収が実現できる可能性がある。回収したCO_2を利用する場合、工場を適切な貯蔵場所や利用場所の近くにDACを設置すれば、CO_2輸送コストが削減できる。現段階ではBECCSと比較しても2倍程度コストが高いことが問題点として指摘されている[5]。

[a6. 風化促進]

・玄武岩などの岩石を粉砕・散布して、風化を人工的に促進する技術である。風化の過程でアルカリ性の玄武岩とCO_2の化合によって炭酸塩を形成してCO_2を固定化する。

・英国シェフィールド大学は、土壌での「岩石風化促進法（enhanced rock weathering）」に大きな技術的、経済的可能性があると報告している[6]。玄武岩や鉄鋼スラグなどの工業用ケイ酸塩材料は、破砕して土壌に添加すると徐々に溶解し、CO_2と反応して炭酸塩を生じる。炭酸塩はそのまま土壌中にとどまることもあれば、海まで流されることもある。この技術によって毎年5億〜20億tのCO_2が大気から除去できる可能性がある。

[a7. EOR]

・原油回収促進（Enhanced Oil Recovery：EOR）は油田における石油回収技術のひとつである。石油の回収段階は3段階に分かれている。1段目は油田からの自噴による回収、2段目は、水圧・ポンプくみ上げ等動力を要する回収、3段目は1、2段目の回収では取り出せない約60%の埋蔵石油をさらなる気体圧入、熱水注入などによって回収する技術である。EORと類似の用語である改良型石油回収法（Improved Oil Recovery：IOR）は2次回収と3次回収を併せた概念である。EORは3次回収のみを指す。この3次回収においては圧入用の竪坑（圧入井、injection well）からCO_2などを地中の石油滞留層に圧入する。この圧力によって、回収井から石油が取り出される。このとき、圧入したCO_2量が、取り出される石油にともなって排出されるCO_2の量を上回れば、地中にCO_2が貯留されたと理解される。このことから、EOR技術は、CCUSの一つと位置付けられている。

〈B. 海域〉
[ブルーカーボン]
（吸収機能の向上）

・ネガティブエミッション技術としてのブルーカーボン生態系による炭素貯留技術の研究開発は、単位面積

2.4
大気中CO_2除去

当たりの吸収量（吸収係数と呼ばれる）の評価・向上技術と、分布面積の把握・拡大技術に大別される。吸収量評価・向上に関わる研究開発では、2009年に国連環境計画（UNEP）が中心となって作成した「ブルーカーボン・レポート」が公開されて以降、一貫して天然（自然海岸）のブルーカーボン生態系を対象に有機炭素貯留プロセス（植物残渣海洋貯留プロセス）の解明に関する研究が実施されてきた[7]。特に海草藻場、マングローブ林、塩性湿地では、2006年にIPCCが公開したGHGs排出・吸収源インベントリへの評価手法のガイドライン[8] の追補版として、2013年にIPCCが公開した湿地ガイドライン[9] に掲載された手法に基づき、各生態系内の土壌貯留速度の評価が進められた。IPCC湿地ガイドラインでは、Tier1の標準値としてマングローブ林が-1.62トンC/ha/year、塩性湿地が-0.91トンC/ha/year、海草藻場が-0.43トンC/ha/yearの値が示されている。しかしながら、海草藻場の標準値は地中海に多いPosidonia属の数値が引用されたものであり[8]、この値では海草藻場で最も広く分布するZostera属や他の海草種に関する数値を求め、各地域でTier2あるいはTier3での算定に使用することが困難であった。そのため、生態系内の土壌貯留速度の評価に関する研究は、現在も引き続いて各地で実施されている。

・2013年以降、生態系内の土壌貯留に加えて、生態系外での貯留も生態系内の土壌貯留の科学的根拠を示す研究がなされるようになった。特に海草藻場において、流れ藻となった草体が藻場外の浅海域の海底土壌に堆積する貯留速度[10]、さらに沖合に流出して深海で堆積する貯留速度[11], [12] の科学的根拠が蓄積され始めている。そのため、IPCC湿地ガイドラインに準拠する土壌貯留は、藻場内だけでなく、これら藻場外での貯留も含める形で解釈されるようになった[13]。

・2016年頃より、UNEPブルーカーボン報告書では知見不足で算定が見送られていた海藻類について、深海貯留や難分解性有機炭素による海中貯留の科学的算定の事例が報告されるようになった[10]。特に、海草や海藻類が成長する過程で草藻体から放出する溶存態有機炭素に含まれる難分解成分が、ブルーカーボンの残渣貯留に貢献する例が報告されるようになった[14]。海藻ホンダワラ類では、少なくとも年間一次生産量の10％以上が炭素貯留されている結果が報告されている。海洋国家の首脳陣で構成されたハイレベル・パネルが2019年に公開した報告書でも[15]、海藻類がブルーカーボン生態系に含まれるようになっている。ブルーカーボン生態系に関連した、もう一方の削減ポテンシャルとされる海洋肥沃化の範疇では、海藻類は従来のブルーカーボン生態系の植物群よりも海中栄養塩濃度に対する要求や応答が大きいため、肥沃化による削減ポテンシャルにも大きく影響すると考えられる。これらの動きは、2020年から開始された農林水産省におけるブルーカーボンに関連した技術開発研究にも影響を与えている。農林水産省では、日本のGHGsインベントリ報告書へ海洋の貢献を登録する一助とするため、「ブルーカーボンの評価手法および効率的藻場形成・拡大技術の開発」を2020年度から5年間の委託研究プロジェクトとして開始している。このプロジェクトではIPCC湿地ガイドラインの算定手法に準拠しつつ、海藻類も含めた評価手法の構築が進められている[16]。

・日本の周辺に生息する海草・海藻類を分布域や生活史、炭素貯留プロセスの類似性から多数のタイプに分類し、国内すべての海草藻場・海藻藻場での吸収係数をタイプ別に評価することを目指している。吸収係数は4つの植物残渣貯留プロセスからなり、上述したように科学的根拠を有する藻場内の土壌貯留、藻場外の土壌貯留、深海貯留、溶存態有機炭素の海中貯留が該当する。現在は、これら貯留プロセスの検証事例を増やし、科学的根拠をより強固にするための研究が進められるとともに、各プロセスの貯留速度を向上させるための研究開発も開始している。

（生態系の観測技術）

・ブルーカーボン生態系のうち、特に藻場は完全に海面下に没した海中林であるため、その分布状況や面積把握においては、衛星等による観測が可能な陸域の植物観測よりも困難である。これを打開するためのリアルタイム観測技術開発[17]、海洋環境要因からの藻場分布推定モデルの開発が進められている[18]。

リアルタイム観測技術では、航空機・UAVによる海中透過撮影（高解像度可視光、LiDARなど）による撮影画像解析が有効である。特に局所的・精緻な観測では無人航空機（UAV）が必要となるが、日本はUAV開発で遅れており、現時点では安価で高性能な汎用型国産機は存在しない。現時点で国内プロジェクトとして開発中の機体も価格が高く、同程度の性能を有する他国製UAVの10倍以上である。衛星画像を用いた解析であっても、広域・多点での現地証拠（Sea truth）を得るためにUAVの活用が有効であるため、汎用型UAVの早期開発が待たれるところである。

・リアルタイム観測された海水温、塩分、波浪等の物理環境データ、海底・海岸線地形データをパラメータとした海草・海藻種の種分布推定モデルを構築し、モデル解析によって藻場植生の分布推定を行う技術開発が進められている。ただし、こちらの手法でも広域・多点での現地証拠の測定が必須である。現状では潜水者による観測、船舶搭載の音響探査等を用いて現地証拠の測定が実施されているが、多大な労力がかかる上にCO₂排出の面からも好ましくない。これらに代わる観測手法として、こちらでも汎用型UAVの開発が待たれる。

（食害対策）
・陸域の森林・草地における獣害と同様に、ブルーカーボン生態系でも食害による植生衰退が生じている。特に温暖化によって南方系の植食性魚類が北上し、温帯域地域での植食圧が高まり、食害の影響が国内外の各地で頻発している[19]。日本の周辺においては、アイゴ類・イスズミ類、ブダイ類といった魚種の北上に加えて、クロダイやカワハギ類などの在来魚種による食害も深刻化している。食害は天然藻場だけでなく海藻養殖に対しても深刻化しているため、食料生産の観点からも各地で対策技術の開発が必要とされている。

（4）注目動向

大気中CO₂の吸収・固定化の過程に、人為的な工程を加えることで加速される技術やプロセスは、鉱工業、農林水産業など様々な分野に及んでいる。考え方も様々といえる。

〈A. 陸域〉
［a1. 植林・再造林］
・J–クレジット制度の活性化：カーボンニュートラルの実現に向けて、ますますその重要性が高まっている炭素除去・吸収系のクレジットの創出を促進するため、森林の所有者や管理主体への制度活用の働きかけやモニタリング簡素化等の見直しを進め、森林経営活動等を通じた森林由来のクレジット創出拡大を図る動きが見られる。
・日本の森林吸収インベントリにおいて、森林が主伐された場合は排出量として計上されるが、伐採された木材は住宅資材や家具などに利用されている間は炭素蓄積を吸収とみなし、最終的に廃棄されたときに排出として計上する伐採木材製品（HWP）のルールが導入されている。J–クレジットにおいても伐採木材製品中の炭素固定量を評価する仕組みの検討が進んでいる。

［a2. 土壌炭素貯留］
土壌の健全性に資する技術として、土壌炭素貯留を高める施策が世界的潮流となっている。
・「農業イノベーションアジェンダ」：米国において農業イノベーション研究戦略等で推進する考え方。農業生産量は2050年において40%増産、環境負荷は50%低減、バイオ燃料ブレンド率はE30とするなどを骨子としている。環境負荷低減の中に土壌炭素貯留も含んでいる。
・4パーミルイニシアチブ：世界の土壌（30〜40 cm）の炭素量を毎年0.4%（4パーミル）増やすことができれば、大気のCO₂の増加分を相殺し、温暖化を抑制できるという考え方に基づく国際的な取り組み。

2015年12月のCOP21でフランス政府が提案し、2021年4月現在、日本国を含む623の国や国際機関が参画。山梨県は日本の都道府県ではじめて参加し、さらにこの取り組みを全国に拡大して、2021年2月に山梨県が提案して全国協議会を設立した。

［a3. バイオ炭］

・丸紅株式会社は、同事業を日本で推進する日本クルベジ協会とバイオ炭で創出したカーボンクレジットの独占販売代理権を取得した。同協会は6月末に農地での炭素貯留で初めて、国の認証制度「J-クレジット」で認証され約250トンを創出した。同協会はこれまで、創出したクレジットを協会独自に販売してきたが、今後は、丸紅が総代理店として企業等に販売していくとされている。

［a4. BECCS］

・2022年に公表されたIPCC第6次評価報告書第3作業部会報告書（気候変動緩和策）の第7章AFOLU（Agriculture, Forestry and Other Land Uses：農業、森林およびその他の土地利用）の中でもBECCSの項目が設けられている。BECCSの技術的なCO_2除去貯留能力の試算に加え、コストに応じた試算も実施している。米国、カナダ、欧州諸国の2050年に向けた長期戦略においても、各国とも削減目標達成にCCSを重要な手段として位置づけている。

［a5. DACCS］

・スイスのスタートアップであるクライムワークス（Climeworks）社が商用化に取り組んでいる。同社は、2017年にCO_2を回収し貯蓄するDACCSを商用プラントとして世界で初めて稼働させ、2021年9月には、大気中からCO_2を取り出して地中に永久的に貯留するプラント「オルカ（Orca）」を稼働させた。年間最大4,000トンのCO_2の抽出が可能で、CO_2の回収量は現時点で世界最大レベルであり、隣接する地熱発電所が生む電力によって全ての動力をまかなう。取り出したCO_2は連携するアイスランドの企業が開発した技術により地下に埋めるとしている。

・カナダのスタートアップであるカーボン・エンジニアリング（Carbon Engineering）社は年間100万トンを回収するDAC施設の建設を米国内で進めている。2026年の稼働を目標に、2022年から建設する予定である。

・米グローバルサーモスタット社は、カリフォルニア州とアラバマ州にパイロットプラントを持ち、新たにコロラド州に実験プラントを建設中である。

・日本では、川崎重工業株式会社や三菱重工株式会社が、DACの実証試験に取り組んでいる。

［a6. 風化促進］

・政府は、GHGsの国内での大幅削減とともに、世界全体での排出削減に最大限貢献することを目的とした革新的環境イノベーション戦略を2020年1月に策定した。排出削減コストをいかに引き下げていくかが重要で、非連続なイノベーションにより社会実装可能なコストを可能な限り早期に実現することが、世界全体で重要であるとしている。2050年カーボンニュートラルを達成するためにGHGsを安価かつ大量に回収・吸収し、その後貯留するネガティブエミッション技術が不可欠である。CO_2回収・吸収技術のコア技術として、DACは自然環境に対して影響がない技術的な経路であり、重要な技術である。また、自然プロセスの人為的加速をしたCO_2回収・吸収技術については、削減コストや削減ポテンシャルの不確実性が高い。

・炭酸塩化によるCO_2吸収：玄武岩などの岩石を粉砕・散布し、風化を人工的に促進する風化促進技術等が新たな技術として期待されている[20]。

［a7. EOR］

- EOR市場は、2022年から2027年の予測期間中に、2％を超える年平均成長率（CAGR）を記録すると予想される。新型コロナウイルス感染症（COVID–19）のパンデミックは、シェールおよび重油市場に深刻な影響を及ぼした。成熟する油田の数の増加や、より良い石油回収技術を導入するための技術の改善などの要因は、EOR市場の推進に追い風となる可能性がある。ただし、原油価格の大きな変動は、今後数年間で市場の成長を抑制する見込みである。
- 中国やインドなどの主要国からの石油とガスの需要が高まる中、アジア太平洋地域は、EORサービスの需要を促進すると予想される石油とガスの生産目標を維持するために、成熟した分野でのEORの必要性を推進している。
- 2019年の時点で、アジア太平洋地域には約30のEORプロジェクトが存在した。約58％が化学薬品とCO2の混和性注射タイプに分類され、調査対象の市場の化学薬品注射セグメントでは中国が主導的であった。
- インドの生産油田は継続的に老朽化しており、平均回収率は世界平均を継続的に下回っている。より広範な「エネルギー安全保障」プログラムの一環として、政府は2022年までに原油輸入の10％を削減するという目標を設定し、解のひとつとしてEORが浮上している。インドの国営企業ONGC社は、28のEORプロジェクトに57,825ルピーを投資する計画を発表した。一方、Cairn India社は、EORを使用して生産を増やすために37,000ルピーを費やす計画を示している。石油およびガス事業者と政府によるこのような同様の投資は、予測期間中にインドの国際的なEORプレーヤを大幅に引き付けると予想される。
- 2021年12月の時点で、中国北東部の黒竜江省にある中国石油天然気集団によって管理されている大慶油田は、世界最大のEORによる原油生産拠点になっている。大慶油田の三次回収による年間原油生産量は、20年連続で1,000万トンを超え、累計生産量は2億8,600万トンに達した[21]。

〈B 海域〉

［ブルーカーボン］

- 溶存態有機炭素による植物残渣貯留プロセス、貯留量の定量化：草藻体表面から分泌される溶存態有機炭素（DOC）の難分解成分（RDOC）がブルーカーボンの新しい植物残渣貯留源となることが判明して以降、海藻・海草種間でのDOC溶出量の違い、溶出量と生息環境特性との関係など、RDOC生成プロセスの解明が進められている[13]。養殖された海藻類からも天然藻場と同様にRDOCが生成されていることが判明し、海藻養殖も天然海藻と遜色ない吸収源として機能できることが示された[15]。この農林水産省プロジェクト研究の評価手法では、RDOC貯留速度を分解プロセスモデルから100年～1000年スケールで算定している。
- 環境DNAを用いた土壌貯留・深海貯留の定量化：ブルーカーボン生態系内の土壌貯留速度の算定、深海貯留など生態系外の貯留速度の算定では、従来から安定同位体比分析が用いられている。近年では、環境DNAを用いたアプローチ[22]、さらには環境DNAと安定同位体比分析と組み合わせた手法が開発されつつある[23]。これにより、土壌中にどの植物種由来の有機炭素が堆積されているか、種レベルでの解明が可能となり、ブルーカーボン生態系によるCO2貯留の確実な証拠が得られるようになっている。
- インベントリ登録に向けた分布面積算定システムとそのアーカイブの構築：日本のGHGsインベントリへのブルーカーボン生態系の登録を目指す一環として、生態系の分布面積の算定システムと分布面積データのアーカイブ化が進められている。藻場については、以前は各都道府県の水産課等において、分布面積情報を取りまとめた藻場・干潟の台帳が数年毎に作られていた。しかしながら、15年ほど前から作成を取りやめる都道府県が増え、全国的な分布情報を取りまとめられなくなった。そのため、不定期に各省庁で実施された全国調査データが使用可能な分布面積情報を代理で用いることになるが、インベントリ登録には不十分である。そこで、国土交通省を中心にして、毎年全国沿岸時で実施されている海洋環

2.4

大気中CO2除去

境データ等を用いたモデル推定により藻場分布情報を更新するシステムの構築が進められている。このシステムが完成すれば、毎年更新された精緻な藻場分布情報を得ることができ、かつそのアーカイブ化によって藻場分布面積の時系列把握が可能となる。

・海藻養殖による植物残渣貯留プロセスの評価手法の構築：海草・海藻類が成長過程で草藻体から溶出させる溶存態有機炭素による植物残渣貯留が発見・科学的根拠が示されたことにより、最終的に収穫して水揚げしてきた海藻養殖ですら、CO_2 吸収源として機能することが明らかにされつつある[24]。そのため、食害等により磯焼けが頻発している天然藻場に加えて、好条件な立地を選択して実施可能な海藻養殖による吸収源が拡大しつつある。

　　→中国全土における海藻養殖での CO_2 吸収ポテンシャルについて、RDOC貯留を主軸に計算された事例が報告されている[25]。

・オフセット・クレジット制度の構築・開始：国内で運用されているカーボンクレジットとしてJ－クレジット制度があるが、J－クレジットは日本のインベントリに登録されている排出・吸収源を対象としている。現時点では、インベントリに登録されていないブルーカーボン生態系を対象にJ－クレジットを適用することができない。そこでブルーカーボン生態系を中心に、海洋を活用した気候変動対策の社会実装試験を行うため、国土交通大臣認可によるジャパンブルーエコノミー技術研究組合（JBE）が設立され、各種の研究開発が実施されている。

・日本では自然資本を対象とした環境価値の保全・創造に関する取り組み・事業が少なく、生態系の衰退や自然破壊の一因となっている。海洋も例外ではなく、特に沿岸海洋域の劣化が深刻化している。この状況を打開するため、JBEでは、様々な分野の研究者、技術者、実務家らが密に連携し、海洋の活用に役立つ事業の活性化を図るのに必要な技術（方法論）の研究開発を進めることを目的に活動が行われている。4つの方法論：科学的方法論（環境価値の定量的評価）、技術的方法論（環境価値の創造と増殖）、社会的方法論（社会的コンセンサス形成）、経済的方法論（新たな資金メカニズム導入）、を基盤とし、相互の研究成果を連関させつつ、統合的研究も進められている。特に、ブルーカーボン生態系の CO_2 吸収源としての役割や、その他の沿岸域・海洋での気候変動緩和と気候変動適応へ向けた取組みを加速するため、2021年からは「Jブルークレジット」と名付けられた独自のカーボン オフセット・クレジット制度が開始された[26]。JBEから独立した第三者委員会による審査・認証意見を経て、JBEがクレジットを発行・管理することを主軸に、制度設計等に関する研究開発が進められている。

[新展開・技術トピックス]

• 俯瞰的視点をもったさらなる新規植林

　各国とも新規植林の推進を明言しており[27], [28]、森林を活用したネットゼロエミッションへの貢献が急速に進められている。単純に森林を増やせば良い、と言う安易な考えは問題視され始めている。他の生態系サービスや森林以外の生態系の保全などに与える影響とのバランスを評価し、より俯瞰的な視点に立った植林の重要性が指摘されている。

• Carbon farming

　森林・農地と分けずに、森林・農地を含む農林業のランドスケープ単位で炭素固定能力を向上していく概念であり、すでに実装に向けた手法の検討も行われている[29]。今後、より包括的な炭素固定方法として研究と実装が進む可能性が高いと思われる。

• EUの積極的なFunding

　Horizonなどのフレームワークの中で、ネットゼロエミッションに貢献するためのプロジェクトに積極的にファンディングを行っている。

2.4

大気中CO₂除去

- ブルーカーボン（国内）

  →2017年にブルーカーボン研究会（民間主体、事務局：WAVE・SCOPE）が発足した。

  →2019年「地球温暖化防止に貢献するブルーカーボンの役割に関する検討会」（政府主体、事務局：国土交通省港湾局）が開催された。

  →2020年、JBEが設立された。

［注目すべき国内外のプロジェクト］

■国内

- 科研費・学術変革領域（A）「デジタルバイオスフェア：地球環境を守るための統合生物圏科学」（2021年09月〜2026年3月、1,124,200千円）。

  より俯瞰的なネットゼロエミッションにつなげるため領域を超えた学術を行うとしている。主に森林を対象とした生物圏モデル（デジタルバイオスフィア）の構築を目指すとしている。

- 森林総合研究所所内交付金プロジェクト「ネットゼロエミッションの達成に必要な森林吸収源の評価」（2021年4月〜2025年3月、36,918千円）。

  国内の森林のネットゼロエミッションへの貢献可能性をシミュレーションで評価する構想である。

- 環境研究総合推進「メタン吸収能を含めたアジア域の森林における土壌炭素動態の統括的観測に基づいた気候変動影響の将来予測」（2021年4月〜2023年3月、120,000千円）

  土壌の炭素放出量およびメタン吸収量を、アジア地域を対象に評価する。一般に評価されているバイオマスではなく、土壌の炭素そして CO_2 だけでなくメタンも評価する。

- 森林総合研究所所内交付金プロジェクト「マイナスエミッションに向けた土壌メタン吸収の広域算定手法の開発」（2022年4月〜2026年3月、37,700千円）

  国内の森林土壌のメタン吸収力を精緻に評価し、ネットゼロエミッションに貢献する。

- 農林水産省・農林水産技術会議委託プロジェクト研究「ブルーカーボンの評価手法及び効率的藻場形成・拡大技術の開発」（2020〜2025年）

  日本のGHGsインベントリ報告書にブルーカーボン生態系を登録する動きの一助とするため、海草・海藻藻場・海藻養殖を対象とした CO_2 吸収量算定を可能にする評価手法を確立させると同時に、藻場を維持・回復・拡大させるための技術開発を実施している。

- NEDO「ブルーカーボン（海洋生態系による CO_2 固定化）の追求に関する技術戦略策定調査」（2020〜2021年）

  水産分野におけるGHGs削減に資するため、総合科学技術・イノベーション会議において策定された「革新的環境イノベーション戦略」における重点領域「V.農林水産業・吸収源」のうち、「ブルーカーボン（海洋生態系による炭素貯留）の追求」にかかわる国内外の技術調査が行われた。日本の有望な技術を駆使し、必要に応じて国際的な連携も視野に入れつつ、海洋への CO_2 固定化の促進と海藻・海草類の有効利用にかかわるアクションプランの策定に向けた情報収集が行われた。

- NEDOエネルギー・環境新技術先導研究プログラム「ブルーカーボン（海洋生態系による炭素貯留）追求を目指したサプライチェーン構築に係る技術開発」（2020〜2021年）

  「最先端のバイオ技術等を活用した資源利用及び農地・森林・海洋への CO_2 吸収・固定」を目的とした課

2.4

大気中 CO_2 除去

題のうち、ブルーカーボンにかかわる課題として次の３課題が採択された。「海産性微細藻類培養拠点のための研究開発（代表：筑波大学）」「マリンバイオマスの多角的製鉄利用に資する研究開発（代表：日本製鉄株式会社）」「大型海藻類の完全利用に向けた基盤技術の開発（代表：三重大学）」

- NEDO（グリーンイノベーション基金）「食料・農林水産業のCO_2等削減・吸収技術の開発」（2022〜2030年）

「水産業・海洋」全体を視野に入れた吸収源対策ブルーカーボンを実現すべく、「ブルーカーボンを推進するための海藻バンク整備技術の開発」に取り組む予定である。

■国外

- Horizon2020 "Carbon smart forestry under climate change"（2018年1月〜2022年12月、€967,500）

Carbon–smartな林業を探索するプロジェクト。欧州の５カ国12機関が参画している。

- Horizon2020 "Holistic management practices, modelling and monitoring for European forest soils"（2021年5月〜2025年10月、€10,035,592）

欧州の森林土壌の総合的管理に向けたプロジェクト。アウトリーチ・実装にも力を入れている。欧州に加え、日本・ウルグアイも含め20機関が参画している。

- UK Research and Innovation "Connected treescapes: a portfolio approach for delivering multiple public benefits from UK treescapes in the rural–urban continuum"（2021年7月〜2024年7月、£235,853）

田園から都市域を接続し、より広域のランドスケープ単位で炭素固定を検討し、加えてそれに限らず多面的機能を考慮するとしている。

- JST–SATREPS「コーラルトライアングルにおけるブルーカーボン生態系とその多面的サービスの包括的評価と保全戦略」（2017 – 2023年）

フィリピン共和国（代表：フィリピン大学）およびインドネシア共和国（代表：海洋水産省）両海域でのブルーカーボン調査と活用に関わる研究・指導・教育を介し、両国の政策提案に寄与することを目的に実施している。

- Ocean2050 seaweed project（2020年〜）

海洋の保全に取り組む国際的なプラットフォームであるOcean2050が開始した、世界各地での海藻養殖海域におけるブルーカーボン貯留量推定を実施。フランス、デンマーク、ノルウェー、米国、日本、マダガスカル、インドネシア、マレーシア、中国、カナダ、チリが参加。COVID–19により大幅に遅れたが、現在はデータ解析用試料の採取が終了し、スペイン等で試料分析が進められている。

- Blue Carbon Initiative

ブルーカーボン生態系の保全（保護・復元）等で気候変動緩和を進める取り組みに焦点を当てた国際的な共同イニシアチブ。コンサベーション・インターナショナル（CI）、国際自然保護連合（IUCN）、ユネスコ政府間海洋学委員会（IOC–UNESCO）が取りまとめする。Blue carbon scientific working groupとBlue carbon policy working groupの2つのグループからなり、両者が連携する形で活動を実施。活動事例にはインドネシア、ラテンアメリカ、米国、豪州でのブルーカーボン生態系を対象としたCO_2貯留量の推定、

保全活動、政策研究の実施等があげられる。 UNFCCC–SABSTA でのブルーカーボンワークショップの開催等も実施。また、ブルーカーボン生態系の炭素貯留や排出を算定するための新しいマニュアルを作成している。

（5）科学技術的課題
〈A. 陸域〉
［a1. 植林・再造林］

- J–クレジット制度における見直し議論において、以下のような論点がある。

　①人工林が高齢級化する中、将来的な吸収量を確保するためには、再造林を進めることが必要。

　②主伐・再造林を含むプロジェクトは、下刈り等の必要経費が造林後10年以上にわたって発生することから、認証対象期間のみの収支評価では経済障壁を適正に評価できないことに加え、CO_2 の吸収や脱炭素社会の実現に十分な効果の発現が期待できないことから、森林経営の長期的な時間軸を踏まえたルール作りが必要。

　③森林の成長による CO_2 吸収、伐採木材製品の利用による炭素固定、燃料等の代替による排出削減をトータルで考えることが必要。

　このため、より早く成長するエリートツリーの活用が期待される。

- 気候変動下でネットゼロに貢献する森林管理（産業との連携も含めて）

　欧州を中心に、ネットゼロに貢献できる森林管理手法について研究が始まっている。日本では気候変動への森林の適応についても十分に研究・実装が進んでいないことに加え、気候変動下でネットゼロに貢献する森林管理についても研究が進んでいない。

- 形質データに基づいた高度な森林管理

　樹木の光合成能力や乾燥耐性など樹木の生理生態特性を表現する「形質データ」の整備が世界的に進んでおり、樹木の成長や気候変動への応答について、より精緻な評価が可能になる可能性がある。

- Lidar技術等を用いた高精度の森林資源量把握

　森林の炭素固定能力を精度良く推定することがネットゼロエミッション技術の開発には必要であるが、近年上空からLidarを用いた資源量の把握や、林内においてもLidarやレーザーを用いた高速・高精度の資源量把握の開発が進められている。

- 長期モニタリング研究と気候変動への森林生態系の応答解明、将来予測

　森林の炭素循環研究は長く取り組まれてきたが、気候変動への森林生態系の応答は未だ不明な事も多く、研究の継続が必要である。また現在進行している気候変動に対する森林の応答を捉えるためにも長期観測が必要不可欠である。気候変動シナリオ自体にも不確実性があり、森林生態系の将来予測は不確実性がまだかなり高い。

- データセットの整備

　世界的にデータやデータベースの公開が進んでいる。日本でも森林データは古くから取得されているが、非公開であったり機械可読性が無かったりする物が多いが、徐々にデータセットの整備と公開が進められている。

［a2. 土壌炭素貯留］

　・農業は植物の光合成産物を販売する産業である。大気の CO_2 を取り込むことでネガティブエミッション技術と解釈されやすいが、光合成産物である食品、残渣、枯死植物は、体内での消化、ごみ焼却、土

2.4
大気中 CO_2 除去

壌微生物の分解などによってやがてはCO_2に戻る。これがカーボンニュートラルの概念である。農業活動は基本的にはネガティブエミッション技術とはいえない。家畜ふんや油しぼり粕などの有機質を資源とする堆肥などを土壌に投入することで、一時的に土壌中には炭素が蓄えられる。投入された堆肥はその後数年のうちにすべて微生物によって分解されてCO_2に転換するが、こうした堆肥が毎年繰り返し投入されつづければ、最初に土壌に堆肥が投入される前の土壌と比べて土壌中の炭素は常に多い状態が維持される。これが土壌中の炭素を貯留するという概念である。

・過去の堆肥連用試験に基づく土壌炭素量変動に関する試験結果に基づいて作られた数値解析モデル（Roth–C モデル）は、このような土壌炭素貯留の長期予測を可能にする手法の一つである。農業・食品産業技術総合研究機構（農研機構）では農地土壌に貯留する炭素量の増減を計算し、土壌のCO_2吸収量として示すウェブサイト「土壌のCO_2吸収見える化サイト」を公開している。

・世界には数多くの異なる土壌タイプが存在しているため、土壌中での有機物分解特性は一律では予測できない。今後、カバー率の高い土壌タイプを優先に、土壌有機物の分解特性の土壌、気候タイプ別の予測手法の開発が進展することが期待される。

［a3. バイオ炭］

・バイオ炭は燃焼しない水準に管理された酸素濃度の下、350℃超の温度でバイオマスを加熱して作られる固形物と定義される。

・バイオ炭については、土壌炭素貯留（吸収源）の算定方法が "2019 Refinement to the 2006 IPCC Guidelines for National Greenhouse Gas Inventories Volume 4 Agriculture, Forestry and Other Land Use" に提示された。

・2020年の日本のGHGsインベントリから、「バイオ炭の農地施用に伴う炭素貯留量」の算定・報告を開始した。これによれば、2018年度のバイオ炭の炭素貯留効果による排出削減量は、約5,000トンCO_2–eqと報告されている。

・2020年9月、J–クレジット制度において「バイオ炭の農地施用」を対象とした方法論が策定された。本方法論は、バイオ炭を農地土壌へ施用することで、難分解性の炭素を土壌に貯留する活動を対象としている。方法論とは、J–クレジット制度を活用したプロジェクトを実施するため、排出削減・吸収に資する技術ごとに、プロジェクトの適用範囲、排出削減・吸収量の算定方法及びモニタリング方法等を規定した文書を指す。

・先述の「土壌のCO_2吸収見える化サイト」においてもバイオ炭による土壌炭素貯留は1項目として加わっている。

［a4. BECCS］

・先進国を中心とする世界の多くの国が石炭火力発電所の新規建設の禁止、現有施設の廃止を掲げており、極めて高効率である日本の石炭火力発電技術に対しても批判的な見方が一部ある。しかし、アジアや電力需要が増加する途上国では、石炭火力は依然として重要な発電技術といえる。石炭火力発電の低炭素化の一つの手段として、バイオマスとの混焼が挙げられる。

・BECCSの前提となるバイオマス作物の栽培面積の拡大自身がBECCSで得られるネガティブエミッションの半量程度を相殺してしまうとする報告もあるなど、技術的に克服すべき課題は多い。

［a5. DACCS］

・空気を回収するのに使用する電力などを調達しやすい場所、たとえば大規模な太陽光発電サイトなどを活用してCO_2を回収する考え方である。検討が始まったばかりの技術であり、ライフサイクルアセスメント（Life Cycle Assessment：LCA）によってネットのGHGsがネガティブとなるか否かの評価手法も進

2.4
大気中CO_2除去

みつつある課題といえる。

・DACの最大の課題として、1つ目に、回収に大量のエネルギーがかかるという点があげられる。地球環境産業技術研究機構（RITE）によると、大気からのCO_2分離回収は、回収エネルギーの9割以上をCO_2脱着エネルギーが占めるため、発電所等の大規模発生源に比べて1桁増えるとの試算がでている。そのため、再生可能エネルギーを使わない限り、ネガティブエミッションにならない。新規吸収技術の開発（エネルギー低減）が実用化に不可欠となる。DACCSではCO_2を1トン回収するのに500〜1,000ドル（約5万7,000〜11万4,000円）ほどかかると見積もられている。500ドルとしても日本のCO_2の年間排出量を約10億トンとして、それを回収するには57兆円もかかると試算される。

［a6. 風化促進］

・新エネルギー・産業技術総合開発機構（NEDO）では、2022年度より、天然に存在する岩石・鉱物等を介してCO_2を固定する風化促進技術等について、日本での実施可能性を検討すべく、技術体系や国内外における研究開発や取り組みの状況、そのCO_2削減ポテンシャル等の指標からネガティブエミッション技術における位置づけやその有望性の調査・検討を実施するとしている。実現可能性を含めてこれから検討を進めていくフェーズであり、技術的に克服すべき点は多い。

［a7. EOR］

・近年、非破壊透過検査技術やコンピュータシミュレーション技術が向上したことで、どこに水やガスを注入して、どのように圧力を加えれば、効率良く石油が回収できるかについての予測精度は高まりつつある。しかしながら、1次回収と2次回収を併せた石油の回収率は、埋蔵量の50%に満たない程度とされる。原因は、石油は不均一であり、固体不純物を多く含み、高い粘度を有する液体であることによる。

・石油は、油田上方では比較的粘度が低いが、下方に沈殿している石油は非常に粘度が高く、水やガスで押し出すことが困難。高い粘度を有し、砂礫と混じり合った石油を回収するためには、高圧蒸気、CO_2などの注入によって石油自体の性質を変化させ、粘度を低下させる必要がある。今後のこの分野の課題はこれらの改質技術に負うところが大きい。

〈B. 海域〉

［ブルーカーボン］

• CO_2貯留量の評価手法の構築

　各国のGHGsインベントリ等、国際基準の報告書への掲載を目的としたCO_2排出・吸収源の評価には、原則としてIPCC湿地ガイドライン[8]に従った形で算定モデルを構築する必要がある。つまり、土壌への植物残渣貯留をベースとした評価が必須であり、すでにIPCC湿地ガイドラインに掲載されている海草藻場の算定手法を原則としなければならない。現在、国際的にもブルーカーボン生態系に海藻藻場および海藻養殖を含めることが検討されているため、上述した農林水産省委託プロジェクト研究でも海藻藻場・海藻養殖による植物残渣貯留をベースとした算定手法の構築が進められている。しかしながら、海藻類は多種多様であり、国内の海草類が20種以下であるのに対し、海藻類は1,000種以上分布しているため、種別の残渣貯留量の事例蓄積が急務となっている。残渣貯留プロセスと貯留量の解明では、①溶存態有機炭素による植物残渣貯留プロセス、貯留量の定量化、②深海輸送による残渣貯留プロセス、貯留量の定量化が課題である。いずれも困難な課題があり、これらを打開するための科学技術が必要となる。①では、溶存態有機炭素に含まれる難分解性の成分が貯留源になるが、分析手法が構築されていないため、難分解性の物質構成が解明されていない。②では、藻場から流出した草藻体が流れ藻となって沖合域へ流出し、その後は海面から深海へ輸送されるプロセスを定量化するための衛星画像解析技術、草藻体片が中層から深層で輸送されるプロセスを定量化するための海洋物理モデルを基盤とする算定技術開発が急務となっている。

2.4
大気中CO_2除去

● **環境DNAを用いた土壌貯留・深海貯留の定量化**

　植物残渣貯留のうち土壌貯留の算定には、対象となる海草・海藻種の懸濁態有機炭素が土壌に堆積する速度を算定すると同時に、土壌での懸濁態有機炭素の分解速度を評価していくことが重要となる。環境DNA分析と安定同位体分析を組み合わせることにより、定量的で精緻な堆積速度の算定が進められている。一方で、分解速度は対象とする海草・海藻種の組織や器官等の違いによって種間で大きく異なるため、精緻な算定を行うためには有機炭素を構成する物質や、その分解され易さを分析することが重要となっている。多様な海草・海藻種の分析を行っていくためには迅速かつ多量の試料を一度に分析可能な分析システムの構築が必要となる。

● **食害対策システムの構築**

　ブルーカーボン生態系のうち藻場によるCO_2吸収源を拡大していくためには、食害生物による植食発を低減していくことが重要である。近年の気候変動に伴う温暖化によって、日本周辺の沿岸域では南方系に多い植食性魚類の増加による植食圧の激甚化が深刻となっている。各地で天然藻場や海藻養殖の海域で防護網や音響機器などによる食害対策が実施されているが、場当たり的な対応が多く、目立つ成果は得られていない。そこで根本的な食害問題の解決を可能にするシステム構築が喫緊の課題とされている。海外の魚類養殖では養殖魚の魚体表面に付着する寄生虫をAIで自動判別し、レーザー等で駆除する無人装置が実装されているが、食害対策においても、養殖海域や天然藻場に来遊する食害魚等を自動判別して駆除できるような海中ロボットの登場が望まれている。

● **藻場創成と海藻養殖の大規模化**

　ブルーカーボン生態系によるCO_2吸収源を拡大していくためには、食害対策とともに人工藻場・海藻養殖のさらなる展開が必須である。国土を広大に覆う森林等と異なり、ブルーカーボン生態系は海岸線の限られた地域と海面（適した水深帯）にしか形成されないため、その面積は自然海岸の面積に大きく制限されている。したがって、埋め立てや開発等で護岸化された海岸に人工的に藻場を創成し、藻場面積を拡大すること、沖合等の海面で人工藻場や海藻養殖を拡大することが必要となる。特に後者の沖合海面の利用では、広い海面で藻場の基盤や養殖施設を展開するため、海面利用の法整備とともに、海上プラントの技術開発が望まれる。現行の藻場創成・海藻養殖技術は海岸線近くのごく浅い海面を使い、漁業者が単独で実施できる手法・規模に特化しているためである。広大な沖合域を活用可能にする、大規模な藻場基盤・養殖システムの構築が急務となる。

● **クレジット制度の公式化**

　ブルーカーボン生態系と対象としたオフセット・クレジット制度を研究開発するため、JBEによるJブルークレジットが試行されている。J-クレジット制度の排出量取引と同等に企業で活用可能な状態へ発展させることは、ブルーカーボン生態系による吸収源拡大に大きく貢献する。経済産業省で開始されたGXリーグ等、市場ルール形成や自主的な排出量取引の市場創造が今後大きく進められるため、その進展に合わせたクレジット算出に必要となる技術開発の方向性を見定め、実行していくことが必要である。

（6）その他の課題

〈A. 陸域〉

［a1. 植林・再造林］

● **人材、特に若手研究者の不足**

　とくに大学院への進学率が低く、ネットゼロエミッション技術の開発を推進するための若手の人材が不足している。中堅層の研究者においても欧米と比較すると十分ではないと考えられる。大学でも国研でも当該テー

マの研究が余り行われていない。

• 森林データの整備

森林の炭素吸収力を広域で将来予測していくためには、過去から現在までの森林のデータが必要だが、多くが非公開や機械可読性がないなど、解析・予測するためのデータが十分に整っていない。

• 森林産業との連携

研究面でネットゼロエミッションに資する森林管理手法が開発されれば、その手法を日本の森林に広域に実装していく段階となるが、必ずしも研究と森林産業の連携がとれていない。

• 観測の維持

人材の不足に加え、長期観測が必要不可欠な森林において、10年20年と言った時間スケールでの観測の継続には予算が付きにくい傾向がある。森林生態系の理解と、いま起こりつつある変化を正確に捉えるためには長期観測が重要である[30)]。

• 国際連携

森林管理は国や地域ごとに独自性が高い。日本国内における森林分野のネットゼロエミッション技術の開発に関しては、国際連携が不足していると考えられる。EU圏では圏内で国を超えた共同研究が推進されており、国際連携がしっかりなされている。

［a3. バイオ炭］

現状、バイオ炭の農地土壌施用は一般的な営農体系に浸透している段階ではない。今後、バイオ炭施用の作物への影響、病害等との関係、収量・品質との関連、気候変動に対するレジリエンス効果などをバイオ炭の種類ごとに検証する研究が必要とされている。

［a4. BECCS］

2019年度に石炭火力におけるバイオマス混焼が再生可能エネルギー固定価格買取制度（FIT）の対象となったために、FIT認定のバイオマス混焼発電所が増加している。バイオマスと石炭の混焼によるBECCSがネガティブエミッション技術として成立するか否か、あるいは、トータルでネガティブエミッションであったとした場合、「ネガティブの比率」をできる限り高めていくための技術開発は今まさに必要とされている。

［a5. DACCS］

CO_2を転換利用するための装置の需要が見込まれており、次世代エネルギーとして有力視される水素やアンモニアへの燃料転換を加速する方針。2020年に政府主導で革新的な研究開発を呼び起こす支援プログラム「ムーンショット型研究開発制度」の目標の一つとして、「2050年までに地球環境再生に向けた持続可能な資源循環を実現」が掲げられた。その中のテーマとして、NEDOのプロジェクトとしてDACの研究が進められている。政府はGHGs排出量を2013年度比で46%削減する目標期限の2030年度までに、CO_2濃度が10〜数%程度の大気からCO_2を分離・回収する技術の実用化を目指すとしている。

〈B. 海域〉

［ブルーカーボン］

ブルーカーボンを用いた吸収源の拡大には、海面養殖等の沖合域への展開が必要となる。しかしながら、海面養殖は第一種区画漁業権の範疇であること、沖合への展開では共同漁業権海域との調整や他の海域利用

2.4
大気中CO_2除去

との調整も含めた法制度の再構築が必須となること、これらの海洋政策の検討が行われる必要がある。また、洋上風力発電を中心とする再生可能エネルギー施設区域内の海面利用も検討すべき項目と考えられている。ただし、洋上風力発電海域の利用を先進している欧州では、既存漁業や他の海域利用との調整も含め、様々な問題点が多く上げられている。

（7）国際比較
〈A. 陸域〉

国・地域	フェーズ	現状	トレンド	各国の状況、評価の際に参考にした根拠など
日本	基礎研究	○	→	●衛星やLidar、ドローンを用いた森林資源の把握の高度化は進められており、ネットゼロエミッション技術に貢献できる可能性が高い[31]。 ●森林の炭素吸収に関する研究は現状維持から縮小傾向で、長期モニタリング研究への予算は付きにくい状態が続いている。 ●ネットゼロエミッションのために森林の炭素蓄積量を高めるための技術開発につながる基礎研究は十分といえる水準ではない。
	応用研究・開発	△	→	●日本国内の森林を活用したネットゼロエミッション技術の確立はほとんど行われておらず、社会実装が近いうちに行われるとは考えにくい。 ●森林環境税の導入もあり、各自治体や企業、NPOなどから情報と技術提供を求める声は大きい。
米国	基礎研究	○	→	●森林の炭素吸収に関する研究は多数あり、レベルも高い。 ●2021年11月成立のインフラ投資雇用法により、DACCS/CCUS関連の地域別ハブの建設や検査、標準化を対象に含め出資される見込みである。DACCSに関して合計4,400万ドルの基金を設置し、DACCSとCCUSの混合プロジェクトやBECCSとCCUS混合プロジェクトも実施する予定である。海藻・海草類等による炭素固定化"algae-based carbon capture"のための基金も設立するとしている。 ●45Q税控除（45Q tax credit）：CCS/CCUS等の促進に向け金銭的インセンティブを与えるため、それらの税額控除を可能とする内国歳入法の第45Q条の改正が2018年2月に成立している。その最終規則が2021年1月に発効した。CCSで安全な地質学的貯蔵庫に貯留した場合1トン当たり50ドルまで、EORを利用して注入された炭素や光合成、化学合成プロセス、その他の商用で回収・貯留された炭素1トン当たり35ドルまで税額控除ができる。
	応用研究・開発	△	→	●国内の森林を気候変動下に適応しながら活用していく動きはあるものの、欧州ほどの熱気は感じられない。 ●CCS施設：2020年において米国だけでも、45Q税控除と低炭素燃料基準（LCFS）によりかなりの刺激を受けた、12の新しい、開発段階中の施設がプロジェクトデータベースに追加されている。現在、38の開発段階、建設段階または操業段階の商用施設があり、これは世界の総数の半分を超えている。 ●石油価格の変動などの懸念により、より多くのプロジェクトが、塩水層における純粋地層貯留およびEORの両者を使用する、スタック貯留またはデュアル貯留オプション等を利用するようになった。45Q税控除とLCFSがCO_2排出量削減に金銭的価値を置く傾向をもたらした。2020年会計年度において、議会はCCUSのために2,178億ドルを当てている。この助成金および前年度の助成金を利用することにより、米国エネルギー省（DOE）は、2.7億米ドル以上の共同出資協定を締結した。
欧州	基礎研究	◎	↗	【EU】 ●気候変動問題に対して常に先進的で野心的であり、森林の炭素固定能力に関する研究も盛んである。大型プロジェクトではパートナーとして企業が参画し、実装が強く意識されている[32]。 ●欧州委員会が提案した総額1.85兆ユーロのCOVID-19からの復興計画のなかで、欧州連合域内排出量取引制度（European Union Emissions Trading System：EU-ETS）の対象拡大や炭素国境調整措置等の新規導入により、EUの独自財源を増やす意向を表明している。

2.4

大気中 CO_2 除去

				●欧州理事会は2021年から2027年までの1.8兆ユーロの中期予算（多年次財政枠組み、復興基金）に合意している。2022年12月に、新たな独自財源として炭素国境調整メカニズム（Carbon Border Adjustment Mechanism、CBAM）の設置に関する規則案に関して、条件付きだが、暫定的な政治合意に達したと発表している。 ●欧州委員会は、2030年のGHGs削減目標を少なくとも55%に引き上げる政策文書を発表している。削減目標引き上げに関連して、欧州理事会は2022年12月にEU–ETSの改正指令案の暫定的な政治合意に達したと発表している。 【英国】 ●元々森林面積が小さかった英国には植林余地が多く、森林への役割の期待は大きく、研究も活発である。 【ドイツ】 ●森林の炭素固定に関する研究は盛んである。かく乱が森林に与える影響評価も盛んに行われている。 【フランス】 ●森林面積率が比較的小さいこともあり、EUの中では活発な方ではない。しかし、土壌に関しては4 per 1000 initiativeを主導した国であり、土壌の研究は活発である[33]。
	応用研究・開発	◎	↗	【EU】 ●気候変動に対して、常に先進的で野心的であり、植林及び森林管理についてかなり積極的に展開している[26]。 ●2021年7月に欧州委員会は欧州グリーン・ディール目標の達成のため、「Fit for 55」政策パッケージを発表している。その中で、森林や草地などCO_2を吸収する自然界の「炭素吸収源」を拡張する計画案を策定している。EU–ETS収入や国境炭素税等によりEU独自財源を拡大する方針も含んでいる。 【英国】 ●元々森林面積が小さかった英国には植林余地が多く、森林への役割の期待は大きい。また植林に加えて、森林だけに閉じるのではなくランドスケープ単位で炭素を固定していく研究開発が行われている[34],[35]。 ●英国ビジネス・エネルギー・産業戦略省（BEIS）が2021年12月から英国の気候変動目標達成と6万件の雇用創出に向けた1億6,600万ポンドの大規模助成プログラムを実施。DACCS、BECCS、海洋アルカリ化[※1]、CO_2鉱物化（風化促進）[※2]を含むPhase-1に進む24のプロジェクトを選定している。 ※1 "carbon dioxide removal through ocean alkalinity enhancement" ※2 "capturing CO_2 from air and converting it directly into a mineral by-product" 【ドイツ】 ●林業大国であり、森林への炭素固定が期待もされているが、持続可能な森林利用への意識も高い。 ●2021年11月にドイツ連邦環境庁がCO_2のDACの開発を勧告している。ドイツ連邦環境庁は、ドイツ政府が目標とする2045年カーボンニュートラル達成のためにDACを必要な技術と位置付け、技術開発とスケールアップを進めるよう促している。 【フランス】 ●土壌に関しては積極的に展開されているが、森林全般に関しては顕著な活動・成果は見えない。
	基礎研究	◎	→	●植林や炭素吸収量（樹木、土壌）に関する研究が多数発表されており、質の面でも世界的に遜色がないものも多い。 ●中央政府による強力な政策推進に加え、海洋沿岸の省でも独自に計画を策定している。風化促進を含むCCUSや海洋におけるネガティブエミッションを推進している。
中国	応用研究・開発	◎	↗	●植林を精力的に推進しており、国土も広いため、世界的にも大きなアピールとなっている[25],[36]。 ●第13次5ヵ年科学技術発展計画（2016〜2020年）で、CO_2鉱物化（風化促進）を含む、CCUS技術を推進していた。第14次5ヵ年計画（2022年〜）では、森林被覆率増加の目標も掲げている。 ●中国国家自然科学基金等の支援により、環境改善、炭素吸収量増加を実証する研究も実施している。

2.4

大気中 CO_2 除去

韓国	基礎研究	△	→	● 2020年12月に発表した「カーボンニュートラル推進戦略」は、2030年までにGHGs24.4%削減（2017年基準）を目指している。韓国のGHGs総排出量の最新値（2017年値）は、約7億910万トンCO_2-eq。気候変動に関する枠組み条約（UNFCCC）によるデータ（2016年基準）によると、24.4%削減目標を達成するには、2030年時点の総排出量を5億3,600万トンCO_2-eqまで抑制することになり、抑制量は1億7,310万トンCO_2-eqとなる[37]。 ● 2020年7月に発表した「韓国版ニューディール政策」では、3つの柱の一つに、気候変動に対応し、環境に優しい低炭素社会を目指す「グリーンニューディール」が含まれている。2020年10月には、この3つの柱に、地域経済の活性化などを目指す「地域均衡ニューディール」を加えた。 ● 韓国政府は2020年10月に開催された予算案施政方針演説で、「『韓国版ニューディール政策』関連事業の推進と合わせ、国際社会とともに気候変動問題に積極的に対応し、2050年までに「炭素中立（カーボンニュートラル）」の実現を目指す」と宣言した。 ● 2020年12月「2050カーボンニュートラル推進戦略」を公表している。GHGsの削減を中心とする「アダプティブな削減」（対応・適応型の削減）から、新しい経済・社会発展戦略の策定を通じた「プロアクティブな対応」（積極的な対応）を計ることを目的に、3＋1の推進戦略を掲げている。
	応用研究・開発	○	↗	● 2050年カーボンニュートラル戦略の中でも森林が重要視されており、今後森林の炭素吸収源としての機能強化があげられている。特に都市林の炭素吸収源の強化が述べられている[38]。 ● 他の先進各国と同様、GHGsの削減と産業構造の転換、雇用の創出を同時に達成する意図がある。2050年にカーボンニュートラルを達成するという野心的な目標を達成するためには、再生可能エネルギーの大量導入に伴う送配電網の整備やCCU/CCUSなども実施していく必要があり、韓国政府は今後、制度整備や研究開発を通じ、これら施策についても詳細なロードマップを策定していく予定。
その他の国・地域	基礎研究	○	→	【豪州】 ● 各州政府が2050年までのCO_2排出実質ゼロ目標を掲げているものの、連邦政府による正式なCO_2排出実質ゼロの目標時期は明らかにしていない。しかし、モリソン首相はできる限り早いCO_2排出実質ゼロの実現を目標とし、多くの国と同様に2050年を期限とする案が最も好ましく実現可能性が高いとの考えを明らかにした。 ● 排出削減関連の技術に課税する考えはなく、新技術を積極的に推進する姿勢を示しており、中でも新たなエネルギー源として世界中の注目が集まる水素の活用がCO_2排出実質ゼロの目標を達成する上で重要だとしている[39]。
	応用研究・開発	○	↗	【豪州】 ● 植林プロジェクトが進んでいる[40]。 ● 石炭や天然ガスなどの化石燃料と水から熱化学反応によって水素を生成し、副産物として発生するCO_2を深い地層に閉じ込めるCCS技術を利用する方法（ブルー水素）がある。連邦政府は、2019年には国家水素戦略"National Hydrogen Strategy"を発表し、官民双方でさまざまな政策を打ち出している。連邦政府は、水素が既存のエネルギーの代替品として浸透するために、グリーン水素の生産コストを1kg当たり2オーストラリア・ドルまで下げる「H2 under 2」を指標としている。

2.4

大気中 CO_2 除去

〈B. 海域〉

国・地域	フェーズ	現状	トレンド	各国の状況、評価の際に参考にした根拠など
日本	基礎研究	◎	↗	●水産庁を中心に、漁場整備や磯焼け対策として藻場に関わる研究開発の蓄積はある。 ●IPCCガイドラインに準拠したCO_2貯留量の算定手法で必要となる植物残渣貯留のパラメータについて、残渣貯留プロセス別に実証・計測が実施され、その科学的根拠の構築が進められている。 ●海中の藻場分布推定やその面積計測、藻場構成種の判別等、空間解析を用いた解析手法の構築が進められている。 ●一部の大学機関等でIPCCガイドラインとは異なる手法を用い、CO_2吸収量の算定等に関わる研究成果が出ている。
	応用研究・開発	◎	↗	●農林水産省の委託プロジェクト研究により、ブルーカーボン生態系を対象としたCO_2貯留量の算定手法が確立され、我が国周辺の藻場によるCO_2貯留量の算定が実施されるとともに、吸収源拡大に向けた技術開発の現地試験が各地で開始されている。 ●ジャパンブルーエコノミー技術研究組合の設立およびJブルークレジット制度の試行開始により、NPOや漁業者、企業等、ブルーカーボン生態系による吸収源拡大を目指す社会活動が活性化し始めている。 ●各地でブルーカーボンによる気候変動対策を推進するNPO等の団体が新規に設立されるとともに、都道府県や市町村においてブルーカーボン協議会が設立され、CO_2貯留量の算定が始まっている。
米国	基礎研究	○	→	●NOAAにおいてブルーカーボン生態系によるGHGs貯留に関する研究やモニタリングを対象とした研究助成が開始されている。マングローブ林と塩性湿地によるCO_2吸収速度は熱帯雨林の10倍、地球上の海洋面積の0.1%に過ぎない海草藻場に全海洋の11%にあたる土壌貯留された炭素があることを開示している。 ●USGSでのブルーカーボン生態系（塩性湿地とマングローブ林）を対象とした炭素フラックスのモニタリングが進められている。
	応用研究・開発	○	→	●ブルーカーボン生態系に関する豊富な基礎研究成果を生かし、UNFCCCに提出された排出・吸収源インベントリの最新版においてもブルーカーボン生態系の分布面積減少に伴うCO_2排出量を算定している。ブルーカーボン生態系がCO_2吸収源であることを示すため、国内の研究事例をもとに土壌貯留によるCO_2貯留量を提示しているものの、分布面積の把握は十分ではないとし、吸収源としての評価は現在進行中としている。排出削減の数値目標も提示している。 ●カーボンオフセットプロジェクトによる自主的炭素市場の実証試験を実施、成功事例の蓄積を行っている。
欧州	基礎研究	◎	↗	【EU】 ●スペインのDuarte博士、デンマークのKrauze-Jensen博士らの研究チームが海藻類と海藻養殖におけるCO_2貯留に関するデータ蓄積を進めている。 ●IUCNが欧州と地中海海域におけるすべてのブルーカーボン生態系を対象に保全・再生や拡大を目的とするプロジェクト実施に向けたガイドラインを作成している。パリ協定における自国のNDCに活用するための手法についても言及している。 【地中海沿岸国】 ●IPCC湿地ガイドラインでTier1の数値として多く引用されている海草の1種Posidonia oceanicaが気候変動の影響で大きく減少している。対策に向けて、藻場と植食性魚類に関する研究が増加している。
	応用研究・開発	○	↗	【EU】 ●COVID-19の影響で停滞していたが、英国のKennedy博士、スペインのDuarte博士、デンマークのKrauze-Jensen博士らの研究チームが、海藻類によるCO_2貯留をIPCC湿地ガイドラインへ2025年までに組み込む動きを再開している。 ●ブルーカーボンを題材として、塩性湿地・海草藻場・海藻藻場の保全・再生活動を活性化させているが、具体的数値の提示までには至っていない。

2.4

大気中 CO_2 除去

				【英国】 ●海草藻場の保全を目的とした Unsworth 博士らによる団体「PROJECT SEAGRASS」が世界各地で活動を展開し、CO_2 貯留に関わるパラメータ収集も実施している。
中国	基礎研究	○	↗	●中国においてブルーカーボンに関わる国際ワークショップが2017年に開催され、その際の成果をもとに、2020年には中国国内でブルーカーボンによる CO_2 貯留の候補として、海藻養殖を主軸としたブルーカーボン吸収源拡大に向けた戦略が立てられている。中国全土でのブルーカーボン生態系の現状と消失をとりまとめ、海藻養殖が天然藻場と同程度の面積であることなどを報告した。ワークショップ後、ブルーカーボン生態系のうち中国沿岸に多い海藻類の植物残渣貯留に関わる各パラメータの研究事例が増加傾向にある。 ●中国全土の海藻養殖施設を対象に、植物残渣貯留による潜在的な CO_2 貯留量が算定されている。それをもとに、中国の CO_2 排出量を相殺するために必要な海藻養殖量の試算結果も提示されている。
	応用研究・開発	△	→	●2017年のブルーカーボンに係わる国際ワークショップ開催後、中国政府が進める GHGs 対策において、ブルーカーボン生態系の CO_2 吸収メカニズムを解明して基準を作り、クレジット取引のメカニズムを成立させる案が検討されていた。ただし、その後の動向について、積極的な公開はなされておらず、実態が不明である。
韓国	基礎研究	△	→	●日本も参画している、米国の大学機関を中心とした世界約20か国が参加する海草藻場の国際共同研究に釜山の大学機関が参画している。このプロジェクトにおいて海草藻場の各種パラメータの計測が実施されている。
	応用研究・開発	―	―	―
その他の国・地域	基礎研究	◎	↗	【豪州】 ●インベントリにブルーカーボンを登録、UNFCCC に提出された排出・吸収源インベントリの最新版において、オーストラリア国内での研究事例で得られたパラメータを用い、IPCC 湿地ガイドラインの手法で海草藻場・塩性湿地の消失による排出量を算定している。
	応用研究・開発	○	↗	【豪州】 ●連邦政府を中心とする International Partnership for blue carbon を設立。島嶼国のブルーカーボン生態系を保全することでカーボンクレジットを創出し、自国のオフセットに利用している。 【ケニア共和国】 ●ケニアの GHGs インベントリに、マングローブを主体とするブルーカーボンの登録を開始。加えて、野生生物保護協会とケニア海洋漁業研究所が共同でケニアの海草藻場を対象に炭素クレジット化を進めるプロジェクトを実施。 ●国際自然保護連合（IUCN）の Blue Natural Capital Financing Facility（BNCFF）がザンビア、ケニア、インドネシアでマングローブ林を対象とした活動を実施しており、ケニアでの活動が特徴的である。ただし、現地のステークホルダーの意図が組み込まれていないと課題を指摘する情報もある。

（註1）「フェーズ」

「基礎研究」：大学・国研などでの基礎研究レベル。

「応用研究・開発」：技術開発（プロトタイプの開発含む）・量産技術のレベル。

（註2）「現状」 ※我が国の現状を基準にした評価ではなく、CRDS の調査・見解による評価。

◎：他国に比べて特に顕著な活動・成果が見えている　　○：ある程度の顕著な活動・成果が見えている

△：顕著な活動・成果が見えていない　　　　　　　　　　×：特筆すべき活動・成果が見えていない

（註3）「トレンド」

↗：上昇傾向、→：現状維持、↘：下降傾向

2.4

大気中 CO_2 除去

関連する他の研究開発領域

- ・CO_2回収・貯留（CCS）（環境・エネ分野　2.1.9）
- ・CO_2利用（環境・エネ分野　2.2.3）
- ・生態系・生物多様性の観測・評価・予測（環境・エネ分野　2.7.4）
- ・社会ー生態システムの評価・予測（環境・エネ分野　2.8.1）
- ・農林水産業における気候変動影響評価・適応（環境・エネ分野　2.8.2）
- ・農林水産ロボット（システム・情報分野　2.2.11）
- ・農業エンジニアリング（ライフ・臨床医学分野　2.2.3）

参考・引用文献

1）地球温暖化対策推進本部「日本のNDC（国が決定する貢献）（令和3年10月22日）」環境省, https://www.env.go.jp/content/900442544.pdf,（2023年2月11日アクセス）.

2）松村順司, 他「高炭素固定能を有する国産早生樹の育成と利用（第1報）：センダン（Melia azedarach）の可能性」『木材学会誌』52 巻 2 号（2006）: 77-82., https://doi.org/10.2488/jwrs.52.77.

3）国立研究開発法人科学技術振興機構 低炭素社会戦略センター「LCS-FY2021-PP-16：バイオマス混焼発電を用いたBECCSによる炭素排出量削減のライフサイクル評価」https://www.jst.go.jp/lcs/proposals/fy2021-pp-16.html,（2023年2月11日アクセス）.

4）Tom Terlouw, et al., "Life Cycle Assessment of Direct Air Carbon Capture and Storage with Low-Carbon Energy Sources," Environmental Science & Technology 55, no. 16 (2021): 11397-11411., https://doi.org/10.1021/acs.est.1c03263.

5）Anne Owen, Josh Burke and Esin Serin, "Who pays for, BECCS and DACCS in the UK: designing equitable climate policy," Climate Policy 22, no. 18 (2022): 1050-1068., https://doi.org/10.1080/14693062.2022.2104793.

6）David J. Beerling, et al., "Potential for large-scale CO_2 removal via enhanced rock weathering with croplands," Nature 583, no. 7815 (2020): 242-248., https://doi.org/10.1038/s41586-020-2448-9.

7）堀正和, 桑江朝比呂 編著『ブルーカーボン：浅海におけるCO_2隔離・貯留とその活用』（東京：地人書館, 2017）.

8）Intergovernmental Panel on Climate Change (IPCC), "2006 IPCC Guidelines for National Greenhouse Gas Inventories," https://www.ipcc-nggip.iges.or.jp/public/2006gl/,（2023年2月11日アクセス）.

9）Intergovernmental Panel on Climate Change (IPCC), "2013 Supplement to the 2006 IPCC Guidelines for National Greenhouse Gas Inventories: Wetlands," https://www.ipcc.ch/publication/2013-supplement-to-the-2006-ipcc-guidelines-for-national-greenhouse-gas-inventories-wetlands/,（2023年2月11日アクセス）.

10）Toshihiro Miyajima, et al., "Geophysical constraints for organic carbon sequestration capacity of Zostera marina seagrass meadows and surrounding habitats," Limnology and Oceanography 62, no. 3 (2017): 954-972., https://doi.org/10.1002/lno.10478.

11）Dorte Krause-Jensen and Carlos M. Duarte, "Substantial role of macroalgae in marine carbon sequestration," Nature Geoscience 9 (2016): 737-742., https://doi.org/10.1038/ngeo2790.

2.4

大気中CO_2除去

12）Katsuyuki Abo, et al., "Quantifying the Fate of Captured Carbon: From Seagrass Meadows to the Deep Sea," in Blue Carbon in Shallow Coastal Ecosystems: Carbon Dynamics, Policy and Implementation, eds. Tomohiro Kuwae and Masakazu Hori（Singapore: Springer, 2019）, 251-271., https://doi.org/10.1007/978-981-13-1295-3_9.

13）桑江朝比呂, 他「浅海生態系における年間二酸化炭素吸収量の全国推計」『土木学会論文集B2（海岸工学）』75巻1号（2019）: 10-20., https://doi.org/10.2208/kaigan.75.10.

14）Kenta Watanabe, et al., "Macroalgal metabolism and lateral carbon flows can create significant carbon sinks," Biogeosciences 17, no. 9（2020）: 2425-2440., https://doi.org/10.5194/bg-17-2425-2020.

15）Ove Hoegh-Guldberg, et al., "The Ocean as a Solution to Climate Change: Five Opportunities for Action," High Level Panel for a Sustainable Ocean Economy, https://live-oceanpanel-wp.pantheonsite.io/wp-content/uploads/2022/06/HLP_Report_Ocean_Solution_Climate_Change_final.pdf,（2023年2月11日アクセス）.

16）堀正和「CO₂吸収源としての藻場の評価と形成技術の展望」『JATAFFジャーナル』10巻10号（2022）: 30-35.

17）経済産業省「衛星データプラットフォーム「Tellus（テルース）」上で宇宙実証用ハイパースペクトルセンサ（HISUI）のデータ提供開始を開始します」https://www.meti.go.jp/press/2022/10/20221012003/20221012003.html,（2023年2月11日アクセス）.

18）国立研究開発法人水産研究・教育機構「農林水産研究推進事業委託プロジェクト 研究革新的環境研究：ブルーカーボンの評価手法及び効率的藻場形成・拡大技術の開発 令和3年度研究実績報告書」農林水産技術会議, https://www.affrc.maff.go.jp/docs/project/pdf/jisseki/2020/seika2020-18.pdf,（2023年2月11日アクセス）.

19）水産庁「第3版 磯焼け対策ガイドライン（令和3年3月）」https://www.jfa.maff.go.jp/j/gyoko_gyozyo/g_gideline/attach/pdf/index-23.pdf,（2023年2月11日アクセス）.

20）経済産業省 産業技術環境局「研究開発制度（目標4）：研究開発構想の改正案及び今後の運用について（令和4年3月）」内閣府, https://www8.cao.go.jp/cstp/gaiyo/yusikisha/20220324/siryo2.pdf,（2023年2月11日アクセス）.

21）Mordor Intelligence「石油増進回収（EOR）市場-成長、傾向、COVID-19の影響、および予測（2022-2027）」

22）Alejandra Ortega, et al., "Important contribution of macroalgae to oceanic carbon sequestration," Nature Geoscience 12（2019）: 748-754., https://doi.org/10.1038/s41561-019-0421-8.

23）Masami Hamaguchi, et al., "Development of Quantitative Real-Time PCR for Detecting Environmental DNA Derived from Marine Macrophytes and Its Application to a Field Survey in Hiroshima Bay, Japan," Water 14, no. 5（2022）: 827., https://doi.org/10.3390/w14050827.

24）Carlos M. Duarte, Annette Bruhn and Dorte Krause-Jensen, "A seaweed aquaculture imperative to meet global sustainability targets," Nature Sustainability 5（2022）: 185-193., https://doi.org/10.1038/s41893-021-00773-9.

25）Guang Gao, et al., "The potential of seaweed cultivation to achieve carbon neutrality and mitigate deoxygenation and eutrophication," Environmental Research Letters 17, no. 1（2022）: 014018., https://doi.org/10.1088/1748-9326/ac3fd9.

26）Tomohiro Kuwae, et al., "Implementation of blue carbon offset crediting for seagrass

2.4 大気中CO₂除去

meadows, macroalgal beds, and macroalgae farming in Japan," Marine Policy 138（2022）: 104996., https://doi.org/10.1016/j.marpol.2022.104996.

27）European Commission, "3 Billion Trees Pledge," https://environment.ec.europa.eu/strategy/ biodiversity-strategy-2030/3-billion-trees_en,（2023年2月11日アクセス）.

28）David Stanway, "WIDER IMAGE China farmers push back the desert-one tree at a time," Reuters, June 3, 2021, https://www.reuters.com/business/environment/wider-image-china-farmers-push-back-desert-one-tree-time-2021-06-02/.

29）European Commission, "Carbon Farming," https://climate.ec.europa.eu/eu-action/ sustainable-carbon-cycles/carbon-farming_en,（2023年2月11日アクセス）.

30）Nature editorial, "We must get a grip on forest science -before it's too late". Nature, 608 （2022）: 449, doi: https://doi.org/10.1038/d41586-022-02182-0

31）一般社団法人日本森林技術協会「標準化事業」https://www.jafta.or.jp/contents/jigyo_ consulting/20_list_detail.html,（2023年2月12日アクセス）.

32）HoliSoils, https://holisoils.eu/,（2023年2月12日アクセス）.

33）The International "4 per 1000" Initiative, https://4p1000.org/,（2023年2月12日アクセス）.

34）Climate Change Committee, "Land use: Policies for a Net Zero UK," https://www.theccc.org. uk/publication/land-use-policies-for-a-net-zero-uk/,（2023年2月12日アクセス）.

35）UK Research and Innovation（UKRI）, "Studying how trees can help the UK reach net zero emissions," https://www.ukri.org/news/studying-how-trees-can-help-the-uk-reach-net-zero-emissions/,（2023年2月12日アクセス）.

36）United Nations Climate Change, "Alipay Ant Forest: Using Digital Technologies to Scale up Climate Action: China," https://unfccc.int/climate-action/momentum-for-change/planetary-health/alipay-ant-forest,（2023年2月12日アクセス）.

37）当間正明「地域・分析レポート：韓国のグリーン政策を読み解く」日本貿易振興機構（JETRO）, https://www.jetro.go.jp/biz/areareports/2021/c6d232c0dfa4e111.html,（2023年2月12日アクセス）.

38）The Government of the Republic of Korea, "2050 Carbon Neutral Strategy of the Republic of Korea: towards a sustainable and green society, December 2020," United Nations Climate Change, https://unfccc.int/sites/default/files/resource/LTS1_RKorea.pdf,（2023年2月12日アクセス）.

39）日本貿易振興機構（JETRO）アジア大洋州課, シドニー事務所「調査レポート：オーストラリアにおける水素産業に関する調査（2021年3月）」JETRO, https://www.jetro.go.jp/world/reports/2021/ 01/82b3276826014c69.html,（2023年2月12日アクセス）.

40）Department of Climate Change, Energy, the Environment and Water, Australian Government, "20 Million Trees Program," https://www.dcceew.gov.au/environment/land/ landcare/past-programs/phase-one/20-million-trees,（2023年2月12日アクセス）.

2.4

大気中CO$_2$除去

2.5 エネルギーシステム統合化

2.5.1 エネルギーマネジメントシステム

（1）研究開発領域の定義

　電気エネルギー利用のうち、特に分散型エネルギーマネジメントに関する科学、技術、研究開発を記述する。再生可能エネルギー拡大を背景に電気の需要家が消費者から自ら電気を作るプロシューマに変貌し、電力エネルギーシステムを構成する重要なセクターに転換していく分散化の流れを中心とし、関係する機器、システム、センシング、情報通信技術、データマネジメント、最適化制御等の総体を本研究開発領域とする。また、世界がカーボンニュートラルに舵を切り、エネルギー利用の可能な限りの電化と水素等の新たな媒体活用への期待が高まっており、それらとの関連性を含める。地震、台風等の被害が多発する自然環境に鑑み、災害に対するレジリエンスの高い電気利用を可能とする電力エネルギーシステムの観点を取り入れる。

（2）キーワード

　分散型エネルギーリソース（DER）、プロシューマ（Prosumer）、スマートメーター、エネルギーマネジメントシステム（EMS）、デマンドレスポンス（DR）、バーチャルパワープラント（VPP）、柔軟性（Flexibility）、エネルギー・データサイエンス、自動車電動化、ビークルトゥホーム（V2H）、ビークルトゥグリッド（V2G）、ネット・ゼロ・エネルギー・ビル（ZEB）、ネット・ゼロ・エネルギー・ハウス（ZEH）、スマートインバータ、災害に対する強靱化（レジリエンス）

（3）研究開発領域の概要
［本領域の意義］

　2050年頃までのカーボンニュートラル達成が世界各国の基本目標となっている。その中軸は再生可能エネルギー等電源のカーボンフリー化と、エネルギー利用における電化を最大限にすることである。そのうえで、産業プロセスが必要とする高温や長距離の移動など、電気だけでは実現が難しい領域にはカーボンフリーで製造する水素、アンモニアなどの燃料の活用を目指す。同時に需要家には、太陽光発電（PV）のほかエネルギー利用効率向上、環境負荷低減に資する蓄電・蓄エネルギー機器、コジェネレーションシステムの導入が進み、エネルギーを消費するコンシューマから自らエネルギーを作り出すプロシューマ（Prosumer）への転換が進んでいる。

　変動性の再生可能エネルギー（VRE）の拡大は、電力の供給と消費の時間的・空間的ギャップを増大し、電力ネットワークの安定な運用や周波数、電圧等の基本的品質の確保が困難となる。ギャップを補償し電力システムを安定化するためには調整力（柔軟性：Flexibility）が必要となる。電力ネットワークでの対策に加え、需要家が導入する分散型エネルギー資源（DER）を活用した柔軟性創出・需給一体の仕組みが、カーボンニュートラルを支える未来の電力エネルギーシステムの不可欠な基盤になる。

　その実現には、あらゆる分野で進むデジタル技術・手法を最大限に取り入れることが肝要である。電力システムの電流・電圧や設備情報、PV発電量等に関係する気象データ等の活用による電力ネットワーク運用最適化システム（グリッドEMS：GEMS）を構築するとともに、需要家においても電気消費量や保有する分散型エネルギー資源の最適な運用のためにエネルギーマネジメントシステム（EMS）が不可欠となる。本領域は、分散して存在する個々のEMS最適化に加え、EMS間でデータを共有し、需給一体によるエネルギーシステム全体での効率向上、脱炭素推進、設備のスリム化・稼働率向上等の効果を創出する手法構築を目指す研究領域である。さらに、災害時にもエネルギーの利用を可能とするレジリエンスの確保や、交通システムなど他の社会インフラとの連携、人の動きと結び付けた都市レベルの多角的・包括的な最適問題など、人間活動に係る重点課題への対策検討の基礎を提供することを企図する。

［研究開発の動向］

　成長期・成熟期の電力システムはの研究開発は、発電・ネットワークにおいては規模拡大への対応、高電圧化による損失低減、設備のコンパクト化、コストダウン、電気利用では電力消費の平準化が中心的課題であり、蓄熱システム・機器や蓄電池の開発が精力的に行われてきた。

　近年は、カーボンニュートラルに向けて、経済性の観点のみでは導入が進まない再生可能エネルギーをはじめとする低炭素技術や省エネルギー推進について、各国は政策による誘導を図っている。研究開発や技術導入についてエネルギー関係の政府機関がプロジェクトや機器・システム導入に対して資金支援を行い、政策推進のドライバーとしている。その主要な分野は、再生可能エネルギー導入と関連する課題への対策、柔軟性創出と特に蓄電システム構築・設置拡大、電気自動車（EV）の普及と充電インフラの整備、水素等の製造・貯蔵・輸送技術などである。

　日本では、経産省のエネルギー基本計画のもとNEDO、JST、SIPなどがそれぞれ経産省、文科省、内閣府と連携し、上記の分野に加えて街レベルでのエネルギーマネジメント、異なる領域のシステム間のデータ連携などに力点をおいている。欧州では欧州委員会が方針を定めており、2030年の目標を掲げるClean Energy For All Europeans packageに沿っているが、昨今のウクライナ情勢を受け、2022年5月にRE Power EU計画[1]を発表し、液化天然ガス（LNG）の輸入増、バイオガス・グリーン水素の輸入・生産増、エネルギー高効率化と電化推進などを打ち出している。米国ではエネルギー政策は州ごとに進められ、代表的にはカリフォルニア州（CPUCがまとめるIntegrated Energy Policy Report[2]）やハワイ州（エネルギー局がまとめるHawaii Energy Facts and Figures[3]）はいずれも2045年に再生可能エネルギー100%を目標に掲げている。米国における研究開発プロジェクトは米国エネルギー省（DOE）により主導されており、2022年にはEV用バッテリー開発促進、CO_2の捕捉・回収・貯留をはじめ、資金支援を発表している。

　VREと需要家内のDER（電力メーターより需要側に設置されることからBehind- the-Meter（BTM）の資源といわれる）の拡大に伴い、以下の課題が顕在化する。

・設置が電気事業者の意図と無関係であり発電の予測・制御が難しく、需給バランス維持の困難化
・電気の流れの複雑化、系統混雑・電圧逸脱の発生、送電網と配電網の相互作用・運用の変化
・電力システムの慣性不足による故障発生に対する安定性の低下

　途上国の非電化地域への電力供給や、近年頻度が増している地震、台風、集中豪雨、山火事等、災害時のエネルギー確保の必要性も高まっており、これらをを踏まえた制度整備も含む研究開発の動向は、下記で示す内容に重点が置かれている。

・DERと電気消費の制御を活用した柔軟性の創出（DR、VPP）、系統運用支援、市場への統合、災害時の活用によるレジリエンス向上
・VRE発電と電力消費の需給一致の促進（需要家設置PVの自家消費、地産地消、セクターカップリング）
・蓄電池など蓄エネルギーシステム
・VRE、DERの交直変換設備（インバーター）の高機能化（周波数・電圧調整、擬似慣性等の機能）
・エネルギー消費の電化、EVの活用
・クリーン水素を指向した製造・輸送・貯蔵・活用
・VREの予測向上と電力システムの計画・運用への適用
・データ管理、データベース間の連携、分析

（4）注目動向
［新展開・技術トピックス］
● 世界各地でVRE、DERを統合したflexibilityの創出、系統運用・電力市場での活用、関連研究開発
・日本では、経済産業省が2016年1月に設置したエネルギー・リソース・アグリゲーション・ビジネス（ERAB）の検討体制とVPP構築実証事業において、電力システム制度検討・市場設計との連携、標準

通信規格の整備、計量方法、サイバーセキュリティ等の検討・検証により、分散型エネルギー資源統合型flexibility創出を進めている。2016年から調達が開始された調整力電源のI'でDERが採択され、需給ひっ迫に際して活用されているほか、容量市場、一部が開設された需給調整市場でも落札されている。

・欧米では、国・地域の制度に従って、DERの活用が進んでいる。特に、高速応答が可能な蓄電池については、米国連邦エネルギー規制委員会（FERC）は、2011年10月ISO/RTO卸電力市場に、高速ランピング調整力を提供可能な電源への対価提供を義務付ける「FERC Order 755」を発布した。2018年2月には電力貯蔵システムの容量市場、エネルギー市場、アンシラリーサービス市場参加を阻む障壁の除去を系統運用機関に義務付ける「FERC Order 841」を発布し、ペンシルバニア、ニュージャージー、メリーランド州地域送電機関（PJM）が周波数調整市場で優先的に調達することで導入や開発を促進した。英国において同期発電機の周波数調整より応動の速い需給調整市場メニュー（Dynamic Containment）を設定している例など、蓄電池ならではの特性を活かす施策がとられている[4]。

• **電力系統をサポートする機能を有するインバーター（太陽光発電、蓄電池などへの適用）**

・インバータに自律制御機能を持たせ系統運用のサポートを向上させる技術（Advanced Inverter）、さらにはこれを最大限活用するための各制御機能を定義するパラメーター設定に関するシミュレーション検討・実フィールド試験などが注目されている。

・カーボンニュートラルに不可欠な基盤技術として、VRE導入拡大に伴う系統慣性の低下を補う擬似慣性機能を有するインバーターの開発、試験評価が精力的に行われている。

• **送電系統と配電系統の統合化のためモデル化、シミュレーション手法・ツールの開発**

・配電系統や需要家内部に分散型エネルギー資源が増加し、周波数調整のような電力系統全体のサポート機能を担うとともに、配電系統の電圧制御のために無効電力制御を常時行う状況になると、大量の無効電力が上位の送電系統に及ぼす影響や発電機脱落等の系統事故の際の系統全体の過渡的な安定性の定量的な検討が必要になる。

・米国において、1700を超える電力位相計測装置（PMU）が電力系統に全域に設置され、監視制御システム（SCADA）と結合して周波数をリアルタイムで監視可能な制御システムを構築している。日本では、2019〜2021年度にNEDO実証が行われ、PMUによる系統監視の基盤開発・検証が行われた。精緻なシミュレーション実施のため、このような実電力系統における詳細なデータの取得、解析が重要になる。

• **建物・住宅の省エネルギー化**

・日本でのZEB/ZEH（ネットゼロエネルギービル/住宅）、米国カリフォルニア州でのグリーンビルディングでは、省エネルギー建物の定義を定量的に明確化し、断熱・高効率機器の導入による単体での省エネルギー化を基本として、再生可能エネルギーのオンサイトでの発電や外部からの購入を促進している。

・カリフォルニアでは、一定規模以上のビルにDRへの対応を義務付ける方向であり、ビル・エネルギーマネジメントシステム（BEMS）や機器の自動制御が求められることになる。米国暖房冷房空調学会（ASHRAE）は、電力系統と相互に作用しあうビルディングの概念を打ち出し、ガイドを示している[5]。DR普及には、国際標準化機構（ISO）、送電系統運用者（TSO）/配電系統運用者（DSO）、日本では一般送配電事業者、小売り事業者との通信が必要となることから、インターフェースの標準化が進められている。

• **PV導入に係る政策の変化**

・米国では、PV導入促進策であるNet Metering制度が、電力系統利用の不公平感から廃止の動きが広まっており、今後は住宅設置のPVを中心に自家消費に向かうと考えられる。

・日本では、住宅用10 kW以下のPV設備で、2019年から固定価格買取制度（FIT）切れの設備が大量に発生した。PVの新規導入に対しては買取価格を市場連動させるフィードインプレミアム（FIP：Feed in Premium）へ移行させつつあり、需要のシフトによる需要創出（シフトDRや上げDRという）や蓄電池・EVへの充電など、自家消費に向けたシステム構築や利益最大化の制御等が重要になる。FIT後

のPVは通常の発電設備と同様に計画値同時同量の義務を負うため、蓄電池など貯蔵設備併設による変動補償やより正確な計画値策定のため発電量予測などが必要となる。

- **マイクログリッドへの関心の高まり**
  - ・再生可能エネルギーや蓄電池の導入コストの著しい低下など技術の進展や、地震、台風、集中豪雨、山火事などの自然災害の頻発を背景に、マイクログリッドへの関心が高まっている。北米、アジア太平洋地域を中心に年々増加し、2024年までの10年間でおよそ6倍の7.5 GW、総資産で1650億ドルに達すると見込まれている。
  - ・日本では、2018年の胆振東部地震による北海道エリア全域停電、2019年に首都圏を襲った台風14号による長時間停電などの経験から、経産省はレジリエンス強化の方策として、地域に存在する再生可能エネルギーや未利用熱を一定規模のエリアで面的に活用する分散型エネルギーシステムの構築を推奨している。平常時は下位系統の潮流を把握し、災害等による大規模停電時には自立して電力を供給できる「地域マイクログリッド」構築の実証事業を推進している。
  - ・米国では、電力インフラの老朽化、ハリケーン・トルネード・山火事など自然災害頻発などで停電が起きやすくなっており、エネルギーの地産地消、地域レジリエンス向上を向上させながらインフラを再構築するソリューションとして、マイクログリッドの導入が増えている。元々は軍事施設や大学などでの導入が多かったが、近年、電力購入契約（PPA）などの新たなビジネスモデルが貢献し、商業施設への導入も増加している。

- **グリーン水素**
  - ・カーボンニュートラル実現の不可欠な要素として、再生可能エネルギーからの生成をはじめカーボンフリーな手法で製造するグリーン水素への期待が世界的に高まっている。
  - ・欧州では、風力などの再生可能エネルギーから電解によって水素を製造し、ガス管に混入して使用するなど先駆的な取り組みがあり、近年は"脱ロシア"のための代替エネルギーとしてグリーン水素を強力に後押ししている[1]。
  - ・米国、中国では、輸送部門の温暖化ガス排出削減を軸に水素に取り組んできている。DOEは、2000万ドルを供出し、アリゾナ州にある原子力発電所で水素を製造、6トンの貯蔵水素を需要ピーク時に約200 MWhの電力を生産するために使用するプロジェクトを実施中である。

- **需要家の電力消費データの活用**
  - ・世界的にスマートメータの導入が進められており、15分～30分粒度の消費電力データが蓄積されていくことになる。日本では、2024年度を目途に全需要家にスマートメータが設置完了となる。
  - ・需要家の電力消費データは今後の電力システム運用や新サービス創出において有用性が高い。不確実性が増大するなか需要予測、DR、DERなどへの展開時おいて重要性が高まる。
  - ・スマートメータや電流センサデータ等のデータ解析により需要家内の機器毎の電力消費パターンに分解する技術（NILM：Non-Intrusive Load Monitoring、Disaggregationなど）の開発が進んでおり、機器故障検知、不在検知などのサービスへの活用が始まっている。

［注目すべき国内外のプロジェクト］
＜国内＞
- ・2016年度から大規模なVPP実証事業が行われており、リソースの拡大とともに近い将来に制度化される需給調整市場・容量市場の各商品メニューに対応したVPPの制御特性、確実性等の検討が進められている。2018年度より、電気自動車からのV2GをVPPリソースに加え、ダイナミックプライシングに基づく実証が行われている。2021年からは、ポストFIT時代のため、発電計画・インバランス回避に必要になる太陽光・風力発電などVREとDERを組み合わせた制御技術や、VRE発電量・卸市場価格予測技術を扱う再生可能エネルギーアグリゲーション実証事業が進められている。

2.5
エネルギーシステム統合化

- 太陽光発電大量導入に向けて、NEDO事業として次世代の配電系統計画・運用・制御やスマートインバータの活用研究などが進められてきている。また、2019年より系統の主要個所にPMUを配置し、系統慣性を評価・モニタリングする研究や、将来の慣性力不足に対応するための研究開発が行われている。日本では、風力発電・太陽光発電の技術進展を踏まえたグリッドコード構築に関する検討が行われている。

- 内閣府戦略的イノベーション創造プログラム（SIP）第2期として2018〜2022年度にかけて「IoE社会のエネルギーシステム」が実施された。ここではSociety5.0時代のエネルギーシステムであるIoE（Internet of Energy）社会の実現のため、再生可能エネルギーが主力電源となる社会の次世代エネルギー変換・マネジメントシステムの設計について検討し、エネルギー利用最適化に資するスマートシステムの構築と、その要素技術の研究開発を実施することで、社会実装を図るとしている。

- VRE導入拡大により顕在化している系統混雑を回避し、さらに導入を進めるためにノンファーム接続の適用が進められている。一方、系統混雑を解消するためにDERの制御を活用する局所柔軟性（Local Flexibility）に関する実証が開始された。

- 近年の集中豪雨や台風の災害に伴う局所的な停電長期化の事象を踏まえ、災害時にも再生可能エネルギーを供給力として稼働可能とする地域マイクログリッドの構築に向けた事業が開始した。また、分散型エネルギー資源を広く活用し、脱炭素化やレジリエンス強化を目指すスマートレジリエンス ネットワークが創設され活動を開始している。

- NEDOは2016年より、CO_2フリーの水素社会構築を目指したPower to Gas（P2G）システムの実用化に向けた実証を山梨県で実施している。太陽光発電の電力の変動部分を使って電気分解によって水素を製造し、残った変動をほとんど含まない部分を電力系統に出す。水素の貯蔵・輸送、ボイラーや燃料電池による需要家への熱・電気の供給などの実証評価を進めている。

＜国外＞

- 送電系統/高圧配電系統への再生可能エネルギー導入拡大を目的とした実証試験として、大規模再生可能エネルギーの統合（L_RES）が米国・欧州を始め各国で進められている。洋上を含む風力発電群の統合による電圧・周波数管理のための新しい制御検討、出力調整可能な電源群の統合に向けた新しい市場の検討・評価のための計算プラットフォームの構築、再生可能エネルギーの出力予測、配電事業者のデマンドマネジメント統合によるアンシラリーサービスの提供等が検討されている。

- 欧州を起点に、PVをはじめVREの導入拡大に伴う系統混雑の回避にDERの柔軟性を活用する取組が活発化している。DERのシステムレベルの需給バランスへの活用との振り分けの仕組み、TSOとDSOの協調、市場・制度設計、DERの管理に必要なプラットフォームの設計・開発などの実証・一部実運用が始まっている。同様の取組は、日本、中国などでも広がりをみせている。

- EUのHorizon2020でFLEXGRIDプロジェクト[29]が進められている。DERの増加とその活用の拡大において、TSOレベルの運用・市場（系統全体でのバランシング）とDSOレベルの運用・市場（局所的な混雑解消や電圧管理・制御）の連携の重要性が増大しており、同プロジェクトはこれらを一体的に処理し最適化を図るものである。DERの管理プラットフォーム、リアルタイムに近い情報授受・分析、最適化のアルゴリズムなど多くの技術課題を含み、今後の進展が注目される。

- 世界各国で電化の推進、蓄電池・蓄エネルギーシステム導入の支援、EVの拡大と充電マネジメントの促進、水素製造・活用に関する研究開発が活発化している。特に、これらを柔軟性創出のリソースとして活用する視点が強化されてきている。

（5）科学技術的課題

• VRE/DER拡大に伴う電力系統との協調、諸課題への対応

VRE/DERが大量に導入された電力システム（基幹系統・配電系）で起こる諸現象の解明、蓄電池普及

やパワエレ機器の高度化（スマートインバータ化）による効果、EV充電 器普及による負荷の面的変動対策と評価、系統故障時の過渡現象解析や安定度評価などのための送電・配電系統モデル、各種分散型エネルギー資源や需要負荷の分散型モデル、モデルの統合解析・シミュレーション手法（T−D Interface）の開発・整備が必要である。また、シミュレーション高度化・リアルタイム化のための電力系統モニタリング技術（PMU、センサ付IT開閉器、スマートメータ等による）、広域モニタリングとセンシングの時空間分解能向上も求められる。PVなどインバータ接続電源の拡大と火力発電の減少に伴う慣性力（Inertia）不足への対応（回転型調相機や電力貯蔵の活用等）、スマートインバータの次世代化、更なる高機能化（擬似慣性機能など）が必要になる。

- **階層型監視制御アーキテクチャ、分散システム間の情報連携・協調制御技術**

電力自由化、市場化で先行する欧米型の電力システムのステークホルダーとして、系統運用者（TSO、DSO）、発電事業者、小売り事業者、アグリゲータ、電力市場、プロシューマや需要家がある。我が国の電力システムにおける分散型情報システム・運用監視制御システムのアーキテクチャ設計が必要となる。柔軟性に関する系統全体と局所の協調、デジタルトランスフォーメーション（DX）の活用、セキュリティ対策、各構成要素間のシステム連携における、データ連携、階層化、機能分担、必要なデータ種別・粒度・交換タイミング、分散処理、システム間ネゴシエーションと分散協調最適化に関する研究が必要である。

- **小規模電力の需要家間取引**

電力システムにおけるDERの活用、特にVPP、DRの仕組みが進展する一方で、市場を介さないプロシューマ間の電力融通・売買の仕組み（P2P取引、系統制約との整合問題等）、取引データの管理とセキュリティの確保（Blockchainの活用、決済との連携等）が関心を集めている。

- **再生可能エネルギーとマッチした水素・アンモニアなどの製造と貯蔵・輸送と活用**

カーボンニュートラルに向け、カーボンフリー水素・アンモニア等の製造・貯蔵・輸送・活用が重要となる。至近では、水電解装置の低コスト化、太陽光発電の変動補償など柔軟性創出に資する水素製造方法や、燃料電池システム、水素タービン、燃料電池自動車など、水素利用技術の開発が重要である。

- **通信技術**

5GやIoT通信向けの低消費電力型長距離無線（LPWA）などの最新通信技術を活用し、多数の分散型エネルギー資源を統合化するための低コスト通信技術、データモデル標準化、通信プロトコル標準化、市場への統合、サーバーセキュリティ確保、今後益々拡大するDERを通信で結び統合制御する分散型電源管理システム（DERMS）の研究開発・実運用が始まっている。データモデルや通信プロトコルについてはレガシーシステムとの相互接続性が課題である。IoTが進展するなか、住宅用をはじめ、低価格・低リソース化とサイバーセキュリティ確保の両立のために幅広い業界標準化が必要となる。

- **不確実性の予測と計画および運用への適用**

VRE導入量の増大により出力を予測する技術開発の重要性が増す。広域気象情報、衛星データや過去の発電実績データをもとに深層学習などデータサイエンス手法を適用し、電力システムの最適運用に役立つ精度と要求時間内の提供を確保することが求められる。

- **需要科学とエネルギー・データサイエンス**

スマートメータ等のエネルギーデータとスマートフォン位置情報（GPS）、自動運転ログデータ等のビッグデータを連携活用し、エネルギー消費分析、需要家機器稼働分析、消費者行動分析、行動経済学的分析、さらに新たなサービスの提供などを実現するオープンデータベースが期待されている。他方、情報セキュリティ、プライバシー保護、トラスト管理などの課題もある。また、消費行動に基づく需要の動的挙動を考慮した電力市場価格モデル、インセンティブ設計手法などの行動経済学的研究も必要となる。さらに、IoT/ビッグデータ/人工知能技術を駆使した、膨大なエネルギーデータの高速解析技術、マルチスケールの分散型エネルギー資源アグリゲーションによる高速・高精度需給調整力の創出に関する研究も有用になる。

（6）その他の課題

• 制度を含めたイノベーション

・社会実装のためには、技術のみならず制度面を含めたイノベーションが必要である。米国や英国では、蓄電池の活用に向けその特性を活かした市場カテゴリー・要件の設定や、パフォーマンス評価方法の導入により、蓄電池への投資・導入のインセンティブを明確にし、産業育成も含めた対応を行っている。

• 災害・疫病・地政学的リスクへの対応

・近年、世界的に頻発の気配のある大型台風、集中豪雨による河川氾濫、山火事、干ばつなどの被害、またCOVID–19の世界的パンデミック、さらにロシアーウクライナ問題によるエネルギー資源不足の経験から、事業継続性計画（BCP）視点での電力供給システムのレジリエンス強化は重要課題となっている。これら世界の経験を共有し、人命を最優先に、環境整備、発生時の対処、事後の対応に関する検討を進めることが肝要である。

• エネルギー・オープンデータ・プラットフォームの構築

・需要サイドのエネルギー実データを活用した需要科学等の様々な研究が期待されるが、オープンデータの不備が課題であり、広範な研究開発領域が未実施のまま残されている。

・多種多様なEMS等のシステムのデータを有機的に結びつけ、さまざまな分野への活用や相互連携、および異なる事業者の壁を超えたデータ共有・利活用で、新たなサービス価値を創出して社会実装にまでつなげていく仕組みが重要である。市民や事業者間（民・産）の利益相反に対し、学術領域（学）が中立公平な立場で牽引・調整役となり、行政（官）による制度設計を踏襲しながら多種多様な企業が連携した産学官連携プラットフォーム型のEMS研究開発や事業モデル研究などを推進していくべきである。

・個人情報保護とユーザの受容性を確保した上での、産業振興につながるエネルギー・ビッグデータ整備支援、データ収集の仕組み構築、国家補助事業におけるデータ提供の義務化など、研究環境整備に向けたプラットフォーム構築に政策レベルの支援が必要である。

• 国際標準化人材の育成

・日本の産業の強みを反映する視点を持ちながら、本分野の国際標準活動戦略的に進めていくための環境整備と人材育成が重要である。

（7）国際比較

国・地域	フェーズ	現状	トレンド	各国の状況、評価の際に参考にした根拠など
日本	基礎研究	○	↗	●配電系統の高度化に向けて、配電系統における想定潮流予測技術・データ分析技術の高度化や、リアルタイム情報把握・統合制御技術の開発・実証・確立が進められている[6]。また、NEDO事業において慣性力や短絡容量の低下に関する技術開発、スマートモビリティ社会の構築に向けたEV・FCVの運行管理と一体的なエネルギーマネジメントシステムの構築等が進められている。
	応用研究・開発	◎	↗	●再生可能エネルギーの利用拡大や系統制約の克服を目的として、DERを活用したローカルフレキシビリティ技術開発、ZEH-M、ZEBの実証、実配電網を使用した蓄電池によるマイクログリッド運用の実証など、電力会社を始めとした多くの企業・大学・研究機関・自治体が参画した実証試験が進められている[7]。また、ここ数年の電力需要の増加やロシア産LNGの供給が途絶するリスクを受け、蓄電池等や水素製造装置・コジェネレーション等の分散型電源を活用した供給力の確保が検討されている[6]。加えて、エネルギーと交通分野のセクターカップリングによるエネルギーの効率的な利活用に関する検討も進められている[8]。

米国	基礎研究	◎	→	●DOEによる当該領域の研究開発予算は計算科学や材料科学関連が多いものの、電力と熱のセクターカップリングへの研究開発など、脱炭素・省エネルギーへの関心は高い[9]。また、国研である再生可能エネルギー研究所（NREL）や米国電力研究所（EPRI）でも低慣性への対策に関する研究や電力の柔軟性に関する研究など電力網への再生可能エネルギーの大量導入を踏まえた研究が実施されている[10],[11]。
	応用研究・開発	◎	↗	●バイデン政権下での2035年までの電力部門クリーンエネルギー100%への移行に向けて開発が着実に進んでいる。米国内務省が2022年5月に西海岸沖初となる洋上風力発電のリース権販売を提案するなど電源確保の側面からの開発が進められている。また、電化促進も進められており、2030年までの全米50万台の充電ステーション整備に向けた政策も活発である[12]。
欧州	基礎研究	◎	↗	【EU】 ●調整力の確保においてデジタルフレキシビリティの検討とそのビジネス応用が調査されている[13]。インパクト評価から2030までに商用利用や市場の成熟の観点で有望な技術として、配電系統運用の自動化及び最適化、仮想発電所（VPPs）プラットフォーム、エネルギーコミュニティ、オンサイトビルのエネルギーマネジメント、産業需要家の負荷制御、家庭需要家の自動化とデマンドレスポンス、EVスマート充電、V2Gが挙げられている。また、EUの科学技術計画であるHorizon Europe（2021～2027年）にてグリーンとデジタルに適合した研究開発に大規模な投資が実施され、研究活動が促進されている。 【ドイツ】 ●連邦政府は2023年の気候変動対策基金（CTF）の特別基金の事業計画案と2026年までの財政計画案を採択した[14]。気候変動の緩和とドイツ経済の変革のために1,775億ユーロを支出する。基金は、産業の脱炭素化とドイツ水素戦略の実施、欧州排出権取引による企業のコスト削減に向けた電力価格補償、気候変動に配慮した熱供給ネットワーク、電気自動車および燃料電池自動車の購入補助金（環境ボーナス）の改革に対して予算が確保されている。また、ドイツ連邦経済・気候保護省（BMWK）は次世代の持続可能な電池開発のためのプロジェクトLiBinfinityへ1,666万ユーロの資金提供を行い、リチウム電池のリサイクル設備を含めた電池製造プロセスの基礎研究を進めている。 【フランス】 ●ブリュノ・ル・メール経済・財務・復興相が2022年3月に「欧州共通利益に適合する重要プロジェクト（IPCEI）」の枠内で17億ユーロの助成による水素サプライチェーン構築に向けた15のプロジェクトを公表した[15]。水電解装置の開発・製造、水素モビリティ開発、グリーン水素製造及び水素による工場の脱炭素化が挙げられている。また2030年までに10億ユーロを投資して小型モジュール炉（SMR）などの革新的な原子炉開発を促進する。このうち5億ユーロをEDFのSMR開発プロジェクトであるNUWARDへと充当する。次世代浮体式洋上風力発電などの研究開発にはエマニュエル・マクロン大統領が2021年10月に発表した投資計画であるフランス2030から10億ユーロの投資を予定している[16]。 【英国】 ●政府は2021年に英国ガス・電力市場局と共同で「スマートシステムと柔軟性の計画」および「エネルギーデジタル化戦略」を公表し、気候変動対策の解決策としてエネルギーシステムのデジタル化およびスマート化を推進している[17]。その一環として、戦略的イノベーション基金にて2021年～2026年にヒートポンプやEVを始めとする蓄エネ設備の普及拡大を想定したシステム構築技術開発など、革新的なエネルギー網構築プログラムに総額4億5,000万ポンドの投資が実施される[17]。 ●Distribution Network Operator（DNO）からDistribution System Operator（DSO）への移行に向けたローカルフレキシビリティマーケット（Local flexibility market; LFM）における調整力調達サービスの拡大に注力している。

2.5
統合化 エネルギーシステム

		応用研究・開発	◎	↗	【EU】 ●REPowerEU計画にて需要家側設備であるヒートポンプの普及数を従来の2倍に拡大し、今後5年間で累積1,000万台を目指すなど、分散型リソースの普及が促進される。さらに、2022年のイノベーション基金の募集可能資金量を約30億ユーロに増加させ、産業界における革新的な電化・水素利用や燃料電池・ヒートポンプなどのクリーン技術製造、革新的なソリューションを検証・最適化するためのパイロットプロジェクトへの支援が実施される。 【ドイツ】 ●ドイツ連邦経済・気候保護省（BMWK）により、再生可能エネルギー導入拡大に向けた様々な実証試験が実施されている。 ●自動車大手のフォルクスワーゲン社は系統負荷軽減および再エネ出力抑制回避を目的としたバッテリー式電気自動車の充電実証試験を実施し、交通と電力のセクターカップリングに向けた取り組みが進んでいる[18]。 【フランス】 ●2020年に政府は脱炭素を目的として水素開発に70億ユーロの予算を投じることを発表した。さらに、Proton Exchange Membrane（PEM）技術をベースとした高出力燃料電池を生産する世界初の工場として、フランスの水素技術専門企業 Hydrogène de France（HDF）による1MW以上の高出力燃料電池工場の建設が進められている[19]。また、再エネ導入時の系統安定性や柔軟性確保の観点からPower to hydrogen（P2H$_2$）、P2Gの実証試験が複数進行している[19]。 【英国】 ●エネルギー安全保障法案を2022年7月に議会に提出した[20]。本法案は国内エネルギー供給の多様化に向けた水素や洋上風力の利用などを推進する。特に二酸化炭素の回収・利用・貯蔵（CCUS）と水素に関するビジネスモデル導入に対する長期的な収益の確実性提供、二酸化炭素輸送・貯蔵ネットワークの構築と拡大のための仕組みの確立、熱の脱炭素化における水素暖房利用の大規模実証設備の構築、電気ヒートポンプの製造と設置を拡大する市場ベースのメカニズム確立を行う。加えて、デマンドサイドレスポンス（DSR）、地域の柔軟性の取引方法、V2G、スマートメータを用いたEV充電制御などの革新的な実証試験への投資を進めている[17]。
中国		基礎研究	◎	↗	●14次五カ年計画（2021～2025年）が発表され、2030年のカーボンピークアウト達成、および2060年のカーボンニュートラル達成に向けた再生可能エネルギーの導入計画が示された。これらに対応するため、送電系統と配電系統のレジリエンス向上や高度化、水素貯蔵や超電導フライホイールなどの蓄電技術、VPPやマイクログリッド、V2Gなどの系統運用に関する研究に取り組む方針が示された[21]。 ●中国国内の大学や研究機関において、再生可能エネルギーの主力電源化に伴う系統の慣性力低下への対応を目的とした疑似慣性インバータの研究[22]やマイクログリッドの系統切替に関わる技術、事故時のレジリエンス強化に主眼をおいた研究が実施されている。 ●発電抑制回避や系統設備増強回避に向けたローカルフレキシビレティに関する研究や取り組みは見られなかった。これは中国の再生可能エネルギー大量導入に対する対策が、他国と異なり、超々高圧送電（UHV）や農山村エリアの設備更新、蓄電技術開発など設備増強の実施であるためと考えられる[23]。
		応用研究・開発	○	↗	●2022年4月に、中国国家電網が発起人となり、31の企業、大学、社会団体で構成される「新電力システム技術革新連盟」を設立し、「再生可能エネルギー」、「再生可能エネルギーの貯蔵」、「グリーン水素の生産と効率的利用」、「電力市場やプラットフォームの構築」、「デマンドレスポンス」に関する実証プロジェクトの推進を実施する。本プロジェクトへの投資総額は1,000億人民元を超えるとみられる。
		コロナウイルスによる影響			●COVID-19流行の際、「人民第一、生命第一」の原則に基づき、国民の移動制限を実施した。このため、輸送、移動に使用される石炭や石油の燃料需要が減少し、燃料価格が下落した[24]。

	フェーズ	現状	トレンド	
韓国	基礎研究	○	↗	●2022年7月に「新政権のエネルギー政策方向」が議決され、エネルギーミックスの修正が始動した。政策では実現可能で合理的なエネルギーミックスの再整備を目的に「電源ポートフォリオに占める原子力発電の割合を2030年には30%以上とする」などの原子力の比率拡大へ向けた目標が掲げられた。また、「独自のSMR（Small Modular Reactor）の開発」「水素の中核技術の自立とクリーン水素のサプライチェーン構築」「タンデム型太陽電池や風力発電の超大型タービンなど、次世代技術の早期商用化」などを通じ、エネルギー新産業の輸出産業における競争力を強化する方針が掲げられた[25]。 ●新型コロナウイルスによる経済危機を克服する対策として2020年に発表された「韓国版ニューディール政策」の追加対策が発表された（2021年7月）。2025年までの総事業費としては、これまでの160兆ウォンに60兆ウォンを追加し計220兆ウォンに拡大した[26]。
	応用研究・開発	○	↗	●現代自動車グループは2030年までに世界で323万台の電気自動車の販売を目標として、米ジョージア州にAI基盤知能型制御システムと親環境低炭素工法など多様な製造新技術を導入したスマート製造プラットフォーム（シンガポールのグローバル革新センター（HMGICS）が実証・開発）を建設することを発表した[27]。 ●韓国国土交通部は2020年からスマートシティ協力事業「K-City Network」を開始し、2021年までに19カ国21都市との協力事業を進めている。事業は「スマートシティ計画の策定事業」と「スマートソリューション海外実証事業」の2つの区分に分けられ、前者は交通、環境、エネルギーなど都市問題を解決するためのスマートソリューションの構築・運営やスマートシティ開発事業における計画策定を支援することを目的に外国政府、自治体、国際機関向けに、後者は韓国企業が開発したスマートシティ技術、製品、ソリューションなどを海外都市で実証する機会を提供することを目的に国内企業向けに実施される[28]。
	コロナウイルスによる影響			●新型コロナ感染者の減少に伴う「社会的距離確保」の緩和・解除により産業分野における電力需要が大幅に回復したこと、および5月〜6月の早い猛暑による電力需要増加が要因となり、韓国電力取引所における2022年上半期の電力取引量は過去最高に達した。

（註1）「フェーズ」

　「基礎研究」：大学・国研などでの基礎研究レベル。

　「応用研究・開発」：技術開発（プロトタイプの開発含む）・量産技術のレベル。

（註2）「現状」　※我が国の現状を基準にした評価ではなく、CRDSの調査・見解による評価。

　◎：他国に比べて特に顕著な活動・成果が見えている　　　　○：ある程度の顕著な活動・成果が見えている

　△：顕著な活動・成果が見えていない　　　　　　　　　　　×：特筆すべき活動・成果が見えていない

（註3）「トレンド」

　↗：上昇傾向、→：現状維持、↘：下降傾向

関連する他の研究開発領域

・蓄エネルギー技術　（環境・エネ分野　2.2.1）

・水素・アンモニア　（環境・エネ分野　2.2.2）

・地域・建物エネルギー利用　（環境・エネ分野　2.3.1）

・エネルギーシステム・技術評価　（環境・エネ分野　2.5.2）

参考・引用文献

1) European Commission, "REPowerEU: Joint European action for more affordable, secure and sustainable energy," https://ec.europa.eu/commission/presscorner/detail/en/IP_22_1511, （2023年1月15日アクセス）.

2）California Energy Commission, "2018 Integrated Energy Policy Report Update," https://www.energy.ca.gov/data-reports/reports/integrated-energy-policy-report/2018-integrated-energy-policy-report-update,（2023年1月15日アクセス）．

3）Hawaii State Energy Office, "Hawai'i's Energy Facts & Figures, 2020 Edition," https://energy.hawaii.gov/wp-content/uploads/2020/11/HSEO_FactsAndFigures-2020.pdf,（2023年1月15日アクセス）．

4）浅川博人「英国における蓄電池電力貯蔵システムへの上場投資ファンドの動向：日本での普及へ期待される電力取引市場・証券市場の環境整備」三井住友トラスト基礎研究所, https://www.smtri.jp/report_column/report/pdf/report_20210607.pdf,（2023年1月15日アクセス）．

5）Sherri Simmons, "ASHRAE Releases Smart Grid Application Guide: Integrating Facilities with the Electric Grid," ASHRAE, https://www.ashrae.org/about/news/2020/ashrae-releases-smart-grid-application-guide-integrating-facilities-with-the-electric-grid,（2023年1月15日アクセス）．

6）経済産業省 産業技術環境局「グリーン成長戦略・革新的環境イノベーション戦略のフォローアップについて（2022年4月）」経済産業省, https://www.meti.go.jp/shingikai/energy_environment/green_innovation/pdf/gi_008_03_00.pdf,（2023年1月15日アクセス）．

7）国立研究開発法人新エネルギー・産業技術総合開発機構（NEDO），住友電気工業「日米初の蓄電池による実配電網でのマイクログリッド構築・運用に成功：電力インフラのレジリエンス（回復力）強化を実現」NEDO, https://www.nedo.go.jp/news/press/AA5_101508.html,（2023年1月15日アクセス）．

8）浅野浩志, 塩沢文朗「研究開発項目：A IoE社会のエネルギーシステムのデザイン」戦略的イノベーション創造プログラム（SIP）, https://www.jst.go.jp/sip/p08/team-a.html,（2023年1月15日アクセス）.

9）U.S. Department of Energy, "Advanced Manufacturing & Industrial Decarbonization: Funded Projects," https://www.energy.gov/eere/amo/funded-projects,（2023年1月15日アクセス）．

10）National Renewable Energy Laboratory (NREL), "Renewable Electricity Futures Study," https://www.nrel.gov/analysis/re-futures.html,（2023年1月15日アクセス）．

11）Chris Warren, "GETTING FLEXIBLE ABOUT INTERCONNECTION," Electric Power Research Institute (EPRI) Journal, https://eprijournal.com/getting-flexible-about-interconnection/,（2023年1月15日アクセス）．

12）モベヤン・ジュンコ「バイデン政権がウクライナ危機で見直す、エネルギー安全保障とは？」SOLAR JOURNAL, https://solarjournal.jp/sj-market/45490/,（2023年1月15日アクセス）．

13）Directorate-General for Energy (European Commission), et al., "Digitalisation of energy flexibility," European Union, https://op.europa.eu/en/publication-detail/-/publication/c230dd32-a5a2-11ec-83e1-01aa75ed71a1/language-en,（2023年1月15日アクセス）．

14）Federal Ministry for Economic Affairs and Climate Action (BMWK), "177.5 billion Euros for climate action, energy security and help with energy costs," https://www.bmwk.de/Redaktion/EN/Pressemitteilungen/2022/07/20220727-177.5-billion-Euros-for-climate-action-energy-security-and-help-with-energy-costs.html,（2023年1月15日アクセス）．

15）Ministre de l'Economie des Finances et de la Relance, "Discours de Bruno Le Maire -Présentation des 15 projets français sélectionnés pour le PIIEC hydrogène," Ministre de l'Economie des Finances et de la Souveraineté industrielle et numérique, https://presse.economie.gouv.fr/08-03-2022-discours-de-bruno-le-maire-presentation-des-15-projets-francais-selectionnes-pour-le-piiec-hydrogene/,（2023年1月15日アクセス）．

2.5 統合化エネルギーシステム

16）ÉLYSEÉ, "Présentation du plan France 2030," https://www.elysee.fr/emmanuel-macron/2021/10/12/presentation-du-plan-france-2030,（2023年1月15日アクセス）.

17）独立行政法人日本貿易振興機構（JETRO）ロンドン事務所海外調査部「英国の地域レベルにおけるネットゼロ/スマートコミュニティ政策と企業動向（2022年5月）」JETRO, https://www.jetro.go.jp/ext_images/_Reports/01/64ddc09ad1a614a8/20220007.pdf,（2023年1月15日アクセス）.

18）高塚一「VW、電気自動車を活用した再エネ充電の実証実験を開始（ドイツ）」独立行政法人日本貿易振興機構（JETRO）, https://www.jetro.go.jp/biznews/2022/07/e7d4fa9ef88dc52a.html,（2023年1月15日アクセス）.

19）Badr Eddine Lebrouhi, et al., "Energy Transition in France," *Sustainability* 14, no. 10 (2022)：5818., https://doi.org/10.3390/su14105818.

20）Department for Business, Energy and Industrial Strategy, "Energy Security Bill: factsheets," GOV.UK, https://www.gov.uk/government/publications/energy-security-bill-factsheets,（2023年1月15日アクセス）.

21）国家能源局「"十四五"現代能源体系規則」http://www.nea.gov.cn/1310524241_16479412513081n.pdf,（2023年1月15日アクセス）.

22）Yingqun Mao, et al., "Unit commitment of a power system considering frequency safety constraint and wind power integrated inertial control," *Power System Protection and Control* 50, no. 11 (2022)：61-70., https://doi.org/10.19783/j.cnki.pspc.211723.

23）State Grid Corporation of China, "Smart Grid," http://www.sgcc.com.cn/html/sgcc_main_en/col2017112614/column_2017112614_1.shtml,（2023年1月15日アクセス）.

24）高新偉, 楊傲, 韓宇凱「新冠疫情期間能源価格走勢及其応対策略」『価格理論与実践』11巻（2021）：16-20., https://doi.org/10.19851/j.cnki.CN11-1010/F.2021.11.353.

25）当間正明「「新政権のエネルギー政策方向」を国務会議で議決、エネルギーミックス修正が本格始動（韓国）」独立行政法人日本貿易振興機構（JETRO）, https://www.jetro.go.jp/biznews/2022/07/ff58642609d08344.html,（2023年1月15日アクセス）.

26）キム・ヘリン, キム・ウニョン「「韓国版ニューディール2.0」政策 25年までに21兆円投資＝文大統領」KOREA.net, https://japanese.korea.net/NewsFocus/Policies/view?articleId=200969,（2023年1月15日アクセス）.

27）中央日報「現代自動車グループ「電気自動車で勝負」：6.3兆ウォン投資し米に電気自動車工場」https://japanese.joins.com/JArticle/291293,（2023年1月15日アクセス）.

28）当間正明「スマートシティ協力事業「K-City Network」の国際公募を開始（韓国）」独立行政法人日本貿易振興機構（JETRO）, https://www.jetro.go.jp/biznews/2022/04/1de83511c09e3edc.html,（2023年1月15日アクセス）.

29）FLEXGRID, "FLEXGRID project," https://flexgrid-project.eu/,（2023年1月15日アクセス）.

2.5.2 エネルギーシステム・技術評価

（1）研究開発領域の定義

　エネルギーシステムとは、油田などで採掘・開発された原油などの一次エネルギーを精製し、使いやすい
エネルギー形態である石油製品など二次エネルギーに変換して、工場など最終需要家に供給するエネルギー
需給の体系を指す。数理モデル等の解析モデルをエネルギーシステムに応用して、経済主体の経済合理性や
システムの環境適合性などを考慮に入れたエネルギー技術選択や政策の有効性や妥当性の評価を目的とした
研究開発領域が対象となる。

　本領域では評価対象となるエネルギーシステムを空間スケールで分類する。それぞれの空間スケールで評
価の目的や課題が異なり、評価方法もそれに対応していることから、対象とするエネルギーシステム自体の主
な動向および課題等について記述する。

（2）キーワード

　エネルギーモデル、応用一般均衡モデル、統合評価モデル、電力システム、自然変動電源、デジタル化、
脱炭素化、分散型エネルギー資源、マイクログリッド、スマートエネルギーシステム

（3）研究開発領域の概要

［本領域の意義］

　エネルギーシステムは、電気や石油などの様々なエネルギーと多数の工学的変換プロセスで構成される複
雑な物流の需給体系であるとともに、その構築には、多様な利害関係者の合意と莫大な投資を伴う公益性の
高い社会インフラでもある。エネルギーに関する技術選択や政策立案は、世界的にも主要な政治的関心事と
なっており、科学的根拠に基づく透明性の高い評価の必要性が高まっている。日本では、エネルギー安全保
障、地球規模および地域規模の環境問題、経済性、更には安全性も含めた様々な観点からのエネルギーシス
テム評価が必要とされている。このようなエネルギーシステムが直面する新たな課題に対応するため、最新の
システム工学に基づくエネルギー需給モデルの構築が求められるとともに、それらを活用した社会受容性の高
いエネルギー環境政策立案や普遍性の高い論理や価値基準の導出も望まれる。エネルギー需給モデル構築の
主な目的は、エネルギーシステムの定量的評価であるが、それ以外にモデル作成過程においてエネルギーシ
ステムに関する理解を深められること、将来のエネルギーシステムを抽象概念として認識するための共通の枠
組みや議論のたたき台を提供できることも挙げられる。

　エネルギーシステム評価の重要性は、第一次石油危機後に注目された。モータリゼーションと電力消費の
爆発的拡大の中で、石炭から石油にエネルギーの中心が移行したが、同時に石油依存型社会の脆弱性が明
らかとなり、化石燃料消費に伴う環境汚染が大きな社会問題となった。このような資源の有限性の中で拡大
する需要に対するエネルギー供給の安定性、環境性、経済性などの同時解決を求めエネルギーシステム評価
研究が始まった。その後、原子力利用などの石油代替エネルギー、地球温暖化（気候変動）への対応のた
め再生可能エネルギー開発など供給面の拡大、コジェネレーションやヒートポンプ機器など利用機器の性能
向上と環境熱など未利用エネルギー利用技術の再評価など需要側の技術進展によりシステム評価はさらに複
雑化し、高度な分析技術やモデル解析が駆使されるようになった。また、各国でエネルギー産業の規制改革
が進み、電力市場では電力量だけでなく、設備容量や需給調整力（供給電力量を増加あるいは制御電力消費
量を減少させる能力）までが商品のように市場取引の対象とされ制度的にも複雑化している。更に、最近で
はエネルギー需要をそれを発生させる人間の行動レベルにまで分解して評価しようとする研究もある。

［研究開発の動向］

　エネルギーは産業と社会を支える最も重要かつ基本的な要素である。しかし、利便性に優れる天然ガスや

石油は資源が有限かつ偏在しており、供給のコストは短期的にも長期的にも変動が大きい。また、大気汚染や地球環境問題を引き起こす。他方、太陽光のような無尽蔵と言って良い再生可能エネルギーはゼロ運用コストで誰しも恩恵を受けられるものの、一般的に供給密度が低く出力は気候や天候で変動する。原子力は原理的には安定した供給を安価な燃料費で可能とするが、原子炉事故時の影響は甚大である。このようにエネルギー源はいずれも得失がある。2016年時点で一人当たり一次エネルギー消費はOECD地域と非OECD地域で4.20石油換算トンと1.34石油換算トン、アフリカでは0.663石油換算トンと格差が大きく、先進国であっても国内に「エネルギー貧困」と呼ばれる格差がある。

　電力やガソリンなど生活の基盤となるエネルギー源では、どのような価格で消費者に提供されるかが社会の基本的な問題であるが、ここには技術的コストだけではなく環境負荷のための社会的コストが必要であり、さらに実際の市場価格は税制など制度に依存する。

　このようにエネルギーシステムの評価は決して一元的になされるものではなく、多面的な視点が不可欠である。特に、システム評価は、時代に合わせ社会からの要請に応えるため新たな方法論が開発されるなど、システム評価が拡張されてきた経緯がある。

（3）−1 エネルギー需給モデル分析関連

　最初の国家レベルの本格的なエネルギーモデルとして、1960年代の後半にアメリカの原子力委員会が高速増殖炉の開発に使ったモデルが挙げられる。当時としては大規模な線形計画モデルであった。線形計画法の石油産業や電気事業の設備投資・運用計画への応用はそれよりも前の1950年代に始まっている。

　1970年代の二度の石油危機を経て、石油価格上昇が経済に与えるインパクトの分析や、地球規模でのエネルギー資源枯渇に備えた新供給技術の導入可能性の分析が1980年代前半頃にかけて盛んに行われるようになった。この頃、オーストリアの国際応用システム分析研究所（IIASA）のMESSAGEモデル（世界モデル）や、国際エネルギー機関（IEA）のMARKALモデル[1]（一国モデル）といった、現在でも活用されているエネルギーモデルの原形が開発された。これらは、多数の技術導入効果を積み上げるボトムアップ型のモデルであり、システム総コストを最小とするエネルギーシステム構成を導出できる。また、エネルギーシステムと経済全体の相互作用を評価するモデルとしては、経済統計データの多変量解析を通してトップダウン的に導出される連立方程式の体系として実現される計量経済モデルが主に利用された。また、1976年にはスタンフォード大学にエネルギーモデルを比較検討の場としてエネルギーモデリングフォーラム（EMF）が設立され、その活動は現在も継続されている。

　1980年代中頃からエネルギーシステムからの二酸化炭素（CO_2）排出量を評価するためのエネルギー経済モデルが主に米国の研究機関や大学で開発され始め、1988年の気候変動に関する政府間パネル（IPCC）の設立以来、CO_2を中心とする温室効果ガス（GHGs）排出削減対策の評価研究が日米欧という先進国を中心に世界的になされるようになった。エネルギー経済モデルに関しては、前述の計量経済モデルに加えて、計算技術が進歩したことから産業連関表の概念を拡張した応用一般均衡モデルも実用的に利用されるようになった。消費者効用を最大化するエネルギー経済状況を導出でき、炭素税や排出規制の導入影響を評価できる。パーデュー大学が作成した国際貿易と産業連関に係るデータ、国際貿易分析プロジェクト（GTAP）に基づくマサチューセッツ工科大学（MIT）による、経済予測と政策分析（EPPA）モデルが代表例である。

　エネルギー経済モデルと環境影響評価モデルなどを整合的にリンクさせたモデルは、統合評価モデル（IAM）と呼ばれる。2022年に発表されたIPCCの第3作業部会の第6次評価報告書には、世界から50を超える統合評価モデルが参加するに至った。日本からは、国立環境研究所（NIES）のAIMモデル[2]、地球環境産業技術研究機構（RITE）のDNE-21＋モデル[3]、エネルギー総合工学研究所（IAE）の地球環境統合評価（GRAP）モデル[4]が参加している。2008年に結成された中期目標検討委員会（日本政府内閣官房の地球温暖化問題に関する懇談会の分科会）では、我が国の2020年のGHGs排出量に関する具体的な目標案の検討がなされた。そこでは、AIMモデルやDNE21＋モデルなどの国内の研究所や大学などが所有

2.5
統合化 エネルギーシステム

する複数のモデルが、目標案検討のための数学的な道具として政策決定の表舞台に現れ、提示された排出目標案に対して具体的な個別政策の効果などの定量的な情報を提供した。さらに、2021年10月に日本政府は2050年のカーボンニュートラル実現を念頭においた第6次エネルギー基本計画を発表した。その総合資源エネルギー調査会基本政策分科会における審議過程では、DNE21＋モデルによって計算された定量的な長期エネルギー需給シナリオに基づく議論がなされ、本領域の研究成果が日本政府のエネルギー政策立案に貢献した具体例となった。

（3）−2 電源計画と電力システム評価

　エネルギーシステム評価において電力需給システムはやや特徴的な性質を持つ。これは、①電力の貯蔵には制約が大きいこと、②送配電は交流でなされているので、常に需給バランスがとれ、周波数が厳格に管理されていなければならないこと、③電力需要は、季節・日間で大きく変動し、さらにより短時間でも変化する、などの需給双方の特性のためである。揚水発電は大容量であるが、貯蔵効率が約7割にとどまり、現在、運用コストの安価な原子力発電による夜間の揚水運転が限定的で経済運用が困難な状況にある。蓄電池は電源と比べて応答は速いが、容量が小さく、寿命が短く、現状では経済性に難がある。電源は需要に合わせた運転が必要なだけではなく、周波数や電圧管理のための設備と運用が不可欠である。

　需要変化が時間単位で発生し、それが事前にわかっている条件下では電源は可変費が安い順に運転を行い（メリットオーダー）、系統全体では予測されるピーク需要に適正な予備力を加えた設備を用意するのが合理的なことは自明である。ただし、太陽光発電（PV）や風力発電など変動電源が主力電源化する段階では、電力の需給構造が大きく変化し、従来のように夏季午後あるいは冬季点灯時に最大需要が発生するとは限らず、年間を通じて供給信頼度を適切に確保する必要性が高まっている。需要家に電力を送るには、電力流通設備の容量制約を考慮することになる。このような「上流から下流へ」エネルギーが流れる単方向ネットワークフローの想定では、電源計画は先のボトムアップアプローチと基本的に同じような数理モデルで評価可能である。しかし分散型電源が需要家側に導入され、送配電系統側に逆方向のフロー（逆潮流と呼ぶ）が発生すると話は単純ではなくなる。まず既存の流通設備はそのような逆潮流を想定していない。第2にネットワークが周波数成分とフィードバックループを持つ場合、停電が急激に広範囲に拡大するようなシステムの安定性の問題が発生する。電源システムのエネルギーシステム評価では、マクロでのエネルギー需給バランスのシステム評価と、短期あるいは瞬時のシステム安定性の問題を同時に扱うことは時間スケール上も空間スケール上も極めて困難なため、両者は独立に評価されてきた。しかし、両者にまたがる問題も近年発生している。PVや風力発電などの再生可能エネルギーの急速な拡大は世界的なトレンドであり、日本においても2012年の固定価格買取制度（FIT）の導入と世界的な太陽電池パネルの価格低下とによりPVが急速に拡大した。PVも風力発電も天候により短時間で出力が変化してしまい、給電指令が効かない。周波数が大きく変動してしまうため、瞬時に供給を適切に調整する必要がある。発電設備がタービンなど回転機で構成されている場合、わずかな変化なら自動的に吸収する特性（GF）があるが、ある程度以上大きな変化が要求される場合は負荷周波数制御（LFC）による調整を必要とする。さらに変動電源は本質的に出力予測誤差があるため、従前以上の十分な予備力を確保できないと、系統全体が不安定化することになる。そこで、電源計画モデルもエネルギー量の需給バランスと総コスト最小化だけでない視点を導入する必要性が生じる。地域の細分化と時間的な解像度の詳細化により変動電源出力と需要の変動を明示的に扱う拡張がなされ、PVの導入拡大に対する最適な蓄電設備の導入量を合わせ評価できるようになった。この代表的なモデルが東京大学による研究[5]である。時間解像度は10分、地理的解像度は全国352地点、基幹送電線441本を扱う線形計画の年間運用モデルで、規模は約2億の制約条件式と約1.5億の変数から構成される。やや簡易化された方法として、変動電源の容量に対するタービン発電機の容量を一定値以上にする慣性力制約を加える方法がある。

　これに対し、もともと中小規模の電気事業者が多い米国や国際的な送電ネットワークを持つヨーロッパでは、水力など余剰電力の相互融通のために市場メカニズムを利用した管理システムを構築してきた。この中には、

電力供給者から積極的に価格情報を消費者に流すことで需要をある程度調整しようとする需要側管理（DSM）と呼ばれる考え方が存在する。これは電力市場の形態を「需要に応じた生産」から「需要と供給のオークション」取引に変えるものである。消費者も自ら直接、あるいは家庭エネルギー管理システム（HEMS）や建物エネルギー管理システム（BEMS）ベースの自動化デマンドレスポンス（DR）システムにより自動的に需要を調整する。ある程度以上需要が超過して価格が上昇すれば、予備電源の保有者も電力市場に参加して供給を増やす。この結果、電力量の直物・先物取引だけでなく、予備的設備の保有も取引きの対象となる容量市場など金融市場の方法が取り入れられてきた。この場合のエネルギーシステム評価は、上記のいずれとも異なる接近法が必要となり、物理的なエネルギーシステム評価の枠を超えたオプションやボラティリティなど金融・証券市場の方法の適用と評価例が数多くみられるようになっている。日本では市場制度の整備が欧米に比べると遅れているため、実証研究よりも数理モデル研究が先行している。今後の電力市場制度の進展を鑑みると、日本でも検討すべき課題である。

変動電源の連系量増加によって、周波数制御や需給バランス調整のための調整力必要量が増え、従来電源以外の調整資源（蓄電池やDRなど）が必要となる可能性がある。変動電源大量連系下での需給バランス維持のために、需要側資源を経済的に活用する研究が始まっている[6), 7)]。今後、変動電源の出力予測の分布を考慮し、需要家が保有する分散型エネルギー資源を系統と統合して、経済的に再生可能エネルギー電力を主要な供給力として使っていくための計画手法、運用制御手法の開発がより重要になる。

（3）−3 地域エネルギーシステム

分散電源の拡大とエネルギー利用機器の拡大は、地域レベルで見るとさらに異なる様相と課題をもたらしている。国全体の一次エネルギー消費削減やGHGs削減が目的となる国レベルおよび電力システムの低環境負荷・低コスト・需給安定が目的となる電力システムレベルと、省エネルギーと建物に統合された再生可能エネルギー・分散型エネルギーシステムの導入によるネット・ゼロ・エネルギー化が目的となる建物レベルの間にあって、これまで地域レベルのエネルギーシステムの目的は明確では無かったが、近年地域エネルギーマネジメント（Smart Community、Smart City、Community Energy Management 等）の概念が出現した。また自治体が主導する低炭素まちづくりというニーズもあって、地域エネルギーシステムの概念とその研究開発に対するニーズは近年高まっている[8)]。通常、地域エネルギーシステムで取り扱われるのは、太陽エネルギー・地熱・小規模水力・バイオマスなど地域の再生可能エネルギー資源の供給、都市廃熱の活用、都市規模の熱併給発電、それらを含めて最終エネルギーを熱の形で建物に供給する地域熱供給システム（ヨーロッパや中国など寒冷地では地域暖房、日本など温暖地では地域冷暖房、シンガポール等では地域冷房も見られる）、分散型発電を含み広域の電力システムからの供給を含めて電力需給の最適化を図る地域の電力マネジメントシステム、都市ガス・石油類・近年では水素システム等を含む燃料供給システム、および建物（電気自動車への供給を含む）その他の部門の最終エネルギー消費を都市レベルにアグリゲートした都市の最終エネルギー需要である。

空間スケールがミクロになるにつれ、エネルギーシステムも個別の機器特性や需給パターンが詳細化され、さらに省エネルギーのオプションも具体的になる。例えば、農村部ではバイオマスの供給ポテンシャルが供給の時期と量、質を合わせて検討されねばならない。畜産や農業廃棄物の利用システムも同様で、収集から変換まで具体的な調査と評価を必要とする。都市部では産業排熱の利用だけでなく、ヒートポンプ技術の向上により河川熱や地中熱、さらに地下鉄排熱のような未利用熱源利用の可能性も視野に入る。省エネルギーオプションもゼロエネルギービル（ZEB）やゼロエネルギーハウス（ZEH）が提案するようなダブルスキン、LEDタスクアンビエント、ライトシェルフなどの省エネルギー建築技術などの効果も検討課題となる。

廃棄物利用では、バイオマスだけでなく回収廃プラスチック再利用も重要課題であるが、ここでは燃焼によるエネルギー利用だけでなく、原料としてのマテリアルリサイクル、そのほかの化学的変換プロセスによるケミカルリサイクル、埋め立てなどエネルギー以外の処理方法の相互比較が資源、経済性、エネルギー効率、環

境負荷、最終処分量など複数の視点から検討されねばならない。したがって、エネルギーシステムモデルも、単なるエネルギー変換だけでなく、マテリアルバランスやプロセスの温度、場合によっては圧力など化学工学的な評価を必要とするなど、熱利用でも特に熱輸送が含まれると温度や圧力など熱力学的側面が必要となる。このため、古くから評価はしばしばエネルギーだけでなくエクセルギーやエンタルピーからなされる。このように、ここでも単一の基準では不十分なものとなる。

地域エネルギーシステムでは、ヒートポンプや発電機などエネルギー機器の導入台数も数台単位となるため機器の運転特性も考慮されねばならない。一般に、エネルギー機器は部分負荷状態では定格運転時の効率を発揮できないことが多く、地域エネルギーシステムではこの影響が大きくなる[9]。このような特性はしばしば非線形かつ不連続関数となるため、数理モデル上は急激に定式化・求解とも困難さが増す。

このように地域レベルのエネルギーシステム評価は、基本的にボトムアップモデルをベースとして建築学、都市工学、化学工学、農学、機械工学、電気工学をはじめとする幅広い分野が担ってきた。特に、地理情報システム（GIS）の普及により、詳細な地理データが利用できるようになったことから日本でも東京、大阪、名古屋など大都市を対象とした詳細な分析が可能となった。しかしながらエネルギー利用状況の詳細なデータは、企業や個人の情報保護の観点から未公開なことが多く、システム評価のボトルネックとなっている。

次世代のエネルギーシステム要素技術として特に注目されるのが、電気自動車（EV）と電力系統との連携（ビークルトゥグリッド：V2G）である[7]。（3）–2で述べたようPV出力の変動性の吸収には蓄電池が有効であるが、駐車中のEVの蓄電池を利用できれば追加的な費用は大幅に削減できることが期待できる。ただし充電と走行の時間スケジュールに注意しなければならない。これを考慮するには、特定地域の大量の自動車の詳細な走行データとその分析が必要となる。情報技術の発展により、このようなビッグデータの収集と活用は現実のものとなりつつあるが、まだエネルギーシステム評価研究としては限定的である。

（4）注目動向
［新展開・技術トピックス］
（4）–1　エネルギー需給モデル分析関連

自然変動電源の大量導入の経済性評価には、火力発電など柔軟な運用、余剰電力の貯蔵や利活用、長距離送電、出力抑制、需要応答などを明示的に考慮できる電力システムモデルが必要となる。さらに、自然変動電源を用いた水電気分解による水素製造や、運輸部門などの非電力部門での水素需要、水素関連のエネルギーキャリアの長期貯蔵や長距離輸送への関心も高まっている。そのため、空間的時間的解像度が高い電力システムモデルと、非電力部門も考慮できる長期世界エネルギーモデルとの統合の必要性が高まっている。

CO_2回収・有効利用・貯留（CCUS）については、特にカーボンニュートラルの実現を前提とするケースでは、バイオマス利用や大気からのCO_2直接回収（DAC）とともにその大規模導入を最適策とする研究例が多く、逆にその現実的な社会経済的な導入障壁や技術的制約などに係るモデル化について改めて確認することも課題といえる。また、大気から回収されたCO_2と水素から合成される炭化水素燃料の航空機や船舶などの燃料としての経済性評価も重要性が高まっている。

エネルギー経済モデルを用いた気候変動対策による国民経済のグリーン成長の可能性評価や、パリ協定下での炭素国境調整メカニズムの影響評価なども関心を集めている分野といえる。

（4）–2　国レベルのエネルギーシステム評価

国レベルのエネルギーシステムは社会経済の動向と政策により大きく変化する。近年では、化石燃料から再生可能エネルギーへのシフトを念頭に置いた際の二次エネルギー（エネルギーキャリア）の将来に関する議論が活発である[10]。現状では天然ガス・バイオガスに加えて、再生可能エネルギー電力と水素がその代表格であるが、その国内・国際間輸送がエネルギー変換技術、エネルギー貯蔵技術やCCSと組み合わさって多様なシステムが設計、評価されている。また、エネルギーと経済の相互関係における新たな要因として、情報

技術の進展が大きく影響し始めている。 ICTの進展に伴い、スマートグリッド、スマートエネルギー、スマートタウンなど、「スマート」と付く様々なシステムを近年目にする機会が増えた。これらは必ずしも明確に定義された学術用語ではないが、PVやコジェネレーションシステムなど分散エネルギー機器を持つ需要家と大規模事業者だけでなく中小規模の発電事業者、あるいはEVとの接続までを含むさまざまな供給者を情報技術で連携し、最も効率的な需給マネジメントを実現しようとするものである。情報技術とAIの発展は、ネットワークの運営管理だけでなく料金の瞬時的な変化（Dynamic pricing）の反映や詳細な課金システムも可能とした。「スマート」に関しては近年特に注目が集まり、情報技術の寄与の可能性は様々に論じられており期待も大きいが、システム全体としての定量的評価はまだ道半ばである。個人情報の扱いが難しく需要家の行動が不明なこととに加え、EVがまだエネルギーシステムと連携するに至っていないことが大きい。データ活用の仕組みづくりが今後の研究課題となっている。

（4）−3 電源計画システム評価

　原子力発電利用の再開・拡大が困難な状況下において、電力セクターのCO_2排出削減を進める必要があるため、PV、風力など変動電源利用の拡大は不可避である。そのため、需給のエネルギーバランスだけでなく系統運用の安定化のニーズは急速に高まっている。対応策として、技術面と制度面からの展開がある。

　技術面では、蓄電システムの開発・普及がある。蓄電池は、容量 - 体積比（重量比）の改良を目指す大容量化（ただし寿命は5,000回の充放電サイクルを基準とする蓄電池）と短周期的な充放電サイクルに強い蓄電池、さらには瞬時的応答に強いキャパシタや超電導エネルギー貯蔵装置など電池以外のシステムの寄与も増加していく。これらの技術進歩と価格低下により、エネルギーシステム上の制約は大きく緩和すると考えられる。近年では、リチウムイオン電池のコスト低減は著しいが、電力を制御するための半導体機器はなお安価とは言えず、次世代電力系統システムの評価への影響は大きい。制度面では、前述の新たな需給調整市場の設立と活用やDERアグリゲーションビジネスの進展に依存するが、これらによる経済効果、環境面への寄与などは、不確実性の高さからまだシステム評価に至っていない。

　近年のトピックとして、変動電源の急激な増加に対して、送電容量の不足から接続が待たされる状況が現れたことがある。送電系統はピーク需要と事故に備えた容量が必要であり、このため設備利用率が制約される。この点は世界共通であり、欧州では日本ほど台風や地震の災害リスクが大きくないことや国際的な多連系送電網の存在から迂回路が多くなる。日本は供給信頼度重視の思想で、地域ごとの送電系統の独立性の高さから連系線容量制約が生じやすい現状がある。欧州では、送電空き容量の利用を高めるため「コネクト＆マネージ」という制度が導入されている。日本政府および一般送配電事業者は、「日本版コネクト＆マネージ」の導入を進めようとしているが、どの程度の追加効果があるか分析が必要である[11]。

（4）−4 地域レベルのエネルギーシステム評価

　PV、風力発電、バイオマス等再生可能エネルギーは地域に分散して導入されても基幹系統に接続されるとは限らない。中小規模では66 kVの二次系統や6.6 kVの配電系統に接続されることも多いことから、電力の「地産地消」をめざす流れが生まれている。この場合、大規模電源よりもkWhあたりでの発電費用は上昇するものの、送配電損失を抑制し、ネットワーク制約を緩和できるマイクログリッド的なものが普及すれば、ある程度地域内で需給を均衡できる。地域共生型再生可能エネルギー電源の割合が増加することで地域雇用の確保につながり地域生産人口流出対策等のメリットを生む可能性がある。地域マイクログリッドは地場産業の育成を含む地方活性化の一環として期待がされているが、補助金依存にならないような施策がなければ事業としては持続可能とはならない点に注意が必要であり、レジリエンス強化など社会的メリットの定量的な可視化が住民理を促進するうえで重要である。従来、都市レベルでのエネルギー供給システム評価では熱供給を中心に議論がおこなわれてきた。しかし、燃焼型の都市コジェネレーションシステムを主体とするヨーロッパ等での地域暖房システムに対し、日本に多く見られる一般ビルの空調熱源システムを拡大した形の地域冷

暖房システムでは建物側のセントラル空調システムの減少、パッケージエアコンシステムの高効率化と普及という状況下でその普及にブレーキがかかり、また、地域暖房システムに対しても高断熱型のゼロエネルギー建築の普及に伴う地域の熱需要密度の低下により熱供給システムの優位性の低下が懸念されている。そこで、電力需給を主体としたスマートコミュニティシステム、再生可能エネルギー出力変動を吸収するために製造された水素エネルギーシステムなどが注目されるようになっている。近年、自治体レベルの温暖化対策評価などを目的とした、都市最終エネルギー需要のシミュレーション技術開発が世界的な潮流となっている[12]。

（4）−5 消費行動研究

人の行動に関する研究は、経済学、経営学、心理学、社会学など多岐の分野に渡り、古くからなされてきたが、エネルギー消費に関わる行動という観点で頻繁に研究されるようになったのは、比較的最近である。

米国エネルギー効率経済評議会（ACEEE）は1980年に設立され、エネルギー効率の向上、省エネ、政策、教育など幅広く議論されてきた米国の非営利組織である。ここでは、エネルギーと行動の関係について議論されてはいたものの設立当初は少数派であった。それが行動に関する議論の高まりを受けて、この組織から2007年に行動・エネルギー＆気候変動会議（BECC）が生まれている。BECCでは研究者のみならず、自治体やNPOなどの実務者なども参加しており、人の行動変容がエネルギー消費を変え得ることや、行動変容を導くための介入方法などについて議論されてきた。

また、Energy Policy、The Energy Journal、Electricity Journalの3つのエネルギー専門誌に1999年から2013年に投稿された4,444本の研究論文の内容分析を行った結果、社会科学を専門とする著者はわずか19.6%であり、歴史、心理学、人類学、コミュニケーション学などの分野と回答した著者は0.3%未満、質的な手法を用いた論文は12.6%に過ぎない。エネルギー研究を深化・拡大するには、このような分野からの検討が必要だとして、イギリスの研究者を筆頭にEnergy Research & Social Science（ERSS）が2014年に創刊された。この論文誌では、工学系が中心のエネルギー専門誌では採択されにくい質的研究などについても積極的に掲載されている。2014年に前述したBECCの日本版として、BECC Japanが発足し、第1回カンファレンスが米国BECCの中心メンバーを迎えて挙行され、その後毎年開催されている。

リチャード・セイラー氏らが2017年に行動科学に関してノーベル経済学賞を受賞すると、行動経済学の考え方を、エネルギー消費行動に適応しようという機運が日本でも一気に高まった。また、計測技術の進歩によってエネルギー消費量を計測しやすくなり、大量にデータ収集したり、データの時間解像度が上がったことも、エネルギーと消費行動の関係性を議論できるようになった要因であると考えられる。

エネルギー消費行動について研究が始まった当初と、現在の取り上げるテーマの変遷については、初期には行動変容の介入手段や介入方法、効果検証方法などについての議論が多かったが、現在では、高齢者や低所得者など、すべての対象に平等にエネルギーを、エネルギー利用がもたらす便益と費用の公平な分配をといった"エネルギー正義"という議論が加わるようになっている。

［注目すべき国内外のプロジェクト］

エネルギー需給モデル分析関連では、欧州委員会出資プロジェクトExploring National and Global Actions to reduce Greenhouse gas Emissions（ENGAGE）があり、2019−2023年の期間で実施されている。欧州の研究機関に加え、ブラジル、インド、中国、韓国、タイ、インドネシア、ベトナム、ロシアなど、合わせて28の研究機関が参加している。日本からはRITEとNIESなどが参加し、気候変動の回避された影響を定量化するとともに、他の持続可能な開発目標とのコベネフィットも考慮した国別および世界全体の脱炭素政策・経路等のモデル分析が行われている。また、IEAと米国エネルギー省（DOE）エネルギー情報局（EIA）では、それぞれエネルギー需給モデルを用いて、World Energy Outlook（WEO）やAnnual Energy Outlook（AEO）シナリオを毎年定期的に公表し、世界各国のエネルギーの政策の方向性に大きな影響を及ぼしている。国内では、NIESのAIMモデル、RITEのDNE21+、日本エネルギー経済研究所

左側余白：
2.5
統合化
エネルギーシステム

（IEEJ）のIEEJ-NE_JAPANモデル、IAEのGRAPEモデルを用いた研究活動などが注目される。

　地域エネルギーシステムに関しては、日本の次世代エネルギー・社会システム実証事業（2010-2015年）において、横浜、豊田、京阪奈、北九州の4都市でスマートコミュニティの実証事業が実施され、後継プロジェクトも存在する。ヨーロッパでは、EUによるCONCERTO（2005-2010年）、Smart cities and communitiesがあり、前者は省エネルギー都市のパイロットプロジェクト、後者は都市におけるエネルギー・運輸・ICTなどの分野融合によるイノベーション創出を目指している。

　DERを活用する新しい統合エネルギーマネジメントシステム（EMS）については、CREST研究領域「分散協調型エネルギー管理システム構築のための理論及び基盤技術の創出と融合展開」（2019年度終了）において主に理論面から次世代協調型EMS実現手法などが創出された。内閣府戦略的イノベーション創造プログラム（SIP）「IoE社会のエネルギーシステム」において2022年度までにエネルギーシステムのグランドデザインと地域エネルギーシステムデザインのためのガイドライン策定を目指している。

（5）科学技術的課題

● エネルギーシステム評価における技術的課題

　エネルギーシステム評価における技術的課題としては、検証作業（複数のモデルを利用したレビューなど）、数理計算モデル上の技術（非線形効果の導入、混合整数解の解法、モデルの定式化、求解の困難化など）、エネルギー量だけではない多面的視点からの評価方法（政治的リスク、事故リスク、不確実性、エネルギーの質的側面、PVなどの短期周期変動性、地域におけるマテリアルバランスなど）、電力の市場取引化による数理モデル評価（および実証試験）などが挙げられる。また、グローバルレベルから地域レベルを通じて、いくつかの新しい動向に対して、その影響が予測できない、あるいは分析に用いるデータがほとんど入手できないことがエネルギーシステム評価を行う上で大きな障壁となっている。

● エネルギー需給モデルの空間的・時間的解像度の高度化

　エネルギー需給モデルの空間的・時間的解像度を高める必要があるが、そのために汎用計算サーバの主記憶容量上限を超える記憶領域が必要となる大規模モデルへの対応が必要となりつつある。具体的には、3点の対応策が考えられ、1つは計算アルゴリズムにおけるソフトウェア的な対応であり、大規模最適化問題の実用的な分解・並列計算手法の構築がある。2つめは対象となるエネルギーシステムの特徴を考慮した対策で、大規模モデルの効果的な縮約化手法の構築である。そして3つめは、ハードウェア的な対応で、大きな主記憶容量を有する特殊な計算サーバへの移行である。政策ニーズに応えるために、エネルギー経済モデルの高度化も課題といえる。

● エネルギーシステムにおける不確実性への対応

　エネルギーシステムを取り巻く様々な不確実性を適宜考慮していくことも課題である。具体的には、自然災害に対するレジリエンスの向上施策の具体化、国際紛争等による石油や天然ガスの供給途絶に対するエネルギー安全保障施策の評価、そして技術革新や環境政策の長期的な不確実性を考慮した投資戦略の立案などが考えられる。

● 一般均衡モデルの構築方法の確立

　水素やレアメタル、そしてDACなど、経済統計データがまだ存在しない非在来型の資源や新規技術も考慮できるような一般均衡モデルの構築方法はまだ確立されておらず、今後の検討課題である。

● エネルギー需要モデル

　供給技術については多くの開発課題と進展があるが、エネルギー需要に関しては基盤となるデータ、方法論とも現状では限られている。例えば、マクロレベルでの電力消費は与えられても、時刻別・世帯別・地域別のような細分化されたデータは公開されていない。現在、スマートメーターデータの活用の仕組みが整備され始めた段階である。冷房など用途別需要がどのように変化するかはシステム評価上重要な課題であるが、利用可能な気象データは限られている。ヒートポンプ技術の向上により河川熱や地下熱など未利用エネル

ギー源が実用化される段階となったが、これらは広域に存在するものではなく局所性が高いので、需要の詳細なデータとのマッチングが不可欠である。輸送需要に関しても同様であり、時刻別・目的別需要などは個別調査によっている。日本においては、少子高齢化が予想されているが、これによりエネルギー消費がどちらに動くのかは、なおシナリオに依存している段階である。世界的に見ても、例えば地域内交通の分析に必須のオンデマンド需要データは、国際輸送には存在しない。自動車会社などが保有する走行データなどが広く学術目的・公共目的に利用できる環境が必要である。今後はデジタル技術の進歩によって新たに入手可能となった消費者行動データに基づく、革新的なエネルギー需要モデルの出現の可能性も考えられる。

• **シェアエコノミー**

情報技術の進展により個別の活動状況の収集は可能となっており、効率的なエネルギー利用が期待されている。近年注目されるシェアエコノミーにはこの情報技術インフラが不可欠であるが、この進展がどこまでエネルギーシステムに変革を起こすのかは現在、議論が緒についたばかりである。

• **複数の経済主体間の競合を考慮した評価**

エネルギーシステムは社会システムであり、特に自由市場を前提とする場合、複数の経済主体間の競合も考慮した評価が必要となる。分析テーマの例としては、電力ならびにアンシラリーサービスの市場分析、石油や天然ガスなどの国際的エネルギー取引の市場分析、そして気候変動対策の国際交渉や排出目標や炭素国境調整メカニズムなどの分析などが考えられる。現状では、ゲーム理論に基づく解析的なアプローチと、マルチエージェントシミュレーションによる数値実験的なアプローチなどが知られているが、今後実用性を高めていく必要がある。

• **エネルギー需給モデルと環境研究との連携**

農業や林業等による土地利用変化や今後の気候変動の影響の考慮など、エネルギー需給モデルと環境研究との連携を深めることも課題である。

（6）その他の課題

エネルギー環境政策は、多くの国で政治的な争点となっており、エネルギーシステム評価を実施する際に政治的な中立性の確保も課題となる。特定の技術に対して不利な条件が設定されていないか、競合技術が評価対象から排除されていないかなど注意が必要である。

また本研究領域は、研究成果を社会へ還元する場が現状では限られ、博士学位を有する研究者数は多くない。活躍の場も徐々に広がっているように思われるが、若い研究者のキャリアパスは、政府関係の研究機関や大学などの少数のポストにほぼ限られている。

エネルギーシステム評価において、需要データやエネルギー利用状況の詳細データなどが必要となるが、それらは個人情報保護法との兼ね合いがあること、またそのデータが共有化されていないことが課題となる。また地域エネルギーのデータについては個々に調査しているものの統合化されていない問題もある。

本研究領域はきわめて分野横断的であるだけでなく、地域の在り方と国際的な温暖化対策、ミクロレベルのエネルギー需要と国際エネルギーネットワークなど空間スケールの横断性、また地球温暖化と短期的な変動電源の関係性など時間スケールの温暖性など幅の広い視点が不可欠である。さらに制度の社会的需要なリスクの認知など、人文・社会科学的知見の必要性や情報技術の進展の影響などの分野横断性は特に必要である。しかしながら、このような分野横断的なシステム研究は、例えばかつての科研費の重点領域のようなテーマは現状では取り上げられず、横断的視点の必要な若手人材の確保が困難となっている。

（7）国際比較

国・地域	フェーズ	現状	トレンド	各国の状況、評価の際に参考にした根拠など
日本	基礎研究	○	→	●NIESは近年、AIMモデルの需要サイドの技術の詳細化を実施している。既往のAIM（CGE）モデルでは、取り扱っている技術の種類の拡張を実施しており、カーボンプライシングなど環境政策の影響分析や原子力政策に関する影響分析を行っている[13), 14)]。同じくAIM（end-use）では、日本の2050年に向けた脱炭素化の強化に伴うGDPロスを評価し、従来型の経済モデルよりもGDPロスは少ないとの評価結果が得られている[15)]。 ●エネルギーシステム評価は通常の技術開発とはやや性格が異なるが基礎研究に相当するのが現状調査、データ収集であるとするなら大都市を中心に様々な調査がなされている。
日本	応用研究・開発	○	→	●RITEがDNE21+モデルを用いてCO_2排出制約の影響評価を実施している。近年の研究結果では、日本の2050年カーボンニュートラル実現に向けた分析を実施している[16)]。また、IEEJもIEEJ-NE_JAPANモデルを用いて、2050年カーボンニュートラル実現を複数シナリオで分析しており、本モデルは、自然エネルギーの電力系統統合を詳細に考慮している点に特徴がある[17)]。その他にも、IAEのGRAPEモデル等が分析結果を報告している。 ●地球温暖化統合評価モデル開発は、NIESのAIM、RITEのALPS-III、IAEのGRAPEなどが継続して情報発信している。ただし、新規の参入がやや少ない点が懸念事項である。 ●分散型エネルギー資源を統合する将来の電力システムの最適計画や運用手法に関しては、IEEEやCIGREなどの場で取り上げられ、日欧米で研究が進展している。日本独自の取組みも見られ、欧米とは異なる気象条件（高温多湿下での空調需要管理）や生活様式、電力需要が伸びている点でアジアから注目される。
米国	基礎研究	○	→	●Pacific Northwest National Laboratory（PNNL）、University of Maryland（UMD）が開発したGCAMモデルにおいて、考慮する技術の詳細化やエネルギー以外の分野、例えば、気候・地球モデルとのリンクも考慮した統合的分析（GCAM-fusion）を行っている[18)]。また、大気汚染物質（SOx、NOx）の評価機能の追加等が実施され、米国の州単位レベルでの詳細な環境影響分析が行われている[19)]。 ●温暖化研究は政治的影響を受けたが、大学の研究所、EPAなど政府機関の活動は継続しているように思われる。エネルギーシステムの研究は維持されている。再生可能エネルギー支援では、NSFなどが大学に資金供給し、電源系統とEVの連携（Vehicle grid integration）評価など興味深いテーマも見られる。
米国	応用研究・開発	○	→	●MITが開発したEPPAモデルでは、産業部門のCCSを追加して分析を行い、CCS導入量は環境政策に依存することなどの政策的示唆が得られている[20)]。他にも米国の地球温暖化統合評価モデルには、スタンフォード大学/Electric Power Research Istitute（EPRI）のMERGEモデルが挙げられるが、近年は、目立った研究は行われていないようである。 ●温暖化研究は政治的影響を受けたが、大学の研究所、EPAなど政府機関の活動は継続しているように思われる。電力市場などの展開においては活動が継続している。 ●再生可能エネルギー統合研究では、DOE傘下の国立研究所を中心に研究が進展している。
欧州	基礎研究	◎	↗	●イタリアのRFF-CMCC European Institute on Economics and the Environment（EIEE）のWITCHモデルによる分析では、気温上昇による健康影響評価が行われている[21)]。 ●オーストリアのIIASAが開発したMESSAGEモデルでは、地域（ウィーン市）に特化したエネルギー戦略分析が行われ、地域政策との整合性が分析されている[22)]。また、モデルの活用機会の促進に向けたモデルのオープンソース化も行われている[23)]。

2.5
統合化 エネルギーシステム

2.5 統合化エネルギーシステム

国・地域	フェーズ	現状	トレンド	各国の状況、評価の際に参考にした根拠など
				●IEAのEnergy Technology Systems Analysis Program（ETSAP）が開発したTIAMモデルは国際的に広く活用されており、最近ではアフリカの地域情報を活用の上にて2050年に向けたアフリカの電力アクセスの展望と電力安定供給に関する分析が行われている[24]。また、新技術の普及を踏まえたコバルトのサプライチェーンを考慮したTIAMモデルの開発と分析が行われている[25]。そして、カーボンプライシングによる省エネ、化石燃料の技術選択に関して詳細な分析が行われている[26]。 ●英国University College LondonのTIAM-UCL（TIAMは元々はIEAが開発した世界モデル）では、インドの技術選択の詳細化を行い、脱炭素化実現には太陽光発電の大量普及の必要がある等との分析が報告されている[27]。 ●輸送部門では、カーシェアリングなど情報技術との連携が進められている。 ●ドイツのPIK（ポツダム気候変動研究研究所）は温暖化対策を念頭に置いた研究を続けている。
	応用研究・開発	○	→	●ドイツのPIKのREMINDモデルでは、様々な気候変動政策等のシナリオがCO$_2$排出パスやエネルギー需給に与える影響に関して分析が行われている。近年では、新技術の習熟効果のテンポが、国際的な温室効果ガス排出削減コストに与える影響分析が行われている[28]。また地域別に電力負荷持続曲線を考慮に入れて自然変動電源の系統接続の詳細化を行い、再エネ導入可能性分析が行われている[29]。欧州では歴史的に国境を越えたインフラの連携がなされている。特に電源系統では、再生可能エネルギーの導入と国境・事業者をまたぐ系統運用や新たな市場の誕生とともに、新しい管理・運用形態リスクへの対応などの実証研究が進んでいる。 ●ドイツは再生可能エネルギーの大幅拡大によるシステム運用研究は継続している。 ●英国はグリーンディールなど温暖化対応の低炭素エネルギー利用の社会的制度の導入などに伴い、独自性のある研究報告があるが国情の違いによるところが大きく、直ちに研究の開発状況の高低を意味するとは言及できない。 ●オーストリアのIIASAは世界のエネルギーシステムと気候変動対策、環境影響評価の研究の中核的機関の一つであり、中長期的視点から技術イノベーションをはじめ注目すべき活動を継続している。
中国	基礎研究	○	↗	●独自のエネルギー需給モデルは開発されておらず、既存のモデルの利活用が中心にある。IEA-ETSAPが元々開発したMARKALモデルやTIMESモデルを活用した分析を清華大学等が主として実施している。近年は、中国国内30地域別でのエネルギー需給の詳細化したTIMESモデル（TIMES-30P）を開発し、大幅な脱炭素化の実現可能性に関して分析が行われている[30]。また、TIMESモデルを活用することで、中国のカーボンニュートラル分析も行われている[31]。そして、電力部門での水利用の関係の詳細化を行ったTIMESモデルの開発により、CO$_2$制約や水利用制約により、再エネが優位になるシナリオ分析などが行われている[32]。 ●学術誌への投稿論文は多く、大学を中心に様々なエネルギーシステムの調査が報告されている。 ●米国の大学と共同で統合エネルギーシステムに関する研究が進行している。
	応用研究・開発	○	↗	●CGEモデルを活用して排出権取引（ETS）が中国の石油消費産業のエネルギー需給に与える影響分析が行われている[33]。 ●輸送部門では情報技術の進展を具体的に応用するとともに環境問題へも言及がある。ただ、大都市と地方では研究に濃淡がある印象がある。 ●電力システム分野では、国家電網等政府機関・企業がリードして、再生可能エネルギー統合、EV活用、スマートコミュニティ、デジタル化（IoT、ビックデータ、AI）応用研究が進んでいる。

韓国	基礎研究	○	↗	●IEA-ETSAPが元々開発したMARKALモデルやTIMESモデルを活用した分析が行われている。水素サプライチェーンを考慮したTIMESモデルを開発し、グリーン水素による電力消費量増加の可能性等が分析されている[34]。 ●政府が支援して、大学でスマートグリッド、マイクログリッド研究が行われている。
	応用研究・開発	○	↗	●IAEAが開発した長期の電源計画評価モデルであるWASP（Wien Automatic System Planning）モデルを用いて、再生可能エネルギーと原子力発電の導入可能性評価を行い、脱炭素化でのこれらの電源の有効性を評価している[35]。 ●サムソンなど主要メーカーがスマートグリッド、スマートコミュニティ関連や新しい電力・エネルギーシステムに関する産学連携研究を行っている。 ●これまではエネルギーシステム評価研究はさほど盛んではなく研究論文も限られていたが、この10年の間に国際学会での発表や論文数が増加している。

（註1）「フェーズ」

「基礎研究」：大学・国研などでの基礎研究レベル。

「応用研究・開発」：技術開発（プロトタイプの開発含む）・量産技術のレベル。

（註2）「現状」 ※我が国の現状を基準にした評価ではなく、CRDSの調査・見解による評価。

◎：他国に比べて特に顕著な活動・成果が見えている　　○：ある程度の顕著な活動・成果が見えている

△：顕著な活動・成果が見えていない　　×：特筆すべき活動・成果が見えていない

（註3）「トレンド」

↗：上昇傾向、→：現状維持、↘：下降傾向

関連する他の研究開発領域

・蓄エネルギー技術　（環境・エネ分野　2.2.1） ・地域・建物エネルギー利用　（環境・エネ分野　2.3.1） ・エネルギーマネジメントシステム　（環境・エネ分野　2.5.1） ・パワー半導体材料・デバイス　（ナノテク・材料分野　2.4.4）

参考・引用文献

1）International Energy Agency（IEA）, *A Group Strategy for Energy Research Development and Demonstration*（Paris: Organization for Economic Co-operation and Development, 1980）.

2）Shinichiro Fujimori, Toshihiko Masui and Yuzuru Matsuoka, "AIM/CGE [basic] manual," *Discussion Paper Series* no. 2012-01（2012）., https://doi.org/10.13140/RG.2.1.4932.9523.

3）公益財団法人地球環境産業技術研究機構（RITE）システム研究グループ「統合評価モデルDNE21の概要」https://www.rite.or.jp/system/research/new-earth/dne21-model-outline/,（2023年1月16日アクセス）.

4）Atsushi Kurosawa, "Multigas Mitigation: An Economic Analysis Using GRAPE Model," *The Energy Journal* 27, Special Issue（2006）: 275-288., https://www.jstor.org/stable/23297085.

5）杉山達彦, 小宮山涼一, 藤井康正「全国の電力基幹系統を考慮した最適電源構成モデルの開発と太陽光・風力発電大量導入に関する分析」『電気学会論文誌B（電力・エネルギー部門誌）』136巻12号（2016）: 864-875., https://doi.org/10.1541/ieejpes.136.864.

6）高橋雅仁「再生可能エネルギー電源出力の不確実性を考慮した柔軟性資源計画モデルに関する研究」『電気学会電力技術研究会資料. PSE』17巻9号（2017）: 109-112.

7）吉岡七海, 浅野浩志, 坂東茂「制御参加率を考慮した電気自動車の充放電制御による系統柔軟性確保の経済性評価」『電気学会論文誌B（電力・エネルギー部門誌）』139 巻 12 号（2019）: 713-721., https://doi.org/10.1541/ieejpes.139.713.

8）Takaaki Furubayashi and Toshihiko Nakata, "Cost and CO_2 reduction of biomass co-firing using waste wood biomass in Tohoku region, Japan," *Journal of Cleaner Production* 174 (2018): 1044-1053., https://doi.org/10.1016/j.jclepro.2017.11.041.

9）坂東茂他「電力・熱負荷特性がマイクログリッドにおける電源システム機器容量設計に与える影響について」『電気学会論文誌B（電力・エネルギー部門誌）』128 巻 1 号（2008）: 67-74., https://doi.org/10.1541/ieejpes.128.67.

10）国立研究開発法人新エネルギー・産業技術総合開発機構（NEDO）「「NEDO再生可能エネルギー技術白書」初版」https://www.nedo.go.jp/library/ne_hakusyo_2010_index.html,（2023年1月16日アクセス）.

11）経済産業省 資源エネルギー庁「系統制約の緩和に向けた対応（2018年1月24日）」経済産業省, https://www.meti.go.jp/shingikai/enecho/denryoku_gas/saisei_kano/pdf/002_02_00.pdf,（2023年1月16日アクセス）.

12）Christoph F. Reinhart and Carlos Cerezo Davila, "Urban building energy modeling - A review of a nascent field," *Building and Environment* 97 (2016): 196-202., https://doi.org/10.1016/j.buildenv.2015.12.001.

13）国立研究開発法人国立環境研究所 AIMチーム「AIM/CGE［Japan］を用いたカーボンプラインシングの定量化（2021年6月21日）」アジア太平洋統合評価モデル（AIM）, https://www-iam.nies.go.jp/aim/projects_activities/prov/2021_carbon_tax/20210621_masui.pdf,（2023年1月16日アクセス）.

14）Diego Silva Herran, Shinichiro Fujimori and Mikiko Kainuma, "Implications of Japan's long term climate mitigation target and the relevance of uncertain nuclear policy," *Climate Policy* 19, no. 9 (2019): 1117-1131., https://doi.org/10.1080/14693062.2019.1634507.

15）Shinichiro Fujimori, et al., "Energy transformation cost for the Japanese mid-century strategy," *Nature Communications* 10 (2019): 4737., https://doi.org/10.1038/s41467-019-12730-4.

16）秋元圭吾, 佐野史典「2050年カーボンニュートラルのシナリオ分析（中間報告）（2021年5月13日）」経済産業省 資源エネルギー庁, https://www.enecho.meti.go.jp/committee/council/basic_policy_subcommittee/2021/043/043_005.pdf,（2023年1月16日アクセス）.

17）松尾雄司他「2050年カーボンニュートラルのモデル試算（2021年6月30日）」経済産業省 資源エネルギー庁, https://www.enecho.meti.go.jp/committee/council/basic_policy_subcommittee/2021/044/044_009.pdf,（2023年1月16日アクセス）.

18）Corinne Hartin, et al., "Integrated modeling of human-earth system interactions: An application of GCAM-fusion," *Energy Economics* 103 (2021): 105566., https://doi.org/10.1016/j.eneco.2021.105566.

19）Wenjing Shi, et al., "Projecting state-level air pollutant emissions using an integrated assessment model: GCAM-USA," *Applied Energy* 208 (2017): 511-521., https://doi.org/10.1016/j.apenergy.2017.09.122.

20）Sergey Paltsev, et al., "Hard-to-Abate Sectors: The role of industrial carbon capture and storage (CCS) in emission mitigation," *Applied Energy* 300 (2021): 117322., https://doi.org/10.1016/j.apenergy.2021.117322.

21）Lara Aleluia Reis, Laurent Drouet and Massimo Tavoni, "Internalising health-economic impacts of air pollution into climate policy: a global modelling study," *Lancet Planetary Health* 6, no. 1 (2022) : E40-E48., https://doi.org/10.1016/S2542-5196（21）00259-X.

22）Daniel Horak, Ali Hainoun and Hans-Martin Neumann, "Techno-economic optimisation of long-term energy supply strategy of Vienna city," *Energy Policy* 158（2021）: 112554., https://doi.org/10.1016/j.enpol.2021.112554.

23）Daniel Huppmann, et al., "The MESSAGE$_{ix}$ Integrated Assessment Model and the ix modeling platform（ixmp）: An open framework for integrated and cross-cutting analysis of energy, climate, the environment, and sustainable development," *Environmental Modelling & Software* 112（2019）: 143-156., https://doi.org/10.1016/j.envsoft.2018.11.012.

24）Francesco Dalla Longa and Bob van der Zwaan, "Heart of light: an assessment of enhanced electricity access in Africa," *Renewable and Sustainable Energy Reviews* 136（2021）: 110399., https://doi.org/10.1016/j.rser.2020.110399.

25）Gondia Sokhna Seck, Emmanuel Hache and Charlène Barnet, "Potential bottleneck in the energy transition: The case of cobalt in an accelerating electro-mobility world," *Resources Policy* 75（2022）: 102516., https://doi.org/10.1016/j.resourpol.2021.102516.

26）Alice Didelot, et al., "Balancing Energy Efficiency and Fossil Fuel: The Role of Carbon Pricing," *Energy Procedia* 105（2017）: 3545-3550., https://doi.org/10.1016/j.egypro.2017.03.814.

27）Rohit Gadre and Gabrial Anandarajah, "Assessing the evolution of India's power sector to 2050 under different CO_2 emissions rights allocation schemes," *Energy for Sustainable Development* 50（2019）: 126-138., https://doi.org/10.1016/j.esd.2019.04.001.

28）Shuwei Zhang, et al., "Technology learning and diffusion at the global and local scales: A modeling exercise in the REMIND model," *Technological Forecasting and Social Change* 151（2020）: 119765., https://doi.org/10.1016/j.techfore.2019.119765.

29）Falko Ueckerdt, et al., "Decarbonizing global power supply under region-specific consideration of challenges and options of integrating variable renewables in the REMIND model," *Energy Economics* 64（2017）: 665-684., https://doi.org/10.1016/j.eneco.2016.05.012.

30）Nan Li, Wenying Chen and Qiang Zhang, "Development of China TIMES-30P model and its application to model China's provincial low carbon transformation," *Energy Economics* 92（2020）: 104955., https://doi.org/10.1016/j.eneco.2020.104955.

31）Shu Zhang and Wenying Chen, "China's Energy Transition Pathway in a Carbon Neutral Vision," *Engineering* 14（2022）: 64-76., https://doi.org/10.1016/j.eng.2021.09.004.

32）Weilong Huang, Ding Ma and Wenying Chen, "Connecting water and energy: Assessing the impacts of carbon and water constraints on China's power sector," *Applied Energy* 185, part 2（2017）: 1497-1505., https://doi.org/10.1016/j.apenergy.2015.12.048.

33）Hong-Dian Jiang, et al., "How will sectoral coverage in the carbon trading system affect the total oil consumption in China? A CGE-based analysis," *Energy Economics* 110（2022）: 105996., https://doi.org/10.1016/j.eneco.2022.105996.

34）Jaewon Choi, Dong Gu Choi and Sang Yong Park, "Analysis of effects of the hydrogen supply chain on the Korean energy system," *International Journal of Hydrogen Energy* 47, no. 52（2022）: 21908-21922., https://doi.org/10.1016/j.ijhydene.2022.05.033.

35）Immanuel Vincent, et al., "The WASP model on the symbiotic strategy of renewable and nuclear power for the future of '*Renewable Energy* 3020' policy in South Korea," Renewable Energy 172（2021）: 929-940., https://doi.org/10.1016/j.renene.2021.03.094.

2.6 エネルギー分野の基盤科学技術

2.6.1 反応性熱流体

（1）研究開発領域の定義

　本領域では、反応性熱流体、いわゆる燃焼に関する科学、技術、研究開発を取り扱う。工学を構成する主要な複合的基礎技術および具体的な応用技術である。応用としてエンジン燃焼、ガスタービン燃焼、航空宇宙推進、燃焼式工業炉、微粉炭燃焼などが挙げられる。エンジン燃焼に関しては、高効率化とクリーン化の同時実現に向けて研究開発が進められている。自動車エンジンを中心に、周辺環境、制御技術も含めた内容が対象である。反応性熱流体は、工学基礎技術として今後も必要な科学技術の中核分野である。

（2）キーワード

　エンジン、ガスタービン、工業炉、化学反応、NOx、すす（Soot）、バイオ燃料、合成燃料、e-fuel、水素、グリーンアンモニア、LCA、ゼロエミッション、超希薄燃焼、HCCI、再生可能エネルギー、燃焼合成

（3）研究開発領域の概要
［本領域の意義］

　カーボンニュートラルの実現に向けた取組が進んでいるが、燃焼技術は依然として世界の動力・発電・熱需要の大部分を担っている。陸海空の輸送セクタや航空宇宙推進分野、工業製品の製造工程だけでなく、廃棄物の焼却処理・減容にも用いられ、人類の活動全般を担う基盤技術である。一次エネルギー源である（特に液体）燃料は、最新電池と比べても質量エネルギー密度が大きく、エネルギーキャリアとして移動体や大きな仕事率が必要な幅広い用途に用いられる。一方、化石燃料はCO_2の主たる排出源であり、その排出量削減に向けた取り組みが世界的に喫緊の課題である。

　基礎科学としての燃焼は、熱や物質の輸送と化学反応が連成する反応性熱流体に分類される。複雑な現象であると同時に極めて広い応用範囲を有する。石炭を中心に燃焼利用全般を回避しようとする動向の一方で、世界的には燃焼研究者人口は増加傾向にある。再生可能エネルギーのみの利用へシフトしようとする動向と同時に、実際には燃焼研究投資が継続しているという事実がある。2020年10月、当時の菅首相による2050年カーボンニュートラル（以下、CN）宣言を受け、国内産業界のCN化への意識が大きく変わり、具体的取組みが急増した。世界的には2021年11月のCOP26（グラスゴー開催）前後から脱炭素化動向が加速した。一方2022年2月に始まったウクライナ危機に端を発し、直近のエネルギー供給に不安が出ると、主として天然ガスの不足から、石炭や原子力への回避など、現実的対策へのシフトが世界的に進んでいる。一時的な世界動向に流されず、燃焼利用の一層の高効率化、低炭素化、CN燃料シフトに向け計画的な努力が望まれる。

［研究開発の動向］

　近年は燃焼利用そのものを避けるため、再生可能エネルギー由来の電気エネルギーの利用を想定した研究開発が世界的に進められてきた。しかし再生可能エネルギー導入が進むにつれ、その時間的・空間的偏在性や、電気エネルギーの高密度・長期間貯蔵の困難性といった特徴が広く認知された。その結果、再生可能エネルギー導入と並行して、高い出力密度と負荷変動追従性をもつ燃焼を活用する、経済合理性の高い方法による包括的なCO_2削減を目指す方針に転換されつつある。

　この観点において、燃焼領域の研究開発動向には大きく二つのトレンドがみられる。一つは、化石燃料を使用する燃焼機器の一層の高効率化である。化石燃料はその製造・貯蔵・輸送における発熱量当たりのCO_2排出量が大きいことから、燃焼利用時における熱効率向上がCO_2排出量削減に直結する。日本の実用燃焼器

2.6
エネルギー分野の
基盤科学技術

の熱効率は世界トップクラスにある。例示すると市販自動車ガソリンエンジンでは正味熱効率40％超（トヨタプリウス、ホンダシビック等2020年現在）、天然ガス焚き1500℃コンバインドサイクルでは熱効率60％超・出力98万kW[1]、空気焚き石炭ガス化炉1200℃級コンバインドサイクル（IGCC、実証試験）は熱効率40％超・出力25万kWなどである。自動車エンジンの高効率化を目標としたSIP「革新的燃焼技術」（2014～2018年度；以下SIP燃焼）が行われ、研究段階であるが目標であった正味熱効率50％（ガソリン機関51.5％、ディーゼル機関50.1％）を達成した。特にガソリンエンジンでは均質超希薄燃焼が技術課題とされた。その中で希薄限界支配因子の科学的特定がなされ、これに基づき燃料最適化・転換により、より一層の効率向上の糸口が見いだされている。この動向はAICE（自動車用内燃機関技術研究組合）を主体にした、SIP燃焼の後継の連携研究に受け継がれ、研究開発で熱効率60％、さらに自動車業界から市販車での目標50％という数字が聞かれるようになった。またガスタービンでは、高効率ガスタービン技術実証の下、1700℃級ガスタービンの研究開発が進み（2020が最終年度）、同成果を元に1650℃級コンバインドサイクル（熱効率64％・出力61万kW）の実機検証が2020年に開始[2]、さらに水素専焼[3]や将来のアンモニアの利用、水素等の混焼プロジェクトへの発展を見込んでいる。米国のDOE（Department of Energy）やEUのERC（European Research Council）では水素専焼だけでなく、水素・アンモニア混焼を対象に大型プロジェクト（DOEの例[4]）が既に始まっている。

　燃焼機器の高効率化と双璧となる二つ目の大きなトレンドとして、広義の燃料転換が挙げられる。特に運輸部門の燃焼機器利用時のCN化のためのCN燃料の研究開発や利用がある。CN燃料の例として、炭素成分を除去した燃料（天然ガスを原料に炭素成分を地下貯留した水素など）や再生可能エネルギー由来の合成燃料（e-fuel）やバイオ燃料等がある。また水素供給が可能なパイプラインが整い、広大な国土により豊富なバイオ資源が見込める国においては、それらの燃焼利用に関する研究開発が盛んである。米国では、水素利用のスケールアップを目指して「H2@Scale」を2019年から実施している。米国では毎年約1000万トンの水素を主に天然ガスから水蒸気改質法で生産するが、その際発生する多量のCO_2は未処理である。そのため、CCUSや再生可能電力による水電解からの低コストでの水素製造を目的として、H2@Scaleにて新たに2020年から「Hydrogen Program Plan」実証研究計画が発表された。また、太陽電池・風力等の導入拡大に伴い、再生可能エネルギー由来の余剰電力のエネルギー貯蔵や、運輸部門に最適な質量エネルギー密度の高いCN燃料合成を狙い、e-fuelを利用する選択肢の有望性も急速に高まっている[5]。

　欧州では、2050年のCNを目指して運輸部門での液体e-fuelの確立と普及のために「eFuel Alliance」[6]を発足、2022年時点で170社以上が加盟し活動している。e-fuelの課題は低コスト化や生産能力の拡大であり、研究開発が欧州や日本で盛んになっている。その観点で、e-fuelは、まずSAF（Sustainable Aviation Fuel）として航空機での活用が期待されている。一方、非可食性次世代バイオ燃料（植物繊維利用のバイオエタノール等）の低コスト化と生産量向上の研究開発も米国を中心に推進されている。燃焼機器は燃料の燃焼特性に厳密に整合させる設計で高効率化を実現しているため、各種CN燃料の燃焼特性を調べる基礎研究も盛んである。

　日本発の動向として、貯蔵性・輸送性に優れたアンモニアに着目した研究開発がSIP「エネルギーキャリア」において進められ、その中で特にアンモニア直接燃焼に関するグループが世界の先駆けとなり、アンモニア専焼によるガスタービンおよび工業炉、天然ガス混焼ガスタービンや石炭混焼ボイラ等の開発や実証に成功している。燃焼過程でのNOx排出が回避されない限りあり得ないとされてきたアンモニア直接燃焼の課題に解決の目処がついた[7]ため、世界的に従来例のない急速な拡がりを見せている。これらの成果は日本の第6次エネルギー基本計画（2021）のみならず国際エネルギー機関（IEA）のレポート[8]にも記載された。さらに日本の科学技術イノベーション政策の大方針である統合イノベーション戦略2019、2020にも追加され、アンモニア直接燃焼を背景に新たに策定された「新国際資源戦略」において「燃料アンモニア」として位置づけられた。アンモニアに関しては、SIPエネルギーキャリアの後、グリーンアンモニアコンソーシアム（現・クリーン燃料アンモニア協会）の枠組みによる活動も始まっている。アンモニアの供給側として、サウジアラビアや

オーストラリアが名乗りをあげ、その低炭素化（ブラウンからブルーへ、さらにグリーンアンモニアへ）も大きなトレンドとなりつつある。アンモニアを液体燃料として利用するアンモニア噴霧燃焼に関する研究開発も開始されている。基礎研究では、液体アンモニアの大きな蒸発潜熱による局所的低温化、噴射直後に相変化を行うことで微粒化が促進する減圧沸騰微粒化等、アンモニア燃料噴霧燃焼の特性が明らかになってきている。応用研究では、アンモニア噴霧専焼のガスタービン開発開始がIHIから発表されている。

石炭燃焼は他燃料に比べ単位発熱量当たりCO_2排出量が相対的に大きいため欧州を中心に石炭火力の建設が抑制され、日本でも2020年7月、経産省が石炭火力縮小の方針を発表した。中国も2021年9月に開催された国連総会で、今後は海外で新たな石炭火力発電プロジェクトは行わないと表明した。中国と米国の先進石炭技術コンソーシアム（Advanced Coal Technology Consortium（ACTC））で行われた石炭利用技術開発の第2フェーズも2020年で終了した。しかし賦存量豊富かつ安価、資源の地域偏在性が小さいことから、特にアジア地域では今後も需要増加が予想され、世界全体のピークは2040年頃と想定されている[9]。米国DOEは、安全、安定で信頼性のある電力供給のための石炭発電技術開発のために、Coal FIRST（Flexible, Innovative, Resilient, Small, Transformative）と呼ばれる研究開発プログラムを企画している。2020年10月には、ネットゼロカーボン発電および水素製造に関する4件のプロジェクトに総額約880億円の資金提供を行っている[10]。CONSOL Energy社、イリノイ大学、EPRI、Wabash Valley Resourcesが、それぞれ、CO_2回収型加圧流動層燃焼（300MW石炭火力ベース）、USCボイラ・天然ガスタービン・燃焼後CO_2回収・CO_2利用統合プロセス、石炭・バイオマス共ガス化、バイオマスガス化によるCO_2ネガティブエミッションでの水素製造に取り組んでいる。欧州連合（EU）では、Research Fund for Coal & Steel（RFCS）が、石炭および鉄鋼産業の競争力を高めるための様々な研究開発プロジェクトを支援している[11]。2021年に開始したプロジェクトとして、流動床ボイラへの最大混焼率100%までの廃棄物由来燃料の導入とCO_2回収の導入を1 MWthパイロットプラントおよび実機にて実証する研究開発計画（2021–2024年、Darmstadt大、Sumitomo SHI FWなど）、既設石炭火力発電所のバイオマスや水素混焼設備への改造や、閉鎖した石炭火力の設備を有効利用したe-fuelsの製造設備を構築するためのケーススタディ（2021–2024年、Stuttgart大、Mitsubishi Power Europe GMBHなど）等がある。日本においても、石炭火力への大規模アンモニア混焼技術開発を含む「燃料アンモニアサプライチェーンの構築プロジェクト」やケミカルルーピング燃焼技術やCO_2分離・回収型ポリジェネレーションシステムの実用化を目指す「カーボンリサイクル・次世代火力発電等技術開発」等のNEDO大型プロジェクトが相次いで採択されており、石炭関係の研究開発は引き続き行われている。

輸送セクタを担う自動車産業界では特に欧州における政治主導の極端な規制方針が、米国に波及する形となっている。欧州グリーンディールの一環で、2021年7月14日に欧州委員会（EC）から「Fit for 55 Package」包括法案が提案された。狙いは、2030年に1990年比で欧州連合（EU）全体でのCO_2排出量55%低減である。中でも「乗用車および小型商用車のCO_2排出基準の改正案」は、実質2035年にエンジン搭載車の新車販売を禁止するもので、CN燃料対応車やPHEVなどを排除する法案である。その後2022年6月、欧州議会、欧州閣僚理事会でも支持されたが、ECがe-fuelを含むCN燃料技術やPHEV技術の進捗を考慮し2026年に見直しを実施すると確認した[12]。これらはEUが対象であるが、成立すれば世界への波及は免れない。また、欧州における次期排出ガス規制案Euro7（2025年施行予定）が2022年11月に発表され、全ての燃料タイプの車に対して同じ基準で汚染物質排出量の制限が強化されている。欧州の新車市場は世界の約12%だが、今後のエンジン搭載車の研究開発に大きな影響を及ぼすとみられている。

世界的にパワートレインの電動化（HEV、PHEV、BEV、FCEV）が進む方向であるが、2040年時点でもエンジン搭載車が60%を越えるとの予測があり、かつ販売台数は世界総計では今後も増加していくので、省エネ性、CO_2排出量、排出ガスのさらなる大幅なクリーン化と低減が必要とされている。したがって、究極の熱効率の追求や排出ガスのクリーン化を実現する燃焼コンセプト開発が大きな方向である。注目動向として、欧州の自動車業界を中心に高効率化・クリーン化について、Tank to Wheel（車での使用段階）からWell to Wheel（燃料製造段階から車での使用段階まで）への評価軸の転換、およびLCAを重視した総合的なCO_2排出量評価への転換がある。 CN達成に向けてBEV一辺倒からe-fuelなどCN燃料対応車や電動車に特化した高効率なエンジン搭載車などの必要性も公に訴求されるようになった。

（4）注目動向
［新展開・技術トピックス］
■自動車業界動向

　輸送セクタのうちでも本セクタは、膨大な車輌数によるCO_2排出量への影響が大きい。また、日本の産業構造への影響が大きい。

・燃焼利用パワートレイン新動向

　再生可能エネルギー由来の電力が約40％と高い欧州と、日本（約20％）ではBEVのCO_2低減効果が異なる。世界の平均電力ミックスで試算すると、BEVのLCAでのCO_2をエンジン車よりも少なくするには、11万km以上走行しなければならない[13]。そのため、BEVだけでなく、エンジンを含む複合電動システムを利用するDedicated Hybrid Powertrain[14]コンセプトとして、エンジン（Dedicated Hybrid Engine：DHE）、モーター、メカニカルトランスミッションそれぞれにCO_2低減を分担させた開発が提案され、エンジンについては、欧州、北米、中国でも、最大正味熱効率の数値目標を掲げた燃焼研究開発が開始されている。

・燃料CN化

　世界中で水素生成と活用技術が重要視されている。水素生成技術は、高エネルギーを要する水蒸気改質から水電解による量産化実証が加速。水電解も従来のアルカリ水電解から、より高効率なPEM（Polymer Electrolyte Membrane）型水電解やSOEC（Solid Oxide Electrolysis Cell）型水電解の研究開発が盛ん。活用先として、燃料電池車（FCEV）や水素燃焼エンジン。 FCEVは、近年特に大型商用車（トラック、バス）[15]や農建機のパワートレイン用として研究開発が進む。水素燃焼エンジンは、乗用車から大型商用車まで広い適用範囲を想定して開発が加速している。

・エンジン開発

　SIP革新的燃焼技術での熱効率50％達成をベースに、内燃機関研究組合AICEが中心となり、さらなる高効率化、具体的には乗用車用ガソリンおよびディーゼルエンジンで最大正味熱効率50％、商用車用ディーゼルエンジンで55％での量産化を目標に燃焼コンセプト開発が進行している。欧米でも、DHEで熱効率50％達成に向けた燃焼研究が盛んになっている。その基本コンセプトは、空気過剰率λ=2前後を狙った過給直噴スーパーリーンバーンである。具体的技術として、日本では、DHEの一例として日産自動車がSTARC（Strong Tumble and Appropriately stretched Robust ignition Channel）燃焼コンセプトを発表した[16], [17]。シリーズHVであるe-POWER用の発電専用エンジンとして開発され、発電用として定点運転と排熱回収を含めると正味熱効率50％を達成できるという。米国Aramco研究所では、正味熱効率50％に向けてガソリン自着火コンセプトGDCI（Gasoline Direct Compression Ignition）を提案している[18]。高圧縮比、吸気加熱、内部ホットEGRを採用、高負荷ではノック回避のためコールドEGRと拡散燃焼を取り入れている。最新モデルでは熱効率46.5％と試算されている。

・排ガス低減技術

　乗用車用ガソリンエンジンでは、冷間始動時（−7℃規制等）の三元触媒が活性化するまでの数十秒間の排出ガスの低減に注力されている。そのため始動時燃料噴射増量の低減を狙った冷間燃焼安定化、直噴では遅角燃料噴射により膨張行程での燃焼利用、排気系への空気噴射で三元触媒を早期暖機するコンセプト、冷間始動時のみヒータで触媒を加熱するEHC[19]などがある。世界的にガソリンSootをトラップし燃焼させるGPF[20]の量産化が始まっている。乗用車ディーゼルエンジンの排気クリーン化では、エンジン1サイクル間に複数回（3～7回）燃料を噴射し、NOx、Soot、燃焼音、冷却損失を同時低減することがベース技術となる。排気系では、酸化触媒+尿素水添加SCR触媒+DPFの組合せが一般的。電動化の1つである48V仕様のモー

タジェネレータ（MG）でディーゼルエンジンの厳しい運転条件をアシストするMHEVコンセプトも脚光を浴びている[21]。

• **Euro7法案**

予定よりも遅れたが、2022年11月に発表された[22]。ゼロエミッション車も含め、EU域内で販売されるあらゆる車種の全ての燃料タイプの車に同じ規制を課すとされている。同規制には亜酸化窒素の排出制限が含まれるなど汚染物質排出量の制限が強化されている。

• **水素燃焼エンジン**

従来のエンジン技術を活用でき、再生可能エネルギー由来の水素を燃料として利用すればCNなエンジン搭載車となる。日本や欧州で研究開発が急増している。日本では、市販化を見据えてモータースポーツ分野の耐久レースにトヨタ自動車が、2021年から水素燃焼エンジン車で参戦している[23]。また、2022年に開催されたパワートレイン国際会議の第43回ウィーンモーターシンポジウム（43rd International Vienna Motor Symposium）では、72件の講演中、水素燃焼エンジン関係の研究発表が12件もあり、前年より急増した。欧州での水素燃焼エンジン関連の開発キーワードは、「大型商用向け」「熱効率改善技術」「耐久性向上」「排ガス後処理技術（NOx浄化）」「低コスト化」など。基礎研究の段階を経てかなり実用化に向けた量産開発に移行されている。基本的な燃焼コンセプトは、噴射圧約2〜3MPaの低圧水素直噴方式で、空気過剰率$\lambda = 2$レベルの高過給スーパーリーンバーンが主流[24],[25]となっており、それに尿素SCRが搭載される。

• **CN燃料**

既存エンジンのハード構造をほぼそのまま活用でき、質量エネルギー密度が高い液体のCN燃料（合成燃料：e–fuel、バイオ燃料等）の開発プロジェクトが国内外で盛んとなっている。日本では、2020年に自動車工業会と石油連盟によるCO_2低減に関する共同研究（AOIプロジェクト）[26]がスタートし、2023年度から実証フェーズに入るとされている。また、2022年7月1日には、「次世代グリーンCO_2燃料技術研究組合」[27]が設立された。CN社会実現のため、バイオマスの利用、生産時の水素・酸素・CO_2を最適に循環させて効率的に自動車用バイオエタノール燃料を製造する技術研究が推進される。e–fuelの効率的な生産技術や、非可食性植物（繊維質利用）の収穫量向上技術の研究も含まれる。

欧州の第43回ウィーンモーターシンポジウムでは、ドイツのマックス・プランク化学エネルギー変換研究所などが、CO_2とH_2から「e–ガソリン」を製造するプロセスを紹介し、液体のCN燃料はCO_2ニュートラルな化学電池（Chemical Batteries）だと主張した[28]。アメリカでは、バイオエタノール、バイオディーゼル燃料の低コスト化、量産体制を強化されている[29]。

■ **基礎研究動向**

固体燃焼の最近の新しい研究動向として、日本国内ではほとんど研究が行われていない鉄粒子を発電や工業炉の燃料として利用するための研究が欧州で行われている。燃焼関係の国際的な最新研究発表の場である第39回国際燃焼シンポジウム（バンクーバー, 2022/7/25−291）では、これまでの同シンポジウムにおいてはほぼ皆無であった鉄粒子の燃焼に関する発表が口頭発表4件、ポスター発表4件があり、今後増加することが予想されている。オランダのEindhoven University of Technologyでは、鉄粒子を燃料として使うための比較的大きなプロジェクトを立ち上げており、2030年に石炭火力発電所に実装することを目標としている[30]。

■ **宇宙開発動向**

2021年7月21日に日本は回転デトネーションエンジンの宇宙飛行実証に世界で初めて成功した[31]。長年の研究開発により、デトネーションエンジンの実用化が進んでおりDOEは水素燃料を用いてデトネーションエンジンとガスタービンを組み合わせた新しい発電システムの開発プロジェクトを進めている。

［注目すべき国内外のプロジェクト］

国内

- SIP「革新的燃焼技術」（2019年3月、終了）

- ゼロエミッションモビリティパワーソース研究コンソーシアム（2020年～）

  アカデミアとAICEが中心にモビリティのゼロエミッション化を実現することを目指して設置された。

- クリーン燃料アンモニア協会（旧グリーンアンモニアコンソーシアム）

  SIP「エネルギーキャリア」（2019年3月、終了）の後継枠組み。アンモニアの供給から利用までのバリューチェーン構築を目指し、技術開発・国際連携などを実施している。

- 燃焼システム用次世代CAEコンソーシアム

  高性能コンピュータを利用した燃焼を扱う装置の設計や最適操作条件選定の高精度化を検討。産学の緊密な議論及び情報交換を促し次世代の燃焼器ものづくりのフレームワーク構築および実用化を目指すとしている。

- 次世代グリーンCO_2燃料技術研究組合

  2022年7月設立。メンバーは、ENEOS、スズキ、SUBARU（スバル）、ダイハツ工業、トヨタ、豊田通商の6社である。CN社会実現のため、バイオマスの利用、生産時の水素・酸素・CO_2を最適に循環させて効率的に自動車用バイオエタノール燃料を製造する技術研究が推進されている。

- NEDO「燃料アンモニアサプライチェーンの構築プロジェクト」[32]

  600億円規模。石炭火力へのアンモニア混焼に関する研究開発項目では、JERAとIHIが共同で実機ボイラ（碧南火力発電所4号機、発電出力：100万kW）を対象として、アンモニア20%混焼の実証試験を行う計画とされている。発電用実機石炭ボイラを対象として20%もの混焼率での実証試験は非常に大規模なアンモニア供給設備が必要となり、世界を見渡してもこのような大規模なアンモニア混焼試験計画は他には見られていない。日本のアンモニア関連研究開発が世界でも突出している。

- グリーンイノベーション基金事業／燃料アンモニアサプライチェーンの構築プロジェクト（NEDO）[33]

  アンモニアの利用拡大及び製造の高効率化・低コスト化等の各要素での技術的課題を解決することで、需要と供給が一体となった燃料アンモニアサプライチェーンの構築を目指すとされている。

海外

- Co-Optima（米国）

  2030年までに自動車による石油の消費量を30%削減することを目標に、アメリカの国立研究所9ヵ所が中心となって実施。新エンジンとバイオ由来新燃料の両方の開発が進められている。

- Horizon Europe（EU）

  EU最大規模の研究開発予算。旧称Horizon 2020。省エネに関して、運輸（航空機、車輌、船舶）のエンジン燃焼に関連する小テーマがある。多くのテーマで研究者ネットワークを支援する形をとっており交流が進行している。SIP「革新的燃焼技術」を参考にしたとみられるプロジェクト（EAGLE）[34]も進んでおり、追い上げが顕著である。また主に水素ガスタービンを対象としたプロジェクトの後継（FLEXnCONFU）[35]に、アンモニアも対象とすることが示された。その他、再生可能電力からの燃料製造（Power to X）のプロジェクト「Integrated solutions for flexible operation of fossil fuel power plants through power-to-X-to-power and/or energy storage（LC-SC3-NZE-4-2019）」や、バイオマスベースの熱電併給等のプロジェクト「Development highly performant renewable technologies for combined heat and power（CHP）generation and their integration in the EU's energy system（LC-SC3-RES-12-2018）」などが進行している。

- eFuel Alliance（EU）

  2050年CN化を目指し運輸部門での液体e-fuelの確立と普及のためドイツを中心に2017年に発足した。2022年時点で自動車、部品、石油化学、航空、海運等業界を越えた170社以上が加盟し活動されている。

（5）科学技術的課題

• 燃焼ダイナミクスの解明とモデル化、AI 技術の活用

　ノッキングや燃焼振動の発生メカニズムを解明し、予測・回避する必要がある。こうした非定常燃焼挙動は複数の物理現象が連成する極めて複雑な現象であるため、詳細な解明とモデル化には先進計測・数値計算技術の適用が必要不可欠とされている。今後は定常運転を想定した定常境界条件における非定常燃焼挙動から、非定常運転を想定した非定常境界条件における非定常燃焼挙動へと、研究対象の条件がさらに複雑化してゆくと考えられる。

　また AI 技術を活用した燃焼現象の予測・制御の研究が 2000 年代より報告されるようになった[36]。一般的なニューラルネットワーク（NN）に加え、近年では、畳み込みニューラルネットワーク（Convolutional Neural Network：CNN）手法を燃焼状態の予測に適用する例が見られる。未だ基礎研究が主体だが、燃焼制御分野において、AI が従来手法の代替となる可能性を有している。海外が先行している。

• 新燃料の詳細化学反応機構の構築

　アンモニアをはじめ、従来は燃料とは考えらなかった化学物質が新燃料の候補になっている。燃焼器の設計開発には燃焼反応を正確に予測可能な詳細化学反応機構が必要不可欠である。特に、新燃料は既存の反応機構構築や燃焼特性計測の基盤となる前提（グループ則、薄い火炎帯等）が成立しないことがあるため、新たな俯瞰的視野による燃焼の学術基盤構築が求められている。

• 燃焼数値解析の計算負荷削減

　数百の化学種・数千の素反応からなる詳細反応機構では、非現実的な計算リソースの増加に繋がる。計算を可能にするためには、簡略化反応機構、反応性流体に特化した時空間の乱流フィルタリング、燃焼ダイナミクスの簡易モデル構築等に関する研究が必要である。究極的には、デジタルツインやモデルベース燃焼制御を視野に入れ、リアルタイム～数秒程度の計算時間を目指した超コンパクトモデル・計算法の開発が必要とされている。また、各モデルを前述の新燃料に対応させる必要もある。

• 液体燃焼の研究・開発動向

　研究対象を限定した、複数の研究機関による連携研究（Engine Combustion Network（ECN）サンディア国立研究所）や国際的な研究ワークショップ Turbulent non-premixed flames（TNF）、International Sooting Flame（ISF）等）が引き続き進行している。燃焼の条件がより燃料希薄、高圧となることによって生じる現象（不確実な点火、ノッキング、振動燃焼など）が、液体燃料の燃焼機器においても技術課題となっており、解決を目指した基礎研究および応用研究が求められている。Net-Zero-Carbon を背景として、添加物を加えた燃料の反応性に関する研究が引き続き報告されている。また、「燃料転換」をキーワードに、新しい燃料（Polyoxymethylene Dimethyl ether; OME, Sustainable aviation fuel; SAF）と既存燃料の混合燃料に関する研究開発が進捗している。

• エンジン燃焼に関する課題

　ノッキング現象の化学的かつ物理的完全解明と、その抑制や制御技術の構築が必須であり、ノックフリー燃焼コンセプトが産学連携の 1 つの大きなテーマである。近年の傾向であるガソリンエンジンにおける圧縮自着火燃焼の制御技術も大きな課題とされている。化学反応、温度や EGR 分布などの広範囲の制御技術がカギとなり、市販化を踏まえた新燃料探索も重要課題である。ディーゼルエンジン燃焼において、種々の噴霧燃焼条件での Soot 生成メカニズム解明と、超低 NOx との両立が出来る Soot 低減技術の構築が重要とされている。EGR 系や燃焼室デポジットも課題のままである。燃料のエネルギー変換時のエクセルギー効率に則った基礎研究も重要である。

　再燃している水素燃焼エンジン研究開発では、量産化に向けて異常燃焼制御と、消炎距離低下に起因する冷却損失増大を改善することが重要となっている。

• CN 燃料に関する課題

　e-fuel では、再生可能エネルギー由来電力からの H_2 や CO 生成と、FT 法等による合成燃料の大量かつ効

率的な製造が課題である。現在水素は主に、天然ガスや褐炭から水蒸気改質法で生成されており、消費エネルギーが大きい。また、アルカリ水電解でも多くの電気エネルギーを必要とする。近年は、高効率なPEM型水電解やSOEC水電解が先行研究段階にある。SOECの場合、H_2OとCO_2を同時に電解できる共電解法も注目されていて、変換効率は85%以上が可能である。

バイオ燃料に関しては、バイオエタノールやバイオディーゼルともに第2世代、あるいは先進的バイオ燃料と呼ばれる非可食性のバイオマスからの精製が重要視されている。課題は、間伐材等の食物繊維（セルロース）系バイオマスから糖化、発酵、蒸留という工程が必要で、多くの消費エネルギーが必要である。バイオディーゼル燃料では廃食油等も注目されているが、エンジンで使用できるように品質確保が大きな課題である。

• **固体燃焼の研究・開発動向**

微粉炭燃焼研究ではLES（Large-Eddy Simulation）の燃焼場への適用が標準となりつつあり、詳細化学反応の取り扱い可能なフレームレットモデルの研究開発が活発化している。シミュレーションに人工知能を活用する研究も増加している。微粉炭燃焼フレームレットモデルでは、すす粒子の生成を考慮したモデルが開発されつつあるが、すす前駆体となる揮発分のモデル化にはまだ課題が多く、特に実験データが不足している。また、日本ではアンモニアと微粉炭の混焼に関する大規模な研究開発が実施されているが、アンモニア／固体燃料粒子の混焼に関する基礎研究例は少なく、今後は現象の詳細な理解による最適化が必要不可欠とされている。

• **機能性材料合成の研究・開発動向**

ドイツ研究振興協会（DFG）からのサポートを受けた、材料合成（Spray Pyrolysis）（DFG SPP 1980 SpraySyn[37]）に関連する研究開発が反応性流体に関して最もインパクトがある国際会議（第39回国際燃焼シンポジウム）において多数報告があった[38]。

（6）その他の課題

• **プログラムダイレクター人材の育成**

SIP革新的燃焼技術を通し、基礎研究と応用研究・開発との協創メリットが広く認識され、努力が継続されている。今後、国内の大型産学官連携をより成功させていくためには工学分野の研究・開発におけるアプローチを具体思考に寄せすぎず、俯瞰的な視点で捉える風土の醸成や、欧米プロジェクトに見られるプログラムダイレクター人材の育成が急務とされている。国費を大規模に投入する場合、民間のみの主導でなく、適宜、官や学からアドバイス役を配置する仕組みも必要とされている。この意味で欧米の成功例として、米・燃焼化学反応計算パッケージChemkin開発や、仏の航空宇宙・推進における産官学横断の包括的研究開発体系には学ぶ点が多い。

• **大規模産学連携事業の体制**

前述の欧米での成功例に比して日本で足りない点は、プログラムディレクター、適切に選定された専門家によるアドバイザリーの配置、異分野研究者・技術者の包括的協創といわれている。SIP第一期で良く機能したスキームが、以降の後継事業では必ずしも活かされていない。また基礎研究者と応用技術者との視点の相違や、抽象思考と具体思考との間での相互交流の不足があるとの意見もある。基礎研究と開発研究、双方が他方の特徴や強みを理解しあい、人材育成を含む、より包括的な協創体制の構築に務め、それをアドバイザリーが高所から補助する体制を大規模産学連携事業に導入することが、日本の研究開発力向上のために必須とされている。

• **若手科学者の国際研究経験**

国内においては、新型コロナウイルス感染症の流行による海外への渡航制限の期間は、若手科学者の国際研究経験が困難な時期であった。アジア特定国以外はいち早くコロナ後の対応を開始しており、今後は重点的かつ迅速に巻き返しを図る必要がある。

（7）国際比較

国・地域	フェーズ	現状	トレンド	各国の状況、評価の際に参考にした根拠など
日本	基礎研究	◎	→ 二極化	●研究の質はかつて世界トップ水準。現在は二極化傾向。アンモニア直接燃焼では基礎〜応用に至る広範なインパクト創出に成功。基礎研究（原著論文）も世界的インパクト、日本の国際プレゼンス向上に大きく貢献。一方で在外研究経験の機会がない研究者増加、論文数低下は日本全体の傾向と一致。 ●国際宇宙ステーション「きぼう」モジュールにおいて引き続き、液体・固体・気体燃料の燃焼に関連する研究が進行中。
日本	応用研究・開発	◎	→	●実用燃焼機器の熱効率・エミッションは世界トップレベルにあり、日本の省エネ技術をけん引。 ●アンモニア燃焼関係の国家助成、エンジンの燃料転換 GI 事業など、産官学共同で長期的に取り組む研究が開始されており、大きな期待。他にも自工会と石連による CO_2 低減に関する共同研究 AOI プロジェクト、次世代グリーン CO_2 燃料技術研究組合の設立等、自動車と石油産業が一体になった CN 燃料研究の加速など注目動向あり。
米国	基礎研究	◎	→	●エネルギー政策の大幅変更により、燃焼分野の予算獲得は非常に困難。しかし明確な選別が進み、研究が世界先端で、進捗が顕著な分野や研究グループへは継続して潤沢な国家資金投入。限られた予算の中で、先端燃焼研究の質と研究者の層の厚さは維持され、依然トップレベル。 ●ECN 等の基礎研究関連人材の豊富さと交流、および各国立研のスパコンや高エネルギー X 線解析などが積極活用出来る環境にある。
米国	応用研究・開発	◎	→	●燃焼機器の熱効率・エミッションはいずれも世界トップレベル。特定の機関が大きな役割（例：ガスタービン研究ではジョージア工科大等）。 ●DOE の水素エネルギー戦略：Hydrogen Program Plan（2020）で、高効率な低コストな水素製造研究開発を推進中。 ●CN なエンジン燃焼用に、バイオエタノール、バイオディーゼル燃料の製造技術開発に注力。
欧州	基礎研究	◎	→	【EU】 ●2014〜2020年の Horizon 2020 により多国間の研究者ネットワーク形成、研究の質も高い。続く 2021〜2027年の Horizon Europe において、水素燃料利用の一部として、Dry Low NOx Combustion 関連プロジェクトの公募。European Research Council（ERC）などのすす生成（SOTUF）、Aviation におけるすす生成に関するプロジェクト。 【ドイツ】 ●アーヘン工科大学を中心に2015年から Symposium for Combustion Control[39] 開催。10カ国、100名を越す参加があり、拡大方向で継続中。基礎研究に対する予算として、DFG（ドイツ学術振興会）も役割を果たしている。 【フランス】 ●航空宇宙分野において、基礎研究から開発、人材育成を含めた総合的仕組みが構築され、継続して機能。反応流 LES は世界最高峰レベル、常に先端学術レベルで改良し、国内企業が開発に利用できる状態を継続。 ●Paris Saclay、Centrale Suplec（EM2C）から、燃料噴霧の蒸発・燃焼に対する基礎研究成果、マルチ旋回ノズルを用いた噴霧燃焼器（MICCA burner）に対する数値解析を用いた研究が発表されている。 【英国】 ●ブレグジットの今後の状況によっては、Horizon 2020 などの EU 事業への参画に制限が設けられる可能性。 ●Siemens と Cardiff 大学の共同研究が中心となり、アンモニア燃焼に関する顕著な追い上げ。 ●微粉炭燃焼研究では、中国の大学との共同研究が活発。

	応用研究・開発	◎	↗	**【EU】** ●ドイツFVV（Forschungsvereinigung Verbrennungskraft-maschinen e. V.）をはじめとした技術協同組合を通じ、産学連携による燃焼の共同研究は依然として活発。また、アンモニア製造に関するベンチャー企業の設立が進んでおり、アンモニアサプライチェーンの構築に積極的。 ●自動車や航空機等の運輸部門でのエンジン燃焼のCN化のために、170社以上が参画したeFuel Alliance[6] が、液体のe-fuel市場の確立と普及のために勢力的に活動。 **【ドイツ】** ●欧州委員会が取り纏める短期集中型＋テーマを絞り込んだ産学プロジェクトが常に並行して進み、活発に活動。 ●独ではFVVによる内燃機関研究コンソーシアムが莫大な予算で継続され、60年以上の歴史。参加団体は、ドイツ圏を中心に自動車関連企業226社と有力大学が一体となった研究を実施。基本的に2/3が公的資金で1/3を参画企業が支援する体制。電動化の動向：エンジン燃焼研究への予算投入は今後も継続していくと思われ、ゼロCO_2、熱効率向上、低排出ガス（Regulation）、Controls、Sensorsに加え、e-fuel（合成燃料）や燃料電池の研究テーマにもリソースを投入している。 ●ドイツ圏主導の2大国際学会（Vienna Motor Symposium、Aachen Colloquium）が毎年盛大に開催。欧州自動車メーカーとアカデミアを中心に将来の技術開発戦略が活発に議論。また、産学の人脈の繋がりが広く深く強固。 **【フランス】** ●IFPen、ONERAなどの研究機関が、液体燃焼に対する基礎研究から応用研究までを牽引。 **【英国】** ●アンモニア燃焼について、Cardiff大学、Oxford大学、SiemensがInnovateUKプロジェクト（Science and Technology Facilities Council）により、発電からエネルギー貯蔵までをカバーするエネルギーシステムをデモ。
中国	基礎研究	◎	↗	●燃焼への大型予算が措置され、燃焼を主題目としたState Key Laboratory認定が多数。これらのラボから欧米主要研究拠点に多数の人材を派遣。一部は定住、その他は欧米から帰国し中国から顕著な業績を創出、部分的には世界をけん引。在外研究の経験者が減る一方の日本と対照的。 ●National Science Foundation of China、Fundamental Research Funds for the Central Universitiesなどの予算を元に、特にトップレベルの大学における研究の水準は高く、論文数も多い。国際的な共同研究の動きも活発。 ●潤沢な研究資金を背景に、微粉炭燃焼では世界の論文発表件数の半分以上を中国が占め、質が高い。
	応用研究・開発	◎	↗	●日米欧の自動車メーカーとの合弁会社から技術移転がなされ、レベルは確実に向上。 ●中国製造2025（2016～2049年）：重要な10大産業が挙げられそれぞれ高い目標を設置。その一つに「省エネルギー・新エネルギー自動車」産業があり、EV化を中心に電動化＋内燃機関でエネルギー消費量と排出ガス低減に取り組む。 ●毎年自動車用エンジンの展示会Engine Chinaを実施。2022はが10月に開催予定。 ●超臨界のボイラ等も自国メーカーで建設できるようになり、発展が著しい。
韓国	基礎研究	△	↘	●研究者の質は高いが、燃焼コミュニティの規模が小さく、研究費削減もあり若手研究者参入が少ない。
	応用研究・開発	△	→	●国産ロケットの開発などが報道されているが、詳細情報は得られていない。

左側縦書き：**2.6 エネルギー分野の基盤科学技術**

その他の国・地域（任意）	基礎研究	△	↘	【豪州】 ●伝統的に基礎燃焼研究に強みがある。産炭国であることを背景に、褐炭を用いた緩慢酸素燃焼の研究が活発であった。直近は燃焼研究者人口の減少が顕著。
		◎	↗	【サウジアラビア】 ●2008年創立のKing Abdullah University of Science and Technology（KAUST）のClean Combustion Research Centerが豊富な資金と、世界から集めた人材を擁し、基礎燃焼研究の世界トップ拠点の一つとなった。サウジアラムコが研究資金提供機関となってからは、米・国立研究所を中心に進められていた燃焼化学反応機構開発に関する世界トップ研究者グループをサポート、化学反応機構にAramco機構と命名する等、世界的ブランディングを実施。近年はサウジアラムコの事業展開方針を受け、（グリーン）アンモニア供給事業への参入、アンモニア燃焼に関する急速なキャッチアップを進め、日本との協力も開始。突出した業績を有する若手研究者を輩出し、発展が顕著。サウジアラムコは2020年9月に世界初のブルーアンモニア輸出を日本向けに実施。
	応用研究・開発	◎	↗	【オーストラリア】 ●豊富な再生可能エネルギーと石炭から、カーボンフリーアンモニアの製造と輸出に関し大型プロジェクト進行。

2.6
エネルギー分野の基盤科学技術

（註1）「フェーズ」

「基礎研究」：大学・国研などでの基礎研究レベル。

「応用研究・開発」：技術開発（プロトタイプの開発含む）・量産技術のレベル。

（註2）「現状」 ※我が国の現状を基準にした評価ではなく、CRDSの調査・見解による評価。

◎：他国に比べて特に顕著な活動・成果が見えている　　○：ある程度の顕著な活動・成果が見えている

△：顕著な活動・成果が見えていない　　×：特筆すべき活動・成果が見えていない

（註3）「トレンド」

↗：上昇傾向、→：現状維持、↘：下降傾向

関連する他の研究開発領域

・火力発電（環境・エネ分野　2.1.1）
・持続可能な大気環境（環境・エネ分野　2.9.2）

参考・引用文献

1）正田淳一郎「特集 発電用ガスタービン技術の変遷と将来展望：発電用ガスタービン技術の変遷と将来展望」『日本機械学会誌』119巻1173号（2016）：434-437., https://doi.org/10.1299/jsmemag.119.1173_434.

2）髙村啓太, 他「J形ガスタービンの運転実績をふまえた1650℃級JAC形ガスタービンの開発」『三菱重工技報』56巻3号（2019）：2-10.

3）国立研究開発法人新エネルギー・産業技術総合開発機構（NEDO），川崎重工業株式会社，株式会社大林組「世界初、ドライ低NOx水素専焼ガスタービンの技術実証試験」NEDO, https://www.nedo.go.jp/news/press/AA5_101337.html,（2023年1月29日アクセス）.

4）Office of Fossil Energy and Carbon Management, "Additional Selections for Funding Opportunity Announcement 2400: Fossil Energy Based Production, Storage, Transport and Utilization of Hydrogen Approaching Net-Zero or Net-Negative Carbon Emissions", U.S. Department of Energy, https://www.energy.gov/fecm/articles/additional-selections-funding-opportunity-announcement-2400-fossil-energy-based,（2023年1月29日アクセス）.

5）Otmar Scharrer, et al., "Uncompromisingly Fun to Drive thanks to Synthetic Fuel Blend", *Fortschritt-Berichte VDI* 12, no. 811（2019）: 84-102., https://doi.org/10.51202/9783186811127.

6）eFuel Alliance, https://www.efuel-alliance.eu,（2023年1月29日アクセス）.

7）Hideaki Kobayashi, et al., "Science and technology of ammonia combustion." *Proceedings of the Combustion Institute* 37, no. 1（2019）: 109-133., https://doi.org/10.1016/j.proci.2018.09.029.

8）International Energy Agency (IEA), "The Future of Hydrogen: Seizing today's opportunities", https://www.iea.org/reports/the-future-of-hydrogen,（2023年1月29日アクセス）.

9）一般財団法人日本エネルギー経済研究所（IEEJ）「IEEJ Outlook 2022：カーボンニュートラルへの挑戦と課題」https://eneken.ieej.or.jp/data/9863.pdf,（2023年1月29日アクセス）.

10）Office of Fossil Energy and Carbon Management, "Project Descriptions: Coal FIRST Initiative Invests $80 Million in Net-Zero Carbon Electricity and Hydrogen Plants", U.S. Department of Energy, https://www.energy.gov/fe/project-descriptions-coal-first-initiative-invests-80-million-net-zero-carbon-electricity-and,（2023年1月29日アクセス）.

11）European Commission, "Synopsis of RFCS Projects 2018-2021", https://research-and-innovation.ec.europa.eu/document/download/4c031563-f4ae-4e73-b01d-67aefe88bad6_en?filename=synopsis_of_rfcs_projects_2018-2021.pdf,（2023年1月29日アクセス）.

12）Johanna Store, "Fit for 55 package: Council reaches general approaches relating to emissions reductions and their social impacts", European Council, https://www.consilium.europa.eu/en/press/press-releases/2022/06/29/fit-for-55-council-reaches-general-approaches-relating-to-emissions-reductions-and-removals-and-their-social-impacts/,（2023年1月29日アクセス）.

13）Volvo Car Corporation, "Carbon footprint report: Volvo C40 Recharge", https://www.volvocars.com/images/v/-/media/Market-Assets/INTL/Applications/DotCom/PDF/C40/Volvo-C40-Recharge-LCA-report.pdf,（2023年1月29日アクセス）.

14）P. Kapus, et al., "Passenger Car Powertrain 4.x -from Vehicle Level to a Cost Optimized Powertrain System", 41st International Vienna Motor Symposium, 22.-24. April 2020, https://wiener-motorensymposium.at/fileadmin/Media/Motorensymposium/Symposien/41_Symposium_2020/Material_Temp/Programme_2020.pdf,（2023年1月29日アクセス）.

15）T. Wintrich, et al., "2022: The Launch of the First Bosch Fuel Cell System", 43rd International Vienna Motor Symposium, 27.-29. April 2022, https://wiener-motorensymposium.at/fileadmin/Media/Motorensymposium/Symposien/43_Symposium_2022/Material_Temp/Programme_en_2022.pdf,（2023年1月29日アクセス）.

16）T. Tsurushima, "Future Internal Combustion Engine Concept Dedicated to NISSAN e-POWER for Sustainable Mobility", 29th Aachen Colloquium, 5.-7. October 2020, https://www.aachener-kolloquium.de/en/conference-documents/delayed-manuscripts/2020.html,（2023年1月29日アクセス）.

17）日産自動車株式会社「日産自動車、次世代「e-POWER」発電専用エンジンで世界最高レベルの熱効率50%を実現」https://global.nissannews.com/ja-JP/releases/release-27e779be9766a0ad5ef748eac51b39b7-210226-01-j,（2023年1月29日アクセス）.

18）Mark Sellnau, et al., "Pathway to 50% Brake Thermal Efficiency Using Gasoline Direct Injection Compression Ignition (GDCI) ", *SAE International Journal of Advances and Current*

Practices in Mobility 1, no. 4 (2019) : 1581-1603., https://doi.org/10.4271/2019-01-1154.

19) R. Brück, P. Hirth and F. Jayat, "Innovative Catalyst Substrate Components for Future Passenger Car Diesel Aftertreatment System", in *26th Aachen Colloquium Automobile and Engine Technology 2017* (Aachener Kolloquium, 2017), 1075-1096.

20) G. Rösel, et al., "System Approach for a Vehicle with Gasoline Direct Injection and Particulate Filter for RDE", *Fortschritt-Berichte VDI* 12, no. 807 (2018) : 336., https://doi.org/10.51202/9783186807120-336.

21) R. Sellers, et al., "Optimising the Architecture of a 48V Mild-Hybrid Diesel Powertrain", in *26th Aachen Colloquium Automobile and Engine Technology 2017* (Aachener Kolloquium, 2017), 1309-1325.

22) Sonya Gospodinova and Federica Miccoli, "Commission proposes new Euro 7 standards to reduce pollutant emissions from vehicles and improve air quality", European Commission, https://ec.europa.eu/commission/presscorner/detail/en/ip_22_6495, （2023年1月30日アクセス）.

23) トヨタ自動車株式会社「トヨタ、モータースポーツを通じた「水素エンジン」技術開発に挑戦」https://global.toyota/jp/newsroom/corporate/35209944.html, （2023年1月30日アクセス）.

24) P. Kapus, et al., "High Efficiency Hydrogen Internal Combustion Engine-Carbon Free Powertrain for Passenger Car Hybrids and Commercial Vehicles", 43rd International Vienna Motor Symposium, 27.-29. April 2022, https://wiener-motorensymposium.at/fileadmin/Media/Motorensymposium/Symposien/43_Symposium_2022/Material_Temp/Programme_en_2022.pdf, （2023年1月30日アクセス）.

25) X. L. J. Seykens, et al., "The Hydrogen ICE for Heavy-Duty Applications: Towards Ultra-Low NOx Emissions", 43rd International Vienna Motor Symposium, 27.-29. April 2022, https://wiener-motorensymposium.at/fileadmin/Media/Motorensymposium/Symposien/43_Symposium_2022/Material_Temp/Programme_en_2022.pdf, （2023年1月30日アクセス）.

26) 石油連盟「石油連盟－日本自動車工業会間のCO2低減に関する共同研究（AOIプロジェクト）について」https://www.paj.gr.jp/paj_info/topics/2020/12/21-001908.html, （2023年1月30日アクセス）.

27) トヨタ自動車株式会社「民間6社による「次世代グリーンCO2燃料技術研究組合」を設立」https://global.toyota/jp/newsroom/corporate/37543249.html, （2023年1月30日アクセス）.

28) E. Jacob and R. Schlögl, "Liquid E-Fuels as Chemical Batteries", 43rd International Vienna Motor Symposium, 27.-29. April 2022, https://wiener-motorensymposium.at/fileadmin/Media/Motorensymposium/Symposien/43_Symposium_2022/Material_Temp/Programme_en_2022.pdf, （2023年1月30日アクセス）.

29) 古野志健男「米国がe-fuelではなくバイオ燃料を選ぶワケ」日経XTECH, https://xtech.nikkei.com/atcl/nxt/column/18/00878/110500023/, （2023年1月30日アクセス）.

30) IRON FUEL, https://ironfuel.nl/, （2023年1月30日アクセス）.

31) 名古屋大学「世界初！深宇宙探査用デトネーションエンジンの宇宙飛行実証に成功」https://www.nagoya-u.ac.jp/researchinfo/result/2021/08/post-3.html, （2023年1月30日アクセス）.

32) 石塚博昭「グリーンイノベーション基金事業「燃料アンモニアのサプライチェーン構築」に着手」国立研究開発法人新エネルギー・産業技術総合開発機構（NEDO）, https://www.nedo.go.jp/news/press/AA5_101502.html, （2023年1月30日アクセス）.

33) 国立研究開発法人新エネルギー・産業技術総合開発機構（NEDO）「「グリーンイノベーション基金事業／燃料アンモニアサプライチェーンの構築プロジェクト」に係る実施体制の決定」https://www.nedo.

go.jp/koubo/EV3_100238.html,（2023年1月30日アクセス）.

34) Innovation and Networks Executive Agency（IANE）, "EAGLE（Efficient Additivated Gasoline Lean Engine）", European Commission, https://ec.europa.eu/inea/en/horizon-2020/projects/h2020-transport/green-vehicles/eagle,（2023年1月30日アクセス）.

35) FLEXnCONFU, https://flexnconfu.eu/,（2023年1月30日アクセス）.

36) Soteris A. Kalogirou, "Artificial Intelligence for the modeling and control of combustion processes: a review", *Progress in Energy and Combustion Science* 29, no. 6（2003）: 515-566., https://doi.org/10.1016/S0360-1285（03）00058-3.

37) Deutsche Forschungsgemeinschaft（DFG）, "SPP 1980: Nanoparticle Synthesis in Spray Flames: Spray Syn: Measurement, Simulation, Processes", https://gepris.dfg.de/gepris/projekt/312959688,（2023年1月30日アクセス）.

38) The Combustion Institute, "39th International Symposium on Combustion", http://www.combustionsymposia.org/2022/,（2023年1月30日アクセス）.

39) Ing. Jakob Andert, "Special issue: Symposium for combustion control 2019", *International Journal of Engine Research* 21, no. 10（2020）: 1781-1782., https://doi.org/10.1177/1468087420947532.

2.6.2 トライボロジー

（1）研究開発領域の定義

トライボロジーは相対運動をしながら互いに影響を及ぼしあう2つの表面に起こるすべての現象を対象とする科学技術で、潤滑、摩擦、摩耗などを取り扱う分野である。ここでは、省エネルギー的観点からの摩擦メカニズム、接触表面状態、潤滑剤の影響など基礎的トライボロジー研究や、環境エネルギー機器・輸送機器分野への応用・実用化を見据えた研究開発の動向を対象とする。

（2）キーワード

摩擦、摩耗、焼付き、表面損傷、潤滑、潤滑剤、コーティング、表面分析、表面テクスチャリング、トライボケミストリー、機械要素

（3）研究開発領域の概要

［本領域の意義］

トライボロジーはギリシャ語の τριοσ（tribos：摩擦する）を基にした造語であり、1966年に英国のH. P. Jostによる報告書で初めて使用された[1]。トライボロジー技術の適用範囲は、可動部を有する機器全てに渡り、固体同士の間の摩擦を軽減させるものである。機器は小型～大型の移動体（エンジン、モーター軸受け、トラスミッション等）、発電機器（タービン軸受け、モーター軸受け、ポンプ、電気接点等）、電力機器（空調機器、ヒートポンプ等）、産業機械、電子機器と幅広い。トライボロジーは、既存技術の改良や改善だけでも波及効果と即効性の高い工学技術であり、環境負荷低減への貢献が極めて大きい。一方、摩擦・摩耗は固体表面・潤滑剤など多くの要素が界面において複雑に絡む動的プロセスであるため、物理、化学、材料科学等による基本現象とそれらの相互依存関係の理解を必要とする。機械設計は軸受（ベアリング）、歯車、ねじなどの機械要素を組み合わせることにより行われるが、トライボロジーが支配的な機械要素（部品）はトライボ機械要素とも呼ばれる。

［研究開発の動向］

技術の経緯

- 摩擦・潤滑の利用や研究の基礎は産業革命前後（1750年から1900年頃）の研究に負うところが大きく、それをもとに流体潤滑理論の構築、ストライベック曲線（軸受けの条件と摩擦係数の関係性）、境界潤滑（薄い潤滑油膜下での接触現象）など、現在の概念や理論に発展してきた[2]。
- トライボロジーの先端研究は、米ソ冷戦時代の宇宙開発競争にしのぎを削る米国航空宇宙局（NASA）を中心とした米国を舞台とし、また、モータリゼーションの到来とともに、自動車関連を軸にドイツ、フランス、日本などへと発展の場を広げていった。一方、1980年代のIT分野の急発展を背景に、磁気記録装置に最先端のトライボロジーが活用され、"マイクロトライボロジー"が新たな領域として確立され、高度な表面分析技術と計算科学を融合した"ナノトライボロジー"へと発展し、現在も最先端研究の一翼を担っている。医療分野では、英国リーズ大学を中心とするグループが、トライボロジーの視点から人工関節の開発に取り組み、"バイオトライボロジー"という医工連携の新しい領域を開拓した。
- 1990年代にはトライボ現象に特有な化学反応に着目した"トライボケミストリー"の分野や、地球環境問題を背景とした冷凍機の代替フロン対応の潤滑油の開発などが新たに注目された。
- 2000年以降は、ナノテクノロジーやトライボケミストリーに代表される表面・界面の観察評価法の進歩を背景に、DLC（ダイヤモンドライクカーボン：ダイヤモンドに近い特性を持つ非晶材料）膜のトライボロジー特性向上や液体添加剤との組み合わせによる低摩擦発現、表面テクスチャリングによる潤滑性能向上、樹脂複合材料の適用拡大、機械加工油の使用量を大幅に削減するMQL（minimal quantity

lubrication）技術、生分解性潤滑剤の開発といった、省資源・低排出を目指した技術開発に進展が見られた。近年の表面計測・分析技術や分子シミュレーション、トライボシミュレータなどの解析技術は、その精度やモデルの精緻度だけでなく、利用のし易さの点でも著しい進化を遂げており、それらを活用して、ポリマーブラシ、イオン液体、潤滑油添加剤、コーティング膜などの新規材料開発が精力的に進められている。

・第4回世界トライボロジー会議（World Tribology Congress IV、2009年京都）における"Green Tribology"の提唱など、本領域では環境への対応が重要視されている。さらにカーボンニュートラル社会に向けて、自動車業界の動きは活発である。例えば、電気自動車（EV）では低騒音化の重要性から歯面の仕上げ精度が重要になるため、モーターと歯車工作機械メーカーが垂直統合を図るなどの動きも見られる。

開発ロードマップ

・日本トライボロジー学会の「トライボロジー・ロードマップ研究会」では、2012–2013年度の活動期間に、トライボロジーに関わる機械システム、サブシステム、トライボロジー要素の階層構造を整理したトライボロジー技術俯瞰図を提示した[3), 4)]。自動車、鉄道、航空機、発電、医療機器、宇宙機などシステム・コンポーネント側からの要請と、軸受、シール、材料・表面処理、潤滑剤、シミュレーション、分析技術などの要素技術の側の双方向から見た取り組むべき技術課題を整理している。

・米国の学会Society of Tribology and Lubrication Engineersでは、主に米国内の先端技術と市場動向の調査にもとづいて、トライボロジーの今後の課題に関する調査報告書Emerging Trends in Tribologyを3年毎に発行している。2020 Report Emerging Issues and Trends in Tribology and Lubrication Engineering[5)]では、輸送、エネルギー、製造、医療/健康の4分野と、労働力問題、研究費、材料コストと入手可能性、安全性、環境、基本的な人間のニーズ、政府規制の項目について調査結果を以下のようにまとめている。

①運輸分野：潤滑油の低粘度化等による内燃機関の性能向上に加えて、EV、燃料電池車、および自動運転車等への対応が必要である。例えば、EVでは専用グリース、潤滑剤の冷却機能の強化などが期待される。加工油の削減は共通の課題である。

②エネルギー分野：再生可能エネルギー利用の拡大に対応して、クリーン燃料燃焼、風車など機器のトライボ設計の高度化が継続して求められる。

③製造分野：製造の自動化、積層造形（Additive Manufacturing：AM、※3Dプリンター技術を応用した立体造形法）の活用が重要になる。人工知能の普及により機械には迅速な意思決定、性能の最適化、メンテナンスの最小化がもたらされることになり、達成のためにはトライボ要素に遡り対応が求められる。

④材料分野：現在の潤滑剤の材料コストと入手可能性にはリスクがあり、金属資源のリチウム、希土類金属、コバルト、化石資源に依存しない基油、環境負荷の少ない殺生物剤など、代替品の探索が進むであろう。

（4）注目動向

［新展開・技術トピックス］

機械要素設計の基礎と応用に関する新たな動向

・転がり軸受：転がり軸受けは転動体（玉やころ）を2つの部品の間に置くことで荷重を分散して支持する軸受であり、回転機器において幅広く用いられる機械要素である。内部起点の疲労寿命に関しては、白色組織の形成を伴うはく離現象について、鋼の組織変化、応力とひずみ、潤滑剤の分解による水素発生など様々な観点からの研究が精力的に行われており、模擬欠陥による介在物起点の損傷の再現なども

2.6 エネルギー分野の基盤科学技術

試みられている。表面起点については、省エネルギー観点からの低粘度油の導入に伴い顕在化するピーリング損傷の発生メカニズムやその対策などの検討が進んでいる。風車は低速高荷重での運転となるためフレッチングコロージョン（金属の擦れ合いによる表面損傷）の課題があり高速回転の機器とは異なる取り組みが必要となる。損傷機構の解明が進み、各社対応を進めているものと推察される。

・自動車関連では、エンジンの軸受やピストンリングなどの摩擦低減のため潤滑油の低粘度化への対応として潤滑油配合技術、表面改質技術が進化している。電動化の拡大においてもトランスミッションの効率向上技術は重要であり、再び目が向けられている。

・表面テクスチャリング：実用機械への応用も進んでおり、フェムト秒レーザーの適用を始めとしたパターン形成技術の向上とともに、テクスチャリングによる潤滑向上のメカニズム探究が進んでいる。近年では単純な規則的パターンだけでなく、マルチスケールのパターン付与や、スケールごとの作用の違いなどが報告されている。

・その他の機械要素：AMでは、いわゆる3Dプリンターを応用した機械要素設計により、基本機能の強化、軽量化などを狙った研究が見られる。また自己潤滑機能の付与や潤滑に適した表面構造の形成に関する研究も進められている。

・DLC膜の高度化：耐摩耗性や信頼性を向上させる多層構造や傾斜機能、潤滑油添加剤との相互作用などの研究開発が進み、実用範囲を広げている。従来は困難と思われていた転がり軸受への応用も進められている。

・高エントロピー材料：高温環境下での構造材として期待される高エントロピー合金材料の摩擦摩耗特性などが調べられている。

・ソフトマター：生体材料にヒントを得たゲルなどの軟質材料、表面構造、複合材料、生体皮膚の模倣や触覚の研究などの研究が活発化しており、実用化が期待されている。

・グリース潤滑：基油と増ちょう剤から成り、固体と液体の中間の挙動を示すグリースの潤滑メカニズムは不明な点が多々あった。最近の研究で、蛍光レーザーや原子間力顕微鏡を用いた増ちょう剤の挙動解明や、見かけの粘度にもとづく潤滑理論により理解が進んでいる。これらにより、転がり軸受の長寿命化への対応、高速回転に適した低損失グリースの開発が進んでいる。

・ナノ粒子：ナノダイアモンド添加による潤滑下での低摩擦発現条件、潤滑メカニズムに関する研究が行われ、実用化が模索されている。すべり要素への適用が主体であったが、転動要素（ころがり）への適用が見られるようになった。

・摩擦・摩耗が支配的な機械要素は機械設計への影響が大きく、トライボ機械要素とも呼ばれる。計算工学、マルチボディダイナミクスの利用で外力の予測精度が向上している。機械要素とトライボロジーは一体で考えるべきものである。

データ科学・シミュレーションに関する技術動向

・その場観察技術：摩擦する固体面をX線、電子線、中性子、赤外線などの分光分析によりリアルタイムに計測するオペランド観察手法が進歩しており、トライボロジーの微小で複雑なプロセスの解明がなされている。また、摩擦現象の観測に古くから用いられているアコースティックエミッション技術も、データ処理技術の進展に伴って、その場観察への適用が進められている。

・AI・データ活用：深層学習モデルによる振動加速度のデータに基づいた転がり軸受のはく離検知やニューラルネットワークを利用した潤滑不良の早期検知などメンテナンスの領域においてデータ活用が先行して進められている[6]。

・分子シミュレーション：潤滑油に関して低粘度基油に対する添加剤の開発、基油分子による熱伝導メカニズムの分子動力学による評価とそれに基づくトランスアクスル油の開発、地球温暖化係数が低い冷媒に対する冷凍機油の開発等がなされている。古典分子動力学の範囲で扱うことができる反応力場

（Reactive Force Field）の考案や計算機能力の向上によって、摩擦面で生じる化学プロセスのシミュレーションが可能になり、添加剤の反応、高分子の移着、摩擦などの研究開発で活用されている。

- マテリアルズ・インフォマティクス：高い粘度指数を有する潤滑油基油の分子構造の予測、植物由来の潤滑油に対する添加剤の配合条件探索などの検討例も出始めており、より広い分野で活用が広がる可能性がある。
- トライボシミュレータ：設計工学的な手法であり、企業、研究開発業務において活用が進んでいる。汎用コードを自社製品の設計に使えるよう調整でき、分野によっては標準的なトライボ設計ツールが市販されている。例えば、エンジンの潤滑状態や摩耗の推定などを行うシミュレータは、学会等で多く引用されてある程度オーソライズされている潤滑・接触理論を標準実装しており、利用者側が必要に応じてカスタマイズできるように工夫されている。欧州では解析ソフトの開発メーカーやコンサルタント会社が積極的に取り組んでいる。

［注目すべき国内外のプロジェクト］

■国内プロジェクト

- 経済産業省「**次世代自動車等の開発加速化に係るシミュレーション基盤構築事業費補助金**」（2020年～）

  2019年度まで行われた戦略的イノベーション創造プログラム（SIP）革新的燃焼プログラムの後継として、燃焼分野とトライボロジー分野が参画している。トライボロジーではテクスチャ表面による摩擦低減とオイル流れの可視化・モデリングなどをテーマとして複数の機関が連携している。

- JST–CREST「**革新的力学機能材料の創出に向けたナノスケール動的挙動と力学特性機構の解明**」[7]（2019年～）

  ナノスケール動的挙動を解析・評価する技術を発展させ、マクロスケールの力学特性を決定している支配因子を見出し、その作用機構の解明を行うとともに、新たな力学特性を有する革新的力学機能材料の設計指針を得ることを目指している。「氷–ゴム界面摩擦機構のマルチスケール解明」、「階層的時空構造と動的不均一性から紡ぐナノ力学機構の理解と制御」、「トライボケミカル協奏反応の制御による超低摩擦界面の継続的創成と長期信頼性機械の設計基盤の構築」、「超低摩擦ポリマーブラシの摩耗現象の階層的理解と制御」などの研究課題が採択されている。

- JST–さきがけ「**力学機能のナノエンジニアリング**」[8]（2019年～）

  ナノスケールの変形や構造変化に由来する力学特性を利用した新たな材料機能の創出を目指している。「界面相互作用計測による高分子境界膜の潤滑機構解明」、「ハイドロゲル摩擦のナノ潤滑機構の流体力学的解析」、「疲労摩耗のスケールアップ過程のマルチモーダル計測」などの研究課題が採択されている。

- NEDO「**長寿命高圧水素シール部材・継ぎ手部材及び機器開発に関する研究開発**」[9]（2018～2022年）

  シール材の劣化等に関する取り組みが行われ、機器の信頼性（寿命）向上にトライボロジー技術が貢献している。

■国外プロジェクトおよび主要拠点

- **Intelligent Open Test Bed for Materials Tribological Characterisation Services (i–TRI-BOMAT)**[10]

  トライボ材料の評価データに関するオープンイノベーションの構築と、ヨーロッパの産業における研究開発の加速を目的に、国の研究機関と大学、及び民間企業が参画している。

- **Imperial College London, Tribology Group（イギリス）**[11]

  トライボロジーの分野で世界をリードし、基礎実験から応用研究、シミュレーションにわたり幅広く研究を行っている。研究グループ内に世界最大の軸受メーカーSKF社のUniversity Technology Center（UTC）と、石油大手のShell社のUniversity Technology Center（UTC）を擁し、産業界との連携も強い。

- **Austrian Excellence Center for Tribology**（オーストリア）[12]

　トライボロジーにおける新しい学際的かつ総合的な知識の創出のために設立されたプロジェクト拠点であり、スマート材料、表面およびコーティング、潤滑剤および潤滑システム、摩擦および摩耗プロセスのシミュレーションなど精力的に研究が実施されている。

- **Ecole Centrale de Lyon, Tribology Laboratory**（フランス）[13]

　フランス国立科学研究センターの関連研究ユニットになる表面技術研究所が母体であり、表面とトライボロジーの物理化学を基礎として、固体と振動力学の新しいトピックスも統合し、産学連携で基礎研究と応用研究に取り組んでいる。

- **ミュンヘン工科大学機械要素研究所**（ドイツ）[14]

　歯車研究センターとも呼ばれ、歯車と伝動要素の疲労寿命、効率、振動特性の信頼性の高い測定方法とツールの開発などの研究活動が業界との密接な連携のもとで行われている。

- **清華大学摩擦学国家重点実験室**（State Key Laboratory of Tribology, Tsinghua University）[15]

　1986年の設立以来、多岐にわたる研究と人材育成を精力的に行っており、基礎から応用まで広く領域をカバーしており、中国のトライボロジーを牽引している。

- **蘭州潤滑化学研究所固体潤滑国家重点実験室**（State Key Laboratory of Solid Lubrucation, Lanzhou Institute of Chemical Physics）[16]

　長年にわたり潤滑における材料科学と化学の研究を行っており、最近では海洋開発に関連して海水中での低摩擦、耐摩耗材料の研究が精力的になされている。

- **超潤滑技術研究センター**（Institute of Superlubricity Technology）（中国政府と深圳）[17]

　深圳と北京に設置された超潤滑に関する研究センターである。

- **Center for Nano–Wear, Yonsei University**（延世大学）[18]

　ナノ、マイクロ、バイオなど様々なスケールのトライボロジーを扱うトライボロジー分野で韓国最大の予算規模をもつ研究センターである。

（5）科学技術的課題

● 基礎と計測手法

　トライボロジーにおいては、摩擦・摩耗・潤滑の基礎メカニズムを理解することが最も重要な課題である。しかし、トライボロジー現象は、真実接触部と言われる固体間に挟まれた$1\mu m^3$未満の空間領域において、長くても1 ms程度の短時間に起こる現象（温度・圧力変化、表面原子・分子構造変化、化学反応など）を捉えることが必要とされる。したがって計測・分析技術として、極めて高度な「その場観察技術（in–situ）」が要求される。現在、様々な表面分析技術が開発されているが、未だに十分な時間分解能や感度を有し、摩擦界面の「その場観察」に決定的な有用性をもたらす技術は開発されていない。

● シミュレーション技術

　真実接触部における現象が観測できたとしても、現実は複数の物理現象によって構成されていると考えると、実社会で観測可能なトライボロジー現象を表現するための、空間・時間の粗視化に対する考え方に難しさがある。分子シミュレーションとマクロな連続体力学のシミュレーションの融合を図り、理論面からの理解を深める事に関しては暗中模索の状況であり、新しい提案が期待される。一方、製品設計レベルにおいても、支配的因子、支配的プロセスを考慮した合理的なモデルと、それを必要なスケールと精度で計算可能にする数値解析技術の向上が必要である。

● データ科学、計算科学

　メンテナンストライボロジーの分野でデータ科学、計算科学の検討が進んでいる。トライボロジー現象を定

2.6
エネルギー分野の基盤科学技術

性的に理解する上で規則性やトライボ要素の設計指針に気づきを与えてくれるなどの効用が見られ始めているが、定量性はまだ乏しい。計測手法の精度向上と相まってデータ科学、計算科学の深化が期待される。

- **実用への展開**

ラボ試験結果と実機の性能の有効な対応づけに関する方法論の確立は、いまだ実用技術の観点での大きな課題である。実機における多様な環境、非定常な動き、接触状態の変化のもとでの摩擦や摩耗の挙動は、ラボ試験データの統計的バラツキを考慮してもなお予測から外れることがしばしばある。そのため、ラボ試験結果は複数の材料の序列づけにはある程度の有効性は認められているものの、絶対値の推定が容易ではなく、実機の設計に試行錯誤を持ち込む原因となっている。また、進展著しいテクスチャリング技術の適用拡大に際しては、時々刻々変化する摺動条件のもとでのテクスチャの振る舞いや、形状と材料組成の空間分布の相互作用は未解明であり、テクスチャリングのトライボロジー理論の体系づけが課題である。

- **耐久性と信頼性**

省エネの観点で摩擦低減が求められる一方で、長期的、実用的視点からは、摩擦材料の信頼性・耐久性の向上が求められ、両者はしばしばトレードオフの関係にある。より厳しい接触条件のもとで比摩耗量を下げて耐久性を上げること、焼付きなどの突発的な表面損傷を回避して信頼性を上げるための、表面材料、潤滑剤、設計の技術開発が今後ますます重要になる。

- **水素、新エネルギーへの対応**

水素利用機器においてもトライボロジーの知見が必要不可欠である。トライボロジーの諸現象は気体の状態に大きく依存する。水素脆性など特有の課題への対応も必要となる。先駆的取り組みとして、2006年に九州大学に設置された産業技術総合研究所水素材料先端科学研究センター（現九州大学水素材料先端科学研究センター）[19] での水素トライボロジーの研究が挙げられる。アンモニア、水素の新たな火力発電においても、基本はリークを防ぐこと、流量を管理することであるが、加えてトライボロジー要素としてシール、バルブに対する材料技術が重要になる。ポンプや圧縮機では防爆に配慮した材料の選定、中小型では駆動機（モーター）の内蔵化などに対応した機械要素開発が求められる。

（6）その他の課題

- ・トライボロジーが扱う対象は、原子・分子レベルでの摩擦現象から、ハードディスクのスライダヘッド、自動車の駆動部品やタイヤ、発電タービンの軸受、電気接点、人工関節、地震予知や人工衛星など、多岐にわたっている。そのため、トライボロジーが関連する学問は機械工学を本拠としながらも、物理学や化学などの基礎分野から、材料、電気、土木・建築、航空・宇宙などの工学分野、計測や分析等に関する分野、エネルギー・環境や防災に係わる応用領域、さらにはナノテクノロジー、バイオテクノロジーといった新融合領域に至るまで、非常に幅広い範囲に跨がっている。このようにトライボロジーは分野融合の科学技術の典型であり、世界的には大規模なトライボロジー研究拠点が各国に存在する。一方で、日本のトライボロジー研究は大学の研究室単位で実施されている場合がほとんどであり、基礎と技術課題の融合研究を推進するのに十分な体制にはない。先進的なトライボロジー研究を推進するには、多岐にわたる分野の研究者による異分野融合的な取り組みが必須であり、研究開発体制の強化が求められる。
- ・トライボロジーと産業界のつながりはきわめて緊密であるが、国際競争力を高める観点からも、大学や公的研究機関の研究者と民間技術者との協働による研究開発力の強化が期待される。「超潤滑」（摩擦の消失）のような革新的技術の製品適用のためには、大学等で継続的に実施される基礎研究に加えて、製造技術、実装設計技術まで含めた産学共同での実用化研究が不可欠であるが、実用成果に至るまでに時間を要する場合が多い。このため、産学連携の進展には、大学等の研究者に対する研究論文数以外

の評価軸への配慮がさらに重要になると考えられる。

・トライボロジー分野のような産業界においても地道な分野の研究領域については、当該分野における成果の社会的認知度を向上させるなどにより、若い研究者を惹きつけなければ、世界をリードできる総合力を有する優秀な研究者が育たず、新技術を担う人材が枯渇するリスクもある。現実にトライボロジー分野の研究室は、主要国立大学において減少する傾向にあり、「トライボロジー」を講義科目として開設していない理工系学部も少なからずある。高信頼性・高効率な機械を実現するための新技術開発に対する研究リソースが減少し、産業界への優秀な人材の輩出も困難になる恐れがある。古くて新しい当該分野を推進するための環境整備が望まれる。

（7）国際比較

国・地域	フェーズ	現状	トレンド	各国の状況、評価の際に参考にした根拠など
日本	基礎研究	◎	→	●基礎分野の研究者の参画により、摩擦・潤滑研究の新しい展開が出ている。特に、物理、化学、材料、計測の研究者の融合研究への参画が進んでいる。（東北大学「トライボロジー融合研究拠点プロジェクト」、東京理科大学「トライボロジーセンター」等） ●中国で開催された2017年WTC、フランスで開催された2022年WTCのいずれにおいても、開催地域に次いで国別発表数で3位に入っている。
	応用研究・開発	◎	→	●各機械要素技術（部品）の低摩擦・耐久性技術は、高い品質管理技術と相まって、世界トップクラスである。これらが変わらず高品質の機械システムを支えている。 ●自動車用動力伝達技術研究組合（TRAMI）[20]、自動車用内燃機関技術研究組合（AICE）[21]、ゼロエミッションモビリティパワーソース研究コンソーシアム（ZEM）[22]等で応用研究が実施されている。
米国	基礎研究	◎	→	●大学、エネルギー省関連の国研、民間企業の研究施設において、基礎研究は高いレベルで維持されており、伝統的な新分野創出の気風も健全である。
	応用研究・開発	◎	→	●産学連携を基本とした基礎と応用研究の循環がスムーズである。ベンチャーから生み出された摩擦試験機が世界標準機になっている（現在はBruker社が販売、試験受託）。 ●先端分野のみならず、産学連携の中、すべり軸受や歯車技術などの一見古い技術にもしっかり目が向けられており、トライボロジー分野を扱う高等教育機関の数も多い。
欧州	基礎研究	◎	→	【EU】 ●欧州全体として数か所の拠点があり、近隣の複数国持ち回りによる国際会議やシンポジウムの開催や共同しての若手育成などを連携して進めている。産業界との連携も強い。 ●東欧、北欧などでも、従来より着実な研究活動がおこなわれてきており、基礎研究の領域で一定の存在感がある。 【ドイツ】 ●ミュンヘン工科大学機械要素研究所[14]が基礎研究に強みをもつ。 【英国】 ●Imperial College, Leeds Univ ersity, Univ ersity of Southampton, University of Sheffield[11]が基礎研究に強みをもつ。 【フランス】 ●Ecole Centrale de Lyon,University de Poitier[13]が基礎研究に強みをもつ。 【オーストリア】 ●Austrian Excellence Center for Tribology[12]が基礎研究に強みをもつ。

	応用研究・開発	◎	→	**【EU】** ●産学の連携が強い。添加剤におけるエボニック社、機械要素におけるSKF社など世界的な企業が研究をリードしている。 ●機械システム及びその課題を明確化した産学官の連携体制（欧州FVV, i-TRIBOMAT[10] 等）。エンジン設計に有用な解析モデルでは世界有数の企業（FEV社、AVL社、RICARDO社等）があり、世界の自動車企業のエンジン開発のサポートを行っている。 **【ドイツ】** ●産学連携がもともと高いレベルで行われており、トライボロジー関連では自動車の内燃機関系に関わる共同研究プラットフォームとしてFVVが発足し、ドイツ国内に研究拠点を有する自動車メーカーと部品メーカー、大学等が参画している。 **【英国】** ●産学連携が活発に行われ、例えばImperial Collegeには企業講座が2つ設立されており、応用・開発をめざした研究がなされている。また、ベンチャーから生み出された各種試験機が世界標準機になっている。
中国	基礎研究	◎	↗	●1986年創設の清華大学摩擦学国家重点実験室（State Key Laboratory of Tribology, Tsinghua University）[15]、1987年創設の蘭州潤滑化学研究所固体潤滑国家重点実験室（State Key Laboratory of Solid Lubrication, Lanzhou Institute of Chemical Physics, the Chinese Academy of Science）[16] はともに100人規模の研究者を擁する大規模な組織である。欧米で教育あるいは研究経験を積んだ中堅研究者がリーダとして研究を率いている。研究テーマも現代的であり、先進テーマへの取り組みでも世界最先端の一翼を担っている。 ●超潤滑技術研究センター（Institute of Superlubricity Technology）[17] も拠点となっている。 ●上記拠点以外にも全国的にトライボロジーの研究室が拡大しており、研究者数、国際ジャーナルの論文数ともに世界トップである。
	応用研究・開発	○	↗	●欧州や日本の部品がその基本設計の主体と考えられ、特筆すべき応用研究はないが、基礎研究の状況や他の技術分野における著しい進化からみると、いずれ大きく進展してくるものとみられる。
韓国	基礎研究	△	→	●トライボロジー分野の研究者が少なくなり、一時みられていた勢いは感じられなくなったが、延世大学がCenter for Nano-Wear[18] を主宰して活動している。
	応用研究・開発	○	→	●欧米や日本の部品がその基本設計の主体と考えられるが、戦略的部品である基本的機械要素（転がり軸受、気体軸受など）の自国生産のための研究体制を整備している模様。コーティング技術などを海外へライセンスする企業も現れている。

（註1）「フェーズ」

「基礎研究」：大学・国研などでの基礎研究レベル。

「応用研究・開発」：技術開発（プロトタイプの開発含む）・量産技術のレベル。

（註2）「現状」 ※我が国の現状を基準にした評価ではなく、CRDSの調査・見解による評価。

◎：他国に比べて特に顕著な活動・成果が見えている　　○：ある程度の顕著な活動・成果が見えている

△：顕著な活動・成果が見えていない　　×：特筆すべき活動・成果が見えていない

（註3）「トレンド」

↗：上昇傾向、→：現状維持、↘：下降傾向

関連する他の研究開発領域

・風力発電（環境・エネ分野　2.1.4）

・水素・アンモニア（環境・エネ分野　2.2.2）

・破壊力学（環境・エネ分野　2.6.3）

・金属系構造材料（ナノテク・材料分野　2.4.1）

・ナノ力学制御技術（ナノテク・材料分野　2.4.3）

・ナノ・オペランド計測（ナノテク・材料分野　2.6.2）

・物質・材料シミュレーション（ナノテク・材料分野　2.6.3）

参考・引用文献

1）UK. Department of Education and Science, *Lubrication (Tribology): a report on the present position and industry's needs* (London: H. M. Stationary Office, 1966).

2）Duncan Dowson, *History of Tribology*, 2nd ed. (Wiley, 1998).

3）一般社団法人日本トライボロジー学会「トライボロジーロードマップ研究会報告書（第1版）」https://www.tribology.jp/unit/s-101/fso4p100000005rj-att/jr41mf00000000e0.pdf,（2023年2月27日アクセス）.

4）中原綱光, 安藤泰久「トライボロジーロードマップの目的と報告書の概要」『トライボロジスト』61 巻 1号（2016）: 9-15., https://doi.org/10.18914/tribologist.61.1_9.

5）Society of Tribology and Lubrication Engineering (STLE), *2020 Report on Emerging Issues and Trends in Tribology and Lubrication Engineering* (Park Ridge: STLE, 2020).

6）橋本優花, 他「機械学習を用いたしゅう動面状態監視システムに関する研究」『日本機械学会論文集』84巻 868 号（2018）: 18-00275., https://doi.org/10.1299/transjsme.18-00275.

7）国立研究開発法人科学技術振興機構（JST）「革新的力学機能材料の創出に向けたナノスケール動的挙動と力学特性機構の解明」CREST, https://www.jst.go.jp/kisoken/crest/research_area/ongoing/bunya2019-2.html,（2023年2月27日アクセス）.

8）国立研究開発法人科学技術振興機構（JST）「力学機能のナノエンジニアリング」さきがけ, https://www.jst.go.jp/kisoken/presto/research_area/ongoing/bunya2019-2.html,（2023年2月27日アクセス）.

9）一般社団法人水素供給利用技術協会（HySUT）, 他「超高圧水素インフラ本格普及技術研究開発事業／水素ステーションのコスト低減等に関連する技術開発／長寿命高圧水素シール部材・継手部材及び機器開発に関する研究開発」国立研究開発法人新エネルギー・産業技術総合開発機構（NEDO）, https://www.nedo.go.jp/content/100937551.pdf,（2023年2月27日アクセス）.

10）AC2T research GmbH, "Intelligent Open Test Bed for Materials Tribological Characterisation Services (i-TRIBOMAT)," https://www.i-tribomat.eu/index.html,（2023年2月27日アクセス）.

11）Imperial College London, "Tribology Group," https://www.imperial.ac.uk/tribology,（2023年2月27日アクセス）.

12）AC2T research GmbH, https://www.ac2t.at/en/,（2023年2月27日アクセス）.

13）Laboratoire de Tribologie et Dynamique des Systemes, http://ltds.ec-lyon.fr/spip/spip.php?rubrique1&lang=en,（2023年2月27日アクセス）.

14）Chair of Machine Elements of Technical University of Munich, "Institute of Machine Elements", Technical University of Munich, https://www.mec.ed.tum.de/en/fzg/home/,（2023年2月27日アクセス）.

15）清華大学摩擦学国家重点実験室, https://sklt.tsinghua.edu.cn/,（2023年3月3日アクセス）.

16）Chinese Academy of Sciences, "Lanzhou Institute of Chemical Physics," http://english.licp.cas.cn/,（2023年2月27日アクセス）.

17）深圳精華大学研究院, https://en.tsinghua-sz.org/,（2023年3月3日アクセス）.

18）Center for Nano-Wear, "About CNW," Yonsei University, https://cnw.yonsei.ac.kr/cnw/About%20CNW.htm,（2023年2月27日アクセス）.

19）九州大学水素エネルギー国際研究センター, http://h2.kyushu-u.ac.jp/,（2023年2月27日アクセス）.

20）自動車用動力伝達技術研究組合, https://trami.or.jp,（2023年2月27日アクセス）.

21）自動車用内燃機関技術研究組合（AICE）, https://www.aice.or.jp,（2023年2月27日アクセス）.

22）ゼロエミッションモビリティパワーソース研究コンソーシアム, https://zemconso.jp/,（2023年3月3日アクセス）.

2.6

エネルギー分野の基盤科学技術

2.6.3 破壊力学

（1）研究開発領域の定義

　本領域は材料システムに発生したき裂が進展して破壊に至るまでの過程を取り扱い、機械・構造物についての設計・保守・管理に関する理論と手法に関する研究開発動向を含む領域である。その範囲には、材料内部あるいは材料同士の組み合わせからなる界面に発生したき裂が進展するか否かを判断するための理論と手法、種々の材料に対するき裂進展則に基づいた寿命予測技術の開発、重要なき裂の寸法と形状を把握するための非破壊検査手法の開発などがある。さらには、物理現象としてのき裂発生・進展の素過程の解明に関する実験的、数値解析的手法の技術開発も含む。

（2）キーワード

　き裂、欠陥、破壊靭性、異種材料界面、疲労、クリープ破壊、水素脆化、き裂発生・進展、応力拡大係数、寿命予測、非破壊検査

（3）研究開発領域の概要
［本領域の意義］

　工業製品等において破損事故を未然に防ぐことは、品質の根幹をなす最も主要な要素であり、工業立国たる日本の国際競争力にもつながる最重要事項の一つである。航空機、高速鉄道、自動車などの輸送分野での破損事故は大切な人命を危険に晒し、甚大な社会的損害に繋がるため、新構造や新材料、新システムを導入した場合は、破損を未然に防ぐための技術が必要不可欠である。一方で有限で貴重な資源を有効に活用して安全性と経済性を両立するために寿命予測の高度・高精度化も必要とされている。また、昨今、電気・ガス・水道、さらには、道路・橋梁・トンネルなどのコンクリート構造物等の社会インフラ設備の老朽化が顕在化してきている。限られた予算や人手でこれら老朽化した設備を適切な寿命予測により効率的に維持管理するために、き裂を精度良く検出・計測する非破壊検査技術も求められている。これら社会の要請に応えるために、科学的根拠に基づいた設計・維持管理手法の構築が以前にも増して必要とされている。

　本領域は機器構造物をはじめとする材料システムのき裂発生・進展の素過程を解明し、さらには力学量と関連づけることで健全性を評価し、破壊、寿命を予測するための学術基盤を構築するものであり、社会的・科学技術的意義は極めて大きい。

［研究開発の動向］

　破壊力学は、構造内部や表面からのき裂発生・進展を扱う。特に、疲労き裂進展による寿命予測が可能となったことで、発電プラントや航空機などの設計・保守管理に積極的に利用され発展してきた。最近では、汎用構造解析ソフトウェアに「応力拡大係数」や「J積分」などの破壊力学パラメータを計算できる機能も実装されており、手法としてはほぼ完成されている。

　シミュレーションを正確に行うためには、材料データが必要である。様々な材料の組み合わせからなる材料システムの健全性評価のために、その対象は多様化してきている。また材料システムが使用される環境も益々過酷になり、高温、水素環境における破壊現象の理解も重要である。さらにカーボンニュートラルの実現に向けて材料システムの軽量化が重要な課題とされており、そのために複合材料や積層造形材料の利用が拡大してきている。また寿命予測の高精度化のために、根拠となるき裂情報を取得するための非破壊検査技術の進歩も重要である。効率的なデータ取得、データ精度向上のために、機械学習・深層学習を援用した技術開発が世界中で展開されている。

　材料のミクロ組織がマクロな材料特性を決定づけるため、第一原理を用いた原子レベルの材料探索から、ユニットセルモデルでメゾスケールを扱う均質化モデル、さらには大規模構造解析へとつなぐマルチスケール

解析手法の開発が引き続き行われている。スーパーコンピュータ富岳を有効活用した計算破壊力学分野の益々の発展が期待されている。破壊現象をモデル化する手法として、マルチフィジックスな扱いができ、エネルギーの観点から破壊を論じることができるフェーズフィールドき裂進展解析手法が注目されている。ここ数年解析手法の発展が著しく、従来の有限要素法では再現できない現象を扱えるようになってきている。また、マクロスケールで生じる破壊現象をミクロスケールで解釈するためにナノ・マイクロ材料を対象とした実験と解析に関する研究が行われている。

金属の積層造形法（AM：Additive Manufacturing）が発展してきており、日本も技術研究組合次世代3D積層造形技術総合開発機構を中心に研究開発が進められている。主に、製造方法や合金開発に関する基礎研究が多い。一方、世界的には航空宇宙分野や医療分野など高付加価値な製品を中心として量産化が始まりつつあり、品質保証の観点から、内部欠陥の分析、欠陥を起点とした疲労き裂進展の評価、さらには、疲労設計法の規格化に関する議論も進められている。

電気自動車（EV）の普及に伴い、Li-Ionバッテリーの安全性に関する研究が米国、中国を中心に推進されている。自動車事故の際、衝撃負荷時のバッテリー内部の破壊現象の解明、リチウムイオン電池の電気化学反応を考慮した構造−電気−化学のマルチフィジックス解析手法の研究開発が必要とされており、カーボンニュートラルを背景に急速に普及している電気自動車の信頼性確保には重要な課題とされている。一方、日本では燃料電池自動車（FCEV）の為のCFRP水素貯蔵タンクの研究開発が進められており、水素社会を実現するために安全性の確保と低コスト化が課題となっている。

（4）注目動向
[新展開・技術トピックス]
• ナノスケールの力学的特性

戦略的創造研究推進事業「さきがけ」、「CREST」では、ナノスケールでのメカニズム解明、ナノスケールの力学的特性を利用した材料設計、また、関連する評価・解析技術やマルチフィジックスへの展開等を目指し研究が進められている。破壊力学との関連が深い内容として、ナノスケールでの変形、疲労、摩耗、界面などが取り上げられているほか、新たな機能性の発現も試みられている。また、これらの研究を進めるため、シミュレーションや機械学習など情報工学との融合が進められており、新しい破壊力学の創出が期待される。

• データサイエンスによる材料開発と損傷、き裂進展予測

複合材料においては、母材に粒子や繊維を混合して剛性や強度といった機械的特性を向上させている。ミクロスケールの材料構造とマクロスケールの機械的特性を関連づけるマルチスケール解析手法が開発されてきた。一方、最近、材料配置の画像から機械的特性と関連づけ、さらには、応力・ひずみ分布、損傷予測をするための機械学習、深層学習といったAIを活用する技術が提案されている。また、繰り返し負荷を受ける疲労き裂においても、過去のデータベースを機械学習することで、疲労き裂進展挙動を予測する手法の開発も行われている。

• Additive Manufacturing（AM、積層造形）

いわゆる3Dプリンタを利用して材料を付加することで形状を作り出す方法であり、世界中で活発に研究が行われている。AM法は、従来の除去加工では作れないような形状を一体成型品として作ることができるため、トポロジー最適化手法と組み合わせて軽量かつ高剛性・高強度な部材を作ることができる。構造部材としての応用では、特に、金属材料（ステンレス鋼、アルミニウム合金、チタン合金等）についての研究が注目されている。金属3Dプリンタ装置およびその関連技術に関しては、研究・開発、生産システム構築、実用化のいずれも海外の方が進んでいる。日本ではNEDO（国立研究開発法人新エネルギー・産業技術総合開発機構）「次世代型産業用3Dプリンタの造形技術開発・実用化事業」などを通じた装置の実用化が進められた。また、

「積層造形部品開発の効率化のための基盤技術開発事業」では、プロセスモニタリング技術や欠陥発生予測技術などの開発が進められ、破壊力学を応用することで強度・寿命の予測に繋がっている。

　生産性に関しては従来の金属加工技術と比べて金属3Dプリンタは劣る場合が多く、マスプロダクションとは異なる高付加価値製品、たとえば医療分野や航空分野などの適用例が多く報告されている。これらは同時に高い強度信頼性が求められるため、強度・寿命の予測・制御技術は重要とされている。

　金属3Dプリンタ装置は、造形プロセスに依存して特徴があり、「高精度化」と「高速度（高生産性）化」の技術開発トレンドがみられる。現状、実用部品を製造するためには、ほとんどの場合には熱処理や切削加工などの二次工程が必要であり、これらは当然ながら部材の強度にも関連する。プロセスから構造解析までを通貫した強度・寿命予測技術が必要とされている。

　3Dプリンタでなければ実現できない構造、たとえば軽量かつ高剛性を両立させる中空微細構造、機械的性質に任意の異方性を付与した構造、ネガティブなポアソン比を有する構造などを応用した製品の実用化が期待される。これらの実現のためには、情報工学と融合した設計技術および、設計から構造までの一貫した解析技術、それを実現する3D積層造形のためのプロセス解析技術が重要とされている。学協会でも、破壊力学に関連した金属積層造形の研究は増加しており、材料組織、機械的性質、熱ひずみ・残留応力、疲労強度[1]などについて検討されている。

　海外の動向も活発であり、IIW（International Institute of Welding）の雑誌"Welding in the World（Springer）"では2020年にAMの特集号（"Additive Manufacturing – Processes, Simulation and Inspection"）[2]を発行している。また、IIWとEWF（European Welding Federation）が共同でInternational Additive Manufacturing Qualification System（IAMQS）[3]を進めている。

● 異材接合・積層パネル

　カーボンニュートラルの実現のためには材料システムの軽量化が欠かせず、飛行機や自動車といった移動体等において、従来の金属材料から複合材料などのより軽量な材料への転換が進められている。また、これまでにない革新的な構造の実現や新しい機能性発現のため、異材接合技術が開発されている。これら様々な異種材料からなる界面は材料的にも力学的にも不連続であり、破壊力学の適用性の検証が行われているが材料・接合プロセス、力学・評価のいずれにおいても課題がある。たとえば、異種金属界面での金属間化合物の生成挙動、異材接着界面端での特異応力場の問題などが、実験的、解析的に検討されている。マルチスケールでの材料解析および数値解析技術が、プロセス技術や強度評価技術と融合することで実用化が加速されると考えられる。

　実用化においてとくに重要な強度信頼性に関しては、様々な接合部へ適用できる統一的な強度評価試験法や評価パラメータはなく、個別に検討が必要な状況である。異材接合の実用化のためには、これらの確立が重要とされており、破壊力学の果たす役割は大きく、実用的な試験・評価法の開発が望まれる。また、規格戦略的にも、試験法規格の国際標準化も重要であり、コーティング材の界面強度評価法（ISO 20267、ISO 19207）の例のように、日本が主導する破壊力学パラメータに基づいた異材界面の強度評価法の提案・国際規格化なども進める必要がある。

　異材接合では、接着接合や機械締結も多く適用されている。これらに接合部の強度信頼性に関しても破壊力学の役割は大きく、前述の特異応力場の問題、締結・接合部からの疲労き裂発生・進展の問題、異材界面の物理的・材料的な欠陥の評価技術など、様々な技術開発が進められている。

● 車載用バッテリーの破壊とマルチフィジックス解析

　二酸化炭素（CO_2）排出規制のために、自動車の電動化が進められており、ハイブリッド車・電気自動車が急速に普及している。現在、車載用バッテリーの多くには、リチウムイオン電池が用いられており、自動車事故の際に、バッテリーが変形し、電極のショート・加熱により自動車火災に至ることが懸念されている。そ

のため、衝撃負荷時のバッテリー内部の破壊現象の解明、リチウムイオン電池の電気化学反応を考慮した構造−電気−化学のマルチフィジックス解析手法の研究開発が、米国、中国を中心に取り組まれている。

• 非破壊検査のDX

繰返し荷重が負荷される部材に生じる疲労き裂の非破壊検査技術は、部材の余寿命を正確に予測するために重要な技術である。導電性のある金属や強化繊維複合材の場合、電気抵抗値からき裂長さを同定することが可能であるが、コンクリートや樹脂などの絶縁材料の場合は適用が困難であった。DX（非破壊検査分野においては特にNDE4.0と呼称される）の流れを背景に正確な欠陥、損傷状況の把握のために画像を用いた診断、あるいは複数のセンサを併用したモニタリングに関する研究が行われている。近年、深層学習手法を用いた機械学習によるき裂検出技術の開発が盛んに行われており、高架橋、トンネル、道路床板のき裂検出に適用されている。さらに、画像相関法を用いて、変位・ひずみ分布からき裂長さを求める手法も開発されている。

[注目すべき国内外のプロジェクト]
■国内

• NEDO「積層造形部品開発の効率化のための基盤技術開発事業」2019〜2023年度、2021年度予算：2.0億円

金属製品のものづくりに活用が始まりつつある積層造形技術に対して、日本は世界に対して後塵を拝している。積層造形品の品質保証を確保するためには、金属積層造形における溶融凝固現象を解明し欠陥発生を予測するとともに、プロセス中での高度な計測・機械制御技術を開発する必要がある。技術研究組合次世代3D積層造形技術総合開発機構が主体となって、金属の積層造形部品等の品質の確保及び開発の効率化を目指している。破壊力学の適用先としては、内部欠陥を起点とした破壊、疲労などと関連が深い。

• NEDO「革新的新構造材料等研究開発」2014〜2022年度、2022年度予算：24億円

本事業では、エネルギー使用量及びCO_2排出量削減を図るため、その効果が大きい輸送機器（自動車、鉄道車両等）の抜本的な軽量化に繋がる技術開発等を行っている。輸送機器の原材料を革新的新構造材料等に置き換えることで、抜本的な軽量化（自動車車体の場合50％軽量化）への取り組みが期待されている。破壊力学の適用先としては、CFRPの損傷・破壊、マルチマテリアル接合部の破壊などと関連が深い。新構造材料技術研究組合（ISMA）が主体となり活動。

■国外

• Reliability-oriented Lightweight Optimization Framework for Intelligent Design of Material-structure Integration, H2020-EU.1.3. - EXCELLENT SCIENCE - Marie Skodowska-Curie Actions Intelligent lightweight design of multiscale lattice structures made from porous materials, 2022/9/1-2024/8/31, 212 933,76 EURO, CARDIFF UNIVERSITY, UK,

軽量で十分な強度を持ち、さらに柔軟性も有するマルチスケール格子構造の設計手法および積層造形による実現を目指すプロジェクトである。

• Voxel Based Material Design: Amalgamation of Additive Manufacturing and Scanning Electron Microscopy, H2020-EU.1.1. - EXCELLENT SCIENCE - European Research Council（ERC）, Electrons that wear two hats support aerospace additive manufacturing, 2021/11/1-2026/10/31, 2 945 003,00 EURO , FRIEDRICH-ALEXANDER-UNIVERSITAET ERLANGEN-NUERNBERG,

GERMANY,

複雑形状の航空宇宙部品の性能向上を目指し、パウダーベット型に電子ビーム加熱を採用し、理想の局所材料特性を発現するための積層造形手法を開発することを目的としている。

- Artificial Intelligence driven topology optimization of Additively Manufactured Composite Components, H2020-EU.1.3. - EXCELLENT SCIENCE - Marie Skodowska-Curie Actions, New components of improved fracture toughness, 2021/9/1-2023/8/31, 160 085,44 EURO, ETHNICON METSOVION POLYTECHNION, GREECE,

欧州の航空輸送機器分野では、積層造形で作られた複合材料が導入されつつあるが、複雑な形状や脆性的な損傷破壊を起こすことが問題となっている。このプロジェクトでは、トポロジー最適化を用いたサロゲートモデルを構築し、高破壊じん性値を有する部材を開発することを目的としている。

- Green Additive Manufacturing through Innovative Beam Shaping and Process Monitoring, HORIZON.2.4 - Digital, Industry and Space, 2022/6/1-2025/3/31, 6 771 803,25 EURO, TECHNISCHE UNIVERSITAET MUENCHEN, GERMANY + Netherlands + France + Italy + Spain + Sweden + Israel,

航空宇宙、エネルギー、自動車分野において、最新のパウダーベット型金属積層装置の開発とそのデモンストレーションを行うことを目的としている。

（5）科学技術的課題

・非破壊検査技術の高度化

非破壊検査分野においてもデジタル化（NDE4.0）が進んでおり、ディープラーニングやAI技術を活用した手法が開発されている。一方、その背景にある物理現象の理解とモデル化についても並行した研究が必要とされている。

・接合部/接着層の品質向上と長寿命化

材料システムに使用される材料種類の多様化により、その性能と信頼性の鍵を握る異種材料同士の接合/接着界面の評価が益々重要な課題となってきている。新しい高強度・長寿命接合/接着技術の開発に加えて、当該界面の強度を正確に評価するための破壊力学的手法の開発と進展が望まれる。

・Additive Manufacturing（AM）

金属材料の積層造形法は、自由な形状設計ができることから、トポロジー最適化手法と組み合わせて、高付加価値製品を生み出すことができ、世界的には航空宇宙分野や医療分野を中心に製品の量産化が始まっており、日本では金型への応用が期待されている。エネルギー関連機器・高温機器に関しては、革新的な構造の実現による高信頼性・高機能の実現が期待される。

この研究・開発には設計、材料、プロセス、装置など、さまざまな技術が高次元で融合することが求められる。設計に関しては、トポロジー最適化による強度・構造に関する開発が進んでいるが、積層造形の利点を十分に活かした革新的な構造を実現するためには、強度だけではなく機能性も含めた設計手法の開発がキーポイントとなる。たとえば高温で作動するエネルギー関連機器などを想定した場合、熱、流体、振動、摩擦・摩耗などを総合的に評価する必要がある。そのためには、個別の専門分野だけではなく、広く機械工学、材料工学、情報・制御を俯瞰できる設計人材の育成が必要とされている。たとえばスウェーデンのUniversity Westでは、AMに関する修士課程コースが設置されており、産学連携による人材育成が進められている。

　材料面では成形中に生じる空孔や欠陥、溶融・凝固に伴う熱残留応力、材料の異方性などが生じる問題がある。これらと成形品の静的・動的強度、疲労強度とを関連づける研究が盛んに行われており、空孔や欠陥から生じるき裂は破壊力学的手法での評価が試みられており、強度、耐久性、健全性を評価する上で、破壊力学の果たすべき役割は大きく、今後の発展が期待される。

　金属積層造形材料のさらなる実用化に対しての課題はまだ多く、今後、高精度化、造形プロセスの高速度化とともに、インプロセスでの熱ひずみ・残留応力や欠陥発生の低減技術とそれらの予測技術、金属積層造形材料の強度・寿命予測技術、マルチスケールでの機械的特性の制御技術が必要とされている。金属積層造形は、ネットシェープ、もしくはニアネットシェープが実現できるが、上記のような問題のほか、たとえば大型の構造物を考えた場合に全てを3Dプリンタで造形することは適切ではなく、その場合には、金属積層造形と従来のプロセスで製造された部材を溶接・接合する必要がある。溶接・接合部は、材料的にも力学的にも不連続であり、破壊事故につながる原因箇所となることが多い、したがって金属積層造形溶接材の強度評価および高信頼性実現のための溶接・接合プロセスの開発が求められる。他にも、エネルギー機器の高寿命化、稼働期間の長期化のためには、3Dプリンタを利用した補修技術の開発も有効と考えられる。造形プロセス中に複数の材料を供給する装置も開発されており異種金属接合界面の強度信頼性評価は重要となる。

　積層造形プロセスの詳細が明らかになることで、装置のインプロセス制御技術が発展するほか、欠陥発生メカニズム、熱ひずみや残留応力の発生メカニズムの解明にも繋がり、設計、材料、プロセス、装置のいずれに対しても技術発展が期待される。

● **破壊じん性値データベースの拡充**

　破壊力学研究の手法は確立しているが、対象となる材料は日進月歩で開発されており、また、経年劣化や環境によってもき裂発生・進展特性は変化する。シミュレーションで評価する際にはこれらの条件下での破壊じん性値が必要であるが、一般的には入手しにくいのが現状である。国立研究開発法人物質・材料研究機構や独立行政法人製品評価技術基盤機構で行われた金属材料や樹脂の破壊じん性データベースが公開されているが、このような材料データベースの拡充が今後期待される。

● **マルチスケール・マルチフィジックス破壊力学**

　マテリアルインフォマティクス（MI）による材料探索が精力的に行われており、それらをもとに新規材料開発が行われている。一方、破壊現象は原子結合だけで決まるわけではなく、応力腐食割れに代表されるように、その材料がおかれる環境、負荷形態、時間など様々な因子が影響する。これらを包括的に扱うために、マルチスケール・マルチフィジックス破壊力学の更なる発展が期待されている。

（6）その他の課題
● **法整備・標準化**

　法整備・標準化は国際競争力の要であるが、日本の競争力は国際的に十分な水準にあるとは言い難い。例えばJIS規格はISO/IECと整合化が図られているが、重要なこの作業は関連する研究者や技術者のボランティアに依存しているところが少なくなく、このための予算の拡充が望まれている。

● **若手人材の育成**

　日本の就労者人口が減少する中で、今後も老朽化した施設・設備の管理・保守業務が増加することが予想され、破壊力学を専攻する若手人材の確保・育成は、安全・安心の社会を維持するために重要な課題とされている。さらに、機械・構造物に関する保守・点検に関しては、機械学習やAIといった情報技術の導入が進められていることから、情報系分野の素養を持つ人材の育成も重要な課題とされている。

（左端縦書き）2.6 エネルギー分野の基盤科学技術

（7）国際比較

国・地域	フェーズ	現状	トレンド	各国の状況、評価の際に参考にした根拠など
日本	基礎研究	○	→	●積層造形された機能性合金の疲労き裂進展評価が行われている[1]。 ●次世代放射光施設計画（Super Lightsource for Industrial Technology, Japan）
日本	応用研究・開発	△	↘	●NEDOのインフラ維持管理・更新等の社会課題対応システム開発プロジェクト（2014～2018年度）以降、後継プロジェクトが発足しておらず、検査・モニタリング技術の開発は低調とみられる。 ●NEDOのプロジェクト下で、技術研究組合次世代3D積層造形技術総合開発機構が主体となって、積層造形製品における欠陥発生分析や対策についての検討が行われいてる。
米国	基礎研究	◎	↗	●ディープラーニングを活用した天然ガスパイプラインの広域検査について検討されている[4]。また非線形超音波により大型積層造形材料内部の接合不良部を検出する手法について検討している[5]。 ●University of MemphisにおいてAM法で製造したTi合金の多軸疲労き裂進展の研究が行われている[6]。また、米国エネルギー省（DOE）のプロジェクトとして、University of Tennessee, KnoxvilleでX線による破壊過程の内部観察実験が行われている[7]。さらに、米国DOE、the Office of Naval Researchのプロジェクトとして、The Pennsylvania State Universityで304Lステンレス鋼、Inconel625耐熱合金の研究が行われている[8,9]。 ●Army Research Office, the Office of Naval Research, AFOSR-MURI, 米国DOE Basic Energy Sciences Grantのもと、機械学習、深層学習を援用した複合材料の性能予測や、データ駆動型の破壊予測の研究が行われている[10,11]。
米国	応用研究・開発	◎	↗	●積層造形により作製した、高比強度な銅合金格子構造の力学特性について調査している[12]。 ●Ti合金の修理の研究がUniversity of Akronで行われている[13]。Auburn UniversityにNational Centerが設置され、NASA, US Army, Boeingなど航空宇宙分野での応用を中心に産学官連携でAMに関連する破壊研究が行われている[14]。Georgia Institute of Technologyでは、米国DOEの "Digital Twin Model for Advanced Manufacture of a Rotating Detonation Engine Injector" というプロジェクトで研究が進められている[15]。 ●AVL, Hyundai, Murata, Tesla, Toyota North America, Volkswagengen/Audi/Porsche, and other industrial partners through the MIT Industrial Battery Consortiumにて、Li-ionバッテリーの破壊、マルチフィジックス解析に関する研究が行われている[16,17]。National Renewable Energy Laboratoryにおいて　米国DOEのプロジェクトでLi-Ionバッテリーの破壊に関する研究が行われている[18]。
欧州	基礎研究	◎	→	【EU】 ●EUにおける破壊力学に関する研究・規格は、European Structural Integrity Society（ESIS）にて議論されており、隔年で国際会議が開催されており、2022年に "ECF23, European Conference on Fracture 2022" がポルトガルで開催された。 【英国】 ●ディープラーニングを活用して超音波画像等のデータからノイズやアーチファクトの影響を低減し、検査精度を向上する取り組みがなされている[19]。 【イタリア】 ●基材へのレーザーテキスチャリングによりポリイミド接合部の静的および疲労強度が向上することを報告している[20]。 ●チタン合金の欠陥から発生する疲労き裂進展に関する研究が、接合研究所構造物健全性研究センターで行われている[21]。チタン合金のAM材の微視組織からPeridynamics法による疲労き裂進展を予測する研究がUniversity of Strathclydeにて行われている[22]。低炭素鋼はCranfield Universityで行われている[23]。

2.6
エネルギー分野の
基盤科学技術

2.6 エネルギー分野の基盤科学技術				【ドイツ】 ●ガラス繊維複合材料の3Dプリント材の破壊研究が、University of Siegenで行われている[24]。 【フランス】 ● Ecole Polytechnique Institute Polytechnique de Parisで316L stainlessの研究が行われている[25]。
	応用研究・開発	◎	→	【EU】 ●欧州諸国で連携して現代の重要な課題の解決を目指すプログラム「Horizon Europe」が進行中である。 ● European XFELが2017年より稼働を開始している。 ● Horizon2020の下で、スウェーデンのLinköping University、UKのManufacturing Technology CentreにてAM材の疲労破壊に関する研究が行われている[26]。 【英国】 ● UKの接合研究所構造物健全性研究センターを中心に、Horizon2020 CleanSky2プロジェクトのもと、シミュレーションと合わせたAM材の変形・欠陥予測の研究が行われている[27]。 【ドイツ】 ●非破壊検査分野におけるデジタル化（NDE4.0）によるAI等の活用と、従来の欠陥検出の確率（POD）に基づく評価とのベストミックスについて検討している[28]。またNDE4.0に関する国際会議が2022年10月にベルリンで開催された（https://conference.nde40.com/）。 ● Bundesanstalt für Materialforschung und –prüfung (BAM) にて、AM金属の疲労損傷許容設計に関する国際シンポジウムが開催された[29]。 ● AM金属の高サイクル疲労に関する統一的な損傷許容設計法の提案がなされている[30]。 【フランス】 ●複雑対象物を高精度に積層造形するダイナミックモデリング法が開発されている[31]。 ● Institut de Recherche Technologique SystemXのプロジェクト（https://www.irt-systemx.fr/en/projets/was/）で、ワイヤー積層造形に関する産学官研究が行われている。
中国	基礎研究	◎	↗	●ディープラーニングを活用してアクティブ赤外線サーモグラフィ画像から非平面CFRPの欠陥を検出する方法や[32]、CTデータから積層造形材料内部の欠陥を検出する手法について検討している[33]。中国では、National Natural Science Foundation, National Key Research and Development Program, National Science and Technology Major Projectなどのファンドで実施されている。 【データサイエンス関連】 ●脆性材料の破壊強度を深層学習で予測する研究がTsinghua Universityで行われている[34]。疲労き裂進展寿命の予測する研究がBeihang University, Beihang University、Southwest Jiatong Universityで行われている[35], [36], [37], [38]。 【Li-Ion関連】 ● Li-ionバッテリーの破壊、マルチフィジックス解析に関する研究が、北京科学技術大学、北京航空航天大学、上海交通大学で行われている[39], [40], [41]。 【AM関連】 ● Inconel718耐熱合金のAM法による製造と強度の異方性について研究がTsinghua Universityで行われている[42]。Al合金に関してはBeihang Universityで行われている[43]。Ti合金に関してはAECC Beijing Institute of Aeronautical Materialsで行われている[44]。 【き裂検出関連】 ●リアルタイムかつその場で疲労き裂長さを測定する手法がBeihang Universityで開発されている[45]。

	応用研究・開発	◎	↗	●積層造形したニッケル基超合金の異方性損傷について検討している[46]。 ●次世代ダイアタッチ材料の候補である多層カーボンナノチューブを添加した焼結銀のせん断破壊靱性値について報告している[47]。 ●Joint Fund of Large-scale Scientific Facility of National Natural Science Foundation of China (U2032121) and the National Key R & D Program of China (2016YFB1200602-17). 疲労データが磁気浮上車両の開発に使われている[48]。 ●State Key Lab of Ocean Engineering, Shanghai JiaoTong Universityにて、企業で製造した海洋構造物における疲労き裂進展について機械学習から予測する手法の開発が行われている[49]。
韓国	基礎研究	○	→	●Korea Institute of Machinery & Materials grant funded by the Korea government (MSIT), Korea Institute of Energy Technology Evaluation and Planning (KETEP), the Ministry of Trade, Industry and Energy (MOTIE) のプロジェクトで、アコースティックエミッションとディープラーニングを組み合わせたAM材の欠陥検出技術の開発が行われている[50]。
	応用研究・開発	△	→	●Sejong Universityにて、Korea Agency for Infrastructure Technology Advancement（KAIA）grantで、道路インフラにおけるき裂検出技術に関する調査がまとめられている[51]。
その他の国・地域（任意）	基礎研究	○	↗	【豪州】 ●Monash UniversityにてAM法で作成されたステンレス鋼の疲労き裂進展に関する研究が行われている[52]。Ti合金の破壊靱性値の異方性に関する研究がThe University of New South Walesで行われている[53]。
	応用研究・開発	―	―	

（註1）「フェーズ」

　　　「基礎研究」：大学・国研などでの基礎研究レベル。

　　　「応用研究・開発」：技術開発（プロトタイプの開発含む）・量産技術のレベル。

（註2）「現状」　※我が国の現状を基準にした評価ではなく、CRDSの調査・見解による評価。

　　　◎：他国に比べて特に顕著な活動・成果が見えている　　　○：ある程度の顕著な活動・成果が見えている

　　　△：顕著な活動・成果が見えていない　　　　　　　　　　×：特筆すべき活動・成果が見えていない

（註3）「トレンド」

　　　↗：上昇傾向、→：現状維持、↘：下降傾向

関連する他の研究開発領域

火力発電（環境・エネ分野　2.1.1）

原子力発電（環境・エネ分野　2.1.2）

金属系構造材料（ナノテク・材料分野　2.4.1）

複合材料（ナノテク・材料分野　2.4.2）

ナノ力学制御技術（ナノテク・材料分野　2.4.3）

ナノ・オペランド計測（ナノテク・材料分野　2.6.2）

物質・材料シミュレーション（ナノテク・材料分野　2.6.3）

2.6 エネルギー分野の基盤科学技術

参考・引用文献

1）清水利弘, 他「Additive Manufacturingで作製した機能性合金における疲労き裂進展挙動の鍛造および鋳造材との比較」『鉄と鋼』108 巻 3 号（2022）: 191-198., https://doi.org/10.2355/tetsutohagane.TETSU-2021-084.

2）International Institute of Welding（IIW）, "IIW Annual Report 2020", https://cld.bz/W9w88cp,（2023年1月30日アクセス）.

3）International Institute of Welding（IIW）, "IIW Annual Report 2021", https://cld.bz/0m6Mpua,（2023年1月30日アクセス）.

4）Subrata Mukherjee, et al., "Inline Pipeline Inspection Using Hybrid Deep Learning Aided Endoscopic Laser Profiling", *Journal of Nondestructive Evaluation* 41（2022）: 56., https://doi.org/10.1007/s10921-022-00890-1.

5）Sina Zamen, et al., "Characterization of nonlinear ultrasonic waves behavior while interacting with poor interlayer bonds in large-scale additive manufactured materials", *NDT & E International* 127（2022）: 102602., https://doi.org/10.1016/j.ndteint.2022.102602.

6）Niloofar Sanaei and Ali Fatemi, "Defect-based multiaxial fatigue life prediction of L-PBF additive manufactured metals", *Fatigue & Fracture of Engineering Materials & Structures* 44, no. 7（2021）: 1897-1915., https://doi.org/10.1111/ffe.13449.

7）Hahn Choo, et al., "Deformation and fracture behavior of a laser powder bed fusion processed stainless steel: In situ synchrotron x-ray computed microtomography study", *Additive Manufacturing* 40（2021）: 101914., https://doi.org/10.1016/j.addma.2021.101914.

8）Shipin Qin, Zhuqing Wang and Allison M. Beese, "Orientation and stress state dependent plasticity and damage initiation behavior of stainless steel 304L manufactured by laser powder bed fusion additive manufacturing", *Extreme Mechanics Letters* 45（2021）: 101271., https://doi.org/10.1016/j.eml.2021.101271.

9）Shipin Qin, et al., "Plasticity and fracture behavior of Inconel 625 manufactured by laser powder bed fusion: Comparison between as-built and stress relieved conditions", *Materials Science and Engineering: A* 806（2021）: 140808., https://doi.org/10.1016/j.msea.2021.140808.

10）Zhenze Yang, Chi-Hua Yu and Markus J. Buehler, "Deep learning model to predict complex stress and strain fields in hierarchical composites", *Science Advances* 7, no. 15（2021）: eabd7416., https://doi.org/10.1126/sciadv.abd7416.

11）Xing Liu, et al., "Knowledge extraction and transfer in data-driven fracture mechanics", *PNAS* 118, no. 23（2021）: e2104765118., https://doi.org/10.1073/pnas.2104765118.

12）Kavan Hazeli, et al., "Mechanical behavior of additively manufactured GRCop-84 copper alloy lattice structures", *Additive Manufacturing* 56（2022）: 102928., https://doi.org/10.1016/j.addma.2022.102928.

13）Sulochana Shrestha, et al., "Fracture toughness and fatigue crack growth rate properties of AM repaired Ti-6Al-4V by Direct Energy Deposition", *Materials Science and Engineering: A* 823（2021）: 141701., https://doi.org/10.1016/j.msea.2021.141701.

14）P. D. Nezhadfar, Nima Shamsaei and Nam Phan, "Enhancing ductility and fatigue strength of additively manufactured metallic materials by preheating the build platform", *Fatigue & Fracture of Engineering Materials & Structures* 44, no. 1（2021）: 257-270., https://doi.org/10.1111/ffe.13372.

15）Richard W. Neu, et al., "Evaluation of HCF strength of Alloy 625 with non-optimum additive manufacturing process parameters", *International Journal of Fatigue* 162 (2022) : 106978., https://doi.org/10.1016/j.ijfatigue.2022.106978.

16）Tobias Sedlatschek, et al., "Large-deformation plasticity and fracture behavior of pure lithium under various stress states", *Acta Materialia* 208 (2021) : 116730., https://doi.org/10.1016/j.actamat.2021.116730.

17）Juner Zhu, et al., "Mechanical Deformation of Lithium-Ion Pouch Cells under In-Plane Loads—Part I: Experimental Investigation", *Journal of The Electrochemical Society* 167 (2020): 090533., https://doi.org/10.1149/1945-7111/ab8e83.

18）Anudeep Mallarapu, et al., "Modeling extreme deformations in lithium ion batteries", *eTransportation* 4 (2020) : 100065., https://doi.org/10.1016/j.etran.2020.100065.

19）Sergio Cantero-Chinchilla, Paul D. Wilcox and Anthony J. Croxford, "A deep learning based methodology for artefact identification and suppression with application to ultrasonic images", *NDT & E International* 126 (2022) : 102575., https://doi.org/10.1016/j.ndteint.2021.102575.

20）Adrian H. A. Lutey, et al., "Static and fatigue strength of laser-textured adhesive-bonded polyamide 66 (PA 66) joints", *International Journal of Adhesion and Adhesives* 116 (2022) : 103155., https://doi.org/10.1016/j.ijadhadh.2022.103155.

21）Emre Akgun, et al., "Fatigue of laser powder-bed fusion additive manufactured Ti-6Al-4V in presence of process-induced porosity defects", Engineering Fracture Mechanics 259 (2022) : 108140., https://doi.org/10.1016/j.engfracmech.2021.108140.

22）Olena Karpenko, Selda Oterkus and Erkan Oterkus, "Peridynamic analysis to investigate the influence of microstructure and porosity on fatigue crack propagation in additively manufactured Ti6Al4V", *Engineering Fracture Mechanics* 261 (2022) : 108212., https://doi.org/10.1016/j.engfracmech.2021.108212.

23）Anna Ermakova, et al., "Fatigue crack growth behaviour of wire and arc additively manufactured ER70S-6 low carbon steel components", *International Journal of Fracture* 235 (2022) : 47-59., https://doi.org/10.1007/s10704-021-00545-8.

24）Mohammad Reza Khosravani, et al., "Fracture studies of 3D-printed continuous glass fiber reinforced composites", *Theoretical and Applied Fracture Mechanics* 119 (2022) : 103317., https://doi.org/10.1016/j.tafmec.2022.103317.

25）Pierre Margerit, et al., "Tensile and ductile fracture properties of as-printed 316L stainless steel thin walls obtained by directed energy deposition", *Additive Manufacturing* 37 (2021) : 101664., https://doi.org/10.1016/j.addma.2020.101664.

26）Mikael Segersäll, et al., "Fatigue response dependence of thickness measurement methods for additively manufactured E-PBF Ti-6Al-4 V", *Fatigue & Fracture of Engineering Materials & Structures* 44, no. 7 (2021) : 1931-1943., https://doi.org/10.1111/ffe.13461.

27）Sadik L. Omairey, et al., "Design against distortion for aerospace-grade additively manufactured parts - PADICTON", *IOP Conference Series: Materials Science and Engineering* 1226, (2022) : 012003., https://doi.org/10.1088/1757-899X/1226/1/012003.

28）Vamsi Krishna Rentala, Daniel Kanzler and Patrick Fuchs, "POD Evaluation: The Key Performance Indicator for NDE 4.0", *Journal of Nondestructive Evaluation* 41 (2022) : 20., https://doi.org/10.1007/s10921-022-00843-8.

2.6
エネルギー分野の基盤科学技術

29) Uwe Zerbst, et al., "Damage tolerant design of additively manufactured metallic components subjected to cyclic loading: State of the art and challenges", *Progress in Materials Science* 121 (2021) : 100786., https://doi.org/10.1016/j.pmatsci.2021.100786.

30) Jochen Tenkamp, et al., "Uniform fatigue damage tolerance assessment for additively manufactured and cast Al-Si alloys: size and mean stress effects", *Additive Manufacturing Letters* 3 (2022) : 100076., https://doi.org/10.1016/j.addlet.2022.100076.

31) Edwin-Joffrey Courtial, Arthur Colly and Christophe Marquette, "Dynamic Molding: Additive manufacturing in partially ordered system", *Additive Manufacturing* 51 (2022) : 102598., https://doi.org/10.1016/j.addma.2022.102598.

32) Yuntao Tao, et al., "Automated Defect Detection in Non-planar Objects Using Deep Learning Algorithms", *Journal of Nondestructive Evaluation* 41 (2022) : 14., https://doi.org/10.1007/s10921-022-00845-6.

33) Zhiwei Zhang, et al., "Intelligent Defect Detection Method for Additive Manufactured Lattice Structures Based on a Modified YOLOv3 Model", *Journal of Nondestructive Evaluation* 41 (2022) : 3., https://doi.org/10.1007/s10921-021-00835-0.

34) Bo-Wen Xu, et al., "Deep learning method for predicting the strengths of microcracked brittle materials", *Engineering Fracture Mechanics* 271 (2022) : 108600., https://doi.org/10.1016/j.engfracmech.2022.108600.

35) Zhixin Zhan, Weiping Hu and Qingchun Meng, "Data-driven fatigue life prediction in additive manufactured titanium alloy: A damage mechanics based machine learning framework", *Engineering Fracture Mechanics* 252 (2021) : 107850., https://doi.org/10.1016/j.engfracmech.2021.107850.

36) Zhixin Zhan and Hua Li, "Machine learning based fatigue life prediction with effects of additive manufacturing process parameters for printed SS 316L", *International Journal of Fatigue* 142 (2021) : 105941., https://doi.org/10.1016/j.ijfatigue.2020.105941.

37) Hongyixi Bao, et al., "A machine-learning fatigue life prediction approach of additively manufactured metals", *Engineering Fracture Mechanics* 242 (2021) : 107508., https://doi.org/10.1016/j.engfracmech.2020.107508.

38) Jianqiang Zhang, et al., "A machine learning-based approach to predict the fatigue life of three-dimensional cracked specimens", *International Journal of Fatigue* 159 (2022) : 106808., https://doi.org/10.1016/j.ijfatigue.2022.106808.

39) Ruixiao Xue, et al., "Phase field model coupling with strain gradient plasticity for fracture in lithium-ion battery electrodes", *Engineering Fracture Mechanics* 269 (2022) : 108518., https://doi.org/10.1016/j.engfracmech.2022.108518.

40) Lubing Wang, et al., "Deformation and failure behaviors of anode in lithium-ion batteries: Model and mechanism", *Journal of Power Sources* 448 (2020) : 227468., https://doi.org/10.1016/j.jpowsour.2019.227468.

41) Ping Li, et al., "Fracture behavior in battery materials", *Journal of Physics: Energy* 2, no. 2 (2020) : 022002., https://doi.org/10.1088/2515-7655/ab83e1.

42) Changhao Pei, et al., "Anisotropic damage evolution and modeling for a nickel-based superalloy built by additive manufacturing", *Engineering Fracture Mechanics* 268 (2022) : 108450., https://doi.org/10.1016/j.engfracmech.2022.108450.

43) Jianguang Bao, et al., "The role of defects on tensile deformation and fracture mechanisms

of AM AlSi10Mg alloy at room temperature and 250 ℃", *Engineering Fracture Mechanics* 261 （2022）: 108215., https://doi.org/10.1016/j.engfracmech.2021.108215.

44）Bingqing Chen, et al., "Experimental study on mechanical properties of laser powder bed fused Ti-6Al-4V alloy under post-heat treatment", *Engineering Fracture Mechanics* 261 （2022）: 108264., https://doi.org/10.1016/j.engfracmech.2022.108264.

45）Yan Zhao, et al., "High resolution and real-time measurement of 2D fatigue crack propagation using an advanced digital image correlation", *Engineering Fracture Mechanics* 268 （2022）: 108457., https://doi.org/10.1016/j.engfracmech.2022.108457.

46）Changhao Pei, et al., "Anisotropic damage evolution and modeling for a nickel-based superalloy built by additive manufacturing", *Engineering Fracture Mechanics* 268 （2022）: 108450., https://doi.org/10.1016/j.engfracmech.2022.108450.

47）Yanwei Dai, et al., "Shearing fracture toughness enhancement for sintered silver with nickel coated multiwall carbon nanotubes additive", *Engineering Fracture Mechanics* 260 （2022）: 108181., https://doi.org/10.1016/j.engfracmech.2021.108181.

48）Feng Guo, et al., "A time-domain stepwise fatigue assessment to bridge small-scale fracture mechanics with large-scale system dynamics for high-speed maglev lightweight bogies", *Engineering Fracture Mechanics* 248 （2021）: 107711., https://doi.org/10.1016/j.engfracmech.2021.107711.

49）Li Sun and Xiaoping Huang, "Prediction of fatigue crack propagation lives based on machine learning and data-driven approach", *Journal of Ocean Engineering and Science* （2022）, https://doi.org/10.1016/j.joes.2022.06.041.

50）Seong-Hyun Park, Sungho Choi, and Kyung-Young Jhang, "Porosity Evaluation of Additively Manufactured Components Using Deep Learning-based Ultrasonic Nondestructive Testing", *International Journal of Precision Engineering and Manufacturing-Green Technology* 9 （2022）: 395-407., https://doi.org/10.1007/s40684-021-00319-6.

51）Son Dong Nguyen, et al., "Deep Learning-Based Crack Detection: A Survey", *International Journal of Pavement Research and Technology* （2022）, https://doi.org/10.1007/s42947-022-00172-z.

52）Rhys Jones, et al., "Damage tolerance assessment of AM 304L and cold spray fabricated 316L steels and its implications for attritable aircraft", *Engineering Fracture Mechanics* 254 （2021）: 107916., https://doi.org/10.1016/j.engfracmech.2021.107916.

53）M. Tarik Hasib, et al., "Fracture toughness anisotropy of commercially pure titanium produced by laser powder bed fusion additive manufacturing", *International Journal of Fracture* 235 （2022）: 99-115., https://doi.org/10.1007/s10704-021-00601-3.

2.6

エネルギー分野の
基盤科学技術

2.7 地球システム観測・予測

2.7.1 気候変動観測

（1）研究開発領域の定義

　気候変動観測データの取得、生成、蓄積、処理、活用等を扱う。大気中の温室効果ガス（GHGs）や微粒子（エアロゾル、雲）、短寿命気候強制力因子（SLCFs）、雲などその他の気候変動因子の濃度や変化の情報を得るためのリモートセンシングや地上観測ネットワークなどの観測技術を対象とする。大気・陸域、海洋観測時には物理的、生物地球化学的、生物・生態系的な側面から気候とその変動を記述する必要がある。そのために定義された必須気候変数（ECVs）を直接計測、または間接的に見積もる現場観測技術の開発や実装、データアーカイブ化、データプロダクト作成なども対象とする。大気・陸域、海洋に加え、気候変動に大きな影響を与えあう極地、森林（植生）、土地利用変化等の観測技術も含む。観測ビッグデータのアーカイブ化やデータ処理技術も含む。さらには、各種データの統合的解析や観測データアーカイブから社会利益をもたらす情報化手法についても対象とする。衛星観測は地球環境リモートセンシング領域で扱うが、本領域でも一部触れる。

（2）キーワード

■大気・陸域の観測：長寿命GHGs、SLCFs（Short‐lived Climate Forcers）、GHG/AQ（大気質）統合解析、A–CCP（エアロゾル、雲・対流・降水）、リモートセンシング、地上観測ネットワーク、フラックス、ECVs（Essential Climate Variables）、航空機観測

■海洋の観測：海洋温暖化、海洋酸性化、海洋貧酸素化、海洋状況把握、海洋炭素循環、海面水位上昇、海洋生態系、海洋熱波、ECVs、全球海洋観測システム、生物地球化学アルゴ（BGC Argo）、水中グライダー、キャビティリングダウン分光法

（3）研究開発領域の概要

［本領域の意義］

■大気・陸域の観測

　『地球温暖化の原因は人間活動によるGHGs等の排出量増加であることに疑う余地はない[大気1]』とされる。日本も「2050年カーボンニュートラル」を2020年に宣言し、緩和策を強化する方針を打ち出した。そのため、気候変動観測の意義は、純粋な要因把握から、フラックス変化量の検出と排出削減政策の効果検証へシフトしつつある。1.5℃目標達成に向けて許容される人為の炭素排出は残り12年分と見積もられている[大気1]。その残余カーボンバジェットを合理的に精度よく推定するためには、依然として、エアロゾル・雲の効果の定量化や、自然プロセス・フィードバックを含む濃度変化・循環・収支の評価が不可欠であり、その点にも気候変動観測の意義がある。さらには、数値モデルによってシミュレートされた地球システムが期待通りに変化しているかどうかの検証や、社会との間の科学的知見の迅速な共有に基づく政策の随時見直しのためにも、観測情報の重要度が高まっている。このような要請に応えるためには、引き続き、WMO（世界気象機関）が主導するGCOS（国際プログラム全球気候観測システム：Global Climate Observing System）が定義した54の大気・陸域・海洋に関するECVs[大気2]の系統的な観測が重要である。2015年のパリ協定採択に対応して、世界的に進捗状況を定期的に確認し、取組を強化していく「グローバル・ストックテイク（GST）」が2023年から5年毎に実装される。その際、人為起源排出の管理、自然を活用した解決策（NbS：Nature–based Solutions、「自然を基盤とした解決策」や「自然に根ざした解決策」などと訳される場合もある）の有効性や、植生など自然吸収源の大きさを観測から評価する視点が重要となっている。CO_2より寿命が短い「SLCFs」を通じた将来気候影響にも注目されている[大気3]。SLCFsは、昇温に寄与するメタン、対

2.7

地球システム観測・予測

流圏オゾン、炭素を主成分とした微粒子のブラックカーボンや、逆に直接放射効果や雲過程を通じて降温をもたらす硫酸エアロゾル等の粒子、さらにはそれらの原料物質であるSO_2、NOx等を含む総称であり、大部分は大気汚染物質と重なる。個別物質の濃度推移の予測に基づくと、SLCFs全体としては、今後0.1–0.7℃の昇温をもたらすとされ、GHGsと合わせた管理が必要である。その際、複雑な化学反応に由来する、排出と大気中濃度との間の非線形性も理解する必要がある。周回・静止衛星や現場での観測を効果的に組み合わせ、大気組成や陸上生態系について、国際協力を基調としつつ特色ある観測を実施することが求められる。

■海洋の観測

地球表面の71%を占め、地球の水の97%を含む海洋は、熱の貯蔵・再配置、水循環、生物地球化学的循環に重要な役割を果たしている。上述の気候の特徴づけに重要な変数である54個のECVs[大気2]のうち19個が海洋に係るものである。海洋と大気は、熱・水・運動量の交換を通じて相互に影響を与え合うことで、気候システムに年単位～数十年スケールの自然変動を引き起こしている。大気のおよそ250倍の質量と4倍の比熱を有する水で満たされた海洋は、人為的なGHGs排出により気候システムに蓄積された熱の約91%を蓄えており[大気1]、海の温暖化が進行している。海洋の昇温と陸域の氷の減少に伴う海面水位の上昇が加速している[大気1]。海面水位の上昇をその地域的な分布も含めて理解するには、海洋の水温・塩分および循環の変化を知る必要がある。地球温暖化は、氷の減少に伴う淡水供給だけでなく、水循環の変化に伴う蒸発・降水の変化を通して海洋の塩分を変化させる[海洋1]。さらに、水温と塩分の変化は海洋の循環と混合を変化させる。1980年代以降、海洋は人為起源の炭素の総量の20～30%を吸収し、大気中のCO_2濃度増加を抑制している[海洋2]。しかし、それにともなって海洋の酸性化がもたらされている[海洋3]。表面付近ほど大きく昇温すること、そして高緯度海域における淡水供給の増加は、海洋上層の成層を強めて表層と深層の混合を抑制し、生物地球化学的循環を変化させて、酸性化とともに、生態系に深刻な影響を与えている[海洋4]。自然変動と地球温暖化が重なり合った気候システムの実態を、生態系への影響を含めて把握し、変動・変化のメカニズムを理解して将来を予測することは、持続的な発展を目指す人類に共通の喫緊の課題である。この課題に取り組むために、物理、生物地球化学、生物・生態系の分野を統合した全球的な海洋観測の展開が求められている。

[研究開発の動向]

■大気・陸域の観測

GHGsとSLCFsを複合観測し、両者に共通となる「大規模エネルギー燃焼排出源」を特定して定量化し、削減や監視へ結び付ける方法が検討されている。SLCFsはほぼ大気汚染物質であり、GHG/AQ統合解析とも呼ばれる。我が国のGOSAT-GWミッション（GHGs・水循環観測技術衛星）、欧州宇宙機関（ESA）のCO2Mミッション（Copernicus Anthropogenic Carbon Dioxide Monitoring：人為起源CO_2モニタリングミッション）といった衛星観測計画が公式化している。GOSAT-GWは2023年度、CO2Mは2025年度に衛星打上げ予定である。IPCC（気候変動に関する政府間パネル）で2023年から開始する第7次評価サイクルでは従来GHGsを扱ってきた国別排出インベントリ報告のための方法論に新たにSLCFsも対象に加えることが決まり、準備のための専門家会合が続いている。第7次評価サイクルでSLCFsに関する方法論報告書の作成が決定している。社会経済情報に基づいて報告される排出インベントリに対して、「濃度の観測」を元に、非線形性を見極めつつ「排出量」を適切に推定することは、実環境計測という独立した立場からの検証を可能とする。これは、温暖化緩和のための排出削減・エネルギー戦略の道筋を確かにする。気候変動予測を確実にするためにはエアロゾル放射効果や雲相互作用、陸域植生変化を介したフィードバックの感度の不確実性低減が不可欠で、そのための観測計画に進展がみられる。

❶ 温室効果ガスの地上、航空機観測等

GHGsに関連する地上観測ネットワークとしては、衛星データの検証に資するTCCON（Total Carbon

Column Observing Network：全量炭素カラム観測ネットワーク）に加え、小型フーリエ変換赤外分光計（FTIR）を活用したCOCCON（Collaborative CCON）も進展している。高精度の地表付近濃度計測ではWMOの全球大気監視計画や米国海洋大気庁（NOAA）の全球長期観測網などが代表的である。高精度の濃度計測や同位体計測には、高安定型のキャビティリングダウン装置や中赤外域の吸収に基づく小型機器も投入されている。

商用の航空機を活用した日本のCONTRAILプロジェクト（Comprehensive Observation Network for Trace gases by Airliner）、欧州のIAGOSプロジェクト（In-Service Aircraft for a Global Observing System）によって長期に取得した大気3次元濃度データも重要である。

大気中GHGs濃度を大きく左右する陸域の炭素循環については、渦相関法によるタワー観測ネットワークが展開されており、全球ネットワークとしてFLUXNET、そのサブ組織としてアジア域ではAsiaFluxが展開されている。これらの観測により大気—陸域間の熱・水・CO_2等のフラックスが連続観測され、データ公開が進められている。近年は、FLUXNETについてはFLUXNET2015として、メタンフラックス観測網についてはFLUXNET-CH_4データとしてデータセットの公開が進んでいる。さらに、これらの地上観測網データと衛星観測データなどに対して機械学習を適用し、地上観測ネットワークデータを広域化した全球プロダクトも構築・公開されている。

❷ 陸域生態系データ等

GHGsのフラックス以外にも陸域生態系に関連する様々なデータセットが集約されており、大気—陸面のGHGsの収支を把握する上での重要な知見を提供している。例えば、植生季節変動長期観測ネットワーク（Phenological Eyes Network：PEN）は日本で構築されたカメラや分光観測器を用いた生態系観測ネットワークである。同様のネットワークとして米国のPhenoCamがある。これらは現地観測ベースで植物の展葉・落葉の時期などを観測し、気候変動が植生に与える影響を評価できる。ILTER（International Long-Term Ecological Research：国際長期生態学研究ネットワーク）は植生バイオマス量などのプール量に代表される様々な生態系観測データを集約したデータベースなどの炭素収支の理解に重要な知見を提供しており、日本の組織としてJaLTERがある。TRYデータベースは植生の機能・形態パラメータを集約したもので、数値モデルの改良に重要な役割を果たしている。

2021年6月に発行された「IPBES/IPCC合同ワークショップ報告書」で、GHGs収支の推定において生物多様性の影響を勘案することの重要性が指摘されている（※IPBESは生物多様性及び生態系サービスに関する政府間科学−政策プラットフォームであり、生物多様性版のIPCCとも言われる）。IPCC第6次評価報告書第2作業部会報告書（影響、適応、脆弱性）においても、気候変動影響評価や適応にあたり、生物多様性に関する内容が多く取り上げられている。そのため、今後は例えばJ-BON（日本生物多様性観測ネットワーク）などの、生物多様性ネットワークとの連携も望まれる。

❸ エアロゾル・雲

エアロゾルの国際地上観測ネットワークについては、NASA主導のAERONETや、日本が主導しているSKYNET・A-SKY大気[4]（主に千葉大学）、AD-NET（主に国環研）がそれぞれ、データ取得・準リアルタイム解析・データ公開を定常的に実施し、誰もがデータを使えるよう整備している。月を光源にした夜間観測、紫外可視波長帯による光吸収性エアロゾル観測、雲光学特性観測、エアロゾル組成情報の高度分布導出、微量ガス濃度との同時観測などについて、技術的な発展が見られる。光吸収性エアロゾルとしてはブラックカーボンに加え、ブラウンカーボンが含まれる。ブラウンカーボンは、黄色や茶色の炭素微粒子で光吸収性の有機エアロゾルである。

地上現場でのエアロゾル組成の自動連続計測では、ブラックカーボンの高精度計測装置や、主要無機イオン成分等の湿式計測、微量金属などの元素分析装置などの国産機も活用されている。エアロゾル計測の

国際的な調和化の重要性は理解されているが、直近での大幅な前進は見られていない。エアロゾル−雲相互作用を通じた気候影響の不確実性は依然として大きい。その解明のため、雲凝結核や氷晶核の観測、それらと化学組成や起源との対応付け（有機エアロゾルのエイジングや、未解明度の高い生物起源バイオエアロゾルなどを含む）、エアロゾル−雲相互作用モデル化のためのエアロゾル個数濃度計測などが徐々に進展している。

❹ SLCFsの衛星観測

2017年に欧州のSentinel−5 Precursor衛星が打ち上げられ、搭載したTROPOMIセンサ（Tropospheric Monitoring Instrument）により、従来20 kmクラスだった水平解像度が最高で5.5 km×3.5 kmまで向上し、二酸化窒素（NO_2）、一酸化炭素（CO）、メタン（CH_4）などの日々の全球濃度分布の観測情報が蓄積され、都市や大規模排出源をおおまかに識別できるようになってきた。また、2020年に韓国が打ち上げたアジア上空のGEMS（Geostationary Environment Monitoring Spectrometer：静止軌道環境モニタリング分光器）からは、エアロゾルなどのプロダクトの一部が公開されるようになり、ガスを含む大気汚染についても、日内変動や光化学反応の追跡などで期待が高まっている。しかしながらTROPOMIの場合、対流圏NO_2の衛星観測では25〜50%もの低バイアスが報告されるなど、地上分光リモートセンシングによる検証が引き続き重要となっている。地上検証機器としては、NASAが開発したPandoraや各機関で開発されたMAX−DOASが活用されている。欧米主導のPGN（Pandonia Global Network）観測網は、世界に展開した100台近いPandora機器による観測を標準アルゴリズムで解析し、NO_2カラム量などの結果を公開している。NO_2よりも高度な観測技術を要するホルムアルデヒドなどの他の微量ガスについても定量的な検証研究が進行中である。また、これらの地上観測を衛星観測と統合的に用いることで、地上付近濃度を高精度に導出することも目標となっている。

❺ データ基盤・情報配信システム

大気成分の地上観測データは、WMO全球大気監視計画のデータを中心に、気象庁のWDCGG（World Data Centre for Greenhouse Gases）や、WDCA（WDC for Aerosols）、WDCRG（WDC for Reactive Gases）に収録されている。NOAAの全球モニタリングデータベース、米国エネルギー省のARM（大気放射測定施設）のデータベースや、欧州Actrisデータセンターからのデータ入手も便利になりつつある。ファイルサイズなどの観点から衛星データも各機関から発信されることが多いが、WDCGGへはGOSATデータ等も取り込まれるようになり、統合的なデータ利用が推進されている。航空機観測ではCONTRAILデータベース（国内）、HALOデータベース（ドイツ）、船舶観測ではJAMSTEC DARWINサイト（国内）などもある。対流圏オゾンアセスメントレポートTOARで収集された地上オゾン濃度データベースも整備された。これらの観測データは、IPCC評価報告書等のための各種モデル間相互比較実験の検証や、収支・プロセス解析、政策に関連する排出量の把握など、多岐の目的のために活用されている。

陸域生態系物質循環に関する地上観測データは、FLUXNETなどの国際プロジェクトを通して、品質管理されたデータセットが処理ソフトウェアも合わせて提供されている。上述のILTERやTRYについてもプロジェクト単位で同様にデータ公開が行われている。

■ 海洋の観測

気候把握のための海洋観測については、全球海洋観測システム（GOOS：Global Ocean Observing System）がGCOSと連携し、国際的観測ネットワークの構築を科学的・技術的側面と政府間の調整の側面で支援、推進してきた[海洋5]。GCOSは図表2.7.1−1の通り、海洋に関するECVsを設定している[大気2]。

2.7

地球システム観測・予測

図表 2.7.1-1　　　　海洋に関する ECVs

物理変数	海面熱フラックス、海氷、海面水位、海面の状態、海面の流れ、海面塩分、海面応力、海面水温、海面下の流れ、海面下の塩分、海面下の水温
生物地球化学変数	無機炭素、一酸化二窒素、栄養塩、海色、酸素、過渡的トレーサ
生物・生態系変数	海洋生息環境、プランクトン

ECVsは気候システムとその変化を特徴づけるのに決定的に重要である。全球スケールでの観測・導出の実現可能性が十分に高く、費用対効果がよいという条件を満たすものが設定されている。

現在までに、全球的・持続的観測システムが概ね構築されているのは外洋域における物理ECVsに限られている。しかし、気候変動への対応を含む国連のSDGs達成のため、外洋から沿岸域までをカバーし、かつ、生物地球化学的変数や生物・生態系に関する変数にまで対象を広げた分野横断の統合的観測の必要性が広く認識されるようになった[海洋4]。生物地球化学ECVsについては、衛星観測が可能な海色を除いて、その全球的な観測はまだ限定的であり、生物・生態系ECVsについては、全球的な観測網の構築は始まったばかりである[海洋6]。海洋ECVsのうち、水温、塩分、流れに関する海面から深度2,000 mまでの全球的な観測は、自動観測ロボット（プロファイリングフロート）による観測網Argoの構築によって飛躍的に進展した[海洋7]。Argoはプロファイリングフロート技術によるリアルタイムのデータ取得と迅速かつ高品質なデータ公開を可能にする強力なデータ管理システムを柱としている。Argoの成功を受け、生物地球化学変数の計測への拡張したBGC Argo、海底または深度6,000 mまでの計測への拡張したDeep Argoを求める動きが生まれた。国際Argoプログラムは、従来の深度2,000 mまでの水温・塩分を計測するCore ArgoとBGC Argo、Deep Argoを一体とした観測網OneArgoの構築を目指すことになった[海洋8]。BGC Argoは6つの生物地球化学変数（溶存酸素、硝酸塩、pH、クロロフィル蛍光、粒子による光散乱、下向き放射照度）を計測するフロートを1,000台、Deep Argoは海面から海底近くまでの水温・塩分を計測するフロートを1,200台展開することをそれぞれ目指している。Core Argoは、Argo開始当初の季節海氷域と縁辺海を除く、水深2,000 m以上の海域を緯度経度3度四方に1台のフロートでカバーするという目標を拡張している。また季節海氷域と縁辺海を含めて、赤道域、西岸境界流域とその周辺、縁辺海におけるフロート密度を2倍とすることを目指している。BGC ArgoとDeep ArgoのフロートはCore Argoの計測も行うため、Core Argo専用のフロート2,500台と合わせて計4,700台の展開が目標である。

2022年7月現在、3,916台のArgoフロート（注：Argoの構成要素となっているプロファイリングフロート）が展開されている[海洋9]。そのうち、生物地球化学センサを搭載したフロートは482台であり、変数別では溶存酸素473台、硝酸塩191台、pH214台、クロロフィル蛍光264台、粒子による光散乱264台、下向き放射照度69台で、6変数を計測するフロートは18台のみである。Deep Argoフロートは180台展開されており、そのうち4,000 m級のフロートが56台（フランス製Deep Arvor）、6,000 m級のフロートが124台（米国製Deep SOLO 104台、Deep APEX 20台）である。新たなArgoの目標達成のためには、参加各国の予算獲得努力に加え、生物地球化学センサの低価格化、フロート・センサの長寿命化や、データ利活用の拡大を進める必要がある。また、フロート投入時のセンサ校正や投入後のデータ品質管理のために、船舶による多項目・高精度の観測が必要であり、全球海洋各層観測調査プログラム（GO-SHIP）等の高精度船舶観測との連携が不可欠である[海洋10]。

自律型水中グライダーのネットワーク構築は、主に外洋域をカバーするArgoを補完し、外洋と沿岸域のギャップを埋める観測システムとして期待されている[海洋11]。水中グライダーの技術は2000年代に確立され、典型的には、海面から海底、または深度200～1,000 mまでを0.5～6時間で行き来しながら水平方向に0.5～6 km移動しつつ物理・生物地球化学・生物パラメータを計測できる。水中グライダーの運用には高度な

専門知識が必要だが、ユーザー間の科学的・技術的な情報交換や新たなユーザーの訓練に関する国際的な取り組みが過去十年ほどの間に組織化されてきた。国レベルや地域レベルで、水中グライダーの運用を提供する施設の整備も、欧州、北米、豪州で進んだ。このような動きを背景に、2016年に国際プログラムOceanGlidersが立ち上がり、2017年のWMO–IOC合同海洋・海上気象専門委員会第5回会合において、GOOSの構成要素として正式に認められた。OceanGlidersは境界流域をカバーする観測、台風予測に資する観測、主要水塊形成・変質の観測などを目指す全球的なネットワーク構築を目指している。

Argoや水中グライダーでカバーされないECVsとして海面熱フラックスが挙げられる。衛星観測では地表面付近と境界層の温度と湿度を必要な精度で測定することができないため、現在提供されている海面熱フラックスの全球プロダクトは、地表付近の気温と湿度について数値気象予報モデル出力に依存している[海洋6]。海面熱フラックスの観測精度を向上し、大気・海洋のエネルギー収支を閉じ、その相互作用を理解するためには、現場観測が重要である。係留ブイや水上無人艇（USV）等のプラットフォームを用いた大気観測（風速・気温・湿度）と海面水温の観測が行われているが、時空間カバレッジは非常に限られている。USVは、運用コストが高い係留ブイに代わる効率のよい代替手段となる可能性があるが、データの質（USV用のセンサー開発を含む）、海上での長期的な展開におけるUSVプラットフォームの信頼性、運用コスト等の向上が必要である。

日本はArgoとその拡張について、継続的に貢献しているが、相対的な貢献度は低下傾向にある。Deep Argoについて、2019年は米国82台に次ぐ28台（全体の20%）のフロートを運用していた[海洋8]が、現在は米国、フランスに次ぐ15台（同8%）の運用となっている。BGC Argoへの取り組みは、国レベルや地域レベルで戦略的に進めている米国や欧州に比べて遅れている。2,000 m級の国産プロファイリングフロートを持たないため、研究者と技術者あるいは民間企業が連携した生物地球化学センサの開発や利用が米国や欧州に比べて進みにくい状況にある。一方、JAMSTECや気象庁によるGO–SHIPやそれに準ずる高精度の船舶観測には大きな貢献をしており、Deep ArgoやBGC Argoを支える高精度データの供給に重要な役割を果たしている。水中グライダーについては、水産研究・教育開発機構が継続的な運用を目指しており、気象研究所も研究ベースでの運用を進めている。しかし、国レベルで運用や新たな利用促進を支援する仕組みを整えている欧州・北米各国、豪州に比べて、日本の活動は限定的で、OceanGlidersにも積極的には関与していない。USVによる観測については、米国、欧州が多機関連携の組織的な取り組みを始めているのに比べ、日本の取り組みは遅れている。

（4）注目動向
［新展開・技術トピックス］
■大気・陸域の観測
❶ 新型コロナウイルス蔓延防止・ロックダウンによる排出量・大気組成変化の定量化

新型コロナウイルス感染症の世界的蔓延を抑えるため、2020年には各国でロックダウンなどの対策が講じられた。その結果、リーマン・ショック時を超える規模で世界的に社会経済活動が低下し、GHGsや大気汚染物質の排出量も減少した。この現象に着目して、各物質の「排出量変化」と「大気中濃度の応答」の対応関係や、それらが引き起こす「気候・健康影響」の変化を評価することは、カーボンニュートラルや大気質改善へ向けての今後の政策検討に極めて有効である。

温暖化を促すCO_2の排出量は、化石燃料消費量の変化から、前年比7%の減少と見積もられたが、世界規模での大気中濃度は上昇を続けた。年々のCO_2排出のうち約56%が植生や海洋に吸収され、残りの44%が大気中に蓄積されるとの分配比から見て、今回の排出減少幅は、その蓄積傾向を大きく変えるものとはならなかった。このことは、1.5℃目標とCO_2濃度安定化のために2050年カーボンニュートラルを目指す際に、いかに大きな社会変容が必要であるかを、改めて浮き彫りにした。

インドや中国では空気中のエアロゾル粒子汚染（$PM_{2.5}$など）が収まり青空も戻ったと報告された。野外大気汚染による世界の早期死亡者数（約400万人/年）を減少させる効果があったと試算されている。そ

の反面、気候影響の観点では、主成分である硫酸エアロゾルが持つ、太陽光を跳ね返す「日傘効果」が薄れ、逆に「昇温」傾向となることも指摘された[大気5]。このことは、大気汚染対策の今後の成功は必須だが、避けられない昇温をもたらすため、その寄与を打ち消すほどに十分な温暖化物質の削減が求められる、との教訓をもたらした。

大気汚染性のオゾンやすす（ブラックカーボン：BC）粒子は、削減に成功すれば健康影響も温暖化も和らげる「一石二鳥」の効果をもたらす。オゾンの原料物質である窒素酸化物（NOx）の人為的な総排出量は、2020年2月中旬までに中国では最大36%減少、2020年4-5月に世界全体で15%以上減少し、オゾンも全球で2%減少したと見積もられた[大気6]。NOxの主成分であるNO$_2$濃度については、先述のとおり、最新の人工衛星が、世界的な分布を日々・都市の内部まで解像して描き出すまでになり、排出量減少の推定の根拠となったほか、ロックダウン前後を比べた画像は報道でも多く取り上げられた。

首都圏について衛星データと地上リモートセンシング観測を組み合わせた解析[大気7]からは、2020年1年間ではNO$_2$濃度は約10%減少し、緊急事態宣言下では40%を超える減少を示した地域もあったことが分かった。また、NO$_2$の週内変化の振幅が顕著に大きくなったことも分かった。この変化は、近年稀であり、他国と比べて異常なほど減少した日本の週末の人流と同期していることが分かった。これは、日本では厳しい法的規制がなされなかったにもかかわらず、パンデミックの拡大を抑えるための自主規制が強く働き、一般的な習慣が変化した結果、独特の大気質の変化を生じさせたものと解釈されている。

季節風により中国から西日本へ飛来するBC粒子濃度をコロナ前後で比較した研究[大気8]からは、中国での主な排出部門が「家庭」と確かめられた。2020年の平時からの排出減少幅はピーク時でも18%減と比較的小さく、ロックダウン時にも排出レベルが維持された「家庭」部門からの寄与が産業・交通部門より多いためと解釈された。このことで、効果的な排出削減対象を絞り込むことができ、限界削減費用についても評価された。

❷ 極端な気候現象と大気−陸面環境への影響評価

地球温暖化などの気候変動の進行を一つの要因として、ここ数年の間に地球上の様々な地域で異常気象が発生しており、それらの影響が大気−陸面システムにも大きな影響を与えている。異常気象は大気だけでなく陸面にも大きな影響を与えており、その結果、大気環境にさらに大きな影響をもたらす。2018年における東アジアや欧州における熱波（異常高温）は、特に欧州においては乾燥が伴ったことにより、植生の生産量が減少するなどの影響があった。2020年の春～初夏においてはシベリアの北部で8万年に一度とされる規模の異常高温を示した。このように、永久凍土の融解や森林火災の発生などのリスクが高まっている。米国における2020年の森林火災においても解析が行われている。2022年においても欧州や中国で猛暑・干ばつが報告されており、これらが大気―陸面環境に与える影響が危惧されている。これらの現象は、衛星リモートセンシングなどで、早急なモニタリングが可能になってきている。

■ 海洋の観測

❶ 国連 持続可能な開発のための国連海洋科学の10年

2021年から「持続可能な開発のための国連海洋科学の10年」（以下、「国連海洋科学の10年」）が始まった。国連海洋科学の10年は、海洋の持続的な開発に必要な科学的知識、基盤、パートナーシップを構築すること、および、海洋に関する科学的知見、データ・情報を海洋政策に反映し、多くのSDGs達成に貢献することをめざしている。この目的の実現には、海洋観測の充実が不可欠であり、重点的な取り組みの一つに、海洋観測システム、データシステム等の基盤強化が挙げられている。具体的な取り組みとして、GOOSが提案または共同提案した3つの「海洋科学の10年」プログラムが実施されている。Ocean Observing Co-Design（ObsCoDe）は目的に合った全球海洋観測システムを共同設計するためのプロセス・インフラ・ツールの構築を目指す。Observing Togetherはあらゆる観測を考慮して、必要とされる観

測や予測を全球的なデータストリームに流してユーザーに提供することを、関係コミュニティの支援を通じて目指す。CoastPredictでは全球における河川流域から陸棚斜面までの沿岸域における観測と予測の変革を目指す。Core・BGC・Deep Argoを一体としたフロート観測構築を目指すOneArgoは、ObsCoDeの下の「海洋科学の10年」プロジェクトと位置付けられた。

❷ G7気候・エネルギー・環境大臣会合

2022年5月にドイツ・ベルリンで開催されたG7気候・エネルギー・環境大臣会合では、健全な世界の海とレジリエントな海洋・沿岸生態系が極めて重要であるとの認識を共有し、G7内外の海洋ガバナンスの強化、科学的協力、大胆な海洋行動に対する緊急の必要性を強調し、これに貢献することに合意した。会合コミュニケおよび付属書で、G7 Future of the Seas and Oceans Initiative（FSOI）を通じて、継続的に、BGC Argoの推進や持続的海洋観測のガバナンス・調整・資金確保の強化に貢献することなどが表明されている。

❸ ArgoプログラムがIEEE Corporate Innovation Awardを受賞

Argoが2022年度「IEEEコーポレートイノベーション賞」を「For innovation in large-scale autonomous observations in oceanography with global impacts in marine and climate science and technology」で受賞した。この賞はIEEEの関連領域における教育、産業、研究およびサービス等に関する傑出したイノベーションを表彰するもので、日本からはソニー株式会社（1986年）、セイコーエプソン株式会社（2002年）、トヨタ自動車株式会社（2007年）、パナソニック株式会社（2012年）が受賞している。持続的な海洋観測ネットワークを構築・維持するArgoプログラムの受賞は異例だが、Argoの革新性と、科学・技術だけでなく社会への大きな波及効果が評価された。

❹ 世界気象機関（WMO）が新たなデータポリシーを採択

WMOは、観測技術や通信技術、数値予報技術などの科学技術の進展に伴う気象業務に利用可能な観測データの増加を踏まえて、1995年に採択された気象データの国際交換に関する基本的な方針（データポリシー）を見直した。気象に限らず様々な分野も含めたデータの国際交換に関するポリシーとして検討し、2021年10月の臨時総会で新たなデータポリシーを採択した[海洋12)]。このデータポリシーでは、気象、気候、水文、大気組成、雪氷圏、海洋、宇宙天気の7分野を対象とし、あらゆる気象業務の基盤となる全球数値予報に必要不可欠な観測データと、全球数値予報による予測結果（プロダクト）の世界的な共有を目的とし、各分野における国際交換されるべきデータの要件が定められた。これらの要件の具体は、WMOが管理する技術規則に定められ、科学技術の進展や気象業務に必要なデータのニーズ等を踏まえ、必要な改定を行っていくことになっている。海洋データが、気象業務で明確に位置付けられたことにより、持続的な海洋観測へ気象機関の関与の強化が期待される。関連する動きとして、全球海洋観測システムのパフォーマンス向上のためのモニタリング、メタデータの標準化・統合の先導、運用のサポートと強化、新しいデータストリームと観測ネットワークの実現などを目的として、GOOSの下に置かれている組織OceanOPSのリーダーのポジションがWMOの通常予算によって措置されるようになった。

❺ 気候変動に関する政府間パネル（IPCC）第6次評価報告書の公表

IPCCは第6次評価プロセスの一環として、2021年8月9日に第1作業部会の報告「気候変動 - 自然科学的根拠」、2022年2月28日に第2作業部会の報告「気候変動 - 影響・適応・脆弱性」、2022年4月4日に第3作業部会の報告「気候変動 - 気候変動の緩和」をそれぞれ公表した。第6次評価プロセス最後の統合報告書は2023年3月の公表を目指した作業が行われている（2023年3月13日時点）。2019年9月に公表された「海洋・雪氷圏特別報告書」で指摘した海水温や海水位などの海洋の変化が継続あるいは

強まっていることを指摘し、生態系や社会への影響の広がりと将来の見込みも更新された。

［注目すべき国内外のプロジェクト］

■大気・陸域の観測

❶ 温室効果ガスと短寿命成分の統合解析・同時制御（GHG/AQ統合解析）

　衛星によるGHGsとSLCFsの計測を統合し、両者に共通となる化石燃料燃焼などの発生源を特定し、排出を定量化する取り組みが、実装へ向け着実に進展している。Sentinelシリーズで知られる欧州Copernicus計画の地球観測衛星ミッションでは、6つの新規ミッションの1つにCO_2とNO_2を計測するCO2Mミッションが選定され、この取り組みを推進している。日本でもGOSAT-GWにてCO_2大規模排出源の特定の目的でNO_2計測を取り入れることとなり、研究開発の起爆剤となることが期待されている。IPCCの第7次サイクルでは、UNFCCC（国連気候変動枠組条約）への従来の国別GHGs排出推計にSLCFsを追加していく動きが始まり、その検証観測も重要となる。共通排出の理解に加え、両データを数値モデルへ同化させ、CH_4の消失を支配するが大気質化学反応で決まるOHラジカルの理解向上を進展させることも重要である。SLCFは大気汚染物質であり大気質（AQ）にも深く関わるため、これらはGHG/AQ統合解析とも呼ばれる。今後に向けては、地上観測・衛星観測・モデルを統合した解析が有意義である。わが国の地上拠点である綾里・南鳥島・与那国島・昭和基地（WMO全球大気監視計画サイト）、千葉・沖縄辺戸岬・福江（SKYNET・A-SKY・AD-NET他の共通サイト）、能登・波照間島・落石・東京スカイツリーなどの研究・モニタリングサイト、つくば・佐賀・陸別（TCCONサイト）、EANET（東アジア酸性雨モニタリングネットワーク）局などの活用も望まれている。

❷ 大気汚染・温室効果ガスの静止衛星観測の動き

　※詳細は2.10.1 地球環境リモートセンシング領域に掲載

❸ 地球観測衛星の戦略立案の新たな道筋：グランドデザインと提言

　※詳細は2.10.1 地球環境リモートセンシング領域に掲載

❹ 北極観測研究の重点化と船舶観測

　温暖化の進行が著しい北極域の気候環境変動メカニズムを明らかにするための観測研究が世界的に重要視されている。日本もArCS-II北極域研究加速プロジェクト（2020-2024年度）などにおいて、炭素やブラックカーボン循環や生態系変動の理解を進めるための現場観測などを推進している。国際的には、ドイツ連邦教育省の砕氷船R/V Polarsternを海氷域に閉ざして実施する通年観測計画MOSAiC（2019-2020）が実施され、国際北極科学委員会（IASC）と地球大気化学国際協同計画（IGAC）の合同アクティビティPACES（air Pollution in the Arctic: Climate Environment and Societies、北極域大気汚染と地球の気候環境と人間社会の相互作用プロジェクト）の活動や、北極評議会・北極モニタリング評価プログラムでのSLCFアセスメントレポート（2022年）への知見集約が進んだ。文部科学省では砕氷能力のある北極域研究船の建造[大気9]が進められており、通年での北極観測などへの新たな展開が期待されている。北極以外での船舶観測は研究船や商用船等を利用し気象庁・海洋研究開発機構・国立環境研究所などが実施している。

　2020年1月、国際海事機関により、船舶からのSOx排出基準が3.5%から0.5%に世界的に大幅強化されたことに伴う気候・環境への影響にも注目が集まった[大気10]。また、GHGsの排出低減に向けた議論も行われている。

2.7

地球システム観測・予測

❺ 航空機観測関連

2018年以降、NASA専用航空機による南極〜北極にわたる高度プロファイル計測（ATom等）や森林火災による大気組成変化観測（FIREX-AQ）、ドイツ専用機HALOによるアジア観測（EMeRGe-Asia）などが、長寿命気体・エアロゾル・SLCFsを網羅する形で総合的に実施された。2024年には、NASA専用航空機によるアジア上空での大気組成総合観測（Asia-AQ）が計画されている。日本では、科研費・新学術領域研究プロジェクトにおいて、2022年にチャーター機によるエアロゾル・雲集中観測が船舶観測と同期して実施された。しかしながら、依然として観測専用機は保有しておらず、欧米だけでなく、中韓にも遅れをとっている。

❻ グローバルカーボンプロジェクト（GCP: Global Carbon Project）

GHGs濃度の上昇速度を減少させるための地球規模の政策決定や科学的理解を助けるために2001年に設立されている。本プロジェクトでは、2007年以降、大気―陸域、大気―海洋間などの自然炭素収支と化石燃料燃焼や土地利用変化などの人為的排出量を毎年更新している。さらにその中に地域別炭素収支を推定するRECCAP（REgional Carbon Cycle Assessment and Processes：地域炭素収支評価）があり、現在はRECCAP-2の成果が出はじめているところである。さらにCH_4や亜酸化窒素についても同様の解析が進み、成果も公表されている。また、これら分野はIPCC報告書における生物地球化学分野における重要な貢献となっている。

❼ Google Earth Engineなどのオープンなデータ解析プラットフォーム

Google Earth Engineでは、様々な衛星データ、気象データが収集されており、クラウドコンピューティングを利用して、大量データの解析が行える仕組みを提供する。特に個人研究者レベルでは扱うことができない大量のデータを所有しており、簡単なスクリプトを書くことで様々な解析ができるようになっている。Landsat衛星やSentinel-1, 2衛星データなどの空間解像度の細かいデータ（10〜30 m程度）に加えて、中空間分解能（1 km程度）の衛星データなど広域の気候変動観測にも利用可能なデータセットも準備されている。

❽ 対流圏オゾンアセスメント（Tropospheric Ozone Assessment Report：TOAR）

TOARは、2020〜2024年の第二期（TOAR-II）に入り、最終年での論文化へ向け、国内外の研究者がオゾンの地上観測等の全球規模収集とトレンド・気候影響評価等を継続している。IPCC報告書などの大きなアセスメントの前に、物質毎・地域毎などでの知見を適切に集約しておく活動のモデルともみなされる。我が国では$PM_{2.5}$やオゾンの観測は越境大気汚染・都市汚染と気候変動両面で重要である。

❾ グローバル・メタン・プレッジ

排出削減による降温効果がCO_2より短期に期待されるCH_4について、2030年までに2020年比30%削減することを目指したイニシアチブで、主導した欧米に加え、2021年のCOP26までに、日本を含め100以上の国と地域が参加を表明した。

❿ エネルギーのグリーン化がもたらす副次的作用に関する評価

新たなエネルギーキャリアとして注目される水素の大気への大量漏出が、OHラジカル濃度を低減させ、CH_4の寿命を延ばし間接的に温暖化を促す効果について、大気化学輸送モデルを用いた評価が欧米中心で取り組まれている。アンモニア漏出・混燃が窒素サイクルやオゾンへ与える影響などについても実環境中での現実的な評価が必要である。

■**海洋の観測**

❶ **GO-BGC（Global Ocean Biogeochemistry Array、全球海洋生物地球化学アレイ）**

　U.S. National Science Foundation（米国国立科学財団）が2020年10月に採択したプロジェクトGO-BGCは、2021年からの5年間に、5～6つのBGC変数を計測するBGC Argoフロート500台を全球に展開することを目指している。予算総額は5290万ドルである。「国連海洋科学の10年」のContributionとして認定されている。OneArgoが目指す1000台のBGC Argoフロート展開の半分に相当し、BGC Argoのglobal demonstration projectと位置付けられる。GO-BGCによって、BGC Argoデータの品質管理手法の開発、BGCフロート・センサー技術の向上が進むと期待される。

❷ **Observing Air-Sea Interactions Strategy（OASIS）**

　SCOR Working Group #162 - Developing an Observing Air-Sea Interactions Strategy（OASIS）によって提案された「国連海洋科学の10年」プログラムOASISが採択され、2021年に開始した。大気海洋相互作用の科学的知識の向上と大気・海洋境界層と大気・海洋交換過程をあらゆるスケールで監視する観測能力の格段の向上を通じて、気象・気候・海洋予測を根本的に改善し、健全な海洋、ブルーエコノミー、持続可能な食糧・エネルギーを推進するための観測に基づく知識を提供することを目指す包括的なプログラムである。観測の拡充に必要な予算として、5年間にわたり年間2億ドル以上、モデリングと予測、予報に関わる活動に計1億ドル以上を見込んでおり、提案時点で、それらの約50%がNOAA、NSFなど複数の財源により確保済みとされていた。

❸ **Deep Ocean Observing Strategy（DOOS）**

　主に2,000 m以深の深海の観測を、「海洋観測枠組み（Framework for Ocean Observing）[海洋13]」に基づき推進するGOOSプロジェクトである[海洋14]。学界、産業界、NGO、各国政府、国際政府機関を含む深海に関わる幅広いパートナーシップの下、今後数十年にわたり物理学、生物地球化学、生物/生態系科学における深海の課題解決に資する重要な知見を継続的に提供できるような観測システムの構築を目指している。DOOSは、同名の「海洋科学の10年」プログラムとしても採択された。

❹ **Synergistic Observing Network for Ocean Prediction（SynObs）**

　SynObsが「国連海洋科学の10年」プログラムForeSea-The Ocean prediction Capacity of the Futureの下のプロジェクトとして2022年に認定された。ForeSeaを主導するOceanPredict（海洋予測に関する国際共同研究）の観測システム評価タスクチームが実施主体である。筆頭パートナー機関は気象庁気象研究所で、日本がリーダーシップをとって各国の予報現業機関が参加している。目的は、衛星観測と現場観測、外洋の観測と沿岸の観測など、様々な観測の組み合わせから得られる、海洋・結合予測に対する効果の最大化である。観測システムのインパクト評価や設計を通して、異なる観測プラットフォームの最善の組み合わせを見つけ、相乗効果が得られるようなデータ同化スキームの開発を目指している。海洋観測データのパワーユーザーである海洋予測コミュニティと観測コミュニティの連携強化が期待されている。提案時点で確保されている運営予算は無かった。

（5）科学技術的課題

■**大気・陸域の観測**

❶ **小型センサやドローン、分光技術の気候変動観測への利用**

　従来、大気汚染ガス（CO、NOx、O_3、SO_2）や粒子状物質（ブラックカーボン等）、GHGsは、ラックマウント型の比較的高額な機器により計測されてきた。近年、技術の進歩により、適度な精度を保ったまま価格やサイズが2桁程度低下したローコスト小型センサが多点稠密観測やドローン搭載観測に活用される

ようになった。市民と一体となった IoT 型の計測や、Society5.0 への貢献を視野においたきめ細やかでスマートな社会情報発信なども期待されている。一方、長期安定性や信頼度の向上、ドローンでの安全確保やルール確立が課題である。衛星や航空機からのイメージング分光によるリモートセンシングでは、可視・紫外から近赤外～熱赤外への波長域拡張が応用範囲の大幅な拡大を生むと期待されており、ハイパースペクトルカメラの応用などと合わせ、大気汚染物質・GHGs・植生・海色・生物多様性などの高度な観測を視野に入れて研究開発を進めることが重要になる。

❷ 衛星ライダーによるエアロゾル・温室効果ガス観測
※詳細は 2.10.1 地球環境リモートセンシング領域に掲載

❸ ビッグデータへの対応
ひまわり 8・9 号をはじめとした静止衛星観測等の高機能化により、観測データ量が飛躍的に増大した。そういったビッグデータへの対応が課題となっている。データのアーカイブだけでなく、リアルタイム利用を可能とするサービス体制の充実化などによりデータ利活用を促進することも重要である。気候変動等に伴って頻発していると考えられる「広義の安全保障」に関わる防災情報をリアルタイムに自治体などが活用できる仕組みもここに含めて考える必要がある。

❹ 人為的 GHGs 排出量推定の見直し
Global Carbon Project などにおいて、様々な手法間における炭素収支量の比較解析により、人為的GHGs の排出量にも不確実性が高いことが示されてきた。主には、化石燃料による GHGs 排出量や、土地利用変化による CO_2 排出量である。特に、後者は、地上観測と衛星観測を組み合わせて不確実性を低減できると考えられているが、まだ道筋はたっていない。

❺ 河川を通した流出など個々の素過程を明らかにする必要性
Global Carbon Project などにおいて、様々な炭素フラックスを比較して、整合性を確認すると、河川を通した陸から海への CO_2 フラックスなど、推定を向上させる必要があるフラックスは多い。その他にも農作物の収穫による炭素フラックスなど、多くの点を改善する必要がある。これらの理解には地上観測や統計データ（インベントリデータ）が非常に重要な役割を果たすこととなる。

❻ 種々のデータの統合的解析
個々の研究結果の長所・短所を踏まえて、様々な研究結果を利用した統合的な解析が進められている。例えば、種々のリモートセンシングデータや地上観測データを利用した統合的研究として、独立した手法からの成果を多面的に見ることによって、各手法の長所・短所や、今後必要な研究が明らかになる。近年はこういった統合的な解析が普及しつつあり、この傾向は今後も続くとみられる。

❼ 最新世代の静止気象衛星観測網を利用した陸域モニタリング
衛星リモートセンシングは、広範囲を同一基準で観測ができるために有意義である。現在 MODIS センサなどの周回衛星データが広く用いられているが、特に熱帯地域では雲の頻度が高く植生のモニタリングが非常に困難である。ひまわり 8・9 号に代表される最新世代の静止気象衛星では可視・近赤外域の観測バンド数が増え、陸域モニタリングへの応用が期待されている。静止気象衛星は 10 分等の高い時間分解能をもつため、熱帯雨林などの雲被覆の多い地域のモニタリングに有効である。また、植生の展葉・落葉フェノロジーなど時間分解能を向上させたい現象のモニタリングにも有効である。さらには、米国・中国・韓国・欧州の静止衛星を融合したグローバルでの 10 分毎などの超高頻度観測データの構築によるグローバ

ルスケールでのモニタリングへと展開されるとみられる。

■海洋の観測

❶ プロファイリングフロート技術の向上

　Argoプログラムに用いられている主なフロートは、現在のシェア順で米国Teledyne Webb Research社製APEX、フランスNKE-INSTRUMENTATION社製ARVOR、米国Sea-Bird社製NAVIS、米国スクリプス海洋研究所のSOLO-II、米国MRV社製S2Aである。経費削減・投入機会確保・環境負荷軽減の観点からArgoの持続可能性を高める上で効果的なフロートの長寿命化は概ね年々進んできている。最も成績の良いSOLO-IIでは、2018年に投入されたフロートは全て36サイクル観測（1年に相当）を完了し、2015年に投入されたフロートの約90%が144サイクル（4年相当）を完了した。しかし、機種によって故障率が異なり、たとえばARVORでは約5%のフロートが36サイクルに達しておらず、144サイクルに達する割合も5割程度となっている。技術的完成度を高める努力が望まれている。トップレベルの寿命を達成している機種では、バッテリーの長寿命化が課題となっている。スクリプス海洋研究所が米国Tadiran社製ハイブリッド型リチウム電池を長期試験し、良好な結果を得ており、140〜150サイクル（寿命10年以上）の達成が見込まれている。より長期的な視点から、環境負荷の軽減のための化学物質排出削減等につながる抜本的な改良も望まれている。

❷ ArgoフロートCTDセンサの多重性・代替性の確保

　Argo計画開始直後の一時期を除き、Argoに用いられているフロートに搭載されているCTDセンサ（Conductivity Temperature Depth profiler、※電気伝導度（塩分）・水温・圧力（深度）計）は、米国Sea-Bird社製SBE41またはSBE41CPである。一社独占の状況は、観測網の安定的な維持には好ましくない。過去2回、製品の不具合により、CTDの供給が滞り、Argo観測網の維持に重大な支障をきたした。国際Argo運営チームは、新たなセンサをArgoに導入する際の手続きを整備し、フロートに搭載可能で長期間安定した新たなCTDセンサの開発を奨励している。しかし、長期安定性の実証などのハードルは高く、現在パイロットフェーズとして搭載されている新たなCTDセンサの製造元であるカナダRBR社は、経費の面から、開発を継続できるか否かの岐路に立たされていたが、国際Argo運営チームによる積極的な試験投入の呼びかけもあり、事業を継続し、Argoプログラムによる正式採用を目指している。この事例は、センサ開発を民間企業の努力だけに頼るあり方の限界を示しているといえ、公的資金による支援の仕組みが望まれる。

❸ BGC Argoフロート搭載生物地球化学センサ技術の向上

　BGC Argoが対象とする6つの生物地球化学変数を計測するセンサは既に実用化されているが、長期安定性の向上が不可欠である。BGC Argoの持続可能性の確保には、センサの低価格化も必要である。さらに長期的には、CTDセンサと同様に多重性・代替性の確保する必要もある。

❹ データ提供・活用技術の向上

　プロファイリングフロートや水中グライダーなどの自律型プラットフォームによって膨大な海洋データが蓄積されつつある。それらのデータを、研究現場から実社会までの幅広いコミュニティが目的に応じて自由かつ適切に利用可能にする技術向上が望まれる。従来のデータベース化やデータプロダクト作成の枠に留まらず、分野横断的に利用できれば、統合的な海洋観測の価値を高めることにつながる。

（6）その他の課題
■大気・陸域の観測
❶ 長期観測の実施体制
※詳細は 2.10.1 地球環境リモートセンシング領域に掲載

❷ 観測専用航空機
先端的で高精度な観測装置を搭載でき、エアロゾル・雲の相互作用などの現象解明の切り札となる観測が実施できる観測専用航空機が新たに必要である。航空機観測はGHGsなどの実際の観測に加え、台風や集中豪雨などを直接観測することで予測精度が向上し、防災効果も得られる。欧米では観測専用航空機によりGHGs観測やハリケーンの直接観測などが行われているが、東アジアは系統的な航空観測の空白域である。これを打破すべく、日本気象学会が中心となり「航空機観測による気候・地球システム科学研究の推進」研究計画書を提案し、「第24期学術の大型研究計画に関するマスタープラン2020」の重点大型研究計画に選定された。2022年の日本地球惑星科学連合大会でも大型研究計画として提案された。既存航空機を利用した観測の継続・拡大や、無人機の地球観測利用などの実績の蓄積から次への発展が期待されている。

❸ 次世代の育成
次世代研究者の育成など、優秀な人材の輩出が急務である。特に近年では、日本人の博士課程学生数が低調で、40歳前後の中堅研究者層が未だ若手研究者と捉えられている現状がある。一方、中国では博士課程の学生数や若手研究者数は非常に充実している。さらに多くの学生・研究者が海外機関で研究をする機会を得て、活躍している。次世代の育成にあたっては、シニア研究者層がこれから研究者を目指す学生層に対して魅力を伝え、海外経験などの幅広い経験を提供し、良い教育を行う一方で、若手層のポジションの確保も重要である。

■海洋の観測
Argoの拡張等をリードしている欧米の研究機関では、科学研究部門と技術開発部門が密接に協力して、フロートやセンサを開発・改良している事例が多い。サイエンスの目的に即した技術開発が効果的に行われ、技術開発の成功が新たなサイエンスの開拓につながるという好循環ができている。ある程度完成した技術を民間に移転する、あるいは、新たなベンチャー企業を立ち上げるなど、測器の量産体制への移行も比較的スムーズに行われている。日本では、具体的なサイエンスの目的を共有した科学研究者と技術開発者の連携が弱く、欧米のような好循環が生まれにくい課題がある。革新的な技術開発はもちろん、観測技術の漸進的改良においても日本が世界に貢献するためには、中長期的な目的を共有した研究者・技術者間の持続的な連携を可能にする仕組みが望まれる。

研究船の共同利用制度は、研究のアイデアはあるものの十分な観測資源・技術を有していない研究者の支援などの面で、観測的海洋研究の振興に大きな役割を果たしてきた。水中グライダーに代表される自律型観測プラットフォームの運用には、高度な技術・専門知識とマンパワーが必要だが、これらの観測プラットフォームを利用する個々の研究者にそれを求めるのは極めて非効率的であると考えられる。日本でも、欧米並みに自律型観測プラットフォームの運用を集中的に行う組織の整備が望まれている。

分野横断の統合的海洋観測と社会的な課題の解決とを結びつけるうえで、国際的な枠組みや目標とは別に、日本としても独自の目標の設定や日本の事情に即した効果的な国内連携の仕組み作りが必要とされている。欧州のEuroGOOS、豪州のIMOS（Integrated Marine Observing System）、米国のIOOS（Integrated Ocean Observing System）などを参考に、活動の成果をBest Practiceとして発信し、西太平洋地域の活動をリードすることが望まれている。

2.7
地球システム観測・予測

（7）国際比較

■大気・陸域の観測

国・地域	フェーズ	現状	トレンド	各国の状況、評価の際に参考にした根拠など
日本	基礎研究	○	↗	●CO_2、SLCFs（CH_4、NOx等）、水循環を総合的に観測するGOSAT-GW衛星の解析システム・科学利用研究の準備が進展し、GHG/AQ解析の方向性も見えつつある。衛星および地上からのエアロゾル観測にも一定の進展がある。 ●2021年公表のIPCC第6次評価報告書WG1では、関連チャプターへのリードオーサー、レビューエディターとして貢献があり、国際社会への知見提供や、社会への知見の還元がなされた。 ●大気組成のデータ同化、国際連携観測などでも着実な発展がみられる。 ●個々の観測を統合的に解析する分野での人材確保が必要である。また全般に若手研究者の育成に問題を抱えている。
	応用研究・開発	○	→	●現場観測のためのユニークな観測機器・技術開発が一部にみられるが拡大していない。GOSAT-GWや静止衛星などのデータ解析技術に関し、基礎研究が進展しており、社会実装などの波及効果が期待できる。
米国	基礎研究	◎	↗	●国として、戦略的/長期的な視点に基づいて、競争的環境の中で様々な基礎研究を進めている。問題設定に優れ、航空機観測なども用いて、課題解決を強く意識した、発見性の高い研究成果を挙げている。若手研究者の層も厚い。
	応用研究・開発	◎	→	●ベンチャー企業などが地上観測での先端的な機器開発を多く手掛けている。
欧州	基礎研究	◎	↗	●先端的な衛星データと地上観測の連携や、国際標準作りが活発である。さらに各国が上手く連携・共同研究を進めている。新規衛星観測ミッションのための基礎研究の充実度は卓越している。 ●英国は気候変動と関連するプロセス理解の増進で成果が多くみられる。 ●ドイツは研究の層が厚く、北極観測や航空機観測などについても総合的かつ主導的に実施している。傑出した研究機関があり、組織として上手く研究が進められている。 ●フランスでは環境研究の積極的な推進策が見られる。伝統的な赤外衛星観測と解析で進展がみられる。傑出した研究機関があり顕著な成果をあげている。
	応用研究・開発	◎	↗	●ECMWF（欧州中期予報センター：European Centre for Medium-range Weather Forecasts）やCopernicus計画でのサービスや、高解像度衛星の実現などにおいて、顕著な成果が上がっている。新型コロナウイルスの世界的蔓延による経済活動低下に関する大気汚染衛星データを社会へ広く発信し、浸透した。 ●英国はグローバル・メタン・プレッジの評価研究、ECMWFでの大気組成データ同化による再解析データ配信などが活発である。 ●ドイツは精度等の性能に優れた計測機器の継続的な開発がみられる。 ●フランスはライダーなど計測機器の継続的な開発がみられる。
中国	基礎研究	○	↗	●大気汚染やGHGsの現場・航空機・衛星観測に進展がみられ、自国の技術も活用しながら欧米を追いかけている。若手研究者、博士課程学生の層が厚く、人材には非常に恵まれており、今後の著しい発展が期待される。
	応用研究・開発	△	→	●独自の技術での製品化はみられるが、自国での活用の域を出ていない。
韓国	基礎研究	○	↗	●2020年に、世界初となる静止衛星からのGEMS大気汚染計測を実現し、関連したアジア全域検証網のを提案するなど、研究開発が活発化している。自国のセンサ開発は乏しい。若手研究者の育成については、日本と似た問題を抱えている。
	応用研究・開発	△	→	●機器開発の産業化などにおいては活発な状況はみられない。

■海洋の観測

国・地域	フェーズ	現状	トレンド	各国の状況、評価の際に参考にした根拠など
日本	基礎研究	○	→	●海洋における気候変動観測のバックボーンといえるArgoについて、海洋研究開発機構と気象庁が密接に連携し、米国に次ぐグループでの貢献を維持している。一方、Argoの深海への拡張（Deep Argo）では米国に次ぐグループにいるが、生物地球化学への拡張（BGC Argo）では遅れている。 ●全球船舶海洋観測プロジェクト（GO-SHIP）では、米国に次ぐグループで貢献をしている。 ●欧米に比べ、組織的な水中グライダー観測が遅れている。2016年に立ち上げられたグライダー観測網の全球的なネットワークOceanGlidersには積極的に参加していない。
日本	応用研究・開発	○	↗	●国際的にプロファイリングフロートや水中グライダーなどの自動観測プラットフォームの活用が進展しているが、国内における開発・製品化がほとんどなく、海外展開が弱い。国産で4000 m級の深海プロファイリングフロートDeep NINJAや、自動観測プラットフォーム搭載型の溶存酸素センサRINKOが開発されたが、利用実績が国内機関に留まっている。欧米と比較して、海洋における気候観測を推進するための組織的な国内連携・協力体制が弱い。 ●JAMSTECが開発した多目的小型観測フロート（MOF）、多目的観測グライダー（MOG）、CTDセンサ等の製造・販売を合同会社オフショアテクノロジーが始めた。MOFは浅海用であり、現時点でArgoプログラムには使用できないが、今後、測器開発と基礎・応用研究の連携を推進する上で、注目すべき動きである。
米国	基礎研究	◎	↗	●世界の海に展開されているArgoフロート約3900台のうち2100台以上、BGC Argo、Deep Argoでも全体の半数前後を運用しており、文字通り世界をリードしている。その多くは、NSFの研究資金による南大洋観測のSOCCOMプロジェクトによって展開されたものである。OneArgoを構成するBGC Argoの目標運用数1000台の半数に相当する500台のBGCフロートを5年間で投入するNSFプロジェクトGO-BGCを2021年に開始した。 ●GO-SHIPも主導している。 ●外洋と沿岸をつなぐ観測網として水中グライダーを組織的に展開して、国際ネットワークOceanGlidersを欧州とともにリードしている。 ●測器やセンサの供給、データ品質管理、データプロダクト作成などの面でも世界の観測研究を牽引している。
米国	応用研究・開発	◎	↗	●大学・研究機関内で技術者と研究者が協力して有用な次世代測器やセンサを開発できる、観測現場と開発現場の近さが大きな強みであり、その成果である製品を世界に供給している。 ●自動観測プラットフォームによる観測の推進でも、常に先頭を走っている。Core Argo、BGC Argo、Deep Argoの統合など、NOAAと有力大学・研究機関等が協調した長期的研究計画の立案を行っている。 ●温室効果ガスの観測に変革をもたらしたキャビティリングダウン分光装置を開発し市販しているPICARRO社、LOS GATOS Research社はともに米国のベンチャー企業である。 ●世界の海に4000台近くが展開されているArgoフロートの大半は、"Navis"（Sea-Bird Scientific）、"APEX"（Teledyne Marine）、"Alamo"（MRV Systems）などの米国製である。それらに搭載されている水温・塩分・圧力センサのSBE41 CTD（Sea-Bird Science）も、米国企業の製品である。 ●National Oceanographic Partnership Program（NOPP）の支援により、深海フロート用CTDセンサSBE-61 CTDの改良、BGC利用を可能とするSOLOフロートの拡張、BGCフロート用の新たなセンサーの開発を進めている。

2.7

地球システム観測・予測

欧州	基礎研究	◎	→	●欧州各国が協調してArgo全体の25%に貢献することを目指すEuro Argoは2014年からEuropean Research Infrastructure Consortium（ERIC）として活動しており、欧州独自の関心も反映させつつBGC Argo、Deep Argoにも積極的に取り組んでいる。欧州各国の政府機関・研究機関・民間企業による協会EuroGOOS（European Global Ocean Observing System）が沿岸観測・データ利活用・科学研究・技術開発・海洋リテラシー普及等の各分野に組織的・計画的に取り組んでいる。 ●ドイツはArgoフロートを約230台展開し、国別4位の貢献である。そのうちBGCセンサ（酸素センサを含む）が搭載されたArgoフロートは12台で国別10位である。GO-SHIPやOceanGlidersにも参加している。海洋CO$_2$観測に加え、数値モデリングでも水準の高い研究が行われている。アルフレッドウェゲナー研究所（AWI）、GEOMARヘルムホルツ海洋研究キールセンター、ハンブルク大学CENなど主要研究機関・大学・博物館等からなるドイツ海洋研究コンソーシアム（KDM）が気候観測分野を含む戦略的研究計画立案、インフラ管理、政策決定者への提言などを担っている。海洋数値モデルによる物質循環の研究も高い水準にある。 ●フランスはArgoフロートを約270台展開し、BGC Argo、Deep Argoでも米国に次ぐ貢献をしている。CORIOLISプログラムを通じて、Argoデータを含む現場観測データの管理・プロダクト作成を組織的に行い、欧州はもちろん世界のデータセンターの役割を担いつつある。OceanGlidersプログラムを主導している。 ●英国はArgoフロートを約140台展開し、国別7位の貢献をしている。GO-SHIPでは、米国に次ぐ貢献をしている。Met Office（英国気象庁）、国立海洋学センター（NOC）、プリマス海洋研究所（PML）が連携してArgoを推進している。GO-SHIPにも貢献している。気象庁が作成・公開している水温・塩分データプロダクトEN4は、気候研究に世界で広く用いられている。 ●ノルウェイは積極的にArgoフロートの展開を進めており、現在約50台を運用しており、うち約30台がBGCフロート（国別3位）である。
	応用研究・開発	○	↗	●大西洋における統合的な海洋観測システムの最適化と強化を目指したEU Horizon 2020プロジェクトAtlantOSが2019年9月に終了し、欧州の枠を超えた新たな国際プログラムAtlantOS（All-Atlantic Ocean Observing System）に移行したが、今後の予算措置は不透明である。 ●ドイツは2019年に国内BGC Argoグループ（ICBM、IOW、GEOMAR）を設立し、資金提供官庁との交渉を継続している。 ●フランスはフランス海洋開発研究所（Ifremer）がフロートやセンサの技術開発を積極的に進めている。IfremerがArgoフロートを市販しているnke instrumentation社と協力して、BGC Argo、Deep Argoを含むフロート供給の米国に次ぐ拠点となっている。特に、観測目的の応じた多種のBGCフロートを実用化している点に特色がある。 ●英国は国立海洋学センター（NOC）Marine Robotics Innovation Centerがハブとなり、科学研究と民間企業を結び付けて自動観測プラットフォームの開発を進めている。
中国	基礎研究	○	→	●Argoフロートを約60台展開し、BGC Argo（約20台）とDeep Argo（3台）にも貢献している。自国の通信システムBeiDouの利用、国産のプロファイリングフロートHM2000の展開を進めている。 ●「青島海洋科学・技術国家実験室」に世界中から人材を集め、砕氷船や観測船の建造を進めるなど、海洋研究の強化に力を入れている。 ●海洋のCO$_2$研究では、砕氷船による北極海観測などを実施しているが、その他の活動については詳しい状況や成果が不明である。
	応用研究・開発	○	↗	●Argoの3か年（2020-2022年）計画が1200万ドルの予算で承認され、400台規模の展開を行う見込みである。BGC Argo、Deep Argoにも積極的で、とくにDeep Argoについては、フロート開発に5か年で約450万ドルの予算を充てており、深海用モデルHM6000の開発を進めている。

韓国	基礎研究	○	→	●韓国気象庁（KMA）がArgoフロート約20台を日本海と東シナ海に展開し、KIOST（韓国海洋科学技術院）がTPOS2020などに参加している。海洋研究に力を入れ、海洋CO_2観測も実施しているが、まだ顕著な成果が見えていない。
	応用研究・開発	△	→	●Argoフロートがカバーしない東シナ海から黄海の浅海域3か所で、観測プラットフォーム（Ocean Research Station）をKIOSTが長期間維持している。物理・生物地球化学データを外部研究者との共同研究に供しており、幅広い応用研究・開発への活用のポテンシャルはある。
その他の国・地域	基礎研究	◎	→	●豪州はArgoフロート約310台を南太平洋・インド洋を中心に展開し、米国に次ぐ大きな貢献をしている。GO–SHIPでも南大洋で重要な貢献をしている。IMOSによって沿岸域の観測を組織的に整備し、水中グライダーの運用も活発である。 ●カナダは現在約150台のArgoフロートを運用しているほか、OceanGliders、GO–SHIP等の国際プログラムに継続的・組織的に貢献している。
	応用研究・開発	◎	↗	●カナダは小島嶼開発途上国支援も念頭に、主にBGC Argoに貢献する新規予算（4年間で560万ドル）を2018年のG7会合で発表し、フロートの寄贈など途上国支援を進めている。RBR社が省電力・低価格のフロート用CTDセンサを開発し商品化している。長期安定性の検証が課題だが、米国SeaBird社の独占状態の解消が期待される。

（註1）「フェーズ」

　「基礎研究」：大学・国研などでの基礎研究レベル。

　「応用研究・開発」：技術開発（プロトタイプの開発含む）・量産技術のレベル。

（註2）「現状」　※我が国の現状を基準にした評価ではなく、CRDSの調査・見解による評価。

　◎：他国に比べて特に顕著な活動・成果が見えている　　　○：ある程度の顕著な活動・成果が見えている

　△：顕著な活動・成果が見えていない　　　　　　　　　　×：特筆すべき活動・成果が見えていない

（註3）「トレンド」

　↗：上昇傾向、→：現状維持、↘：下降傾向

関連する他の研究開発領域

・気候変動予測　（環境・エネ分野　2.7.2）

・水循環（水資源・水防災）（環境・エネ分野　2.7.3）

・生態系・生物多様性の観測・評価・予測　（環境・エネ分野　2.7.4）

・農林水産業における気候変動影響評価・適応　（環境・エネ分野　2.8.2）

・都市環境サステナビリティ　（環境・エネ分野　2.8.3）

・持続可能な大気環境　（環境・エネ分野　2.9.2）

・地球環境リモートセンシング　（環境・エネ分野　2.10.1）

参考・引用文献

■大気・陸域による観測

大気1）Valérie Masson-Delmotte, et al., eds., *Climate Change 2021: The Physical Science Basis. Contribution of Working Group I to the Sixth Assessment Report of the Intergovernmental Panel on Climate Change* (Cambridge and New York: Cambridge University Press,.2021).

大気2）World Meteorological Organization（WMO）, "Essential Climate Varibales," https://public.wmo.int/en/programmes/global-climate-observing-system/essential-climate-variables,（2023年1月31日アクセス）.

大気3）竹村俊彦「カーボンニュートラル指向時代の短寿命気候強制因子（SLCFs）に関する研究」『俯瞰ワークショップ報告書 気象・気候研究開発の基盤と最前線に関するエキスパートセミナー』国立研究開発法人科学技術振興機構 研究開発戦略センター（2022), 22-31., https://www.jst.go.jp/crds/pdf/2021/WR/CRDS-FY2021-WR-06.pdf,（2023年1月31日アクセス）.

大気4）入江仁士「国際地上リモートセンシング観測網A-SKYの展開：衛星大気プロダクト検証を通じた大気環境変動研究の推進」『日本リモートセンシング学会誌』41巻5号（2021）：575-581., https://doi.org/10.11440/rssj.41.575.

大気5）Chris D. Jones, et al., "The Climate Response to Emissions Reductions Due to COVID-19: Initial Results From CovidMIP," *Geophysical Research Letters* 48, no. 8 (2021): e2020GL091883., https://doi.org/10.1029/2020GL091883.

大気6）Kazuyuki Miyazaki, et al., "Global tropospheric ozone responses to reduced NO_x emissions linked to the COVID-19 worldwide lockdowns," *Science Advances* 7, no. 24 (2021): eabf7460., https://doi.org/10.1126/sciadv.abf7460.

大気7）Alessandro Damiani, et al., "Peculiar COVID-19 effects in the Greater Tokyo Area revealed by spatiotemporal variabilities of tropospheric gases and lightabsorbing aerosols," *Atmospheric Chemistry and Physics* 22, no. 18 (2022): 12705-12726., https://doi.org/10.5194/acp-22-12705-2022.

大気8）Yugo Kanaya, et al., "Dominance of the residential sector in Chinese black carbon emissions as identified from downwind atmospheric observations during the COVID-19 pandemic," *Scientific Reports* 11 (2021): 23378., https://doi.org/10.1038/s41598-021-02518-2.

大気9）国立研究開発法人海洋研究開発機構（JAMSTEC）「北極域研究船プロジェクト」https://www.jamstec.go.jp/parv/j/,（2023年1月31日アクセス）.

大気10）Moe Tauchi, et al., "Evaluation of the effect of Global Sulfur Cap 2020 on a Japanese inland sea area," *Case Studies on Transport Policy* 10, no. 2 (2022): 785-794., https://doi.org/10.1016/j.cstp.2022.02.006.

■海洋による観測

海洋1）日本海洋学会『海の温暖化ー変わりゆく海と人間活動の影響』(朝倉書店, 2017）

海洋2）Intergovernmental Panel on Climate Change（IPCC), "Summary for Policymakers," in *IPCC Special Report on the Ocean and Cryosphere in a Changing Climate*, eds. Hans-Otto Pörtner, et al. (Cambridge and New York: Cambridge University Press, 2022), 3-35., https://doi.org/10.1017/9781009157964.001.

海洋3）Nathaniel L. Bindoff, et al., "Changing Ocean, Marine Ecosystems, and Dependent Communities," in *IPCC Special Report on the Ocean and Cryosphere in a Changing Climate*, eds. Hans-Otto Pörtner, et al. (Cambridge and New York: Cambridge University Press, 2022), 447-587., https://doi.org/10.1017/9781009157964.007.

海洋4）Sabrina Speich, et al., "Editorial: Oceanobs'19: An Ocean of Opportunity," *Frontier in Marine Science* 6 (2019): 570., https://doi.org/10.3389/fmars.2019.00570.

海洋5）須賀利雄「気候に関わる海洋研究：全球海洋観測に着目して」『俯瞰ワークショップ報告書 気象・気候研究開発の基盤と最前線に関するエキスパートセミナー』国立研究開発法人科学技術振興機構 研究開発戦略センター（2022), 32-52., https://www.jst.go.jp/crds/pdf/2021/WR/CRDS-FY2021-WR-06.pdf,（2023年1月31日アクセス）.

2.7
地球システム観測・予測

海洋6）The Global Climate Observing System（GCOS）, *The Global Climate Observing System 2021: The GCOS Status Report (GCOS-240)*（Geneva: pub WMO, 2021）.

海洋7）Stephen C. Riser, et al., "Fifteen years of ocean observations with the global Argo array," *Nature Climate Change* 6（2016）: 145-153., https://doi.org/10.1038/nclimate2872.

海洋8）Dean Roemmich, et al., "On the Future of Argo: A Global, Full-Depth, Multi-Disciplinary Array," *Frontier in Marine Science* 6（2019）: 439., https://doi.org/10.3389/fmars.2019.00439.

海洋9）OceanOPS, "Integrated information, maps and tools to help coordinate and monitor global ocean observation efforts," https://www.ocean-ops.org/board,（2023年1月31日アクセス）.

海洋10）Dean Roemmich, et al., "The Technological, Scientific, and Sociological Revolution of Global Subsurface Ocean Observing," *Ocean Observing* 34, no. 4（2022）: 2-8., https://doi.org/10.5670/oceanog.2021.supplement.02-02.

海洋11）Pierre Testor, et al., "OceanGliders: A Component of the Integrated GOOS," *Frontier in Marine Science* 6（2019）: 422., https://doi.org/10.3389/fmars.2019.00422.

海洋12）気象庁「気象業務はいま 2022」https://www.jma.go.jp/jma/kishou/books/hakusho/2022/HN2022.pdf,（2023年1月31日アクセス）.

海洋13）The Global Ocean Observing System（GOOS）, "Framework for Ocean Observing (FOO)," https://www.goosocean.org/index.php?option=com_content&view=article&id=18&Itemid=118,（2023年1月31日アクセス）.

海洋14）Lisa A. Levine, et al., "Global Observing Needs in the Deep Ocean," *Frontier in Marine Science* 6（2019）: 241., https://doi.org/10.3389/fmars.2019.00241.

2.7

地球システム観測・予測

2.7.2 気候変動予測

（1）研究開発領域の定義

　本領域は気候変動研究のうち予測に関する研究開発動向を含む領域である。大気や海洋の物理法則から成る全球レベルあるいは領域レベルの気候モデル、雲解像モデル、海洋モデルなどのほか、エアロゾル、植生、海洋生態系などの要素も取り入れた地球システムモデル（ESM）やそのサブモデル、社会経済シナリオを取り入れた予測を行う統合評価モデル（IAM）の高度化に係る研究開発動向を主な対象とする。モデル評価手法、ダウンスケーリング、データ同化、地球環境予測のための基盤技術開発も含まれる。これらのモデル開発や基盤技術開発と関連の深い国際共同研究の進捗、データ配信やカプラ等の研究インフラ開発、気候変動影響の評価や適応との連携強化の状況も対象に含まれる。

　本領域では主として季節予測や気候予測に主眼を置き、短時間降雨予測は「2.7.3 水循環（水資源・水防災）」領域で扱う。気候変動影響の評価や適応に関しては「2.8.2 農林水産業における気候変動影響評価・適応」領域や「2.8.3 都市環境サステナビリティ」領域で扱う。観測については「2.7.1 気候変動観測」領域と「2.10.1 地球環境リモートセンシング」領域で扱う。

（2）キーワード

　地球温暖化、季節内～十年規模予測、全球雲解像モデル、気候モデル（GCM）、地球システムモデル（ESM）、領域モデル、グローカル解析、イベント・アトリビューション、力学的ダウンスケーリング、大型計算機、大規模計算、機械学習、短寿命気候強制因子（SLCFs）

（3）研究開発領域の概要
［本領域の意義］

　地球温暖化、オゾン層破壊、砂漠化、海洋汚染、酸性雨など、地球規模もしくは広域規模での環境問題が深刻化する中で、20世紀以降に観測された地球規模の環境変化を再現し、その中長期的な将来変化を精度良く推定する必要性はかねてから認識されてきた。こうした環境変化の影響が最近の20～30年で顕在化していると考える専門家も多く、さらに今後数十年から100年以内には全球的な影響がより顕著になると見込まれることから、予測・推定技術の高精度化が強く期待されている。

　気候変動・変化の予測には数値モデルを用いたシミュレーションが不可欠である。そのため、大気・海洋・陸域・海氷などの時々刻々の状態変化を物理法則に従って計算し、温室効果ガス（GHGs）の濃度上昇に対する気候システムの変化を推定するために用いられる全球気候モデル（Global Climate Model：GCM）、それを高解像度化して雲を解像する全球雲解像モデル（Global Cloud-Resolving Model：GCRM）、GCMの要素に加えて自然の炭素循環や植生変化、海洋生態系までを取り込み、GHGsの大気中濃度を同時に計算する地球システムモデル（Earth System Model：ESM）、さらに、社会経済シナリオを取り入れた気候変動予測を行う統合評価モデル（Integrated Assessment Model：IAM）等が開発・高度化されてきた。またシミュレーションには多くの計算資源を要するため、地球シミュレータや富岳などの国内トップクラスの大型計算機が不可欠であり、モデルの高度化は大型計算機の技術の発展と肩を並べて進められている。モデルの再現性は、その都度、観測データを用いて検証されている。

　本研究開発領域を維持強化することにより、全球のGHGsや粒子状物質の動態把握とその将来予測の不確実性低減、大気・海洋を含む地球表層に現れる長期変化や極端現象の変化の検出と予測、およびGHGs排出削減の国際的な意思決定が与える効果の評価などが可能となる。GCM・ESMのシミュレーションから得られる降水量、日射量、風速、海水温等の将来変化に関するデータは、治水や再生可能エネルギー、農林水産業といった分野において大規模環境変化の影響を把握し対策を立案するために活用されるなど、様々な分野への波及効果も大きい。経済的な効果や損失の推定に対するニーズも高く、より精確な気候変動予測が

求められている。一方、地球温暖化は全地球規模の長期的変化でありながら局所的かつ短期的な現象と密接につながっており、多様な時空間が相互作用する複雑系の問題である。また人が居住する陸上地表付近だけでなく、海洋（水圏）や雪氷圏あるいは生態系（生物圏）にまで至る多圏が相互作用する複雑系の問題でもある。そのため数値モデルは、複雑系の個々の部分を精確に表現するのみならず、それらの多岐にわたる相互作用を適切に表現する必要がある。同時に予測の初期値となる状態の正確な把握や記述、観測や継続的なモニタリングの進展も重要となる。

［研究開発の動向］

全球平均の地表気温が上昇していることは確かな観測事実であり、過去100年あたりで0.73℃温暖化している[1]。地表気温の上昇は世界のほとんどの地域で見られており、ヒートアイランドの影響を除去した日本の地表気温も100年あたり1.28℃と全球平均を上回るペースで温暖化が進んでいる。地球温暖化の証拠は地表気温以外の多くの気候システムの要素に見られているが、社会への影響という意味では全球平均よりも地域の気候変化、さらに台風や熱波のような極端な気象現象（いわゆる異常気象）の変化が重要である。

異常気象自体は自然の変動として発現するが、その強さや出現しやすさに対する地球温暖化の影響が顕在化していると考える専門家が増えている。2021年に公表された「気候変動に関する政府間パネル」（IPCC）の第6次評価報告書では、地球温暖化が異常気象に確実に影響している例を複数挙げている[2]。こうした地球温暖化の顕在化という認識は一般社会でも広まりつつある。社会からの要請に応え、地球温暖化の影響の深刻化を避けるために、大気や海洋の状態を再現し、将来の変化を予測するGCMやESMの開発と改良がますます重要となってきている。

2021年は、IPCC第6次評価報告書（第一作業部会）の公表、米国プリンストン大学上席研究員の真鍋淑郎氏のノーベル物理学賞受賞と、気候変動予測の研究開発領域においてビッグイベントが目白押しだった。真鍋氏が構築した元祖GCMは1970年代に既に二酸化炭素の気候影響を予言し、その結果をもとに発表された1979年のチャーニー・レポートは地球温暖化科学の大きな発展のきっかけとなった。以降、大型計算機の発達とともにGCMは高精度化されていった。IPCCの評価報告書は1990年に第1次評価報告書が公表されたが、2000年代はじめころまでは気候変動における人間活動の影響検出やGCMによる地球温暖化予測の妥当性検証など、温暖化に関する科学的理解の増進が地球規模の気候変動・変化の問題に携わる研究者にとって大きな課題であった。しかし2007年に公表された第4次評価報告書（AR4）で20世紀後半以降の温暖化が人間活動によるものとほぼ断定されて以降、科学的理解の増進に加え、温暖化への対策立案に資するデータの創出にも力が注がれ始めている。第5次評価報告書（AR5）では、GCMに加えてESMの結果が活用され、適応策（今後避けられない温暖化に社会が適応するための政策）や緩和策（地球温暖化の進行そのものを止める抑制策）に資する多様なデータの創出が進められた。最新の第6次評価報告書（AR6）[2]では、人間の影響が大気、海洋及び陸域を温暖化させてきたことには疑う余地がないと断言された他、人為起源の気候変動が世界各地の気象および気候の極端現象に既に影響を及ぼしていることが示され注目を集めた（後述）。

適応策の立案には地域ごとに詳細な情報が必要となるが、地球全体（全球）を対象とした気候モデルでは計算機資源の面から高解像度化に限界があり、最も高解像度のものでも格子間隔20km程度である。この解像度では、細かな地形の影響を受ける降水分布などについて、精度の高い再現性が望めないため、日本周辺など特定の領域を対象とした領域モデルが用いられることが多い[3]。ただし、対象領域周辺に関する情報（境界条件）は、全球モデルによる予測結果から与える必要があるため、全球モデルと領域モデル両方の再現性や予測精度を向上させていく必要がある。全球モデルで得られた予測データの一部を境界条件として領域モデルに与え、対象領域に関する予測データを高解像度化する手法を力学的ダウンスケーリングと呼ぶ。その他には統計的なモデルを用いて高解像度化を行う統計的ダウンスケーリングという手法もある。

このような高解像度化に加え、気候シミュレーションの発展のもう一つの軸として、大規模アンサンブル実

験（初期条件を少しずつ変えて行う複数のシミュレーション）がある。アンサンブル実験は、目的に応じて意味するものや利用方法が異なる。IPCCのAR5までは気候シミュレーションの1モデル当たりのアンサンブルサイズは10メンバー程度が一般的であったが、大型計算機の能力向上に伴い、100メンバー以上のアンサンブル実験を実施して極端現象の振る舞いを議論する研究がここ10年間で盛んになってきた。その口火を切ったのがイベント・アトリビューション研究で、主に大気大循環モデルを利用して大気の内部変動によって生じ得る偶発的な現象の多様性の幅を捉え、極端気象の発生確率を直接見積もることで温暖化の影響を評価する研究が注目を浴びた。イベント・アトリビューションに関するマルチモデル比較のためのプログラムも立ち上げられたが、大規模アンサンブル計算は計算機負荷が高いため、IPCC AR5までは結合モデル相互比較実験（CMIP実験）とは時期をずらして負荷分散する策が取られていた。しかしIPCC AR6では、イベント・アトリビューション研究の成果が積極的に引用され、人為起源の温暖化の影響が既に各地の極端気象現象に影響を及ぼしている根拠として取り上げられた。日本では、2016年に、過去から将来の温暖化の影響評価のために、格子間隔60 kmのGCMによるアンサンブル実験に領域大気モデルによる力学的ダウンスケーリングを組み合わせた大規模なデータセットのアンサンブル気候予測データベース（d4PDF）[4), 5)]が作成され、様々な分野での影響評価に役立てられている[6)]。近年は、大規模アンサンブル化の動きは大気大循環モデルだけでなく、より計算負荷の高い大気海洋大循環モデル（結合モデル）にも適用されるようになってきた。これにより、大気の内部変動だけでなく、海洋の内部変動も長い時間スケールで偶然起こり得るゆらぎの幅として捉えることができるようになった。これらの大規模アンサンブルが表現する内部変動の幅は、マルチモデル実験の結果から得られる不確実性の幅とは異なる概念であり、これらを組み合わせることで大気と海洋を含めた気候システムの理解が加速している。

　これらの気候変動予測に用いられる数値モデルは気候研究の基幹技術であり、気候システムを構成する各要素の表現が精緻化・複雑化される方向での高度化と、より多くの要素を包含する方向での多様化が従来に引き続いて進んでいる。その中で、気候予測の最大の不確実要因である大気物理過程、特に雲・降水の気候モデルにおける取扱いは、モデルが高解像度化してきたこととも相俟って近年顕著に進展しており、日本でも高度化が進められた[7)]。これと並行して、従来のGCMではパラメータ化で表現されていた雲や対流を全球規模で直接解像する全球雲解像モデルの開発も日本での成功[8)]を皮切りに世界各国で進められている。また、このようなモデル高度化は人工衛星等の発達による地球観測の拡充によるところも大きく、観測情報を能動的に活用して数値モデル開発を加速させる方向性が打ち出されつつある。

　2021年に開始したパリ協定に基づくグローバル・ストックテイクでは、緩和等の取り組みの進捗を評価するために、GHGsの排出量・吸収量の高精度な把握と同時に将来予測が必要になると見られている。また、適応策の検討では10年程度先の予測に対するニーズが高まっている。こうした状況を背景に、2100年前後の予測のみならず、1年～10年程度先を対象とした予測研究が盛んになってきている[9), 10)]。このような予測では、海洋の長い時間スケールの変動がメモリーとなるため、大気モデルを利用する日々の天気予報とは異なり、大気海洋結合モデルを観測値で初期値化する。現業の気象予報機関における季節予報モデルの開発では、季節予測システムを十年規模予測まで拡張するとともにESMを用いた十年規模予測も登場した。これらにより、大西洋の十年規模変動の代表である大西洋数十年規模振動（Atlantic Multidecadal Oscillation：AMO）の予測可能性が高いこと、その強制力として人為起源の短寿命のエアロゾル（短寿命気候強制因子、Short-lived Climate Forcers：SLCFs）が重要であること等が明らかになってきた[11), 12)]。一方、太平洋の十年規模変動の予測には課題が残されている。2000年から2015年頃にかけて生じた地球温暖化の停滞（ハイエイタス）は、太平洋十年規模振動（Pacific Decadal Oscillation：PDO）と呼ばれる内部的気候変動と関係することが分かってきたが、初期値化過程を取り入れた十年規模予測でも十分な予測スキルが見いだせていないのが現状である。その要因として、海洋過程のモデル表現が不十分であることが挙げられ、PDOやハイエイタスに直接影響する海洋中層（数100～1000 m深）の循環を適切に表現するためには格段に高い解像度が要求されることから、渦を解像できる高解像度の海洋モデルを気候シミュレー

ションに用いる取り組みも開始されている。2022年9月現在、熱帯太平洋ではラニーニャ現象の傾向が3年間持続しており、十年規模変動の新たな位相に突入した可能性もあることから、今後の動向が注目されている。

　直近での新たな研究トピックとして、新型コロナウイルス感染症が招いた社会経済活動の変化は、気候変動に影響を与え得る要因の一つとして注目された。2020年の感染拡大の初期には、世界各国の社会経済活動が停滞し、結果として人為起源の二酸化炭素（CO_2）排出量が一時的に減少したことが報告されている（2019年比で約5.4％減少）。しかしこの量は陸域生物圏や海洋の吸収量の自然変動による年々のCO_2濃度変動幅より十分小さく、気候への影響は小さいと考えられている[1), 13), 14)]。実際、世界各国の最新の気候モデルを用いて新型コロナウイルス感染症に伴うGHGsや人為起源エアロゾルの排出量減少が気候変動に及ぼす影響を見積もるモデル相互比較実験（CovidMIP）では、2020年から2021年の排出量の減少が2020年から2024年の地上気温や降水量にほとんど影響を与えていないことが示された[15)]。

（4）注目動向
［新展開・技術トピックス］
• IPCC第6次評価報告書（第1作業部会）[2)] の公開

　2021年8月に承認されたIPCC第6次評価報告書（第1作業部会）では人間の影響が大気、海洋及び陸域を温暖化させてきたことには「疑う余地がない」と断言された。IPCC第4次評価報告書では気温上昇傾向に対して「疑う余地がない」という言葉が用いられて話題になったが、今回、人間活動の影響に言及した。さらに向こう数十年の間にGHGsの排出が大幅に減少しない限り、21世紀中に、工業化前から1.5℃及び2℃以上上がるとの警鐘も鳴らされた。技術的には大規模アンサンブルという概念が加わり、自然の内部変動によって偶発的に生じる極端な現象の発生確率を陽に評価対象とすることが可能になった。実際に発生した特定の極端現象に地球温暖化が与える影響を評価するイベント・アトリビューションもその一つであり、IPCC第6次評価報告書の中では人為起源の気候変動と極端気象現象の関連を示す根拠として取り上げられた。また、気候影響駆動要因（Climatic Impact Drivers：CIDs）という用語が導入されたことや、CIDsに含まれる駆動要因の複合現象（compound event）を対象とする研究にも注目が集まっている。CO_2の増加に対する気温の昇温量（気候感度）の評価の幅が第5次評価報告書よりも狭まったことも特筆すべき点である。

• 初期値化予測の大規模アンサンブル化

　気候変動予測において大規模アンサンブル実験が盛んになっていることは前節に述べたが、この動きは、季節内から十年規模の予測にも拡張されつつある。従来、季節から十年規模の初期値化した予測は10本程度の限られたアンサンブルメンバーで運用されることが主流だったが、近年は50以上のアンサンブルサイズで実施されるようになった。これにより、平均値の底上げ・底下げだけでなく、確率的に発生する極端気象現象の発生確率の予測可能性を検証することが可能となった。

• オペレーショナルな十年規模変動の予測と要因分析

　十年規模予測を実務的に運用し、この先十年程度の気候変動の傾向と、その各種要因を定量的に評価する要因分析までをセットにして情報発信することの重要性が国際的に唱えられている。十年という時間スケールは、初期値に含まれる内部変動の影響だけでなく、境界条件として与えられる外部強制力の十年スケールの変動にも影響を受ける。後者の代表的な要因が短寿命気候強制因子（SLCFs）である。両者を含む個々の要因を分離して再予報を行う感度実験への期待と、SLCFsの動態や強制力を定量的に把握する必要性が高まっている。

• 機動的イベント・アトリビューション

　イベント・アトリビューション（EA）が誕生して10年が経ち社会からの注目度も年々高まる傾向にあるが、

IPCC 第6次評価報告書で大きく取り上げられたことで、気候サービスとしての運用に向けた取り組みが本格化してきている。特に欧州では、極端気象現象が発生した直後にイベント・アトリビューションの結果を速報する簡易的EA手法をいち早く確立し、メディア向けに解説書を準備するなどの活発な取り組みが行われている。日本でも、文部科学省の気候変動予測先端研究プログラム（後述）の中で、イベント・アトリビューションの結果を即時的に発信するための新しい手法の開発が始められている。

● ストーリーライン

　最近10年の間に、「ストーリーライン」という言葉が気候変動予測分野で頻繁に使われるようになった。最初に登場したのはイベント・アトリビューションの分野である。イベント・アトリビューションには2通りのアプローチがあり、大規模アンサンブル実験を活用して極端現象の発生確率を対象とするものと、極端現象の発生から発達までをモデルで忠実に再現した上で強度や量への影響を見積もるものがある。前者をrisk-basedアプローチ、後者をstorylineアプローチと呼ぶ[16]。一方で、気候変化の将来予測の不確実性を議論する際にもストーリーラインという言葉が使われるようになったが、イベント・アトリビューションの場合とは意味が異なる[17]。将来気候のシミュレーションでは、複数のモデルの結果を統合して多数決で予測情報を導き出すのが従来の考え方だったが、ストーリーラインの考え方では、一つ一つのモデルが予測する将来を一つのシナリオと捉え、シナリオ（ストーリー）に沿った各種予測情報や影響評価結果を複数パターン用意するという戦略を取る。ストーリーラインの考え方については、IPCC第6次評価報告書[2]（参考文献の1.4.4.2節およびBox. 10.2）の中でも詳細な議論が行われている。

● グローカル解析と線状降水帯

　地球温暖化対策に資するアンサンブル気候予測データベース（d4PDF）の誕生により、大規模アンサンブルの全球モデルと領域気候モデルの出力をセットで解析することで、局所的に発生する気象現象の要因を全球スケールの気候まで遡って分析することが可能になった。このような新たなアプローチは「グローカル解析」と呼ばれ、近年盛んに研究が進められている[18]など。気象庁では、線状降水帯に伴う災害を軽減するための取り組みが一層強化されているが、グローカル解析を用いると、従来メソ気象の分野に分類される線状降水帯を全球スケールの気候変動と結びつけて発生ポテンシャルを予測することなどが可能になると期待されている。

● 沿岸海洋予測

　詳細な地域的予測への関心が高まっているが、海洋の場合には、人に近い沿岸海洋の予測や影響評価に対するニーズが特に高い。IPCCの結合モデル相互比較実験（CMIP）の枠組みでは一部で海洋水平格子10km程度の予測が試みられているが、沿岸海洋予測に対する現状のニーズに対応するためには水平格子100m以下が求められる。沿岸海洋は陸の影響を大きく受ける一方で、流れ等の現象に対する支配的要因が外洋と大きく異なり、グローバルな気候変動を対象とした既存のGCMやESMの単純な拡張で扱うことはできない。そうした中で、沿岸地域に特にフォーカスしたESM開発という方向性が欧米で見られるようになり、米国ではICoM（Integrated Coastal Modeling）等具体的な研究プロジェクトも進行中である。従来、沿岸海洋の研究は湾など狭い個別海域を各論的に扱う形で発展し、沿岸海洋の予測も個別海域ごとに実装されてきた。しかしながら、地球温暖化の影響などでグローバルに生じる沿岸海洋の問題には、従来の各論的な枠組みでは対応しきれなくなっている。そうした背景から、欧米では沿岸海洋研究に関する大規模ネットワークが形成され、それに基づく大規模研究プログラム（例えばUS Coastal Research Program、EU Horizon 2020 COASTAL）が進行しており、我が国でもネットワーク構築やそれを活かした予測の取り組みが望まれている。

● 衛星観測とモデリングの連携

　衛星観測が2010年頃から急速に発達してきたことで、気候を構成する様々な要素や側面を包括的に観測

（左余白）

することが可能になってきた。これは気候モデルを構成する様々なコンポーネントに対して観測的な拘束条件を与えることになり、従来はチューニングの対象とされてきた不確実なモデルパラメータをこれらの観測情報のデータ同化によって推定したり[19]、物理プロセスのモデル表現（パラメタリゼーション）の定式化を観測情報の組み合わせによって素過程レベルで評価したりする試み[20] が始められている。

- **機械学習を活用したモデル高速化・高度化**

　数値気候モデルの一部の構成要素（物理プロセス）について、多大な計算コストを要する第一原理的な計算手法を機械学習によって模倣する新しい手法が提案されつつある[21]。このアプローチは計算速度を損なわずに第一原理計算の精度を保つことを可能とし、従来のGCMやESMで採られてきたパラメタリゼーション近似に新しい流れを生み出している。

[注目すべき国内外のプロジェクト]

■国内

- **文部科学省「気候変動予測先端研究プログラム」（令和4～8年度）**

　気候変動予測の研究開発を推進する中核的プログラムであり、「統合的気候モデル高度化研究プログラム」（平成29年度～令和3年度）の後継としてスタートした。全球規模から領域規模までの気候変動予測やそれに関わるモデル開発が4つの領域課題の下で実施されている。モデル開発ではGCM、ESMの高度化開発も行われている。4つの課題が連携して近未来予測情報の創出に取り組むことや、気象変数から気象災害リスクまでを網羅するアクショナブル・イベント・アトリビューションの実現が掲げられている点が新しい。 AIや衛星観測の活用にも重点的に取り組んでいくとしている。

- **新学術領域研究「変わりゆく気候系における中緯度大気海洋相互作用hotspot」（令和元～5年度）**

　中緯度の大気海洋相互作用を海洋の能動的な役割に着目しながら多角的に理解することを目的とした研究プロジェクト。観測とモデリングを組み合わせて大気・海洋の階層的なスケール間相互作用に関する理解を深め、極端気象や海流の予測を向上させることを目指している。

- **学術変革領域研究（A）「陸域から外洋におよぶ物質動態の総合的シミュレーション（マクロ沿岸海洋学）」（令和4～9年度）**

　従来各論的に実施されてきた沿岸海洋研究をマクロスケールに統合する枠組みを構築し、特に日本沿岸海域を対象として、陸域や外洋の物理・物質環境と連動して変動する沿岸海洋の予測や影響評価の手段となるシミュレーションシステムの開発を目指している。

- **学術変革領域研究（B）「Deep Numerical Analysis（DNA）気候学への挑戦」（令和2～4年度）**

　従来用いられてきた気候モデルでは計算速度の制約等により雲の生成・発達・衰退・消滅の時間変化が直接的に計算できなかったため、雲の広がりや厚みをエネルギー収支や気温・相対湿度などから推定しており、台風等の顕著現象や雲－放射相互作用が十分に表現できていなかった。こうした問題を克服するため、雲微物理の方程式に基づいて実体の雲の時間発展を表現する次世代気候モデルの開発・実用化を目指している。

- **「北極域研究加速プロジェクト」（ArCS2）（令和2～6年度）**

　北極域環境の変化とそれがもたらす社会影響を統合的に扱う、北極域研究に関する国内のフラッグシッププロジェクト。北極域の気候変動およびそれと連動した北極域外の気候変動や、その結果として日本を含めた地球上の様々な地域に生じる極端現象に関するメカニズム理解と予測手法高度化を目的とした課題が含まれる。

2.7

地球システム観測・予測

- 環境研究総合推進費 戦略的研究開発（Ⅰ）S–20「短寿命気候強制因子による気候変動・環境影響に対応する緩和策推進のための研究」（令和3～7年度）

CO₂に比べて寿命が顕著に短い短寿命気候強制因子（SLCFs）が引き起こす複合的な気候変動と環境影響を定量的に評価し、影響緩和へむけたSLCFsの排出量削減シナリオを策定するための研究開発プロジェクト。

- 「富岳」成果創出加速プログラム「防災・減災に資する新時代の大アンサンブル気象・大気環境予測」（令和2～4年度）

激甚化する極端気象現象に対する防災・減災の実現に向けて、スーパーコンピュータ「富岳」を活用して気象・大気環境予測の大アンサンブル実験を実施し、極端事象の確率予測を行うための予測技術を確立するための研究開発プロジェクト。

- ムーンショット型研究開発事業 目標8「2050年までに、激甚化しつつある台風や豪雨を制御し極端風水害の脅威から解放された安全安心な社会を実現」（令和4～8年度）

極端気象の深い理解と気象モデルやデータ同化、アンサンブル手法などの気象予測技術を高度化することによって、社会的・技術的・経済的に実現可能な気象制御技術の実現を目指した研究開発プロジェクト。

■国外

- 世界気候研究計画（WCRP）「Light House Activities」

世界気候研究計画（WCRP）は、IOC–UNESCO（ユネスコ・政府間海洋学委員会、Intergovernmental Oceanographic Commission of UNESCO）やISC（国際学術会議、International Science Council）、WMO（世界気象機関、World Meteorological Organization）などから資金を得て活動する国際プロジェクトであり、1980年に設立された。地球温暖化予測に関する国際的な研究コミュニティの中で最も影響力の大きいプロジェクトと言え、地球環境研究に携わる日本を含む世界の研究者が参加している（ただし一般社会の利害関係者も巻き込んで地球環境に関する課題を検討し科学に基づいた解決策を探る「フューチャー・アース」でもGCMやESMを活用した研究が展開されている）。

温暖化予測に関する国際的な共通実験仕様（CMIPシリーズ）を作成しているのがWCRPの下部組織「結合モデル作業部会」（WGCM）であり、現在は次期CMIP7の仕様の検討が行われている。予測データの力学的ダウンスケーリングに関する国際協力を進める「統合地域ダウンスケーリング実験」（CORDEX）もWCRPの活動の一部である。世界をいくつかの区域に分けて参加研究機関に担当区域を割り当てたり、境界条件の与え方などを統一したりといった調整を行っている。個人の行動に繋がる（actionable）地域スケールの気候情報ニーズの高まりを受けてRIfS（Regional Information for Society）と呼ばれる新たなプログラムの発足準備も進められている（2022年現在）。

WCRPは以前、重点研究課題として7本の柱（融氷、気候感度、炭素循環、極端現象、水資源と食料、海面水位変化、近未来予測）をGrand Challenge（GC）として掲げていたが、2021年にその後継としてLight House Activities（LHA）を立ち上げた。LHAは5つの重点課題（①Digital Earths、②Explaining and Predicting Earth System Change（EPESC）、③My Climate Risk、④Safe Landing Climates、⑤WCRP Academy）を掲げ、今後10年間の世界の気候変動研究の方向性の旗振り役を担っている。

LHAの課題の一つであるDigital Earthsは、高性能計算インフラ（HPCI）に支えられた高解像度数値モデリングと地球観測ビッグデータを融合し、過去・現在・未来の地球を高いリアリティで計算機上に再現した「デジタル地球」を作り出すことを目指している。そのために、全球雲解像モデルやより高解像度のモデリングと、それに対する衛星などの地球観測データの同化を、人工知能（AI）なども活用して進めるコンセプトが

2.7 地球システム観測・予測

提案されつつある[22]。同じくLHAのひとつであるEPESCは、10年規模の気候変化に焦点を当て、その実態を地球温暖化だけでなく人為起源のエアロゾルや自然の内部変動など多様な要因から定量的に説明することを目標として掲げている。WMO主導のマルチモデル10年規模予測のリアルタイム運用（GCの成果）とも連携し、予測情報に対して準リアルタイムに解釈を与えることを目指すとしている。

•「World Weather Attribution」（2014年〜）

World Weather Attribution（WWA）は、イベント・アトリビューションを気候サービスとして提供することを目的に発足した欧州のプログラム。社会ニーズを踏まえて極端現象が発生してから間をおかずにイベント・アトリビューションの結果を速報することを最優先にし、極値統計の推定手法を導入して手法の簡略化を実現した。欧州で発生する現象のみならず、平成30年7月豪雨や令和元年東日本台風など、日本で発生した極端現象に対して適用した実績もある。発展途上国の気候サービスにも重点を置き、気候変動問題における地域間格差を減らす取り組みを積極的に行っている。2022年5月にはイベント・アトリビューションを解説するメディア向けガイドを公開し[23]、日本を含む8ヶ国語に翻訳して各国のメディアに働きかけるなど日本のメディアとの連携も強化している。

• 全球雲解像モデル比較プロジェクト「DYAMOND2」（2017年〜）

世界各国で開発が進んでいる全球雲解像モデルの国際相互比較プロジェクトの第2期。大気モデルのみであった第1期[24]に比べて、大気海洋結合モデルを含むさらに多くのモデルが参加している。日本からは第1期に引き続き、全球非静力学大気モデル（NICAM）およびその海洋結合モデル（NICOCO）が参加し、水平解像度3.5kmの実験データを提供している。本プロジェクトはWCRP Digital Earthsの中核とリンクした活動としても位置づけられている。

• Destination Earth（2021〜2030年）

地球システムと人間活動の相互作用を全球スケールで精密かつ高い解像度で監視、予測するためのモデル構築を目指す。欧州グリーンディールとデジタル戦略の柱と位置づけ、欧州宇宙機関（ESA）、欧州中期予報センター（ECMWF）、欧州気象衛星開発機構（EUMETSAT）が中心となって実施される。取組みは（1）リアルタイム観測と高解像度の予測モデリングの高度な融合に基づく地球システムのデジタルツイン構築、（2）コペルニクスプログラム等の既存事業を通じて収集・蓄積されるデータの更なる充実およびデジタルツインによって生成されるデータの蓄積、（3）デジタルツインおよび各種データの利活用を促進するユーザーフレンドリーなデータ基盤の構築、という3つの柱から構成される。当面は、2024年までに、気候変動と極端現象に関するデジタルツインの開発とデータ蓄積、データ基盤構築を進める。長期的には2030年までに生物多様性、水資源、再生可能エネルギー、食糧、防災・減災に関するデジタルツインの開発も目指す。

• Energy Exascale Earth System Model（E3SM）（第一期：2014〜2018年、第二期：2019〜2021年、第三期：2022〜2024年、第四期：2025〜2027年）

米国エネルギー省が100億円規模の研究助成を行う気候モデル開発プロジェクト。エクサスケールのスーパーコンピュータ利用を前提に、戦略的なモデル開発と組み合わせることによって超高解像度の地球システムモデリングの実現やアンサンブル実験の実施等を目指す。

• Next Generation Earth Modelling Systems（Next GEMS）（2021年〜）

EUの研究・イノベーション枠組みであるHorizon2020（2014〜2020年）下で採択された研究プロジェクト。水平解像度3kmの高解像度の地球システムモデルを2つ開発することを目指す。また、細かい地形が大気に与える影響、海洋渦が海洋熱輸送に与える影響および氷床との相互作用、エアロゾル・雲相互作用等

2.7

地球システム観測・予測

の気候プロセスとして重要だが従来の気候モデルでは無視ないし経験的に表現していた事柄を明示的に表現できるようにすることを目指す。独マックスプランク研究所とECMWFの研究者が中心となり欧州の26の研究機関から研究者が参加しコンソーシアムを形成している。

- Integrated Coastal Modeling（ICoM）（2020年〜）

　沿岸海洋における物理・環境・人間システムを統合的に理解し予測するためのモデリングシステム構築を目指した米国の複数研究機関が参加する共同プロジェクト。米国エネルギー省が助成を行っている。

（5）科学技術的課題
• 観測情報を活用したモデル評価手法の確立

　より高い信頼性と精度を全球気候モデルに基づく気候変化の将来予測に与えるには、モデルを構成している物理素過程の表現（パラメタリゼーション）を観測データに基づいて評価・拘束し、それを通じて現在のモデルに内在している誤差補償を軽減することが必要である。そのためには、地球観測衛星など拡充されつつある観測情報をより詳細に活用し、重要な物理素過程の情報を観測的に抽出し、それに基づいてモデルを評価・高度化する研究が必要になる。加えて従来行われてきた全球気候場の評価も含め、これらのモデル評価を自動的に行うツールを整備し、モデル性能を包括的に常時モニターしながら開発が進められる環境を作ることが望ましい方向性と認識されている。

• 低排出シナリオの検討と複合問題としての地球環境問題

　カーボンニュートラル実現へ向けて、CO_2の低排出シナリオの検討は今後さらに重要になっていくと考えられるが、そこではエアロゾルなどの短寿命気候強制因子（SLCFs）の寄与が大きくなってくるため、多様な気候強制因子による複合的な気候影響メカニズムの理解が求められる。さらに、SLCFsには気候影響だけでなく環境影響や健康影響ももたらすものがあるため、それらの排出削減シナリオを探索するにあたっては、これらの多面的な影響を同時に評価する必要がある。そのためには大気化学や生態系を組み込んだESMの一層の高度化が必要であり、またそれを統合評価モデルとも適切に組み合わせて排出量変化と多様な影響評価をEnd-to-Endに結びつける枠組みの開発が望まれている。

• 沿岸海洋予測におけるスケールギャップ

　沿岸海洋と外洋の間に存在する海底深度の急激な変化は大規模かつ定常的な流れによる両者の海水交換を著しく阻害する。そのため、外洋から沿岸海洋への影響においては水平数km以下や数時間以下といった時空間スケールで激しく変動する現象が本質的に重要となる。一方、陸水（その中に含まれる物質を含む）流出も沿岸海洋に大きく影響する要素である。洪水の頻度・強度増加など、気候変動の中でその様相が大きく変化しつつあるが、陸水の沿岸海洋中での輸送や拡散にはさらに小さな時空間スケールの現象が支配的な役割を果たす。気候変動の文脈で沿岸海洋予測を考えるにあたっては、大気の極端現象を考える場合以上に大きなスケールギャップが存在し、それを埋めるための科学的理解や技術開発が不可欠になる。

• ビッグデータのハンドリング

　数値モデルの高解像度化やそれらを用いた実験の大アンサンブル化は今後も進むことが予想され、また衛星などの観測情報も拡充していることから、モデル・観測から得られるデータはともに増加の一途を辿ると考えられている。そのようなビッグデータの解析作業を効率化するために、遠隔アクセスによる解析作業を容易にするネットワーク環境の整備や、複数の研究機関に分散して置かれているデータをクラウド上で同時に解析することを可能にするシステムの構築の必要性が高まっている。

• プログラムコードの複雑化に伴う維持管理の難しさ、計算機の変化への対応

　GCMやESMを構成する巨大なプログラムコードはモデルの発達に伴って複雑化し続けており、一人の研究者がその全体を詳細まで把握することは難しくなっている。この状況でモデルの全体性能にも注意を払いながら構成要素（素過程）の高度化を行っていくために、プログラムの階層構造を把握しやすくするツールの開発などモデル開発環境をさらに整備するとともに、モデル研究者間で役割を分担しながら全体システムをカバーできる体制を構築することが望まれている。

• モデル研究と観測研究の相互作用

　観測データをモデルの評価・改良に活用していく研究やモデル予測に同化していく研究は引き続き重要だが、その方向とは逆の、高解像度化しつつあるモデルを用いて観測パラメータをシミュレートする「観測システム再現実験（OSSE）」を確立することも必要と考えられている。これによって観測とモデルが双方向に連携し、モデル高度化にとってどのような観測情報が必要かを能動的に探りながら最適な観測システムをデザインできるようになることが望まれている。

• オープンデータ化への対応

　2016年頃から研究データのオープンデータ化に関する議論が盛んに行われている。Findable（見つけられる）、Accessible（アクセスできる）、Interoperable（相互運用できる）、Reusable（再利用できる）の頭文字を取ってFAIR原則という標語が用いられ、学術論文誌の投稿規定の中でも義務付けられることが多くなってきた。FAIR原則に従うためには、研究データにORCIDやDOIなどの永続的識別子を付与し、基準を満たした信頼性の高いリポジトリに保存する必要がある。また、できるだけオープンなライセンス（CC0、CC-BY 4.0など）が求められる場合もある。DOIを付与する資格を有する機関は世界に10機関あり、日本では国立国会図書館など4つの国内学術機関が共同運営するジャパンリンクセンター（JaLC）が唯一のDOIの登録機関である。海外では、簡単な手続きで迅速にDOI付与とリポジトリ提供を行うサービスが存在しており、日本の科学者が海外のリポジトリサービスを利用する例も出てきているが、国の知的財産の流出の観点から問題視する声も上がっている。

• モデルチューニング、機械学習との融合

　全球気候モデルのパラメータ・チューニングは多大な労力と経験を要する職人的な技術だが、気候モデリングの作業効率を向上させるためにも、これを客観的に自動化して行えるようになることが望ましい。これに対してデータ同化によるパラメータ最適化と機械学習を組み合わせた技術の開発が近年提案され注目されている。

（6）その他の課題

• モデリング業界の人材不足、キャリアパス

　モデル開発は気候変動予測技術の根幹をなす研究だが、多大な労力を要する一方で論文成果になりにくい側面もあることから、モデル開発者を志す若手研究者の育成は気候研究コミュニティ全体にとって大きな課題となっている。それと同時に、近年はモデル開発に加えてCMIPなどの国際モデル相互比較への参画とそのための実験データ提供もますます大きなタスクとなってモデル研究者たちにのしかかっている。これらの問題に対処するために、モデル開発や実験実施に関わる科学的部分と技術的部分を科学者と技術者とで分担できる仕組みを作るとともに、気候モデリングに関わる技術的業務を専門的に遂行できる人材を育成することが急務となっている。またこのためには、論文成果を求めない技術的業務でステップアップできるキャリアパスを用意することが必要と考えられている。

2.7

地球システム観測・予測

- **継続的な気候変動予測体制の確立**

　現在の気候変動予測の研究開発および実施は文部科学省による有期プロジェクトに依存しており、必ずしも安定的な体制とは言えない。気候変動予測の社会的重要性に鑑みて、気象庁のような現業機関と大学や国立研究所などの研究機関が適切に分担・連携しながら継続的に取り組む現業と研究の協働体制が重要と認識されている。これにより有能な人材の育成・集積も可能となると期待されている。

- **省庁間連携体制の構築・強化**

　気候変動予測研究は文部科学省、環境省、気象庁に跨る大きなトピックであり、それぞれの省庁の傘下に研究機関が存在している。研究機関の間では、統括する省庁に関係なく強固な協力体制が築かれているのに対し、研究成果の出口を考える際に省庁間の縦割りの構造が障壁になることもある。適応策、緩和策、防災など、気候変動予測に関わる行政機関どうしの連携体制の構築・強化が求められている。

（7）国際比較

国・地域	フェーズ	現状	トレンド	各国の状況、評価の際に参考にした根拠など
日本	基礎研究	◎	→	●東京大学、国立環境研究所、気象庁気象研究所、海洋研究開発機構などでGCMおよびESM開発が取り組まれている。全球雲解像モデルを世界に先駆けて開発した実績では世界をリードしている。いずれの機関でもオリジナルのモデルを開発しており、研究コミュニティの潜在能力は高い。継続的に気候変動予測研究が実施される中、文部科学省「気候変動予測先端研究プログラム」も開始し、社会への情報発信を念頭においた気候科学の基礎研究が着実に進められている。 ●極端気象現象の気候変動との関係性の解明（イベントアトリビューション）や北極域温暖化の中緯度域への影響などにおいて特筆すべき成果を挙げている。
日本	応用研究・開発	○	↗	●防災など適応に関する諸科学分野の研究者や、社会経済分野で温暖化緩和シナリオの開発に取り組む研究者と、気候科学者との連携が盛んになってきており、ESMの成果を適応策・緩和策立案に活用する素地ができつつある。基礎研究と同様、文科省の先端プロや「「富岳」成果創出加速プログラム」、環境省「気候変動影響予測・適応評価の総合的研究」「短寿命気候強制因子による気候変動・環境影響に対応する緩和策推進のための研究」などで資金が拠出されている。 ●国立環境研究所を中心に適応策の立案・実施に向けた情報基盤（A-PLAT）構築や共同研究の模索などが進められている。 ●イベント・アトリビューションを水文学や疫学に応用する分野間連携の取り組みが活発化している。
米国	基礎研究	◎	→	●地球流体力学研究所（GFDL）、米大気研究センター（NCAR）、ローレンスリバモア国立研究所、エネルギー省（DOE）、NASAなど多数の研究機関がGCM・ESM開発に取り組んでおり、複数の機関で全球雲解像モデルの開発も進められている。予算的にも人的にも研究規模は日本よりもはるかに大きく、活発な活動を維持している。 ●NCARやGFDLでは、ESMや季節予測モデルを用いた大規模アンサンブルデータセットを作成する動きが活発であり、多くの成果を挙げている。
米国	応用研究・開発	◎	↗	●NCARに社会経済シナリオ開発部門が設置され、気候科学の成果を取り入れた温暖化抑制シナリオ開発に取り組むなど、ESMによる成果の政策立案への応用が進展している。モデル開発やデータ配信・処理のためのシステム開発も活発。また、エネルギー問題に資する科学研究推進のためにエネルギー省が研究助成を行う気候モデル開発プロジェクトE3SMが進行するなど、システム開発の動きも活発である。2021年の政権交代を機にトレンドは回復傾向。

欧州	基礎研究	◎	→	【EU】 ●EUプロジェクトCRESCENDOには7つのESM開発チームが参加しており、また別のEUプロジェクトPREMAVERAでは高解像度GCMの開発に欧州諸国の研究機関が協力して取り組むなど、欧州全体での層は厚い。Copernicus Climate Change Service（C3S）では、気候科学に関わる多様なデータを収集・蓄積し、解析ツールも備えたデータサーバーを提供している。予算的にも人的にも研究規模は日本よりもはるかに大きく、活発な活動を維持している。 【英国】 ●気象局ハドレーセンターが早くから国内のGCM・ESM開発を一本化して最高レベルのモデルを構築している。気象局と協力する形で国内トップ大学（エクセター大学、レディング大学、イーストアングリア大学）などでもモデルを用いた研究が盛んである。 【ドイツ】 ●マックスプランク研究所（ハンブルグ）で早くからGCM・ESMの開発が行われてきたが、最近は全球雲解像モデルの開発にも力を入れており、その国際相互比較プロジェクト（DYAMOND）でも先導的役割を果たしている。またドイツ航空宇宙センターの研究者がCMIP6仕様策定の中心となるなどこの分野での影響力は大きい。 【フランス】 ●ピエール・サイモン・ラプラス研究所（IPSL）およびフランス気象局（MeteoFrance）でGCM・ESMの開発が行われている。英国と異なり現業機関と大学研究機関それぞれでモデル開発している点は日本と似た状況にある。海洋モデルOPAが欧州全体の共通モデルNEMOとして採用されるなど基礎的な開発能力や科学の水準は高い。 【その他】 ●英独仏以外ではノルウェーやスウェーデンなど北欧諸国やオランダの存在感が高い。ベルゲン大学、スウェーデン気象水文研究所（SMHI）、オランダ王立気象研究所（KNMI）などでGCM・ESMを用いた研究がおこなわれている。
	応用研究・開発	◎	↗	【EU】 ●上記CRESCENDOやPREMAVERAでは社会経済シナリオ開発や温暖化影響評価とESMとの連携も重要な課題となっている。IPCC報告書サイクルで影響評価に関する部分を担う国際プロジェクトISI-MIPにおいても、米国と並び欧州出身の研究者が多数主導的立場で活動している。モデル開発やデータ配信・処理のためのシステム開発も盛んである。 ●上記C3Sは緩和策や適応策の政策決定に資するサービスも提供している。 ●World Weather Attributionは即時的イベント・アトリビューションに力を入れ、メディアへの働きかけがさらに活発になってきている。 【英国】 ●ハドレーセンターが環境・食料・農村地域省（Defra）およびビジネス・エネルギー・産業戦略省（BEIS）の支援を受けて「英国気候予測2018」（UKCP2018）をまとめ、適応策立案に有用な情報の提供を図るなど予測データの応用が活発である。 【ドイツ】 ●ポツダム気候影響研究所（PIK）を1992年に設立し影響評価研究を行うなど、予測データの応用に早くから取り組んでいる。ドイツ気候計算センター（DKRZ）を中心にデータ配信・処理のためのシステム開発も盛んである。 【フランス】 ●仏全国気候変動影響適応計画が2011年に策定され、それに基づいて仏国のモデルによる予測が影響把握に用いられるなど、予測データの応用が進んでいる。 【その他】 ●デンマークで「気候変動適応戦略」が、オランダで「気候変動に対する国家空間適応プログラム」が策定されるなど、適応策の法的後ろ盾の整備が進んでおり、予測データの活用が今後進むと見られている。

2.7

地球システム観測・予測

中国	基礎研究	△	→	●現在、大気物理研究所、第一海洋研究所など中国内で少なくとも8つの研究グループがGCMあるいはESM開発に取り組み、CMIP6にも参画している。現状は主に海外から輸入したモデルを改良・調整して用いているが、潤沢な予算を背景に欧米から中国人科学者を呼び戻して基盤を作りつつあり、近い将来にはオリジナルモデルが増えてくる可能性もある。 ●IPCC WGIの共同議長を出すなど、国家的に気候科学分野のテコ入れを図っており、今後顕著な発展を見せると予想される。
	応用研究・開発	△	↗	●ESMによる成果を活用して緩和策立案に資するという動きには乏しいが、上述の国家的支援の効果が予測データの応用面にも及んでくる可能性は高い。「国家適応気候変動戦略2035」も2021年に策定している。
韓国	基礎研究	△	↗	●韓国気象庁（KMA）では、英国ハドレーセンターが開発した気候モデルをベースにGCM・ESM開発を進める方針になっている。自国でESM開発に取り組むには国内基盤を一層強化する必要があるが、基礎科学研究所（IBS）を2011年に創立し、2017年に気候物理センターを設置するなど力を入れている。
	応用研究・開発	○	→	●2015年に「第2次気候変動影響評価報告」が公表され、様々な分野における影響や脆弱性が評価された。2020年までの適応マスタープランも策定されている。

（註1）「フェーズ」

「基礎研究」：大学・国研などでの基礎研究レベル。

「応用研究・開発」：技術開発（プロトタイプの開発含む）・量産技術のレベル。

（註2）「現状」 ※我が国の現状を基準にした評価ではなく、CRDSの調査・見解による評価。

◎：他国に比べて特に顕著な活動・成果が見えている 　　○：ある程度の顕著な活動・成果が見えている

△：顕著な活動・成果が見えていない 　　×：特筆すべき活動・成果が見えていない

（註3）「トレンド」

↗：上昇傾向、→：現状維持、↘：下降傾向

関連する他の研究開発領域

- 気候変動観測（環境・エネ分野　2.7.1）
- 水循環（水資源・水防災）（環境・エネ分野　2.7.3）
- 生態系・生物多様性の観測・評価・予測（環境・エネ分野　2.7.4）
- 農林水産業における気候変動影響評価・適応（環境・エネ分野　2.8.2）
- 都市環境サステナビリティ（環境・エネ分野　2.8.3）
- 地球環境リモートセンシング（環境・エネ分野　2.10.1）

参考・引用文献

1) 気象庁「気候変動監視レポート2021」気象庁, https://www.data.jma.go.jp/cpdinfo/monitor/, （2022年12月29日アクセス）.

2) V. Masson-Delmotte, et al., eds., *Intergovernmental Panel on Climate Change (IPCC), 2021: Climate Change 2021: The Physical Science Basis. Contribution of Working Group I to the Sixth Assessment Report of the Intergovernmental Panel on Climate Change* (Cambridge and New York: Cambridge University Press, 2021).

3) 気象庁編『地球温暖化予測情報第9巻：IPCCのRCP8.5シナリオを用いた非静力学地域気候モデルによる日本の気候変化予測』（東京：気象庁, 2017）.

2.7
地球システム観測・予測

4）Ryo Mizuta, et al., "Over 5,000 Years of Ensemble Future Climate Simulations by 60-km Global and 20-km Regional Atmospheric Models," *Bulletin of the American Meteorological Society* 98, no. 7（2017）: 1383-1398., https://doi.org/10.1175/BAMS-D-16-0099.1.

5）文部科学省地球環境情報統合プログラム（DIAS）「地球温暖化対策に資するアンサンブル気候予測データベース（database for Policy Decision Making for Future Climate Change: d4PDF）」, https://www.miroc-gcm.jp/d4PDF/,（2022年12月29日アクセス）.

6）環境省他「気候変動の観測・予測及び影響評価統合レポート2018〜日本の気候変動とその影響〜2018年2月」, https://www.env.go.jp/content/900449808.pdf,（2022年12月29日アクセス）.

7）Takuro Michibata, et al., "Prognostic Precipitation in the MIROC6-SPRINTARS GCM: Description and Evaluation Against Satellite Observations," *Journal of Advances in Modeling Earth Systems* 11, no. 3（2019）: 839-860., https://doi.org/10.1029/2018MS001596.

8）M. Satoh, et al., "Nonhydrostatic icosahedral atmospheric model (NICAM) for global cloud resolving simulations," *Journal of Computational Physics* 227, no. 7（2008）: 3486-3514., https://doi.org/10.1016/j.jcp.2007.02.006.

9）Gerald A. Meehl, et al., "Decadal Climate Prediction: An Update from the Trenches," *Bulletin of the American Meteorological Society* 95, no. 2（2014）: 243-267., https://doi.org/10.1175/BAMS-D-12-00241.1.

10）George J. Boer, et al., "The Decadal Climate Prediction Project (DCPP) contribution to CMIP6," *Geoscientific Model Development* 9, no. 10（2016）: 3751-3777., https://doi.org/10.5194/gmd-9-3751-2016.

11）Ben B. B. Booth, et al., "Aerosols implicated as a prime driver of twentieth-century North Atlantic climate variability," *Nature* 484, no. 7393（2012）: 228-232., https://doi.org/10.1038/nature10946.

12）Katinka Bellomo, et al., "Historical forcings as main drivers of the Atlantic multidecadal variability in the CESM large ensemble," *Climate. Dynamics* 50（2018）: 3687-3698., https://doi.org/10.1007/s00382-017-3834-3.

13）World Meteorological Organization (WMO), "WMO Greenhouse Gas Bulletin (GHG Bulletin) - No.16 : The State of Greenhouse Gases in the Atmosphere Based on Global Observations through 2019," WMO, https://library.wmo.int/index.php?lvl=notice_display&id=21795,（2022年12月29日アクセス）.

14）World Meteorological Organization (WMO), et al., "United In Science 2021: A multi-organization high-level compilation of the latest climate science information," WMO, https://library.wmo.int/index.php?lvl=notice_display&id=21946,（2022年12月29日アクセス）.

15）Chris D. Jones, et al., "The Climate Response to Emissions Reductions Due to COVID-19: Initial Results From CovidMIP," *Geophysical Research Letters* 48, no. 8（2021）: e2020GL091883., https://doi.org/10.1029/2020GL091883.

16）Theodore G. Shepherd, "A Common Framework for Approaches to Extreme Event Attribution," *Current Climate Change Reports* 2（2016）: 28-38., https://doi.org/10.1007/s40641-016-0033-y.

17）Theodore G. Shepherd, et al., "Storylines: an alternative approach to representing uncertainty in physical aspects of *climate change*," Climatic Change 151（2018）: 555-571., https://doi.org/10.1007/s10584-018-2317-9.

18）Y. Imada and H. Kawase, "Potential Seasonal Predictability of the Risk of Local Rainfall Extremes

Estimated Using High-Resolution Large Ensemble Simulations," *Geophysical Research Letters* 48, no. 24（2021）: e2021GL096236., https://doi.org/10.1029/2021GL096236.

19）Shunji Kotsuki, Yousuke Sato and Takemasa Miyoshi, "Data Assimilation for Climate Research: Model Parameter Estimation of Large-Scale Condensation Scheme," *JGR Atmospheres* 125, no. 1（2020）: e2019JD031304., https://doi.org/10.1029/2019JD031304.

20）Eric D. Maloney, et al., "Process-Oriented Evaluation of Climate and Weather Forecasting Models," *Bulletin of the American Meteorological Society* 100, no. 9（2019）: 1665-1686., https://doi.org/10.1175/BAMS-D-18-0042.1.

21）A. Gettelman, et al., "Machine Learning the Warm Rain Process," *Journal of Advances in Modeling Earth Systems* 13, no. 2（2021）: e2020MS002268., https://doi.org/10.1029/2020MS002268.

22）Tapio Schneider, et al., "Earth System Modeling 2.0: A Blueprint for Models That Learn From Observations and Targeted High-Resolution Simulations," *Geophysical Research Letters* 44, no. 24（2017）: 12396-12417., https://doi.org/10.1002/2017GL076101.

23）World Weather Attribution, "Reporting extreme weather and climate change: a guide for journalists," https://www.worldweatherattribution.org/reporting-extreme-weather-and-climate-change-a-guide-for-journalists/,（2022年12月29日アクセス）.

24）Bjorn Stevens, et al., "DYAMOND: the DYnamics of the Atmospheric general circulation Modeled On Non-hydrostatic Domains," *Progress in Earth and Planetary Science* 6（2019）: 61., https://doi.org/10.1186/s40645-019-0304-z.

2.7
地球システム観測・予測

※「（7）国際比較」の表作成にあたっては以下の文献も参照した。
●気候変動適応計画のあり方検討会「地球環境部会（第125回）資料 気候変動への適応のあり方について（報告）平成27年1月」環境省, https://www.env.go.jp/council/06earth/y060-125/mat02.pdf,（2022年12月29日アクセス）.
●環境省地球環境局「地球環境部会（第137回）資料 気候変動の影響への適応の最近の動向と今後の課題 平成30年1月10日」環境省, https://www.env.go.jp/press/y060-137/mat02.pdf,（2022年12月29日アクセス）.
●外務省国際協力局「総合資源エネルギー調査会基本政策分科会（第39回会合）資料 気候変動に関する最近の動向 2021年3月」資源エネルギー庁, https://www.enecho.meti.go.jp/committee/council/basic_policy_subcommittee/039/039_006.pdf,（2022年12月29日アクセス）.

2.7.3 水循環（水資源・水防災）

（1）研究開発領域の定義

　水循環の観測・監視や解析・評価、予測に係る研究開発の領域である。水の時間・空間的な分布の動的な偏りから生まれる水資源としての側面と、集中による洪水災害としての側面をともに含める。空間として平面方向は全球から流域圏まで、鉛直方向は対流圏の降水から表層水、地下水までとする。観測・監視は衛星や地上観測、センサネットワーク、同位体分析等を扱う。解析・評価は水循環の自然変動に加え、気候変動に伴う変化、産業化や人口動態などの人間社会の変化が与える水循環への影響も含める。予測は、様々なスケールの水循環モデルや統合モデルの開発を扱う。応用として、ダム洪水調節操作、観測データ連携活用などの水防災への活用についても記述する。基盤的研究を元にした、水資源の持続可能な利用と管理として河川管理支援やデータ配信、デジタル化等の具体的取り組みに加え、ウォーターフットプリント等の概念の提示も含める。

（2）キーワード

　気候変動適応、SDGs、超高解像度水文学、気象水文連携、ダム事前放流、アンサンブル予測、フェーズドアレイ気象レーダー、データ同化、準実時間予測、危機管理型水位計、短時間降雨予測、レーザー分光分析法、同位体分析、地下水枯渇、河川流域統合マネジメント、水循環基本法

（3）研究開発領域の概要

［本領域の意義］

　水は生命維持と健康で文化的な暮らしに不可欠である。産業や食料生産も大量の水消費に支えられている。一方、洪水や渇水は甚大な被害をもたらす。世界では風水害が地震などよりも主要な自然災害であり、日本でも発生頻度や損害保険金の支払額からみて最も深刻な自然災害は風水害である。温室効果ガス（GHGs）排出による気候変化が水循環の変化をもたらし、風水害や干ばつの災害強度や発生頻度増加に影響する。このように水循環とそれにともなう物質循環の測定、理解と予測は豊かで安全な社会の構築に不可欠である。国際的な観点からも、SDGsには水や衛生の利用可能性と持続可能なマネジメントの確保の目標をはじめ、貧困の撲滅、食料安全保障と農業、健康、エネルギー、女性の平等の実現など水と密接に結びついた目標が多く設定されている。水は国際的な戦略物質として利用されつつあり、水資源開発や水の輸出入、水処理など水ビジネスが国際的に拡大している。ESG投資を通して水リスクの概念も、企業経営に急速に浸透している[1]。

［研究開発の動向］

　水循環研究は、主に水文学を中心とした素過程を探求する基礎的研究と、洪水警戒情報の発信やダムの運用などのより人に結びついた応用的研究に粗く分けることができる。さらに、基礎的研究にはリモートセンシングに代表される観測技術関連研究と全球モデルに代表されるような数値計算関連研究とに分けることができる。これらの区別は明確でなく、各分類をまたがる研究も多い。

❶ 水循環に関する観測技術関連研究

　降水の観測技術として、降雨観測用レーダーの開発が進んでいる。現在では電気系統、通信系統の技術開発が進み、ネットワーク化された降水量推定および短時間降雨予測が行われている。人工衛星を用いた観測も活発で、世界初の衛星搭載降雨レーダー（Precipitation Radar：PR）を搭載した熱帯降雨観測衛星（Tropical Rainfall Measuring Mission：TRMM）は、長期運用（1997–2015）により海陸問わず均質な長期降水観測データを提供し、鉛直分布の観測により降水システムの理解を飛躍的に高めた。

その後継機として二周波降水レーダ（Dual-frequency Precipitation Radar：DPR）を搭載した全球降水観測（Global Precipitation Mission）計画主衛星が2014年から運用中である。様々な衛星観測をもとに、JAXAが全球衛星降水マップ（Global Satellite Mapping of Precipitation：GSMaP）を発信している。衛星観測による積雪分布の把握については、可視近赤外センサーによる積雪面積の抽出に加え、受動型マイクロ波センサーによる積雪深・積雪水量の推定も試みられ、降水と同様な全球・長期間をカバーするデータセットが作成・公開されている[2]。地域・流域スケールでは、航空レーザー測量に基づく詳細な積雪分布の把握も試みられている。

河川の観測技術として、河川流量観測法について、低水流量観測では流速計法、高水流量観測では浮子法が古くから実務に利用されてきている。粒子画像流速測定法（Particle Image Velocimetry：PIV）や粒子追跡法（Particle Tracking Velocimetry：PTV）、LSPIV法（Large Scale PIV）、STIV法（Space-Time Image Velocimetry）が実用化されている。3次元流速観測が可能な超音波流速計（Acoustic Doppler Current Profiler：ADCP）も広く用いられている。最近では、河床変動計測と一体となった流量観測手法や電波式流速観測、横断計測の技術開発が進んでいる。また、電波式流速計の風速による影響評価は大きな課題の一つである。TPOに応じた観測手法の適用が進んでいるものの、各手法の不確実性評価、適用判断の基準設計や統計データの連続性等の課題を解決しなければならない。流体力学の数値解法やシミュレーション技術の高度化が進む中、特に河川の実現象の計測、モニタリング技術のさらなる高度化が必要である。

同位体を利用した水循環のモニタリング研究の歴史は古く、世界規模の降水同位体モニタリングが1961年から実施されている。水分子を構成する水素・酸素の安定同位体をトレーサー（追跡子）として用いる手法が降雨流出・地下水流動・蒸発散・大気水循環などの各過程について適用されている。水素や水中溶存炭素・塩素などの放射性同位体も年代測定に用いられている[3]。これらの同位体利用研究により水の起源・流動経路・滞留時間などの情報が実測値にもとづいて得られるようになっている。質量分析法に代わる新たな世界標準としてレーザー分光分析法が普及し、航空機観測や衛星リモートセンシングなどに応用されるとともに、観測値を時空間的に補間して同位体マップを描くアイソスケイプ手法が2000年代以降大きく進展した。沈み込む海洋プレートからの脱水やマグマによる水輸送など、大深度地圏水循環に関する知見も蓄積されつつある。

蒸発散の観測研究の手法として、植物の茎や幹内を流れる樹液流速の測定により、あるいは年輪に含まれる炭素の安定同位体比の情報から、それぞれ森林樹木による単木蒸散量を見積もる安価な技術が普及しつつある。さらに酸素や水素の安定同位体比から、降雨中の雨水の動態を解明する技術が開発されつつある。これらの技術は、森林管理による蒸散量や森林内の水移動の変化を予測する技術を開発する上で、非常に有効な技術である。全体として、より短い時間スケール、より広域を対象とした蒸発散量の評価へ進むとともに、蒸発散の構成成分を蒸散、地面蒸発や遮断蒸発に分ける努力が続けられている。

❷ 水循環に関する数値計算関連研究

降水の数値計算研究として、温暖化に伴う降雪・積雪量の減少や融雪流出の早期化だけでなく、アンサンブル気候予測データベース（database for Policy Decision making for Future climate change：d4PDF）を用い、将来気候のもとでの豪雪の規模や発生頻度の変化に関する検討事例も報告されている[4]。特に全球気候モデル（Global Climate Model：GCM）を用いた研究は急速な発展を続けている。統計的ダウンスケーリングや力学的ダウンスケーリングによる高分解能化技術やバイアス補正の技術の発展が顕著で、従来の地域的な分析から、さらに小さい都市街区規模の範囲の詳細な水文分析が進んだ。複数のGCMや温暖化シナリオ、社会シナリオを組み合わせたデータを用いた分析、予測について、確率手法を用いた不確実性分析を取り込み、将来の経済評価や適応策の検討を行う手法がいまや一般的になってきた[5]。渇水や洪水などの極値分析にとどまらず、水循環が環境や産業に与える将来の影響にまで研究対象を広げ

ている[6]。

　河川の数値計算研究として、降雨から流量を推定する手法は、数値地図情報を用いた分布型物理流出モデルが現在の主流になっている。日本発の無償ソフトウェアiRIC（International River Interface Cooperative、河川の流れ・河床変動解析ソフト）や、RRIモデル（Rainfall–Runoff–Inundation、降雨流出氾濫モデル）、CaMa–Floodモデル（Catchment–based Macro–scale Floodplain、全球河川流下モデル）は、現象解明や予測に関する科学研究のみならず、洪水解析・予測の実務にも応用されている。モデルが対象とする範囲も、これまでの流出モデルが主に対象としてきた流域単位から、全国規模、全球規模に拡大してきた。多地点の観測情報を活用した広域俯瞰的な研究によって、この分野の目標の一つである、観測情報の不十分な河川流域における水文予測（Prediction in Ungauged Basins: PUB）の実現も現実味を帯びてきた。さらに、リアルタイムの水位観測データを利用したデータ同化手法の導入や長時間アンサンブル降水予測の応用研究も進む。

　地下水の数値計算研究として、IIASA（International Institute for Applied Systems Analysis、国際応用システム分析研究所）が地下水を含めた地球規模水循環水資源モデルを開発し、人間活動のデータ、GRACE衛星観測データ等を駆使して、地下水の枯渇化を視覚化している[7]。表流水と地下水を統合したモデルは、水と熱の循環過程をモデル化するとともに、様々なセクターの水利用もモデルに反映することによって、水資源の短期・長期予測にも応用されている。

❸ 洪水災害防止・軽減への応用研究

　応用研究では、近年の水災害の激甚化を背景として、上記の気象・水文予測研究成果を活かした洪水災害の防止・軽減への応用への期待がますます高まっている。例えば、既に述べた洪水予測の精度向上とともに、その気象・水文予測技術を活かしたダム貯水池運用の高度化である。1990年代頃からは初期の人工知能技術を活用したダムのリアルタイム操作支援に関する研究が始まり、2000年代には既存貯留施設の有効活用によって大規模な出水への対応や利水安全性の向上を図るダム貯水池運用の高度化に関する研究が行われてきた。その中で、2019年に政府が設置した「既存ダムの洪水調節機能強化に向けた検討会議」において、「既存ダムの洪水調節機能の強化に向けた基本方針」が策定された。これは近年高度化が進展している降雨予測情報を利用し、治水容量に利水容量の一部を加えて洪水調節に活用できるようにするために、あらかじめ事前放流を行うことによって洪水調節のための空き容量を増大させることにより、約570基の治水ダムはもとより、本来治水目的を有しない約900基の利水ダムも含めた既存ダムの洪水調節機能の強化が目的であり、2020年の出水期から社会実装が始まっている。一方で、ダム操作支援のみならず大河川での洪水予測にとって、中長期（3時間〜数日スケール）降雨予測精度は未だ十分とは言えないため、EUや米国、日本などで提供されている現業アンサンブル気象予報を活用し、洪水予測にも信頼性情報を付与するアンサンブル予報を導入する研究も行われている[8], [9]。急峻な河川が多く、雨水の流出時間が短い傾向にある我が国ではこうしたきめの細かい操作が必要なこともあり、この研究分野では世界をリードしている。

　グリーンインフラについては、各国で多面的に注目されており、洪水防災施策としてはスポンジシティ等の呼称で研究や実装が行われている。

　損害保険企業では洪水、台風など水災害に関する支払いが上位の多くを占めており、水災害リスクのより正確な情報は継続して求められている。

❹ 全球水循環変動推計

　ローカルな洪水や渇水も、本をただせばエルニーニョ南方振動や気候変動などに伴う地球規模の水循環変動によって生じており、その観測と理解、予測技術の向上は国際連合教育科学文化機関（UNESCO）の「国際水文学十年計画」（1965〜1974年）以来の主要テーマである。地球温暖化に伴う気候変動など

の地球環境問題が国際的な課題となった1990年代以降、大気モデルと陸面モデルによる全球水循環変動推計などによる世界の水需給バランス推計や気候変動が水分野を通じて社会に及ぼす影響の推計などにおいて日本が世界をリードしている。

2021年8月に公開されたIPCC第6次評価報告書第1作業部会報告書「気候変動 - 自然科学的根拠」では第8章で、「Water cycle changes（水循環の変化）」が設けられた。第5次評価報告書までの報告でも、水循環に関する内容は記述されていたが、単独の章での水循環は初めてであり、近年の研究成果が反映されている。2022年2月に公開のIPCC第6次評価報告書第2作業部会報告書「影響、適応、脆弱性」では第4章で「Water（水資源）」が設けられているが、こちらは継続して水資源に関する章が設けられている。

（4）注目動向
［新展開・技術トピックス］
❶ 流域治水

気象・水文予測情報などを水災害防止・軽減に応用する研究に関連して、社会的な課題として近年急速に重要性が高まっているのが流域治水の推進である。明治時代以降、西洋技術を導入して河川の洪水を河道から海へできるだけ早く流すとともに連続堤防で氾濫原を守る近代治水が推進されてきたが、近年の豪雨災害の激甚化・広域化と気候変動による更なる降雨外力（ハザード）の増大傾向に直面する中で、堤防・ダムといったハード整備のみでは水災害リスクを十分に軽減できないことが明らかになりつつある。このため、洪水予警報やハザードマップ等のリスク情報充実に基づく避難体制強化や住まい方・まちづくりの工夫などのソフト対策を含めて、ハード・ソフト一体で被害軽減・早期復旧・復興のための対策を多層的に進めようとする「流域治水」が、水防災・減災のみならず気候変動適応のためにも求められている。したがって、既述の洪水予測の精度向上に基づく避難判断支援やダム貯水池における洪水調節操作の高度化の研究[10]に加えて、雨水・流水貯留機能の拡大（例：遊水地、かすみ堤、田んぼダムの効果の定量評価に関する研究[11]）、洪水氾濫の制御、リスク情報に基づく災害に強いまちづくり等の取り組みに関する研究も注目されている。既存の河川・ダムインフラの最大限活用も大きな課題であり、大規模ダムの新設が難しい状況下で、既設ダムの再生と長寿命化に向けた技術開発も行われている。ディープラーニングを含む近年の機械学習の研究が進み、物理的な予測とのハイブリッド手法にも期待が高まる。

❷ 降水に関する観測

近年、水循環分野での雨量観測技術の進展が顕著である。X帯に続き、C帯のレーダーも二重偏波ドップラー化されて雨量推定精度が向上した。インターネットとスマートフォンの普及に伴い、雨量推定、短時間降雨予測、3次元情報の利用、出水予測等の利用が促進されている。レーダー観測において、レーダーの仰角に起因して、レーダーから遠い高強度を計測する際に上空を探知することになるため、地上雨量と異なる降雨強度となる。降雨強度の鉛直方向変化（vertical profile of reflectivity：VPR）[12]を勘案し、推定値を算出する解決策が検討されている。また、3次元で降水システムを測定するフェーズドアレイ気象レーダーが開発されている[13]。30秒で天球内のレーダー反射因子（radar reflectivity factor）をすべて観測できる点が革新的である。レーダーで降水強度を推定し、短時間降雨予測を行う数値計算技術も進展している。スーパーコンピュータ「富岳」を使い、30秒ごとにフェーズドアレイレーダーのデータをデータ同化し、30分先までの局所ゲリラ豪雨を予測するビッグデータ同化手法も開発されており[14]、今後の更なる計算能力の向上などにより30分以上の降雨予測に対しても期待が持てる。

衛星観測ではTRMMの後継ミッションである全球降水観測（Global Precipitation Measurement：GPM）の主衛星に2周波降水レーダーが搭載されたことで、雪や弱い雨も観測可能となった。流量観測においても無人航空機（Unmanned aerial vehicle：UAV）や設置カメラ画像を用いた観測、複数の観測

の様々な組み合わせが試行されている。一方で、情報量が膨大になり、解釈や理解を困難にしている事例もある。

観測データ利用について、河川管理（ダム管理を含む）分野だけでなく、道路や下水道の管理分野への利用研究も行われている。例えば、高性能レーダ雨量計ネットワーク（eXtended RAdar Information Network：XRAIN）のレーダー情報について、豪雪地帯での道路除雪支援[15]や吹雪による交通障害防止[16]への活用、都市域での道路交通情報と組み合わせた豪雨時の冠水等による交通障害検知への実装等が期待される[17]。

❸ モデル開発などを含むDXに関連するトピックス

水循環モデル開発では、ダム貯水池操作や運河導水、用途別取水、用途別水需要を推計するための人間水管理・水利用モデル、地下水の側方方向の流動も含む陸面過程モデルや、水温や貯水池操作を含めて氾濫を考慮可能なグローバル水動態モデルなどが開発され、現時点では日本が世界をややリードしている。水文量の推定値を実用に用いるための応用研究においても進展がみられる。

観測ノイズのため精密な氾濫計算には利用が難しかった全球デジタル標高データの大幅な改良、国際共同による準実時間でのGSMaPの配信など境界条件情報の向上により、精度の良い実時間での全球水循環モニタリングが可能となりつつある。

都市およびその周辺域での大気環境の再現精度は、計算機の能力向上と、空間平均モデルや$k–\varepsilon$モデルなどの乱流計算スキームの向上を背景に、飛躍的に向上しつつある。従来は理想的な条件下でシミュレーションされていたが、現在はより大規模な大気場の再現や、メソ気象モデルとのカップリング、データ同化などが行われ、現実に近づけた大気場でのシミュレーションに技術開発ターゲットがシフトしている。今後の開発課題として、複雑な3次元構造を持つ都市内部のストリートキャニオン（ビル間）における大気乱流や放射伝達など、実際に人間が生活し、往来する場の熱環境、放射環境の再現が課題である。そのためには、新たな乱流スキームや放射スキームがあげられる。人間の生活場としての快適な都市の大気／放射環境を実現するためには、大気場のシミュレーションに加え、大気場に対する人体の生理反応のモデリングが必要となる。

設備管理へのUAVやロボット、AI、IoT、ICT、AR、VR技術などを活用したデジタル・トランスフォーメーション（DX）やそれを通じたインフラ維持管理の効率化の推進等も最近のトピックスである。UAV活用に関して、平常時の河川の維持管理のみならず、豪雨時でも飛行可能な機器の開発を国が進めている。

様々な波長データの分析や複数機のデータ分析のためのソフト開発が進み、高分解能の標高データや地峡面分類データが容易に手に入るようになった。加えてAIによる入力データや誤差の補正が行えるようになり、水循環モデルの精度向上の試みが進んでいる。緑色レーザーによる水中内の情報も手に入れられるようになり、土砂や水質、河床データの取得も発展してきている。

❹ 地下水熱利用ヒートポンプシステム

地下水の恒温性を利用したヒートポンプシステム（地下水熱利用ヒートポンプシステム）が近年注目されている。10 m以深の地中温度は、年間を通じて一定であり、その温度はおおよそ平均気温プラス1℃から3℃である。この特性を利用して、夏には冷熱を使った冷房、冬には温熱を使った暖房が行われている。

❺ そのほか行政の取り組みや企業経営に関するトピックス

我が国で相次ぐ線状降水帯への被害低減を目指し、2021年度補正予算にて257億円が気象庁に配分され、水蒸気等の観測機器の整備や予測モデル高度化など「線状降水帯の予測精度向上等に向けた取組の強化・加速化」が進められている。まだ予測精度はかなり低いものの、社会のニーズに応えるため2022年6月から、気象庁による線状降水帯予測が開始している。

　国際社会におけるトピックとして、2022年4月に熊本市で第4回アジア・太平洋水サミットが開催され、熊本水イニシアチブが発表された。アジア太平洋地域における水を巡る社会課題の解決と持続的な成長への貢献に向けて、我が国の水に関する科学技術や先進技術を生かした質の高いインフラ整備など今後5年で5,000億円規模の支援を行うとしている。

　多雨地域に位置する我が国では近年は洪水災害への対策が中心だが、水資源不足で大河を共有する大陸国では渇水災害、干ばつへの関心も継続して高い。気候変動による水循環の変化が与える影響は各地域ごとに異なるため、IPCC第6次評価報告書においても、各地域での影響が記述されている。欧米が主導するESG投資では水に関する企業評価も見られている。我が国は水分野で多くの国際貢献を行っているが、ESG投資などでの国際社会での議論を主導できていない。水防災、水リスク分野には水害保険企業だけでなく、ビッグデータ活用企業のGoogle社が参入しており、これまでの行政、海外という範疇から、ビジネス、国内にも進展しつつある。水循環のリスク情報の視覚化ツールなどの研究成果を通した産学官協働の推進が重要となる。

［注目すべき国内外のプロジェクト］
■国内

- ・文部科学省「気候変動予測先端研究プログラム」（2022～2026年度、各課題1億円程度/年度予定）
- ・環境省/ERCA 環境研究総合推進費 S–18『気候変動影響予測・適応評価の総合的研究』（2020～2024年度、全体3億以下）
- ・国土交通省 革新的河川技術プロジェクト（2016年～）
- ・内閣府 SIP第2期『国家レジリエンス（防災・減災）の強化』（2018～2022年度、全体25億円予定）
- ・内閣府/JST ムーンショット型研究開発制度　目標8『2050年までに、激甚化しつつある台風や豪雨を制御し極端風水害の脅威から解放された安全安心な社会を実現』（2022年度～、コア研究9～12億/5年度、要素研究5千万円/3年度）
- ・JST COI–NEXT地域共創分野【本格型】「流域治水を核とした復興を起点とする持続社会」（2021～最長2030年、2億円以下/年）
- ・科研費 基盤S「衛星地球観測による新たな全球陸域水動態研究」（2021～2025年度、全体5千万～2億）
- ・科研費 学術変革A「ゆらぎの場としての水循環システムの動態的解明による水共生学の創生（水共生学）」（2021～2025年度、全体5千万～3億）

■国外

- ・国際水文学科学会『万物流転』活動（IAHS：International Association of Hydrological Sciences）"Panta Rhei"（2013～2022年）
- ・温暖化影響評価モデルに関する分野横断型相互比較プロジェクト（ISIMIP：Inter–Sectoral Impact Model Intercomparison Project）（2012年～）地球規模の温暖化の影響評価に関する国際プロジェクト

（5）科学技術的課題
❶ データ同化や推定精度の向上

　降水観測ではフェーズドアレイ気象レーダーなどの高時空間分解能レーダーからの同化による力学的降雨予測手法の計算速度の向上と精度向上が課題である。降雪の推定精度の向上も望まれている。全球の降雨推定において衛星利用が実用化され、TRMM、GPM搭載のレーダは共に精度の高い降水観測を実施するが、時空間的カバー率が極めて低い。GSMaPでは、マイクロ波放射計を利用した観測頻度の向上および長期プロダクトの作成を実現している。今後の課題として、陸上降水および固体降水を対象としたマイ

クロ波放射計降水量推定アルゴリズムの改良、ひまわり8号に代表される第3世代静止気象衛星データの降水量推定への活用、中長期的には静止気象衛星へのマイクロ波センサの搭載、が挙げられる。これらの技術的課題を現象理解および検証[18]も含め包括的、かつ連動性を高めることが極めて重要である。我が国ではJAXAの主導でGSMaPの開発改良・GPM後継機の開発を行っているが、国際競争と国際貢献の観点からも今以上の連動性が求められる。ゲリラ豪雨に見られるような洪水の局所化（鉄砲水など）に対応するため、簡易型水位計の設置が進められた。気象庁が出す河川の危険度分布と並んで中小河川における流量や水位、さらにはその周辺の浸水リスクまでを直接予測する技術の開発が課題である。粒子フィルターなどの同化手法による洪水予測の応用が進んだ[19]ものの主要河川に限られており、多地点の水位観測データを空間分布型のモデルに対して効果的に同化する研究開発も課題である。

❷ 実観測データの不足

水循環において、蒸発散は未知のことが多い。現在、理論、技術ともある程度定常的に蒸発散量を評価出来る体制が整ってきているが、測定に必要な機材が高額なため、研究目的以外では蒸発散量の測定が行われておらず、必要な場所、必要な時に蒸発量のデータが存在しないことが最大の課題である。このため、蒸発量の時空間的な分布や変化については、未解決な問題が残されている。蒸発と密接に関係する様々な現象、例えば、二酸化炭素（CO_2）の吸収・放出、農地の灌漑や水消費、気候変化などを蒸発散とともに取り組む必要がある。

地下水も観測データ不足が研究を妨げている。地下水の観測には、地下水の水位を測定するための井戸が不可欠であるが、限られた場所にしか存在せず、とくに、水源地として重要な山地などでは井戸はきわめて少ない。さらに、地下水の主たる流動場である帯水層や土壌中における物理特性は不均一性が強いため、観測された地下水の水位や帯水層の物理特性のみから地下水の流動方向や流速を理解することには限界がある。そのため、水の同位体などをトレーサーとして適用し、質的に地下水の涵養源、流動経路、流動時間などに関する情報を把握するアプローチ、あるいは数値シミュレーションにより地下水流動を推定するアプローチなども重要であるが、いずれにしろ観測データは必要不可欠である。今後は、様々な地質、地形、気候条件などにおいて、これら異なる複数のアプローチを統合し、地下水流動を把握する取り組みが益々求められる。

地下水の流動とならんで観測データが不足しているのが積雪情報である。受動型マイクロ波センサーによる積雪推定手法は、積雪の面的分布だけでなく積雪量（積雪水量）の把握も可能である一方、空間解像度が低いため地域・流域内の積雪量の把握は困難である。林床積雪や湿雪に対する推定精度の低下などの問題を克服するためには、積雪量推定アルゴリズムの改良や積雪を対象とした陸面データ同化手法の開発などが必要である。さらに、積雪・融雪モデルや衛星アルゴリズムの検証に利用できる地上観測データの不足も当該分野における課題のひとつであり、今後、湿雪地域を含む多様な積雪地域への検証サイト設置と長期データの取得・蓄積が望まれる。

台風は水災害をもたらす重大な気象現象の1つだが、中心気圧などの実観測データが圧倒的に不足している。地球上で発生する熱帯低気圧のうち、約3割もが集中する地域に我が国は位置し、さらに気候変動の影響により台風の強大化確率が高まっている。数km規模の積乱雲による線状降水帯と比較すれば、台風は長期大規模現象であり、予報しやすく水防災指針も立てやすいものの、実観測データ不足による予測不確実性の高さがその妨げとなっている。米国では海洋大気庁NOAA/空軍ハリケーンハンターズ[20]が航空機台風直接観測により、衛星や海洋観測で得られないデータを取得している。我が国でも航空機台風直接観測の基礎研究が行われている[21]が、より継続的な体制となるよう支援の充実が期待される。

多様な水文過程の理解に重要な同位体観測において、レーザー分光分析計の普及は大きなアドバンテージと言え、水蒸気同位体比や同位体フラックスの連続測定と原位置キャリブレーションがほぼ確立されつつある。アイソスケイプ手法についても、全球同位体循環モデル等の活用により高時間分解能のマッピングが

2.7

地球システム観測・予測

期待されており、今後実測値との比較検証によって高度化を図る必要がある。

❸ 水資源利用、水防災活用に重要なダム操作に有効活用するための研究

　水循環研究の重要な目的である水資源利用、水防災活用においてダムの果たす役割は大きい一方で、課題は多い。気象・水文予測情報に基づいたダム事前放流により河川氾濫を緩和する治水防災操作の効果は高いと見込まれている。一方、予測情報の精度が不十分な場合、出水後の水位を十分に回復できないといった利水面でのリスクの増加などが懸念される。気象予測の不確実性を考慮した上での、ロバストな操作方法の開発が課題である。予測精度に関する情報が含まれたアンサンブル気象予測情報の活用が期待されているが、研究事例が不足している。アンサンブル予測に含まれる膨大な情報を、ダム操作に有効活用するための更なる研究が求められる。

❹ 気候変動に関連する水循環研究

　多くのアンサンブルメンバーを持つd4PDFに見られるような数千年のデータセットによって、大規模な確率統計分析が可能となった。特に非定常性についての研究が気候変動研究と同時に進められており、ジャンプやカタストロフィー現象の分析に注目が集まっている。従来、不得手とされていたGCMによる極値の分析や温暖化の寄与を分析するイベント・アトリビューション研究も可能となりつつある。一方、これらを証明するには、長期かつ多地点の実データが必要であり、モデルと観測の両輪が必要である。

　気候変動の影響はほとんどが水を通じて人間社会に悪影響を及ぼしており、気候変動影響の経済的な定量化と、適応策の費用便益、さらには、人間のwell-beingに及ぼす影響を踏まえた最適な緩和策と適応策のバランスを求める研究が喫緊に求められている。

❺ 高解像度化

　世界的IT企業による技術革新等を通じて、水文学における空間解像度が飛躍的に高まっている。これを受けて、全球水文モデリングにおいても、全球1km程度の解像度に向けて着実に研究が進展している[22]。ただし、衛星観測やモデル計算などでは時間空間解像度の向上が見込めるものの、地上観測には同様の飛躍は見られない。地上観測情報を最小限にして高精度の情報を得るための技術、高解像度化した時に無視できなくなる諸要素（人工的な水路など）の取り込みなど、研究対象が変化しつつあり、その潮流に対応していく必要がある。

❻ 超学際研究

　水循環それ自体が分野横断領域であり、これまでに流域統合、地下水を含めた水大循環モデルなどの研究が開拓されてきている。近年、デジタル化の進展に伴う基盤技術の向上やSDGs等の社会の求めを背景に、さらなる異分野連携研究が進行している。情報学と水文学の連携により、水理データの不足をAIにより補う検討がなされている[23]。水防災では激甚化、頻発化する水災害に対して気象学と水文学の連携が一層進展している[24]。人間活動と水循環の相互関係を一体的システムの観点から解析する社会水文学の研究が立ち上がりつつある[25],[26]。専門知見の深化とともに超学際研究に対応する視野が重要となる。

（6）その他の課題

❶ 水文学における23の未解決問題

　国際水文科学会（IAHS）は、2019年に「水文学における23の未解決問題（Twenty-three unsolved problems in hydrology（UPH）- a community perspective）」をまとめた[27]。7つの大枠として、時間変化（Time variability and change）、空間変化と大きさ（space variability and scaling）、極値の変化（variability of extremes）、境界水文学（interfaces in hydrology）、観測とデー

2.7
地球システム観測・予測

タ（measurements and data）、モデル化（modelling methods）、社会との境界（interfaces with society）に区分されている。23項目の全てが日本の水循環研究にも当てはまることであり、今後、これらの問題への資源投入が期待される。

❷ 健全な水循環の維持・回復のための流域の総合的かつ一体的なマネジメント

　日本の水循環研究は政策的課題の影響を強く受けてきている。水循環基本法（平成26年法律第16号）は、多くの関係機関にまたがる水循環施策を総合的、一体的に推進することを基本的理念としている。2021年には同法の一部改正が行われ、「水循環に関する施策」に「地下水の適正な保全及び利用に関する施策」が含まれることが明記された。その上で内閣官房の水循環政策本部（本部長：内閣総理大臣）では、水循環基本法に基づき、政府が水循環に関して講じた施策を、通称「水循環白書」にまとめ、毎年国会に報告している。この白書で、科学技術振興の観点からは、①流域の水循環、②地下水、③水の有効利用、④水環境、⑤全球観測の活用及び⑥気候変動の水循環への影響に関して取り組まれたさまざまな調査研究プロジェクトの概要と成果が報告されている。健全な水循環の維持・回復のための流域の総合的かつ一体的なマネジメントを推進するために、関係する行政などの公的機関、事業者、団体、住民等が相互に連携して活動するために流域水循環協議会を設置し、流域の保全や管理、施設整備及び活動の基本方針を定めた「流域水循環計画」を策定して共有することになっている。計画の目標や目標達成のために実施すべき施策は、この計画を各地域の流域の関係者が共有し、相互に協力することによって森林、河川、農地、下水道、環境等、水循環に関する各種施策の連携のもと、効果的な課題解決が図られることになる。「水循環」に関するさまざまな活動の評価は「流域水循環計画」を策定し実行していく上で、何に貢献することにつながるのかをひとつのメルクマールにすべきである。

　ここ数年、我が国では水災害が発生しているが、2022年も様々な事故や災害が耳目を集めた。2022年5月に愛知県豊田市を流れる矢作川の明治用水頭首工で起きた大規模な漏水により、工業用水と農業用水の給水が停止し、8月まで使用制限となった。これは多量の水が必要な企業や農業等のユーザー側の観点でも、インフラ老朽化などに伴う給水途絶という水資源リスクが顕在化した象徴的な事故であった。2022年9月には令和4年台風15号の大雨によって、静岡市清水区を流れる興津川の承元寺取水口に流木やがれきなどが流れ込み、6万を超える世帯で生活用水の長期断水が発生した。この2つの事例だけをみても、今後さらに進むインフラ老朽化、気候変動適応などに対して、我が国で流域の総合的かつ一体的なマネジメントの推進を加速する必要性を示したものといえる。

❸ 世界的な水資源不足に対する持続可能性に係わる課題

　上記❷の取り組みは、わが国における健全な水循環を維持・回復に寄与するのみにとどまらない。世界各国がそれぞれの自然・社会条件のもとで抱えている水循環にかかる課題を解決する上で、わが国がこれまで蓄積してきた、また蓄積しつつある知恵と経験を活かして、国際社会の中で応分の役割を果たしていくための基盤形成につながる。さらには、いわゆる「水ビジネス」としてわが国の経済成長の原動力になることも期待される。

　世界的に水資源の不足は深刻であり、灌漑用途などのため枯渇性の地下水の過剰な汲み上げなどの問題が発生しており、持続可能性に係わる課題として注目を集めている。先進国都市部などの生活において直接的に利用した水だけでなく、世界の多くの水資源を利用していることを可視化するため、製品やサービスの提供にどの程度水が使用されたかを示すウォーターフットプリントという概念や、食料や製品の輸出入にあたって、その生産に用いられた水資源をバーチャル・ウォーター（仮想水）として推計する手法などが提案され、欧州を中心に徐々に普及し、ESG投資における企業の評価指標への取り込みが話題となっている。

2.7

地球システム観測・予測

（7）国際比較

国・地域	フェーズ	現状	トレンド	各国の状況、評価の際に参考にした根拠など
日本	基礎研究	◎	→	●レーダーを用いた雨量観測の精度向上が進められている。衛星搭載降水レーダを世界で初めて開発するなど、世界をリードしている。 ●ダム有効活用に関する基礎研究で世界をリードしている。 ●地球規模の水循環や気候変動の影響解析に関する研究が体系的に実施されている。
	応用研究・開発	○	→	●水文モデルの生態、産業、人間活動などへの利用が急速に進んでいる ●ダム有効活用や柔軟運用、連携運用などの研究が世界をリードしている。 ●地方自治体と大学・国研との学官民連携や、気象分野などの異分野と連携により、水防災につなげる水文学分野の応用研究が行われている。 ●広域の中小河川の流出予測の開発が進んでいる。
米国	基礎研究	◎	→	●地球規模の水循環や気候変動の影響解析に関する研究が体系的に実施されている。 ●衛星を利用した全球スケールの基本データの構築で先行し続けている。
	応用研究・開発	◎	↗	●NSFのINSPIREで地球表面水文モデルの開発が急ピッチで進められている。 ●Water CouncilやWater Startなど、行政と大学の企業が連携して事業化する技術開発や研究開発の枠組みが構築され、応用研究や革新的な技術開発が進んでいる。 ●近年のエネルギー、食料、水の持続的な供給への関心の高まりにより、大学や研究機関などが急ピッチでモデル開発などを進めている。
欧州	基礎研究	○	→	●第7次フレームワークプログラム（FP7）からHorizon 2020を通して水の効率的な利用技術のイノベーション促進を図っている。 ●モデル開発やシミュレーション分析においては、ウォーターフットプリントなどの新しい基本概念の提唱と普及には圧倒的な伝統と力がある。灌漑農地分布地図など、独創性と重要性の高いデータを収集・公開するなど分野全体をリードしている。 ●英国でHyporheic帯（伏流帯）（HypoTRAIN）や応用統計水文学などの研究プロジェクトがEUのファンドで行われており、Brexit後の展開に懸念がある。 ●ドイツのハノーバー大学を中心とするグループが、躍進的な進歩を遂げている並列計算技術を生かした、大気乱流シミュレーションモデルの開発を行っている。近年では、実際の都市計画などへの貢献を念頭に、より現実に近い計算設定での大気乱流シミュレーションが可能になりつつある。
	応用研究・開発	◎	→	●Green Blue Cityの研究プロジェクトなど、都市雨水管理とグリーンインフラの応用研究が、多様な利害関係者を含めて展開されており、先駆的な取り組みが実施されている。 ●人間活動を含む全球水文モデルが複数、精力的に開発されている若く才能のある人材も引き続きこの分野に流入している。 ●英国ではUKCIPが洪水のソフト適応策を充実させている。渇水も同様で複数の事例研究、実施を行っている。 ●スイス連邦工科大学チューリッヒ校が大学世界ランキング（ARWU2020）の水資源分野で世界1位で、モデル開発で質の高い成果を出している。 ●オランダのユトレヒト大学、アムステルダム自由大学に傑出した全球モデル分野の若手研究者が集結している。デルフト工科大学が水文環境分野で質の高い研究を行っている。
中国	基礎研究	○	→	●全球スケールの水文研究にあまり関心を持っていないようである。
	応用研究・開発	○	→	●現政権が強力に開発を推進しようとしている雄安新区にかかわる水環境整備、水資源確保、都市洪水対策研究が急激に発展しようとしている。 ●モデル分野には優れた研究者が多く、予算が付けば大きく飛躍するポテンシャルは秘めている。

韓国	基礎研究	△	→	●全球スケールのモデルにほとんど関心を持っていない様子である。
	応用研究・開発	△	→	●研究者の絶対数が日本よりもさらに少なく、複数の分野を1人の研究者が担わざるを得ない状況である。

（註1）「フェーズ」

　　「基礎研究」：大学・国研などでの基礎研究レベル。

　　「応用研究・開発」：技術開発（プロトタイプの開発含む）・量産技術のレベル。

（註2）「現状」　※我が国の現状を基準にした評価ではなく、CRDSの調査・見解による評価。

　　◎：他国に比べて特に顕著な活動・成果が見えている　　　○：ある程度の顕著な活動・成果が見えている

　　△：顕著な活動・成果が見えていない　　　　　　　　　　×：特筆すべき活動・成果が見えていない

（註3）「トレンド」

　　↗：上昇傾向、→：現状維持、↘：下降傾向

関連する他の研究開発領域

・水力発電・海洋発電　（環境・エネ分野　2.1.6）

・気候変動予測　（環境・エネ分野　2.7.2）

・農林水産業における気候変動影響評価・適応　（環境・エネ分野　2.8.2）

・都市環境サステナビリティ　（環境・エネ分野　2.8.3）

・水利用・水処理　（環境・エネ分野　2.9.1）

・持続可能な土壌環境　（環境・エネ分野　2.9.3）

・地球環境リモートセンシング　（環境・エネ分野　2.10.1）

・社会システムアーキテクチャー　（システム・情報分野　2.3.3）

2.7 地球システム観測・予測

参考・引用文献

1）花崎直太「企業の温暖化適応策検討支援を目的とした公開型世界水リスク評価ツールの開発」『地球環境研究センターニュース』30巻7号（2019）：346004.

2）D. K. Hall and G. A. Riggs, "MODIS/Terra Snow Cover Daily L3 Global 500m SIN Grid, Version 6 (2016)," NASA National Snow and Ice Data Center Distributed Active Archive Center, https://doi.org/10.5067/MODIS/MOD10A1.006,（2023年1月31日アクセス）．

3）山中勤『環境同位体による水循環トレーシング』（東京：共立出版, 2020）.

4）Hiroaki Kawase, et al., "Enhancement of heavy daily snowfall in central Japan due to global warming as projected by large ensemble of regional climate simulations," *Climatic Change* 139, no. 2 (2016)：265-278., https://doi.org/10.1007/s10584-016-1781-3.

5）Nurul Fajar Januriyadi, et al., "Evaluation of future flood risk in Asian megacities: a case study of Jakarta," *Hydrological Research Letters* 12, no. 3 (2018)：14-22., https://doi.org/10.3178/hrl.12.14.

6）Kei Nukazawa, et al., "Projection of invertebrate populations in the headwater streams of a temperate catchment under a changing climate," *Science of the Total Environment* 642 (2018)：610-618., https://doi.org/10.1016/j.scitotenv.2018.06.109.

7）和田義英「地球規模の水資源研究の現状と課題」『科学技術未来戦略ワークショップ報告書 環境や社会の変化に伴う水利用リスクの低減と管理』国立研究開発法人科学技術振興機構 研究開発戦略センター（2020）, 14-23., https://www.jst.go.jp/crds/pdf/2019/WR/CRDS-FY2019-WR-04.pdf,（2023年

　　1月31日アクセス）．

8）野原大督「感染症指定医療機関の浸水想定状況と上流ダムの治水機能向上のための事前放流技術」『俯瞰ワークショップ報告書 感染症問題と環境・エネルギー分野に関するエキスパートセミナー』国立研究開発法人科学技術振興機構 研究開発戦略センター（2021）, 93-108., https://www.jst.go.jp/crds/pdf/2020/WR/CRDS-FY2020-WR-08.pdf,（2023年1月31日アクセス）．

9）小池俊雄, 他「発電ダムの洪水調節と発電操作支援システム」『土木学会論文集B1（水工学）』77巻2号（2021）: I_79-I_84., https://doi.org/10.2208/jscejhe.77.2_I_79.

10）Gökçen Uysal, et al., "Real-Time Flood Control by Tree-Based Model Predictive Control Including Forecast Uncertainty: A Case Study Reservoir in Turkey," *Water* 10, no. 3（2018）: 340., https://doi.org/10.3390/w10030340.

11）竹田稔真, 朝岡良浩, 林誠二「田んぼダムの洪水緩和効果による将来的な水害リスク上昇の抑制効果」『水文・水資源学会誌』34巻6号（2021）: 351-366., https://doi.org/10.3178/jjshwr.34.351.

12）大石哲「レーダ水文学の未来」『水文・水資源学会誌』31巻6号（2018）: 545-548., https://doi.org/10.3178/jjshwr.31.545.

13）牛尾知雄「降水をセンシングする技術」『俯瞰ワークショップ報告書 気象・気候研究開発の基盤と最前線に関するエキスパートセミナー』国立研究開発法人科学技術振興機構 研究開発戦略センター（2021）, 131-137., https://www.jst.go.jp/crds/pdf/2021/WR/CRDS-FY2021-WR-06.pdf,（2023年1月31日アクセス）．

14）Takumi Honda, et al., "Development of the Real-Time 30-s-Update Big Data Assimilation System for Convective Rainfall Prediction With a Phased Array Weather Radar: Description and Preliminary Evaluation," *Journal of Advances in Modeling Earth Systems* 14, no. 6（2022）: e2021MS002823., https://doi.org/10.1029/2021MS002823.

15）増田有俊, 他「XRAINを用いた冬期降水量推定精度の向上」『土木学会論文集B1（水工学）』74巻4号（2018）: I_85-I_90., https://doi.org/10.2208/jscejhe.74.I_85.

16）大宮哲, 他「XバンドMPレーダによる地上吹雪の定量的把握の可能性」『雪氷』82巻3号（2020）: 145-156., https://doi.org/10.5331/seppyo.82.3_145.

17）早稲田大学「リアルタイム浸水予測システム（S-uiPS）2022年9月一般公開」https://www.waseda.jp/top/news/83042,（2023年1月31日アクセス）．

18）Toru Terao, et al., "Direct Validation of TRMM/PR Near Surface Rain over the Northeastern Indian Subcontinent Using a Tipping Bucket Raingauge Network," *SOLA* 13（2017）: 157-162., https://doi.org/10.2151/sola.2017-029.

19）辻倉裕喜, 田中耕司, 宮本賢治「水位予測における粒子フィルタ適用上の課題とその対応」『土木学会論文集B1（水工学）』72巻4号（2016）: I_181-I_186., https://doi.org/10.2208/jscejhe.72.I_181.

20）Office of Marine Aviation Operations（OMAO）, "NOAA Hurricane Hunters," https://www.omao.noaa.gov/learn/aircraft-operations/about/hurricane-hunters,（2023年1月31日アクセス）．

21）坪木和久「台風・豪雨の航空機を用いた研究」『俯瞰ワークショップ報告書 気象・気候研究開発の基盤と最前線に関するエキスパートセミナー』国立研究開発法人科学技術振興機構 研究開発戦略センター（2022）, 138-147., https://www.jst.go.jp/crds/pdf/2021/WR/CRDS-FY2021-WR-06.pdf,（2023年1月31日アクセス）．

22）Jean-François Pekel, et al., "High-resolution mapping of global surface water and its long-term changes," *Nature* 540, no. 7633（2016）: 418-422., https://doi.org/10.1038/

2.7

地球システム観測・予測

nature20584.

23）富士通株式会社, 株式会社富士通研究所「過去の少ない雨量・水位データで河川の水位を予測できる AI技術を開発」富士通株式会社, https://pr.fujitsu.com/jp/news/2019/08/16-2.html,（2023年1月31日アクセス）.

24）芳村圭「洪水予測、AI、歴史」『俯瞰ワークショップ報告書 気象・気候研究開発の基盤と最前線に関するエキスパートセミナー』国立研究開発法人科学技術振興機構 研究開発戦略センター（2022）, 171-180., https://www.jst.go.jp/crds/pdf/2021/WR/CRDS-FY2021-WR-06.pdf,（2023年1月31日アクセス）.

25）Yoshihide Wada, et al., "Human-water interface in hydrological modelling: current status and future directions," *Hydrology and Earth System Science* 21, no. 8（2017）: 4169-4193., https://doi.org/10.5194/hess-21-4169-2017.

26）中村晋一郎「社会水文学の世界的動向と日本での展開の可能性」『水文・水資源学会2019年度研究発表会』（東京: 水文・水資源学会, 2019）, 88-89., https://doi.org/10.11520/jshwr.32.0_88.

27）Günter Blöschl, et al., "Twenty-three unsolved problems in hydrology (UPH) - a community perspective," *Hydrological Science Journal* 64, no. 10（2019）: 1141-1158., https://doi.org/10.1080/02626667.2019.1620507.

2.7

地球システム観測・予測

2.7.4 生態系・生物多様性の観測・評価・予測

（1）研究開発領域の定義

本研究開発領域では、陸域、陸水域、海域における生態系や生物多様性の地理的・空間的な分布、時間的な変動を複合的なスケールから観測、評価、予測するための研究開発を対象とする。具体的には衛星観測や航空機観測等から得られた画像データの解析、データロガーや音声データ等を使った行動追跡、環境DNAを用いた分子生物学的分析等が含まれる。また実地での大規模・長期観測や、データ蓄積・配信システムとしてのデータベース構築等の動向も扱う。さらにそれらを駆使しての生態系や生物多様性の形成・維持機構の解明や将来予測モデルの開発、気候変動や土地改変による影響の予測・評価も対象に含む。

（2）キーワード

自然資本、生物多様性、生態系機能、生態系サービス、生態系モニタリング、自然を活用した解決策（Nature-based Solutions：NbS）、統計モデル、リモートセンシング、オープンデータ、ビッグデータ

（3）研究開発領域の概要

［本領域の意義］

気候変動等の社会と環境双方に関わる諸課題の解決に生態系や生物多様性の活用等を通じて取り組む「自然を活用した解決策（NbS）」（「自然を基盤とした解決策」や「自然に根ざした解決策」などと訳される場合もある）が、近年、国内外で推進されている。NbSは費用対効果が高いアプローチと言われることも多く、政策や経済の枠組みでも重視されつつある。NbSの実現（立案や実施、進捗把握など）には生態系および生物多様性の観測が不可欠となるが、研究者自身が行う地上観測から国による衛星観測などリモートセンシングまで、あるいはそれらから得られるデータの統合や公開が、産学官をまたいだ国際的な連携によって進められている。

生態系や生物多様性に関する研究開発は野生生物や自然環境の保護、保全の観点だけではなく、システムとしての生態系の仕組みの理解や、システムの安定性および生物多様性が維持される要因の解明も目的となっている。研究成果は学術的理解の深化だけではなく、環境悪化の予測や防止、生態系の保全、環境の修復や再生、気候変動の緩和・適応などにも貢献する。ゆえに本領域は単に生物多様性の現状を知りその将来を予測することに留まらず、多様な領域の研究課題、社会課題に波及する学際的な意義を持つ領域である。最近は生物多様性に関する研究開発に対して国際社会や経済セクターからの関心が急速に高まっており、更なる発展が期待されている。生物多様性の危機は気候危機と並ぶ大きな環境問題であるとともに感染症の問題とも深く関わる。

［研究開発の動向］

（研究開発を取り巻く社会の動向）

国連の持続可能な開発目標（SDGs）や生物多様性条約（CBD）に代表されるように、生物多様性の保全と持続可能な利用の必要性は国際社会に広く浸透しつつある。2022年8月のNatureでは生態学の重要性を再強調する特集号が公表された[1]。その巻頭では「気候変動の課題を克服できるチャンスはそれほど大きくはないが、自然環境の観測モニタリングを怠るとその可能性はさらに小さくなる」と強調されている[1]。国内外の政策や経済の枠組みで近年重視されている「自然を活用した解決策（NbS）」も観測なしには実施困難である[2],[3],[4]。国家管轄権外区域の海洋生物多様性、遺伝資源の取得の機会及びその利用から生ずる利益の公正かつ衡平な配分、越境汚染などに関する外交や国家間交渉においても生物多様性に関する科学的知見は重要な要素となっている。2021～2030年は「国連生態系修復の10年」と位置付けられ、国連環境計画（UNEP）と国連食糧農業機関（FAO）が主体となり、劣化または破壊された生態系を回復する取組みの促

進に取り組んでいる。

　生物多様性の課題は金融界や産業界でも一層注目されている。近年特筆すべきは2021年にケンブリッジ大学のダスグプタ名誉教授がとりまとめ、英国財務省が発表した「生物多様性の経済学（ダスグプタ・レビュー）」である[5]。この報告書は2021年のG7サミットなど国際的な政策議論でも繰り返し引用されており、「2030年までに生物多様性の減少傾向を食い止め、回復に向かわせる」との「ネイチャーポジティブ宣言」の発出につながった。また、同時期には「自然関連財務情報開示タスクフォース（TNFD）」が気候関連財務情報開示タスクフォース（TCFD）に続く枠組みとして発足した。TNFDは、企業や金融機関が自然資本および生物多様性に関するリスクや機会を適切に評価し、開示するための枠組みの構築の必要性を求めるイニシアチブである。自然関連リスクに関する情報開示枠組みを基にネイチャーポジティブの実現を目指している。2022年にはTNFD枠組みのベータ版が公開され、多様なステークホルダーとの開かれた議論プロセスが進められている。これらを踏まえたバージョン1.0は2023年9月に公開予定である。この他、カーボンクレジットに準拠した生物多様性クレジットの議論も以前から行われている。こうした動きを受けて今後は科学的側面からの生態系・生物多様性の観測と実証へのニーズはますます高まると見られている。

　CBDの第15回締約国会議（COP15）は世界的なパンデミックにより度々延期されてきたものの、2022年12月にカナダ・モントリオールにて開催された会合にて、2030年までの目標を定める「昆明・モントリオール生物多様性枠組」等が採択された。同枠組では、2030年までに陸と海の30％以上を生物多様性の観点から保護・保全する「30by30」等の主要目標が定められた。一般的に目標設定の国際的議論では単一数値目標が求められがちだが、生物多様性の議論は包括的なものが必要とされる[6]。課題を単純化させすぎず、同時に、社会や経済の枠組みでより分かりやすく、伝わりやすい国際的な目標の掲示が求められている[7]。定量的な生態系・生物多様性の観測・評価・予測は、今回定められた2030年ターゲットの状況評価や2050年ゴールに向けての軌道修正などに必須とされている[7]。

（近年の研究開発動向）

　生物多様性の現状把握と将来予測に関わる研究開発は地域から国際レベルまで活発に進められている。DNAデータの活用や3次元スキャニングなど地上観測の手法やツールがより多様化するとともに、衛星やドローンなどの無人航空機（UAV）などによるリモートセンシングの発展も著しい[8]。これらを用いて遺伝子から生態系レベルまでの生態系・生物多様性のモニタリングが進められている。生物種の分布と変動を予測するための統計モデルや機械学習などのツールも発展しており、種分化や進化を含めた生物多様性の形成や維持に関わるプロセスを探る理論と実証研究も着実に進展している。具体事例を以下に挙げる。

　地上観測の技術ではドローン活用が広がっている。国家安全保障上の問題もあり航空法の改定など利用制限の枠組みも普及と同時に進められているが、それにも関わらず、ドローンによる調査手法の確立等によって活用が進んでいる。水中では無人水中探査機（ROV）の活用に加えて音響を使った観測技術の向上も見られる。バイオロギング・テレメトリー技術も進展しており、生物の個体群動態追跡や炭素等の物質循環への影響評価などにますます活用されている[9]。また、生物に関するウェブ上の百科事典である「Encyclopedia of Life（EoL）」の拡充や、DNAバーコーディング技術のためのライブラリ構築を行う「International Barcode of Life Project（iBOL）」も進んでいる。近年のゲノム科学の進展に伴い、それらを活用した生物間の相互作用や環境変化の影響把握、あるいは生物分布の把握も進められている[10]。

　地球環境に関する衛星観測データの公開・活用に関しては、以前から活用されているものとしてランドサット衛星のデータ（1972年より運用）の無料公開がある。より解像度の高いものにはセンチネル−2の衛星画像データがある。可視・赤外域の放射計測については米国航空宇宙局（NASA）の地球観測衛星Terra/Aquaに搭載されている光学センサMODIS（中分解能撮像分光放射計）が2001年から運用されている。近年の特筆すべき動向はNASAとメリーランド大学による生態系観測ミッション（GEDI）である。国際宇宙ステーションからレーザー測量（LiDAR）を行うことで森林による炭素隔離と蓄積の推定精度を向上させるこ

とを目的としており、2020年1月に最初のデータが公開された。またこうした衛星観測データを一括してクラウド上で解析するツールの普及も進んでいる。Google Earth Engineが顕著だが、国内ではTellusなど国産のクラウドも推進されている。そこでは例えば毎年の季節ごとの正規化植生指数（NDVI）を全球で一括して計算することが可能になっており、地域から全球スケールまでの生態系の変化の把握に貢献している。マイクロソフト社も2017年からAI for Earthプロジェクトを推進し、深層学習を活用した衛星画像データからの土地利用変化の評価・予測、写真データからの生物種同定、カメラトラップデータの解析など、生態系と生物多様性の観測・評価に関するクラウドサービスを提供してきた。

生態系・生物多様性の予測のためのモデルに関しては、GBIFなどの生物分布情報と環境データを用いて各生物種の地理的分布予測を行う「生態ニッチモデリング（あるいは種分布モデリング）」では統計モデルが幅広く使われているが、ランダムフォレストやニューラルネットワークなどの機械学習を利用したモデルも利用されている。機械学習ツールの普及は著しく、観測、モニタリングを通じて蓄積されてきたビッグデータの活用に生かされている。海洋では陸域と同様の分布モデリングの結果が魚類情報データベースFishBaseや魚群探知機Aquamap等で取り上げられている他、海洋生態系モデルとして良く知られているEcopathやAtlantisでも利用されつつある。統計モデルについては状態空間モデルを含む階層ベイズモデルなど確率分布や非線形性、不確実性を高度に取り入れた手法の利用が進んできている。この他、近年は地球システム科学分野においても全球スケールの炭素・水循環や気候変動予測の精度向上のために生態系に関する知見がこれまで以上に重視されている。将来予測モデルとシナリオの解析研究に生物多様性の情報がより明示的に組み込まれるようになってきている[11],[12],[13]。

社会的側面の強い研究としては、食料や水、気候の安定、文化・景観などの社会基盤は生物多様性によって支えられることで生態系サービスとして社会に便益をもたらしているという、生物多様性と生態系サービスと人間社会の相互の関係性を実証した事例などが知られている[14]。

（国際的な研究枠組みの状況）

生物多様性の研究は、生物の個体群や群集を対象とした自然史研究に由来する。20世紀前半には個体群動態についての数理的な基盤が生まれ、その後も個体群や群集の安定性に関する理論研究や、島嶼生物地理学的研究が行われてきた。1960年代以降、経済発展と人口増加に伴う環境破壊や汚染、土地改変が進展するにつれ、自然環境を理解することに対する社会的な関心が国内外を問わず高まってきた。1986年には国際科学会議が「地球圏−生物圏国際協同研究計画（IGBP）」の実施を決定した。IGBPの目標は「今後100年間における地球の状況を知るに必要な情報を集めること」であった。1992年には環境と開発に関する国際連合会議（地球サミット）が開かれ、「気候変動に関する国際連合枠組条約（UNFCCC）」と「生物多様性条約（CBD）」が提起された。IGBPの一連の活動はUNFCCCに関連した「気候変動に関する政府間パネル（IPCC）」、「地球環境変化の人間的側面国際研究計画（IHDP）」、「生物多様性科学国際協同計画（DIVERSITAS）」、「世界気候研究計画（WCRP）」と統合され、現在の「フューチャー・アース」に継承されている。

国際的な生態系モニタリングとしては、1993年に「国際長期生態学研究ネットワーク（ILTER）」が設立され、参加各国・地域（2023年2月時点で39ヶ国、750サイト以上が登録）が長期観測に基づく生態系や生物多様性の変化に関するデータの収集と公開を行うとともに、データ・知見の共有を通じて大陸や地球規模の研究課題への取り組みを促進している。1999年には、生物種に関するデータ収集の国際プロジェクトである「地球規模生物多様性情報機構（GBIF）」が発足した。海洋生物については「国際海洋データ情報交換システム（IODE）」や「海洋生物多様性情報システム（OBIS）」が整備されてきた。これらを通じて観測データや博物館標本情報に基づく生物多様性の空間情報のデータ収集と公開が着実に拡充されてきた。2005年には、気候や気象、生態系等の地球環境の変化を多角的に監視・検出することで持続可能な社会の発展への寄与を目指す「地球観測に関する政府間会合（GEO）」が発足した。GEOは「全球地球観測シス

2.7
地球システム観測・予測

テム（GEOSS）」を推進し、その一環として生物多様性を観測する「生物多様性観測ネットワーク（GEO–BON）」を2008年に発足させ、更に生物多様性を間接的に推定する指標群を提案した[15]。2022年現在、GEO–BONは生態系の変化の「探知」とその「帰属」（駆動要因）の精査を積極的に推奨している。自然環境の変化の探知とその駆動要因の特定はIPCCにおいて頻出するアプローチである。今後の政策や経済の議論を支える上でも必要であり、その実現のために生態系モニタリングの維持とさらなる拡充が必須であるとしている。

（国内動向）

　国際的な取組みへの日本の参加について、先述のIGBPに関しては1990年に日本学術会議が実施勧告を行った。これを受けてIGBPのコアプロジェクトとして「地球変化と陸域生態系研究計画（GCTE）」が計画され、極東から東南アジアにかけた生態系観測の基礎が築かれた。この枠組みは現在も「西太平洋アジア生物多様性研究ネットワーク（DIWPA）」として引き継がれている。また、地球環境問題の解決には大陸・地域レベルの観測および意思決定が重要であるとの認識からGEOの下に地域GEOSSイニシアチブが2017年に構成され、日本はAsia–Oceania GEOSSイニシアチブ（2017～2019年）に参加し主導的な役割を果たした。その後、同イニシアチブはAsia–Oceania GEO（AOGEO、2020年～）となった。その他、国際的な取り組みであるGBIF、OBIS、GEO–BON、ILTER、iBOLに貢献するための日本ノードもそれぞれ設立されている（JBIF、BISMaL、JBON、JaLTER、JBOLI）。GEO–BONに関しては2009年に「アジア太平洋生物多様性観測ネットワーク（APBON）」も設立され、域内の各国研究者や機関、およびGEO–BONとの連携の下に推進されている[16]。なおAPBONはAOGEOのタスクグループの1つでもある。

　観測データの収集・蓄積に関しては、環境省の「モニタリングサイト1000」や「日本長期生態学研究ネットワーク（JaLTER）」等の枠組みを通じた生態系・生物多様性モニタリングおよびそのデータ公開や、林野庁実施の「森林生態系多様性基礎調査」などを通じて進められている。個別の研究機関や学会による取り組みもある。遺伝子情報のデータベースの整理も進んでいる。例えば国立遺伝学研究所が管理およびデータ公開を行っているDNA塩基配列のデータベース「DNA Data Bank of Japan（DDBJ）」や、微生物に関する多種多様な情報を遺伝子・系統・環境の3つの軸に沿って整理統合したデータベース「MicrobeDB.jp」等がある。環境DNAの活用も急速に普及しており、世界的にも日本は先導的な立ち位置にある[17]。観測データの収集・蓄積を科学的な活動として評価する動きも加速している。例えば日本生態学会の英文誌Ecological ResearchではData Paperというデータ提供に特化した学術論文のセクションが追加されている。

　評価や予測の分野の研究では、気候変動による陸面植生の変化や、その結果起こる大気・陸との相互作用の変化などをシミュレーションする動的全球植生モデル（SEIB–DGVM）の開発が進みつつある。状態空間モデルや機械学習を利用した生態系評価も行われており、既存データの拡充と利用の双方が望まれている。気候分野におけるモデリングやシナリオ解析に比して生物多様性分野は日本は主導的な立場をとっているとは言い難い。しかしモデルの生理生態学的側面、理論的側面を支えてきた基礎科学における長年にわたる日本の功績は無視できず、今後の基礎と応用での研究開発の発展が望まれている。

　研究を取り巻く政策的な動きとしては、第6期科学技術・イノベーション基本計画において生物多様性の劣化は気候変動やパンデミックと並んだ全世界的課題（グローバル・アジェンダ）であると強調されている。特に気候変動は生物多様性劣化の要因である一方、生物多様性の基盤となる森林生態系等はCO_2吸収源となるなど、相互に緊密に関係していると指摘している。そのため生物多様性保全と気候変動対策のシナジーによるカーボンニュートラルの実現に向けた研究開発を行うことで、吸収源や気候変動への適応における生態系機能の活用等を図ることの重要性が明記された。こうした観点からの研究は実施され始めており、すでに定量的な成果も公開されている[13]。我が国の地球観測の推進においても生態系・生物多様性分野の観測動向がますます注目されている[18]。

　2021年に公表された「生物多様性及び生態系サービスの総合評価（JBO3）」では、日本の生物多様性の「4

2.7

地球システム観測・予測

つの危機」は依然として深刻で、生態系サービスも劣化傾向にあるとされた。これまでの取組により生物多様性の損失速度は緩和の傾向が見られるが、まだ回復の軌道には乗っていないとの結論である。生物多様性の損失を止めて回復軌道に乗せる「ネイチャーポジティブ」に向けた行動として、日本は2030年までに陸域・海域の少なくとも30%を保全・保護することを「G7 2030年自然協約」において宣言した（2021年6月英国開催G7サミット）。この目標達成のため、法制度に基づく保護区ではないが生物多様性保全上重要な地域（Other Effective area-based Conservation Measures：OECM）に対する関心が世界的に高まっており、実効性のあるOECMの管理と設定に取り組む必要があると指摘されている。

（4）注目動向
［新展開・技術トピックス］

- 米NASAとメリーランド大学が生態系観測のミッション（GEDI）を推進している。本ミッションは国際宇宙ステーションからレーザー測量（LiDAR）を行うことで森林による炭素隔離と蓄積の推定精度を向上させることを目的としており、2020年1月に最初のデータが公開された。解像度は粗いものの、データを活用する研究機関や民間企業は年々増加している。

- 局所的なリモートセンシングで、無人航空機（UAV）に代表される小型かつ自律的な観測・計測技術が普及している[19]。地理的に複雑な場所や火山現場など接近困難な場所等における観測など、幅広い用途が検討されている。

- 海洋分野においては技術的にはUAVに相当する無人探査機（AUV）、無人洋上機（ASV）が開発され、海洋保護区でのモニタリング活用も進められている。水中音響技術の蓄積も進み、音響データ合成開口技術や地層データの自動合成などが試みられている。得られたデータの解析では機械学習の活用が広がっている。関連する画像処理技術、例えばStructure from Motion（SfM）のような画像結合技術を研究に取り入れる試みもある。

- データロガー、マイコン、カメラ、レコーダー、測位・情報通信技術の普及により、生物と環境に関する局所スケールでのトラッキングやデータロギングが可能となっている。小型動物や海洋生物についての行動データ、陸上植生の季節性の年変動や地理的分布に関する画像データ、生物・非生物を問わない長期観測データ、移動や分布データ等の収集が進んでいる。

- 機能形質データベースの整備と利用が進んでいる。植物のデータベース「TRY」がよく知られており活用されている[20]。節足動物、サンゴやその他の海生生物などの分類群についても拡充しつつある。

- 画像解析をはじめとするクラウド上での解析ツール・サービスが充実しつつある。グーグル社のGoogle Earth Engine上には衛星画像データがアーカイブされており、高速な処理が全球で一括して実施できることから研究活動にも利用されている。なおグーグル社はフィランソロピー事業としてスイスのチューリッヒ工科大学のチームが進める生態系復元活動データベース「Restor」の運用を技術提供のみならず資金的にも支援している（初期支援額は100万米ドル）。またマイクロソフト社はAI for Earthプロジェクトを通じて衛星画像、写真、動画、現地観察などのデータを機械学習、深層学習などにより解析するクラウドサービスを提供している。同社はGEO-BONと協働して生態系の管理と予測へのAI技術活用も進めている。さらに同社は地球上の自然体系の監視、モデル化、管理の方法を変革するためにAIを活用する個人および組織のプロジェクトに対して助成金の提供も行っている。

- 機械学習や深層学習、状態空間モデル等のベイズ統計、Empirical Dynamic Modelling（EDM）による因果関係推定法などの統計・計算ツールが普及している。Rソフトウェアのパッケージ導入により、これらが容易に利用可能になっている。

- 生態系サービスの評価モデルについても精力的な研究・開発が行われている。生態系サービスの潜在的な供給量の数値化・地図化が可能なモデルが数多く提案されており、GUI操作が可能なソフトウェアも整備されている（InVEST、TESSA、ARIES、LUCIなど）。陸域・海域ともにモデル開発は進展してお

り、世界各地での多様な使用例が報告されている。

- 生態系機能あるいは生態系サービスと生物多様性との間の関係性が、動植物や微生物を含む形で明らかにされつつある[14), 21), 22)]。生物多様性が生態系機能とサービスを支えることによる、生物多様性の資本としての経済価値の評価がなされ始めている[13), 23)]。こうした研究では1990年代から進められてきた大規模な野外操作実験の結果が利用されており、世界中でさらに拡充しつつある[24)]。

- 市民科学の展開も注目されている[25)]。eBirdやiNaturalistは市民科学のプロジェクトであり、ナチュラリスト、市民、そして研究者を対象としたソーシャルネットワーキングサービスである。国内でもBiomeなどのアプリケーションが普及しはじめている。地球上の生物多様性に関する観察記録を共有し、種同定を助け合い、地図上に残すことなどを目指している。近年は、画像データについて、深層学習向けにラベリングされたデータセットの共有や作成、アプリケーションの開発などが行われている。

- 国内では第24期日本学術会議若手アカデミーがシチズンサイエンスに関する「提言」を発出しており[26)]、それを受けて日本放送協会（NHK）がシチズンラボを2021年から開始するなど市民科学に関する社会の関心が高まっている。内閣府が主導するムーンショット型研究開発事業の「資源循環の最適化による農地由来の温室効果ガスの排出削減」プロジェクトでも市民科学プロジェクト「地球冷却微生物を探せ」が進められている。産学連携による取組みも進んでおり、例えばモンベル社と京都大学などによる、河川の水を調べる「森の健康診断」調査がある。大学等研究機関と市民科学の連携としては環境DNAを活用した生物分布情報の収集がますます進んでいる[17)]。環境DNAを利用した生物調査プラットフォームANEMONEなど全国規模の観測体制の構築とデータベース化、データの共有化の動きも見られる。

- 環境DNAデータについてはGBIF/OBISでも登録できるよう拡張がなされ、世界遺産地域での観測や侵入種検知などのプロジェクトが推進されている。メタバーコーディングもさらに普及しつつあり、微生物群集の定量化がさらに容易となった[27)]。機能遺伝子についての探索やデータベース化も進んでいる。

- ビジネスにおける環境の外部不経済の評価、管理、報告に関する統一的な方法の研究などを行う非営利組織「自然資本連合（Natural Capital Coalition）」は2014年に開始した国際的なイニシアチブである。企業の意思決定に自然資本の考え方を組み入れることを目的とし、自然資本会計の世界標準となる枠組み（自然資本プロトコル）を策定している。2020年7月には「自然のためのキャンペーン（Campaign for Nature）」という国際パートナーシップにおいて陸海の保護区を地球表面積の30%まで増やすことで経済発展が見込まれるとの定量評価結果を公表した[28)]。生物多様性と生態系の保全を経済発展と両立させることについては世界経済フォーラムをはじめ経済セクターでの関心が高まっている。

［注目すべき国内外のプロジェクト］

■国内

• 学術変革領域研究（A）「デジタルバイオスフェア：地球環境を守るための統合生物圏科学」（2021年度〜2025年度）

　生物圏の主要機能（森林機能、土壌微生物機能、大気－森林生態系の物質交換機能など）の詳細解明に取り組むとともに、数km規模の高空間分解能かつ日単位以下の時間分解能で生物圏によるCO_2固定量とバイオマス供給量を全球規模で予測する生物圏モデルの構築を目指す。またモデルを使った分析に基づき大気CO_2の吸収固定（緩和）等に関する対策提案も行う。

■国外

• 国際長期生態学研究ネットワーク（ILTER）

　44の国と地域が加盟する国際ネットワーク[29)]。日本は2006年にJaLTERを設立以降、ILTER東アジア太平洋地域ネットワーク（ILTER–EAP）に貢献し続けている。 JaLTERには約30の大学や研究機関等による森林、草原、湖沼・河川、農地、沿岸・海洋などの約60の研究調査サイトが参画している。こうした長期

生態系研究サイトのネットワークを活用した生物多様性や生態系機能に関する多地点メタ解析、長期トレンド解析、全球比較研究が行われており、優れた研究成果が集積してきている[30), 31), 32), 33), 34)]。

- **海洋生態系観測のための国際ネットワーク（Reef Life Survey）**

　海洋生態系においても、サンゴ礁や藻場、プランクトン生態系などを対象に、広域にわたる国際ネットワーク研究が複数展開されている。例えば、Reef Life Surveyは熱帯のサンゴ礁域から温帯の岩礁域の大型動物の種多様性や生物量を市民ダイバーによる科学的調査によりモニタリングするプログラムとしてオーストラリアを中心に始まったプログラムである。現在までに40カ国以上で行われた7,000回以上の膨大な調査結果が集積され、その成果はNature、Science誌を含む多数の国際誌に発表されるとともに、海洋保護区の設計などに応用されている。そのような国際ネットワーク研究の連携を図るため、GEO−BON傘下でMBON（Marine Biodiversity Observation Network）が組織されさまざまな研究推進活動を実施している。

- **湖沼生態系観測のための国際ネットワーク（Global Lake Ecological Observatory Network：GLEON）**

　湖沼の物理環境、水質、生物群集等を対象に、観測ネットワークの構築と湖沼間比較研究を行う国際的なネットワーク。長期モニタリングデータに加えて、センサーで取得された高頻度観測データの共有・比較解析等を行っている。多様性を重視したネットワークであり、学生や若手研究者の支援、観測技術や解析技術の共有等を通じた湖沼研究の底上げを図っている。数多くの研究プロジェクトが同時に進められており、それらの成果はNature[35)]を含む国際誌にて数多く発表されている。

- **研究施設のネットワーク化と活用促進（Aquacosmプロジェクト）**

　欧州では生態系や生物多様性に対する温暖化の影響に関する研究を一層推進するために、EU圏内のみならず圏外のユーザ研究者に対しても既存実験施設を利用可能にし、研究資金も支援している。「Aquacosm」プロジェクトではEU圏内にある水圏生物を対象とした操作実験可能な海洋・湖沼の隔離水界施設をネットワーク化し、一括した利用公募を行っている。そこでは20%をEU圏外の研究者による利用とすることで研究者間の機会公平と国際的な研究推進も促している。

- **生態系研究インフラの構築・活用による観測およびデータ供出**

　主要国では国の支援による生態系研究インフラがある。生態系研究インフラとは、陸上生態系の機能と動態、あるいは気候変動による影響などに関して、地上での観測からデータ品質管理、一次分析、知見供出やデータ公開までを担う研究開発・情報公開機関を指す。現時点では米国NEON、中国CERN、豪州TERN、欧州ICOSが知られている。加えて欧州ではHorizon2020の一貫として欧州LTER（eLTER）開発プロジェクトも2020年に開始した。また2020年にはこれらの生態系研究インフラが連携して協調的に観測・データ供出を推進することを目的にGlobal Ecosystem Research Infrastructure（GERI）が締結された[36)]。

　米国のNEONに対しては10年間で4.3億ドル（約460億円）という巨額の予算がNSFを通じて投じられることが2011年に承認された。その後、予算調達等の問題により一時的に停滞していたが、2019年に全米81か所に観測サイトが設置された。現在、気候変動や土地利用変化、生物季節、生物多様性の変化などのデータが収集されリアルタイムで公開されている。

　気候変動や人間活動による環境変化が生態系・生物多様性に及ぼす影響の的確な監視と、データや知見のタイムリーな供出のニーズが高まっている。これに応えるため生態系研究インフラを拠点とした地上観測と衛星観測の結合、データの一元的集約からの知見創出、予測モデルへの連結を実現する体制構築が喫緊の課題とされている。

- **データ統合・理論研究のためのワークショップ**

　米国の国立生態学解析統合センター（NCEAS）やドイツの統合生物多様性研究センター（iDiv）では、世界中の実証研究や実験研究のデータを統合し解析する理論研究のためのワークショップを頻繁に開催している。世界中から集まる参加者の旅費を開催者側が負担する代わりに、その成果を統合研究としてNatureやScienceなどの影響力が大きい学術誌に公表する仕組みを構築している。

- **長期広域の観測に基づく生物多様性の評価と予測（PREDICTSおよびBIOTIME）**

　PREDICTSとBIOTIMEはいずれも長期広域の観測に基づく生物多様性の評価と予測のための国際プロジェクトで、英国の大学等研究機関が中心となって実施されている。NatureやScienceをはじめとする学術誌に定期的に成果が出されている[37], [38]。PREDICTSは世界中の陸域生物の分布情報を集約している。土地改変が生物多様性に及ぼす影響についての研究などが行われている[38]。BIOTIMEは世界中から生物多様性の時系列変化のデータを集め、解析を行っている[37]。なおPREDICTSやBIOTIMEは種レベルでのデータ蓄積を行っているが地域や分類群には依然として偏りがある。

- **生態系修復のプラットフォーム（Restor）**

　スイスのチューリッヒ工科大学のグループが2019年にScienceで公表した研究は、後に計算間違い、過剰評価、社会的不合理性などにより大幅な誤りを著者らが認めたものの、世界中の植林可能地域で樹木植栽を行うことによる炭素吸収が、大気中の温室効果ガスを大幅削減する可能性を指摘した[39]。この研究には多くの批判が寄せられた[40], [41], [42], [43]が、世界経済フォーラム主導の1兆本の植樹キャンペーンにつながるなど科学だけではなく政策やビジネスにも大きな影響を与えた。またその後、グーグル社が同グループに技術と資金提供をし、地域の生物多様性、潜在的な植生と土壌の炭素量、土地被覆などのデータが表示されるプラットフォーム「Restor」のウェブ上での公開を支援した（Google Map上にデータが表示公開される）。2022年9月現在、世界中の約13万か所の情報が掲載されており、5言語でアクセス可能となっている。このプロジェクトは国連の「生態系修復の10年」の実現に向け、科学研究だけではなく実務者支援も目的としている。

- **土地改変による生物多様性と生態系サービスへの影響評価（Biodiversity Exploratories）**

　Biodiversity Exploratoriesはドイツで進行中の大型研究プロジェクトであり、土地改変が生物多様性と生態系サービスに与える影響の評価に取り組んでいる。ドイツ3地域を対象に、1,000以上の調査区を設け、動植物や微生物についてのデータを収集している。300名以上の研究者やスタッフが関わっており、個別に40以上のプロジェクトが進行している。Nature[44], [45]をはじめ、研究成果が影響力の高い学術誌に続々公表されている。

- **大規模操作実験**

　大規模な生物多様性操作試験からインパクトの大きい研究成果が報告されている。例えば中国においてBEF–China（Biodiversity–Ecosystem Functioning Experiment China）という研究プラットフォームが2008年から設置されている。BEF–Chinaには30m×30mの比較研究プロットが27と、約20 haの広さの試験地が2つある（試験地の中には合計566の試験プロット）。これらを使って非常に大規模な樹木多様性の操作試験が行われ、森林の樹木多様性がどのように一次生産性や炭素隔離の機能を支えているかの理論的解釈が進んできた。これらの成果はScienceをはじめ影響力の高い学術誌で成果公表が続いている[46], [47], [48]。なおBEF–Chinaには欧州（ドイツ研究振興協会、スイス国立科学財団）からの資金援助もあるが、中国国家自然科学基金や中国科学院からも助成を受けており現在は独立しつつある。

　大陸をまたいだ生物多様性の野外操作実験も盛んに行われている。IDENTと呼ばれるプロジェクトでは同一の樹種の組み合わせで北米と欧州の各地に樹木多様性試験地を設けている[49]。ミネソタ大学を中心とする

Nutrient Networkでは、統一プロトコルに基づく栄養塩添加実験が世界中で実施されており、着実にNatureやScienceなどで論文公表が続いている[50), 51), 52), 53), 54)]。

地球上の生態系－気候系の炭素動態を大きく規定する樹木枯死材の分解過程を精査するための大規模な実験が世界各国をまたいで実施され、その成果は近年Nature[55)]やScience[56)]などで公表されている。なおこれらの研究には日本からの参加も認められるものの主導的な立場ではない。

（5）科学技術的課題

• データ蓄積、データ基盤整備

公開データの利用拡大を進めるためにデータベースの更なる量的・質的向上が課題となっている。既存のデータベースには衛星画像、生物種の在不在、現存量、DNA情報など多様な情報が蓄積されているが、種同定の精度や現存量の測定精度など基本的な品質管理が十分ではない。DNA情報等が得られても種同定に誤りがあれば誤情報を持つデータベースが構築されてしまうという点が懸念されている。また特定のプライマーではDNAバーコーディングが困難な生物分類群も多く、他分類群への拡張にも課題がある。

量的にも、機能形質や機能遺伝子などのデータベースの一層の拡充が期待されているが、現在、国内外で蓄積されているデータベースの多くは分類群や地域に偏りがある。例えば細菌などごく一部の分類群では蓄積が進みつつあるが、動植物では全般的に不足している。機能形質に関するデータが塩基配列や種分布のデータだけという状況も不十分とされている。これらを踏まえた形で生物種の分布情報や現存量、遺伝配列情報のさらなる蓄積を時間的にも空間的にも幅広く進める必要がある。

データの流通や共通化、解析技術の共有などデータシェアの基盤となるプラットフォームの整備が進んでいない。また、データの取得や整理、品質管理についての自動化、種分布やゲノム情報のビッグデータの収集・解析のためのインフォマティクス技術の普及や技術者育成などがビッグデータサイエンスへの期待やニーズの高まりに追い付いていない。

• DNA情報や安定同位体を用いた解析技術

環境DNAの普及は目覚ましいものの、種の在不在を確認するだけではなく、存在する種の個体数やバイオマス、個体群の遺伝的特性なども把握できる技術へと進化させることが課題となっている。異なる栄養段階にある分類群の「食う・食われる」の関係性やネットワーク構造も含めた網羅的把握に向けた安定同位体やDNA情報や画像解析等を組み合わせた技術の開発も課題になっている。

• 生物多様性を評価する指標の開発

種数以外の指標に基づいて生物多様性の時間的・空間的な分布を評価するための新たな指標の開発が求められている。GEO–BONではEssential Biodiversity Variablesが提唱されている[15)]。また、これを応用したEssential Ecosystem Services Variablesの検討も進んでいる[57)]。海洋分野では全球海洋観測システム（GOOS）からEssential Ocean Variablesが提唱されており、この中には海洋生物多様性にかかる変数も含まれる[58)]。気候変動分野では全球気候観測システム（GCOS）からEssential Climate Variablesが提唱されている。これには生態系の構造・機能に関する変数が含まれており、地上観測コミュニティとの連携が課題とされている[59)]。なおこれら国際レベルで提唱されている指標は必ずしも地域をまたいで網羅的に評価されていないことが繰り返し強調されている。また機能的・系統的多様性といった別の指標は必ずしも種数の傾向と一致せず[60)]、それゆえ各種指標の時空間分布に関してバイオームをまたいで網羅的に把握する必要があると考えられている。特に土壌や深海など、調査研究が困難な対象システムに関してはより実効性のある世界的な観測と予測の枠組みの構築が必要とされている[61)]。

世界的に最も活用されている指標としてRed List Index（RLI）とLiving Planet Index（LPI）がある。前者は、国際自然保護連合（IUCN）による生物種の絶滅危惧評価である。後者は、世界自然保護基金

（WWF）の評価による。LPIは国によっては対象種が少なく、限られたわずかな種の情報に依存しがちであり、不確かさを覚える研究者も多いが、その反面、世界的に影響力のある評価論文の根拠となっていることも多い。たとえば2020年にNatureで公表された論文[62]には非常に多くの反対意見論文が追従した[63]。このように行政や産業界からのニーズが高まる一方で、生物多様性の状況評価の方法、指標化については研究の余地が残されている。

● 生態系サービスの評価・予測

生態系サービスの定義、ならびに現状評価や将来予測のモデリング方法に関する研究開発も必要とされている。「仮想的市場評価法」などの経済学的アプローチや「自然資本プロジェクト（Natural Capital Project）」が提供するInVESTの活用事例が知られているものの、統一化した手法は未だ確立されていない。資本としての自然がどれだけあるかだけではなく、生物による環境改変や生物間相互作用などの生態系プロセスを含めて、それらから生じる生態系機能とサービスの経済評価が求められている。

花粉媒介のような栄養段階をまたぐ生態系サービスや、社会的な状況に大きく影響を受ける文化的サービスなどの変動を予測することは技術的に難しいとされている。特にこれらのサービスに関する定量的な情報をアーカイブする共通のフォーマットやデータベースが存在しないことも国際比較を困難にしている。また生物種の分布予測モデル（ニッチモデリング）のような確立した手法が生態系サービスの地図化や広域評価には存在しないため、観測データを政策決定に利用できるモデルの開発が課題とされている。

● 大規模野外操作実験

湖沼や流域といった空間スケールで、システムをまるごと操作対象とする大規模長期試験は、海外では先行事例が多く見られる。例えばBEF-Chinaは流域スケールで樹木多様性操作を行い生態系機能への帰結を評価している[48]。Aquacosmのような環境操作実験施設は、生態系モデルの検証や複雑な相互作用の抽出など、観察だけでは得られない情報を担保する。このような生態系や生物多様性を対象とした操作試験は短期的な成果を得られるものではないが、動的かつ非平衡システムとしての生態系の挙動を予測するために極めて有効な手段と考えられている。環境変動が著しい昨今、複雑系を扱うための基礎情報を集める位置づけとしても大規模操作試験の役割は大きくなると考えられている。

● 政策のための科学

科学的知見や各種技術を国内施策（生態系管理、自然再生、災害対応等）への反映や国際的なプレゼンスの維持、あるいは国際的な枠組み（CBD、IPBES、IPCC、GEO、Future Earth等）への貢献などに繋げていくための持続的な仕組みの構築が必要と認識されている。そのためには気候変動対策をはじめとする各種施策とのトレードオフやシナジーの検討（再生可能エネルギー適地と多様性保全地域のバランス等）や、多様な地球観測データを用いた課題解決のユースケースの蓄積と共有、さらに民間企業や市民を巻き込んだ研究開発の実施や意識の醸成等も必要となる。

● 生態系・生物多様性と感染症の関係性

生態系・生物多様性の損失や森林の分断化などと新たな感染症の起きやすさとの間の関係性について、科学的データや知見の充実が必要とされている。そこでは特に東アジア・東南アジアの研究コミュニティ（例えばAPBON、ILTER-EAP）との連携が必須であり、国際共同研究の枠組みが必要となる。生物多様性条約（CBD）事務局が2020年に公表した「地球規模生物多様性概況第5版（GBO5）」は生物多様性の損失を低減し回復させるために鍵となる分野として8つの分野を挙げ、そのうちの1つを「生物多様性を含んだワン・ヘルス」とした。近年の感染症は動物由来感染症であり、自然の損失や劣化がもたらす人と自然の関係変化が人への感染の発生と感染拡大に影響していると指摘している。実際に人獣共通感染症の防備における自然

環境保全の費用対効果の高さも認識されつつある[64), 65)]。

（6）その他の課題

　JaLTERをはじめとした観測・研究ネットワークから得られる観測データの整備や拡充、ならびにオープンサイエンスの推進にはデータベースが必須である。しかしいまだにその多くが研究者個人による資金調達に依存しており、中長期的観点に立った維持運営が困難な状況にある。

　日本語のみで整備されたデータベースもあり、利用者拡大の障壁となっている。国際共同研究を促進するためには英語等によるデータ公開が必要となる。また世界的なデータ公開や学術論文のオープンアクセス化に応じた支援システムの構築も急務となっている。基金を整備するなどオープンアクセス費用を支援する仕組みが必要とされている。日本の現状では、研究費削減の流れの中、オープンアクセスのオプションに予算を配分する余裕がない研究室も多く、欧米諸国に比してオープンアクセス化した論文やデータの公開が圧倒的に少ない。またデータの流通や共通化などを進めようとした場合、海外では情報科学を専攻したテクニシャンが分類学者の研究室で働く例などが見られる。しかし日本では分野間の垣根が高くそうした事例はあまり見られない。これらの課題はオープンデータの基準であるFAIR原則（Findability, Accessibility, Interoperability and Usability）の実現にも関わると認識されている。

　気候変動下での生態系・生物多様性状況の分析・可視化・予測が今後ますます重要性を増すことから、地球システムや気候変動に関するデータベースとの連携も必要とされている。2011年度に実施された「グリーン・ネットワーク・オブ・エクセレンス（GRENE-ei）」において多様な地球観測分野のデータベースの連結が開始されており、その後の発展が期待されている。

　環境影響評価や水産資源調査などの公的仕組みで取得された公表資料のデータが生態系・生物多様性研究に活用されないまま埋没している。データのリポジトリ（一元的な保管場所）作成やデータ公表の在り方などを再考し、データ利活用を最大化することが望まれている。また、自らデータを取得する際にも、研究が広域になるにつれ、データ取得における許認可等手続きや、国外でのデータ収集などに必要な事務手続きの負担が大きくなり、研究実施のハードルとなっている。その他、公的資金により取得したデータの提供義務化やデータ取得重複の回避といった戦略的なデータの取得、品質管理、データベース化なども重要と考えられている。

　遺伝情報の抽出や海洋観測技術をはじめとして、技術的には容易に大量の情報が得られるようになったが、コストがかかる点は従前と変わらないというケースも多い。観測・計測を支援する研究助成のほか、機器や技術の低コスト化を実現するための技術開発など方策検討も必要とされている。

（7）国際比較

国・地域	フェーズ	現状	トレンド	各国の状況、評価の際に参考にした根拠など
日本	基礎研究	〇	→	●個人レベルで実施される理論研究は依然として日本の強みとなっている。 ●一方で、欧米のような組織だった大規模データ取得と統合研究が進んでいるとは言い難い状況。大規模かつ広域なデータ統合に基づく実証研究などについても欧米諸国に対するデータ提供者という立場である傾向が強く主導的立場とは言い難い状況。 ●BISMaL、JBIF、J-BONをはじめとする国内のデータノードと博物館や大学をはじめとする協力機関の活動による生物分布データの蓄積がある。一方で、過去の情報の電子化・公開、新規の情報収集については十分には進んでいない。ただしJaLTERや環境省モニタリング1000など継続した取り組みがあり、生物種の在不在情報だけではなくその後の変化を追うデータが集積されていることは特筆すべき事項であり、生物モニタリングデータの充実度は世界屈指と言える状況。 ●IPBES、IUCN、Future Earthなどの国際的な取り組みへの貢献が続いている。 ●環境DNAをはじめ、音や画像の記録も含めた新規の観測技術の開発において日本は変わらず世界的にも主導的立場にあると言える状況。

	応用研究・開発	○	→	●自然を活用した解決策（NbS）、生物多様性やTNFD、グリーンインフラへの関心の高まり等を受けて、国内でも生態系・生物多様性の観測や応用研究へのニーズが高まっている。生物多様性条約下での2030年ターゲット（および2050年ゴール）を想定したOECMや30by30の議論に後押しされた応用研究ニーズも高まっている。 ●日本の状況についてJBO3（生物多様性及び生態系サービスの総合評価報告書第3版）が2021年に公開され、知見が不十分な分野の存在など、国内の状況把握のために必要となる応用研究が顕在化してきている。 ●気候変動が生態系・生物多様性にもたらす影響の詳細な解明および広域診断の推進のためには地上観測と衛星観測の連携が必要となるが、地上観測とそのデータ品質管理およびデータベース化が十分に進んでいない。 ●応用研究へのニーズの高まりを受けて、広域の生物多様性情報の集約や推定などが実施されている。これに基づく生態系の環境変動や自然再生に関する研究論文も公表されている。
米国	基礎研究	◎	↗	●多様な研究が国際的な連携の下に行われている。多くのプロジェクトにおいてイニシアチブをとっている。 ●LTERなどモニタリングとそのデータ整備の国際的な発信源にもなっている。その中には長期にわたり維持され続けている大規模野外操作試験も含まれる。
	応用研究・開発	◎	↗	●多様な研究が国際的な連携の下に行われている。多くのプロジェクトにおいてイニシアチブをとっている。 ●モニタリングデータの活用から各種モデルの応用まで、幅広く応用研究も実施され成果を公表している。 ●マイクロソフト社やグーグル社などの民間企業による研究支援がさらに拡充している。
欧州	基礎研究	◎	↗	●多様な研究が国際的な連携の下に行われ、多くのプロジェクトにおいてイニシアチブをとっている。特にドイツと英国、スイスが生物多様性の世界的な統合研究のイニシアチブを取っている。PREDICTSやBIOTIMEが英国主導である。ドイツは国際共同研究と国内での共同研究プロジェクトの拡充の双方に注力している。Science等で成果公表が続いているBEF-Chinaも中国への資金援助と技術提供を行っているのは主にドイツ、スイスの政府および研究者である。 ●GBIF、OBIS、TRYなどの世界規模のデータベースを維持している。
	応用研究・開発	◎	↗	●多様な研究が国際的な連携の下に行われている。多くのプロジェクトにおいてイニシアチブをとっている。 ●スウェーデンには、レジリアンス・アライアンスの中核を担うストックホルム・レジリアンスセンターがあり、精力的に活動している。 ●資源管理などではNGOの協力もあり積極的に国際会議を開催し、その成果のとりまとめや国際規格の作成、管理プログラムの検討を実施している。研究者層も厚く、基礎から応用まで多くの人材が揃っている。 ●ドイツ、スイス、オーストリアなどでは森林生態系に関する研究分野では、国際宇宙ステーションからのレーザー測量（GEDI）や衛星写真などの衛星ベースの広範囲なリモートセンシングデータを活用し、土地利用変化、森林のバイオマス、微気候などを欧州全体でマッピングする試みが活発化している。
中国	基礎研究	◎	↗	●国際プロジェクトの誘致、フィールドの提供、国際会議の支援などによって積極的に主要な海外研究者との結びつきを強めている。国際誌で発表された指標をその著者らのグループと協力して早期に適応する例も見られる。 ●データベース拡充や観測なども大型プロジェクトとして国内外と連携して組織的に進めている。 ●化学分析や遺伝データのシーケンシング等においても安価に実施できる民間企業があり、官民ともに生物多様性研究を推進する体制が充実している。 ●海外に流出した人材の呼び戻しを積極的に進めている。国外にいる中国人研究者と連携を強めることで国際競争力を高める傾向も強まっている。 ●結果として学術論文の出版数も急増している。

2.7

地球システム観測・予測

	応用研究・開発	○	↗	●多様な研究が国際的な連携の下に行われている。海外の主要研究者や中国人研究者との共同研究もさらに推進されており、国際競争力を高めている。
韓国	基礎研究	○	→	●国立生態院がEcoBankという生物多様性の地理情報をデータベース化・公開する取り組みを実施。 ●East Asian–Australasian Flyway Partnershipの事務局や南極海についての国際会議の検討、その他の国連条約の事務局誘致などの活発な活動が見られる。
	応用研究・開発	△	↘	●国立生態院を中心に生物多様性・生態系の研究および社会へのアウトリーチ活動が進められている。
豪州	基礎研究	◎	↗	●海洋生態系に関する研究分野ではデータの収集、データベースの作成、データの解析、保全への応用のいずれの分野においても精力的な研究活動が見られている。陸域生態系の生物多様性を対象とした基礎研究においても着実に成果を挙げている。生態学系の国内雑誌は国際的なインパクトは高くないが、各研究者が欧米の高インパクト誌に着実に成果を公表している。 ●豪州TERN（陸上生態系観測ネットワーク）は地上での詳細な生態系・生物多様性観測、衛星による広域観測診断を効果的に組み合わせて科学的・社会的目的に応じた環境データ取得と公開のシステムを構築している。
	応用研究・開発	◎	↗	●保全の管理手法に関する研究、温暖化による予測評価に関する研究、生物多様性の評価に関する研究、海洋のリモートセンシング技術に関する研究など、大学ごとに特色のある研究が大型予算で進められている。欧米とは日本以上に遠隔にも関わらず、世界各地の学会でのセッションの設定やワークショップの開催などを積極的に行う様子も見られている。 ●Atlantisのような世界的に使用されている生態系評価モデルを開発している。NESP Biodiversity HUBのような科学と政策を結びつける仕組みも着実に構築されている。
カナダ	基礎研究	○	→	●データベースの構築や国際ネットワークの構築などで世界の研究をリードしている。 ●北極圏の国として、北極圏の資源や生態系に関する観測研究をもっとも精力的に展開している。
	応用研究・開発	◎	→	●Ecopath/Ecosimのような世界中で広く使われている生態系モデルを開発し、応用研究を進めている。 ●国際的な海洋研究プログラムである日本財団のNereusプログラムの運営・推進で日本との連携がある。

（註1）「フェーズ」

　　「基礎研究」：大学・国研などでの基礎研究レベル。

　　「応用研究・開発」：技術開発（プロトタイプの開発含む）・量産技術のレベル。

（註2）「現状」　※我が国の現状を基準にした評価ではなく、CRDSの調査・見解による評価。

　　◎：他国に比べて特に顕著な活動・成果が見えている　　○：ある程度の顕著な活動・成果が見えている

　　△：顕著な活動・成果が見えていない　　　　　　　　　×：特筆すべき活動・成果が見えていない

（註3）「トレンド」

　　↗：上昇傾向、→：現状維持、↘：下降傾向

関連する他の研究開発領域

・気候変動観測（環境・エネ分野　2.7.1）

・気候変動予測（環境・エネ分野　2.7.2）

・社会−生態システムの評価・予測（環境・エネ分野　2.8.1）

・農林水産業における気候変動影響評価・適応（環境・エネ分野　2.8.2）

・地球環境リモートセンシング（環境・エネ分野　2.10.1）

参考・引用文献

1）Editorial, "We must get a grip on forest science - before it's too late," *Nature* 608, no. 7923 （2022）: 449., https://doi.org/10.1038/d41586-022-02182-0.

2）E. Cohen-Shacham, et al., eds., *Nature-based Solutions to address global societal challenges* (Gland: International Union for Conservation of Nature; 2016).

3）Akira S. Mori, "Advancing nature-based approaches to address the biodiversity and climate emergency," *Ecology Letters* 23, no. 12 （2020）: 1729-1732., https://doi.org/10.1111/ele.13594.

4）P. Daszak, et al., *Intergovernmental Science-Policy Platform on Biodiversity and Ecosystem Services (IPBES) (2020) Workshop Report on Biodiversity and Pandemics of the Intergovernmental Platform on Biodiversity and Ecosystem Services* (Bonn: IPBES secretariat, 2020).

5）Partha Dasgupta, "The Economics of Biodiversity: The Dasgupta Review," GOV.UK, https://www.gov.uk/government/publications/final-report-the-economics-of-biodiversity-the-dasgupta-review, （2022年12月29日アクセス）.

6）Andy Purvis, "A single apex target for biodiversity would be bad news for both nature and people," *Nature Ecology & Evolution* 4, no. 6 （2020）: 768-769., https://doi.org/10.1038/s41559-020-1181-y.

7）Paul Leadley, et al., "Achieving global biodiversity goals by 2050 requires urgent and integrated actions," *One Earth* 5, no. 6 （2022）: 597-603., https://doi.org/10.1016/j.oneear.2022.05.009.

8）Jeannine Cavender-Bares, et al., "Integrating remote sensing with ecology and evolution to advance biodiversity conservation," *Nature Ecology & Evolution* 6, no. 5 （2022）: 506-519., https://doi.org/10.1038/s41559-022-01702-5.

9）Matthew S. Savoca, et al., "Baleen whale prey consumption based on high-resolution foraging measurements," *Nature* 599, no. 7883 （2021）: 85-90., https://doi.org/10.1038/s41586-021-03991-5.

10）Gentile Francesco Ficetola, et al., "Species detection using environmental DNA from water samples," *Biology Letters* 4, no. 4 （2008）: 423-425., https://doi.org/10.1098/rsbl.2008.0118.

11）Haruka Ohashi, et al., "Biodiversity can benefit from climate stabilization despite adverse side effects of land-based mitigation," *Nature Communications* 10, no. 1 （2019）: 5240., https://doi.org/10.1038/s41467-019-13241-y.

12）David Leclère, et al., "Bending the curve of terrestrial biodiversity needs an integrated strategy," *Nature* 585, no. 7826 （2020）: 551-556., https://doi.org/10.1038/s41586-020-2705-y.

2.7

地球システム観測・予測

13）Akira S. Mori, et al., "Biodiversity-productivity relationships are key to nature-based climate solutions," *Nature Climate Change* 11, no. 6（2021）: 543-550., https://doi.org/10.1038/s41558-021-01062-1.

14）Mary I. O'Connor, et al., "Grand challenges in biodiversity-ecosystem functioning research in the era of science-policy platforms require explicit consideration of feedbacks," *Proceedings of The Royal Society Biological sciences* 288, no. 1960（2021）: 20210783., https://doi.org/10.1098/rspb.2021.0783.

15）H. M. Pereira, et al., "Ecology. Essential Biodiversity Variables," *Science* 339, no. 6117（2013）: 277-278., https://doi.org/10.1126/science.1229931.

16）Yayoi Takeuchi, et al., "The Asia-Pacific Biodiversity Observation Network: 10-year achievements and new strategies to 2030," *Ecological Research* 36, no. 2（2021）: 232-257., https://doi.org/10.1111/1440-1703.12212.

17）Masaki Miya, "Environmental DNA Metabarcoding: A Novel Method for Biodiversity Monitoring of Marine Fish Communities," *Annual Review of Marine Science* 14（2022）: 161-185., https://doi.org/10.1146/annurev-marine-041421-082251.

18）科学技術・学術審議会研究計画・評価分科会地球観測推進部会「今後10年の我が国の地球観測の実施方針のフォローアップ報告書 令和2年8月28日」, 文部科学省, https://www.mext.go.jp/b_menu/shingi/gijyutu/gijyutu2/097/houkoku/1422531_00003.htm,（2022年12月29日アクセス）.

19）Daniel R. Pérez, et al., "Evaluating success of various restorative interventions through drone‐and field‐collected data, using six putative framework species in Argentinian Patagonia," *Restoration Ecology* 28, no. S1（2020）: A44-A53., https://doi.org/10.1111/rec.13025.

20）Jens Kattge, et al., "TRY plant trait database - enhanced coverage and open access," *Global Chang Biology* 26, no. 1（2020）: 119-188., https://doi.org/10.1111/gcb.14904.

21）Andrew Gonzalez, et al., "Scaling-up biodiversity-ecosystem functioning research," *Ecology Letters* 23, no. 4（2020）: 757-776., https://doi.org/10.1111/ele.13456.

22）Michel Loreau, et al., "Biodiversity as insurance: from concept to measurement and application," *Biological Reviews* 96, no. 5（2021）: 2333-2354., https://doi.org/10.1111/brv.12756.

23）Forest Isbell, et al., "The biodiversity-dependent ecosystem service debt," *Ecology Letters* 18, no. 2（2015）: 119-134., https://doi.org/10.1111/ele.12393.

24）David Tilman, Forest Isbell and Jane M. Cowles, "Biodiversity and Ecosystem Functioning," *Annual Review of Ecology, Evolution, and Systematics* 45, no. 1（2014）: 471-493., https://doi.org/10.1146/annurev-ecolsys-120213-091917.

25）Rick Bonney, et al. "Next Steps for Citizen Science," *Science* 343, no. 6178（2014）: 1436-1437., https://doi.org/10.1126/science.1251554.

26）日本学術会議若手アカデミー「提言 シチズンサイエンスを推進する社会システムの構築を目指して 令和2年（2020年）9月14日」, 22, 日本学術会議, https://www.scj.go.jp/ja/info/kohyo/pdf/kohyo-24-t297-2.pdf,（2022年12月29日アクセス）.

27）Fabian Burki, Miguel M. Sandin and Mahwash Jamy, "Diversity and ecology of protists revealed by metabarcoding," *Current Biology* 31, no. 19（2021）: R1267-R1280., https://doi.org/10.1016/j.cub.2021.07.066.

28）Anthony Waldron, et al., "Protecting 30% of the planet for nature: costs, benets and economic

2.7

地球システム観測・予測

implications," University of Cambridge, https://www.conservation.cam.ac.uk/files/waldron_report_30_by_30_publish.pdf,（2022年12月29日アクセス）.

29）Eun-Shik Kim, et al., "The International Long-Term Ecological Research-East Asia-Pacific Regional Network（ILTER-EAP）: history, development, and perspectives," *Ecological Research* 33, no. 1（2018）: 19-34., https://doi.org/10.1007/s11284-017-1523-7.

30）Tsutom Hiura, Sato Go and Hayato Iijima, "Long-term forest dynamics in response to climate change in northern mixed forests in Japan: A 38-year individual-based approach," *Forest Ecology and Management* 449（2019）: 117469., https://doi.org/10.1016/j.foreco.2019.117469.

31）Masahiro Nakamura, et al., "Evaluating the soil microbe community-level physiological profile using EcoPlate and soil properties at 33 forest sites across Japan," *Ecological Research* 37, no. 3（2022）: 432-445., https://doi.org/10.1111/1440-1703.12293.

32）Akira S. Mori, "Local and biogeographic determinants and stochasticity of tree population demography," *Journal of Ecology* 107, no. 3（2019）: 1276-1287., https://doi.org/10.1111/1365-2745.13130.

33）TaeOh Kwon, et al., "Effects of Climate and Atmospheric Nitrogen Deposition on Early to Mid-Term Stage Litter Decomposition Across Biomes," *Frontiers in Forests and Global Change* 4（2021）: 678480., https://doi.org/10.3389/ffgc.2021.678480.

34）P. H. Templer, et al., "Atmospheric deposition and precipitation are important predictors of inorganic nitrogen export to streams from forest and grassland watersheds: a large-scale data synthesis," *Biogeochemistry* 160, no. 2（2022）: 219-241., https://doi.org/10.1007/s10533-022-00951-7.

35）Stephen F. Jane, et al., "Widespread deoxygenation of temperate lakes," *Nature* 594, no. 7861（2021）: 66-70., https://doi.org/10.1038/s41586-021-03550-y.

36）Henry W. Loescher, et al., "Building a Global Ecosystem Research Infrastructure to Address Global Grand Challenges for Macrosystem Ecology," *Earth's Future* 10, no. 5（2022）: e2020EF001696., https://doi.org/10.1029/2020EF001696.

37）Shane A. Blowes, et al., "The geography of biodiversity change in marine and terrestrial assemblages," *Science* 366, no. 6463（2019）: 339-345., https://doi.org/10.1126/science.aaw1620.

38）Charlotte L. Outhwaite, Peter McCann and Tim Newbold, "Agriculture and climate change are reshaping insect biodiversity worldwide," *Nature* 605, no. 7908（2022）: 97-102., https://doi.org/10.1038/s41586-022-04644-x.

39）Jean-Francois Bastin, et al., "The global tree restoration potential," *Science* 365, no. 6448（2019）: 76-79., https://doi.org/10.1126/science.aax0848.

40）Andrew K. Skidmore, et al., "Comment on "The global tree restoration potential"," *Science* 366, no. 6469（2019）: eaaz0111., https://doi.org/10.1126/science.aaz0111.

41）Simon L. Lewis, et al., "Comment on "The global tree restoration potential"," *Science* 366, no. 6463（2019）: eaaz0388., https://doi.org/10.1126/science.aaz0388.

42）Joseph W. Veldman, et al., "Comment on "The global tree restoration potential"," *Science* 366, no. 6463（2019）: eaay7976., https://doi.org/10.1126/science.aay7976.

43）Pierre Friedlingstein, et al., "Comment on "The global tree restoration potential"," *Science* 366, no. 6463（2019）: eaay8060., https://doi.org/10.1126/science.aay8060.

2.7

地球システム観測・予測

44）Sebastian Seibold, et al., "Arthropod decline in grasslands and forests is associated with landscape-level drivers," *Nature* 574, no. 7780 (2019): 671-674., https://doi.org/10.1038/s41586-019-1684-3.

45）Martin M. Gossner, et al., "Land-use intensification causes multitrophic homogenization of grassland communities," *Nature* 540, no. 7632 (2016): 266-269., https://doi.org/10.1038/nature20575.

46）Florian Schnabel, et al., "Species richness stabilizes productivity via asynchrony and drought-tolerance diversity in a large-scale tree biodiversity experiment," *Science Advances* 7, no. 51 (2021): eabk1643., https://doi.org/10.1126/sciadv.abk1643.

47）Yuxin Chen, et al., "Directed species loss reduces community productivity in a subtropical forest biodiversity experiment," *Nature Ecology & Evolution* 4, no. 4 (2020): 550-559., https://doi.org/10.1038/s41559-020-1127-4.

48）Yuanyuan Huang, et al., "Impacts of species richness on productivity in a large-scale subtropical forest experiment," *Science* 362, no. 6410 (2018): 80-83., https://doi.org/10.1126/science.aat6405.

49）Laura J. Williams, et al., "Remote spectral detection of biodiversity effects on forest biomass," *Nature Ecology & Evolution* 5, no. 1 (2021): 46-54., https://doi.org/10.1038/s41559-020-01329-4.

50）Yann Hautier, et al., "General destabilizing effects of eutrophication on grassland productivity at multiple spatial scales," *Nature Communications* 11, no. 1 (2020): 5375., https://doi.org/10.1038/s41467-020-19252-4.

51）Yann Hautier, et al., "Eutrophication weakens stabilizing effects of diversity in natural grasslands," *Nature* 508, no. 7497 (2014): 521-525., https://doi.org/10.1038/nature13014

52）Yann Hautier, et al., "Anthropogenic environmental changes affect ecosystem stability via biodiversity," *Science* 348, no. 6232 (2015): 336-340., https://doi.org/10.1126/science.aaa1788.

53）James B. Grace, et al., "Integrative modelling reveals mechanisms linking productivity and plant species richness," *Nature* 529, no. 7586 (2016): 390-393., https://doi.org/10.1038/nature16524.

54）Yann Hautier, et al., "Local loss and spatial homogenization of plant diversity reduce ecosystem multifunctionality," *Nature Ecology & Evolution* 2, no. 1 (2018): 50-56., https://doi.org/10.1038/s41559-017-0395-0.

55）Sebastian Seibold, et al., "The contribution of insects to global forest deadwood decomposition," *Nature* 597, no. 7874 (2021): 77-81., https://doi.org/10.1038/s41586-021-03740-8.

56）Amy E. Zanne, et al., "Termite sensitivity to temperature affects global wood decay rates," *Science* 377, no. 6613 (2022): 1440-1444., https://doi.org/10.1126/science.abo3856.

57）Patricia Balvanera, et al., "Essential ecosystem service variables for monitoring progress towards sustainability," *Current Opinion in Environmental Sustainability* 54 (2022): 101152., https://doi.org/10.1016/j.cosust.2022.101152.

58）Patricia Miloslavich, et al., "Essential ocean variables for global sustained observations of biodiversity and ecosystem changes," *Global Change Biology* 24, no. 6 (2018): 2416-2433., https://doi.org/10.1111/gcb.14108.

2.7

地球システム観測・予測

59）Global Climate Observing System（GCOS）, *The Global Observing System for Climate: Implementation Needs*, （World Meteorological Organization（WMO）, 2016）.

60）Rick D. Stuart-Smith, et al., "Integrating abundance and functional traits reveals new global hotspots of fish diversity," *Nature* 501, no. 7468（2013）: 539-542., https://doi.org/10.1038/nature12529.

61）Carlos A. Guerra, et al., "Tracking, targeting, and conserving soil biodiversity," *Science* 371, no. 6526（2021）: 239-241., https://doi.org/10.1126/science.abd7926.

62）Brian Leung, et al., "Clustered versus catastrophic global vertebrate declines," *Nature* 588, no. 7837（2020）: 267-271., https://doi.org/10.1038/s41586-020-2920-6.

63）Michel Loreau, et al., "Do not downplay biodiversity loss," *Nature* 601, no. 7894（2022）: E27-E28., https://doi.org/10.1038/s41586-021-04179-7.

64）E. Dinerstein, et al., "A "Global Safety Net" to reverse biodiversity loss and stabilize Earth's climate," *Science Advances* 6, no. 36（2020）: eabb2824., https://doi.org/10.1126/sciadv.abb2824.

65）Andrew P. Dobson, et al., "Ecology and economics for pandemic prevention," *Science* 369, no. 6502（2020）: 379-381., https://doi.org/10.1126/science.abc3189.

2.7

地球システム観測・予測

2.8 人と自然の調和

2.8.1 社会―生態システムの評価・予測

（1）研究開発領域の定義

　本領域は生物多様性や生態系から構成される「自然資本」がもたらす「生態系サービス[1]」の持続的な利用を目的とした、人間社会と生態系が相互に関連する「社会―生態システム（social-ecological system）」の評価・予測に係る研究開発領域である。複数の生態系サービス間の連関や将来予測、生態系サービスがもたらす多様な価値の評価、社会―生態システムの統合評価など、学際的な研究開発が含まれる。また、社会―生態システムのガバナンス、気候変動適応や防災・減災への活用など、社会の多様な主体が参加する超学際的研究を含む、持続可能性を実現するための社会経済や政策に関連した研究開発を対象とする。

（2）キーワード

　社会―生態システム、生態系サービス、自然資本、生態系を活用した適応策（Ecosystem-based Adaptation：EbA）、生態系を活用した防災減災（Ecosystem-based Disaster Risk Reduction：Eco-DRR）、自然を活用した解決策[2]（Nature-based Solutions：NbS）、生態系管理、グリーンインフラ、生態系インフラ、生態系サービスに対する支払い制度（Payments for Ecosystem Services：PES）

（3）研究開発領域の概要
［本領域の意義］

　社会―生態システムは、人間社会と生態系が相互に密接に関連するという認識に立った概念であり、持続可能な社会の実現に必須と考えられている。人間社会が生物多様性や生態系に正負のさまざまな影響を与える一方、生物多様性や生態系といった自然資本が生み出す多様な生態系サービスは人間の福利を支えている。このような社会―生態システムを統合的に捉えるための科学技術が求められている。

　生物多様性や生態系は、食料や水の供給、気候や災害の調整や水質浄化、観光や芸術文化の源泉等、多様な生態系サービス（自然の恵み）を提供することで人間社会の生存基盤・経済・福利を支えている。また、生物多様性や生態系は、様々な生態系サービスを生み出す有限の環境資産であることから自然資本とも言われる。

　生態系サービスや自然資本の持続性は人類の持続可能性に直接関係しているため、生態系と生物多様性の保全・再生は持続可能な開発目標（Sustainable Development Goals：SDGs）としても掲げられている。その他にも生物多様性条約（CBD）における「戦略計画2011-2020」や愛知目標（2010年）、気候変動枠組条約（UNFCCC）における「パリ協定」（2015年）、国連防災世界会議による「仙台防災枠組2015-2030」（2015年）、ラムサール条約での決議（2015年）等において生態系と生物多様性がもつ社会的役割の重要性が国際的に認識されている。また国内でも、「生物多様性国家戦略2012-2020」（2012年）、「国土強靱化基本法」（2013年）、「気候変動の影響への適応計画」（2015年）、「気候変動適応法」（2018年）、「第五次環境基本計画」（2018年）、「グリーンインフラ推進戦略」（2019年）、「第5次社会資本整備重点計画」（2019年）、「流域治水関連法」（2021年）、「第6期科学技術・イノベーション基本計画」（2021年）等にお

2.8 人と自然の調和

1　生物多様性や生態系に関する政府間プラットフォームである「生物多様性及び生態系サービスに関する政府間科学-政策プラットフォーム（IPBES）」では、科学的視点が強い「生態系サービス」という用語を、多様な価値観を包含する「NCP、Nature's Contributions to People」へと変更しつつあり[1,2]、国内では「自然の寄与」との訳語があてられている[3]。ただしここでは科学研究で従来から主に用いられてきた「生態系サービス」を使うこととする。

2　「自然に根ざした解決策」、「自然を基盤とした解決策」と表現される場合もある。

いて重要性が認識されている。さらに、第15回生物多様性条約締約国会議（CBD–COP15, 2022年12月）において新たな生物多様性に関する世界目標（ポスト2020生物多様性枠組）である「昆明・モントリオール生物多様性枠組」が採択された。2030年までに陸と海の30%を保全エリアとする「30by30」、自然を活用した解決策（NbS）の活用、ビジネスにおける生物多様性の主流化等が具体的な目標として掲げられている。日本の次期生物多様性国家戦略は2023年3月に策定される見通しである。

　しかしながら、こうした社会的な認識の広がりの一方で、生態系サービスの持続的な供給と利用を実現するための社会―生態システムの統合的理解は十分に進んでいない。またこれらの科学的理解に立脚した自然資本や生態系サービスの管理技術の開発、および社会―生態システムのより良いガバナンスの探索も国内外で掲げられた各種目標を実現するのに十分でない状況にあり、更なる研究が望まれている。

[研究開発の動向]

　国連主導で2001〜2005年に行われた「ミレニアム生態系評価（Millennium Ecosystem Assessment：MA）」では、地球規模で生物多様性や生態系の評価が行われた。MAでは生物多様性や生態系がもたらす生態系サービスが人間の福利を支えているという概念が示されたほか、評価された生態系サービスの60%が劣化傾向にあると報告された。2012年には生物多様性と生態系サービスに関する科学的知見の統合、並びに科学と政策のつながりの強化を目的にした政府間プラットフォームである「生物多様性及び生態系サービスに関する政府間科学–政策プラットフォーム（IPBES）」が設立された。IPBESからはこれまでに複数の評価報告書が公表されていたが、2019年に「生物多様性と生態系サービスに関する地球規模評価報告書」が公表され、MA以来はじめての地球規模の現状評価がなされた[3]。同報告書では、生物多様性と生態系サービスの劣化は今なお継続しており、自然の保全と持続可能な利用のためには、社会変革が必要であると報告している。

　日本では、2010年に「生物多様性総合評価報告書（Japan Biodiversity Outlook：JBO）」が取りまとめられた。同じ2010年に国際連合大学高等研究所（UNU–IAS）等によって日本の里山と里海を対象とした生態系サービスの変化も評価され、「里山・里海の生態系と人間の福利：日本の社会生態学的生産ランドスケープ」（Japan Satoyama Satoumi Assessment：JSSA）として公表された。その後、生物多様性国家戦略2012–2020に関する総合評価として2016年には「生物多様性及び生態系サービスの総合評価（JBO2）」、2021年には「生物多様性及び生態系サービスの総合評価2021（JBO3）」が公表された。これら一連の報告書では、日本においても、総じて生物多様性が喪失し生態系が劣化しており、人間社会への影響が懸念される状況が示されている。

　以上のような取組みを通じて進められてきたこれまでの研究は、人間社会が生物多様性や生態系に与える影響や、人間の福利をもたらす生態系サービスを定性的・定量的に明らかにしてきた。しかし社会―生態システムの統合的な理解は十分に進んでおらず、特に人間社会と生態系の間のフィードバック作用やその時空間的ダイナミクスについての研究はいまだ初期段階である。

　まず生態系サービスや自然資本に関する研究は、過去20年ほどの間に大きく発展してきた。生態系サービスの定量的評価と地図化、複数の生態系サービス間のトレードオフやシナジー関係といった連関（ネクサス）の分析、土地利用・気候・その他の影響要因の分析、生態系や生態系サービスの空間モデリングなどが行われている。一方で、気候変動やその他の影響要因が将来の生態系サービスに与える影響等、生態系サービスや自然資本の時空間的ダイナミクスの理解については、なお多くの研究課題が残されている。また生態系サービスのうち文化的サービスに関する研究は依然少ない。

　生態系サービスの価値評価については、市場的価値と非市場的価値の両方が経済学的に分析されてきた。近年では人の健康や福利に対する生態系の影響を評価する研究が進められている。自然資本の収支を計算するための研究も進んでいる。自然資本を含むさまざまな資本の価値が包括的に評価されている[4), 5]。しかし、自然資本の収支計算の方法は発展途上であり、勘定に入れられていない多くの自然資本がある他、自然資本

の将来価値を現在価値に換算する割引率の設定など、多くの課題が残されている。

　生態系サービスと自然資本の価値評価に関して、国際的な枠組みにも進展が見られる。2010年には「生態系と生物多様性の経済（The Economics of Ecosystems and Biodiversity：TEEB）」の取り組みから報告書が公表された。世界銀行が主導する「富の勘定と生態系サービスの価値評価（Wealth Accounting and the Valuation of Ecosystem Services：WAVES）」からはSDGsと関連した自然資本の勘定に関する報告書等が公表されている。国連統計委員会による環境経済勘定（System of Environmental-Economic Accounting：SEEA）は自然資本の勘定に関する知見をまとめた報告書等を公表している。また多国籍企業などの大企業においても、自然環境の価値をビジネスに反映させる取り組みが進みつつある[6]。ここ数年間のうちに、企業活動が生物多様性や自然資本に与える影響を評価し、持続可能なビジネス活動を実現するための国際的な動向が大きく進展している。自然関連財務情報開示タスクフォース（Task force on Nature-related Financial Disclosures：TNFD）が企業による生物多様性や自然資本に関わる財務情報の開示の枠組みづくりに取り組んでいるほか、SBTs for Nature（Science Based Targets for Nature：SBTN）が企業に対し科学的根拠に基づく目標を立て生物多様性条約やSDGsに沿った取り組みを求めるなど、様々な取り組みが急速に発展しつつある。このように生態系サービスや自然資本の勘定の取り組みには急速な進展があるものの、生態系サービスと自然資本に関する情報が多様な意思決定の場で使われることは十分でなく、広く普及するには未だ至っていない。

　生態系サービスや自然資本のガバナンスに関する研究も近年進んでいる。生態系サービスに対する支払い制度（Payment for Ecosystem Services：PES）、環境税、キャップ・アンド・トレード制度、環境に関する法律や規制、製品認証制度、市民意識の啓蒙等、様々な取り組みがある。しかしながら、これらの取り組みの効果影響を十分に評価できるほど社会―生態システムの統合的な理解は進んでおらず、評価のために必要な生態系および人間社会のモニタリングは十分でないと認識されている。その原因の一つは、生態系サービスが生み出される空間スケールとそのガバナンスの空間スケールの間にずれがあることと認識されている。このずれによって社会―生態システムの適切なガバナンスと政策決定がしばしば困難になっている。こうした中、行動経済学、社会学、心理学等の社会科学の参加によってより良い管理策や政策決定が生み出されるとの期待から、社会の多様な関係者が協力して進める順応的管理、順応的協働管理、生態系スチュワードシップなどの学際的・超学際的研究が発展しつつある。

　生態系サービスや自然資本は、気候変動適応、防災・減災、水質悪化等の生態系機能の劣化を伴う様々な社会的課題の解決に貢献すると期待されている。そのため、「生態系を活用した適応策（Ecosystem-based Adaptation：EbA）」、「生態系を活用した防災・減災（Ecosystem-based Disaster Risk Reduction：Eco-DRR）」、「グリーンインフラ」、「生態系インフラ」等、関係する多くの概念が提示されてきた。また最近は、自然の働きを利用して低いコストで環境・社会・経済に便益をもたらし、社会にレジリエンスをもたらすこれらの解決策を、「自然を活用した解決策（Nature-based Solutions：NbS）」としてまとめることが提案されている[7]-[10]。経済・文化・環境・生物多様性・生態系・気候変動を考慮に入れてNbSの複合的な効果を評価しようとする挑戦的な試みも進んでいる。またEUでは専門家グループによってNbSに関する研究のレビューが行われており[11]、Horizon 2020やその後継のHorizon Europeにも反映されている。

　社会―生態システムに関する研究における日本の研究開発力は、他国と比較して中位レベルにある。国際的に評価される研究成果が出始めているものの、全体として研究成果の国際的発信は十分でない状況にある。一方、IPBES（Intergovernmental Science-Policy Platform on Biodiversity and Ecosystem Services）やIUCN（International Union for Conservation of Nature）などによる国際的なイニシアチブに日本からの研究者が参加することで、国際的な貢献は拡大しつつある。日本の研究開発力や国際的貢献を高めていくためには、研究体制をより充実させていくことが必要と考えられる。

2.8 人と自然の調和

（4）注目動向
［新展開・技術トピックス］
• 生態系サービス研究

生態系サービスの定量評価と可視化（地図化）、生態系サービス間の連関（ネクサス）分析、駆動要因の解明、シナリオ構築とモデリング等の研究が進展している。

まず定量評価に関しては、生態系サービスの源泉となる生態系機能について、その生態系に存在するそれぞれの種や遺伝子型がもつ複数の機能の関係性を理解するための研究が進められている。また生態系サービスのうち文化的サービス（例：レクリエーションや観光の場と機会、自然景観の保全）の評価が、供給サービス（例：食料、水、原材料、遺伝資源）や調節サービス（例：炭素固定などの気候調整、水質浄化、水量調整、花粉媒介、病害虫の生物学的コントロール）に比較して遅れているが、ソーシャルメディアの情報を用いて景観がもつ文化的なサービスを評価する等の研究が進められている。

生態系サービスの可視化（地図化）では機械学習を用いた取組みが最近のトレンドの一つである[12]。生物多様性と生態系サービスのシナリオ分析（シナリオとモデリング）は政策決定において重要なツールになると期待されている一方、時間スケールと空間スケールの両方を考慮したダイナミクスの評価はできておらず、今後の課題となっている[13]。

生態系サービスの連関分析では中国の北京周辺地域を対象とした研究例がある。供給・調節・文化的サービスの連結（バンドル）を評価し、地域によってバンドルの状況が大きく異なっていることや、生態系サービス間の関係が空間的に複雑に変化している状況が明らかにされている[14]。スペインの研究事例では、生態系サービスのバンドル評価にもとづき、生態系サービス間でのシナジーが発揮されるような土地利用のあり方が提案されている[15]。また、食生活の改善、農業生産の向上、気候変動への対策などを組み合わせた将来シナリオについて、水・エネルギー・食料生産・生態系の連関が、地球規模でどのように変化するかがモデリングされており、現状維持のシナリオと比較することで、国際的な政策決定に対する示唆を与えている[16),17)]。さらには、より具体的な生物多様性や気候変動に関する国際目標を達成するのに必要な生態系の保全再生のあり方を、地球規模の土地利用に関するシナリオ分析によって評価する研究もされている[18]。

都市のグリーンインフラに関して、生態系サービスの需要と供給のマッチングを街区レベルの詳細な空間スケールで評価した研究では、需要に対して供給が少ない街区と住民の社会経済的要因との関係が分析されている[19]。これまでになされた数多くの研究をレビューする研究も進展している。例えば、生態系サービスの評価が実施される政策分野やツールなどの傾向が明らかにされたり[20]、特定の国や地域での生態系サービス評価の現状や評価結果を政策に反映するための課題などが指摘されている[21),22)]。

• 生態系サービスの価値評価とその活用

生態系サービスの「価値」の評価に関する研究では、生態系サービスの市場的価値および非市場的価値を経済学的に評価することで経済活動と生態系保全を両立させる方策が提案されている。自然資本の価値評価で経済学の資本理論に基づいた新しい手法が提案されているという事例もある。複数種の間で相互作用がある状況における生態系管理を、生態系の経済的評価に組み入れる新しい方法も提案されている。また国内総生産（Gross Domestic Product：GDP）と同様の国家的な枠組みで、自然資本と生態系サービスを組み込んだ貨幣換算する経済の尺度として、生態系総生産（Gross Ecosystem Product：GEP）などの新しい指標が提案され、さまざまな意思決定の場で利用することが期待されている。ある研究では、中国青海省にある複数の生態系サービス（供給、調節、文化的サービス）を生み出す生態系のGEPが、その地域のGDPに匹敵する規模であったこと、2010年からの5年間に2.3倍に成長したことなどが報告された[23]。生態系サービスの総合的な価値を事例比較した研究では、ある場所の生態系を保全・再生した場合の方が、その場所を農林業に利用した場合より、より高い価値が得られた[24]。さらに、「生物多様性の経済学：ダスグプタ・レビュー[25]」では、生物多様性や生態系の自然資本によって支えられている経済の現状をさまざまな

視点から包括的にレビューし、経済に関する従来の認識や制度などにおける多くの問題を指摘するとともに、生物多様性や生態系を反映した経済のあるべき姿やそれに至るための多様な選択肢を提示した。

このように経済的評価の観点からの検討が進む一方、生態系や生態系サービスには多様な価値があり、人間中心的な利用価値に加え、関係価値や人間中心的でない固有の価値が含まれるとして、これらを考慮した包括的な価値評価をどう行うかが今後の課題にもなっている[26]。生物多様性の価値を生態系サービスだけに求めるのではなく、生物多様性と関わる多様な人々がもつ多元的な認識や価値観を取り入れることが、科学や政策や実践に求められている[27]。また、自然が提供する様々な価値の体系とその多様な評価手法のレビューでは、それらの価値を政策決定に反映していく重要性を指摘している[28]。

生態系サービスの価値評価を用いた「生態系サービスに対する支払い制度（PES）」が各地で実施されている。世界的に拡大傾向にあり既に550を超える取組みが総額360億米ドルを超える規模で行われている[29]。PESの効果に関する研究では、経済的支援によってコミュニティーにおける社会関係資本（人間関係や協力的な行動）が減少することが懸念されているものの、そのような副次影響を伴わずにPESが生態系管理の取り組みを向上させる事例が報告されている。PESの具体的な設計に関する研究では、実際に政策オプションを実施するための社会的、生態学的限界を考慮した、生態系サービスの便益とそれを実現するためのコストをより現実的な視点に立って評価する研究がなされている[30]。様々な国で実施されている異なるタイプのPESを比較するメタ分析も行われており、生態系サービスの供給源やそれに影響するステークホルダーの範囲の決定、負担の状況に応じた支払額の段階的調節などに依然として課題があることが分析結果から指摘されている[31]。PES以外にも、様々な経済活動に対して生態系サービスや自然資本を反映させる試みが進んでいる。一例としてESG（Environment, Social, Governance）投資が挙げられるが、ESG投資にはグリーンウォッシュなどの懸念も示されており、科学的に裏付けのある確かな投資指標（ビジネスの環境への影響評価など）の開発が求められている[32]。また、生態系サービスを損なうことに対する法的責任の根拠に、生態系サービスの価値評価が使われることが少ない点は、今後の課題であるとの指摘もある。

● 社会—生態システムの学際的な統合評価

生態系サービスと自然資本を社会—生態システムの枠組みで理解しようとする研究が進められており、生態系サービスや自然資本に影響する直接的な要因だけでなく、直接的要因に影響する人間社会の間接的な要因も明らかにされつつある[33]。例えば、アルプス地方の社会—生態システムを対象とした研究で、数百年にわたって自然資源の管理が持続しているコミュニティーのサイズ（人口）がどの程度の規模であるかが示された[34]。生態系サービスの管理や生態系の変化への対応には順応的ガバナンスが有効であることを示した事例もある。

人間社会と生態系の間のフィードバック作用を組み入れた統合的なダイナミクスの検討は発展途上段階にある[32],[35]。理論的研究から、ブラジルの高地などに見られる森林と草地と農地のモザイク状景観の形成には人間による管理と生態系の応答の間でのフィードバック作用が重要であることが示された[36]。社会—生態システムの枠組みで湖沼生態系の自然再生を分析したモデル研究では、管理政策の決定や政策実行の遅れが水草の急激な減少による生態系の急激な変化（レジームシフト）に影響を及ぼすとの評価結果が示された[37]。これらの先導的な研究は社会—生態システムを統合的に理解することの重要性を示しているが、「生態系」や「経済」に比べると「社会」の要素は十分に考慮できていないのが現状であり、課題と認識されている[38]。また、自然再生を、生態学的な再生だけでなく社会—生態システムの再生と位置付ける重要性が指摘されている[39]。

社会—生態システムのダイナミクスを長期モニタリングすることにより明らかになる事柄もある。パプアニューギニアの漁村集落の社会—生態システムを16年間にわたって調査した研究では、自然資源の状態と資源管理のガバナンスの関係が分析された結果、ルールの遵守、社会の結束、参加型の意思決定メカニズムなどといったコミュニティー特性が自然資源の持続可能性に重要な役割を果たすことが明らかにされている[40]。

● 社会―生態システムのガバナンス研究

　保護区の設定に関する研究では、森林伐採の抑止に成功している保護区ほど保護区の解除がされにくいという、保護区のガバナンスの強化がそれらの存続にとって重要であることを示す報告がなされている。このような制度に関する研究や、経済、空間計画に関する研究は比較的進んでいるものの、意思決定や政治に関する研究は十分ではない[41]。

　多様なステークホルダーの参加による影響についても研究が行われている。社会―生態システムの複雑な実態を理解しようとする際、科学的知識が十分でない状況では異なるステークホルダーの集合知を利用することが重要となるが、その集合知は結果として科学的知識と同等の知識をもたらし得ることを示した事例がある[42]。スイスのある山岳地帯の社会―生態システムについての研究では、生態系や人間社会に関する実際のデータを考慮したエージェント・ベースド・モデルを用いたところ、ステークホルダーの多様性が高いほど、社会経済や生態系の撹乱に対して社会―生態システムのレジリエンスが高いことが示された[43]。社会―生態システムにおけるガバナンス研究にはエージェント・ベースド・モデルを用いた有効であるとされる一方、ガバナンスや意思決定の定式化において既存の経済学理論やゲーム理論の適用が足りないことなどに課題が残っているという指摘がある[44]。また、生態系サービスの知識の正当性が確保されていること（偏りがなく多くの視点が反映されていること）が、政策への科学的知見の活用に重要であることも指摘されている。社会―生態システムの枠組みを用いた社会実験によって共有資源（コモンズ）の管理について調べた研究では、共有資源の持続的な利用にとって、資源に関する認知と社会に関する認知のいずれかではなく両方が重要であると指摘している[45]。さらに、環境変化に対する社会―生態システムの適応能力を調べた研究のレビューによると、個人や家庭レベルの適応能力は研究されているが、コミュニティーや自治体などの集合的なレベルでの適応能力の評価は少なく、多くの課題が残っている[46]。

　生態系サービスを生みだす伝統的な知識体系の重要性も認識されつつある。植物民俗学の調査とネットワーク解析を組み合わせた研究では、植物種が絶滅するだけでなく、植物利用の伝統的知識が消失することが、地域社会における生態系サービスの急激な減少につながることが示されている[47]。

　進行しつつある環境変化に社会―生態システムが適応していくためには、科学とガバナンスや法律の統合的なアプローチが重要であり、新しい知識の生産からガバナンスの実践までを含む長期的な研究イニシアチブを推進していく重要性が指摘されている[48]。

● 気候変動適応や防災・減災への応用（EbA、Eco-DRR）

　気候変動への適応や自然災害からの防災・減災等に対して生態系や生物多様性が果たす役割の重要性が認識されている。気候変動適応において、「生態系を活用した適応策（Ecosystem-based Adaptation：EbA）」の重要性をIUCNや生物多様性条約事務局が指摘している。2016年にはEbAと「生態系を活用した防災・減災（Ecosystem-based Disaster Risk Reduction：Eco-DRR）」の主流化に向けた報告書が生物多様性条約事務局から公表されている。またそれに続くものとして、同事務局が、気候変動枠組条約事務局や国連国際防災戦略事務局と協力して、EbAとEco-DRRの設計や社会実装に関するガイドラインを2018年に公表している。EbAとEco-DRRを実装するための多様なツールや多くの事例を紹介した学術図書も出版されている。その他にも国連防災世界会議による「仙台防災枠組2015-2030」（2015年）、ラムサール条約での決議（2015年）、欧州委員会やIUCNによる「自然に根ざした解決策（NbS）」の推進等がある。国内でもEco-DRRやEbAの重要性に関する認識は環境省、国土交通省、JICAなどの政策や事業に見られる。また、国立環境研究所が運営する気候変動適応情報プラットフォーム（A-PLAT）では、生態系を活用した適応策（EbA）の事例などが紹介され[49]、環境省からは国内外の事例をもとにしたEbAの手引書が2022年に発行されている[50]。

　こうしたEbAやEco-DRRに関する研究は近年大きく進展している。例えば、洪水による浸水災害を避けるような土地利用を実現するために、米国本土スケールで、浸水が起こりうる氾濫原生態系を保全する目的で

2.8 人と自然の調和

政府が土地を購入するコストと、それにより回避できる浸水災害被害額の便益の比較が行われた。結果は、5万km²を超える場所では便益がコストを上回るというものだった[51]。一方、欧州での事例からはEco-DRRの社会実装にとってステークホルダーの参加が重要であるものの、現在のところステークホルダーにとっての具体的な生態系サービスや環境経済的なメリットの評価を行うだけの科学的知見や技術が十分に整っていないとの指摘がある[52]。Eco-DRRに関する研究のレビューによると、生態系が防災減災に役立つことやその費用効果の高さが多くの研究により示されているものの、発展途上国の沿岸都市や乾燥地における研究が立ち遅れている現状を指摘している[53]。

［注目すべき国内外のプロジェクト］
■国内
• 環境研究総合推進費「S-15：社会・生態システムの統合化による自然資本・生態系サービスの予測評価」（2016～2020年度）

　日本を中心に、アジア地域も視野に入れながら、自然資本・生態系サービスの自然的・社会経済的価値の予測評価を行い、シナリオ分析に基づく複数の政策オプションの検討を行っている。最終的には、包括的な福利を維持・向上させるためのガバナンスのあるべき姿を提示することを目指している。環境省の環境研究総合推進費では、本課題以外にも環境問題対応型研究として複数の研究プロジェクトが生態系サービスや自然資本に関係する研究を実施している。また、S-15の後継プロジェクトとして、「S-21：生物多様性と社会経済的要因の統合評価モデルの構築と社会適用に関する研究」が2023年度から実施予定である。

• 総合地球環境学研究所における超学際研究

　大学共同利用機関である総合地球環境学研究所では、国内外の社会―生態システムに関するさまざまな学際的・超学際的研究プロジェクトが実施されている。大学共同利用機関として国内外の研究者が提案する研究プロジェクトを実施しており、プロジェクトには自然科学・人文学・社会科学の多様な研究者のほか、企業や行政などの実務者も参加している。例えば流域の栄養循環、水・エネルギー・食料ネクサス、熱帯泥炭地の社会―生態システム、生態系を活用した防災・減災など、さまざまな視点から社会―生態システムに関する学際的・超学際的研究に取り組んでいる。

• フューチャー・アース（2015年～）

　地球環境研究の国際研究プログラムの再編・統合後、2015年からはフューチャー・アース（Future Earth）というプログラムが進められている。フューチャー・アースは自然科学と人文・社会科学が強く連携すること、社会の多様なステークホルダーと共に研究を行うことを重視しており、社会問題解決型の超学際研究を推進している。2014年に62の優先研究課題からなる戦略的研究アジェンダが作られ、その下で「グローバル研究プロジェクト（Global Research Projects）」や「知と実践のネットワーク（Knowledge-Action Networks：KANs）」が推進されている。日本には、Future Earth国際事務局日本ハブが置かれ、現在9つあるFuture Earthの国際事務局ハブと共にFuture Earth全体の運営を担っている。Future Earth国際事務局日本ハブは、国立環境研究所と総合地球環境学研究所を中心に、12機関が協力して運営している。JST社会技術研究開発センターでは日本におけるフューチャー・アースの取組みの一環として、「フューチャー・アース構想の推進事業」（2014～2018年度）を実施した。「課題解決に向けたトランスディシプリナリー研究」として本格研究が2件実施されたほか、「日本が取り組むべき国際的優先テーマの抽出及び研究開発のデザインに関する調査研究」が実施され、107の研究課題からなる「日本における戦略的研究アジェンダ」が作られた。

■国外

• Horizon 2020およびHorizon Europeにおける社会―生態システムに関する研究プロジェクト

　EUにおいて、Horizon 2020の下でNbSに関する32のプロジェクトに2億92百万ユーロの研究資金が投じられた。これによりEUの政策レベルでNbSの枠組み条件を改善すると同時に、EUを同分野におけるグローバルリーダーとして位置づけるための戦略的な役割を担っている[54]。また、Horizon 2020およびHorizon Europeの下で社会―生態システムに関する複数の研究プロジェクトが推進されている。「MUSES（Towards middle-range theories of the co-evolutionary dynamics of multi-level social-ecological systems）」プロジェクト（2017～2022年）では、社会―生態システムのダイナミクスを評価するため、自然科学と社会科学の理論を組み合わせた学際的なアプローチにより、複雑適応系としての社会―生態システムの数理モデル開発が行われている。「eLTER（European Long-Term Ecosystem and Socio-Ecological Research Infrastructure）」プロジェクト（2015～2019年）では、社会-生態システムの研究プラットフォームとなるべく22カ国162地点の長期生態系モニタリングデータの収集・共有を進めるとともに、研究等での利活用支援を行ってきた。同プロジェクトは2015～2019年に行われ、その後新たな2プロジェクト（2020～2025年）が立ち上がった。1つはeLTER研究インフラの技術的な高度化や法的・経済的な成熟を進めるための調整・支援を行う「eLTER PPP」で、もう1つはeLETR研究インフラで収集されたデータやサービスの利活用促進に取り組む「eLTER Plus」である。

• Natural Capital Project（2006年～）

　米国スタンフォード大学が中心となり中国科学院や米国ミネソタ大学などが国際連携して進めているNatural Capital Projectは、自然資本の可視化と実際の意思決定への反映に取り組んでいる。これらの取組みを通じて科学的知見の蓄積や新しいツールの開発を進めている。特に本プロジェクトで開発された生態系サービスの地図化ツールであるInVESTは今や世界中で利用されている。Natural Capital Projectの取組みは世界各国に広がっており、心身の健康に関連した生態系サービスの評価、生態系サービスへのアクセス公平性の評価、社会―生態システムのレジリエンス、地球規模での生態系サービス評価、AIを活用したデータ分析など、多方面にわたった研究が行われるとともに、InVESTのトレーニングプログラムも展開している。

• ストックホルム・レジリエンス・センターにおける超学際研究（2007年～）

　スウェーデンにあるストックホルム・レジリエンス・センターでは、社会―生態システムのレジリエンスや持続性科学に関して、学際的・超学際的な研究が幅広に実施されている。自然科学や人文・社会科学の多様な研究者が所属しており、陸上・海洋・都市における社会―生態システムに注目し、「複雑適応系」、「人類世におけるダイナミクス」、「スチュワードシップ」、「社会の転換」といった分野横断的なテーマの研究に取り組んでいる。研究対象は世界各国に広がっているほか、2007年に設立されて以降、論文の出版数や引用数は上昇傾向を維持しており、特に近年は学際的な研究論文の出版数の伸びが著しい。また、年度あたりの研究費も上昇傾向を維持している。

（5）科学技術的課題

• 生態系サービス評価

　供給サービスや調整サービスに関する科学的基盤は比較的整っており、国内外で評価研究が実施されているが、未解決の課題も多く残されている。例えば供給サービスと調整サービスの評価手法に関しては、評価結果の妥当性や確実性の検証などが必要と指摘されており、更なる高度化が求められている。文化的サービスや一部の調整サービス（災害の緩和、精神的健康への寄与など）の評価は十分に研究が進んでおらず、手法開発をさらに進める必要があるとされている[33],[55]。IPBESとIPCCの合同レポート[56]では、カーボンニュートラルを目指した再生可能エネルギーへの転換と関連した土地改変が、生物多様性や生態系サービスに負の

影響を与える問題が指摘されている。日本においてもソーラー発電施設による生態系改変の問題が指摘されており[57]、今後、気候変動適応策と生態系・生物多様性の両立（Climate–Nature Nexus）を可能にする研究が重要になる。

　生態系サービス間のトレードオフ関係と生態系・生物多様性との関連性の理解も今後の課題である。生態系サービス間の関連性についての研究の多くは時間的・空間的に限られた範囲でのスナップショット的な分析であり、歴史性を考慮したり広域を対象にしたりするなど、時空間ダイナミクスを考慮した研究はまだ少ない。そのため現状では環境変化・気候変動・その他の影響要因の変化が将来の自然資本や生態系サービスに与える影響を高い確度で予測評価することはまだ難しいと考えられている。生態系サービスの時空間ダイナミクスをその駆動要因とともに理解して将来予測につなげるためには、生態系サービスの構成要素である生態系や生物多様性のモニタリングに加え、多数の事例研究を用いた直接要因と間接要因（自然的、文化的、社会・経済的要因）に関するメタ分析、モデル地域での実証研究、複雑適応系やエージェント・ベースド・モデルなどの数理モデルを用いた社会―生態システムの研究などが今後必要と考えられている。また、生態系サービス評価の結果を、企業活動や政策などに反映するための学際的研究も必要とされている。

● 自然資本や生態系サービスの価値評価

　精力的に研究が行われているが、評価手法自体がまだ発展途上にある。そのため生態系サービスや自然資本の収支に関する情報が社会のさまざまな意思決定の場で使われることは現状では限定的であり、広く普及するには至っていない。まだ勘定に反映されていない自然資本の抽出や評価手法の開発が必要な状況にある[33],[55]。一方で、それらに対する研究ニーズは、国際的な経済や政治などにおいて急速に拡大しつつある。

　自然資本の現在価値と将来価値を統合的に評価することが自然資本の持続的な管理に必要となるが、将来価値を現在価値に換算する割引率の設定などについては、経済学的な分析に加えて倫理的な観点からの検討も不足している。

● One Health アプローチ

　新型コロナウィルス感染症（Covid–19）のパンデミックをきっかけに、人獣共通感染症・新興感染症の増加と、生態系の改変や人と自然の関わりの変化の関係への関心が高まっている（例えば[58]）。野生動植物との接触機会の増加は感染症リスクを高めるリスクがある一方、過度な都市化によって自然に触れる機会が減少することが精神疾患やアレルギー疾患のリスクを高める側面もある。これらの認識のもと、人の健康、生態系の健全性、野生動物、家畜の健康を同時に考慮する One Health アプローチ（マンハッタン原則による12の行動計画[59]）の重要性が再認識された。2021年には日本医師会、日本獣医師会、IUCN日本委員会、日本自然保護協会など12団体の連名で「ワンヘルス共同宣言」が発表された[60]。人と野生動物の分布域の境界管理や都市緑地における生物多様性など、人と自然のかかわりに関する研究は今後より重要性を増すと考えられる。

● 社会―生態システムの管理政策やガバナンスに関する研究

　地域レベル・国レベル・国際レベルで様々な取組みが進みつつある。環境に配慮したビジネスや資本投資も近年急速に拡大している。しかしこれらの管理政策・ビジネス・投資などが自然資本や生態系サービスの持続性に与える効果を十分に評価できるほどに社会―生態システムの理解は進んでおらず、効果評価に必要な社会―生態システムのモニタリングも十分な状況にはない。結果として管理や投資の指標開発が進んでいない。より効果的な管理政策やビジネス・投資における意思決定を促すためには、自然資本や生態系サービスに関する基準の設定、基準の評価に必要なデータと方法論の整備、基準達成の報告に関する仕組みなどの開発が必要になる[33],[55]。

　行動経済学、社会学、心理学などの社会科学が参加する学際的研究により、より良い管理政策やガバナン

2.8　人と自然の調和

ス、政策決定に必要な科学的知見の創出が期待されている。科学者や行政担当者だけでなく、社会の多様なステークホルダーが協力して進める順応的協働管理、生態系スチュワードシップなどの超学際的研究が必要とされ、その学術的発展は、社会―生態システムの持続性に貢献すると期待されている。また、新しい知識の生産からガバナンスの実践までを含む長期的で統合的な研究イニシアチブを推進していく重要性が指摘されている。

（6）その他の課題

・学際的・超学際的研究に携わる人材の不足懸念と育成の必要性

社会―生態システムに関する研究は、それらの基盤となっている生態系や生物多様性に関する生態学的な研究のみならず、農学や工学などの応用分野の自然科学に加えて、社会学・経済学・歴史学・倫理学などの人文・社会科学分野の研究参加も必要になる。そのような社会−生態システムの全体を俯瞰するような教育プログラムや、社会の多様なステークホルダーと協働する超学際的研究に関する教育プログラムは、一部の大学（東北大学や九州大学など）での取り組みがあるものの、十分な人材育成ができていない状況にある。そのため、社会―生態システムに関する科学的基盤の知識生産を担う研究人材が不足しており、将来的にも人材不足が懸念されている[61]。

・研究成果に対する評価基準の開発

社会−生態システムの研究は学際的・超学際的であり、さまざまな学問分野や社会の多様なステークホルダーとの横断的な連携が求められる。そのため、既存の学問分野で発展してきた研究成果に対する評価基準をそのまま社会−生態システムの研究に当てはめることには困難があると言われている。学際的・超学際的研究に対する評価のあり方は既存の学問分野に比べて十分に成熟しておらず、既存の分野に固執せず幅広い視点で社会−生態システムの研究評価を担当できる評価人材も少ない。また学際的・超学際的研究を推進する研究助成制度も十分に整備されていない[61]。社会が求める社会−生態システムの学際的・超学際的研究をこれまで以上に推進していくためには、研究成果に対する評価基準の開発が必要とされている。

・国内中核機関の必要性

スウェーデンのストックホルム・レジリエンス・センターやドイツの生物多様性研究センターのように諸外国には社会−生態システムのレジリエンスや持続可能性に関する専門の研究機関が存在する。一方、日本では総合地球環境学研究所や京都大学生態学研究センターなど関連する研究機関があるものの、諸外国の研究機関と比較すると研究人材・研究施設・研究費のいずれにおいても十分とは言えない現状にある。学際的・超学際的な社会−生態システムの研究を一段と発展させるためには、研究を中心的に先導していく中核的研究機関の拡充が必要とされている[61]。

（7）国際比較

国・地域	フェーズ	現状	トレンド	各国の状況、評価の際に参考にした根拠など
日本	基礎研究	○	↗	● 環境省環境研究総合推進費による大型研究プロジェクト（S-9、S-15など）により、生態系サービスや自然資本に関する基礎・応用研究が進みつつあり、プロジェクトの進行にともない国際的に評価される研究成果が公表されつつある。 ● 自然資本の経済評価については、環境経済学的な分析や包括的な富（Inclusive Wealth）の研究などで進展が見られる。 ● 社会―生態システムのガバナンスに関する基礎的研究も進みつつあるが、他国に比較して研究の進展は十分ではない。

	応用研究・開発	○	↗	● 環境省環境研究総合推進費による大型研究プロジェクト（S-9、S-15など）により、生態系サービスや自然資本に関する基礎・応用研究が進みつつあり、世界を先導するような研究成果が出始めている。しかし国際的発信は必ずしも十分ではない。 ● IPBESやIUCNなどの国際的なイニシアチブに研究者が参加し、国際的な取り組みへの貢献が拡大している。 ● 全国レベルで生態系サービスの評価が実施され、社会-生態システムの概念を新たに取り入れたJBO3（生物多様性及び生態系サービスの総合評価報告書2021）が公表されている。 ● 生態系サービスや自然資本に関係する概念が科学技術、環境政策、国土政策などに取り入れられているものの、政策を十分に支援するだけの情報基盤や研究体制は整備されていない。
米国	基礎研究	◎	↗	● 社会-生態システムに関係する研究は世界で最も活発になされており、この分野を先導している。 ● スタンフォード大学を中心に進められている「Natural Capital Project」では、生態系サービスの地図化で最もよく使用されるソフトウェア（InVEST）などを提供しているほか、さまざまな国における自然資本と生態系サービスの管理に貢献している。
	応用研究・開発	◎	→	● バイデン政権は2022年11月に「自然を基盤とした解決策のロードマップ」を公表し、NbSの利用拡大や重点的に取り組むべき5つの戦略的分野を提示した。また150以上の取り組み例をガイドとして取りまとめた。 ● 「デザインによる復興（Rebuild by Design）」やグリーンインフラによる先進的な取り組みが州や市レベルで進んでおり、生態系のレジリエンスを活用した自然災害に強い街づくりや雨水管理などを実践している。
欧州	基礎研究	◎	↗	【EU】 ● EU全域を合わせると、社会-生態システムに関係する研究は米国とともに世界で最も活発になされており、この分野を先導している。 ● Horizon 2020やその後継のHorizon Europeには、NbSに関する研究プログラムが多数設定されているほか、社会-生態システムに関する数多くの研究プロジェクトが推進されている。自然科学と社会科学の理論を組み合わせた学際的なアプローチによる社会-生態システムのダイナミクスの研究など、多くの研究成果が得られている。 【英国】 ● 自然環境研究会議（NERC）では、生物多様性と生態系サービスの関連、水・食料・エネルギー・生態系サービスのネクサス、自然資本や生態系サービスの価値評価などに関する研究プロジェクトが進められている。 【ドイツ】 ● ドイツ生物多様性研究センター（iDiv：German Centre for Integrative Biodiversity Research）が2012年に設立され、生態系サービスや社会-生態システムに関する研究を活発に行なっている。 【フランス】 ● フランス国立科学研究センター（CNRS）では、海洋における社会-生態システムの持続的管理に関する学際的研究プロジェクトなどが進められている。 【スウェーデン】 ● ストックホルム・レジリエンス・センターでは、生態系サービスや社会-生態システムのガバナンスに関する研究を活発に行なっている。

	応用研究・開発	◎	↗	**【EU】** ● NbSに関する研究開発分野のレビューが専門家グループにより行われている[7]。 ● Horizon 2020やその後継のHorizon Europeに基づき推進されている研究には、社会─生態システムに関する政策決定を長期モニタリングの視点から支援する研究インフラの整備などがあり、超学際的アプローチによる実践的な研究が数多く進められている。 **【英国】** ● 都市における自然資本の活用に関する超学際的研究プロジェクト、ビジネスにおける自然資本の価値化や勘定に関する研究プロジェクトなどが進められている。 ● 2018年に「25年環境計画（25Year Environmental Plan）」が政府により公表され、環境を第一とする農林水産業の推進や自然資本の保護と成長の政策に反映させることなどが盛り込まれている。 **【ドイツ】** ● ハンブルグ市などでの都市再生に生態系機能を活用するための研究プロジェクトや、気候変動に影響を受ける海洋生態系の自然資本と生態系サービスに関する研究プロジェクトなどが進められている。 **【フランス】** ● 都市における多様なステークホルダーが協働する自然再生の仕組みづくりや、乾燥化する河川生態系の自然資本や生態系サービスの評価に関する研究プロジェクトなどが進められている。
中国	基礎研究	◎	↗	● 生態系サービスの現状評価や地図化、生態系管理の効果に関する研究など、国際的に顕著な研究成果を近年急速に増やしつつある。例えば、自然資本と生態系サービスを組み込んだ経済の尺度としてGEP（Gross Ecosystem Product：生態系総生産）を提案し、GDPを補完する指標として、青海省での評価に適用している。 ● 生態系サービスや自然資本に関係する研究は、近年急速に拡大しつつあり、世界のトップグループに入っている。 ● 中国科学院生態環境研究センターには、都市と地域生態国家重点実験室が設けられ、社会－生態システムの研究が行われている。
	応用研究・開発	◎	↗	● 環境と経済の発展を調和させる生態文明（Ecological Civilization）の概念を中国共産党中央委員会が2015年に提示し、生態系保全や再生の取り組みを進めている。 ● 第14次5カ年計画（2021–2025）において「生態系の質と安定性の向上」が掲げられ、自然に基づく解決策の実施が重要政策領域として設定されている。 ● 世界最大のPESである「Sloping Land Conversion Program」を1999年から進めており、広大な面積で森林再生、浸食防止、炭素貯蔵などを進めている。 ● 重要な生態系サービスを保全するために、Ecosystem Function Conservation Areasを指定している。 ● 生態と環境に関する年次報告書が、生態環境部（省）から公表されている。 ● 森林保全、土壌保全、砂漠化防止などの取り組みが大規模に中国全体で実施されてきた。その効果は全体的にはポジティブであるものの、課題も残っていると分析されている[62]。
韓国	基礎研究	△	↗	● 2013年に国立生態院が設立され、生態系サービスに関する研究も一部進んでいる。 ● 生態系サービスや社会─生態システムに関係する研究は、個別の優れた研究はあるものの、全体として他国と比較すると多い方ではない。
	応用研究・開発	△	→	● 全国レベルで数種類の生態系サービスの評価が実施されている[63]ほか、沿岸域や一部地域ではより多くの種類の詳細な生態系サービス評価が実施されている。

2.8
人と自然の調和

（註1）「フェーズ」

「基礎研究」：大学・国研などでの基礎研究レベル。

「応用研究・開発」：技術開発（プロトタイプの開発含む）・量産技術のレベル。

（註2）「現状」 ※我が国の現状を基準にした評価ではなく、CRDSの調査・見解による評価。

◎：他国に比べて特に顕著な活動・成果が見えている 　　○：ある程度の顕著な活動・成果が見えている

△：顕著な活動・成果が見えていない 　　×：特筆すべき活動・成果が見えていない

（註3）「トレンド」

↗：上昇傾向、→：現状維持、↘：下降傾向

関連する他の研究開発領域

> ・生態系・生物多様性の観測・評価・予測（環境・エネ分野　2.7.4）
> ・農林水産業における気候変動影響評価・適応（環境・エネ分野　2.8.2）
> ・都市環境サステナビリティ（環境・エネ分野　2.8.3）

参考・引用文献

1) Intergovernmental Science-Policy Platform on Biodiversity and Ecosystem Services (IPBES), "Report of the Plenary of the Intergovernmental Science-Policy Platform on Biodiversity and Ecosystem Services on the work of its fourth session," System of Environmental Economic Accounting, https://seea.un.org/content/report-plenary-intergovernmental-science-policy-platform-biodiversity-and-ecosystem-services, （2023年2月2日アクセス）.

2) Sandra Díaz, et al., "Assessing nature's contributions to people," *Science* 359, no. 6373 (2018)：270-272., https://doi.org/10.1086/10.1126/science.aap8826.

3) Intergovernmental Science-Policy Platform on Biodiversity and Ecosystem Services (IPBES) 「生物多様性と生態系サービスに関する地球規模評価報告書 政策決定者向け要約」Institute for Global Environmental Strategies (IGES), https://www.iges.or.jp/en/pub/ipbes-global-assessment-spm-j/ja, （2023年2月2日アクセス）.

4) Shunsuke Managi and Pushpam Kumar, ed., *Inclusive Wealth Report 2018: Measuring Progress Towards Sustainability* (London: Routledge, 2018), https://doi.org/10.4324/9781351002080.

5) Glenn-Marie Lange, Quentin Wodon and Kevin Carey, The *Changing Wealth of Nations 2018: Building a Sustainable Future* (Washington: World Bank, 2018).

6) Peter M. Kareiva, et al., "Improving global environmental management with standard corporate reporting," *PNAS* 112, no. 24 (2015)：7375-7382., https://doi.org/10.1073/pnas.1408120111.

7) European Commission, "Nature-based solutions: Nature-based solutions and how the Commission defines them, funding, collaboration and jobs, projects, results and publications," https://research-and-innovation.ec.europa.eu/research-area/environment/nature-based-solutions_en, （2023年2月2日アクセス）.

8) UN-Water, "UN World Water Development Report 2018: Nature-based Solutions for Water," United Nations, https://www.unwater.org/world-water-development-report-2018-nature-based-solutions-for-water/, （2023年2月2日アクセス）.

9) International Union for Conservation of Nature (IUCN), "Global Standard for Nature-based Solutions: A user-friendly framework for the verification, design and scaling up of NbS,"

2.8 人と自然の調和

https://portals.iucn.org/library/sites/library/files/documents/2020-020-En.pdf,（2023年2月2日アクセス）.

10) Secretariat of the Convention on Biological Diversity, *Voluntary guidelines for the design and effective implementation of ecosystem-based approaches to climate change adaptation and disaster risk reduction and supplementary information, Technical Series no. 93* (Montreal: Secretariat of the Convention on Biological Diversity, 2019).

11) Directorate-General for Research and Innovation (European Commission), "Towards an EU Research and Innovation policy agenda for Nature-based Solutions & Re-Naturing Cities: final report of the Horizon 2020 expert group on 'Nature-based solutions and re-naturing cities' (full version)," European Union, https://data.europa.eu/doi/10.2777/479582,（2023年2月2日アクセス）.

12) Simon Willcock, et al., "Machine learning for ecosystem services," *Ecosystem Services* 33, Part B (2018)：165-174., https://doi.org/10.1016/j.ecoser.2018.04.004.

13) Gregory Obiang Ndong, Olivier Therond and Isabelle Cousin, "Analysis of relationships between ecosystem services: A generic classification and review of the literature," *Ecosystem Services* 43 (2020)：101120., https://doi.org/10.1016/j.ecoser.2020.101120.

14) Jiashu Shen, et al., "Exploring the heterogeneity and nonlinearity of trade-offs and synergies among ecosystem services bundles in the Beijing-Tianjin-Hebei urban agglomeration," *Ecosystem Services* 43 (2020)：101103., https://doi.org/10.1016/j.ecoser.2020.101103.

15) Andrés M. García, et al., "Green infrastructure spatial planning considering ecosystem services assessment and trade-off analysis. Application at landscape scale in Galicia region (NW Spain)," *Ecosystem Services* 43 (2020)：101115., https://doi.org/10.1016/j.ecoser.2020.101115.

16) Detlef P. Van Vuuren, et al., "Integrated scenarios to support analysis of the food-energy-water nexus," *Nature Sustainability* 2 (2019)：1132-1141., https://doi.org/10.1038/s41893-019-0418-8.

17) Amandine V. Pastor, et al., "The global nexus of food-trade-water sustaining environmental flows by 2050," *Nature Sustainability* 2 (2019)：499-507., https://doi.org/10.1038/s41893-019-0287-1.

18) Sarah Wolff, et al., "Meeting global land restoration and protection targets: What would the world look like in 2050？" *Global Environmental Change* 52 (2018)：259-272., https://doi.org/10.1016/j.gloenvcha.2018.08.002.

19) Pablo Herreros-Cantis and Timon McPhearson, "Mapping supply of and demand for ecosystem services to assess environmental justice in New York City," *Ecological Applications* 31, no. 6 (2021)：e02390., https://doi.org/10.1002/eap.2390.

20) Angélica Valencia Torres, Chetan Tiwari and Samuel F. Atkinson, "Progress in ecosystem services research: A guide for scholars and practitioners," *Ecosystem Services* 49 (2021)：101267., https://doi.org/10.1016/j.ecoser.2021.101267.

21) Wei Jiang, Tong Wu and Bojie Fu, "The value of ecosystem services in China: A systematic review for twenty years," *Ecosystem Services* 52 (2021)：101365., https://doi.org/10.1016/j.ecoser.2021.101365.

22) Anh Nguyet Dang, et al., "Review of ecosystem service assessments: Pathways for policy integration in Southeast Asia," *Ecosystem Services* 49 (2021)：101266., https://doi.

org/10.1016/j.ecoser.2021.101266.

23) Zhiyun Ouyang, et al., "Using gross ecosystem product (GEP) to value nature in decision making," *PNAS* 117, no. 25（2020）: 14593-14601., https://doi.org/10.1073/pnas.1911439117.

24) Richard B. Bradbury, et al., "The economic consequences of conserving or restoring sites for nature," *Nature Sustainability* 4（2021）: 602-608., https://doi.org/10.1038/s41893-021-00692-9.

25) Partha Dasgupta, *The Economics of Biodiversity: The Dasgupta Review*（London: HM Treasury, 2021）.

26) Unai Pascual, et al., "Valuing nature's contributions to people: the IPBES approach," *Current Opinion in Environmental Sustainability* 26-27（2017）: 7-16., https://doi.org/10.1016/j.cosust.2016.12.006.

27) Unai Pascual, et al., "Biodiversity and the challenge of pluralism," *Nature Sustainability* 4（2021）: 567-572., https://doi.org/10.1038/s41893-021-00694-7.

28) Intergovernmental Science-Policy Platform on Biodiversity and Ecosystem Services（IPBES）, *Summary for policymakers of the methodological assessment regarding the diverse conceptualization of multiple values of nature and its benefits, including biodiversity and ecosystem functions and services*, eds. Unai Pascual, et al.（Bonn: IPBES secretariat, 2022）, https://doi.org/10.5281/zenodo.6522392.

29) James Salzman, et al., "The global status and trends of Payments for Ecosystem Services," *Nature Sustainability* 1（2018）: 136-144., https://doi.org/10.1038/s41893-018-0033-0.

30) Wiktor Adamowics, et al., "Assessing ecological infrastructure investments," *PNAS* 116, no. 12（2019）: 5254-5261., https://doi.org/10.1073/pnas.1802883116.

31) Sven Wunder, et al., "From principles to practice in paying for nature's services," *Nature Sustainability* 1（2018）: 145-150., https://doi.org/10.1038/s41893-018-0036-x.

32) C. J. Vörösmarty, et al., "Scientifically assess impacts of sustainable investments," *Science* 359, no. 6375（2018）: 523-525., https://doi.org/10.1126/science.aao3895.

33) Intergovernmental Science-Policy Platform on Biodiversity and Ecosystem Services（IPBES）, *Global assessment report on biodiversity and ecosystem services of the Intergovernmental Science-Policy Platform on Biodiversity and Ecosystem Services,* eds. Eduardo S. Brondizio, et al.（Bonn: IPBES secretariat, 2019）, https://doi.org/10.5281/zenodo.3831673.

34) Marco Casaria and Claudio Tagliapietra, "Group size in social-ecological systems," *PNAS* 115, no. 11（2018）: 2728-2733., https://doi.org/10.1073/pnas.1713496115.

35) Intergovernmental Science-Policy Platform on Biodiversity and Ecosystem Services（IPBES）, "The methodological assessment report on scenarios and models of biodiversity and ecosystem services," https://www.efdinitiative.org/sites/default/files/publications/2016.methodological_assessment_report_scenarios_models.pdf,（2023年2月2日アクセス）

36) Kirsten A. Henderson, Chris T. Bauch and Madhur Anand, "Alternative stable states and the sustainability of forests, grasslands, and agriculture," *PNAS* 113, no. 51（2016）: 14552-14559., https://doi.org/10.1073/pnas.1604987113.

37) Romina Martin, Maja Schlüter and Thorsten Blenckner, "The importance of transient social dynamics for restoring ecosystems beyond ecological tipping points," *PNAS* 117, no. 5（2020）: 2717-2722., https://doi.org/10.1073/pnas.1817154117.

2.8 人と自然の調和

38) Ben W. Kolosz, et al., "Conceptual advancement of socio-ecological modelling of ecosystem services for re-evaluating Brownfield land," *Ecosystem Services* 33, Part A（2018）: 29-39., https://doi.org/10.1016/j.ecoser.2018.08.003.

39) Joern Fischer, et al. "Making the UN Decade on Ecosystem Restoration a Social-Ecological Endeavour," *Trends in Ecology & Evolution* 36, no. 1（2021）: 20-28., https://doi.org/10.1016/j.tree.2020.08.018.

40) Joshua E. Cinner, et al., "Sixteen years of social and ecological dynamics reveal challenges and opportunities for adaptive management in sustaining the commons," *PNAS* 116, no. 52（2019）: 26474-26483., https://doi.org/10.1073/pnas.1914812116.

41) Annisa Triyanti and Eric Chu, "A survey of governance approaches to ecosystem-based disaster risk reduction: Current gaps and future directions," *International Journal of Disaster Risk Reduction* 32（2018）: 11-21., https://doi.org/10.1016/j.ijdrr.2017.11.005.

42) Payam Aminpour, et al., "Wisdom of stakeholder crowds in complex social-ecological systems," *Nature Sustainability* 3（2020）: 191-199., https://doi.org/10.1038/s41893-019-0467-z.

43) Adrienne Grêt-Regamey, Sibyl H. Huber and Robert Huber, "Actors' diversity and the resilience of social-ecological systems to global change," *Nature Sustainability* 2（2019）: 290-297., https://doi.org/10.1038/s41893-019-0236-z.

44) Amélie Bourceret, Laurence Amblard and Jean-Denis Mathias, "Governance in social-ecological agent-based models: a review," *Ecology and Society* 26, no. 2（2021）: 38., https://doi.org/10.5751/ES-12440-260238.

45) Jacob Freeman, Jacopo A. Baggio and Thomas R. Coyle, "Social and general intelligence improves collective action in a common pool resource system," *PNAS* 117, no. 14（2020）: 7712-7718., https://doi.org/10.1073/pnas.1915824117.

46) Sechindra Vallury, et al., "Adaptive capacity beyond the household: a systematic review of empirical social-ecological research," *Environmental Research Letters* 17, no. 6（2022）: 063001., https://doi.org/10.1088/1748-9326/ac68fb.

47) Rodrigo Cámara-Leret, Miguel A. Fortuna and Jordi Bascompte, "Indigenous knowledge networks in the face of global change," *PNAS* 116, no. 20（2019）: 9913-9918., https://doi.org/10.1073/pnas.1821843116.

48) Barbara Cosens, et al. "Governing complexity: Integrating science, governance, and law to manage accelerating change in the globalized commons," *PNAS* 118, no. 36（2021）: e2102798118., https://doi.org/10.1073/pnas.2102798118.

49) 気候変動適応情報プラットフォーム（A-PLAT）「適応策データベース」https://adaptation-platform.nies.go.jp/db/measures/index.html,（2023年2月2日アクセス）.

50) 国立研究開発法人国立環境研究所「生態系を活用した気候変動適応策（EbA）：計画と実施の手引き」環境省 自然環境局, https://www.biodic.go.jp/biodiversity/about/library/files/EbA.pdf,（2023年2月2日アクセス）.

51) Kris A. Johnson, et al., "A benefit-cost analysis of floodplain land acquisition for US flood damage reduction," *Nature Sustainability* 3（2020）: 56-62., https://doi.org/10.1038/s41893-019-0437-5.

52) Alistair McVittie, et al., "Ecosystem-based solutions for disaster risk reduction: Lessons from European applications of ecosystem-based adaptation measures," *International Journal of*

2.8
人と自然の調和

Disaster Risk Reduction 32（2018）：42-54., https://doi.org/10.1016/j.ijdrr.2017.12.014.

53) Karen Sudmeier-Rieux, et al., "Scientific evidence for ecosystem-based disaster risk reduction," *Nature Sustainability* 4（2021）：803-810., https://doi.org/10.1038/s41893-021-00732-4.

54) European Research Executive Agency (European Commission), "Nature Based Solutions: Horizon 2020 NBS Research Projects Tackle the Climate and Biodiversity Crisis," European Union, https://doi.org/10.2848/501354,（2023年2月2日アクセス）.

55) Matías E. Mastrángelo, et al., "Key knowledge gaps to achieve global sustainability goals," *Nature Sustainability* 2（2019）：1115-1121., https://doi.org/10.1038/s41893-019-0412-1.

56) Intergovernmental Science-Policy Platform on Biodiversity and Ecosystem Services (IPBES), "IPBES-IPCC Co-Sponsored Workshop on Biodiversity and Climate Change ," https://ipbes.net/events/launch-ipbes-ipcc-co-sponsored-workshop-report-biodiversity-and-climate-change,（2023年2月2日アクセス）.

57) Ji Yoon Kim, et al., "Current site planning of medium to large solar power systems accelerates the loss of the remaining semi-natural and agricultural habitats," *Science of The Total Environment* 779（2021）：146475., https://doi.org/10.1016/j.scitotenv.2021.146475.

58) Intergovernmental Science-Policy Platform on Biodiversity and Ecosystem Services (IPBES), "Escaping the 'Era of Pandemics': Experts Warn Worse Crises to Come Options Offered to Reduce Risk," https://ipbes.net/pandemics-marquee,（2023年2月2日アクセス）.

59) 福岡県庁「マンハッタン原則による12の行動計画：感染症リスクの抑制を図る戦略的枠組み」https://www.pref.fukuoka.lg.jp/uploaded/life/515738_60153496_misc.pdf,（2023年2月2日アクセス）.

60) 公益社団法人日本獣医師会「人と動物、生態系の健康はひとつ：ワンヘルス共同宣言の発表」http://nichiju.lin.gr.jp/topics/topic_view.php?rid=4422,（2023年2月2日アクセス）.

61) 日本学術会議 統合生物委員会 生態科学分科会「報告：生態学の展望（平成29年（2017年）7月27日）」日本学術会議, https://www.scj.go.jp/ja/info/kohyo/pdf/kohyo-23-h170727-2.pdf,（2023年2月2日アクセス）.

62) Brett A. Bryan, et al., "China's response to a national land-system sustainability emergency," *Nature* 559, no. 7713（2018）：193-204., https://doi.org/10.1038/s41586-018-0280-2.

63) National Geographic Information Institute (NGII), "The National Atlas of KoreaII 2020," http://nationalatlas.ngii.go.kr/pages/page_526.php?,（2023年2月2日アクセス）.

2.8
人と自然の調和

2.8.2 農林水産業における気候変動影響評価・適応

（1）研究開発領域の定義

　農林水産業への気候変動影響評価、農林水産業における気候変動対応、主として適応のための研究開発や技術開発を扱う領域である。農林業分野における対応は、圃場・林地スケールの生産関連技術から流域スケールの水資源確保や豪雨・斜面災害対策まで幅広い。具体的には気象に基づく生育予測・栽培管理や病害虫対応、乾燥・土壌浸食など農業生産基盤の利用・整備に関する研究・技術開発が含まれる。水産業分野における対応は、海水温上昇の海洋生態系への影響、漁船の電力化、品種改良、養殖技術、漁場整備、資源管理、ブルーカーボン生態系の利活用を通じた適応策などが含まれる。なお、農林水産業の炭素吸収・固定効果に関する評価については「2.4.1 ネガティブエミッション技術」で扱う。

（2）キーワード

　水稲生産、高温障害、資源管理、水資源管理、圃場、流域、適応技術、気象予測、豪雨、斜面災害、広域複合災害、経済被害、発生予測、避難警戒、レーザープロファイリング、自然を活用した解決策（Nature-based Solutions：NbS）、養殖産業成長化、複合漁業、スマート水産業、バイオマス産業化、魚種交代

（3）研究開発領域の概要
［本領域の意義］

　農林水産業は、地盤（または海洋）の物理的条件に大きく制約されると同時に、生物資源を扱うことから、日々の気象現象や地域の気候環境にも強く影響される。近年の気候変動は、生物資源量の変動だけでなく、自然災害の増加も引き起こしている。これにより、第一次産業に携わる住民の生活を脅かし、資源輸送や市場経済にも多大の損失を与えて、広く市民社会に深刻な影響を及ぼしている。

　気候変動に関する政府間パネル（IPCC）第6次報告書では、確信度の高いリスクとして食料及び水の安全保障の低下が挙げられた。また、干ばつ、洪水および熱波の強度と頻度の増大、海面水位上昇の継続によって、食糧安全保障に対するリスクが高まることも確信度が高いリスクとして列挙された。これらは気候変動に対する農林水産業の脆弱性の高さを表している。その一方、世界の人口は、今世紀中頃にはおよそ98億人、今世紀末には112億人に達すると予測されている。加えて新興国の経済発展もあり、世界の食糧需要は今世紀半ばには現在の約2倍に達すると見込まれている。増大する世界的な食料需要に対応するためには、農林水産業に関わる気候変動リスクに適応し、持続的に食料生産を確保することが必要となる。農業生産に必要不可欠な水資源も気候変動により変化することが予測されており、流域一貫での水資源管理や防災システムの構築により、食糧およびエネルギーの安定供給を確保することが大きな課題となっている。また、温暖化による気温の上昇は、変温動物である昆虫などの発育や発生に大きな影響を及ぼすため、温暖化に伴って病害虫の発生やそれに伴う被害が大きく変化すると考えられる。

　我が国はその地理的特性から自然災害の発生しやすい国である。その中でも斜面災害（斜面崩壊、地すべり、土石流）は我が国の農林水産業に大きな損害を与え得る災害の一つである。我が国では山地・丘陵地が国土の約7割を占め、土石流の発生限界勾配15度以上の渓流・斜面は国土の約4割に上る。過去20年間では年1,000件以上の斜面災害が発生している。特に、豪雨による災害では、2020年の総被害額は6,600億円[1]、このうち農林水産被害額は2,473億円[2]にのぼる。なお、全世界では斜面災害など自然災害（山火事、干ばつを含む）による経済被害は2021年には28兆5千億円と推算されている[3]。農地や農村は豊かな水や土壌を求めて山麓の沖積錘や扇状地に立地し、森林の大部分は山地斜面に分布している。漁村や漁港は深い港を求めて、海岸の崖直下に点在することが多い。これらをつなぐ道路・鉄道などのインフラや加工工場も多くは急傾斜地に接近して建設されている。このように我が国の農林水産業は斜面災害に対して極めて脆弱な立地条件のもとで営まれており、それゆえ斜面災害の予測精度向上とそのシステム開発、人口減の一

2.8 人と自然の調和

極集中と過疎化を視野に入れたインフラの配備計画、さらには感染症のような社会危機下での避難警戒など喫緊の課題は多い。また、斜面災害から住民の生活や産業基盤を守り、経済被害を減らすことは、国連の提唱するSDGsの実現にとっても重要な意義がある。

　我が国の水産分野における気候変動適応に向けた研究開発としては、水産分野への気候変動影響評価に関する既存結果などを踏まえ、これまではブルーカーボンを用いた温室効果ガス（Green House Gases：GHGs）吸収源拡大、ブルーカーボン生態系の利活用による持続可能な漁業・養殖業の推進、排出源対策としての漁船電力化、気候変動に適応可能な養殖品種・養殖技術・漁場漁港整備・資源管理手法の開発などが検討されてきた。これらを含むかたちで2022年3月に新たな水産基本計画が策定され、3つの柱：（1）海洋環境の変化も踏まえた水産資源管理の着実な実施、（2）増大するリスクも踏まえた水産業の成長産業化の実現、（3）地域を支える漁村の活性化の推進、とこれらの柱を横断的に推進すべき施策として、みどりの食料システム戦略、スマート水産技術、ブルーカーボンの活用と排出削減によるカーボンニュートラルへの対応、新型コロナウイルス感染症対策、東日本大震災からの復興、が掲げられている[4]。

　国際社会では、海洋国家の首脳陣により2018年に立ち上げられた「持続可能な海洋経済の構築に向けたハイレベル・パネル（HLP）」において、2019年に報告書「気候変動の解決策としての海洋」が公開されている[5]。報告書では、現時点での科学技術をもと基盤とした技術進展により、パリ協定の目標達成のために2050年までに削減すべきGHGsの21～25%を海洋での気候変動対策で達成できるとした。その達成に必要な5つの主要アクションとして、①再生可能エネルギーの推進、②ブルーカーボン生態系の活用、③水産業の振興と脱炭素化、④海上輸送の脱炭素化、⑤海底へのCO_2直接埋没（Carbon dioxide Capture and Storage：CCS）、があげられている。このうち、①～③の3つが水産業に直接関わるアクションである。HLPには我が国も加入しているため、我が国の水産分野に関わる気候変動対策に関わる政策は、このHLP報告書が背景に存在している。

［研究開発の動向］

（農林業）

　農業は気候変動に対して最も脆弱な産業の一つであり、気候変動は世界の穀物生産に直接的な影響を及ぼす。近年の世界的な主要穀物の収量の伸びの鈍化は、既に収量が高い先進国の収量を引き続き引き上げていくことが技術的に困難になっていることによる[6]。これに加え、気候変動も要因の一つに考えられている。全球規模の解析によると、気候変動（特に気温の上昇）が生産量を約2～6%低下させたと推計されている[7]。今後、産業革命前と比べた今世紀末の世界平均気温の上昇が約3度を超えた場合、米や小麦の世界平均収量の伸びが鈍化すると予測されている。また、気温上昇が1.8度未満でも、トウモロコシや大豆は収量の伸びが減少すると見込まれている[8]。気候変動による二酸化炭素の施肥効果がないとすると、28–43%の食料生産が失われるであろうとの推計もある[9]。人口増加に伴う食料生産への要望に応えるためにも、世界の水利用の約7割を占める灌漑用水は重要な位置づけにある[10]。

　日本においても気候変動による農業生産への影響が顕在化している。農林水産省が毎年公表している「地球温暖化影響調査レポート」では、日本全国での水稲、果樹、野菜、畜産などにおける温暖化による品質・収量低下の現状とともに、各地での適応策の取組状況が報告されている。また、気候変動影響への問題意識として、「農作物の品質や収量の低下、漁獲量の減少」（83.8%）が挙げられており、農業への影響に社会の高い関心が寄せられている[11]。

　農業での気候変動適応研究は、高温や水不足が作物の生育や収量に及ぼす直接的な影響、もしくは作物生産に必要な水資源の減少や洪水・高潮などによる農地の浸水による減収などの間接的な影響に関する研究に大別される。前者に関する研究は、観測などにより作物栽培に対する気象要素の長期的変化の影響を素過程の解明を通して明らかにする基礎的な研究と、作物生育モデルの開発を通して気候変動の影響評価や減収・品質低下に対する警報を発するなどの応用的研究からなる。

　農作物への影響に対した適応策としては、播種日（コメの場合は移植日）の変更や気温が高い地域の品種への切り替えが検討されている。またこうした比較的簡単に導入できる適応策に加え、高温や乾燥に強い品種の開発、灌漑・排水設備の導入、高温や干ばつなどの極端気象の早期警戒システムの開発なども同時に検討されている。

　一方、果樹は、気候に対する適応性の幅が狭く、果樹生産は地域によって栽培樹種が分かれている。水稲や野菜のような一年生の作物は、播種時期を調整することで気候への適応性の幅を広げることができるが、樹木である果樹は、人為的に作期を調整することは難しく、気候変動への適応性が低い。気温上昇が果樹や茶に影響を及ぼすメカニズムは、（1）極端な高温に短期間さらされることによる高温障害、（2）長期間の気温上昇による果樹の発育速度への影響、（3）気温上昇により生産環境が変化することによる病害虫の変化などの間接的な影響の大きく3つに分けられる。これらの影響に対する適応技術として、被害を防ぐ対策だけでなく、温暖化の利点を活用する方策も進められている。現在は、栽培する樹種を生かしたまま、栽培方法の改善をする適応技術が最も広く適用されているが、今後は、同じ樹種の高温耐性品種への更新、他の樹種への更新により、これまでその土地で栽培されてこなかった樹種への変更が進むことが見通される。

　林業に関連した研究では、2000年代以降は森林分布予測モデルの開発が活発に行われ、続いて病虫獣害に関する影響予測研究が盛んになった。元々、森林の広域分布と環境条件との対応関係を統計モデルによって説明する手法が1990年代から欧米を中心に発展した。この頃、日本ではバイオーム（生物群系）の全国的な分布を気温と降水量で説明するロジットモデルを構築し、平均気温が1～3℃上昇した場合の潜在生育域を予測した研究が行われていた。森林生態系に関する既存の情報を集約したデータベースの構築が開始したのもこの時期である。

　2000年代に入ると気候変動問題が社会的に注目され、それ以降、温暖化影響研究は進展し、現在は機械学習を使った高精度の森林分布予測モデルが次々と開発されている。例えば日本では白神山地の世界遺産で有名なブナ林を対象とした分布予測モデルが構築された。現在と温暖化後の将来の潜在生育域を比較することを通じ、西日本のブナ林が脆弱であることなどが判明した。同様に、天然林の主要な構成種に関する分布予測モデルの構築が進み、各森林帯を代表する樹種（例：ハイマツ、シラビソ、アカガシ）や林床に広がるササ類などについての研究結果が公表された。欧米諸国は伝統的に植物や植生の分布データベースが充実しており、研究者人口も多いため、2000年代以降に温暖化影響研究が一気に進み、数千種類もの植物種の温暖化影響を予測できる段階に達していた。これと比べると日本を含む東アジア地域は研究者数で欧米との差は歴然としていた。

　2010年代になると、森林の樹木だけではなく、ニホンジカ（シカ）やマツ材線虫病（マツ枯れ）といった森林生態系に被害をもたらす病虫獣害に関する影響予測研究も始まった。統計モデルに拠らないプロセスモデルによる林業への影響評価に関する研究も開始された。

　農林業における病虫害に関しては、温暖化による気温の上昇が変温動物である昆虫などの発育や発生に大きな影響を及ぼすため、温暖化に伴って病害虫の発生やそれに伴う被害が大きく変化すると考えられている。具体的な対応策としては病害虫の発生を考慮して作物の栽培時期を変えるなどの手段はあるものの、基本的には、発生時期や発生量、経済的な被害の発生を的確に予測して、予測された時期に農薬あるいは環境への影響の少ない防除手段を使って適切に防除するという対策が主流である。

　気温の上昇や気候変動は、病害虫の地理的分布の拡大や越冬限界地の北進、発生量の増加や発生の早期化、発生世代数の増加などに影響すると考えられている。このため、これまでの研究の多くは、主要な病害虫で温暖化によるこれらの変化の実態解明や、その将来予測を行うものである。最近は、これらの温暖化による病害虫の直接の影響のみならず、病害虫と寄主植物とのフェノロジー（季節性）の同調性、寄主植物の抵抗性、植物−害虫−天敵3者系の関係、病害虫の薬剤抵抗性などに温暖化が間接的に影響すること、比較的軽微な温度上昇が害虫の生存や繁殖に影響すること、作物の病害虫抵抗性を変化させることなどが明らかにされつつあり、これらを含めた影響評価と対応が求められている。

（水稲生産やその生産基盤における適応策）

水稲生産に対する気候変動の影響として、大気中CO_2濃度の増加に対する増収および出穂・登熟期の高温による品質低下に関する研究が進められている。将来のCO_2の上昇が水稲生産に及ぼす影響を明らかにするため、開放系大気CO_2増加実験（Free-Air CO_2 Enrichment：FACE）と呼ばれる環境操作実験が続けられ、気温とCO_2濃度の複合的な影響が明らかにされてきた。

CO_2濃度と同様に明確な上昇トレンドが観測されている気温については、収量への影響に加え、米の品質への影響も重要な研究分野となっている。高温による米の品質に与える影響では、いずれも品質低下のリスクが高くなると予想されている。また気温の上昇によって作物の発育が高まることで発育期間が短縮し、積算日射量が減少し、結果的に収量減少や品質低下をもたらす可能性もある。

以上のような顕在化している日本の水稲生産に及ぼす気候変動影響に対し、様々な適応技術の開発が進められている。農業への影響に対する適応策は、段階的、革新的および両者の中間に位置する適応策に分類できる[12]。段階的な適応策は既存システムや技術の運用を前提とするもので、移植日の適切な設定、直播、深耕等の新技術の導入が挙げられる。作付け後には、施肥管理、登熟期の掛け流し灌漑、収穫期の適切な設定などがある。革新的な適応策には既存のシステムを完全に更新する作付け作物の更新などが挙げられる。高温や乾燥に強い品種の開発、灌漑・排水設備の導入、高温や干ばつなどの極端気象の早期警戒システムの開発など中間的な適応策も同時に検討できる。

作期の時期の分散や変更、用水の掛け流し灌漑を行うには、その時期に必要な農業用水を河川などから取水する必要がある。農業水利用の水循環と河川の流出過程（降雨、流出、蒸発や積雪・融雪）を一体的に解析する水文モデルが開発され、流域での渇水規模の評価や用水計画の策定に用いられている[13]。日本全域の河川流域での将来の水資源予測[14]等も行われており、気候変動と営農上の適応策の組み合わせが水資源リスクに及ぼす影響を考慮した適応策評価手法が求められる。

農林水産分野のGHGs排出量としてはCH_4が最も多く、最大の排出源は水田である。水田土壌由来のCH_4は、日本の人為起源CH_4発生量の約30％を占め、水田からのCH_4発生量削減の技術開発が求められている。稲わらなどの新鮮有機物を水田に施用することはCH_4発生量を増加させることが知られている。全国の水田において、3〜14日間の中干し延長を行った処理区では、慣行中干し区に比べて一作あたりのCH_4発生が12〜55％削減された。今後、水田が広く分布するアジア域への普及が課題となる。

（農林業におけるEbA）

生物多様性および生態系サービスを強化することで気候変動への適応力を強化する農林業技術の開発への期待が世界的に高まっている[15]。こうした農林業における生態系を活かした気候変動適応（Ecosystem-based Adaptation：EbA）は、「気候スマート農業（climate-smart agriculture）」、「グリーンインフラ」、「生態系を活用した防災・減災（Ecosystem based Disaster Risk Reduction：Eco-DRR）」などとともに、より広い概念である「自然を活用した解決策（NbS）」の一部として位置づけられている[16]。研究開発は発展途上だが、国際連合食糧農業機関（FAO）においても気候変動の適応計画の一つとして重要視されている[17]。具体策としてこれまで注目を集めてきたのはアグロフォレストリー、保全農業、非作付け地の確保、遺伝的多様性の保全や有機農業などであり、これらは「持続可能な集約化（sustainable intensification）」などとも呼ばれる。また農林業は気候変動への緩和・適応に加えて、生物多様性保全、生態系サービスの強化、生計や健康の改善、コミュニティーの強化や食料安全保障など、様々なコベネフィットをもたらす[18]と考えられており研究事例の蓄積が進んでいる。

樹木を植栽し、その樹間で家畜・農作物を飼育・栽培するアグロフォレストリーは、EbAの具体策の一つして注目され、その意義や効果を報告する事例が増えている。例えば、樹木があることで、乾季には強い日差しや土壌の乾燥、強風から農地を守り、雨季には強い雨から農地を守る。土壌浸食や害虫の抑制、土壌水分や肥沃さの保持といった生態系サービスが向上することにより、通常の農林業と比較して生物多様性が高

まる。収量はしばしば低下するが、低コスト・高販売単価を進めながら、作物の多様化や樹木の木材利用などからの収入を得ることで収益の維持・安定化を図ることができるとの報告もある。その他にも土壌炭素貯留量が多いことからCO_2吸収源として気候変動の緩和に貢献する可能性もあるなど、多面的な意義が見出されている。

保全農業は、原則として①不耕起など土壌のかく乱の最小化、②植物残渣など土壌被覆の維持、③輪作、の三つの要件を満たす農業のこととされている。保全農業は土壌の生物多様性を増加させ、土壌有機物を増やし、保水能力の向上などを介して水の流出や少雨の影響を低減するため、EbAの一方策になり得ると考えられている。収量は不耕起単体では減少傾向にあるが、残渣保持と輪作を組みあわせることで減少をある程度抑えることができるとの報告もある。ただ、収益増は主にコスト削減（大規模機械化の設備投資など）によってもたらされることから小規模農家では実現が難しく、南アジアの稲作・麦作地帯など高投入・高収量条件では比較的成功しやすいが、サブサハラ地域など低投入・低収量条件では残渣の確保の難しさなどの課題があるとされる。

農地や河川の周辺における森林、草地、生垣、湿地などの非作付け地の確保は、浸透能の増加、水質浄化、流出量や最大流量の緩和などの効果があると期待されている。また遺伝的多様性を保全することで、多様な品種を作り出し、霜、干ばつや病気などのストレスの影響を軽減することもEbAの一つと認識されている[19]。

国内では気候変動が与える影響の将来予測や、緩和策・適応策の開発、農地における生物多様性保全や生態系サービスの活用のための研究が進められている。特に里山の耕作放棄水田などを活用したグリーンインフラは注目を集めており、気候変動への適応を含む様々なベネフィットが期待できると考えられている。しかしながら、EbAの視点を取り入れた農林業技術研究は少なく、発展途上段階にある。今後に向けては、例えば水田の中干し延長はメタンなどのGHGsの発生量を削減できるものの、水田を利用する生物の生息地が失われるという課題があるように、EbAや気候変動対策と生物多様性保全の間のトレードオフの解消など、より統合的な視点の研究開発が必要と考えられている。

（斜面災害への対応）

災害大国である日本は、斜面災害の予測と軽減、国土利用を含めたインフラの整備、避難警戒体制の確立等の研究では、米国と並び世界最先端レベルにある。斜面災害の研究は、（1）災害発生の場所とタイミング（時間）の正確な予測方法、（2）土砂や水のエネルギー軽減と一時的貯留のための工学的方法、（3）災害からの最適な避難方法やより安全な生活圏の設計方法などの解明を目的としている。

土石流や斜面崩壊の発生雨量、発生場所についてこれまで理論的に詳細な検討がなされている。近年は、現在の地形・地盤情報と過去の災害履歴から将来の発生場所や規模を予測する研究や、降雨量及び降雨パターンから斜面災害発生タイミングを予測する研究が多い。手法としては、現地での調査観測、衛星画像やレーザープロファイラを用いた地形・地盤解析、およびこれらに基づく数値シミュレーションが用いられる。例えば発生場所についてはレーザープロファイリングによる高精度の予測（効率50%、解像度数cm）が技術的に可能となっている[20]。

また、森林地域が国土の70%を占めるわが国に特有の現象として、樹木を巻き込んだ斜面災害があげられる。特に近年は森林斜面が樹木とともに崩壊した際の流木の災害が注目されている（例えば日田・朝倉地方で発生した災害）。単なる浮遊流木ではなく、崩壊した土砂が流木を巻き込んで連鎖的に発達する災害で、北海道から九州まで広い範囲で発生し、気候変動下での我が国の特徴的な災害として今後の研究展開が期待されている。

治山・砂防構造物の配置・設計の研究においては、現場での土砂や水の移動計測とこれまで開発された工種・工法の現地適用試験が課題である。避難や生活圏の設計には、社会科学的知見や建築・土木技術も必要となり、降雨量対応型の避難経路探索、避難場所の安全性、建物の強度解析、ハザードマップの開発、避難警報の発令タイミング、災害危険地帯の指定方法などが研究対象となる。住民の避難警戒や産業・生活

2.8
人と自然の調和

圏のレジリエンスは急務であり、広域におよぶ複合災害として分野横断的な研究が待望される。

海外では、より広域かつ長期間での斜面災害に注目されている[21]。米国では、気候変動によって山火事や大規模なサイクロンが頻発することから、これらによる斜面からの流出土砂量や洪水発生に焦点が当てられている。米航空宇宙局（NASA）の航空宇宙技術により、アジアの広域斜面災害予測を行っている。また、特にカリフォルニア地域やオーストラリア東海岸地域では山火事後の斜面崩壊など、乾燥化による斜面災害が多発しており、長期間の斜面からの土砂流出や海洋まで流出する細粒土砂による海洋資源への影響なども研究課題となっている。欧州は比較的わが国の土地条件に近いが、自然現象の研究よりも対策技術の研究に軸足が置かれている。一方、中国は様々な環境条件を有し、内陸部（四川省、甘粛省など）で近年豪雨災害が頻発している。しかしながら現在はまだ災害復旧に追われており、まとまった研究が見られない。また最近は長期化する豪雨による洪水災害（三峡ダム決壊など）と乾燥による農業用水の不足も懸念されている。

（新たな水産基本計画）

深刻化する水産業への気候変動の影響を鑑み、新しい水産基本計画ではすべての要素に気候変動適応・緩和策の推進が関連することとなった。2022年度から開始された計画であることから、関連する技術開発はこれから進められて行くこととなる。以下、気候変動適応・緩和に関わる部分の先行事例を列記する。

新しい水産資源管理の推進では、海洋環境変化への適応を加味することが明記されている。そのアプローチとして、環境変動リスクを着実に把握すること、資源変動に適応できる漁業経営体の育成、複合的な漁業など、新たな操業形態への転換推進、我が国の海域・資源・漁業を守るための国際交渉の展開、などがあげられている[4]。資源評価に関わるデータ収集では、漁船・漁具に搭載する環境計測機器を開発し、操業場所の環境要因を直接的に自動計測して漁獲量と連動させる取り組みも試行されている[22]。また、資源評価では資源量の変動要因に海水温の変化を組み込むだけでなく、魚種変化・分布変化を見込んだ漁獲努力量の変化（漁獲区域・漁獲漁具の変動）を想定した資源評価モデルの開発など、いくつか試行が始まっている。加えて、気候変動に対応した漁船・漁具および操業形態に関わる技術開発も進められている。気候変動による魚種変動、少量多種（1種当たりの漁獲量は少ない一方、漁獲される種は多様化）により、従来の特定種漁獲を主軸とした漁船漁業が困難になりつつあるため、日々変動する漁場を的確に把握し、効率よく漁獲するための漁場予測技術の開発、多様な魚種を漁獲するための適切な漁具交換技術の開発、複数の漁業を組み合わせた複合漁業手法の開発等が必要となる。これらの技術開発により、省エネルギー型の漁船開発と連動し、漁場探索の効率化、漁労の効率化によってGHGs排出削減にもつながることが期待される。

次に環境変動のリスク増大を踏まえた水産業の成長産業化においては、気候変動に適応した漁船漁業の構造改革、陸上養殖や大規模沖合養殖などの新たな養殖産業の構築、漁船漁業と養殖業を組み合わせた経営策開発などが進めらえている。また、ネガティブエミッション技術の研究開発領域で言及した海藻養殖によるCO_2吸収源拡大や再生可能バイオマスとしての活用に向けた増産など、適応策と緩和策を融合させた取り組みも開始されている。特に、漁業以外の業種を取り込んだ海業化によって漁村を活性化させるとともに、沿岸漁業に対する経営安定対策によって持続的漁業を可能にし、沿岸環境管理の担い手となれる漁業者数を維持・拡大することで、沿岸漁場管理と環境対策の持続性を確保する体制を構築することが望まれる。

（水産業におけるNbS：ブルーカーボンの活用）

上述のHLP報告書で掲げられた水産分野関連の3つのアクションにおいて、直接的なブルーカーボン生態系による吸収源拡大だけでなく、他の2つのアクションと組み合わせたブルーカーボンの活用が進められている。再生可能エネルギーにおいては我が国の政策により洋上風力発電施設の構築が開始されているが、以前より風力発電施設海域の海面養殖への活用については議論されてきている[23]。我が国に先んじて洋上風力を導入している欧州では、海藻養殖によるブルーカーボンの吸収源構築・再生可能バイオマス生産等を試みる事例が見られる[24]。また、水産業の振興においても、陸上生産の食料よりもCO_2排出が少ない水産資源へ

2.8 人と自然の調和

の関心の高まりから、海藻養殖が世界各国で急速に拡大している。水産資源の利用促進を緩和策と位置付けている点に加えて、CO_2吸収源としての可能性も含め、さまざまな生態系サービスを包括したブルーエコノミーとして海藻養殖のコベネフィットを総合的に活用する方向へ進みつつある。我が国では2020年に策定された革新的環境イノベーション戦略において、農林水産業・吸収源としてブルーカーボン（海洋生態系による炭素貯留）の追求が掲げられている。この中で取り組むべき技術開発に、（1）バイオ技術の活用等により、効率良くCO_2を吸収する海藻類等の探索と高度な増養殖技術の開発、（2）海藻類等を新素材・資材として活用するための技術開発、が掲げられており、2021年策定の農林水産省「みどりの食料システム戦略」でも2030年を目処に確立させる技術開発の項目に挙げられている。このような技術開発によって水産業ベースでの気候変動対策が上述した海業化の一翼を担い、さらなる気候変動対策の推進と持続的な漁業への貢献が期待できる。

（4）注目動向
［新展開・技術トピックス］
• 気候変動シナリオと穀物収量予測

気候変動は既に世界の穀物生産に悪影響を及ぼしており、将来の食料生産にさらなる悪影響が生じると懸念されている。国立環境研究所と農研機構などが参加する国際研究チームは、最新の穀物生産予測を公表した[25]。世界の穀物収量に対する気候変動の影響は、トウモロコシ、ダイズ、コメの収量の大幅な悪化をもたらし、気候変動が進行するシナリオ（SSP585）の場合、今世紀末（2069–2099年）のトウモロコシの世界の平均収量は24%低下との結果、ダイズについては2%低下、コメについては2%増加となった。一方、将来のコムギ収量は大きな増加を示し、18%増加との予測結果となった。

• 水稲に対する温暖化影響の予測

FACE（Free-Air CO_2 Enrichment）実験において、温度条件による高い大気CO_2濃度に対するコメ収量が解析され、平均で11%（年によって0〜21%と異なる）の増収効果との結果が得られた[26]。高い大気CO_2濃度は、白未熟粒を多発させ、整粒率を大幅に低下させることなど外観品質に与える影響も見られた[27]。水稲の多収品種は一般の穀物に比べシンク容量（籾数×籾重）が大きく、大気CO_2濃度の上昇による収量の増加割合が大きいことが明らかとなった[28]。

高温による白未熟粒の発生指標について、全国10km四方の解像度での推計が行われている。将来の気候条件では現在より全国平均のコメ収量は増加すると同時に、登熟期に高温に遭遇するコメの割合も増加し、品質の高いコメの割合及び量が減少する可能性が指摘されている。地域別にみた場合、品質の高いコメの収量は2031〜2050年には関東・北陸以西の平野部で減少、21世紀末には東北のほぼ全域や中部以西の中山間地などでも減少に転じる可能性が示された[29]。

• 農業気象データの蓄積とその活用

変動する気候下で農業生産の安定性を図るには、気象情報の活用が一つの鍵になる。気象庁のアメダスは約21km間隔で全国に配置されているが、土地起伏等を考慮するとそのデータをアメダスから離れた現場に適応するにはやや粗いとされ、約1km四方単位で日本全国に気象データを提供するメッシュ農業気象データとその配信システム「農研機構メッシュ農業気象データシステム」が開発された[30]。このシステムを拡張した栽培管理支援システムでは、気象情報に加え、栽培技術、作物生育モデルを統合し、冷害・高温障害などの気象災害の警戒情報、病害警戒情報および様々な栽培管理支援コンテンツも配信されている。

• 季節予報の活用

気候変動の長期的トレンドの変化に比べて気象現象の年変動は大きい。効果的に季節予報を活用すれば気

2.8
人と自然の調和

象災害の影響を最小化でき、気候変動への適応策となる。短期間の洪水の予測は非常に広く行われており、近年では気象レーダーによる豪雨域の可視化や数値予測モデルの精度向上も目覚ましい。これらの予測と流出解析モデルを組み合わせることにより、数時間から数日先の洪水を予測し、警報を発出するシステムなども広く整備されてきた。また気象庁の季節予報では、数値予報モデルによる力学的予測が採用され、現業運用も開始された。その開発における最も大きな技術的な進歩は、大気海洋結合モデルの導入であると言われており、これによって気象モデルの季節予測の精度が大きく向上した[31]。

• 水資源の将来予測

　農業用水の利用を考慮した分布型水循環モデル[13]を日本全域の河川流域に適用し、11種類の気候シナリオを用いた将来の水資源予測が行われた。これによると水稲の生産に影響が大きい代かき期には東北、北陸地方で全ての気候シナリオにおいて水資源量が減少する傾向がみられた。気温上昇が積雪融雪に大きな影響を及ぼさない北海道では変化が小さかった。中四国、九州などの西日本では気候シナリオによって増加・減少が混在し、予測の不確実性が大きかった[14]。

• 水田域を対象とした汎用水文モデルの活用

　流域スケールでの水文現象（水・溶質・濁質の動態）の解析においては、国際的に広く用いられている水文モデルが複数あり[32]、国内でもそれらをプラットフォームとした研究が多く行われている。水と水質成分の流域での挙動を表すモデルで国際的に広く用いられているものとして、SWAT（Soil and Water Assessment Tool）やHSPF（Hydrological Simulation Program – Fortran）が挙げられる。水資源開発、農業開発が主要な国でSWATの適用が急増しており、流域水文解析モデルのデファクトスタンダードになりつつある。現在は水田等のアジア特有の土地利用を考慮したサブモデルや、不確実性解析等のツール開発の必要性が指摘されている。また、豪雨等による深刻化が懸念される土壌侵食については、WEPP（Water Erosion Prediction Project）が広く用いられており、我が国でも適用例が多くみられる。気候変動による農地表土の流亡やその水域汚染は深刻な影響をもたらすため、科学的な予測に基づく対策立案の重要性が高まっている。

• 農業由来のGHGs（CO_2以外）排出削減

　水田土壌由来のメタン（CH_4）は我が国の人為起源CH_4発生量の約30%を占める。全国9地点の農業試験研究機関圃場において、中干し期間の延長による水田からのCH_4発生量削減効果を評価した結果、稲わら等の新鮮有機物を施用した水田では、中干し期間を慣行からさらに一週間程度延長すれば、コメ収量への影響を抑えつつCH_4発生量を約30%削減できることが示された。日本として、CH_4削減型水管理技術の開発・普及を主導し、特にアジア圏でのCH_4排出削減への貢献が期待できる。また、一酸化二窒素（N_2O）は主に窒素施肥由来であり、減肥や硝化抑制剤の利用に加え、N_2O排出を抑制する微生物の活用技術等の開発が進んでいる。

• 気候変動と人口減少を考慮した野生鳥獣類の分布予測モデル

　ニホンジカ（シカ）やイノシシによる食害、剥皮被害、踏圧による被害は、農林地のみならず森林生態系や生物多様性に甚大な影響を及ぼしている。気候変動による気温の上昇や積雪量の減少と人口減少はこれら野生鳥獣類の生息適地を拡大させる可能性がある。これらを対象とした中長期的な分布予測モデルの構築や農林業被害予測の推定が行われている。

• 自然林と人工林における気候変動影響評価

　人工林では、台風による風倒害リスクの増加、水ストレスによる生長阻害、一次生産量の増加、素材生産

量への影響、病虫獣害など、多岐にわたる気候変動影響が想定されている。自然林では、天然更新を通した構成種の優占度や組成の変化に現れると考えられる。

例えばスギ人工林について、将来、年降水量が少ない地域で脆弱性が増加する可能性が指摘されている。しかしスギの衰退と土壌の乾燥化との関連はいまだ明らかではないため、引き続き検討が必要とされている。シミュレーションモデル（陸域炭素循環モデル）をスギ林に調整した一次生産量の高解像予測（1kmメッシュ）では、GHGs 低排出および高排出シナリオのいずれにおいても一次生産量の増加が予測された。

今後の温暖化によって、マツ材線虫病によるマツ枯れ被害が高標高地や寒冷地のマツ林にも拡大する可能性があるとされている。またマツ枯れの被害は日本のみならず韓国、中国、ポルトガル、スペインなどにも拡大している。現在および将来の気候条件下におけるマツ枯れ危険度マップの作成やマツ材線虫病に罹患しやすい21種のマツ属森林を対象としたマツ枯れ危険域の予測モデルの構築がなされている。

気候変動が木材生産に及ぼす影響が懸念されており、森林の生産性を評価することの重要性が増している。ビッグデータを用いた森林生産量の定量的かつ空間的な評価結果をもとに、生産性に配慮した森林管理を行うことで、その影響を軽減できる可能性が示唆されている。

• 人工林の造林適地と経営収支の予測

トドマツ人工林の造林に適した環境条件と、その地理的な分布を明らかにすることを目的とした、機械学習に基づく統計モデルが開発されている[33]。北海道のトドマツ人工林は多くが主伐期を迎えており、伐採後の再造林における最適な管理手法を特定することが重要な課題となっていたことが背景にある。モデルによる予測の結果、温暖かつ夏期降水量が多く、火山灰地や花崗岩地といった特定の地質以外の場所がトドマツの造林適地であることが判明した。また、モデルから予測された造林地としての好適度（地位）を対象に収穫予測を行い、素材単価、育林費、素材生産費などと併せてトドマツ人工林の経営収支を予測するモデルも開発された。これらのモデルによる人工林の経営収支を予測する手法は今後、気候変動に対する影響評価研究への応用が期待されている。

• 害虫に対する温暖化の影響評価

数理生態学的な検討から、気温上昇と害虫発生量との関係など2つの要因の間の因果関係を調べる統計的な方法について、単純な見かけの相関だけではなく因果関係の解析が温暖化影響の正しい評価には不可欠であることが指摘されている[34]-[36]。また害虫は温度に対する適応と殺虫剤抵抗性との間に進化的なトレードオフが存在するため、気温上昇の結果、殺虫剤抵抗性の程度が変化する可能性が指摘されている。単に害虫の発生時期や発生量の変化だけでなく、殺虫剤抵抗性の遺伝子頻度などの変化も注視していくことが重要とされている[37]-[39]。さらに気温上昇は病害虫の発生のみならず病害虫が加害する寄主植物の生育や季節消長、害虫に寄生する天敵などの発生にも影響するため、植物–害虫–天敵の3者系を考慮に入れたモデリングのアプローチや実態解明の必要性を指摘されている[40]-[42]。

温暖化による高温が害虫の繁殖に及ぼす影響のみがこれまで注目されていたが、比較的軽い温暖化による亜致死的な影響よっても害虫の生殖や繁殖に悪影響が起こり、さらに害虫の種の永続性や進化にも影響を及ぼす可能性が指摘されている[43],[44]。気温上昇は、害虫に対する作物の品種抵抗性の働きを弱めることがある一方で、作物上で共存する2種の害虫に対してプラス或いはマイナスの影響を及ぼすことで結果的には生態系の持続性や回復力を増加させ、被害軽減につながる可能性があることが解析された。気候変動が病害虫に及ぼす影響は直接的なものだけでなく、病害虫の種間相互作用や作物を通した間接的関係など様々に関わっていることが指摘されている[45],[46]。

• 農林水産分野における CO_2 削減

農林水産業における CO_2 削減の取り組みとして、農業用ヒートポンプの活用や高効率蓄熱・移送技術・放

熱制御技術の活用、再生可能エネルギー利用推進のための農業用エネルギーマネジメントシステム（Energy Management System：EMS）の開発などが行われている。また再エネや蓄電技術を活用した地産地消エネルギーシステムの構築なども各地で取り組みがある。 CO_2削減に加え、農林水産業における高齢化・人手不足対策として、農業機械・漁船の電動化、漁船の自動航行化、農業用電気自動車（Electric Vehicle：EV）の開発なども進められている。漁船の電動化においては自動車や大型船舶と同様にハイブリッド・リチウム電池や水素燃料電池等の開発が進められている[47]。漁場予測や漁獲魚種の予測等による漁船漁業の効率化や海面養殖業の作業効率化によるCO_2削減なども実施されている。

- **漁船搭載型観測機器の開発と活用**

  気候変動の影響を評価・予測し、適切な適応・緩和策の提案・実施を行うためには、環境モニタリングに基づくビッグデータ構築とビッグデータを用いた予測モデルの開発が必須となる。各省庁で独立して実施されている海洋観測データは目的依存型の海洋観測であるため、目的に合わせた単位・手法で取得されることに加え、時空間的な偏り等もあり、ビッグデータとして統合して扱うことが困難である。そこで、漁船・漁具に観測機器を搭載して、操業と同時に環境データ収集を行う手法開発[4]、広範囲・高頻度の環境データ収集とモデル予測を行うための研究開発[48],[49]などが進行している。

- **バイオマス活用型の海藻養殖システムの展開**

  2022年に策定された新たな水産基本計画では、食用魚介類の自給率の目標値は令和14年度で94%（令和元年度55%）であるのに対し、海藻類は72%（令和元年度65%）とされている。国際社会での海藻類の需要の高まりと相反して、養殖産業成長化による海藻類の食用利用の増加はあまり期待されていない感がある。我が国が技術的アドバンテージを持つ海藻類の養殖技術を食用海藻以外に活用する場を別途準備し、上述したHLP報告書で掲げられた水産業での海藻養殖を気候変動適応・緩和策へ貢献させる技術開発が必要である。特に、海外で先んじて進められているバイオマス活用型の大規模海藻養殖システム開発への参入・展開が望まれる。

- **海藻バイオマスを用いた製品・サプライチェーンの構築**

  大規模海藻養殖システムの開発が進めば大量の海藻バイオマスが生産されるため、食用海藻市場への悪影響を避けつつ、その有効活用を進めることが重要となる。そこで、上述した革新的環境イノベーション戦略で取り組むべきとされた、生産された海藻バイオマスの化学・工業的活用に向けた技術開発が必要とされている。海外で先行して進められる海藻バイオマスを用いた生分解性プラスチック生成、バイオ燃料、機能性製品の開発は国内においてもわずかながら進められており、以前から実用化しているアルギン酸等の機能性成分由来製品に加え、セルロース系から生分解プラスチックであるポリヒドロキシアルカノエート（Polyhydroxyalkanoate：PHA）、セルロースナノファイバー（Cellulose Nano Fiber：CNF）、製紙等への活用事例がある。

[注目すべき国内外のプロジェクト]
■国内
- **気候変動適応情報プラットフォーム（A-PLAT）**

  気候変動適応法の施行（平成30年12月）を受けて国立環境研究所気候変動適応センターが立ち上げたプラットフォームであり、気候変動影響や適応策に関する科学的知見や適応に向けた様々な取組みなどの情報を発信している。国内の主な研究プロジェクトもまとめられている。

- **環境研究総合推進費戦略的研究開発S-18「気候変動影響予測・適応評価の総合的研究」（2020〜2024**

年度）

　我が国の気候変動適応を支援する影響予測・適応評価に関する最新の科学的情報の創出を目標として実施されている。（1）2025年に予定されている適応計画見直しへの貢献、（2）脆弱な地域の把握や適応計画の立案・実施など自治体の取組への寄与、（3）IPCC第7次評価報告書やパリ協定における国際的取組への貢献、（4）気候変動に対して強靭な社会の在り方に関する提言などアウトカムの実現を目指している。日本における農業生産や水資源・水利用への気候変動の影響予測に加え、適応策の検討に重点を置いた研究が実施されている。水産分野では漁船漁業における対象魚種の分布域・資源量の将来予測に対応した適応策の提案、養殖業における高水温耐性種の開発などの適応策の提案が実施されている。

- 文部科学省「気候変動予測先端研究プログラム」（2022～2026年度）

　気候変動対策（気候変動適応策・脱炭素社会の実現に向けた緩和策）に活用される科学的根拠の創出・提供を目指し、気候変動予測シミュレーション技術の高度化等による将来予測の不確実性の低減や、気候変動メカニズムの解明に関する研究開発、気候予測データの高精度化等からその利活用までを想定した研究開発を一体的に推進している。「気候変動予測と気候予測シミュレーション技術の高度化」、「カーボンバジェット評価に向けた気候予測シミュレーション技術の研究開発」、「日本域における気候変動予測の高度化」、「ハザード統合予測モデルの開発」の4課題から構成される。

- NEDO「食料・農林水産業のCO$_2$等削減・吸収技術の開発（2022～2030年）」

　「グリーンイノベーション基金事業」の一環として、農林水産業のCO$_2$等削減・吸収技術の開発を中心としたプロジェクトである。農業分野では高機能バイオ炭等の供給・利用技術の確立、林業分野では高層建築物等の木造化に資する等方性大断面部材の開発、水産分野ではブルーカーボン推進のための海藻バンク整備技術や海藻供給システムを開発する。

- 農林水産省・農林水産技術会議委託プロジェクト研究「ブルーカーボンの評価手法及び効率的藻場形成・拡大技術の開発」（2020～2025年度）

　我が国のGHGsインベントリ報告書にブルーカーボン生態系を登録する動きの一助とするため、海草・海藻藻場・海藻養殖を対象としたCO$_2$吸収量算定評価手法の確立と、藻場を維持・回復・拡大させるための技術開発を実施している。後者の取り組みでは、気候変動適応策と緩和策の融合を可能にする技術開発とともに、バイオマス活用によるCO$_2$排出量削減に向けた技術開発も実施している。

- 北海道大学広域複合災害研究センター

　これまでの専門分野ごと縦割りで行われた災害研究を、地域の自然条件と人間の社会経済活動の両面から見直す研究へと再編成した学内共同施設である。異分野融合を柱とし、基礎的研究と自治体・民間等の需要にも答えられる社会実装研究および人材育成を行っている。

■国外

- AgMIP（Agricultural Model Intercomparison and Improvement Project）（2010年～）

　農作物の収量予測モデルを統一基準で相互比較し、予測精度の向上に結びつける国際プロジェクトである。イネを対象とした研究チームは2011年に発足し、現在、9カ国（日本、中国、インド、フィリピン、アメリカ、イタリア、フランス、オーストラリア、オランダ）の計18機関が参加して研究を実施している。

- 国連開発計画（UNDP）の気候変動適応プロジェクト

　UNDPの気候変動適応プロジェクトでは気候スマート農業（雨水採取技術や作物の多様化など）の導入を

2.8 人と自然の調和

通じた4,800万人の小規模農家支援と85万haの農地再生に取り組む。

- **CASCADE プログラム**

　国際NGOのConservation Internationalは様々な研究機関などと連携して気候変動のリスク評価やEbAの実現に取組んでいる。その一つに中米の小規模コーヒー農家を対象とした本プログラムがある。気候変動がもたらす送粉サービスへの影響や、生垣やシェードツリーを活用した適応策の有効性の評価が行われており、多数の学術的成果も報告されている。農家のトレーニングプログラムや政策資料も公開している。

- **Greenhouse gas Mitigation in Irrigated Rice Systems in Asia（MIRSA）**

　水田水管理技術の開発によって灌漑水田土壌由来のCH_4とN_2Oの排出低減を目指すプロジェクトである。日本の農林水産省の支援により、タイ、ベトナム、インドネシア、フィリピンでフィールド実証実験が実施されている。

- **EbAを推進する国際コミュニティー**

　EbAに関する情報発信や国際連携のためのコミュニティーが複数立ち上がっている。「Friends of EbA（FEBA）」は、EbAに関する協力や知識共有に関心のある組織の非公式なネットワークとして知られている。「weADAPT」や「ABE（Adaptation Based on Ecosystems）」は気候変動適応問題に関する共同プラットフォームとしてEbAに関する研究事例の集約にも取り組んでいる。また「Ecosystem-based Adaptation through South-South Cooperation（EbA South）」は、アフリカ、アジア太平洋地域におけるEbAの検証や普及に取り組んでいる。「Natural Water Retention Measures（NWRM）」は欧州における水資源に関する諸問題の解決に取り組んでおり、EbA農林業の事例も含む。

- **Ocean2050（2020年～）**

　海洋の保全に取り組むCousteau財団を主軸に科学コミュニティが組み合わさったプラットフォーム。海洋におけるさまざまな環境問題に取り組むとともに、ブルーカーボンによるGHGs吸収源構築とブルーエコノミーの進展を目指し、海藻養殖によるCO_2吸収源の促進を目指した研究と実装を進めている。

- **DOE ARPA-E「MARINER: Macroalgae Research Inspiring Novel Energy Resources」（2017年～）**

　バイオ燃料などに利用可能な大規模海藻養殖技術を開発するプロジェクトである。米国国内は少なくとも5億乾重トンの大型藻類が生産可能な地理・環境条件を持つと推定され、液体燃料として約2.7千BTU（British thermal unit）のエネルギー（米国の年間輸送エネルギー需要の約10%に相当）を生み出す可能性を示唆している。2022年4月には「Marine Renewable Energy Applications for Restorative Ocean Farming: Kelp FY21 Seedling Final Report」が公開された。

- **EU FP7「Wier & Wind Project by North Sea Farmers」（2017年～）**

　大規模海藻養殖技術の開発プロジェクト「AT-SEA：Advanced Textiles for Open Sea Biomass Cultivation」（2012～2015年）の後継プロジェクトであり、欧州地域における持続可能な海藻養殖の促進を目的とする。大規模かつ自動化した海藻養殖生産システムを北海の洋上風力発電施設海域に構築し、商用海藻の生産技術開発が進められている。現在は長さ50mほどの養殖網を用いたシステムが構築されており、2022年からは収穫機の実証化試験が実施される。

- **The Norwegian Seaweed Biorefinery Platform（2019～2024年）**

　ノルウェー研究評議会による研究プロジェクトで、大型海藻類のバイオリファイナリープロセス開発、海藻

由来製品の高付加価値化、持続可能性と経済的評価等を行っている。またプラットフォームとして、ステークホルダー間のネットワーク形成を担う役割も果たしている。

（5）科学技術的課題

• 気候変動による水リスクへの適応

人間が気候変動による水リスクにどのように適応するかについては、十分な検討が進んでいない。適応策の検討の難しさの一つは、ある分野の適応行動が流域内の他の関係者の利益と対立し、トレードオフ関係が様々な分野間で現れることにある。気候変動への適応について取りまとめるIPCC第2作業部会の第6次報告書では、複数の利害関係者が混在する現場レベルで、適応策の限界や実現可能性を評価する手法開発の重要性が強調された。適応策の策定では、ある分野の適応行動が他者の利益や適応行動と競合する、「適応の失敗」をできる限り事前に回避することが求められる。今後は、ある適応行動が、地域内の関係者にもたらす利害関係からも適応策の有効性や実現可能性を評価する手法が求められる。

• 季節予報の渇水予測と最適な意思決定

力学的な季節予報では大気・海洋のカオス的な振る舞いを確率論的に予測するため、同じ予測対象期間に対して複数の数値予報を行うアンサンブル予報が採用されている。現在は、そのように行われる季節予測を用いて、収穫の数ヶ月前に主要穀物の収量変動について予測情報を提供するための研究が進められている[12]。また季節予報の渇水（水資源）予測への研究も今後の重要な課題となっている。確率的な渇水予測に基づき実際の貯水池の運用や水需要調整などの多岐にわたる渇水対策での最適な意思決定を行うことが適応策の検討として必要となっている。

• 栽培管理支援システムの開発

圃場の水管理は、水稲栽培における労働時間の約3割を占める。大規模営農では複数品種の栽培で水管理が複雑になるとともに、気候変動による年々の栽培暦の変化も問題となる。水田の給排水の遠隔操作が可能になる自動水管理システムが開発され、ハード的な機能だけでなく、各生育期間での水管理方法を設定するなどのソフト的な機能も備わっている。生育期間の情報は、現地圃場の気象データと作物生育モデルにより時々刻々と更新され、予測情報も取り入れるようになっている。また、水田水温のシミュレーションモデルと結合することにより、最適な給水時刻に給水を行うことが可能となる。こうした栽培管理支援システムは全国の圃場で実証試験が進められており、今後の発展が期待されている。

• 生態学的、地球物理学的、工学的な研究アプローチの必要性

極端な気象現象が森林生態系にどのような攪乱（じょうらん）を与えるかについては十分に分かっておらず、様々な周辺分野との共同による解明が必要とされる。大きな攪乱によって植生や地形が変わり、蒸発散や流出の経路に大きな変化が生じたときに、生態系を形成している動植物の生息域が変化し、蒸発散へのインパクトを通して水収支、水貯留への影響が生じる可能性があるとされている。これらのプロセスの理解には、農学のみならず動植物や微生物の生態学的知見も必要になる。また表層の浸食や崩壊など基盤となる土壌に攪乱が生じる可能性を考えればより複雑な影響が生じるため、地球物理学的、砂防工学的な研究アプローチも必要となる。

• 総合評価の枠組みの必要性

SDGsに関する複数の指標（気候変動の緩和、適応、生物多様性、生態系サービス、食糧安全保障等）は、個別に研究されることが多く、それらのトレードオフやシナジーの実態把握や解決については、まだ知見の蓄積が十分ではない。例えば環境に配慮した農業は生物多様性およびそれに由来する生態系サービスを向上さ

2.8
人と自然の調和

せるが、収量の低下につながりやすく、食糧安全保障上の問題が残る。圃場スケールの解決策には限界があり、シナジーの創出には景観スケールの総合的な適応計画が必要である。これはあらゆる分野の科学者がこの問題に関与し、気候変動の解決策を見つけるために協力していくことが求められている[16]。

• 病虫害に関する科学技術的課題

病害虫に関する研究としては、気温上昇やCO_2濃度の上昇が植物を介して間接的に病害虫に及ぼす影響の解明、気温上昇などが病害虫の殺虫剤抵抗性の変化に及ぼす影響の具体的な事例の収集および分析、植物−害虫−天敵3者系を考慮に入れた気候変動の影響評価、越境性害虫の気温上昇に伴う越冬地域の拡大や侵入量増加の将来予測、アジア地域や豪州における果樹ミバエ類の発生地域が近年拡大している要因の解明などが今後取り組むべき課題として認識されている。

• 斜面災害に関する科学技術的課題

国内向けには、①台風や線状降水帯に伴う長時間局地豪雨による斜面災害、②地震と複数の豪雨の連鎖による複合型斜面災害、③森林斜面の崩壊に伴う流木災害、④高緯度地域での斜面土壌浸食が今後の課題である。それぞれ短期的、中長期的に取り組むべき課題を以下にまとめる。

	短期的	中長期的
①	流域面積100km²程度の狭い地域で地形的に危険な斜面の抽出方法の開発	局地豪雨予測と豪雨時の斜面内水ポテンシャル上昇による崩壊メカニズムの解明
②	震動と地下水上昇に伴う斜面の脆弱性（劣化）の進行メカニズムの解明	複数豪雨の連鎖による斜面災害危険箇所の探索システム開発
③	立木を伴う斜面崩壊による下流域への流木流出プロセスの解明	補捉された大量の流木処理と流木利用方法の確立
④	北海道などの高緯度地域での農業基盤消失プロセスの解明	土壌や砂の循環も考慮した農林業システムの確立

気候変動に伴って集中豪雨の頻度が著しく高くなり、複数の集中豪雨や地震の連鎖による多種の斜面災害が多数発生していることから、人口減少と生存基盤の脆弱性も研究対象に含めた文理融合型の研究体制が必要である。

また海外では干ばつと山火事による斜面浸食と崩壊の加速が課題となっており、国際共同研究等で中長期的に山火事後の斜面劣化プロセスの解明に取り組むことも必要である。

• 漁船搭載型観測機器の開発と活用

一般的に漁業者自身が観測機器を操作することが困難であるため、観測機器の操作・観測・データ送信は自動化することが望ましい。観測機器の操作が操業の妨げにもなれば搭載そのものを見直すことになり、普及・実用化が難しくなる。そのためには、IoT機器とクラウド間での高速通信を可能にする通信網の整備が必要である。陸域では5G通信網が整備されつつあるが、通信範囲の制限から海上での利用は難しい。

• 漁船電動化と航行自動化

電動化と自動化に関する技術開発上の課題は自動車等と同様であるが、加えて水産業においては漁船改修・艤装上の課題があげられる。船舶は1隻当たりの価格が高いため、各漁業者が新しい技術導入のために船舶を完全新装することは不可能に近い。既存船舶の船体を活用しつつ、新規技術を搭載するための技術も

2.8
人と自然の調和

必要となる。これは電動化・自動化だけでなく、気候変動適応としての複合漁業において、多種多様な漁具を一隻の漁船に搭載可能にする改修にも共通する課題である。

• バイオマス活用型の海藻養殖システムの展開

　現行の海藻養殖施設と手法は漁業の経営体単位で管理可能な規模であり、大量生産が可能な海藻種および地域が限られている。また、食用を目的としているため、食味等に関わる品質を向上させるための労力・技術が多く含まれており、バイオマス活用を目的とした養殖には必ずしも必要としないものも含まれる。脱炭素社会の構築に向けた再生可能バイオマスの増大に向け、ブルーカーボンを増加させるためには海外で進められている洋上風力発電施設のような大型の海上構造物を利用した養殖技術の開発、再生可能エネルギーを活用しつつさまざまな工程を自動化してCO_2排出を減らす技術開発、食用以外のさまざまな有用海藻種を対象とした種苗生産技術開発が必要である。

• 海藻バイオマスを用いた製品・サプライチェーンの構築

　海藻バイオマスは淡水を利用せず生産できる等の利点がある一方、塩分含有量・含水率が高いといったデメリットもある。この点がネックとなり、海藻バイオマス由来の機能性成分や製品製造においては、海外でいくつか事例があるものの、実用化のボトルネックとなるケースが多い。効率的かつCO_2排出の少ない脱塩・脱水技術かあるいは脱塩等を必要としない製品化技術が必要となる。また、企業間連携や研究機関−企業間連携を促進し、産業連関によるサプライチェーンの最適化などとともに、プラスチックや燃料等、海藻バイオマスを用いた各種製品化への技術開発を進めていく必要がある。

• 沿岸域での栄養塩添加とその濃度計測

　一般的に沖合域は沿岸域よりも栄養塩濃度が低く、海藻の成長には不適と考えられている。そのため、沖合域の養殖では人工的な栄養塩添加の技術開発が望ましいが、現時点では栄養塩を豊富に含む海洋深層水の汲み上げ等が実施されている。しかしながら深層水は同時にCO_2も多く含むため、気候変動対策としてそのまま使用することは好ましくない。海洋深層水からCO_2を除去、あるいは海洋深層水を使用しない栄養塩添加技術の開発が課題となる。また、海水中の栄養塩濃度の測定は現時点では採水後に分析機器による分析を行うしかなく、現場でのリアルタイム観測ができない。養殖工程の省エネ化、効率化を実現するためには、栄養塩ロガー・観測機器の開発が急務である。近年は海岸に近い沿岸域でも気候変動等により貧栄養化が進み、海藻養殖業や漁業生産に影響が出ている。これらの技術開発は沿岸域での気候変動対策にも活用が期待できる。

（6）その他の課題

　気候変動適応法（平成30年6月13日公布）では、現在すでに生じている、または将来予測される被害の回避・軽減等を図る方策について、自治体ごとに計画を策定することが謳われている。気候変動による食料生産環境への影響に対して、様々な適応策が分野ごとに検討されているものの、それらを統合し、地域での総合的な適応策の検討は端緒についたところである。

　水稲を例にとると、移植日の変更を行う場合には、河川からの取水を現在の期間から移植日・収穫期に応じて変更する必要がある。また、掛け流し灌漑等の高温障害への適応策をとる際にも、十分な水資源を確保する必要がある。一方で、降雪・積雪量の減少、融雪時期の変化、降水量の年変動の拡大、蒸発散量の増加はこれまでとは異なる河川流況を生じさせることから、これまで以上に水資源の適切な管理や効率的な水利施設の運用が求められる。農業生産・水資源の両者のバランスをとるには、圃場スケールでの作物的な適応策と流域スケールでの水資源の適応策を同時に考える枠組みを構築することが課題となるであろう。さらに、洪水・渇水を引き起こす両極端な気象現象の増加が予測されるため、利水・治水のバランスをどのようにと

2.8
人と自然の調和

るか、水源地となる森林管理までを含めた、流域レベルでの構想が求められる。農地・貯水池の持つ「治水効果」（洪水調節機能）は「農業生産」とトレードオフ関係にある。農地での洪水貯留は作物の減収リスクは高まり、貯水池の洪水調節容量を大きくすれば渇水リスクは高まる。令和２年に流域治水関連法が成立し、関係者が協働して治水安全度を高める取組が進められる中、農業がどこまで治水に協力するか、農業生産へのリスクを誰が負担するかについて議論する機運が高まっている。

国連食糧農業機関（FAO）をはじめとする国連の諸機関は、水資源、エネルギー、食糧の安全を確保するためには、三者の相互関係とそのメカニズムを明らかにし、将来予測を立てる必要性を指摘している。我が国では、森林の公益的な機能のうち、土砂災害の抑制、水源涵養機能は、持続的な農業生産に大きく関わり、気候変動下で森林をどのような状態で維持するか検討が必要である。また、農地面積や農家戸数の減少や、作付けする作物や作付け時期の変化といった社会的な条件が変化している。持続的に農業生産を続けるためには、今後起きつつある変化を理解し、ダム放流量の調整や取水制限などの短期的措置に加え、水利施設の整備、改修等の長期的な適応策を講じていく必要もある。

研究成果の社会実装には、社会経済効果まで含めて自治体などに提案する必要がある。自治体や民間企業と協力しながら社会実装を進める必要がある。広範な知識と経験を要するため、実践型の文理融合型研究体制の構築が必要である。

現場での実用化や制度の普及には行政との連携を密にし、気候変動対策として具体的かつ計画的な推進を行う必要がある。例えば、水田の中干し期間の延長はCH_4発生量の削減が可能であり、技術開発の普及段階にある。2020年から環境保全型農業直接支払交付金制度として採用され、14日以上の中干しを実施する取り組みに対し、10aあたり800円の補助金が交付されている。しかし、普及率は水田面積の1%にとどまっており、制度の普及が課題となっている。

政策的な課題もある。例えば水産業における大規模沖合養殖の実施等には海洋政策面での課題が多い。先行する欧州や米国では法制度の改正や漁業権の調整が検討段階に入っている。

また人材不足も問題となっており、大学教育とリカレント教育を兼ね備えた専門機関において、安定的・継続的な研究人材・技術者の育成が求められる。

（7）国際比較
（農林業）

2.8 人と自然の調和

国・地域	フェーズ	現状	トレンド	各国の状況、評価の際に参考にした根拠など
日本	基礎研究	◎	↗	● FACE実験に代表される作物への直接的な影響評価研究やモデル化研究が活発に行われている。作物生育モデルにより、高温障害の発生リスクおよび将来予測が研究されている[50]。 ● 農業水利用を考慮した流域スケールの水資源評価モデルの開発が進められ、アジアモンスーン諸国・日本の各河川流域での治水・利水への影響評価および適応策の検討が進んでいる。農業水利用・作付時期等の変化を反映した水資源予測に加え、季節予報を用いた貯水池運用の検討などの適応策が検討されている。 ● 樹木の気候応答のような樹木生理学的研究は多数の報告があるものの、成果を広域化・地図化した事例は限定的。 ● 分布予測モデルや生態ニッチモデルといった機械学習を取り入れた統計モデル研究がブナ林をはじめとした天然林を中心に行われてきた。これらにより天然林の主要樹木種の分布と環境条件との関係性を解明するモデル研究は基礎的な手法がほぼ確立し、成果が出始めている。 ● 病害虫研究でも着実な研究。 ● 農林業における気候変動の影響評価や将来予測が進んでいる。また生態系を活用した防災・減災（Eco-DRR）やグリーンインフラの研究事例が蓄積しつつある。農林業における適応・緩和策の研究プロジェクトなどが進んでいるが、EbAの観点からの研究はまだ限定的。

日本				● 太平洋プレート周辺に位置する環太平洋諸国の一つとして、その地盤条件と気候条件から斜面災害が多発するため、米国と並び斜面災害についての研究が進んでいる。斜面災害の発生機構に関する研究に加え、近年は発生予測や森林管理と斜面災害に関する研究も実施されている。
	応用研究・開発	○	↗	● リアルタイム気象情報を用いた栽培管理支援システムの構築、情報通信技術（Information and Communication Technology：ICT）などを活用した水利施設の制御などの実用化研究が全国的に実施されている。2020年からは豪雨の発生が予測される場合には、ダムの貯水量を一部放流し、洪水調節を行う取り組みが全国の農業用ダムで実施されている。 ● 農研機構では、中干し期間の延長による水田からのメタン発生量削減効果の評価を、全国9地点の農業試験研究機関圃場において実施した。稲わら等の新鮮有機物を施用した水田では、中干し期間を慣行からさらに一週間程度延長すれば、コメ収量への影響を抑えつつメタン発生量を約30%削減できることを示した。 ● 農業水利用への気候変動影響の予測に基づき、各流域の農業水利用・作付時期などの変化を反映した水資源予測や、季節予報を用いた貯水池運用の検討などの適応策が検討されている。 ● 機械学習を利用した生物多様性、気候変動緩和・適応、森林生態系サービスなどを出口とした研究が今後増えてくると見られている。 ● 近年、プロセスモデルであるBiome-BGCを用いたスギ人工林の純一次生産量のマップ化が試みられている。 ● 分布予測モデルをベースに、育林や林業経営収支予測などの応用的な出口を目指す研究の流れは今後も続くと思われる。 ● 気候変動適応法に基づき気候変動適応計画が策定されたことにより、EbA的な農林業の事例はまだ少ないものの、検討が進みつつある。保安林を活用した自然災害の緩和や、洪水などの水害対策としての田んぼダムなど、農林業におけるEco-DRRやグリーンインフラに対する注目も高まっている。気候変動適応情報プラットフォームでの情報公開も進んでいる。 ● 斜面災害に係る応用研究・技術開発では国と民間が協力して研究成果の社会実装を行っている。斜面災害の危険箇所（ハザードマップ）や発生タイミングを住民や産業従事者などが自ら確認できるような人工知能（Artificial Intelligence：AI）システムも公表されている。
米国	基礎研究	◎	↗	● 米国農務省農業研究所（USDA-ARS）において詳細なチャンバー試験や現地実証試験に基づいた物理過程ベースの作物収量予測モデルの開発が行われている。土壌水分、炭素呼吸過程、土地利用などの変化による影響を考慮した作物成長の物理過程に基づくモデル解析など先進的な研究も進められている。 ● USDA Forest Serviceの研究者らを中心として気候変動に伴う樹木の潜在生育域の変化予測に関する研究が90年代後半から行われ、論文や報告書などが多数公表されている。 ● 気候変動に適応するための気候スマート農業などの農林業技術の研究開発が盛んに行われ、その成果がThe National Climate Assessment（NCA）やUSDAなどによって取りまとめられている。 ● 斜面災害に係る基礎研究では斜面崩壊について多数の研究成果がある。
	応用研究・開発	◎	↗	● USDA-ARSでは、広域の蒸発散量予測から農地灌漑量・地下水取水量の推定に用いられる熱波長の観測による蒸発散量推定法、衛星観測雨量の補正のためのマイクロ波による土壌水分観測、リモートセンシングによる広域の早期収量予測モデルの開発など幅広に研究を先導している。 ● 病虫害に関連する研究も盛ん。アメリカマツノキクイムシが大発生してマツ林生態系に甚大な被害を与えており、気候変動影響や炭素循環、森林火災などとの関連が研究されている。温暖化に伴う害虫被害による地球規模での減収を予測し、特に温帯地域での収量減が増すことを指摘。温暖化の影響評価の際に植物－昆虫あるいは多栄養段階、群集レベルでの相互作用を考慮する重要性を指摘。 ● 森林の温暖化リスクマネジメント、炭素循環や温暖化適応策に関しても研究が進んでいる。

2.8

人と自然の調和

				● 環境保護庁が生態系の保護を含む気候変動適応計画・戦略を策定し、様々なツールを公開。 ● 北米気候スマート農業アライアンス（North America Climate Smart Agriculture Alliance：NACSAA）が設立され、野生動物の保護や生態系サービスの活用を考慮した、持続可能な気候スマート農業の普及に取り組んでいる。 ● 斜面災害に係る応用研究・技術開発はアメリカ地質調査所（USGS）で行われている他、各州で Landslide-debris flow mapping が作成されている。
欧州	基礎研究	◎	↗	【EU】 ● 気候変動適応への対応の枠組みである「Copernicus Climate Change Service」では、気象災害に適応できる水管理を重点テーマの一つに挙げている。 ● 伝統的に植物および気候に関するデータベースや研究成果が充実している。2000年代から森林に関する気候変動シミュレーション研究の成果を数多く公表してきた。現在でも分布予測モデルの著名な研究者はEU諸国の大学や研究所に多い。 ● Horizen2020でEbAを含む気候変動適応に関する研究プログラムが設定されており、多くの研究成果が得られつつある。EUのEbAプロジェクトを総合的に評価し、成功要因の解明や費用便益の分析などを行うなど先進的な取組みを実施。農林業におけるEbAの包括的評価が実施され、レポートを公開。 【英国】 ● 生態・水文研究所（CEH）が温暖化への統合的な影響予測を行うための基盤技術として、農地をはじめとする各フィールドでの観測に基づいたプロセスベースモデルJULES（Joint UK Land Environment Simulator）を開発し、収量予測や水資源予測を行っている。 ● 生物多様性や生態系サービス関連の研究も盛ん。 【フランス】 ● 国立農業・食糧・環境研究所（INRAE）が農地からの温室効果ガスの影響や緩和策の検討を本格化させている。作物収量の予測を目的として、ヨーロッパ・アフリカを対象とした作物モデルの開発による農作物の収量への影響予測も行っている。アグロフォレストリーなどの研究も進展。
	応用研究・開発	◎	↗	【EU】 ● 気候変動緩和を目指す土地利用シナリオと生物多様性保全とのシナジーなど、応用的な研究が進められている。 ● 「気候変動適応戦略」が採択され、その戦略の有効性評価を行うとともに、加盟国が包括的な適応のための行動を取るよう促している。「欧州気候適応プラットフォーム（Climate-ADAPT）」を設立し、各地域・セクターの適応計画を支援するための様々な情報・ツールを公開している。 ● 国連食料農業機関（FAO）では、国ごとの統計データに基づいて構築された作物モデルによる地域ごとの作物収量の予測および温暖化時の影響が評価され、アフリカ・アジア等の諸国でのリアルタイムでの収量予測に用いられている。 【英国】 ● 「25 Year Environmental Plan」に基づき生物多様性の保全や持続可能な利用、気候変動対策や緩和の総合的な取組みを推進。UKRIと環境・食糧・農林省（DEFRA）によるFarming Innovation Pathwaysも実施されている。 【フランス】 ● INRAEが季節予報の渇水予測への活用に向けた応用研究においても存在感を示し、国際的な研究イニシアチブ Hydrologic Ensemble Prediction Experiment（HEPEX）などを通して精力的に進めている。 【ドイツ】 ● ポツダム気候影響研究所（PIK）では、自然科学と社会科学の研究者が地球規模気候変動とその生態や社会経済への影響評価について、1）地球システム解析、2）気候変動の影響と脆弱性、3）持続可能な対応策の検討等の分野横断的な研究が行われている。

2.8 人と自然の調和

中国	基礎研究	○	↗	● 気候変動影響評価と森林生態系に関する研究成果は多数出ており、今後もその傾向が続くと予想されている。 ● 水田からのメタン発生に関する基礎研究が精力的に行われている。 ● アブラムシの発生に及ぼす温暖化の影響を長期データを用いて評価。その他にも害虫被害に対する温暖化の影響に係る研究を多数実施。 ● ゴム生産に間作を取り入れることによる生態系サービスの向上、収益増加、気候変動適応などの効果を検証する研究を、Natural Capital Project の一環としてスタンフォード大らとの共同で実施。
	応用研究・開発	◎	↗	● 気候変動に対する森林生態系への適応策など、応用的な研究も進んでおり、今後も増加すると見られている。 ● International Institute for Environment and Development（IIED）と共同で、EbAを利用した農業の干ばつ対策の研究を実施しており、政策提言も行っている。 ● 米国に本部を置く自然保護団体であるThe Nature Conservancyが中国におけるEbA優先エリアを地図化し、生物多様性保全や気候変動緩和に取り組む。 ● 世界最大規模の生態系サービスへの支払いプログラムが創設され、森林や草原を回復し、自然災害のリスクを軽減しながら農村の貧困を緩和する取組みに1億2,000万世帯が参加。 ● 極端化する気象災害による直接的な農業被害の研究が精力的に行われている。特に渇水による収量減少への対応に強い注意が払われている。 ● 2020年に複数災害早期警報技術研究センター（四川省成都市）が設立され、頻発する中国内陸部の地震・豪雨災害の研究推進を目指している。
韓国	基礎研究	△	→	● 水稲品種と水田のメタン発生量に関する基礎的な研究が継続的に行われている。 ● Korean Environment Instituteによって農業における気候変動適応策の研究開発が進められているが、国際的な発信は多くない。
	応用研究・開発	○	→	● 釜山にあるAPEC Climate Centerでは、季節予報を利用した作物の病虫害を予測する意思決定システム開発に関する研究が精力的に進められ、アジア域の農業地域に適用されている。
豪州、ニュージーランド	基礎研究	○	→	● 豪州科学研究機構（CSIRO）では、作物の生長過程や収量予測モデルを用いて、作物の生産量と自然生物の関係や地下水の上昇による塩害発生予測など、農業と周辺環境を連結した解析を進めている。 ● 斜面崩壊（Landslide）の基礎研究が進められており、特にニュージーランドはわが国と地形及び気候条件が類似することから、斜面災害の研究が盛んである。
	応用研究・開発	◎	→	● CSIROでは気候分野、水文水資源分野、作物分野の研究者が共同し、リモートセンシングを利用した土地利用の抽出および作物モデルの構築を行い、長期間の渇水に襲われたMurray川流域への気候変動の影響分析を進めている。 ● CSIROやニュージーランド地質・核科学研究所（GNS Science）にて斜面災害の応用研究や情報提供が行われている。

2.8

人と自然の調和

（水産業）

国・地域	フェーズ	現状	トレンド	各国の状況、評価の際に参考にした根拠など
日本	基礎研究	◎	↗	● 環境省・環境総合推進費S18において、漁船漁業ではサケ・サンマやスルメイカ等、重要魚種への気候変動の影響評価と分布変化予測が実施されている。加えて養殖業・前浜漁業ではワカメ等の海藻養殖、海藻藻場とアワビ等磯根資源を事例とし、気候変動の影響評価と分布変化予測の解析が進められている。これらの解析結果をベースとした気候変動適応・緩和策の提案を目指している。 ● スマート水産業化を加速させるための水産庁事業がいくつか継続中である。漁船搭載型の観測機器の開発、観測機器による収集データから1週間先までの漁海況予測するシステム開発などが進められている。加えて、これらの観測機器を現場実装するための支援事業も進められている。 ● インベントリ報告書への登録へ向けた海草藻場・海藻藻場を対象とするブルーカーボン評価手法が2022年度末までに確立され、全国の吸収源ポテンシャルが公開される。2023年からはブルーカーボン生態系によるCO_2吸収量のアーカイブシステムの運用が開始される予定になっている。 ● 気候変動に適応した養殖手法、養殖品種の開発が魚介類・海藻を対象に国の事業として進められている。二枚貝養殖での手法改善、育種による高温耐性海藻種の開発などが農林水産省で事業化されていることに加え、民間企業ベースでの開発も進んでいる。 ● 気候変動に適応した藻場維持・拡大技術の開発：気候変動適応策と緩和策の融合策として、藻場消失（磯焼け）を打開するための藻場創成技術（種苗生産技術＋現場展開技術）、再生可能バイオマス増大に向けた海藻生産システムの技術の開発を統合的に進めるための研究が産官学共同で進められている。 ● 海外で先行している海藻バイオマスを対象としたバイオリファイナリー技術の開発が国内でも始まっている。日本のメリットとして多種多様な海藻種を生産できる点を生かし、気候帯ごとに異なる海藻種・異なるプロセスでシステム構築するための基礎研究が進められている。 ● 漁船電動化は2040年までに技術確立することが水産基本計画で目標に挙げられている。
	応用研究・開発	○	↗	● 水産資源評価の高度化とその評価結果をもとに、各魚種で不漁問題対策が検討されている。気候変動の影響を加味するための統計解析手法の開発、操業形態の変更や漁獲制限の効果の評価なども実施。 ● 重要資源対象種の分布変化を考慮した漁場整備が開始。地域別に気候変動による魚種の分布変化を加味しつつ、在来種の漁場整備を行うか、将来分布する魚種を対象とした漁場整備を行うか、水産庁が作成したガイドラインをもとに各都道府県で実施。 ● いくつかの県下では、県が独自で開発した高水温耐性の養殖品種を漁業者に普及し、養殖現場での実装が開始されている。また、2022年の三倍体魚等の水産生物の利用要領の見直しに伴い、例えばカキ養殖では高温下でも生残率が良く、品質が維持される三倍体種苗の展開が各地で検討開始。民間企業による三倍体種苗生産・販売も増加傾向にある。 ● 魚類の海面養殖を対象に、民間企業によるスマート事業化が進んでいる。給餌や養殖に悪影響を及ぼす環境変化（高水温、貧酸素、赤潮、波浪など）をモニタリング・予測し、その対策の自動化が進められている。これら技術を用いた沖合大規模養殖施設の技術開発も進められており、全国4か所で実用化が始まっている。 ● 再生可能エネルギーの推進可能性を探るため、その原料となる再生可能原料（バイオマス、有機廃棄物および廃プラスチック）の賦存量の調査が開始されている。このうち、海草・海藻類はブルー炭素として扱われており、バイオマス活用型海藻養殖の技術開発によって将来的な賦存量がどれくらい見込めるか、検討が実施。

2.8 人と自然の調和

				●カーボン・オフセットクレジット制度の適用と気候変動に適応した藻場維持・拡大技術の現場展開：Jブルークレジットを用いたカーボンオフセットクレジット制度が開始されたことにより、気候変動対策を明確に目的とし、海藻養殖も含めた藻場維持・形成・拡大技術の現場展開が活発化し始めている。今後は、CO_2吸収量を最大化させるような藻場拡大技術や海藻養殖技術開発が進むことで、クレジット制度の活性化を介して水産業における適応策と緩和策の融合策の推進が期待できる。
	基礎研究	○	→	●2010年代後半より開始された、国家プロジェクト予算に基づく海藻バイオマスを利用した燃料、素材開発に関わる研究が継続中。 ●マングローブ林、塩性湿地と海草藻場だけでなく、海藻養殖産業の振興とともに海藻によるCO_2吸収・排出抑制に関する研究が進行中。いくつかの成果は米国科学アカデミーで取りまとめられている。
米国	応用研究・開発	◎	↗	●欧州とともに民間企業ベースでの海藻養殖と海藻産業が活発化。 ●沖合洋上風力発電施設と漁業管理とのコンフリクトが課題化している。漁業管理の基礎となる米海洋大気庁（NOAA）の科学的調査では、洋上風力発電開発の影響評価にかかる費用のうち、NOAAと民間企業との洋上風力エネルギー開発が海洋環境と漁業コミュニティに与える影響に対処するための共同研究プロジェクトための費用として、漁業団体が連邦政府へ約7,400万ドルの支出を要請した事例もある。また、風発施設そのものだけでなく、当該海域における海藻（コンブ類）養殖が漁業（当該海域の漁業資源）に及ぼす影響も懸念され始めている。 ●気候変動に適応した食料生産として、沖合養殖への期待が高まっている。有権者の半数以上が沖合養殖を拡大する議員を支持していることが調査で判明したことをうけ、超党派の議員団が沖合魚類養殖場の開発に関心を有する企業に対する規制プロセスを合理化することを目的とした法案を議会上院・下院双方で提出している。 ●気候変動への適応政策が加速化。NOAAはインフラ整備法での気候変動対策として2022年にNOAAが受け取る29.6億ドルのうち15億ドルは沿岸のレジリエンスを向上させるためのプロジェクトに、9.04億ドルはNOAAの気候データおよびサービスの改善に、残りは漁業支援に使用されている。
欧州	基礎研究	◎	↗	【英国・EU】 ●ブルーカーボン生態系、特に海草藻場・海藻藻場・海藻養殖におけるCO_2吸収源機能（植物残渣貯留）の解明が継続して進められている。これらの成果をもとに海藻類をIPCC湿地ガイドラインへ加える動きは新型コロナ感染症の影響で停滞していたが、2022年度より徐々に再開されている。 ●英国をはじめ、各国で大学等公的研究機関がブルーカーボン生態系を対象としたCO_2吸収源の算定が開始。 ●民間企業において、海藻類を対象とした再生可能バイオマス関連の製品化技術開発が加速している。従来から実施されていた機能性成分（増粘剤等）の抽出・利用加工だけでなく、飼料、プラスチック・燃料・電池等のGHGs削減に向けた技術開発を組み合わせたカスケード利用プロセスの構築に向けた技術研究が盛ん。 【フランス】 ●上記のEU内での動きのほかに、フランスにおける重要水産業である二枚貝養殖の適応策に関わる研究が進行中である。温暖化に伴うカキ採苗の不良対策に向けた生物学的メカニズムの解明、観測システムの開発、温暖化に伴う食害魚増加に対応するための食害対策システムの開発などが進められている。 【地中海地域】 ●温暖化による植食性魚類の増加によってブルーカーボン生態系（海草藻場）の減少がさらに深刻化していることをうけ、藻場減少の実態把握と対策研究が活発化。

欧州	応用研究・開発	◎	↗	**【英国・EU・ノルウェー】** ● 気候変動により変動する水産資源の資源管理を強化するため、IUU（Illegal, Unreported and Unregulated）漁業への規制を強化することを決定。 ● EUのプロジェクト予算による援助のもと、民間企業主体で実施されている大規模海藻養殖施設等のシステム開発が現場試験段階に到達。 ● FAOが2022年4月の会合において海藻養殖・海藻産業のイノベーションを奨励する由を公表。それにより欧州を中心に研究と実装がさらに加速化する模様。特に、The Seaweed for Europe coalitionを主体に海藻養殖の急速拡大が進み、現在30万トンの生産量を今後10年で800万トンまで増加させる目標を立てている。また生産地は欧州、アメリカが主体であるがアフリカ等での展開も視野に入れている。海藻産業においても欧州の民間企業において製品化技術開発が勢力的に実施されている。化粧品、バイオパッケージング、バイオ燃料、織物、洗剤、および環境に配慮した建設資材などがあげられている。 ● オランダの民間企業では、アイルランド、モロッコ、インド、オランダに養殖場を展開、様々な海藻種を生産し、タンパク質、糖、繊維、ビタミン、ミネラル等の栄養補助食品を開発、動物飼料や植物肥料に活用している。医薬品、生分解性プラスチック、テキスタイル、紙、建設用コンクリート硬化化合物などの持続可能な材料、バイオエネルギーに変換することによって生み出される再生可能エネルギーの開発研究を進めている。 ● 英国スコットランド政府が商用海藻養殖に関する法令ガイドラインを作成し、養殖拡大・規制について法整備を開始。 **【地中海地域】** ● 食害で壊滅状態にあるブルーカーボン生態系（海草藻場）の回復に向けた対策が実施中。
中国	基礎研究	◎	↗	● 海藻養殖を吸収源にするための基礎研究が急速に拡大。特に海藻養殖のCO_2貯留プロセスとして最も重要な難分解性溶存態有機炭素（Refractory Dissolved Organic Carbon：RDOC）による植物残渣貯留プロセスに関する論文が増加傾向にある。 ● 中国全土の海藻養殖施設によるCO_2吸収源ポテンシャルを算定。
	応用研究・開発	○	↗	● 昨今の海洋進出拡大に伴い、水産分野では沖合魚類養殖施設の構築が拡大中。
韓国	基礎研究	△	→	● 特段の情報なし
	応用研究・開発	△	→	● 海藻養殖拡大・輸出促進のためにASC（Aquaculture Stewardship Council：水産養殖管理協議会）・MSC認証（Marine Stewardship Council：海洋管理協議会）を取得。
その他の国・地域	基礎研究	◎	↗	**【豪州】** ● 海草藻場・塩性湿地・マングローブ林に加えて、海藻類のCO_2吸収源、再生可能バイオマス活用に関する研究プロジェクトが開始。
	応用研究・開発	○	↗	**【インドネシア】** ● 欧州で加速する海藻産業に参画、特に海藻のハイドロコロイド製品（増粘剤、ゲル化剤、乳化剤として機能する海藻ベースの製品）のヨーロッパ市場での開発に参加している。

（註1）「フェーズ」

「基礎研究」：大学・国研などでの基礎研究レベル。

「応用研究・開発」：技術開発（プロトタイプの開発含む）・量産技術のレベル。

（註2）「現状」　※我が国の現状を基準にした評価ではなく、CRDSの調査・見解による評価。

◎：他国に比べて特に顕著な活動・成果が見えている　　○：ある程度の顕著な活動・成果が見えている

△：顕著な活動・成果が見えていない　　　　　　　　　×：特筆すべき活動・成果が見えていない

（註3）「トレンド」

↗：上昇傾向、→：現状維持、↘：下降傾向

2.8 人と自然の調和

関連する他の研究開発領域

- ・気候変動観測（環境・エネ分野　2.7.1）
- ・気候変動予測（環境・エネ分野　2.7.2）
- ・水循環（水資源・水防災）（環境・エネ分野　2.7.3）
- ・生態系・生物多様性の観測・評価・予測（環境・エネ分野　2.7.4）
- ・社会－生態システムの評価・予測（環境・エネ分野　2.8.1）
- ・植物ものづくり（ライフ・臨床医学分野　2.2.2）
- ・農業エンジニアリング（ライフ・臨床医学分野　2.2.3）

参考・引用文献

1) 国土交通省 水管理・国土保全局河川計画課「山形県・熊本県・大分県で統計開始以来最大の被害～令和2年の水害被害額（確報値）を公表～（令和4年3月31日）」国土交通省, https://www.mlit.go.jp/report/press/content/001474798.pdf,（2023年2月4日アクセス）.

2) 農林水産省「令和2年度 食料・農業・農村白書：第3節 令和2年度の自然災害からの復旧」https://www.maff.go.jp/j/wpaper/w_maff/r2/r2_h/trend/part1/chap5/c5_3_00.html,（2023年2月4日アクセス）.

3) Swiss Re Group, "Global insured catastrophe losses rise to USD 112 billion in 2021, the fourth highest on record, Swiss Re Institute estimates," Swiss Re, https://www.swissre.com/media/press-release/nr-20211214-sigma-full-year-2021-preliminary-natcat-loss-estimates.html,（2023年2月4日アクセス）.

4) 水産庁「新たな水産基本計画（令和4年3月25日閣議決定）」https://www.jfa.maff.go.jp/j/policy/kihon_keikaku/,（2023年2月4日アクセス）.

5) Ove Hoegh-Guldberg, et al., "The ocean as a Solution to Climate Change: Five Opportunities for Action," High Level Panel for a Sustainable Ocean Economy, https://oceanpanel.org/publication/the-ocean-as-a-solution-to-climate-change-five-opportunities-for-action/,（2023年2月4日アクセス）.

6) Nadine Brisson, et al., "Why are wheat yields stagnating in Europe? A comprehensive data analysis for France," *Field Crops Research* 119, no. 1 (2010)：201-212., https://doi.org/10.1016/j.fcr.2010.07.012.

7) David B. Lobell, Wolfram Schlenker and Justin Costa-Roberts, "Climate Trends and Global Crop Production Since 1980," *Science* 333, no. 6042 (2011)：616-620., https://doi.org/10.1126/science.1204531.

8) Toshichika Iizumi, et al., "Responses of crop yield growth to global temperature and socioeconomic changes," *Scientific Reports* 7 (2017)：7800., https://doi.org/10.1038/s41598-017-08214-4.

9) Joshua Elliott, et al., "Constraints and potentials of future irrigation water availability on agricultural production under climate change," *PNAS* 111, no. 9 (2013)：3239-3244., https://doi.org/10.1073/pnas.1222474110.

10) Patrick Gerland, et al., "World population stabilization unlikely this century," *Science* 346, no. 6206 (2014)：234-237., https://doi.org/10.1126/science.1257469.

11) 内閣府「令和2年度：気候変動に関する世論調査」https://survey.gov-online.go.jp/r02/r02-kikohendo/index.html,（2023年2月4日アクセス）.

2.8
人と自然の調和

12) Toshichika Iizumi, et al., "Global crop yield forecasting using seasonal climate information from a multi-model ensemble," *Climate Services* 11（2018）: 13-23., https://doi.org/10.1016/j.cliser.2018.06.003.

13) 吉田武郎, 他「広域水田灌漑地区の用水配分・管理モデルの実装による流域水循環のモデル化」『農業農村工学会論文集』80巻1号（2012）: 9-19., https://doi.org/10.11408/jsidre.80.9.

14) Ryoji Kudo, Takeo Yoshida and Takao Masumoto, "Nationwide assessment of the impact of climate change on agricultural water resources in Japan using multiple emission scenarios in CMIP5," *Hydrological Research Letters* 11, no. 1（2017）: 31-36., https://doi.org/10.3178/hrl.11.31.

15) Claire Kremen and Adina M. Merenlender, "Landscapes that work for biodiversity and people," *Science* 362, no. 6412（2018）: eaau6020., https://doi.org/10.1126/science.aau6020.

16) Nathalie Seddon, et al., "Global recognition of the importance of nature-based solutions to the impacts of climate change," *Global Sustainability* 3（2020）: e15., https://doi.org/10.1017/sus.2020.8.

17) Food and Agriculture Organization（FAO）and United Nations Development Programme（UNDP）, "Briefing note: National Adaptation Plans-An entry point for ecosystem-based adaptation," FAO, http://www.fao.org/3/ca9541en/ca9541en.pdf,（2023年2月4日アクセス）.

18) Hannah Reid, et al., *Is ecosystem-based adaptation effective? Perceptions and lessons learned from 13 project sites*（London: International Institute for Environment and Development（IIED）, 2020）.

19) Hannah Reid, Alejandro Argumedo, and Krystyna Swiderska, "Ecosystem-based approaches to adaptation: strengthening the evidence and informing policy. Research results from the Potato Park and the Indigenous Peoples Biocultural Climate Change Assessment, Peru," International Institute for Environment and Development（IIED）, https://www.iied.org/17619iied,（2023年2月4日アクセス）.

20) 柳井一希, 笠井美青「WOE法及びロジスティック回帰法による和歌山県那智川流域における表層崩壊危険度分布」『日本地すべり学会誌』57巻3号（2020）: 90-98., https://doi.org/10.3313/jls.57.90.

21) Amy E. East and J. B. Sankey, "How is Modern Climate Change Affecting Landscape Processes?" *Eos* 101（2020）., https://doi.org/10.1029/2020EO152788.

22) 国立研究開発法人水産研究・教育機構「2019年度 資源・漁獲情報ネットワーク構築委託事業 報告書（令和2年3月）」農林水産省, https://www.maff.go.jp/j/budget/yosan_kansi/sikkou/tokutei_keihi/R1itaku/R1ippan/attach/pdf/index-348.pdf,（2023年2月4日アクセス）.

23) Bela H. Buck and Richard Langan, eds., *Aquaculture Perspective of Multi-Use Sites in the Open Ocean: The Untapped Potential for Marine Resources in the Anthropocene*（Switzerland: Springer Cham, 2017）., https://doi.org/10.1007/978-3-319-51159-7.

24) North Sea Farmers, "Wier& Wind," https://www.northseafarmers.org/projects/wier-en-wind/,（2023年2月4日アクセス）.

25) Jonas Jägermeyr, et al., "Climate impacts on global agriculture emerge earlier in new generation of climate and crop models," *Nature Food* 2, no. 11（2021）: 873-885., https://doi.org/10.1038/s43016-021-00400-y.

26) Toshihiro Hasegawa, et al., "Rice Free - Air Carbon Dioxide Enrichment Studies to Improve Assessment of Climate Change Effects on Rice Agriculture," in *Improving Modeling Tools to*

Assess Climate Change Effects on Crop Response, eds. Jerry L. Hatfield and David Fleisher (Madison: American Society of Agronomy, Inc., 2016), 45-68., https://doi.org/10.2134/advagricsystmodel7.2014.0015.

27) Yasuhiro Usui, et al., "Rice grain yield and quality responses to free‐air CO_2 enrichment combined with soil and water warming," *Global Change Biology* 22, no. 3 (2016)：1256-1270., https://doi.org/10.1111/gcb.13128.

28) Hiroshi Nakano, et al., "Quantitative trait loci for large sink capacity enhance rice grain yield under free-air CO_2 enrichment conditions," *Scientific Reports* 7 (2017)：1827., https://doi.org/10.1038/s41598-017-01690-8.

29) Yasushi Ishigooka, et al., "Large-scale evaluation of the effects of adaptation to climate change by shifting transplanting date on rice production and quality in Japan," *Journal of Agricultural Meteorology* 73, no. 4 (2017)：156-173., https://doi.org/10.2480/agrmet.D-16-00024.

30) メッシュ農業気象データシステム開発チーム「農研機構メッシュ農業気象データシステム」農研機構メッシュ農業気象データ, https://amu.rd.naro.go.jp/,（2023年2月4日アクセス）.

31) Yuhei Takaya, et al., "Japan Meteorological Agency/Meteorological Research Institute-Coupled Prediction System version 1 (JMA/MRI-CPS1) for operational seasonal forecasting," *Climate. Dynamics* 48 (2017)：313-333., https://doi.org/10.1007/s00382-016-3076-9.

32) Baihua Fu, et al., "A review of catchment-scale water quality and erosion models and a synthesis of future prospects," *Environmental Modelling & Software* 114 (2019)：75-97., https://doi.org/10.1016/j.envsoft.2018.12.008.

33) 津山幾太郎, 嶋瀬拓也, 石橋聡「北の森だより21号：トドマツ人工林伐採後の施行選択」国立研究開発法人森林研究・整備機構 森林総合研究所 北海道支所, https://www.ffpri.affrc.go.jp/hkd/research/documents/kitanomori_vol21_hp.pdf,（2023年2月4日アクセス）.

34) 山村光司「状態空間モデルによる昆虫個体数変動の解析における諸問題」『日本生態学会誌』66巻2号（2016）：339-350., https://doi.org/10.18960/seitai.66.2_339.

35) Kohji Yamamura, "Estimation of the Predictive Ability of Ecological Models," *Communications in Statistics-Simulation and Computation* 45, no. 6 (2016)：2122-2144., https://doi.org/10.1080/03610918.2014.889161.

36) 山村光司「地球温暖化が我が国の病害虫発生にもたらす影響：因果関係を調べる方法について」『植物防疫』74巻6号（2020）：338-342.

37) James L. Maino, Paul A. Umina and Ary A. Hoffmann, "Climate contributes to the evolution of pesticide resistance," *Global Ecology and Biogeography* 27, no. 2 (2018)：223-232., https://doi.org/10.1111/geb.12692.

38) Jian Pu, Zinan Wang and Henry Chung, "Climate change and the genetics of insecticide resistance," *Pest Management Science* 76, no. 3 (2020)：846-852., https://doi.org/10.1002/ps.5700.

39) Maor Matzrafi, "Climate change exacerbates pest damage through reduced pesticide efficacy," *Pest Management Science* 75, no. 1 (2019)：9-13., https://doi.org/10.1002/ps.5121.

40) Victorine Castex, et al., "Pest management under climate change: The importance of understanding tritrophic relations," *Science of The Total Environment* 616-617 (2018)：397-407., https://doi.org/10.1016/j.scitotenv.2017.11.027.

41) Robin J. A. Taylor, et al., "Climate Change and Pest Management: Unanticipated Consequences of Trophic Dislocation," *Agronomy* 8, no. 1 (2018) : 7., https://doi.org/10.3390/agronomy8010007.

42) Frank Chidawanyika, Pride Mudavanhu and Casper Nyamukondiwa, "Global Climate Change as a Driver of Bottom-Up and Top-Down Factors in Agricultural Landscapes and the Fate of Host-Parasitoid Interactions," *Frontiers in Ecology and Evolution* 7 (2019) : 80., https://doi.org/10.3389/fevo.2019.00080.

43) D. Porcelli, et al., "Local adaptation of reproductive performance during thermal stress," *Journal of Evolutionary Biology* 30, no. 2 (2017) : 422-429., https://doi.org/10.1111/jeb.13018.

44) Benjamin S. Walsh, et al., "The Impact of Climate Change on Fertility," *Trends in Ecology and Evolution* 34, no. 3 (2019) : 249-259., https://doi.org/10.1016/j.tree.2018.12.002.

45) Finbarr G. Horgan, et al., "Positive and negative interspecific interactions between coexisting rice planthoppers neutralise the effects of elevated temperatures," *Functional Ecology* 35, no. 1 (2021) : 181-192., https://doi.org/10.1111/1365-2435.13683.

46) Finbarr G. Horgan, et al., "Elevated temperatures diminish the effects of a highly resistant rice variety on the brown planthopper," *Scientific Reports* 11 (2021) : 262., https://doi.org/10.1038/s41598-020-80704-4.

47) 三澤俊哉「農林水産部門の脱炭素化に向けた課題と取り組み」『電気学会誌』142 巻 5号（2022）: 276-279., https://doi.org/10.1541/ieejjournal.142.276.

48) 九州大学応用力学研究所「R3年度水産庁事業スマート水産業推進事業のうちICTを利用した漁業技術開発事業」https://dreams-d.riam.kyushu-u.ac.jp/,（2023年2月4日アクセス）.

49) Naoki Hirose, et al., "Numerical simulation of the abrupt occurrence of strong current in the southeastern Japan Sea," *Continental Shelf Science* 143 (2017) : 194-205., https://doi.org/10.1016/j.csr.2016.07.005.

50) Yuji Masutomi, et al., "Critical air temperature and sensitivity of the incidence of chalky rice kernels for the rice cultivar "Sai-no-kagayaki"," *Agricultural and Forest Meteorology* 203 (2015) : 11-16., https://doi.org/10.1016/j.agrformet.2014.11.016.

2.8

人と自然の調和

2.8.3　都市環境サステナビリティ

（1）研究開発領域の定義

　都市住民が生活する都市環境のサステナビリティ、レジリエンスに関する研究開発、社会実装の取組を扱う。気候変動や自然災害などが都市環境に与える影響の予測と評価、それらを基盤にした都市レジリエンスの向上策や適応シナリオ構築、実装促進策などを扱う。都市住民の健康、人生の質（Quality of life：QOL）、ウェルビーイングに関する研究開発や社会実装の取り組みも対象とする。

　気候変動と都市ヒートアイランド現象による暑熱、地震などの自然災害、それらの複合災害が及ぼす影響の解析や、地域住民協働に向けた視覚化手法などの適応、レジリエンスに資する開発や取り組みを含める。暑熱や極端気象に備えるための都市計画シナリオ構築、自然災害への防災行動計画等も含める。都市近郊林や緑地、里地里山、街路樹、屋上緑化等の都市の自然が都市住民の身体・精神・社会的健康に与える影響を解析する手法の開発、およびその影響の評価と予測も行う。それらを基盤とした持続的な都市景観やグリーンインフラの管理・設計も対象とする。

（2）キーワード

　レジリエンス、予測不確実性、自然災害、複合災害、適応策、復旧・復興、ダウンタイム、事業継続計画（Business Continuity Plan：BCP）、グリーンインフラ、都市緑地、土地利用規制、温暖化ダウンスケーリング、都市ヒートアイランド、持続可能な開発目標（Sustainable Development Goals：SDGs）、地方自治体、健康、熱関連超過死亡、暑熱適応、自然体験、環境心理学、低栄養、下痢性疾患、動物媒介感染症、Co-benefit（共便益）、ライフスタイル転換、超高齢社会

（3）研究開発領域の概要

［本領域の意義］

　自然災害について、気候変動が全世界的に防災対策における大きなテーマとなってきたが、地震・火山災害も社会に重大な影響を与える。我が国を含む環太平洋地域、地中海からインドにかけての地域などでは避けられない災害である。自然災害への防災は、既存の防災策に追加的な適応策をあわせたものとせざるを得ない。個別、単体での技術開発や備えはかなり進められているが、システムとしての社会実装に課題がある。さらに台風による停電中の熱波の襲来、感染症蔓延下での酷暑や洪水災害など複合災害への対策の必要性もこの数年で社会的に認識された。特に都市域での被災は、世界の経済活動にも大きな影響を与えることから事業継続計画（BCP）の観点での対策が求められている。研究と行政的対応を継続し、レジリエンスを高めていく必要がある。

　気候変動について、温室効果ガス（Green House Gases：GHGs）の大気中平均存在寿命は長期に渡り、温暖化が不可避の状況下に既にある。ますます深刻化する将来に向け、エネルギー高効率化、エネルギー転換等により気候変動影響を「緩和」する努力と、気候変動影響を前提に「適応」する両輪の対策が不可欠であることが我が国でも共通認識になりつつある。現在のように気候変動影響が顕在化する以前から気候変動影響評価が行われてきた。気候変動影響評価とは、ハザード（危険な事象）、曝露（影響を受ける可能性のある人的・物的損害の大きさ）、脆弱性（損害の受けやすさ）の観点から気候変動による影響を、モデルを用いてリスク評価する手法である。「適応策」はあらゆる分野に関わり、その内容・優先順位は地域ごとに異なる。気候変動の将来予測、その地域レベルへのダウンスケール、その結果を踏まえた地域への影響予測、地域特有の脆弱性とリスク評価、対策技術、社会実装など、多岐に渡る研究と活動が求められる[1]。

　都市気候では、全球的な気候変動による影響だけでなく、都市ヒートアイランド現象が気候変動による暑熱が顕在化する以前からの課題である。現在は都市ヒートアイランド現象だけではなく、気候変動がもたらす暑熱も加わっている。都市ヒートアイランド現象緩和策としてクールルーフ、屋上緑化、人工排熱削減などの

技術が、すでに普及している。都市ヒートアイランド現象適応策として日射遮蔽、ミスト噴霧なども実践されている。このような対策技術を適材適所に導入する社会実装も都市気候研究の重要な役割である。温暖化した将来の都市気候を前提に、より良い都市計画に貢献していく必要がある。

　都市計画、建築環境で扱うレジリエンスには自然災害リスクに加え、感染症リスクなどの健康に関するリスクも含まれる。19世紀に誕生した西欧の近代都市計画では、ペストやコレラなどの感染症に対し、下水道網や広幅員道路の敷設など公衆衛生を改善する都市大改造が行われた。しかし、富裕層がグリーンベルトに囲まれた田園郊外住宅を形成し、低所得層が密集したスラム街が形成されるという格差構造の固定化問題も起きた。今後の将来都市計画では、一部のみが利益を享受する社会ではなく、より良い長期展望を元にして、包摂性（インクルーシブ）や冗長性（リダンダンシー）、多様性（ダイバーシティ）を一層高めた都市の構築を検討していく必要がある[2]。

　近年、世界的に非感染性疾患の患者数が増加している。非感染性疾患はがん・糖尿病・循環器疾患・呼吸器疾患等で生活習慣の改善により予防可能である。また、うつ病や不安症状等の精神疾患の患者数も増加している。うつ病の人は世界で推計3億人以上と推計[3]されていた中、新型コロナウイルス感染症（COVID-19）のパンデミックによって悪化したとみられる[4]。こうした非感染性疾患・精神疾患の蔓延は、人々の寿命やQOLを低下させるだけではなく、社会に対して甚大な経済的・社会的コストをもたらす。これらの疾患を減少させることが、特に先進国で大きな社会的課題となっている。近年、都市近郊林や緑地、里地里山、街路樹、屋上緑化等の都市の自然は上記の疾患の拡大防止に貢献し得ると指摘されている。緑地の訪問や街路樹を眺めること等の身近な自然との関わり合いが、人々に身体、精神、社会的健康便益をもたらすことが実際に明らかにされてきている。現代社会に蔓延する非感染性疾患や精神疾患の減少に対しても、都市の自然を上手に活用し、より良い活用方策を講じる必要がある。

　日本のような超高齢社会では、都市環境や住環境の熱的快適性の議論にとどまらず、特に健康維持と生命維持のための暑熱対策が不可欠となる。個人におけるライフスタイル転換は、クールビズやシェアライドなど様々あるが、従来の慣行からの行動転換を円滑に促す技術開発も重要である。

　SDGs達成に向けて産官学民をあげた取り組みが行われる中、SDGsの達成に貢献し得る研究が増加している。SDGsでは都市に直接的に関わる目標11「住み続けられるまちづくりを」が存在する。SDGsの目標は互いに連関しているため、目標11単独での解決のみ模索するのは不十分で、トレードオフを抑制し、シナジーを最大化する統合的な解決方法の検討が必要不可欠である。例えばCOVID-19は都市の過密化と集住が被害を大きくしている側面があり、都市問題（目標11）と住民の健康問題（目標3）を同時に考慮しなければならない。近年、我が国では熱中症搬送者数が急増しているが、これも地球温暖化（目標13）とヒートアイランド現象（目標11）と住民の健康問題（目標3）を同時に検討しなければ有効な解決策は見出せない。気候変動に起因する災害も脆弱な都市で被害が大きくなる傾向があることから、統合的に都市のレジリエンス性を向上させることが求められている（目標9・11・13）。都市緑化は都市問題（目標11）と住民の健康（目標3）と陸域生態系の保護（目標15）に直接的に効果をもたらし、他にも間接的に関連する目標が含まれる。このように、SDGsの17の目標を用いて都市環境を俯瞰することで様々な課題とその連関が明確化される。都市環境に関わる課題を統合的に解決し得る研究開発が進めば、結果としてSDGsの達成にも大きく貢献する。

［研究開発の動向］

❶ レジリエンス、複合災害

　自然災害への防災対策については、災害に対する抵抗力に加え、発生した被害に対して対応する回復力にも注目するレジリエンスの考え方が注目されている。回復力という観点で、これまでの命・財産から、事業・地域の継続ということが新たな防災の目標となっている。具体的には、経済被害の波及という観点からBCP、2015年に仙台で開催された国連防災会議では、いわゆるより良い復興（Build Back Better）が新たな防災課題となっている。災害の影響が連鎖する複合災害への関心が高まっている。

2.8 人と自然の調和

　こういった背景を含めレジリエンスを定量的に定義しようとする取り組みが行われており、日本建築学会では建築物のレジリエンス性能を定量化する試み、米国においては地震災害後の復旧時間に着目した防災対策についての指針が示されるようになっている[5]。複合災害については、日本では南海トラフ地震、首都直下地震といった「国難」災害を対象に、複合・巨大災害の時系列・空間的な全体像を明らかにする取り組みが土木学会で行われている。

❷ 極端気象災害など自然災害のもたらす多様な影響評価

　極端気象による影響について、国際的なデータベースなどの整備により、評価が可能となってきている。しかし、地球レベルを対象とした健康分野の評価研究はほぼ死亡と経済損失に限られる。近年頻発化している洪水災害に際しても、単に死亡だけでなく、避難所生活を強いられることの問題、家族や家などを失う精神的な問題などは個別の災害での報告どまりで、さらに進展が必要である。

　これまであまり行われていなかった研究として、wild fire（野火。日本の国土に限れば山火事の訳で差し支えないが、大陸国ではwild fireは山だけでなく平地でも起こるため、野火と訳される。）の影響があげられる。直接の焼死のみでなく、燃焼によって生じる大気汚染物質による影響を考慮している。これも複合影響研究の一つと考えられ、発生に関する研究とともに、これまでの大気汚染研究の応用として論文の増加が予想される。

❸ 温暖化影響予測シミュレーションモデル開発

　気候変動が都市生活や住民の健康に及ぼす影響を予測・評価するためには、温暖化を適切に解析・予測できるシミュレーションモデル開発が不可欠である。シミュレーションモデル開発では、文部科学省「人・自然・地球共生プロジェクト：温暖化予測「日本モデル」ミッション」（共生）（2002～2006年度）の成果が気候変動に関する政府間パネル（Intergovernmental Panel on Climate Change：IPCC）第4次評価報告書に、「21世紀気候変動予測革新プログラム」（革新）（2007～2011年度）の成果がIPCC第5次評価報告書に、「気候変動リスク情報創生プログラム」（創生）（2012～2016年度）、「統合的気候モデル高度化研究プログラム」（統合）（2017～2021年度）の成果がIPCC第6次評価報告書に大きく貢献した。

❹ 温暖化ダウンスケーリング

　全球気候モデルの空間解像度は通常100～数100 km程度の空間平均値であり、都市住民の健康への影響予測・評価に適用できない。その空間解像度のギャップを埋めるため「温暖化ダウンスケーリング」技術が開発されてきた。ダウンスケーリングは空間詳細化を意味する。全球気候モデルの出力結果をより高解像度のシミュレーションモデルを用いて空間詳細化を施す力学的ダウンスケーリングと、広域の気象場と局所の気象要素の経験的・統計的関係に基づいて空間詳細化を施す統計的ダウンスケーリングの2つの手法に大別される。文部科学省「気候変動適応研究推進プログラム」（2010～2014年度）で開発された温暖化ダウンスケーリングモデル[6], [7]は、地球スケールから大陸・国、地域、都市、街区・建物に至る気候・微気候を段階的かつ連続的に解析・予測可能なモデルとなっている。これは建物3次元情報などの街区ビル構造などもモデルに取り込んでおり、都市計画の相違による将来影響も予測できる。このような研究成果によって初めて、地球規模の温暖化が都市生活や住民の健康に及ぼす影響を、局所的な都市ヒートアイランドの影響と合わせて定量的かつ詳細に予測・評価でき、適応の具体的な方策を検討できるようになった。温暖化ダウンスケーリングモデルは、深刻化するこれからの温暖化時代において特に有効な環境影響予測・評価ツールである。既に、将来の都市暑熱環境下の健康被害の推定[8]や、暑熱環境に適応する都市・街区計画の検討[9]などに応用され、都市計画などの政策決定に向けて重要な知見を提供している。

❺ 都市暑熱化への都市、建築物スケールの緩和策、適応策

都市ヒートアイランド現象に加えて気候変動により都市暑熱化が進展しており、熱中症搬送者数が増加している。特に日本の大都市はほとんどが、厳しい夏の暑さに晒される位置にあり、欧米の諸都市と比較すると明らかに高温多湿の熱中症に陥りやすい気候条件である。

全球モデルからダウンスケールして都市の暑熱環境の予測をしようとする研究と建物内の温熱環境や人体の体温変化を予測しようとする研究を結びつけようとする試み[10]が開始されている。また、都市キャノピー内の暑熱環境の実態や暑熱影響を緩和するための緑陰形成の状況を把握するために、都市で撮影された動画や静止画を人工知能で分析する研究も開始されている。バイタルセンサー等を用いてパーソナルな熱中症発症リスクを予測して警告するためのデバイス開発なども進んでおり、高温化する現代、将来の都市環境下で人命を救うための研究が活発化している。

気候変動への関心が高まる以前より、都市ヒートアイランド現象が世界の各都市で課題であった。我が国ではクールルーフ、クールペイブメント、屋上緑化などのヒートアイランド緩和策から、日除けや街路樹などによる日射遮蔽、ミスト噴霧、散水などによる暑さ対策がヒートアイランド適応策、外部空間における人体の温熱生理、心理反応を考慮した暑熱適応に関する研究や実践に移行しつつある。日本では環境省がヒートアイランド対策で培われ、気候変動適応策の知見も加えて「まちなかの暑さ対策ガイドライン」[11]を公表している。地方自治体での熱中症対策は予防のための普及啓発、放送等での注意喚起や高齢者の訪問・声掛けといったソフト対策が主体の状況である。複合災害を見据えた避難場所の確保や公共施設の空調設備の設置、緑地を増やす、風の道をつくるといったハード対策を強化していく必要がある。適応策のメニューの充実、社会実装のための合意形成等、新たな連携と分野を横断した研究が望まれる。

海外では体系的な研究や実践の例は少ないが、適応策の観点から洪水対策などとともに都市における暑さ対策の施策が実施されている場合がある。世界では近年の熱波の出現頻度の増加を背景として、熱波と都市ヒートアイランド現象との関連性の研究が注目されている。

❻ 熱ストレスによる健康被害の影響予測、評価と行動変容をともなう適応策

市町村など小さな区分における高気温の影響に関しては、いくつか報告があったものの、曝露である気温の計測地点がそれほど密でなかったり、死亡数が小さいために日別といった短期的な影響の評価は困難であった。通常の日別解析では、1日10人以上の死亡数が必要[12]とされていた。死亡データに関しては、通常はせいぜい市町村レベルまでの情報しか解析用には得られないことが多いが、England & Wales などではより細かい区分での死亡状況とともに社会経済状況の情報も得られるため、そのような地域では気温の影響に与える社会経済的な要因に関する調査も可能である。後の項目でも述べるが、この数年間で解析方法に大きな進歩が見られ、小さな地域であっても解析が可能になってきた。現在その方法での解析としては England & Wales の評価が発表されたのみ[13]だが、今後は同様の報告が世界各地からなされるものと思われる。それにともない、温暖化に加えて都市のヒートアイランド現象による気温上昇についても、今後は活発に研究がなされ、将来予測も行われると考えられる。

適応策について、当初よりエアコンの使用は GHGs の増加を伴うことから問題視された側面もあった。中長期的には電力を再生可能エネルギーに移行し、緩和策への悪影響を減少させていく必要があることは言うまでもない。しかしながら、近年の高気温による死亡・熱中症などは災害と考えるべきであり、緊急避難的には当然エアコンの使用は推奨されるべきである。むしろ、東京監察医務院「平成27年夏の熱中症死亡者の状況（東京都23区）」の報告にあるように、剖検で熱中症と診断された例の多くがエアコンのない部屋で過ごしていたか、エアコンがあっても使用していなかったとの報告がある。熊谷市で開始されたようなエアコンの設置補助に加え、何らかの経済的措置によって電気代の節約のためにエアコンを使用しないといった状況を改善するべきである。

それとともに、エアコンのみに頼らない方策も重要である。緩和策の面からも当然だが、国内でも必要

2.8
人と自然の調和

なだけの電力供給が得られない状況も発生する。たとえば福島原発事故の後の関東圏や2019年台風19号後に千葉県で発生したような電力不足の状況である。エアコン以外の一般的な適応策に関しては、地域特性によって大きく異なる[14]。我が国にあった方策を研究していくべきである。たとえば、日本では湯船のある家が一般的である。エアコンが使用できない状況では湯船で行水する、非常に気温の高い昼間は湯船に避難する、といった対応など、生理学的な裏付けをともなう研究開発とその普及が重要である。

❼ 都市における身近な自然環境と人の健康との関係に関する研究

現在、公衆衛生学や都市計画学、生態学等の分野で、都市における身近な自然環境と人の健康の関係に関する研究が進んでいる。これまでの研究から、主に都市緑地などの身近な自然との関わり合いは、ストレス減少、睡眠の質の向上、心理的健康の改善（鬱症状の減少、不安症状の減少、幸福度・人生満足度の向上、攻撃性の減少、注意欠陥・多動性障害（Attention-Deficit Hyperactivity Disorder：ADHD）の症状の減少）、社会的結合度（コミュニティの健全性）の向上、血圧の低下、心不全の防止、幼児の発育の促進、肥満の防止、視力の向上、免疫機能の向上、糖尿病の防止、寿命の向上、認知機能の向上等の様々な健康指標と関連することが報告されている[15]。これらの健康指標は大きくは、（1）身体的な運動促進（緑地の散策等）による健康効果、（2）直接的な自然との接触から得られる精神的な健康効果、（3）地域コミュニティに属する人との接触に伴う社会的健康効果、（4）自然との接触で得られる認知機能の向上の四つの経路でもたらされると考えられている[15]。

当該分野における初期の研究は、都市の自然がもたらす短期的な健康効果（都市緑地の滞在で得られる一時的なストレス減少等）に注目してきたが、景観や健康データの整備、統計解析の手法発展に伴い、より長期的な健康にも影響することが明らかとなってきた（例えば、鬱症状の減少等）。加えて、近年では、生態学者の参入により、これまで抽象的に扱われてきた「自然」を分割し、どの種類・要素の自然が特に人の健康促進に結びついているのかを明らかにする動きが高まっている。実際に、一部の健康指標については、生物多様性（生物種の数）と健康指標の間に正の関係があることが分かってきている。例えば、緑地を訪問した時に得られる心理的効果（リラックス効果）は生物多様性が高い緑地で大きくなることが多数の研究で報告されている。この健康と生物多様性の正の関係（Biodiversity-wellbeing仮説と呼ばれる）は現在盛んに研究が行われている分野であり、そのメカニズムについても徐々に明らかになりつつある。健康促進に資する自然の要素を特定することは、今後具体的な都市景観管理を行う上で必須である。

❽ Co-benefit（共便益）、トレードオフ

緩和コストを考慮する場合に重要な概念であるCo-benefitに基づく研究が加速している。緩和のための化石燃料の削減は短寿命気候強制因子（Short-Lived Climate Forcers：SLCFs）の減少を意味する。SLCFsには、大気汚染で重要な粒子状物質の成分やオゾンが含まれている。SLCFsである粒子状物質とオゾンの減少を通じて健康への悪影響の減少が期待されるが、これまでは気温の影響は気温の影響として評価し、大気汚染の評価に際しては、気温を共変量としてその影響を除いて大気汚染の影響を評価されてきていた。Co-benefitを定量的に評価するために、この二つの要因をモデル化するための研究が各国で始められている。

SLCFsの減少は健康増進につながるが、SLCFsは多様な成分の総称であり、オゾンや煤などの温暖化作用をもつ成分だけではなく、成分に応じて大気化学反応、放射攪乱効果、雲生成による間接効果により冷却化作用をもつとみられる成分もある。2023年から始まる予定のIPCC第7次評価サイクルにおいて、これまでの研究でわかっている知見をもとに「SLCFsに関する方法論報告書」を作成することがすでに2019年のIPCC第49回会合で決定されている[16]

Co-benefit研究としては、牛肉などを少なくする食生活改善による健康なども行われている。上述したエアコン利用についても含まれる。

2.8 人と自然の調和

❾ 人口集中地区への持続可能な水資源・食料・エネルギー供給

海外では、都市や地域との具体的なプロジェクトとして適応策を実装し、その情報を発信共有するトレンドがある。特に途上国では健康分野で安全な水供給と感染症に重点が置かれている。都市における貧困層の住居は、自然災害などに脆弱である場合が多い。日本であまり認識されていないが、都市は水資源・食料・エネルギーの一大消費地であり、その需要は周辺の地域が支えている場合が多い。今後も都市への人口集中が進む地域で、気候変動にレジリエンスで持続可能な水資源・食料・エネルギー資源供給について世界ではプロジェクト研究が行われている。

❿ SDGs を活用した分野横断的な研究

解決することが容易な simple problems でも、解決することが困難な complex problems でもない、問題を定義することすら困難な wicked problems が増えている。上述したような都市環境サステナビリティに関わる諸課題もまさに wicked problem であり、唯一解は存在せず、分野の垣根を超えた関係者による協働が重要である。このような wicked problem に立ち向かうために SDGs を活用した分野横断的な研究が広がりを見せている。JST と AMED、国際協力機構（JICA）の「地球規模課題対応国際科学技術協力プログラム（SATREPS）」では、各プロジェクトが SDGs の達成にどのように貢献するかを明確化するよう求めている。これに続き、2019年、JST-RISTEX が開始した「SDGs の達成に向けた共創的研究開発プログラム（SOLVE for SDGs）」でも、国内の地域課題の解決を通して SDGs 達成に資する研究開発が求められている。2020年、内閣府が、破壊的イノベーションの創出を目指し、より大胆な発想に基づく挑戦的な研究開発を推進する「ムーンショット型研究開発制度」を創設した。9つのいずれの目標も都市環境や SDGs と密接な関係がある。以上のように、研究開発のプログラムや制度内に SDGs の理念を取り入れた制度が増えており、都市環境サステナビリティに関わる諸課題を統合的に解決する研究開発が求められている。

（4）注目動向
［新展開・技術トピックス］
❶ 極端気象災害の頻発や国際情勢の激変に伴う気候変動緩和・適応への関心増大

2021年から順次公表された IPCC 第6次評価報告書を待つまでもなく、現在は「温暖化」のフェーズにあり、我が国でもここ数年は毎年、豪雨や台風による水害が起こっている。世界でも2022年は9月までにパキスタンで大洪水が発生したり、英国やスペイン、中国などでは夏の干ばつで水力発電ができなかったり農作物の収穫に悪影響が出たりした。生命への危険に加え、経済的損失も甚大化している。2050年までに世界人口の三分の二が都市に居住するようになることから、気候変動が都市環境と健康に与える影響は大きい。気候変動が都市に与える影響や適応について、2022年2月に公表された IPCC 第6次評価報告書第2作業部会報告書（影響・適応・脆弱性）においても第6章「都市、居住地、主要施設」と1つの章を設けている。一方で都市は GHGs の巨大排出源でもある。気候変動の緩和のための都市からの GHGs 排出削減についても、2022年4月に公表された IPCC 第6次評価報告書第3作業部会報告書（気候変動の緩和）の第8章「都市システムとその他居住地」と1つの章を設けて詳述されている。2023年から始まる予定の IPCC 第7次評価サイクルで、「都市と気候変動に関する特別報告書」を作成することがすでに2016年の IPCC 第43回会合 IPCC 第43回会合で決定されている[17]。

本俯瞰報告書で継続して指摘している通り、世界的に熱ストレスによる死亡者数、下痢性疾患、洪水による死亡者数の増加や、感染症を媒介する生物の生息可能域の拡大などを通じたマラリアやデング熱による死亡の増加が気候変動によってもたらされる[18]と科学的にすでに予測されていた。そこに、前回の俯瞰報告書（2021年版）で述べた通り、COVID-19 が流行し、我が国を含む世界各地で複合災害がもたらされた。さらに2022年2月にロシアによるウクライナ侵攻という大事件が勃発し、世界的な食料・エネルギー

問題が顕在化した。このような社会情勢のもとで、いかにして健康的な生活を守りながらエネルギー転換など気候変動への対策を現実社会で円滑に進めていくかを示す研究は、さらに重要性を増している。

❷ レジリエンス性能

建築分野では、BCPで設定される目標復旧時間（Recovery Time Objective：RTO）に着目し、建物のレジリエンス性能を定量的に評価する仕組みの構築に取り組みが行われている。日本建築学会「レジリエンス建築TF」（2019〜2021年）が建物の利用可能床面積に着目した評価手法の開発、中層オフィスを事例に具体的な評価方法を提案している。米国では建物のダウンタイムに着目した評価手法（Recommended Options for Improving the Built Environment for Post-Earthquake Reoccupancy and Functional Recovery Time、FEMA P-2090/ NIST SP-1254 / January 20）が提案されている。日本土木学会と米国土木学会はインフラレジリエンスに関する共同研究を実施している。

❸ 都市計画の動的レイヤーリング[19]

西欧の近代都市計画におけるゾーニングとは、空間を区分けし、個々の空間単位を均質な利用に特化させ、それらを集合化させて都市機能を満たそうという発想である。自然災害があまり発生せず、堅牢性（ロバストネス）を重視する西欧の近代型の発想と言える。ゾーニングの結果、土地利用が固定化され、相当な事態が無い限り変更しない計画の在り方が、現代社会に対応しきれない課題がある。

一方、近代に西欧型都市計画を輸入する以前まで、もともと自然災害が多い日本では、都市は再建を繰り返すレジリエンス（復元力）の発想が必然的であった。そのような背景での動的レイヤーリングの発想とは、例えば建築物においては間取りや用途変更が可能な柔軟性、都市構造においては単一機能に固定しない冗長性（リダンダンシー）が該当する。河川敷の洪水防止機能と生態系保全と住民の余暇利用や、田んぼの食糧生産機能と暑熱緩和機能、洪水調節、地下水貯留機能といった、時間や危機発生に応じた多面的機能も動的レイヤーリングの発想である。今後、さらなる新興・再興感染症の襲来や、気候変動に伴う風水害等の激甚災害に備えるに際して、現代型さらには将来型都市計画にあたり、新しい動的レイヤーリングに関する研究や検討が求められる。

❹ ハザードマップ

都市部での豪雨時の浸水予測が従来よりも正確にシミュレーションできるようになった背景から、日本では多くの自治体がハザードマップを作成・公開している。国土交通省は、洪水のほかに土砂災害、津波のハザードマップ情報も提供している。先進的な自治体では、地域住民と協力し、避難経路や避難が難しい高齢者などの介助の情報なども含めたマップを作成している。近年、3次元化して立体情報を含ませたり、下水管きょからの内水氾濫予測を含めた避難ルートマップにしたり、ハザードマップを高度化する検討が進められている。都市デジタルツインを産学官連携で構築し、防災に活用する検討も行われている。

❺ タイムライン[20]

2012年、ニューヨーク州がハリケーン・サンディ来襲時に実施したことで防災分野で有名となった。発生が予測される被害や過去に起きたことのある事象を時系列に並べ、被害の発生を抑えるために計画を作る。これをもとに住民避難などの対策を進め、被害を最小限にする手法である。我が国での洪水災害においても、河川水位の上昇などの指標に応じた避難行動などに取り入れらている。

❻ グリーンインフラ

米国で発案された社会資本整備の手法で、自然が有する多様な機能や仕組みを活用したインフラストラクチャーや土地利用計画を指す。我が国が抱える社会的課題を解決し、持続的な地域を創出する取組みと

して2015年の国土形成計画の第4次社会資本整備重点計画から採り上げられている。ソフト・ハード両面を混ぜ合わせた考え方で、自然の力を防災・減災に活用する"Ecosystem-based disaster risk reduction：Eco-DRR"という言い方でも注目を集めている。

　国土交通省は「グリーンインフラ推進戦略」（2019年7月）を発表し、グリーンインフラの社会実装推進を目的とした「グリーンインフラ官民連携プラットフォーム」（2020年3月）を設立している。内閣府と環境省は2020年2月から気候変動を踏まえたインフラ整備に関する意見交換会を開催しており、グリーンインフラの整備を重要な施策の一つに掲げている。関係府省庁の垣根を超えたパートナーシップを生かす動きが活発化している。さらにこうした動きを支援するためのグリーンインフラ整備に資する研究開発の推進が必要である。

❼ 都市農業[21]

　近年、都市環境の向上・気候変動への適応という考え方だけではなく、都市住民の健康促進の観点から都市農業が注目を浴びている。実際に最近の研究から、都市における農体験は、都市住民に様々な健康便益をもたらすことが明らかになってきている[22]。地産地消だけでなく、教育機能やグリーンインフラとしての防災機能、雇用創出、QOLの向上など多岐にわたるベネフィットも期待できる。我が国の「生産緑地の2022年問題」は10年先送りとなったが、都市近郊農地の宅地転用は今後も続くとみられる。無秩序、無計画な宅地開発は都市景観、住環境保全の衰退につながる。都市農業のもつ多面的な便益、機能がもたらす価値を示し、長期的に魅力をもった新しい農住まちづくりにつなげていくことが重要である。

❽ 用量反応モデル（dose-response model）の応用

　特定の病原体が特定の集団に引き起こす感染症の発症、死亡等の影響の確率を、病原体の曝露量（用量＝摂取量）の関数として表したものが用量反応モデルである。これまでは化学物質の健康影響に関する基準値等を設定する際に用いられてきたが、近年このモデルを都市の自然と健康の関係に当てはめる研究が行われている[23]。このモデルを用いることで、都市住民が健康効果を得る際に最低限必要な「自然の摂取量（nature dose）」を推定することが可能となり、応用的意義は高い。

❾ 文化的生態系サービス

　レクリエーションや観光などを通して、人々が生態系から得る非物質的な利益を指す。生態系サービスとは、国際連合の主導で定量的に取りまとめられた「自然の恵み」である。そこには、食料や木材などの供給、気候や水循環の調整などの物質的な効用とならび、人間のメンタルヘルスに対する恩恵も明記されている。しかし、このメンタルヘルスに対する恩恵の定量化は、他のサービスと比べて遅れている。

❿ 経験の消失（extinction of experience）

　近年の都市化によって人々が自然と触れる機会が減少している傾向を「経験の消失」という。経験の消失は、人の健康状態の劣化だけではなく、社会の環境保全意識・行動を衰退させる恐れがあると指摘されている[24]。都市における自然再生を行い経験の消失を防ぐことが出来れば、人の健康促進と長期的な環境保全の両方が達成できる可能性がある。

⓫ デジタル技術の進歩、普及、さらなる活用

　多くの人が個人でスマートフォンを持つようになり、気象庁や各気象情報会社などが提供する雨雲レーダー（高解像度降水ナウキャスト）等の画面が、誰でも気軽に確認できるようになった。これは防災・減災対策のツールとして大いに有効である。より効果的に用いられるための検討は引き続き重要である。

　また、多くの人がソーシャルネットワーキングサービス（Social Networking Service：SNS）などを

用いて容易に発信者となる時代となった。そこから得られるデータは膨大な量にのぼる。もちろん、統制された情報ではないため、その統計解析、解釈には注意が必要だが、これまで得られなかったような情報が得られる可能性を秘めている。

　第一に、既存のスマートフォンからの情報だけでも、全地球測位システム（Global Positioning System：GPS）を介して小地域の気象との組み合わせでどの程度の高温に曝露しているかについての分布が得られる。そのような気温の曝露ごとにどの程度の人がSNSを通じて暑いと発信するかといった情報も得られる。

　第二に、ウェアラブル端末が普及したことにより、そのような高温曝露情報と対応してそれぞれの個人の生理学的データも得られる。既存の心電図を組み込んだ端末を用いれば心拍の揺らぎから自律神経の状況も推定できる。

⓬ 仮想現実（Virtual Reality：VR）やコンピュータ・グラフィックス（Computer Graphics：CG）の活用

　災害リスクコミュニケーションツールとして、VRやCGを用いた研究が行われている。具体的には、VRを利用して過去の災害の可視化する、または予測される状況を再現する、その疑似体験などである。一般の災害体験施設などで、災害を我が事としてリアルにとらえるための活用も始まっている。

　都市の自然がもたらす健康効果を定量化するためのツールとしても、VRやCGを用いた研究が行われている。自然度が異なる都市景観を再現するためにVRが使われている。こうした研究ではあくまで短期的な健康効果（一時的なストレスの減少等）しか検証できないが、都市の自然と健康促進の関係を実験的に評価できるため、エビデンスの構築には有用である。

⓭ ローカルSDGs

　Think Globally, Act Locallyの理念に基づき、地球規模課題のSDGsを地域レベルに落とし込んで実践する「ローカルSDGs」が注目を集めている。環境省は2020年に「環境省ローカルSDGs−地域循環共生圏づくりプラットフォーム−」を立ち上げ、地域レベルでのSDGsの実践を支援している。ローカルSDGsに関連した研究も進んでおり、「環境研究総合推進費1RF−1701：ポスト2015年開発アジェンダの地域実装に関する研究」（2017〜2019年度）の研究成果である「ローカルSDGsプラットフォーム」が公開されている。これは自治体におけるSDGs取り組み状況を検索、共有することを支援するオンラインプラットフォームである。また、「環境研究総合推進費1−1801：SDGs目標達成に向けた統合的実施方法の包括的検討」（2018〜2020年度）では、SDGsを政策ツール及び分析ツールと捉えこれを軸とし、多様な行為主体において、優先課題に応じた制度構築や政策推進モデルの形成を行い、SDGsの効果的推進に関する施策や行動の創出を支援するための政策指向の研究が進められた。

⓮ SDGsスマートウェルネス住宅

　我々の生活基盤である住宅性能の改善は、居住者の快適性や健康性の向上に資するほか、光熱費等の削減を通して地球環境保全にも貢献する。WHOもこのような点に注目して、2018年11月にSDGsの目標3（すべての人に健康と福祉を）と目標11（住み続けられるまちづくりを）の達成に資するため「WHO Housing and health guidelines（住宅と健康に関するガイドライン）」[25]を公表した。COVID−19を受けて従来の生活様式の大きな改変が求められたが、それを支えるハードとしての住宅のあり方も問われた。自宅で業務を行うテレワークも広がり、生活空間と執務空間としての性能を併せ持つことが要求されるようになった。こうした社会の要請に応える、SDGsスマートウェルネス住宅に関する研究が進められている。

2.8
人と自然の調和

⑮ 疫学研究手法の進歩

先述のEngland & Walesにおけるロンドンをさらに小さい地域に分けて熱関連の健康影響を評価するには、それに対応した方法の開発が必要であった。詳細はGasparrini（BMC Med Res Method 2022；22：129）に譲るが、例えば死亡の研究の場合には、それぞれの死亡に対して、その日の気温と、対応する気温（死亡発生日と同じ月の同じ曜日の別の日をとることが多い）とを比較することで気温の影響を評価するというconditional logistic regressionを発展させたconditional Poisson regressionを用いることで小地域での解析を可能にした。上記論文には例として実際のデータと計算用プログラムが提供されており、今後爆発的に普及することが予想される。

⑯ 都市気候における暑さ対策の導入

暑さ対策として、工事現場での空調服の採用やセンサを用いたアラートシステムの導入などの取り組みが進んでいる。まちなかの暑さ対策として、環境省や自治体の支援によって、イベント会場などでの広場、ベンチ、バス停などでの導入が広がりつつある。暑さ対策技術の開発と評価、適材適所の導入に向けたシミュレーション、都市計画への反映のための仕組みづくりなどが注力されている[26]。人流計測などに基づく利用者の行動特性と外部空間の温熱環境計画に関する研究にも関心が広がっている。

⑰ Co-benefit

近距離の移動を車から自転車に変えることで緩和と健康増進のCo-benefitが可能であるとの報告は以前からあったが、ある地域での報告に限定されていて、将来予測に用いるような枠組みがなかった。最近ではSLCFsに関する理解が深まり、緩和策に応じたSLCFsの将来予測が可能となってきたことから、国や全球レベルでのCo-benefitの評価を目指すプロジェクトもある。ただし、気温と大気汚染の影響を同時に評価するモデルはまだ開発途上である。単純な仮定に基づいた将来予測は報告されており[27]、さらに大きな進展が期待されている。

[注目すべき国内外のプロジェクト]

■国内

• 内閣府 戦略的イノベーション創造プログラム（SIP）第2期「国家レジリエンス（防災・減災）の強化」（2018～2022年）

大規模災害時の避難支援や緊急対応の情報提供や広域経済活動の復旧支援、気候変動で激化する渇水対策の強化、さらには市町村等行政の対応力の向上のため、国や市町村の意思決定の支援を行う情報システムを構築し、国家レジリエンス（防災・減災）を強化するための研究を実施している。

• 内閣府他「ムーンショット型研究開発制度」

「Human Well-being」（人々の幸福）が目指され、その基盤となる持続可能な3側面（環境・社会・経済）の諸課題を解決すべく、9つのムーンショット目標（長期的に達成すべき目標）が決定されている。特に、環境面においては「地球環境を回復させながら都市文明を発展させる」と掲げられており、都市環境サステナビリティの分野における重要な研究開発制度として注目を集めている。

• 文部科学省「防災対策に資する南海トラフ地震調査研究プロジェクト」（2020～2024年）

南海トラフ地震の震源域において「異常な現象」が起こった後の地震活動の推移を科学的・定量的データを用いて評価するための研究開発、「異常な現象」が観測された場合の住民・企業等の防災対策のあり方、防災対応を実行するにあたっての仕組みについて調査研究を実施している。

- **データ統合・解析システムDIAS（Data Integration and Analysis System）**

　気候変動適応策の確実な社会実装に重点を置き、モデル自治体を設定して実施された気候変動適応技術社会実装プログラム（SI-CAT）（2015～2019年度）の研究成果が公開されている。

- **JST COI-NEXT 地域共創分野「流域治水を核とした復興を起点とする持続社会 地域共創拠点」（2021年度～）**

　SDGs、ウィズ/ポストコロナ時代をふまえた未来の地域社会のあるべき姿を構想し、拠点の様々な研究や活動を行っている。COVID-19蔓延化で洪水災害に被災した球磨川流域の持続的発展に寄与することを目指し、4つのターゲット、5つの研究課題を実施している。

- **JST SDGsの達成に向けた共創的研究開発プログラム（SOLVE for SDGs：Solution-Driven Co-creative R&D Program for SDGs）**

　地域課題の解決にSDGsを活用する研究プログラムとして2019年に開始している。国内の地域における具体的な社会課題を対象として、ソリューションの創出までの研究開発が行われる。研究開発の進捗に応じて適切な支援を行うために、シナリオ創出とソリューション創出の2つのフェーズが設定されている。いずれのフェーズにおいても、目指すべき姿を描き、その姿から立ち戻って現時点から計画を立てるバックキャスティングの手法が要件とされており、既に複数のプロジェクトが採択され、SDGsの様々な目標に貢献する研究が推進されている。

- **ERCA 環境研究総合推進費「S-18：気候変動影響予測・適応評価の総合的研究」（2020～2024年度）**

　「我が国の気候変動適応の取り組みを支援する総合的な科学的情報の創出」を目的としている。農林水産業、水資源・水環境、自然災害・沿岸域、健康、産業・経済活動、国民生活・都市生活など、複数分野において影響予測手法を開発し、共通の気候条件・社会経済条件で影響予測を行うとともに適応策の検討、評価が行われている。人間の生活・健康に関しては、上下水道・建築物といったインフラや土地利用、地域の産業・文化に立脚したQOLをもとに気候変動の影響や脆弱性を評価されている。今後の気候変動影響評価や適応計画の見直しへの貢献に加え、自治体における適応計画の立案・実施への貢献、IPCC評価報告書などへの国際貢献が期待される。

- **ERCA 環境研究総合推進費2-1805「気候変動影響・適応評価のための日本版社会経済シナリオの構築」（2018-2020年度）**

　これまで、共通社会経済経路シナリオ（Shared Socioeconomic Pathways：SSPs）としては全球を網羅する国別のものが提供されていた。当然ながら、北海道から沖縄まで、東京23区から地方都市、町村での相違は非常に大きいため、国レベルの平均的なSSPを用いることはできず、市町村別のSSPsが必須である。より細かく日本国内の市町村レベルの状況を表すために、日本独自のSSPjが開発された。これにより都市のヒートアイランド現象を考慮に入れた将来予測が可能になりつつある。また、2021年には1kmメッシュに対応したSSPも開発が終了しており、健康を含む様々な分野での活用により、日本の気候変動将来予測の予測精度が格段に向上することが期待できる。

　特に、健康で重要な指標である死亡については、SSPの開発で必ず取り扱われるため、その情報を用いて気候変動による熱関連超過死亡の推定などに応用可能である。

- **気候変動適応情報プラットフォーム（A-PLAT）**

　国の法制度、国内外の先進事例、地方自治体の取組みなど、充実した情報を環境省が提供している。特に、環境研究総合推進費S-8「温暖化影響評価・適応政策に関する総合的研究」の成果であるダウンスケーリン

グ予測結果（格子間隔1 km）は地理情報システム（Geographic Information System：GIS）で公表されており、地方自治体がリスク評価や将来シナリオに基づく計画を作成する際に有用である。今後、分野別の影響予測研究の充実が望まれる。

- 国立環境研究所気候変動適応センターPJ2-1「水資源、陸域生態系、作物生産性、人間健康に関する全球気候変動影響評価及び気候シナリオの開発に関する研究」

- 国立環境研究所気候変動適応センターPJ2-3「気候変動による日本およびアジア太平洋域の大気汚染の変化とその環境影響評価」

- **2020年東京オリンピック・パラリンピック暑さ対策に関連した様々なプロジェクト**
  暑さ対策については、オリンピックのマラソンコースや会場および会場までのアクセス空間での対策が注目された。国際的な取り組みとしては、2019年7月にアメリカのローレンスバークレー国立研究所においてCool Building Solutions for a Warming World: Working Group Workshopが開催され、アメリカ、カナダ、イタリア、フランス、日本、インドなどの研究者と実務者が参加し相互の取り組み状況が確認され、国際連携の可能性が議論された。その後も継続的な取り組みがweb会議などにより実施されている[28]。神戸市の都心部における異常高温対策の実践、千代田区の丸の内仲通りの街路環境整備プロジェクトなどが先進事例として位置付けられる。

■国外
- **ISI-MIP（The Inter-Sectoral Impact Model Intercomparison Project、分野横断的な気候影響モデルの相互比較プロジェクト）**

- **EU・Horizon2020（2020-）**
  EUの研究プロジェクトHorizon2020（現在、Horizon Europe）において、防災関連プロジェクトも実施されている。

- **米国ウェルカムトラスト財団によるCo-benefit研究**
  Wellcome Trustは、気候変動と健康を重点分野の3本柱の一つとした。これによって、気候変動の感染症への影響や、いわゆるコベネフィットアプローチとして、食生活の改善（ベジタリアンの増加により、牛からのメタンを減少させるなど）による緩和策への貢献とともにより健康な生活をおくることを模索するなどといったプロジェクトに研究費が供給されていくものと考えられる[29]。

- **Bill & Melinda財団による研究助成**
  Bill & Melinda財団の援助を受けた、気温の死亡に与える影響に関する論文が発表された。しかし、問題点を指摘するLetterが掲載されたり、統計学者のブログで利益相反にも関連するのではないかとの疑義が示されたりと、この分野をリードするロンドン大学衛生熱帯医学大学院主導のMCC（Multi-City Multi-Country）研究とは異なる推定値が出されており、今後問題になる可能性をはらんでいる。

- **BlueHealthプロジェクト（2016～2020）**
  英国エクセター大学のThe European Centre for Environment & Human Healthが主導した[30]。様々な分野の研究者が参画し、都市を始めとした様々な「blue space」（河川や湖、海岸などの自然環境）が人々の健康に与える影響を評価した。

（5）科学技術的課題

❶ 建築物・都市のレジリエンス性能の定量的評価

　建築物のレジリエンス性能評価についてオフィスビルについて検討されているが、病院・工場といった他用途の建物への展開、実被害にもとづく評価手法の検証が必要となっている。建築物から都市レベルにレジリエンス性能評価を拡大していく必要があるが、都市システムのモデル化、地域コミュニティといったソフトな側面をどう評価するのかが課題となっている。

❷ 地域の脆弱性評価

　地域の持つ脆弱性をどのように同定し評価していくかも課題である。地域の既存の脆弱性によって現れ得るリスクが変わるからである。シナリオによって将来予測は変動する。追加的適応策の導入にあたり、現時点の脆弱性か、ある将来シナリオに基づくものかの政策的判断がなされる。

❸ 健康効果をもたらす自然の「種類」、「量」、「質」の特定

　身近な自然との接触は様々な健康指標の向上と関係があると分かってきたが、まだ多くの学術的・応用的課題も存在する。例えば、「自然」の中のどの要素（種類）が特に重要な健康効果をもたらすのかが分かっていない。これまで当該分野における研究の多くは「緑地」や「公園」がもたらす健康効果に注目してきたが、英国におけるいくつかの研究では、都市に生息する鳥の鳴き声が人の精神的健康を向上させる可能性が示唆されており[31]、野生生物がもたらす健康効果にも注目が集まっている。どのくらいの「量」や「質」の自然があれば都市住民が十分な量の健康効果を得られるかも不明である。最近豪州で行われた研究では、都市緑地から得られる健康効果は「週に30分の利用」で十分に得られると指摘されている（それ以上利用しても健康状態の改善は見られない）[32]。こうした自然の「種類」、「量」、「質」と健康の関係を調べることで得られた知見は、今後の都市計画やグリーンインフラ整備に実際に活かすために必須の情報となる。

❹ 都市ヒートアイランド対策

　都市の気温上昇は気候変動と都市ヒートアイランドの2つの温暖化によって生じている。都市ヒートアイランドに対して蓄積された数多くの暑熱対策の研究実績、知見が果たす役割がますます重要になっている。緑化、高反射率建材・塗装や保水性建材・舗装などの導入効果は実証実験などを通じて多く検証されている。日本はカーボンニュートラル化を進める必要があるが、気候変動の緩和策は日本一国の努力のみでは達成しない。日本の諸都市の場合、気候変動に伴う都市の気温上昇に対して、各種の都市ヒートアイランド対策の導入により相殺させた適応策を目指すしかない。

　個々の技術としてはクールルーフ、クールペイブメント、屋上緑化などによるヒートアイランド対策、日射遮蔽、ミスト噴霧、散水などによる暑さ対策技術は開発、評価がかなり進んでいる。残された研究課題は外部空間における人体の温熱生理、心理反応を考慮した暑熱適応などである。

　都市計画への反映のための仕組みづくり（自治体における気候変動適応策への反映など）も課題である。世界では気候変動（熱波が代表事例）と都市ヒートアイランドの関連性、それらが冷房負荷、電力消費量、死亡率や罹患率、汚染物質濃度などに及ぼす影響の研究に注目が集まっている。

　都市ヒートアイランド現象の影響評価に関して、高度なシミュレーションが可能になっているが、計算資源をかなり多く消費する課題がある。計算機の進歩、あるいは計算方法の進歩が待たれる。

❺ 社会的混乱期における自然の役割

　COVID-19は社会に大きな混乱をもたらした。この間、都市の自然は人々の精神的健康に大きく寄与したことを示す研究が多数出版されている[33]。また、人々の自然利用（都市公園の利用や庭先での野生動物への餌やり）が急増したことも報告されている[34]。これらの事実は、COVID-19のパンデミックのような

社会的混乱期において、都市の自然は人々の心の健康やレジリエンスにとって重要な役割を果たすことを示唆している。これらの効果を検証することは、今後同様の社会問題が起きた際に重要な洞察を提供するものである。そのため、現在のような社会的混乱期において、平時には見られない自然の効果を検証することは有益だと考えられる。

❻ 健康効果における地域差・個人差の評価

　既往研究により、身近な自然との接触は様々な健康指標の向上と関係があると分かってきた。しかし、実際の両者の関係の間には大きな地域差・個人差があると考えられる。例えば、ヨーロッパでの比較的寒冷な地域で行われてきた既往研究では、自然との接触は様々な健康便益をもたらすとの結果が出たが、シンガポールなどの熱帯域の都市では明瞭な健康効果が得られていない[35]。自然体験がもたらす健康効果には個人差もある。例えば、自然に対して強い関心がある人は自然体験からより多くの精神的健康便益を得ることが報告されている[36]。都市の自然がもたらす健康効果に地域差や個人差が生じる原因を特定することが今後の課題である。

❼ Co-benefit 評価

　Co-benefit 評価のための、SLCFs の気温と大気汚染を同時に評価するモデルの開発が必要である。これまで単に一つのモデルに二つの変数を含めて対処してきており、その妥当性の評価が課題となっている。

❽ 温暖化ダウンスケーリングと予測不確実性

　将来の気候変動（温暖化）の影響に対する各種暑熱対策の導入効果の検討・評価に関しては、温暖化ダウンスケーリングを活用した都市暑熱環境予測が欠かせない。ただし、その将来予測においては、GHGs 排出シナリオ、土地利用・土地被覆シナリオ、エネルギー利用シナリオなど、様々な将来シナリオの導入が必要となる。不確定な将来に対して、どのような将来シナリオを導入するかにより、将来予測の結果は大なり小なりの差が生じる。これは「予測不確実性」と呼ばれ、将来予測において不可避である。温暖化ダウンスケーリングで用いる各空間スケールのシミュレーションモデルの選択も、大きな予測不確実性をもたらす要因の1つとなる。したがって、可能な限り多くの将来シナリオやシミュレーションモデルを導入した温暖化ダウンスケーリングを実施し、予測不確実性の幅を定量的に評価・把握しておくことが非常に重要となる。それを踏まえた上で、各種暑熱対策の導入効果の幅も評価・把握する必要がある。

❾ 蓄積された研究資産の活用

　暑熱環境下の健康影響評価に関して、これまでに被験者実験などを通じて得られた研究実績・知見が数多くある。これらと、温暖化ダウンスケーリングモデルを活用した都市暑熱環境の将来予測を融合すれば、将来の暑熱環境下の健康影響評価（熱中症健康被害の推定等）が可能となる。この場合も、温暖化ダウンスケーリングの予測不確実性の幅に伴う健康影響評価の幅を定量的に把握しておく必要がある。

❿ 影響分析とリスク評価

　ダウンスケールにより地域の気候予測データが得られても、それがどの分野にどの程度の影響をもたらすかの影響分析とリスク評価は一部の分野でしか進められていない。これらは地域性が大きく、現象・対象ごとの解析が必要になる。研究者からの視点だけではなく、地域のステークホルダーによる「地域知」や「伝統知」も必要であり、今後の研究が期待される。

⓫ エビデンスレベルの向上

　自然との触れ合いによる健康効果を扱う研究の多くは、ランダム化比較試験ではなく、比較研究や横断

的研究でこれまで行われている。そのため、必ずしもエビデンスレベルが高くないものも含まれる。特に、横断的研究で得られた知見は「自然体験によって健康になる」のか「健康な人が自然体験をよくする」のかの区別がつかないという批判もある。そのため、今後はランダム化比較試験等の、よりエビデンスレベルが高い手法を用いた研究が必要である。

⑫ 客観的な健康指標の活用

自然による健康効果に関する多くの既往研究では、自己申告型のアンケートに基づく手法（自己申告による鬱症状の診断等）が用いられている。この手法には様々なバイアスを含む可能性があり、より客観的な手法に立脚した研究が求められる。例えば、毛髪に含まれるコルチゾールの量（数か月の間に蓄積されたストレスホルモン量）を用いれば、より客観的なストレスレベルを評価できる。最近、ウェアラブル端末型常時測定バイタルセンサーで得られる生理学的指標データが増加しており、その自動的データ収集システムや解析を行う研究が注目されている。

⑬ 多岐にわたる分野での適応策に対する地域ステークホルダーの効果的な参加

地域で適応策を進める場合、様々な分野における対策が求められてくる。仮に、その優先順位を決めていく際、どのような手法をとればよいのか一律定型的な最適解が存在しない。地域のステークホルダーの参加をどのように得ていけば良いのかといった課題がある。

⑭ 住宅内における熱中症リスク評価

人体モデルを用いたシミュレーションにより、暑熱環境下における体温上昇量や発汗量などの算出や熱中症発症要因の特定が行われ、熱中症リスクの評価が従前よりも精緻に行えるようになってきている。近年は、住宅内における熱中症の発症数が増加しており、屋外の熱中症発症者数と割合として変わらない程度になっていることから、その予防が急務である。住宅内の温熱環境の予測技術と人体の熱収支モデルを結び、年齢以外の個人属性を考慮した熱中症リスクのパーソナル評価が必要であると考えられる。推計した熱中症リスクの結果を個々人にリアルタイムでフィードバックする熱中症早期警戒情報システムの開発も求められている。

⑮ SDGs達成に向けたビッグデータ活用基盤の整備

SDGsに関連した研究は、様々な分野で広く行われており、SDGsに関する情報はビッグデータとなりつつある。これに伴い、SDGsの目標間の関係性を分析するネットワーク解析が必要である。人間では処理しきれないビッグデータの分析にAI等の活用が期待される。オープンデータやオープンソースとの連携などをはじめ、SDGs関連ビッグデータの活用基盤を充実させて、SDGsの達成度を誰にでも分かりやすく伝え得る可視化手法の開発も求められている。

（6）その他の課題
❶ 多分野連携の遅れ

都市の自然がもたらす健康効果を理解し社会実装するためには、公衆衛生学・疫学を専門とする医学系の研究者、建築・都市環境工学、土木工学を専門とする工学系の研究者、人間の心理・行動を専門とする環境心理学の研究者、そして生物多様性や景観を専門とする生態学系の研究者を交えた幅広い学術分野の協働が必要である。自然体験と健康の関係性の因果関係を明らかにするためには、高度な統計学を専門とする研究者との協働も必要である。学術的知見を基に都市緑地やグリーンインフラの管理を行うためには、工学系の実務者とも協働して取り組む必要もある。

都市生活や住民の健康への影響評価を行う上で都市暑熱環境の予測する温暖化ダウンスケーリングのモ

2.8
人と自然の調和

デル開発・応用研究には、気象・気候学、地理学を専門とする理学系の研究者、建築・都市環境工学、土木工学を専門とする工学系の研究者の協働が必要である。膨大な計算量の対処には、計算科学を専門とする研究者と協働し、計算高速化・効率化の取り組みも必要である。都市生活や住民の健康に対する気候変動影響評価に関しては、工学系の実務者とも協働して取り組む必要がある。その評価を踏まえた具体的な適応策の検討には、社会科学系や人文学系の研究者・実務者との協働も必要となる。

　本領域の重要テーマの研究を推進するには極めて広い学際研究や関係ステークホルダーとの連携が必要となる。学際研究1点のみのメリットやデメリットのみでは持続可能でレジリエンスある都市計画につながらない。気候変動適応策と緩和策、レジリエンス、感染症、生物多様性、心身の健康、日々の快適性・利便性と災害時の脆弱性の関係、それらを総合した都市の魅力などにおける、シナジー・トレードオフを複眼的思考でとらえる必要がある。その基礎を据えるための学術研究においても、まだ垣根を超えた連携がそれほど進んでいないのが実情であり、促進する必要がある。

❷ データ整備の遅れ：アクセス性、不統一、信頼性

　我が国を含む先進国においても、健康情報は一元管理されているわけではない。実際の研究を行う場合には研究者が様々な規制をクリアして情報にアクセスする必要がある。このために研究者の作業時間、研究費は相変わらず大きな負担になっている。個人情報の保護の観点から難しい点もあるが、一元的な健康情報の蓄積は、気候変動影響、医学研究、都市環境学など広範な分野で有益である。

　我が国の健康分野の研究者はこれまで疫学的な方法論を用いて影響評価を行ってきた。行政と適切に協力すれば、適応策の効果に関する評価も可能な手法は存在する。しかし、行政側に効果を評価するという意識が乏しく、よかれと思われる方策の実施に留まっている。費用対効果もほとんど考えられていない。

　COVID-19で明らかになったが、公的に収集される健康関連データの電子化が進んでいない。過去のデータはつぎはぎだらけで統一的影響解析ができない状況で、将来の使用に向けた統一フォーマット化などの進展や検討も進んでいない。現時点で、死亡小票データを解析できるのは早くても翌年の秋以降である制約は、解析研究のボトルネックとなっている。死因などの検討にある程度時間がかかることは理解されるものの、速報値としての計算は、電子化がしっかり進んでいれば現時点でも、ほぼリアルタイムに可能になるはずである。

❸ 都市環境が住民の健康に及ぼす影響のエビデンスの不足

　医学・公衆衛生学における研究成果の社会実装・浸透には高い信頼度が求められる。その信頼度の指標として医学・公衆衛生学分野ではエビデンスレベルが使用されている。エビデンスレベルは臨床試験や疫学研究による医学的根拠の高さによりⅠ～Ⅵの計6段階に分類されている。しかし、都市環境が住民の健康に及ぼす影響に関する研究の多くはケースレポートレベルにとどまっており、メタアナリシスやシステマティックレビュー、ランダム化比較試験（Randomized Controlled Trial：RCT）、コホート研究、ケースコントロール研究の実施例は多くない。今後、都市環境が住民の健康に及ぼす影響を明確化させるためにも、エビデンスレベルの高い研究手法の採用が求められている。

❹ 社会実装に向けたステークホルダー連携、人材育成の持続的仕組み：実務者やコミュニケーターまで含めた連携と人材育成、社会実装の機会の拡大

　適応策の社会実装を行う際には、地方自治体との官学連携が不可欠である。新しいビジネスモデルが創出可能な場合には、産との連携も必要である。学際的研究や関係ステークホルダーとのコミュニケーションを行うファシリテーターなどのスキルを持った人材が不足しており、真の分野連携が進まない。関係ステークホルダーとの連携が不足している。

　都市における社会実装においては、自治体単位での都市計画へ反映のための仕組みづくりが課題である。

モデル自治体などを設ける施策で意欲ある人材の登用や経験蓄積が進められたが、人材は全国的に育成する必要があり、いっそう拡充しなければならない。

日本人の博士課程へ進学する学生の減少が続き、今後の研究開発をリードする人材が確保されていない課題がある。産業界で博士人材を確保する動きもあるが、マルチキャリアパスの視点が学生に伝わっていないことも課題である。

産官学が連携した取り組みとして、例えば、大阪ヒートアイランド対策コンソーシアムは10年以上活動しているが、ヒートアイランド対策では民間へのインセンティブが働きにくく、社会実装の十分な後押しにはなっていないといった課題がある。今後の暑さ対策技術の導入に関して、オリンピック会場、万博会場などとともに、自治体が主導する再開発プロジェクトや駅前広場整備の支援などによる社会実装の機会拡大が期待される。大阪ヒートアイランド対策技術コンソーシアムは大阪・関西万博のTEAM EXPO2025共創チャレンジに登録し、万博会場における暑さ対策評価での貢献（協賛）を提案している。

❺ 複合災害への備え：自然災害（洪水、暑熱、干ばつ、台風、地震、噴火等）、感染症等の同時発生

これまでに可能性は論じられていたが、実際の対応は取られていなかった重要な問題に、複合災害の問題がある。たとえば、ニューヨーク市において、大規模停電が発生した際に熱波が襲い、そのことによる超過死亡が報告された[37]。その停電の原因は気候変動と無関係であったが、2019年に千葉県で台風19号による大規模停電が発生し、直後の熱波によって、大規模停電が発生しなかった東京都と比べて遥かに多くの熱中症救急搬送が報告された。我が国のみを観察しても、毎年のように洪水や台風による大規模な被害が発生する昨今、個別の適応策のみでは不十分で、このような複合災害を前提とした適応策に関する総合的な取り組みが必要である。それは行政対応にとどまらず、停電した場合にどのような熱中症予防策がとれるのかといった実際的な温熱生理学を含む研究の蓄積が求められる。

2020年に熊本県では、COVID-19の脅威に晒された状況下で、さらに台風による洪水災害も襲うという複合災害が発生した。洪水避難場所の密集を避ける観点などこれまでの防災対策、感染症対策それぞれでの検討では十分に考えてこられなかった。我が国では2020年の夏に、熱中症とCOVID-19の識別が困難といった課題も生じた。このような複合災害に対する対策は、実際に起こるものとしてとらえ、定常時において余力がある期間から、十分に検討しておく必要性を強く示している。

❻ 追加的気候変動適応策の推進

前回の本俯瞰報告書（2021年）以降も各国で、洪水、熱波、森林火災などの極端気象災害、感染症拡大などの災害により、住民への具体的な被害や社会的・経済的な損害が出ている。地震や噴火も世界各地で発生し、生命や経済的に大きな悪影響を与えている。これらがきっかけで、緩和策との両輪で適応策の研究や実装を進めざるを得ないこと、脆弱性の高い地域や住民が最も悪影響を受ける、といった従前からIPCCが指摘していた指摘も少しずつ一般に認識されつつある。

日本では歴史的にも自然災害を多く経験しており、防災対策としての「適応策」は研究、社会実装の両面に蓄積がある。しかしながら、気候変動の進行により、これまで想定されていた基準値を超える極端気象の発生頻度が高まっている。さらに災害記録や対策を積極的に継承してきていない人的要素の被害も現れている。気候変動の新たなフェーズに対処すべく、「追加的適応策」のためには、学際的な研究が必要不可欠である。研究成果がまとめられ、社会へ発信されても、社会実装を行う部分で科学に基づく政策につながり、実践されなければ、結果として、長期的視点の弱い対症療法的な状態で終始することとなる。

❼ 国際連携

研究者の国際ネットワークへの積極的な参加が望まれる。境界領域であり、研究費の獲得が難しく、社会実装の分野の研究が遅れている。

　　低中所得国での感染症疾病発生率のデータは質的、量的に不十分である。この解決に近道はない。国際開発における健康増進の優先度を上げ、低中所得国の公衆衛生インフラストラクチャーを構築することで低中所得国にも利益となり、その結果として良質なデータも収集可能となる。

（7）国際比較

国・地域	フェーズ	現状	トレンド	各国の状況、評価の際に参考にした根拠など
日本	基礎研究	◎	→	● 温暖化ダウンスケーリングなど特徴のある研究が行われている。 ● 日本建築学会レジリエンス建築タスクフォースにおいて、都市・建築にもとめられるレジリエンスというな防災性能について、その基本概念の整理、社会実装の方法論、学会における継続的な検討・活動の必要性、さらにはレジリエントな都市・建築の様々な可能性について示している[38]。 ● 2018年の熱波が人為起源の気候変動に帰することを示すなど、大きな貢献を示している。 ● 我が国では古くから「森林浴」に関して世界的にも高水準の研究が行われている。 ● ローカルSDGsに関する研究は、年々その数と種類が増加しており、世界的にもユニークで高水準の研究が行われている。 ● 多くの市町村レベルあるいはそれ以下の解像度の気象モデルの開発が引き続き盛んに行われている。 ● 熱中症救急搬送データという日本特有のデータが簡単に入手できるようになり、その解析が進みつつある。
	応用研究・開発	○	→	● 気候変動適応やヒートアイランドの研究成果の蓄積がある。それらを長期的な災害対策に反映する必要がある。 ● 個別に先進的な研究がなされてきているが、法整備が欧州と比べ遅れ、社会実装も遅れが見られている。地方自治体への社会実装などを加速するため国主導でモデル自治体でのプロジェクトが進められたが、終了している。一過性ではなく、広く波及するにはまだ乖離がある。乖離を具体的に埋めていく人材や検討が足りていない。 ● 国際的な枠組みで、日本在住の研究者も一定の貢献を果たしている。 ● ヒートアイランド対策（緩和策、適応策）両面の技術は建築環境総合評価システムCASBEE-HIに反映されている。環境省環境技術実証事業における実証、大阪ヒートアイランド対策技術コンソーシアムにおける認証、日本ヒートアイランド対策協議会における認証、の制度が運用されている。認証の際に参照される日射反射率の測定方法などは、JISや他の団体の規格として制定されている。 ● SSPjなど、実際の政策に貢献できる研究も進んでいる。
米国	基礎研究	◎	↗	● US Cities Sustainable Development Reportが継続して発表されるなど、ローカルSDGsに関する研究が他地域と比較して進展している。 ● 米国連邦危機管理庁と米国標準技術研究所が地震後の建物のダウンタイムに着目した研究成果を発表した。コンサルタント会社のArup社はレジリエンスという考え方にもとづく設計システムの提案を行っている[5]、[39]。 ● 近年、米国スタンフォード大学のGretchen Daily博士らを筆頭に影響力の大きな最新の知見も世界に発信しており、基礎研究は大きく進展している。 ● プライバシー保護の行き過ぎで死亡データの使用に制限がかかるなど、研究の面からは困難な状況。画期的な業績は出ていないが元々ポテンシャルは高く、論文は多く出されている。

	応用研究・開発	○	↗	●米国環境保護庁（EPA）、米国国立科学財団（NSF）、Wellcome Trustなどにより適応策に関する研究支援が行われている。 ●タイムラインやグリーンインフラなどの手法を創出し、その概念も根付いており、一定のポテンシャルがある。 ●ローレンス・バークレー国立研究所のヒートアイランドグループが暑熱環境に関わる研究を精力的に展開している。国際的なワークショップを主催し、各国の研究動向・知見を共有するなど、同分野を牽引している[28]。 ●クールルーフ（高反射率材料）技術はCool Roof Rating Councilにおいて認証され、自治体の省エネルギープログラムなどに採用されている[40]。認証の際に参照される測定方法などは、ASTMや他の団体の規格として制定されている。 ●トランプ前政権下でCDCやEPAなどの予算が削減され、研究開発が滞っていた。
欧州	基礎研究	◎	↗	●伝統的に世界をリードしている。多くのプロジェクトが実施され、最新の知見を世界に発信し続けている。Horizon 2020関連で防災に関する研究プロジェクト、例えばリスクコミュニケーションに関するプロジェクトが行われている。 ●都市生態学分野を基礎、応用ともに伝統的に世界をリードしており、影響力の大きな最新の知見も世界に発信し続けている。多くの国際プロジェクトが実施されてきている。2017年ドイツのボンにおいて「Biodiversity and Health in the Face of Climate Change」という非常に大きな会議が開かれる等、当該テーマに関する議論が盛んになされている。 ●クールルーフ技術はEuropean Cool Roofs Councilで認証されている[41]。 ●欧州連合の統計局EurostatがEU加盟国のSDGs達成に向けた進捗状況を可視化するシステムを整備している。ISO TC 268 – Sustainable cities and communities –でもSDGsを生かしたまちづくりに関する議論を欧州各国がリードする状況となっている。 ●英国は、SDGs内の各目標の相互作用を定量化する研究などを進めており、注目される。London School of Hygiene and Tropical Medicineが引き続き気候変動の健康影響研究を牽引し、そこで育った研究者、共同研究で関与している研究者は全世界に及ぶ。 ●ドイツのポツダム気候影響研究所がISI-MIPを管理・発展させている。
	応用研究・開発	◎	↗	●応用面でも伝統的に世界をリードしている。国際的な枠組みでの研究をリードし、最新の知見を世界に発信し続けている。EU全体の枠組みに加え、英国、ドイツ、フランスといった国の単位においても応用研究が実施されている。引き続き気候変動適応策についての出版がなされている。地域単位の適応策に関する政策にも影響を与える研究がなされている。 ●革新的研究開発を促進するHorizon 2020プログラムの支援を受け、各国で気候変動の影響予測や適応策に関する研究を行う仕組みが確立されている。Horizon 2020の後継となるHorizon Europeの枠組みにおいても、本分野を継続、発展するとみられる。 ●気候変動適応に関してEU気候変動適応戦略の策定や適応策に関するオンラインプラットフォームであるClimate ADAPTを早期に開発し、本分野を世界的にリードしている。 ●最新の知見も世界に発信し続けている。特に英国の一部の都市では、健康促進のためにグリーンインフラを活用する取り組みも実施されている。 ●Green prescriptionやNature dose等の用語が提唱されるなど、一般社会に対する普及も積極的に行っている。 ●European Cities SDG Indexを公表してEU各国の各都市の状況を可視化するなど、新しい試みが始まっている。

2.8 人と自然の調和

中国	基礎研究	○	↗	● 2016年に国連ハイレベル政治フォーラムの場で世界に先駆けて自発的国家レビューを実施し、SDGsへの取り組みをアピールしている。9つのキーエリアの中には都市と地方の調和の取れた開発が謳われ、基礎研究が開始されている。 ● 潤沢な資金により、論文数は増大している。独創的な研究は多くない。
	応用研究・開発	○	↗	●キャッチアップ型で、強化が図られている様子である。しかし、大気汚染や水質汚染などの中国内で関心の高い分野と比べて、目立った応用研究の報告などが見えていない。 ●「国家イノベーション駆動発展戦略綱要（2016〜2030年）」を掲げ、国家的に研究を推進し総合的な国力の向上を目指している。データ駆動型＆エビデンスベースのSDGs Local Monitoringが開始されており、都市環境サステナビリティの分野でも存在感が年々増している。 ●潤沢な資金により、論文数は増大しているが画期的な論文、独創的な研究は多くない。
韓国	基礎研究	○	↗	●極端気象による災害の増加に伴い、気候変動への適応を強化するために適応フォーラムや適応技術専門家会合等を開催し、気候変動適応策に関する新たな技術を共有している。 ●水準の高い研究者が、国際研究の枠組みで一定の貢献を果たしている。 ●それほど画期的な論文は多くない。
	応用研究・開発	○	↗	●キャッチアップ型であり、強化が図られている様子だが、まだ報告数は少なく、世界的にインパクトのある研究成果は見えていない。 ●サステナビリティを目指す自治体連合ICLEIのアジア拠点をソウルに誘致し、本分野に関する研究を積極的に進めている。 ●水準の高い研究者が、国際研究の枠組みで一定の貢献を果たしている。
その他の国・地域	基礎研究	○	↗	●極端気象による災害の増加に伴い、気候変動への適応を強化するために適応フォーラムや適応技術専門家会合等を開催し、気候変動適応策に関する新たな技術を共有している。 ●ニュージーランドでは、2011年クライストチャーチ地震以降、The Joint Centre for Disaster Research, Messy Universityにおいて総合的な防災対策に関する研究を実施している。 ●シンガポールはアーバンヒートアイランド（UHI）の影響により年々気温が上昇している。居住者の屋外における熱的快適性（OTC）を高め、経済的にも、健康的にも大きな発展をもたらすことを目的として、都市の冷却効果の評価・測定や、意思決定支援システムの開発、気候適応ガイドラインの設計を行う「COOLING SINGAPORE」プロジェクトを発表している。 ●オーストラリアは、The University of SydneyのProf. Ollie Jayが中心となって、温熱生理学的な観点からの気候変動適応策研究を行ってきている。
	応用研究・開発	○	↗	●シンガポールは、暑熱対策に関してSingapore Green Building Councilにおいて幾つかの技術が認証されている[42]。 ●インドは2019年12月に第5回ヒートアイランド対策国際会議を開催し、クールルーフに関する実践的研究をアピールしている。 ●オーストラリアは、クールルーフによるヒートアイランド緩和効果、省エネルギー効果などを集中的に研究し、企業などと連携したワークショップを積極的に実践している[43]。

2.8 人と自然の調和

（註1）「フェーズ」

「基礎研究」：大学・国研などでの基礎研究レベル。

「応用研究・開発」：技術開発（プロトタイプの開発含む）・量産技術のレベル。

（註2）「現状」 ※我が国の現状を基準にした評価ではなく、CRDSの調査・見解による評価。

◎：他国に比べて特に顕著な活動・成果が見えている 　　○：ある程度の顕著な活動・成果が見えている

△：顕著な活動・成果が見えていない 　　×：特筆すべき活動・成果が見えていない

（註3）「トレンド」

↗：上昇傾向、→：現状維持、↘：下降傾向

関連する他の研究開発領域

- ・地域・建物エネルギー利用（環境・エネ分野　2.3.1）
- ・エネルギーシステム・技術評価（環境・エネ分野　2.5.2）
- ・気候変動観測（環境・エネ分野　2.7.1）
- ・気候変動予測（環境・エネ分野　2.7.2）
- ・水循環（水資源・水防災）(環境・エネ分野　2.7.3）
- ・社会ー生態システムの評価・予測（環境・エネ分野　2.8.1）
- ・農林水産業における気候変動影響評価・適応（環境・エネ分野　2.8.2）
- ・環境リスク学的感染症防御（環境・エネ分野　2.8.4）
- ・社会におけるAI（システム・情報分野　2.1.9）
- ・災害対応ロボット（システム・情報分野　2.2.9）
- ・インフラ保守ロボット（システム・情報分野　2.2.10）
- ・デジタル革新（システム・情報分野　2.3.1）
- ・メカニズムデザイン（システム・情報分野　2.3.4）
- ・社会におけるトラスト（システム・情報分野　2.4.7）

参考・引用文献

1）三村信男「IPCCにおける議論の動向と気候変動研究の課題」『俯瞰ワークショップ報告書 気象・気候研究開発の基盤と最前線に関するエキスパートセミナー』国立研究開発法人科学技術振興機構 研究開発戦略センター（2022), 35-46., https://www.jst.go.jp/crds/pdf/2021/WR/CRDS-FY2021-WR-06.pdf,（2023年2月1日アクセス).

2）横張真「With/post Corona時代の新しい都市地域づくり」『俯瞰ワークショップ報告書 感染症問題と環境・エネルギー分野に関するエキスパートセミナー』国立研究開発法人科学技術振興機構 研究開発戦略センター（2021), 35-46., https://www.jst.go.jp/crds/pdf/2020/WR/CRDS-FY2020-WR-08.pdf,（2023年2月1日アクセス).

3）World Health Organization (WHO), "Depression and Other Common Mental Disorders: Global Health Estimates," http://apps.who.int/iris/bitstream/handle/10665/254610/WHO-MSD-MER-2017.2-eng.pdf;jsessionid=41626349B10204DB31210F9B03B4FE60?sequence=1,（2023年2月1日アクセス).

4）World Health Organization (WHO), "Mental Health and COVID-19: Early evidence of the pandemic's impact : Scientific brief, 2 March 2022" https://www.who.int/publications/i/item/WHO-2019-nCoV-Sci_Brief-Mental_health-2022.1,（2023年2月1日アクセス).

5）Siamak Sattar, et al., "Special Publication: Recommended Options for Improving the Built Environment for Post-Earthquake Reoccupancy and Functional Recovery Time," National Institute of Standards and Technology (NIST), https://doi.org/10.6028/NIST.SP.1254,（2023年2月1日アクセス).

6）飯塚悟「フィードバックパラメタリゼーションを用いた詳細なダウンスケールモデルの開発と都市暑熱環境・集中豪雨適応策への応用」文部科学省 気候変動適応研究推進プログラム（RECCA), https://www.restec.or.jp/recca/staticpages/index/iizuka.html,（2023年2月1日アクセス).

7）高橋桂子「都市・臨海・港湾域の統合グリーンイノベーション」文部科学省 気候変動適応研究推進プログラム（RECCA), https://www.restec.or.jp/recca/staticpages/index/takahashi.html,（2023年2月1日アクセス).

2.8 人と自然の調和

8）日下博幸，他「2070年代8月を対象とした東京・名古屋・大阪における熱中症および睡眠困難の将来予測：複数のCMIP3-GCMからの力学的ダウンスケール実験と問題比較型影響評価手法による健康影響評価」『日本建築学会環境系論文集』78巻693号（2013）：873-881., https://doi.org/10.3130/aije.78.873.

9）Satoru Iizuka, et al., "Environmental impact assessment of introducing compact city models by downscaling simulations," *Sustainable Cities and Society* 63（2020）: 102424., https://doi.org/10.1016/j.scs.2020.102424.

10）国立研究開発法人海洋研究開発機構（JAMSTEC），名古屋工業大学，国立研究開発法人科学技術振興機構（JST）「都市空間での詳細な熱中症リスク評価技術の開発に成功：より安心・安全な行動選択に向けて」JST, https://www.jst.go.jp/pr/announce/20190723-2/index.html,（2023年2月1日アクセス）．

11）環境省「まちなかの暑さ対策ガイドライン改訂版（平成30年3月）」環境省 熱中症予防情報サイト, https://www.wbgt.env.go.jp/pdf/city_gline/city_guideline_full.pdf,（2023年2月1日アクセス）.

12）Krishnan Bhaskaran, et al., "Time series regression studies in environmental epidemiology," *International Journal of Epidemiology* 42, no. 4（2013）: 1187-1195., https://doi.org/10.1093/ije/dyt092.

13）Antonio Gasparrini, et al., "Small-area assessment of temperature-related mortality risks in England and Wales: a case time series analysis," *Lancet Planetary Health* 6, no. 7（2022）: e557-e564. https://doi.org/10.1016/S2542-5196（22）00138-3.

14）Ollie Jay, et al., "Reducing the health effects of hot weather and heat extremes: from personal cooling strategies to green cities," *Lancet* 398, no. 10301（2021）: 709-724., https://doi.org/10.1016/S0140-6736（21）01209-5.

15）Terry Hartig, et al., "Nature and Health," *Annual Review of Public Health* 35（2014）: 207-228., https://doi.org/10.1146/annurev-publhealth-032013-182443.

16）Intergovernmental Panel on Climate Change（IPCC）, "Methodology Report on Short-lived Climate Forcers," https://www.ipcc.ch/report/methodology-report-on-short-lived-climate-forcers/,（2023年2月1日アクセス）．

17）Intergovernmental Panel on Climate Change（IPCC）, "REPORT OF THE FORTY-THIRD SESSION OF THE IPCC, Nairobi, Kenya, 11 - 13 April 2016," https://www.ipcc.ch/site/assets/uploads/2018/05/final_report_p43.pdf,（2023年2月1日アクセス）．

18）World Health Organization（WHO）, "Quantitative risk assessment of the effects of climate change on selected causes of death, 2030s and 2050s," https://apps.who.int/iris/handle/10665/134014,（2023年2月1日アクセス）．

19）横張真「ヒトに引く線、土地に引く線：都市計画をめぐるレイヤーリングの可能性」公益社団法人日本都市計画学会 都市計画法50年・100年企画特別委員会, https://www.cpij.or.jp/com/50+100/docs/3rd03yokohari.pdf,（2023年2月1日アクセス）．

20）国土交通省「タイムライン」https://www.mlit.go.jp/river/bousai/timeline/,（2023年2月1日アクセス）．

21）日本学術会議 農業委員会農業生産環境工学分科会「報告：持続可能な都市農業の実現に向けて」日本学術会議, http://www.scj.go.jp/ja/info/kohyo/pdf/kohyo-23-h170719.pdf,（2023年2月1日アクセス）．

22）Masashi Soga, et al., "Health Benefits of Urban Allotment Gardening: Improved Physical and Psychological Well-Being and Social Integration," *International Journal of Environmental*

Research and Public Health 14, no. 1 (2017)：71., https://doi.org/10.3390/ijerph14010071.

23）Danielle F. Shanahan, et al., "The Health Benefits of Urban Nature: How Much Do We Need?" *BioScience* 65, no. 5 (2015)：476-485., https://doi.org/10.1093/biosci/biv032.

24）Masashi Soga and Kevin J. Gaston, "Extinction of experience: the loss of human-nature interactions," *Frontiers in Ecology and the Environment* 14, no. 2 (2016)：94-101., https://doi.org/10.1002/fee.1225.

25）World Health Organization (WHO), "WHO Housing and health guidelines," https://www.who.int/publications/i/item/9789241550376, （2023年2月1日アクセス）.

26）Hideki Takebayashi and Masakazu Moriyama, *Adaptation Measures for Urban Heat Islands* (Cambridge: Academic Press, 2020).

27）Satbyul Estella Kim, et al., "Air quality co-benefits from climate mitigation for human health in South Korea," *Environment International* 136 (2020)：105507., https://doi.org/10.1016/j.envint.2020.105507.

28）Heat Island Group, "Cool Building Solutions for a Warming World: Working Group Workshop," Berkeley Lab, https://heatisland.lbl.gov/content/cool-building-solutions-warming-world, （2023年2月1日アクセス）.

29）Wellcome, "Digital Technology Development Awards (Climate-Sensitive Infectious Disease Modelling)," https://wellcome.org/grant-funding/schemes/digital-technology-development-awards-climate-sensitive-infectious-disease, （2023年2月1日アクセス）.

30）BlueHealth, https://bluehealth2020.eu/, （2023年2月1日アクセス）.

31）Daniel T. C. Cox, et al., "Doses of Neighborhood Nature: The Benefits for Mental Health of Living with Nature," *BioScience* 67, no. 2 (2017)：147-155., https://doi.org/10.1093/biosci/biw173.

32）Danielle F. Shanahan, et al., "Health Benefits from Nature Experiences Depend on Dose," *Scientific Reports* 6 (2016) 28551., https://doi.org/10.1038/srep28551.

33）Masashi Soga, et al., "A room with a green view: the importance of nearby nature for mental health during the COVID-19 pandemic," *Ecological Applications* 31 (2021)：e2248., https://doi.org/10.1002/eap.2248

34）Masashi Soga, et al.,"Impacts of the COVID-19 pandemic on human-nature interactions: Pathways, evidence and implications," *People and Nature* 3 (2021)：518-527., https://doi.org/10.1002/pan3.10201

35）Le E. Saw, Felix K. S. Lim and Luis R. Carrasco, "The Relationship between Natural Park Usage and Happiness Does Not Hold in a Tropical City-State," *PLoS ONE* 10, no. 7 (2015)：e0133781., https://doi.org/10.1371/journal.pone.0133781.

36）Chia-chen Chang, et al., "Life satisfaction linked to the diversity of nature experiences and nature views from the window," *Landscape and Urban Planning* 202 (2020)：103874., https://doi.org/10.1016/j.landurbplan.2020.103874.

37）G. Brooke Andersen and Michelle L. Bell, "Lights out: Impact of the August 2003 Power Outage on Mortality in New York, NY," *Epidemiology* 23, no. 2 (2012)：189-193., https://doi.org/10.1097/EDE.0b013e318245c61c.

38）一般社団法人日本建築学会レジリエント建築タスクフォース『レジリエント建築タスクフォース報告書』（日本建築学会, 2021）.

39）Arup, "REDi Rating System," https://www.arup.com/perspectives/publications/research/

2.8 人と自然の調和

section/redi-rating-system,（2023年2月1日アクセス）.

40）Cool Roof Rating Council (CRRC), "Roof Rating Program," https://coolroofs.org/product-rating/overview,（2023年2月1日アクセス）.

41）European Cool Roofs Council (ECRC), "PRODUCT RATING PROGRAMME," https://coolroofcouncil.eu/rating-programme/,（2023年2月1日アクセス）.

42）Singapore Green Building Council (SGBC), "SGBC Green Certification," https://www.sgbc.sg/sgbc-certifications,（2023年2月1日アクセス）.

43）School of Built Environment, Faculty of Arts, Design and Architecture, University of New South Wales (UNSW), "Study on the Cool Roofs Mitigation Potential in Australia," UNSW, https://www.unsw.edu.au/arts-design-architecture/our-schools/built-environment/our-research/clusters-groups/high-performance-architecture/projects/study-on-the-cool-roofs-mitigation-potential-in-australia,（2023年2月1日アクセス）.

2.8
人と自然の調和

2.8.4　環境リスク学的感染症防御

（1）研究開発領域の定義

　環境工学、リスク学の知見や建築環境、空調・換気の視点を生かした感染症対策を記述する。感染症が成立する3要因「病原体：感染源となるウイルス、細菌等」「感染経路」「宿主：人間、動物」のうち、感染経路の対策を扱う。感染経路の評価、不活化、希薄化、気流可視化、実効性検証、影響予測、費用便益（コベネフィット/トレードオフ）、リスクコミュニケーション、包摂的リスクマネジメント、リスク表現検討などを扱う。病原体の建築環境内での拡散特性や居住者への暴露リスクの把握、そのリスクを低減するための建築環境や空調・換気設備の方策などを対象とする。感染経路に関係する公衆衛生は含み、病原体そのものの理解を得る基礎生物学や生物情報学的内容、免疫応答やワクチン開発、普及などの臨床医学、生理学的内容は参照に留める。新型コロナウイルス（SARS-CoV-2）による新型コロナウイルス感染症（COVID-19）を主に扱い、将来の社会の脅威となる感染症対策、レジリエンス向上に資する範囲を対象とする。

（2）キーワード

　COVID-19、SARS-CoV-2、呼吸器系感染症、感染性エアロゾル、感染経路、定量的微生物リスク評価（QMRA）、建築環境、空調、換気、気流計画、ろ過、紫外線照射殺菌（UVGI）、下水疫学、解決志向リスク評価、新規ウイルス病原体訴求制度（EVPC）ウイルス対策製品、ウイルス不活性化技術と作用機序

（3）研究開発領域の概要

［本領域の意義］

　この100年間でパンデミック（感染症の世界大流行）は断続的に発生している。21世紀に入ってからの約20年で、重症急性呼吸器症候群（2003年、SARS-CoV-1）、新型インフルエンザ（2009年、H1N1、パンデミック）、中東呼吸器症候群（2012年、MERS）、新型コロナウイルス感染症（2019年、SARS-CoV-2、パンデミック）と4度の感染症の流行が既に起きている。

　2019年12月に始まったCOVID-19は、2023年3月時点でいまだに収束せず、3年を超える累積数では、世界の確認感染者数6億人以上、確認死亡者数680万以上、国内の確認感染者数3300万以上、確認死亡者数7万2千以上と膨大な規模である。この3年に及ぶパンデミックは、社会と経済に深刻なダメージを与え、COVID-19および新興感染症に関する対策と準備の重要性が増している。ロックダウンに代表される強い規制から個人の自由意思に基づく対策実施まで、国や状況に応じて規制の在り方は多様だが、諸対策が感染リスク低減にどの程度寄与し、どのくらい社会的費用が生じるのかは十分に理解されていない。新たな変異株が次々と登場し、ワクチン接種状況も刻一刻と変わる中で、感染場面や感染経路に応じたウイルス曝露量と感染リスクの評価、マスク着用、換気、ワクチン接種、行動制限などの個人レベルから政策レベルまでの諸対策がもたらす効果と費用の理解が大切である。対策実施に関する情報発信や対話がどの程度対策実施につながるのかといった評価も重要である。

　諸対策がもたらす二次的な影響も重大なリスク事象である。二次的な影響は例えば、感染症以外の心身の健康、経済、学力、ウェルビーイングなどである。感染症とそれに伴う二次的影響も含めた効果的なリスク対策が必要である。多様なリスク事象を対象としながら、どのくらいのリスクが生じるかといった問題焦点型のリスク評価のみならず、どのような対策や選択肢の実施、その情報発信・対話が効果的かといった解決志向のリスク評価のアプローチの深化が求められている[1]。本領域は、COVID-19の全数把握に関する転換が進む中で、COVID-19や様々な感染症の状況を空間的時間的に把握し、諸対策やその情報発信・対話が感染症とそれに伴う二次的影響についてどのような低減効果をもたらし、どのような費用を発生しうるのかを解明し、最終的には感染症に対する普遍的な科学的知の基盤形成に貢献する。今後新たに出現する呼吸器系感染症の対策のためにも、COVID-19の環境リスクを分析し、感染症の予防対策の向上、改善は社会的・経

済的において極めて大きな意義を持つ。

[研究開発の動向]

　感染源となるウイルス、細菌等の病原体、人間や動物の感受性宿主、感染経路の3要素が揃い、閾値を超えた病原体の量に暴露されると感染が成立する。感染症対策の基本は、その3要素のどれかを絶つことであり、環境工学、空調・換気設備における主な対策は感染経路の対策となる。

　WHOは2020年1月7日にSARS–CoV–2による感染拡大は「国際的に懸念される公衆衛生上の緊急事態」と警告、3月11日にパンデミックを宣言、3月28日にCOVID–19の「空気感染はない"Fact Check: Covid–19 is not airborne"」と主張した。WHOは初期にはCOVID–19の感染経路は接触感染と飛沫感染で、空気感染はないとみなしていた（※本領域では空気感染にエアロゾル感染を含むものとして記述する）。接触感染と飛沫感染は一般に感染者近傍で起きるため、換気による制御ができない。換気は空気感染の対策方法である。しかし、日本では初動の調査報告などに基づき、2020年3月9日以降、厚生労働省等から換気の悪い密閉空間での危険性と注意が呼びかけられた。それに応じて、2020年3月23日に公益社団法人空気調和・衛生工学会と一般社団法人日本建築学会は連名で換気について「会長緊急談話」を発表し、継続的に情報発信し、所属する国内研究者らも国際専門誌に総説などを掲載している[2), 3)]。

　海外では、パンデミック初期から感染経路について多くの研究成果が報告された。接触感染は、ウイルスの活性とその対策である表面消毒が重要となる。表面でのウイルスの活性の維持期間について、NIHの研究チームがSARS–CoV–1とSARS–CoV–2で比較実験した結果、ステンレス鋼とプラスチックでは3日間、段ボールでは1日未満、銅では4時間未満維持された[4)]。ウイルスが表面で長時間の活性を保てることは接触感染のリスクが高く、表面消毒が重要なことを意味する[5)]。しかし、その後の複数の研究報告で、COVID–19は接触感染のリスクが小さいと指摘された[6), 7)]。米国CDCは接触感染のリスクは1万分の1以下で、過去24時間以内に感染者のいない環境、屋外環境での1日1、2回の表面消毒は推定リスクの低減にほとんど影響を及ぼさない見解を2021年4月に公表した[8)]。現在、接触感染は一般的な生活環境ではCOVID–19の過半の感染経路ではないとみられている。

　飛沫感染について、100 μm以上の飛沫の粒子の到達距離は1〜2 mであるため、マスクの着用や物理的な距離の確保が有効な対策となる。

　エアロゾル感染に関しても、世界では流行初期から多くの調査研究が実施、報告された。エアロゾルは、気体中に浮遊する微小な液体、固体の粒子と周囲の気体の混合体を指す。大きさは長径0.002〜100 μm[9)]や0.001〜100 μm[10)]とされる。中国広州のレストランでの集団感染事例[11)]、米国Skagit Valley合唱団リハーサルの集団感染事例[12)]など、COVID–19が密閉空間でエアロゾル感染経路を有する示唆が蓄積された。COVID–19発生当初にWHOが空気感染は無いとした見解に対し、「SARS–CoV–2の空気感染：世界は現実を直視すべき」という報告もなされた[13)]。これらの研究によって、COVID–19の最初の感染者が確認されてから2年も経過した後だが、WHOがエアロゾル感染も重要な感染経路の一つと認め、感染対策指針等に掲載された。我が国でも2021年11月2日に厚生労働省が公表した"新型コロナウイルス感染症COVID–19診療の手引き 第6.0版"にエアロゾルも主要感染経路の一つと明記された。2021年12月23日にWHOはCOVID–19の感染経路について長距離エアロゾル伝播（long-range aerosol or long-range airborne transmission）があると初めて認めた[14)]。2022年3月28日、国立感染症研究所はCOVID–19の主な感染経路の一つとしてエアロゾル感染を挙げた[15)]。

　空調・換気設備におけるエアロゾル感染の基本的な対策は換気である。換気量と同様に気流計画も重要である。2022年7月14日に新型コロナウイルス感染症対策分科会が公表した「第7波に向けた緊急提言」[16)]の"5つの対策"の1つで"効率的な換気の提言"が示された。換気量が十分に得られない場合、空気清浄機の利用が有効と記されている。空気清浄機を通過した後のクリーンな空気量は相当な換気量となる。同提言には有効な気流の流れの例が示されている。

リスク学の観点に基づいた、COVID-19に関する対策の効果を理解するアプローチにはいくつかある。

第一に、感染者数やその実効再生産数と諸対策（例えば、人流抑制措置）の有無との関連を議論する方法である。SIRモデルなどを用いて対策の評価をするアプローチもその方法の一つとしてとらえられる。SIRモデルは感受性保持者、感染者、免疫保持者のコンポーネントを想定することで、感染症を決定論的に記述する。しかし、指数関数的増加を想定するモデルは国や都道府県全体といった大集団の感染状況を長期的に説明するには限界がある。ウイルスの特性や人の心理なども考慮したモデル開発が重要となっている。

第二に、感染の有無や諸対策の関連を議論する疫学研究的アプローチがある。例えば、症例対照研究や横断研究などの観察研究によって、飲食や買い物やスポーツ観戦などの様々な場面毎のリスクの評価やマスク着用、手洗い、フィジカルディスタンス、ワクチン接種などの予防効果を評価するアプローチから、介入研究によって、各諸対策や行動がもたらすリスクあるいはその予防効果を評価するアプローチがある。例えば、コミュニティ内のマスク着用などの啓発活動[17]、大規模集会への参加[18]などがある。

第三は、定量的微生物リスク評価（Quantitative Microbial Risk Assessment：QMRA）である。空気中や環境表面中のウイルス濃度の測定とともに呼吸や接触回数などの人行動を考慮することでウイルス曝露量を評価し、用量反応式に基づいて感染リスクを評価するアプローチと、感染者から排出されるウイルス量から非感染者への感染リスクをすべてモデルで表現して評価するアプローチがある。モデルには、感染者1人と非感染者1人といった少人数を想定したものから大人数を想定したものもある。また、スーパーコンピューターを用いて環境中のウイルスの動態を精緻に計算する事例[19]や実際の現場での人行動を観測することでモデル評価に活用する事例[20]がある。これらの方法は感染経路別のウイルス曝露量を推定できるため、マスク着用、換気や消毒といった諸対策のリスク低減効果の評価を可能とする利点がある。変異株の台頭とともに、感染者からの飛沫・飛沫核の粒径ごとのウイルス排出量、環境中の不活化、用量反応式、感染リスクと抗体価の関係などについての知見の更新の必要性が増している。さらに将来的な未知の病原性微生物感染症の流行とその対応や準備を考えると、多様な病原性微生物を対象とした普遍的なQMRAの開発が重要である。

感染症関連の二次的影響は多様で、精神健康の悪化や自殺の増加、生活習慣病の増加、学力の低下、婚姻や出産への影響、経済影響などの報告事例がある。どのようなメカニズムでどのような集団にこれらのリスクが生じるのかといった基礎的理解、どのような対策によってリスクを低減できるのかといった評価を進めるとともに、多様なリスク事象を体系的に理解し、評価することが求められる。

諸対策に関する情報発信や対話によって生じる実施率上昇評価の代表的な例として、ワクチン接種に関するナッジメッセージの事例がある[21]。物理的距離の確保についての評価事例もある[22]。長期的に効果が継続し、心理的負担などをもたらさず、個人やサブ集団、コミュニティの特性に応じたメッセージ開発や協働活動の実践と効果評価を進めることが重要である。

（4）注目動向
［新展開・技術トピックス］
❶ 室内環境における感染リスクの予測

空調・換気による感染性エアロゾルの対策は、基本的に在室者への感染リスクを下げることである。その効果をより明らかにするには、在室者の病原体の被曝量を評価する必要があるが、現状は感染リスクに関して様々な数理モデルが提案されている段階である。都市スケールでは、SEIR（Susceptible,Exposed,Infectious,Recovered）モデルが用いられているが、これには感染のメカニズムが含まれていない。建物スケールレベルでは、区画したSEIRモデル、エージェントモデル、Wells-Rileyモデルが用いられている。この中で、感染リスクと換気量の関係を明確に表しているのはWells-Rileyモデルである。Wells-Rileyの改良モデルや室内環境中での経気道暴露を予測する*in silico*モデルなどに関する研究が行われている。

❷ 感染と換気量の関係

　感染と換気量の関係について、中国での3人以上のクラスター318事例を解析した結果、密閉された換気の悪い空間での感染はエアロゾルが原因であると指摘している[23]。環境中のSARS-CoV-2の実態や集団感染事例に関する報告は多くみられるが、集団感染が起きた時の換気量に関する調査報告は僅かである。レストランの集団感染時の調査報告では、換気量が3.24 m³/（h・人）と極端に少なく、感染者が出たエリアは空気が循環していただけだったことが集団感染につながったと指摘されている[11]。この換気量は厚生労働省とWHOが推奨している換気量の1/10程度である。厚生労働省は、必要換気量について一人あたり毎時30 m³を満たせば、「換気が悪い空間」には当てはまらないとしており、WHOは検疫施設を含む医療環境での一人当たり毎時の必要換気量を216 m³（または換気回数6回/h）、非医療施設では36 m³としている[24]。

❸ 補助設備としてのポータブル式空気清浄機の活用

　補助設備としての空気清浄機は局所の空気浄化に有効である。感染リスクの低減策として、とくに十分な換気量が得られない居室において、対象室容積に応じた風量で、HEPAフィルター（High Efficiency Particulate Air Filter、高性能フィルター）やMERV13またはMERV14（Minimum Efficiency Reporting Value、最小捕集率報告値）フィルター付きの空気清浄機の活用が薦められている。実環境における空気清浄機によるエアロゾルの低減効果に関する研究成果が発表されている[25]。

❹ UVGIの活用

　ウイルスに対するUVGI（Ultraviolet Germicidal Irradiation、紫外線照射による殺菌）の有効性から、WHO（2009）[26]、CDC（2019）[27]、REHVA（2020）、ASHRAE（2020）、空気調和・衛生工学会（2020）などはその適応を推奨している。UV装置にはUVランプかUV-LEDデバイスがある。部屋の上部にUV装置を設置するアップルーム方式、空調機内またはダクト内といった空調システム内に設置するインダクト方式がある。この2年で、UV-CによるSARS-CoV-2の不活効果に関する研究成果が多く発表されている[28]。日本企業が波長の222 nmのUV-C装置を開発し、製品販売に至っている。

❺ 下水疫学

　下水処理場に流入した下水中の違法薬物や病原性微生物の分析を通じて、対象地域の薬物使用状況や感染状況を把握するアプローチはCOVID-19流行以前からあった。COVID-19の流行以降、①個人情報を伴わない、②単発の測定で流域全体の情報を把握できる、③代表性のある情報が得られる（人への検査の多寡に依存しない）、④早期検知が可能である、などの利点が着目され、下水疫学の技術開発が進んできた。COVID-19の全数把握が難しくなった地域では、感染者状況の経時変化を知るうえで最も有用なモニタリング手法の一つは下水疫学であるとの認識が示されている[29]。このようなモニタリング手法は、全数把握が困難となった状況下において、特に重要となるであろう。さらに変異株の測定、メタゲノム解析による多様かつ新規の病原性微生物の把握も可能となっている。施設単位で排出される下水を調査することで、対象施設内の居住者の感染を事前に検知し、感染対策につなげられる。

❻ 感染対策実施率の測定

　COVID-19の対策制御の実効性を評価するためのアプローチとして、人工知能と画像撮影によるマスク着用率や人と人との間の平均距離の測定、CO_2センサーを用いた換気率の測定、マイクロホンアレイを用いた会話発生頻度や声の大きさの測定、風速計を用いた気流の解析などがある。スポーツや音楽イベントなどの大規模集会、飲食店などの場を対象に社会実装されてきた。

❼ スーパーコンピューターを用いた感染リスク評価

　QMRAの精度を高めるうえで、環境中の飛沫やウイルス動態の精緻化は重要である。ウイルスを含む飛沫や飛沫核の大気気中動態について、スーパーコンピューターを用いた熱・流体シミュレーションの研究が進められている[19]。室内外でのウイルス曝露量を精度高く推定する手法として有用である。物理的距離による感染リスク低減効果を推定できるほか、マスク着用による飛沫排出量低減の観測と組み合わせることで、マスク着用による感染リスク低減効果を推定できるなど、対策効果の評価にも資すると期待される。

❽ 人チャレンジ（human challenge）

　実験状況下で人にウイルスを曝露させて感染リスクを評価したり、感染症に関する知見を得る人チャレンジはCOVID−19以前より行われてきたが、その実施の可能性や可否は倫理的観点から常に注意深く検討する必要がある。COVID−19のワクチン開発を主な目的として、イギリスでは、健常人にSARS−CoV−2を曝露させる人チャレンジが実施された[30]。この実験では、感染リスク評価において重要な基盤となる用量反応式に関する知見も含まれる。

❾ ウイルスゲノム解析

　SARS−CoV−2のゲノムを解析することで、流行している株の遺伝子変異部分が特定でき、変異株の系統樹解析や、変異部位から感染の伝搬への影響を推測できる。小集団に適用すると誰から誰に感染が生じたか推定できる。現在では、国際的なデータベースの実装も進み、登録されたSARS−CoV−2のゲノムデータから時空間的な分布とともに解析して、変異株などがどのような地域から世界に拡散したか、あるいは対象地域へと持ち込まれたか、変異株の発生による感染者数の増加の予測といった評価が進められている。

[注目すべき国内外のプロジェクト]
■国内
・JST CREST：［コロナ基盤］異分野融合による新型コロナウイルスをはじめとした感染症との共生に資する技術基盤の創生（2020〜2023年度、1課題につき上限1.5億円程度）

　文部科学省の選定した戦略目標「「総合知」で築くポストコロナ社会の技術基盤」のもと、2020年度に発足した。COVID−19をはじめとする感染症との共生に資する技術基盤の早期構築を目指している。

・JSTさきがけ：［パンデミック社会基盤］パンデミックに対してレジリエントな社会・技術基盤の構築（2021〜2025年度、1課題につき上限3〜4千万円程度）

　文部科学省の戦略目標「「総合知」で築くポストコロナ社会の技術基盤」のもと、2021年度に発足した。COVID−19対応に関する社会的・技術的課題について、適切な対策と多様な人々の共生を可能とする持続可能な社会に向けた基盤の構築を目指す。2021年度に12課題、2022年度に9課題が採択されている。

（5）科学技術的課題

❶ 解析室内環境における感染リスク予測の不確実性

　現状では、COVID−19は多彩な感染経路（飛沫感染、エアロゾル感染、接触感染）を有することが分かっているが、それぞれの感染経路の寄与度についてまだわからないことが多い。感染経路別のリスクはケースによって異なっている。現在室内の気流における数値解析とエアロゾルの呼吸器系への沈着を連成したモデルが検討されているが、被暴露者の呼吸系への沈着に深く関係する環境中のSARS−CoV−2の粒径分布は、測定者によってさまざまである[31]。放出されたSARS−CoV−2の環境中での活性特性に関する情報が著しく不足しており、実環境で感染リスクを予測するには課題が多く存在している。

2.8
人と自然の調和

❷ SARS−CoV−2の用量反応式

　SARS−CoV−2の用量反応式の構築はQMRAでの基盤となるものであり、特に変異株の特性や上気道や下気道といった部位に応じた精緻な用量反応式の確立は重要な課題となっている。

❸ 飛沫・飛沫核のウイルス粒径分布

　COVID−19感染者から排出される飛沫や飛沫核の粒径分布ごとのウイルス量およびその感染価については不明な点が多い。これらは環境中のウイルス動態の理解やQMRAの実施のうえで不可欠である。

❹ 空間中のエアロゾルの挙動

　排出されたエアロゾルは、水分の蒸散によって粒径が変化するとともに、落下速度が遅いために、わずかな気流によっても、室内を移動する、CFD（数値流体力学）モデルによって、その挙動や換気や空気清浄機の対策効果のシミュレーションが試みられているが、その理解はQMRAの実施にも重要である[32]。

❺ 鼻腔及び唾液中の感染性ウイルス濃度

　感染に寄与するのは感染性ウイルスのみであるが、RT−PCRで容易に測定できる遺伝子量と異なり測定が難しい。感染からの日数によって大きく変化し、人によってばらつきも非常に大きいが、感染リスクの推定には、部位別の値や、濃度のばらつきの分布などの除法が不可欠である。

❻ 病原体毎の感染経路

　従来腸に感染すると考えられていたノロウイルスが、唾液腺を通じて感染することを示唆する結果[33]が得られており、病原体毎の感染経路の正しい理解が、QMRAの実施には重要である。

❼ 感染伝播を抑制するための必要換気量の検討

　換気量の確保と気流制御を行えば、麻疹や結核などの感染症の伝播を抑制できる十分なエビデンスはあるが、他の感染症拡散を抑制するための必要換気量を支持する十分なエビデンスはないと報告されている[34]。感染予防のための必要換気量は、感染の閾値、ウイルスの発生量と活性を知ることが前提となるが、現状では閾値についてはまだわかっていない。スーパースプレッダーからの発生量（quanta値）は普通より桁違いに多く、コンセンサスが得られたquanta値はまだなく、感染症対策のための必要換気量は決められない状況である。感染者から放出されるウイルスは、室内の換気量や気流性状によって、いわゆるクラウド（パフ）を形成することがあり、それによって室内に高濃度域が生じる。従って、換気量の他に、室内の気流計画が重要である。気流計画は、発生源がわかれば難しくないが、一般的にわからない場合が多い。このような場合に対しても適正な気流計画を与える検討が重要である。

❽ ポータブル式空気清浄機の設置方法

　厚生労働省などでは、風量5 m^3/hの空気清浄機で床面積10 m^2以内に1台を推奨している。これは、室内に換気がなく、空気清浄機の吹出気流の影響域を考慮したものと推察される。この基準だと100 m^2の部屋には10台も設置する必要があることになる。しかし、実際の室内に気流がある場合、空気清浄機の吹出空気（ろ過後の清浄な空気）が室内の気流と混合して遠くまで届く。室内気流が空気清浄機設置の適正化に関する検討が必要である。

　換気量を確認するために、CO_2センサーが用いられている。一般的にCO_2濃度が1000ppm以下であれば、一人当たり毎時の換気量は30 m^3以上になる。しかし、空気清浄機は粒子状物質を除去するものであり、CO_2濃度を下げるものではない。従って、空気清浄機を用いた場合のCO_2濃度による換気量の可視化について、より明確な発信をすることが重要である。CO_2濃度は感染リスクの直接指標にならないことに注

2.8
人と自然の調和

意を要する。

❾ 下水疫学におけるメタゲノム解析

　感染状況のモニタリングおよび早期検知のツールとして着目される下水疫学調査であるが、メタゲノム解析によって網羅的に病原性微生物を測定することが期待される。高感度なメタゲノム解析は今後の新規の感染症流行を検知するうえでのブレークスルーを果たしうる重要な研究課題である。

❿ UVGIの安全的な使用方法

　紫外線による殺菌技術はほぼ確立されている。海外ではUVGIによる殺菌が病院や教室などで既に広く使われている。この2年で国内でも適用例が見られるようになった。紫外線ランプの消費電力は比較的少ないため、正しい方法で設置すれば、殺菌効果を発揮すると同時に、省エネルギーも図られる。さらに、UVGIを設置した場合、在室者の安全を考慮したUVGIの適正な設置方法に関する検討が必要である。

⓫ 疫学研究基盤

　COVID-19に関する諸対策の予防効果やリスク要因を解析するためには、疫学研究が重要な役割を担う。国外では、大規模の対象者に基づくワクチンの予防や重症化低減効果を疫学研究[35]、大規模集会などでの[36]、登録情報に基づく感染リスクの評価などの疫学研究[37]などが行われている。大規模疫学研究を進めるための基盤の整備と実施は重要な課題である。

（6）その他の課題

❶ データベース整備および情報公開体制

　COVID-19の流行動態を理解するためには、地域や年齢別の感染者数、重症化数、死亡者数、ウイルスゲノムデータ、ワクチン接種率など、多様なデータが必要である。精緻かつ詳細であり、迅速で利用しやすいデータベースの構築が必要である。

　研究開発の推進や成果の社会実装を進めるにあたって、情報公開が十分でないことも障壁となっている。日本国内におけるCOVID-19拡大の特徴の一つに集団感染が多い。第6波と第7波では、高齢者施設と学校での集団感染が多く発生した。第6波のピークだった2022年2月14〜20日の間の集団感染発生数479件、第7波の8月1〜7日に587件であった。国レベルでは、クラスター対策班は多くの調査を行っているが、その集団感染発生時の環境に関する情報が十分に公開されていない。疫学調査は重要だが、集団感染が起きた時の空調・換気運用状況が分かれば、環境・設備の視点から解析でき、今後の設計・運用における集団感染対策の策定にもフィードバックできる。集団感染が起きた室内環境の空調・換気の運転データが把握できるよう、BEMS（Building Energy Management System）の普及が望ましい。海外ではビッグデータを用いた解析が既に進められており、我が国でも精力的に取り組む必要がある。

❷ 分野間連携

　COVID-19の感染リスクや二次的影響を理解するためには、医学、工学、理学、社会科学などの多様な分野の連携が必要であるとともに、各分野の俯瞰性の高い研究リーダーの育成が重要である。

　医工連携については、医学による病理的な解明、疫学調査による感染拡大や収束の解析、環境工学による感染経路の解明はそれぞれ重要である。しかし、現状ではそれらの分野間の連携が殆ど行われていない。日本だけでなく海外も同様である。集団感染に関する様々な情報、例えば、発生時の感染者の位置情報や空調・換気運転情報などを一元化したビッグデータを、医学、公衆衛生学、工学のそれぞれの視点から解析することは、今後感染症予防のための具体的な提案の策定において重要である。

❸ 社会との協働

COVID–19の感染リスク制御を進めるためには、実際の現場での評価事例の蓄積が必要である。対象機関や施設において、感染リスクを評価すること自体への忌避感があったり、科学や科学者への信頼が損なわれた場合には、調査の実施がかなわないこともある。解決志向のリスク評価の深化とともに、科学の意義に関する対話、リスク制御の実践と協働が求められる。

❹ リスクアセスメントの社会実装

COVID–19のリスクアセスメントを正しく社会実装するには、実際の現場での、様々な場面において、リスクアセスメントを行えることが必要である。そのための、専門能力を有する人材の育成や、誰でも簡単にリスクアセスメントを実施できるツールの作成が必要である。

❺ 感染対策の社会的影響評価

マスク着用やステイホームなどの感染対策には、コスト以外にも、コミュニケーションの阻害や健康への影響といった側面があり、効果と悪影響を理解したうえで、必要な対策を講じることが求められる。

❻ 環境消毒商品規制

米国では環境保護庁（EPA）の殺虫剤・殺菌剤・殺鼠剤法（FIFRA）規制の中で環境消毒製品が管理されている。定められた試験法（ASTM1053等）で一定のウイルス不活性化効果（3log10減等）が得られれば、ウイルス名やウイルス不活性化効果の表示が可能である。

日本では、医薬品以外のカテゴリーの製品（化粧品、日用品等）においては、医薬品以外の製品の広告規制から、ウイルス不活化、ウイルス名、感染の予防効果等の表示は認められていない。そのため、清掃効果と判別のつかない「ウイルス除去」以外の効果を製品に表示することは困難である。環境消毒は、新規ウイルスの感染拡大を抑えるための有効な手段であり、SARS–CoV–2では日用品にもSARS–CoV–2不活化のエビデンスを有する製品が多く存在したが、その効果をメーカーが直接消費者に伝えることは困難であった。

FIFRAでは、「Emerging Viral Pathogen Claim」という、未知のウイルスに対しても効果を訴求できる事前警戒型の制度も有している。これは新規ウイルスのパンデミック発生時には、当該ウイルスを用いた不活性化の試験を行うことが困難であるため、より消毒剤耐性の高いと推定されるウイルスや類似のウイルスに対する効果で、一定の期間、効果の訴求を認めるという、危機対応型の枠組みである。このため、新規ウイルスであっても効果が期待できる製品リストを早急に発表することが可能になっている。

日用品を環境消毒へ使用することのメリットは非常に大きいと考えられ、今後、日用品のウイルスに対する有効性や表示等の基準の整備が必要である。

（7）国際比較

国・地域	フェーズ	現状	トレンド	各国の状況、評価の際に参考にした根拠など
日本	基礎研究	〇	↗	●MARCOなどの組織的な研究拠点が形成されている。 ●2年前と比べ、多くの論文が高いレベルの国際専門誌に発表されている。スパコン「富岳」を用いたエアロゾル拡散モデル、感染リスクの定量的評価[19), 38), 39)]、下水からのウイルス検出技術[40)]、環境中でのオミクロンBA.1 BA.2株の安定性の増加[41)]、ワクチン接種に関するナッジメッセージの効果[21)]などが報告されている。

2.8 人と自然の調和

韓国	応用研究・開発	○	↗	●2年前と比べ、多くの論文が高いレベルの国際専門誌に発表されている。 ●UV-Cの新製品が開発され、実用化された。日用品による新型コロナウイルス不活化研究[42), 43)]や人の行動をベースとしたレストランでのウイルス感染リスクと対策効果[20)]などが報告されている。 ●実践的な対策において、政府新型コロナウイルス感染症対策分科会、厚生労働省、東京都、公益社団法人空気調和・衛生工学会などから適時に必要な情報を発信している。
米国	基礎研究	◎	→	●継続的、積極的に多くの基礎研究成果が高いレベルの国際専門誌に発表されている。 ●CFD（数値流体力学）モデルを用いた、室内での飛沫の拡散挙動と、空気清浄機の除去効果のシュミレーション[32)]、感染者と濃厚接触した非感染者の、鼻腔及び唾液の感染性ウイルス量の経時変化測定[44)]、環境表面に由来する感染ルートに関する総説[45)]、環境から手への伝播を考慮したリスクシミュレーション[46)]、市中での高頻度接触表面の汚染モニタリング[47)]、コミュニティ内の啓発活動によるマスク着用率の上昇と感染率低下[17)]、COVID-19全数把握が難しくなった地域での下水疫学モニタリングの有用性[29)]など、実際の感染対策に対しても有意義な基礎研究成果を創出している。
	応用研究・開発	○	→	●ASHRAEが2020年4月14日に「ASHRAE Position Document on Infectious Aerosols」、CDCが2021年5月7日に「Scientific Brief: SARS-CoV-2 Transmission」をそれぞれ公表したが、更新されていない。 ●空間中のウイルスの除去・不活化効果を測定するための室内空間をモデルとした試験方法の開発と各種空間ウイルス不活化法の評価[48)]、天井埋込型UV殺菌空気清浄機の効果[49)]、室内空間での空気清浄機の感染リスク低減効果の実験的検証[50)]、UVCによるエアロゾル中コロナウイルス不活化効果などが報告されている。
欧州	基礎研究	○	→	【EU】欧州各国から、継続的、積極的に多くの基礎研究成果が高いレベルの国際専門誌に発表されている。 【英国】環境表面の汚染データに基づく感染リスクアセスメントと対策効果の推定[7)]、SARS-CoV-2の人への接種試験による感染成立量の推定[30)]が報告されている。 【ポルトガル】SARS-CoV-2消毒手法のシステマティックレビュー[51)] 【ベルギー】下水中SARS-CoV-2ウイルス調査に影響を及ぼす因子[52)]が報告されている。 【スウェーデン】COVID-19が子供の健康に与えた影響[53)]が報告されている。
	応用研究・開発	○	→	【EU】REHVAは2021年4月15日に「How to operate HVAC and other building service systems to prevent the spread of the coronavirus (SARS-CoV-2) disease (COVID-19) in workplaces」を公表したが、その後更新されていない。 【イタリア】UV-Cの非常に高い新型コロナ不活化効果[54)]を報告
中国	基礎研究	○	↗	●この2〜3年で著しい研究成果を発表しており、COVID-19に関して多くの基礎研究論文が高いレベルの国際専門誌に掲載されている。 ●クラスターが発生したレストランでの気流解析による感染リスクアセスメント[11)]、オミクロン株の環境中での安定性の増加[55)]、輸入冷凍食品に由来するクラスター発生事例のレビュー[56)]、飛沫の挙動と公共交通機関での感染レビュー[57)]、廃棄物からの感染リスクのレビュー[58)]など実際の感染対策に対して有意義な基礎研究成果を創出している。
	応用研究・開発	○	↗	●応用研究も積極的に行われている。高いレベルの国際専門誌に多くの論文が発表されている。CFD（数値流体力学）モデルを用いた、室内での飛沫の拡散挙動と、空気清浄機の除去効果のシミュレーション[59)]などの報告がなされている。 ●空気清浄機による微生物の除去効果に関するISO規格の制定に主導な役割を果たすなど積極的に取り組んでいる。
韓国	基礎研究	−	−	最新の研究動向が不明瞭であるため評価を避ける
	応用研究・開発	−	−	最新の研究動向が不明瞭であるため評価を避ける

2.8 人と自然の調和

その他の 国・地域 （任意）	基礎研究	－	－	【メキシコ】下水からのコロナウイルスの検出方法のレビューとメキシコでの結果が報告されている。[60] 【イスラエル】下水や埋め立て浸出液からのSARS−CoV−2や他ウイルスの検出のレビューがなされている。[61] 【カナダ】ウイルス感染に対する湿度の影響に関するシステマティックレビューがなされている[62] 【イラン】パンデミック中の地下鉄でのフィジカルディスタンス確保に対するナッジの効果が報告されている[22]

（註1）「フェーズ」

　　「基礎研究」：大学・国研などでの基礎研究レベル。

　　「応用研究・開発」：技術開発（プロトタイプの開発含む）・量産技術のレベル。

（註2）「現状」　※我が国の現状を基準にした評価ではなく、CRDSの調査・見解による評価。

　　◎：他国に比べて特に顕著な活動・成果が見えている　　　○：ある程度の顕著な活動・成果が見えている

　　△：顕著な活動・成果が見えていない　　　　　　　　　　×：特筆すべき活動・成果が見えていない

（註3）「トレンド」

　　↗：上昇傾向、→：現状維持、↘：下降傾向

関連する他の研究開発領域

・社会−生態システムの評価・予測（環境・エネ分野　2.8.1）

・都市環境サステナビリティ（環境・エネ分野　2.8.3）

・水利用・水処理（環境・エネ分野　2.9.1）

・環境分析・化学物質リスク評価（環境・エネ分野　2.10.2）

・感染症（ライフ・臨床医学分野　2.1.9）

参考・引用文献

1）Adam M. Finkel, ""Solution-Focused Risk Assessment": A Proposal for the Fusion of Environmental Analysis and Action," *Human and Ecological Risk Assessment: An International Journal* 17, no. 4 (2011)：754-787., https://doi.org/10.1080/10807039.2011.588142.

2）Motoya Hayashi, et al., "Measures against COVID-19 concerning Summer Indoor Environment in Japan," *Japan Architectural Review* 3, no. 4 (2020)：423-434., https://doi.org/10.1002/2475-8876.12183.

3）Takashi Kurabuchi, et al., "Operation of air-conditioning and sanitary equipment for SARS-CoV-2 infectious disease control," *Japan Architectural Review* 4, no. 4 (2021)：608-620., https://doi.org/10.1002/2475-8876.12238.

4）Neeltje van Doremalen, et al., "Aerosol and Surface Stability of SARS-CoV-2 as Compared with SARS-CoV-1," *New England Journal of Medicine* 382, no. 16 (2020)：1564-1567., https://doi.org/10.1056/NEJMc2004973.

5）横畑綾治, 他「接触感染経路のリスク制御に向けた新型ウイルス除染機序の科学的基盤：コロナウイルス、インフルエンザウイルスを不活性化する化学物質群のシステマティックレビュー」『リスク学研究』30 巻 1 号（2020）：5-28., https://doi.org/10.11447/jjra.30.1_5.

6）Emanuel Goldman, "Exaggerated risk of transmission of COVID-19 by fomites," *Lancet Infectious Disease* 20, no. 8 (2020)：892-893., https://doi.org/10.1016/S1473-3099（20）30561-2.

7）Ana K. Pitol and Timothy R. Julian, "Community Transmission of SARS-CoV-2 by Surfaces:

Risks and Risk Reduction Strategies," *Environmental Science & Technology Letters* 8, no. 3 (2021)：263-269., https://doi.org/10.1021/acs.estlett.0c0096.

8）Centers of Disease Control and Prevention（CDC）, "Science Brief: SARS-CoV-2 and Surface (Fomite) Transmission for Indoor Community Environments," https://www.cdc.gov/coronavirus/2019-ncov/more/science-and-research/surface-transmission.html#print,（2023年2月1日アクセス）.

9）William C. Hinds, *Aerosol Technology: Properties, Behavior, and Measurement of Airborne Particles*, 1st ed.,（Hoboken: John Wiley & Sons, Inc., 1999）, 37.

10）Slovenian Institute for Standardization（SIST）, "CEN/TS 16976：2017. Ambient air - Determination of the particle number concentration of atmospheric aerosol," iTeh, Inc., https://standards.iteh.ai/catalog/standards/sist/b15f7b8e-0930-4ccd-9e34-474a15c4b069/sist-ts-cen-ts-16976-2017,（2023年2月1日アクセス）.

11）Yuguo Li, et al., "Probable airborne transmission of SARS-CoV-2 in a poorly ventilated restaurant," *Building and Environment* 196（2021）：107788., https://doi.org/10.1016/j.buildenv.2021.107788.

12）Shelly L. Miller, et al., "Transmission of SARS-CoV-2 by inhalation of respiratory aerosol in the Skagit Valley Chorale superspreading event," *Indoor Air* 31, no. 2（2021）：314-323., https://doi.org/10.1111/ina.12751.

13）Lidia Morawska and Junji Cao, "Airborne transmission of SARS-CoV-2: The world should face the reality," *Environment International* 139（2020）：105730., https://doi.org/10.1016/j.envint.2020.105730.

14）World Health Organization（WHO）, "Coronavirus disease（COVID-19）：How is it transmitted?" https://www.who.int/news-room/questions-and-answers/item/coronavirus-disease-Covid-19-how-is-it-transmitted,（2023年2月1日アクセス）.

15）国立感染症研究所（NIID）「新型コロナウイルス（SARS-CoV-2）の感染経路について（2022年3月28日）」https://www.niid.go.jp/niid/ja/2019-ncov/2484-idsc/11053-Covid19-78.html,（2023年2月1日アクセス）.

16）内閣官房 新型コロナウイルス感染症対策分科会「第7波に向けた緊急提言（令和4年7月14日（木））」内閣官房, https://www.cas.go.jp/jp/seisaku/ful/taisakusuisin/bunkakai/dai17/7thwave_teigen.pdf,（2023年2月1日アクセス）.

17）Jason Abaluck, et al., "Impact of community masking on COVID-19: A cluster-randomized trial in Bangladesh," *Science* 375, no. 6577（2022）：eabi9069., https://doi.org/10.1126/science.abi9069.

18）Boris Revollo, et al., "Same-day SARS-CoV-2 antigen test screening in an indoor mass-gathering live music event: a randomised controlled trial," *Lancet Infectious Disease* 21, no. 10（2021）：1365-1372., https://doi.org/10.1016/S1473-3099（21）00268-1.

19）Rahul Bale, et al., "Quantifying the COVID19 infection risk due to droplet/aerosol inhalation," *Scientific Reports* 12（2022）：11186., https://doi.org/10.1038/s41598-022-14862-y.

20）Tianyi Jin, et al., "Interventions to prevent surface transmission of an infectious virus based on real human touch behavior: a case study of the norovirus," *International Journal of Infectious Disease* 122（2022）：83-92., https://doi.org/10.1016/j.ijid.2022.05.047.

21）Shusaku Sasaki, Tomoya Saito and Fumio Ohtake, "Nudges for COVID-19 voluntary

2.8

人と自然の調和

vaccination: How to explain peer information?" *Social Science & Medicine* 292（2022）: 114561., https://doi.org/10.1016/j.socscimed.2021.114561.

22）Ramin Shiraly, et al., "Nudging physical distancing behaviors during the pandemic: a field experiment on passengers in the subway stations of shiraz, Iran," *BMC Public Health* 22 （2022）: 702., https://doi.org/10.1186/s12889-022-13184-y.

23）Hua Qian, et al., "Indoor transmission of SARS-CoV-2," *Indoor Air* 31, no. 3（2021）: 639-645., https://doi.org/10.1111/ina.12766.

24）World Health Organization（WHO）, "Roadmap to improve and ensure good indoor ventilation in the context of COVID-19," https://www.who.int/publications/i/item/9789240021280,（2023年2月1日アクセス）.

25）Bert Blocken, et al., "Ventilation and air cleaning to limit aerosol particle concentrations in a gym during the COVID-19 pandemic," *Building and Environment* 193（2021）: 107659., https://doi.org/10.1016/j.buildenv.2021.107659.

26）World Health Organization（WHO）, "Natural Ventilation for Infection Control in Health-Care Settings: WHO guidelines 2009," https://www.who.int/publications/i/item/9789241547857, （2023年2月1日アクセス）.

27）Centers of Disease Control and Prevention（CDC）, "Guidelines for Environmental Infection Control in Health-Care Facilities, 2003, Updated: July 2019," https://www.cdc.gov/infectioncontrol/pdf/guidelines/environmental-guidelines-P.pdf,（2023年2月1日アクセス）.

28）Natalia Wiktorczyk-Kapischke, et al., "SARS-CoV-2 in the environment—Non-droplet spreading routes," *Science of The Total Environment* 770（2021）: 145260., https://doi.org/10.1016/j.scitotenv.2021.145260.

29）Natalie Dean, "Tracking COVID-19 infections: time for change," *Nature* 602, no. 7896（2022）: 185., https://doi.org/10.1038/d41586-022-00336-8.

30）Ben Killingley, et al., "Safety, tolerability and viral kinetics during SARS-CoV-2 human challenge in young adults," *Nature Medicine* 28, no. 5（2022）: 1031-1041., https://doi.org/10.1038/s41591-022-01780-9.

31）Jialei Shen, et al., "Airborne transmission of SARS-CoV-2 in indoor environments: A comprehensive review," *Science and Technology for the Built Environment* 27, no. 10（2021）: 1331-1367., https://doi.org/10.1080/23744731.2021.1977693.

32）John E. Castellini Jr., et al., "Assessing the use of portable air cleaners for reducing exposure to airborne diseases in a conference room with thermal stratification," *Building and Environment* 207, Part B（2022）: 108441., https://doi.org/10.1016/j.buildenv.2021.108441.

33）S. Ghosh, et al., "Enteric viruses replicate in salivary glands and infect through saliva," *Nature* 607, no. 7918（2022）: 345-350., https://doi.org/10.1038/s41586-022-04895-8.

34）Yuguo Li, et al., "Role of ventilation in airborne transmission of infectious agents in the built environment - a multidisciplinary systematic review," *Indoor Air* 17, no. 1（2007）: 2-18., https://doi.org/10.1111/j.1600-0668.2006.00445.x.

35）UK Health Security Agency, "Research and analysis: COVID-19 vaccine monthly surveillance reports," GOV.UK, https://www.gov.uk/government/publications/covid-19-vaccine-weekly-surveillance-reports,（2023年2月1日アクセス）.

36）Department for Digital, Culture, Media & Sport, Department for Business, Energy & Industrial Strategy and Department of Health and Social Care, "Notice: Information on the

Events Research Programme," GOV.UK, https://www.gov.uk/government/publications/information-on-the-events-research-programme,（2023年2月1日アクセス）.

37）Clara Suñer, et al., "Association between two mass-gathering outdoor events and incidence of SARS-CoV-2 infections during the fifth wave of COVID-19 in north-east Spain: A population-based control-matched analysis," *The Lancet Regional Health - Europa* 15 (2022): 100337., https://doi.org/10.1016/j.lanepe.2022.100337.

38）Keiji Onishi, et al., "Numerical analysis of the efficiency of face masks for preventing droplet airborne infections," *Physics of Fluids* 34, no. 3 (2022): 033309., http://doi.org/10.1063/5.0083250.

39）坪倉誠「スパコン「富岳」を用いた室内環境におけるウイルス飛沫・エアロゾル感染リスクとリスク低減対策の定量評価」『ファルマシア』58巻5号（2022）：435-439., https://doi.org/10.14894/faruawpsj.58.5_435.

40）吉田弘「下水中のポリオウイルスと新型コロナウイルス検査」『Yakugaku Zasshi』142巻1号（2022）：11-15., https://doi.org/10.1248/yakushi.21-00161-1.

41）Ryohei Hirose, et al., "Differences in environmental stability among SARS-CoV-2 variants of concern: both omicron BA.1 and BA.2 have higher stability," *Clinical Microbiology and Infection* 28, no. 11 (2022): 1486-1491., https://doi.org/10.1016/j.cmi.2022.05.020.

42）山本哲司, 他「市販エタノール消毒剤のSARS-CoV-2を含む複数の微生物に対する消毒効果」『リスク学研究』32巻2号（2023）：165-169., https://doi.org/10.11447/jjra.O-22-012.

43）増川克典, 他「手指消毒による感染リスク低減とQOL向上の両立：塩化ベンザルコニウムとエタノールの組合せによるウイルス不活化効果」『リスク学研究』32巻1号（2022）：57-64., https://doi.org/10.11447/jjra.SRA-0420.

44）Emily S. Savela, et al., "Quantitative SARS-CoV-2 Viral-Load Curves in Paired Saliva Samples and Nasal Swabs Inform Appropriate Respiratory Sampling Site and Analytical Test Sensitivity Required for Earliest Viral Detection," *Journal of Clinical Microbiolgy* 60, no. 2 (2022): e0178521., https://doi.org/10.1128/jcm.01785-21.

45）Peter Katona, Ravina Kullar and Kevin Zhang, "Bringing Transmission of Severe Acute Respiratory Syndrome Coronavirus 2 (SARS-CoV-2) to the Surface: Is There a Role for Fomites?" *Clinical Infectious Disease* 75, no. 5 (2022): 910-916., https://doi.org/10.1093/cid/ciac157.

46）Amanda M. Wilson, et al., "Modeling COVID-19 infection risks for a single hand-to-fomite scenario and potential risk reductions offered by surface disinfection," *American Journal of Infection Control* 49, no. 6 (2021): 846-848., https://doi.org/10.1016/j.ajic.2020.11.013.

47）Abigail P. Harvey, et al., "Longitudinal Monitoring of SARS-CoV-2 RNA on High-Touch Surfaces in a Community Setting," *Environmental Science & Technology Letters* 8, no. 2 (2021): 168-175., https://doi.org/10.1021/acs.estlett.0c00875.

48）U.S. Environmental Protection Agency (EPA), "Results for Aerosol Treatment Technology Evaluation with Grignard Pure, July 19, 2021 Report," https://www.epa.gov/covid19-research/results-aerosol-treatment-technology-evaluation-grignard-pure,（2023年2月1日アクセス）.

49）Linda D. Lee, et al., "Evaluation of multiple fixed in-room air cleaners with ultraviolet germicidal irradiation, in high-occupancy areas of selected commercial indoor environments," *Journal of Occupational and Environmental Hygiene* 19, no. 1 (2022): 67-77.,

2.8 人と自然の調和

https://doi.org/10.1080/15459624.2021.1991581.

50) Brett C. Singer, et al., "Measured influence of overhead HVAC on exposure to airborne contaminants from simulated speaking in a meeting and a classroom," *Indoor Air* 32, no. 1 （2022）: e12917., https://doi.org/10.1111/ina.12917.

51) C. P. Viana Martins, C. S. F. Xavier and L. Cobrado, "Disinfection methods against SARS-CoV-2: a systematic review," *Journal of Hospital Infection* 119 （2022）: 84-117., https://doi. org/10.1016/j.jhin.2021.07.014.

52) Xander Bertels, et al., "Factors influencing SARS-CoV-2 RNA concentrations in wastewater up to the sampling stage: A systematic review," *Science of The Total Environment* 820 （2022）: 153290., https://doi.org/10.1016/j.scitotenv.2022.153290.

53) Paulina Nowicka, et al., "Explaining the complex impact of the Covid-19 pandemic on children with overweight and obesity: a comparative ecological analysis of parents' perceptions in three countries," *BMC Public Health* 22 （2022）: 1000., https://doi. org/10.1186/s12889-022-13351-1.

54) Mara Biasin, et al., "UV-C irradiation is highly effective in inactivating SARS-CoV-2 replication," *Scientific Reports* 11 （2021）: 6260., https://doi.org/10.1038/s41598-021-85425-w.

55) Alex Wing Hong Chin, et al., "Increased Stability of SARS-CoV-2 Omicron Variant over Ancestral Strain," *Emerging Infectious Disease* 28, no. 7 （2022）: 1515-1517., https://doi. org/10.3201/eid2807.220428.

56) Jiahui Wang, et al., "Perspectives: COVID-19 Outbreaks Linked to Imported Frozen Food in China: Status and Challege," *China CDC Weekly* 4, no. 22 （2022）: 483-487., https://doi. org/10.46234/ccdcw2022.072.

57) Qiaoqiao Wang, Jianwei Gu and Taicheng An, "The emission and dynamics of droplets from human expiratory activities and COVID-19 transmission in public transport system: A review," *Building and Environment* 219 （2022）: 109224., https://doi.org/10.1016/j.buildenv.2022.109224.

58) Jie Han, et al., "Municipal solid waste, an overlooked route of transmission for the severe acute respiratory syndrome coronavirus 2: a review," *Environmental Chemistry Letters* （2022）: 1-15., https://doi.org/10.1007/s10311-022-01512-y.

59) Hui Dai and Bin Zhao, "Reducing airborne infection risk of COVID-19 by locating air cleaners at proper positions indoor: Analysis with a simple model," *Building and Environment* 213 （2022）: 108864., https://doi.org/10.1016/j.buildenv.2022.108864.

60) Mayerlin Sandoval Herazo, et al., "A Review of the Presence of SARS-CoV-2 in Wastewater: Transmission Risks in Mexico," *International Journal of Environmental Research and Public Health* 19, no. 14 （2022）: 8354., https://doi.org/10.3390/ijerph19148354.

61) Uttpal Anand, et al., "SARS-CoV-2 and other pathogens in municipal wastewater, landfill leachate, and solid waste: A review about virus surveillance, infectivity, and inactivation," *Environmental Research* 203 （2022）: 111839., https://doi.org/10.1016/j.envres.2021.111839.

62) Gail M. Thornton, et al., "The impact of heating, ventilation and air conditioning (HVAC) design features on the transmission of viruses, including the 2019 novel coronavirus (COVID-19): A systematic review of humidity," *PLoS One* 17, no. 10 （2022）: e0275654., https://doi.org/10.1371/journal.pone.0275654.

2.9 持続可能な資源利用

2.9.1 水利用・水処理

（1）研究開発領域の定義

　変動する水資源を安全に供給、利用するための水処理を対象とした領域である。水処理システムについて、用水処理や排水処理に用いる材料、薬剤、機器、膜、光、システム等の研究開発を対象とする。計測・制御システムについて、細菌やウイルスなどの微生物および新興汚染物質等の検出と評価や、水管理システムを効率的、安定的に利用するためのICT応用等、水処理のエネルギー高効率化等の研究開発を扱う。再生水や無塩素給水等に関する定量的リスク管理技術等の研究開発も含める。国内の過疎地や途上国での水利用、自然災害などの非定常時のための分散処理システムも含める。公衆衛生に関わる上水道や下水道および浄化槽等の施設・設備に関する技術的検討に加えて、それらに関わるステークホルダー意思決定等の取り組みも対象とする。

（2）キーワード

　飲用水、公衆衛生、下水疫学、QMRA（定量的微生物リスク評価）、水道システム維持管理、海水淡水化、再生水、リスク管理、栄養塩（窒素、リン）、病原微生物、逆浸透膜・正浸透膜、紫外線消毒、アナモックス

（3）研究開発領域の概要
［本領域の意義］

　水処理技術は多量の水を必要とする現代の暮らしや生産活動に必須であり、人間社会の存立に欠かせない。水処理技術により、飲料に適さない様々な水を飲料に適する水質に変換したり、一度使用した水を再生利用したり、従来使用できなかった水資源を利用したりできる。公害を防止し、環境を維持するために、廃水をしっかり浄化してから環境に排出されなければならない。歴史的に、都市における人口集中、より利便性を追求した様々な製品の製造工程や新たな化学物質等の出現などから、河川、湖沼、地下水などの水道水源として利用してきた水道原水の汚濁が進み、これに対応した水処理技術（浄水技術）の革新が行われてきた。近年、世界的な人口増、工業・農業などの産業活動の増大にともない、水資源がひっ迫する地域がますます増加し、海水、下水処理水などを原水として飲料水を製造する技術の開発が求められている。浄水技術の基本形は既に確立されているが、地域的あるいは地球的規模での状況の変化に伴い、水処理技術の革新はさらに必要とされており、社会的ニーズが極めて高い領域である。適用する地域ごとに自然的、社会的条件が多様であるため、最適技術を判別するための手法開発も重要なテーマとなる特徴がある。浄水技術は、原水とする水の性状、処理の結果、供給する水道水の水質レベル、必要とする土地の面積、必要となる建設および維持管理・運転コスト、必要な技術者の数とレベルなどの様々な要因の制限をうけるため、これらの状況に応じて適した浄水技術は異なることに留意が必要である。

　世界では、衛生的なトイレを利用できない人や安全な飲料水を入手できない人、きれいな水で手洗い、うがいができない人がまだ多くいる[1]。その解消が国連でもSDGsで取り上げられている。我が国の水処理技術を世界展開することによって、我が国の産業の振興はもとよりSDGsにも貢献できる。水利用のための科学技術は土木技術と密接にかかわり、防災、リスク管理、維持管理、資産管理などの分野と関連する。水処理に関する知見は、公衆衛生、微生物学、化学工学などの分野と関連する。

［研究開発の動向］

　水利用全体に関連して、未規制物質や未規制微生物に対してのリスク管理、災害対応、長寿命化、維持管理技術などが求められている。

2.9
持続可能な資源利用

2020年の新型コロナウイルス感染症（COVID-19）問題から、下水疫学が期待をもたれている。日本国内では以前から、ノロウイルスのように下水−沿岸域−魚介類−ヒト−下水という循環経路が疑われる病原体を対象に、下水疫学が研究されていた[2]。ポリオウイルスについては、下水や環境水による再流行の監視が我が国を含む世界各国ですでに社会実装されている。下水中の新型コロナウイルス（SARS-CoV-2）濃度を測定できれば、検査対象者に依存しない感染状況の都市間比較やピーク推定、再流行の予見ができる可能性が示され、今後も懸念される新しい感染症に対して下水疫学の確立への重要性の認識が広がった。

排水基準や水道水質基準については、日本をはじめ世界各国で年々、厳しくなってきている。対応が必要な物質の種類が増加し、その都度、新たな除去技術の開発や既存の水処理装置の運転改良による除去率の向上が目指されている。

廃水処理分野では、豪雨後の沿岸部悪臭問題などから雨水下水合流式下水道の改善も再び関心が高まった。一方、栄養塩を含んだ水を排水した方が、漁業の振興になるとの見方も存在し、季節により栄養塩の除去率を調整した運転を行う技術も開発されている。一部の物質を完全に除去しながら、一部の物質を除去しすぎないという要求であり、水処理技術にとっては難しい挑戦的な研究課題となっている。さらに、エネルギー使用の効率化、ICT技術やAI技術を用いた維持管理の効率化、整備から時間が経った水処理施設の長寿命化、津波や地震時でも最低限の機能を維持するための強靱化なども水処理技術に求められている課題である。

水処理には、大きく分けて用水処理と廃水処理（排水処理）がある。用水処理は原水から生活用水、工業用水などを製造する技術である。上水道で用いられる浄水技術も用水処理技術の一つである。廃水処理は、生活廃水や工場廃水を環境に排出して問題のないレベルまで処理する技術で、下水処理も廃水処理技術の一つである。広義の水処理技術には、吸着剤や膜、凝集剤などの材料・化学製品に関する技術、汚泥のかき寄せや散気装置、オゾン発生装置、水質測定機器などの機械技術、リアルタイムに送気量などをコントロールする制御技術、水資源管理や水処理設備の施工に関する土木技術などが含まれる。現在最も広く使われている技術として、用水処理技術では急速ろ過法、廃水処理技術では活性汚泥法がある。これらの技術は開発されて約120年が経過しているが、エネルギー効率化や除去対象物質の変化への対応、新たな薬剤や素材の開発など地道な改良が現在でも重要である。

上水道における用水処理技術は、原水に含まれる様々な汚濁物質あるいは飲用に適さない成分を除去し、安全でおいしい飲料水を製造することが求められる。技術開発内容は大きく、①濁質等、金属類、塩類、化学物質、微生物類などを効率的に水中より除去する技術、②個々の水処理技術を他の要素技術と組み合わせてシステムを構築し、場合によりIoTやAIなどの技術を活用しながら、より効率的に処理を行うシステムの開発、③最先端の技術開発だけではなく、途上国対応、災害時対応などの多様な条件における適用を考慮した最適なシステムの開発、などに分類される。

下水処理の分野では、活性汚泥処理の運転の工夫により窒素やリンを除去できるプロセスの開発が1970年代から始まり、現在も徐々に普及が進んでいる。2000年頃から、生物処理技術の新しい展開として、アナモックス反応（嫌気的アンモニア酸化）を用いた窒素除去技術が汚泥返流水処理などを対象に実用化が加速してきている。従来より、嫌気性処理が濃厚排水の処理や汚泥の処理に用いられ、メタンに転換してエネルギー回収が行われてきた。廃水処理技術における近年のトレンドとして、単なる汚染物質の除去ではなく、エネルギーや元素（窒素、リン、その他の有用金属など）の回収を通して循環型社会への対応を目指すものが多い。

水処理プロセスでは様々な薬品や装置が用いられる。凝集剤は硫酸バンドなどの歴史のある薬剤に加えて、高性能な製品が次々と開発され、消毒用塩素については消毒副生成物の問題の指摘に対して、注入方法や貯蔵方法などの技術的工夫がされてきた。イオン交換樹脂、キレート吸着樹脂、活性炭、膜、紫外線（Ultra Violet：UV）照射装置、汚泥脱水機などが水処理に用いられている。イオン交換樹脂は、半導体製造用水など純水製造には必要不可欠で、キレート吸着樹脂は、工場排水中の重金属の回収のための主要技術である。

2.9

持続可能な資源利用

活性炭も各種水処理に広く用いられ、使用量も多い。膜については素材改良に加え、エンジニアリング面を含めて、1990年代から急速に使い勝手がよくなり、普及が進んだ。精密ろ過膜と微生物処理を組み合わせた膜バイオリアクター（Membrane Bioreactor：MBR）による廃水処理技術とRO膜による海水淡水化技術が、最も進展が大きかった。UV照射装置について、従来の水銀ランプに比べ、小型で水銀を含まないなどの利点がある紫外線発光ダイオード（UV-LED）の研究開発が行われている。

水資源がひっ迫している国、地域（中東、米国、豪州、地中海沿岸、中国等）では、海水淡水化技術の効率化が特に求められる。従来の主要な技術であった蒸留法から逆浸透（Reverse Osmosis：RO）法への技術転換が進んでいる。RO法について実用上の要請に対応するため、エネルギー効率の向上、耐薬品性、耐久性に優れた膜、加えたエネルギーを回収する技術の開発、特にほう素など海水中に含まれて、飲料水中における濃度が制限される物質のより効率的な除去方法の開発などが進んでいる。RO膜を利用した技術では日本が世界をリードしているが、海水淡水化システムの開発は中国などでも研究開発が進んでおり、絶対的な優位性はない。中国では、水道水源の悪化から、化学物質対応の浄水処理技術の開発が中心となっている。米国、欧州でも、膜メーカーが存在し、膜処理関連の技術において高いレベルを維持している。

下水処理水の飲用利用は、間接的再利用と直接的再利用に分類される。間接的再利用は、下水処理水を一度、自然水系あるいは地下水系に開放させた後、適切な浄水処理によって飲料水を製造し、供給するシステムである。一方、直接的再利用は、下水処理水をRO膜、UV照射などの技術を駆使して一挙に飲料水として適合するレベルの水質まで変換し、そのまま自然水系に開放することなく供給するシステムである。都市域における河川水に下水処理水が含まれる割合は、場合によっては50%以上となることもあり、直接再利用システムと間接的再利用システムにおいて、浄水処理工程における原水水質は極端に異なるわけではない。しかしながら、システム異常への対応方法、住民感情への対応など、水処理技術以外の要因により、その適用に当たっては多くの考慮すべき要因が存在する。水資源のひっ迫する国だけでなく、国際宇宙ステーションなどで既に採用、稼働しており、実際に役立っている点は強調してよい。

図表2.9.1-1に水処理分野の最有力誌Water Research誌（インパクトファクター=13.4）の筆頭著者の所属国を示す。2020年の4号分と2022年の16号分での調査とを比較している。日本からの掲載論文数は極めて少なく、中国の勢いに大きく離されている。わが国のあまりに低調な英文論文誌への発信状況は、今後の水処理技術の海外展開に不利に働くと懸念される。

Water Research誌への掲載件数について経年変化でみると、図表2.9.1-2のようになり、中国の増加とそれにともなう欧州、米国の減少が顕著である。

図表 2.9.1-1　　　水環境分野の主要ジャーナル Water Research 誌の筆頭著者の所属国

	vol.181-184, 2020	vol. 208-223, 2022
日本	7	14
中国	68	558
韓国	6	18
米国	20	104
米国以外の北米	10	13
欧州（東欧、トルコ含む）	48	173
オセアニア	14	50
東南アジア、南アジア	4	9
南米、アフリカ、中東	5	16

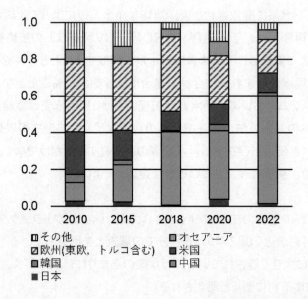

図表 2.9.1-2　　　Water Research 誌への掲載件数比率の経年変化

（※ 2010 年と 2015 年は責任著者、2018 年～ 2022 年は筆頭著者をそれぞれ集計）

　図表 2.9.1-3 に Water Research 誌に 2022 年に掲載された論文のテーマを抜粋した。水処理分野の研究課題は極めて多岐にわたり、特定の技術開発に結び付かない潜在的な水質リスクを与える物質などの研究も多い。中国の論文に特にその傾向が多くみられ、さまざまな環境リスク対象物質や微生物に対し、幅広く研究が進展し、マイクロプラスチックなどの近年の流行を研究にいち早く採り入れている。一方で、水処理技術の開発にそうした中国での基礎的研究が結びついているのか明らかではない。欧米の論文でもリスク発掘型の研究は見られるが、処理技術として新しい処理方法を追うというよりも、50 年以上の歴史のある伝統的な処理技術（たとえば、活性汚泥法、嫌気性消化法、光合成細菌を利用した水処理、生物膜法など）を学術的に深めたり応用面で広げたりするタイプの持続的な研究が多くみられた。電気化学的処理方法、MBR、オゾン処理、光触媒など比較的新しい水処理技術については、中国やアジア諸国などで知見の蓄積が続いており、新しい処理対象物質、高効率化などの研究が多くみられた。消毒副生成物や栄養塩の流域管理といった重要なテーマは、世界の各地で継続して取り組まれている。　COVID-19 に関する下水疫学についての研究は、

2.9

持続可能な資源利用

2022年前半という調査期間のWater Research誌に、中国、シンガポール、欧州（ドイツ、スペイン、チェコ、フィンランド）、ニュージーランド、オーストラリア、米国、カナダ、ブラジル、アルゼンチンからの合計17報の論文が掲載されており、先進国だけではなく南米からの論文報告も掲載された。わが国からの積極的な情報発信が望まれる。

図表2.9.1-3　　Water Research誌（2022上期）掲載論文のテーマの抜粋

国	掲載論文のテーマ
日本	微細活性炭に付着した微量化学物質 太陽光下での光触媒による廃水処理 銅制限下における*Nitrospira*による硝化反応 凝集過程や精密ろ過におけるモデルウイルスの除去 水鳥のいる湖沼でのカンピロバクター密度の季節変動 都市下水の直接ろ過による炭素回収 植物性プランクトンの増殖のための窒素とリンの比の与える影響
中国	UV/過酢酸処理によるシアノバクテリアの不活化 湿地での臭素系微量化学物質の分解過程の放射性同位元素による調査 人的影響と地球レベルの気候変動による植物プランクトンへの影響 下水汚泥のガス化へおよぼす電気化学的前処理の効果 ジルコニア製ナノろ過膜による油分含有ナノ粒子排水の処理 細菌−藻類共存グラニュールによる炭素吸収型水処理 膜ナノ反応器による硝酸の電気化学的還元 下水処理水の毒性のオミクス解析 アナモックス反応の医薬品工業排水処理への適用 ポリスチレンナノプラスチックの集塊化 エレクトロフェントン系ラジカル反応によるシアン化合物の処理 重金属存在下での名のプラスチックの集塊と堆積速度
米国	硝化細菌の固定化処理のモデル化 水圧破砕油井排水に用いられる薬品 大気からの窒素降下が湖水の水質に与える影響 生物膜の真核生物による捕食 農業地帯での排水形態が栄養塩の収支に与える影響 オゾン処理における臭素酸生成量のモノクロラミンによる抑制 定量PCRによるレクリエーション水環境のモニタリング
韓国	下水処理場での薬剤耐性遺伝子 大腸菌の植生や藻類との相互作用 窒素系消毒副生成物の鉄（VI）処理による生成 微量物質の定量における最適化のための深層学習の利用 地下水涵養におけるマイクロプラスチックに由来する有機物による汚染 放射性ヨウ素の吸着剤による除去
北米	生物活性炭処理における吸着と分解 底質−水相間の微量汚染物質の動態を測定するための新型パッシブサンプラーの開発
欧州	雨天時流出下水による抗生物質耐性汚染 農薬による水環境汚染が見過ごされる理由 太陽光によるウイルスの不活化のモデル化 生態リスクを支配する因子 活性汚泥の超音波処理 下水汚泥の水熱処理 窒素系消毒副生成物の生成メカニズム 下水処理水のオゾンによる高度処理での吸光度などによる制御方法 ネオニコチノイド系農薬の生態毒性の中国での調査 デジタルPCRによる新型コロナウイルスの下水モニタリング バイオリアクターの生物膜を制御することによるファウリング防止 貝中のビブリオ属細菌の優占種 膜生物分解性プラスチックの分解過程で生成するマイクロプラスチック 活性汚泥微生物のバルキングのモデル化 富栄養海水からのリンの回収によるブルーエコノミーの実現

2.9
持続可能な資源利用

オセアニア	デジタルツインによる生態系劣化の観測 都市からの雨水流出時の金属の化学種 都市の水管理の将来 下水疫学的手法による新型コロナウイルスのモニタリングの際の低濃度域の扱い 持続可能な農業のための太陽光を用いた海水淡水化と土壌からの脱塩 活性炭や精密ろ過による腸管系ウイルスの除去 光合成細菌による廃水処理の屋外での実証実験
アジア	難分解性廃水の電気化学的膜バイオリアクターによる処理 特殊な質量分析計による消毒副生成物の解析 MBR 活性炭－逆浸透プロセスでのエネルギーとアンモニア回収の必要性 ナノ光触媒による養殖用水の処理 クオラムクェンチングによる嫌気性 MBR のファウリング制御 嫌気性消化における消化温度のスタートアップ時のコントロール 磁気イオン交換による消毒副生成物の除去の質量分析による評価
中東	海水淡水化の際の残留塩素の有無が微生物学的水質に及ぼす影響 活性炭表面への吸着のリアルタイムモニタリング 持続的な雨水生物ろ過による微量化学物質の分解 下水管中の固形物堆積に関す機械学習の応用 MBRと促進酸化処理の組み合わせによる微量物質除去率向上と膜ファウリングの防止 人工衛星からの紫外領域による沿岸環境のモニタリング 膜蒸留プロセスでの熱勾配とバイオファウリングの関係
南米	水質測定計画のデータマイニングによる最適化 アルゼンチンでの下水疫学による新型コロナウイルスのモニタリング
アフリカ	尿からの尿素の回収のための逆浸透－ナノろ過プロセス

（4）注目動向

［新展開・技術トピックス］

❶ 下水疫学

・ COVID-19の世界的流行に伴い、感染状況モニタリング方法として、下水中のSARS-CoV-2濃度を把握する下水疫学の有効性が注目されている[2)-6)]。下水中病原体の種類と量から下水集水域における感染症の広がりを把握する取り組みは以前からポリオウイルス[7)]やノロウイルス[8)]が対象とされてきていた。我が国を含む各国で下水からのCOVID-19感染性の有無が試験されているが、現在まで下水からCOVID-19感染性試料は検出されていない[9)]。SARS-CoV-2に加え、インフルエンザウイルス、RSウイルス、サル痘ウイルス等に研究対象が拡大している。インフルエンザウイルスについては、札幌市が2022年10月から調査結果を発信している[10)]。下水中からのウイルス回収技術は乱立の様相を呈している。必要となる技術は、下水中からの病原微生物のDNAあるいはRNAの抽出技術やリアルタイムPCR法による特定遺伝子の特異的検出法であり、基本的にはそれぞれ確立している要素技術の組み合わせとなる。しかし、実際には調査対象によって、使い分けが必要で、感染症の流行に機動的に対応する研究や人材が国際的に見ても不足している。2021年末から国際標準化機構（ISO）の委員会が立ち上っている。日本国内ではISOにより定められた手法を使用する必要は必ずしもないが、日本国外で下水調査の受託を行う場合には、ISO委員会の動向追跡は必須である。

・2022年9月から、日本国内でのCOVID-19の全数把握を止めて、簡略化されている。全感染者を追跡しなくなった後、下水モニタリングの重要性は増しているものと考えられる。我が国では国土交通省によるモデル都市での下水中SARS-CoV-2濃度情報の発信[11)]などの取り組みが実施されている（2023年3月時点）。各国でも同様の情報発信が行われている[12)]。産学官連携が進んでいる米国では米国疾病予防管理センター（CDC）と米国保健社会福祉省（HHS）が、2020年9月に国家下水調査システム（National Wastewater Surveillance System：NWSS）を立ち上げ、1,000を超える下水処理場のデータを集めて、SARS-CoV-2濃度の増減情報を発信している[13)]。米国はワクチン接種率向上などを背景

2.9
持続可能な資源利用

に2022年1月からCOVID-19の臨床による全数把握を止めている。同月から無料配布を始めた家庭向け感染検査キットは結果が陽性でも報告義務がなかった上に、同年8月にその無料配布を終えるなど、2022年以降に公表されている臨床での感染報告者数に正確性はなくなっている。臨床での感染報告者数が大幅に過小評価されていること[14]や、SARS-CoV-2オミクロン株の感染者の過半数が感染の認識がなかった調査結果[15]なども複数出されている。そのような背景から、我が国よりも先に、下水疫学調査データへの期待がもたれている。2017年創業のMIT発ベンチャーのBiobot Analytics社はいち早く全米の下水調査を事業化し、2020年1月以降の下水試料でのSARS-CoV-2濃度変化（図表2.9.1-4）だけでなく、変異の解析を行い変異の検出比率（図表2.9.1-5）も発信している[16]。

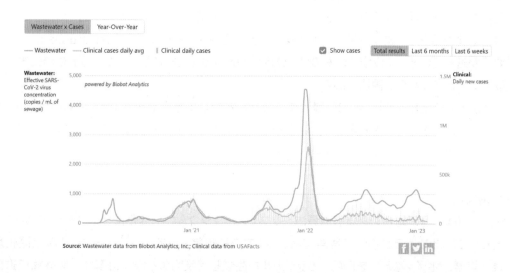

図表2.9.1-4　　全米の下水中SARS-CoV-2濃度の推移　　©BIOBOT ANALYTICS, INC

（水色の線が下水中SARS-CoV-2濃度、薄緑の線が臨床COVID-19感染者報告数。米国がCOVID-19の臨床検査による全数把握を中止した2022年1月以降も下水中SARS-CoV-2濃度の増減でCOVID-19流行状況が読み取れる。）

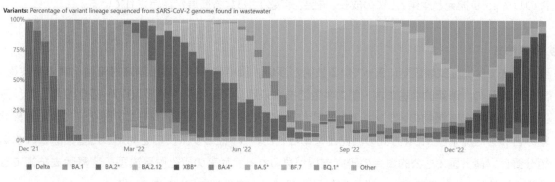

図表2.9.1-5　　全米の下水から検出したSARS-CoV-2ゲノムの配列検査による変異の比率の推移

©BIOBOT ANALYTICS, INC

（2021年12月以降、デルタ（桃色）、BA.1（橙色）、BA.2（紫色）、BA.2.12（薄紫色）、BA.5（薄青緑色）、BQ.1（薄緑色）、XBB（濃い紫色）と主流の変異が変化している推移が下水疫学調査でも捉えられている。）

2.9

持続可能な資源利用

❷ 膜ろ過技術

・浄水処理技術を急速ろ過法から、より水処理性能が高度で確実な膜ろ過方式に変更する検討がなされ、維持管理コスト削減のために大型化、効率化が注目されている。特に、原水水質が良好ではない地表水への適用に向けて、各国のメーカーがしのぎを削っている[17]。例えば、従来のポリマー膜ではなく、セラミック膜を利用した技術の適用が進んでおり、モノリス型の円筒形膜ユニットを集積した大型ユニットの開発が注目を集めている。セラミック膜は日本のメーカーの技術に強みがあり、海外展開がいくつか成功している。

・海水淡水化技術のエネルギー消費量、および維持管理コスト削減は引き続き課題である。より耐久性の高い膜（ロバスト膜）やより透過性の高い膜、シリカやホウ素などの除去性能を向上させた膜の開発が注目を集めており、ポリマーに炭素粒子を混合させるなどの技術が開発されている。電気透析と微生物燃料電池を同じ反応器内で実現する微生物脱塩についても研究が進められている。

・原水の持つ浸透圧をそのまま活用し、加圧なしで水を透過させる正浸透（Forward Osmosis：FO）技術の開発が進んでいる。FO膜そのものはRO用の膜とほとんど同じだが、ユニット化の工夫や正浸透に用いるドロー溶液の選定が課題である。

・海水と淡水との濃度差を利用し、RO膜や電気透析膜を用いて発電するシステムの開発が進んでいる。これらは、従来のエネルギーを利用して、海水から高濃度海水と淡水を製造するシステムの逆のシステムであり、低炭素化社会への対応として注目される。

❸ UV照射技術

・UV照射技術は、塩素耐性のある病原原虫クリプトスポリジウムの不活化に極めて有効であることを一つの動機として、国内外の水処理で消毒技術としてすでに実装されている[18]。また、UVと酸化剤（過酸化水素、塩素、オゾンなど）を併用してラジカルを生成し汚染物質を酸化分解する紫外線促進酸化処理（UV-based Advanced Oxidation Process：UV-AOP）の研究開発も盛んで、中国ではすでにカビ臭対策として浄水場で実装されているほか、シンガポールや米国では下水再生処理に用いられている。紫外線で光触媒を励起してラジカルを生成する処理も、紫外線を利用した酸化処理の一つである。従来のUVランプは水銀を含んでおり、水俣条約の発効など無水銀を志向する国際的潮流の中で将来展望を描きがたい状況にある。一方、UV-LEDは半導体開発を担う応用物理学の分野において高出力化・高効率化の研究が盛んなほか、国内外の企業による素子開発や水処理モジュール開発が加速している。今後のUV-LED開発と産業としての成長、社会実装のさらなる進展が期待されている。

❹ 窒素除去

・窒素除去では実証試験段階に入っている技術が多い。環境省「CO₂排出削減対策強化誘導型技術開発・実証事業」の「革新的な省エネ・創エネ生活排水処理システムの開発」（2017～2019年）で、三菱化工機の下水中の有機物のメタンガス化とアナモックス反応（嫌気性アンモニア酸化）による窒素除去を組み合わせた嫌気性MBR方式の開発が進められた。アナモックス反応を利用した窒素除去の水処理技術分野は、諸外国でも公的資金の研究支援が見られる。従来の硝化脱窒素型の窒素除去技術でも、AI技術を活用した生物反応槽への供給空気量を制御する技術が進展してきている。

❺ 微生物燃料電池

・微生物燃料電池について、廃水処理と発電を同時に行う研究が継続的になされている。実用化に向けた特許取得やスケールアップが栗田工業など民間企業の手で進められている。

2.9
持続可能な資源利用

❻ 管路の劣化診断

・国内では高度成長期に整備が進んだ上下水道管路の老朽化が進んでいる。老朽化に加え、自然災害による漏水・破損事故は日本各地で発生しており、水道インフラの耐久状況の簡易な把握に対するニーズが高まっている。また、他国でも水道インフラの老朽化は同様に進んでいる。Fracta,IncはAI/機械学習を活用した水道管の劣化予測ソフトを開発し、米国や日本で各水道配管の破損確率を解析し、優先的に更新を行う診断サービスを行っており、水道分野におけるデジタルトランスフォーメーションの事例として注目される。

❼ 排水中資源回収

・排水や海水淡水化濃縮水、水処理汚泥に含まれる栄養塩、有用元素（リチウム、マグネシウム、レアメタルなど）、エネルギーなどの回収、有効利用技術について様々な検討や試験的研究が国内外で行なわれている。単なる処理が目的でなく、処理と資源回収を同時に行う方法に関する技術開発が多く行われている。

❽ 新興汚染物質のモニタリング、対策

・2020年に水質管理目標設定項目[19]にPFOS（ペルフルオロオクタンスルホン酸）・PFOA（ペルフルオロオクタン酸）等の難分解性有機フッ素化合物（PFAS：ペルフルオロアルキル化合物およびポリフルオロアルキル化合物）が加わった。水質管理目標設定項目は、水道水で守られる水質基準の51項目と別で、水質管理上留意すべきものとして定められている。環境省の2021年度有機フッ素化合物全国存在状況把握調査[20]では、泡消火剤などPFOS・PFOA利用製品の製造、使用、保管、廃棄等に関する施設や既判明箇所など重点的な調査地点を合計143地点選び、調査された（内訳：海域7地点、河川78地点、地下水53地点、湧水5地点）。その結果、合計21地点から指針値（PFOSとPFOAの合算値で50 ng/L）を超える濃度が各地で検出された（内訳：海域0地点、河川7地点、地下水11地点、湧水3地点）。そのうち地下水4地点と湧水1地点では500 ng/Lを超えていた。これは地下水の滞留時間の長さに起因するものとみられる。報道等でも取り上げられ、社会の関心も高まっている。

❾ フューチャーデザインによる水道システムの住民意思決定

・水道インフラの敷設更新は100年単位で考えるべき事業で、現在の最適化だけでなく、将来水道を使用する人々の利益も考慮する必要がある。人口減少により縮小する社会環境の中で、仮想将来世代を設定し、世代間利害対立の解消を図るフューチャーデザイン手法による住民参加型意思決定の実践的取り組みが行われている[21]。

［注目すべき国内外のプロジェクト］
■国内

・内閣官房「ウィズコロナ時代の実現に向けた主要技術の実証・導入に向けた調査研究業務」「ウィズコロナ時代の実現に向けた主要技術の実証・導入に係る事業企画　下水サーベイランスの活用に関する実証事業」（2022年度、1件最大3000万円）

全国26自治体において、下水サーベイランスの社会実装を試みる実証事業が行われている。各自治体で採取した下水中のウイルス濃度が分析され、下水道施設の処理区における感染状況データ（感染者数等）との比較分析が行われる。

・国土交通省「下水道革新的技術実証事業（B-DASH）」

国土交通省下水道部が支援する実証グログラムである。近年の補助対象として、（1）災害時の水処理技術、

2.9 持続可能な資源利用

（2）水処理汚泥の減量化、燃料化、農業利用、（3）ICT技術とAI技術、センサー技術を統合した水処理施設や管渠施設の制御（エネルギー高効率運転化）、診断、維持管理（4）膜利用水処理（MBR、雨天時合流改善、酸素供給、FO膜による水処理）などがある。JST-CRESTの研究開発課題「21世紀型都市水循環系の構築のための水再生技術の開発と評価」の基礎研究成果をもとに、沖縄県糸満市でかんがい用水の慢性不足問題を解決する手段として「下水処理水の再生処理システムに関する実証事業」が行われ、1日1000トンの再生水を提供する実証試験が実施されるなど社会実装を強力に支援した。

• 国土交通省「下水道応用研究」（2022年度、1件最大3000万円）

　国土交通省下水道部が支援するプログラムで、大学等による研究室レベルの研究を終え、企業等による応用化に向けた開発段階にある研究、または下水道以外の分野で確立した技術について、下水道分野へ適用するための研究への支援を目的としたものである。近年の補助対象として、（1）小規模処理場における省エネ型水処理技術、（2）地域資源循環に資する下水道資源を活用した創エネルギー技術、（3）施設の老朽化状態を把握するためのIoT活用モニタリング技術、（4）下水道の水質管理による健康リスクの把握技術、（5）下水道施設における創エネルギー化技術、（6）水処理施設における温室効果ガス削減技術、（7）地域資源循環に資する下水道資源を活用した技術、（8）施設の老朽化状態を把握するためのIoT活用技術、などである。

• 文部科学省・JST COIプログラム（The Center of Innovation Program）「世界の豊かな生活環境と地球規模の持続可能性に貢献するアクア・イノベーション拠点」（2013〜2021年）

　信州大学、日立製作所、東レ、長野県などが共同で拠点研究を推進し、カーボンナノチューブを配合させたRO膜の開発と実海水による実証運転、タンザニアと連携したフッ素吸着剤の開発などが実施された。

• JST 国際共同研究支援（SICORP、SATREPS等）

　水利用・水処理に関する多様な研究支援、国際交流支援が相手国や目的に応じて継続的に行われている。具体的には、2022年からはベトナムと共同でSATREPS「水汚染耐性のある水供給システムの構築」研究課題、アフリカ各国とAJ-CORE「環境科学」分野、2020年からはアジア各国とe-asia「イノベーションのための先端融合分野（水資源管理）」分野、2019年からは欧州各国とEIG CONCERT-Japan「持続可能な社会のためのスマートな水管理」研究領域などが採択、推進されている。

• JST CREST「コロナ基盤」

　下水疫学に関連した研究課題が採択され、異分野連携で基盤的研究課題が推進されている。

• NEDO「省エネルギー型海水淡水化システムの実規模での性能実証事業」（2018年4月〜2023年3月）

　日立製作所と東レがNEDOの支援で実施している。内閣府の最先端研究開発支援プログラム（FIRST）の「Mega-ton Water System」（2009〜2013年度）のRO膜関連成果を発展させている。

• 水道技術研究センターの研究助成

　A-Dreams共同研究（2018〜2022年）で「将来を見据えたスマートな浄水システムに関する研究」と「将来を見据えた官民協業による技術レベルの維持・向上に関する研究」、A-MODELS共同研究（2021〜2025年）で「水道の基盤強化に資する浄水システムの更新・再構築に関する研究」が支援されている。

2.9
持続可能な資源利用

■国外

・米国環境保護庁（EPA）の水研究助成[22]

EPAは水環境に関連したテーマを設定し、競争資金を持続的に提供している。2020年以降の助成課題としては、難分解性有機フッ素化合物（PFAS）の処理（吸着、膜処理、農業地域、小規模処理など）、飲料水源の化学汚染のリスク管理、下水汚泥中の有害物質の管理、有害藻類の抑制のための栄養塩管理、栄養塩を含む廃水の処理技術がある。難分解性有機フッ素化合物（PFAS）対策や栄養塩対策は、これまでもEPAが重点的に支援してきた研究テーマである。米国のインフラ・投資雇用法で水に関して500億ドルの助成が決まっている。

・米国科学財団（NSF）の基礎研究への助成

NSFは幅広い課題への助成を行っており、非常に多岐の課題を助成している。2021年以降の100万ドル程度の助成金額の大きい課題だけを取り出しても、マイクロプラスチックの水処理での除去、水処理関連のオミクス解析やゲノム解析、耐汚染性能の高い浄水用膜の開発、都市域での溶存性有機物の多様性、次世代の下水疫学、環境分野における抗生物質耐性対策、環境教育や環境分野での公平性、気候変動と下水の農業再利用、分散型水処理技術、汽水域の生態系、底泥−水間の炭素収支、ナノ技術の環境応用、廃水からのリンの回収、真菌群集による物質変換、有害藻類の分子生物学的解析などが挙げられ、基礎研究から応用研究まで幅広く助成されている。

・全米下水調査システム（CDC、HHS）

CDCとHHSが、2020年9月に国家下水調査システム（National Wastewater Surveillance System：NWSS）を立ち上げている。州や地方行政のパートナーがCOVID−19への対応を決定できるように、下水に基づくCOVID−19データを収集、分析し、症例に基づくCOVID−19データ等と統合し、それらを公開している。

・欧州 Horizon Europe（2021〜2027年）

EUのHorizon Europeでも5つのミッションエリアの1つに水が位置づけられ、引き続き大型支援が行われると予測される。これまで、次のような領域への助成が見られる。

［廃水処理、有用物質回収］　地域の栄養塩の回収や農業利用、廃水中や淡水化プラント濃縮水に含まれる様々な元素の回収と循環経済、廃水と藻類を用いたバイオマス生産、下水汚泥の有効利用や水素生産

［用水処理・水利用］　気候変動による少雨傾向に対応した都市水資源マネジメント、ドナウ川流域／北極海／大西洋／アフリカ／地中海を対象とした地域研究、水分野でのデジタル化技術、飲料水源や地下水の保全、養殖技術

［水環境保全］　湿地など水系生態系の保全や生物多様性、マイクロプラスチックの調査や生態系への影響および海洋ごみの回収、海洋や淡水生態系に関連した環境教育、環境DNAのデータベース化、都市起源の環境負荷、海での炭素循環

（5）科学技術的課題

❶ 下水疫学

下水中ウイルス濃度測定の精度保証に関連して、内部標準物質の選定に関する論文が多数出版されている。雨水等で薄まれば排泄者の人数が多くても下水中ウイルス濃度が低下するため、下水中の糞便濃度と連動する糞便汚染マーカーを内部標準物質として用いる検討がなされている。糞便汚染マーカー候補の1つであるトウガラシマイルドモットルウイルス（pepper mild mottle virus：PMMoV）では、PMMoV濃度でSARS−CoV−2濃度を補正しても流域の感染陽性者数との相関関係が改善しなかった報告が少なか

らずある。内部標準物質は間違いなく必要だが、糞便汚染マーカーの使い方もまだ定まっていない。

❷ エネルギー高効率化、資源回収

　水処理、下水処理に係るエネルギー使用量はたいへん多く、地球温暖化の緩和策として、エネルギー高効率化が大きな課題である。下水熱の有効利用や廃水からのエネルギー生産などもシステムとして含めて検討する課題となる。また、下水や海水淡水化濃縮水、下水汚泥からのリン資源、有用元素（リチウム、マグネシウム、レアメタル）などの有効資源の高効率回収システムは循環型社会の構築への貢献だけでなく、資源ナショナリズムの高まりの影響を受けずに資源自給率を高める技術として注目される。

❸ 維持管理システム

・浄水処理技術を適用する浄水場は、大都市圏以外では小規模で遠隔地にあり、維持管理のための人件費をかけられない条件のものが多い。特に日本をはじめとする人口減少社会では、これらの小規模浄水場への対応は大きな課題となる。都市圏の浄水処理や下水処理の感染症蔓延下での事業継続に当たっても、遠隔監視や遠隔操作のニーズが高い。農業用水の調整のため、内閣府 SIP の支援などにより IoT 技術を活用したスマートメーターなどの開発が進んでいる。IoT 技術や AI 技術を活用して、水処理装置の維持管理を遠隔操作で、自動的に行うシステムの開発と海外展開が期待される。

・近年、世界各地で地震、津波、台風（ハリケーン）、豪雨、山火事、熱波、噴火などの自然災害が激甚化、頻発化し、浄水場その他の浄水システムを強靭化する技術開発へのニーズが高まっている。浄水システムが壊滅的な打撃を受けた後、迅速に簡易な浄水システムを構築する対策は既にいくつか検討されている。従来の精密ろ過を用いた家庭用浄水器技術をベースにして、河川水やプール水などから飲料水を得る装置や、トラックなどに水処理装置を積載したモバイル水処理システムが開発されている。後者については、省スペースで高度な処理性能を担保できる膜処理装置をユニットとして積載する課題などが残されている。

・広範囲の浄水場でのデータを集中的に管理し、データを分析しつつ、適切な維持管理を行う集中型管理システムについて、今後の適用研究が期待される。

・活性汚泥や急速ろ過といった伝統的な水処理プロセスにおいても、市場規模が大きいこと、新たな除去対象化合物や新たな資源としての回収対象物質が生じること、人手不足による維持管理の軽減化が求められることなどから、さらに技術改良する研究が必要である。

❹ 新興汚染物質・懸念物質の包括的研究と対策

　2023 年 2 月現在、我が国の一部の河川、地下水でも PFOS・PFOA 等の PFAS が水質管理目標設定項目の指針値を超えて検出され、社会の関心を集めている。我が国でも水環境や環境化学分野などで以前より地域における環境中の検出報告や環境動態に関する研究が行われており、多くの専門的知見が蓄積されている。工学的には既存の活性炭や逆浸透膜、イオン交換樹脂などの水処理技術が適用可能だが、運用コスト評価、リスク評価、法規制の在り方、発がん性と人間の血中濃度との相関などの医学研究、リスクコミュニケーションなどの分野横断的な研究課題をさらに進めていく必要がある。

❺ 膜などを用いた水システム全体の基盤的研究開発

・世界的な水資源のひっ迫の状況を受け、海水や下水処理水を原水とする水処理技術へのニーズは引き続き高まっていく。これらの原水から飲料水を製造する技術はすでに確立されているものの、維持管理コストの削減、膜などの耐久性の改善、加圧などに必要となる電力の削減は引き続き大きな課題である。RO 膜では透過性、耐薬品性、耐久性などの性能が求められる。従来のポリアミドや酢酸セルロースなどのポリマー以外の素材を用いた膜の開発などが進んでいくと予想される。

・SDGs に関連し、管路システムが十分でない国・地域などでの浄水システムの分散化のニーズを満たすた

2.9
持続可能な資源利用

めには、原水水質により選定された各種の膜ユニットを用いた装置が主力となるとみられる。中国ではRO膜を利用した浄水器が既に普及しているが、この装置の信頼性の向上、コスト削減が引き続き関心を集めるとみられる[17]。

・産業的な実用化が期待される水処理に関する課題は機械工学（オゾン生成器、分析機器、汚泥脱水機）や化学素材（RO膜、MBR用精密ろ過膜、各種吸着剤、凝集剤）の分野に多い。水処理膜、光触媒、UV光源、凝集剤、吸着剤などの日本が得意とする技術の開発を促進することで国際的な産業競争力の向上が期待される。一方、学術的に注目される課題には分子生物学に係わる課題が多い。次世代シーケンサーを用いたゲノム解析、微生物群集解析により水処理プロセスに係わる微生物学（水処理に関する微生物、病原微生物と薬剤耐性菌の拡散、挙動）の深化は水処理分野にとどまらず環境、医療、生物学分野への波及効果が期待できる。2020年のCOVID-19の世界的大流行により、下水疫学が社会的に大きな期待を集めることとなったが、学術的な蓄積があって、はじめて検討が可能となったものであり、基礎基盤的研究開発の平常時からの蓄積が重要である。

（6）その他の課題

❶ 水道事業体の余裕不足や新技術への過度な慎重運用など

国内の水道事業は地方公共団体あるいは一部事務組合（※県や市町村が事務を共同処理する組織の呼称）がほぼ実施しており、地方議会などへの対応が必要である。水道システムのユーザーは多くが住民であり、常に正常に稼働していなければならず、システム異常などの事態は絶対に避けなければならない状況にある。従って、従来と異なる新たなシステムの導入に対して、水道事業体は常に慎重で、実績が多い、あるいは長期にわたる実証実験のデータがあるなどの条件が新技術導入の条件になる。また、水道事業体は、一部を除いて基本的には市町村であり、新技術導入のための余裕がないケースがほとんどである。これらの背景は時には浄水技術の革新をためらわせる方向に働く。技術の革新のためには、水道事業の広域化が有効である。

社会普及や地方創成の観点では、魚類の養殖水、水族館、温浴施設などニッチな水処理市場の高度化といった観光産業と水処理技術の連携も一考に値する。人口減少による地方の衰退に対して、下水道遊休施設を活用した魚と植物を同時に育てる循環型農業「アクアポニックス」や、下水処理水中栄養塩の有効利用を兼ねて、日照の確保できる場所で藻類を用いた有用物質生産などの技術開発の進展が期待される。

PFASは水環境、環境化学においては長期環境残留性などの特徴から以前から注目[23]され、長く研究されてきたテーマで、専門的な理解や国際的環境規制の議論が進んできている。2023年2月現在、我が国の河川、地下水、湧水ならびに米軍基地周辺などで調査した地点の一部からPFOS・PFOA等のPFASが水質管理目標設定項目の指針値を超えて検出され、住民が水道水に不安をもつ可能性が懸念されている。我が国の多くの上水道は河川を取水源としており、水道水から検査されていないことを多くの水道事業体が発信し、検査も実施されている[24]-[26]。ただし、水道水ではなく水道法が適用されていない家庭の井戸水や、水道事業体の管理ではない小規模コミュニティの住民管理での水利用などの場面でより注意を要するとみられる。適用可能な水処理技術についても既に開発されているが、リスクコミュニケーション等を含めた対策が重要である。その際、既知の客観的な知見と未知のリスクの整理なども重要となるが、すでに厚生労働省、環境省で専門家会議が設置され、とりまとめと議論が進んでいる[27],[28]。今後もさらに包括的な研究の推進や水道事業体などを支援する仕組みづくりが重要である。

❷ プラントやシステム規模の水ビジネス海外展開

海水淡水化分野では日本の膜メーカー主導による技術開発が進んでいるが、海水淡水化が適用される中東地域などの外国の事情に左右され、さらにプラント建設レベルにおいて日本の国際競争力が低下しており、システム開発面では日本は停滞している。浄水処理分野でも一部の膜メーカーは国際競争力をつけて世界

2.9

持続可能な資源利用

的に展開しているが、浄水システムとしての展開はまだ不十分である。2021年3月に経済産業省が「質の高いインフラの海外展開に向けた事業実施可能性調査事業」として、「水ビジネス海外展開施策の10年の振り返りと今後の展開の方向性に関する調査」[29] をまとめている。そのなかで、水ビジネスの市場規模は今後も拡大が見込まれ、成功事例を共有し、さまざまな官民連携、グローバルパートナーシップを模索する必要があるとしている。

❸ 下水疫学で得られた情報を活用する枠組みの構築

下水疫学について、下水中ウイルス濃度に関する情報を社会の中で具体的に活用していくための枠組みを構築する必要がある。下水中ウイルス濃度のモニタリング結果が、イベントの開催可否判断や保健所シフト編成など、自治体内における何らかの意思決定に使われるようになることが理想的であるが、そのためには下水ウイルス濃度情報の活用に関する費用便益分析・費用効用分析や、自治体近傍で柔軟かつ安価に下水ウイルス分析を請け負うことができる企業の存在などが必要と考えられる。

❹ 雨水下水合流式下水道の雨天時越流水（CSO）

我が国で昭和前期までに整備された下水道では、雨水浸水防除のための排水機能と急激な環境悪化改善のため下水道の迅速な普及を重点化していたため、首都圏などの大都市で雨水下水合流式が占める割合が高い。1970年の下水道法改正以後、公共用水域の水質保全の下水道の目的がより重視され、分流式下水道が重点的に整備されている。いちど整備された合流式を分流式に全面的な切り替えは容易ではない。雨天時に下水処理能力を超えて未処理放流される雨天時越流水の問題は、断続的に報道されてきている。直近では2021年の東京オリンピック開催前に東京湾のにおいが社会的に注目された。

❺ 浄水処理分野でのインパクトある国の支援が不在

下水処理分野では国土交通省 B−DASH の支援で、実際に適用するレベルに近い技術を実装置に取り入れる実証実験など、非常にインパクトの高い応用研究・開発が行われている。一方、浄水処理分野では、国などが主体となった大型プロジェクトが十分ではなく、先進的な技術開発の実証試験などを進めていく環境としては厳しい状況である。水再利用や下水処理分野での状況を比較すると特に顕著で、浄水処理分野でも B−DASH のようなインパクトのある支援が望まれる。

❻ 再生水の導入など各国の水資源に応じた動向

我が国の主な取水源は河川水であり、下流に位置する多くの都市域の原水で下水処理水が過半となることもある。しかし、再生水に対しては間接的飲料水再利用においても一般住民の心理的抵抗感が高い。一方、シンガポールやイスラエル、ナミビア、アメリカのテキサス州などではすでに高度な処理プラントが稼働し、住民コミュニケーションなども丁寧に行われ、事業化されている。イスラエルは再生水の国際標準にも参画し、水需要が増加する台湾などと再生水の技術協力も進めている。アメリカではカリフォルニア州でも2023年に再生水の直接飲用利用のための規制の改正が行われる見通しである。我が国も再生水の農業用水利用など実証研究がなされ、国際標準にも貢献した[30] が、組織的かつ戦略的に進める各国と比べ少数精鋭に頼る体制となっている。拡大が続く世界の水需要に対して、国際ネットワークの核となる専門人材と、基礎と応用両面の多角的な視座を持つ人材層を厚くする育成が望まれる。

2.9

持続可能な資源利用

（7）国際比較

国・地域	フェーズ	現状	トレンド	各国の状況、評価の際に参考にした根拠など
日本	基礎研究	○	→	●水分野の国際専門誌掲載件数が中国と比べて少なく、英語発信力に課題がある。 ●膜処理、紫外線処理、高度浄水処理（オゾン・活性炭処理）、新規凝集剤（高塩基度ポリ塩化アルミニウム（PAC））、膜分離活性汚泥法（MBR）、光触媒などの技術、並びに病原性微生物の処理リスク評価などで、個々に優れた研究がみられ、国際的な貢献がみられる。 ●下水中SARS-CoV-2定量技術の感度は世界最高レベルに達している。 ●青色LEDの発明・開発の流れを受けた日本の応用物理学分野で、UV-LED素子の高出力化や高効率化を目指す研究開発が盛んにおこなわれている。
日本	応用研究・開発	○	→	●企業による技術開発は逆浸透膜、淡水化前処理用の限外ろ過膜、オゾン発生装置、MBR装置などの膜製造および機械設備産業分野では、海外からの大型受注をうけるなどの世界的な地位を維持している。 ●下水道分野では国土交通省B-DASH支援により、下水道の有効利用の実証技術開発が進められている。 ●水道分野では国立保健医療科学院において飲料水の安全、公衆衛生研究が精力的に実施されているが、欧米と比較して規模が小さい。水道技術研究センターでは、従来から産官学共同研究が推進されてきているが研究費は参加企業が支出する形態で、十分に大きい規模とは言えない。 ●下水中SARS-CoV-2の遺伝子配列解析技術や変異株・派生株の定量技術の開発が民間との共同研究により進んでいる。下水調査結果を用いたCOVID-19新規陽性者数予測の公開検証が行われている。2021年から塩野義製薬が、北海道大学との共同研究をベースに、SARS-CoV-2の下水疫学調査サービスを事業化している。 ●世界トップクラスの性能をもつUV-LED素子を製造販売するメーカー数社は日本企業である。
米国	基礎研究	◎	→	●下水中SARS-CoV-2モニタリングが広域に渡って継続して行われている。下水中のウイルス濃度測定など、公衆衛生学と連携した研究や、その診断検査技術の事業化などの動きがみられる。 ●水不足地域を多くもつ背景から、海水淡水化や下水処理水再利用に関する基礎研究、とくに下水処理水利用のリスク評価研究が盛んである。 ●水処理分野のトップジャーナルであるWater Research誌への掲載件数が中国などに押されているものの依然多く、水処理において重要な原理や新規の汚染物質に関する知見を発信している。 ●NSFによる継続的な基礎研究支援とEPAによるテーマを絞った新規汚染物質についての知見の集積支援により、国際的に注目される研究が発信されている。
米国	応用研究・開発	◎	↗	●麻薬成分物質を下水から検出する技術をもっていたMITの研究者らがベンチャー企業を設立し、下水中のSARS-CoV-2を受託計測する事業を展開した。大学キャンパスを含む比較的狭い地域での下水モニタリングが行われ、感染者の発生報告よりも早く変異株に由来する配列の下水からの検出に成功した。下水中SARS-CoV-2のモニタリング結果をもとに排泄物中へのSARS-CoV-2排出プロファイルの推定を行うモデルが提案された。感染症患者から得られていないウイルス遺伝子を下水から取得し、その配列を有するように合成された擬ウイルス粒子の細胞への感染能力が上昇したことを実験的に確認している。CDC等が中心の産学官連携によりNWSSを立ち上げている。 ●膜分離技術、イオン交換樹脂の水処理素材、地下水利用技術、下水廃水の再生利用などの分野で、経験が多く、産業化も進んでいる。 ●NSFがUV-LEDの水処理実証に特化した研究提案の公募を2022年に開始。 ●慢性的水不足問題を抱えるカリフォルニア州、テキサス州、フロリダ州、アリゾナ州、ネバダ州等をはじめ水への関心が高く、住民との合意形成などのアプローチをとおして、社会実装が進んでいる。下水処理水の再利用について、間接および直接の飲用再利用の実用化に向けた検討が進展し、テキサス州で米国初となる下水処理水の直接飲用再利用が導入された。海水淡水化事業も盛んである。

2.9

持続可能な資源利用

欧州	基礎研究	◎	→	●下水中SARS-CoV-2モニタリングが各国で広域に渡り継続している。 ●オランダKWR（水研究所）やスイスEAWAG（水科学技術研究所）などが高い研究レベルを保っている。両国とも塩素消毒によらない給水方式を採用していることから基礎研究のニーズが大きい事情も一因に考えられる。とくにオランダKWRは各水道事業体と強力なネットワークを構築していた強みから、下水中のSARS-CoV-2検出と新規患者数の間の相関性を見出す研究に早期かつ組織的に着手し、国際誌に掲載するなど世界をリードする研究を展開している。 ●個別の有害物質への関心が高く、マイクロプラスチックなど新規の汚染物質に関する知見を多く発信している。アナモックス反応による窒素除去など原理的に新しい水処理方法の提案能力や、薬剤耐性菌などの新しい汚染物質を見つけて発信する能力が高い。 ●モデル化やコスト推算などに関連した研究が進展している。 ●共通の大陸河川を要し利害関係を伴う国家が多い背景から、EU水枠組み指令（2000年12月発効）やEU飲料水指令（2018年2月改正）などの政策の関心が高く、環境保全、流域管理、健康リスク等の多様な側面から基礎研究が高い水準で行われ、国際的にリードしている。 ●ドイツは世界初のセラミック膜などの開発実績があり、水道分野における独自の膜ユニットの開発意欲が日本よりも旺盛で、基礎研究のポテンシャルも高い。
	応用研究・開発	◎	↗	●オランダの定量的微生物リスク評価手法の整備と実務への導入が特筆される。オランダ北部の水道事業体PWNは2015年から膜ろ過法を浄水場に導入しており、膜ろ過に対する技術開発も盛んである。 ●水メジャー（英国テムズウォーター、仏ベオリア、スエズ）の技術開発力は高く、世界水協会（IWA）などの国際会議における発表件数も多い。水メジャーは国際展開に多くの実績があり、多様な排水や地域の状況に合わせた適切な処理プロセスの設計に強みがある。水処理プロセスの設計、更新のために有用なシミュレーションモデルが優れている。中東やアジアの発展途上国に対する水道ビジネスを広く展開しており、適用技術に関する応用研究のレベルが高い。 ●スイスは風光明媚な観光立国という背景もあり、下水に継続的に注力している。2040年までに医薬品や新興化学物質など各種の微量物質を下水から除去するオゾン処理施設を導入する計画が進められている。下水中SARS-CoV-2のモニタリング結果をもとに実効再生産数を推定するモデルが提案された。下水中SARS-CoV-2のうち低濃度で含まれる株に由来する配列を効率的に検出する方法を開発し、アルファ株を感染者報告の13日前に下水から検出できた。 ●英国の水道事業は完全に民営化されているが、独立機関のOfwatの監視下におく独自の体制をとっている。民営化による浄水技術の基礎研究や応用研究に対する影響は確認できない。 ●ドイツDVGWが紫外線水処理装置の性能評価（バリデーション）方法として、水銀ランプ装置を前提とする従来の方法に加えて新たにUV-LED装置用の方法を提案しており、いずれ正式に発効する見込みである。
中国	基礎研究	〇	↗	●水資源ひっ迫や深刻な水質汚染への関心から、上水分野だけでなく環境工学分野における教員・学生の陣容が急速に拡大し、研究レベルも上がっている。IWA（世界水会議）などの国際会議での発表件数や、Water Research誌やWater Science and Technology誌での論文掲載件数が飛躍的に増加している。日本の発表件数を桁で上回っている。とくに精華大学などの有力校は潤沢な予算を活用して、研究レベルが非常に上がっている。 ●香港等で都市下水や施設下水を対象としたSARS-CoV-2モニタリングが行われている。 ●様々な水処理用吸着材料、既知の汚染物質の水処理プロセスでの挙動、最新の処理プロセスの運転経験蓄積など多数の論文報告が発信されている。多くの研究が中央政府のNational Natural Science Foundation of China（NNSFC）による支援を受けている。さらに、中央政府の支援と重複して、州政府からの支援も得ている研究も多い。戦略的に外国人研究者を招聘または外国人研究者と連携して英語文献を発信している。研究論文を国際誌に投稿するための体制が、国家的に形成されている。

	応用研究・開発	○	↗	●膜処理分野では、低コストを維持しながら、開発・製造能力を向上させて、精密ろ過膜などの品質も上げてきており、日本メーカーはコスト的に対抗が極めて難しくなっている。RO膜の開発では、まだ日本メーカーが優位性を保持しているが、技術力の差が縮まっていく流れが続いている。 ●水需要が大きく、MBRなどの新技術導入が進み、下水再生利用の経験が急速に蓄積されている。 ●水十条などの環境政策が強烈に進められ、工場や鉱山に由来する重金属汚染、石炭採掘に伴う廃水などの産業公害対策が一気に進展している。 ●紫外線水処理装置における世界トップクラスの北米企業と中国人研究者の人的交流に力を入れ、若手研究者の北米企業への派遣など、先進的な知見の中国への還元を行政（省）レベルで支援している。北米の専門家を交えて紫外線水処理の国家基準を2021年に策定。浄水場と下水処理場でUV消毒装置の実装が急速に進んでいる。水道水のカビ臭対策として、UVと過酸化水素を併用する紫外線促進酸化処理を公共の浄水場に実装し稼働開始している。 ●急速に実力を付けている基礎研究を水処理産業に結び付けられている事例や先見的な報告があまり確認できない。
韓国	基礎研究	△	→	●韓国水資源公社（K-water）が基礎研究に継続的に取り組んでいる。 ●ナノテクノロジーを用いた水処理など新規性の高い研究は実施されているが、水処理全般の論文発表数が減少している。既存技術の改良発展のための地味だが研究の裾野を広げる着実な研究は低調で、懸念される。
	応用研究・開発	△	→	●過去には韓国政府主導で水処理技術や膜処理技術の国際競争力を高める国家プロジェクトの施策が打ち出されていたが、近年は勢いがみられない。海水淡水化分野で世界的な競争力を有していた斗山重工業が逆浸透膜開発で出遅れ、主力事業の石炭火力発電所と原子力発電所の低迷などから2019年に経営危機に陥って以降、海水淡水化の新規開発にも動きがみられない。 ●下水処理水の再生利用、畜産糞尿の処理などの研究は行われている。
その他の国・地域	基礎研究	○	→	●豪州は水資源が偏在し、絶対量としても水不足である国土条件を背景として、下水の再生利用や逆浸透膜、雨水利用、太陽光利用水処理に関する研究が盛んである。下水中SARS-CoV-2モニタリングが継続して行われている。下水中SARS-CoV-2遺伝子定量における精度管理に関する研究報告が多い。
	応用研究・開発	○	→	●豪州で膜分離の技術開発研究は継続的に行われており、実装が進められている。1名の感染者が搭乗していた航空機の下水からオミクロン派生株に由来する遺伝子を検出することに成功した。 ●イスラエル、シンガポールなど水資源に限りがある国では再生水の飲用導入のための実際的調査や国際標準策定などで、主導的な動きを果たしている。

（註1）「フェーズ」

　「基礎研究」：大学・国研などでの基礎研究レベル。

　「応用研究・開発」：技術開発（プロトタイプの開発含む）・量産技術のレベル。

（註2）「現状」　※我が国の現状を基準にした評価ではなく、CRDSの調査・見解による評価。

　◎：他国に比べて特に顕著な活動・成果が見えている　　○：ある程度の顕著な活動・成果が見えている

　△：顕著な活動・成果が見えていない　　　　　　　　　×：特筆すべき活動・成果が見えていない

（註3）「トレンド」

　↗：上昇傾向、→：現状維持、↘：下降傾向

2.9
持続可能な資源利用

関連する他の研究開発領域

- ・水循環（水資源・水防災）（環境・エネ分野 2.7.3）
- ・環境リスク学的感染症防御（環境・エネ分野 2.8.4）
- ・環境分析・化学物質リスク評価（環境・エネ分野 2.10.2）
- ・社会システムアーキテクチャー（システム・情報分野 2.3.3）
- ・分離技術（ナノテク・材料分野 2.1.2）
- ・感染症（ライフ・臨床医学分野 2.1.9）

参考・引用文献

1）国立研究開発法人科学技術振興機構 研究開発戦略センター「CRDS-FY2019-SP-06 戦略プロポーザル：環境や社会の変化に伴う水利用リスクの低減と管理（令和2年3月）」https://www.jst.go.jp/crds/pdf/2019/SP/CRDS-FY2019-SP-06.pdf,（2023年2月1日アクセス）.

2）大村達夫「水は社会を写す鏡」『俯瞰ワークショップ報告書 感染症問題と環境・エネルギー分野に関するエキスパートセミナー』国立研究開発法人科学技術振興機構 研究開発戦略センター（2021), 122-134., https://www.jst.go.jp/crds/pdf/2020/WR/CRDS-FY2020-WR-08.pdf,（2023年2月1日アクセス）.

3）Masaaki Kitajima, et al., "SARS-CoV-2 in wastewater: State of the knowledge and research needs," *Science of The Total Environment* 739（2020）: 139076., https://doi.org/10.1016/j.scitotenv.2020.139076.

4）古米弘明「「生」を「衛（まもる）」工学における下水疫学調査」『俯瞰ワークショップ報告書 感染症問題と環境・エネルギー分野に関するエキスパートセミナー』国立研究開発法人科学技術振興機構 研究開発戦略センター（2021), 135–150., https://www.jst.go.jp/crds/pdf/2020/WR/CRDS-FY2020-WR-08.pdf,（2023年2月1日アクセス）.

5）片山浩之「下水疫学研究の最新の動向」『俯瞰ワークショップ報告書 感染症問題と環境・エネルギー分野に関するエキスパートセミナー』国立研究開発法人科学技術振興機構 研究開発戦略センター（2021), 109-121., https://www.jst.go.jp/crds/pdf/2020/WR/CRDS-FY2020-WR-08.pdf,（2023年2月1日アクセス）.

6）北島正章「新型コロナウイルスの下水疫学」『俯瞰ワークショップ報告書 感染症問題と環境・エネルギー分野に関するエキスパートセミナー』国立研究開発法人科学技術振興機構 研究開発戦略センター（2021), 151-168., https://www.jst.go.jp/crds/pdf/2020/WR/CRDS-FY2020-WR-08.pdf,（2023年2月1日アクセス）.

7）吉田弘「資料4 ポリオ環境水サーベイランスを活用した新型コロナウイルス調査」『国土交通省 第1回 下水道における新型コロナウイルスに関する調査検討委員会（令和3年3月5日）』, https://www.mlit.go.jp/mizukokudo/sewerage/content/001390210.pdf,（2023年2月1日アクセス）.

8）大村達夫「資料5 ノロウイルス感染症の流行防止のための水監視システムの紹介」『国土交通省 第1回 下水道における新型コロナウイルスに関する調査検討委員会（令和3年3月5日）』, https://www.mlit.go.jp/mizukokudo/sewerage/content/001390210.pdf,（2023年2月1日アクセス）.

9）東京都下水道局「資料9 下水試料中に存在する新型コロナウイルスの感染症に関する調査」『国土交通省 第2回 下水道における新型コロナウイルスに関する調査検討委員会（令和3年4月28日）』, https://www.mlit.go.jp/mizukokudo/sewerage/content/001390210.pdf,（2023年2月1日アクセス）.

10）札幌市「下水サーベイランス」, https://www.city.sapporo.jp/gesui/surveillance.html,（2023年2月1日アクセス）.

2.9
持続可能な資源利用

11）国土交通省「下水処理場で採水した下水の新型コロナウイルスRNA濃度について」, https://www.mlit.go.jp/mizukokudo/sewerage/mizukokudo_sewerage_tk_000721.html,（2023年2月1日アクセス）.

12）「資料9 諸外国における下水中の新型コロナウイルス検出情報の活用事例について」『国土交通省 第3回下水道における新型コロナウイルスに関する調査検討委員会（令和3年8月24日）』, https://www.mlit.go.jp/mizukokudo/sewerage/content/001390210.pdf,（2023年2月1日アクセス）.

13）米国疾病予防管理センター（CDC）,"National Wastewater Surveillance System（NWSS），" https://covid.cdc.gov/covid-data-tracker/#wastewater-surveillance、（2023年3月1日アクセス）

14）Sandy Y Joung, et al.," Awareness of SARS-CoV-2 Omicron Variant Infection Among Adults With Recent COVID-19 Seropositivity," JAMA Netw Open.,（2022）1；5（8）：e2227241., https://doi: 10.1001/jamanetworkopen.2022.27241.

15）Soo Park et al.,"Unreported SARS-CoV-2 Home Testing and Test Positivity," JAMA Netw Open.（2023）；6（1）：e2252684., https://doi：10.1001/jamanetworkopen.2022.52684

16）Biobot Analytics Inc.," The Biobot Network of Wastewater Treatment Plants Advancing Wastewater as a Public Health Platform," https://biobot.io/data/（2023年3月8日アクセス）

17）山村寛「浄水膜の現状・課題と今後の技術的展望」『科学技術未来戦略ワークショップ報告書 環境や社会の変化に伴う水利用リスクの低減と管理』国立研究開発法人科学技術振興機構 研究開発戦略センター（2020）, 33-42., https://www.jst.go.jp/crds/pdf/2019/WR/CRDS-FY2019-WR-04.pdf,（2023年2月1日アクセス）.

18）小熊久美子「紫外線水処理の新展開 - 多様な環境と社会への適応を目指して-」『科学技術未来戦略ワークショップ報告書 環境や社会の変化に伴う水利用リスクの低減と管理』国立研究開発法人科学技術振興機構 研究開発戦略センター（2020）, 63-72., https://www.jst.go.jp/crds/pdf/2019/WR/CRDS-FY2019-WR-04.pdf,（2023年2月1日アクセス）.

19）厚生労働省「水質基準項目と基準値（51項目）」, https://www.mhlw.go.jp/stf/seisakunitsuite/bunya/topics/bukyoku/kenkou/suido/kijun/kijunchi.html,（2023年2月1日アクセス）.

20）環境省「令和2年度有機フッ素化合物全国存在状況把握調査の結果について（2021年06月22日）」, https://www.env.go.jp/press/109708.html,（2023年2月1日アクセス）.

21）原圭史郎「水資源管理とフューチャー・デザイン」『水文・水資源学会誌』33 巻 1 号（2020）：1-2., https://doi.org/10.3178/jjshwr.33.1.

22）米国環境保護庁（EPA）,"Water Research Grant," https://www.epa.gov/research-grants/water-research-grants,（2023年2月1日アクセス）.

23）国立保健医療院 健康危機管理支援ライブラリー「No.1356 京阪神地域における有機フッ素化合物による水質汚染」, https://www.niph.go.jp/h-crisis/archives/84079/ ,（2023年3月10日アクセス）.

24）東京都水道局「水道水における有機フッ素化合物について」, https://www.waterworks.metro.tokyo.lg.jp/suigen/pfcs.html,（2023年3月10日アクセス）.

25）大阪市「水道水への影響について」, https://www.city.osaka.lg.jp/seisakukikakushitsu/page/0000564338.html,（2023年3月10日アクセス）.

26）那覇市上下水道局「PFOSおよびPFOAの水質検査結果」, https://www.city.naha.okinawa.jp/water/pax/suishitsukanri/SUIDOU07120200514.html,（2023年3月10日アクセス）.

27）厚生労働省 令和4年度第2回水質基準逐次改正検討会, https://www.mhlw.go.jp/stf/shingi2/0000183130_00013.html,（2023年3月10日アクセス）.

28）環境省 PFASに対する総合戦略検討専門家会議, https://www.env.go.jp/water/pfas/pfas.html,（2023年3月10日アクセス）.

2.9 持続可能な資源利用

29）経済産業省「「水ビジネスの現状と展望、海外展開に向けた今後の方向性」を取りまとめました」
https://www.meti.go.jp/policy/mono_info_service/mono/waterbiz/kenkyukai/kaigai_
infra/003_business.html,（2023年2月1日アクセス）.

30）田中宏明「水の再利用 CREST その後」『科学技術未来戦略ワークショップ報告書 環境や社会の変化に
伴う水利用リスクの低減と管理』国立研究開発法人科学技術振興機構 研究開発戦略センター（2020），
43-52., https://www.jst.go.jp/crds/pdf/2019/WR/CRDS-FY2019-WR-04.pdf,（2023年2月1日
アクセス）.

2.9.2 持続可能な大気環境

（1）研究開発領域の定義

　人間の健康や生態系への影響など豊かな生活にかかわる大気環境の研究開発を扱う。人為活動に由来する産業や燃焼に加えて、自然由来も含めて大気汚染物質の観測技術、大気汚染物質の発生源や発生過程、輸送過程の解明に関する研究開発や、除去・浄化技術などを対象とする。

　大気汚染物質は、NOx、SOx、CO、CH、光化学オキシダント、揮発性有機化合物（VOC）等を対象とする。微粒子状物質（$PM_{2.5}$）等に関して、広域の越境移動や、その観測ネットワーク、大気中の動態を含める。三元触媒等の除去・浄化技術、大気汚染物質の排出規制も扱う。モビリティに関して、都市集積度や人口動態の変化に伴う交通、物流の変化に対して持続可能な大気環境を保つための予測技術等も含める。

　人間の健康や植物など生態系への悪影響と、気候への影響との両面の性質をもつ物質に関しては、本領域では健康影響・生態系影響物質としての側面を扱い、気候への影響の側面は「気候変動観測」「気候変動予測」領域で扱う。大気汚染物質の分析手法は「2.10.2 環境分析・化学物質リスク評価」領域で別途扱う。

（2）キーワード

　大気汚染物質、カーボンニュートラル、ゼロエミッション、自動車、排出ガス、排気後処理技術、電動化、エアロゾル、光化学オキシダント、広域大気汚染、観測ネットワーク、発生源解析、大気化学プロセス、輸送過程、モデル解析、植物影響、大気汚染の疫学

（3）研究開発領域の概要
［本領域の意義］

　我が国では、人の健康の保護及び生活環境の保全のうえで維持されることが望ましい大気環境基準[1]を制定している。大気環境基準では、二酸化硫黄（SO_2）、一酸化炭素（CO）、浮遊粒子状物質（SPM）、二酸化窒素（NO_2）、光化学オキシダント（Ox、対流圏オゾン）、微小粒子状物質（$PM_{2.5}$）や有害大気汚染物質等の値が設定されている。それらを維持するため、様々な大気汚染物質発生源に対する排出規制が施行されてきた。

　我が国では都市における大気汚染の主要な発生源として、自動車排出ガスの規制が、1970年代から段階を追って強化されてきた[2]。現在、これらの規制が功を奏し、都市の大気環境は著しく改善されたが、光化学オキシダントなど光化学反応の寄与が大きい物質では、課題が残されている[3],[4]。

　近年、我が国や中国における$PM_{2.5}$濃度の低下[5]が指摘されている。新型コロナウイルス感染症（COVID-19）拡大防止策により多くの地域でNOxや$PM_{2.5}$の低下が見られた[6]。特に中国での産業活動の減速による大気汚染物放出の低下[7]は、大気環境の改善に明確につながったが、一時的となる可能性がある。産業活動がリバウンドし、大気環境の改善が継続されないシナリオも指摘されており、一層の環境対策が必要となる。

　現在の自動車の排出ガス対策は、エンジンの改良、排気触媒や粒子除去フィルターなどの排気後処理技術、燃料の低硫黄化等、潤滑油等の改善により成立している。日米欧等の厳しい排出ガス規制に対応するためには、排気ガスの後処理が必須であり、当面、極めて重要な技術である。

　2016年に2020年以降の温室効果ガス（GHGs）の削減等に関する国際枠組みであるパリ協定が発効し、2050年カーボンニュートラルを宣言する国が相次いだ。我が国の政府も2020年10月、2050年までにGHGs排出を全体としてゼロにする、カーボンニュートラルを目指すと宣言した。カーボンニュートラルの達成には、GHGsの排出が多い化石燃料から脱却し、GHGsを排出しない再生可能エネルギー等への転換を進める必要がある。化石燃料は、GHGsに加えて大気汚染物質の主要排出源でもある。カーボンニュートラル化と大気汚染物質の排出削減の両面の効果が期待されている。このような課題に対応するには、大気汚染物

2.9
持続可能な資源利用

質の観測、発生源や大気中における発生過程の解明、ネットワークによる広域大気汚染の観測などの強化が必要となる。エアロゾルを含む大気汚染物質の人間の健康への影響は、喫緊に、より詳細な解明を進めて、その知見に基づいて我が国の環境基準の改定や対策などに結び付けていかなければならない。わが国の環境基準はWHOの基準[8]と比較して緩い項目が多く、これらの扱いは今後の検討課題となる。CO_2の最も重要な吸収源である植物に対して大気汚染が与える影響を詳細に解明することも重要である。これからの大気環境問題を検討するためには、従来の視点よりも広く捉え、効果的な対策を講じていくことが必要である。

［研究開発の動向］

　大気汚染の問題はいまだ重要な環境問題だが、昨今の異常気象の多発なども要因となって、国民の関心は気候変動に強くひきつけられている。これに加えてCOVID–19による産業活動の低迷などもあり、大気汚染が喫緊の環境問題として捉えにくくなっている。しかしながら、大気汚染物質の多くはSLCFs（短寿命気候変動因子）として地球温暖化に対しても少なからぬ役割を果たしていることは既に広く知られている。中でもエアロゾルはいまだに気候変動に与える影響の不確実性が高いとIPCC第6次評価報告書でも評価されている。$PM_{2.5}$として人間の健康に与える影響も、まだ十分には解明されていない。世界人口の99％はWHOのガイドラインを超える大気汚染レベルの地域に居住していると報告されている[9]。

　このような状況の改善には、（ⅰ）詳細かつ精確な野外観測の実施とそのデータ解析、（ⅱ）AIなども活用したモデルシミュレーションによる現状解析と未来予測、（ⅲ）モデルに組み入れるためのより詳細な化学プロセスの解明、（ⅳ）これまで解析されてこなかった新たな現象の発見とその解析、が求められる。

　（ⅰ）については、地球規模・地域規模・国規模・ローカル規模の汚染にそれぞれ対応する形で様々な観測が行われ、既に一定の成果が出ている。近年では観測手法や観測プラットフォームのバリエーションも極めて豊富となり種々の要請に応えられるようになってきている。特に公定法として用いられている従来の測定機器に加えて廉価な簡易型の測定器の普及により、より密度の高い測定・観測が進められ始めている[10]。

　（ⅱ）については、より精度の高いシミュレーションモデルの開発と利用、より信頼性の高いエミッション・インベントリの構築などに基づく計算機シミュレーションの進展が求められている。AIを利用した機械学習、深層学習の発展により、様々なデータに基づく新たな発見や、高精度の予測も進められるようになってきた。

　（ⅲ）については、大気中のエアロゾルの発生源に関して、大気中での化学反応による二次生成の解明が重要である。近年エアロゾル表面における不均一反応も含めた詳細な化学プロセス、反応機構の解明が進められている[11]。

　（ⅳ）については、我が国の大気環境で現在に至るまで大きな問題となっている、例えばNOxやVOCなどの原因物質が減少しているにも関わらずオゾン濃度が低下しないことが我が国の大気環境における大きな問題となっている。原因解明に向けて、従来は解析対象となっていなかった事象の再吟味なども提唱されている。加えて、現在、海洋環境で大きな問題となっているマイクロプラスチックが大気環境においても問題となり得ることが認識されている[12]。大気環境における実際のサイズは海洋のマイクロプラスチックに比べると非常に小さいが、新たな観測などに基づく情報が蓄積され始めている。

　自動車の排出ガス対策技術の研究開発については、排出ガス規制に対応する形で開発が進められてきた（図表2.9.2–1）。ガソリン車の排出ガス対策は、主にエンジンの改良とエンジンから排出された大気汚染物質を触媒で浄化する排気後処理技術によって行われてきた。排気触媒の採用に当たっては、触媒の被毒を防ぐため、燃料の硫黄分の低減や潤滑油添加剤の改良等が行われてきている。コールドスタートエミッションの低減には、触媒をできるだけ低温から機能させることが必要であり、エンジンの改良に加えて、低温活性に優れた触媒などが開発された。

図表2.9.2-1　　　日米欧三極における自動車排出ガス規制開発の流れ

時期	国・地域	出来事
1940年代	米国	カリフォルニア州で炭化水素（HC）とNO₂から生成された光化学オキシダントによるスモッグ発生
1962年	米国	カリフォルニア州がHC抑制のためクランクケース・エミッション規制を制定
1963年	米国	大気浄化法が制定
1965年	米国	カリフォルニア州がエンジンからの排出ガスを対象にした規制を導入
1966年	日本	ガソリン車のCO濃度規制
1968年	日本	大気汚染防止法の公布
1968年	米国	全米で排出ガス規制が開始
1970年	米国	マスキー法成立。大気汚染対策としての自動車排出ガス規制を段階的に強化
1970年	欧州	排出ガス規制が制定。
1970年	日本	東京新宿区での4エチル鉛含有ガソリンによる鉛中毒事件、東京杉並区の高校での光化学スモッグ等が原因と疑われた大気汚染問題が発生
1973年	日本	昭和48年排出ガス規制でガソリン車のHCとNOxが追加
1974年	日本	昭和49年排出ガス規制以降、ディーゼル車の排出ガス規制が段階的に強化
1975年〜	日本	昭和50年、53年規制でマスキー法水準に引き上げ。対策として、点火時期遅延や排出ガス再循環、副燃焼室を採用した燃焼改善等でNOxを低減、COとHCを酸化触媒で浄化する技術が採用。電子式燃料噴射制御装置や酸素センサーの実用化により、CO、HC、NOxを同時に浄化する三元触媒システムが開発され、一部の車両で採用された。
1990年代	欧州	大気汚染の深刻化により、段階的に規制が強化（米国並みの規制に強化）
1994年〜	日本	短期規制（1994年）でディーゼル車のPMの排出重量規制を導入。その後、段階的に強化。試験モードを定常運転から過渡試験に変更。新短期規制（2003〜2004年）以降、ディーゼル車にも様々な排気後処理装置が採用。
2000年〜	日本	平成12年、17年規制でガソリン車コールドスタート時のエミッション低減に重点を置いた規制が導入、強化
2009年	日本	筒内直接噴射ガソリンエンジンは燃費性能に優れるが粒子排出があるため、吸蔵型窒素酸化物還元触媒を装着した希薄燃焼方式の直接噴射式エンジン自動車を対象に、粒子に対する排出規制が導入
2020年	日本	理論空燃比で燃焼する方式の直接噴射式エンジンを有する自動車を含む全ての直噴車で粒子に対する排出規制を導入

　欧州では、排出重量の規制（PM規制）に加えて、排出個数の規制（PN規制）が導入されることになり、ガソリン車を対象にした粒子捕集フィルター（GPF）が必要とされている。我が国においても、新型車ではガソリン車が2024年10月1日から、ディーゼル車が2023年10月1日から、粒子数の排出規制（PN規制）を開始することが決定した。継続生産車はその2年後に適用となる。

　ディーゼル車は、ガソリン車と比べて、その燃焼形態の相違からCOとHCの排出が少ないことに加えて、排出ガス中に多量の酸素を含むことから、三元触媒の適用が難しい。そのため長期規制（1996〜1997年）までの対応車までは排気後処理技術を使用せず、主にエンジンの燃焼改良や排出ガス再循環などで対応されてきた。しかし、都市部の大気環境に対するディーゼル排出ガスの寄与が社会問題化したことをうけ、新短期規制（2003〜2004年）以降は厳しい排出規制が導入され、ディーゼル車においても酸化触媒（DOC）、ディーゼル粒子捕集フィルター（DPF）、選択式還元触媒（SCR）などの排気後処理装置が採用された。

2.9

持続可能な資源利用

DPFは、耐久性等の問題から実用化は困難と言われていた時期もあったが、DPF自体の改良に加えて、エンジンやその制御技術の改良等で実用化された。最近では、DPFとSCR触媒などのNOx触媒を組み合わせたシステムが主流となっている。このような排気後処理技術の採用により、ディーゼル車からの大気汚染物質は著しく低減されてきた。排気後処理装置の導入に際し、触媒の被毒や劣化を防止するため、燃料中の硫黄分の低減や潤滑油の添加剤の開発も進められ、ディーゼル車の排出ガス低減に大きな役割を果たしている[13]。

このように、自動車排出ガスの削減対策は、エンジンや排気後処理装置の改良、燃料・潤滑油の改良等により行われてきたが、2016年にパリ協定が発効して以降、GHGsの削減対策に対する要求が高まり、化石燃料からGHGsを排出しない再生可能エネルギーへの転換が進められることになった。化石燃料から再生可能エネルギーへの転換は、大気汚染物質の排出削減に著しい効果が期待されるため、大気汚染対策としてもその効果が期待されている。自動車の分野に限れば、欧州や中国では地球温暖化と大気汚染対策の両立を目指して、パワートレイン電動化などのゼロエミッション車の導入が急速に進められており、化石燃料を用いる内燃機関の販売や登録を禁止する動きも活発化している。エネルギー源の変化は、自動車そのものだけでなく、他の産業や社会全体に大きな影響を及ぼすため、不透明な部分が多々存在する。現在は、このようなエネルギーや社会の変化を踏まえながら、これからの大気環境を維持していくための対策を検討する時期に差し掛かっていると考えられている。

（4）注目動向

［新展開・技術トピックス］

❶ 世界保健機関（WHO）大気環境に関する新しいガイドライン[8] を公表

WHOは、2021年9月に大気環境に関する新しいガイドライン（図表2.9.2-2）を公表した。このガイドラインでは、各大気汚染物質（PM$_{2.5}$、PM$_{10}$、O$_3$、NO$_2$、SO$_2$、CO）に係るAQG levelを示している。AQG levelはガイドライン勧告（recommendation）の一種で、各国政府が環境基準等へ採用する際に、それぞれ地域状況を考慮して検討する必要があるとしている。我が国の環境基準と比べてかなり厳しい値だが、今後の大気環境のために考慮すべき事項である。

図表2.9.2-2　　　WHOの大気環境に関する新しいガイドライン

Pollutant	Averaging time	Interim target 1	Interim target 2	Interim target 3	Interim target 4	AQG level
PM$_{2.5}$, µg/m³	Annual	35	25	15	10	5
	24-hour[a]	75	50	37.5	25	15
PM$_{10}$, µg/m³	Annual	70	50	30	20	15
	24-hour[a]	150	100	75	50	45
O$_3$, µg/m³	Peak season[b]	100	70	–	–	60
	8-hour[a]	160	120	–	–	100
NO$_2$, µg/m³	Annual	40	30	20		10
	24-hour[a]	120	50			25
SO$_2$, µg/m³	24-hour[a]	125	50			40
CO, mg/m³	24-hour[a]	7	–	–	–	4

[a] 99th percentile (i.e. 3-4 exceedance days per year).
[b] Average of daily maximum 8-hour mean O$_3$ concentration in the six consecutive months with the highest six-month running-average O$_3$ concentration.

2.9 持続可能な資源利用

❷ 高所での都市大気、自由対流圏内の大気汚染観測

　人間の健康影響の観点から、これまで大気汚染は都市域の地上付近を中心に観測されてきた。しかし、大気中における汚染物質の移動や化学反応を考える上では地上付近にとどまらず都市上空の大気環境も観測する必要がある。長距離越境大気汚染を考える上ではさらに上空の自由対流圏内の大気環境を観測する必要がある。このような観点から我が国でいえば東京スカイツリー[14]や富士山頂[15]における大気観測は、今後より詳細な大気環境の把握を図る上で重要である。

❸ ドローンや小型簡易型センサーを用いた密度の高い大気汚染観測

　これまで主に健康影響の観点から、地上の定点で、検定を受けた測定機器類で大気汚染の観測が行われてきた。しかし、短時間、広領域（衛星観測や航空機観測などがカバーする領域よりは狭い）、高空間分解能などの重要性が認識され、ドローンを用いた3次元的観測[16]や、一定の信頼性が確保できる小型簡易型センサー[10]を多地点で用いた高密度の観測が進められている。環境基準の制定やこれに基づく環境の保全・改良には公定法を用いた正確な測定が欠かせないが、地域の環境やその変化を迅速・機動的に把握していくために今後さらに重要性が増していくと考えられる。

❹ COVID–19による大気環境の変化

　2020年初頭から始まったCOVID–19は社会生活のみならず、環境科学にも大きな影響を与えた。特に大気環境の分野では、経済活動の停滞などの影響が現れ、特定の国にとどまらず、地域規模・地球規模の環境にも影響を与えた[17]。特に中国では2022年12月まで継続したゼロコロナ政策の厳格な措置と運用がSO_2やNOxなどの大気汚染物質の放出を低下させた。その影響は国内にとどまらず、周辺諸国にも現れている[18]。脱炭素社会を目指した産業活動の変革がもたらす影響とも相まって、COVID–19による経済活動の激変がもたらす大気環境の変化を注視していく必要がある。

❺ 自動車の変化

　自動車業界は100年に一度の変革期にあると言われ、それを代表するものとして「CASE」と呼ばれる用語を目にする機会が増えている。CASEは、Connected（繋がる車）、Autonomous（自動運転）、Shared（シェアリング、共有）、Electric（パワートレインの電動化）の頭文字をとった用語で、今後の自動車の姿を示すキーワードとなっている。このような分野の研究や製品開発のためには、これまでの自動車産業にはない新しい分野の研究開発、人材、研究設備への多額の投資が必要とされる。一方、このような背景を考慮すると、排出ガス対策を含む内燃機関の技術は高度に成熟したレベルにあるため、今後、研究開発への投資は削減される可能性が高い。さらに、自動車の使い方や効率的な輸送などが実現される可能性もあり、大気環境の改善策としても注意を払う必要があると考えられている。

❻ 2050年カーボンニュートラルに向けての自動車用パワートレインの動向

　パリ協定が発効してから、2050年カーボンニュートラルを宣言する国が相次ぎ、我が国政府も2020年10月、2050年までにカーボンニュートラルを目指すことを宣言した。

　このような背景のもと、自動車用パワートレインのカーボンニュートラル化に向けて、様々な研究開発が行われ、様々な方法が提案されている。図表2.9.2-3にエネルギー源と自動車技術の代表的な組み合わせを示す。

2.9

持続可能な資源利用

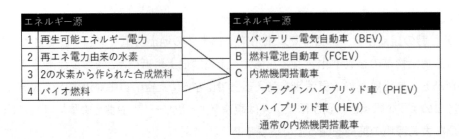

エネルギー源		エネルギー源	
1	再生可能エネルギー電力	A	バッテリー電気自動車（BEV）
2	再エネ電力由来の水素	B	燃料電池自動車（FCEV）
3	2の水素から作られた合成燃料	C	内燃機関搭載車
4	バイオ燃料		プラグインハイブリッド車（PHEV）
			ハイブリッド車（HEV）
			通常の内燃機関搭載車

図表2.9.2-3　　　エネルギー源と自動車技術の組み合わせ

　太陽光や風力発電等からの電力とBEV（図表2.9.2-3中の1とA）の組み合わせが最も代表的なものである。それ以外にも、カーボンフリーな電力から生成した水素とFCEV（図中の2とB）の組み合わせ、カーボンフリー水素から作られた合成燃料やバイオ燃料と内燃機関（図中の3か4とC）の組み合わせもカーボンニュートラル化に貢献する。このようにエネルギー源と自動車技術の組み合わせは複数存在するが、エネルギーの利用効率で比較するとBEVが最も効率が高く、再生可能エネルギーによる電力を用いて生成した水素や合成燃料を用いた内燃機関自動車の効率はBEVに比べて大きく低下する。

　図表2.9.2-4に最近のBEV、PHEVの販売台数とシェアの推移を示す。中国、欧州で販売が急増している。このような電気自動車販売の急増には、補助金等の政策の影響が大きいことが指摘されているが、エネルギーの利用効率が高いことも一因と考えられている。欧米では、今後のBEVの増加に向けて、需給が逼迫すると予想される蓄電池工場の建設が計画されている。

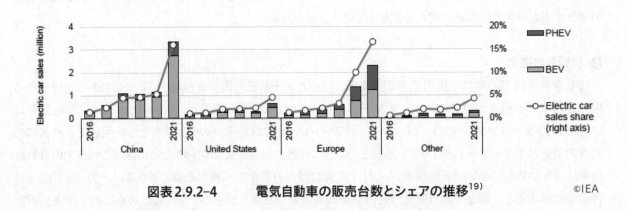

図表2.9.2-4　　　電気自動車の販売台数とシェアの推移[19]　　　©IEA

　重量貨物車等の大型車の電動化も取り組まれているが、大容量の電池の搭載や充電時間等の問題がある。FCEVや水素エンジン等も検討されており、その方向性は現時点では不透明である。仮に、蓄電池の資源の制約などからカーボンフリーな燃料を用いた内燃機関搭載車が広範囲に使用されるような状況になれば、従来の内燃機関自動車と同様に排出ガスの後処理装置が引き続き必要となり、重要な技術になる点には留意が必要である。

❼ 内燃機関搭載車両の販売禁止の動き

　欧州を中心に、2050年カーボンニュートラルを目指して、2025年から2040年にかけて内燃機関を搭載する自動車の販売や登録を禁止する動きが活発化している。2021年に英国グラスゴーで開催された国連気候変動枠組み条約第26回締約国会議（COP26）では、販売される全ての新車を、主要市場で2035年までに、世界全体では2040年までにゼロエミッション車とすることを目指す共同声明が発表された[20]。この共同声明には、英国やスウェーデン、カナダ、チリ、オランダなど28カ国とMercedes-Benz Group

AG、General Motors Company、Ford Motor Companyなどの自動車メーカー11社・団体などが署名している。

❽ 地球温暖化対策が大気環境に及ぼす影響に関する研究

　世界各国がカーボンニュートラルに向けて動き出しているが、化石燃料から再生可能エネルギー等への変化が大気環境に及ぼす影響についても研究が行われている。最近では、地球温暖化対策の評価に使用されてきた統合評価モデルと大気環境の評価に用いられてきた化学輸送モデルとを組み合わせて、将来の地球温暖化対策に伴う大気環境の改善効果を予測する研究が行われるようになってきた。

　特に、大気環境問題が深刻な中国では、地球温暖化と大気環境問題の同時解決を目指して、自動車の電動化を世界に先駆けて実施しており、カーボンニュートラルに向けた様々なシナリオと大気環境との関係について報告されている[21), 22)]。図表2.9.2−5はその一例で、中国における様々なGHGs低減シナリオの下での大気汚染物質の排出量を推計したものである。出典元の論文によると、現行の中国での排出ガス規制は2030年以降、その効果は少なくなり、WHOの大気環境に関するガイドラインを達成するためには、同時に、化石燃料から再生可能エネルギーへの転換等のGHGs低減対策を進める必要があると結論づけている。すなわち、地球温暖化対策を進めることによって、大気環境を大幅に改善できることが示されている。

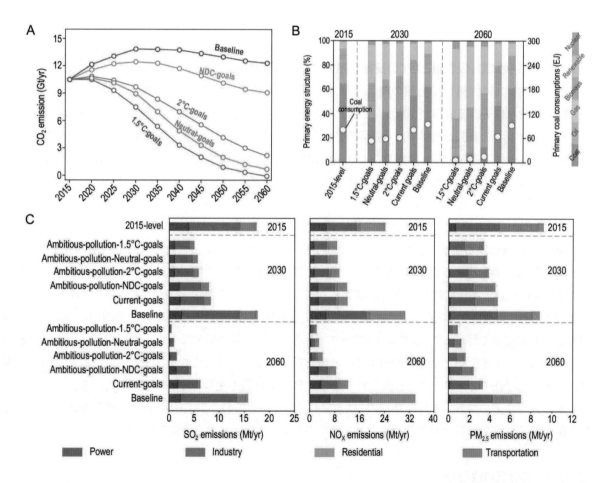

図表2.9.2−5　　中国における人為的なCO_2排出量とエネルギー、大気汚染物質の推移シナリオ[21)]

©Oxford University Press

（A）2015年から2060年までのCO_2排出量推移シナリオ、（B）2015年、2030年、2060年の一次エネルギー構造（左Y軸）および石炭消費量のシナリオ（○印、右Y軸）、（C）複数のGHGs削減シナリオにおける2015年、2030年、2060年の排出源別の大気汚染物質排出量（SO_2、NOx、一次$PM_{2.5}$）Current−goalsの2030年と2060年を比較すると微減にとどまることが読み取れる。

2.9
持続可能な資源利用

❾ 機械学習を用いたより高密度の大気汚染予測

観測とモデルシミュレーションは環境解析に不可欠な両輪といえる。現状を把握し、将来を予測するには両者が必要であることは論をまたない。地球規模、地域規模の環境解析、将来予測には大規模なシミュレーションモデルが大きな役割を果たしてきた。今後、環境観測から高頻度、高密度のデータが得られるようになると、コンピューターがそれらのデータから継続的に学習するとともにデータに基づいて予測を行える機械学習、さらには深層学習のようなコンピューターによる処理が極めて有効となる[23]。しかし、現在の大気環境のデータは都市域に偏在しており、森林衰退に対する大気汚染の影響の解析には十分ではない。高精度の衛星観測や高空間分解能の地上データが蓄積されていけば、このような機械学習による特定地域の環境解析に力を発揮していくと期待されている。

❿ シードエアロゾル存在下での大気化学反応機構の研究

大気中でエアロゾルを生成するような化学反応の研究はすでに長年の蓄積がある。しかし従来は主に気相の化学反応の観点からの研究が主であり、生成するエアロゾルの実時間での追跡や、エアロゾル存在下における反応の解析などは困難を伴うものであった。しかし近年では生成するエアロゾルを実時間で測定したり、事前にエアロゾルを系内にシードした上で反応を行わせたりするような実験方法が開発されてきており、そのような実大気条件に近い条件下での化学反応の解析が進められている[24]。大気中で生成する二次生成エアロゾルは$PM_{2.5}$の主要成分でもあり、その化学組成の把握や生成プロセスの解明は極めて重要な知見となる。

⓫ 森林生態系のCO₂吸収源としての役割を阻害する対流圏オゾンの影響

我が国においては大気汚染物質の環境基準はほぼ100%達成されているが、唯一、光化学オキシダント（対流圏オゾン）はその達成率がほぼ0%である。オゾンは世界的に見ても森林生態系への大きな脅威となっている[25]。オゾンの暴露は樹木のCO_2吸収量を低下させ、長期的には生態系の炭素循環に大きな影響を与えると考えられている。森林は重要なCO_2吸収源であり、カーボンニュートラルを達成するためには森林伐採のみならずオゾンなどによる森林衰退の防止もまた重要な環境保全ターゲットである。

⓬ 東アジア地域の広領域における大気汚染物質の分布の把握

大気汚染物質の環境影響は国レベルにとどまらず、広く地域レベル・大陸レベルの環境問題であることはすでに周知の事実となっている。欧州や北米に比較すると、アジア特に東アジア地域は熱帯から温帯にかけて広く森林が分布し、重要なCO_2吸収源になっている一方、発展途上国が多く存在し、十分な環境保全策がとられていないケースも多く、未だに多くの問題を抱えている。この地域の大気環境について、従来、酸性雨に焦点を当てたモニタリングネットワークである東アジア酸性雨モニタリングネットワーク（EANET）の活動が行われてきた[26]。最近、森林やこの地域に属する都市域などに対する大気汚染物質の影響の重要性に鑑み、EANETのスコープが拡大されて主な大気汚染物質も主要なターゲットとされることになった。先行する欧米に追いつき、まだスコープには含まれていないものの、SLCFsの観測・規制など、大気汚染と温暖化・気候変動の両者に共便益を与える取り組みが今後求められると考えられる。

⓭ 船舶、航空機の規制動向

国際的な船舶の大気汚染物質やGHGsの排出削減に向けた規制は国際海事機関（IMO）の海洋環境保護委員会で議論されている。国際貨物の増大等により、船舶のCO_2排出量も増大している。2008年と2018年を比較すると40%の増加となっている。2021年6月の会合では、日本主導で、世界の大型外航船への新たなCO_2排出規制「既存船燃費規制（EEXI）・燃費実績（CII）格付け制度」が採択された。従来は新造船のみが対象だったが、当該規制は既存船に対しても適用される。欧州や日本の新規船舶では

2.9 持続可能な資源利用

LNG（液化天然ガス）大型貨物船が就航し、メタノール、LPG、水素等の新燃料の研究開発も行われている。国際海事機関が監督するマルポール条約では、2020年1月に全ての海洋でSO_x排出規制を3.5％から0.5％に引き下げる改正も行われ、既存船舶へもSO_xスクラバー搭載等の対策が必須となっている。

航空機については国際民間航空機関（ICAO）で大気汚染物質の規制が制定されている。航空機のCO_2排出について、2020年以降総排出量を増加させないグローバル目標を設定している。新型機材や運航方式に加えて、持続可能航空燃料（SAF: Sustainable Aviation Fuel）の導入を促進しており、各国も注力している。とくに欧米諸国の動きが早く、ノルウェー、フランスではSAF混合義務が既に法制化した。

⓮ 二輪車や特殊自動車の規制動向

日本自動車工業会が集計している統計[27]によれば、2021年3月における我が国での二輪車保有台数は約1千万台である。二輪車の世界の保有台数は、正確性の高い統計が揃っていないが、少なくとも3億台は超えている。四輪車について我が国での保有台数は約8千万台、世界の保有台数は約15億台である。四輪車と比べ台数や総走行距離が少ないとはいえ、日本国内でも二輪車は無視できない移動発生源である。我が国で二輪車の排出ガス規制が導入されたのは1998年からと、1952年から導入の歴史がある騒音規制と比べて最近だった。しかし、図表2.9.2-1で述べた四輪車の排出ガス基準強化の歴史を急速に追いかけ、近年は欧州との国際基準調和に向けて厳格化してきている[28]。我が国の二輪車では2006年以降の規制を満たすため、四輪車で開発されていた三元触媒等の技術が適用されてきている。二輪車は中国や台湾、インド、東南アジアなどでの主要交通手段である。特に大気汚染対策を強化している中国や台湾での電動二輪車の普及も話題を呼んでいる。台湾は人口約2,400万人に対して二輪車約1,400万台も普及しており、大気汚染の3割がバイクを含む移動発生源と推定されている。台湾政府が2017年に打ち出した「大気汚染防止行動計画」では2035年までに新車販売する二輪車を電動化する目標を掲げ、補助金政策や低価格モデル車の販売などにより年8万台前後が販売されている。ベンチャー企業のGogoro社がバッテリー交換ステーションビジネスを展開するなど動向が注目されている。

我が国では2006年以降、特殊自動車（産業機械、建設機械、農業機械）の排出ガスは特定特殊自動車排出ガス規制法（通称：オフロード法）で規定されている[29]。同法では公道を走行する自動車、原動機付自転車をオンロード車と呼ぶのに対して、公道を走行しない特殊自動車をオフロード車と呼んでいる。図表2.9.2–1で述べたように一般自動車の排出ガス規制が進み、特殊自動車起因の大気汚染物質の比率が無視できなくなってきたことを受けて、段階的に排出ガス規制を強化している。技術的にはオンロードのディーゼル車の排出ガス浄化技術で述べたDPFや排出ガス再循環等で対応されてきている。

［注目すべき国内外のプロジェクト］
■国内

・経済産業省他「グリーンイノベーション基金」（期間：10年間、予算規模：総額2兆円）

経済産業省は、2050年カーボンニュートラル目標に向けて、令和2年度第3次補正予算において2兆円の「グリーンイノベーション基金」をNEDOに創設した。この基金では、研究開発・実証から社会実装までを見据え、官民で野心的かつ具体的な目標を共有し、重点14分野を対象に企業等の取り組みに対して10年間の継続的な支援を行うとしている。

自動車の環境問題に関わる分野では、「次世代蓄電池・次世代モータの開発プロジェクト」（予算総額1510億円）、「スマートモビリティ社会の構築プロジェクト」（予算総額1130億円）、「CO_2等を用いた燃料製造技術開発プロジェクト」（予算総額1145億円）などが実施される見込みである。

「CO_2等を用いた燃料製造技術開発プロジェクト」では、ENEOS株式会社がCO_2からの合成反応を用いた高効率な液体燃料製造技術の開発を、自動車用内燃機関技術研究組合（AICE）が乗用車および重量車の合成燃料利用効率の向上とその背反事象の改善に関する技術開発を担当して、自動車用燃料としての技術

2.9
持続可能な資源利用

開発を行うことになっている。合成燃料は、コストと供給量が問題視されているため、乗用車については、HEV用ガソリンエンジンの熱効率向上技術、車両走行時の平均熱効率向上技術、車両効率向上技術、革新的排気後処理技術等を開発するとしている。また、大型商用車に対しては、最高熱効率55％超、Tank-to-WheelでのCO$_2$排出量を4分の1以上削減するための要素技術として、大型商用車用ディーゼルエンジンの熱効率向上技術、車両走行時の平均熱効率向上技術、車両効率向上技術、革新的排気後処理技術を開発するとしている。

- 経済産業省「自動車産業「ミカタプロジェクト」」

経済産業省は、自動車の電動化にともなって需要の減少が見込まれるエンジンやトランスミッション等の自動車部品メーカーについて、電動車部品の製造に挑戦するといった「攻めの業態転換・事業再構築」について、窓口相談や研修・セミナー、専門家派遣等を通じて支援する事業を開始した。補助金を通じて事業転換に必要な設備投資や研究開発、人材育成等の支援も行うとしている。こうした取り組みを通じて電動化の動きは国内でも静かに進行して行くとみられている。

- ERCA「短寿命気候強制因子による気候変動・環境影響に対応する緩和策推進のための研究」（2021～2025、500百万円）

排出源および大気中の時空間分布が偏在しているSLCFsの地域ごと及び組成ごとの気候変動および環境影響を定量的に評価し、同時に影響緩和へ向けた排出量削減シナリオを策定するための研究を推進する。気候変動評価に加え、環境影響評価では、気候モデルによるシミュレーション結果を境界条件として、SLCFsの排出量増減に伴う地域ごとの健康影響・農作物影響・洪水渇水影響について、各種影響評価モデルを用いた評価を行う。

- ERCA「大気粒子中化学成分が小児のアレルギー及び生活習慣病の発症に及ぼす影響の解明」（2019～2021、99百万円）

兵庫県尼崎市の「子どもの検討環境に関する全国調査（エコチル調査）」参加者（約4,900人）のうち、小学2年生時に実施する学童期検査を受診する子どもを対象に、小児期の喘息等のアレルギー疾患の発症及び生活習慣病のリスク要因である高血糖や脂質異常等について、バイオマーカーを用いて客観的に評価したプロジェクト。胎児期及び乳幼児期の大気汚染物質及びその化学成分への曝露の影響を疫学的に解明した。

- ERCA「オゾン生成機構の再評価と地域特性に基づくオキシダント制御に向けた科学的基礎の提案」（2021～2023、108百万円）

スモッグチャンバーや水素酸化物（HOx）反応性計測といった先端技術を駆使し化学反応メカニズムの検証を行い、レジーム判定を含めた実大気計測を通してモデル精度の向上を図り、地域の特性に則した有効な光化学オキシダントの制御戦略の科学的な基礎の提案を目的としている。

- ERCA「大気中マイクロプラスチックの実態解明と健康影響評価」（2021～2023、108百万円）

大気中のマイクロプラスチックの分析法を確立し、国内外における大気圏内の動態を観測およびモデルの両面から解明し、発生源の推定を行う。健康影響の観点から呼吸器系における炎症惹起作用や気管支喘息に対する影響を評価する。

- 大型車用水素エンジンの開発

2022年7月、いすゞ自動車株式会社、株式会社デンソー、トヨタ自動車株式会社、日野自動車株式会社、Commercial Japan Partnership Technologies株式会社の5社は、カーボンニュートラルの実現に向けた

2.9

持続可能な資源利用

選択肢の一つとして、さらなる内燃機関の活用を目指し、大型商用車向け水素エンジンの企画・基礎研究を開始したと発表した。トヨタは、乗用車用の水素エンジンの開発も行っており、日本や欧州の自動車レースに参戦している。

　水素エンジンは、再エネ由来の水素を使用すればCO_2を排出しないが、空気との燃焼では大気汚染物質の一つである窒素酸化物を排出する。SCR触媒等の排気後処理装置が必要になると考えられる。

■国外

• 米国エネルギー省（DOE）SuperTruck 3プロジェクト[30]（期間：5年間、予算規模：1億2700万ドル）

　米国DOEのエネルギー効率・再生可能エネルギー局は、2009年に大型トラックの貨物輸送効率を50%向上させることを目的としSuperTruckイニシアチブを立ち上げた。その結果、トラクタートレーラーの燃費を12、13 mpgまで向上させることに成功した。このプロジェクトで開発された技術は、現在では市販のトラックにも応用されている。後継プロジェクトであるSuperTruck 2では、18輪トラックの燃費を2倍にすることを目標とし、Cummins Inc.の研究チームが廃熱回収システムを装備したエンジンで正味熱効率55%を達成したことを発表している。現在進行中のSuperTruck 3は、これまでのエンジン車とは異なり、大型車や中型車の電動化に焦点を当て、高い輸送効率とゼロエミッションを達成するため、電動トラックと貨物システムのコンセプトを開拓するための研究に資金を提供している。このプロジェクトには、米国のPaccar, Inc.、General Motors Company、Daimler Trucks North America LLC、Ford Motor Company、Volvo Group North America LLCの5社が参加している。

• 米国DOE　電気自動車、バッテリー等への研究支援[31]

　DOEは2021年6月、傘下の国立研究所における電気自動車、バッテリー、コネクテッド・ビークルのプロジェクトおよび電気自動車のイノベーションを支援するDOEの新しいパートナーシップに対して、今後5年間で2億ドルの資金提供を行うことを発表した。

• EU　Towards zero emission road transport (2Zero)[32]

　Towards zero emission road transport（2Zero）は、Horizon Europeプログラムの資金提供を受けた、欧州全域での道路交通をゼロエミッションへ速やかに移行することを目的とした共同プログラムのパートナーシップで、2021年6月23日に正式に発足した。

　2Zeroパートナーシップでは、BEVとFCEVなどを統合したシステムの実装を検討している模様。既存のEUにおける技術プラットフォーム（ERTRAC、EPoSS、ETIP-SNET、ALICE、Batteries Europe）の支援を受けて新しい自動車技術の研究を続け、その範囲をゼロエミッション車のエコシステムへの統合にまで広げ、EUの競争力と技術的リーダーシップの強化に貢献するとしている。

（5）科学技術的課題

❶ 低下しない光化学オキシダント濃度

　国内の大気環境問題においては、様々な発生源対策によって一次大気汚染物質たるNOxやVOC（揮発性有機化合物）は着実に大気中の濃度が低下してきており、環境基準も設置されている測定局のほぼすべてで達成されている。これに対して光化学オキシダント（オゾン）の濃度は横ばいか微増の状況が続いており、その生成源であるNOxおよびVOCの低減の効果が見られていないのは依然大きな問題である。オゾンは二次汚染物質であるため、その生成に至る大気中での化学反応について、さらなる検討が必要である。

❷ 地球温暖化関連大気汚染物質が人間の健康や農作物などに与える影響とその対策

　地球温暖化が人間の健康や農畜産物に与える影響はこれまでに多くの研究がすでに進められてきている。

2.9 持続可能な資源利用

温暖化への対策としては緩和策（CO_2 などの GHGs の削減）と適応策の二つが車の両輪のように重要であると指摘されてきた。その両者を並行して進めて、お互いの効果を相乗的に高めることが必要であることは概念的には理解されていても、しっかりとした裏付けとなる情報は不十分である。特に SLCFs は温暖化・冷却化だけでなく、大気汚染物質として様々な環境影響を与える物質でもあるため、都市域に限らない実態の解明や削減方式に関する研究を継続して深めていく必要がある。

❸ カーボンニュートラル化が大気環境に及ぼす影響についての評価

地球温暖化対策として、世界の主要国が2050年カーボンニュートラルを目指すことを宣言し、自動車の電動化等、化石燃料と内燃機関自動車からの脱却が進行している。大気環境改善策としても極めて有効なGHGs 削減対策もあり、大気汚染物質の排出量を既存の排出ガス規制では達成できない水準まで低減可能との研究も存在する。一方、カーボンニュートラルに向けた自動車技術やエネルギー源の選択は、複数の削減シナリオが存在することに加えて、多くの不確実な部分が存在する。海外では、地球温暖化対策等の評価に用いられている統合評価モデルと連携して推計した大気汚染物質の排出量を化学輸送モデルに入力し、GHGs 削減シナリオごとに大気環境の将来予測を行う研究が行われている。このような研究の推進により、これからの大気環境に対する課題を把握し、大気環境改善のために必要な研究課題を検討していくことが求められている。

❹ 既存車（内燃機関自動車）の排出ガス低減技術開発について

度重なる排出ガス規制の強化により、内燃機関搭載車の排出ガス浄化技術は、高度な水準に達していると考えらえる。しかしながら、最近、国内の大型車メーカーによる排出ガス長距離耐久試験に係る不正が明らかになった。このような不正が行われてはならないことは言うまでもないが、背景のひとつとして、高い耐久性が要求される重量貨物車等の排気後処理技術において、長期間にわたる信頼性の確保等がまだ技術的な課題として残されていたことがあらためて示されたともいえる。さらに、粒子状物質の排出個数規制（PN 規制）や Real Driving Emission（RDE）規制の導入など新しい規制や試験法への適用などにおいても、技術的な課題が存在する。

❺ エアロゾル化学成分の健康影響

$PM_{2.5}$ などエアロゾルの健康影響については多くの研究が進められてきた。さらに一歩踏み込んで、エアロゾルに含まれる化学成分の何が人間の健康に大きな影響を及ぼすのかについての検討はまだ十分ではない。エアロゾル捕集法の開発が進み、細胞レベルでの暴露実験も進んできているため、今後さらなる成果が得られるものと期待される。疫学的な研究に基づく化学成分の健康影響研究も視野に入ってきている。

❻ 有機エアロゾルの生成機構の解明

有機炭素（OC）は大気中のエアロゾルの主要成分の一つであるが、それを構成するのは多種多様な有機化合物であり、大気中における生成反応のプロセスは十分には解明されていない。シミュレーションモデルによる大気環境の解析には二次汚染物質の生成機構は一義的に重要ではあるが、その多様性のためすべてを網羅することは現実的に不可能である。主要な化学反応（オゾン反応や OH ラジカルの反応）について代表的な人為起源および自然起源の有機化合物の大気中における反応プロセスを明らかにすることは依然として重要なターゲットである。

❼ タイヤ粉塵起因マイクロプラスチックの環境動態、環境運命

海洋マイクロプラスチックの関心に伴い、大気環境中マイクロプラスチックも関心が高まった。自動車走行に伴う粉塵巻き上げ、タイヤ切削などが大気環境中で浮遊するサイズは非常に小さく、大きなものは車

2.9

持続可能な資源利用

道から下水道や雨水排水管に流れることが既知だが、これまでの研究蓄積の共有や詳細化が期待される。

❽ 低温域での排ガス浄化性能やシステム全体最適化

内燃機関は一定の比率で残るとみられることを踏まえると、低温域での触媒の排ガス浄化性能の向上は引き続き課題である。開発視点では、内燃機関と浄化触媒とを一体のシステムととらえ、全ての使用過程での環境性能の向上が求められる。

❾ 自動車排ガス触媒への機能付与や貴金属削減・代替技術

今後の自動車は各国での補助金、税制誘導政策などにより、普及シナリオには大きなばらつきがあるが、おおむね長期にはBEVなどの普及は進む一方、短中期にはHEVなど内燃機関搭載の低CO_2車も重要な位置を占めるとみられる。BEVについては大量のリチウムイオン電池搭載によるLi等の資源不足、価格高騰への対策技術、一定走行距離を達成しなければ製造時CO_2排出が既存車を上回る指摘などの課題がある。内燃機関搭載車については自動車三元触媒に用いられるRh、Pdなど貴金属、レアメタルの資源不足、価格高騰などの実現性シナリオ研究、そのリスクに応じた代替技術や削減技術を可能とする研究課題がある。

❿ 高い時間・空間分解能を持つ大気環境観測

エアロゾルの観測は公定法としては24時間捕集後の分析によって行われている。様々な高時間分解能の測定機器が公定法と等価性があるものとして認められているが、それぞれに一長一短は存在する。一方、公定法は環境基準の策定やその維持につながるので厳密な管理が必要とされ、多くの機器を広く配置するには困難が伴い、空間分解能の高い測定を行うには向いていない。詳細な時間変化や不均一な空間分布を把握するためには短時間に比較的高精度で広域を測定するための手法が必要となる。

（6）その他の課題

❶ 広範囲な分野の研究者の研究協力体制の構築

石油を燃料とする内燃機関を動力源とする現在の自動車が誕生してから130年以上たつ。その歴史の中で、絶え間ない改良が加えられてきた。大気汚染物質の削減対策に限定しても約50年の歴史がある。必要な要素技術は高度になり、深い専門知識を集約した形で成立している。自動車の排出ガス削減技術に限定すれば、現在の自動車の清浄な排気は、燃料、内燃機関、排気後処理装置の改善で主に成り立っている。一方、2050年カーボンニュートラルに向けて、これまでの社会や産業の基礎であったエネルギー源の大幅な転換が求められており、社会や産業が大きく変わる転換期にあると思われる。CASEに代表される今後の自動車についても、エネルギーの転換に加えて、情報通信技術や人工知能など、これまで関連の少なかった分野との融合が要求されている。このような時期には、広範な技術分野を俯瞰的に眺め、今後、重要になる研究分野を見極め、各分野における深い専門知識を統合した研究開発体制の構築が必要と考えられる。さらに、広範囲にわたる分野の研究を取りまとめられる人材の育成も必要と思われる。

❷ 途上国における都市の大気環境問題

排出規制が厳しい日米欧の主要国の都市部では大気環境が改善傾向だが、世界の大多数の都市における大気環境は、極めて厳しい状況にある。その原因の多くが、自動車や発電所、工場、事業所等における燃料の燃焼に起因している。自動車排出ガスの低減を進めるためには、排気後処理の付いた車両への代替が効果的であるが、燃料の低硫黄化が達成されておらず、低排出ガスの車両が導入できない状況にある。途上国では、経済的事情から、新型車への代替が進まず、古い車両が長期間にわたり使用されることも一因である。使用過程車に対する排出ガス対策は、触媒やDPFなどの後付が効果的だが、一般的な排気後処理装置は、低硫黄燃料を前提に開発されているため、都市の大気汚染が深刻な途上国には、適用が困

難な状況にある。エネルギーの転換など、GHGsの削減を優先的に進めることが大気環境の改善に寄与する可能性もある。

❸ 若手研究者の育成の支援不足

　理工系における若手研究者の不足は指摘されるようになってから久しいが、大気化学、大気環境科学分野においても例外ではない。科学研究費補助金やその他の競争的研究資金においてはいずれも若手研究者に対する支給の充実を試みているが、若手研究者の育成はまだ十分ではない。例えば諸外国に見られるような、博士課程学生に給与を与えるような支援制度の充実が望まれる。

（7）国際比較

国・地域	フェーズ	現状	トレンド	各国の状況、評価の際に参考にした根拠など
日本	基礎研究	◎	↗	●内燃機関の効率向上、排出ガス浄化に関する研究は、自動車用内燃機関技術研究組合（AICE）やゼロエミッションモビリティパワーソース研究コンソーシアム等で、産学連携する形で研究が進められている[33]。 ●電動化によるゼロエミッション車にとって必須な蓄電池の研究はグリーンイノベーション基金等により実施されている。わが国からのリチウムイオン電池の特許出願数は、他の国に比べて多い[34]。 ●光化学オキシダントについて、ほぼ唯一環境基準を達成できていない汚染質として、動向や原因、対策について種々検討が進められているが、十分な結論は得られていない。 ●長距離越境大気汚染がCOVID-19による影響を受けて低下し、国内的にはPM2.5の環境基準がほぼ100%達成されるようになってきて、単なる重量濃度のみではなく、化学成分とそれによる健康影響に注目した研究が進められている。 ●二次有機粒子は大気中のPM2.5に占める割合も大きいが、その生成プロセスは不明な点が数多く残されている。各国で生成機構、生成プロセスの解明について精力的な研究が進められている。
日本	応用研究・開発	○	↗	●排気後処理装置の改良などの研究は、継続して実施されている ●ハイブリッド車等を含めた内燃機関搭載車の販売では、我が国自動車メーカーは依然として主要なポジションを維持しており、技術力が評価されているものと考えられる。しかしながら、ゼロエミッション車の主流と考えられているBEV車の開発では、欧米や中国、韓国等の後塵を拝しており、世界市場でのシェアも小さい。 ●現行の光化学オキシダントの指標が必ずしも現状を正確に表していないともいわれ、いくつかの新たな指標が提案されている。 ●日本の主導で始められたEANET（アジア酸性雨モニタリングネットワーク）により、酸性雨にとどまらず東アジア全体に向けたPMの観測網による活動が開始されようとしている。 ●大気中の二次有機粒子の反応機構の解明は直接的な技術開発等には結びつきにくい。シミュレーションモデルへの組み込みは行われている。
米国	基礎研究	○	↗	●国立研究機関等での自動車関連研究は、これまでの内燃機関の燃費性能向上等からカーボンニュートラルを見据えた車両の電動化にシフトしている[30],[31]。 ●欧米では従前より、オゾンの二つの前駆体であるNOxとVOCの削減が進められてきたが、オゾン生成反応の不均一性のため、これらの削減がオゾン低下につながるか、逆になるかは条件によって異なる。 ●米国のPM2.5関連環境基準は段階的に強化されており、WHOの推奨値に最も近いレベルに到達している。今後さらなる規制の強化に向けた取り組みがなされており、そのための様々な研究が進められている。 ●二次有機粒子は大気中のPM2.5に占める割合も大きいが、その生成プロセスは不明な点が数多く残されている。各国で生成機構、生成プロセスの解明について精力的な研究が進められている。

	応用研究・開発	○	↗	●米国自動車技術会（SAE）では、継続して内燃機関車の排気浄化に関する研究発表が行われているが、報告数は減少している。 ●Tesla社に代表されるように、米国ではBEV社の専業メーカーが存在し、乗用車から大型車まで開発が行われ、乗用車は、世界市場で大きなシェアを獲得している[35]。さらに、既存のGM社やFord社も電動化に向かって開発を進めており、COP26におけるゼロエミッション車に関する共同宣言に署名している[20]。 ●光化学オキシダントについて、上記のような状況に対応してNOxとVOCの濃度領域に依存したオゾン生成レジームの検討は現在も進められている。 ●国内のPM2.5はEPAなども不断に把握に努めており、健康影響に対する市民の意識の高まりもあって、研究開発に対する意識は高い。 ●大気中の二次有機粒子の反応機構の解明は直接的な技術開発等には結びつきにくい。シミュレーションモデルへの組み込みは行われている。
欧州	基礎研究	◎	↗	【EU】 ●欧州の研究・イノベーション助成プログラムのもと、交通部門についての研究が行われているが、多くは、気候変動対策としてゼロエミッションを目指したものである。前述した2Zeroパートナーシップでは、大型車のバッテリー電気自動車（BEV）と燃料電池電気自動車（FCEV）を研究対象としている[32]。 ●各国別個の対応というよりは欧米で協力した対応が目立つ。米国と同様従前より、オゾンの二つの前駆体であるNOxとVOCの削減が進められてきたが、オゾン生成反応の不均一性のため、これらの削減がオゾン低下につながるか、逆になるかは条件によって異なる。 ●PMの健康影響は欧州全体に関わる問題である。市民の関心も高い。 ●二次有機粒子は大気中のPM2.5に占める割合も大きいが、その生成プロセスは不明な点が数多く残されている。各国で生成機構、生成プロセスの解明について精力的な研究が進められている。 【ドイツ】 ●内燃機関の共同研究組織として設立されたFVVは、最近では、持続可能な社会を実現するための研究を行う組織に生まれ変わっている。自動車のパワートレインについては、以下のようなゼロエミッションの可能性がある複数の組み合わせを検討している。 Battery electric powertrain, Fuel cell (hydrogen), Combustion engine (hydrogen), Combustion engine (DME), Combustion engine (methane), Combustion engine(Fischer–Tropsch fuel), Combustion engine (methanol).
	応用研究・開発	○	↗	【EU】 ●欧州の自動車メーカーの多くは、カーボンニュートラルに向けて、電気自動車への転換を鮮明に打ち出しており、多くの車種（BEV,PHEV）が市場に投入されている[35]。これまでに市販された車両は、乗用車が主であるが、ダイムラーやボルボなどの大型車メーカーも商用のバッテリー電気自動車を開発している[36],[37]。中国と同様、車両の電動化の先陣を切っている。 ●電気自動車で最も重要となる蓄電池は中国や韓国の製品に依存していたが、輸送コストや安定供給を目的に、欧州各地に巨大な電池工場が新設されている。 ●光化学オキシダントについて、NOxとVOCの濃度領域に依存したオゾン生成レジームの検討が進められている。 ●PMについて、森林などの生態系への影響も応手全体の問題として捉えられている。様々なモニタリングがEMEP（European Monitoring and Evaluation Programme）を中心に進められている。 ●大気中の二次有機粒子の反応機構の解明は直接的な技術開発等には結びつきにくい。シミュレーションモデルへの組み込みは行われている。

2.9 持続可能な資源利用

中国	基礎研究	◎	↗	●内燃機関の研究も実施されているが、他の主要国に比べ研究水準は低いと考えられる。一方、車両の電動化に必須なバッテリーの多くを中国の企業が提供しており、研究においても世界の先端にあると考えられる[38]。 ●対流圏オゾンは中国でも重要な大気汚染問題として最近注目されており、日本と同様前駆物質の濃度は低下しているのにオゾンの濃度が下がらないことが問題となっている。 ●東アジア地域のコホート調査が進められており、PMの長期暴露の健康影響などの研究が進められている。 ●二次有機粒子は大気中のPM$_{2.5}$に占める割合も大きいが、その生成プロセスは不明な点が数多く残されている。各国で生成機構、生成プロセスの解明について精力的な研究が進められている。
	応用研究・開発	◎	↗	●中国では、大気環境改善とGHGs削減の両立を目指して、国を挙げて自動車の電動化が進められており、多くの電動車両メーカーが存在する[35]。一部のメーカーは、欧州等でも高い評価を得ており、技術の向上は目覚ましい。 ●中国は、世界における自動車用リチウムイオンバッテリーの70%を生産しており、生産技術では世界のリーダー的立場にある[38]。 ●光化学オキシダントについて、多くの研究が開始されている。 ●PMの健康影響は最大の関心事でもあり、他の先進各国に比較して高めの環境基準の達成も現状では難しいため、多くの研究開発が試みられている。 ●シミュレーションモデルへの組み込みによる大気中の有機エアロゾルの生成プロセスの解明に取り組んでいる。
韓国	基礎研究	○	↗	●内燃機関の排気浄化等に関する基礎研究分野では、目立った研究は少ない。しかしながら、韓国も中国に次ぐ、自動車用リチウムイオンバッテリーの生産国であり、生産等に関する技術レベルは高いと推察される[38]。 ●対流圏オゾンの不均一生成は韓国でも問題となっている。 ●中国などとも共同で東アジア地域のコホート調査が進められており、PMの長期暴露の健康影響などの研究が進められている。 ●二次有機粒子は大気中のPM$_{2.5}$に占める割合も大きいが、その生成プロセスは不明な点が数多く残されている。各国で生成機構、生成プロセスの解明について精力的な研究が進められている。
	応用研究・開発	◎	↗	●韓国車は、我が国ではあまり見かけないが、その品質の高さから世界市場では確固たる地位を築いている。 ●電動化の分野でも、高品質のバッテリー電気自動車を開発、欧州市場等に投入し、高い評価を得ている[35]。 ●光化学オキシダントについて、衛星や地上観測などを組み合わせて地域ごとの環境対策に結びつけようとしている。 ●韓国においてもPMの化学成分の健康影響は重要な関心事であり、研究開発が進められている。 ●シミュレーションモデルへの組み込みによる大気中の有機エアロゾルの生成プロセスの解明に取り組んでいる

（註1）「フェーズ」

　「基礎研究」：大学・国研などでの基礎研究レベル。

　「応用研究・開発」：技術開発（プロトタイプの開発含む）・量産技術のレベル。

（註2）「現状」　※我が国の現状を基準にした評価ではなく、CRDSの調査・見解による評価。

　◎：他国に比べて特に顕著な活動・成果が見えている　　○：ある程度の顕著な活動・成果が見えている

　△：顕著な活動・成果が見えていない　　　　　　　　　×：特筆すべき活動・成果が見えていない

（註3）「トレンド」

　↗：上昇傾向、→：現状維持、↘：下降傾向

2.9
持続可能な資源利用

関連する他の研究開発領域

- ・蓄エネルギー技術（環境・エネ分野　2.2.1）
- ・水素・アンモニア（環境・エネ分野　2.2.2）
- ・CO_2 利用（環境・エネ分野　2.2.3）
- ・反応性熱流体（環境・エネ分野　2.6.1）
- ・気候変動観測（環境・エネ分野　2.7.1）
- ・気候変動予測（環境・エネ分野　2.7.2）
- ・都市環境サステナビリティ（環境・エネ分野　2.8.3）
- ・環境分析・化学物質リスク評価（環境・エネ分野　2.10.2）
- ・分離技術（ナノテク・材料分野　2.1.2）

参考・引用文献

1）環境省「大気汚染に関わる環境基準」https://www.env.go.jp/kijun/taiki.html,（2023年2月1日アクセス）.

2）国土交通省「自動車の排出ガス規制（新車）」https://www.mlit.go.jp/jidosha/jidosha_tk10_000001.html,（2023年2月1日アクセス）.

3）環境省「大気環境・自動車対策：大気汚染状況」https://www.env.go.jp/air/osen/index.html,（2023年2月1日アクセス）.

4）環境省「令和2年度　大気汚染状況について」https://www.env.go.jp/press/110805.html,（2023年2月1日アクセス）.

5）Itsushi Uno, et al., "Paradigm shift in aerosol chemical composition over regions downwind of China," *Scientific Reports* 10（2020）: 6450., https://doi.org/10.1038/s41598-020-63592-6.

6）Anton Beloconi, Nicole M. Probst-Hensch and Penelope Vounatsou, "Spatio-temporal modelling of changes in air pollution exposure associated to the COVID-19 lockdown measures across Europe," *Science of The Total Environment* 787（2021）: 147607., https://doi.org/10.1016/j.scitotenv.2021.147607.

7）Xiaoyan Wang and Renhe Zhang, "How Did Air Pollution Change during the COVID-19 Outbreak in China?" *Bulletin of the American Meteorological Society* 101, no. 10（2020）: E1645-E1652., https://doi.org/10.1175/BAMS-D-20-0102.1.

8）World Health Organization (WHO), "WHO global air quality guidelines: Particulate matter ($PM_{2.5}$ and PM_{10}), ozone, nitrogen dioxide, sulfur dioxide and carbon monoxide," https://apps.who.int/iris/bitstream/handle/10665/345329/9789240034228-eng.pdf?sequence=1&isAllowed=y,（2023年2月1日アクセス）.

9）World Health Organization (WHO), "Ambient air pollution data," https://www.who.int/data/gho/data/themes/air-pollution/ambient-air-pollution,（2023年2月1日アクセス）.

10）Teppei J. Yasunari, et al., "Developing an insulation box with automatic temperature control for $PM_{2.5}$ measurements in cold regions," *Journal of Environmental Management* 311（2022）: 114784., https://doi.org/10.1016/j.jenvman.2022.114784.

11）Phuc T. M. Ha, et al., "Effects of heterogeneous reactions on tropospheric chemistry: a global simulation with the chemistry-climate model CHASER V4.0," *Geoscientific Model Development* 14, no. 6（2021）: 3813-3841., https://doi.org/10.5194/gmd-14-3813-2021.

2.9 持続可能な資源利用

12）Yulan Zhang, et al., "Atmospheric microplastics: A review on current status and perspectives," *Earth-Science Reviews* 203 (2020): 103118., https://doi.org/10.1016/j.earscirev.2020.103118.

13）石油連盟「情報ライブラリー：Q&A：軽油の品質」https://www.paj.gr.jp/statis/faq/71,（2023年2月1日アクセス）．

14）三隅良平, 他「東京スカイツリーでのエアロゾル・雲研究」『エアロゾル研究』37 巻 2 号（2022）：96-103., https://doi.org/10.11203/jar.37.96.

15）米持真一, 他「富士山頂における昼夜別に採取した$PM_{2.5}$中の無機元素成分と発生源解明」『分析化学』70 巻 6 号（2021）：363-371., https://doi.org/10.2116/bunsekikagaku.70.363.

16）Vinit Lambey and A. D. Prasad, "A Review on Air Quality Measurement Using an Unmanned Aerial Vehicle," *Water, Air, & Soil Pollution* 232 (2021) : 109., https://doi.org/10.1007/s11270-020-04973-5.

17）Abdulmalik Altuwayjiri, et al., "The impact of stay-home policies during Coronavirus-19 pandemic on the chemical and toxicological characteristics of ambient $PM_{2.5}$ in the metropolitan area of Milan, Italy," *Science of The Total Environment* 758 (2021) : 143582., https://doi.org/10.1016/j.scitotenv.2020.143582.

18）Tianhao Le, et al., "Unexpected air pollution with marked emission reductions during the COVID-19 outbreak in China," *Science* 369, no. 6504 (2020) : 702-706., https://doi.org/10.1126/science.abb7431.

19）International Energy Agency (IEA), "Global EV Outlook 2022," https://www.iea.org/reports/global-ev-outlook-2022,（2023年2月1日アクセス）．

20）Department for Transport and Department for Business, Energy & Industrial Strategy, "Policy paper: COP26 declaration on accelerating the transition to 100% zero emission cars and vans," GOV.UK, https://www.gov.uk/government/publications/cop26-declaration-zero-emission-cars-and-vans/cop26-declaration-on-accelerating-the-transition-to-100-zero-emission-cars-and-vans,（2023年2月1日アクセス）．

21）Jing Cheng, et al., "Pathways of China's $PM_{2.5}$ air quality 2015-2060 in the context of carbon neutrality," *National Science Review* 8, no. 12 (2021) : nwab078., https://doi.org/10.1093/nsr/nwab078.

22）Joana Monjardino, et al., "Carbon Neutrality Pathways Effects on Air Pollutant Emissions: The Portuguese Case," *Atmosphere* 12, no. 3 (2021) : 324., https://doi.org/10.3390/atmos12030324.

23）Koushal Kumar and Bhagwati P. Pande, "Air pollution prediction with machine learning: a case study of Indian cities," *International Journal of Environmental Science and Technology* (2022) : 1-16., https://doi.org/10.1007/s13762-022-04241-5.

24）Satoshi Inomata, "New Particle Formation Promoted by OH Reactions during α-Pinene Ozonolysis," *ACS Earth Space Chemistry* 5, no. 8 (2021) : 1929-1933., https://doi.org/10.1021/acsearthspacechem.1c00142.

25）Hanieh Eghdami, et al., "Influence of Ozone and Drought on Tree Growth under Field Conditions in a 22 Year Time Series," *Forests* 13, no. 8 (2022) : 1215., https://doi.org/10.3390/f13081215.

26）Acid Deposition Monitoring Network in East Asia (EANET), "Fourth Periodic Report on the State of Acid Deposition in East Asia, Part III: Executive Summary," https://www.eanet.asia/wp-content/uploads/2022/07/PRSAD4_PART3-Executive-Summary.pdf,（2023年2月1日アク

2.9 持続可能な資源利用

セス）．

27）一般社団法人日本自動車工業会「統計・資料」https://www.jama.or.jp/statistics/,（2023年2月1日アクセス）．

28）国土交通省「（参考）新車排出ガス規制の経緯（8）」https://www.mlit.go.jp/common/001149724.pdf,（2023年2月1日アクセス）．

29）環境省「特定特殊自動車排出ガス規制法」https://www.env.go.jp/air/car/tokutei_law.html,（2023年2月1日アクセス）．

30）Heavy Duty Trucking, "DOE Announces SuperTruck 3 Electric-Truck Projects," https://www.truckinginfo.com/10155233/doe-announces-supertruck-3-electric-truck-projects,（2023年2月1日アクセス）．

31）Office of Energy Efficiency & Renewable Energy, "U.S. Department of Energy Announces New Vehicle Technologies Funding and Future Partnerships with Battery Industry," U.S. Department of Energy（DOE）, https://www.energy.gov/eere/articles/us-department-energy-announces-new-vehicle-technologies-funding-and-future,（2023年2月1日アクセス）．

32）Towards zero emission road transport（2Zero）, "Who we are: 2Zero," https://www.2zeroemission.eu/who-we-are/2zero/,（2023年2月1日アクセス）．

33）ゼロエミッションモビリティパワーソース研究コンソーシアム, https://zemconso.jp/,（2023年2月1日アクセス）．

34）International Energy Agency（IEA）, "Innovation in batteries and electricity storage: A global analysis based on patent data, September 2020," https://iea.blob.core.windows.net/assets/77b25f20-397e-4c2f-8538-741734f6c5c3/battery_study_en.pdf,（2023年2月1日アクセス）．

35）EV-volumes.com, https://www.ev-volumes.com/,（2023年2月1日アクセス）．

36）Daimler Truck AG, "IAA Transportation 2022: Daimler Truck unveils battery-electric eActros LongHaul truck and expands e-mobility portfolio," https://media.daimlertruck.com/marsMediaSite/en/instance/ko.xhtml?oid=52032525&ls=L2VuL2luc3RhbmNlL2tvLnhodG1sP29pZD00ODM2MjU4,（2023年2月1日アクセス）．

37）Volvo Trucks, "Electric trucks," https://www.volvotrucks.com/en-en/trucks/alternative-fuels/electric-trucks.html,（2023年2月1日アクセス）．

38）International Energy Agency（IEA）, "Global Supply Chains of EV Batteries," https://iea.blob.core.windows.net/assets/4eb8c252-76b1-4710-8f5e-867e751c8dda/GlobalSupplyChainsofEVBatteries.pdf,（2023年2月1日アクセス）．

2.9

持続可能な資源利用

2.9.3 持続可能な土壌環境

（1）研究開発領域の定義

　土壌・地下水の汚染物質等に焦点をあて、その把握と拡散防止、除去・浄化に関する研究開発を扱う領域である。土壌・地下水環境における公害原因物質や、人間や生態系への負の影響が懸念される物質等を扱う。具体的には人為活動に伴う揮発性有機化合物、福島第一原子力発電所の事故で放出された放射性物質、難分解性有機フッ素化合物（PFAS）や自然由来重金属などを対象とする。それらの人為的な拡散を抑制する技術や持続可能な方法で除去・浄化する技術、効率的なモニタリング技術、リスク評価に基づくマネジメント技術等を対象とする。

（2）キーワード

　リスク評価、サステナブル・レメディエーション、自然由来重金属、放射性セシウム、揮発性化学物質、難分解性有機フッ素化合物（PFAS）、硝酸性・亜硝酸性窒素

（3）研究開発領域の概要

[本領域の意義]

　土壌汚染は地下水汚染と一体的に考える必要がある。その理由の例として、トリクロロエチレンやテトラクロロエチレンなどの揮発性有機化合物（Volatile Organic Compounds：VOC）が土壌深くの帯水層にまで浸透し、汚染が広域化してしまう問題等があげられる。

　我が国で現在利用されている土壌・地下水汚染処理技術は掘削除去が主体である。汚染土壌を掘削してオンサイトまたはオフサイトで浄化処理や埋め立て処分する手法であり、長期の修復期間や多額の費用負担、エネルギー消費をはじめ多様な環境、社会、経済への負荷が生じている課題がある。原位置浄化処理を目指した新技術開発や環境負荷低減を目指したグリーンレメディエーション、環境だけでなく社会や経済を包含したサステナブル・レメディエーションの進展が期待されている。

　我が国では2011年の福島第一原子力発電所事故に伴って放出された放射性セシウムによる土壌汚染対策が大規模に実施[1] され、1,300万 m^3 以上の除去土壌が中間貯蔵施設に保管されており、2045年までに県外最終処分を行うことが決まっている。更に、撥水剤や消火剤等に用いられるPFOS（ペルフルオロオクタンスルホン酸）・PFOA（ペルフルオロオクタン酸）等の難分解性有機フッ素化合物（PFAS：ペルフルオロアルキル化合物及びポリフルオロアルキル化合物）による土壌・地下水汚染が顕在化し、指針値が定められるなど社会的に高い関心を集めている。人間活動に由来する汚染への対応に加えて、土壌に自然的原因で含まれる重金属等（以下、自然由来の重金属等）の把握や、リスク評価に基づく合理的マネジメント等の課題も持続的な環境、社会、経済に対して重要である。持続可能な開発目標（SDGs）に関連し、環境保全やリスク低減に加え、住み続けられる強靭な都市づくり、産業、社会の持続的発展の観点を一体的に捉えた土壌環境対策が近年検討されている[2]。

　環境省が1991年度から2020年度までに把握した基準不適合事例累計は15,472件[3] であるが、多くの中小企業などではそもそも調査されておらず、汚染箇所が多数潜在していると考えられている。中小企業での調査・対策を進めるために、安価な調査対策技術の開発が必要である。

[研究開発の動向]

　土壌汚染は典型7公害の1つとして古くから認識されていたものの、土壌環境基準の制定や土壌汚染対策法の成立は他の公害と比べて遅かった。その後も新たな知見や汚染問題を受けて、法改正が行われている（図表2.9.3-1）。

2.9
持続可能な資源利用

図表 2.9.3−1　　日本における主な土壌・地下水汚染規制等の流れ

時期	出来事
1870年代後半	渡良瀬川流域の銅汚染をはじめ、鉱山廃水を原因とする農用地の汚染問題
1970年代以降	東京都江東区の鉱さい埋立跡地の六価クロム汚染など都市部の土壌汚染問題
1991年	重金属等10項目について土壌環境基準を設定
1997年	23項目を対象とした地下水の環境基準を設定
2001年	ふっ素およびほう素が土壌環境基準項目に追加
2003年	土壌汚染対策法の成立
2010年	自然由来の重金属含有土も規制対象に追加するなど土壌汚染対策法の大きな改正
2011年	福島第一原子力発電所事故に伴って放出された放射性セシウムによる土壌汚染の対策。放射性物質の除染・減容化の取り組み、研究が活性化。
2014〜2017年	東京都豊洲市場の大規模な土壌浄化事業が実施。揮発性化学物質（ベンゼン、水銀等）摂取リスクに係わる対策が社会的に高い関心を集めた
2017年	クロロエチレンや1,4−ジオキサン等の特定有害物質の追加、自然由来土壌や海上埋立地に対する調査・対策の一部が緩和などの土壌汚染対策法の大きな改正
2019年	1,2−ジクロロエチレンの土壌環境基準の見直し
2020年	水質汚濁に係る人の健康の保護に関する環境基準等における要監視項目に「PFOS及びPFOA」が追加しされ、指針値（暫定）が設定
2021年	カドミウム、トリクロロエチレンの土壌環境基準の見直し（基準強化）

　一般に、土壌・地下水汚染の対策コストはきわめて高額で長期間に及ぶ。そのため、環境への負荷が小さく、比較的低コストで実施できる原位置浄化や生物学的処理や自然機能活用による修復技術の普及が期待されている。生物学的処理を利用する修復技術はバイオレメディエーションと呼ばれ、そのうち特に植物を用いる場合にファイトレメディエーションと呼ばれている。1970年代に米国で石油の分解に微生物を利用したのが始まりで、様々な手法が検討されてきている。バイオレメディエーションはバイオスティミュレーションとバイオオーグメンテーションの2種類に大別される。前者は汚染土壌にもともと生育している微生物に水、酸素、栄養物質を供給して汚染物質の分解を促進させる処理である。後者は汚染物質の分解菌を外部で高濃度に培養して導入する処理で、分解をより促進して処理できる利点があるが、導入する微生物の安全性評価などが課題となる。また、鉱山跡地や鉱廃水の対策として、自然的な環境および資材を活用したパッシブ・トリートメント（自然力活用型坑廃水処理）が研究開発されている。

　近年、企業や自治体が持続可能な土壌汚染対策を行うに際して、環境面、経済面、社会面を一体的にとらえた対策を行うサステナブル・レメディエーションの考え方が発展してきた。この考え方の下では、効率的かつ低コストであることに加え、使用する資材の安全性や環境適用性を高め、投入するエネルギーの最小化も目指す。企業が操業中で資金に余裕のある段階からしっかりと土壌汚染対策を実施することが持続的な環境マネジメントに有効である。自治体からみても、資金力の弱い中小企業が操業中から土壌汚染対策を行うことが特に重要と考えられる。今後は、コストと効果のバランスを重視した土壌浄化の実践、ならびに環境施策と都市計画とを両立させた合理的なサステナブル・レメディエーションの実践、企業が操業中から土壌汚染の調査や浄化を行うことなどが求められる[2),4)]。

　自然由来の重金属等による土壌環境への負荷の軽減も重要な課題である。自然由来の重金属等は基準値の数倍という低濃度で広く分布していることが多い。我が国ではヒ素、鉛、カドミウムなどの自然土壌中での

2.9
持続可能な資源利用

濃度が比較的高く、トンネル工事等に伴う土砂や岩石に含まれる重金属等が基準を超過する事例があり、その合理的な対策と管理、ステークホルダーとの対話が求められている。人為的な高濃度の汚染と異なり、低濃度で大量の基準超過土壌に対応するため、低コストかつ周辺環境に配慮した、健康リスクの大きさに基づいた環境対策が求められる。土砂から重金属等の溶出を低減する技術、吸着層や吸着マットなどによる重金属等の除去技術や封じ込め・拡散防止技術などが研究開発されている。リスク評価に基づく合理的な措置の検討も進んでいる。土壌汚染対策法においてもリスク評価に基づき一定リスク以下であれば、飛散防止のため表面被覆や帯水層に接しないよう遮水工を設ける等の措置を講じて、自然由来等土壌を土木構造物の盛土材料等として利用可能となっている[5]。

　土壌汚染はストック型の汚染であり、基準値が設定される以前の汚染に対して対応しなければならない。そのため新規化学物質に対する土壌・地下水汚染分野での評価や対策も進められている。2011年の福島第一原子力発電所事故の発生後は、放射性物質の除染・減容化に関する様々な取り組みがなされている。除染で発生した1,300万m³以上の放射性セシウムを含む除去土壌や廃棄物は現在、中間貯蔵施設で保管されており、2045年までの県外最終処分に向けて、環境省や中間貯蔵・環境安全事業株式会社（JESCO）による産官学が連携した技術実証として、減容化（土壌洗浄および熱処理）や再生利用に関する技術開発や実証試験が進められている。

（4）注目動向
［新展開・技術トピックス］
❶ リスク評価に基づく合理的マネジメント

　土壌・地下水汚染対策では、環境リスクに応じた合理的なリスクマネジメントが求められる。土壌汚染による環境リスクを科学的に評価するためのモデル開発が行われている。例えば、（社）土壌環境センターのサイト環境リスク評価モデル（SERAM）や、産業技術総合研究所の地圏環境リスク評価システム（GERAS）があり、多様な曝露経路を想定した健康リスクを評価するためのツールが整備されてきている。さらに、環境省が「地下水汚染が到達し得る距離の計算ツール」、「措置完了条件（目標土壌溶出量・目標地下水濃度の計算）の計算ツール」、「自然由来等土壌構造物利用施設における新たな地下水汚染を引き起こさないための措置の決定に係る個別サイト評価の計算ツール」を公開するなど、土壌汚染対策法の枠内においても環境リスク評価の利活用が進んでいる。

　リスク評価モデルの活用事例として、汚染地から離れたオフサイトでの土壌汚染のリスクマネジメント、汚染物質の地下水に沿った移動距離の推定、浄化目標値の設定、さらには各種の浄化技術の有効性や残存リスクの将来的な予測など、多岐にわたっている。最近では、建設発生土のリスク評価や土地利用用途に応じた浄化目標の設定などの環境政策にも活用されている。先に述べたとおり、法制度にリスク評価の枠組みが導入され、公的にオーソライズされた環境リスク評価モデルや計算に用いるパラメータの整備、使用が進んでおり、リスク低減とコスト軽減を同時に追及する合理的なサステナブル・レメディエーション達成への基礎となりうる。

❷ 原位置浄化技術の新規開発

　化学的処理による原位置浄化技術として、フェントン法や鉄粉を用いた酸化・還元処理法、薬剤による不溶化処理、透過性浄化壁を用いる手法などがある。これらは土壌・地下水汚染、および土壌から溶出した重金属、VOC、鉱物油に適用されている。マグネシウム化合物を用いたヒ素やセレンの化学形態の変換や、吸着処理、プラズマや高温加熱等によるVOCの分解処理などが実用化されている。

　物理的処理による原位置浄化技術として、土壌洗浄や土壌ガス吸引、スパージングによる重金属やVOCの浄化・修復が行われている。土壌洗浄では、土壌粒径により汚染物質の存在割合が大きく異なることから、分級処理と選別処理のプロセスが重要となる。土壌ガス吸引法は主に不飽和帯のVOCの除去に適用

2.9
持続可能な資源利用

されている。スパージングは主に地下水汚染に適用されている。空気や蒸気、さらに反応性のガスなどを利用した種々のスパージング技術が開発され、土壌汚染現場でも実践されている。マイクロバブルの長期にわたる機能性や選択性を生かした効率的な洗浄やスパージング技術も研究開発されている。また、土壌ガス吸引法やスパージングは、電気発熱法と併用して効率を高める事例も報告されている。

❸ 持続可能性からみた土の利用

我が国は土砂処分用地の取得が難しいため、掘削土の再生利用は重要課題であり、様々な取り組みが行われてきた。国土交通省が2020年に発表した「建設リサイクル推進計画2020」では、高い再資源化率の維持と循環型社会形成へのさらなる貢献、およびICT（情報通信技術、Information and Communication Technology）を活用した生産性向上が求められている[6]。建設工事に伴って発生する土は廃棄物でないためこの計画の範囲外だが、トンネル掘削工事プロジェクト等から大量に発生する土の有効利用は、資源循環の観点からみて重要な課題と言える。2018年の建設発生土の発生・処理状況をみると発生土の処分量は減少し、工事内・工事間利用等の有効利用が2014年から増加した。これは発生土の有効利用を図るための制度整備が進んだこと、地盤改良等の技術が発展したことによるものと言える。また、建設工事に伴って発生する汚泥（建設汚泥）を有効利用するための地盤改良技術の開発も行われている。

❹ 自然由来重金属等を含む土の利用

大量に発生する土の処理と有効利用を進める上で、自然由来の重金属等の存在は無視できない。2002年に施行された土壌汚染対策法は、2010年に大きく改正され、自然由来の重金属等も法対象となり、より一層の配慮が行われるようになった。しかしながら、多くの自然由来の重金属等が基準超過しても比較的低濃度であること、特定の地質に分布していることを踏まえると、対応が過剰であると指摘する声があがった。その中で2017年に同法は改正され、自然由来の重金属等を含有する土を適正な管理の下で移動・活用することが可能になり、今後はリスクに配慮しつつ切り盛りのバランスが図られることが期待されている[7]。

❺ バイオレメディエーションの実践

バイオレメディエーションには環境への負荷が小さく、比較的低コストであることなど様々な有効性がある。一方、汚染物質の分解菌を新たに汚染土壌に導入するバイオオーグメンテーションには社会受容性の確保が必要となり、遺伝子組換え改良菌を利用する場合には一定の規制がかかる。我が国では、環境省と経済産業省の共管として、「微生物によるバイオレメディエーション利用指針」が運用されている。バイオオーグメンテーションで、自然環境から分離した特定の微生物を選択して培養されたものを意図的に導入する際には、環境省と経済産業省の双方が審査することで微生物を安全に活用可能な状況となっている。主に、ガソリン等の燃料油やその成分であるベンゼン、トルエン、その他の石油系炭化水素、トリクロロエチレン等の炭化水素系溶剤などの浄化に実用化されている。ダイオキシンや塩素系の残留農薬などへの応用研究も行われている[8]。分解速度の遅い1,2-ジクロロエチレンやクロロエチレンを短期間で基準値以下にすることが課題となっている。

❻ 揮発する化学物質に対する土壌汚染対策

東京都豊洲市場土壌・地下水汚染調査において、ベンゼンや水銀等の揮発による地上施設での摂取リスクに関する検討が行われた。従来の土壌汚染対策法では、揮発性物質の気相経由での曝露は対象となっていなかったため、地下からの揮発フラックスおよび健康リスクを科学的に明らかにすることが求められた。改正土壌汚染対策法の付帯決議でも、気相経由での曝露への対策が指摘されている。最近では、揮発性物質の揮発フラックスの観測および予測に関する研究開発が実施され、地上施設における漏洩防止のため

2.9
持続可能な資源利用

の遮蔽構造や建物内の換気設備などが技術的に検討されている。

❼ 科学的自然減衰（MNA；Monitored Natural Attenuation）

　薬剤を使用せずに、低エネルギー消費で、鉱物や微生物などによる分解や揮発・拡散等による希釈といった環境が有する自然力を活用した持続可能な対策の1つとして、MNAの国内外の鉱山跡地への適用が期待されている。MNAはモニタリングしながら自然力による浄化の進行を科学的に判断するプロトコルで、鉱物油などの汚染サイトで適用され始めている。欧米では数多くの実証事例が報告され、我が国でも山形県、熊本県などでのVOC汚染のモニタリングと科学的な検証結果が報告されている。微生物分解が活発な状況や移流・拡散により汚染物質が減衰するような環境では、MNAの導入が期待できる。また、他の浄化技術を用いた際も、基準値の数倍程度まで浄化でき、健康リスクの大きさが懸念されない状況となっていれば、その後も時間や費用、エネルギーを多くかけて浄化を続けるよりは、MNAを選択することもあり得る。MNAを促進するための社会システムやガイドラインの整備、リスクコミュニケーションの促進が必要である。

［注目すべき国内外のプロジェクト］

• 環境省 低コスト・低負荷型土壌汚染調査対策技術検討調査

　地下水・土壌汚染の研究開発支援について、簡易で低コスト・低負荷型の土壌汚染調査手法や対策技術を実用化して普及させるため、様々な処理技術を開発・利用してきている。環境関連企業やゼネコン、各種製造業が参入し、汚染土壌の浄化・修復を実施している。

• サステナブル・レメディエーションに関する取り組み

　2016年に産業技術総合研究所でサステナブル・レメディエーション・コンソーシアムおよびSuRF–JAPANが設立され、世界各国のSuRF（Sustainable Remediation Forum）と連携して、持続可能な土壌汚染対策に取り組んでいる。また、東京都環境局が「環境・経済・社会に配慮した持続可能な土壌汚染対策ガイドブック」を2022年に発行するなど、産学官を通じた取り組みが進んでいる。

• JESCO　除去土壌等の減容等技術実証事業

　中間貯蔵開始後30年以内の最終処分を見据えた除去土壌等の減容・再生利用等に活用し得る実用的、実務的な技術について実証試験を行い、除去土壌等の減容・再生利用等の促進に資することを目的とした事業。2016年から2022年度までに47の実証テーマが採択されている。

• 文部科学省/JAEA「英知を結集した原子力科学技術・人材育成推進事業」（2015年～）

　国内外の英知を機関や分野の壁を越えて融合・連携させることにより、福島第一原子力発電所の廃炉現場の課題解決に資する基礎的・基盤的研究及び人材育成を推進している。2022年度は「課題解決型廃炉研究プログラム」「国際協力型廃炉研究プログラム（日英原子力共同研究）」で公募が行われ、それぞれ6課題、2課題が採択されている。

（5）科学技術的課題

❶ バイオ（ファイト）レメディエーションの高度化

　浄化効果の持続性や基準達成までに時間がかかるなどといった技術的な課題が未だ少なくない。地質や環境の諸条件による制約が特に大きく、対象とする物質や汚染サイトごとに現象が異なるなどの問題がある。微生物の改変や耐性を中心とした基礎生物学や遺伝子情報の研究と、地質環境における微生物の生態や挙動に関する研究は別々に発展してきた。これらを融合して現場の条件に適合した効率的な技術を創出する

取り組みも進められている。近年、汚染サイトで採取した微生物を汚染物質に適合させ、さらに現場の環境条件に応じた微生物群の改変を可能にする研究開発が進められている。

また、揮発性有機塩素化合物による汚染地盤の内部を分解微生物に最適な温度に加温制御することで、浄化期間を半分に短縮するとともに、エネルギー使用や二酸化炭素の排出量も大幅に削減する技術開発も進められている。適用できる汚染サイトや対象物質を増やすことが期待される。

❷ 浄化・修復対策技術−複雑な汚染現場の状況と多様なエンジニアリング条件

汚染物質の溶出メカニズムは、汚染物質の種類や汚染サイト毎の多様な要因が影響しており、実環境下での汚染物質の長期的挙動を高精度に予測することが難しい。土壌汚染の現場では、土質や地質の違い、土地の形態や利用条件などが様々であり、汚染サイトごとの個別対応が必要である。建設工事（土木分野）や地盤調査（地質分野）との連携による対策の更なる効率化が課題である。また、建物直下における汚染の調査・対策技術として適用可能な水平ボーリング技術による調査技術、水平井戸を活用した土壌ガス吸引やエアスパージング技術などの技術開発が進められているが、操業中でも適用できる調査・対策技術の更なる効率化・低コスト化が課題である。特に中小企業でも対応できる安価な技術の開発ニーズは高い。

土壌汚染の対策技術には効率性、コスト、土地の特徴や広さ、土地利用形態、社会的側面などの多様な制約条件がある。個々の技術で適用可能性が異なり、それらの関連性を総合的に評価できる仕組みも存在しない。エンジニアリングマニュアルの整備が望まれる。

❸ 調査・分析技術
（a）安価で正確な公定法分析

土壌汚染の規制対象物質は30種類近くもあり、更に土壌汚染サイトでは水平方向、鉛直方向に多数の土壌を採取して分析する必要があり、分析コストは膨大である。正確さを担保しつつ、効率的かつ低コストで実施できる公定法の改善や一斉分析プロトコルの開発が課題である。1,4−ジオキサンやPFASのような新たな懸念物質についても、効率的かつ低コストで実施できる調査技術、分析技術の開発が課題である。

（b）現場で簡易に測定可能なオンサイト技術

公定法分析以外でも現場で簡易に汚染物質の濃度レベルを把握し、汚染分布の詳細な把握や基準超過の可能性の判定ができれば、実作業上のメリットが大きい。その実現には、VOCや重金属等を対象とした簡易で安価な現場型オンサイト測定・検査技術の開発が課題となる。また、調査が進んでいない中小企業でも安価に汚染の有無の判定ができる簡易分析技術の開発も課題である。

（c）溶出試験を代替する試験法（カラム試験など）

重金属等の溶出試験法には再現性、ばらつきをはじめとした多くの技術的な課題がある。これを代替、補完可能な公的試験法としてISO準拠のカラム試験法の開発が求められている。

❹ リスク評価技術の社会実装と合意形成の円滑化
（a）リスク評価手法の社会実装

土壌汚染対策は、リスクベースの合理的なリスクマネジメントが国際的に主流だが、我が国では技術的に成熟していないなどの理由から導入されていない。これは掘削除去偏重の大きな原因にもなっている。今後はリスク評価に基づく合理的な対策の実現可能性を高め、広める必要があると考えられている。リスク評価結果等に基づき対策手法を検討するためには、周辺住民等とのリスクコミュニケーション手法の構築が重要となる。

（b）モデリング技術の高度化

リスク評価モデルの高度化に加えて、現場の高次元データを用いた順逆双方向の解析などの信頼性の高いリスクモデリング技術が望まれる。そのため、データ駆動による数理統計的な解析技術の開発、現場で

の実証試験によるデータベースの蓄積が求められる。

（c）リスクコミュニケーションや合意形成の円滑化

　土壌汚染に代表されるストック型の環境汚染問題を円滑に解決するための社会的な取り組みとして、レギュラトリー・サイエンスを基礎とした文理融合型のリスクコミュニケーション手法の構築と社会実装のための研究開発が必要である。

❺ 新規化学物質に対する土壌汚染対策技術

　近年、1,4–ジオキサンやクロロエチレンなど新規化学物質の土壌・地下水汚染の評価や対策が進展しているが、1,4–ジオキサンについては効率的な調査技術の開発が課題となっている。2020年に水質の要監視項目に加わったPFOSやPFOAに代表されるPFASについても注視していく必要がある。環境省の全国状況把握調査では、河川だけでなく地下水や湧水からも指針値（PFOSとPFOAの合算値で50 ng/L）を超える濃度が検出されている。また、米軍基地周辺などでも検出事例が報告されており、土壌汚染実態の把握や、効率的な調査、対策技術の検討は喫緊の課題である。

　このような新規物質の気相・水相・固相間の分配特性や環境中の挙動は、物質毎・土質毎に異なり、不明な点も多い。環境動態の把握と、それを考慮した簡易調査法の開発やシミュレーション技術の確立が求められる。また、新規化学物質による汚染は、産業活動に起因した人為由来によるもののほか、自然界の反応プロセスで副生成物として生じるものもあり、そのメカニズムの解明も重要な研究課題である。

❻ グリーナー・クリーンアップ（Greener Cleanup）の社会実装

　グリーナー・クリーンアップは米国環境保護庁で実践されているスーパーファンド法に基づく実行計画である。土壌汚染対策を他事業と連携で実施し、環境負荷を最小限に抑えて汚染対策する取り組みを提唱している。土壌環境に限定せず、広く地球環境問題を見据えた将来的な枠組みで、大気、水質、地球環境を一体的にみた環境保全を目標にしている。エネルギーの最小化、コストの軽減を図る技術体系である。汚染対策の資材を最小化し、廃棄物の循環を促進するため、公共事業や建設工事などと連携して総合的な設計を実現し、長期間にわたり生態系を配慮したトータルな環境改善を実践できる。

❼ 地圏環境情報の整備とリスク情報のコミュニケーションツール

　土壌汚染対策では、重金属等の地域特性やバックグラウンドの把握などの最も基本となる土壌環境に関する各種情報の整備が遅れている。そのため、地域ごとの地質情報を反映した地球化学図、土壌環境基本図の整備、リスクマップの作成と公開が求められる。

　地球化学情報やリスク情報などを市民が正しく理解するための仕組みが存在しない。そのため土壌汚染リスク情報の整備とコミュニケーションツールの開発が課題となる。

（6）その他の課題
❶ 法制度と技術開発のギャップ

　我が国の環境法は分野別に制定され、土壌環境と他の環境（大気、水質、地球環境など）を一体的にとらえていない課題がある。土壌汚染対策法での特段の問題は、国際的に主流であるリスクベースの対応をとっていないこと、溶出量と含有量の両者を採用していることなどが具体的にあげられる。これらは我が国独自の考え方であるため、国内外で開発した新規の対策技術を導入する際に、技術と法制度のギャップが課題となる場合が多い。バイオ（ファイト）レメディエーションのように、合理的で高度な技術であっても、リスクベースの考え方がなされないために導入が困難な技術や手法が多く、掘削除去偏重となる原因となっている。我が国では、鉱物油（ガソリン、軽油、重油など）の規制は行われていないが、トルエンやキシレンといった健康影響が懸念される化学物質が多く含まれ、消費量も多いことから鉱物油の土壌汚染に関わ

2.9 持続可能な資源利用

る法整備が期待される。

❷ 新規汚染物質への対応

　土壌汚染はストック型の汚染である。将来、新規の土壌汚染物質に加わる可能性のある物質として、水質汚濁の要監視項目やPRTR対象物質等の他の法制度等で管理が求められている有害化学物質についても、汚染の未然防止の取り組みが重要である。更には、事故や災害に伴う有害物質の環境流出についても、土壌や地下水の汚染の可能性を想定して、対策を検討しておく必要がある。

❸ 地域特性と人材育成

　我が国は、地質が複雑で鉱山活動が盛んだった地域が多く、地域により重金属のバックグラウンド値の差異が大きい。このような地域特性は、居住する住民活動や農業活動、生態系を保全するための基盤であり、土壌汚染対策への反映が重要である。土壌汚染対策法は新しく、また非常に複雑な法体系のため、社会システムの整備や人材育成が追いついていない。土壌汚染の専門知識を有する人材が極めて少なく、調査・評価、対策技術の現場適用の進捗が遅れている。

❹ 低濃度汚染土や建設副産物の利用可能性に関する世界の動向

　諸外国の研究動向をみると、地盤汚染や廃棄物地盤の浄化技術に関する研究事例は多いが、上述した低濃度汚染土の利用可能性に関する学術研究は極めて少ない。これは、多くの先進国では土砂処分用地の確保が容易で、低濃度汚染土の再資源化が必ずしも求められるわけではないためである。しかし、EUでConstruction & Demolition Waste Management Protocolが2018年に策定され、低濃度汚染土の活用に向けた手法が議論されつつあるように、特に欧州で土壌の持続可能な利用は重要な地球環境課題として認識され始めている。自然由来重金属等のみならず、放射性物質を低濃度で含む土や、微量の有害物質を含む建設副産物の持続的な有効活用も、今後の重要課題である。

❺ アジア諸国等との国際的共同事業

　アジア諸国において土壌汚染対策に関する環境規制法の制定が進んでいる。予防措置を中心とした科学的なリスク管理の枠組みも提案されており、アジア諸国と連携して土壌汚染対策を共同で実践していくことは、国家や企業の環境対策のみならず、国際的なセキュリティの観点からも重要である。

　開発途上国での自然由来ヒ素、フッ素、鉛等の土壌・地下水中の健康有害物質のモニタリングデータは先進国と比べて不足しており、国際貢献を果たしていく必要がある。

❻ 硝酸性・亜硝酸性窒素のモニタリングと自治体連携の対策

　地下水汚染の原因となる硝酸性・亜硝酸性窒素のモニタリングが欧米と比べて少ない。我が国では水道水源としての地下水利用が限定的だが、硝酸性窒素等は乳児にメトヘモグロビン血症（ブルーベビー症候群）を引き起こす。我が国の地下水の水質汚濁に関する環境基準に対し、20年以上にわたり硝酸性窒素が最も超過している。硝酸性窒素等の主な供給源は生活由来、農業由来（施肥）、畜産由来（家畜排せつ物）であり、安定同位体比による供給源推定などの研究蓄積は既にある。環境省は、地方自治体の現状把握、対策立案、取組推進のため「硝酸性窒素等地域総合対策ガイドライン」を2021年に定め、公表した。水道水源を地下水とした面的汚染地域では、自治体の垣根を超えた一体的対策が必要である。

2.9

持続可能な資源利用

（7）国際比較

国・地域	フェーズ	現状	トレンド	各国の状況、評価の際に参考にした根拠など
日本	基礎研究	◎	→	●福島第一原子力発電所事故以降、放射性セシウムの吸・脱着やモニタリングなどに関する放射性物質に関する基礎研究が加速された。 ●重金属類や揮発性有機化合物などの土壌・地下水汚染研究領域で非常に重要な基礎研究に対して、依然として予算の減少が続いている。
	応用研究・開発	◎	→	●福島第一原子力発電所事故以降、放射性物質による汚染の浄化や汚染水のモニタリング技術および処理技術などの応用研究・開発が加速され、復興支援に貢献した。 ●自然由来の重金属類や揮発性有機化合物による土壌汚染に係る低コスト・低環境負荷の技術開発は予算と提案数の減少に伴って減速傾向であり、加速する必要がある。 ●鉱山や工業跡地を中心に、持続可能な政策を目指したサステナブル・レメディエーションの研究開発が盛んに進められている。
米国	基礎研究	◎	→	●米国国立科学財団（NSF）や米国環境保護庁（US EPA）などが継続的に土壌汚染に係る基礎研究を支援し、推進している。環境中の微生物や植物などを利用した浄化技術やリスク管理に基づく融合研究が進められている。
	応用研究・開発	◎	→	●US EPAや米国エネルギー省（DOE）などが管理する実汚染サイトで、開発技術の検証や実証試験ができる。応用研究の実施環境としては非常に恵まれている。
欧州	基礎研究	◎	→	●英国やオランダ、イタリア等が環境的側面、社会的側面、経済的側面を統合的に考慮したサステナブル・レメディエーションの研究開発を継続的に支援している。 ●欧州 AquaConSoil が隔年で開催され、土壌・地下水汚染問題に加え、水資源管理、底質環境などとの一体的な観点で持続可能な利用と管理について最先端の検討がなされている。
	応用研究・開発	◎	↗	●欧州各国で土壌・地下水に関する関心が非常に高く、国際的な科学技術や規制をリードし、他地域に対する優位性を一段と高めている。 ●英国を中心に提案されたサステナブル・レメディエーションに関する国際標準規格（ISO 18504：2017）が成立した。 ●ドイツを中心に、ポリ塩化ビニフェル（PCB）や多環芳香族炭化水素（PAH）、ダイオキシンなどの汚染物質に係る国際標準規格の提案や議論が行われている。
中国	基礎研究	◎	↗	●環境に対する関心が高まりから、環境への投資も年々増加している。特に改正環境保護法の施行（2015年1月）や土壌汚染防治法の施行（2019年1月）に伴い、土壌・地下水汚染に係る基礎研究の予算が増大し、中国科学院傘下の研究所や各地の大学で認定された「国家重点実験室」研究が盛んに進められている。 ●土壌汚染に関する基礎研究では、農用地などを対象として、生物の浄化作用についての研究が多く実施されている。工業用地を対象とした研究では、汚染源の遮断やリスクマネジメントなど、海外の最新の動向を踏まえた対策の導入が検討されている[9]。特に工業用地の浄化に関しては、海外から優秀なエンジニアを招聘する事例も増えている。 ●地下水汚染に関する基礎研究では、放射性同位元素トレーサーによる汚染源特定の研究に関心が集まっており、国際会議や論文の発表件数が増えている[10]。
	応用研究・開発	◎	↗	●中国は土地が100％国有であるため、現場または原位置実証研究を行いやすい利点がある。 ●中国国内で開発技術した技術のほか、欧米などで開発された技術の検証やクロスチェックが複数の大型プロジェクトで行われている。 ●土十条と呼ばれる土壌汚染防止行動計画（2016年5月）や土壌汚染防治法の試行（2019年1月）に伴い、浄化技術やリスク低減措置、サステナブル・レメディエーション等の応用研究・開発が飛躍的に進展している。

2.9

持続可能な資源利用

				●植物（LACs）による土壌の中の重金属の除去（Phytoexclusion）の応用実験も行われている[11]。
韓国	基礎研究	○	→	●韓国国内において、特に目立った動きはない。 ●留学生や研究者の海外派遣は目立つようになってきている。
	応用研究・開発	△	→	●海外技術の導入や外国との連携により、今後応用研究が加速される可能性が極めて高い。

（註1）「フェーズ」

　　「基礎研究」：大学・国研などでの基礎研究レベル。

　　「応用研究・開発」：技術開発（プロトタイプの開発含む）・量産技術のレベル。

（註2）「現状」　※我が国の現状を基準にした評価ではなく、CRDSの調査・見解による評価。

　　◎：他国に比べて特に顕著な活動・成果が見えている　　　○：ある程度の顕著な活動・成果が見えている

　　△：顕著な活動・成果が見えていない　　　　　　　　　　×：特筆すべき活動・成果が見えていない

（註3）「トレンド」

　　↗：上昇傾向、→：現状維持、↘：下降傾向

関連する他の研究開発領域

・原子力発電（環境・エネ分野　2.1.2）
・環境分析・化学物質リスク評価（環境・エネ分野　2.10.2）
・分離技術（ナノテク・材料分野　2.1.2）

参考・引用文献

1）高畑陽, 他「アカデミックロードマップ：テーマ：地盤環境：8-3地下水地盤環境」公益社団法人地盤工学会, https://www.jiban.or.jp/images/file/AR_PDF/8-3AR.pdf, （2023年2月2日アクセス）.

2）駒井武「SDGsに向けたサステナブル・レメディエーション」『第33回環境工学連合講演会講演論文集』（東京：日本学術会議土木工学・建築学委員会, 他, 2021）, 21-24.

3）環境省 水・大気環境局「令和2年度 土壌汚染対策法の施行状況及び土壌汚染調査・対策事例等に関する調査結果（令和4年5月）」環境省, https://www.env.go.jp/content/000040441.pdf, （2023年2月2日アクセス）.

4）保高徹生, 古川靖英, 張銘「わが国と諸外国のサステナブル・レメディエーションへの取り組み」『環境情報科学』46巻2号（2017）：43-47.

5）環境省「自然由来等土壌構造物利用施設の例　汚染土壌を構造物の資材として利用できるようになりました」https://www.env.go.jp/water/dojo/gl-man/naturepamph2021.pdf, （2023年2月2日アクセス）.

6）国土交通省「「建設リサイクル推進計画2020～「質」を重視するリサイクルへ～」の策定について」https://www.mlit.go.jp/report/press/sogo03_hh_000247.html, （2023年2月2日アクセス）.

7）勝見武「法改正等を踏まえ、自然由来物質を含む土への対応を考える」『基礎工』47巻6号（2019）：2-5.

8）日本水環境学会 土壌地下水汚染研究委員会「土壌地下水汚染に関する最近の研究動向2021」『水環境学会誌』44巻3号（2021）：78-84.

9）Yongming Luo, and Ying Teng, "Research Progresses and Prospects on Soil Pollution and Remediation in China," *Acta Pedologica Sinica* 57, no. 5 (2020) : 1137-1142., https://doi.org/10.1086/10.11766/trxb202004190179, (in Chinese).

10）Huixia Wang, et al., "Research Progress on Indicator of Groundwater Pollution Identification

2.9

持続可能な資源利用

and Traceability," *Research of Environmental Sciences* 34, no. 8（2021）: 1886-1898., https://doi.org/10.13198j.issn.1001-6929.2021.03.10, (in Chinese).

11）Liang Wang, et al., "Phytoexclusion of heavy metals using low heavy metal accumulating cultivars: A green technology," *Journal of Hazardous Materials* 413（2021）: 125427., https://doi.org/10.1016/j.jhazmat.2021.125427.

2.9
持続可能な資源利用

2.9.4 リサイクル

（1）研究開発領域の定義

　本領域はリサイクルを中心に資源循環の技術を扱う。リサイクルは昨今注目を浴びるサーキュラー・エコノミー（Circular Economy：CE）において重要な技術の一つである。化学品の最大の用途であるプラスチックにおいては、高収率で原燃料回収が可能で発生したガスや残渣も活用できる手法を含むケミカルリサイクル（フィードストックリサイクル）に焦点を当てながら、プラスチックリサイクルの技術開発動向などを扱う。金属資源については天然資源の採掘から素材製造、利用、リサイクル、最終処分までのライフサイクルにかかる一連の技術の流れを扱う。リサイクルの妥当性を評価する技術については「ライフサイクル管理」領域で別途扱う。

（2）キーワード

　CE、動脈・静脈、分離・選別技術、プラスチックリサイクル、ケミカルリサイクル、材料リサイクル、サーマルリサイクル（熱回収）、熱分解法、ハロゲン化物、窒素含有プラスチック、炭素繊維強化プラスチック（CFRP）、金属回収、鉱山開発、情報プラットフォーム

（3）研究開発領域の概要

［本領域の意義］

　我が国がリサイクルに取り組み20年余、その歩みを順調に進めてきたところではあるが、新たに欧州発のCEの概念が広がりつつあり、本領域技術に対する社会的要請は以前にも増して大きい。本領域の意義の一つは廃棄物による環境負荷の低減である。プラスチックは広く普及し生活に欠かせないが、分解や焼却により二酸化炭素（CO_2）を発生させ、分解せずに環境に留まるものは海洋プラスチック問題に象徴される環境汚染の原因となる。もう一つの意義は資源としての廃棄物である。化石資源の使用が制限される状況においては廃プラスチック（以下、「廃プラ」と記載）を貴重な炭素源として循環させることが求められる。現状においても世界のプラスチック生産量は増加の一途であり、1950年の200万トンから2019年には3億6,800万トンに達し[1]、2025年には約6億トンになると予想されている。金属資源については、天然資源の劣化による単位資源採取あたりの環境影響の増大、紛争鉱物・児童労働と言った倫理的な側面、そしてロシアのウクライナ侵攻によって再認識された天然資源供給における資源安全保障上の観点からもリサイクルへの期待は高い。リサイクルという行為自体もエネルギーを消費し、環境との整合性を必要とする。その社会実装においてはライフサイクルアセスメント（LCA）評価等のライフサイクルでの包括的な評価がこれまでにも増して必要になる。また社会的要請からそのコストが許容されることで技術開発に取り組む価値が生まれる。

［研究開発の動向］
【プラスチック】

- ・1994年にEUで「容器包装廃棄物指令」、1995年にわが国で「容器包装リサイクル法（容リ法）」が制定されると、廃プラの再資源化に関する社会的要請は高まり、リサイクルに関する研究・技術開発が大きく進展した。1992年発効のバーゼル条約は廃棄物等の輸出入に関する国際条約で、我が国は1993年から「特定有害廃棄物等の輸出入等の規制に関する法律」を担保法として施行しているが、近年の海洋プラスチック問題やアジア各国へ輸出入された廃プラによる環境汚染を受け、2021年に廃プラを追加する改正が施行された。アジア各国も廃プラ輸出入制限を強化している。化石由来プラスチックからバイオマスプラスチックや紙等への転換、海洋生分解性プラスチックの開発・利用などの材料技術開発とともに、資源循環体制の構築に資するリサイクル技術の開発がますます重要になっている。
- ・化学的、熱的反応によって全く別の物質に変化するプラスチックの特性はリサイクルの困難性を高める要

2.9
持続可能な資源利用

因である。日本国内で製造・流通しているプラスチックは150種類以上、樹脂の機能性を高めるためやコスト削減のために添加される可塑剤・酸化防止剤・難燃剤等の添加剤は230種類を超える[2]。これらの組み合わせは多岐に亘るため、廃プラの組成はさらに多様である。2021年に一般家庭から排出された一般廃棄物のうち、プラスチック類は容積比で50.4%を占め[3]、内訳の上位はポリエチレン（PE）やポリプロピレン（PP）、ポリスチレン（PS）、ポリエチレンテレフタレート（PET）、ポリ塩化ビニル（PVC）である[4]。2020年にわが国で排出された廃プラ総量822万トンで、710万トン（約86%）の廃プラが有効利用されたが、その内サーマルリサイクルが63%、材料リサイクル21%、ケミカルリサイクル3%となっている[4]。なお、材料リサイクル21%の中にプラスチックくずとして海外へ輸出した74万トンが含まれている[5]。2006年以降、材料リサイクル率の伸びに限界が見られ[4]、前述のように廃プラの組成の多様化が抑止できない実態から、ケミカルリサイクルの研究・技術開発への期待が大きい状況になっている。

・各種廃プラのケミカルリサイクルは欧州が特に先行しており、石油メーカーや化学メーカーにより活発に技術開発や事業化が行われている。主な取組例を図表2.9.4–1に示す[6]。ナフサクラッカー（スチームクラッカー）を用いた化学品原料や誘導品製造に取組む事例が多い。処理量は年間数万から36万トンの規模で、投資額は数千万から2億ユーロである。既存の設備を活用し設備投資を抑える動きであり、このようなプロセス展開は今後の主流になると予想される。合成ガス（CO/H_2）に一旦転換した後、さらに製品展開しやすいメタノールやエタノールを製造する意図でガス化も積極的に取組まれている。

図表2.9.4–1　　リサイクル技術に関する海外の主な取組み例[6]

樹脂	技術	機関	国	技術の概要
PE PP	CR	クアンタフューエル スルザー	ノルウェー スイス	アルカンへの分解と炭化水素への分留
		SABIC	米国 サウジアラビア	スチームクラッカーを用いたポリオレフィン製造
PP	MR	ピュア・サイクル・テクノロジーズ	米国	着色分、臭気、異物除去
PVC	MR	テラプラスト	ルーマニア	軟質塩ビを対象
PET HDPE	MR	タイ石油公社（PTTGC） アルプラ	タイ オーストリア	食品やトイレタリー向け包装用途
PET	CR バイオ法	キャルビオス	フランス	酵素技術を用いた解重合を行い、ボトルや包装材に利用
混合	CR （油化）	シェル	オランダ イギリス	化学品に変換
		BASF クアンタフューエル	ドイツ ノルウェー	熱分解油と精製された炭化水素を化石資源代替として化学品原料に変換
		サビック プラスチックエネルギー	サウジアラビア イギリス	熱分解油と精製された炭化水素を化石資源代替として化学品原料に変換
		ダウ フェニックス	米国 オランダ	熱分解油と精製された炭化水素を化石資源代替として化学品原料に変換
	CR （ガス化）	エネルケム	カナダ	プラスチックを含む都市ごみを合成ガス化（CO、H_2）し、その混合ガスからメタノール、エタノールに変換
		ヌーリオン	オランダ	プラスチックを合成ガス化（CO、H_2）し、その混合ガスからメタノールに変換

CR：ケミカルリサイクル　MR：材料リサイクル

・日本での最初のケミカルリサイクルはオイルショック時、熱分解油化がプラントメーカーを中心に多く試行された。石油価格が落ち着いた1975年以降ほとんど取組まれてこなかったが、1995年の容リ法制定で再び関心が高まり、コークス炉原料化（コークス炉での熱分解）、高炉還元（還元用コークスを廃プ

2.9
持続可能な資源利用

ラで代替）、熱分解法による油化、ポリマー解重合によるモノマー化、ガス化による合成ガス製造と技術が多様化した。しかし、合計でも年間数十万トン規模の処理に留まっている。

・産業界におけるリサイクル技術の最近の技術動向として、日本、中国、欧州、米国、韓国から出された特許件数の推移を図表2.9.4-2に示す[6]。2005年から2018年の間の出願件数は、切断・破砕・粉砕等の前処理技術が最も多く、次いで原料・モノマー化のケミカルリサイクル技術、二次原料化やコンパウンド化の材料（マテリアル）リサイクル、選別、洗浄の前処理の順番になっている。ケミカルリサイクルやサーマルリサイクルは年を追うごとに横ばいか減少傾向を示しているが、前処理技術は顕著に増加しており、ここに技術開発の力点が置かれている事が分かる。分別して回収するよりも、多くの量を回収した後に、破砕、選別、洗浄、乾燥などの前処理で対応する技術であり、再生されたプラスチックの価値（値段）に影響する。

図表2.9.4-2　　日本、中国、欧州、米国、韓国からのプラスチックリサイクル技術特許件数の推移[6]

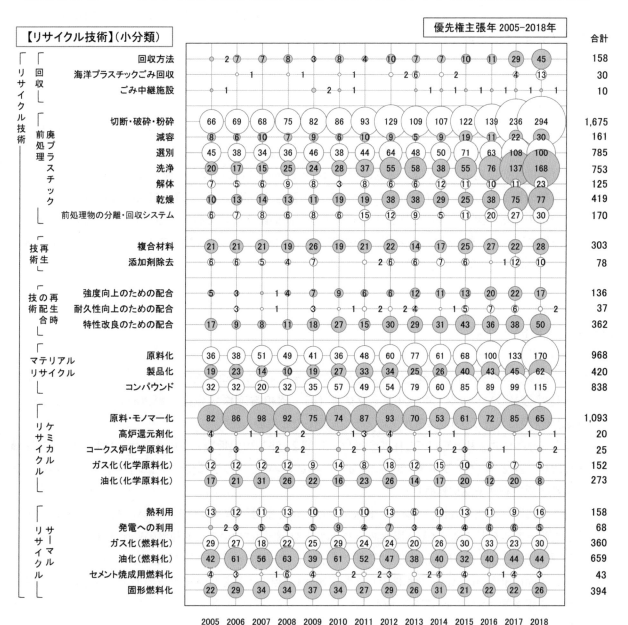

出願年（優先権主張年）

【金属】

- リサイクルは人工物を原料とするため、天然資源とは構成・組成等が全く異なる原料を利用しなければならない技術課題がある。廃棄物の解体・破壊・分離選別といった静脈産業の段階と、その後の素材産業による動脈産業の段階に分けて考える必要がある。リサイクル専用の一貫処理工程も存在するが、一般に既存の天然資源向けに開発された製錬所等を活用するケースが多く、その前段階である分離・選別技術にかかる期待は極めて大きい。リマニュファクチャリング（リマン、使用済み製品の再生）、リファービッシュ（不良品や中古品の再生）、そして単純なリユースのためには丁寧な解体が重要であり、その代表格がApple Computer社のロボットによる解体などである。

- データサイエンスや情報共有・利用が重要である。解体、選別等におけるAI技術の援用は当面の技術進歩の大きな部分を担う。欧州中心で進みつつあるデジタル製品パスポート（Digital Product Passport：DPP）[7]の枠組みの議論に見られるように、資源調達から製品製造、利用のサプライチェーンの設計においてもデータ活用を前提条件として考える段階にある。

- CEの考え方の重要な点は、一度採取した資源はその価値を最大化することで循環の中にとどめる点である。エレンマッカーサー財団のバタフライダイアグラム[8]と呼ばれる循環の姿には、人工物側の環は在庫管理（Stock Management）と書かれている。つまりシェアリング、サブスクなどの所有権を持たせないサービス化、リマン、リッファービッシュも援用したリユース、そして最後の砦としての金属回収をうまく組み合わせ、価値を最大化しつつ資源循環の環を回すことを主張している。そのためには全ての製品の関連技術の理解とこれをうまく組み合わせる社会システム、そのための情報共有が欠かせない。資源の流れの俯瞰的な理解が不可欠であり、マテリアルフロー分析（Material Flow Analysis：MFA）やLCAのような俯瞰的な分析技術もまた必要不可欠である。

- 天然資源開発の現場においては、遠隔操作やロボット利用による自動化・無人化が進んでいるが、これは機器類の電動化と再エネ電源利用による脱炭素の動きでもある。天然資源の劣化の現状を踏まえると、鉱山現場の温室効果ガス排出は増加の一途であり、高い鉱山技術を有する日本企業は資源開発現場全体に技術を活かすべきである。天然資源の探査については、データサイエンスの進展から、主として得られたデータの使いこなしに進化が見られる。

（4）注目動向

［新展開・技術トピックス］

【プラスチック】

- 使用済みプラスチックから改質反応による水素製造を経てアンモニアを合成しケミカルリサイクルする事業を株式会社レゾナック・ホールディングス（旧・昭和電工株式会社）が2003年から行っており、2022年1月に累計リサイクル量が100万トンに達したと発表した[9]。

- 三菱ケミカル株式会社とENEOS株式会社は、年間2万トンの処理能力を備えたケミカルリサイクル設備を建設し、2023年度からの廃プラ油化開始を目指している。生成油は化学プラントで化学品原料に、石油精製設備で石油製品に転換する[10]。

- 環境エネルギー株式会社は、ゼオライト系の触媒による接触分解プロセスを用い、廃プラの油化の実証検討を行っている[11]。廃タイヤ、廃食油・バイオマスの転換についても本触媒の適用を検討している。

- 欧州ブランド協会であるAIMが推進するサプライチェーン間のイニシアチブHolyGrail 2.0は、プラスチック包装表面に米国Digimarc社が開発した電子透かし（目には見えない表面微細加工で情報付与）を施し、それを高解像度カメラによって読み取ることで高度な分別を行う実証実験を行っている[12]。世界の2大分別機器メーカーのノルウェーTORMA社とフランスPellenc社も参加している。

- 東北大学はポリオレフィン（PEやPP）を200℃と比較的低温で分解できる触媒としてRu/CeO$_2$を見い出している。約90％の高収率で長鎖の炭化水素や低分子の化学品原料が得られる[13]。

・福岡大学は、ポリオレフィンのマテリアルリサイクルにおいて物理的な性質が劣る理由が樹脂の配向構造にあり、射出成形時の温度の最適化や樹脂だまりを設置し緩和時間を設けることで新規製造品と同等の性能にできると報告している[14), 15)]。

【金属】

● 単体分離のための破砕（破壊）技術

旧来型の破砕機による摩擦力による破砕や例えばクロスフローシュレッダーなど剪断力を用いるような破壊、電気パルスを用いるものなど「粉々にする」破砕から、パーツをそのまま分離する方向へと破砕技術は変化を見せている。その背景には、少量が特定部位に含有されるようなレアメタルを回収したいという下流側の動機が存在する。人工物である使用済み品から回収目的の素材を単体分離することが目的であり、特に金属だけを目的とするわけではない。

● AI選別技術に代表される新しい選別技術

破砕等により単体分離された後の分別工程で注目すべきは、各種のセンシングとそこから得れられた情報をAI技術を用いて処理、選別する技術である。例えば、AIを用いた画像選別技術が活躍しつつある。画像だけではなく、多様なセンサー選別技術が発展しつつあり、選別技術と破壊技術は組み合わせで進化している。AIを用いた選別技術においては、その選別結果が次の選別に対して教師データとなり競争力につながるため、その情報の所有権が極めて重要で、自前の選別技術の開発が望まれる。

● 原料の変化に応える製錬における技術開発

天然資源の劣化（低品位化）や、これに呼応するようなCE、カーボンニュートラルの促進の流れから、循環資源の活用に加え、天然資源についてもこれまで使ってこなかった品質、形態の原料への対応が必要となる。これは分離・選別技術だけで対応できるものではない。そのため、製錬側の技術的対応も不可避である。非鉄製錬における湿式、乾式の使い分けや、鉄鋼製錬における電炉の利用拡大などが既に現実のものになりつつある。それに伴う技術開発は継続して必要である。例として、株式会社エマルションフローテクノロジーズと大平洋金属株式会社は、日本原子力研究開発機構の開発した溶媒抽出技術「エマルションフロー」を活用しリチウムイオン電池（以下LIB）から、Co、Ni、Liを高効率で抽出する技術を開発している[16)]。従来の湿式製錬においては油層と水層を混ぜて金属を抽出した後、時間をかけて静置して層を分離させる必要があったが、新しい方法によればエマルションのサイズを制御することで送液のみで分離が行え生産性は10倍に向上する。

［注目すべき国内外のプロジェクト］

■国内

【プラスチック】

● 環境省「脱炭素社会を支えるプラスチック等資源循環システム構築実証事業」[17)]（2019〜2023年度）

化石由来プラスチックからバイオプラスチック等の再生可能資源への代替、又はリサイクルの難しいプラスチックの新たなリサイクルプロセス構築を行うことにより、資源循環システムを構築し、併せてエネルギー起源 CO_2 排出を抑制することを目的としている。複合素材プラスチック等のリサイクル手法開発も含まれる。

● NEDO「革新的プラスチック資源循環プロセス技術開発」[18)]（2020〜2024年度）

2019年度から開始されたNEDO先導研究（「プラスチックの高度資源循環を実現するマテリアルリサイクルプロセスの研究開発」「プラスチックの化学原料化再生プロセス開発」）を統合[19)]。廃プラの資源価値を飛躍的に高めるため、（1）複合センシング・AI等を用いた廃プラ高度選別技術、（2）材料再生プロセス（マテリアルリサイクル）、（3）石油化学原料化技術（ケミカルリサイクル）、（4）高効率エネルギー回収・利用技術の開発（サーマルリサイクル）を連携させて行い、廃プラの品質に応じた最適な処理システムを構築することによる高度資源循環と環境負荷低減の両立を目指している。

2.9
持続可能な資源利用

- 次期SIP候補「サーキュラーエコノミーシステムの構築」[20]

　大量に使用・廃棄されるプラスチック等素材の資源循環を加速するため、原料の調達から設計・製造段階、販売・消費、分別・回収、リサイクルの段階までのデータを統合し、サプライチェーン全体として産業競争力の向上や環境負荷を最小化するサーキュラーエコノミーシステムの構築を目指す。分解に適した素材の開発（脱架橋、脱多層のモノマテリアル化）、回収率・リサイクル率の向上のための統合データプラットフォームやトレーサビリティの構築及び消費者の行動変容を促す環境整備も検討内容に含まれる。

- JST CREST「分解・劣化・安定化の精密材料科学」[21]（2021年度〜）

　資源循環の実現に向けた結合・分解の精密制御技術を開発する。フッ素材料の精密分解、複合材料の界面分解・分離技術、圧力による分解（バロポリエステル）、分解用触媒開発、分解・劣化のメカニズムの理解などが取り組まれている。

- JST さきがけ「持続可能な材料設計に向けた確実な結合とやさしい分解」[22]（2021年度〜）

　使用中は優れた機能や性能を安定的に発揮するため確実な結合を有し、使用後は再利用するために温和な条件下で光や熱で選択的に所望の部位が分解する材料の開発。

【金属】

- NEDO「高効率な資源循環システムを構築するためのリサイクル技術の研究開発事業」[23]（2017〜2022年度）

　都市鉱山の有効利用を促進し、金属資源を効率的にリサイクルする革新技術・システムの開発。使用済み電子機器の個体認識・解体・選別プロセスを無人化する廃製品自動選別システム、廃部品を製錬原料として最適選別する廃部品自動選別システム、従来の金属製錬技術を補完する多品種少量金属種の高効率製錬技術の開発が含まれる。

- NEDO「アルミニウム素材高度資源循環システム構築事業」[24]（2021〜2025年度）

　アルミニウムの新地金製造時の大きなCO_2排出原単位が課題であり、少ないエネルギー消費で済む再生地金の活用が期待される。（1）溶解工程高度化による不純物元素軽減技術、（2）鋳造・加工・成形技術高度化による微量不純物無害化技術などの組み合せにより、アルミニウムスクラップから高性能な再生展伸材を得る技術を開発する。

- NEDO（グリーンイノベーション基金）「次世代蓄電池・次世代モーターの開発」[25]（2022〜2030年度）

　蓄電池やモーターシステムの性能向上・コスト低減の技術開発に加え、高度なリサイクル技術の実用化にも取り組む。

- JST 未来社会創造事業「持続可能な社会実現」[26]（2019〜2023年度）

　2017〜2019年度の探索研究を引き継いで本格研究「製品ライフサイクル管理とそれを支える革新的解体技術開発による統合循環生産システムの構築」が取り組まれている。異種材料の分離を容易にする新規電気パルス法と、それを活用した製品ライフサイクル最適化技術の開発を目指している。

■国外
【共通】

- 「循環型経済行動計画（Circular Economy Action Plan）」[27]

　欧州グリーディール実現に向けた循環型経済行動計画が2020年3月に発表され、環境負荷が高い「包装」「プラスチック」「繊維」「食」「自動車・バッテリー」「建設・建物」「電子・情報通信機器」の7つを重点産業と設定、具体的な施策を打ち出して企業の行動変容を促している。研究開発・イノベーションを支援するHorizon Europeでは循環型経済とバイオ経済に注力するとし、その中でプラスチック循環の研究開発も取り組まれる。

• ISO TC323（Circular Economy）

CEをISO化し、更に評価手法等の構築（WG3）や情報共有に関するデータシートの定義（WG5）まで行う。日本からも参画。2023年度初頭に国際規格原案（Draft International Standard：DIS）まで進む予定である。

【プラスチック】

• 米国エネルギー省（DOE）「Plastics Innovation Challenge」[28]（2019年～）

エネルギー効率の高いプラスチックリサイクル技術のための包括的なプログラムであり、先進プラスチックリサイクル技術の開発や、より価値の高い製品にアップサイクルするためのプラスチックの設計開発を支援する。12のプロジェクトに2,700万ドル以上の資金を提供している。

（5）科学技術的課題
【プラスチック】

・材料リサイクルにおける技術的課題は、リサイクルの過程でダウングレードさせず、新規製造品と同等の性能を維持させることである。そのためには、徹底した異物除去・材料選別に加え、使用中の熱履歴や経年劣化等による物性低下への対応も必要となる。

・社会に投入されるプラスチック樹脂は強度・難燃性・電気絶縁性・耐摩耗性等高機能化のため材料の複合化が進む傾向があり、その製品形態も複雑化している。それに対応するリサイクルは、複雑さが増し、技術的課題も存在している。例えば容器包装用プラスチックという身近な材料においても、高機能化の要請に伴い異なる性質を有する複数の樹脂を層状に重ね合わせたラミネートフィルム（多層フィルム）が多く使われるようになっているが、強固に接着した層間を剥離・分別するのは容易ではない。軽量、高強度のCFRPの輸送機器等への適用が進んでいるが、CFRP複合材料に用いられる樹脂は耐熱性の高い熱硬化樹脂からなるためその解体には高度な技術を要する。これらについてもリユース、材料リサイクルの技術開発を目指しつつも、これを補完するケミカルリサイクル技術の開発も併せて必要である。プラスチック材料を供給する側においても、リサイクルを念頭に、易解体性を意識したプラスチック製品設計、環境負荷の小さな原材料の使用などが求められていくと考えられる。

・ケミカルリサイクルの熱分解技術においては副生物への対応が課題である。PET樹脂は熱分解でテレフタル酸や安息香酸等の昇華性物質を生成し機器や配管等の腐食と閉塞の原因となる。PVC樹脂は、熱分解の過程で脱離した塩化水素ガスが塩酸となるため、機器・配管の腐食の原因になる。PVC樹脂が他のプラスチックに混合されて処理されると、有機塩素化合物を生成し生成物の品質を低下させる課題もある[29]。窒素や硫黄を含むプラスチックでは、分解時の窒素酸化物（NOx）や硫黄酸化物（SOx）の生成を抑制する必要がある。ポリウレタン、ポリアミド、ポリイミド等の窒素含有プラスチックでは、分解時に生成するシアン化水素（HCN）の無害化が必要不可欠である[30]。またハロゲン化物添加剤により耐熱性・難燃性等の機能性を高めたプラスチックは熱分解特性も様々であり、それらに対応した脱ハロゲン化技術の適用、さらには除去したハロゲン化物を動脈産業に再び循環させることが求められる。

【金属】
• 低炭素技術由来の使用済み品のリサイクル（PV、LIB、磁石）

低炭素へ向かう社会全体の流れの中、そこで利用される機器類、例えば太陽光パネル、LIB、そして重要パーツとしてのレアアース磁石等のリサイクルの技術は既に注目されているが、これらから回収される金属の採算が高くないという課題がある。リサイクルの採算が良い使用済み製品は、通常は貴金属類を高濃度で含む製品で典型的には高品位基板などか、例えば単純なモーターコアにおける銅などの比較的単純なベースメタル類で構成されるケースである。これに対して太陽光パネルは元素としては価値の低いガラスやシリコンが

2.9
持続可能な資源利用

主で、LIBにおいては価値の高いコバルトやニッケル以外にも価格としてはそこまで高くないリチウムを含む。レアアース磁石は比較的素材価格は高いものの、脱磁をはじめ、それ専用のプロセスを要求する点がある。いずれも望ましくない特徴をもつが、資源の価値が否定されるものではなく、前処理工程を含めて、より安価なリサイクルプロセスの開発が技術課題である。我が国としては太陽光パネルの導入年が比較的極端であったことから2030年代後半から廃棄が一時的に大きな量になる可能性が懸念されており、社会システム的な受け皿が必要と考えられる。

（6）その他の課題

【共通】

- ・CE社会における情報共有（資源循環DX）：我が国においても、経産省が資源自律型経済を標榜するなど、より能動的な資源確保としての資源循環が進められる中、天然資源の探査にかかる費用に比して極めて不足しているのが循環資源の情報である。例えばMFAを用いた将来推計などはこれに類するものではあるが、欧州の進めるDPPのような情報共有の形、また製品サービスシステム（Product Service Systems：PSS）といった所有形態の変化を伴う製品のサービス化などはこれに付随する情報をシステム側に共有させることにつながる。これらの情報は循環資源の賦存量のデータと考えれば、自ら資源情報を集約するプラットフォームへの投資はもっと大きくて良い。例えば紛争鉱物の問題など、ESGにおける環境以外の側面もカバーするために、資源循環に関する情報とそれ以外の情報とを組み合わせることでトレーサビリティの高い情報とすることを目指すべきであろう。
- ・わが国はリサイクルメジャーの存在に欠き、静脈産業においてスケールメリットを生かしづらい環境にある。静脈産業のインフラの強化とともに、動脈・静脈の連携による効率的な物質フロー、コスト（回収・輸送・処理）を達成するための社会システムのあり方について考えていく必要がある。
- ・リサイクル技術について、我が国のLCA等の評価研究の論文が少ない。表に出ない理由を考えるべきであろう。

【プラスチック】

- ・早急に対応が必要な政策的課題としては、個別リサイクル法毎の縦割り制度と容器包装リサイクルの材料リサイクル入札優先制度に関連した課題が挙げられる。「容リ法」、「自動車リサイクル法」、「家電リサイクル法」等それぞれの個別リサイクル法の枠組みの中で対応してきた経緯があるが、プラスチック資源循環戦略が2019年に策定され、「プラスチックに係る資源循環の促進等に関する法律」が2022年より施行されている。関係するステークホルダーの幅が拡がり、「リサイクルの質・用途の高度化」「環境負荷の低減効果等」「再商品化事業の適正かつ確実な実施」等の評価項目を設けた総合的評価の実施等の措置も講じられるようになっている。しかし高コスト、非効率性が引き続き課題であり、より効率的なシステム実現のための政策スキーム、それに適した技術の開発、実装が望まれる。

【金属】

- ・カーボンニュートラルな社会においてはクリーンなエネルギーの生産、利用のための多くの機器が必要になり、それに伴い特定の金属の使用量の増大が予想される。そのためリサイクルと並行して鉱山開発も不可欠であり、環境影響に対しては引き続き対策技術の向上が望まれる。採掘が進むにつれ資源そのものが劣化する。ここでいう劣化は、単純に濃度という意味での品位の低下だけではなく、より深くなる、生物多様性のホットスポットでの採掘が必要になるなどである。そうなるにつれて、単位量の資源獲得あたりの環境負荷も大きくなる。また金属回収時に生じるスラリー状の副生物（尾鉱）については、さらなる金属回収は技術課題であり、最終処分も問題である。ブラジル・ブルマジーニョ尾鉱ダムの決壊による環境被害の事例も見られている。

2.9
持続可能な資源利用

・非在来型の資源についても目を向けていく必要がある。海洋国家である我が国にとって海底鉱物資源への期待は古くから大きい。レアアース危機とタイミングを同じくして海底レアアース泥に関する研究が進捗してきた。これらの探査についてはデータの取得そのものが難しい技術であるが、我が国の進めてきた海底鉱物資源関係の調査事業は一定の成果を上げており、継続的な調査が望まれる。

（7）国際比較
【プラスチック】

国・地域	フェーズ	現状	トレンド	各国の状況、評価の際に参考にした根拠など
日本	基礎研究	○	↗	●プラスチックリサイクルは1990年代より先進的技術開発に向けた基礎研究が継続的に行われている。特に、ケミカルリサイクルに関しては既存の技術では再資源化が不可能であった混合廃プラの分解に関するメカニズム解明のための嚆矢となる基礎研究が活発化してきている。しかし製品として社会に投入されるプラスチックの多様化・高機能化の速度があまりにも速く、成果が表面化しにくい側面もある。
日本	応用研究・開発	○	→	●高機能選別機・破砕機の導入が進んでいるものの、多くの装置は海外製品であり、国内製品の開発は低調である。日本のリサイクル産業は欧米に比べて中小規模の企業が多くスケールメリットが得られにくい構造にある。また、石油および石油化学産業の取組が始まりつつあるが、静脈側との連携が弱く、効果的な成果が出にくい状況である。
米国	基礎研究	○	→	●日本の一般廃棄物にあたるMSW（Municipal Solid Waste）においてプラスチックのリサイクル率は30%程度と見積もられ[31]、決して高い割合ではないが、プラスチックリサイクルに関する基礎研究は1980年代後半から行われており、研究の蓄積がある。
米国	応用研究・開発	○	↗	●オレフィン系プラスチックをスチームクラッカーを用いてプラスチック原料化する技術や混合廃プラを原料とした熱分解油と精製された炭化水素を化学品原料にする施設導入を進めている。また、製品プラスチックの添加剤や異物除去により材料リサイクルする実証試験を進めている。
欧州	基礎研究	◎	↗	●プラスチックリサイクルに関してはドイツ、イギリス、イタリア、スペインにおいて基礎研究が盛んに行われ、特にドイツ、イタリアでは2010年以降研究文献数の増加傾向が顕著に見られる。
欧州	応用研究・開発	◎	↗	●リサイクルメジャーの進出や買収により企業の集約化が進む。高度で大規模な選別技術により高い品質の材料リサイクルが実現している。 ●近年では、ケミカルリサイクルに関する投資が活発化しており、石油産業および石油化学産業界において技術開発と施設導入が積極的に行われている。
中国	基礎研究	◎	↗	●2000年代後半からプラスチックリサイクルに関する基礎研究が増えてきており、2008年頃から研究文献数が急増している。近年WEEEや自動車リサイクルに関連したプラスチックリサイクルの基礎研究も見られる。
中国	応用研究・開発	◎	↗	●「循環経済政策」に伴い産業区などで大規模なリサイクルインフラ整備が行われている一方で、国内からの循環資源としての廃プラ確保が課題である。また近年では選別機器の開発が活発になってきており、特許件数が極めて多い[6]。
韓国	基礎研究	△	→	●プラスチックリサイクルに関する基礎研究は低調である。
韓国	応用研究・開発	○	↗	●回収拠点が年々増加傾向にあり、マテリアルリサイクルが活発化してきている。また、最近ではケミカルリサイクルの取組が試行されている。

2.9 持続可能な資源利用

【金属】

国・地域	フェーズ	現状	トレンド	各国の状況、評価の際に参考にした根拠など
日本	基礎研究	○	→	●本領域が対象とする分野が広いため整理が難しいが、金属素材関連の基礎学術レベル自体は依然として高い。ただし、盛んな分野は下流側にシフトしており、資源循環を支えるような対象に取り組む研究者の数自体が余り多くない。 ●天然資源開発に関してはフィールドも少ないことから研究者は少なく、減少の一途で明らかに問題である。ただし、唯一海底鉱物資源、特に地球科学関係には強みを持つ。
日本	応用研究・開発	◎	→	●鉄鋼・非鉄金属製錬業界が共に健在であることから社会実装の担い手は多く、レベルも高い。ただし、分離・選別技術については欧州に対して劣っているとする見方が多い。それは大手のリサイクル産業があまりない業界の歴史的な姿にも影響を受けている。 ●天然資源開発はフィールドの少なさが弱みになっていると考えるべきである。ただし、鉱山機械については株式会社小松製作所に代表されるような日本企業が強みを持っている。
米国	基礎研究	△	↗	●米国はそもそもリサイクルを中心とした資源循環について高度な基礎研究を行ってきた国ではない。ただし、昨今の脱炭素化、更に資源ナショナリズム等の高まりから、例えばDOEがCritical Material Institute（CMI）を設立、技術開発、学際研究の双方を支援するなどした効果が出始めており、トレンドは上向きだと思われるが、やや応用研究よりではないかと思われる。 ●天然資源開発については元々力を入れている。
米国	応用研究・開発	○	↗	●上述のCMIは当然社会実装までを視野に入れており、応用研究なども進んでいる。 ●天然資源開発についてはフィールドも多くトレンドとしては上向きである。
欧州	基礎研究	○	→	●欧州全体としてCEに関する研究には予算が付きやすく、それは基礎研究であっても例外ではない。研究対象としては喫緊の課題である二次電池関連などは新規製品開発とともに、その循環利用に関わる固体分離、選別、精錬各分野における基礎研究も、電池のライフサイクル全体にかかる基礎学理として進んでいる。
欧州	応用研究・開発	◎	→	【EU】 ●言うまでもなくCEの旗振り役であり、技術から社会システムまで先進的に取り組んでいる。また情報共有等の側面でも確実に世界をリードしている。天然資源についてもCEとの統合的な戦略展開が比較的良好に進捗しているように思われ、またCritical Raw Material Listの公表などはそれに貢献しているように思われる。 【英国】 ●英国もCEの社会実装に前向きな姿が目立ちつつある。例えばCEの社会実装にかかる規格であるBS 8001は2017年には発表されており、極めて先進的である。そしてこれに付随する技術開発等も進んでいる。 【ドイツ】 ●ドイツではCEレバーと呼ぶコンセプトを中心にしたロードマップが発表されたが、いわゆる売り切り型からサービス（機能）提供型へとビジネスモデルの転換を進めた上で、順調であればCE的な概念を上から載せるような流れを想定しているようである。積極的な取り組みが多方面で見られるが、IoT利用が進んでいる印象がある。 【フランス】 ●フランスには水道・廃棄物処理大手であるヴェオリアが存在することもあり、CEに積極的に取り組んでいる国の一つである。ISOのTC323の提案国であり、また全体の議長を務めている。
中国	基礎研究	○	↗	●全ての学分野に共通すると思われるが、本分野の研究でも基礎、応用を問わずレベル上昇の一途であると言える。論文本数を見ても強い上昇トレンドにある。

	応用研究・開発	◎	↗	●現場、例えば非鉄製錬やその前段階にあたる鉱山現場等も急速にレベルを上げている。そもそも資源保有国であり、天然資源側のフィールドには事欠かなかっただけではなく、東アジアのスクラップを一手に引き受けていた時期もあり、対象の入手にも事欠かない。
韓国	基礎研究	△	→	●我が国と変わらず、天然資源は多くなく、他方で強い素材産業が存在する。それを支える学も存在してはいるが、十分に強いというほどではない。
	応用研究・開発	△	→	●トレンドとして下降というわけではないが、鉛の二次製錬の不正は国際社会での信用を失うような大きなマイナスであったと言える。本分野において、こうした信頼を失う行為の意味は小さくない。

（註1）「フェーズ」

「基礎研究」：大学・国研などでの基礎研究レベル。

「応用研究・開発」：技術開発（プロトタイプの開発含む）・量産技術のレベル。

（註2）「現状」 ※我が国の現状を基準にした評価ではなく、CRDSの調査・見解による評価。

◎：他国に比べて特に顕著な活動・成果が見えている 　　〇：ある程度の顕著な活動・成果が見えている

△：顕著な活動・成果が見えていない 　　×：特筆すべき活動・成果が見えていない

（註3）「トレンド」

↗：上昇傾向、→：現状維持、↘：下降傾向

関連する他の研究開発領域

・ライフサイクル管理（設計・評価・運用）（環境・エネ分野　2.9.5）

・分離技術（ナノテク・材料分野　2.1.2）

参考・引用文献

1）Plastics Europe, "Plastics -the Facts 2021," https://plasticseurope.org/knowledge-hub/plastics-the-facts-2021/,（2023年3月5日アクセス）.

2）化学工業日報社 編『17221の化学商品』（東京：化学工業日報社, 2021）.

3）環境省「容器包装廃棄物の使用・排出実態調査の概要（令和3年度）」https://www.env.go.jp/recycle/yoki/c_2_research/research_R03.html,（2023年3月5日アクセス）.

4）一般社団法人プラスチック循環利用協会「プラスチックリサイクルの基礎知識2022」https://www.pwmi.or.jp/pdf/panf1.pdf,（2023年3月5日アクセス）.

5）一般社団法人産業環境管理協会 資源・リサイクル促進センター「リサイクルデータブック2022」https://www.cjc.or.jp/data/databook.html,（2023年3月5日アクセス）.

6）特許庁「令和2年度特許出願技術動向 調査結果概要：プラスチック資源循環（令和3年2月）」https://www.jpo.go.jp/resources/report/gidou-houkoku/tokkyo/document/index/2020_04.pdf,（2023年3月5日アクセス）.

7）安田啓「欧州委、循環型経済を推進するためのエコデザイン規則案を発表（EU）」独立行政法人日本貿易振興機構（JETRO）, https://www.jetro.go.jp/biznews/2022/04/a08c5c6a05bd0c33.html,（2023年3月5日アクセス）.

8）Ellen MacArthur Foundation, "The butterfly diagram: visualising the circular economy," https://ellenmacarthurfoundation.org/circular-economy-diagram,（2023年3月5日アクセス）.

9）株式会社レゾナック・ホールディングス「プラスチックケミカルリサイクル事業において使用済みプラスチックのリサイクル量累計100万トンを達成」https://www.sdk.co.jp/news/2022/12476.html,

2.9

持続可能な資源利用

（2023年3月5日アクセス）．

10）ENEOS株式会社，三菱ケミカル株式会社「ENEOSと三菱ケミカル共同のプラスチック油化事業実施について：国内最大規模のプラスチックケミカルリサイクル設備を建設」三菱ケミカル株式会社，https://www.m-chemical.co.jp/news/2021/__icsFiles/afieldfile/2021/07/20/plasticoleochemicalrecycling.pdf,（2023年3月5日アクセス）．

11）環境エネルギー株式会社，https://www.kankyo-energy.jp/,（2023年3月5日アクセス）．

12）Digital Watermarks Initiative HolyGrail 2.0, https://www.digitalwatermarks.eu/,（2023年3月5日アクセス）．

13）Yosuke Nakaji, et al., "Low-temperature catalytic upgrading of waste polyolefinic plastics into liquid fuels and waxes," *Applied Catalysis B: Environmental* 285（2021）: 119805., https://doi.org/10.1016/j.apcatb.2020.119805.

14）Patchiya Phanthong, Yusuke Miyoshi and Shigeru Yao, "Development of Tensile Properties and Crystalline Conformation of Recycled Polypropylene by Re-Extrusion Using a Twin-Screw Extruder with an Additional Molten Resin Reservoir Unit," *Applied Sciences* 11, no. 4（2021）: 1707., https://doi.org/10.3390/app11041707.

15）Hikaru Okubo, et al., "Effects of a Twin-Screw Extruder Equipped with a Molten Resin Reservoir on the Mechanical Properties and Microstructure of Recycled Waste Plastic Polyethylene Pellet Moldings," *Polymers* 13, no. 7（2021）: 1058., https://doi.org/10.3390/polym13071058.

16）株式会社エマルションフローテクノロジーズ「TECHNOLOGY：水平リサイクルを実現する革新的な溶媒抽出技術エマルションフロー」https://emulsion-flow.tech/technology/,（2023年3月5日アクセス）．

17）環境省「令和4年度脱炭素社会を支えるプラスチック等資源循環システム構築実証事業（補助事業）の公募について」https://www.env.go.jp/press/110909.html,（2023年3月5日アクセス）．

18）国立研究開発法人新エネルギー・産業技術総合開発機構（NEDO）「革新的プラスチック資源循環プロセス技術開発」https://www.nedo.go.jp/activities/ZZJP_100179.html,（2023年3月5日アクセス）．

19）国立研究開発法人新エネルギー・産業技術総合開発機構（NEDO）「NEDO先導研究プログラム：2019〜2020」https://www.nedo.go.jp/content/100904010.pdf,（2023年3月5日アクセス）．

20）サーキュラーエコノミーシステムの構築に係る検討タスクフォース「次期SIP課題候補「サーキュラーエコノミーシステムの構築」に係るフィージビリティスタディ（FS）の実施方針 ver1.0」内閣府，https://www8.cao.go.jp/cstp/gaiyo/sip/fs_houshin/07_economysystem.pdf,（2023年3月5日アクセス）．

21）国立研究開発法人科学技術振興機構（JST）「分解・劣化・安定化の精密材料科学」CREST, https://www.jst.go.jp/kisoken/crest/research_area/ongoing/bunya2021-1.html,（2023年3月5日アクセス）．

22）国立研究開発法人科学技術振興機構（JST）「持続可能な材料設計に向けた確実な結合とやさしい分解」さきがけ，https://www.jst.go.jp/kisoken/presto/research_area/ongoing/bunya2021-1.html,（2023年3月5日アクセス）．

23）国立研究開発法人新エネルギー・産業技術総合開発機構（NEDO）「高効率な資源循環システムを構築するためのリサイクル技術の研究開発事業」https://www.nedo.go.jp/activities/ZZJP_100129.html,（2023年3月5日アクセス）．

24）国立研究開発法人新エネルギー・産業技術総合開発機構（NEDO）「アルミニウム素材高度資源循環システム構築事業」https://www.nedo.go.jp/activities/ZZJP_100195.html,（2023年3月5日アクセ

ス）．

25）石塚博昭「グリーンイノベーション基金事業、「次世代蓄電池・次世代モーターの開発」に着手：自動車産業の競争力強化、サプライチェーン・バリューチェーンの強じん化を目指す」国立研究開発法人新エネルギー・産業技術総合開発機構（NEDO）, https://www.nedo.go.jp/news/press/AA5_101535.html,（2023年3月5日アクセス）．

26）国立研究開発法人科学技術振興機構（JST）未来社会創造事業「「持続可能な社会の実現」領域 本格研究」JST, https://www.jst.go.jp/mirai/jp/program/sustainable/JPMJMI19C7.html,（2023年3月5日アクセス）．

27）European Green Deal, "Circular Economy Action Plan: For a cleaner and more competitive Europe," European Commission, https://ec.europa.eu/environment/circular-economy/pdf/new_circular_economy_action_plan.pdf,（2023年3月5日アクセス）．

28）U.S. Department of Energy（DOE）, "Strategy for Plastics Innovation," https://www.energy.gov/plastics-innovation-challenge/plastics-innovation-challenge,（2023年3月5日アクセス）．

29）熊谷将吾, 齋藤優子, 吉岡敏明「使用済みプラスチックの熱分解による化学原料化」『化学工学』85 巻 3 号（2021）：160-163.

30）齋藤優子, 熊谷将吾, 吉岡敏明「プラスチックリサイクルの現状と将来展望」『油空圧技術』61 巻 6 号（2022）：32-38.

31）U.S. Environmental Protection Agency, "Facts and Figures about Materials, Waste and Recycling," https://www.epa.gov/facts-and-figures-about-materials-waste-and-recycling,（2023年3月5日アクセス）．

2.9 持続可能な資源利用

2.9.5 ライフサイクル管理（設計・評価・運用）

（1）研究開発領域の定義

　本領域は、製品やサービスの全ライフサイクルについての環境負荷や影響を定量的に把握し低減するための設計・評価・管理に関する技術を扱う。様々な資源の物理的、化学的、生物学的処理の要素技術開発に加え、AIやIoT、センサ、ソーティング、データ基盤整備などの情報処理技術による分離や管理技術、資源の採掘から循環利用、最終形態までを考慮した製品設計やデザイン、社会システム構築などがカーボンニュートラル社会に向けて必要となる。こうした社会の変化に対し、ライフサイクルアセスメント（LCA）、物質ストック・フロー分析（MFAs）、産業連関分析（IOA）、各種フットプリントやラベリング等による行動変容の分析などにより、現状の把握から、技術・システム・仕組みの導入による効果の予測が必須となっている。本領域はこうしたライフサイクルに関する管理（設計・評価・運用）技術の開発を対象とする。

（2）キーワード

　ライフサイクルアセスメント（LCA）、マテリアルフロー分析（MFAs）、産業連関分析（IOA）、エコロジカルフットプリント、環境ラベル、サーキュラーエコノミー、食料―水―エネルギーの相互依存性分析、産業共生

（3）研究開発領域の概要

［本領域の意義］

　ライフサイクルに関わる資源としては、インフラや人的資源なども必須の要素といえるが、本領域では主として素材系資源に関する話題を扱う。こうした資源の効率的利用が叫ばれるようになって久しいが、大きな方向性の変化はみられない。ただし、気候変動の緩和に向けて社会的な要求がさらに高まっていること、大学等研究機関に限らず企業・政府が資源の循環利用を目指していること、植物資源などに見られるように資源採掘における社会問題を回避するなどの公正化が強く求められるようになってきた。その結果、これまでのライフサイクルを考慮しない技術開発の継続ではなく、天然資源消費量の削減、循環利用の促進につながる新しい技術の開発とその社会実装は極めて社会・経済的意義が高いものとして認識されてきている。

［研究開発の動向］

●計量書誌分析による動向調査

　世界的な学術的な研究開発の動向を客観的に把握するために、Web of Scienceにおいてタイトル、抄録、著者キーワードに登録された文献のうちLCAに関連する文献（"life cycle assessment" もしくは "life cycle analysis" もしくは "life cycle management" を含んだ2017年10月1日〜2022年9月30日（直近5年）の19,414件）とMFAに関する文献（"material flow analysis" を含んだ全期間の2055件）、IOAに関する文献（"input–output analysis" を含んだ全期間の4,569件）に対し、書誌情報をテキストマイニングとネットワーク分析により自動分析することができる学術俯瞰システム[1]を用いて、計量書誌分析を行った。それぞれの文献群（LCA群、MFA群、IOA群）の文献数の推移を図表2.9.5-1に示す。いずれの論文群においても近年急激に文献数が増加していることがわかる。LCA群については1990年代中頃から文献数が増えはじめ、2000年代に入ると急増している。MFA群は他の論文群と比較し最も数が少ないが、2000年代に増加傾向になっている。IOA群は古くから論文が存在しており、LCA・MFAと比較し手法として古くから存在していることがわかる。これらの論文群に対し、引用関係からのクラスタリングによりそれぞれ、LCA群クラスタ（16,690件の文献による23クラスタ）MFA群クラスタ（1,740件の文献による10クラスタ）、IOA群クラスタ（3,445件の文献による13クラスタ）に分割された。各論文群おいて、分類される文献数が多い上位のクラスタに関して議論する。LCA群については上位10クラスタ、MFA群・IOA群についてはいずれも上位5ク

（欄外）2.9 持続可能な資源利用

ラスタとする。対象とする上位クラスタによるカバー率は、LCA群で約97.4%、MFA群で約91%、IOA群で約73%となった。

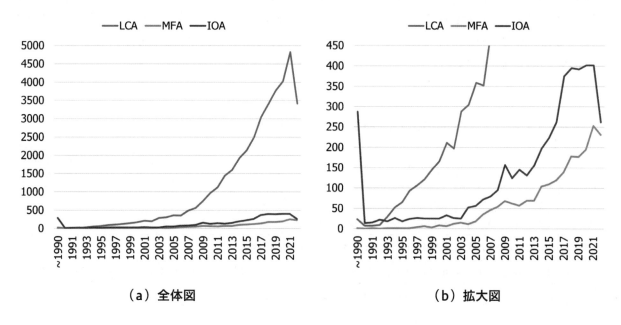

（a）全体図 （b）拡大図

図表 2.9.5-1　各論文群の論文数推移

• LCAに関連する文献群の計量書誌分析結果

　図表2.9.5-2にLCAに関連する文献群のクラスタ別キーワード、ノード数、平均被引用回数（直近5年のみ）をまとめる。図表2.9.5-3（a）より、各クラスタの占める比率は文献数割合は直近5年で大きな変化はなく、図表2.9.5-1より文献数全体が増加していることから、どのクラスタも過去5年で文献数を同等程度増やしていることがわかる。図表2.9.5-3（b）によると、トップ10クラスタの中で著者の所属となっている割合は、欧州で約47%、米国で約10%、中国で約12%、日本が約1%であった。国別にみると、中国が最も文献が多く、次いで米国となった。前回の本俯瞰報告書（2021年）と比較すると、1位と2位の順位が入れ替わっている。

　各クラスタを概観すると、C1に食料生産、食品生産、栄養などに関する研究が含まれており、農業や酪農、漁業といったプロセスを対象としたLCA研究が最も大きなクラスタとなった。これは前回の本俯瞰報告書（2021年版）と比較し、C1クラスタ内で多少のキーワードの変化があったが大きな変化はない。C2はバイオマスを用いた生産技術や製品、制度に関する研究が行われていた。バイオプラスチックに関する研究がやや減少した一方、C2-4として持続可能な航空燃料（SAF）がサブクラスタとして特定された。SAFに関しては顕著に文献数が増えており、クラスタとして認識できるほどになっている。C3では建築物や建築用材料に関する研究クラスタとなっており、建造物そのものに含まれる炭素に関する議論が行われ、建物におけるデジタルトランスフォーメーションに関連するような研究が増えていることがわかった。C4は廃棄物に関するクラスタとなっており、廃棄物から燃料やエネルギーを得る技術などが含まれ、大きな変化はない。C5はエネルギー関連技術が含まれており、サブクラスタの構造に変化があった。C5-1において車載用リチウムイオン電池と関連する技術に関するLCA研究が含まれ、C5-2では電気自動車と他の自動車が比較されるような研究が含まれるようになった。C5-3ではレドックスフロー電池に関する研究が含まれ、C5-4ではマイクログリッドなどのネットワーク技術に加え、定置型の電池の活用に関するLCA研究が含まれていた。C5-5には燃料電池車に関するLCAとして水素の生産に関する研究も含まれていた。特に自動車関連技術の研究の文献数が増えていた。C6では再生可能資源由来のメタノールや水素の製造、電解、大気からの二酸化炭素（CO_2）の直

2.9 持続可能な資源利用

接回収（DAC）、CO_2の分離回収と有効利用（CCU）など、炭素資源の循環に関連する技術の文献が含まれていた。C7は太陽光や風力、地熱、といった再生可能エネルギーを活用するための技術に関する文献が含まれていた。C8ではコンクリートや舗装、アスファルトといったインフラの構造材に関して研究がなされていた。C9では水に関する技術が含まれており、上水・下水に関する技術について研究されている。 C10はオムツや電気電子機器廃棄物（WEEE）、衣服など、多様な製品に関するLCA研究が含まれており、LCAケーススタディ群のクラスタと考えられる。

図表 2.9.5−2　　LCA群のクラスタ別キーワード、ノード数、平均被引用回数（直近5年のみ）

クラスタ		キーワード	ノード数、平均被引用回数
C1	−1	milk production, dairy farm, cheese, fat and protein	320, 2.79
	−2	Food, packaging, food loss, food supply chain	232, 2.38
	−3	Wheat production, alfalfa, cropping system, maize, tillage,	227, 3.22
	−4	Diet, nutritional, nutritional quality, dietary pattern, school canteen, protein,	226, 2.60
	−5	Rice production, circular agriculture, capitalization, farming, cultivar, cherry, paddy, orchard, jasmine	128, 1.84
C2	−1	Microalgae, photobioreactor, chlorella vulgaris, hydrothermal liquefaction,	342, 3.06
	−2	Wood pellet, short rotation coppice, bioenergy, camelina, willow, miscanthus,	182, 1.77
	−3	ethanol, switchgrass, giant reed, miscanthus, sorghum, stover, lignocellulosic ethanol,	152, 1.66
	−4	Sustainable aviation fuel, biojet, Hydroprocessed Esters and Fatty Acids (HEFA), Fischer-Tropsch Synthesis (FT) , and Alcohol to Jet (ATJ) ,	145, 2.26
	−5	Biochar, carbon dioxide removal, bioenergy with carbon capture, pyrolysis torrefaction,	137, 2.47
C3	−1	Building, renovation, embodied carbon, building construction, low carbon building,	220, 2.15
	−2	building information modeling, digital fabrication, zero energy building, parametric design, energy building,	217, 5.03
	−3	HWP: harvested wood product, displacement factor, dynamic LCA, wood product, forest	191, 3.06
	−4	Thermal insulation, envelope, external thermal insulation composite system, aerogels, retrofit,	172, 1.78
	−5	prefabricated, slab system, reinforced concrete, modular construction,	136, 1.91
C4	−1	MSW (municipal solid waste) management, mechanical biological treatment, waste-to-energy technology	264, 2.93
	−2	Digestion, anaerobic digestion, food, composting, restaurant food waste,	178, 2.83
	−3	MSW (municipal solid waste) management, picker, PCB resin, vaccination, biological treatment	148, 2.22
	−4	digestate, upgrading, biogas production, biomethane, anaerobic, methanation,	123, 1.99
	−5	Biogas plant, digester, scale biogas, household biogas,	117, 2.37
C5	−1	Lithium-ion battery, battery pack, vehicle battery, battery recycling, cathode material, NMC (nickel manganese cobalt oxide) , LFP (lithium iron phosphate) ,	226, 4.62

2.9
持続可能な資源利用

	-2	ICEV（internal combustion engine vehicle）, electric vehicle, hybrid electric vehicle, charging,	161, 3.11
	-3	Redox flow battery, vanadium, microgrids, energy storage system, lead acid,	114, 2.18
	-4	Transformation pathway, energy system model, marginal mix, metal requirement, energy return on energy investment	102, 2.54
	-5	Fuel cell vehicle, hydrogen production, hybrid,	101, 1.88
C6		Methanol, hydrogen production, marine fuel, electrolysis, direct air capture, reforming, methanation, CCU, chemical looping,	1090, 3.09
C7		Perovskite solar cells, wind farm, phase-change materials, energy payback time, crystalline silicon, geothermal power,	952, 2.52
C8		Recycled aggregate concrete, geopolymer, carbonation, compressive strength, construction and demolition waste	846, 3.18
C9		Waste water treatment, urban water, greywater, membrane, photo-Fenton, sludge	819, 2.86
C10		Diaper, apparel, WEEE, textile, cotton, latex, product service system	816, 2.18

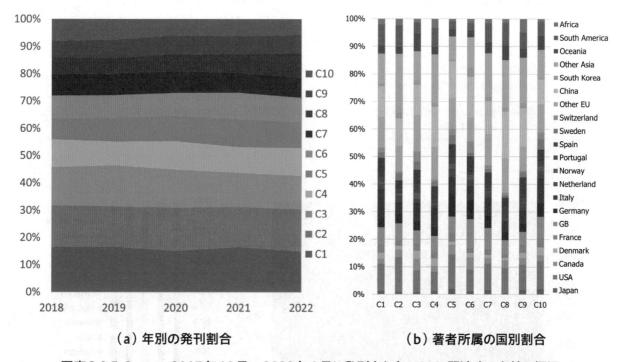

（a）年別の発刊割合　　　　　　　　（b）著者所属の国別割合

図表2.9.5-3　　2017年10月〜2022年9月に発刊されたLCAに関連する文献の概況

• MFAに関連する文献群の計量書誌分析結果

　MFAとは、社会・経済に関連したモノの流れを可視化する手法であり、産業連関表やその他の統計等を用いて領域（国や地域など）の内外における対象（製品や元素など）の動きを把握できる[2]。図表2.9.5-4にMFAに関連する文献群のクラスタ別キーワード、ノード数、平均被引用回数をまとめる。図表2.9.5-5（a）より各クラスタの文献数割合は変動しており、かつてはC2が割合として大きかったことがわかる。 C1とC2は2000年以前から存在するクラスタであり、C3は2000年を過ぎたころからC4とC5は2006年以降に発生したクラスタであった。図表2.9.5-5（b）によると、トップ5クラスタの中で著者の所属となっている割合は、欧州で約49%、米国で約11%、中国で約16%、日本が約10%であった。国別にみると中国が最も文献が多く、次いで米国、日本が第3位となっている。特にC2において日本の文献が約22%を占めるなど、割合が大きい。

2.9

持続可能な資源利用

　各クラスタを概観すると、まず、C1において木材や食料、食品廃棄物、固形廃棄物などに関するMFA研究が含まれている。ここでは生活に関連して動くモノに関する解析が含まれていた。C2では、鉄や銅、アルミニウム、クロム、ニッケルといった、金属のMFA研究が含まれていた。これらC1およびC2では、MFA研究の初期から対象となってきたモノについて議論がなされており、多様な国において同様に解析が進められていることがわかる。C3は都市部におけるモノの動きを対象としたMFA研究が含まれており、都市が関わるモノの流れが可視化されていた。C4においては、建造物のストックについても触れたMFA研究がなされ、特に時間軸を意識した解析も行われている。C5においては近年増加傾向となっているレアメタル等の希少金属に着目したMFA研究が含まれていた。特にC5については近年文献数が増加しており、重要性が高い研究分野といえる。

図表 2.9.5−4　　　MFA群のクラスタ別キーワード、ノード数、平均被引用回数

クラスタ	キーワード	ノード数、平均被引用回数
C1	Wood, food loss, municipal solid waste,	381, 2.33
C2	Steel, stainless, copper, metal, tellurium, chromium, aluminum, scrap, cadmium, nickel	345, 5.03
C3	Urban, raw material equivalent, ecological footprint, economy wide material,	245, 3.49
C4	Building stock, demolition, residential building, renovation, dwelling stock, construction material, infrastructure	200, 7.69
C5	Cobalt, battery, lithium, magnet, wind, electric vehicle, neodymium, tungsten, terbium, second use,	145, 4.06

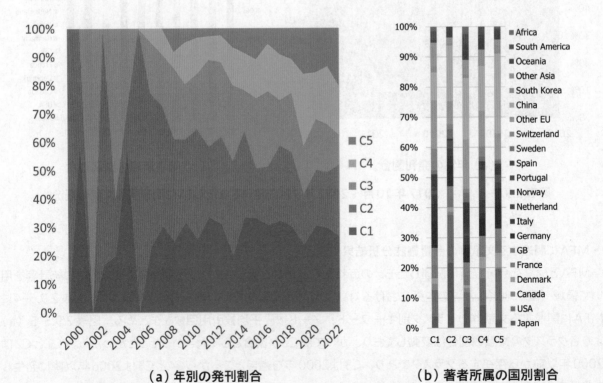

（a）年別の発刊割合　　　　　　　　　　（b）著者所属の国別割合

図表 2.9.5−5　　　2022年9月までに発刊されたMFAに関連する文献の概況

2.9
持続可能な資源利用

● IOAに関連する文献群の計量書誌分析結果

　IOAとは、一国全体の経済活動を巨大な1つの勘定体系（Accounting system）として捉え、一定期間の産業や家計のすべての投入（消費）と産出を行列形式で記述した産業連関表（列方向に各産業の費用構造（生産技術構造）、行方向に販売構造の情報を持つ）を用いて、ある産業部門の需要の増加による経済全体への波及効果や産業構造の変化等を分析する手法である。これは、1936年にアメリカの経済学者Wassily Leontiefが1919年と1929年のアメリカ経済を対象に産業連関表を作成したことに始まる[3), 4)]。図表2.9.5–6に産業連関分析に関連する文献群のクラスタ別キーワード、ノード数、平均被引用回数をまとめる。Web of Science上では、1949年のWassily Leontiefの論文が"Input output analysis"を含んだ最初の論文である。1950年代、1960年代に出版された文献はそれぞれ34件、39件に対し、1970年代：101件、1980年代：112件、1990年代：212件、2000年代：614件、2010年代：2,394件となっている。近年（2020年、2021年）は年間400本以上の文献が出版されており、特に2010年代以降の増加が著しい。1960年代までは、主に産業構造の分析やその国際比較・経年変化に関する分析に焦点が当てられていたが、1960年代後半から経済活動と環境汚染との関係解明に注目が集まり、近年の環境問題への関心増大に伴って文献数も伸びていると考えられる。図表2.9.5–7（a）によると、上位すべてのクラスタに環境問題に関連するキーワードが入っており、各クラスタの文献数割合は大きく変動しているが、2000年代以降、特にC1やC4の割合が増加していることがわかる。C4は1994年以降に発生したクラスタである。図表2.9.5–7（b）によると、トップ5クラスタの中で著者の所属となっている割合は、欧州で約39%、米国で約12%、中国で約26%、日本が約4%であった。国別にみると、中国が最も文献が多く、次いで米国、日本は第5位となっている。日本の文献の約27%がC1、24%がC5に属するが、C2、C3、C4もそれぞれ15–19%と比較的どのクラスタに属する研究も行われていることがわかる。

　各クラスタを概観すると、C1において貿易やそれに伴う炭素移転、製品の製造や輸送の際などに排出されるエンボディード・カーボン、そしてその最大の関係者である中国に関するIOA研究が含まれている。特に輸出品生産から排出される環境負荷の責任配分についての研究が多く、グローバルサプライチェーンの情報からそれらを分析できることはIOAの大きな強みである。C2はLCAに関するIOA研究が含まれており、特にIOAによるLCAと積み上げ型のLCAを連結したハイブリットLCAを用いた分析が多い。C3は水運や漁業など海に関連するIOA研究が含まれており、グルーバル輸送の多くを担っている海上輸送の各国経済に対する役割や影響力、今後の構造変化についての研究が行われている。C4は直接的間接的な水需要を表すバーチャルウォーターやウォーターフットプリント、水不足など水に関連するIOA研究が含まれており、近年深刻な水需要の増大と水不足への懸念を持つ中国を対象とした研究が多い。C1の貿易に付随する環境負荷の移転・責任配分と同様に、輸入品の生産に必要であった水資源への責任をIOAを用いて明らかにすることができる。C5はバイオエコノミーや生物多様性、マテリアルフットプリント、災害、土地消費などに関するIOA研究が含まれており、グローバルなサプライチェーンによる生物多様性や土地消費、環境負荷に対するフットプリントを分析可能な多地域間産業連関表（MRIO）もキーワードとして抽出されている。特にC1、C4、C5が近年増加しており、IOAの適用・応用分野として関心を高めている。C1～C5以外のクラスタでは、例えば、旅行やスポーツなどの巨大イベントの経済効果についての研究クラスタ（ノード数：239）、家計や都市の需要やそれに付随する環境負荷に関する研究クラスタ（ノード数：235）、鉄や金属産業の構造やフロー、その廃棄物に関する研究クラスタ（ノード数：114）などがあり、他の多くのクラスタも含め、それぞれに環境負荷や環境問題に関連する文献が含まれているのが特徴である。また、C1～C5の検出が少ない1990年代について解析を行うと、検出されたクラスタのキーワードは、温室効果ガス（GHGs）、電力、一次エネルギー、エネルギー需要、汚染、エネルギー原単位、鉄鋼産業、二酸化硫黄など、環境問題に関連する内容ではあるがC1～C5とは若干表現が異なるものであり、当該年代の傾向、特にエネルギー問題や環境汚染への関心の高さが表れている。上記のようにIOAは様々な研究分野への広がりを見せており、経済学に限らず工学やエネルギー、コンピューターサイエンス、農業、地理学、物質科学など多くの研究分野が「Web of Science」

2.9

持続可能な資源利用

上で検出されている。

図表2.9.5-6　　　IOA群のクラスタ別キーワード、ノード数、平均被引用回数

クラスタ	キーワード	ノード数、平均被引用回数
C1	China, trade, CO_2, embodied carbon, carbon transfer	525, 9.15
C2	life cycle assessment, sustainability assessment, hybrid life cycle assessment	455, 4.58
C3	port, maritime, smart city	443, 2.20
C4	virtual water, water footprint, water scarcity	417, 5.80
C5	bioeconomy, MRIO, biodiversity, material footprint, disaster, land use	381, 5.37

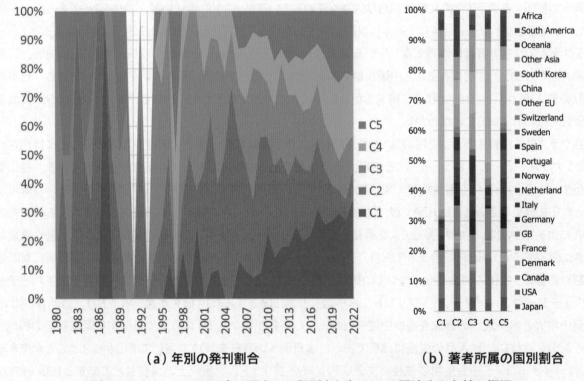

（a）年別の発刊割合　　　　　　　　　　　（b）著者所属の国別割合

図表2.9.5-7　　　2022年9月までに発刊されたIOAに関連する文献の概況

（4）注目動向

［新展開・技術トピックス］

• 技術やシステムの将来性に関するLCA手法

　LCAは環境影響を定量化し意思決定を支援するための手法として普及が進んでいる。基礎的な考え方であるライフサイクル思考に基づき、カーボンフットプリントやエコロジカルフットプリントなどの指標の算定から、各種リサイクル技術・システムの性能評価などに適用されはじめている。従来のLCAは、実際の生産現場などから対象とする技術やシステムに関するデータを収集し、その他のデータをLCAデータベースなどから抽出して組み合わせ、実施されている。一方、カーボンニュートラルやその他の持続可能性へ向けた技術・システムの開発や導入を検討するためには、現存しないライフサイクルの情報を得てLCAを実施しなくてはならず、

2.9
持続可能な資源利用

何らかの仮定や推定、シミュレーションなどが必要となる。こうした技術やシステムの将来性に関するLCA手法について、適用の可能性が議論されている[5]。将来性に関するLCAとしては、Consequential LCA、Life cycle sustainability analysis、Dynamic LCA、Anticipatory LCA、Prospective LCA、Ex-Ante LCAといった方法を取ることにより、開発中の技術や、現在よりも大規模な導入が進んだ後のシステムなど現存していないライフサイクルのLCAが実施可能となり得る。いずれも方法論として重複する部分などがあり、強みや弱みも相補的に有していることから、どれか一つの方法に偏ることなくケーススタディを増やしていくことが必要となってきている。

• 素材に関連する技術開発と産業のカーボンニュートラル化に関する動向

欧州の新循環経済行動計画[6]に対し、日本でも循環経済ビジョン2020[7]や、これに対応するプラスチック資源循環促進法[8]の施行など、従来から存在していたプラスチック等の素材に関する社会的な要求がさらに高まり、持続可能性に向けた具体的な行動を取ることが必須となっている。また、化学産業のカーボンニュートラル化に関するロードマップの策定[9],[10]など、産業ごとの解析も増えている。このような中、素材に関する技術・システム開発としては、生分解性プラスチック、バイオプラスチックに関する研究開発が増加傾向にある。再生可能資源や廃棄物からの化成品製造という観点で以前から存在していた多くの研究開発が加速推進されており、LCAをはじめとする評価に関するニーズも高まっている。各プロジェクト実施期間中にLCAを実施することが要件となるほか、企業においてLCAを担当する部署が新設されるなどの動きが見られる。技術開発に合わせた方法論の開発と事例研究の実施が必要となっている。

• Nexus analysis: 多様な観点の依存性解析

食料と水の生産とエネルギー消費の相互依存性に関する分析（Food-Energy-Water nexus analysis）をはじめ、多様な評価の観点の依存性を解析する研究が増加傾向にある。例えばEnergy-nutrients-water、Nutrition-environment、Climate、Renewable energy、Resource management and bioeconomy、Energy-material、Buildings、Mobility and energy systemsなどが挙げられる。これらは国や地域ごとに統計データや技術・システムに関する情報を組み合わせ、現在の依存性を明らかにするものである。さらに、何らかの変化が起きたときに将来的にどのような依存性へと波及するかなど、主に可視化する取り組みが多くみられる。特に、農業や林業由来の植物資源を用いるライフサイクルにおいて、そのトレーサビリティを証明するための認証制度が取り入れられている。従来から存在している認証制度としては、パーム油の認証がある[11]。これと同様に、他の資源についてもNexusを考慮しながら、水や土地、労働環境などの社会課題などと紐づけたサプライチェーンの可視化が必要とされている。

• 感染症や政情不安などによるグローバルサプライチェーンのリスクの発現による国内産業・資源への注目増加

新型コロナウイルス感染症の世界的な流行や、ウクライナでの紛争などに起因した製品の生産停止や輸出入の鈍化・価格上昇、サプライチェーンのグローバルな拡大傾向から国内生産への回帰や国内資源への注目が増している[12]。また、国内の物価上昇と給与上昇の非連動性からも、輸入品の購入による国内の富の国外流出への関心も集まっている。これらの自給率や国内投資の増加による国内経済への影響分析や、安価な輸入品の購入と比較的高価な国産品の購入による社会経済的な価値の違いについて、IOAによる分析が必要である。

• 地域におけるカーボンニュートラルを支援するライフサイクル管理の必要性

環境省による地域循環共生圏[13]や脱炭素先行地域[14]など、地域の持続可能性に関する対策が必要となっている。地域という対象バウンダリを限定してライフサイクル管理を行う場合、GHGsプロトコル[15],[16]におけるScope 1、2、3の概念に基づき、地域から直接的/間接的に寄与している環境影響の可視化が求められる。IOAにおいては、地域資源の活用による地域経済への影響や循環構造の変化を可視化し、地域経済の再構築を援助する必要がある。また、環境負荷の高い産業の責任配分について、立地している地域だけではなく、その産業製品を需要している地域へも配分するなど、地域間の取引から生じる環境負荷や経済価値などを明らかにしなくてはならない。

2.9
持続可能な資源利用

［注目すべき国内外のプロジェクト］

・LCAおよび関連する指標を評価項目とした国内外の公的な動き

　ライフサイクル管理を前提とした公的な規制や事業が増加している。特に、LCAを用いた性能の評価を要件としている事業が増えている。例えば、欧州のバッテリー規制では金属資源のリサイクルだけではなくカーボンフットプリントによるGHGs排出量についても報告を義務付けている[17]。日本では、ムーンショット型研究開発[18]においては、LCAの観点からも事業の有効性をパイロット規模の実証試験の段階で明らかにするとしている。グリーンイノベーション（GI）基金[19]における事業においても、事業の評価の観点の中にLCAによる環境影響評価が組み込まれている。いずれも社会実装の前段階からの解析を必要とし、Prospective LCAやEx-Ante LCAといった方法論の成熟化を並行して進める必要がある。

・カーボンニュートラルに向けた施策の増加と関連するライフサイクル管理

　カーボンニュートラルの達成に向けては、国内外で多様な施策が提案されている。例えば国連気候変動枠組条約（UNFCCC）によるRace-to-Zero Campaign[20]は、世界中の企業や自治体、投資家、大学などの非政府アクターに、2050年までにGHGs排出量実質ゼロを目指すことを約束している。この国際キャンペーンには1,049都市、67地域、5,235企業、最大手投資家441社、高等教育機関1,039機関が参加している（2022年10月現在）。国内では、2050年CO_2排出実質ゼロ表明自治体[21]が785自治体（2022年9月30日現在）となっており、国をあげたカーボンニュートラルへの政策的な検討が進んでいる[22]。いずれにおいてもGHGsプロトコル[15]等のGHGs算定手法に基づいたLCAによるライフサイクル管理が必須であり、適切な評価が必要である。また、同時に社会経済構造の変化についても配慮が不可欠でIOAによる可視化が重要であると考えられる。

・LCA実施支援のためのガイドラインや人材育成等の増加

　LCAの必要性の高まりを受け実施支援のためのガイドラインや人材育成事業が増加している。例えば、CO_2原料化では国内外にてガイドラインが提案されている[23], [24]。また、LCA人材を養成する事業が開始されておりLCAの社会実装への動きが加速している[25]。

（5）科学技術的課題

・ライフサイクル情報と評価結果の解釈における課題

　ライフサイクル管理に必要となるデータベース等の拡充は必須だが、すべての技術やシステムに関するデータをそろえることは困難である。同一製品であったとしても生産地や生産方法などにより、厳密には状況が異なる。これは不確実性として解釈されるべきであるが、LCAやIOAなどの評価手法に関する専門知識と、これを支援するツールが必要となる。しかしながらツールを汎用的にするほど不確実性が高まる可能性があり、逆に精緻な解析に対応した場合は難易度の高いツールとなってしまう。ライフサイクル管理においては、対象の技術成熟度レベル（TRL）や、実施者のライフサイクル中の立場（原料採掘／生産者、素材製造者、製品組立者から、消費者、廃棄物処理者、公的機関など）、目的（フィージビリティスタディから詳細設計、保守・改善など）、実施の期間など、条件によって様々な場面がある。IOAにおいても分析手法や表の選択、結果の解釈において様々な知識が必要であり、そもそも新規技術導入による経済影響を分析するためのデータや手法の整備が不足している。それぞれの場面において適切なライフサイクル管理の方法論や分析手法、データを選ぶ必要があるが、高度な専門知識を持たない者が実施可能にするための工夫が必要である。

・多様な原料の投入におけるトレーサビリティの確保

　植物資源やリサイクル原料などを活用することで、脱化石資源を図る取り組みが化学産業において重要視されはじめている[9], [10]。化石資源からも再生可能資源からも製造できる製品について、どの程度再生可能資源を含んでいるのかを認証等により明らかにしていく取り組みがある。以前よりパーム油の認証方式[11]においてアイデンティティプリザーブド方式（生産者が特定でき、かつ100%認証製品を含むことを示す方式）、セグリゲーション方式（100%認証製品を含むことを示す方式）、マスバランス方式（物理的には非認証製品を含

2.9

持続可能な資源利用

むが、認証製品の総量が保証される方式）、などが実施されており、順にトレーサビリティが高い認証方式となっている。バイオプラスチック等においては、セグリゲーション方式で生産されるものも多いが、現在マスバランス方式による市場導入が進みつつあり、認証等についても方針が制定されはじめている[26]。原料調達量に限界のある現時点においてマスバランス方式は一定の効果があるが、最終的にはカーボンニュートラルへ到達することを目指している以上、高いトレーサビリティを確保していかなければならないと考えられる。

• **地域別の分析を行うためのデータやルール、知見の不足**

地域別のライフサイクル管理、特に地域経済への影響分析の重要性は高まっているが、市町村レベルの産業連関表の整備やその構築方法についての研究・知見は不十分である。また、構築するための統計データ、特に地域間の交易（移出入）のデータが不足している状態にある。利用可能なデータからどのように地域別の産業連関表を作成すべきかという知見の集積やルール化が今後に向けて必要である。

• **統計データのフォーマット（分類や年度・期間、対象など）の不突合**

統計データを活用した製品ライフサイクルの評価や経済循環の可視化の必要性は今後さらに増大するが、現時点では多くの統計データが個々に作成・管理されており、産業分類や調査年度・期間、調査対象が統一されていない。そのため、複数の統計データを用いる際には、専門的な知識をもって突合・加工しなくてはならない。データ活用による社会目標到達への加速化を図るには、統計データの体系的な整理や連動とそれを可能とする法整備等が必要である。

• **社会一般に向けた情報開示における課題**

持続可能な開発目標（SDGs）、サーキュラーエコノミー、カーボンニュートラルなど、多様な将来社会に対するビジョン・条件を検討するに当たり、技術・システムが持つ多面的な価値の理解が不可欠である。LCA、MFA、IOAといった手法による評価は、これらの価値を可視化するために必要となる。一方、その価値の評価結果が一般の社会において適切に把握・解釈されるためには、社会一般への的確な情報開示が求められる。ここには単に結果を開示していくだけでなく、評価手法の理解を促す仕掛け（セミナーや勉強会など）も考えていかなくてはならない。

（6）その他の課題

• **CO_2に偏重した評価**

カーボンニュートラルへ向かう社会において、その目標へ到達するための技術の開発と導入が急務となっており、LCAによる評価結果としてライフサイクルからのGHGs排出量（LC-GHGs）が用いられることも多くなっている。一方、環境影響は気候変動だけではなく、人間健康や生物多様性への影響に加え、水資源の消費や、金属鉱物資源の消費なども対象とすべきであり、LCAはこれらを評価することも可能な手法となっている。しかしながらLC-GHGsに偏重した評価結果も多く、リスクトレードオフを引き起こす可能性を否定できない。多様な環境影響を評価できる社会基盤が必要である。

• **過去の評価結果の更新**

LCAをはじめとした評価手法により環境影響などが定量化された過去の研究が蓄積してきているが、電力システムをはじめとしたエネルギーシステムや、生産におけるインベントリが、プロセスシステムの省エネ化や再エネの導入などによって変化している。具体例としては、10年など一定の期間を経過した過去の研究対象については、アップデートのための研究を実施すべきである。しかし、科学研究においては、こうした過去の結果の再評価は研究費等を獲得しやすい状況ではない。常に更新しながら現状を把握すべき環境性能などの技術システムの側面については、継続的な分析を可能とする仕組みが必要である。

再生可能資源を用いる技術の多くは2030年/2050年を目標に開発されているが、技術評価は現在（もしくは過去）のインベントリデータに基づいた評価になっている。他の技術の研究開発や、インフラの変化、主流となっているマテリアルフローなどが現在からどの程度変化しているのかを視野に入れた評価を行い、真に2030年/2050年などに導入されているべき技術・システムを探索することができる方法論が必要である。

2.9

持続可能な資源利用

・人材の育成と多様化

　分野間連携や若手人材の育成という観点では、当該分野の研究者ネットワークを拡大していくことが肝要である。IOAについては、活用・応用先の拡大により研究分野は広がりをみせており、基盤となる理論の構築や開発を行う経済学分野での人材育成もあわせて必要になる。サプライチェーンの国際化もますます進んでいることから、国際プロジェクトの支援も必要だと考えられる。新規技術の開発における評価を実施するためには、資源・生産・消費管理の観点からのシステム評価を義務付けるプロジェクトを増やしていくことが有効であると考えられる。研究開発フェーズとの連携により、LCAをはじめとするライフサイクル管理手法が今後の研究開発方針を検討するための支援情報となる。様々な分野においてライフサイクル管理（設計・評価・運用）に関する技術が共通基盤として機能できるよう、データベースやツール、教育機会、情報基盤などを整備していく必要がある。

（7）国際比較

　本領域の多くの研究は実際の技術システム・社会システムを対象としたものであり応用研究と定義される。本比較表において基礎的な研究としては手法論やデータベースの開発に関して記載し、特定の技術システム・社会システムを対象としたものは全て応用研究として記載する。

国・地域	フェーズ	現状	トレンド	各国の状況、評価の際に参考にした根拠など
日本	基礎研究	○	→	インベントリデータベースとしてIDEAv3.2が公開された。国内のデータベースとしては最大のものであり多くのLCA研究で使用可能な状態となっている。日本版被害算定型影響評価手法（LIME）が広く一般的に利用可能となっており、インベントリデータベースと合わせて国内の状況を反映させた評価が可能となっている。工業団体等からの提供データを格納したJLCA-LCAデータベースも存在しているが、データの更新は必ずしも頻繁ではない。IOAに関しては、国際的にも比較的詳細な部門分類での産業連関表が5年ごとに公表されており、各都道府県を対象とした産業連関表も公表されている。
	応用研究・開発	○	↗	LCAを用いた各種研究報告がなされているが他国と比べて、GHGs排出に特化した評価が多いことが問題となっている。近年でも、LCAを実施するとしながらもGHGsを算定するだけにとどまる研究が多く、総合的な環境影響が評価されていない事例がある。国のプロジェクトにおいても、エネルギー起源GHGsの排出量のみを分析対象として公募されているものがほとんどであり、環境影響の総合評価と、持続可能性の評価に関し認識の違いがある。ただし、GI基金による事業などにおいてLCAが必須項目となるなど、LCAを普及させていくための変化が起きていることから今後の発展に期待したい。MFAについては、特に金属資源に関する事例報告が多くなされており国際的なシェアは高い。IOAに関しては、グローバルなサプライチェーンに付随する環境負荷分析と共に、自治体レベルの産業連関表の作成についての関心が高まっており、国内地域間の交易を対象とした多地域間産業連関表の作成なども行われている。様々な統計データが存在していることから、諸外国と比較し廃棄物産業連関表など特殊な産業連関表および分析なども進められている。
米国	基礎研究	○	→	応用研究に比べると基礎的な手法論の研究報告は他国と同等の論文数であった。「Social Life Cycle Assessment」についてはイタリアやドイツ、カナダなどに比べて論文数が少ない。IOAに関しては、比較的詳細な部門分類での産業連関表が作成・公開されているが、日本と比較すると産業連関表に付随するデータへのアクセスが不十分である。
	応用研究・開発	◎	↗	かねてより研究開発が盛んであり、近年もそれを維持している。いずれのクラスタにおいても上位の論文数を発刊した国となっている。リサイクルに関する技術的側面では、DOEが設立した「CMI：Critical Material Institute」などで、応用研究・開発がこれまでと比べて広げ始めているようにみえる。動脈側の産業でのロボット解体など一歩先の技術開発・利用が進む可能性があるものとして、アップルコンピューターの解体ロボットLiam, Daisyはよく知られている。IOAに関しては、特にハイブリッドLCAの分野での研究が進んでいる。

2.9

持続可能な資源利用

欧州	基礎研究	◎	↗	世界最大のライフサイクルインベントリデータベース「ecoinvent」のデータ更新を継続的に行っている。現在の最新版は2018年8月23日に公開されたversion 3.8である。EcoinventやSocial Life Cycle Assessment手法の開発は、欧州全体で執り行われていることであり、研究開発が盛んである。各種LCA評価手法についての検討も進められており、ISOの検討委員会への参加など活発といえる。IOAに関しては、ユーロスタット（欧州委員会の統計担当部局）が中心となり、各国の情報を統一的な形式で公開し、国際間比較や連携による効果が分析可能な環境が整えられている。
	応用研究・開発	◎	↗	かねてより研究開発が盛んであり、近年も維持している。いずれのクラスタにおいても、欧州各国は論文数で上位に位置しており、研究が活発に行われている。特に、イタリア、英国、スペイン、ドイツ、フランス、スウェーデン、オランダ、デンマーク、ポルトガル、スイスの順に論文が多い。特定の研究機関としては、デンマーク工科大学、ライデン大学、マンチェスター大学、スイス連邦工科大学、ミラノ大学、ミラノ工科大学からの発表数が多く存在している。リサイクルの技術的な側面について言えば、Horizon2020からの財政的な支援もあり、そもそも分離・選別技術のレベルの高さと相まって一歩先を進んでいる。システム的な研究・実際の社会システム設計などとこうした技術開発がより密接にリンクした形で進行している。IOAに関してはLCAに関する研究や生物多様性やエコロジカルフットプリントに関する研究が多く、国家間の交易も盛んであるという性格上、多地域間産業連関モデルに関する研究も多い（例えば、オランダのフローニンゲン大学の研究グループが公開しているWorld Input–Output Database: WIODなど）。
中国	基礎研究	△	↘	中国国内のライフサイクルインベントリの多くはecoinventに格納されているが、一部のサプライチェーンにとどまっており、多くは明らかとなっていない。環境影響を定量化するためのライフサイクルインパクト評価手法についても、中国の状況に合わせた解析をできる係数は、完全には整備されておらず、手法論の開発水準は高くないといえる。IOAに関しては、産業連関表の作成自体の歴史は比較的古いが、国民経済計算体系が国際標準に適応したのは2008年[28]と、必ずしも国際標準に準じて統計が整備されているわけではない。
	応用研究・開発	◎	↗	清華大学からの研究報告が増加しており、多くのクラスタにおいてもトップレベルの論文数となっている。特に建造物や廃棄物利用に関する研究報告は世界で最大である。社会実装を試みる現場は多く、動脈側の産業の急激な成長が静脈産業の技術的な進展を促しているような側面もある。電気自動車関係の急速な発展はバッテリーリサイクルに関する技術開発を推し進めているようなところは、技術、社会システム双方に見られる。IOAに関しては、近年多くの研究論文が報告されており、特にグローバルサプライチェーンに付随する環境負荷の責任配分、環境負荷移転、バーチャルウォーター、廃棄物など、世界の工場としての中国の役割と責任に関する分析、急速な発展に伴う環境と経済への影響に関する研究が盛んに行われている。
韓国	基礎研究	△	↘	特に目立った研究開発がなされておらず、報告論文数も少ない。
	応用研究・開発	△	↘	特に目立った研究開発がなされておらず、報告論文数も少ない。電子産業のサプライチェーンなど、韓国が関連するライフサイクルについての研究報告が他国からなされることがある。技術的な側面についての状況は我が国と近く、学術的な交流も多い。社会システムの進展度合いも非常に近いことから社会実装される技術も近いといえる。IOAに関しては、釜山港や光陽港、蔚山港など世界有数の取扱貨物量を誇る港を有しているためか、特に海上輸送や海に関連する産業の研究が盛んである。一方で、他の国で盛んである環境と経済の関連性に関する研究は多くはない。
その他の国・地域	基礎研究	△	→	インベントリデータベース、ならびにライフサイクル影響評価手法のいずれにおいても、アジア各国における研究報告ではecoinventや日本のLIMEなど、他国の手法が用いられている。IOAに関しては、多くの国で産業連関表の作成やその試行が進んでおり、またOECD（経済協力開発機構）が加盟国の産業連関表を作成・公開している。

2.9

持続可能な資源利用

				衣料品やパームなど、東南アジアを中心に生産され、世界に輸出されている製品に関し、LCAなどを用いた評価が盛んになっている。実際に評価を実施しているのは、欧州の研究者などが多いが、アジア諸国の研究者が共著者として参画しているものが多い。 リサイクル関係の技術について台湾をはじめとする一部地域はアジアの中では非常に高いレベルにあり、そこに実装される技術も比較的高いものがある。タイなどで徐々に技術が実装されるように見られるが、これは先進国が工場を移転した結果、そこで発生する廃棄物の処理技術もあわせて移転させているような場合も見られる。近年、豪州において資源循環に焦点を当てた研究が急激に増えている印象があるが、まだ突出した成果があるようには見受けられない。IOAに関しては、オーストラリアのシドニー大学の研究グループから多くの研究論文が報告されており、その多くが190の国と地域を対象とした多地域間産業連関表（Eora MRIO）を用いた、グローバルサプライチェーンに付随する環境負荷や土地消費、生物多様性に対する影響フットプリントの研究である。
	応用研究・開発	○	↗	

（註1）「フェーズ」

　「基礎研究」：大学・国研などでの基礎研究レベル。

　「応用研究・開発」：技術開発（プロトタイプの開発含む）・量産技術のレベル。

（註2）「現状」　※我が国の現状を基準にした評価ではなく、CRDSの調査・見解による評価。

　　◎：他国に比べて特に顕著な活動・成果が見えている　　　○：ある程度の顕著な活動・成果が見えている

　　△：顕著な活動・成果が見えていない　　　　　　　　　　×：特筆すべき活動・成果が見えていない

（註3）「トレンド」

　　↗：上昇傾向、→：現状維持、↘：下降傾向

関連する他の研究開発領域

・リサイクル　（環境・エネ分野　2.9.4）

・分離技術　（ナノテク・材料分野　2.1.2）

参考・引用文献

1）東京大学総合研究機構イノベーション政策研究センター, 東京工業大学大学院イノベーションマネジメント研究科梶川研究室「学術俯瞰システム」http:academic-landscape.com,（2023年1月16日アクセス）.

2）国立研究開発法人国立環境研究所編集委員会「マテリアルフロー分析：モノの流れから循環型社会・経済を考える」『環境儀』14巻（2004）.

3）Wassily W. Leontief, "Quantitative Input-Output Relations in the Economic System of the United States," *The Review of Economics and Statistic* 18, no. 3（1936）：105-125., https://doi.org/10.2307/1927837.

4）Wassily W. Leontief, "The Structure of American Economy, 1919-1929: An Empirical Application of Equilibrium Analysis," *Canadian Journal of Economics and Political Science* 8, no. 1（1942）：124-126., https://doi.org/10.2307/137008.

5）Coen van der Giesen, et al., "A critical view on the current application of LCA for new technologies and recommendations for improved practice," *Journal of Cleaner Production* 259（2020）：120904., https://doi.org/10.1016/j.jclepro.2020.120904.

6）Directorate-General for Environment, "Circular economy action plan," European Commission, https://environment.ec.europa.eu/strategy/circular-economy-action-plan_en,（2023年1月16日アクセス）.

7）経済産業省 産業技術環境局資源循環経済課「「循環経済ビジョン2020」を取りまとめました」経済産

2.9

持続可能な資源利用

業省, https://www.meti.go.jp/press/2020/05/20200522004/20200522004.html,（2023年1月16日アクセス）.

8）環境省「プラスチック資源循環」https://plastic-circulation.env.go.jp/,（2023年1月16日アクセス）.

9）Fanran Meng, et al., "Planet compatible pathways for transitioning the chemical industry," *ChemRxiv* (2022)., https://doi.org/10.26434/chemrxiv-2022-hx17h-v2.

10）Center for Global Commons, et al., "Planet Positive Chemicals: Pathways for the chemical industry to enable a sustainable global economy (September 2022)," The University of Tokyo, https://cgc.ifi.u-tokyo.ac.jp/research/chemistry-industry/planet-positive-chemicals.pdf,（2023年1月16日アクセス）.

11）WWFジャパン「認証パーム油を使うには？RSPOへの手引き」https://www.wwf.or.jp/activities/addinfo/1803.html,（2023年1月16日アクセス）.

12）経済産業省「通商白書2021：第II部 第1章 第2節 サプライチェーンリスクと危機からの復旧」https://www.meti.go.jp/report/tsuhaku2021/pdf/02-01-02.pdf,（2023年1月16日アクセス）.

13）環境省「地域循環共生圏」https://www.env.go.jp/seisaku/list/kyoseiken/index.html,（2023年1月16日アクセス）.

14）環境省「脱炭素先行地域」脱炭素地域づくり支援サイト, https://policies.env.go.jp/policy/roadmap/preceding-region/,（2023年1月16日アクセス）.

15）Greenhouse Gas Protocol, https://ghgprotocol.org/,（2023年1月16日アクセス）.

16）環境省「サプライチェーン排出量算定をはじめる方へ」https://www.env.go.jp/earth/ondanka/supply_chain/gvc/supply_chain.html,（2023年1月16日アクセス）.

17）Directorate-General for Environment, "Batteries," European Commission, https://environment.ec.europa.eu/topics/waste-and-recycling/batteries_en,（2023年1月16日アクセス）.

18）内閣府「ムーンショット型研究開発制度」https://www8.cao.go.jp/cstp/moonshot/index.html,（2023年1月16日アクセス）.

19）経済産業省「グリーンイノベーション基金」https://www.meti.go.jp/policy/energy_environment/global_warming/gifund/index.html,（2023年1月16日アクセス）.

20）United Nations Framework Convention on Climate Change (UNFCCC), "Race-to-Zero Campaign," https://unfccc.int/climate-action/race-to-zero-campaign,（2023年1月16日アクセス）.

21）環境省「地方公共団体における2050年二酸化炭素排出実質ゼロ表明の状況」https://www.env.go.jp/policy/zerocarbon.html,（2023年1月16日アクセス）.

22）経済産業省 資源エネルギー庁「エネルギー白書2021：第1部 第2章 第3節 2050年カーボンニュートラルに向けた我が国の課題と取組」https://www.enecho.meti.go.jp/about/whitepaper/2021/html/1-2-3.html,（2023年1月16日アクセス）.

23）Arno W. Zimmermann, et al., "Techno-Economic Assessment Guidelines for CO_2 Utilization," *Frontiers in Energy Research* 8 (2020)：5., https://doi.org/10.3389/fenrg.2020.00005.

24）国立研究開発法人新エネルギー・産業技術総合開発機構（NEDO）「研究開発初期段階のCCU技術を対象としたライフサイクルCO2排出量の簡易評価ガイドライン」https://www.nedo.go.jp/library/ccuguideline.html,（2023年1月16日アクセス）.

25）一般社団法人サステナブル経営推進機構（SuMPO）「「LCAエキスパート養成塾」いよいよスタート！」https://sumpo.or.jp/news/expert_school_20220517.html,（2023年1月16日アクセス）.

26）公益財団法人日本環境協会「エコマーク認定基準における「バイオマス由来特性を割り当てたプラスチッ

2.9 持続可能な資源利用

ク」の取扱方針を制定」公益財団法人日本環境協会エコマーク事務局, https://www.ecomark.jp/info/release/PR22-05.html,（2023年1月16日アクセス）.

27）兵法彩, 菊池康紀「市町村産業連関表の作成・応用実態に基づく作表フローの構築」『日本LCA学会誌』17巻3号（2021）: 174-192., https://doi.org/10.3370/lca.17.174.

28）岡本信広「中国の産業連関分析：特徴と応用」『産業連関』20巻1号（2012）: 23-35., https://doi.org/10.11107/papaios.20.23.

2.10 環境分野の基盤科学技術

2.10.1 地球環境リモートセンシング

（1）研究開発領域の定義

　リモートセンシングは広義には遠隔から電波や光、音波などを用いて対象物を触らずに調べる技術であり、衛星や航空機、ドローン、船舶、車両などに搭載することで広範に様々な情報を面的に取得できる。本領域では、衛星観測を主に扱う。気候変動にかかわる大気中の温室効果ガス（Green House Gases：GHGs）や微粒子（エアロゾル、雲）、気候変動因子（雲、土地利用、植生など）の濃度や変化に関するリモートセンシングを中心に記述する。地震、噴火等の自然災害に関するリモートセンシングも対象とする。

　気候変動の総合的な観測は「2.2.1 気候変動観測」、予測は「2.2.2 気候変動予測」で扱う。自然災害も含めた適応等に関する研究は「2.8.2 農林水産業における気候変動影響評価・適応」領域や「2.8.3 都市環境サステナビリティ」領域で扱う。水災害への適用技術等は「2.2.3 水循環（水資源、水防災）」、生態系・生物多様性に関しては「2.2.8 生態系・生物多様性の観測・評価・予測」で扱う。

（2）キーワード

　衛星観測、気候変動、地球環境観測、気象観測、合成開口レーダー（Synthetic Aperture Radar：SAR）、干渉SAR、位相配列方式L帯合成開口レーダー（Phased Array Type L-band SAR：PALSAR）、Ka帯レーダー干渉計（KaRIn）、改良型大気周縁赤外分光計（Improved Limb Atmospheric Spectrometer：ILAS）、多波長光学放射計（Second Generation Global Imager：SGLI）、ライダー、雲プロファイリングレーダー（Cloud Profiling Radar：CPR）

（3）研究開発領域の概要

［本領域の意義］

　気象庁の気候変動監視レポート2021[1]では世界各地では過去30年の気候に対して著しい偏りを示した天候、いわゆる異常気象に増加傾向があると報告している。世界気象機関（World Meteorological Organization：WMO）が2021年8月に公表した報告書[2]では1970～2019年の50年間で気象災害が5倍に増えたと警告している。一方で早期警報と災害管理の改善により、死亡者数はほぼ3分の1に減少したと報告されている。これらの異常気象の要因として、中緯度偏西風の蛇行（ブロッキング）、温暖化に伴う海面水温の上昇による台風への水蒸気供給量の増大など全球的な気候変動による影響の大きさが指摘されている[3]。近年の気候変動に関して、「人間の影響が大気、海洋及び陸域を温暖化させてきたことには疑う余地がない」と気候変動に関する政府間パネル（IPCC）第6次評価報告書第1作業部会報告書に明記されている。人為起源のGHGs排出による気候変動の影響を緩和する政策を実施していく上でも、地球の気候の状態を調べ、理解し、診断することが極めて重要である。局所的な気象も遠地の状況と密接に結びついている（テレコネクション）。世界経済の進展および断絶、カーボンニュートラルに向けた活動の地域差や揺り戻しなどの影響を正しく捉えるには、海洋および陸域、極域、そして大気のそれぞれを全球で評価する必要がある。しかし、地球の全地表面に対して、人間が現場で直接計測できる領域や時期は極めて限定的で、全球を評価するために必要な均一で広域の観測を地表面上で行うことは困難である。衛星観測は同じ計測器によって、全球の地表面とその近傍の表層を均質かつ周期的・継続的に計測できる唯一の手段である。全球の気候を評価する基本データ取得の観点から、衛星観測は極めて重要である。

　GHGsに関する全球観測への貢献[4]に加えて、台風、豪雨、豪雪、洪水、地震、噴火、斜面崩壊、大規模火災など自然災害対応への貢献や、土地利用変化、植生変化、大規模森林火災、森林違法伐採などの把握などへの貢献も重要である[5],[6]。災害時の広域状況の把握とともに台風、豪雨、豪雪の予測に資する雲や

水蒸気も含めた観測が重要である。

[研究開発の動向]

■気象・気候の衛星観測（GHGs観測を除く）

気候変動に関する地球観測の基本は静止軌道から常時観測する気象衛星システムである。 WMOが1963年に計画を立案した世界気象監視計画の基本構想に基づき構成され、気象衛星調整会議（CGMS）の現業気象関係の国際枠組みにより維持されている。 CGMSにおいては、低軌道の衛星による観測も近年追加され、気象観測あるいは気候診断を行っている。日米欧露中印韓の静止気象衛星ネットワークでは、日本においては気象庁ひまわり8号、9号が該当する。

科学的あるいは気候診断の地球観測の国際的な調整は地球観測衛星委員会（CEOS）において行われており、各国の観測衛星開発計画の情報共有がなされている。国際協力による相互データ交換・評価の仕組みとして、GHGs、降水、陸域などの目的に応じた衛星集団（CEOS Virtual Constellation）が構築されている。観測対象となる気候システムに必要な観測パラメーターは54の必須気候変数（Essential Climate Variables：ECVs）としてリスト化されており、それをCEOSに答申することにより、観測パラメーターの整理がなされた状況にある[7]。並行して、特に長期観測が重要なパラメーターについては気候データ記録として識別されつつある[8]。こうした活動においては欧州が観測衛星の計画作成・調整などで積極的に利用し、その推進を牽引している。

このような国際協調システムを含む衛星計画を前提とした科学的な研究ターゲットについてはIPCC報告書を起点とした議論が行われている。 IPCCは特に人間活動とそれに伴う気候変動に主体を置いた報告を行っているため、現実社会に影響を及ぼす地球温暖化や、それに派生するとみられる極端気象、および新興国の工業発展・都市化（特にアジア領域）に伴う$PM_{2.5}$などを含む大気汚染などへの関心が高い。

気候変動の全容解明には、大気だけでなく海洋や陸域を含む地球システムへのフィードバックを総合的に理解する必要がある。海洋表層循環の研究はメソからサブメソスケールの現象へ進みつつある。水平混合・輸送・拡散に主として寄与するメソスケールの中規模渦についは、レーダー高度計を中心とする衛星観測、アルゴフロートを中心とする現場観測、渦解像数値モデルの組み合わせでこの20〜30年で飛躍的に理解が進んだ。アルゴフロートは海水中をプログラムに従って浮き沈みしながら観測データを取得する現場観測機器だが、海面浮上時に衛星コンステレーション（協調動作する複数の衛星団）にデータを送信する仕組みを設けており、リモートセンシングも活用している。サブメソスケールの変動現象は鉛直混合・輸送・拡散に寄与するため、物理過程だけでなく物質輸送や生物生産など化学・生物過程にも直接つながり、観測・モデル両面で国際的にも近年注目を集めている。温暖化に敏感な雪氷圏においては、従来からの氷河氷床変動の検出に加え、衛星の高頻度観測を利用した凍土融解過程の検出が新たに進んでいる。宇宙航空研究開発機構（JAXA）の陸域観測技術衛星「だいち2号」（Advanced Land Observing Satellite：ALOS-2）と欧州宇宙機関（ESA）のSentinel-1による高頻度観測から、シベリアにおける森林火災の跡で、5年以上に亘り永久凍土の融解による地盤の変動観測されている。

■GHGsの衛星観測

地球温暖化の主要因となる二酸化炭素（CO_2）排出を含む炭素循環の定量的な評価を目標として、大気中のCO_2量の観測の高精度化が重要な課題となる。日本ではCO_2高精度評価に対して、環境省と国立環境研究所（以下、「国環研」と記載）とJAXAのGHGs観測技術衛星「いぶき」（GHGs Observing Satellite：GOSAT）シリーズなどが対応している[4]。

2009年に打ち上げられたGOSATは宇宙からのCO_2とメタンの濃度の観測を主目的としており、世界で最初に軌道にのったGHGs観測衛星である。熱赤外域だけでなく短波赤外域のセンサーを同時に搭載し、対流圏全層に感度を有している。設計寿命を延長して2022年12月時点も運用を継続している。その観測データ

を利用することで、大陸規模でCO_2等の排出・吸収強度を推定する炭素循環の研究や、都市部などからのCO_2やメタンの排出インベントリの高精度化研究などに活用されている。

2018年に打ち上げられたGOSAT-2はGOSATよりもセンサー感度が向上している。晴天域を能動的に選定して観測効率を高められるインテリジェントポインティングを採用するなどの高度化が実装されている。人為起源のCO_2を特定する能力を向上するため、CO_2とメタンに加え一酸化炭素（CO）も観測可能となっている。

米国航空宇宙局（NASA）は2014年に軌道上炭素観測衛星2号（Orbiting Carbon Observatory-2：OCO-2）の打ち上げを成功させている。その複製機であるOCO-3センサーが2019年に国際宇宙ステーションの日本実験棟「きぼう」に搭載された。OCO-2を基盤として、南北アメリカ大陸におけるGHGsの濃度分布の可視化を目指した「GeoCARB（Geostationary Carbon Observatory）」ミッションは運用費用の増大などにより2022年12月に中止となった（※人工衛星におけるミッションとは、狭義には衛星で達成しようとする目的、宇宙飛行任務を指し、広義には衛星に関する一連の計画検討、搭載機器開発、運用、行動など全般を含んで用いられている。）。OCO-2衛星と類似したTanSat衛星も、2016年12月に中国科学院（CAS）により世界3番目に打ち上げられている。欧州は、大都市などをターゲットにした高空間分解能を有すMicroCarb衛星を2023年以降に打ち上げ予定である。日本では、GOSATとGOSAT-2の後継機としてGHGs・水循環観測技術衛星GOSAT-GW（GOSAT for GHGs and Water cycle）の打ち上げが2023年度に計画されている。高性能マイクロ波放射計（Advanced Microwave Scanning Radiometer-3：AMSR3）はGOSAT-GWに相乗りする計画とされており、水循環と炭素循環との複合研究も進められる。

■自然災害のリモートセンシング

増加する自然災害に対して、SARの官民・国際連携による衛星バーチャルコンステレーションによる高頻度・高分解能での観測とドローンや地上観測の活用、地理空間情報との統合による災害状況の把握が期待されている。また、降水量、地表面温度などの情報に基づく、土砂災害、干ばつなどの発生リスクの把握、モデルとの統合による洪水浸水域予測や干渉SAR技術による火山の山体膨張の把握による火山活動の警戒の強化などが災害の多発する日本やアジア各国で期待されている。

1992年の地球資源衛星「ふよう1号」（Japanese Earth Resources Satellite-1：JERS-1）以来、ALOS、ALOS-2と日本が先導してきたL帯SAR衛星は、固体地球科学分野にも大きく貢献している。ALOSおよびALOS-2によって福島県浜通り地域で2011年に発生した地震断層が2016年にも発生していることが見いだされた[9]。後継のALOS-4の打ち上げが決まっているが、同様のL帯衛星NiSAR（NASA-ISRO SAR、※NASAとインド宇宙研究機関（ISRO）共同のS帯およびL帯のSAR）が2023年にNASA/ISROによって打ち上げ予定であり、ESAも2028年打ち上げを目指してROSE-Lミッションに着手している．

■大気汚染の衛星観測

日本の地球観測プラットフォーム技術衛星「みどり」（Advanced Earth Observing Satellite：ADEOS/ADEOS-2）に搭載した国環研の改良型大気周縁赤外分光計（ILASシリーズ：Improved Limb Atmospheric Spectrometer）に端を発し、対流圏上部より上方を中心とした大気汚染物質の赤外掩蔽観測が行われてきた。さらに宇宙ステーション搭載超伝導サブミリ波リム放射サウンダーにおいてサブミリ波掩蔽観測に発展した。今後の大気物質観測計画としては宇宙からの大気汚染物質観測（Air Pollution Observation：APOLLO）の検討などが続いている。

大気汚染天気予報のように、汚染大気を時々刻々と追跡して時空間的に密に観測することの重要性からESA、NASA、韓国航空宇宙研究院（KARI）のそれぞれが静止衛星計画を進めており、CEOSのAC-VC会合（Atmospheric Composition Virtual Constellation）などでも連携が活発に議論されている。ESAのSentinel-4、NASAのTEMPO（Tropospheric Emissions：Monitoring of Pollution、※NASAの

2.10
環境分野の基盤科学技術

対流圏排出、汚染監視ミッション）に先んじて、2020年3月に韓国が大気質監視衛星GEO-KOMPSAT-2B の打ち上げに成功した。そのデータ検証、解析の進展により、アジア域でのSLCFs（※メタン、NOx等の短寿命気候強制因子。詳細は2.2.1 気候変動観測を参照）の排出・光化学反応の日変化解析などの活性化が期待される。

■森林バイオマス量、土地利用変化の衛星観測

CO_2の主な吸収源となる陸域での森林バイオマス量の評価精度向上が引き続き重要な課題である。日本では、陸域のバイオマス評価に対してJAXAのALOSシリーズ、気候変動観測衛星「しきさい」（Global Change Observation Mission – Climate：GCOM-C）、宇宙ステーション搭載レーザー高度計などが対応している。陸域生態系の土地被覆分布（植生分布）や森林域の把握は、GHGsや放射収支を通して、気候へ影響を与える。全球スケールで様々な土地被覆状況を把握する試みが続けられている。近年は衛星データを用いた土地被覆とその変化の把握が進み、年毎などの従来よりも高い時間分解能を達成している。また空間的にも全球を約10 mの空間分解能で土地被覆とその変化を把握できるようになってきた。

加えて土地利用の変化とともに、陸上での水資源の把握が持続的な農業実施などのために進んでいる。ESAはSentinel拡張ミッションの中で30 m級の高分解能熱赤外センサーを搭載するミッションLSTM（Land Surface Temperature Monitoring）[10]を掲げている。これにより農業に重要な陸上の蒸発散などの把握や火山噴火などの災害観測、都市のヒートアイランドへの対応をするミッションも2028年を目指して開発を進めている。また、可視から短波長赤外までのハイパースペクトルメータによる持続可能な農業・生態系管理と土壌の把握をするミッションも、日米欧などで開発・運用が進んでいる。

■エアロゾル・雲の衛星観測

エアロゾル-雲-降水のプロセスは地球の放射収支を大きく左右する。時間的変化の早いこれらのプロセスが、GHGsによる放射収支の評価に対しても大きく影響している。その正確な理解のために一層の観測的把握の発展が望まれる。また、エアロゾルについては前述の大気汚染とも関連する。

日本においてはJAXAのGCOM-C、ESAとJAXA、情報通信研究機構（NICT）の雲エアロゾル放射ミッションEarthCARE（Earth Clouds, Aerosols and Radiation Explorer）が対応している。GCOM-C衛星に搭載されているSGLIセンサーは、近紫外チャンネル搭載、高空間分解能観測、偏光観測に技術的な新規性があり、雲、エアロゾル、放射も含めた気候変動に関わる様々な因子を観測している。ひまわり8・9号は、それ以前の静止気象衛星に比べて時間・空間解像度ともに2倍に向上し、高時間・高空間解像度のエアロゾル観測が可能である。さらに、GOSAT-2衛星に搭載された雲・エアロゾルセンサー2型によって、雲に加えて、$PM_{2.5}$やブラックカーボンのモニタリングに貢献するデータの提供も試みられている。

雲レーダーによる雲の鉛直内部構造の観測は、気候変動に伴う放射収支の変化の評価に必要不可欠である。2006年にNASAジェット推進研究所（JPL）が初めて雲レーダー搭載のCloudSatを打ち上げている。日本では現在、CloudSatよりも感度が10倍高く、雲内部の鉛直流の情報を衛星から世界で初めて取得するためのドップラー速度の観測が可能な雲プロファイリングレーダーを開発している。このレーダーを搭載するEarthCARE[11]による観測が2023年度に予定されている。なお、強い関連性を有する降水や水蒸気の衛星観測も推進することにより、雲・降水に関わる気候変動研究の相乗効果が期待される[12]。「エアロゾル、雲・対流・降水研究（A-CCP）」は2017年に米国から発行された今後十年の地球観測への指針を示すDecadal Surveyにおいて最優先観測対象として選定されている。国際活動計画の検討において、降水レーダーの提供やアルゴリズムの開発とともに、日本からの貢献が期待される。

■極端現象

極端気象と温暖化との関連について、温暖化により温まった海面水温とそこから放出される大気への水蒸

気量の関連性が指摘されている。降水状況の観測と共に水循環について更に観測を詳細化する必要がある。日本においてはJAXAのGCOM-C、水循環変動観測衛星「しずく」（GCOM-Water：GCOM–W）やNASA/JAXA/NICTの全球降水観測計画主衛星（Global Precipitation Measurement Core Spacecraft：GPM主衛星）が対応している。加えて、これまで技術的に困難であった大気の風速ベクトルを計測するライダー（Light Detection and Ranging）や鉛直風を計測する雲レーダーが登場しつつある。従来の海上風ベクトルや気象衛星の雲の変化から雲移動ベクトルを算出する大気力学的観測に対して、大幅な発展が期待される。さらに、台風などに伴う猛烈な海上風を航空機による観測との同期によりSARで把握する研究が日米欧などで進んでいる。定常的にSARによる海上風の観測データが洋上でとらえられるようになれば、台風などの進路予測モデルへの入力データとして活用されると期待されている。

■プラットフォーム

　これまでの観測データは主に衛星ミッションごとに整備されてきた。近年、計算機技術の発達とともに、データを統合的に利用するためのインフラの整備が進められている。一カ所にデータを集積し、解析できるプラットフォームとして文部科学省のデータ統合・解析システム「DIAS」、経済産業省の政府衛星データのオープン＆フリー化及びデータ利用環境整備事業「Tellus」など国主導のものや、民間企業によるプラットフォームやクラウドサービスが提供されている。また、衛星データを一元的に提供するためのデータ提供サイトがJAXAの地球観測衛星データ提供システム（G-Portal）をはじめとして整備・運用されている。時間空間的に蓄積された衛星データは地理空間情報、地上観測データとあわせてビックデータとして、機械学習、ディープラーニングなどのIT技術により情報としてサービスされる方向にある。衛星観測ビッグデータは、演繹的な数値モデルである気象庁気象研究所による数値予報モデルや、東京大学/国環研/海洋研究開発機構（JAMSTEC）による大気循環モデルなどにデータ同化を行うためにも利用される。これらの数値モデルは計算機処理能力の発展とともに高分解能化しており、東京大学の全球モデル「NICAM」や、名古屋大学の雲解像モデル「CReSS」などを筆頭として発展を見せている。

■地球観測衛星の戦略立案の新たな道筋

　宇宙開発体制のあり方について、産学官の連携による社会課題の解決、科学技術の高度化に関わる25の学教会が参加している「タスクフォース会合・リモセン分科会（TF）」コミュニティーが2012年から活動している。このTFでは衛星観測ミッションの公募などを通して、地球観測のグランドデザイン、地球観測ロードマップが関係省庁、日本学術会議に提案されている[13]。

　日本学術会議・地球惑星科学委員会・地球・惑星圏分科会地球観測将来構想小委員会による「持続可能な人間社会の基盤としての我が国の地球衛星観測のあり方」提言（2020年）から、予算化への新たな道筋づくりも進められている。排出源の特定に資するキロメートル級観測実現などを目指したGOSAT-GW後の計画や、次世代静止衛星の議論などの場として重要である。宇宙基本計画工程表重点事項の具体的取組として、2022年5月に「衛星リモートセンシングの開発・利用に携わる産学官の関係企業・機関や有識者等が広く参加するコンソーシアムを立ち上げ、同分野における全体推進戦略案の検討や、産学官連携の取組等を促進する場の形成を図る」旨が記載され、この年の9月に「衛星地球観測コンソーシアム（CONSEO）[14]」が設置された。

　背景にはデジタル発展による環境変化（Society5.0の実現、スマートシティの構築、AI技術発展等）により、衛星観測データがICT分野で活用されるようになり、宇宙産業市場においてベンチャー企業を含む民間企業の宇宙活動が活発となっていることがある。コンソーシアムでは、産学官により日本の衛星地球観測分野における総合的な戦略提言をまとめることで宇宙基本計画や工程表等の政策議論へ貢献すること、日本の地球観測に基づく地球科学の強みを伸ばし、世界との協調による気候変動対策を先導すること、さらに産学官による具体的な連携活動を推進し、コンソーシアムへの参加者が多様な産業に拡大することによって、日本

の成長産業となることなどを目指すとしている。

（4）注目動向
［新展開・技術トピックス］
■陸域：多面的な植生・生態系パラメーターの観測

　従来は太陽光の反射を利用した植生の把握が主であったが、近年、様々なリモートセンシング手法によって、様々な陸域植生パラメーターが計測されるようになってきた。例えば、光合成量をより直接表現できる物理量として注目度が高い太陽光励起クロロフィル蛍光はGOSATやGOSAT-2、OCO-2、TROPOMI衛星で観測が可能である。さらには、マイクロ波の放射を用いた植生バイオマスの推定、ライダーによる樹高の推定などが挙げられる。またPALSARに代表されるマイクロ波による能動的リモートセンシングデータの需要が高い。国際宇宙ステーションにも陸域植生を計測できる複数のセンサーが搭載されている。これらにより、樹高・植生ストレス・高波長分解能分光観測などの詳細な多面的な観測が可能になっている。これらは陸域におけるGHGsのモデルを構築するにあたり、様々な物理量を提供できることから、不確実性の低減が期待される。

　疎な植生や雲・雨などを透過して地表の情報が得られるL帯の周波数を利用したSARは走査幅を増しつつ全球の森林領域の識別とバイオマスの評価に活用される。100 t/ha以上の高密度森林領域での低感度性については、ライダーによる観測評価で補間することで全球バイオマスの測定を実現しつつある。L帯SARは日本では1992年打ち上げのJERS-1からの長期の観測データの蓄積があり、現在もALOS-2によりその観測を継続するとともに、1.5ヶ月ごとに、熱帯域の森林変化の観測および情報の提供をJAXA/JICAが継続している。2020年代には、ALOS-2の後継であり観測幅を広げたALOS-4や、NASAとISRO合同のNISARなどの打ち上げが予定されている。加えて、欧州ではコペルニクス計画の一環として2025年ごろを目指したL帯欧州レーダー観測システム（Radar Observing System for Europe - L-Band：ROSE-L）、米国ではNISARの後継がDecadal Surveyの中でのSDC（Surface Deformation and Change、※地表の変形・変化のこと）というミッションで研究されている。また、ライダーでは特に熱帯雨林の評価を行う米国のGEDI（Global Ecosystem Dynamics Investigation）[15] および、日本の植生観測ライダー（Multi-footprint Observation Lidar and Imager：MOLI）があげられる。森林評価は炭素循環の吸収源となる重要計測であり、大気中CO_2計測と並行した観測が重要である。加えて、林野火災によるCO_2排出の把握も重要であり、熱赤外などによる林野火災の発生域の把握、SARなどによる消失面積の把握、およびHAZE（※微粒子により視界が悪くなる現象のこと）の観測も行われている。

■陸域：土地被覆、土地利用変化の詳細な把握

　気候変動における不確定要素の一つに都市化などによる土地利用変化がある。これまで土地被覆・土地利用の把握について、年単位の変動を全球で扱うことは、分類の精度や計算能力の観点から困難であった。しかし、近年になり、Google Earth Engineのようなクラウドコンピューティング技術の発展により、土地利用変化、土地被覆変化を年々の単位で追跡することが可能になってきた。また、これらの詳細な正確な面積判定に対して、商業化された高分解能衛星群の台頭が挙げられる。商用衛星として35 cm分解能撮像データの流通が始まっており、特に時間変化が大きくない土地利用変化については有効な観測ソースとなりうる。分解能が要求されない場合にはGCOM-C、Landsat、Sentinel-2、Sentinel-3、MODIS（MODerate resolution Imaging Spectroradiometer、※可視・赤外域の放射計）、VIIRS（Visible/Infrared Imager and Radiometer Suite、※マルチチャンネルイメージャー・放射計）などから全球の高頻度観測情報が無償で提供されている。例えば、Landsat衛星データ（分解能約30 m）を用いた全球での森林の伐採・植林年が把握されている[16]。これらのデータは毎年更新されている。欧州のSentinel-1、Sentinel-2は、観測データが無料で公開されている点、Google Earth Engineやその他解析ツールの充実、複数機の打上による観測頻度の高さなどの利点もあり、広く利用されるデータセットとなっている。小型・超小型衛星など

による高頻度観測と無償の衛星データとの組み合わせ、あるいは熱帯域などの雲の多い地域では、Sentinel-1、ALOS-2のようなSARとの組み合わせによる土地利用変化の情報利用も進められている。新たなシステムとして、大型望遠鏡を用いた静止軌道からの観測システムも日欧などで検討されている。

■海洋衛星観測

　海洋に関する基本パラメーターとして、これまで海表面温度、海上風速および海面高度が観測されてきたが、米国AquariusによるL帯放射計と散乱計の組み合わせや欧州のL帯受動合成開口放射計で海面塩分濃度が計測された。さらにTopex/Poseidon、JASONなどの直下型の高度計による海面の観測に加え、Ka帯合成開口レーダー（Ka-SAR）を使い、面的な観測を実現するSWOT衛星観測（Surface Water and Ocean Topography、地表水・海洋地形）の登場により、海流など海の循環についての知見が発展するとみられる。海面水温観測の詳細化による沿岸領域の観測（GCOM-C観測における250 mレベルの高分解能化）などが継続している。ひまわり、GCOM-W、GCOM-Cなどの異なる分解能のデータ、モデルなどの組み合わせによる高精度の海面水温の情報作成の研究も進められており、実利用面では「海しる」などの統合的海洋情報システムが開発されている。海上風は、アクティブなマイクロ波による散乱計やSARとともに、パッシブなマイクロ波放射計により観測が行われている。

■大気・エアロゾル・雲衛星観測

　大気については、これまで観測が困難だった陸上に浮遊するエアロゾル観測について、GCOM-Cが紫外域観測、偏光観測を実装し、海上と陸上をあわせたエアロゾルの観測評価を可能とした。CO_2については、日本のGOSATを筆頭に米国OCO-2や中国TanSat、欧州MicroCarbと観測衛星開発が一層激化している。GCOM-C衛星は雲、エアロゾル、放射など気候変動に関わる様々な因子の包括的な観測を行い、データの検証やアルゴリズムの改良などが進められている。GOSAT-2衛星に搭載の雲・エアロゾルセンサー2型により、雲だけでなく、健康被害が懸念されている地表付近の$PM_{2.5}$やブラックカーボンのモニタリングに貢献するデータ提供に向けた検証やアルコリズム開発の新展開が図られている。

　観測時刻が固定される低軌道衛星だけではなく、米国では静止軌道からの観測の検討も始まっている。またCO_2以外に不完全燃焼による人為起源や森林火災の指標となるCO（※GOSAT-2で観測可能）やNOx（※GOSAT-GWで観測可能）の同時観測、メタンの鉛直分布計測（独仏MERLIN：MEthane Remote Sensing LIdar MissioN）などが注目されている。放射収支に高い影響を持つ雲の生成消滅については、エアロゾル観測、降水観測の間を埋めるべく、CloudSat/CALIPSO（NASA）およびその後継ミッションとなるEarthCAREが開発されている。降水についてはマイクロ波放射計による全球観測が国際協調により実施されており、AMSRシリーズがリードしているが、欧州で新たな放射計の検討もなされている。それらマイクロ波放射計のキャリブレータとしてのKu/Ka降水レーダーとマイクロ波放射計を搭載したGPM主衛星が整備されている。NASA-JPLによる次世代の高頻度観測の技術実証である超小型衛星センサー（RainCube）、日米欧国際協力による後継ミッションACCP（Aerosol and Cloud, Convection and Precipitation、※エアロゾル・雲、対流・降水の統合観測ミッション）の検討が開始されている。大気物質循環／大気汚染の領域としては、対流圏から成層圏下部を観測中心とした掩蔽（えんぺい）観測についてサブミリ波を利用する検討が続けられている。放射収支に影響の高い氷雲の詳細観測を目標としたサブミリ波観測も技術実証に入りつつある。海外では欧州のSentinel-4、NASAのTEMPO、韓国のGEMS（※大気質監視衛星GEO-KOMPSAT-2Bに搭載。機器は米国が開発）など、紫外可視領域の静止衛星搭載ハイパー分光計による対流圏大気物質観測などが計画・開発されている。特に欧州では低軌道においても欧州気象衛星（MetOp-Second Generation）に紫外～短波長赤外イメージング分光計Sentinel-5がセンサーとして搭載が予定されている。

■極域

極域は特に温暖化の感度が強いことから、極域の海氷状況について米国軍事気象衛星搭載のマイクロ波撮像装置（Special Sensor Microwave/Image：SSM/I）、改良型高性能マイクロ波放射計（AMSR-E）などから時間的、面積的把握が始められた。現在、マイクロ波放射計を搭載したGCOM-Wが続けられている。加えて、SARやMODIS、VIIRS、GCOM-Cによる観測も続けられている。特にSARミッションにおいては、国際的な共同研究プロジェクトであるMOSAiC（Multidisciplinary drifting Observatory for the Study of Arctic Climate、※北極気候研究のための分野横断漂流観測所での観測ミッション）が立ち上げられ、ALOS-2、ドイツ航空宇宙センター（DLR）のTerraSAR-X、カナダ宇宙機関（CSA）のRadarsat-2、ESAのSentinel-1のSARと光学衛星、現地観測などによって、北極域での氷床の移動を2019年9月から1年にわたり観測キャンペーンが実施された。氷床の厚さの変化を観測するため、NASAがライダーによる氷床観測衛星の後継機（ICESAT-2）が2018年に打ち上げている。

■静止気象衛星データ活用および後継機

静止気象衛星データについて、NASAと米国大気海洋庁（NOAA）の気象衛星GOES-Rとひまわり8、9号機が公開されており、利用できる。ひまわり8・9号に搭載された可視赤外放射計によって、それ以前の1km分解能から倍の500 m分解能への高精度化、および撮像間隔を2分半まで縮めたことによる動画観測が実現している。その上、エアロゾル観測が可能になっている。この水準での高時間・高空間解像度のエアロゾル観測は、欧米の新世代の静止気象衛星に先駆けたものであり、国際的にも注目されている。準リアルタイムデータについては、気象庁気象研究所のエアロゾルの数値シミュレーションモデルプロダクト共に、「JAXAひまわりモニター」ウェブサイトで公開されるようになっている。2017年に運用開始したGOES-Rには雷放電観測センサー（Geostationary Lightning Mapper：GLM）が搭載され、米国を含む西半球の雷放電観測データを取得している。ハリケーン強度予測などへの利用が検討されている。CGMSはイメージャー搭載の他に、赤外サウンダーおよび雷センサーの搭載を推奨しており、ひまわり10号（仮称）に搭載する検討や調整が行われている。

■重力場衛星観測

NASAとDLRが2002年に打ち上げ、2017年まで運用したGRACE衛星は地球の重力場を観測した初の双子衛星である。双子衛星間距離、軌道高度変化等により地球の重力場を求めている。GRACEで得られた地球重力場の変化を解析することで、南極や高山域の氷河氷床の喪失、地下水貯留量の減少、海流の変化などが従来よりも正確に推定でき、気候変動の影響解析をはじめ水文、海洋、雪氷科学などに重要な貢献を果たした。また、地震前後の重力場の変化の解析などにも応用されている。後継機GRACE-FOが2018年に打ち上げ成功しており、月ごとのデータの公開を継続している。

■地上処理：IT技術（プラットフォーム、大規模データアーカイブ、機械学習・ビックデータ解析）

膨大な衛星観測データを蓄積し、相互に利用するためにクラウドベースあるいは大型計算機システムを用いたプラットフォームが国内外で整備されている。国内においてもDIAS、Tellus、NICTや産業技術総合研究所の大規模アーカイバなどが存在している。地球観測衛星データ、地上データなどのビックデータから社会情報を抽出して紐付ける機械学習、ディープラーニングなどのIT技術開発は、産業技術総合研究所や民間企業などにより急速に進みつつある。

■地上処理：衛星間データフュージョン

関連する複数衛星の観測データ結果から統合的に全球状況を把握する手法の研究が行われている。GPMを元としたGSMaP（衛星全球降水マップ）、実用海洋情報の統合化を図った「海しる」等が代表的である。

またEarthCAREに搭載される複数種のセンサーの統合解析、前述のバイオマス評価におけるL帯SAR/ライダーの統合処理などの活動がある。また、LandsatとMODISのデータの統合処理による高時間・空間分解能の正規化差植生指数の時空間適応反射率融合モデル作成や超高解像度化などの活動がある。

[注目すべき国内外のプロジェクト]
【国内】
■GOSAT-GW
　2023年度に打ち上げ予定のGOSAT-GWはCO_2観測性能を発展させた独自のGHGs観測センサー（Thermal And Near Infrared Sensor for carbon Observation：TANSO）を搭載し、GHGs排出源を都市別に観測できる性能の達成を目指している。その上で、AMSRシリーズも継承し、同時搭載されるAMSR3では、固体降水を観測できる高周波数帯が追加されている。

■EarthCARE（Earth Clouds, Aerosols and Radiation Explorer；アースケア）
　EarthCAREはJAXA、NICTとESAが共同開発している地球観測衛星である。地球全球の雲とエアロゾルの3次元分布を観測し、気候モデル予測精度を向上させることをミッションとしており、CPR、大気（紫外）ライダー、多波長イメージャー、広帯域放射収支計という4つのセンサーが搭載されている。JAXAとNICTが共同開発によるCPRは世界で初めて衛星から雲の上下方向に動く速度を計測するセンサーである[17]。

■二周波降水レーダー後継機
　全球における降水状況の準リアルタイム観測予測システムの中心的衛星であるGPMの後継について、国際協力を前提に、今後の降水ミッション（ACCP）について検討されている。

■GCOM-C/GOSATシリーズの雲・エアロゾルセンサー後継機を含むSGLI後継
　多方向観測、偏光観測、近紫外帯を用い、これまで観測困難だった陸上エアロゾルを高精度に観測する性能を有したSGLIの後継について検討されている。

■ALOS-5、6（次期光学・L帯SAR衛星）
　大規模災害の監視、被害状況の観測を国際災害チャータ枠組みにより実現しているALOSシリーズの後継ミッションが検討されている。特にALOS-4はJERS-1から続くL帯SARミッションを継続し、長期データや全球データを持つ日本の特徴となるセンサー搭載衛星である。

■ISS搭載MOLI
　ライダーの長寿命化技術を実証し、SARとの複合利用による森林バイオマス評価、また数値地形モデル3次元マップの高精度化を目的として、レーザー高度計ミッションが検討されている[18]。

■ドップラーライダー
　民間航空企業からの要望を基に航空路管理、また将来的に国際協力により全球の大気力学的観測を実現するシステムを目標に検討されている。

■ひまわり8号・9号後継機
　ひまわり8号・9号の設計寿命は2029年であるため、その後継機の性能、開発項目等を気象庁が検討しており、気象学会等でも議論が行われている。近年、我が国で頻発している線状降水帯や大型台風による豪雨などの水災害の予測のためには、水蒸気量などの大気の状態のより正確で即時性の高い観測値が重要とな

る。ひまわり8号・9号では雲を平面的に観測しているものの、鉛直方向には観測できない。ひまわり10号（仮称）には「ハイパースペクトル赤外サウンダー」を搭載し、水蒸気や気温、風など大気の状態を立体的に、常時、広範囲に観測し、気象予測と防災活用能力を向上する計画である。2023年から製造を開始し、2028年に打ち上げ、2029年に運用開始の予定である。

【海外】

■フランス国立宇宙研究センター（CNES）のMicroCarb

CO_2の排出源と吸収源とその季節変動を観測する小型衛星である[19]。2023年の打ち上げが計画されており、NASAが2014年に打ち上げたOCO-2の役割を引き継ぐことが計画されている。その分散分光計装置は、4.5 km x 9 km のピクセルサイズで高精度（1 ppm のオーダー）で大気中の CO_2 濃度を地球規模で測定するように設計されている。

■ESAのCO2M

Copernicus Sentinel Expansion ミッションの1つとして人為起源の CO_2 とメタンや二酸化窒素を監視する将来衛星であり、2機で構成されコンストレーションとして動作するように計画されており、2026年の打ち上げが計画されている。

■DLR/CNESのMERLIN

差分吸収ライダーの原理により、メタンの精密局所観測を実現する単独のライダー衛星[20]であり、2027年からの運用が計画されている。

■NASA/ISROのNISAR

NASAがISROと共同開発した大型展開アンテナをもちL帯およびS帯のSAR観測を行う衛星[21]であり、2024年の打ち上げが計画されている。

■NASA/CNESのSWOT

NASAとCNESが、CSAと英国宇宙局（UKSA）の協力を得て共同開発したものであり、海洋と陸域の表層水の理解を目的としており、2022年12月に打ち上げられた[22]。Ka帯レーダー干渉計（KaRIn）と電波高度計を搭載し、従来は1次元的観測しかできなかった海面高度を2次元的（面的）に計測するTopex/POSEIDONの後継衛星であり、地表にある淡水域と海洋の水の90%以上の高さを測定するとされている。

（5）科学技術的課題
■静止軌道・あるいは衛星多数フォーメーションを利用した観測常時化
- 望遠鏡・アンテナの展開技術を含む大型化
  - 分割式大型望遠鏡技術（NASA天文観測衛星JWST、JAXA静止光学衛星等）
  - 展開大型アンテナ技術（NISAR、BIOMASS等）
- 観測センサーの小型軽量化
  - Ka帯など高周波採用や送信デバイスの固体化高出力化によるアンテナの小型化
  - 群衛星運用技術
  - 酸化ガリウム、ADC等を集積化した検知器などの採用による電気周りの小型省電力化

- 軌道制御機能を持つ小型衛星バスの技術開発

■**複数衛星による干渉観測によるリアルタイム化、高精度化**
- 複数衛星フォーメーションによるSAR観測（TANDEM-X,SAOCOM）
- 地上／衛星、衛星／衛星間による干渉観測システムの発展（電波天文衛星VSOP等）

■**能動光学（レーザー）を用いた観測の高度化**
- スキャニングなどによる高精度3Dイメージング
- ドップラー観測による地球大気運動観測

■**衛星ライダーによるエアロゾル・GHGs観測**

　衛星ライダーによるエアロゾル観測は、すでに直行偏光式雲エアロゾルライダー（Cloud-Aerosol LIdar with Orthogonal Polarization：CALIOP）、雲エアロゾル輸送システム（The Cloud-Aerosol Transport System：CATS）が運用され、大気ライダー（The ATmospheric LIDar：ATLID）の開発が進められている。しかしCALIOPはすでに寿命を越えており、CATSはISS搭載のため観測緯度範囲が限定され、ATLIDは運用期間が3年と短い。このためATLID以降の衛星ライダー計画への着手が求められているが、高コストのライダー開発、長期間に渡るライダー運用可能性が問題とされている。GOSAT、OCO-2のような太陽光を使う観測の場合、太陽高度が低くなる冬期や夜間の観測ができないが、レーザーを使った差分吸収ライダー等の計測ではこれらの問題点を回避できる可能性がある。その一方でライダーは長期間に渡る運用の可能性が高く、レーザー光源の寿命の問題等の課題解決が求められている。

■**表層下観測などを実現する新しい手法の研究**
- 電波センサーの周波数域の拡大、能動センサーの多周波化
  - サブミリ波など高周波およびP波など低周波の利用（Ice Cloud Imager, BIOMASS）による観測対象の拡大
  - 多波長SARによる観測対象識別（NISAR）
- 重力場観測による地下水推定（GRACEシリーズ、GOCE）

■**設計開発プロセスにおける設計・検証の統合的デジタル化による開発期間短縮**

■**SoC技術、ソフトウェア通信技術等を取り入れた軌道上フレキシブルなシステムの研究**

■**観測データアーカイブから社会利益をもたらす情報化手法の研究**
- プラットフォーム（アーカイブ、クラウド）、IT技術（機械学習、ディープラーニングなど）

　膨大な衛星観測データを扱うためのプラットフォームの整備、運用とともに、データサイエンティストの観測データへの習熟やアプリケーションの研究開発などが喫緊の課題である。また、アウトプットとしての社会情報や、どのように利用されるかの検討についても課題である。米国では商業クラウド業者の提供するプラットフォームやNASAなどによる研究が、欧州ではコペルニクスDIASとHORIZON2020などの研究開発及び人材育成において主要な役割を果たしている。

　なお、国内宇宙法における「衛星リモートセンシング記録の適正な取り扱いの確保に関する法律」に規定される高分解能なデータについてはテロリストの手に渡ることを防止すること等を目的として、記録の安全管理義務等が求められている。

2.10

環境分野の基盤科学技術

（6）その他の課題

■日本として整備するべき観測データ項目の認識とデータ入手先についての戦略明確化

これまで地球観測衛星については、GCOS/CEOSで識別されたECVsリストを参考にしつつ、その充足を目指して計画立案/各々のミッション推進が実施されてきた。しかしながら、日本として気候変動観測についてどのような観測データベースを整備するべきかについて公式の設定は行われていない。他国との協力によるデータ取得も含め、観測データベース整備について、オープンな議論の下、国としての方針を定めていくことが必要とされている。

■国際協力戦略含め日本としての地球観測計画を立案、評価判断する補助機能体制確立

前項の議論を受け、それらの観測要求を基に、日本の衛星観測システムをどのように実現していくか計画を立案し、それらを評価する必要がある。衛星観測技術の性格から広範とならざるを得ない議論を、各専門分野の立場から補助する機能の体制確立が課題とされている。

■長期観測の実施体制

気候変動との密接な関わりが指摘され、世界各地で頻発している極端現象による自然災害等から国民社会を保護する「広義の安全保障体制」の強化が喫緊に必要とされている。そのために衛星観測や地上観測の有効性を最大限に活用する社会基盤として、長期観測を維持する国策としての戦略作りと計画実装が求められている。

地球観測衛星については技術開発を完全に民間/商用ベースにすることは難しく、技術開発に関する国の長期計画およびコスト負担の検討が求められている。民間が地球観測衛星を長期的に運用するためには、他国の例でも明らかなように、国としての「長期契約によって作り出された安定需要（アンカーテナンシー）」が望まれる。JAXA等の研究開発機関が科学技術研究を実施する一方で、開発された技術を用いた衛星を社会インフラとして継続的に運用・利用推進するしくみが必要とされている。

米国のNEON（National Ecological Observatory Network）では2019年から30年間の本観測実施が、欧州の衛星観測計画ではMetOpなどのシリーズ化によって30年規模の気象・地球観測衛星計画が実装されている。欧州ではICOS（Integrated Carbon Observation System）としてGHGsの地上観測についてEU全体で長期にサポートする計画が実施されている。日本では5年程度のプロジェクトに依存し継続性が担保されない点を見直し、特色を持った長期観測を維持するメカニズムを構築していくことが必要とされている。例えば、GCOM-C、GOSAT、PALSARなどの日本の高性能な後継センサーを高度化しつつ、継続的に打上げていくことで日本の優位性を持続できると期待される。ひまわり10、11号だけでなくそれ以降も含む次期静止気象衛星の継続的な打ち上げについては、気候変動に関わる成分の計測の可能性も含め検討すべきとされている。SKYNET、A-SKY、AD-NET等の地上観測ネットワークも持続的な長期観測のメカニズムを検討すべき段階にあり、特に、観測のための人的リソースを含むインフラの維持が課題とされている。

■若手研究開発人材の枯渇対策、知と経験の体系化、拠点化と国際交流強化

衛星地球観測の研究開発人材については、世代交代が必ずしも適切にできておらず急速な科学技術力低下が発生しつつある。これまでに得られた知見を体系化し、若い世代を教育・啓蒙し科学技術力を維持するための実施体制や教育拠点の整備が課題とされている。例えば、既に構築されている東京大学-JAXA連携講座等を核とする方策も挙げられている。衛星観測は国際協力が前提となるため、こうした活動の中で国際的人材交流を一層推進すべきとされている。その他、日本学術会議による提言も科学技術発展シナリオのベースとして参考とすべき内容がある。

（7）国際比較

国・地域	フェーズ	現状	トレンド	各国の状況、評価の際に参考にした根拠など
日本	基礎研究	○	↘	●IPCCや国際会議における活動は活発だが、欧米と比較して先端的な研究を実施している人数が少なく層が薄い。若い世代の育成が間に合っていない。世代交代や拠点化などの国内体制整備が必要。 ●CO_2、SLCFs、水循環を総合的に観測するGOSAT-GW衛星が公式化し、研究開発の起爆剤となる可能性が出てきた。衛星および地上からのエアロゾル観測にも一定の進展がある。
	応用研究・開発	○	↘	●現場観測のためのユニークな観測機器・技術開発が一部にみられるが拡大していない。GOSAT-GWや静止衛星などのデータ解析技術に関し、基礎研究の波及効果が後年度に期待できる。 ●気候変動観測衛星の戦略立案がここ数年停止している。次世代の衛星システムの準備がされていない。産官学それぞれにおいて若い世代の育成努力が不足している状況が続いており、早急に次期戦略が必要。
米国	基礎研究	◎	→	●NASAゴダード宇宙科学研究所（GISS）、NOAAやスクリプス研究所、大学および軍関連の研究機関を中心とし、基礎研究についても世界を継続的にリードしている。 ●ベンチャー企業などが地上観測での先端的な機器開発を多く手掛けている。
	応用研究・開発	○	→	●地球観測衛星はDecadal Survey（10ヵ年計画）などで長期計画を立案してきているが、開発実施に至らない、あるいは大きく遅れる計画も散見される。後継機と新規ミッションのバランスを調整中。民営化よりも軍関連の研究推進が顕著。
欧州	基礎研究	◎	→	●欧州全体としては網羅性をもって十分な研究体制が敷かれており、ほぼ全ての分野をカバーできている。しかしながら先端性については米国あるいは日本などから遅れるところもある。 ●英国では英国気象庁（Met Office）などを中心とした研究の層が厚く、研究をリードする分野も多い。 ●ドイツは大学やマックスプランク研究所などの組織を中核として、特に電波センサーを利用する分野を得意としている。 ●フランスは大学を中心とした基礎研究を展開しており、特に光学センサーに関する分野を得意としている。 ●先端的な衛星データと地上観測の連携や、国際標準作りが活発。さらに各国が上手く連携・共同研究を進めている。新規衛星観測ミッションのための基礎研究の充実度は卓越している。 ●フランスはマクロン大統領の施策により優秀な科学者を世界から集めるなど積極的な推進策が見られる。伝統的な赤外衛星観測と解析で進展がみられる。傑出した研究機関があり顕著な成果をあげている。
	応用研究・開発	◎	→	●センチネル衛星群を含むコペルニクス計画において、継続的な観測インフラシステムと得られたデータの社会利用を進めている。民営化の途上にある。 ●英国は一時期開発から撤退したため開発力がかなり低下したが、SSTL社などが小型衛星は世界的にリードする力を保持している。今後、中大型、小型フォーメーション等でUKSAを軸に復活の方向性がみられる。 ●ドイツはDLRを中心として発展を試みている。X-band SAR衛星の民営化などを実施している（Tandem-X）。近年はライダーの研究も推進している。 ●フランスはツールーズのCNESやAIRBUS社などによる光学衛星の開発で欧州をリードしており、またライダーの開発も推進している。 ●欧州中期予報センター（ECMWF：European Centre for Medium-range Weather Forecasts）やCopernicus計画でのサービスや、高解像度衛星の実現などにおいて、顕著な成果が上がっている。 ●英国は小型ローコストセンサーの開発や実装研究、ECMWFでの大気組成データ同化による再解析データ配信などが活発。 ●ドイツは精度等の性能に優れた計測機器の継続的な開発がみられる。 ●フランスはライダーなど計測機器の継続的な開発がみられる。

2.10

環境分野の基盤科学技術

		現状	トレンド	
中国	基礎研究	△	↗	●長期にわたる龍計画（ドラゴンプログラム）でESAから技術導入し、急速に成長しつつある。しかし、まだ習得中の状態であり、自ら新しい研究を確立し、地球環境の持続可能性の議論をけん引する段階にはまだ至っていない。
	応用研究・開発	○	↗	●国家資本集中により今後10年で100機程度の地球観測衛星を開発打ち上げるとしており、急速に技術的キャッチアップアップ中。GHGs観測については、様々な観測方式による複数の衛星を打ち上げている。 ●独自の技術での製品化はみられるが、自国での活用の域を出ていない。
韓国	基礎研究	△	→	●韓国気象庁や大学などで研究は行われているが、日米欧の研究を追随するレベルに有り、急速に発展する様子がない。 ●2020年に、世界初となる静止衛星からの大気汚染計測を実現し、関連したアジア全域検証網を提案するなど、研究開発が活発化している。自国のセンサー開発は乏しい。若手研究者の育成については、日本と似た問題を抱えている。
	応用研究・開発	○	→	●欧州AIRBUS社、米国Harris社等から観測システムを調達して実利用観測を行っている。自国で小型衛星を開発しているが、実用衛星レベルの開発能力を持つにはまだ時間がかかると思われる。 ●機器開発の産業化などにおいては活発な状況はみられない。

（註1）「フェーズ」

「基礎研究」：大学・国研などでの基礎研究レベル。

「応用研究・開発」：技術開発（プロトタイプの開発含む）・量産技術のレベル。

（註2）「現状」 ※我が国の現状を基準にした評価ではなく、CRDSの調査・見解による評価。

　◎：他国に比べて特に顕著な活動・成果が見えている　　○：ある程度の顕著な活動・成果が見えている

　△：顕著な活動・成果が見えていない　　　　　　　　　×：特筆すべき活動・成果が見えていない

（註3）「トレンド」

　↗：上昇傾向、→：現状維持、↘：下降傾向

関連する他の研究開発領域

> ・気候変動観測（環境・エネ分野　2.2.1）
> ・気候変動予測（環境・エネ分野　2.2.2）
> ・水循環（水資源、水防災）（環境・エネ分野　2.2.3）
> ・生態系・生物多様性の観測・評価・予測（環境・エネ分野　2.2.8）
> ・都市環境サステナビリティ（気候変動適応、感染症、健康）（環境・エネ分野　2.2.11）
> ・農林水産業における気候変動適応・緩和（環境・エネ分野　2.2.12）

参考・引用文献

1）気象庁，「気候変動監視レポート2021」2022年3月, https://www.data.jma.go.jp/cpdinfo/monitor/2021/pdf/ccmr2021_all.pdf

2）World Meteorological Organization (WMO)、WMO ATLAS OF MORTALITY AND ECONOMIC LOSSES FROM WEATHER, CLIMATE AND WATER EXTREMES (1970-2019), https://library.wmo.int/doc_num.php?explnum_id=10989

3）Herring, Stephanie C., Nikolaos Christidi, Andrew Hoell, James P. Kossin, Carl J. Schreck, Peter A. Stott, Robert S. Webb, et al. "EXPLAINING EXTREME EVENTS OF 2016: From A Climate Perspective." Bulletin of the American Meteorological Society 99, no. 1 (2018)：Si-S157. https://www.jstor.org/stable/26639334.

4）久世曉彦「宇宙からみた人間活動からの温室効果ガス-COVID-19の影響はとらえられたか-」『俯瞰

ワークショップ報告書 感染症問題と環境・エネルギー分野に関するエキスパートセミナー』国立研究開発法人科学技術振興機構 研究開発戦略センター（2021）, 183-200., https://www.jst.go.jp/crds/pdf/2020/WR/CRDS-FY2020-WR-08.pdf,（2023年2月1日アクセス）.

5) 祖父江真一「JAXAの地球観測衛星―ALOSシリーズを中心として―」『俯瞰ワークショップ報告書 気象・気候研究開発の基盤と最前線に関するエキスパートセミナー』国立研究開発法人科学技術振興機構 研究開発戦略センター（2022）, 148-159., https://www.jst.go.jp/crds/pdf/2021/WR/CRDS-FY2021-WR-06.pdf,（2023年1月31日アクセス）.

6) 田中一広「GCOM衛星による地球環境の観測」『俯瞰ワークショップ報告書 気象・気候研究開発の基盤と最前線に関するエキスパートセミナー』国立研究開発法人科学技術振興機構 研究開発戦略センター（2022）, 160-170., https://www.jst.go.jp/crds/pdf/2021/WR/CRDS-FY2021-WR-06.pdf,（2023年1月31日アクセス）.

7) GCOS-107, "Systematic Observation Requirements for Satellite Based Products for Climate", WMO, https://library.wmo.int/index.php?lvl=notice_display&id=12835#.Y83yv3bP238

8) National Center for Atmospheric Research（NCAR）/University Corporation for Atmospheric Research（UCAR）, "Climate Data Guide", NCAR/UCAR, https://climatedataguide.ucar.edu/climate-data/climate-data-records-overview

9) Yo Fukushima et al, Extremely early recurrence of intraplate fault rupture following the Tohoku-Oki earthquake, https://gateway.webofknowledge.com/gateway/Gateway.cgi?GWVersion=2&SrcAuth=JSTA_CEL&SrcApp=J_Gate_JST&DestLinkType=FullRecord&KeyUT=WOS：000446089100017&DestApp=WOS_CPL, DOI: https://doi.org/10.1038/s41561-018-0201-x

10) Copernicus Sentinel Expansion missions, https://www.esa.int/Applications/Observing_the_Earth/Copernicus/Copernicus_Sentinel_Expansion_missions

11) EarthCARE/CPR , https://www.satnavi.jaxa.jp/ja/project/earthcare/index.html

12) 地球観測TF地球科学研究高度化ワーキンググループ「,地球観測の将来構想に関わる世界動向の分析」『気象研究ノート』234号（2017）: 1-94, http://www.jsprs.jp/pdf/TF20160531.pdf（2021年1月アクセス）

13) グランドデザイン/資料, https://www.sal.t.u-tokyo.ac.jp/RsTaskforce/

14) 衛星地球観測コンソーシアム,https://earth.jaxa.jp/conseo/

15) Global Ecosystem Dynamics Investigation (GEDI) , https://gedi.umd.edu/

16) M. C. Hansen et al., "High-Resolution Global Maps of 21st-Century Forest Cover Change", Science 342, no. 6160（2013）: 850-853, doi：10.1126/science.1244693

17) 富田 英一, "気候変動の要因である、雲とエアロゾルの 分布や動きを詳しく調査する世界初の試み", https://www.satnavi.jaxa.jp/ja/story/1356/index.html

18) ISS搭載ライダー実証（MOLI）プリプロジェクト, https://www.kenkai.jaxa.jp/research/moli/moli-index.html

19) MICROCARB , https://microcarb.cnes.fr/en/MICROCARB/index.htm

20) MERLIN - Die deutsch-französische Klimamission, https://www.dlr.de/rd/desktopdefault.aspx/tabid-2440/3586_read-31672/

21) NASA-ISRO SAR (NISAR) Mission, https://nisar.jpl.nasa.gov/

22) SWOT SURFACE WATER AND OCEAN TOPOGRAPHY, https://swot.jpl.nasa.gov/

2.10.2 環境分析・化学物質リスク評価

（1）研究開発領域の定義

　本領域は環境媒体（大気、水、底質、土壌、生物）における化学物質の計測・分析、動態把握、環境リスク評価に係る研究開発動向を含む領域である。微量元素、同位体、ナノマテリアル、マイクロプラスチック、エアロゾル（PM$_{2.5}$含む）等を対象とする。化学物質の採取・前処理、計測・分析（微量分析や一斉/網羅分析）、その精度管理、データ解析（インフォマティクス、モデリングなど）に係る技術を対象範囲とする。物質循環の機構解明や人の健康や生態系への影響評価（毒性評価や安全性評価など）などの研究開発動向を含む。

（2）キーワード

　物質循環、フラックス、粒子形成、発生源解析、化学形態分析、微量元素多元素分析、重元素安定同位体比分析、個別粒子成分分析、微量ガス分析、誘導結合プラズマ質量分析法（ICP–MS）、誘導結合プラズマ飛行時間型質量分析法（ICP–TOF–MS）、加速器質量分析、多成分一斉（ワイドターゲット）分析、ノンターゲット分析、水銀、ヒ素、多環芳香族炭化水素類、残留性有機汚染物質（POPs）、同位体、PM$_{2.5}$、超微小粒子、凝縮性粒子、マイクロプラスチック、環境リスク評価、有害性発現経路（Adverse Outcome Pathway：AOP）、New Approach Methodology Methods（NAMs）

（3）研究開発領域の概要

［本領域の意義］

　環境中の物質の動態や地球規模での物質循環の理解は、私たちの健康への影響や将来の地球環境を把握する上で意義が大きい。化学物質の適切な活用と管理を進めるために、環境中での存在状況、ばく露量や蓄積量、生体や生態系への影響の解明が必要である。また、環境中での物質の輸送や動態の解明は広範な社会・経済的および科学的意義もある。これらの解明のためには、環境に存在する化合物や元素の状態や形態、さらにはその変遷を把握するための分析技術が必要となる。

　分析技術に関しては、特に近年はICP–MSを軸とする分析手法が発達し、過去には無かった高感度と高分解能の分析が達成され微量元素の存在と動態が明らかになってきた。また、ICP–MSを基礎として、複数手法を結合した分析がより実用的となり、例えば化学形態分析の知見の拡大に寄与してきた。安定同位体分析の高度化によって、生物蓄積の機構解明や毒性メカニズムの探索などを進展させた。粒子分析ではSingle Cell ICP–MS分析やエアロゾル質量分析法などにより細胞やナノ粒子の分析までが視野に入り、従来は得られなかった存在状況や動態の解明や、これらを基礎にした環境管理の進展が見られる。多成分一斉分析やノンターゲット分析への取り組みも一段と進められている。近年の分析機器の性能向上、機器制御やインフォマティクス技術の進歩に伴い、物質の構造・物性・活性の推定など高度な取り組みが進められつつある。

　化学物質の種類は極めて多く、多様な性状を有し、その種類や多様性は増加の一途を辿っている。化学物質による環境リスクは有害性（ハザード）とばく露量に基づいて評価され、製品の安全・安心な利用に最も重要な意義を持つ。新規材料や用途開発が進むナノマテリアルに関しても依然として安全性に対する関心が高く、安全性評価に向けた計測技術の開発やその標準化・妥当性評価などが重要な課題となっている。

　海洋プラスチック問題、特にマイクロプラスチックは世界的に関心をもたれる環境問題の一つである。環境中で長期に留まる物質群のリスクはvPvB（very Persistent, very Bioaccumulative Substances：極めて難分解性で生物蓄積性が高い物質）、PBT（Persistent, Bioaccumulative and Toxic Substances：難分解性、生物蓄積性、有害化学物質を有する物質）として研究が行われてきており、欧州を中心に規制の議論が進んできている。2004年に発効した残留性有機汚染物質（Persistent Organic Pollutants：POPs）に関するストックホルム条約においても長期に留まる物質群が対象であり、後述の通り、PFASに関する研究及

び規制が進展している。このように環境中での物質・化合物の分布、動態とそのリスクに関する科学的な知見は適切な規制の議論においても不可欠である。環境中での挙動や毒性およびそれらを総合した環境リスクについて研究を推進する重要性が増している。

［研究開発の動向］
①無機化学物質の分析（放射性物質を含む）

　依然として有害金属を中心とした微量元素の生体影響への関心が高い。一般的に、微量元素の生体影響メカニズムの研究が毒性学の分野で行われ、野生生物やヒト由来の試料（血液、尿、臓器、組織など）中の微量元素分析に基づくばく露量や蓄積量の研究が環境化学や分析化学の分野で行われる。それら生体内の量と各種影響指標との関連を探ることを通じて、実際の環境汚染がヒトや野生生物に影響を及ぼしているかの見極めが行われる。したがってここでは生体試料の分析が主となるが、こうした目的で行われる生体分析は現在ICP–MSをベースとする分析法でほぼ占められている。

　環境化学分野では、古くから産業利用価値の高さと有害性のトレードオフで問題視されてきた水銀、ヒ素、鉛、カドミウムなどの無機化学物質について、継続的な研究報告がなされている。新規有害元素（アンチモンなど）や金属ナノ粒子の研究も進んでいる。水銀に関しては2017年に発効した水俣条約が地球規模の水銀の動態や影響に関する研究の強い背景となっている。国連環境計画の取組みと関連した新たな課題としては工業製品中の鉛やカドミウムが研究対象となっている。ハイテク産業での使用量が多い希土類元素も研究対象となっている。さらに福島第一原子力発電所事故以来、放射性物質の環境動態に関する研究報告が増加している。生体内の微量元素分析に関しては、多様な化合物に対応する分析手法の高度化が求められており、薬学分野などで大型のプロジェクトが進んでいる。ナノ粒子の研究なども手法開発が活発である。

　無機元素の環境動態や生態系のメカニズムとの関係性に関しては、大気・水・土壌環境試料中の定量分析と同位体分析を組み合わせた観測的な研究の他、環境中あるいは生態系の中での元素の分配や形態変化速度、取込・排泄速度などに関する実験的研究が推進されている。そうして得られた研究結果を考慮したモデル計算による現状再現および将来予測に関する研究も実施されている。これらに加えて、気候変動による無機元素の環境動態への影響や海底資源開発に伴う無機元素の動態変化、それらに伴う生物蓄積機構への影響を明らかにする研究も推進されている。

　分析技術に関しては、無機元素の分析技術の進歩により、微量元素化学量論、重元素安定同位体比、極微小領域情報という新しいパラメータが利用できるようになり、物質動態のより深い理解が進んでいる。重元素安定同位体研究は、地球環境科学の一大潮流となった[1]。この発展を導いたのは、2000年代に普及した多重検出型ICP–MS（MC–ICP–MS）である。

　従来、安定同位体比分析は、水素、炭素、窒素、硫黄などの軽元素に限られていた。しかし、MC–ICP–MSによりほぼすべての元素のイオン化と同位体比精密測定が可能となった。安定同位体比は、その元素の起源により有意に異なる場合があり、また状態変化、化学反応、および生物代謝により有意に変動する場合がある。そのため濃度に加えて同位体比を測定すれば元素の動態をより詳しく調べることができる。微量元素の多元素分析もICP–MSなどの分析機器の進歩に基づいている。他方、多くの場合、主要成分が測定を妨害するため、目的成分の分離濃縮が必要となる。しかしその分離濃縮のための前処理技術も最近大きく進歩し、高選択的かつ簡便迅速となった。結果として多くの微量元素のビッグデータとそれに基づく化学量論的解析が利用可能となった。極微小領域の分析には、加速器−蛍光X線法、二次イオン質量分析法（SIMS）、レーザーアブレーションICP–MS（LA–ICP–MS）などが可能な先端的な装置が用いられる。この分野の装置開発もめざましく、感度（1pptレベルまで）と空間分解能（数nmまで）の向上、イメージングや時間変化の観測技術の進歩が進んでいる。さらに普及型ICP–MS装置による金属ナノ粒子の分析に加えて、プラスチック表面の金属コーティング技術の向上により、ICP–MS装置によるナノサイズの樹脂粒子の分析に関する研究も推進されている。

　個別の分野ごとで見ると、ppt（10^{-12}）〜ppq（10^{-15}）レベルの濃度で環境中に存在している無機元素の化学形態別の分析を可能にするための試料前処理技術の開発が進められている。例えば、スチルレンジビニルベンゼンポリマーを用いて、海水や排水などのマトリックスが複雑な試料から分析対象元素を選択的に濃縮したり、海水中に極微量でしか存在していない有機金属を濃縮したりする分析前処理技術がある。また、ゲル薄膜中の元素の拡散移動を利用した薄膜拡散勾配（Diffusive Gradients in Thin-films）法を用いることによって、水や底質中に存在する無機元素の中で、生物が利用可能な化学形態であったり、反応性が高い無機元素の化学形態だけを、現場で採取することが可能となっている。これまでの薄膜拡散勾配法は、亜鉛や銅、ニッケル、カドミウム、そして鉛の分析が中心であったが、近年、ヒ素やリンなどの半金属元素の現場サンプリングや、水銀の分析方法も確立され、海水中のほとんどの微量金属や希土類元素の同位体分析が可能となっている[2]。こうした分析により明らかとなった動態を考慮したモデルの開発も進んでいる。それによって局所スケールや地域スケールでの動態予測が可能になってきている。

　生態系機構の把握・予測を目指す分野においては、軽元素安定同位体分析技術によって食物網構造の数値化が可能になり、栄養段階を介した無機元素の蓄積動態が予測可能になってきた。現在は、生物蓄積の予測では排出速度などの考慮が必要との認識が高まっている。そこで生物による有害元素などの取込・排出の速度や成長速度を考慮して蓄積濃度を予測するような生物エネルギーモデルの開発が進められている。ただし生物エネルギーモデルの開発を進める上では生物種ごとの各種速度を実験や観測を通じて明らかにする必要があるため、分析技術の高度化とモデルの精緻化の両方の推進が必要とされている。

　また複雑な化学反応や過渡的な状態を含めて環境動態を把握するには、時間的・空間的に連続した現場観測が必要であり、より高感度で小型高性能な分析デバイスや形態分析法の開発が進められている。広域での化合物の分布を調べるには、衛星観測機器の利用も進み、経年トレンドの把握に活用されている。

②有機化学物質の分析

　有機分析では、多種多様化する化学物質に対応した多成分一斉分析やノンターゲット分析[3]、理論同族異性体が極めて多い塩素化パラフィンなどのような分析困難な物質への対応[4]が依然として世界的な潮流である。類縁物質が多い有機フッ素化合物（PFAS）などの包括的分析はこの数年で急速に報告が増えている[5]。ワイドターゲット分析やノンターゲット分析の環境モニタリングへの展開では、ハイスループット化と未知物質の同定に力が注がれている[6]。これらの流れに従い、分析で得られる情報量は格段に増大しており、その処理や解析に情報科学分野を取り込んだ分野横断的展開が世界的な動向になっている。即ち、未知物質の推定や毒性の予測、異常検出に深層学習などの人工知能の活用が一段と加速している[7]。また、有機化学分析とばく露影響評価や毒性化学との融合的研究として、上述の情報科学的なドライ系の分析に加え、ウェット系の分析においても、分子インプリント技術（分子鋳型技術）による分子選択的な前処理などの新技術の導入が進められている[8]。パッシブサンプラーの成型などに利用され始めた3Dプリンティング技術は、今後、応用が増えると予想される[9]。化学物質の生体内（臓器内）への吸収・代謝・分布を一目瞭然とするようなイメージング質量分析法（IMS）に代表される可視化技術も注目されている[10]。医学・薬学分野では投与薬剤の体内動態や代謝、プロテオームやトランスクリプトーム解析に用いられているが、環境化学分野では汚染物質の動態や代謝、あるいはそれによって誘導される生体化学物質の全観察という切り口から研究のブレークスルーが期待されている。

　GC×GCやLC×LCのような多次元クロマトグラフィーによる分離の他、イオンモビリティのような別の分離軸を加える分析情報の多次元化が進んでいる[11]。その一方で、様々な形態・状態の試料を前処理なしに直接、リアルタイム分析できるDART（Direct Analysis in Real Time）や先述のIMSのような直接分析手法も潮流となっている。後者の場合、測定時には分離せず、測定後に任意のデータを分離あるいは抽出する手法や全データを用いた解析手法の併用が必須であり、いずれの場合でも優れたアイデアの創出とそれを実現するためのソフトウェアの開発が研究の成否を左右する。

③ PFAS

　現在、PFASに対する環境規制が世界各地で強化されている。 POPsに関するストックホルム条約では、2009年にペルフルオロオクタンスルホン酸（PFOS）及びその塩が制限物質（附属書B）に追加登録され、2019年にペルフルオロオクタン酸（PFOA）とその塩およびPFOA関連物質、2022年にペルフルオロヘキサンスルホン酸（PFHxS）とその塩およびPFHxS関連物質がそれぞれ廃絶物質（附属書A）に追加登録されている。米国では、2021年に米国環境保護庁（EPA）が「PFAS戦略ロードマップ（2021–2024）」を発表し、研究（Research）・規制（Restrict）・修復（Remediate）によるPFASに対する取り組みを開始している。2022年にEPAは4種類のPFASに関する飲料水生涯健康勧告を発表し、PFOA、PFOS、ヘキサフルオロプロピレンオキシドダイマー酸およびペルフルオロブタンスルホン酸（PFBS）についてそれぞれ0.004 ng/L、0.02 ng/L、10 ng/L、および2,000 ng/Lという健康勧告値を提示している。欧州では、POPs規則により2009年にPFOSとその誘導体の製造及び上市が禁止され、2020年にPFOAとその塩およびPFOA関連物質の製造及び上市が禁止されている。さらに、欧州化学物質庁（ECHA）によると、2023年に広範囲なPFAS規制がオランダ、ドイツ、ノルウェー、デンマーク、スウェーデンの5か国から提案される予定である[12]。こうしたPFASに対する環境規制の国際動向の背景から、製品の安全・安心な利用、廃棄物・使用済み製品の適正な管理、環境汚染現場の修復、人健康・生態系への影響評価に資する調査研究が世界各地で進められている。

④ マイクロプラスチック

　現在、マイクロプラスチック汚染が大気、海洋表層、海底、そして生物まで広がっている実態が確認されている。特にヒト体内からもナノプラスチックが検出され[13]、その影響は未知であるが生物が消化も分解もできない異物が体組織に侵入していることから大きな懸念が持たれている。プラスチック製品に必須な添加剤についてもプラスチックから生物への濃縮機構の研究[14]が進み、地球規模での汚染実態も明らかにされてきた[15]。多くの添加剤の毒性が明らかにされてきている一方、添加剤の配合についての情報の透明性の欠如が指摘されている[16]。個別の添加剤の規制では限界があり、プラスチック全般の使用削減が予防的な対策のひとつとして考えられている[17]。廃棄物管理の視点からもプラスチックの使用削減以上に効果的な対策はないことも報告された[18]。この状況のもと、2022年3月の国連環境総会で「プラスチック汚染を終わらせる：法的拘束力のある国際約束に向けて」決議が採択され、の渉を開始することが議決された。政府間交渉委員会が設立され、既存の知見や情報の取りまとめが進められている。マイクロプラスチックによる環境やヒト健康への影響の科学的解明が道半ばであり、マイクロプラスチックの環境リスク評価の体系的な実施を目指して、評価フレームや必要な科学的知見を整理しようとする議論が、産業界とアカデミアの連携の下で起きている[19]。

⑤ 大気中エアロゾル（PM）

　大気中エアロゾル（PM）は無機成分や有機成分で構成される空気中の粒子（粒径は1 nmから100 μm）である。 PMは主に健康影響や気候影響に関わる物質として、大気中での環境動態解明が行われており、その手段として、測定法や測定装置の開発、フィールド観測、室内実験、および数値シミュレーションによる大気中濃度の予測等に関する研究開発が行われている。また、公衆の健康保護や視程の確保等のため、各国ではPMに関する環境基準や排出基準が設定されている。 PMの環境基準等は、単位空気量あたりの質量濃度で規定されている場合がほとんどであり、目的に応じて粒径別に区分されている（2.5μm以下、4 μm以下、10 μm以下等）。 WHOは2021年にWHO global air quality guidelinesを2005年以来に改定した。その中のPM$_{2.5}$の年平均値のガイドライン値は10μg/m^{3}から5μg/m^{3}に引き下げられた。5μg/m^{3}を定常的に国単位でモニタリングするには測定装置の一層のクオリティコントロールが必要であり、技術的な課題が浮き彫りとなった。質量濃度として測定が難しい濃度になってきたという背景や、PM$_{2.5}$とは異なる影響メカニズムを持つ可能性のある超微小粒子による健康影響の懸念もあり、発生源における規制では質量濃度基準に加

えて個数濃度基準の規制が加わってきている。例えば、国際連合欧州経済委員会主導による自動車排気規制（2011年から適用）、国際民間航空機関主導による航空機の排気規制（2020年納入エンジンから適用）、ドイツにおけるプリンタ等の事務機器の環境ラベル認証（2013年から適用）である。改定されたWHO global air quality guidelinesでも、超微小粒子の個数濃度に関する主観的な表現も含まれた。これは粒径100 nm以下の超微小粒子の健康リスクが懸念されていることが重要な背景となっている。欧州標準化委員会（CEN）では大気環境中の個数濃度の測定標準法も制定されたことからも、欧州においては、屋内、屋外の環境で、より小さい粒子に対して規制対象としていく方向性である。

　PMは多種多様な化学成分で構成されているが、個数、粒径などの物理計測に比べると化学成分測定に関する科学的知見の蓄積は少ない。そのような中、エアロゾル質量分析法や、先駆的なPM捕集・導入部と化学イオン化質量分析法とを組み合わせた装置の開発などにより、高時間分解能化、高感度化を達成し、時間変化する現象に対しても技術的に追えるようになってきている。

　装置の開発に関しても可測下限粒径が下がってきており、ガスと粒子の境界に近い粒径1nm以上からの粒径分布を計測可能な装置が市販された[20]。適用例はまだ少ないが、都市大気における3 nm以下の粒子に関する環境動態について明らかにされている[21]。今後、大気中の二次生成粒子や燃焼排気ガス中の超微小粒子の研究などに活用される見込みである。また疫学研究分野においては、超微小粒子による健康影響評価が始められており[22]、より小さなPMに関する関心が高まっている。

　化学成分の測定法はオフライン法とオンライン法に大別される。オンライン法はPM分析に特化された測定装置が展開されており、その開発と応用研究が進んでいる。例えばエアロゾル質量分析計（Aerosol Mass Spectrometer：AMS）や抽出エレクトロスプレーイオン化飛行時間型質量分析計（Extractive Electrospray Ionization Time-of-Flight Mass Spectrometry：EESI-TOF-MS）により、高時間分解能化、高感度化が進展している。これにより、時間変化する現象、あるいは航空機等に搭載して高速に移動しながら測定することで、高空間分解能のデータを得られている[23]。また前処理が非常に煩雑な微小プラスチック粒子についても、オンライン法で分析できる可能性が示されている[24]。

　なお粒子分析では、個数計測装置の開発における粒径の可測範囲の小粒径化は海外メーカーに及ばないが、日本は装置の小型化を達成している[25]。化学成分測定のオンライン化に関しては主要なPM成分についてのセミオンライン装置の開発[26]が進み、粒子を含んだ試料空気をアルゴンガスに置換するガス交換器の開発[27]や、それとICP-MSあるいはICP-TOF-MSを組み合わせた元素のオンライン測定の試み[28]がされており、研究や行政調査で活用されている。海外メーカー製の市販のオンライン測定装置は高価なため日本国内では他国と比べてユーザが増えていない。

⑥毒性評価・リスク評価

　リスク評価技術としてのバイオアッセイ・毒性評価では、人への影響を評価するための実験動物（哺乳類）の急性・亜急性・慢性毒性、変異原性・発がん性、神経・免疫・内分泌毒性、行動試験、次世代影響といった様々な試験法が長年開発されてきた。しかし、近年は欧州を中心にした、動物福祉や動物実験の3R（使用動物数の削減：Reduction、動物の苦痛軽減：Refinement、動物を用いない代替法の利用：Replacement）の機運や、米国における「21世紀の毒性学プロジェクト（Tox21）」やそれに基づくToxCastでのハイスループットの培養細胞もしくは無細胞系による短期毒性試験とモデル作成などの動きから、個体の組織・器官ごとの毒性だけでなく、薬物動態モデルなどを活用した全身毒性の予測手法の開発にシフトしてきている。この流れは2013年の欧州での化粧品の安全性評価への動物実験の原則禁止でさらに加速され、皮膚感作性や内分泌かく乱などを中心に毒性の発現経路を標的分子への作用（Molecular Initiating Event：MIE）から個体・個体群レベルでの有害事象の発現まで、分子や細胞レベルのKey Event（KE）で繋ぎ合わせるAOPの開発が大きく進んだ。現在、経済協力開発機構（OECD）がAOPのデータベースであるAOP Wikiのシステムを開発・構築しており、主に各国行政機関の化学物質のリスク評価・管理に資す

るAOPに絞って査読・承認プロセスが進められている。皮膚感作性については、AOPの各KEを評価できる複数の培養細胞系の試験系を組み合わせて評価を行うバッテリーアプローチが進められており、この動きは、全身毒性の評価のための生殖発生毒性や免疫毒性、発達神経毒性にも進んでいて、多様な試験系開発が進んでいる。内分泌系については、性ホルモンのかく乱に関する試験法や評価に加えて、近年は甲状腺ホルモン作用の評価系の開発が大きな課題となっている。さらに、試験によらない方法としては、定量的構造的活性相関（Quantitative Structure–Activity Relationship：QSAR）や類似物質のデータから毒性予測手法を行う手法の開発も活発におこなわれている。このような動物実験によらない手法はかつては代替試験法（Alternative Methods）と呼ばれていたが、最近はNAMsと呼ばれることが多くなっている。こういった、NAMsを組み合わせて有害性評価を行う取り組みとして、OECDではIATA（Integrated Approach to Testing and Assessment）のケーススタディの提案・評価プロジェクトも進行中である。

　人への影響に加えて、生態系への影響評価を目指した植物や無脊椎動物、魚類、鳥類などを含む各種生物に対する同様の試験系の確立と応用についても進められている。近年は、先述の動物福祉の考え方が波及してきており、以前から進められてきたトランスジェニック（遺伝子導入）された魚類胚ならびに魚類細胞株による影響評価に加え、鳥類の卵内投与による影響評価試験や、水生生物などを捕獲しない非侵襲の環境DNAないしRNA手法の影響評価への利用なども進められている。特に、近年は遺伝子導入ゼブラフィッシュやメダカの胚を用いた内分泌かく乱作用の評価系やニジマスエラ細胞株の試験法がOECDテストガイドラインに承認されるなど、行政での有害性評価やリスク評価への利用が進んでいる。

（4）注目動向

［新展開・技術トピックス］

①化学形態別分析の進展（水銀、ヒ素等）

　水銀は化学形態で毒性や動態が変化するため、形態別分析法の開発が重要な課題である。クロマトグラフィーを用いた分離法や、大気・水のサンプリング技術の改良[29]、X線を用いた非破壊分析などが発展してきている。放射光X線を用いたX線吸収微細構造法（XAFS）は、環境中微量元素の強力な化学形態分析法として国内外で広く用いられてきた。近年、蛍光X線を検出する際のエネルギー分解能を高めることで、X線吸収端近傍（XANES）領域から従来よりも詳細な化学形態を得られる手法が開発された（HER–XANES）。この手法による分析はEUの放射光施設（ESRF）の独壇場であったが、米国や国内でも技術開発が進んでいる。国内ではX線天文学分野との共同研究により、超電導転移端検出器（Transition Edge Sensor：TES）を用いたアプローチがセシウムなどの元素について報告されており、水銀への応用が進む可能性もある[30]。

　水銀の主要な蓄積者と考えられている外洋の回遊魚を対象とした、水銀濃度の規制要因に着目した研究が地球化学者・海洋学者・生態学者の共同により進められている。Argo計画などで得られた大規模海洋観測データやバイオロギング技術の発展が、この分野の研究の進歩に寄与している[31]。また、多媒体モデルの進化によって、気候変動によって海産物中の有害金属濃度がどの程度変動するか予測した結果[32]や、全球の多媒体輸送を解析するモデル開発の成果[33]が報告されている。モニタリングベースの研究でも、カツオ[34]やクロマグロ[35]について、全球規模での計測が実施され、濃度レベルの地域分布に関する知見が得られている。

　海洋の水銀ソースとして、大気起源の寄与が重要視されてきたが、河川の寄与が大きいことが近年の論文では指摘されている[36]。大気由来の水銀についても、その沈降形態について、水銀安定同位体比を用いた推定がなされている[37]。光酸化反応によって引き起こされる偶数同位体の非質量依存同位体分別効果を用いて、大気由来水銀を起源とした生態系への水銀蓄積を明らかにする研究が進められている[37]。

　ヒ素については、自然由来の揮発性化学種が生成され、大気を介した地球化学的循環に寄与することが、2000年代終盤以降に報告されてきた。その後も観測研究が進み、海洋生物において様々な有機ヒ素化合物が同定され、その動態や化学形態変換の機構などが明らかになってきている。また、還元的環境での重要性

2.10
環境分野の基盤科学技術

が指摘されてきたチオール配位のヒ素化合物についても、液体クロマトグラフィを用いた手法が普及し、環境動態研究における重要な成果に繋がっている[38]。

　なお鉄、銅、亜鉛などの生体にとっての必須微量元素については、生体内の代謝過程での分別に基づく同位体比の変動が見い出されており、栄養状態や疾患などによる代謝の変動を同位体比から把握する試みが続けられている。

2.10

環境分野の基盤科学技術

②硫黄化合物ジメチルスルフィド（DMS）による硫黄、鉄、炭素の循環への寄与

　海洋で生成するDMSは大気に放出され海洋上空での大気粒子形成や雲凝結核として海洋気象に大きく影響する。またDMSが誘引する海洋動物の捕食活動が、高緯度海洋での大気・表層水・深層水にまたがる「硫黄、鉄、炭素」の循環に寄与している可能性が指摘されている[39]。海洋生物がマイクロプラスチックを捕食するのはプラスチック表面を覆った藻がDMSを生じるためであるという指摘もあり[40]、DMSの高感度なモニタリングに関心が向けられている。

③アンモニア（NH_3）の大気中濃度の増大

　中国におけるNH_3とNOxの発生量が年々増えていることが明らかになってきた[41]。米国でのNH_3の発生は30％が肥料、54％が畜産関係からとされているが、こちらも年々増大している[42]。NH_3の大気濃度の増大は農業が主たる原因とされているが、日本における大気中NH_3濃度の上昇の原因はよく分かっていない。一方、NOxは燃焼由来である。日本における窒素の沈着量は上昇傾向にあり[43]、湖沼や閉鎖性海域の富栄養化にもつながると懸念されている。

　pptオーダーのNH_3とHNO_3による新粒子形成が発見された[44]。NH_3とともにアミン類も大気に放出されるが、アミン類はNH_3以上に粒子形成への寄与が大きいことがわかってきており[45]、これらの大気化学に関する研究や観測がさらに展開されると期待されている。

④生物起源有機化合物（Biogenic volatile organic componds：BVOCs）の分析

　BVOCsは、オゾンなどのオキシダントを増幅するとともに、後段で示すように大気化学反応により酸素官能基や窒素官能基を含む化合物となり、粒子形成やその二次粒子への変遷に寄与していることが理解されてきた。また温暖化と降水量の増加により、BVOCsのほかNH_3や還元性硫黄化合物の発生量も増大している。これらBVOCsや揮発性無機化合物の発生量の増大が雲の発生を促し、大雨や洪水など自然災害の頻度や規模の増大に間接的に寄与している可能性があるとされている。こうした状況を受け、BVOCsのフラックスの分布の把握が進められつつある。またBVOCsや無機系気体成分から二次生成する極性低分子有機化合物の粒子形成能について、大気粒子を模したバルク液体を用いるフラスコ実験、および粒子と反応ガスを導入して生成物や粒子を計測するチャンバー実験などが行われている。計算化学による研究も進められている。しかし、このような模擬実験やシミュレーションに比べて、実際の大気の分析や実態の報告は途上段階にある。大気中の濃度が極微量であることに加え、多くの物質が過渡的に生成する化学種であること、捕集濃縮が難しいことなど、克服すべき課題が複数存在する。

　BVOCsから二次的に生成するホルムアルデヒド、グリオキザール、メチルグリオキザールなどのカルボニル類は吸湿性粒子に取り込まれてオリゴマー化する。またNH_3などの窒素成分と反応してイミダゾール化合物となり、ブラウンカーボン大気粒子（光吸収性有機エアロゾル）の成分となる。これらO原子やN原子を含む有機化合物は二次生成粒子（ナノ粒子）の形成にも寄与している。

　広葉樹から発生するBVOCsの代表といえるイソプレンは、大気化学反応によりIEPOXと呼ばれるエポキシジオール化合物になり、吸湿性大気粒子に取り込まれて有機二次生成粒子（SOA）の形成に寄与する。世界各地での観測から、IEPOXに基づくSOAは全SOAの30％を占めるといわれ、IEPOX関連化合物の化学とその影響が注目されている。

⑤燃焼由来PM₂.₅、人為起源有機化合物（AVOCs）および凝縮性粒子の排出量推計、エイジング（変質）過程の解明および発生源解析法開発

PM₂.₅の主要成分である有機エアロゾルなどに対応するオンライン測定法が開発されたことにより、燃焼発生源から排出されるVOCだけでなく凝縮性粒子（IVOC、SVOC）や粒子（LVOC、ELVOC）は、大気中から除去されるまでの間に、大気中のオキシダントなどと反応して変質することが明らかになった[46]。なかでも凝縮性粒子は、従来把握されていなかった一次粒子の発生源であるとともに、二次粒子の重要な前駆物質であることが明らかになった。この発見により、発生源におけるPM排出係数を変更することによる排出インベントリの改善、大気質モデルによる濃度予測の新たな考慮などの課題が新たに生じることになった。従来は大気中二次生成粒子を扱う実験は主に光化学チャンバを用いて行われてきたが、フロー式反応器が米国と欧州でそれぞれ開発され、それを用いた実験的研究やモデル研究が近年大きく進展している[47), 48]。

大気中の有害物質の発生源解析法としてレセプターモデルと呼ばれる手法が知られているが、施設毎に多くの無機・有機物質の発生情報（インベントリ）を必要とし、燃焼由来PM₂.₅の情報も限られている。またPM₂.₅に含まれる代表的発がん物質である多環芳香族炭化水素（PAH）類の発生源解析にはPAH組成の違いに基づく方法が汎用されているが精度は高くなく、寄与率も求めることができていない。そこで最近は、PAHとそのニトロ体（NPAH）の比が燃焼温度に基づいて大きく変化する原理に基づいて燃焼由来粒子（煤）の発生源とその寄与率を求める方法が開発された。従来法よりも簡便で精度も高いことから注目されている[49]。この原理を燃料由来PM₂.₅以外の発生源解析にも展開する動きもある。

⑥広範な物質群（PFAS等）分析法の開発

多成分一斉分析やノンターゲット分析、理論同族異性体が極めて多い塩素化パラフィンなどの分析困難な物質への対応が引き続き世界的な潮流となっている。類縁物質が多いPFASなどの包括的分析はこの数年で急速に報告が増えている[5]。多成分一斉分析やノンターゲット分析の環境モニタリングへの展開ではハイスループット化と未知物質の同定に多くの研究者が注力している[6]。これらを通じて膨大化する情報量を背景にして、未知物質の推定や毒性の予測、異常検出などに深層学習などの人工知能を活用する動きも活発化している[7]。分離軸の多次元化の展開も最近の動向である。GC×GCやLC×LCのような多次元クロマトグラフィーによる分離の他、イオンモビリティのような別の分離軸を加える分析情報の多次元化が進んでいる[11]。

世界の潮流に合わせるようにPFAS分析のニーズは増大し、技術開発が進められている。米国EPAは、2019年に「Method 533」を公表し、飲料水に含まれる25のPFASの定量分析法を提案している。2021年には「Draft Method 1633」を公表し、廃水、地表水、地下水、土壌、下水汚泥、堆積物、埋立地浸出水、魚組織に含まれる40のPFASの定量分析法の草案を提案している。米国EPAの両法ともに、飲料水生涯健康勧告の対象物質に指定されたPFOA、PFOS、PFBS等が対象物質に含まれている。PFASは防汚防水製品や食品接触素材、泡消火薬剤をはじめとする多種多様な用途に幅広く利用されている。そのため、水・大気、土壌、ダスト等の環境試料のみならず、含有製品や廃棄物試料の分析法も開発が進められている。さらに、広範囲なPFASを対象とする先行研究[50]では、研究の目的に即した複数の分析化学的アプローチを組み合わせた物質網羅的な分析法が検討されている。具体的には、抽出可能フッ素（Extractable Organic Fluorine：EOF）分析法[51]、PFCAs関連物質の酸化性前駆体総濃度（Total Oxidizable Precursor：TOP）分析法[52]および27のPFASの個別分析法を組み合わせ、得られた定量結果を評価している。しかしながら、EOF分析、TOP分析、個別分析の定量結果には乖離があったことから、未知のPFASの存在を示唆する事例が報告されている。ペルフルオロアルカンスルホン酸やペルフルオロカルボン酸の関連物質は種類が多く性状が様々である。米国EPAのPFASデータベース「PFAS Master List of PFAS Substances」に登録されているPFASの総数は12,034に上る。上記以外の分析法として、フルオロテロマーアルコール（FTOH）の加水分解性前駆体分析法[53]が報告されているものの、広範囲なPFASの全容解明において、現行の分析化学的アプローチには限界がある可能性がある。広範囲なPFASに関する全容解明のためには、物

質網羅的なPFAS分析法開発というブレイクスルーが期待される。

⑦粗大粒子の環境動態（大気中マイクロプラスチック・タイヤ粉じん・ブレーキ粉じん）

PM$_{2.5}$や超微小粒子が注目される一方で、PM$_{2.5}$以上の大きさの粗大粒子も注目されている。自動車に関しては非排気由来粒子（タイヤ磨耗粉じん、ブレーキ磨耗粉じん）や路面の摩耗で生じるPMの対策の重要性が指摘されている[54]。タイヤ磨耗粉じん、ブレーキ磨耗粉じんは大気中マイクロプラスチックとしても認識されている[55]。OECDは、世界の乗用車の摩耗由来のPMの総量は2030年までに53.5%増加する見通しで、2035年には道路交通に起因する大気中のPMの半分以上は摩耗が原因となる可能性があると報告している[54]。また、大型の電気自動車では現在の内燃機関車両よりも車両重量が重くなるため、非排気由来粒子を含めたPM$_{2.5}$の排出量が多くなる試算も行っている。現時点では摩耗由来のPMの測定や規制に関する基準がないことから、対策を打ち出す必要があることも指摘している。

大気中マイクロプラスチックの発生源は屋内外に存在し、タイヤ磨耗粉じん、ブレーキ磨耗粉じんの他にも合成繊維、合成ゴムの腐食、都市塵埃、マイクロカプセル膜材などが言われている。米国西部での評価結果では、主に道路（84%）、海（11%）、農業土壌ダスト（5%）などの二次再放出源に由来することが試算された[56]。マイクロプラスチック粒子の吸入経由による体内への取り込み量は経口摂取量よりも多いという試算もあり[57]、実際ヒトの肺組織からも見つかっている[58]。さらには環境中ではまだ検出事例は少ないものの、粒径がより小さいナノプラスチック粒子の存在も指摘されており、計測法が課題となっている[59]。

⑧凝縮性粒子

国内では一定規模のPM発生源は大気汚染防止法で排出規制されているが、排気ガスが煙突から放出後に冷却され生成される有機物や無機物主体の凝縮性粒子は排出規制から抜け落ちており、PM排出インベントリにも考慮されていない。ISOの標準測定法は存在しているが、インベントリに反映させる情報を得る観点からは不十分な測定法である[59]。米国ではVolatility Basis Setフレームワークが開発され[46]、現在Community Multiscale Air Quality Modelのような大気質モデルに実装されている。そのフレームワークでは揮発性分布という形でエミッションを表現しており、大気質モデルとの親和性が高い。ただし限られた発生源の情報しかなく、様々な発生源の揮発性分布の蓄積が課題となっている。欧州ではEuropean Monitoring and Evaluation Programme[60]の活動において、将来の排出量インベントリとモデリングに凝縮性粒子を含めるべき点でコンセンサスが得られているものの、どのように含めるかについては議論がある。国内では揮発性分布の測定法の開発やデータ取得、凝縮性粒子の国内排出量推計などが行われている[61]。アジア諸国では、様々なPM発生源において標準法を用いた凝縮性粒子の測定が行われており、化学成分別の排出係数や排出低減に資する後処理装置の評価に重きが置かれている傾向である[62]。

⑨超微小粒子の健康影響

循環器疾患や呼吸器疾患を対象とした研究事例が多いが、近年では胎児への影響、中枢神経への影響を検討した報告も散見される[22]。2021年に改訂されたWHO global air quality guidelinesでは、国・地域の当局及び研究者が環境中の超微粒子濃度を低減するための対策を講じる際の4つの指針が出された。特に、超微小粒子モニタリングを既存の大気質モニタリングに統合することにより、共通の大気質モニタリング戦略を拡大すべきと強調された。また、広い都市部にわたってデータを収集するため、モバイルプラットフォームなど新しい科学技術を活用し、疫学調査および超微小粒子の管理に適用するための超微小粒子への曝露評価アプローチを進展させるべきと提言された。米国では疫学に利用できる超微小粒子の環境データの蓄積が圧倒的になされている[63]。欧州では超微小粒子の健康影響評価に関するプロジェクトが複数行われている。

⑩新型コロナウイルス感染症（COVID−19）とPM

　$PM_{2.5}$等に代表される大気汚染が、COVID−19の感染者数や重症者数を増やすことが報告されている[64]。その理由の一つとして、$PM_{2.5}$が新型コロナウイルスの細胞侵入口を拡大することが明らかにされた[65]。また中国のロックダウンによる経済活動低下によって、越境汚染による日本国内の大気質にも変化も見られた[66]。なお、空気中で漂うウイルス自体もバイオエアロゾルとして研究対象となっており、捕集法の開発や空気中の挙動などが研究されている[67]。

⑪作用機序に基づくリスク評価技術の新展開

　米国EPAやOECDでは、AOPのデータベースであるAOP Wikiのシステムを開発・構築しており、化学物質の有害性評価への利用可能性に基づき優先順位付けして、査読承認プロセスを進めている。またOECDでは、AOPに加えて、試験によらない方法としてQSARなどの予測手法を活用した統合的なアプローチ手法「IATA」のケーススタディの開発・評価プロジェクトが進められている。化粧品に関する動物実験の制限強化を受けて、特に皮膚感作性に関する検討が先行的に進められ、in vitro試験、in chemico試験（ペプチドへの結合性などを調べる試験）、in silico解析、動物試験結果などを組み合わせて証拠の重み付け（Weight of Evidence：WoE）を行うIATAや、より厳密にルール化したDefined approach（確定方式）が提案・承認されている。現在、この流れは肝臓や腎臓といった組織・器官ごとの毒性評価に加えて、全身毒性にまで及び、特に生殖発生毒性や免疫毒性、発達神経毒性などについて、AOPの各KEを組み合わせて評価を行うためのAccuracy（正確性）、Sensitivity（感度）、Specificity（選択性）の高い各種のin vitro試験などNAMsの開発が進められている。

⑫動物福祉の観点への対応

　ヒト健康に加えて、生態影響の試験系でも、鳥類の卵を取り出した卵外投与の試験や魚類の胚や細胞株、無脊椎動物を用いた試験が多く提案されている。従来から工業化学品や農薬などの登録に広く利用されてきた魚類急性毒性試験（OECDテストガイドラインNo.203）の2019年改訂において、動物福祉の観点から、利用する魚体数の削減や、診断症状の確認や瀕死状態の場合の安楽死処置などの観点が追加されている。さらに、動物福祉に考慮しつつin vivoの試験系で内分泌かく乱化学物質を検出する手法として過去に開発された各種のトランスジェニックの小型魚類のうち、ゼブラフィッシュを用いたEASZYアッセイ（OECDテストガイドラインNo.250）、メダカを用いたRADARアッセイ（OECDテストガイドラインNo.251）などが承認されている。また、魚類胚毒性試験（OECDテストガイドラインNo.236）にとどまらず、魚類細胞株への毒性試験を代替試験として利用する動きも欧州化学工業界などのサポートによって広がり、ニジマスエラ細胞株毒性試験（OECDテストガイドラインNo.249）が2021年に承認されている。作用機序に基づくリスク評価技術は、こうした動物福祉の観点への対応を支援する意味合いでも期待されている。

⑬マイクロプラスチックによる生物影響等の分析

　プラスチックの海洋生物による摂食はクジラ、ウミガメ、海鳥等の比較的大きな海洋生物について1970年代から報告されてきており、2020年以降も報告例が多い。その中でもCOVID−19対策のマスクなどの医療用防御具由来のプラスチックが生物体内から検出されている[68]。それらのプラスチックはmmからcm台の比較的大きなものが対象であったが、近年の分析法の発達により5 mm以下のマイクロプラスチックが魚の消化管[69]や二枚貝の軟体部[70]から広く検出されている。さらにヒト糞便[71]からもマイクロプラスチックは検出されている。これらのマイクロプラスチックの多くは数十μm〜数百μmの大きさであるが、大きさが数μm以下になると生物体内からの排出が遅くなる[72]。さらにナノメーターサイズになると細胞膜を通過して血液やリンパに入る可能性も実験的に示されている[73]。ヒト体内からもマイクロプラスチックが検出されている[74]。

　プラスチックに含まれる添加剤等の環境中での広がりや生物濃縮、さらにその影響評価について研究が進

められている。その中でmmサイズのマイクロプラスチックによる添加剤の長距離輸送は鍵となるプロセスである。もう一つの鍵となるプロセスはプラスチックに練り込まれた添加剤の生物学的利用能（bioavailability、対象物を生物が吸収して作用する指標）についてであり、モデルや溶出実験、摂食実験により、油分や界面活性剤の共存やプラスチックの微細化により生物学的利用能が高まること[75]や、実環境での観測結果も得られている[15]。これらの研究成果を踏まえて、添加剤の一種紫外線吸収剤UV–328についてストックホルム条約での規制対象物質としての検討が進められている。個々の既知の添加剤についてその毒性（内分泌攪乱作用）をアッセイ系を使って系統的に評価しようという動きもある。しかし、プラスチック製品への添加剤配合情報が開示されていないことが、個々の添加剤のリスク評価を困難にしている。プラスチック添加剤の規制の必要性が示されているが、予防的な観点からもプラスチック製品全般の消費量の削減、という方向がプラスチック条約に関連した化学物質規制の観点からの国際的な流れとなってきている。

　マイクロプラスチックの環境中での分布・動態の解明を進めるためには試料採取法から計測・モニタリング法に至るまであらゆる面で高度化が不可欠となる。当面の目標は、誰もが納得できる標準的な分析法の確立、定量的な情報の収集、シミュレーションモデルの開発と考えられている。こうした研究を推進するためには、膨大な実験を行い、データを収集して解析する必要があり、これまで手作業で行われてきたサンプリングや分析操作を自動化していくことがより一層重要となる。日本では海洋研究開発機構（JAMSTEC）のグループがハイパースペクトルイメージングを用いてマイクロプラスチックを迅速に識別する技術の確立に取り組んでいる。マイクロプラスチックをスペクトルパターンで区別して機械学習により自動で識別させる装置であり、画像解析を組み合わせることでマイクロプラスチックの材質・形状・サイズ・個数を同時に収集できる。海外でもマイクロプラスチックやマイクロファイバーを迅速に識別する技術開発が進んでいる。例えば二次元アレイ検出器を搭載した顕微FTIR（FPA–FTIR）を用いてフィルター上に捕集したマイクロプラスチックを高分子の種類ごとに疑似色化して表示するイメージング技術によってマイクロプラスチックの同定および粒度分布測定の自動化を図る取組みなどがある。なお高分子の同定では赤外分光法やラマン分光法のような振動分光法を用いた官能基解析が一般的だが、より精密な高分子の解析を行うためには、今後は質量分析法の利用が増えてくるとみられている。熱分解ガスクロマトグラフィーのほか、イメージング分析を行えるマトリックス支援レーザー脱離イオン化質量分析法（MALDI–MS）の利用も期待されている。サンプリングに関しては複数の小型船を利用した広域サンプリング、鉛直方向での海水サンプリング、船上でのその場分析などあらゆる技術の向上が求められている。

⑭微小試料の分析

　生成した原子蒸気をICP–MSに導入して元素濃度・同位体比を測定するレーザーアブレーション（LA）–ICP–TOF–MSは、レーザーアブレーションにともなって発生する原子発光や分子発光を同時に観測できる装置との併用により、その場の元素濃度や分子状態についての情報が得られるようになった。具体的にはレーザー径を絞って位置分解能を上げ、TOF–MSを使用して微小試料からの過渡的信号を効率よく取り込むことで、個別細胞レベルの微量元素分析が可能となっている。波長193 nmで発振するArFレーザーでビーム径4μmに絞り、1～1.5 Jcm⁻¹のエネルギー照射により、細胞一つ一つから元素シグナルを得られている。微小領域の高分解能な微量元素マッピングも可能になっている。

　Single Cell ICP–MSはナノ粒子など環境微粒子の分析法であるSingle Particle（SP）–ICP–MSを生体試料に応用したものといえる。細胞一つ一つをネブライザー経由でアルゴンプラズマに順次導入し、得られる過渡的なシグナルを検出する。Single Cellとして細菌や藻類などへの適用がある。

　高分解能型マルチコレクター誘導結合プラズマ質量分析法（MC–ICP–MS）は、質量分解能5,000以上において、感度を損なうことなく、フラットトップピークでの高精度同位体比測定を可能にしている。またナノスケール領域の成分分析が可能な二次イオン質量分析法（Nano–SIMS）は、空間分解能50 nm以下かつ高感度（ppbまで）で2次イオン像観察を実現している。安定同位体比測定は、数十ppmの再現性で可能

となっている。

［注目すべき国内外のプロジェクト］
■国内
• 富士山測候所における継続的な観測
　高層大気・自由対流圏における化学物質の推移をはかるために、年間延べ400名の研究者が標高3,776m にある気象庁の富士山測候所を利用し観測を行なっている。本観測に関連する論文や学会発表もデータベース化されている[76]。しかし2020年度はCOVID-19の影響で富士山自体が入山禁止となって観測が滞り、施設の維持にも困窮している。

• JST-CREST「細胞外粒子に起因する生命現象の解明とその制御に向けた技術基盤の創出」（2017～ 2023年度）
　採択課題の1つにおいてPM$_{2.5}$および含有PAHなどのばく露と疾病との関連に関する研究が進められている。なおNPAH、PAH酸化体に関しては別途研究が行われており、わが国の研究グループが世界をリードしている[77]。

• 文部科学省 科学研究費助成事業 新学術領域研究「『生命金属科学』分野の創成による生体内金属動態の 統合的研究」（2019～2023年度）
　生体内における金属元素（生命金属）の機能や生命金属の吸収・輸送・活用といった動態を研究し、生命が金属を活用する「生命の金属元素戦略」を明らかにすることを目的に様々な基礎・応用研究が実施されている。主に薬学分野の研究者が参画しているが、開発されている分析技術は、微量元素の生物・環境動態研究に応用できるものも多いと思われる[78]。

• 環境研究総合推進費「ペルフルオロアルキル化合物「群」のマルチメディア迅速計測技術と環境修復材料 の開発」（2021～2023年度）
　人工知能網羅分析技術（AI-TOF-MS）を深化させ、大気ガス・粒子中の多様なPFASの一斉捕集・測定が可能なPFAS分析法を開発する。

• PFAS類の挙動予測・毒性評価
　PFAS類の挙動予測や毒性評価に関する研究が環境研究総合推進費や科研費において実施されている。PFAS類の600種類以上の前駆体を対象とした環境中への拡散防止技術やPFAS類のリスク評価手法の開発、環境汚染・生物蓄積の実態解明や毒性影響評価を行う。
　・環境研究総合推進費「土壌・水系における有機フッ素化合物類に関する挙動予測手法と効率的除去技術の開発」（2021～2023年度）
　・環境研究総合推進費「新規・次期フッ素化合物POPsの適正管理を目的とした廃棄物発生実態と処理分解挙動の解明」（2021～2023年度）
　・文部科学省 科学研究費助成事業 基盤研究（A）「次世代型有機フッ素化合物による環境汚染・生物蓄積の実態解明と毒性影響評価」（2020～2025年度）
　・文部科学省 科学研究費助成事業 基盤研究（A）「アジア農業環境におけるペルフルオロアルキル化合物等の挙動解析とリスク評価研究」（2020～2025年度）

• 次世代型毒性予測手法開発（AI-SHIPS）（2017～2022年度）
　経済産業省による人工知能を活用したプロジェクト。化学物質の毒性評価は反復投与試験（げっ歯類を用

いた全身毒性試験等）によって行われてきた。本プロジェクトでは、薬物動態モデル等を活用した化学物質の体内動態評価技術や細胞の化学物質応答性評価を基盤とする毒性評価技術を開発し、人工知能を活用した毒性予測モデルを開発した。肝毒性や腎毒性などへの適用可能性について一定の成果が挙げられ、現在はAI-SHIPSの活用促進に向けた調査が行われている。

- **子どもの健康と環境に関する全国調査（エコチル調査）（2011～2027年）**

  環境省による大規模疫学調査で、国立環境研究所エコチル調査コアセンターや全国15カ所のユニットセンター等の協力で実施している。全国10万組の子どもたちとその両親の参加に基づく全体調査と、5千人程度を対象に詳細な環境試料の採取を行う詳細調査がある。生体試料の採取・長期保存および化学物質等の測定を行い、医学的な検査と合わせて、子どもの成長発達に影響を与える環境要因を解明する。12歳までの子どもを対象にしているが、化学物質の思春期以降に発症する病気との関連性等の追跡調査のため、40歳まで期間延長することが決定している。

- **化学物質の内分泌かく乱作用に関する今後の対応 – EXTEND2022 –（2022年～）**

  2010年から始まった化学物質の内分泌かく乱作用に関する評価を進めるプロジェクトEXTEND2010ならびにEXTEND2016の後継プロジェクトである。2030年を目標として、①作用・影響の評価および試験法の開発、②環境中濃度の実態把握及びばく露の評価、③リスク評価及びリスク管理、④知見の収集、⑤国際協力及び情報発信の推進を進める。農薬、医薬品をはじめとするPPCPs等を対象物質として積極的に取り上げること、欧米で研究が進む新たな評価手法のNAMsの活用方策を検討すること、リスク管理に係る制度下の評価体系における活用を念頭に置いた内分泌かく乱作用に関する評価の方策の提案を目指すことが新たな課題として取り上げられている。

- **環境研究総合推進費「大気中マイクロプラスチックの実態解明と健康影響」（2021～2022年度）**

  大気中マイクロプラスチック定量法を確立し、野外観測により大気濃度等を明らかにしている。インベントリを作成し、大気輸送モデルによって空間分布を評価する。さらに肺沈着モデルを改良してヒトの曝露量を推計している。また細胞や生体を用いて喘息病態への影響を評価している。

- **環境研究総合推進費「海洋プラスチックごみに係る動態・環境影響の体系的解明と計測手法の高度化に係る研究」（2018～2021年度）**

  地球規模での海洋プラスチックごみの分布と動態に関する実態を把握し、将来を予測するための数値モデリングの開発を目指すプロジェクト。海洋プラスチックごみの沿岸～地球規模での海洋中の分布状況と動態に関して、実態把握および予測について取り組んでいる。マイクロプラスチックの影響やナノプラスチックの影響、添加剤およびマイクロプラスチックに吸着している化学物質の影響についても検討を行っており、海洋プラスチックごみに係る動態・環境影響の体系的な解明など成果が上げられている。

- **JST-SATREPS「東南アジア海域における海洋プラスチック汚染研究の拠点形成」（2019～2024年度）**

  海洋プラスチックごみの分布実態や予測について、タイで現地の研究者と共同してプラスチックごみの発生量解析や現存量調査、環境影響評価、将来予測を行うプロジェクト。得られた結果を踏まえて行動計画を政府に提言し、プラスチックごみ発生量の削減を目指す。

- **日本財団×東京大学「海洋プラごみ対策事業」（2019～2024年）**

  海洋プラスチックごみの問題に関して、科学的知見を充実することを目的として、東京大学、東京農工大学、京都大学などの研究者が参画したプロジェクト。1mm以下のマイクロプラスチック、さらに小さいナノサイズ

のプラスチックの海域における実態把握、生体への影響、海洋プラごみの発生フロー解明と削減管理方策の3テーマに取り組んでいる。

■国外

• GEOTRACES（An International Study of the Marine Biogeochemical Cycles of Trace Elements and Their Isotopes、海洋の微量元素・同位体による生物地球化学研究）

　2005年国際化学会議（ICSU）により承認された国際プロジェクトで、地球化学的手法による海洋の物質循環研究に大きな発展をもたらした国際プロジェクトGEOSECSの後継として実施されている。海洋環境における微量元素とその同位体（Trace Elements and Isotopes：TEIs）の分布を明らかにし、TEIs分布をコントロールするプロセスの解明とフラックスの定量化を目的としている。Fe、Al、Zn、Mn、Cd、Cuなどの微量元素、$\delta^{15}N$、$\delta^{13}C^-$などの安定同位体、放射性同位体などを対象とする。GEOTRACES計画によって、外洋海水を用いるTEIs分析法の国際相互較正が初めて実現し、世界の海洋で海盆規模の詳細な鉛直断面観測が始まった。2014年および2017年に公表されたIntermediate Data Product（IDP）の第3版として、2021年にIDP2021が公表された。重元素安定同位体比、微量元素化学量論などの新しいビッグデータを生みだし、地球システムの理解を飛躍的に深めると期待されている。

• 欧州モニタリング評価プログラム（European Monitoring and Evaluation Programme：EMEP）、北極モニタリング評価プログラム（Arctic Monitoring & Assessment Programme：AMAP）

　EMEPは長距離越境大気汚染条約（Convention on Long-range Trans-boundary Air Pollution：LRTAP）に基づき実施されている。AMAPは北極評議会（Arctic Concil）により実施されている。大気および極域の観測において重要な役割を果たしている。

• COLOSSAL（Chemical On-Line cOmpoSition and Source Apportionment of fine aerosoL）（2017年3月〜2019年2月）

　欧州科学技術協力（European Cooperation in Science and Technology：COST）の支援によるプロジェクト。高時間分解能の化学組成測定機器による観測データをもとに、欧州全体のエアロゾル空間的・時間的変動性、化学組成、発生源を一貫して評価することを目的としている。成果はモデル研究者や政策立案者に提供され大気中濃度予測の精緻化などに活用される。

• Cosmics Leaving Outdoor Droplets（CLOUD）（2017〜2020年）

　スイス・ジュネーブの欧州原子核研究機構（CERN）における大型実験設備でさまざまな実験が行われており、二次生成粒子や大気化学反応に関する物理的・化学的な研究が推進されている[44]。

• EU-ToxRisk（2016年〜）

　動物実験の3R（Replacemnt、Reduction、Rifinement）原則の下、動物実験を用いないハザードおよびリスク評価を目指したHorizon2020のプロジェクト。欧州38機関と米国1機関が参加しており、EUのREACHで要求される反復投与毒性試験ならびに発生・生殖毒性試験の代替となるNAMsとして、QSAR、in vitro試験、各種オミクス解析などの開発が進められている。

• EURION（European Cluster to Improve Identification of Endocrine Disruptors）（2019〜2024年）

　Horizon2020で実施されているプロジェクト群で、ATHENA（甲状腺ホルモンの化学物質特定）、EDCMET（内分泌かく乱化学物質の代謝効果）、ENDPOINTS（発達神経毒性）、ERGO（ヒト健康と環境影響の橋渡し）、FREIA（女性生殖毒性）、GOLIATH（代謝かく乱物質の統合的評価）、OBERON（内分

泌かく乱物質の試験法開発）、SCEENED（性別特異的な甲状腺機能モデル）の8プロジェクト（70の研究グループ）で構成されている。各プロジェクトがAOP、動物実験（水生生物・げっ歯類）、培養細胞試験、インシリコ解析、IATAなど13のワーキンググループも構成しており、内分泌かく乱化学物質の各種検出システムを様々な視点から改良している。

• NEUTEC Plastics（2022～2025年）
　国際原子力機関（IAEA）が実施するプロジェクトで、アジア、中東、北アフリカ沿岸海域において水中および堆積物中のマイクロプラスチックのモニタリングおよび生物影響を調査する。放射線技術によるリサイクルと同位体追跡技術による海洋モニタリングというユニークな手法を用いて実施する。

• 環境試料中マイクロプラスチック分析に関する国際相互検定研究（2019年～）
　欧州海洋環境モニタリング情報品質認定（Quality Assurance of Information on Marine Environmental Monitoring in Europe：QUASIMEME）が幹事機関となり、EU内外の試験機関を対象に、環境試料中マイクロプラスチック分析に関する国際相互検定研究（Interlaboratory Study on the Analysis of Microplastics in Environmental Matrices）を実施している。

• 交通セクター由来の超微小粒子とその脳への影響（Transport derived Ultrafines and the Brain Effects：TUBE）（2019～2023年）
　大気汚染物質は、呼吸器疾患や循環器疾患の原因となると言われているが、最近では、大気汚染物質とアルツハイマー病などの神経疾患との間に関連性があることが示されている。この関係性を明らかにするために、さまざまな交通手段から発生する排気中の超微小粒子による炎症、細胞毒性、遺伝毒性への影響を研究している。in vitroモデルと疫学データの両方を用いて、交通セクターから発生する超微小粒子の神経毒性および脳の健康への影響に重点を置き、新しいリスク評価戦略への道を開くことを目指している。

• 運輸部門からの超微小粒子排出：健康への影響と政策的影響（Nanoparticle emissions from the transport sector：health and policy impacts：nPETS）（2021～2024年）
　粒径100 nm以下の粒子を対象に、海運、道路、鉄道、航空の各分野で排出状況を調査し、エンジン、ブレーキ、クラッチ、タイヤなどの特定の排出源と、そのサイズ、化学組成、形態を関連付け、排出物の特性評価を行う。粒径100 nm以下の粒子の種類や発生源によってもたらされるリスクの特定と定量化が目的である。

• 交通セクター由来超微小粒子発生源別健康影響評価（Ultrafine particles from Transportation – Health Assessment of Sources：ULTRHAS）（2021～2025年）
　さまざまな交通セクター由来の超微小粒子がもたらす健康への脅威を明らかにし、異なる輸送手段、燃料技術、摩耗部品（大気中の経年変化プロセスを含む）がPMおよびガス状排出物の物理化学的特性に与える影響を評価する。また、高度に制御された実験室条件下で、エミッション測定、曝露、毒性試験のアプローチによって健康影響を評価する。

（5）科学技術的課題
①重金属等に関する課題
　大気中水銀の形態別分析システムの精緻化が一つの重要な課題となっている。Tekran社やPS Analytical社製の連続自動分析装置が普及しているが、反応性の高いガス状水銀（RGM）の定量性については疑問が呈されている。RGMはガス状水銀の中ではマイナーな成分だが大気からの沈着フラックスを推定する上で重

要な成分とされている。

海洋では、海水中メチル水銀の高精度データを出すことのできる機関を増やしていくことが課題となっている。GEOTRACES計画のような信頼性の高いデータを取得する仕組みがさらに必要とされている。

X線吸収近傍構造（High energy resolution（HER-）XANES）分析については、他の分析では得られない貴重な知見が得られるという評価がある一方で、その定性性について疑問が呈されるケースもある[79), 80)]。同手法の解析法について客観的な評価ができる専門家の育成を北米やアジアの研究者コミュニティで進めることが課題となっている。

水銀安定同位体比は、高度な分析技術を必要とすること、濃度情報と比較して直感的な解釈が困難であることから大規模なモニタリングの測定に組み込まれることは少ない。しかしばく露源解析、将来の気候変動影響の予測、現在の環境動態や生態系機構の理解・モデル化などに有用である可能性があり、更なる実験的・観測的研究が必要とされている。

地下水のヒ素汚染は全世界的な課題であり、汚染地域の報告例も年々増加している。全容を把握するためには、その機構や空間分布についてのモデル化が必要となる。スイスETHのグループは2000年代後半以降に統計モデルを用いたリスクマップの作成に取り組んできたが、2020年に出版されたAIベースでの予測モデルは、2年間で300件以上引用され、当該分野の予測型研究に強い道筋を示した。ヒ素汚染地下水は分布の空間的不均質性が大きな特徴であり、ヒ素の統計モデルのエキスパートが文化圏ごとに育成されることが好ましいと考えられている[81)]。

飲料基準値の低減に関する議論があるが、ヒ素の飲料基準値はコストベネフィット分析に基づき設定されている。（飲料基準値の動向：EU $10\mu g/L$、デンマーク $5\mu g/L$、米国 $10\mu g/L$ ただしNH州は2020年より $5\mu g/L$ を採用[82)]）今後 $1\mu g/L$ レベルのヒ素の検出が求められた場合には簡易な計測法では困難であり、高感度分析法へのニーズが高まる可能性がある。

近年では、家畜の飼料として海藻の活用が進んでいるが、海藻に含まれる高濃度のヒ素の家畜への影響が懸念され、関連する研究が進められている[83)]。日本が世界有数の海藻産国であることから、重要な研究動向として注視する必要がある。

②大気や海洋における微量無機化学物質の空間分布を把握するための分析手法・システム

海洋や湖沼では、電気伝導度（塩分）、温度、圧力（深度）を測定する電気伝導度水温水深計用センサ（CTDセンサ）が観測の基本装備となっている。通常研究船での測点では、停船中にCTDセンサをアーマードケーブルに取り付けて海中を下降・上昇させて、一次元の観測を行う。このときCTDセンサと同時に動作する無機化学物質の現場自動分析機器はいくつか開発されている。これらの機器は、海底熱水活動起源のマンガンや鉄のように海水濃度より数桁高い濃度を検出できるが、外洋のバックグラウンド濃度の測定は難しい。ボートや自律型無人潜水機などに現場自動分析機器を搭載し、小回りの利いた観測が行われているが、この場合も分析対象が限られる。

現在実施中のArgo計画では、全球の水温・塩分プロファイルを即時的に観測するために、水深2,000 mから海面までの水温・塩分を約10日毎に観測するアルゴフロート3,000本を全世界の海洋に展開し、その観測データをリアルタイムに配信することを目指している。アルゴフロートは漂流深度（通常1,000 m）で約10日間漂流した後、設定された最高圧力深度（通常2,000 m）まで沈み、水温と塩分を観測しながら浮上する。フロートは海面でデータを人工衛星に送信し、再び漂流深度に沈む。このような観測を行える無機化学物質の現場自動分析機器は存在しない。大気ではドローンへの観測機器の搭載が実施されているが、現在のところ簡易なセンサに限られ、大気化学を司る成分への適用は未着手な状況にある。

③多次元化の困難性と限界

GC/MS法では、GCの多次元化による分離性能の向上が図られているものの、一般的なEI法（電子イオ

2.10

環境分野の基盤科学技術

ン化法）では物質混合の見分けが困難で、未知物質の同定に必須の分子イオンが検出されない場合も多いといった問題がある。一方、FI（フィールドイオン化法）、PI（光イオン化法）のようなソフトイオン化ではイオン化効率が低く微量分析には適さない。

多くのMS機種ではサンプリングレートの上昇にともない測定質量誤差が大きくなるという性質を孕んでおり、未知物質同定も可能なハイスループットノンターゲット分析の障壁となっている。

生体組織あるいは環境試料中の化学物質の定性・定量と分布を一度に直接計測できるIMSには更なる空間分解能の向上、イオン化効率（検出感度）の向上、イオン化可能な物質の種類の増大が望まれている。

④ノンターゲット分析のための品質管理

ノンターゲット分析を環境モニタリングで実用化させるためには、検出される物質の種類と数が測定機器・機種に依存することが目下の課題となっている。手法の標準化、定性・定量の再現性向上、およびそれを担保する「ノンターゲット分析のための品質管理」が課題である。特にLC/MS法は機種・製品依存性が高い傾向にあり、LC分離とイオン化条件の一般化が困難な状況にある。メーカー横断的な取り組みにより同一手法で互換性のある結果が得られるような標準化の取り組みが必要とされている。

⑤マイクロプラスチックの生体内影響、リスク評価等のための分析

金属ナノ粒子やマイクロプラスチックの環境中での動態解明のためには、ピコからナノスケールの懸濁物質近傍の無機元素の環境動態を研究する必要性が認識されている。大気中マイクロプラスチックを測定するためには、前処理が煩雑であるため、簡便な新手法の開発が急務と考えられている。さらにPMのオンライン化学成分測定法が応用できれば有用と見られている。

ナノプラスチックのばく露実験により、人体への影響が出うるレベルはどの程度か明らかにされてきた。実際のヒト体内のマイクロ/ナノプラスチックの存在は報告があり、マイクロ/ナノプラスチックのヒトの健康影響が懸念されている。今後、実際のヒト組織および血液中のマイクロ/ナノプラスチック汚染レベルを広く定量的に把握することから、人体へのリスク評価を行うことが必要である。人体組織や血液中のマイクロプラスチックを測定するための技術的な支援が必要である。

プラスチック製品に含まれる性能維持・向上のため多種の添加剤について、プラスチック製品の生産から廃棄、またその先でナノプラスチックへと至るライフサイクルの中での多種の添加剤の行方を評価する研究も必要と考えられている。プラスチック添加剤については、毒性と体内への蓄積は示されており、プラスチック製品の使用に伴う直接的なばく露についてこれまで調査と評価が行われてきた。マイクロプラスチックの影響を"正しく恐れる"ためにも生物影響は現場のレベルに近い濃度、あるいは将来起こりうるレベルでの検討が重要と考えられている。また、マイクロプラスチックを介した新たなばく露ルートが示された現状を踏まえ、プラスチックやマイクロプラスチックから溶出した添加剤の海洋生物への蓄積と食物連鎖を通したヒトへの間接的なばく露もあわせた包括的な評価が必要である。2020年4月の日本学術会議の提言「マイクロプラスチックによる水環境汚染の生態・健康影響研究の必要性とプラスチックのガバナンス」でも、添加剤のライフサイクルでのヒトへのばく露評価とその免疫系の撹乱の可能性について早急に取り組む必要があると指摘されている。

⑥大気中NH₃の観測

大気中窒素の代表的化合物であるNH_3の濃度増大傾向が世界的に指摘されている。人工衛星による赤外線吸収画像からNH_3濃度の地理的分布が得られ、以前のデータと比較が可能だが、その報告数は現在のところ極めて少ない。地上レベルでのNH_3の観測もほとんど行われていない。畜産場などNH_3が高濃度に存在する特殊な場所の空気の測定には光音響法やキャビティリングダウン分光法（CRDS）、あるいはプロトン移動反応質量分析計（PTR–MS）などの化学イオン化質量分析計が用いられる。しかし、大気レベルでの観測には、含浸フィルターへの捕集などの従来法によるバッチ測定が一部の研究者で行われている程度という状

況にある。大気中の硫黄化合物のうちで最も高濃度で存在する硫化カルボニル（COS）は光合成のトレーサーとしても着目されているが、ほとんど観測されていない。NH₃やCOSの大気連続モニタリングを可能にする手法開発が期待されている。

⑦ PM₂.₅ の測定・分析技術

PM₂.₅/エアロゾル抽出物についての遺伝子解析などから微生物の存在は確認されているが、由来の推定はできていない。感染症原因微生物や関連タンパク質の存在とそれらの大気輸送との関連性が明らかになれば、PM₂.₅/エアロゾル抽出物の迅速分析装置開発へのニーズが高まる可能性がある。PM₂.₅の捕集・計測とPAH、NPAH測定を結合した装置は発生源解析に有効であるものの、その開発は進んでいない。

⑧イソプレン由来エポキシジオール（IEPOX）関連化合物の分析

生物起源有機化合物（BVOCs）を起源とするエポキシ関連物質、特にイソプレンから生成するIEPOXと呼ばれるエポキシジオール化合物、およびIEPOXがさらに酸化やスルホ化を経て得られるIEPOXテトロール類やIEPOX硫酸エステル類が粒子形成物質として注目されている。これらIEPOX関連化合物の分析には高効率液体クロマトグラフィー（HPLC）−電子スプレー飛行時間型質量分析法（ESI–TOF–MS）が用いられつつあるが、標準物質がほとんど市販されておらず、普及していない。タンデム型質量分析法（MS/MS）などによるより高感度な分析も期待されているが、その開発においても必要な標準物質が無いことがボトルネックとなっている。

⑨オンライン型エアロゾル分析の開発

オンライン型エアロゾル質量分析計では化学成分別の粒径分布の測定が可能だが、PMの導入口である空気力学レンズにおける粒子拡散の影響により粒径50 nm以下の粒子の測定は現状では困難となっている。また反対に粒径2.5μm以上も臨界オリフィスのピンホールの制約上、通過しない。これらを克服するための可測粒径幅の広域化が課題となっている。また、フラグメンテーションが起こりにくい化学イオン化質量分析法によりPM測定をするためには前処理（捕集・イオン化）が必要であったため、セミオンライン止まりだったが、PMも1 Hz程度の時間分解能で計測可能となる装置が2019年に開発された。ただし現状では、測定対象に合わせて溶媒を使い分け、溶解する成分に限った測定である。究極的には乾式でソフトイオン化して測定できるオンライン測定装置の開発が望まれている。

（6）その他の課題

①先導的なプログラムの不在

日本は水俣病をはじめとする各種公害病や環境汚染を経験してきた中で生物モニタリングや血液などのヒト試料を用いた長期的なモニタリング（Human Biomonitoring）における基盤的ノウハウを有しているが、現状、それらを活かした先導的なプログラムは実施されていない。

②大規模データを集約、解析するツールや仕組みの整備

先端的な環境・生体分析の結果として算出されるマッピングや多元素データなどの大容量データを効率よく集約、解析するツールの普及や仕組みの整備が十分に進んでいない。結果として先端的な計測により得られたデータを生態毒性学やヒト臨床の課題解決に繋げられていない。

③マイクロプラスチックのリスク評価に向けた研究体制の強化

日本におけるマイクロプラスチックの研究は、基礎研究では海外をリードしている面があるが、応用研究、特に大気、陸域、海域（海水、堆積物、生物）中の300μm以下のマイクロプラスチックの実態把握とマイク

ロプラスチックとそこに含有される添加剤等のリスク評価について国際的に遅れを取っており、国際的なニーズが反映された調査・研究が行われていない。行政機関のモニタリングやサーベイとしての実態把握やリスク評価を行う必要がある。

④ナノマテリアルの安全性評価

材料分野では応用を目指した研究が急速に展開されている一方、毒性評価や環境分析技術の開発が追いついていない状況が常態化している。ナノマテリアルの生体への影響に関する試験法や毒性評価の基準の設定など、いかにして新素材開発と並行して安全性評価に係る研究を進めていくかが課題となっている。

⑤多種多様な化学物質のリスク評価への対応

化学物質審査規制法において製造・輸入される化学物質は少量多品種化が進んでいるものの、日本ではダイオキシン類など以外は混合物の評価・管理手法が十分に整っていない。類似物質について相対毒性係数（Relative potency factor）のようなものを求める組成物アプローチ（Component based approach）か、あるいは排水や環境水そのものの毒性影響をバイオアッセイで測定する混合物アプローチ（Whole mixture approach）のいずれか又は両方の利用が必要と考えられている。バイオアッセイ（生物応答）を用いた排水の評価は米国の全排水毒性試験WET（Whole Effluent Toxicity）と同様の手法だが、日本では2019年に中間取りまとめ「生物応答試験を用いた排水の評価手法とその活用の手引き（中間とりまとめ）」が作成・公表されたところで検討が一旦休止となっている。今後の普及にあたっては、個別の化学物質の評価に依存するだけではなく、多種多様な化学物質が製造・輸入されていることに対応するため米国やドイツ、韓国などでも利用されている生物を用いた評価・管理を、産業界にとってもメリットのある形で導入するための何らかの工夫が必要と考えられている。

⑥新たな素材と廃棄物、再生素材への対応

将来的に新しい廃棄物処理・再資源化技術が生み出され、様々な再生素材が流通することも考えられる中、高分子素材とその廃棄物がさらなる複雑化が予想される。新たな高分子素材や添加剤による環境汚染が引き起こされないよう、実情に即した分析技術基盤を整備し、実態調査を行い、発生状況、物質動態、劣化・分解挙動、環境リスク評価など、設計・製造側では把握困難な学術的知見を着実に蓄積し、社会に提示していくことがこれまで以上に求められるとみられる。

⑦研究機器・設備に関する課題

JAMSTECの学術研究船・白鳳丸は日本の海洋学における基礎的研究を支えてきた基盤的研究船である。竣工後30年が経過し、発動機等の改修による延命が図られたが、船内設備等の老朽化が著しい。また陸水や沿岸域の研究には各大学の臨湖・臨海研究施設とその研究船が大きな役割を果たしてきたが、運営費交付金が削減され、これらの研究船や施設の維持・更新や技術支援員の確保が極めて困難な状況になっている。

先端的な環境分析機器はほぼすべて欧米製である。欧米では、先端的な装置を大学や研究所と共同開発し、販売数は少なくても、世界展開によって成功している企業がある。しかし、このような戦略は日本の企業ではほとんど見られず、ソフト面（データ取得システム・データ解析システム）でも遅れを取っている。

⑧標準物質の開発および供給体制の強化

レーザーによる固体分析や個別細胞分析など、さまざまなサンプル導入法ごとに適切な標準物質が必要になる。同位体比測定における同位体標準は、現在米国立標準技術研究所（NIST）の供給する標準を基準にしているが、作成ロットの枯渇などで入手困難なものもある。またこうした純物質だけでなく、分析の信頼性評価のためのマトリックス標準物質も必要になる。日本では産業技術総合研究所がこうした標準物質を開

発・頒布しているが、多様なアプリケーションすべてをカバーすることはできていない。先端計測を支える基本的な標準物質の開発及び供給が、焦眉の課題となっている。

⑨Heガス等の資源の枯渇・流通問題

昨今の世界的な資源・物資の流動性の喪失は、化学物質分析分野にも影を落としており、希ガス類の不足は大きな課題である。特に、世界中に最も普及している分析機器の一つであるGCのキャリアガスとして使用されるHeガスについては、世界的に需要と供給のバランスが崩れており入手困難となっている。

⑩社会との協働、環境化学分野への理解増進

製造・輸入される化学物質の少量多品種化の進展によって、化学物質に関する問題の複雑化・不顕在化が進み、問題が生じても社会に対して単純明快な説明が困難、あるいは市民が自ら理解しようとしても難しいといった状況が深まっている。このような状況を改善するためには、市民が環境問題に関する情報やニュースに触れる機会を増やしたり、高等教育課程における環境教育の充実を図ったりすることで、環境分野、とりわけ環境化学分野への理解増進を強化することが必要である。

⑪人材不足・人材育成

分析化学、地球化学、環境化学分野の基礎研究を指向する国内の研究室が減少している。そのような研究に進もうとする学生も減少しつつあり、特に次世代を担うべき博士課程学生の減少が大きな問題となっている。欧州内や欧米間の人材交流や研究の連携は活発であるのに比べて、日本の国際連携は弱く、アジアの中においても存在感の低下が進んでいる。分析化学等の分野において、基礎的な部分を理解した上で俯瞰的に物事を捉え、考えられる人材を育成していく必要があると認識されている。

2.10
環境分野の基盤科学技術

（7）国際比較

国・地域	フェーズ	現状	トレンド	各国の状況、評価の際に参考にした根拠など
日本	基礎研究	○	→	●トリプル四重極ICP–MSを用いた金属と樹脂ナノ粒子分析手法開発が継続して実施されている。 ●ヒ素に関してイネを対象としたプロジェクトが農水省で継続されており、移行過程についての報告が多数出ている。水銀に関しては研究者数は欧米に比べるとまだ少ないが広域的な水銀動態研究に取り組む研究グループが出てきている。 ●科学研究費、環境省推進費等により、PM関連の研究が個別に進められている。 ●多成分一斉分析、ノンターゲット分析についての研究が活発に行われている。 ●各種in vitro試験法、内分泌かく乱などの生態毒性試験法の開発に係る基礎研究が進められている。 ●代替試験法（JaCVAM）に関する研究や、トランスクリプトーム解析に基づく機能解析によるToxicity PathwayやAOP提案が進められている。 ●マイクロプラスチックに関して、有害化学物質の野外での実測や生物への移行メカニズムに関する研究、海域における300 μm以上のサイズのプラスチック片の分布を測定する手法の国際相互比較や分布動態の将来予測に関する研究、マイクロプラスチック中の有害化学物質の実測など世界に先駆けた取組みがある。
	応用研究・開発	○	→	●環境化学分野は分析機器関連企業にとってはニーズはあるがニッチな場合があり、開発費と売り上げ予想とのバランスから必ずしも積極的でないケースがある。一般的に、環境基準が設けられ公定法に取り上げられる可能性があると、開発は進みやすくなる。 ●全海洋の微量元素の挙動・動態解明を目指すGEOTRACES計画において、太平洋などでの観測を継続している。 ●日本発のオンライン測定装置の開発、その応用がなされている、国際的な広がりはこれからと考えられる。 ●燃焼由来PM2.5とPAH、NPAH類の発生源解析法を世界に先駆けて開発するなど先導的な研究を実施している。 ●「AI–SHIPS」プロジェクトをはじめ、QSARに関する技術開発や活用の検討が進められている。 ●国立医薬品食品衛生研究所などの国内研究機関がOECD IATAケーススタディに貢献している。 ●漂流マイクロプラスチックについて調和ガイドラインで策定した手法で日本周辺海域のモニタリングが実施されている。環境リスク評価の実施に向けた検討など応用的な研究が進められている。マイクロプラスチックの全球でのデータセットが研究者・市民が利用可能な形で公開された。
米国	基礎研究	◎	→	●米国国立科学財団（NSF）、米国航空宇宙局（NASA）、EPASTARプログラム、SBIRプログラム、DOE Atmospheric System Research Programなどの予算の支援により、オンライン測定装置の開発、それを適用した二次生成に関する実験的研究やモデル研究が盛んにおこなわれている。これらにより国内研究機関や大学、民間企業（Aerodyne Researchなど）が、欧州の大学や企業とも連携して、世界の研究トレンドを生み出している。NASAやNSFの火星探査や南極（海）調査のための資金の中で分析法の開発にかかるプロジェクトが含まれている。 ●ヒ素の環境化学研究はスタンフォード大学とコロンビア大学のグループが10年以上世界をリードしていたが、研究規模は縮小傾向にある。 ●水銀に関しては、トランプ政権おいて、水銀・大気有害物質基準（MATS）の法的根拠後退の指針があり、当該分野の研究進展に影響を及ぼしたと考えられる。 ●大気中超微小粒子の計測、環境中の評価で先行しており、圧倒的な環境データの蓄積がある。疫学による微小粒子の健康影響評価例も多い ●開発されたばかりの化学成分のオンライン測定装置を用いた先端的な環境測定が行われている。高度な分析機器を使用した論文が多数出ている。

				●超高分解能質量分析による未知物質同定、ハイスループット分析による研究が加速している。 ●大気、沿岸海域、下水、下水処理水、海洋生物中のマイクロプラスチック（300 µm以下を含む）のモニタリングが行われており、関連の国際学術雑誌への論文掲載も多い。プラスチックのマテリアルフローに関する研究も進んでいる。
	応用研究・開発	◎	→	●GEOTRACES計画、北極研究（ブラックカーボンなど）、米国地質調査所（USGS）などによる地下水調査、National Atmospheric Deposition Program（降水中元素、大気水銀、降水中水銀）などのプログラムやプロジェクトが継続して実施されている。 ●トップレベルの分析機器メーカーが北米に本拠地を持つなど、高い技術水準を有している。また大学研究室と関わりが密接なメーカー（TSI社）が世界的な市場を席巻している。ミネソタ大学等の研究成果を素早く製品に反映させており、個数計測等の物理的計測の最先端技術を持っている。 ●「Tox21」プログラムから数多くのハイスループット試験の開発・実施が進み、有害物質規制TSCAでの利用も進んでいる。 ●AOPの提案やSeqAPASSプロジェクトなども積極的に実施・提案されており、化学物質管理への応用が模索されている。QSARやデータベース構築などへの貢献も大きい。 ●影響指向型のバイオケミカルハイブリッド分析の検討が進められている。 ●大気、沿岸海域、下水、下水処理水、海洋生物中のマイクロプラスチック（300µm以下を含む）モニタリングが行われており、関連の国際学術雑誌への論文掲載も多い。
欧州	基礎研究	◎	↗	●常にEU領域内の国間分析法の調和が図られている。各種モニタリングプログラムが走っており、GEOTRACESのような国際共同観測計画も堅実にリードしている。高度な分析機器を使用した論文が多数出ている。 ●水銀に関してはフランスの複数機関（ポー大学、トゥールーズ環境地球科学研究所、フランス海洋開発研究所）が世界トップレベルの研究を展開している。 ●ヒ素に関しては英国が歴史的に研究実績が豊富。特にクイーンズ大学は揮発性ヒ素の動態研究で世界をリードしている。ドイツのベイルース大学が土壌や米に着目したヒ素動態研究で重要な成果を挙げている。スイスの連邦水科学技術研究所はAIベースのヒ素汚染地域予測研究で当該分野の研究方向性を示し、存在感を示している。 ●欧州科学技術協力（COST）の支援でエアロゾル質量分析計等を利用したオンライン化学成分観測網プロジェクト（COLOSSAL）が推進されている。蓄積されるデータが重要なだけでなく、国際的な人的交流を促進させる場として大きな意味合いがある。 ●「Solutions」や「NORMAN」のような多機関参加型のプロジェクトによりライン川やドナウ川のノンターゲットモニタリングを実施。 ●イメージング質量分析のばく露解析への応用、イオンモビリティーや複合・多次元分離技術といった先端的技術を取り入れた応用研究を国際研究で推進。 ●動物福祉への機運が高まる中、Horizon 2020の下で動物実験によらないリスク評価技術や手法の開発を目指す「EUToxRisk」プロジェクトを実施し、欧州38機関が参加した。 ●ドイツ(Alfred Wegener Institute)やフランス(LaboratoireEcologie Fonctionnelle et Environnement)をはじめとする欧州の研究グループがマイクロプラスチックに関して精力的に論文を発表している。QUASIMEME（欧州海洋環境モニタリング情報品質認定）が幹事機関となってEU内外の試験機関を対象に環境試料中マイクロプラスチックの分析に関する国際相互検定研究を進めている。マイクロプラスチックおよびナノプラスチックの粒子毒性についての先導的な研究も進めている。マイクロプラスチックおよびナノプラスチックのヒト体内での検出および添加剤について包括的な研究を進めている。

2.10

環境分野の基盤科学技術

	応用研究・開発	◎	→	●Horizon2020の下で化学物質管理に係る研究開発を進めている。 ●英独仏を中心にGEOTRACESを継続している。またGlobal Observation System for Mercury（GOS4M）で地球規模大気水銀の観測を継続している。北欧諸国では「北極における水銀観測を継続的に行っている（AMAP）。 ●未知物質の構造推定や物性推定、それらに基づく分析条件結滞などへの機械学習やAIを活用が進みつつある。 ●トップレベルの分析機器メーカーが欧州に本拠地を持つなど、高い技術水準を有している。 ●Swiss National Science Foundationの支援等により、装置開発やそれを利用した研究で卓越しており、Swiss Federal Institute of Technology ZurichやPaul Scherrer Instituteが中心的な役割を果たしている。Paul Scherrer Instituteは研究機関のみならず、多くの企業と連携している。中でもTofwerkは飛行時間型質量分析計とイオン移動度分光計の開発で大きな成功を収めているメーカーである。スイス連邦技術革新委員会の支援のもと、Tofwerkはハードウェアとソフトウェアの開発を担当し、Paul Scherrer Instituteは大気化学の分野におけるノウハウと、テストおよびパフォーマンス評価のためのインフラストラクチャを提供することでWin–Winの関係を保っている。 ●OECDや欧州の規制当局であるECHAなどがQSAR Toolboxの改良を進めている。 ●遺伝子導入した魚類胚を用いた試験や、動物福祉に配慮した魚類の診断症状に基づく毒性評価に関する研究などが進む。 ●皮膚感作性のDefined approach（確定方式）を先導しているほか、IATAケーススタディへの提案も積極的に行っている。 ●大気、沿岸海域、下水、下水処理水、海洋生物中のマイクロプラスチック（300μm以下を含む）モニタリングが行われており、関連の国際学術雑誌への論文掲載も多い。
中国	基礎研究	○	↗	●第13次5か年計画（2016〜2020年）の中で種々の環境施策が強力に推し進められた。全国の大学に「環境」が名に付く学部、学科、研究室が多数創設され、関連研究機関も潤沢な研究予算を持って研究を進めてきた。COVID–19以前は国際会議やシンポジウムの自国開催も盛んで国際アピールを精力的に行っていた。 ●多成分一斉分析を使った環境汚染実態報告例が増加している。 ●各種の試験法開発に関する論文も多く出されているが独自路線。 ●水銀に関する研究でも、貴陽の地球化学研究所が卓越した研究成果を産生している。欧米から戻ってきた優秀な若手研究者が各地に赴任しており、人材育成も堅調である。 ●北京米国大使館でモニタリングされたPM$_{2.5}$濃度データが公表されたことに端を発した2013年の騒動をきっかけに、PM排出低減対策とともに、モニタリングも重視され、欧米メーカーの高価なオンライン測定装置が数多く導入されたとともに、中国科学院（PM分野では地球環境研究所と大気物理研究所など）に在籍する研究者（その多くは欧米で学位を取得した若手の研究者）の活躍がめざましい。 ●PM排出低減対策が進んでいる国と汚染レベルが異なることから、フィールドとしての魅力もあり、欧米研究機関との共同研究や人的交流が盛んであったが、COVID–19となってからは、以前ほどには交流が活発ではないようである。 ●マイクロプラスチックおよびナノプラスチックの粒子毒性について、動物実験やコホート研究など影響を調べる研究が精力的に行われ、先導的な研究を進めている。論文の数が急増しており質も向上している。大規模な研究所や大学の学部・学科の整備、基盤的な機器・設備の導入・拡充が国の重要施策として進められていることを背景に、多くの研究が実施されている。ただし基礎的な考察やデータのち密さにおいては未だ改善余地のあるものが散見される。
	応用研究・開発	○	↗	●欧米製や日本製分析装置のパーツや装置の同等品を試作し販売するまでに至っている。大学研究者自らによる商品化も珍しくない。 ●PM$_{2.5}$とPAH類に関する基礎研究を受け、国内企業と連携して装置開発を活発に行っている。 ●水銀に関しては水圏や大気環境動態に関する研究を精力的に実施している。

				●ハイスループット分析や大量のデータ解釈のために人工知能を応用した研究論文が増加している。超高分解能な質量情報などを使った計算科学的応用研究の論文も増加している。 ●未知物質の構造推定や物性推定、それらに基づく分析条件結滞などへの機械学習やAIを活用が進みつつある。 ●リスク評価技術の研究開発では国際的な枠組みへの関与はまだ小さい。 ●大気、沿岸海域、下水、下水処理水、海洋生物中のマイクロプラスチック（300μm以下を含む）モニタリングが行われており、関連の国際学術雑誌への論文発表が非常に多い。
韓国	基礎研究	○	→	●研究コミュニティーが日本に比べてまだ小さい。研究発表も少ない。ただし欧米でトレーニングを受けた研究者が韓国国内の大学ポストに着任し、同位体などの無機元素に関する研究を行っている。 ●ヒ素については、光州科学技術院のグループが地下水のヒ素汚染に関する研究を実施している。水銀については、光州科学技術院のグループが海洋の水銀動態研究の拠点となっている。 ●2020年から大気汚染対策予算が拡充し、$PM_{2.5}$越境輸送の影響を最も強く受ける中国との協力を進めることとしている。 ●マイクロプラスチック計測法の開発が進んでいる。プラスチック添加剤の魚貝類への生物濃縮についてに研究が活発に行われている。
	応用研究・開発	△	→	●研究コミュニティーが日本に比べてまだ小さく、研究発表も少ない。 ●AOPに多くの提案を出し、またOECDへの関与も一定程度ある。 ●大気、沿岸海域、下水、下水処理水、海洋生物中のマイクロプラスチック（300μm以下を含む）モニタリングが行われており、関連の国際学術雑誌への論文掲載もある。
その他の 国・地域	基礎研究	△	↗	【インド】 ●海洋環境中の微量元素の動態を明らかにするための高感度な分析装置の整備が進められている。
	応用研究・開発	△	↗	【インド】 ●全海洋の微量元素の挙動・動態を明らかにしようと進めているGEOTRACESにおいて、インド洋での海洋観測を近年活発化させている。 【シンガポール】 ●水に特化したプロジェクトが盛ん。南洋理工大学に隣接した研究開発区のClean Tech Oneに各国の企業がサテライトラボを持っている。

（註1）「フェーズ」

　　「基礎研究」：大学・国研などでの基礎研究レベル。

　　「応用研究・開発」：技術開発（プロトタイプの開発含む）・量産技術のレベル。

（註2）「現状」　※我が国の現状を基準にした評価ではなく、CRDSの調査・見解による評価。

　　◎：他国に比べて特に顕著な活動・成果が見えている　　　○：ある程度の顕著な活動・成果が見えている

　　△：顕著な活動・成果が見えていない　　　　　　　　　　×：特筆すべき活動・成果が見えていない

（註3）「トレンド」

　　↗：上昇傾向、→：現状維持、↘：下降傾向

関連する他の研究開発領域

- 気候変動観測（環エネ分野　2.7.1）
- 環境リスク学的感染症防御（環境・エネ分野　2.8.4）
- 水利用・水処理（環エネ分野　2.9.1）
- 持続可能な大気環境（環境・エネ分野　2.9.2）
- 持続可能な土壌環境（環境・エネ分野　2.9.3）
- ナノテク・新奇マテリアルのELSI/RRI/国際標準（ナノ・材分野　2.7.1）

2.10

環境分野の基盤科学技術

2.10

環境分野の基盤科学技術

参考・引用文献

1) Fang-Zhen Teng, James M. Watkins and Nicolas Dauphas, eds., *Non-Traditional Stable Isotopes*, Reviews in Mineralogy and Geochemistry 82 (Berlin, Boston: De Gruyter, 2017)., https://doi.org/10.1515/9783110545630.

2) Yuta Fujiwara, et al., "Determination of the tungsten isotope composition in seawater: The first vertical profile from the western North Pacific Ocean," *Chemical Geology* 555 (2020) : 119835., https://doi.org/10.1016/j.chemgeo.2020.119835.

3) Emma L. Schymanski, et al., "Non-target screening with high-resolution mass spectrometry: critical review using a collaborative trial on water analysis," *Analytical and Bioanalytical Chemistry* 407, no. 21 (2015) : 6237-6255., https://doi.org/10.1007/s00216-015-8681-7.

4) Juliane Glüge, et al., "Environmental Risks of Medium-Chain Chlorinated Paraffins (MCCPs): A Review," *Environmental Science & Technology* 52, no. 12 (2018) : 6743-6760., https://doi.org/10.1021/acs.est.7b06459.

5) Shoji F. Nakayama, et al., "Worldwide trends in tracing poly- and perfluoroalkyl substances (PFAS) in the environment," *TrAC Trends in Analytical Chemistry* 121 (2019) : 115410., https://doi.org/10.1016/j.trac.2019.02.011.

6) Juliane Hollender, et al., "Nontarget Screening with High Resolution Mass Spectrometry in the Environment: Ready to Go?" *Environmental Science & Technology* 51, no. 20 (2017) : 11505-11512., https://doi.org/10.1021/acs.est.7b02184.

7) Suraj Gupta, et al., "Data Analytics for Environmental Science and Engineering Research," *Environmental Science & Technology* 55, no. 16 (2021) : 10895-10907., https://doi.org/10.1021/acs.est.1c01026.

8) Kai Huang, et al., "Structure-Directed Screening and Analysis of Thyroid-Disrupting Chemicals Targeting Transthyretin Based on Molecular Recognition and Chromatographic Separation," *Environmental Science & Technology* 54, no. 9 (2020) : 5437-5445., https://doi.org/10.1021/acs.est.9b05761.

9) Alexandra K. Richardson, et al., "A miniaturized passive sampling-based workflow for monitoring chemicals of emerging concern in water," *Science of The Total Environment* 839 (2022) : 156260., https://doi.org/10.1016/j.scitotenv.2022.156260.

10) Tuan-Tuan Wang, et al., "Uptake and Translocation of Perfluorooctanoic Acid (PFOA) and Perfluorooctanesulfonic Acid (PFOS) by Wetland Plants: Tissue- and Cell-Level Distribution Visualization with Desorption Electrospray Ionization Mass Spectrometry (DESI-MS) and Transmission Electron Microscopy Equipped with Energy-Dispersive Spectroscopy (TEM-EDS)," *Environmental Science & Technology* 54, no. 10 (2020) : 6009-6020., https://doi.org/10.1021/acs.est.9b05160.

11) Alberto Celma, et al., "Improving Target and Suspect Screening High-Resolution Mass Spectrometry Workflows in Environmental Analysis by Ion Mobility Separation," *Environmental Science & Technology* 54, no. 23 (2020) : 15120-15131., https://doi.org/10.1021/acs.est.0c05713.

12) European Chemicals Agency (ECHA), "Per- and polyfluoroalkyl substances (PFASs)," https://echa.europa.eu/hot-topics/perfluoroalkyl-chemicals-pfas, （2023年3月6日アクセス）.

13) Heather A. Leslie, et al., "Discovery and quantification of plastic particle pollution in human blood," *Environment International* 163 (2022) : 107199., https://doi.org/10.1016/

j.envint.2022.107199.

14) Susanne Kühn, et al., "Transfer of Additive Chemicals From Marine Plastic Debris to the Stomach Oil of Northern Fulmars," *Frontiers in Environmental Science* 8（2020）: 138., https://doi.org/10.3389/fenvs.2020.00138.

15) Rei Yamashita, et al., "Plastic additives and legacy persistent organic pollutants in the preen gland oil of seabirds sampled across the globe," *Environmental Monitoring and Contaminants Research* 1（2021）: 97-112., https://doi.org/10.5985/emcr.20210009.

16) Helene Wiesinger, Zhanyun Wang and Stefanie Hellweg, "Deep Dive into Plastic Monomers, Additives, and Processing Aids," *Environmental Science & Technology* 55, no. 13（2021）: 9339-9351., https://doi.org/10.1021/acs.est.1c00976.

17) R. Weber, et al., "Chemicals in plastics," in *UNEP Technical Report*（United Nations Environment Programme (UNEP), 2022）.

18) Winnie W. Y. Lau, et al., "Evaluating scenarios toward zero plastic pollution," *Science* 369, no. 6510（2020）: 1455-1461., https://doi.org/10.1126/science.aba9475.

19) Paraskevi Alexiadou, Ilias Foskolos and Alexandros Frantzis, "Ingestion of macroplastics by odontocetes of the Greek Seas, Eastern Mediterranean: Often deadly!" *Marine Pollution Bulletin* 146（2019）: 67-75., https://doi.org/10.1016/j.marpolbul.2019.05.055.

20) Juha Kangasluoma, et al., "Overview of measurements and current instrumentation for 1-10 nm aerosol particle number size distributions," *Journal of Aerosol Science* 148（2020）: 105584., https://doi.org/10.1016/j.jaerosci.2020.105584.

21) Chenjuan Deng, et al., "Measurement report: Size distributions of urban aerosols down to 1 nm from long-term measurements," *Atmospheric Chemistry and Physics* 22, no. 20（2022）: 13569-13580., https://doi.org/10.5194/acp-2022-414.

22) 上田佳代, 他「2B1125 超微小粒子の健康影響に関する文献レビュー」第62回大気環境学会年会（2021年9月15-17日）.

23) Demetrios Pagonis, et al., "Airborne extractive electrospray mass spectrometry measurements of the chemical composition of organic aerosol," *Atmospheric Measurement Techniques* 14, no. 2（2021）: 1545-1559., https://doi.org/10.5194/amt-14-1545-2021.

24) 藤谷雄二「P41 空気中ナノプラスチック粒子のオンライン検出法の確立」第39回エアロゾル科学・技術研究討論会（2022年8月3-5日）.

25) 日本カノマックス株式会社「ポータブルパーティクルカウンター Model 3910」http://www.kanomax.co.jp/product/index_0042.html,（2023年3月6日アクセス）.

26) 紀本電子工業株式会社「大気エアロゾル化学成分連続自動分析装置」https://www.kimoto-electric.co.jp/product/air/ACSA14.html,（2023年3月6日アクセス）.

27) Kohei Nishiguchi, Keisuke Utani and Eiji Fukimori, "Real-time multielement monitoring of airborne particulate matter using ICP-MS instrument equipped with gas converter apparatus," *Journal of Analytical Atomic Spectrometry* 23, no. 8（2008）: 1125-1129., https://doi.org/10.1039/b802302f.

28) 萩野浩之「7. エアロゾルの無機成分分析」『エアロゾル研究』33 巻 1 号（2018）: 40-49., https://doi.org/10.11203/jar.33.40.

29) 板井啓明「進歩総説：環境中の水銀分析に関する研究の動向」『ぶんせき』11 号（2018）: 492-496.

30) Shinya Yamada, et al., "Broadband high-energy resolution hard x-ray spectroscopy using transition edge sensors at SPring-8," *Review of Scientific Instruments* 92（2021）: 013103.,

https://doi.org/10.1063/5.0020642.

31) Patrick Houssard, et al., "A Model of Mercury Distribution in Tuna from the Western and Central Pacific Ocean: Influence of Physiology, Ecology and Environmental Factors," *Environmental Science & Technology* 53, no. 3 (2019) : 1422-1431., https://doi.org/10.1021/acs.est.8b06058.

32) Amina T. Schartup, et al., "Climate change and overfishing increase neurotoxicant in marine predators," *Nature* 572, no. 7771 (2019) : 648-650., https://doi.org/10.1038/s41586-019-1468-9.

33) Toru Kawai, Takeo Sakurai and Noriyuki Suzuki, "Application of a new dynamic 3-D model to investigate human impacts on the fate of mercury in the global ocean," *Environmental Modelling & Software* 124 (2020) : 104599., https://doi.org/10.1016/j.envsoft.2019.104599.

34) Anaïs Médieu, et al., "Evidence that Pacific tuna mercury levels are driven by marine methylmercury production and anthropogenic inputs," *PNAS* 119, no. 2 (2022) : e2113032119., https://doi.org/10.1073/pnas.2113032119.

35) Chun-Mao Tseng, et al., "Bluefin tuna reveal global patterns of mercury pollution and bioavailability in the world's oceans," *PNAS* 118, no. 38 (2021) : e2111205118., https://doi.org/10.1073/pnas.2111205118.

36) Maodian Liu, et al., "Rivers as the largest source of mercury to coastal oceans worldwide," *Nature Geoscience* 14, no. 9 (2021) : 672-677., https://doi.org/10.1038/s41561-021-00793-2.

37) Martin Jiskra, et al., "Mercury stable isotopes constrain atmospheric sources to the ocean," *Nature* 597, no. 7878 (2021) : 678-682., https://doi.org/10.1038/s41586-021-03859-8.

38) Jiajia Wang, et al., "Thiolated arsenic species observed in rice paddy pore waters," *Nature Geoscience* 13, no. 4 (2020) : 282-287., https://doi.org/10.1038/s41561-020-0533-1.

39) Matthew S. Savoca, "Chemoattraction to dimethyl sulfide links the sulfur, iron, and carbon cycles in high-latitude oceans," *Biogeochemistry* 138, no. 1 (2018) : 1-21., https://doi.org/10.1007/s10533-018-0433-2.

40) Jade Procter, et al., "Smells good enough to eat: Dimethyl sulfide (DMS) enhances copepod ingestion of microplastics," *Marine Pollution Bulletin* 138 (2019) : 1-6., https://doi.org/10.1016/j.marpolbul.2018.11.014.

41) Lei Liu, et al., "Temporal characteristics of atmospheric ammonia and nitrogen dioxide over China based on emission data, satellite observations and atmospheric transport modeling since 1980," *Atmospheric Chemistry and Physics* 17, no. 5 (2017) : 9365-9378., https://doi.org/10.5194/acp-17-9365-2017.

42) Juying X. Warner, et al., "Increased atmospheric ammonia over the world's major agricultural areas detected from space," *Geophysical Research Letters* 44, no. 6 (2017) : 2875-2884., https://doi.org/10.1002/2016GL072305.

43) Masamichi Takahashi, et al., "Air pollution monitoring and tree and forest decline in East Asia: A review," *Science of The Total Environment* 742 (2020) : 140288., https://doi.org/10.1016/j.scitotenv.2020.140288.

44) Mingyi Wang, et al., "Rapid growth of new atmospheric particles by nitric acid and ammonia condensation," *Nature* 581, no. 7807 (2020) : 184-189., https://doi.org/10.1038/s41586-020-2270-4.

45) Manoj Kumar, et al., "Molecular insights into organic particulate formation," *Communications*

2.10
環境分野の基盤科学技術

Chemistry 2 (2019): 87., https://doi.org/10.1038/s42004-019-0183-7.

46) Allen L. Robinson, et al., "Rethinking Organic Aerosols: Semivolatile Emissions and Photochemical Aging," *Science* 315, no. 5816 (2007): 1259-1262., https://doi.org/10.1126/science.1133061.

47) Andrew T. Lambe, et al., "Nitrate radical generation via continuous generation of dinitrogen pentoxide in a laminar flow reactor coupled to an oxidation flow reactor," *Atmospheric Measurement Techniques* 13, no. 5 (2020): 2397-2411., https://doi.org/10.5194/amt-13-2397-2020.

48) Zhe Peng and Jose L. Jimenez, "Radical chemistry in oxidation flow reactors for atmospheric chemistry research," *Chemical Society Reviews* 49, no. 9 (2020): 2570-2616., https://doi.org/10.1039/c9cs00766k.

49) Kazuichi Hayakawa, et al., "Calculating sources of combustion-derived particulates using 1-nitropyrene and pyrene as markers," *Environmental Pollution* 265, Part B (2020): 114730., https://doi.org/10.1016/j.envpol.2020.114730.

50) Bridger J. Ruyle, et al., "Isolating the AFFF Signature in Coastal Watersheds Using Oxidizable PFAS Precursors and Unexplained Organofluorine," *Environmental Science & Technology* 55, no. 6 (2021): 3686-3695., https://doi.org/10.1021/acs.est.0c07296.

51) Yuichi Miyake, et al., "Determination of trace levels of total fluorine in water using combustion ion chromatography for fluorine: A mass balance approach to determine individual perfluorinated chemicals in water," *Journal of Chromatography A* 1143, no. 1-2 (2007): 98-104., https://doi.org/10.1016/j.chroma.2006.12.071.

52) Erika F. Houtz and David L. Sedlak, "Oxidative Conversion as a Means of Detecting Precursors to Perfluoroalkyl Acids in Urban Runoff," *Environmental Science & Technology* 46, no. 17 (2012): 9342-9349., https://doi.org/10.1021/es302274g.

53) Vladimir A. Nikiforov, "Hydrolysis of FTOH precursors, a simple method to account for some of the unknown PFAS," *Chemosphere* 276 (2021): 130044., https://doi.org/10.1016/j.chemosphere.2021.130044.

54) Organisation for Economic Co-operation and Development (OECD), *Non-exhaust Particulate Emissions from Road Transport: An Ignored Environmental Policy Challenge* (Paris: OECD Publishing, 2020)., https://doi.org/10.1787/4a4dc6ca-en.

55) Nikolaos Evangeliou, et al., "Atmospheric transport is a major pathway of microplastics to remote regions," *Nature Communications* 11 (2020): 3381., https://doi.org/10.1038/s41467-020-17201-9.

56) Janice Brahney, et al., "Constraining the atmospheric limb of the plastic cycle," *PNAS* 118, no. 16 (2021): e2020719118., https://doi.org/10.1073/pnas.2020719118.

57) Nur Hazimah Mohamed Nor, et al., "Lifetime Accumulation of Microplastic in Children and Adults," *Environmental Science & Technology* 55, no. 8 (2021): 5084-5096., https://doi.org/10.1021/acs.est.0c07384.

58) Luís Fernando Amato-Lourenço, et al., "Presence of airborne microplastics in human lung tissue," *Journal of Hazardous Materials* 416 (2021): 126124., https://doi.org/10.1016/j.jhazmat.2021.126124.

59) XiaoZhi Lim, "Microplastics are everywhere - but are they harmful?" *Nature* 593, no. 7857 (2021): 22-25., https://doi.org/10.1038/d41586-021-01143-3.

60) David Simpson, et al., "MSC-W Technical Report 4/2020: How should condensables be included in PM emission inventories reported to EMEP/CLRTAP?" European Monitoring and Evaluation Programme (EMEP), https://emep.int/publ/reports/2020/emep_mscw_technical_report_4_2020.pdf, （2023年3月6日アクセス）.

61) Yu Morino, et al., "Emissions of condensable organic aerosols from stationary combustion sources over Japan," *Atmospheric Environment* 289 (2022): 119319., https://doi.org/10.1016/j.atmosenv.2022.119319.

62) Jingwei Li, et al., "Investigation on removal effects and condensation characteristics of condensable particulate matter: Field test and experimental study," *Science of The Total Environment* 783 (2021): 146985., https://doi.org/10.1016/j.scitotenv.2021.146985.

63) Albert A. Presto, Provat K. Saha and Allen L. Robinson, "Past, present, and future of ultrafine particle exposures in North America," *Atmospheric Environment: X* 10 (2021): 100109., https://doi.org/10.1016/j.aeaoa.2021.100109.

64) Ye Yao, et al., "Temporal association between particulate matter pollution and case fatality rate of COVID-19 in Wuhan," *Environmental Research* 189 (2020): 109941., https://doi.org/10.1016/j.envres.2020.109941.

65) Tomoya Sagawa, et al., "Exposure to particulate matter upregulates ACE2 and TMPRSS2 expression in the murine lung," *Environmental Research* 195 (2021): 110722., https://doi.org/10.1016/j.envres.2021.110722.

66) 吉野彩子, 高見昭憲「長崎福江島における大気質観測：COVID-19による越境大気汚染への影響」『大気環境学会誌』55巻6号 (2020): 248-251., https://doi.org/10.11298/taiki.55.248.

67) 竹川暢之「エアロゾルと飛沫感染・空気感染」『エアロゾル研究』36巻1号 (2021): 65-74., https://doi.org/10.11203/jar.36.65.

68) Takuya Fukuoka, et al., "Covid-19-derived plastic debris contaminating marine ecosystem: Alert from a sea turtle," *Marine Pollution Bulletin* 175 (2022): 113389., https://doi.org/10.1016/j.marpolbul.2022.113389.

69) Mao Kuroda, et al., "Relationship between ocean area and incidence of anthropogenic debris ingested by longnose lancetfish (Alepisaurus ferox)," *Regional Studies in Marine Science* 55 (2022): 102476., https://doi.org/10.1016/j.rsma.2022.102476.

70) Fangzhu Wu, et al., "Accumulation of microplastics in typical commercial aquatic species: A case study at a productive aquaculture site in China," *Science of The Total Environment* 708 (2020): 135432., https://doi.org/10.1016/j.scitotenv.2019.135432.

71) Zehua Yan, et al., "Analysis of Microplastics in Human Feces Reveals a Correlation between Fecal Microplastics and Inflammatory Bowel Disease Status," *Environmental Science & Technology* 56, no. 1 (2022): 414-421., https://doi.org/10.1021/acs.est.1c03924.

72) Yangqing Liu, et al., "Uptake and depuration kinetics of microplastics with different polymer types and particle sizes in Japanese medaka (Oryzias latipes)," *Ecotoxicology and Environmental Safety* 212 (2021): 112007., https://doi.org/10.1016/j.ecoenv.2021.112007.

73) Rong Shen, et al., "Accumulation of polystyrene microplastics induces liver fibrosis by activating cGAS/STING pathway," *Environmental Pollution* 300 (2022): 118986., https://doi.org/10.1016/j.envpol.2022.118986.

74) Antonio Ragusa, et al., "Plasticenta: First evidence of microplastics in human placenta," *Environment International* 146 (2021): 106274., https://doi.org/10.1016/j.envint.2020.106274.

75) Andrew Turner, "PBDEs in the marine environment: Sources, pathways and the role of microplastics," *Environmental Pollution* 301（2022）: 118943., https://doi.org/10.1016/j.envpol.2022.118943.

76) 認定NPO法人富士山測候所を活用する会, https://npofuji3776.org,（2023年3月6日アクセス）.

77) Kazuichi Hayakawa, ed., *Polycyclic Aromatic Hydrocarbons: Environmental Behavior and Toxicity in East Asia*（Singapore: Springer, 2018)., https://doi.org/10.1007/978-981-10-6775-4.

78) Integrated Bio-metal Science（IBmS）, https://bio-metal.org/,（2023年3月6日アクセス）.

79) Ashley K. James, et al., "Rethinking the Minamata Tragedy: What Mercury Species Was Really Responsible?" *Environmental Science & Technology* 54, no. 5（2020）: 2726-2733., https://doi.org/10.1021/acs.est.9b06253.

80) Chiharu Tohyama, "Comment on "Rethinking the Minamata Tragedy: What Mercury Species Was Really Responsible?" *Environmental Science & Technology* 54, no. 13（2020）: 8486-8487., https://doi.org/10.1021/acs.est.0c01971.

81) Joel Podgorski and Michael Berg, "Global threat of arsenic in groundwater," *Science* 368, no. 6493（2020）: 845-850., https://doi.org/10.1126/science.aba1510.

82) Yan Zheng, "Global solutions to a silent poison," *Science* 368, no. 6493（2020）: 818-819., https://doi.org/10.1126/science.abb9746.

83) Michéal Mac Monagail, et al., "Quantification and feed to food transfer of total and inorganic arsenic from a commercial seaweed feed," *Environment International* 118（2018）: 314–324., https://doi.org/10.1016/j.envint.2018.05.032.

2.10

環境分野の基盤科学技術

付録1　検討の経緯

❶ 構成の設定

・2章の研究開発領域構成を設定

　エネルギー分野：<u>20領域</u>（グループＡ：10、グループＢ：10）

　環境分野：<u>15領域</u>（グループＣ：7、グループＤ：8）

❷ 情報収集・分析・原稿作成

・1章に関する情報収集・分析

・2章に関する情報収集・分析、俯瞰報告書作成協力者への依頼

　ご協力いただいた俯瞰報告書作成協力者：<u>133名</u>

　ご協力いただいた学協会：<u>29法人</u>

❸ 取りまとめ

・1章、2章の内容整理

・俯瞰ワークショップの開催

　エネルギー分野：2022年11月2日、11月16日、12月9日開催

　環境分野：2022年10月27日、10月31日、12月16日開催

　概要は【令和4年度　環境・エネルギー分野　俯瞰ワークショップ開催概要】参照

・最終取りまとめ

【令和4年度　環境・エネルギー分野　俯瞰ワークショップ開催概要】

1.日時

○ エネルギー分野

グループA	令和4年11月 2日（水）	09：30〜13：00（オンライン形式）
グループB	令和4年11月16日（水）	12：00〜15：30（オンライン形式）
全体議論	令和4年12月09日（金）	10：30〜13：00（ハイブリット形式）

○ 環境分野

グループC	令和4年10月31日（月）	14：00〜17：30（オンライン形式）
グループD	令和4年10月27日（木）	13：00〜16：30（オンライン形式）
全体議論	令和4年12月16日（金）	13：00〜15：30（ハイブリット形式）

※大気環境領域については別途、俯瞰ワークショップ「これからの持続可能な大気環境に関する研究開発の枠組みについての小検討会」を実施

令和4年8月9日（火）10：00〜12：30 および 9月22日（木）13：30〜16：00（ハイブリット形式）

2.主催

国立研究開発法人科学技術振興機構 研究開発戦略センター（JST–CRDS）
環境・エネルギーユニット

3.目的

俯瞰の結果について当該分野の多数の専門家と幅広く対話・議論を行うことを通じ、俯瞰報告書の最終取りまとめに向けて考慮すべき点や各種示唆を得る。

4.参加者（付録2参照）

○「研究開発の俯瞰報告書　環境・エネルギー分野（2023年）」作成協力者
○ 関連分野の有識者

5.進め方

環境とエネルギー各分野を2つのグループに分け、ディスカッションを行った後、各分野全体での全体議論を実施した。

付録

付録2　作成協力一覧

※五十音順、敬称略、所属・役職は本報告書作成にご協力いただいた時点

■ご協力いただいた学協会（29法人）

あ	エネルギー・資源学会
	日本LCA学会
か	日本海洋学会
	日本環境化学会
	日本機械学会
	日本気象学会
	空気調和・衛生工学会
	日本原子力学会
さ	資源・素材学会
	触媒学会
	水素エネルギー協会
	水文・水資源学会
	日本生態学会
た	日本大気化学会
	大気環境学会
	日本太陽エネルギー学会
	日本地熱学会
	地盤工学会
	電気化学会
	電気学会
	日本伝熱学会
	日本トライボロジー学会
な	日本燃焼学会
は	日本微細藻類技術協会
	日本風力発電協会
	プラスチックリサイクル化学研究会
ま	日本水環境学会
や	－
ら	日本リスク学会
	日本リモートセンシング学会
わ	－

※冒頭に「日本」が付く学協会はその次の音を用いて整列した

■俯瞰報告書作成協力者

	お名前	ご所属・役職	原稿作成	俯瞰WS
あ	天尾 豊	大阪公立大学 人工光合成研究センター 教授	○	
	五十嵐 寛	エヌ・イー ケムキャット株式会社 研究開発センター 執行役員・センター長		○
	石井 英雄	早稲田大学 スマート社会技術融合研究機構 研究院教授	○	○
	石川 洋一	海洋研究開発機構 地球情報科学技術センター センター長、上席研究員	○	
	石田 東生	筑波大学 特命教授・名誉教授		○
	石谷 治	東京工業大学 理学院 教授	○	
	板井 啓明	東京大学 大学院理学系研究科 准教授	○	○
	市井 和仁	千葉大学 環境リモートセンシング研究センター 教授	○	○
	井上 剛文	株式会社GSユアサ 産業電池電源事業部 産業電池生産本部 部長	○	
	今田 由紀子	気象庁気象研究所 気候・環境研究部 主任研究官	○	○
	入江 仁士	千葉大学 環境リモートセンシング研究センター 准教授	○	○
	岩船 由美子	東京大学 生産技術研究所 特任教授	○	
	上田 悦紀	日本風力発電協会 国際部長	○	
	植田 譲	東京理科大学 工学部 教授	○	
	浦瀬 太郎	東京工科大学 応用生物学部 教授	○	
	大石 哲	神戸大学 都市安全研究センター 教授	○	
	大関 崇	産業技術総合研究所 再生可能エネルギー研究センター 研究チーム長	○	
	大高 円	電力中央研究所 エネルギートランスフォーメーション研究本部 上席研究員	○	○
	大宮 正毅	慶應義塾大学 理工学部機械工学科 教授	○	
	小熊 久美子	東京大学 大学院工学系研究科 准教授	○	○
	尾下 優子	東京大学 未来ビジョン研究センター 特任講師	○	
	奥宮 正哉	名古屋大学 名誉教授	○	
	小倉 賢	東京大学 生産技術研究所 教授		○
か	甲斐 照彦	地球環境産業技術研究機構 化学研究グループ 主任研究員	○	○
	勝見 武	京都大学 地球環境学堂 教授	○	
	加藤 智大	京都大学 地球環境学堂 助教	○	
	鼎 信次郎	東京工業大学 環境・社会理工学院 教授	○	
	金谷 有剛	海洋研究開発機構 地球表層システム研究センター センター長、上席研究員	○	○
	川﨑 憲広	東京都立産業技術高等専門学校 ものづくり工学科 准教授	○	○
	川邊 研	ヤンマーHD株式会社 中央研究所 基盤技術研究センター グループリーダー		○
	菊池 康紀	東京大学 未来ビジョン研究センター 准教授	○	
	木下 朋大	地球環境産業技術研究機構 化学研究グループ 研究員	○	○
	兒玉 了祐	大阪大学 大学院工学研究科 教授／レーザー科学研究所 所長	○	
	児玉 竜也	新潟大学 自然科学系 工学部 教授	○	○
	後藤 和也	地球環境産業技術研究機構 化学研究グループ 主任研究員	○	○
	小林 伸治	大気環境総合センター 理事	○	○
	小林 剛	横浜国立大学 大学院環境情報研究院 准教授	○	○
	小宮山 涼一	東京大学 大学院工学系研究科 教授	○	

付録

さ	坂田 興	エネルギー総合工学研究所 研究顧問		○	○
	坂西 欣也	産業技術総合研究所 エネルギー・環境領域長補佐		○	○
	佐藤 縁	産業技術総合研究所 省エネルギー研究部門 統括研究主幹		○	○
	佐野 大輔	東北大学 大学院工学研究科 教授		○	○
	佐山 敬洋	京都大学 防災研究所 准教授		○	
	鹿園 直毅	東京大学 生産技術研究所 教授		○	
	重松 敏夫	住友電気工業株式会社 パワーシステム研究開発センター フェロー		○	
	柴田 英昭	北海道大学 北方生物圏フィールド科学センター 教授		○	
	清水 研一	北海道大学 触媒センター 教授		○	
	下田 吉之	大阪大学 大学院工学研究科 教授		○	○
	震明 克眞	日立三菱水力株式会社 水力技術部 主管技師		○	○
	須賀 利雄	東北大学 大学院理学研究科 教授		○	○
	鈴木 紅葉	東京大学 先端科学技術研究センター 学術専門職員／横浜国立大学大学院 環境情報学部 博士後期過程		○	
	鈴木 健太郎	東京大学 大気海洋研究所 気候モデリング研究部門 教授		○	
	鈴木 良治	富士・フォイトハイドロ株式会社 アドバイザー		○	○
	須藤 重人	農業・食品産業技術総合研究機構 気候変動緩和策研究領域 グループ長		○	○
	関根 泰	早稲田大学 理工学術院 教授／JST-CRDS フェロー		○	○
	薛 自求	地球環境産業技術研究機構 CO₂貯留研究グループ グループリーダー		○	
	瀬戸 心太	長崎大学 大学院工学研究科 准教授		○	
	相馬 宣和	産業技術総合研究所 地質調査総合センター 副研究部門長		○	○
	曽我 昌史	東京大学 大学院農学生命科学研究科 准教授		○	○
	祖父江 真一	宇宙航空研究開発機構 主幹研究開発員		○	○
た	高田 秀重	東京農工大学 農学部 教授		○	
	武内 章記	国立環境研究所 環境リスク・健康領域 主任研究員		○	○
	竹林 英樹	神戸大学 大学院工学研究科 准教授		○	○
	田中 晃司	東電エナジーパートナー株式会社 販売本部 アドバイザー		○	○
	田中 英紀	名古屋大学 施設・環境計画推進室 教授		○	○
	玉井 幸治	森林研究・整備機構 森林総合研究所 森林防災研究領域 領域長		○	○
	田村 正純	大阪公立大学 人工光合成研究センター 准教授		○	○
	辻村 真貴	筑波大学 生命環境系 教授		○	
	津野 裕紀	産業技術総合研究所 再生可能エネルギー研究センター 招聘研究員		○	
	手塚 光太郎	東芝エネルギーシステムズ株式会社 シニアフェロー		○	○
	手塚 哲夫	京都大学 名誉教授		○	
	手計 太一	中央大学 理工学部 教授		○	○
	燈明 泰成	東北大学 大学院工学研究科 教授		○	○
な	永田 修一	佐賀大学 海洋エネルギー研究所 特任教授		○	○
	中村 寿	東北大学 流体科学研究所 准教授		○	
	西廣 淳	国立環境研究所 気候変動適応センター 室長		○	
	野村 純平	日本微細藻類技術協会 事務局長		○	○
	能村 貴宏	北海道大学 大学院工学研究院 准教授		○	

	氏名	所属		
は	橋本 俊次	国立環境研究所 環境リスク・健康領域 計測化学研究室 室長	○	○
	橋本 昌司	森林総合研究所 立地環境研究領域 / 生物多様性・気候変動研究拠点 主任研究員 （併任）東京大学 大学院農学生命科学研究科 准教授	○	○
	橋本 望	北海道大学 大学院工学研究院 機械・宇宙航空工学部門 准教授	○	
	羽角 博康	東京大学 大気海洋研究所 気候モデリング研究部門 教授	○	○
	畠山 史郎	日本環境衛生センター アジア大気汚染研究センター 所長	○	○
	波多野 雄治	富山大学 学術研究部理学系 教授	○	○
	林 巧	量子科学技術研究開発機構 ブランケット研究開発部 部長	○	
	林 潤	京都大学 大学院 エネルギー科学研究科 教授	○	
	林 泰弘	早稲田大学 理工学術院 教授	○	
	平井 直樹	日本ガイシ株式会社 エネルギー＆インダストリー事業本部 部長	○	
	深見 和彦	河川情報センター 河川情報研究所 研究第一部長	○	○
	福田 裕章	株式会社デンソー 先端技術研究所 マテリアル研究部 担当次長	○	
	藤井 健吉	花王株式会社 研究開発部門 研究戦略・企画部 部長 （レギュラトリーサイエンス担当）	○	○
	藤井 康正	東京大学 大学院工学系研究科 教授	○	○
	藤谷 雄二	国立研究開発法人国立環境研究所 環境リスク・健康領域 主幹研究員	○	○
	藤原 正幸	ヤンマーHD株式会社 中央研究所 バイオイノベーションセンター グループリーダー		○
	古田 尚也	大正大学 教授	○	
	古野 志健男	株式会社SOKEN エグゼクティブフェロー	○	
	星野 孝仁	株式会社ちとせ研究所 藻類活用本部 執行役員 / 本部長	○	
	保高 徹生	産業技術総合研究所 地圏化学評価グループ グループ長	○	
	堀 正和	水産研究・教育機構 水産資源研究所 沿岸生態系暖流域グループ長	○	○
	本田 靖	筑波大学 名誉教授	○	○
ま	牧 紀男	京都大学 防災研究所 教授	○	○
	牧野 武朗	三菱重工業株式会社 総合研究所 シニアフェロー / 技師長	○	○
	増井 利彦	国立環境研究所 社会システム領域 領域長		○
	松神 秀徳	国立環境研究所 資源循環領域 主任研究員	○	○
	松八重 一代	東北大学 大学院環境科学研究科 教授		○
	松崎 慎一郎	国立環境研究所 生物多様性領域 生態系機能評価研究室 室長	○	
	松村 達郎	日本原子力研究開発機構 原子力科学研究部門 副ディビジョン長	○	○
	松村 正哉	農業・食品産業技術総合研究機構 植物防疫研究部門 基盤防除技術研究領域	○	○
	丸田 薫	東北大学 流体科学研究所 所長	○	○
	丸谷 知己	北海道立総合研究機構 理事	○	○
	宮川 和芳	早稲田大学 理工学術院 教授	○	○
	宮下 幸雄	長岡技術科学大学 工学研究科 教授	○	○
	村岡 裕由	岐阜大学 流域圏科学研究センター 教授	○	
	村上 進亮	東京大学 大学院工学系研究科 教授	○	○
	村上 道夫	大阪大学 感染症総合教育研究拠点 特任教授（常勤）	○	○

付録

	百田 真史	東京電機大学 未来科学部 建築学科 教授	○	○
	森 章	東京大学 先端科学技術研究センター 教授	○	○
	森内 清晃	住友電気工業株式会社 パワーシステム研究開発センター 電池材料開発グループ長	○	○
	森崎 友宏	自然科学研究機構 核融合科学研究所 ヘリカル研究部 教授	○	
や	八木田 克英	東京大学 生産技術研究所 特任研究員	○	○
	柳 宇	工学院大学 建築学部 教授	○	○
	山北 剛久	海洋研究開発機構 海洋生物環境影響研究センター 副主任研究員	○	
	山中 勤	筑波大学 生命環境系 教授	○	
	山野 秀将	日本原子力研究開発機構 高速炉・新型炉研究開発部門 炉設計部 研究主席	○	○
	山本 章夫	名古屋大学 大学院工学研究科 総合エネルギー工学専攻 教授	○	○
	山本 裕史	国立環境研究所 環境リスク・健康領域 副領域長	○	
	吉岡 敏明	東北大学大学院 環境科学研究科 教授	○	○
	吉田 聡	横浜国立大学 大学院都市イノベーション研究院 准教授	○	○
	吉田 修一郎	東京大学 大学院農学生命科学研究科 教授/JST-CRDS 特任フェロー	○	○
	吉田 武郎	農業・食品産業技術総合研究機構 農村工学研究部門 主任研究員	○	○
	吉田 丈人	東京大学 総合文化研究科 准教授	○	○
ら	–			
わ	渡邉 澂雄	名古屋大学 大学院工学研究科 客員教授	○	
	渡邊 裕章	九州大学 大学院総合理工学研究院 環境理工学部門 教授		○

付録

付録3 研究開発の俯瞰報告書（2023年）全分野で対象としている俯瞰区分・研究開発領域一覧

1. 環境エネルギー分野（CRDS-FY2022-FR-03）

俯瞰区分	節番号	研究開発領域
電力のゼロエミ化・安定化	2.1.1	火力発電
	2.1.2	原子力発電
	2.1.3	太陽光発電
	2.1.4	風力発電
	2.1.5	バイオマス発電・利用
	2.1.6	水力発電・海洋発電
	2.1.7	地熱発電・利用
	2.1.8	太陽熱発電・利用
	2.1.9	CO_2回収・貯留（CCS）
産業・運輸部門のゼロエミ化・炭素循環利用	2.2.1	蓄エネルギー技術
	2.2.2	水素・アンモニア
	2.2.3	CO_2利用
	2.2.4	産業熱利用
業務・家庭部門のゼロエミ化・低温熱利用	2.3.1	地域・建物エネルギー利用
大気中CO_2除去	2.4.1	ネガティブエミッション技術
エネルギーシステム統合化	2.5.1	エネルギーマネジメントシステム
	2.5.2	エネルギーシステム・技術評価
エネルギー分野の基盤科学技術	2.6.1	反応性熱流体
	2.6.2	トライボロジー
	2.6.3	破壊力学
地球システム観測・予測	2.7.1	気候変動観測
	2.7.2	気候変動予測
	2.7.3	水循環（水資源・水防災）
	2.7.4	生態系・生物多様性の観測・評価・予測
人と自然の調和	2.8.1	社会−生態システムの評価・予測
	2.8.2	農林水産業における気候変動影響評価・適応
	2.8.3	都市環境サステナビリティ
	2.8.4	環境リスク学的感染症防御
持続可能な資源利用	2.9.1	水利用・水処理
	2.9.2	持続可能な大気環境
	2.9.3	持続可能な土壌環境
	2.9.4	リサイクル
	2.9.5	ライフサイクル管理（設計・評価・運用）
環境分野の基盤科学技術	2.10.1	地球環境リモートセンシング
	2.10.2	環境分析・化学物質リスク評価

付録

2. システム・情報科学技術分野（CRDS-FY2022-FR-04）

俯瞰区分	節番号	研究開発領域
人工知能・ビッグデータ	2.1.1	知覚・運動系のAI技術
	2.1.2	言語・知識系のAI技術
	2.1.3	エージェント技術
	2.1.4	AIソフトウェア工学
	2.1.5	人・AI協働と意思決定支援
	2.1.6	AI・データ駆動型問題解決
	2.1.7	計算脳科学
	2.1.8	認知発達ロボティクス
	2.1.9	社会におけるAI
ロボティクス	2.2.1	制御
	2.2.2	生物規範型ロボティクス
	2.2.3	マニピュレーション
	2.2.4	移動（地上）
	2.2.5	Human Robot Interaction
	2.2.6	自律分散システム
	2.2.7	産業用ロボット
	2.2.8	サービスロボット
	2.2.9	災害対応ロボット
	2.2.10	インフラ保守ロボット
	2.2.11	農林水産ロボット
社会システム科学	2.3.1	デジタル変革
	2.3.2	サービスサイエンス
	2.3.3	社会システムアーキテクチャー
	2.3.4	メカニズムデザイン
	2.3.5	計算社会科学
セキュリティー・トラスト	2.4.1	IoTシステムのセキュリティー
	2.4.2	サイバーセキュリティー
	2.4.3	データ・コンテンツのセキュリティー
	2.4.4	人・社会とセキュリティー
	2.4.5	システムのデジタルトラスト
	2.4.6	データ・コンテンツのデジタルトラスト
	2.4.7	社会におけるトラスト
コンピューティングアーキテクチャー	2.5.1	計算方式
	2.5.2	プロセッサーアーキテクチャー
	2.5.3	量子コンピューティング
	2.5.4	データ処理基盤
	2.5.5	IoTアーキテクチャー
	2.5.6	デジタル社会基盤
通信・ネットワーク	2.6.1	光通信
	2.6.2	無線・モバイル通信
	2.6.3	量子通信
	2.6.4	ネットワーク運用
	2.6.5	ネットワークコンピューティング
	2.6.6	将来ネットワークアーキテクチャー
	2.6.7	ネットワークサービス実現技術
	2.6.8	ネットワーク科学
数理科学	2.7.1	数理モデリング
	2.7.2	数値解析・データ解析
	2.7.3	因果推論
	2.7.4	意思決定と最適化の数理
	2.7.5	計算理論
	2.7.6	システム設計の数理

付録

3. ナノテクノロジー・材料分野（CRDS–FY2022–FR–05）

俯瞰区分	節番号	研究開発領域
環境・エネルギー応用	2.1.1	蓄電デバイス
	2.1.2	分離技術
	2.1.3	次世代太陽電池材料
	2.1.4	再生可能エネルギーを利用した燃料・化成品変換技術
バイオ・医療応用	2.2.1	人工生体組織・機能性バイオ材料
	2.2.2	生体関連ナノ・分子システム
	2.2.3	バイオセンシング
	2.2.4	生体イメージング
ICT・エレクトロニクス応用	2.3.1	革新半導体デバイス
	2.3.2	脳型コンピューティングデバイス
	2.3.3	フォトニクス材料・デバイス・集積技術
	2.3.4	IoT センシングデバイス
	2.3.5	量子コンピューティング・通信
	2.3.6	スピントロニクス
社会インフラ・モビリティ応用	2.4.1	金属系構造材料
	2.4.2	複合材料
	2.4.3	ナノ力学制御技術
	2.4.4	パワー半導体材料・デバイス
	2.4.5	磁石・磁性材料
物質と機能の設計・制御	2.5.1	分子技術
	2.5.2	次世代元素戦略
	2.5.3	データ駆動型物質・材料開発
	2.5.4	フォノンエンジニアリング
	2.5.5	量子マテリアル
	2.5.6	有機無機ハイブリッド材料
共通基盤科学技術	2.6.1	微細加工・三次元集積
	2.6.2	ナノ・オペランド計測
	2.6.3	物質・材料シミュレーション
共通支援策	2.7.1	ナノテク・新奇マテリアルの ELSI/RRI/国際標準

付録

4. ライフサイエンス・臨床医学分野（CRDS-FY2022-FR-06）

俯瞰区分	節番号	研究開発領域
健康・医療	2.1.1	低・中分子創薬
	2.1.2	高分子創薬（抗体）
	2.1.3	AI創薬
	2.1.4	幹細胞治療（再生医療）
	2.1.5	遺伝子治療（in vivo遺伝子治療/ex vivo遺伝子治療）
	2.1.6	ゲノム医療
	2.1.7	バイオマーカー・リキッドバイオプシー
	2.1.8	AI診断・予防
	2.1.9	感染症
	2.1.10	がん
	2.1.11	脳・神経
	2.1.12	免疫・炎症
	2.1.13	生体時計・睡眠
	2.1.14	老化
	2.1.15	臓器連関
農業・生物生産	2.2.1	微生物ものづくり
	2.2.2	植物ものづくり
	2.2.3	農業エンジニアリング
	2.2.4	植物生殖
	2.2.5	植物栄養
基礎基盤	2.3.1	遺伝子発現機構
	2.3.2	細胞外微粒子・細胞外小胞
	2.3.3	マイクロバイオーム
	2.3.4	構造解析（生体高分子・代謝産物）
	2.3.5	光学イメージング
	2.3.6	一細胞オミクス・空間オミクス
	2.3.7	ゲノム編集・エピゲノム編集
	2.3.8	オプトバイオロジー
	2.3.9	ケミカルバイオロジー
	2.3.10	タンパク質設計

付録

謝辞

　本報告書作成にあたっては、学協会、大学、民間企業、公的機関等の研究開発戦略センター（CRDS）内外の様々な方々にご協力をいただいた。また原稿作成や俯瞰ワークショップ等を通じ、様々な情報、ご知見、広範な専門知識に基づいた示唆に富むご意見やご指摘等を賜ることができた。紙面の都合でこれらの方々すべてのお名前を挙げることはできないが、ここに深く感謝の意を表すとともに厚く御礼を申し上げる。

研究開発戦略センター（CRDS）
環境・エネルギーユニット一同

作成メンバー

佐藤 順一	上席フェロー（～2023年3月）	（環境・エネルギーユニット）
上野 伸子	フェロー	（環境・エネルギーユニット／連携担当）
尾山 宏次	フェロー	（環境・エネルギーユニット）
河原崎 里子	フェロー（2023年2月～3月）	（環境・エネルギーユニット）
鈴木 和拓	フェロー（2022年5月～）	（環境・エネルギーユニット）
関根 泰	フェロー	（環境・エネルギーユニット／早稲田大学）
高野 暁巳	フェロー（2022年5月～）	（環境・エネルギーユニット）
徳永 友花	フェロー	（環境・エネルギーユニット）
中村 亮二	フェロー／ユニットリーダー	（環境・エネルギーユニット）
長谷川 景子	フェロー（～2023年3月）	（環境・エネルギーユニット）
真崎 仁詩	フェロー	（環境・エネルギーユニット）
松村 郷史	フェロー（～2023年3月）	（環境・エネルギーユニット）

研究開発の俯瞰報告書　　　　　　　　　　　　　　　　　**CRDS-FY2022-FR-03**

環境・エネルギー分野（2023年）

PANORAMIC VIEW REPORT

Environment and Energy Field (2023)

令和5年3月　March 2023　作成　　／　　令和5年8月24日　August 2023　発行
ISBN 978-4-86579-378-9

国立研究開発法人科学技術振興機構　研究開発戦略センター
Center for Research and Development Strategy,
Japan Science and Technology Agency

〒102-0076 東京都千代田区五番町7 K's 五番町
電話　03-5214-7481
E-mail　crds@jst.go.jp
https://www.jst.go.jp/crds/

発行／**日経印刷株式会社**

〒102-0072
東京都千代田区飯田橋2-15-5
電話　03（6758）1011

本書は著作権法等によって著作権が保護された著作物です。
著作権法で認められた場合を除き、本書の全部又は一部を許可無く複写・複製することを禁じます。
引用を行う際は、必ず出典を記述願います。
This publication is protected by copyright law and international treaties.
No part of this publication may be copied or reproduced in any form or by any means without permission of JST,
except to the extent permitted by applicable law.
Any quotations must be appropriately acknowledged.
If you wish to copy, reproduce, display or otherwise use this publication, please contact crds@jst.go.jp.